常州一步干燥设备有限公司
CHANGZHOU YIBU DRYING EQUIPMENT CO.,LTD

常州一步干燥设备有限公司是集研发、设计、制造、销售、服务于一体的干燥设备专业供应商，长期从事研发和制造具有国际先进水平的制药机械、食品机械、化工机械以及环保设备，并承接大型粉粒体工程项目，提供一站式整体解决方案。

公司产品涵盖 28 大类，200 多种规格，广泛应用于中西药、化工、生物、食品、新材料、新能源、环境、农副产品等众多领域。销售遍布全国，并远销海外。公司以其完美的品质、热忱的服务，赢得了市场，铸就了品牌。公司获得"国家高新技术企业"、"国家级守合同重信用企业"等荣誉称号，是中国制药装备行业协会副理事长单位、中国干燥设备行业协会副理事长单位。

公司坚持以技术为导向，开拓创新，不断突破自我。目前，公司拥有专利 30 多项，参与了多项国家标准、行业标准的起草、修订工作，并当选全国制药装备标准化技术委员会委员单位。公司先后与多家国内著名的工程设计研究院科研院校等建立了全面的战略合作伙伴关系。公司还特聘国际干燥会议终身主席、中国政府"友谊奖"获得者 Arun S. Mujumdar 教授常年担任技术顾问。

"一步人"将继续发扬勇于创新、敢于开拓的优良传统，再接再厉，向精细化、专业化、大型化、智能化、信息化迈进，在新的征程中再谱华章！

主要产品

脉冲真空干燥机

快速旋转闪蒸干燥机

干法制粒机

中药浸膏喷雾干燥机

沸腾干燥制粒机

空心桨叶干燥机

方形真空干燥机

带式干燥机

湿法制粒机

新型固体制剂制粒干燥连线

董事长：查国才（中国干燥设备行业协会副理事长）　　　　　邮编：213116

地址：江苏省常州市天宁区郑陆镇焦溪查家湾　　　　　　　　网址：www.yibu.com

电话：0519-88902618　88900007　　传真：0519-88902818　　E-mail:market@yibu.com

江苏金陵干燥科技有限公司

　　金陵干燥科技有限公司是一家专业以先进技术为导向的科技型企业，并以常州大学、江南大学、中石化、清华大学等多家科研单位为依托，设计开发、优化改造了一批专业热能工程机械设备，获得了70多项国家专利，12项省高新技术产品认定，1项国家级首台套产品认定，并于2008年被评为常州首批国家级高新技术企业。公司现有员工120多人，拥有一批专业从事热能工程机械领域20多年经验的核心团队，以及行业先进的制造加工装备。公司下辖三个事业部：干燥设备事业部、环保工程事业部、蒸发浓缩事业部，致力于打造先进的"智"造型企业。　公司通过高度工厂化集成、智能化生产，聚焦人才、技术，为客户提供高质量、高能效、高集成的产品工艺包以及成套系统解决方案。

厂址：江苏省常州市天宁区郑陆镇　　**邮编：**213115
电话：0519-88670222　88670333
总机：0519-88670811　88670822
国际贸易部：+86-519-89893308
网址：www.jinlingdry.com　**E-mai：**market@jinlingdry.com

Modern Drying Technology

现代干燥技术

第三版

下册

刘相东　李占勇　主编

化学工业出版社

·北京·

第三篇

干燥过程的应用技术

第28章

食品和水果蔬菜干燥

28.1 食品干燥

28.1.1 概述

食品干燥是借助水分蒸发或冰升华去除食品中部分水分的一种操作过程。

食品干燥降低了食品中的水分活度，是保藏食品的一种主要方法，同时也是许多食品的一个重要加工工序。食品的品种繁多，几乎所有的食品在其加工过程的某一环节都要做干燥处理。大规模干燥处理的食品主要有糖、淀粉、咖啡、奶制品、餐用食品、水果、蔬菜及食品配料和调料等，谷物和奶制品在干燥时需采用特殊的工艺和设备，参见本书相关章节。本章将介绍食品和水果蔬菜（简称为果蔬）干燥。食品和水果蔬菜干燥的主要目的如下：

a. 延长储存时间。干燥的食品对由细菌、霉菌和昆虫造成的降质较不敏感，在环境相对湿度低于70％时，微生物的活性将受到抑制，氧化作用和酶反应的危险性会减弱。

b. 食品中许多令人愉悦的质地和营养价值通过干燥而增强，更加美味和易于消化吸收。

c. 便于运输和储存。由于干产品重量轻、体积小，便于包装、运输、储存和销售。

d. 便于进一步加工。干燥后的产品易于粉碎、混合、筛分，可添加各种配料进一步加工成各种美味食品。

28.1.2 食品中的水分

食品中水的含量、分布、状态不仅对食品的结构、外观、质地、风味、色泽、流动性、新鲜程度和腐败变质的敏感性产生极大的影响，而且对生物组织的生命过程起着至关重要的作用。干燥脱水会使食品的特性发生变化，因此研究水和食品的关系是食品科学的重要内容之一，对食品的储藏有重要的意义。

食品中的水分一部分是紧密地结合在特殊的晶格上，而一部分水结合得并不牢固，但仍然不能作为各种可溶解食品组分的溶剂。当食品含水量较多时，便有一部分水作为溶剂以溶液的形式存在于食品中。根据分子运动及其对食品动力行为的影响，食品中的水一般被分为自由水和结合水，不同类型的水分与其他物质的吸引力也不同。自由水，也称游离水，是食物细胞间的水蒸气和液体水的混合物，在0℃的一级相变过程中转变为晶体形式，对食品基质的影响可以忽略不计。自由水有助于化合物的内部运输和微生物的生长。文献中对结合水的定义也不尽相同。结合水一般分为物理结合水和化学结合水。物理结合水包括吸收、吸附水或材料组织结构阻滞的不能自由流动的水；化学结合水包括配位水、晶格水、离子水、氢键水等。水可以存在于植物组织中的细胞间、细胞内和细胞壁。在持水能力上，细胞间水，有时也称为毛细管水或空隙水，多为自由水；细胞内水为弱结合水；细胞壁水为强结合水。

结合水不易结冰（冰点约－40℃），不能作为溶质的溶剂；结合水的蒸气压比体相水低得多，所以在一定温度（100℃）下结合水不能从食品中分离出来；结合水的量与食品中有机大分子的极性基团的数量有比较固定的比例关系；自由水能为微生物所利用，结合水则不能[1]。

有多种方法可用来测定食品中水分的结合程度。

（1）不冻水量的测定

在冷冻食品干燥中，可发现将含水食品冷却至远低于水的冰点时，一部分水仍然不结冰。分析不冻水的最成功的方法是采用微分热分析法（differential thermal analysis, DTA），即将食品样品冷却至低于－60℃，然后在 DTA 设备中重新加热，当含水量足够低时，只有"不冻水"存在，则物料的温度逐渐升高，没有 DTA 峰值；在含水量较高时，当达到冰熔点时，由于冰的熔化会吸收熔化热，就会出现 DTA 峰值。用足够数量的不同含水量的食品样品进行 DTA 测定，即可非常精确地确定所有水分样品中"不冻水"的点。Duckworth（特克沃兹）发现 1g 固体食品组分中的不冻水约为 0.13～0.46g。许多研究者认为，不可解冻的水是结合水最准确的定义。

（2）结合水的测定

利用宽域质子磁共振（wide-line proton magnetic resonance），在食品总含水量已知时，可估计"结合水"含量。吸水性食品组分中结合水含量估计为 0.1～0.39g 水/g 固体。食品中的结合水也可通过测定绝缘性来确定，Brey 等指出蛋白质的结合水含量为 0.05～0.1g 水/g 固体，淀粉中的结合水含量为 0.3～0.4g 水/g 固体。

研究食品中水分的性质目前最成功的方法是绘制吸附等温线。

28.1.3　水分活度和食品的吸附特性[1,2]

28.1.3.1　水分活度

干燥脱水的主要目的是降低食品的水分含量，使之容易储存。水分活度能反映水与非水成分结合的强度，比水分含量更能体现食品的稳定性。

食品的水分活度定义为：样品中的水蒸气压与同一温度下纯水的饱和蒸气压之比：

$$a = \frac{p}{p_o} \tag{28-1}$$

式中，a 为水分活度；p 为食品中水的水蒸气分压；p_o 为同温度下纯水的蒸汽压。

测定水分活度时将样品放置在一密闭容器中，样品上部具有一定空间，系统保持恒温；一段时间后，样品与容器上部空间的水蒸气达到平衡，密闭容器内空气的相对湿度定义为：

$$\varphi = \frac{p_w}{p_o} \tag{28-2}$$

式中，φ 为相对湿度；p_w 为湿空气中的水蒸气分压；p_o 为同温度下饱和蒸气压。

当上述系统达到平衡时，食品的水蒸气分压 p 和湿空气中的水蒸气分压 p_w 相等。因此，在系统处于平衡时，食品的水分活度等于系统的平衡相对湿度（equilibrium relative humidity）EHR，即：

$$a = \text{EHR} \tag{28-3}$$

而在非平衡系统中，样品的水分活度和系统的相对湿度并不相等，即 $a \neq \varphi$。

28.1.3.2　食品的吸附特性

食品的吸附等温线（moisture sorption isotherms，MSI）反映了水分活度与水分含量之间的关系。大多数食品的吸附等温线呈反 S 形，如图 28-1 所示。而水果、糖制品、含有大量糖和其他可溶性小分子的咖啡提取物等食品的吸附等温线为 J 形，如图 28-1 所示。

将图中的吸附等温线分成 3 个区，如图 28-2 所示，存在于区 I 的水是被最牢固结合和最少流动的，在 $-40^\circ\mathrm{C}$ 不能冻结，不具备溶解溶质的能力，这部分水可简单地看作固体的一部分。区 I 和区 II 之间是单分子层水，是与食品的非水组分或强极性基团直接以离子键或氢键结合的第一水分子层的水，在单分子层水分活度时食品具有最大的稳定性。区 II 部分的水主要通过氢键与相邻的水分子和溶质结合，流动性比体相水差，大部分在 $-40^\circ\mathrm{C}$ 不能冻结。这部分水主要起膨润和部分溶解的作用，会使大多数反应速度加快。区 III 主要是体相水，起到溶解和稀释作用，通常占高水分食品总水分的 95% 以上。

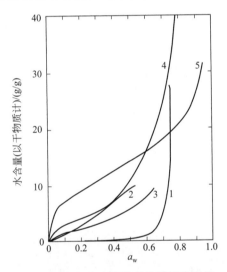

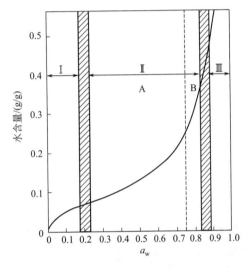

图 28-1　食品和生物材料的吸附等温线

1—糖果（主要成分为粉末状蔗糖，40℃）；

2—喷雾干燥菊苣根提取物（20℃）；

3—焙烤后的咖啡（20℃）；4—猪胰脏提

取物粉末（20℃）；5—天然稻米淀粉（20℃）

图 28-2　低水分含量范围食品的

水分吸附等温线

式（28-4）BET（Brunauer-Emmett-Teller）等温线方程可用于估算单分子层水 MSI 模型：

$$\frac{a}{m(1-a)} = \frac{1}{m_1 C} + \frac{C-1}{m_1 C} a \tag{28-4}$$

式中，a 为水分活度；m 为干基含水量；m_1 为单层值含水量；C 为常数。图 28-3 即为利用方程（28-4）所作图，可用吸附数据来确定单层值含水量 m_1 和常数 C。在此图中，以 $\frac{a}{m(1-a)}$ 为纵坐标，以 a 为横坐标，故此直线的截距为 $\frac{1}{m_1 C}$，斜率为 $\frac{C-1}{m_1 C}$。根据截距和斜率，可求得单层值含水量 m_1 和常数 C。

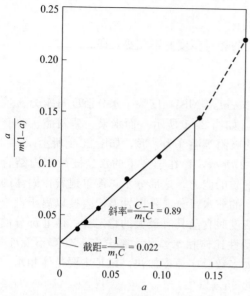

图 28-3　确定食品中单层值含水量的 BET 曲线

图中斜率标注：斜率 $=\dfrac{C-1}{m_1 C}=0.89$；截距 $=\dfrac{1}{m_1 C}=0.022$

位于微毛细管内的水分，其蒸汽压较低，水分活度和毛细管半径之间的关系为：

$$\ln a = -\frac{2\gamma C_1}{r}\cos\theta \qquad (28\text{-}5)$$

式中，a 为水分活度；γ 为水的表面自由能；r 为毛细管半径，θ 为接触角；C_1 为常数。

毛细管半径使食品水分活度降低的程度还不清楚。但根据式(28-5)可知，为了使水分活度低至 0.9，毛细管半径必须小于 $10^{-7}\,\mathrm{m}$。

水作为溶剂的作用与食品中水的含量和溶质的性质有关。对于理想溶液，水分活度为：

$$a = X_\mathrm{w} \qquad (28\text{-}6)$$

式中，X_w 为溶液中水的摩尔分数，此即拉乌尔定律。但实际溶液与理想溶液的情况有偏差，这是因为：在食品中并非全部水都有溶解能力；全部溶质也并非都在溶液中，即有一些溶质可能与不溶解的食品组分结合，如盐和蛋白质的结合；溶质分子间的互相作用会造成与理想溶液状态的偏差。表 28-1 为几种溶液的浓度和水分活度的关系。表 28-2 为食品中几种溶质的最小水分活度。

表 28-1　几种溶液的浓度和水分活度

水分活度	摩尔浓度/%			
	理想溶液	NaCl	蔗糖	甘油
0.90	6.17	2.83	4.11	5.6
0.80	13.9	5.15	—	11.5

表 28-2　食品中几种溶质的最小水分活度（室温）

名称	溶解度/%	最小活度
蔗糖	67	0.86
葡萄糖	47	0.92
转化糖	63	0.82
蔗糖加转化糖(蔗糖 37.6%,转化糖 62.4%)	75	0.71
NaCl	27	0.74

并非所有在食品中的水都起溶剂作用。每一种溶质对应某个特殊的水分活度时就成为溶液，而且在食品中有其他不溶解组分时也不会改变此活度值。在某些具有高分子聚合物的糖-水系统中，水分活度为 0.82 时即成溶液，对应的水分活度值与聚合物的种类有关。

28.1.3.3　温度对吸附等温线的影响

在一定水含量时，水分活度随温度上升而增大，如图 28-4。

水分活度与温度之间的关系符合 Clausius-Clapeyron 方程：

$$\frac{\mathrm{d}\ln a}{\mathrm{d}(1/T)} = -\frac{\Delta H}{R} \qquad (28\text{-}7)$$

式中，T 是热力学温度，K；ΔH 是试样在某一水含量时的等量吸附热，J/mol；R 是气体常数。

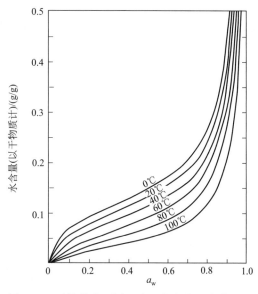

图 28-4　马铃薯在不同温度下的水分吸附等温线

在一定含水量时作 $\ln a$ 与 $-(1/T)$ 之间的关系直线，该直线的斜率为 $\Delta H/R$，通过斜率可求吸附热，如图 28-5 所示。图 28-6 则表示 ΔH 与水分活度的关系，最大结合能出现在 BET 单层值含水量处。表 28-3 列出了某些食品和食品组分的 BET 单层值含水量和最大吸附热值。

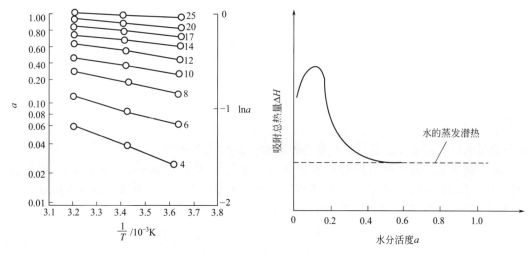

图 28-5　马铃薯淀粉在不同含水量时的 $\ln a$-$1/T$ 直线图　　图 28-6　吸附总热量和水分活度的关系
（在每一条直线上标明了水含量 g 水/g 干淀粉）

表 28-3　某些食品和食品组分的 BET 单层值含水量和最大吸附热值

食品和食品组分	近似的 BET 单层值含水量 m_1/(g 水/g 固体)	最大吸附热值 ΔH/(kJ/mol)
淀粉	0.11	约 58.61
聚半乳糖酸	0.04	约 83.74
明胶	0.11	约 50.24
非晶形乳糖	0.06	约 48.57
葡萄糖	0.09	约 50.24
马铃薯片	0.05	—
喷雾干燥全脂奶粉	0.03	—
冷冻干燥牛肉	0.04	约 50.24

在分析复杂食品混合物的吸附特性时，希望能由各组分的吸附等温线来计算混合物的吸附等温线，但总会发生偏差。虽然如此，仍然将理想混合物的特性作为初始模型。对于糖制品，控制某些可溶组分的浓度，如糖、转化糖和葡萄糖，就可能在很宽的范围内改变食品的水分活度。一般情况下，利用理想溶液关系 $a = X_w$ 计算达到预定的水分活度所需要的溶质物质的量，然后依据主要成分来调整混合物中的组分，但应予注意由于混合物中存在着其他组分，每一种组分的溶解能力就会降低。

以理想关系为基础的计算糖制品水分活度的莫尼（Money）和波恩（Born）经验公式为：

$$a = \frac{100}{1 + 0.27n} \tag{28-8}$$

式中，n 为100g水中糖的物质的量。此式适用于溶液中只有蔗糖，假如其数量超过了溶解限度，则多余部分不计入 n。

用于糖果配方的另一种经验方法即 Grover（格洛弗）法：

$$a = 1.04 - 0.1(\sum S_i c_i) + 0.045 \sum (S_i c_i)^2 \tag{28-9}$$

式中，a 为食品的水分活度；S_i 为配料 i 的蔗糖当量转换因数；c_i 为配料 i 的浓度（g/g水）。此式不能用于含水量非常低的场合，表28-4列举了几种糖果配料的蔗糖当量转换因数。

表 28-4　几种糖果配料的蔗糖当量转换因数

配料	转换因数 S	配料	转换因数 S
蔗糖	1.0	明胶	1.3
乳糖	1.0	淀粉和其他多糖	0.8
转化糖	1.3	柠檬酸及其盐类	2.5
固态谷物糖浆（45DE）	0.8	氯化钠	9.0

混合物水分活度的估算原因之一，是为了解决多相食品中不同组分之间传递水分的潜在趋向。例如，一块糕点有一层初始含水量为12%的糖奶油，紧挨着它的是含水量为20%的果浆层，而水分还是从糖奶油层传至果浆层。原因就在于糖奶油层的水分活度比果浆层高。此种情况也可能发生在包馅软点心及各种脱水食品的混合物中。

混合物的水分活度可用组分的吸附等温线来近似表示。Salwin（沙尔文）和 Slawson（司拉松）提出一种简易的图可近似求解。在此方法中，组分的等温线近似地可用直线表示，如图28-7所示，两混合物的水分活度由方程（28-10）来估算：

$$a = \frac{a_1 S_1 W_1 + a_2 S_2 W_2 + \cdots + a_n S_n W_n}{S_1 W_1 + S_2 W_2 + \cdots + S_n W_n} \tag{28-10}$$

式中，$a_1, \cdots, a_n$ 为各组分的水分活度；$S_1, \cdots, S_n$ 为各组分的等温线斜率；$W_1, \cdots, W_n$ 为各组分的固体质量。

对于一个食品体系，吸附等温线与解吸等温线不一定重叠，有滞后现象，如图28-8。这与食品本身的性质、解吸和吸附时食品的物理变化、温度、解吸速度以及水分的去除程度有关。

28.1.4　水分活度和食品的稳定性

食品的变质或腐败既可由微生物引起，也可由其他各种化学反应引起，而这些反应均与食品含有水分有关。

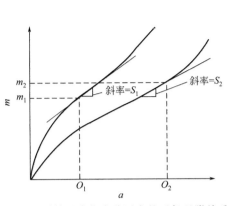

图 28-7 计算混合物水分活度的近似吸附关系

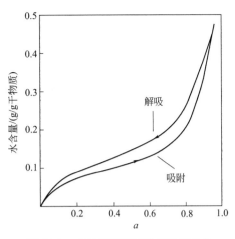

图 28-8 水分吸附等温线的滞后现象

28.1.4.1 水分活度和微生物的腐败作用

Scott（斯谷服）对水和微生物的关系提出了极重要的原则性论述，即：对微生物的生长而言，水分活度值至关重要，大多数细菌在低于 $a=0.091$ 时不再生长，大多数霉菌在低于 $a=0.8$ 时停止生长。虽然某些喜干性真菌在水分活度为 0.65 时仍在生长，但通常把水分活度 $0.70\sim0.75$ 当作它们生长的下限。图 28-9 为微生物生长与水分活度的粗略关系。环境因素，如营养、pH 值、氧压、温度，越不利，则微生物得以生长的最低水分活度就越高[2]。

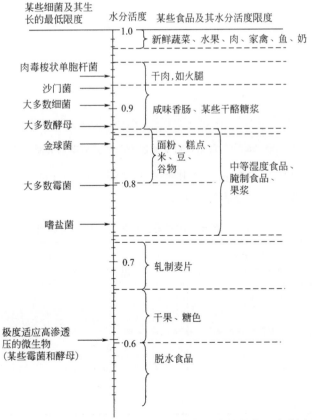

图 28-9 微生物生长的最低水分活度和某些食品的典型水分活度

28.1.4.2 水分活度和含水量对食品化学性变质的影响

水对食品中化学反应的影响比它对微生物生长的影响更为复杂。当食品中水的含量低于BET单层值含水量时,酶反应极慢或完全停止,这主要归因于反应物扩散到酶反应区的流动性。大多数脱水食品,特别是中等含水量食品都容易发生非酶褐变。褐变最大值的确切条件与食品种类有关,一般地说,非冷冻的水果浓缩液及包馅软点心、脱水水果,如梅脯等中等含水量食品,处于含水量最适宜于褐变的范围内。水分活度对非酶褐变及其他食品变质机理的典型影响如图 28-10 所示。

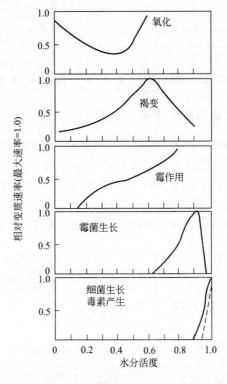

图 28-10　食品相对变质速率与水分活度的关系

水分也影响类脂物质的氧化和食品其他自由基的反应。这种影响是很复杂的。表 28-5 列举了马铃薯片氧化速率和水分活度的关系[2-4]。

表 28-5　水分活度对马铃薯片氧化作用的影响

水分活度	在空气中吸收氧的初速度 /[μL O₂/(g·h)]	在封闭容器中的氧化速率① /[μL O₂/(g·h)]	2000h 后的过氧化值
0.001	2.7	0.15	70
0.11	0.26	0.13	—
0.20	0.16	—	15
0.32	0.15	0.07	—
0.40	0.16	0.06	5
0.62	—	0.19	—
0.75	—	1.60	—

① 氧的初含量为 12.2%,当氧含量降至 10%时测定速率。保藏温度为 37℃。

28.2　食品干燥过程中的营养损失

食品干燥过程中的营养损失和其他质量因素有关，如质构、色泽和风味的变化与干燥过程的操作条件，主要是物料的受热温度和受热时间，并且与食品物料的含水量及其组分有关。食品营养素的降解和微生物的失活反应大多服从如下反应动力学基本关系[2,5,6]。

$$-\frac{\mathrm{d}c}{\mathrm{d}\tau}=f(E_i F_j) \tag{28-11}$$

式中，$-\dfrac{\mathrm{d}c}{\mathrm{d}\tau}$ 为降解速率；c 为反应物浓度；τ 为时间；E_i 表示环境因素（$i=1,2,\cdots,n$），如温度、压力等；F_j 为组分因素（$j=1,2,\cdots,m$），如含水量及其他成分。

上式也可写作：

$$-\frac{\mathrm{d}c_j}{\mathrm{d}\tau}=K(E_i)c_1^{n_1}c_2^{n_2}\cdots c_n^{n_n} \tag{28-12}$$

式（28-12）中诸组分项 $c_1^{n_1}c_2^{n_2}\cdots$ 表示各种组分的存在对 c_j 组分变化的影响，各指数的乘积 $n_1 n_2 \cdots n_n$ 定义为反应级数；$K(E_i)$ 称反应速度常数，至今只对环境因素"温度"做了较充分的研究，故通常记为 K，它是温度的函数。

上式中所考虑的因素越多，获得的结论就越反映真实情况，但实验研究的困难也越大。目前，在对食品营养损失及微生物失活的研究中，大多应用 0 级反应方程和 1 级反应方程。

0 级反应方程为

$$-\frac{\mathrm{d}c}{\mathrm{d}\tau}=K \tag{28-13}$$

即浓度损失速度是常量。

1 级反应方程为：

$$-\frac{\mathrm{d}c}{\mathrm{d}\tau}=Kc \tag{28-14}$$

即浓度损失速度与剩余浓度成正比，1 级反应动力学方程在工程中应用较普遍。

将式（28-14）进行积分，时间为 0 时对应的反应物浓度为 c_0，时间为 τ 时对应的反应物浓度为 c：

$$\int_{c_0}^{c}\frac{\mathrm{d}c}{c}=-K\int_0^{\tau}\mathrm{d}\tau$$

积分得：

$$\lg c=\lg c_0-\frac{K\tau}{2.303} \tag{28-15}$$

将此式在 $\lg c$-τ 坐标上作图可得一直线，此直线的斜率为 $-\dfrac{K}{2.303}$，截距为 $\lg c_0$，如图 28-11所示。用于描述微生物失活时，称为微生物的一级杀菌图。从图看出改变一个对数周期（即活菌数减少至 10%）所对应的时间是相同的，称为"十余一时间"（decimal reduction time），记为 D。由于反应和温度有关，为作比较，通常以 121℃（250°F）为基准，则对应 121℃ 的"十余一时间"记为 $D_{121℃}$，这是微生物失活或营养成分降解的重要动力学参数。由上述关系可得：

$$D=\frac{2.303}{K} \quad \text{或} \quad K=\frac{2.303}{D} \tag{28-16}$$

而式(28-15)也可改写为

$$\lg c = \lg c_0 - \frac{\tau}{D} \qquad (28-17)$$

当由试验作出一级杀菌图后，由 D 可计算 K。由阿伦尼乌斯方程可更直观地看出反应速度常数对温度的依赖关系：

$$K = S\exp[-E_a/(RT)] \qquad (28-18)$$

式中，K 为反应速度常数，$\min^{-1}$；S 为常数，称频度因数，$\min^{-1}$；E_a 为活化能；R 为气体常数（1.987cal/mol）；T 为热力学温度，K。上式可改写为

$$\lg K = \ln S - \frac{E_a}{RT} \qquad (28-19)$$

此式在 $\ln K$-$\frac{1}{T}$ 坐标中为一直线，此直线的斜率为 $-\frac{E_a}{R}$，截距为 $\ln S$，故由试验数据绘制上述直线后，使可求出 S 和 E_a，并获得 K 随 T 变化的关系式。

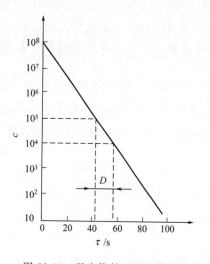

图 28-11　微生物的一级杀菌图

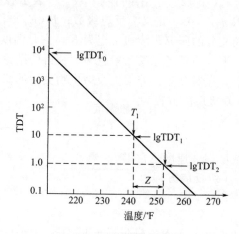

图 28-12　热致死时间线

此外，援引热致死时间（thermal death time，记为 TDT）也可得到常用的热降解动力学参数 Z。热致死时间 TDT 即完全杀死微生物或使食品中的营养成分完全破坏所需的最短时间。其与温度的关系在半对数坐标中也为一条直线，如图 28-12 所示，该直线方程为

$$\lg\mathrm{TDT} = \frac{\lg\mathrm{TDT}_1 - \lg\mathrm{TDT}_2}{Z}\mathrm{T} + \lg\mathrm{TDT}_0 \qquad (28-20)$$

或

$$\lg\mathrm{TDT} = -\frac{T}{Z} + \lg\mathrm{TDT}_0 \qquad (28-21)$$

此直线的斜率为 $-\frac{1}{Z}$，Z 表示反应对温度的依赖关系，即杀菌时间降低 10 倍所需升高的温度，因此，Z 值越小说明反应对温度越敏感。

上面援引了三个热降解动力学参数 K、$D_{121\mathrm{℃}}$ 及 Z，有了其中一个便可用对应方法计算微生物的失活或食品营养成分的损失。表 28-6 列出了某些食品成分的热降解动力学参数。需要说明的是，类似计算所需要的这种参数还很缺乏。此外一级反应动力学有时也不能很好反映实际反应结果，已有多种试验研究结果表明，食品营养成分的降解不仅其自身浓度和温度有关，而且和食品的含水量和食品中的其他成分有关。

表 28-6　食品成分热降解动力学参数

食品成分	存在介质	pH 值	温度范围/℉	Z/℉	E_a/(kcal/mol)	$D_{121℃}$/min
硫胺素	整粒豌豆	天然	220~270	47	21.2	164
	胡萝卜泥	5.9	228~300	45	27	158
	青豆泥	5.8	228~300	45	27	145
	青豌豆泥	6.6	228~300	45	27	163
	菠菜泥	6.5	228~300	45	27	134
叶绿素 a	菠菜泥	6.5	260~300	92	15.5	13
叶绿素 b	菠菜	5.5	260~300	143	7.5	14.7
类胡萝卜素	红辣椒	天然	125~150	34	34	0.038
褐变	山羊乳	6.5~6.6	200~250	45	27	1.08(均质过的)
赖氨酸	大豆粕	—	212~260	38	30	13.1(h)

注：$t(℃)=[t(℉)-32]/1.8$。

下面将介绍食品干燥时几种营养素的降解或质量因素的下降情况。由于上述热降解动力学参数十分有限，分析还凭经验，但从所列条件可见，降解是受上述诸因素影响的。

28.2.1　蛋白质

加热处理对鲱鱼肉营养成分影响的试验结果列于表 28-7。由于只进行了有限的试验，未能绘制其特性曲线，随湿含量的增加和加热时间的延长，有效赖氨酸和胃蛋白酶可消化率降低。而干燥过程中的温度和湿含量对营养成分的影响并不显著。动物试验表明净蛋白质利用率冷冻干燥和 110~115℃ 的快速干燥对鲱鱼肉无明显差别。

表 28-7　加热处理和湿含量对鱼肉营养的影响

处理条件			与冷冻干燥对照的质量分数/%			
温度/℃	湿含量/%	时间/min	有效赖氨酸	胃蛋白酶可消化率	净蛋白利用率(NPU)	
					大白鼠	鸡
96	7.7	30	94	88	—	98.6
	8.8	60	96	84	—	102.0
	10.8	120	87	76	—	98.1
	36.0	60	87	71	97.7	98.6
116	6.4	120	94	78.1	95.3	96.6
	7.5	60	100	78.2	97.0	98.8
	8.4	30	96	80	97.4	99.7
132	2.5	120	97	58.4	91.8	97.1

28.2.2　乳品的赖氨酸

在喷雾干燥时，很小的奶滴与热空气接触就能很快被干燥，乳粉颗粒的温度并不高，乳品的赖氨酸损失率为 3%~10%。当采用转鼓干燥时，由于物料层贴在热转鼓壁上，温度较高，此种情况下赖氨酸损失可达 5%~40%。

28.2.3　水溶性维生素

水溶性维生素的损失与受热，与重金属铜、铁的接触及光、水分活度、溶解氧均有关。

干燥过程中维生素 C 的损失为 10%～50%甚至更多。维生素 B_1 的损失可高达 89%，如猪肉在 63℃时经 24h 干燥，维生素 B_1 损失为 50%；在 49℃当含水量分别为 0，2%，4%，6%和 9%时，维生素 B_1 的损失分别为 9%，40%，80%，90%和 89%。不同物料在不同处理条件下的维生素 B_1 损失列于表 28-8，其他水溶性维生素损失的报道列于表 28-9。通常，在一般干燥中水溶性维生素的损失低于 20%，在蔬菜脱水时，除维生素 C 之外，其他维生素损失低于 5%。

表 28-8 干燥过程维生素 B_1 的损失[①]

物料	条件	损失/%	物料	条件	损失/%
冷冻干燥猪肉	−40℃	5	甜菜	空气干燥	5
冷冻干燥鸡肉	1000mmHg	5	豌豆	空气干燥	5
豆类	空气干燥	5	芜菁甘蓝	空气干燥	5
包心菜[②]	空气干燥	9	胡萝卜	空气干燥	29
谷物	空气干燥	5	马铃薯	空气干燥	25
嫩青刀豆	空气干燥	5		双转鼓干燥	
豌豆	空气干燥	3	豆粉	93℃,30s	30

① 引自不同参考资料。

② 蔬菜的损失不包括烫漂损失。

表 28-9 干燥过程维生素的损失

维生素	物料	损失/%
维生素 B_6	冷冻干燥鱼	0～30
泛酸	冷冻干燥鱼	20～30
维生素 B_2、烟酸和泛酸	蔬菜	<10
维生素 B_2	冷冻干燥鸡肉	4～8
维生素 B_6、烟酸和泛酸	双转鼓干燥,93℃,30s,豆粉	20

28.2.4 非酶褐变

描述脱脂牛奶在温度为 35～130℃，湿含量为 3%～5%（干基）的非酶褐变速率的方程可取以下形式：

$$\frac{dB}{d\tau} = k_0 \exp\left(-\frac{E_a}{RT}\right) \tag{28-22}$$

其中，$k_0 = \exp\left(38.53 + \frac{15.83}{m}\right)$，$\frac{E_a}{R} = 13157.19 + \frac{90816.52}{m^3}$

式中，$\frac{dB}{d\tau}$ 为非酶褐变速率；k_0 为阿伦尼乌斯常数；E_a 为活化能，kcal/mol；R 为气体常数；T 为热力学温度，K；m 为干基湿含量。

28.3 果蔬植物结构及化学成分

28.3.1 概述

水果和蔬菜是人们喜爱的食品，它们不但味美，而且具有非常丰富的营养，是人们获得维生素、无机物（钙、磷、铁等）、碳水化合物、纤维素、半纤维素的主要来源。在一些果蔬中还富含维生素 A 原（β-胡萝卜素）等。人类饮食中的维生素 C 主要是从果蔬中获得的。

水果蔬菜是农业生产中除谷物外最重要的农作物。2018 年我国水果产量为 2.57 亿吨，蔬菜产量为 70.35 亿吨。

新鲜水果和蔬菜的含水量大都超过 80%。在采摘、运输、储存、销售过程中处理不当便会腐烂。发展中国家大都不具备现代化的处理和储运手段，而这些国家又大都地处富产水果蔬菜的热带和亚热带，因此损失十分严重，估计为 30%～40%。这不仅在经济上造成巨大损失，更重要的是，人类特别是温饱尚待改善的发展中国家的人民，不能获得这些营养食品。为此，人们意识到仅仅增加产量和提高质量是不够的，必须在水果、蔬菜采摘及以后的诸环节中运用科学的有效手段加以处理，减少损失是十分紧迫的任务。

保藏水果和蔬菜的工艺，在工业上主要有罐藏、冻藏和干藏。干藏是最经济有效的方法，即利用脱水方法，将水果蔬菜的含水量降至足够低，便可阻止微生物生长，推迟和减少以水为媒介的腐烂反应，使脱水水果蔬菜延长保藏期，并可使产品减轻重量，便于包装和运输。

人类早就利用脱水方法来保藏水果蔬菜，最古老的方法是利用太阳能来晒干，这是最节能的方法，一直沿用至今。但现代的太阳能干燥器与古代的晒干法已不可同日而语，它已可克服古代晒干法的卫生条件差，因阴雨天导致产品霉变等弊端。此外，随着科学技术的发展，各种水果蔬菜的新型干燥技术和设备已获得很大进展，从传统的静态干燥方法，脱水时间有时长达数十小时，发展到动态方法，可使脱水时间降至 20～30min，而且产品质量更有保证，但随之也将耗费大量能源。因此，研究开发新型高效节能的水果蔬菜干燥工艺和设备仍是一项重要的任务。

28.3.2 果蔬的植物结构

水果包括花的子房扩张产生的果肉肉质部分，也包括子房以外其他结构生成的肉质部分。例如从花托长出来的苹果和草莓、从花苞或花序梗长出的菠萝。图 28-13 为各种主要水果的植物学组织来源，图中表明普通水果产生于子房和其周围组织[7]。

蔬菜是草本植物，不同品种的蔬菜有不同的食用部分，有根、茎、叶等不同类别。图 28-14 为主要蔬菜的植物学组织来源。

28.3.2.1 果蔬的组织结构

果蔬的食用部分主要由具有储藏功能的薄壁组织构成。在这种组织中，细胞间的排列较疏松，细胞内含有大量的储藏物质，如糖、蛋白质、脂肪、淀粉、单宁等。食用部分也有少量起机械支持作用的厚角组织和厚壁组织。表皮一般都由排列紧密的表皮细胞组成，表皮上有气孔和皮孔，起着呼吸的通风口作用。果蔬内部物质的输送由木质部和韧皮组织构成的维管系统完成。植物中的组织排列如图 28-15 所示。

28.3.2.2 果蔬的细胞结构

细胞是植物体最基本的结构单元。所有的生命活动都是在植物体的细胞内进行的。图 28-16 是植物细胞的结构示意图。植物细胞由原生质体、细胞壁和液泡三部分构成。植物细胞的外部被较坚固的细胞壁包围，细胞壁含有纤维素、果胶、半纤维素和本质素等聚合物，它是具有一定硬度和弹性的固体结构，其功能为支持细胞质膜，维持细胞内的一定水量，并维持细胞和植物组织结构。在细胞壁的外部、细胞之间通常有一层果胶物质形成的胶状物把相邻的细胞壁黏合在一起，即为中胶层。在相邻细胞之间的壁上，有原生质丝相连，称为胞间连丝，使细胞之间相互沟通。

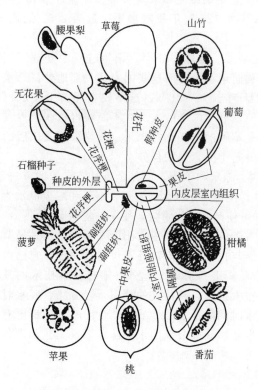

图 28-13　主要水果的植物学组织来源

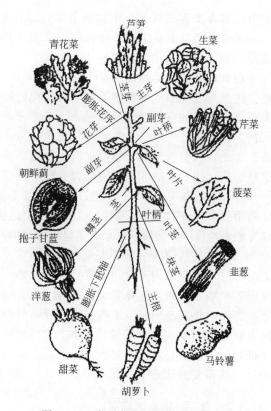

图 28-14　主要蔬菜的植物学组织来源

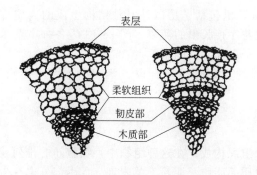

图 28-15　植物中的组织排列

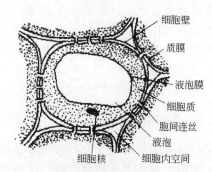

图 28-16　植物细胞结构示意图

在细胞内部分为两部分，即细胞质和细胞核。核由核膜包着，与细胞质分隔。核中含有染色质和核仁，是细胞的控制中心，遗传物质的复制、转录在此进行。细胞核通过遗传物质转录成 mRNA，然后转成蛋白质而控制细胞的代谢活动。细胞质内有核糖核蛋白体，为细胞合成蛋白质的场所。内质网和高尔基体是细胞质中的膜系统，具有合成、包装和输送物质的功能。溶酶体含有各种消化酶，能分解蛋白质、脂肪和糖类。线粒体包含进行三羧酸循环的呼吸酶以及呼吸的电子传递系统，能进行呼吸作用，产生细胞代谢过程所需要的能量三磷酸腺苷（ATP），是细胞的能源工厂。绿色细胞中的叶绿体是细胞的光合工具，含有叶绿素，能将太阳能转化为化学能，同时还具有特定的酶类，可固定大气中的 CO_2，利用其化学能将 CO_2 与水合成为糖和其他碳水化合物，将光能储存起来。当叶绿素被降解时，成熟的叶绿体主要发展为有色体，它含有胡萝卜素，是许多水果中的黄红色素。

植物细胞内通常有一个或多个较大的液泡。液泡是液体的储藏库，含有糖、氨基酸、有机酸和盐类等溶质，它被一半透性膜包围。液泡膜与半透性的细胞质膜一起调节细胞的水量，允许水分能自由地通过膜，但有选择地限制，如蛋白质和核酸类大分子溶质的移动，从而维持细胞的膨压，使水果和蔬菜呈脆感。

在果蔬细胞中，细胞质往往都有丰富的内含物。它们都是一些新陈代谢的产物，如淀粉粒、糖原粒、油滴和乳液等。

28.3.3　果蔬的化学成分[2,6,8]

28.3.3.1　水分

大多数果蔬产品含水量为 $75\%\sim90\%$，某些果蔬如黄瓜、生菜和瓜类含水量达 95% 以上。薯芋、木薯含水量较少，但通常也含水在 50% 以上。果蔬的含水量不仅因品种而异，而且随着年份、气候、地域和收获时间而变。在干燥时要将新鲜果蔬的大部分水分除去，使大部分干果干菜的含水量都在 10% 以下。

28.3.3.2　碳水化合物

碳水化合物是水果蔬菜干物质中的主要成分，包括糖、淀粉、纤维素、半纤维素和果胶等。

大多数水果均含有丰富的糖分，例如葡萄含糖达 20% 以上，苹果为 $6\%\sim10\%$。蔬菜的含糖量一船较低，如番茄含糖 $1.9\%\sim4.9\%$，洋葱为 $6.8\%\sim10.5\%$。果蔬所含糖类主要是蔗糖、葡萄糖和果糖，不同的品种 3 种糖所占的比重也各不相同。3 种糖的甜度差别很大，如果以蔗糖为 100，则果糖为 173.3，葡萄糖为 74.3，因而不同的果品有不同的甜味。葡萄糖和果糖都属于还原糖（单糖），是呼吸基质，也是微生物的营养物质，加之果蔬含水量大，所以容易被有害微生物侵害而腐败变质。再者，还原糖能与氨基酸或蛋白质起反应，生成黑蛋白，使加工品发生褐变（又称非酶褐变）。热水烫漂虽然会使可溶性固形物质遭到损失，但对于抑制变色有利。用二氧化硫熏制，可以较好地防止褐变。

淀粉为多糖类，主要存在于粮食、块根、块茎和豆类蔬菜中。淀粉在热水中可膨胀糊化而生成浓稠的胶状溶液。

纤维素和半纤维素是构成果蔬细胞的主要成分，它们是与淀粉相近似的多糖类，但质地坚硬，不溶于水。食品中缺乏纤维素会引起多种疾病，如便秘、糖尿病、肥胖病等。

果胶是果蔬中普遍存在的一种高分子化合物。果胶以原果胶、可溶性果胶和果胶酸等三种不同的形态存在于果蔬组织中。果蔬在成熟、储藏和加工过程中，组织中的果胶不断地发生变化，最终会变成己糖、戊糖和半乳糖醛酸。由于果胶的变化，果肉的硬度也随之改变。由于蔬菜中的果胶成分甲氧基含量较少，缺乏凝冻能力。

28.3.3.3　有机酸

果蔬中含有的有机酸主要有苹果酸和柠檬酸，此外还有草酸、酒石酸和水杨酸等。它们分别存在于不同品种的果蔬中，一般含酸量为 $0.3\%\sim0.5\%$，低的仅 0.1%，而柠檬、蔬菜的有机酸含量高达 3% 以上，酸味的强弱取决于 pH 值。蔬菜中含有各种缓冲物质，它能限制酸过多地解离和氢离子的形成，如蛋白质即为缓冲物质。酸分与酶的活性、色素物质的变化和维生素 C 的保存有关。酸会腐蚀金属容器并影响产品质量。糖分与酸分的比例称为糖酸比，是决定果蔬风味和成熟度的一种指标。

28.3.3.4　含氮物质

水果蔬菜中含有一定的蛋白质，瓜果类为 $0.3\%\sim1.5\%$，根菜类为 $0.66\%\sim2.2\%$，葱蒜类为 $1.0\%\sim4.4\%$，叶菜类为 $1.0\%\sim2.4\%$，而豆类的蛋白质含量可高达 $1.9\%\sim13.6\%$。果蔬中的蛋白质主要是酶类起催化各种代谢反应作用，而不是储藏物质。故蛋白质在果蔬储藏期间的代谢过程中起着非常重要的作用，如荔枝采后褐变，芒果、香蕉的后熟过程都是在酶作用下发生的。

果蔬中的含氮物质还有氨基酸和酰胺酸及少量硝酸盐和苷类，含氮物质均会使果蔬在加工过程中变褐。

28.3.3.5　单宁物质

单宁属于多酚类化合物。果品中含量稍多。其中水溶性单宁具有涩感，在食用未完全成熟的柿子、香蕉和番茄时就会有这种味感。若成熟或采取人工催熟后，即可消除涩感。

单宁物质在蔬菜中虽然含量极少，但对加工品质有不利影响，如马铃薯、藕等在去皮和切碎后在空气中会变黑，这是因为单宁物质氧化生成暗红色的根皮鞣红，这种现象称为酶褐变。为防止这种褐变，在蔬菜加工时，除应控制单宁含量、酶的活性及氧的供给等因素外，可选择单宁含量少的品种作为原料；若用热水烫漂、蒸汽处理或硫化处理可控制酶的活性；去皮及切分后应立即放入盐水或清水中以隔离与空气的接触，防止氧化等。

单宁遇铁会变成黑绿色，遇锡会变成玫瑰色，所以加工时不能用铁、锡制作的器具。单宁与碱作用很快会变黑。因此，果蔬用碱液去皮后，应立即洗净附在其上的碱液。

28.3.3.6　糖苷类

糖苷类是单糖分子与非糖物质相结合的化合物，果蔬中存在各种各样的苷，它们大都具有苦味或特殊的香味，给果蔬以特殊的风味。

黑芥子苷是十字花科蔬菜苦味的来源，含于根、茎、叶及种子中，水解后可生成具有特殊辣味和香气的芥子油、葡萄糖及其他物质，不但苦味消失，品质也有所改善。此外，芥子油还具有杀菌功能，能起防腐作用。

茄碱苷或称龙葵苷主要存在于马铃薯、番茄及茄子中，是一种有毒的生物碱。马铃薯所含的茄碱苷多集中在发芽的芽眼附近或受光发绿的部分，茄碱苷含量达到 0.02% 时，人食用后就会引起中毒，因此加工时应将其削除。

28.3.3.7　色素物质

色素物质构成果蔬的颜色，可增强果蔬外观美感，有的色素还具有较高的营养价值。果蔬的色素主要有花色素（花青素）、类胡萝卜素、叶绿素和黄碱素（黄酮色素）这四类。

花青素是基本结构相同的一类化学物质的总称。它通常以苷态存在，花色苷存在于果蔬细胞液中，水解后生成花色素，这种色素能溶解于水，在不同 pH 值的介质中可呈现不同的颜色。花青素还有抑制有害微生物的能力。红色品种的苹果由于果实中含有大量的花青素，比黄色或绿色品种的苹果抗病力更强。

加热对花青素有破坏作用，能促使其分解而褪色。花青素遇铁、锡、镍、铜等也会变色，因此加工用具应采用不锈钢或铝制品。

类胡萝卜素也称黄色色素，分布于植物的根、叶、花和果实中，它表现的颜色有黄色、橙色、橙红色，不溶于水。类胡萝卜素主要包括胡萝卜素、番茄红素、叶黄素、椒黄素和椒红素。

胡萝卜素既是色素，又是营养素。胡萝卜、南瓜、番茄和辣椒中都含有这种色素。胡萝卜素有 α、β、γ 等多种异构体，其中 β-胡萝卜素最为重要，含量也最多。β-胡萝卜素可在动物或人体内转化为维生素 A，故又称 β-胡萝卜素为维生素 A 原。

叶绿素使果蔬呈现绿色。叶绿素有两种，叶绿素 a 和叶绿素 b。采摘下的绿色果蔬经储藏后熟，由于叶绿素被分解而显现出胡萝卜素、花色素等不同的颜色。

叶绿素是一种不稳定的化合物，不溶于水。在酸性介质中，叶绿素分子中的镁易被氢取代形成植物黑质，即由绿色变为褐色。在碱性介质中，叶绿素遇水分解，生成叶绿酸、甲醇和叶醇。若叶绿酸进一步与碱反应生成钠盐时，则绿色就可以更好地保持。

若将绿色果蔬在沸水中短时间浸泡，由于植物组织内的空气被排出，组织变得比较透明，绿色显得更深。如烫漂时间较长，就会变成褐绿色。在蔬菜干制时，用亚硫酸钠溶液浸泡也能保色。

黄碱素（黄酮色素）存在于洋葱、辣椒等蔬菜中，呈黄色或白色，微溶于水，大多数能溶于乙醇，在碱性溶液中呈深黄色。

28.3.3.8　芳香物质（挥发油）

芳香物质的主要成分为酯类、醛类、醇类、酮类和烃类等。由于果蔬中所含的芳香物质种类不同，散发出的香气也不同。如苹果、梨、桃、香蕉等的香气主要是酯类；柑橘类主要是柠檬醛和萜二烯；萝卜中含有甲硫醇；大蒜中的精油为二硫化二丙烯等；生姜中含有姜烯、姜醇等；黄瓜中含有壬二烯醇等。

在果蔬中芳香物质的含量极少，故又称为精油。有些芳香物质不是以精油状态存在，而是以糖苷或氨基酸状态存在的，必须经酶水解生成精油后才有香气。

大多数芳香物质都有杀菌作用，有利于制品的储藏。加热容易使芳香物质流失，所以低温短时热风干燥既有利于营养成分的保留，也有利于芳香物质的保留。某些果蔬片干制后，芳香味大为减弱，但将其制成粉品后又芳香扑鼻（如苹果、南瓜）。所以在果蔬干燥时，其芳香物质的保留机理是较复杂的。

28.3.3.9　维生素类

新鲜果蔬中含有多种维生素，它是人体所需维生素的主要来源之一。果蔬中含有丰富的维生素 C 和维生素 A 原、维生素 B_1、维生素 B_2、维生素 E 和维生素 K 等。

柑橘是富含维生素 C 的果品，而枣、番石榴、山楂、草莓、猕猴桃等比柑橘的维生素 C 含量还要高出几倍到几十倍。某些野生果，含维生素 C 更高。苦瓜、辣椒、番茄中也含有丰富的维生素 C，部分果蔬的维生素 C 含量列于表 28-10。

表 28-10　部分果蔬的维生素 C 含量

名称	维生素 C 含量/(mg/100g)	名称	维生素 C 含量/(mg/100g)
枣	270~1170	刺梨	1340~2435
山楂	83~99	苦瓜	84
广柑	16~96	马铃薯	70
猕猴桃	84~140	番茄	11~30
余甘子	800	辣椒	26~198
番石榴	300	菜花	85~100

维生素 C 较不稳定，但在酸性溶液或糖水中比较稳定。在真空缺氧的条件下加热损失

较少。对维生素 C 的破坏，都与酶的活性大小密切相关，凡是能抑制酶活性的处理，都可以减少维生素 C 的损失。例如，采用沸水或蒸汽烫漂处理、熏硫处理及冻干等，既可抑制酶的活性又有利于维生素 C 的保存。

维生素 A 原又称胡萝卜素。植物体中无维生素 A，但富含维生素 A 原，当维生素 A 原进入人体后，经肝脏可转化为维生素 A。表 28-11 列举了部分果蔬的维生素 A 原的含量。维生素 A 原为脂溶性物质，比较稳定，特别在高温下仍相当稳定。但在加热时遇氧会氧化，故长时间干制时容易损失。

表 28-11　部分果蔬的维生素 A 原含量

名称	维生素 A 原含量/(mg/100g)	名称	维生素 A 原含量/(mg/100g)
桃(黄肉种)	0.76	胡萝卜	2.1
杏	1.79	雪里红	1.46
枇杷	1.6~7.7	芦笋	0.73
香蕉	0.12~0.25	番茄	0.31
柑橘	0.3~0.7	黄瓜	0.26
枣	0.6	茄子	0.04
山楂	0.82	大葱	1.98

维生素 B_1 又称硫胺素，豆类中含维生素 B_1 最多。维生素 B_1 在酸性环境中较稳定，而在中性或碱性环境中对加热十分敏感，容易被氧化或还原。维生素 B_1 通过干制能够很好地保存，但在烫漂时会有一部分溶于水中。

维生素 B_2 即核黄素，在甘蓝、番茄中含量较多。维生素 B_2 耐热、不易氧化，在干制品中能保持有效性，但在碱性溶液中热稳定性差。

维生素 E 和维生素 K 存在于果蔬的绿色部位，很稳定。维生素 E 含量以莴苣为多，维生素 K 含量以甘蓝、青番茄为多。

28.3.3.10　油脂类

果蔬中所含的不挥发油分和蜡质均属油脂类。在种子中油脂含量非常丰富，如南瓜子含油量达 34%~35%。除种子外，果蔬的其他部位含油量一般很少。

28.3.3.11　矿物质

矿物质是指具有营养价值的元素，又称无机盐或灰分。果蔬中含有钙、磷、铁、硫、镁、钾、碘、铜等多种矿物质。它们主要以各种盐类的形式存在于果蔬细胞中，虽然其绝对含量很少，但新鲜果蔬仍是人体所需矿物质的主要来源之一。绿叶菜中含有丰富的钙，菠菜、芹菜、胡萝卜等含有丰富的铁盐，洋葱、茄子等含有较多的磷。

28.3.3.12　植物抗生素

植物中也含有青霉素、链霉素等，以保护植物本身免受病原菌的侵害，这种物质称为植物抗生素。

大蒜和大葱内有一种极其活跃的植物抗生素，番茄素是一种在番茄植株中所含有的抗生素。

28.3.3.13　酶

酶是一种特殊的蛋白质，具有蛋白的一切性质，在高温或 pH 值不适宜的环境下，能发生不可逆的变性而被破坏。酶控制着果蔬机体新陈代谢的强度和方向。在果蔬加工中，酶是引起风味和品质变坏及营养成分损失的重要因素，所以应采用适当的方法抑制酶的活性。

28.4　果蔬干燥前的预处理^[2,9,10]

为提高果蔬干制品的质量，改善干燥工艺，果蔬在干燥前进行漂烫处理是必要的。预处理方式将根据品种和对干制品的要求而异。

28.4.1　原料的选择、洗涤

果蔬原料对其干制品质量有直接影响。对果品原料通常要求干物质含量高、纤维含量低、核小皮薄、色香味俱全；对蔬菜通常要求粗叶等废弃部分少、肉质厚、新鲜饱满、色泽好等。但具体要求应根据制品而定，对于果蔬制成粉品时则无需提过多要求，只要原料的质地好就可以。

购入原料后，通常要进行检验，对于霉烂、病虫严重的原料要剔除。

为了防止原料表面黏附的尘土、泥沙、污物、微生物及残留剂带入干成品中，在干燥处理前要进行洗涤。

洗涤时一般应使用软水，且为常温水。有时为了消除农药，采用 0.5%～1.5% 的盐酸溶液、0.1% 高锰酸钾溶液或 $600×10^{-6}$ 的漂白粉溶液等，先在常温下将原料在上述溶液中浸泡数分钟，然后再取出并用清水冲洗。

洗涤时可采用长方形水槽，将原料置于水槽中，用人工翻动清洗。规模较大时也可采用滚筒式洗涤机及喷淋式洗涤机。

28.4.2　原料的去皮、去核和切分

有些果蔬的外皮含有大量的纤维素、角质，粗糙坚硬，在干制加工前需要去皮，以提高质量，也使水分易于排除。

常用的去皮方法有手工去皮、简单器械如旋削器去皮等。与果蔬接触的刀具都应采用不锈钢制作，以免引起果品的褐变和刀具锈蚀。

番茄去皮常采用热力法，即将原料短时间放在热水、蒸汽或热空气中，受热后其表皮膨胀，皮下组织中的果胶物质溶解，从而使果皮和果肉间失去黏着力而分离，然后用手剥去或用水冲去外皮。其热度适宜时，可以只除去外皮而不连带肉质，耗损可以大为降低。

苹果、梨、桃、柿、马铃薯等果蔬具有较厚的表皮，可采用碱液去皮，即将原料在一定浓度和温度的强碱溶液中处理一定时间后，使表皮泡软并与肉质脱离，随之立即用清水冲洗或揉搓，其表皮即脱落，再用清水漂洗除去碱液。也可用 0.25%～0.5% 的柠檬酸或盐酸浸泡数秒钟来中和碱液，然后再用清水漂洗。在生产中，为了确保去皮效果，往往要对每批原料所采用的碱液浓度、温度和处理时间先进行抽样试验。对有些原料（如苹果、梨等）如采用碱液、热力两种方法联合进行，则去皮效果更好。部分果蔬的碱液去皮条件见表 28-12。除氢氧化钠（NaOH）外，可采用氢氧化钾（KOH）溶液，或用土碱（Na_2CO_3）和石灰 $[Ca(OH)_2]$ 各 1 份，配成 2 份氢氧化钠和 1 份碳酸钙沉淀。

某些果品如桃、李、杏、梅等需挖去果核，苹果、梨等需除去果心。去核和去心可采用人工方法，使用特殊形状的刀具，将果品切成两半后再挖去核。去核机械的操作大都模仿手工操作，其效率较高，但损耗较大。

表 28-12　部分果蔬的碱液去皮条件

种类	NaOH 溶液浓度/%	液温/℃	处理时间/min	种类	NaOH 溶液浓度/%	液温/℃	处理时间/min
苹果	8~12	>90	1~2	橘瓣	0.8~1	30~90	0.25~1
梨	8~12	>90	1~2	胡萝卜	3~6	>90	1~1.5
桃	1.5~3	>90	1~2	番薯	3~6	>90	>2
杏	3~6	>90	1~2	茄子	6~8	>90	>2
李	2~8	>90	1~2	马铃薯	8~12	>90	>2

去核后，根据果品性状及加工食用需要来切分，如苹果和梨可切成圆片（或圈）或瓣状。用机械捅去核心时可切成圈状，其他则可切成块、条、片或丝。切分果品时一般均使用机械，这些机械通常可在市场上购置。

28.4.3　原料的热烫处理

热烫又称烫漂或热处理，即将果蔬原料（切分的或未切分的）放在热水或蒸汽中进行短时间的加热，然后立即用冷水冷却。

果蔬组织经热烫后细胞死亡、膨压消失，细胞组织内的空气也被迫逸出，使组织柔韧、稍有弹性、不易破损。由于空气被排出，含叶绿素的果蔬颜色更加鲜艳，不含叶绿素的果蔬变成半透明状；热烫还可以除去果蔬表面的黏性物质，使制品洁净。

果蔬中氧化酶在 71~73℃、过氧化酶在 90~100℃时处理 5min 可以失去活性。所以热烫可以破坏果蔬的氧化酶系统，可防止因酶的氧化而产生的褐变以及维生素的进一步氧化。

热烫又可使细胞内的原生质凝固、失水而同细胞壁分离，使细胞膜的渗透性加大，有利于细胞组织内的水分蒸发，加快干燥速度。同时，经过热烫处理的干制品，复水性较好。

此外，热烫可以除去果蔬的某些不良气味，如菠萝、菠菜的涩味，辣椒的辣味，芦笋的苦味等。

热烫主要有热水法和蒸汽法两种。

热烫温度通常以水的沸点为准，热烫时间根据果蔬品种、成熟程度或质地而异，一般为 2~6min，也有只需 10 余秒的。处理必须充分，务必使中心部分均能受到热烫作用。热烫时果蔬中的可溶性物质，如维生素 C 会流失。热烫时间如表 28-13 所示。实际所需时间应以过氧化酶活性检查为准。

表 28-13　几种蔬菜所需热烫时间

蔬菜名称	热烫时间/min	蔬菜名称	热烫时间/min	蔬菜名称	热烫时间/min	蔬菜名称	热烫时间/min
甘蓝	1.5~2	菠菜	1~1.5	黄豆芽	2	芹菜	2~3
青菜	2~3	番茄	2~3	绿豆芽	6~8	豇豆	6~8
胡萝卜（0.2cm 厚）	1.5~2	马铃薯（0.2cm 厚）	5	塌棵菜	1.5~2.5	四季豆	5
青辣椒	3	青豌豆	2	鸡毛菜	1~2	青蚕豆	5
				苋菜	1~2		

一般果蔬采用蒸汽法时，将原料置于蒸汽箱中，温度控制在 80~100℃，蒸汽热烫时间为 2~8min，热烫后应立即关闭蒸汽并取出冷却。采用蒸汽法可避免果蔬中营养物质的流失。

28.4.4　果蔬的硫处理

用燃烧硫黄产生的二氧化硫气体熏制，或用亚硫酸及其盐类配制成一定浓度的水溶液来浸渍原料，称为硫处理。

硫处理可防止褐变，提高营养物质特别是维生素 C 的保存率等。因 SO_2 具有强的还原性，能破坏果蔬组织内氧化酶系统的活性，从而可以抑制原料的氧化变色，但对叶绿素不起作用。二氧化硫的还原作用使原料组织中的氧含量降低。因此维生素 C 的氧化损失就会减少。

此外，硫处理能增强细胞膜的渗透性，促进水分蒸发，加快干燥速度，而且其干制品复水性较好。经硫处理的原料，还可抑制产品表面的微生物活动。

硫处理主要有熏硫法和浸硫法两种。熏硫时，可将燃烧硫黄产生的二氧化硫气体通入熏硫室，也可以将二氧化硫钢瓶盛装的 SO_2 缓慢地注入室内。硫黄用量需经试验确定，通常每吨原料用 2kg 硫黄。熏硫时要防止 SO_2 的泄漏，残余 SO_2 气体若直接放空将污染大气，最好采用残余 SO_2 处理装置。要求熏硫后肉质内含二氧化硫的浓度应不高于 0.08%～0.1%，但熏硫后的原料经干制后，其含量很低，通常不会超标。

浸硫法即用一定浓度的亚硫酸或亚硫酸盐溶液浸泡原料，其浓度以有效二氧化硫计算，一般要求占原料和溶液总重量的 0.1%～0.2%。工业亚硫酸含有效二氧化硫浓度一般为6%，各种亚硫酸盐的有效二氧化硫含量见表 28-14。亚硫酸盐呈微碱性，会破坏原料中的维生素 C，而且二氧化硫在碱性溶液中不易被释放出来。因此常加入一定量的柠檬酸或盐酸，将溶液调成微酸性。

表 28-14　各种亚硫酸盐的有效二氧化硫含量

名称	有效 SO_2 含量/%	名称	有效 SO_2 含量/%
亚硫酸钙（$CaSO_3$）	23	亚硫酸氢钠（$NaHSO_3$）	61.95
亚硫酸钾（K_2SO_3）	33	焦亚硫酸钾（$K_2S_2O_5$）	57.65
亚硫酸钠（Na_2SO_3）	50.84	焦亚硫酸钠（$Na_2S_2O_5$）	67.43
亚硫酸氢钾（$KHSO_3$）	53.31		

28.5　干燥方法

水果和蔬菜中的维生素、矿物质及膳食纤维是人体营养素的重要来源。因果蔬具有较强的地域性和季节性，收获后如不能及时销售、储藏和加工，容易导致腐烂变质。果蔬干制，即将果蔬中的大量水分排除，使微生物的繁殖和酶的活性受到抑制，有利于干制品的长期保存。将新鲜果蔬直接加工成果蔬粉，是近几年来出现的一种新趋势。果蔬粉加工方法主要有两大类：一类是果蔬切片干燥后，经粉碎得到果蔬粉；另一类是将果蔬打浆或提取其中的有效成分后对提取液进行浓缩，最终进行干燥得到果蔬粉。果蔬（粉）干燥时应采用适宜的干燥工艺和干燥设备，在排除大量水分时，能最大限度地保留营养成分和风味。一般而言，将果蔬（粉）干燥至要求的终含水量的过程中（自约 90% 降至约 10%），物料的受热时间越短，受热升温的温度越低，则产品质量越好。当然能源消耗、投资和操作费用等经济因素也是选择干燥方法时非常重要的参考因素，对一种物料可能有若干种干燥方法能够达到干燥要求，最终方案的选定是在产品质量、能耗和设备投资等方面权衡后确定。

28.5.1　太阳能干燥

利用太阳能干制果蔬已有悠久的历史，太阳能干燥是一种很经济的方法，若采用通常的日晒或简单的棚室则造价很低。如葡萄、梅、枣、梅干菜、柿饼、笋干等大多采用日晒方法来加工成干制品。但是直接日晒干燥有许多工艺上的问题，主要是干燥时间长，特别是遇到阴雨天气时产品容易霉烂；产品容易被灰尘、蝇、鼠等污染；产品易褐变，维生素等营养成分破坏较大等。

现代采用太阳能干燥与以往民间采用的日晒法已不可相比。为了克服日晒法的缺点，现代太阳能干燥器或是采用带太阳能收集器的干燥器，或是采用带辅助能源的干燥器。最简单的直接式太阳能干燥器，虽然还是利用直射到物料表层的太阳能提供蒸发湿物料水分的能量，但是物料放置在透光的玻璃棚中，并且辅以循环空气，使水分能迅速从湿物料中排出。Elicin 和 Sacilik[11] 报道苹果的水分含量由 82% 降低至 11%，使用太阳能直接干燥需要 32h，而太阳能隧道干燥机（图 28-17）只需要 28h，且产品色泽比太阳能直接干燥产品好。同时，太阳能隧道干燥机能够更好地阻隔雨水、昆虫、灰尘等的污染，保留苹果的品质。

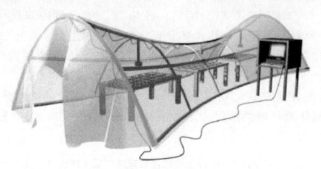

图 28-17　循环温室太阳能隧道干燥机

在间接式太阳能干燥器中，装置一个太阳能收集器，空气通过太阳能收集器后被加热，然后热空气通过干燥箱使湿物料脱水。这种热空气的温度通常比环境温度要高出 10℃ 左右。这与加热器的形状、空气流量、收集器的光谱特性、日照率等因素有关。

组合太阳能干燥器，除了太阳能收集器外，还配备其他形式辅助能源的加热器，如电加热器或燃烧燃料的热风系统，这种辅助能源或是为了强化干燥，或是为了在阴雨天提供热能，使湿物料的干燥不致中断。有时还可以用充气聚乙烯管式蓄能器。据报道，装有蓄能器的太阳能干燥器，当空气以 140kg/h 的速率通过时，热空气的温度为 27℃，而以 25kg/h 的速率通过时，空气可被加热到 52℃。储存热量的物料也可采用水、岩粒或盐溶液等[9]。

有关太阳能干燥器设计的详细论述请参考本书相关章节。

28.5.2　振动流化床干燥

目前，大部分水果蔬菜都是用热空气干燥方法脱水的。热空气干燥的设备形式较多，如厢式干燥、隧道干燥、带式干燥和流化床干燥等，都是采用热空气作为干燥介质，将热量传递给干燥器中的物料，同时将从物料中蒸发出来的水分带走。热空气干燥又称对流干燥。

烘房也属于热空气干燥，在操作中热空气主要做自然对流，是中国民间常采用的一种干燥方法。

热空气干燥时，影响干燥速率的主要因素是果蔬的物理化学性质。含糖分和果胶多的物料较难干燥，如山楂、蒜片等。果蔬干燥时一般都要将原料切成片或粒状。物料最小尺寸的大小对干燥速率的影响最大，如片状物料的片厚是影响干燥速率的决定性因素。空气的温度和速度对干燥速率有直接影响；在干燥设备内的持料方式更会影响物料的干燥速率，对于热空气干燥（即对流干燥）可由下式简单而直观地表示各种操作参数对干燥速率的影响：

$$N \propto T_g u_g^{0.5} d_p^{-1.5}$$

（28-23）

式中，N 为干燥速率，kg/(s·m²)（或 s⁻¹）；T_g 为热空气的温度，℃；u_g 为热空气和物料的相对速度，m/s；d_p 为物料的当量直径或切片的厚度，m。

在上述各种热空气干燥器中，由于持料方式不同，可分为静态干燥和动态干燥，果蔬切片在其中的干燥时间差异极大。一般而言，在烘房中干燥经历的干燥时间可长达数天；在厢式、隧道式干燥器中干燥时间常为 10～20h；在多层带式干燥器中物料可有数次跌落式翻动，果蔬片的干燥时间通常为 2h 左右。而在动态干燥的流化床中（实为改型流化床，即振动流化床、离心流化床、惰性载体流化床及搅拌流化床等），干燥时间大约为 0.5h。

现举例说明静态干燥和动态干燥的特性，并说明动态干燥中各种参数对干燥速率和节能的影响[12-14]。

图 28-18 中，曲线 A 为魔芋片在带式干燥器中的干燥曲线，魔芋片自初始湿含量约 80％ 干燥至最终湿含量约 10％，约需要 130min；而曲线 B 和曲线 C 则表示干燥参数与带式干燥器大致相同的振动流化床中魔芋片的干燥曲线，采用曲线 C 的干燥参数时干燥时间仅为 27min。图 28-19 所示的南瓜切片的干燥试验和上述魔芋片的干燥试验结果十分相似。

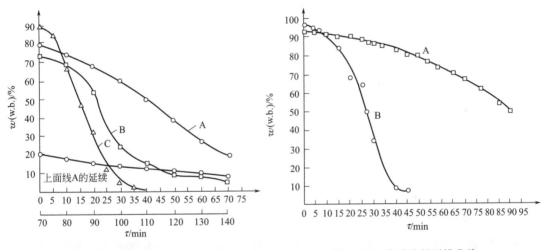

图 28-18　魔芋片的干燥曲线　　　　　　图 28-19　南瓜片的干燥曲线

图 28-20 为几种果蔬切片在振动流化床中的干燥曲线。可以看出，果蔬切片在振动流化床中干燥时，由于果蔬切片在与热空气接触时总是处于跳动状态，这样不仅不存在切片搭叠形成的死角，而且跳动的切片扰动了传热传质边界层，使传热传质速率加快。在动态干燥中还可看到，临界湿含量较静态干燥法有所降低，即等速干燥阶段有所延长。

需要指出的是，动态干燥时由于干燥速率加快，对于一些内阻较大的物料，在干燥至一定湿含量时，内部水分扩散极慢，会使后段干燥速率大为减小，很难在原有干燥参数下继续脱水。遇此情况时，需采用缓苏工艺（见图 28-21），即干燥一段时间后停止干燥，将物料取出晾在空气中缓苏一段时间后，再将物料投入振动流化床中干燥，则可使物料迅速脱水达到要求的终湿含量。采用缓苏过程不仅节能，而且对保留果蔬干制品的营养成分也十分有利。从图 28-22 可以看出，采用缓苏过程后，在达到相同的最终湿含量（约 10％）的情况下，胡萝卜片在振动流化床中的干燥时间可缩短 35min，且 β-胡萝卜素的保存率可提高约 25％。由此可见，动态干燥比静态干燥在降低能耗、提高产品质量方面均有优势。但对于有些组织非常软或含糖和果胶较多的果蔬，因其切片容易粘连，不宜采用动态干燥，如香蕉、番茄等。

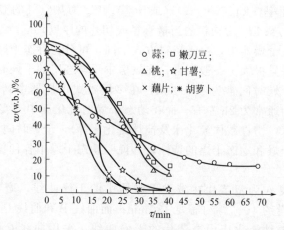

图 28-20　几种果蔬切片在振动流化床中的干燥曲线

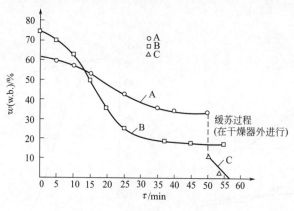

图 28-21　山楂片的缓苏作用（A，C）

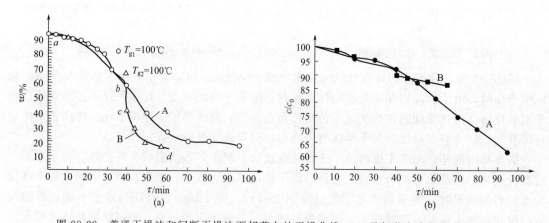

图 28-22　普通干燥法和间断干燥法下胡萝卜的干燥曲线（a）及胡萝卜素保留曲线（b）

$T_g=100℃$，$H=70mm$；片尺寸：$20mm\times20mm\times5mm$。A—普通干燥法；

B—间断干燥法。图（b）中 c 为胡萝卜在干燥过程时其胡萝卜素含量；c_0 为新鲜胡萝卜中胡萝卜素含量

Jayaraman 等认为在气流干燥器中，可采用 160～180℃ 的热空气对热烫后的马铃薯颗粒做高温短时（HTST）干燥，经 8min 可干燥至含水率 59.3%，这可促使产品膨胀多孔，并有利于随后在对流厢式干燥器中的干燥，并使产品显著地减少复水所需要的时间和提高产品的复水率，如表 28-15 所示。

表 28-15　蔬菜高温短时气流干燥条件及产品的复水特性[9]

物料	湿含量/%				最佳高温短时干燥条件		复水时间/min	复水率
	原料	热烫后	高温短时处理后	最终干燥后[①]	温度/℃	时间/min		
马铃薯	82.2	83.3	59.3	4.1	170	8	5	0.94
青豌豆	71.1	72.5	38.3	3.4	160	8	5	1.06
胡萝卜	89.3	91.0	52.9	4.2	170	8	5	0.50
薯类	76.6	78.3	50.2	3.9	180	8	6	1.01
香薯	73.6	78.6	53.8	5.3	170	8	2	1.06
芋	80.2	83.3	54.2	4.9	170	8	2	0.98
大蕉	80.8	83.3	58.8	4.6	170	8	4	0.97

① 最终湿含量是在对流厢式干燥中干燥后获得的。

28.5.3　离心流化床干燥

离心流化床中的物料受离心力的作用而贴附在转鼓壁上，而从多孔鼓壁吹入的热气流使物料被吹离转鼓壁，调节转鼓的转速和热气流的速度即可改变物料的受力状态，从而使物料保持稳定的流化状态，这对湿含量较高、黏性大、密度低的片状果蔬的干燥很适宜。图 28-23 为离心流化床简图，随着空气速度的提高，流化情况发生变化，由固定床演变为喷动床。

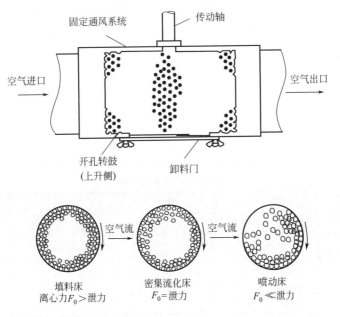

图 28-23　离心流化床简图

在改进的离心流化床内干燥胡萝卜、马铃薯和绿豆时，进气速度 12m/s，温度 116℃，不到 6min 的时间内就可使物料的重量减轻 50%。它与空气速度 4.55m/s，温度 71℃，载荷约为 10kg/m² 的隧道干燥相比，前者的干燥速率为后者的 3 倍。图 28-24 为离心流化床干燥系统的总体配置图。该机的转鼓内表面积约为 2m²，直径为 0.254m，长为 2.54m，转鼓开孔率为 45%，转速为 350r/min，水平方向的倾斜度可在 0°~6°之间调节，以控制被干燥物料的停留时间。热空气温度可达 140℃。表 28-16 列出了某些蔬菜在连续式离心流化床干燥器中的干燥条件，表 28-17 为在某些连续式离心流化床干燥器中被干燥物料的加料速率和蒸发速率[9]。

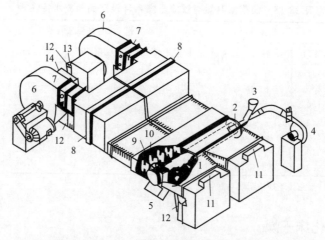

图 28-24 离心流化床干燥系统总体配置图

1—干燥器；2—驱动轮；3—吸气加料器；4—加料器风机；5—卸料槽；6—风机；7—排气消声器；8—蒸汽蛇管
加热器；9—强制通风系统；10—空气出口；11—出口孔；12—循环管；13—补充空气；14—风机进气口

表 28-16　某些蔬菜在连续式离心流化床干燥器中的干燥条件

物料	加料速率 /(kg/h)	卸料速率 /(kg/h)	湿含量/%		温度/℃	空气速度 /(m/s)
			原料	出料		
块状辣椒	142	71	93.4	86.1	71	15.3
块状甜菜	133	74	84.6	74.5	99	15.3
胡萝卜薄片	109	79	88.9	84.6	93	15.3
胡萝卜块	130～150	—	89.5	82.0	100～140	15.3
散条卷心菜	90～200	—	93.3	88.0	100～140	15.3
洋葱	150～160	—	87.7	82.5	100～140	15.3
蘑菇片	230	—	95.3	91.3	100～140	15.3

表 28-17　某些连续式离心流化床干燥器中被干燥物料的
加料速率和蒸发速率

单位：kg/h

干燥器尺寸/m （直径×长度）	卷心菜		胡萝卜		洋葱		蘑菇	
	加料	蒸发	加料	蒸发	加料	蒸发	加料	蒸发
0.305×2.13	133	58	130	54	156	44	231	106
0.50×5.00	658	285	643	266	771	215	1143	425
0.65×6.50	1263	546	1232	511	1478	412	2190	1003
0.80×8.00	2130	921	2077	861	2491	696	3693	1694
1.00×10.00	3719	1607	3628	1504	4352	1216	6451	2958

　　离心流化床可将物料干燥到任何湿含量，但较适合作为片状果蔬的预干燥器，与之相配合的后期干燥可在其他形式的干燥器中进行。有关离心流化床干燥器的设计，请参阅本书相关章节。

28.5.4 压力膨化干燥

　　压力膨化干燥可生产果蔬脆片。此法又称为爆炸喷放干燥（explosion puffing drying），这种果蔬脆片为多孔结构，食用时香脆可口，它基本上不含脂肪，却含有大量维生素和纤维素，故被认为可替代乳、糖、脂含量甚高的糖果饼干，作为消闲食品。

　　压力膨化干燥果蔬片块大都需要在其他干燥器中做预干燥，将物料的湿含量降至 20%

左右，然后由压力膨化干燥至终湿含量为 3%～4%[9]。

　　间歇式压力膨化系统主要由一个压力罐和一个体积比压力罐至少大 5～10 倍的真空罐组成，原料置于压力罐内，受热后由于水分不断蒸发使压力逐渐上升至 70～480kPa，物料温度大于 100℃。随后，迅速打开连接压力罐和真空罐（真空罐中已预先抽真空）的快开阀，由于压力罐内瞬间降压，物料内部的水分闪蒸。在真空状态下还可维持加热脱水一段时间，直至达到所要求的最终湿含量。图 28-25 为 Heiland 报道的一种连续压力膨化干燥系统。表 28-18 为 Kozompel 给出的某些蔬菜和水果的压力膨化干燥条件。

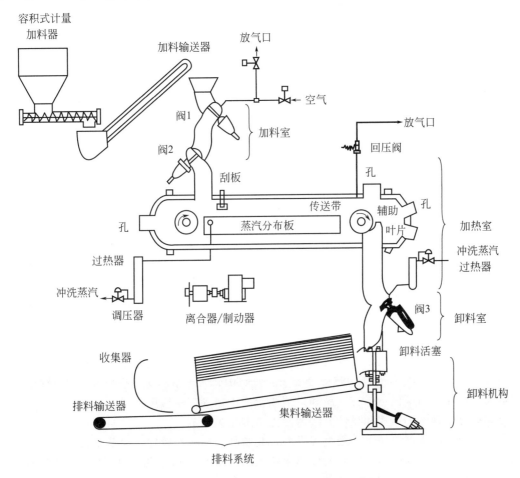

图 28-25　连续式压力膨化干燥系统组成简图

表 28-18　某些蔬菜和水果的压力膨化（间歇/连续）干燥条件

物料	膨化前湿含量/%	蒸汽压力/kPa	温度/℃	停留时间/s	复水时间/min	物料	膨化前湿含量/%	蒸汽压力/kPa	温度/℃	停留时间/s	复水时间/min
马铃薯	25	414	176	60	5	蘑菇	20	193	121	39	5
胡萝卜	25	275	149	49	5	苹果	15	117	121	35	5
薯类	25	241	160	75	10	蓝莓	18	138	204	39	4
甜菜	20～26	276	163	120	5	蔓越橘	17～26	138	163	64	3
辣椒	19	207	149	45	2	草莓	25	90	177	—	3
洋葱	25	414	154	30	5	菠萝	18	83	166	60	1
芹菜	25	275	149	39	5	梨	18	228	154	60	5
芜菁甘蓝	25	241	160	60	6						

压力膨化干燥时果蔬片块可大可小，但需均匀，而且片块的湿含量应均匀一致，为此可在预干燥后，对物料做均湿化处理。

28.5.5　泡沫干燥

泡沫干燥主要用于制取水果粉品速溶饮料。通常先在连续搅拌器中，向液体物料中加入发泡剂或通入气体（如氮气或二氧化碳气体），连续地搅拌使气泡均布于液体物料中，然后把液体物料加入带式干燥器中，输送带通常由不开孔的不锈钢薄带制成。液体物料在带上形成薄层，并含有稳定的泡沫。热空气通过排列的喷嘴吹入物料层而使水分排除。目前在水果蔬菜中常用的发泡剂有大豆分离蛋白、大豆浓缩蛋白、乳清蛋白、瓜尔胶蛋白等，以甲基纤维素为稳定剂[15,16]。

物料的干燥时间和温度因产品而异。大部分水果汁采用的热风温度为160℃，经15min干燥可得最终湿含量为2%的产品。泡沫层加大了物料与空气的接触面积，从而加速了水分的蒸发。干燥所得的产品在干燥温度下可能比较黏，干燥后再设置一个冷却段可使产品冷却变脆。实验室加工的番茄、橘子、葡萄、苹果和菠萝物料的复水性均很好。为了提高干燥速率，缩短物料的受热时间，同时为了提高产品的质量，近年来微波辅助加热的泡沫干燥成为研究的重点[17-20]。

28.5.6　喷雾干燥

喷雾干燥是液体物料干燥最常用的干燥方式。通过雾化器将液体物料分散成小液滴与热空气进行接触，接触方式可以是并流、逆流、混流，物料中的水分迅速蒸发，得到30～500μm粉状产品，干燥时间一般为5～30s。喷雾干燥不但适用于耐高温的物料，也适用于热敏性物料，得到的多孔结构产品流动性和速溶性好。当物料的黏度较大时，往往需加入淀粉、麦芽糊精等辅料以降低黏度利于雾化，或对物料进行稀释后进行喷雾干燥。前一种方法影响了产品纯度，后一种方法会增加操作能耗。热敏性物料在干燥时由于进气温度低，喷雾干燥的热效率大大降低。低熔点（或玻璃化转变温度低）的物料在喷雾干燥过程中收粉率较低，浪费严重。目前喷雾干燥的热效率在30%～50%，但由于设备投资小，干燥时间短，处理量大，操作灵活等优点，在食品和果蔬浆干燥中得到广泛应用[21]。

有关喷雾干燥器的结构和设计方法请参见本书相关章节。

果蔬汁或果蔬浆制粉品可采用喷雾干燥，其制品的速溶性较好。果蔬浆含有大量的小分子糖，主要有葡萄糖和果糖，它们的玻璃化转化温度（T_g）分别为31℃和5℃。其黏性大，很难进行喷雾干燥，且在喷雾干燥过程中，果蔬粉会因为它的热塑性和吸湿性而出现结块问题。为了解决以上问题，可加入麦芽糊精、β-环糊精、卡拉胶等来调节果蔬浆的黏度。喷雾干燥条件（进风口温度、热空气流速、压缩空气流速）对果蔬粉含水量、容积密度、溶解性的影响很大。

果蔬浆在制粉品前含有大量糖分、果胶等黏性物质，故需要将其加水稀释，但由此造成能耗急剧增加。因此，用于汤料和固体饮料。用于调料的果蔬粉品，可将果蔬干片（湿含量低于4%）磨成符合要求细度的粉品，此种粉品风味更浓，而溶解性较差，但加工时的能耗远远低于喷雾干燥的能耗。

28.5.7　折射窗（RW）干燥

RW干燥，又称低温辐射或低温薄层干燥技术，以热水作为热源，采用辐射传导联合传热方式，使喷涂在热水表面聚酯传送带上的薄层（1~5mm）液、膏状物料内的水分迅速蒸发，干燥段末端的传送带经过低温水冷，使干燥后的物料受冷变脆，易于从传送带上脱落，干燥过程蒸发的水蒸气由引风机带走。采用此种方法干燥果蔬浆时，无需添加淀粉、麦芽糊精等辅料，可得到 100％的果蔬粉。工业生产中通常采用 50~95℃的热水作为热源，也可根据物料的耐热性调整水温和热介质。由于辐射传热量随物料内水分的减少而降低，避免了对物料的过度加热和热损失，干燥过程中物料温度比加热介质温度低 15~20℃，热效率在 50％~70％。对于果胶和糖分含量低的物料如胡萝卜浆和南瓜浆，可一次干燥得到合格产品（湿含量低于 6％）；而对于果胶和糖分含量高的物料，干燥后产品的湿含量不满足包装储存的要求，需经过二次干燥才能得到合格的产品。由于 RW 是常压干燥，产品与空气接触，对于干燥后易吸潮的物料不宜采用此种干燥方法。RW 干燥以其设备成本低、能耗低、干燥迅速、低温干燥产品品质好等优势而具有良好的应用前景，目前国内已有生产厂家能提供工业化 RW 干燥机[9]。RW 干燥系统如图 28-26 所示。

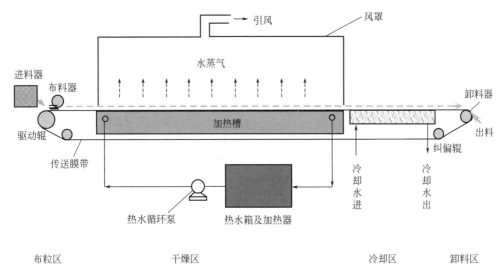

图 28-26　RW 干燥系统

28.5.8　真空干燥

真空干燥时，将物料置于真空干燥室内，由于气相压力低，湿物料在较低温度下产生的饱和水蒸气便大于气相的水蒸气分压，因而水分被蒸发而逸入气相，真空泵的连续抽吸使水分排出干燥室，从而将湿物料逐渐脱水干燥。真空干燥的整个干燥期间干燥速度受水分内部扩散的控制。与常压干燥相比，其等速干燥阶段较长，但干燥速率并不高。真空干燥时的真空度约为 533~677Pa，干燥温度在常温至 70℃。真空干燥时温度较低，且不与氧接触，所以可避免果蔬干燥时的热变性，使营养保存和色、香、味及复水性等均较佳[9]。

真空干燥器有静态、动态之分。连续真空干燥器也已开发。

28.5.9　真空带式干燥

真空带式干燥机（vacuum bed dryer，VBD）是一种连续操作的真空干燥设备。液膏状物料经泵送入布料装置，均匀地分布在传送带上；干燥所需的热量由传送带底部的加热板提供，加热板内通入的是蒸汽或过热水，通过热传导向物料提供热量，使物料中的水分蒸发；

水蒸气被真空系统抽走；干燥后的物料由切料装置切下后进入粉碎机，经粉碎后得到干产品。整个干燥过程在绝对压力为 1000～4000Pa 的真空腔内完成，干燥时间在 20～60min 左右。即使干燥高黏度物料时，也无需添加辅料来降低黏度。目前真空带式干燥机在低聚糖、植物提取物、果蔬浆等干燥中均有应用。由于是真空干燥，物料温度低，氧气浓度低，得到的产品色泽及营养成分保留率高，溶解性好[22]。真空带式干燥机结构如图 28-27 所示。

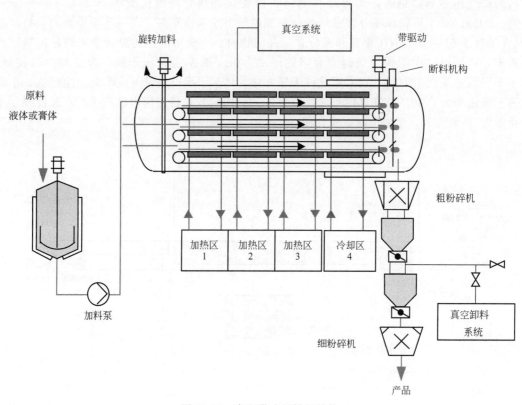

图 28-27　真空带式干燥机结构

Katrin Burmeste 等比较了真空带式干燥、冷冻干燥和喷雾干燥速溶咖啡的结构与速溶性，通过扫描电镜（SEM）发现 VBD 干燥咖啡粉的颗粒固相面上并无孔隙和通道，固相结构平滑，速溶性好；而冷冻干燥和喷雾干燥的产品则是多孔结构，密度小，易漂浮在水面上，导致速溶性差；VBD 干燥的速溶咖啡松密度和真密度是三种干燥方式中最大的。WangJuan 等比较了 VBD、真空冷冻、热风 3 种方式干燥的香蕉粉，发现 VBD 干燥的香蕉粉中维生素 C 含量、产品的吸水指数与水溶性指数与真空冷冻干燥无明显差别，均远远高于热风干燥的产品。由此可见，真空带式干燥的产品质量是可以与冷冻干燥产品的质量相媲美的。但是由于真空带式干燥机的设备投资较大，限制了其在一些低附加值产品干燥中的应用。目前国内能提供真空带式干燥机的厂家已有十几家。真空带式干燥产品及相应工艺参数见表 28-19。

28.5.10　转鼓干燥

转鼓干燥是通过鼓壁传导热量的传导型干燥器，转鼓内通常通入饱和蒸汽，鼓外壁为一层（周）物料膜，热量通过鼓壁传入物料膜后，水分即受热汽化，当物料由加料处附于转鼓上后，随转鼓转动并逐渐干燥，约转过 3/4 周时，已干燥成片状的物料被刮刀刮下，并被收集起来。由于物料直接和热表面接触，传热速率和热效率均较高。转鼓干燥通常在大气压下操作，设置封闭罩后，可在罩和料层间隙中鼓入空气以加快排湿，或在真空下操作。

表 28-19　真空带式干燥产品及相应工艺参数

产品		供料含固量/%	产品含固量/%	加热T/℃	冷却T/℃	真空p/mbar	干燥时间/min	产出量/[kg/(h·m²)]	蒸发水分量/[kg/(h·m²)]
麦芽饮料	麦芽饮料（产品 A）	80	97.5	130～140	50～60	30～40	35～40	4.5	0.98
	麦芽饮料（产品 B）	81.5	98	140～150	30	35～40	35～40	7	1.42
巧克力碎片		87.5	98.5	120～130	120	15～20	50～60	15	1.89
果汁/甜饮料	浆果汁（无辅料）	67.5	98	80～100	20	10～15	60	1.25	0.56
	葡萄糖浆	67.5	97.5	100～130	30	15～20	40～60	3	1.33
	橙汁（无辅料）	60	98.5	80～90	20	10～15	60	1.75	1.12
植物提取物	草药提取物	72.5	97.5	80～110	20	20～30	50～60	2.5	0.86
	茶提取物	60	97.5	80～90	20	10～15	60～90	1.75	1.09
植物蛋白	速溶汤料	82.5	98.5	90～110	30	20	30～40	4.5	0.87
	速溶汤料（原味）	82.5	98.5	130～140	30～40	20～30	30～40	7	1.36
	汤料粒	82.5	98.5	120～140	30	20	40～60	6	1.16
酵母提取物		77.5	97.5	80～100	20～30	15	60	2	0.52
动物蛋白	烤肉汁	85	98	80～100	15～20	15～20	40～50	5	0.76
	鸡肉汤精	62.5	97.5	80～100	20	20	60～80	2.25	1.26
	猪肉味精	75	97.5	120～140	20	20	30～40	2.5	0.75

注：1mbar＝100Pa。

据 Lazar 介绍，封闭罩与鼓同轴，间隙为 2.54cm，间隙中的逆向空气流速为 5m/s。收集产品区的空气相对湿度为 15％～20％，温度为 138℃，转鼓转速为 1/3～3r/min，刮刀与鼓壁的间隙为 0.25mm，可获湿含量为 5％～7％的产品。随后在厢式干燥器中做低温干燥，使产品最终湿含量为 2.5％～3.0％。由转鼓干燥器所得产品是片料，若需加工成粉料，还需经粉碎加工。转鼓干燥器的简图如图 28-28 所示[9]。

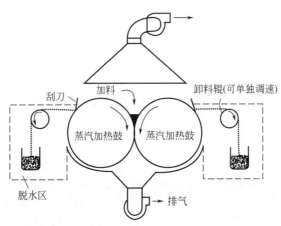

图 28-28　带顶罩和底罩及低湿收集区的转鼓干燥器

纤维含量相对较高的物料，如苹果、番石榴、杏、香蕉、木瓜浆等，在不加添加剂时能成功地采用转鼓干燥。对于纤维素含量较低的果蔬浆料，则需要添加纤维（低甲氧基果胶

low methaxyl pectin 高达 1%）来帮助形成薄片。对不同的产品，应调整操作参数以使干燥薄片的质量达到最佳。

转鼓干燥器的详细结构、产品系列设计和设计计算请参阅本书相关章节。

28.5.11　微波干燥

微波是频率在 300～300000MHz 的高频电磁波。在由微波形成的高频电磁场中，物质分子吸收微波能而产生热效应，但不同物质吸收微波能的量不同，即不同物质的介电性质不同。物质的介电性质与该种物质的极性或诱导极性的大小有关。水是极性分子，因此它在高频电磁场中以变化磁场的频率反复变换极性方向，形成剧烈的分子运动而产生热量，使水分受热汽化。

微波干燥在果蔬脱水中已有较成熟的经验。Decareau 报道了利用微波能对果蔬干燥的研究工作。如采用微波真空干燥浓缩橘子汁、柠檬汁、葡萄汁等。据报道，用功率为 48kW、频率为 2450MHz 的微波真空干燥器，在 40min 内可将白利糖度为 63° 的橘子汁浓缩至湿含量为 2%。该装置的真空室直径为 1.5m，长为 12m，采用玻璃增强聚四氟乙烯传送带。操作时先将含有 63% 固形物的橘浆抽吸涂布在宽为 1.2m 的传送带上，料层厚度为 3～7mm，经 40min 后，可膨化到厚度为 80～100mm，制成湿含量为 2% 的速溶橘粉。每小时产量为 58kg。产品不仅保留了橘汁特有的色香味，而且保留的维生素 C 含量远大于喷雾干燥产品。

甘肃地区无壳瓜子采用 915MHz 和 245MHz 两种不同频率和功率的设备进行组合，实现了瓜子的干燥、喷香和烙炒自动化生产。生产的产品膨化均匀、无焦痕、酥脆、香味浓郁、清洁卫生，还比远红外焙烤节能 50%。

对于茎叶菜类（竹笋、洋葱、白菜、菠菜）、根菜类（萝卜、胡萝卜、蘑菇）、藻类（海带、裙菜）等均可利用微波和其他干燥方法组合，进行膨化干燥[9]。

微波干燥虽有很多优点，但其耗能大，需做微波膨化干燥的产品需要进行预脱水。在微波干燥时为了及时排除水分，通常都与真空干燥或通风干燥相结合。国内已开发了微波真空连续干燥（膨化）设备。有关微波干燥器的设计请参阅本书相关章节。

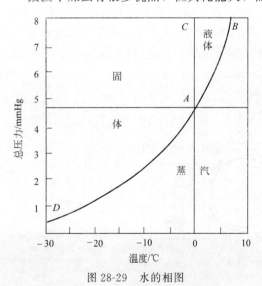

图 28-29　水的相图

28.5.12　冷冻干燥

在不同的温度和压力条件下，水可以固态（冰）、液态（水）和气态（水蒸气）三种不同的形态存在。在压力为 613.18Pa（4.6mmHg），温度为 0.0098℃（可近似看作 0℃）时，水的三种形态可共存，此点称为水的三相点，图 28-29 为水的相图。图上 A 点为三相点，AB 线为气-液分界线，AC 线为液-固分界线，AD 线为气-固分界线。冷冻干燥时，物料中的水已预先冷结成冰，水分由固态（冰）直接升华成气态而排除。由图 28-29可知，此升华过程即发生在 AD 线上，自左至右的相变过程。

果蔬中的水分主要存在于细胞中，并且通常以溶液的溶剂方式存在。特别是细胞中的水溶液，其冷冻成冰的相变情况和纯水相变是有差异的。水溶液受冷到一定温度，有一部分水分以结晶方式（冰）析出，而使溶液浓度加大，当析出的冰达到一定量时，再继续冷却，则不再有冰析出而是整个溶液均变为固体，此种浓度称为低共熔浓度，冷冻浓缩即以此为基础。在分离析出冰后，可得增浓的溶液。此外，果蔬食品还存有一小部分水分为不冻水，在一般食品中不冻水的含量为总含水量的 20%～40%。

　　果蔬冷却时，如冷却速度较慢，则冰晶先从细胞外部的介质形成，然后使细胞逐渐脱水收缩而形成较大的晶体，对细胞体产生严重的破坏。而在快速冷却时，细胞内部也同时结冰，形成的晶体较小。但慢速冷却，可使产品具有多孔性，升华的水蒸气易于逸出，干燥速度快。因此，对不同果蔬的冷却速度有一个最适宜的范围。

　　在冷却过程中，细胞间溶液因冰晶析出而浓缩时，细胞膜内外的渗透压差逐渐增大，造成细胞膜低温脱水，体积变小，在细胞缩小到一定程度时，会造成细胞膜的破坏，并且细胞间溶液浓度增高，会使溶质之间形成不可逆的结合键，即造成溶质的破坏效应。

　　在冷冻干燥前，可用不同方法将物料冻结至 −30～−40℃。自冻法（蒸发冻结法）是在高真空的环境中（也可直接在干燥室中），利用物料中的水分蒸发，从其自身吸收汽化潜热而使物料温度下降，使物料中的水分自行冻结。这种方法因水分迅速蒸发，可能会使物料变形和发泡，通常对预煮的蔬菜冻干时比较合适[3,4,9]。

　　另一种冻结法称为预冻法，即用高速冷气流循环、低温盐水浸渍，或用液氮、液体二氧化碳或液体氟利昂喷淋或浸渍。果蔬用此法较适宜。

28.5.13　厢式干燥

　　这是一种间歇式对流干燥器，被干燥物料放在托盘中，托盘放在托盘架上，小型设备的托盘架可用人工推动，大型厢式干燥器的托盘架可用机械推动。空气引入厢内后，由设置在厢内的蒸汽排管加热器加热，然后通过托盘上部的狭小空间，部分废气再循环以提高热效率。厢式干燥的干燥条件较易控制，适合多种食品的干燥，特别是批量不大的水果和蔬菜用此种方法干燥比较适宜。厢式干燥属静态干燥，通常干燥速率较低，如在干燥过程中能适当翻动物料则可加速干燥。厢式干燥器如图 28-30 所示[9]。有关厢式干燥器细节请参阅本书相关章节。

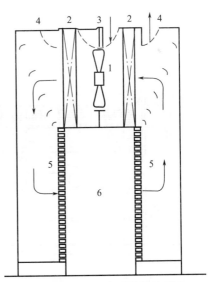

图 28-30　厢式干燥器示意图
1—循环风机（可反转）；2—加热器；
3—可调空气进口；4—可调排气口；
5—百叶窗式调风窗；6—托架空间

28.5.14　隧道干燥

　　隧道干燥装置通常为具有矩形截面的很长的通道，装有被干燥物料托盘的小车鱼贯地通过，小车底部的轮子坐落在钢轨上，在前进的方向上约有1000：1 的倾斜度，小车由人工或绳索牵引前进。隧道的长度和小车的数目根据干燥要求而定，小车数可多达上百台。干燥时鼓入热空气，可采用逆流、并流或混合流，流向根据物料的干燥特性而定。对于水果蔬菜切片，由于其初始含水量很高，可采用温度为 100～105℃的热空气做并流干燥，若最终含水量较低，又要避免热损伤，可采用温度较低的热空气（65～70℃）做逆流干燥。隧道干燥器结构简单，适用性强，但干燥速率较低[9]。有关隧道干燥器的结构请参阅本书相关章节。

28.5.15　带式干燥

带式干燥器中，由金属丝编织的网带既是铺放湿物料的持料部件，又在干燥过程中将物料往前输送。在单层带式干燥器中，物料由一端加入，在网带上输向另一端的过程中与热空气接触而被干燥。然后在另一端卸料。在多层网带干燥器中，物料从最上层的一端加入，到达另一端时翻落到第 2 层网带上，在第 2 层网带上物料被反方向输送，依此类推，物料一层一层地翻落，并从最下层网带的出料端卸出。图 28-31 为两级及三层网带的带式干燥器。国内的带式干燥器最多的网带数有五层，网带层数多可提高热效率，但布风结构较复杂。在带式干燥器中热风可从上向下通过料层，也可从下向上通过料层，后者较常见。带式干燥器用于干燥水果蔬菜切片时，在网带上只铺放 1～2 片厚的料层，干燥时间约为 2h。对于碎颗粒（如葱段）料层厚度为 25～250mm。薄料层和较高的热空气速度（如＞0.1m/s）可加速物料干燥并使干燥均匀[9]。带式干燥器的结构及设计请参阅本书相关章节。

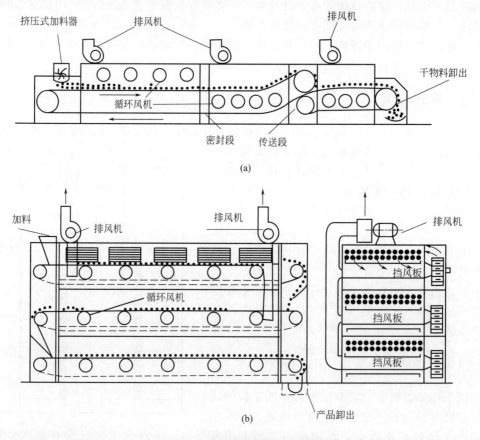

图 28-31　两级及三层带式干燥器

28.5.16　过热蒸汽干燥

过热蒸汽作为干燥介质进行干燥具有许多优点，过热蒸汽的热容高于空气，传递同样的热量可减少用量；过热蒸汽中不含氧气，可避免物料氧化；过热蒸汽干燥时，物料表面无空气边界层，可减少传热传质阻力；从能量利用看，过热蒸汽干燥可利用蒸汽的汽化潜热，经热压泵再压缩，提高它的温度作为热源。因此过热蒸汽干燥已逐渐推广用于各种干燥过程。在欧洲已有利用过热蒸汽作为加热介质的带式干燥器和流化床干燥器。过热蒸汽干燥通常是一个封闭循环系统，为防止空气泄入或积累，需有一个排除"不凝气"的装置。此外，常压下的过热蒸汽温度高于100℃，对热敏性食品的营养成分会有降解作用[9]。有关过热蒸汽干燥的技术细节请参阅本书相关章节。

28.5.17　真空脉动干燥

真空脉动干燥（PVD）是在一次干燥过程中连续进行升降压循环，直到物料达到目标含水率，是一种将真空干燥技术和脉动干燥技术相结合的新技术。真空脉动干燥技术的原理如图 28-32 所示，干燥室内的压力在真空和大气压力之间交替循环。真空脉动干燥的单次循环周期包括四个阶段（a、b、c 和 d）：物料被放进干燥仓后，干燥仓的空气被抽出使仓内达到真空环境，且仓内压力达到一个相对稳定的低压力水平（Pv）（阶段 a）；仓内压力在该水平保持一段设定好的时间（t_{VP}）（阶段 b）；之后外界的空气重新回到干燥仓内使仓内压力恢复到高压力水平（Pa）（阶段 c）；并在此压力水平下保持一段设定好的时间（t_{AP}）（阶段 d）。阶段 a 用于抽气至一定真空压力的时间为 t_s，阶段 c 用于仓内压力恢复至富压力的时间 t_d。真空脉动干燥一个压力循环的总时间即为 t_s、t_{VP}、t_d 和 t_{AP} 的总和。单次压力循环时间的长短可根据干燥物料的属性（例如干燥物料的化学成分和结构特性等）和干燥工艺（干燥湿度、传热方式、真空度等）的不同而有所差异。

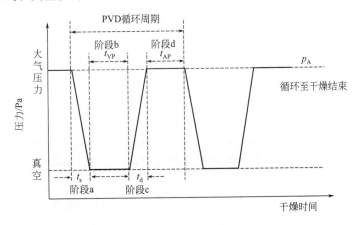

图 28-32　真空脉动干燥压力变化示意图

目前，真空脉动干燥技术依据加热方式主要有循环水路加热、电热板接触式加热和远红外辐射加热等。基于电热板接触式传热的真空脉动干燥机结构如图 28-33 所示。

真空脉动干燥技术已用于枸杞[23,24]、红枣[25]、菠萝[26]以及茯苓[27]、葡萄[28]、柠檬片[29]、辣椒[30]、生姜[31]、大蒜[32]等食品物料的干燥试验研究，能够缩短干燥时间，降低物料因氧化而造成营养成分的破坏和色泽等品质的劣变。真空脉动干燥技术在枸杞和茯苓的干燥加工中实现了工业化生产应用，并取得了较好的效果。

（1）枸杞

Xie 等[23,24]对比了基于电热板接触式传热的真空脉动干燥技术（EPC-PVD）和基于远红外辐射加热的真空脉动干燥技术（FIR-PVD），对真空保持时间（10min、15min 和20min），常压保持时间（2min、4min 和 6min）和干燥温度（60℃、65℃和 70℃）对枸杞

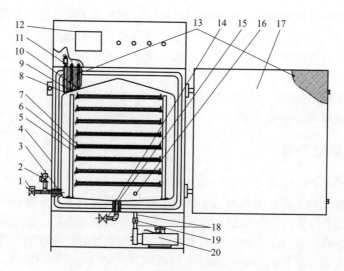

图 28-33　基于电热板接触式传热的真空脉动干燥机结构原理图

1—泄压电磁阀；2—微孔调压电磁阀；3—泄压孔；4—箱体；5—料层支架；6—电加热板；7—料盘；
8—真空传感器孔；9—加热板供电孔；10—温度传感器导线孔；11—真空传感器；12—人机界面；
13—保温材料；14—排水孔；15—排水阀；16—抽气口；17—箱门；18—真空管路；
19—单向止回阀；20—真空泵

的真空脉动干燥特性和品质（色泽、挥发性成分、复水特性、微观组织结构、总黄酮含量和总抗氧化能力）的影响。结果发现，在相同干燥条件下，采用 FIR-PVD 所需干燥时间减少了 17%～19%，利用 Weibull 模型计算出枸杞在 FIR-PVD 和 EPC-PVD 干制过程中水分有效扩散系数分别在 $3.72×10^{-10}～7.31×10^{-10}\,m^2/s$（FIR-PVD）和 $3.34×10^{-10}～6.88×10^{-10}\,m^2/s$（EPC-PVD）之间，基于阿伦尼乌斯公式计算的枸杞干燥活化能分别为 54.30kJ/mol 和 68.59kJ/mol。而且，FIR-PVD 加工的枸杞样品与新鲜样品在 L^*（明亮度）、a^*（红/绿值）和 b^*（黄/蓝值）值上更为接近。FIR-PVD 干制的枸杞样品含有更多的醛类、酯类、酚类和杂环类挥发性成分，枸杞样品的总抗氧化性更强，而 EPC-PVD 干制的枸杞样品含有更多的醇类、酮类和酸类挥发性成分。

（2）红枣

钱婧雅等[25]探讨了非油炸红枣脆片的三种干燥方式对红枣脆片的干燥特性和品质的影响。结果表明，真空脉动干燥所得枣片与新鲜枣片色泽最为接近，枣片维生素 C 含量保留率（66.6%）显著高于气体射流冲击干燥（51.5%）和中短波红外干燥（49.0%），红枣脆片脆度（11.38N）显著高于气体射流冲击干燥（8.64N）和中短波红外干燥（8.77N）。另外，随着干燥温度的升高和真空保持时间的延长，酥脆枣片的干燥时间逐渐缩短，同时提高了酥脆枣片的复水比和脆度，而常压保持时间对酥脆枣片的干燥时间无显著影响。就产品品质而言，干燥温度的提高和真空保持时间的延长，有利于枣片在干燥过程中形成疏松多孔的结构。较长的真空时间和较短的常压时间能够使枣片形成更加明亮的色泽，抑制了褐变反应和维生素 C 的降解。常压时间超过 5min 时品质明显下降。

（3）菠萝

菠萝真空脉动干燥是一个动态变化的过程，在不同的阶段，有着不同的特点。从合理控制物料温度的角度出发，根据不同阶段，采用适宜的脉动比，来缩短干燥时间，实现干燥品质的提升[26]。通过监测物料内部温度随干燥时间的变化（图 28-34），发现菠萝在干燥初期，菠萝内部温度都处在较低的水平，与设置温度关系不大，真空脉动可实现物料在较低温度下干燥。但随着水分的减少，物料的温度上升，到末期会接近辐射板的温度。干燥温度高温可加速菠萝的干燥，但到了末期干燥速率非常缓慢。基于此，可通过控温的方式，前期采用高温干燥，随着物料含水率的下降和温度的上升，再逐渐降低干燥温度，使物料温度始终处在合理的范围内。优化的干燥工艺为：第一阶段，干燥温度 90℃，脉动比 20∶3，干燥 1h；第二阶段，干燥温度 90℃，脉动比 15∶3，干燥 2.5h；第三阶段，干燥温度 80℃，脉动比 15∶3，干燥 1.5h，第四阶段，干燥温度 75℃，恒抽真空，干燥 1h。变工艺干燥获得的菠萝色泽最好，也能保证菠萝干的复水能力。

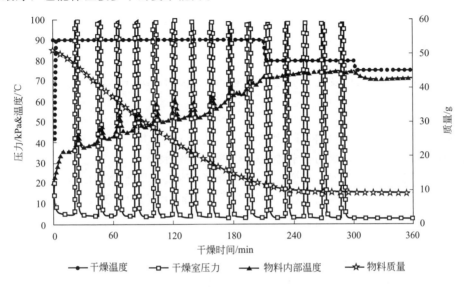

图 28-34 优化工艺下菠萝内部温度随各因素变化曲线

综上所述，真空脉动干燥技术具有诸多优点：①提升干燥速率。物料大部分时间处于真空环境中，物料中水分的沸点降低，水分达到沸点汽化所需的时间更短，进而提高干燥速率；同时，干燥室内压力的高低交替循环，能扰动物料表面水蒸气分压，打破干燥物料和介质之间的水蒸气分压平衡状态，且能扩充组织的微孔道，从而促进水分迁移。②改善产品品质。真空环境能有效减少物料氧化褐变和营养成分的损失，较好地保持物料的品质；压力的周期变化能扩充物料组织的微孔道，进而提高了物料质地脆性与产品的复水性。同时，真空脉动干燥技术仍存在一些不足，如抽真空过程中，干燥室内的热量被不断带至外部环境中；在恢复常压时，外界冷空气充入干燥室，从而引起物料降温，导致热量浪费和能耗增加。常压阶段，物料与空气中的氧气接触，会引起色泽劣变和营养物质的氧化降解。

影响真空脉动干燥的主要因素有真空保持时间、常压保持时间和干燥温度等。在真空阶段，物料中的水分快速汽化、物料温度会大幅下降；若真空保持时间较长，物料无法持续保持高速汽化过程；若真空保持时间较短，不利于水分汽化。常压阶段，物料重新获得较高温度，且外界空气进入物料内部能够扰动物料表面水蒸气分压，所以常压保持时间越长，升温的幅度越大；但该阶段物料中的水分汽化较慢，若常压保持时间太长，不利于水分的汽化，影响干燥速率。延长真空保持时间可减少产品营养成分的氧化降解，同时提高干燥速率、减少干燥时间，也能减少营养物质的氧化和热降解。因此，适宜的真空和常压保持时间，对于提高物料干燥速率和保持产品品质有重要意义。

28.6　渗透脱水

渗透脱水是将果蔬片放置到高渗透溶液中，由于溶液具有较高的渗透压和较低的水分活度，在溶液和果蔬片之间就会产生水分迁移的推动力。植物细胞壁是一种半渗透膜，但它具有部分选择性，因而在细胞中的水分透过膜进入溶液时，溶液中的溶质也有一部分渗透到细胞中去。通过渗透脱水，果蔬的质量由于脱水而减少 50%，此即可作为中等湿含量食品（IMF），或作预干燥产品。渗透脱水能耗较少，而且可减少对产品的热损伤，保留果蔬的香味，但若要获得最终湿含量很低的干制品时，还需用其他方法做进一步脱水[9,33,34]。

28.6.1　渗透压

系统中，某组分的内能变化和组分浓度变化之比称为此组分的化学势：

$$\mu_i = \frac{\partial U}{\partial n_i} \qquad (28-24)$$

式中，μ_i 是组分 i 的化学势；U 为内能；n_i 为分 i 的浓度。

当系统与环境或两个系统的化学势相等时即处于平衡状态。

化学势是各种组分的浓度、温度和压力的函数。溶质的浓度增加使溶剂的化学势降低，增加压力可使化学势增大。因此在适当的压力下纯溶剂和溶液可达到平衡。纯溶剂和溶液达到平均时所需的超压称为渗透压。渗透压可由下式表示

$$\pi = \frac{RT}{V} \ln a \qquad (28-25)$$

式中，R 为气体常数；T 为绝对温度；V 为摩尔体积；a 为活度。对于水作为溶剂时，上式可写为

$$\pi = -4.6063 \times 10^5 T \ln a_w \qquad (28-26)$$

式中，a_w 为水分活度。

渗透压和溶剂的摩尔质量有关，在相同的浓度下摩尔质量越小，渗透压越高。离子会影响溶剂的化学势，因此电解质的渗透压比非电解质高。

浓度和渗透压的关系示于图 28-35。渗透压对微生物有抑制作用。大多数细菌在渗透压大于 12.7MPa 时不能繁殖，酵母菌在渗透压大于 17.3MPa、霉菌在渗透压大于 30.1MPa 时不能繁殖，因此，可通过调节食品中溶液的渗透压来改变食品的储藏期。

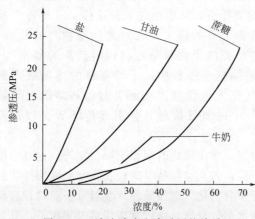

图 28-35　溶液浓度和渗透压的关系

28.6.2　植物组织中水分的传递

通常水果脱水时要削去表皮并切成片，因此果蔬片是由细胞、细胞间隙、胞间连丝等无数小单元体构成的，单元体之间可以传递水分和溶质。从加工角度看，植物物料被认为是毛细多孔体，切片的大部毛细管和孔隙是敞开的。

细胞壁由微纤维组成，微纤维间的空隙约 10nm。水分、离子和小分子可通过细胞壁，

细胞壁在植物组织内是连通的，它们形成的连续介质称为水分传递通道（apoplast）。

质膜是植物组织中阻止质量传递的一个障碍，但相邻细胞的细胞质可通过胞间连丝（plasmalemma）传递，故水也可由此通过。

对于果蔬渗透脱水过程已有许多模型，要预测渗透过程的水分损失，Hawkes 和 Flink 在第二类菲克定律基础上建立了模型，成功绘制了渗透脱水时苹果的固形物含量和时间的关系图，此关系为一条直线，直线的斜率称为传质系数，在许多研究中均采用了这种方法。

由于对渗透脱水过程的机理缺乏充分了解，难以控制过程的主要变量。因此，现行的渗透脱水工艺通常是经验性的。

渗透脱水时，除去的水量和脱水速率常与操作参数有关，如渗透溶液的浓度、浸入时间、温度、压力以及渗透溶液与物料量之比等。

对于金黄色半圆形苹果片的渗透脱水，质量损失与时间有如下关系

$$\theta = (90 - B)/100(e^{F/25} - 1)e^{163/(T-32)} \tag{28-27}$$

式中，θ 为脱水时间，h；B 为蔗糖糖浆浓度（°Brix，白利糖度）；T 为蔗糖糖浆温度，°F；F 为质量减少率（初始质量的百分率）。

以苹果片的渗透脱水为基础，得到一个经验方程，可预估质量减少率 F，即在一定的砂糖浓度（白利糖度）和温度时，任何大小的某种水果片随时间而变的质量减少率为

$$F = 3.18 - 0.307B - (0.56 - 0.016B)t - 2.10^{-9.26/B} - (\tau - 0.3)^{0.5} - 0.00425t$$

$$\tag{28-28}$$

式中，F 为质量减少率，%。此关系适用于 $B = 60\% \sim 70\%$，$t = 40 \sim 80℃$ 及 $\tau = 0.5 \sim 4.5h$。

在浓度为 70°Brix（白利糖度）的蔗糖溶液中，对不同的水果进行直接渗透发现，在较低气压下（约 9.33kPa）具有较高的脱水速率，在各种溶液中加少量 NaCl 可提高脱水过程的推动力。实践证明提高温度可加速渗透脱水速率。

28.6.3　渗透物质

渗透物质应具有食用时可接受的口感、无毒、对食品组分无化学作用，还应具有高渗透活性。蔗糖、乳糖、葡萄糖、果糖、麦芽糖糊精和淀粉及谷物糖浆常用作果蔬渗透脱水的高渗透溶液。蜂蜜、甘油、植物水解胶体和食盐也曾被采用过。

最终产品的质量、渗透时物料的脱水速率和物料的最终湿含量，是评定渗透物质适用性的指标。通常以饱和溶液或相同浓度的溶液作比较。

通常，糖溶液适用于水果脱水，甘油、淀粉糖浆和 NaCl 适用于蔬菜脱水。据报道果糖和蔗糖相比，可使干物质含量增加 50%，并使产品的最终水分活度也较低。淀粉糖浆与蔗糖的脱水效果相仿，但是渗入产品中的渗透物质含量低得多。糖浆中的葡萄糖当量值对物料的脱水量有很大影响。不同渗透物质对物料渗透脱水的影响如图 28-36 所示。此外，也可采用混合渗透物质，如采用 42% 果糖、52% 蔗糖、3% 麦芽糖、3% 多糖和 0.5%（干基）的 NaCl 对苹果进行脱水。

NaCl 常用于蔬菜脱水，如用 15% 的 NaCl 对胡萝卜和马铃薯脱水。在渗透物质中添加少量 NaCl、苹果酸、乳酸等可改善脱水过程，加速其脱水速率。在蔗糖中添加氯化钙和苹果酸可改善渗透脱水苹果的组织。

28.6.4　渗透脱水设备和流程

渗透脱水可采用静态法或动态法。在静态法中物料和渗透物质混合后静置于槽中，直到

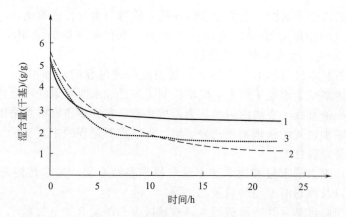

图 28-36　30℃时不同渗透物质对苹果渗透脱水的影响
1—葡萄糖；2—蔗糖；3—淀粉糖浆

脱水率达到要求值。动态法的物料和渗透物质混合方法可采用不同方式，图 28-37～图 28-39 为 3 种不同形式的动态渗透脱水器。

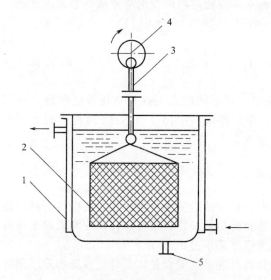

图 28-37　带振动篮的渗透脱水器
1—夹套；2—篮；3—轴；
4—偏心轮；5—出口

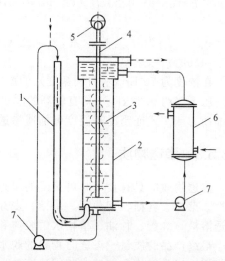

图 28-38　带振动板混合器的渗透脱水器
1—加料管；2—容器；3—振动混合器；
4—轴；5—偏心轮；6—换热器；7—泵

如果渗透物质是晶体，则可采用流化床。试验中观察到，相对移动速率对渗透脱水速率的影响不大。脱水过程的速率与渗透物质种类、浓度、与被渗透物的质量比、被渗透物料的种类、形状和尺寸、温度、压力及物料在渗透前的预处理等有关。果蔬渗透脱水时推荐物料和渗透溶液的质量比为 1∶4 或 1∶5。

在渗透脱水时，从物料中分离出来的水使渗透液变稀，为了保持渗透液的浓度恒定，可连续蒸发排除多余的水分或不断添加渗透物质。图 28-40 为带蒸发器的渗透脱水系统。

温度对渗透脱水的影响较大，它不仅影响过程的速率，而且影响产品的化学成分和传质过程。据报道，樱桃和梨在葡萄糖-果糖的糖浆中进行渗透脱水的最佳温度为 43℃；杏的渗透脱水温度为 20℃；香蕉和番木瓜为 40～60℃，苹果为 35～55℃等。脱水程度由渗透时间控制。降低压力可加速脱水，但渗透物质较容易渗入物料中去。

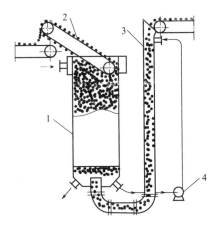

图 28-39　填充床渗透脱水器
1—容器；2—刮板输送器；
3—加料管；4—泵

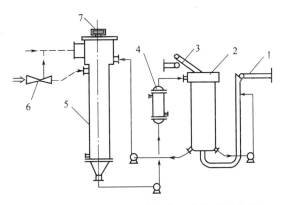

图 28-40　带高渗溶液再浓缩装置的渗透脱水系统
1—加料输送器；2—渗透脱水器；3—刮板输送器；
4—换热器；5—刮板表面蒸发器；
6—热力压缩器；7—传动轮

渗透脱水过程主要有以下几种能耗：加热物料和渗透溶液；溶液混合和泵送；变稀的高渗溶液再浓缩或加入渗透物质等。在每小时处理 1t 果蔬时，一般最多产生 450kg 多余的溶液，浓缩这部分多余的溶液采用一台单效蒸发器便可满足需要。在果蔬渗透脱水过程中，每排除 1kg 水能耗估计为 100～2400kJ，这与温度（30～40℃）及多余溶液的处理方式（蒸发或添加渗透物质）有关，而对流干燥蒸发 1kg 水约能耗 5000kJ，约为渗透脱水能耗的 2 倍。

渗透脱水时，物料被脱水，但因渗透物质渗入物料导致其组分变化。由试验可知，渗透脱水湿含量的变化可深达 5mm，蔗糖可透入 2～3mm 深。而盐可穿透胡萝卜组织深度达 12mm。细胞液的浓缩和渗透物质的渗入降低了组织的水分活度，且影响了组织与水分结合的能力，如苹果经 0.5h 的渗透脱水后，与水的结合能力降低了 80% 左右，这与对流干燥达到相同的湿含量时相比，物料与水的结合能力低得多。

此外，渗透脱水对后继干燥过程也有影响。渗透脱水时从物料组织中排出了相当数量的空气，因此可免去烫漂。苹果在冷冻干燥前做渗透脱水可缩短冷冻干燥时间且质量更优。渗透脱水后再做真空干燥，可增强储存的稳定性。和相同水分活度的对流干燥产品相比，渗透脱水产品的收缩量小得多。

28.7　干燥和储藏期间的质量变化

28.7.1　维生素的损失

维生素 C 在受热时易遭破坏，而且也易受氧化而破坏。故在氧化与高温的共同作用下，往往可能使维生素 C 被全部破坏，但在缺氧加热时则可能大量保存。在阳光照射下和碱性环境中维生素易破坏，但在酸性溶液或在浓度较高的糖液中则较稳定。因此，真空冷冻脱水能将维生素 C 和其他营养素大量保存下来。

胡萝卜素（维生素 A 原）易氧化，加工时未经酶钝化的蔬菜中胡萝卜素损失可达 80%。通常人工控制脱水比自然晒干的果蔬维生素保存量高，表 28-20 为部分果蔬干制后的维生素含量[9,35-38]。

表 28-20　部分果蔬干制品的维生素含量

名称	胡萝卜素（国际单位）	每 100g 干制品中含量/mg			
		维生素 B₁	维生素 B₂	尼克酸	维生素 C
苹果干（人工）	0	0.07	0.10	1.2	12
杏干（熏硫、日晒）	5800～7430	0.01	0.16	3.3	10～12
桃干（日晒）	3250～3400	0.01～0.04	0.20	5.4	19～31
李干（日晒）	1400～3400	0.10～0.22	0.16	1.7	3
葡萄干（日晒）	50～95	0.15～0.22	0.08～0.12	0.5	微量
无花果（日晒）	60～115	0.16～0.30	0.12	1.7	0
红枣（日晒）	—	0.06	0.15	1.2	5～22
甘蓝（人工）	540	0.53～0.63	0.38～0.83	2.9	218～254
胡萝卜干（人工）	114800	0.31	0.30	3.0	12～27
洋葱干（人工）	130	0.25	0.18	1.4	36～58
番薯干（人工）	19980	0.21	0.14～0.32	1.9	32～41
马铃薯干（人工）	40	0.30～0.42	0.11～0.25	4.5	23～35
番茄（人工）	3720	0.65	0.43	6.5	114
辣椒干	28150	0.61	0.90	8.1	28
香菇	—	0.07	1.13	18.9	
木耳	50	0.15	0.55	2.7	—
茶叶（一般）	9100	0.07	1.22	4.7	27

注：1 国际单位相当于 0.6μg。

28.7.2　色泽的变化

果蔬干制品的色泽是质量的一个重要标志。在脱水过程中保留果蔬的原有天然色泽非常重要。

在脱水过程中，类胡萝卜素会发生变化。温度越高，处理时间越长，色素变化量越多。预处理对色素的保留也起很大作用。SO_2 对烫漂胡萝卜脱水过程的类胡萝卜素的保留有显著保护作用，可使类胡萝卜素的含量提高近 3 倍。

叶绿素使许多蔬菜呈现绿色，叶绿素呈现绿色的能力同色素分子中镁的保存量成正比。在湿热条件下，叶绿素将失去一部分镁原子并转化成脱镁叶绿素而呈橄榄绿。利用微碱条件可控制镁的流失。

酶褐变和非酶褐变是干制品变成黄色、褐色或黑色的原因。

植物组织受到损伤后，在氧化酶和过氧化酶的作用下，会氧化变色。在物料中含有氨基酸，尤其是酪氨酸时，在酪氨酸酶的催化下生成黑色，如马铃薯的变色。而在物料中含有单宁物质时，在酶的作用下，则氧化为褐色物质。钝化酶的活性和减少氧气供给是防止酶褐变的主要措施。氧化酶在 71～73℃，过氧化酶在 90～100℃ 的温度下，即可遭到破坏，因此在干燥前对原料进行烫漂处理、硫处理以及用盐水浸泡，或用真空干燥减少氧气供给，均可防止酶褐变。

非酶褐变主要由两种情况引起：Maillard 反应和焦糖化作用。物料中的氨基酸与还原糖作用生成黑蛋白素。果蔬中氨基酸含量越多，越易形成黑蛋白素，马铃薯富含多种氨基酸，故其比番茄易发生褐变。蔗糖不是还原糖，因此不参与反应，只有在它转化为还原糖时才参与反应。还原糖中以木糖的反应速度最快，其次为葡萄糖、阿拉伯糖和果糖。提高温度能促使氨基酸与糖形成黑蛋白素，温度上升 10℃，褐变率增大 5～7 倍。果蔬中的单宁物质与铁作用生成单宁酸铁黑色化合物，锡与单宁物质在长时间和加热条件下接触会生成玫瑰色化合物。重金属对褐变促进作用的大小顺序是锡最大，其次是铁、铅和铜。

硫处理对非酶褐变有抑制作用，因为二氧化硫与不饱和糖反应生成磺酸，可减少黑蛋白素的形成。

28.7.3　芳香物质的损失

天然芳香物质在预处理、干燥、储存过程中都会造成损失。一般芳香物质为易挥发油。芳香物质的损失通常与温度、氧化作用和湿含量等有关，不论在干燥过程中还是在储藏期间，物料的温度越高，芳香物质的逸失速率越快。特别需要指出的是，冷冻干燥的蔬菜，对环境温度更为敏感，因为它是多孔组织物料，空气更易渗入，芳香物质更易逸失。芳香物质的保留程度与干燥条件有很大关系，干燥时受热温度低、受热时间短则可更多地保留芳香物质。用振动流化床干燥苹果片和南瓜片，所制干片或磨成的粉品芳香扑鼻，在封闭包装中可保持 6 个月到 1 年。

28.7.4　组织变化

热空气干燥是果蔬脱水最经济和应用最广泛的方法。但这种方法对果蔬组织的损害较大，使干制品的复水性较差（与冷冻干燥、真空干燥和压力膨化干燥相比）。这是由于在干燥过程中，细胞质表层失去透性，造成蛋白质变性、淀粉凝结等。通常脱水程度越高，复水性越差。果胶对脱水水果的复水能力起着重要作用。此外，干燥预处理对脱水制品的复水能力也有影响，如用碳酸钠和蔗糖对芹菜进行干燥预脱水，可使芹菜的复水性大为改善。在 20℃ 的盐和糖溶液中预浸泡 16h，然后进行厢式干燥，可使菜花的复水百分率显著增加。

符号说明

a——水分活度；
B——褐变指标；
C，C_1——常数；
c_i——配料 i 的浓度，g/g 水；
D——十余一时间，s；
$D_{121℃}$——对应 121℃ 的十余一时间，即 $D_{250℉}$，s；
E_a——活化能，kJ/mol；
ΔH——蒸发潜热（相当一般符号 r），J/mol；
K——反应速度常数，min^{-1}；
m——干基含水量（相当一般符号 x），g 水/g 固体；
m_1——单层值含水量（干基），g 水/g 固体；
n——100g 水中糖的摩尔数，mol/100g 水；

NPU——净蛋白质利用率；
p——食品中水的水蒸气分压，Pa；
p_w——湿空气中的水蒸气分压，Pa；
p_o——饱和蒸汽压，Pa；
r——半径，m；
R——气体常数，8.314J/(mol·K)；
S_i——配料 i 的蔗糖当量转换因数；
T——温度，K；
TDT——热致死时间，s；
Z——降解热动力学常数，K；
γ——表面自由能；
θ——接触角，(°)；
τ——时间，s。

参考文献

［1］ 李红.食品化学［M］.北京：中国纺织出版社，2015.

［2］ 潘永康，王喜忠，刘相东.现代干燥技术［M］.2版.北京：化学工业出版社，2007.

［3］ Mujumdar A S. Handbook of Industrial Drying［M］.4th ed. Shahab Sokhansanj, Digvir S, Jayas. Drying of Foodstuffs. Boca Raton, FL 33487-2742: CRC Press, 2014: 522-544

［4］ 朱文学,等.食品干燥原理与技术［M］.北京：科学出版社，2009.

［5］ Pan Y K, Zhao L J, Hu W B. The effect of tempering-intermittent drying on quality and energy of plant materials［J］.Drying Technology, 1998, 17（9）: 1795-1812.

［6］ 李云捷，黄升谋.食品营养学［M］.成都：西南交通大学出版社，2018.

［7］ 李春奇，罗丽娟.植物学［M］.北京：化学工业出版社，2012.

［8］ 王颉，王秀芳.果品蔬菜贮藏加工［M］.石家庄：河北人民出版社,2001.

［9］ Mujumdar A S. Handbook of Industrial Drying［M］.4th ed. Jayaraman K S, Das Gupta D K. Drying of Fruits and Vegetables. Fourth Edition, edited by Boca Raton, FL 33487-2742: CRC Press, 2014: 612-636.

［10］ 朱蓓薇，张敏.食品工艺学［M］.北京：科学出版社，2018.

［11］ Elicin A K, Sacilik K. An experimental study for solar tunnel drying of apple［J］.Tarim Bilimleri Dergisi, 2005, 11（2）: 207-211.

［12］ Zhao L J, Li J G, Pan Y K, et al. Thermal dehydration methods for fruits and vegetables［J］.Drying Technology, 2005, 23（9-11）: 2249-2260.

［13］ Pan Y K, Zhao L J, Dong Z X, et al. Intermittent drying of carrot in a vibrated fluid bed: Effect on quality［J］.Drying Technology, 1999, 17（10）: 2323-2340.

［14］ 赵丽娟，潘永康.植物性物料的最佳干燥条件及质量保护［J］.南京林业大学学报（自然科学版），1997（S1）: 152-155.

［15］ Ratti C, Kudra T. Drying of Foamed Biological Materials: Opportunities and Challenges［J］.Drying Technology, 2006, 24（9）: 1101-1108.

［16］ Hertzendorf M S, Moshy R J, Seltzer E. Foam drying in the food industry［J］.C R C Critical Reviews in Food Technology, 1（1）: 25-70.

［17］ 郑先哲，刘成海，周贺.黑加仑果浆微波辅助泡沫干燥特性［J］.农业工程学报，2009, 25（8）: 288-293.

［18］ 孙宇.浆果微波泡沫干燥机理与工艺研究［D］.哈尔滨：东北农业大学，2018.

［19］ 郑先哲，秦庆雨，王磊，等.气流改善泡沫树莓果浆微波干燥均匀性提高能量利用率［J］.农业工程学报，2019, 35（14）: 280-290.

［20］ Hardy Z, Jideani V A. Foam-mat Drying Technology: A Review［J］.Critical reviews in food science and nutrition, 2015, 57（12）: 2560-2572.

［21］ 于才渊，王宝和，王喜忠.喷雾干燥［M］.北京：化学工业出版社，2013.

［22］ 赵丽娟，李建国，潘永康.真空带式干燥机的应用及研究进展［J］.化学工程，2012, 40（03）: 25-29.

［23］ Xie L, Mujumdar A S, Zhang Q, et al. Pulsed vacuum drying of wolfberry: Effects of infrared radiation heating and electronic panel contact heating methods on drying kinetics, color profile, and volatile compounds［J］.Drying Technology, 2017a, 35（11）: 1312-1326.

［24］ Xie L, Mujumdar A S, Fang X M, et al. Far-infrared radiation heating assisted pulsed vacuum drying（FIR-PVD）of wolfberry（Lycium barbarum, L.）: Effects on drying kinetics and quality attributes［J］.Food & Bioproducts Processing, 2017b, 102: 320-331.

［25］ 钱婧雅，张茜，王军，等.三种干燥技术对红枣脆片干燥特性和品质的影响［J］.农业工程学报，2016, 32（17）: 259-265.

［26］ 李勇.菠萝真空脉动干燥特性与干燥工艺优化［D］.北京：中国农业大学，2017.

［27］ 张卫鹏，高振江，肖红伟，等.基于Weibull函数不同干燥方式下的茯苓干燥特性［J］.农业工程学报，2015, 31（5）: 317-324.

［28］ 白俊文.无核白葡萄干燥动力学及防褐变机理研究［D］.北京：中国农业大学，2014.

［29］ Wang J, Law C L, Nema P K, et al. Pulsed vacuum drying enhances drying kinetics and quality of lemon slices［J］.Journal of Food Engineering, 2018, 224: 129-138.

［30］　Deng L Z, Yang X H, Mujumdar A S, et al. Red pepper（Capsicum annuum L.）drying: Effects of different drying methods on drying kinetics, physicochemical properties, antioxidant capacity, and microstructure ［J］. Drying Technology, 2018, 36（8）, 893-907.

［31］　Wang J, Bai T Y, Wang D, et al. Pulsed vacuum drying of Chinese ginger（Zingiber officinale Roscoe）slices: Effects on drying characteristics, rehydration ratio, water holding capacity, and microstructure ［J］. Drying Technology, 2019, 37（3）: 301-311.

［32］　乔宏柱, 高振江, 王军, 等 . 大蒜真空脉动干燥工艺参数优化 ［J］. 农业工程学报, 2018, 34（5）: 256-263.

［33］　Pan Y K, Zhao L J, Zhang Y, et al. Osmotic dehydration pretreatment in drying of fruits and vegetables ［J］. Drying Technology, 2003, 21（6）: 1101-1114.

［34］　张晓敏, 兰彦平, 周连第, 等 . 果蔬渗透脱水技术研究进展 ［J］. 食品研究与开发, 2012, 33（09）: 204-207.

［35］　Karam M C, Petit J, Zimmer D, et al. Effects of drying and grinding in production of fruit and vegetable powders: A review ［J］. Journal of Food Engineering, 2016, 188: 32-49.

［36］　Chitrakar B, Zhang M, Adhikari B . Dehydrated Foods: Are they Microbiologically Safe? ［J］. Critical Reviews in Food Science and Nutrition, 2019, 59（17）: 2734-2745.

［37］　Sablani, Shyam S . Drying of Fruits and Vegetables: Retention of Nutritional/Functional Quality ［J］. Drying Technology, 2006, 24（2）: 123-135.

［38］　曾广琳, 施瑞城, 陈文学, 等 . 不同干燥方法对番木瓜粉品质及抗氧化活性的影响 ［J］. 热带作物学报, 2018, 39（3）: 581-587.

（赵丽娟，肖红伟，潘永康）

第29章

生鲜食品保质干燥

29.1 引言

新鲜的蔬菜、水果、肉类和水产品（称为生鲜食品）具有较高的水分活度，极易受到机械损伤、微生物侵染和环境条件的影响而发生腐败变质[1]。水是食品中最重要的成分之一，它会影响脂肪氧化，微生物的生长，干燥产品的风味和质构特性。暴露于环境中的食物材料会失去或获得水分，从而将其水分含量调整为与一定相对湿度的环境平衡的状态[2]。脱水是提高食品储存稳定性最常用的方法之一，因为它大大降低了物料的水分活度，抑制了微生物的生长繁殖，同时还减少了物料的物理和化学变化[3]。我国是食品生产大国，具有丰富的食品资源。同时，由于发达国家对水果、蔬菜等生鲜食品进口依赖性逐年提高，为我国脱水产品提供了广阔的国际市场。近年来，脱水产品在各国迅速崛起，市场份额不断加大。欧美、日本、韩国、俄罗斯等国家和地区，因生活节奏快、或因蔬果产品缺乏，每年需要消耗大量的热风脱水或冻干蔬果产品，特别是发达国家在注重食品安全的同时，对食品营养与外观日益重视，对脱水蔬果的需求正逐渐向高品质冻干产品方向发展。日本消费市场的脱水类食品中，冻干食品比重近49%，美国为40%~50%，其余则为热风脱水类食品占主要比重。2004年以来，全球脱水蔬果年生产能力约37万吨，而需求量为48万吨，尚有10余万吨的缺口。我国脱水蔬果在国际市场的占有率维持在35%左右。2007年我国蔬果加工品出口贸易额约82.5亿美元，其中脱水蔬果占38.7%。在出口的脱水蔬果中，热风脱水蔬果约12万吨，冻干蔬果0.3万吨，而国际市场对热风和冻干蔬果的需求缺口分别为15万吨和3万吨左右，市场潜力巨大。

通常，生鲜食品的保质干燥可以定义为一种特殊的干燥技术，即在干燥过程中保持生鲜食品的颜色、风味、营养、复水、外观、均匀性等品质。太阳能干燥、热泵干燥、过热蒸汽干燥、冷冻干燥以及多级联合干燥等高效、节能、环保的干燥技术已逐渐取代传统的干燥技术，缩短了干燥时间，提高了产品质量[4]。新的干燥技术已经尝试采用物理场辅助方法，包括电磁加热（红外）、介电加热（射频和微波）、感应加热、欧姆加热，以及在诸如脉冲电场、超声波和紫外光等外部场中进行加热[5]。微波和红外辐射在食品脱水方面已有一定程度的应用，射频干燥和微波辅助脉冲床冷冻干燥等其他技术的应用最近也有了发展。

不适当的干燥过程会引起生鲜食品的降解（如氧化、变色、营养成分流失等）和结构的变化（如收缩、质构特性的丧失、原有微结构的变化等），这些物理和化学变化会严重影响消费者对干燥产品的接受度[6]。因此，高品质的、具有消费者吸引力的脱水食品，对于扩大产品供应范围和使市场多样化至关重要。目前市场上对高品质脱水产品的需求是：干燥食品在非常高的水平上保持最初新鲜产品的营养和感官特性[3]。

29.2　生鲜食品干燥过程中的品质变化

29.2.1　物理变化

29.2.1.1　干缩

　　干缩是指食品物料在干燥过程中，因失去水分和产生变形而导致体积缩小，使细胞组织的弹性部分或完全丧失的现象，图 29-1 是香菇干燥前后形态的比较，可以看出干燥过程发生明显的干缩现象。如果干燥失水的过程是均匀且缓慢的，则会产生均匀的线性收缩，干制产品的外观得到较为完整的保存，这称为均匀干缩；如果用高温干燥工艺处理干制原料，会导致组织内部细胞失去活性，细胞壁失去弹性，干制产品形变严重，甚至会干裂，这称为不均匀干缩。食品干制后失去了大部分水分，导致物料体积缩小、质量减轻，一般情况下，果蔬在经过干燥后，体积收缩为原物料的 20%～35%，质量减轻为原来的 6%～20%[7]。对于鱼虾类水产品干缩，较果蔬来说变化相对小一些，且现在市面以干燥度低的成干品（含水量 60% 左右）为主，因此干燥对于水产品的干缩影响较小。体积和重量的变化对包装和储藏是有利的。干制品的干缩程度与食品的种类、前处理、干燥方法、干燥条件等因素有关。

图 29-1　香菇干燥过程中的干缩现象

29.2.1.2　表面硬化

　　表面硬化用来描述脱水食品表面已经干燥，内部仍然软湿的一种状态，即在被干燥食品的表面出现一层干硬膜[8]。造成这种现象的原因有以下三种：①被干燥食品内部溶质成分随水分不断向物料表面迁移，当积累到一定程度后，随着水分的蒸发，溶质就在物料的表面结晶硬化。这种现象经常出现在含糖与盐较高的物料干制过程中。②食品表面处细胞组织脱水收缩。③干燥初期条件强烈，导致食品表面水分蒸发速度大于内部水分迁移速度，所以会在食品表面形成干硬膜。物料外表出现干硬膜后，物料内水分迁移的通道毛细管被破坏，不利于水分的移动，大量的水分被封锁在物料内，物料呈现内湿外干的状态，导致物料的干燥速率迅速降低，不利于物料的进一步干燥[9]。

29.2.1.3　多孔性的形成

物料内部水分含量在不同的区域存在很大的差异，因此，在干燥过程中，所产生的收缩应力也会有所不同。当对一种易收缩变形的物料进行快速干燥时，物料表面水分迅速蒸发，形成表面硬化，导致物料中心水分蒸发缓慢，从而使物料中心水分含量显著高于物料表面，这会形成非常大的张力，在这种情况下，当物料内的干燥接近尾声，物料内具有的应力将会导致组织分裂，干燥物料会由于产生很多裂痕及孔隙而形成蜂窝状结构[10-12]。图 29-2 是草莓干燥前后横切面形态的比较，由图可以看出，草莓干燥后较干燥前明显产生许多孔隙。由于多孔性干制品具有良好的复水性，随着干燥技术的发展出现了许多干燥前处理技术，以促进干燥过程中多孔的形成。

干燥前　　　　　　　　　　　　　　　　干燥后

图 29-2　草莓干燥前后横切面形态

29.2.1.4　热塑性

加热时会软化或者熔化的物料称为热塑性物料。不少食品是热塑性物料，随着温度升高会软化，甚至具有流动性，冷却时又会硬化或者脆化。例如糖分含量较高的果蔬，在干燥这类食品时为了防止粘壁，应该选择有冷却室的干燥设备[13]。

29.2.1.5　溶质的转移

一般生鲜食品中均含有糖、盐、有机酸等可溶性物质，干燥过程中这些物质随着水分向外迁移，其分布的均匀程度与干制工艺有关。快速干燥会造成表面干硬，缓慢干燥则可以使溶质借助浓度差的推动力在物料内部重新分布。

29.2.2　化学变化

29.2.2.1　营养成分的变化

（1）碳水化合物的减少

碳水化合物是食品物料的主要营养成分，在果蔬中含量尤为丰富，主要包括葡萄糖、果糖及蔗糖，其中葡萄糖和果糖的性质都不稳定，容易被空气氧化。物料在自然条件下干燥时，由于干燥速率比较慢，水分含量不能很快地降低，所以物料保持强的呼吸作用，导致糖分和其他有机物被消耗，含量减少。由此可以看出，物料干燥的时间对碳水化合物的含量影响较大，干燥的时间越久，碳水化合物损失越严重，干制品品质越差。对物料进行人工干燥时，不同的干燥方式对酶活性均有不同程度的抑制作用，进而可以有效地抑制呼吸作用，减少碳水化合物及有机物的消耗，而且由于干燥时间短，能对糖分进行很好地保存。然而，人工干燥选取的干燥方式及干燥温度，在很大程度上能够影响碳水化合物的含量。一般情况下，物料干燥时温度越高，碳水化合物损失越严重，甚至还会造成物料内部糖分产生焦化现象，颜色加深，口感变差，干燥品质降低。不同干燥方式均会对碳水化合物含量造成影响，原因在于所采用干燥方式致使物料中糖组分相互转化和分解[14-16]。

（2）脂肪氧化

含有油脂的食品在干燥过程中非常容易氧化，从而降低食品营养价值，甚至产生有害物质，危害健康。在干燥的过程中会导致食品形态发生变化，食品在脱水后形态一般为粉末状、片状或者多孔形态，这就增大了物料的表面积，同时导致物料与空气的接触面积增大，加大脂肪氧化程度[17]。温度升高时，脂肪的氧化程度增大，一般来说，干燥前添加一定量的抗氧化剂能有效抑制脂肪氧化程度，减轻脂肪氧化危害。鱼虾类水产品的脂肪氧化是冷藏变质的主要原因之一。鱼虾肉脂肪中含有较多的高度不饱和脂肪酸，比其他肉类更容易发生氧化酸败，产生"哈喇"味。

（3）蛋白质脱水变性

食品在干燥过程中，蛋白质的损失主要由两方面引起，一方面可能是干燥前处理过程导致的部分水溶性蛋白质的溶出，另一方面可能是蛋白质的盐析作用引起蛋白质变性[18]。水产品肌肉中存在的三种蛋白（肌球蛋白、肌浆蛋白和肌动蛋白）的热变性转变峰，它们的热变性温度各不相同。肌球蛋白的热变性温度集中在 $40\sim50℃$ 之间，肌浆蛋白的热变性温度为 $55℃$ 左右，肌动蛋白的热变性温度高达 $70\sim80℃$。蛋白质脱水变性会导致溶解性降低，影响食用品质和生物学价值。一般来说，干燥温度和干燥湿度是影响干燥过程中生鲜食品蛋白质变性程度的重要因素。

（4）维生素的损失

维生素的损失主要是针对维生素含量丰富的果蔬类食品。人体所需的维生素 C 和维生素 A 原（胡萝卜素）大多都是来源于果蔬。在食品干燥过程中维生素容易损失，所以如何减少维生素的损失、提高干燥食品质量，是干燥食品的研究重点。维生素 C 的损失程度取决于环境中的含氧量与温度，在有氧和高温共同作用下，维生素 C 损失较为严重，甚至会全部被破坏；在高温氧含量不充足时，维生素 C 可一定程度地避免被破坏。此外，在阳光照射或者碱性条件下维生素 C 也会一定程度地遭到破坏；在酸处理或者高浓度糖溶液中维生素 C 较为稳定。其他维生素在干燥时也有不同程度的破坏，例如光照对核黄素影响较大，热对硫胺素影响较大，在日晒加工时胡萝卜素损耗极大。部分水溶性维生素在干燥过程中会被不同程度地破坏，物料干燥前的预处理条件及选择的干燥方式影响维生素被破坏的程度。未经酶钝化预处理的蔬菜中胡萝卜素损耗量可达 80%，选择微波干燥可将其损耗量降低至 5%；预煮处理时蔬菜中硫胺素的损耗量为 15%，而未经预煮处理时其损耗量可达 75%；采用迅速干燥技术处理时，维生素 C 的保留量高于缓慢日晒干燥，所以蔬菜的干燥一般避免选用缓慢日晒干燥技术，以尽可能减少干燥过程中维生素 C 的损耗[19,20]。

29.2.2.2　色泽的变化

（1）非酶褐变

非酶褐变是指物料所发生的褐变现象不是由于酶的作用而造成的，蔬菜中包含的叶绿素及胡萝卜素从外界吸收热量，从而与其他物质发生反应产生颜色的变化，被称为非酶褐变。就碳水化合物而言，非酶褐变可以分为美拉德反应、抗坏血酸氧化和焦糖化反应。美拉德反应是在物料干燥过程中，碳水化合物被加热使还原糖游离的羰基与氨基酸中游离的氨基相互作用，产生了黄色、黑色及褐色的复杂配合物。抗坏血酸氧化是指在氧气作用下，抗坏血酸迅速分解成脱氢抗坏血酸，经脱水脱羧后生成还原酮参加美拉德反应。焦糖化反应是指物料内部所含的低分子糖类物质在受到外界加热时，若温度超过糖类物质熔点时形成黑褐色的色素物质，该反应易发生于高温、高糖及碱性环境中。在干燥过程和干制品储藏期间都可以发生非酶褐变，该反应过程较难控制。

糖、氨基酸的种类及含量、温度、pH 值、水分活度、氧气等条件影响非酶褐变的速度。同时，重金属还可以对褐变起到促进作用，不同重金属对褐变的影响程度大小依次为锡、铁、铅、铜。SO_2 可以与不饱和糖进行反应生成磺酸等产物，使的类黑色素的产生量降低，所以，可以通过对物料进行硫处理以抑制非酶褐变。同时，在对物料进行干燥加工与储藏时，一般采用降低温度、调节 pH 值和水分活度及使用褐变抑制剂等手段对非酶褐变进行控制[21]。

（2）酶促褐变

酶促褐变是指在有氧气的情况下，多酚氧化酶与单宁、儿茶酚及酪氨酸等物质发生一系列复杂的变化作用，最后产生黑色素经氧化作用而形成褐色物质。所以说，影响酶促褐变的主要因素有多酚氧化酶活性、氧气及单宁、酪氨酸等底物含量，只有在三种因素共同作用下，酶促褐变才能发生，这三个因素对酶促褐变的发生缺一不可。控制酶促褐变可以通过控制相关因素，只要控制其中因素之一，酶促褐变就可以被有效抑制[22]。所以，在许多加工过程中经常采用 SO_2 处理或热烫的方法来抑制氧化酶的活性，进而抑制酶促褐变；也可以利用抗氧化剂来消除物料中所含的氧气，从而对酶促褐变进行有效抑制。

（3）色素本身变化

植物中存在的天然色素，例如叶绿素 a 和叶绿素 b 是植物呈现颜色的主要原因，其主要存在于植物的根茎叶中。根据溶解性可分为水溶性色素和脂溶性色素。光照强度、酸碱度、温度、氧气含量和金属离子等因素均可影响天然色素的稳定性。在湿热的情况下，叶绿素将失去镁离子而转化成脱镁叶绿素，呈橄榄绿色。在微碱性情况下，镁的转移可以被控制，但对于物料的其他品质难以改善。干燥处理的温度越高，处理时间越长，则天然色素变化越大，例如类胡萝卜素、花青素会被干燥处理所破坏。此外，硫化物处理可以促使花青素褪色。一般来说可通过添加抗氧化剂、金属离子封锁剂维持色素的稳定性，还可以通过灭酶等方法进行护色。

29.2.2.3　风味的变化

味道包含风味和滋味，是生鲜食品干燥过程主要的品质评价指标，也是消费者对产品喜爱与否的关键因素。在干燥过程中风味的变化主要有三个方面：①物料中具有较强挥发性的芳香类物质，在经过高温加热进行干燥时，损失较严重，从而造成干燥之后所形成的干制品，在食用时呈现出芳香味较弱和口感欠佳的情况。因此，为了使干燥产品最大限度保留它的原有风味品质，一般将干燥设备中外逸的蒸汽回收冷凝后，再加入干制品中。②脂肪类物质氧化形成的异味，这主要针对水产品的干燥。干制品中挥发性成分总量较新鲜水产品均有所降低，其中采用热风干燥的产品降幅较小，主要原因是热风干燥温度高，易使鱼肉脂肪氧化产生挥发性羰基化合物。此外，鱼虾产品的风味和滋味与产品的鲜度 K 值和 ATP 相关的物质、挥发性物质、氨基酸组成有密切的关系。研究者分别以青鱼、罗非鱼、大黄鱼（larimichthys crocea）为对象，K 值作为评价鲜度的指标，比较冰温真空干燥与真空冷冻干燥产品的 K 值，二者均处于一级鲜度（10％以下）且无显著性差异。③产生某些特殊香气，例如肌苷酸（IMP）是一种鲜味极强的风味增强剂，经热风干燥和真空冷冻干燥的鱼片干品中 IMP 含量均有损失，而经冰温真空干燥后的鱼片中 IMP 含量却升高，是新鲜鱼片的 2 倍。

29.3　预处理技术

干燥与预处理技术相结合，会使物料产生一些有益的物理或化学变化，可提高最终干燥产品品质[23]。渗透脱水作为一种预处理方式，已经在许多研究中被证明是有用的，它不仅可以去除水分，而且在许多情况下还可以改善风味特性[24]。此外，脉冲电场、超声波和化学方法的应用也提高了干燥产品的品质。

29.3.1　渗透脱水预处理

渗透脱水是指将生物组织浸入高渗溶液中的预处理方法。渗透处理通常用于水果和蔬菜的干燥，以提高干燥产品的质量，尤其是保持颜色。渗透脱水（OD）在干燥前广泛使用，可改善最终产品的感官和营养特性[25]。渗透脱水预处理有两个新颖的方法：①脉冲真空渗透脱水（PVOD）是真空脱水（VOD）中真空的变化形式。这种脱水过程通过真空脉冲模式增强水动力机制，通过外部溶液交换内部气体/液体，从而提高了传质速率，改善了均质浓度分布并降低了能源成本[26]；②众所周知，使用超声波可以改善液体-固体系统中的质量传递，例如渗透脱水。Duan 等[25]研究了一种新的预处理方法，该方法在微波冷冻干燥海参之前使用超声波，并发现它可以减少微波冷冻干燥所需的约 2h，并提高海参的质量。Lyu 等[27]研究了 OD 预处理对桃片质地特性的影响。他们发现用 300g/L 蔗糖溶液处理的样品显示出适度的硬度、松脆度和最高的膨胀率。Cano-Lamadrid 等[28]还报道了 OD 为干燥的石榴提供了特征甜味，改善了其颜色和芳香特性。然而，从渗透溶液中获得的固体会引起额外的阻力，这在干燥过程中不利于水分扩散。Garcia-Noguera 等[29]发现渗透脱水预处理草莓，干燥时间比未预处理长 1.5 倍。

29.3.2　脉冲电场预处理

脉冲电场（PEF）在过去的 50 年中一直被用作非热能食品加工技术。它被广泛应用于食品工业，作为一种提高有价值化合物提取效率的预处理方法。PEF 也用于加速干燥过程和灭活微生物。PEF 处理是在置于 2 个导电电极之间的食物中产生极短时间的高电压强电脉冲。其工作原理如图 29-3 所示。它通过影响细胞膜的渗透性来增强传质过程。其机理是外电场诱导生物细胞膜两侧电荷聚集，形成穿透膜电位差，当该电位差大于生物细胞膜自然电位差时，细胞膜发生迅速电破裂和局部结构的改变，使细胞膜通透性急剧增加，从而加快干燥失水速度[30]。一般而言，PEF 处理的基本参数取决于处理的目的。当目的为增强物料中热质传递时，施加的电场强度一般较低，约为 $1\sim10\text{kV/cm}$。当处理的目的为保藏食品时，电场强度应高一些，约为 $12\sim40\text{kV/cm}$[31]。

根据 H. P. Schwan 方程，置于电场 $E(t)$ 中的细胞达到静电平衡时，跨膜电压：

$$\Delta u(t)=1.5E(t)R_{cell}\cos\theta$$

式中，R_{cell} 是细胞半径；θ 是外加电场 $E(t)$ 与细胞膜被测点法向量之间的夹角。有研究表明：当 $\Delta u(t)>1\text{V}$ 时，细胞膜就会击穿破碎。

由于 PEF 采用高电位而非电流作用，在其处理过程中温度低，可避免果蔬干燥过程中热敏性营养物质的破坏。与此同时，由于高压脉冲电场的作用，果蔬细胞孔增大，可显著减少果蔬复水所需时间及提高物料的复水率。Parniakov 等[32]研究了脉冲电场对真空冷冻干燥苹果的影响，发现脉冲电场可加速样品冷冻和干燥过程。微观、宏观分析和毛细浸渍试验数据表明，脉冲电场处理有利于保持冷冻干燥产品的形状，避免收缩，增加组织孔隙。Wu 等[33]研究了脉冲电场对马铃薯冷冻干燥的影响，确定了最佳工艺参数。通过对干燥速度、干燥时间、单位面积生产率和能耗的研究表明，脉冲数、电场强度和脉冲宽度这三个参数对实验结果有显著影响。将脉冲电场应用于冷冻干燥，可使单产提高 32.28%，比能耗降低 16.59%，干燥时间缩短 31.47%，干燥速度提高 14.31%。

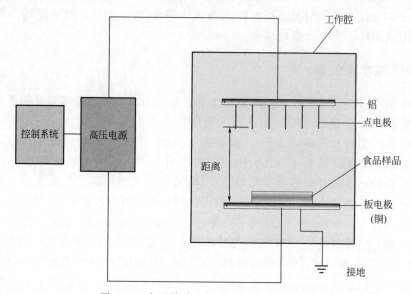

图 29-3　高压脉冲电场预处理工作原理[34]

29.3.3　超声波预处理

　　超声波作为一种物理能量形式，其频率超过 20kHz。它以振动形式传播，而所谓的振动则是指物质的质点在其平衡位置附近进行的往返运动形式。当负压超过液体的拉伸强度时，超声会产生气泡，这种现象是由自发形成的气蚀效应引起的。在强烈的超声场中气泡的内爆性崩溃空化引起的撞击使得颗粒分解和微通道形成，从而促进生物活性化合物从生物基质中释放。因此，超声波可以在干燥前用作预处理，以改善物质的干燥动力学。

　　Zhao 等[35]采用超声波对莲子种子进行超声预处理，其超声波的频率分别为 20kHz、35kHz 和 80kHz，功率密度分别为 0.75W/g 和 1.50W/g，时间为 10min，然后进行微波真空干燥。结果表明：超声预处理在其频率相对较低、功率密度较高时，对微波真空干燥过程中干燥时间（6.25%～31.25%）的降低有积极的作用，这是由于超声波处理促进了水分的再分布及微通道的形成，可以在干燥期间实现更高的传热和传质速率。Wang 等[36]研究了中波红外辐射（IW-IR）干燥前采用低频超声（LFU）预处理，对胡萝卜片水分迁移和品质特性的影响。结果表明：低场核磁共振分析显示 LFU 预处理使得胡萝卜样品的液泡水含量降低，细胞质和细胞间隙水含量增加。此外，LFU 预处理使得细胞结构破坏和微通道形成，使得需要的干燥时间显著（$P < 0.05$）减少。用 LFU 预处理的 IW-IR 干胡萝卜切片与对照样品相比，显示出更高的 β-胡萝卜素含量和复水率。超声预处理后的干胡萝卜片脱水后的颜色参数接近新鲜胡萝卜样品。电子鼻的结果表明，超声预处理提高了干胡萝卜的芳香挥发性有机化合物的含量，氮氧化物含量降低，这表明 LFU 可以提高干胡萝卜片的风味。此外，超声波技术常被用于强化

渗透脱水过程。Correa 等[37]研究探讨了超声波（US）在渗透脱水（OD）预处理和对流干燥菠萝过程中的联合应用。结果发现超声波在干燥过程中显著加速了干燥进程，同时降低了内部和外部的传质阻力，提高了产品品质。图 29-4 为超声波预处理示意图。

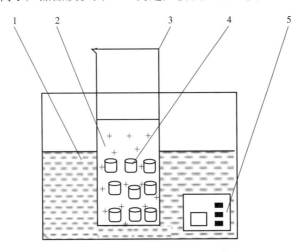

图 29-4　超声波预处理示意图[38]

1—恒温水槽；2—水；3—烧杯；4—实验样品；5—超声波发生器

29.3.4　烫漂预处理

烫漂预处理是将新鲜原料（已切分或未切分）在温度较高的热水、沸水或常压蒸汽中进行加热。已经证明，在干燥之前对果蔬进行预处理是解决果蔬干燥问题的有效方法，如改善果蔬干燥时间长、加工成本高、质量差等问题。预处理通常用于降低初始含水量，加速干燥过程，改善干燥产品的质量。这可以通过抑制酶活性、破坏微生物和改变材料的结构来实现，以有效的水扩散率增加的方式干燥。一些常见的烫漂预处理包括传统热水烫漂、微波烫漂和红外烫漂。传统热水烫漂是一种常用于水果和蔬菜的预处理方法。其目的是使酶失活，并防止可能导致加工食品产生异味和变色的生化反应。然而，传统热烫导致食品特性发生不希望的变化，例如由于涉及的高温而导致的颜色、风味、质地和营养的损失。烫漂的一个主要问题是整个样品的热量分布不均匀。因此有必要开发对食品的营养和感官特性影响最小的替代预处理技术。近年来，微波烫漂作为传统烫漂的替代技术，受到研究者的关注，因为它在材料中的热量分布均匀。微波加热可以减少干燥时间，生产出高质量的干燥产品。微波预处理可防止果蔬干燥过程中的颜色劣变，且不影响干燥材料的表观密度和孔隙率。然而微波加工可能会导致产品质量严重下降。这是因为微波引起的急速加热会导致水果和蔬菜组织的"过热"和降解反应。红外烫漂以电磁辐射的方式产生能量。当红外线与果蔬表面接触时，根据果蔬中化学键的性质，红外能量以不同的频率通过能级间分子的跃迁被吸收[39]。红外烫漂可实现均匀加热，对人类健康无负面影响。红外代替微波作为加热源，可防止果蔬因过热造成的营养损失，同时与传统的热水烫漂相比，它可以提高能量效率。

29.3.5　化学方法预处理

在果蔬干燥过程中，一些物料的表皮会对果蔬干燥过程中的水分蒸发有明显的阻碍作用。如枸杞、葡萄等表皮蜡质层的疏水性是抑制水分蒸发的主要阻碍。削弱表皮对干燥过程的影响，可以加速干燥进程，提高干燥产品的品质。例如在葡萄的干燥过程中，通常采取化学预处理的方法，将葡萄浸渍在如 NaOH 等碱性溶液中，或浸渍于含有油酸乙酯和 K_2CO_3 的油乳剂中。通过这种方式，使得葡萄表层的蜡质溶解，降低干燥过程中由果皮造成的水分扩散迁移阻力。Matteo 等[40]研究了浸渍溶液如油酸乙酯和碳酸钾，对未处理和预处理的李子的干燥时间和颜色质量的影响。他们发现浸渍在油酸乙酯碱性乳液中的李子，比未经处理的或用碳酸钾溶液预处理的干燥时间短。李文丽[41]研究了不同种类及不同浓度的脱蜡剂溶液对枸杞干燥前进行预处理的效果，发现采用质量分数 1％碳酸钠（Na_2CO_3）、0.25％碳酸氢钠（$NaHCO_3$）、0.15％氯化钠（$NaCl$）、0.05％柠檬酸钠（$Na_3C_6H_5O_7$）、0.05％葡萄糖酸钠（$C_6H_{11}NaO_7$），进行预处理后枸杞干燥的时间、速率、产品品质都有提升。高密度二氧化碳属于一种非常有前景的非热食品加工技术。其主要应用于食品中酶类的钝化及杀菌[42]。它通过二氧化碳的分子效应对食品中的微生物及酶类产生作用。目前高密度二氧化碳技术主要用于鲜切水果的保鲜及果蔬汁的灭菌，在干燥领域的应用还非常有限。龙婉蓉等[43]对热风干燥前的樱桃番茄进行了高密度二氧化碳预处理，发现经过预处理的樱桃番茄干燥速率提高，产品的收缩率降低，且无明显褐变现象。

29.4　物理场干燥技术及组合干燥

29.4.1　介电干燥

微波和射频的电磁能可以直接与食物内部相互作用，迅速提高中心温度，因为大多数食物作为介电材料可以储存电能并将其转化为热量[44]。与传统干燥相比，电介质加热具有更快的升温速度，以达到目标温度，这有其体积加热现象[45]。

微波（MW）是频率在 300～300000MHz 的高频电磁波。在由微波形成的高频电磁场中，物质分子吸收微波能而产生热效应，但不同物质吸收微波能的量不同，即不同物质的介电特性不同。物质的介电特性与该物质的极性或诱导极性的大小有关。水是极性分子，因此它在高频电磁场中以变化磁场的频率反复变换极性方向，形成剧烈的分子运动而产生热量，使水分受热汽化。

微波干燥在果蔬脱水中已有较成熟的经验。如采用微波真空干燥浓缩橘子汁、柠檬汁、葡萄汁、草莓汁等。据报道，采用功率为 48kW、频率为 2450MHz 的微波真空干燥器，在 40min 内可将 63°Brix（百利糖度）的橘子汁浓缩至湿含量为 2％。该装置的真空室直径为 1.5m，长 12m，采用玻璃增强聚四氟乙烯传送带。但是微波干燥也存在诸如干燥不均匀、穿透深度有限以及产品会发生膨化等缺点[46]。

射频（RF）能量是基于偶极子旋转和传导效应的组合机制，在湿材料中产生热量，从而加快干燥过程[44]。射频范围内的自由空间波长比常用的 MW 波长长 20～360 倍，因此射频能量能够更深入地穿透食物，在材料中提供比微波能量更好的加热均匀性[47]。因此，射频加热工艺（工业应用的射频频率为 13.56MHz、27.12MHz 和 40.68MHz）能减少干燥食品的热质量降解。然而，在食品工业中采用射频加热的主要挑战仍然是不均匀的加热和失控的加热，导致角部、边缘和中心部件过热，特别是在中等和高含水量的食品中[48]。因此，射频也常与热风等其他干燥方式联用，以获得更好的干燥品质。

29.4.2　红外干燥

红外（infrared radiation）干燥分为燃气红外干燥和电红外干燥两种。红外的辐射热能可直接抵达果蔬内部，不需要传热介质，且可对物料局部实施加热，具有较高的干燥效率以及较低的能耗。红外线是一种波长在 $0.75\sim1000\mu m$ 的电磁波，当辐射到果蔬上，电磁波的振动频率与材料自身的振动频率相一致时，就会产生共振，并伴随能量转化，使物料内外同时加热，有利于物料水分的外逸[49]。

经红外干燥的果蔬具有良好的品质，并且营养损失较少。果蔬对不同波长的红外线吸收能力不同，只有果蔬的吸收光谱与红外元件的辐射光谱匹配时，才能得到最佳的干燥效果，并降低能耗。

其中，中短波红外干燥使用的是波长为 $0.75\sim4\mu m$ 的红外线，其特点是辐射频率大、能量高、穿透强，可以使分子间发生不同能级的跃迁，因此能有效地加快干燥速率、减少营养物质的损失，并获得更高质量的干燥产品。中短波红外干燥具有干燥速度快、色泽好、高效灭酶、节能、无污染等优点，目前已成功应用于多种水果和蔬菜的干燥过程中。

29.4.3　静电场干燥

静电场干燥（electrohydrodynamic drying）是一种基于热传导、辐射以及其他形式热传导的一种干燥方法，通常被用来干燥热敏性材料。通常静电场干燥采用一个或多个电极，或平行板电极组成的高电场，来改善干燥过程。在干燥过程中，物料的水分快速蒸发使得温度以及熵降低。相较于传统干燥以及冷冻干燥，具有更低的能耗以及更简单的装置。

Bajgai 和 Hashinaga[50] 报道使用高压电场干燥菠菜，能够在干燥过程中保持物料温度不升高，干燥速度快，并且菠菜能够很好地保留叶绿素 a 和 b。内蒙古大学将高压干燥技术应用在肉制品的干燥中，并且通过该技术对多种物料的高压干燥进行研究，发现高压电场干燥具有能耗低、不污染环境、干燥均匀、物料不升温的优点，且能很好地保留物料的有效成分。另外，高压电场还有杀灭细菌的特点，能够很好地保证产品品质。

29.4.4　组合干燥

组合干燥法通常用以减少单独干燥方法的缺点，如：干燥时间长、能耗高以及产品质量低。新的技术如微波、红外、超声等通常被用来与传统技术结合，来缩短干燥时间以及提高产品的质量。组合干燥技术分为并联干燥法和串联干燥法。并联干燥通常使用一种或几种同时进行的干燥方式进行干燥。串联干燥通常为多种干燥方式接连使用。表 29-1 为部分组合干燥工艺在果蔬产品中的应用。通过将不同的干燥技术进行并联再进行串联，能够显著地提高干燥效率和干燥效果。

表 29-1　部分组合干燥工艺在果蔬产品中的应用

组合干燥工艺	材料	转换点	优势
真空冷冻干燥＋空气干燥	竹笋	24.4％(d. b.)	相较于空气干燥具有更好的营养保留率、细胞结构、复水性；相对于冷冻干燥降低 21％的能耗
真空冷冻干燥＋空气干燥	草莓	31.98％(d. b.)	较冷冻干燥能耗更低
红外＋微波真空干燥	香蕉	20％和 40％质量损失	相较于冷冻干燥具有更高的干燥速率、更好的产品品质
冷冻干燥＋微波真空干燥	苹果片	37.12％(d. b.)	相较于单独干燥方法降低了 39.2％的能量损失，产品品质更好
微波真空干燥＋冷冻干燥	胡萝卜片和苹果片	48％,37％(d. b.)	相较于冷冻干燥具有更高的产品品质以及干燥效率
热泵流化床冷冻干燥＋微波真空干燥	绿豌豆	2.07±0.11kg/kg(d. b.)	更好的产品品质

29.4.4.1 射频与其他干燥方式联合干燥

通过将射频加热与常规对流干燥相结合，可以克服单独使用热风的对流干燥的传热限制[51]。图 29-5 中显示了射频辅助热风干燥装置（RFHAD）（SO 6B，Monga Strayfield，Pune，Maharashtra，India）的示意图。该干燥器具有两个内置的热风吹风系统、RF 施加器以及温度和空气流量控制器。据 Roknul 等报道[52]，RFHAD 具有更好的干燥均匀性，RFHAD 样品的质量优于热风干燥、红外干燥和微波辅助热风干燥。

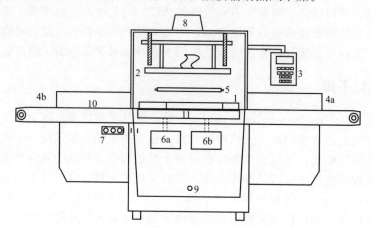

图 29-5　射频辅助热风干燥器的示意图

1—底部电极；2—上电极；3—控制面板；4—进料口；5—荧光管灯；6—加热器和风机；
7—RF 系统和门的钥匙；8—出风口；9—干燥室门；10—传送带；11—热风分配室

Marshall 和 Metaxasa[47]将射频能量与热泵间歇干燥器相结合，研究表明可以减少干燥产品的变色，特别是那些表面颜色变化非常敏感的产品。此外，热泵干燥过程中由于不均匀收缩而产生的应力所引起的开裂，可以通过射频辅助干燥来消除[51]。

29.4.4.2 微波与其他干燥方式联合干燥

微波增强喷动床相较于普通微波干燥具有更好的干燥均匀性。在喷动床干燥器中，通过气动搅拌能够实现产品对微波能量的均匀吸收。颗粒表面不断更新的边界层和流态化有利于传热和传质。因此，联合流化床或喷动床被认为是解决微波干燥不均匀问题的有效途径[53]。

微波冷冻干燥（MFD），即微波加热辅助冷冻干燥，结合了 FD 和 MW 加热的优点。一些研究结果表明，与 FD 相比，MFD 可以减少 40% 的干燥时间，并且提供相似的产品品质[54,55]。除了加快干燥速度，一些研究表明 MFD 过程可以使得干燥产品中微生物含量降低[56]。然而，MFD 产品不能像 FD 产品那样保持其形状，在实践中仍有许多问题需要解决[57]。Wang 等[58]通过在实验室系统中引入气动脉冲搅拌，使用微波加热改善 FD 的干燥均匀性（图 29-6）。结果表明，与稳定喷动条件下相比，脉冲喷动床模式可以使干莴苣切片具有较低的变色率，更均匀、致密的微观结构，更高的复水能力以及更高的复水后硬度，干燥时间比稳定喷动条件下的干燥时间短。

29.4.4.3 红外与其他干燥方式联合干燥

红外辐射与对流加热或真空的组合比单独辐射或热空气加热更有效。一些报道表明，将远红外辐射（FIR）与其他脱水技术相结合，可以缩短干燥时间，改善干燥产品的营养、感官和功能特性。例如，使用红外热源对流干燥胡萝卜、苹果、香蕉；使用远红外和真空联合干燥草莓；使用热空气冲击和红外联合干燥马铃薯片。

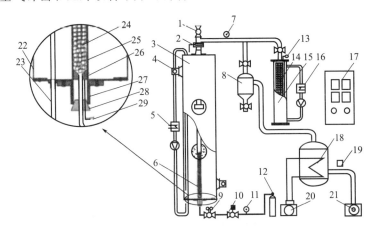

图 29-6　MFD 和 FD 的冷冻干燥系统示意图

1—进料球阀；2—直径为 3mm 的孔板阀；3,22—微波加热腔；4—磁控管；5,16—循环水单元；
6—MFD 和 PSMFD 干燥室；7,11—压力表；8—固气分离器；9—气流电磁阀；10—气流调节阀；
12—氮气源；13,29—光纤温度传感器；14,24—样品；15—带夹套的干燥室；
17—控制面板；18—蒸汽冷凝器；19—真空压力传感器；20—冰箱机组；21—真空泵机组；
23—水负荷管；25—特氟龙管；26—气体分配器；27—干燥室固定器；28—硅橡胶塞

　　热泵与远红外辐射干燥（FIRHPD）相结合，部分克服了热泵干燥固有的均匀性问题。因此，HP 与 FIR 结合是减少干燥时间的有效方法，可改善干燥产品的营养、感官和功能特性，例如鱿鱼鱼片[59]和龙眼[60]。

　　Nimmol 等[61]也报道了结合远红外辐射和低压过热蒸汽干燥设备（FIRLPSSD）。低压过热蒸汽干燥与远红外辐射相结合，适用于温度相对较低、减压操作的热敏性材料。FIRLPSSD 系统的示意图如图 29-7 所示。当真空泵打开并且真空断路阀关闭时，该干燥系统也可以被认为是远红外和真空联合干燥。

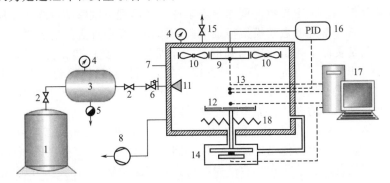

图 29-7　远红外辐射辅助低压过热蒸汽干燥系统示意图

1—锅炉；2—蒸汽阀；3—蒸汽罐；4—压力表；5—疏水阀；6—蒸汽调节器；7—干燥室；
8—真空泵；9—远红外散热器；10—电风扇；11—蒸汽入口和分配器；12—样品架；13—热电偶；
14—称重传感器；15—真空断路阀；16—PID 控制器；17—带数据采集卡的 PC；18—电加热器

　　另外，目前也有研究报道将超声、脉冲电场、紫外辐照等非热技术手段与热空气干燥方法联用，以降低干燥时的温度、时间以及能耗，并且提供一定的杀菌效果。图 29-8 为超声辅助冷冻干燥设备的示意图。

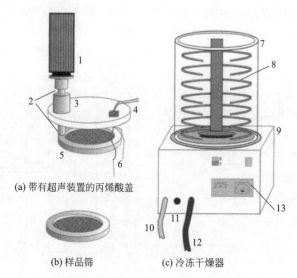

(a) 带有超声装置的丙烯酸盖

(b) 样品筛　　　　(c) 冷冻干燥器

图 29-8　超声辅助冷冻干燥设备示意图

1—超声发生器 UIP 1000；2—Sonotrodes BS2d34；3—消振法兰；4—丙烯酸盖；5—超声干燥筛；
6—热电偶；7—干燥腔；8—支架；9—冷冻干燥器；10—排水口；11—真空控制器；12—真空管；13—显示器

29.5　人工神经网络技术

29.5.1　人工神经网络技术在生鲜食品保质干燥中的意义

　　干燥系统的数学建模是干燥技术中极为关键的一个方面，对于优化干燥系统的操作参数和性能改进至关重要[62]。许多经验或半经验干燥模型已经应用于各种果蔬的干燥动力学研究[63]。但是湿物料的干燥是一个复杂、动态、非稳态、高度非线性、强相互作用、连续相互关联、多变量的热过程，其基本机制尚未完全了解。同时，被干燥产品传热传质、相变、物化生化反应以及不规则组分迁移等因素，增加了干燥过程的复杂性，而且，在典型的干燥过程中，还必须分析一些关键参数，例如干燥条件、产品配方或影响最终产品质量的预处理方式。由于这些因素，常规的数学模型很难准确地体现干燥条件之间的关系。

　　智能过程控制是食品干燥工业中面临的另一个难题。经典的传统控制器［主要是比例-积分-微分控制器（PID）］虽然已得到广泛应用，但是当控制目标受到许多因素影响时，例如介电参数、材料性质、气候条件和干燥方式等，难以实现复杂有效的控制[64]。因此，需要开发一种能够自动学习的高效智能实时控制系统。

　　人工神经网络（ANN）等人工智能技术的出现，可以很好地解决工程中遇到的棘手问题。结合大数据和云计算等其他先进技术，神经网络技术正在改变世界的面貌和生活方式。如前所述，干燥智能创新、节能和智能过程控制是我们必须解决的问题，以获得高质量的最终产品，降低运营和能源成本，提高生产率，并优化工业规模的设计和运行参数。神经网络具有自学习能力强、自适应能力强、容错能力强、高度鲁棒性等特点，能够对任意复杂动态现象的非线性结构进行映射，为干燥建模、理化性质和质量分析以及在线测试和控制提供了一种可选择的解决方案。

29.5.2　人工神经网络算法

　　人工神经网络是人脑及其活动的一个理论化的数学模型，它由大量的处理单位通过一定的方式互连构成，是一个大规模的非线性自适应系统。神经网络一般含有输入层、隐含层和输出层。

　　按照拓扑结构，神经网络分为前馈神经网络和反馈神经网络。前馈神经网络中的神经元按层排列，网络从输入层到输出层是单向连接，只有前后相邻两层之间神经元实现互相连接，从上一层接收信号输送给下一层神经元，同层的神经元之间没有连接，各神经元之间也没有反馈。这就是前馈网络和反馈网络的主要区别。前馈型神经网络是一种静态非线性映射，可以分为单层前馈网络和多层前馈网络。大部分前馈网络都是学习网络，比较适用于模式识别、分类和预测评价问题。典型的前馈网络有感知器（MLP）、误差反向传播网络（BP）、径向基函数神经网络（RBF）、学习向量量化神经网络（LVQ）。前馈神经网络分析与设计相对简单。与前馈神经网络相比，反馈神经网络的输出神经元至少有一个反馈回路，信号可以正向或反向流动。典型的反馈网络包括 Hopfield 神经网络、Boltzmann 神经网络和Kohonen 神经网络。

　　按照学习方式，分为有教师学习和无教师学习。有教师学习又称有监督学习，设计训练过程有教师指导，提供从应用环境中选出的数据知识，也就是一系列的期望输入-输出作为训练样本。通过期望输出与实际输出之间的误差不断地调整网络连接强度，直到达到满意的输入-输出关系为止。在有教师指导下学习神经网络可以适应环境变化，但是学习新知识的同时容易忘记学过的知识。有教师学习算法包括反向传播算法和 LVQ 算法等。与有教师学习过程中有教师提供期望和目标输出信号不同，无教师学习没有目标输出。无教师学习可以分为无监督学习和增强学习。无监督学习在训练过程中没有教师的指导（期望输入信息）和评价机制，神经网络根据所提供的输入数据集，自动地调整适应连接权值，按照输入数据统计规律把相似特征输入模式自动分类。无监督学习采用竞争学习规则，常用的无监督学习算法包括自适应谐振理论（ART）和 Kohonen 算法等。增强学习不需要教师给出期望输入信息，输入-输出映射是通过与外界环境连续相互作用，不断地改善策略，最终获得最优行为策略。增强学习算法采用一个评价函数实现给定输入对应神经网络输出趋向评价，获得策略的改进，它是一种以环境的反馈为输入的适应环境的机器学习方法，其在线学习和自适应学习的特点使其成为解决策略寻优问题有力的工具。增强学习算法主要有 Q 学习算法、遗传算法、免疫算法和 DNA 软计算等。

29.5.3　人工神经网络在生鲜食品保质干燥中的应用

　　人工神经网络技术已经广泛用于对流薄层干燥、流化床干燥、红外干燥、微波干燥、红外和微波辅助干燥、喷雾干燥、冷冻干燥等干燥过程的非线性函数逼近、模式识别、数据解释、优化、诊断、监测、控制、数据分类、聚类和降噪等方面。我们将从新鲜食品的干燥建模、传热传质的预测和优化、热力学性能分析以及干燥产品物理化学性质和质量评估等方面介绍人工神经网络在干燥中的应用。

　　人工神经网络在生鲜食品干燥中的应用主要集中在干燥动力学建模、传热和传质、物理化学性质和质量建模等方面。在干燥动力学建模方面，Momenzadeh 等[65]以微波功率、干燥温度和水分含量为输入变量，建立青豌豆的流化干燥神经网络模型，用来预测干燥时间，同时研究了传递函数和训练算法对实验结果的影响。结果表明，以 logsig 为传递函数和采用反向传播算法建立的网络模型，具有较好的精确率。Al-Mahasneh 等[66]以产品种类、吸附状态、温度和平衡含水量为输入变量，平衡相对湿度为输出变量，两个隐藏层建立干燥模型，用来估算吸湿等温线。Guiné 等[67]以香蕉种类、干燥状态、提取方式和顺序为输入变量，

Levenberg-Marquartd 函数为训练算法，建立了一种前馈型神经网络模型，该模型用来预测香蕉酚类物质的含量和抗氧化活性，结果表明干燥状态和提取顺序对抗氧化活性和酚类化合物的影响较大。Mahjoorian 等[68]利用以 logsig 函数为激活函数，具有两个隐含层的 MLP-ANN 模型可靠地预测干燥猕猴桃切片的水分比。Husna 等[69]建立的 4 个输入变量、一个隐含层的 BP-ANN 模型，预测榴莲片微波干燥含水量 R^2 值为 98.47%。Hosseinpour[70]等以干燥过程中的图像纹理特征为输入对象，建立了 MLP-ANN 水分含量和产品品质的预测模型，具有较好的预测能力。Özdemir 等[71]使用 Levenberge-Marquardt 和 Fermi 为传递函数，建立 BP 神经网络，研究了猕猴桃对流红外干燥中不同干燥温度（40℃，45℃，50℃ 和 55℃）下干燥能量消耗和干燥动力学特征。Jena 等[72]利用人工神经网络模型，预测了蘑菇和不同蔬菜在流化床干燥过程中的水分扩散率，并将通过该方法获得的扩散率值与实验测量值进行了比较，表明该方法具有广泛的工业适用性。Nadian 等[73]利用 MLP-ANN 建立了苹果片热风干燥过程中切片含水量、颜色与干燥变量、干燥时间之间的关系。Bahmani 等[74]利用神经网络研究了茄子的渗透脱水过程中水分损失和固体增益情况，在盐浓度为 5%、10% 和 15%，样品与渗透溶液比率为 1∶10、1∶15 和 1∶20 以及干燥温度 30℃、45℃、60℃、70℃ 的条件下，建立了水分损失和固体增益的最优神经网络模型，输入变量、隐含层神经元数量、输出变量分别为 4-25-2 和 4-16-2，R^2 分别为 0.9825 和 0.9761。Guiné 等[75]利用前馈神经网络研究了传质特性、干燥动力学以及干燥对苹果某些化学和物理特性的影响，将得到的结果与回归分析方法进行比较，表明所有研究的特性都可以使用 ANN 进行建模评估。

不少研究也报道了人工神经网络建模与传统数学或统计方法预测干燥过程的比较。在不同功率（130W、260W、380W 和 450W）和压力 [200mbar（1bar = 10^5Pa），400mbar（1bar = 10^5Pa），600mbar（1bar = 10^5Pa）和 800mbar（1bar = 10^5Pa）] 条件下，Ghaderi 等[76]建立了 6 个薄层干燥模型和人工神经网络，预测蘑菇微波真空干燥的动力学特征，并将含水率和干燥速率的数学模型和神经网络模型进行对比。研究表明，神经网络模型具有较高的预测能力，模型训练、验证和测试的 R^2 值分别为 0.9991、0.9995 和 0.9996。Yaghoubi 等[77]研究了不同干燥方式 [即热风干燥（AD），微波干燥（MW）和热风-微波组合干燥（AD-MW）] 下，土豆含水率神经网络模型的情况，并与经典数学模型进行比较，结果显示神经网络具有较高预测能力（R^2 为 0.9972）。Krishna[78]建立了芒果姜的微波干燥神经网络和数学模型，研究微波功率对水分含量、含水率、干燥速率、干燥时间和扩散率等因素的影响。结果表明，半经验 Midilli 模型能够很好地描述干燥动力学，$R^2 > 0.999$，然而经过反向传播算法训练过的前馈神经网络的预测 R^2 为 0.985。在另一个数学模型和人工神经网络的应用比较中[79]，研究了空气温度、气体流速和红外辐射对樱桃红外干燥过程中的动力学影响，训练后的人工神经网络模型能够更好地预测水分扩散率和能量消耗，R^2 分别为 0.9944 和 0.9905。Kaveh[80]也得出了相同的结论：以 4-10-10-2 为拓扑结构、Bayesian 规则为训练算法、tansigpurelin-logsig 为阈值函数，建立的前馈反向传播神经网络模型能够优于经验模型预测的含水率和干燥速率。包含大量前馈和反馈连接的动态神经网络比纯前馈神经结构更具计算优势。Samadi 等[81]研究了苹果片热风干燥条件下产品干燥特性的静态和动态人工神经网络和薄层干燥模型情况，发现动态人工神经网络比其他两种方法具有更好的预测能力，含水率和干燥速率的 R^2 值分别为 0.9989 和 0.9985。Guzzo da Silva 等[82]使用 8 种经典数学模型和 4 种不同的 ANN 模型，来预测巴西胡椒树果实在薄层干燥中的干燥动力学和干燥速率，发现 Henderson 模型与人工神经网络模型的结果令人满意。

Tavakolipour 等[83]比较了神经网络和模糊专家系统在西葫芦切片干燥过程中水分含量的预测能力，结果显示，R^2 为 0.998 的人工神经网络模型比模糊专家系统具有更高的精度。不仅如此，Jafari 等[84]通过洋葱流化床干燥过程的动态干燥特征，进一步研究了非线性回归技术、模糊逻辑和人工神经网络模型的性能，结果表明，选用的经典数学模型和实验数据拟合最好，R^2 为 0.999；采用 Levenberg-Marquardt 为训练算法，hyperbolic tangent sigmoid 函数为传递函数和 2-5-1 拓扑结构前馈反向传播神经网络模型，在神经网络模型中表现最佳。

一些研究人员试图通过开发更加先进的人工神经网络模型，或者将经典人工神经网络与数学模型、模糊逻辑系统等算法相结合等手段，提高人工智能技术在干燥过程中的应用性能。用于模拟马铃薯和胡萝卜对流干燥的薄层模型、纯神经网络和混合神经模型表明，混合神经模型具有更好的预测能力[85]。一种新的多输出相关数据缩放技术与自适应神经模糊推理系统相结合的混合神经系统，被提出并被用来模拟和预测苹果的冷冻干燥行为[86]。在松果的红外流化床干燥实验中，Kaveh[87]研究了神经网络模型重要参数（训练算法，阈值函数，神经网络层数和神经元数量）对预测干燥水分扩散率、能量消耗、收缩率、干燥速率和含水率的影响。Balbay 等[88]比较了极限学习机和经典人工神经网络模型对黑孜然种子的微波干燥过程中含水率的预测能力，选用的神经网络具有不同的激活函数、隐含层神经元数量（1～100）和训练算法。结果显示具有 93 个神经元、在隐含层以正弦函数为传递函数的 ELM 模型比其他选择的 ANN 模型更有效和准确。Azadeh 等[89]设计了基于偏最小二乘法（PLS）的 ANN 和 ANFIS 方法，以满足食品干燥的设计需求。利用遗传算法训练的前馈反向传播神经网络，Khawas 等[90]成功地评估了干燥温度、样品切片厚度和预处理方式对真空干燥中香蕉的复水率、清除活性、颜色和质地等质量属性的影响。

29.5.4　人工神经网络发展中的机遇与挑战

虽然人工神经网络被认为是用于模拟、预测、优化、监测、控制不同干燥过程的优秀工具，但人工神经网络技术不是对现行技术的替代，而是一种补充[91]。由于不需要明确输入与输出的参数关系，神经网络得到了广泛应用。然而，人工神经网络就像是一个"黑盒子"，很难解释输入和输出变量之间的内在关系，也不能为用户提供对各个网络加权参数的实际知识。除神经网络技术理论研究外，人工神经网络模型的设计、优化和改进是当前面临的另一个问题。对于神经网络的结构设计没有理论指导。隐含层数量、神经元数量、激励函数和训练算法的选择都是基于经验设计的，只能通过实验计算获得，这会导致网络更加冗余，不可见地增加了研究工作和编程计算的工作量。因此，神经网络基础理论的研究是未来科学研究的重点方向。非线性问题的研究是神经网络理论发展的动力和挑战，包括非线性动力系统、自适应、自组织、混沌神经网络和神经网络数学理论的研究。此外，还需要研究人工神经网络的基本特性，如稳定性、收敛性、容错性、鲁棒性等。研究基本理论及其潜力将使这些可用技术得到进一步扩展，并成为现代工业智能控制干燥技术的重要组成部分。研究人工神经网络学习算法、传递函数等的创新与优化，使人工神经网络技术具有更快的收敛速度和泛化能力。人工神经网络技术、模糊逻辑、专家系统或其他演化方法对干燥过程都非常有用，一些研究人员试图通过神经网络模型和数学模型的结合，提升人工智能的应用能力。但文献中关于混合数学 ANN、混合数学 ANFIS、神经进化技术、神经模糊和神经模糊进化技术等先进智能干燥技术的应用并不多。毫无疑问，神经网络与其他技术如模糊逻辑、专家系统、遗传算法、灰色系数、数据挖掘技术、小波分析、混沌理论、粗糙集理论等的联合应用前景广阔。

参考文献

［ 1 ］　Huang L L, Zhang M. Trends in development of dried vegetable products as snacks［J］. Drying Technology, 2012, 30（5）: 448-461.

［ 2 ］　Liu-Ping F, Min Z, Qian T, et al. Sorption isotherms of vaccum-fried carrot chips［J］. Drying Technology, 2005, 23（7）: 1569-1579.

［ 3 ］　Mayor L, Sereno A. Modelling shrinkage during convective drying of food materials: a review［J］. Journal of Food Engineering, 2004, 61（3）: 373-386.

［ 4 ］　Wang Y, Zhang M, Mujumdar A S. Trends in processing technologies for dried aquatic products［J］. Drying Technology, 2011, 29（4）: 382-394.

［ 5 ］　Vishwanathan K H, Hebbar H U, Raghavarao K S M S. Hot air assisted infrared drying of vegetables and its quality［J］. Food Science and Technology Research, 2010, 16（5）: 381-388.

［ 6 ］　Miranda M, Maureira H, Rodriguez K, et al. Influence of temperature on the drying kinetics, physicochemical properties, and antioxidant capacity of Aloe Vera（Aloe Barbadensis Miller）gel［J］. Journal of Food Engineering, 2009, 91（2）: 297-304.

［ 7 ］　Karim M A, Hawlader M. Drying characteristics of banana: theoretical modelling and experimental validation［J］. Journal of Food Engineering, 2005, 70（1）: 35-45.

［ 8 ］　Xiong X, Narsimhan G, Okos M R. Effect of composition and pore structure on binding energy and effective diffusivity of moisture in porous food［J］. Journal of Food Engineering, 1992, 15（3）: 187-208.

［ 9 ］　Chou S, Chua K. New hybrid drying technologies for heat sensitive foodstuffs［J］. Trends in Food Science & Technology, 2001, 12（10）: 359-369.

［10］　丛海花, 薛长湖, 孙妍, 等. 热泵-热风组合干燥方式对干制海参品质的改善［J］. 农业工程学报, 2010, 26（5）: 342-346.

［11］　方冉. 振动流化床炼焦煤分级调湿一体化研究［D］. 沈阳: 东北大学, 2012.

［12］　唐璐璐. 干燥方式对丰水梨片干燥特性及品质影响的研究［D］. 阿拉尔: 塔里木大学, 2016.

［13］　Dalmau M E, Bornhorst G M, Eim V, et al. Effects of freezing, freeze drying and convective drying on in vitro gastric digestion of apples［J］. Food Chemistry, 2017, 215: 7-16.

［14］　Huang J, Zhang M. Effect of three drying methods on the drying characteristics and quality of okra［J］. Drying Technology, 2016, 34（8）: 900-911.

［15］　艾百拉·热合曼, 王璇, 等. 干燥方法对枸杞营养和功能成分的影响［J］. 食品科学, 2017, 38（9）: 138-142.

［16］　高炜, 丁胜华, 王蓉蓉, 等. 不同干燥方式对柠檬片品质的影响［J］. 食品科技, 2017, （2）: 114-119.

［17］　Alibas I. Microwave, air and combined microwave-air drying of grape leaves（Vitis vinifera l.）and the determination of some quality parameters［J］. International Journal of Food Engineering, 2014, 10（1）: 69-88.

［18］　周鸣谦, 刘春泉, 李大婧. 不同干燥方式对莲子品质的影响［J］. 食品科学, 2016, 37（9）: 98-104.

［19］　张彩芳, 任亚敏, 罗双群, 等. 果蔬及其制品加工中维生素 C 稳定性的研究进展［J］. 粮食与食品工业, 2017, 24（5）: 26-29.

［20］　Gümüşay Ö A, Borazan A A, Ercal N, et al. Drying effects on the antioxidant properties of tomatoes and ginger［J］. Food Chemistry, 2015, 173: 156-162.

［21］　孙洁. 金银花干燥过程与酶及活性成分的相关性研究［D］. 泰安: 山东农业大学, 2014.

［22］　侯爽爽. 金银花热风干燥过程中颜色劣变机理及抑制研究［D］. 洛阳: 河南科技大学, 2011.

［23］　Mrad N D, Boudhrioua N, Kechaou N, et al. Influence of air drying temperature on kinetics, physicochemical properties, total phenolic content and ascorbic acid of pears［J］. Food and Bioproducts Processing, 2012, 90（3）: 433-441.

［24］　Chin S T, Nazimah S A H, Quek S Y, et al. Changes of volatiles' attribute in durian pulp during freeze-and spray-drying process［J］. LWT-Food Science and Technology, 2008, 41（10）: 1899-1905.

［25］　Duan X, Zhang M, Li X, et al. Ultrasonically enhanced osmotic pretreatment of sea cucumber prior to microwave freeze drying［J］. Drying Technology, 2008, 26（4）: 420-426.

[26] Fante C, Corrêa J, Natividade M, et al. Drying of plums (Prunus sp, cv Gulfblaze) treated with KCl in the field and subjected to pulsed vacuum osmotic dehydration [J]. International Journal of Food Science & Technology, 2011, 46 (5): 1080-1085.

[27] Lyu J, Yi J, Bi J, et al. Effect of sucrose concentration of osmotic dehydration pretreatment on drying characteristics and texture of peach chips dried by infrared drying coupled with explosion puffing drying [J]. Drying Technology, 2017, 35 (15): 1887-1896.

[28] Cano-Lamadrid M, Lech K, Michalska A, et al. Influence of osmotic dehydration pre-treatment and combined drying method on physico-chemical and sensory properties of pomegranate arils, cultivar Mollar de Elche [J]. Food Chemistry, 2017, 232: 306-315.

[29] Garcia-Noguera J, Oliveira F I, Gallão M I, et al. Ultrasound-assisted osmotic dehydration of strawberries: Effect of pretreatment time and ultrasonic frequency [J]. Drying Technology, 2010, 28 (2): 294-303.

[30] 杨旭海, 张茜, 李红娟, 等. 果蔬预处理现状分析及未来发展趋势 (英文) [J]. Agricultural Science & Technology, 2015, (12): 53.

[31] Witrowa-Rajchert D, Wiktor A, Sledz M, et al. Selected emerging technologies to enhance the drying process: A review [J]. Drying Technology, 2014, 32 (11): 1386-1396.

[32] Parniakov O, Bals O, Lebovka N, et al. Pulsed electric field assisted vacuum freeze-drying of apple tissue [J]. Innovative Food Science & Emerging Technologies, 2016, 35: 52-57.

[33] Wu Y, Zhang D. Effect of pulsed electric field on freeze-drying of potato tissue [J]. International Journal of Food Engineering, 2014, 10 (4): 857-862.

[34] Mousakhani-Ganjeh A, Hamdami N, Soltanizadeh N. Impact of high voltage electric field thawing on the quality of frozen tuna fish (Thunnus albacares) [J]. Journal of Food Engineering, 2015, 156: 39-44.

[35] Zhao Y, Wang W, Zheng B, et al. Mathematical modeling and influence of ultrasonic pretreatment on microwave vacuum drying kinetics of lotus (Nelumbo nucifera Gaertn.) seeds [J]. Drying Technology, 2017, 35 (5): 553-563.

[36] Wang L, Xu B, Wei B, et al. Low frequency ultrasound pretreatment of carrot slices: Effect on the moisture migration and quality attributes by intermediate-wave infrared radiation drying [J]. Ultrasonics Sonochemistry, 2018, 40: 619-628.

[37] Correa J, Rasia M, Mulet A, et al. Influence of ultrasound application on both the osmotic pretreatment and subsequent convective drying of pineapple (Ananas comosus) [J]. Innovative Food Science & Emerging Technologies, 2017, 41: 284-291.

[38] Bai Y, Fan X, Bi Y. Effect of ultrasound pretreatment on hot air drying rate of scallop muscles. IOP Conference Series: Earth and Environmental Science, 2017. IOP Publishing: 012119.

[39] 潘忠礼, 马海乐, 佟秋芳, 等. 食品和农产品干燥的一种有效方法——红外加热法 [J]. 干燥技术与设备, 2013, (1): 61-66.

[40] Matteo M D, Cinquanta L, Galiero G, et al. Physical pre-treatment of plums (Prunus domestica). Part 1. Modelling the kinetics of drying [J]. Food Chemistry, 2002, 79 (2): 227-232.

[41] 李文丽. 枸杞脱蜡剂及促干机理研究 [D]. 天津: 天津科技大学, 2016.

[42] 刘书成, 陈亚励, 郭明慧, 等. 高密度 CO_2 处理过程中虾肌球蛋白溶液浊度和溶解度的变化 [J]. 食品科学, 2017, 38 (19): 42-48.

[43] 龙婉蓉, 郭蕴涵, 赵翠萍, 等. 高密度 CO_2 预处理对樱桃番茄干燥的影响 [J]. 食品工业科技, 2012, 33 (4): 387-390.

[44] Sisquella M, Viñas I, Picouet P, et al. Effect of host and Monilinia spp. variables on the efficacy of radio frequency treatment on peaches [J]. Postharvest Biology and Technology, 2014, 87: 6-12.

[45] Wang S, Birla S, Tang J, et al. Postharvest treatment to control codling moth in fresh apples using water assisted radio frequency heating [J]. Postharvest Biology and Technology, 2006, 40 (1): 89-96.

[46] 王述昌. 微波能技术在食品工业中的应用 [J]. 农机与食品机械, 1995, (4): 4-6.

[47] Marshall M, Metaxas A. Radio frequency assisted heat pump drying of crushed brick [J]. Applied Thermal Engineering, 1999, 19 (4): 375-388.

[48] Luechapattanaporn K, Wang Y, Wang J, et al. Sterilization of scrambled eggs in military polymeric trays by

radio frequency energy [J]. Journal of Food Science, 2005, 70（4）: E288-E294.

［49］ Riadh M H, Ahmad S A B, Marhaban M H, et al. Infrared heating in food drying: An overview [J]. Drying Technology, 2015, 33（3）: 322-335.

［50］ Bajgai T, Hashinaga F. Drying of spinach with a high electric field [J]. Drying Technology, 2001, 19（9）: 2331-2341.

［51］ Patel K K, Kar A. Heat pump assisted drying of agricultural produce——an overview [J]. Journal of Food Science and Technology, 2012, 49（2）: 142-160.

［52］ Roknul A S, Zhang M, Mujumdar A S, et al. A comparative study of four drying methods on drying time and quality characteristics of stem lettuce slices（Lactuca sativa L.）[J]. Drying Technology, 2014, 32（6）: 657-666.

［53］ Yan W Q, Zhang M, Huang L L, et al. Study of the optimisation of puffing characteristics of potato cubes by spouted bed drying enhanced with microwave [J]. Journal of the Science of Food and Agriculture, 2010, 90（8）: 1300-1307.

［54］ Jiang H, Zhang M, Mujumdar A S. Microwave freeze-drying characteristics of banana crisps [J]. Drying Technology, 2010, 28（12）: 1377-1384.

［55］ Wang R, Zhang M, Mujumdar A S. Effect of osmotic dehydration on microwave freeze-drying characteristics and quality of potato chips [J]. Drying Technology, 2010, 28（6）: 798-806.

［56］ Duan X, Zhang M, Mujumdar A S. Studies on the microwave freeze drying technique and sterilization characteristics of cabbage [J]. Drying Technology, 2007, 25（10）: 1725-1731.

［57］ Jiang H, Zhang M, Mujumdar A S. Physico-chemical changes during different stages of MFD/FD banana chips [J]. Journal of Food Engineering, 2010, 101（2）: 140-145.

［58］ Wang Y, Zhang M, Mujumdar A S, et al. Microwave-assisted pulse-spouted bed freeze-drying of stem lettuce slices——Effect on product quality [J]. Food and Bioprocess Technology, 2013, 6（12）: 3530-3543.

［59］ Deng Y, Wu J, Su S, et al. Effect of far-infrared assisted heat pump drying on water status and moisture sorption isotherm of squid（Illex illecebrosus）fillets [J]. Drying Technology, 2011, 29（13）: 1580-1586.

［60］ Nathakaranakule A, Jaiboon P, Soponronnarit S. Far-infrared radiation assisted drying of longan fruit [J]. Journal of Food Engineering, 2010, 100（4）: 662-668.

［61］ Nimmol C, Devahastin S, Swasdisevi T, et al. Drying of banana slices using combined low-pressure superheated steam and far-infrared radiation [J]. Journal of Food Engineering, 2007, 81（3）: 624-633.

［62］ Hacıhafızoğlu O, Cihan A, Kahveci K. Mathematical modelling of drying of thin layer rough rice [J]. Food and Bioproducts Processing, 2008, 86（4）: 268-275.

［63］ Banakar A, Karimi Akandi S R. A Comparison of Mathematical and Artificial Neural Network Modeling for Rosa Petals using Hot Air Drying Method [J]. International Journal of Computational Intelligence and Applications, 2012, 11（02）: 1250014.

［64］ Kondakci T, Zhou W. Recent applications of advanced control techniques in food industry [J]. Food and Bioprocess Technology, 2017, 10（3）: 522-542.

［65］ Momenzadeh L, Zomorodian A, Mowla D. Applying artificial neural network for drying time prediction of green pea in a microwave assisted fluidized bed dryer [J]. J Agric Sci Technol, 2012, 14: 513-522.

［66］ Al-Mahasneh M, Alkoaik F, Khalil A, et al. A generic method for determining moisture sorption isotherms of cereal grains and legumes using artificial neural networks [J]. Journal of Food Process Engineering, 2014, 37（3）: 308-316.

［67］ Guiné R P, Barroca M J, Gonçalves F J, et al. Artificial neural network modelling of the antioxidant activity and phenolic compounds of bananas submitted to different drying treatments [J]. Food Chemistry, 2015, 168: 454-459.

［68］ Mahjoorian A, Mokhtarian M, Fayyaz N, et al. Modeling of drying kiwi slices and its sensory evaluation [J]. Food Science & Nutrition, 2017, 5（3）: 466-473.

［69］ Husna M, Purqon A. Prediction of Dried Durian Moisture Content Using Artificial Neural Networks. Journal of Physics: Conference Series,2016. IOP Publishing: 012077.

［70］ Hosseinpour S, Rafiee S, Aghbashlo M, et al. Computer vision system（CVS）for in-line monitoring of visual texture kinetics during shrimp（Penaeus spp.）drying［J］. Drying Technology, 2015, 33（2）: 238-254.

［71］ Özdemir M B, Aktas M, Sevik S, et al. Modeling of a convective-infrared kiwifruit drying process［J］. International Journal of Hydrogen Energy, 2017, 42（28）: 18005-18013.

［72］ Jena S, Sahoo A. ANN modeling for diffusivity of mushroom and vegetables using a fluidized bed dryer［J］. Particuology, 2013, 11（5）: 607-613.

［73］ Nadian M H, Rafiee S, Aghbashlo M, et al. Continuous real-time monitoring and neural network modeling of apple slices color changes during hot air drying［J］. Food and Bioproducts Processing, 2015, 94: 263-274.

［74］ Bahmani A, Jafari S M, Shahidi S A, et al. Mass transfer kinetics of eggplant during osmotic dehydration by neural networks［J］. Journal of Food Processing and Preservation, 2016, 40（5）: 815-827.

［75］ Guiné R P, Cruz A C, Mendes M. Convective drying of apples: kinetic study, evaluation of mass transfer properties and data analysis using artificial neural networks［J］. International Journal of Food Engineering, 2014, 10（2）: 281-299.

［76］ Ghaderi A, Abbasi S, Motevali A, et al. Comparison of mathematical models and artificial neural networks for prediction of drying kinetics of mushroom in microwave-vacuum drier［J］. Chemical Industry and Chemical Engineering Quarterly/CICEQ, 2012, 18（2）: 283-293.

［77］ Yaghoubi M, Askari B, Mokhtarian M, et al. Possibility of using neural networks for moisture ratio prediction in dried potatoes by means of different drying methods and evaluating physicochemical properties［J］. Agricultural Engineering International: CIGR Journal, 2013, 15（4）: 258-269.

［78］ Krishna Murthy T P, Manohar B. Microwave drying of mango ginger（Curcuma amada Roxb）: prediction of drying kinetics by mathematical modelling and artificial neural network［J］. International Journal of Food Science & Technology, 2012, 47（6）: 1229-1236.

［79］ Chayjan R A, Kaveh M, Khayati S. Modeling some drying characteristics of sour cherry（Prunus cerasus L.）under infrared radiation using mathematical models and artificial neural networks［J］. Agricultural Engineering International: CIGR Journal, 2014, 16（1）: 265-279.

［80］ Kaveh M, Amiri Chayjan R. Modeling Thin-Layer Drying of Turnip Slices Under Semi-Industrial Continuous Band Dryer［J］. Journal of Food Processing and Preservation, 2017, 41（2）: e12778.

［81］ Samadi S H, Ghobadian B, Najafi G, et al. Drying of apple slices in combined heat and power（CHP）dryer: comparison of mathematical models and neural networks［J］. Chemical Product and Process Modeling, 2013, 8（1）: 41-52.

［82］ Guzzo da Silva B, Frattini Fileti A M, Pereira Taranto O. Drying of brazilian pepper-tree fruits（Schinus terebinthifolius Raddi）: development of classical models and artificial neural network approach［J］. Chemical Engineering Communications, 2015, 202（8）: 1089-1097.

［83］ Tavakolipour H, Mokhtarian M, Kalbasi-Ashtari A. Intelligent monitoring of zucchini drying process based on fuzzy expert engine and ANN［J］. Journal of Food Process Engineering, 2014, 37（5）: 474-481.

［84］ Jafari S M, Ganje M, Dehnad D, et al. Mathematical, fuzzy logic and artificial neural network modeling techniques to predict drying kinetics of onion［J］. Journal of Food Processing and Preservation, 2016, 40（2）: 329-339.

［85］ Saraceno A, Aversa M, Curcio S. Advanced modeling of food convective drying: a comparison between artificial neural networks and hybrid approaches［J］. Food and Bioprocess Technology, 2012, 5（5）: 1694-1705.

［86］ Polat K, Kirmaci V. A novel data preprocessing method for the modeling and prediction of freeze-drying behavior of apples: Multiple output - dependent data scaling（MODDS）［J］. Drying Technology, 2012, 30（2）: 185-196.

［87］ Kaveh M, Chayjan R A. Prediction of some physical and drying properties of terebinth fruit（Pistacia atlantica L.）using Artifi cial Neural Networks［J］. Acta Scientiarum Polonorum Technologia Alimentaria, 2014, 13（1）: 65-78.

［88］ Balbay A, Kaya Y, Sahin O. Drying of black cumin（Nigella sativa）in a microwave assisted drying system and modeling using extreme learning machine［J］. Energy, 2012, 44（1）: 352-357.

[89]　Azadeh A, Neshat N, Kazemi A, et al. Predictive control of drying process using an adaptive neuro-fuzzy and partial least squares approach [J]. The International Journal of Advanced Manufacturing Technology, 2012, 58 (5-8): 585-596.

[90]　Khawas P, Dash K K, Das A J, et al. Modeling and optimization of the process parameters in vacuum drying of culinary banana (Musa ABB) slices by application of artificial neural network and genetic algorithm [J]. Drying Technology, 2016, 34 (4): 491-503.

[91]　Aghbashlo M, Hosseinpour S, Mujumdar A S. Application of artificial neural networks (ANNs) in drying technology: a comprehensive review [J]. Drying Technology, 2015, 33 (12): 1397-1462.

（吴晓菲，张懋，孙亚男，郭超凡，孙卿）

第30章

谷物干燥

30.1 谷物的干燥特性

谷物的干燥特性取决于谷物的物理特性和热特性，为了进行谷物干燥机的设计和计算，必须知道谷粒的尺寸、密度、孔隙率、比表面积、比热容、汽化潜热、扩散系数、平衡水分、薄层干燥方程和谷物对气流的阻力等。现将各种谷物的主要干燥特性分述如下。

30.1.1 谷物的尺寸和千粒重

谷物的千粒重见表 30-1。

表 30-1 谷物千粒重　　　　　　　　　　　　　　　　　　　　　　　单位：g

含水率/%	玉米	稻谷	小麦	大豆
10		1.11	1.30	1.18
15	1.37	1.12	1.29	
25	1.27			

30.1.2 谷物的密度

$$\rho_g = a_1 - a_2 M + a_3 M^2$$

式中，M 为谷物水分（湿基，小数）；a_1, a_2, a_3 为常数，其值如表 30-2。不同含水率谷物的体积密度见表 30-3。

表 30-2 谷物密度模型中的常数值

作物	a_1	a_2	a_3	$M(\text{w.b.})$
稻谷	560	0.289×10^3	—	$0.13 \sim 1.33$
大麦	705	1.142×10^3	1.95×10^3	$0.15 \sim 0.50$
燕麦	773	2.311×10^3	3.63×10^3	$0.15 \sim 0.50$
小麦	885	1.631×10^3	2.64×10^3	$0.14 \sim 0.45$
玉米	1086.3	2.971×10^3	4.81×10^3	$0.16 \sim 0.44$
大豆	734.5	2.19×10^3	0.07×10^4	$0.14 \sim 0.48$

表 30-3　不同含水率谷物的体积密度　　　　　　　　　　单位：kg/m³

含水率/%	长粒稻谷	中粒稻谷	短粒稻谷	小麦	玉米
10	572	583	625	772	721
15	599	625	648		
20	625	666	669		
25	652	708	690		

30.1.3　谷物的孔隙率

谷物类型和含水率对谷物孔隙率的影响见表 30-4。

表 30-4　谷物孔隙率与含水率、谷物类型的关系

谷物含水率(w.b.)/%	长粒稻谷孔隙率/%	短粒稻谷孔隙率/%	玉米孔隙率/%	小麦孔隙率/%
10	61	60		42.6
15	58	56	40	
20	56	51		39
25	54	47	44	

30.1.4　谷物的比表面积

谷物的比表面积见表 30-5。

表 30-5　谷物的比表面积

作物类别	比表面积			
	m²/m³		ft²/ft³	
	平均值	标准值	平均值	标准值
大麦	1483	190	452	58
大豆	1565	66	477	20
燕麦	1096	207	334	63
稻谷	1132	—	345	—
玉米	784	217	239	66
小麦	1181	164	360	50

1ft＝0.3048m。

30.1.5　谷物的比热容

（1）小麦比热容

$$c=1.21+0.035M$$
$$c=1.10+0.043M$$

式中，M 为谷物含水率。

（2）稻谷比热容

$$c=1.12+0.045M$$

（3）玉米比热容

$$c=1.47+0.036M$$
$$c=2.03+0.042M$$

30.1.6 谷物的汽化潜热

$$h_{\text{fg}} = h_{\omega}[1 + a\exp(-bM)]$$

式中，h_{fg} 为谷物中水分的汽化潜热，J/kg；h_{ω} 为自由水分汽化潜热，J/kg；M 为谷物水分（小数，干基）；a,b 为系数，见表 30-6。

表 30-6 a、b 系数值

作物类别	a	b
稻谷	2.556	20.176
小麦	23.00	40.00
玉米	0.8953	12.32
大豆	0.21624	6.233
糙米	0.33	11.40

30.1.7 谷物的扩散系数

扩散系数是干燥机设计和干燥参数优化的一个十分重要的传递特性。凡是涉及物料内部水分转移过程分析的问题，如干燥、脱水、挤压、储藏等，均需要知道水分扩散系数。目前有关农产品扩散系数的试验数据较少，因为它不仅与物料成分和结构有关，还是物料温度和含水率的函数。

食品内部水分的扩散与物料温度有关，这早已为许多研究人员证实，其关系符合阿累尼乌斯方程（Arrhenius equation）。但是扩散系数与物料水分的关系，至今尚没有一个公认的模型。Jason 于 1958 年发现扩散系数与油分有关。1991 年 Marousis 发现扩散系数与物料内部结构和水溶性糖分关系很大。近年来各国对扩散系数进行了大量研究，发表了不少论文，如希腊 N. P. Zogzas（1996）、Marinos-Kouris（1995）、Chirife（1983）、Gekas（1992）、Okos（1992）等均对扩散系数进行了报道。现将有关农产品扩散系数的模型归纳如下。

（1）玉米的扩散系数

Chu 和 Hustrulid 于 1968 年提出的扩散方程为：

$$D = a\exp[(bT - c)M]\exp(-d/T)$$

式中，D 为扩散系数，m²/s；T 为热力学温度，K；M 为谷物水分（干基，小数）；系数 $a = 4.254 \times 10^{-8}$；系数 $b = 4.5 \times 10^{-2}$；系数 $c = 5.5$；系数 $d = 2513$。

（2）稻谷的扩散系数

稻谷的扩散系数用下式计算：

$$D = A\exp\left(\frac{B}{\theta_{\text{a}}}\right)$$

式中，θ_{a} 为稻谷的热力学温度；D 为扩散系数，m²/h；A、B 均为常数，其值见表 30-7。

表 30-7 扩散系数方程的 A、B 值

稻谷类型	A	B	稻谷类型	A	B
稻谷	33.6	−6.420	稻壳	484.00	−7.38
稻谷胚	0.00257	−2.88	蒸煮稻谷	411.86	−6.978
稻糠	0.79700	−5.51			

30.1.8　谷物的平衡水分

各种谷物的平衡水分见下式，由于它预测比较准确，1991 年被美国农业工程师协会定为预测谷物平衡水分的标准方程式。对于不同的谷物采用不同的系数，具体数据见表 30-8。

$$M_{\mathrm{e}}=\left[\frac{-\ln(1-RH)}{A(T_{\mathrm{a}}+B)}\right]^{\frac{1}{n}}$$

式中，M_{e} 为平衡水分（%，干基）；T_{a} 为空气温度,℃；RH 为空气相对湿度（小数）；A、B、n 均为系数，其值见表 30-8。

表 30-8　系数 A、B、n 的值

作物	数值		
	A	B	n
小麦	1.23×10^{-5}	64.346	2.5558
玉米	8.654×10^{-5}	49.81	1.8634
高粱	0.8532×10^{-5}	113.725	2.4757
大豆	50.86×10^{-5}	43.016	1.3628
大麦	2.29×10^{-5}	195.267	2.0123

30.1.9　谷物的薄层干燥方程

薄层干燥方程是谷物深床干燥模拟的基础，它是在深床干燥研究基础上发展起来的。设计谷物干燥机或开发高效优质干燥设备时，必须了解各个参数对干燥速率的影响。薄层干燥方程就是描述热风温度、风量、热风相对湿度、初始含水率等参数对干燥速率影响的模型。在进行深床干燥（实际干燥系统）的模拟分析时，通常把深床谷物看作由许多薄层粮食组成，逐层进行计算，从而得到最终结果。

此外，不同的粮食具有不同的干燥特性，因而薄层干燥方程也各不相同。下面按谷物类别给出常用的薄层干燥方程，以供设计和模拟时参考。

30.1.9.1　玉米薄层干燥方程

$$t=A\ln MR+B(\ln MR)^{2}$$

式中，$A=-1.862+0.00488T$；$B=427.4\exp(-0.033T)$；T 为热风温度,℉；t 为干燥时间，h；$MR=\dfrac{M-M_{\mathrm{e}}}{M_{0}-M_{\mathrm{e}}}$；$M_{\mathrm{e}}$ 为平衡水分（d.b.）；M_{0} 为初始水分（d.b.）；M 为 t 时刻的水分（d.b.）。

30.1.9.2　稻谷薄层干燥方程

薄层稻谷的干燥速率可以用经验方程或半理论的扩散方程表示，对于中等稻粒，Fontana 建议采用以下方程：

$$MR=\exp(-xt^{y})$$

式中，$x=0.01579+0.0001746T-0.01413RH$；$y=0.6545+0.002425T+0.078867RH$；$t$ 为时间，min；RH 为热风相对湿度（小数）。

$$MR=\frac{M-M_{\mathrm{e}}}{M_{0}-M_{\mathrm{e}}}$$

式中，M_e 为稻谷的平衡水分；M_0 为稻谷的初始水分。

30.1.9.3　小麦薄层干燥方程

Bruce 方程：

$$MR = \exp(-kt)$$

式中，$k = 2000\exp\left(\dfrac{-5094}{T+273}\right)$；$t$ 为干燥时间，s；T 为热风温度，℃。

30.1.10　谷物对气流的阻力

Haque 等于 1978 年提出气流穿过谷物床的压力降为：

$$\Delta p = C_1 Q + C_2 Q^2 + C_3 QFM$$

式中，Δp 为压力降，Pa/m；Q 为风速，$m^3/(s \cdot m^2)$；系数 $C_1 = 436.67$；系数 $C_2 = 7363.04$；系数 $C_3 = 22525.82$；FM 为含杂率，$0 \sim 20\%$。

品种：黄玉米；床深：45.72cm。

以后又提出：

$$\Delta p = AV + BV^2 - CMV$$

式中，Δp 为压力降，Pa/m；V 为风速，m/s；M 为水分（w.b.），取 $12.4\% \sim 25.3\%$；系数 $A = 1611.7$；系数 $B = 4949.3$；系数 $C = 55.1$。

品种：黄玉米，干净、蓬松状。

Shed 于 1945 年和 1951 年提出：

$$Q = a\frac{p^b}{D^c}$$

式中，Q 为风速，cfm/ft^2（$1cfm = 28.3185L/min$）；p 为压力降，inH_2O（$1inH_2O = 0.25kPa$）；D 为谷床深度，ft，取 $2 \sim 8ft$（$1ft = 0.3048m$）。

系数　含杂玉米：$a = 150$；$b = 0.564$；$c = 0.646$；
　　　不含杂玉米：$a = 303$；$b = 0.422$；$c = 0.542$。

品种：黄玉米；水分：20%（w.b.）。

谷物干燥时通过谷床的风量与谷物的阻力有关，谷物的形状差别较大，因而产生的阻力也各不相同，气流穿过稻谷时的压降可用下式计算：

$$SP = aQ^b$$

式中，a、b 为常数；Q 表示风量；a、b 与稻谷类型有关，其值见表 30-9。

表 30-9　压降方程常数

稻谷类型	风量范围	a	b
短粒稻	$0.08 \sim 0.41$	7319	1.5008
中粒稻	$0.08 \sim 0.41$	9261	1.4628
长粒稻	$0.01 \sim 0.15$	4832	1.1671

30.2　谷物的干燥条件

选择谷物干燥条件的基本根据是粮食的原始含水率、收获方式、成熟度以及粮食的用途。粮食的原始含水率越大，它的热稳定性越差，即耐温性差。不完全成熟的粮食，它的耐温性比成熟的粮粒差。新收获的高水分的粮食，粮粒的成熟度及含水率都不均匀，粮粒表层还未充分硬化，因此要采用较低温度的干燥条件；如果采用高的干燥条件，反而损伤粮粒，造成粮粒表面硬结，使粮粒表面的毛细管大量破坏，从而不利于干燥过程的进行。为此，在烘干新收获的高水分粮食时，必须考虑到它的热稳定性及表面的特点，采取软的干燥条件。

30.2.1　小麦的干燥条件

烘干小麦时，要保证它烘干后的食用品质。要求烘后的小麦能磨出高质量的面粉，面粉能制成富有弹性的馒头及松软的面包。面粉制品的质量取决于面粉中蛋白质的质量。在水洗面粉过程中，可以得到胶质弹性物质，这就是面筋质。面粉中含面筋质的多少及面筋的质量高低，直接影响面粉制品的质量。因此，小麦中面筋的含量变化以及面筋质量的变化，就是小麦烘后品质检验的指标。小麦的面筋是多种蛋白质的混合物，得到的湿面筋有的是黄白色，有的是蓝灰色，面筋富有延伸性、弹性、色泽明亮。在正常的小麦中，湿面筋的含量大约是 30%～35%。面筋的质量可由它的弹性、延伸性等物理量表示，通过测定面筋的比延伸性，来表示面筋的强弱。强面筋的比延伸性在 0.4cm/min 以下；一般面筋的比延伸性在 0.4～1.0cm/min 之间；弱面筋的比延伸性大于 1.0cm/min。

小麦品种不同，所含面筋质量也各异。例如硬质小麦，它的麦皮密实，不容易干燥，但它的蛋白质含量高，其面筋的比延伸性强；而软质小麦，它的表皮松散，容易传递水分，容易干燥，但它们的蛋白质含量低，面筋的比延伸性较差。因此，对不同的小麦，要采用不同的干燥方法。对于比延伸性差的软质小麦，可将小麦受热的温度控制在 60℃ 以上，使小麦面筋变强，从而改善小麦的烘后品质；对于硬质小麦，其受热温度应控制在 50℃ 以下，以不损伤小麦的烘后品质。

对于新收获的小麦，它对热作用是很敏感的，由于它的含水率高，表皮还未达到完全成熟的硬度，上面的毛细管也少，这不利于水分的汽化，遇到高温作用，因表皮干燥而硬化，会进一步阻碍水分的转移，导致小麦品质恶化。因此，烘干新收获的小麦时，其受热的温度应控制在 40～50℃ 之间。

30.2.2　玉米的干燥条件

我国玉米盛产于东北三省、西北地区，华北各地也有种植。玉米是晚秋作物，收割时期往往天气不好，玉米收获后的含水率总是偏高。在东北地区，粮食部门收购的几乎都是高水分的玉米。正常年景玉米含水率为 20%，有时高达 25%～30%，个别情况下的玉米含水率达 35% 以上。

玉米是我国粮食干燥的主要品种之一。当玉米原始含水率高于 30% 时，应采用机械通风法或室式烘干机，来降低玉米果穗的水分。因为水分高不易直接脱粒，且会产生大量的破粒粮。玉米含水率低于 30% 时，可以先脱粒，再进行干燥。这时干燥带穗的玉米就不经济了；但是对种用玉米，应带穗进行干燥，以保证种子的生命力。玉米是一种难干燥的粮食品种，主要原因是它的籽粒大，单位比表面积小，粮粒表皮结构紧密、光滑，不利于水分从粮食内部向外部转移。特别是在高温干燥介质作用下，由于其表面水分急剧汽化，粮粒表皮之下的水分不能及时转移出来时，造成压力升高，致使表皮胀裂，或者使粮粒发胀变形。干燥介质温度过高，遇到烘干机内有滞留粮时，会造成粮粒焦糊，严重时可能引起火灾。

每个玉米穗上籽粒的大小、成熟度都不一样，也给玉米干燥带来困难。我国玉米干燥一直沿用塔式烘干机。这种烘干机的生产能力大，降水幅度大，但是由于玉米水分太高，往往在干燥作业时，提高干燥介质温度会造成烘后玉米的品质下降。实验表明，当干燥介质温度超过 150℃、玉米受热温度大于 60℃时，玉米就会出现大量爆腰，品质下降。所谓爆腰就是稻谷干燥或冷却后，颗粒表面产生微观裂纹，这将直接影响稻谷碾米时的碎米率，从而影响稻谷的出米率，影响它的产量和经济价值。因此我国干燥标准规定：稻谷干燥机爆腰率的增值不得超过 3%。

30.2.3 稻谷的干燥条件

稻谷的干燥不同于其他粮食的干燥，稻谷是一种热敏性的作物，干燥速度过快或参数选择不当容易产生爆腰。而且稻谷的结构不同于其他粮食作物，稻谷籽粒由坚硬的外壳和米粒组成。外壳对稻米起着保护作用，故稻米比大米更易于保存。但是稻谷在干燥时其外壳具有阻碍籽粒内部水分向外表面转移的作用。所以稻谷就成了一种较难干燥的粮食。试验表明，稻壳、稻米和稻糠的干燥特性是不同的，其平衡含水率也各不相同，因此不能把稻谷看成是均匀体，而应看作一种复合体。

因此，稻谷干燥后的品质就成为关键问题，即稻谷干燥不仅要求生产率高，爆腰率低，而且还应保证整米率高。美国的一项研究表明，稻谷烘干时的整米率不仅与介质温度有关，与空气的相对湿度也有一定关系。热风温度增加，则整米率降低；相对湿度增加，则整米率增加。为了解决稻谷烘干后的爆腰率问题，一般采用以下所述措施。

30.2.3.1 采用烘干-缓苏工艺

即烘干以后将稻谷放入缓苏仓中保温一段时间，使籽粒内部水分向表面扩散，降低籽粒内部的水分梯度，然后再进行二次干燥，这样就可以减小爆腰率。但是在干燥过程中增加一个缓苏过程，势必降低干燥机的生产率（干燥能力）。因此合理地选择缓苏时间，便成了关键问题。日本循环式水稻烘干机内部设有缓苏段，其缓苏时间与干燥时间的比值为(5:1)～(8:1)。美国稻谷加工厂为了减少爆腰率，提高出米率，缓苏时间有的长达 24h。美国加利福尼亚娃斯尔曼（Wasserman）的研究表明，稻谷温度对缓苏时间有一定影响，稻谷在干燥以后用 23℃的空气冷却，然后缓苏，需 6h 左右；但是干燥以后在 40℃时进行缓苏，则只需 4h。美国 Thompson 的研究认为，稻谷用 54℃的热风烘干，水分从 23.6%降低到 11.6%，然后在 32.2℃的温度下缓苏，达到完全缓苏所需缓苏时间为 12h。Thompson 研究了缓苏过程对稻谷内部水分的均衡作用，试验结果表明，缓苏时间 $t=0$ 时代表干燥终了时的谷粒内部水分情况。缓苏开始时，稻谷内部水分浓度差较大，随着时间的增加，中心和表面的水分逐渐趋于一致；到 $t=2h$ 时，稻谷内的水分比较接近，表示缓苏完成。

30.2.3.2 采用较低的热风温度

为了保证稻谷烘后品质，减小爆腰率，必须采用较低的介质温度（风温）。根据泰国水稻干燥的调查情况，干燥稻谷所用的热风温度一般均在 50℃以下。我国黑龙江农垦科学院、农业工程研究所在山东省胜利油田建立的日处理量 200t 水稻的干燥流程，采用 38～40℃的热风温度，其爆腰率增值小于 2%。根据日本伴敏三的研究，水稻干燥过程中的爆腰，不仅与热风温度有关，还与热风湿含量和稻谷的初水分有关。相同温度条件下空气湿含量较高时(0.024kg/kg)，稻谷的爆腰率较低。为了使爆腰率增值低于 5%，热风温度应在 40℃以下。

30.2.3.3 限制稻谷的干燥速率

稻谷干燥过快或冷却过快均易产生爆腰。日本东京大学细川明教授对水稻干燥品质进行了研究，包括风量比、热风温度和平均干燥速率对爆腰率的影响，并探讨了热风风量在不同介质温度下对干燥速率的影响。低温大风量与高温小风量相比爆腰率的增值不多，但低温大风量可以使干燥速率从（1%/h）提高到（1.8%/h），这也是日本循环式水稻干燥机为什么采用低温大风量的原因。这种倾向在水稻初水分高时更为明显。

日本笠原正对循环式水稻干燥机的研究表明，当连续干燥（无缓苏）平均干燥速率超过0.8%/h 时，稻谷的爆腰率急剧增加；而有缓苏时，干燥速率可以达到 1.2%，爆腰率增值仍小于 10%。这是因为缓苏使籽粒内部水分更加均匀一致，并能消除内部应力。如果保持水稻的爆腰率为一定值，研究稻谷的极限干燥速度，则初水分在 18% 以下时干燥速度可以加大。此外，干燥速率还与空气湿含量有关。在保持相同的爆腰率增值条件下，干燥空气的湿度越低，干燥速率越高；反之，干燥速率越低。当空气湿含量较高时曲线比较平缓，说明初水分对爆腰率的影响较小。综合以上研究，可以得出以下结论：为了保证稻谷的干燥品质，干燥速率不可太快，一般应控制在 1.5%/h 以下，即每小时降水率不大于 1.5%。美国干燥水稻采用多次通过干燥机加缓苏工艺，每次时间为 15～30min，含水率每次降 2%～3%（干基），折合成湿基水分每次降水率为 1.5%～2%。

30.2.4　大豆的干燥条件

我国是大豆的主要生产国之一。大豆含有大量的蛋白质（35%～45%）及脂肪（19%～22%），其种皮由四层细胞组成，最外层的栅状细胞排得非常密实，细胞壁也特别坚硬，因此种皮就成了大豆干燥时水分转移的阻力，在高温干燥介质作用下，粮粒内水分受热后，压力升高，当它不能顺利转移时，表皮容易胀裂，干燥过度时，大豆粒可分成两半。大豆籽粒结构上的另一特点是发芽孔较大，大豆不易储藏，其含水率通常要降到 13%。新收获的大豆必须经过自然干燥或人工干燥才能达到入库标准。

大豆的干燥时，只能采用更软的干燥条件。用塔式烘干机烘干时，粮粒的受热温度不超过 30～35℃，干燥介质温度为 80～90℃，粮食干燥时间为 40～45min，烘后大豆品质良好，不降低等级。采用双级干燥时，第一级干燥介质温度为 90℃，粮温 25℃；第二级的干燥介质为 80℃，粮温 35℃，也能保证品质，大豆的爆腰率低于 0.5%。在生产实践中，烘干工业榨油用大豆采用的干燥介质温度可达 150℃，粮温达 55℃，用这样硬的干燥条件，大豆爆腰率达 10%。虽然这种方法对大豆出油率影响不大，但大豆的品质受到不少损害。不建议使用这种干燥条件。

俄罗斯规定塔式烘干机烘干大豆的干燥条件是：大豆原始含水率低于 18% 时，粮食受热允许温度为 30℃，干燥介质温度为 60℃，采用双级干燥时，第一级的干燥介质温度为 60℃，第二级为 80℃；当大豆原始含水率大于 18% 时，粮食的受热允许温度为 25℃，干燥介质温度为 50℃，采用双级干燥时，第一级干燥介质温度为 50℃，第二级为 70℃。随着预热-干燥-缓苏-干燥-缓苏，以及最后冷却工艺流程的实行，在干燥豆类作物方面，也应采用这种干燥工艺。

30.2.5　油菜籽的干燥条件

油菜籽是我国一种重要的油料作物，它呈细小球形，含有大量的脂肪（40%）和蛋白质（27%）。它的平均粒径只有 1.27～2.05mm，孔隙度小，容易吸湿，不易储藏，应将它的含水率降至 9%～10% 以下，才能安全储藏。作为油料看，油菜籽可经受高温烘干，它的受热允许温度达 60℃，且不影响其榨油品质。

我国使用喷动床和流化床烘干机烘干油菜籽，干燥介质温度为 160～180℃，籽粒受热允许温度为 60～70℃。当油菜籽含水率高时，采用多次通过烘干机进行烘干，这里不能加缓苏段，烘后籽粒应立即冷却，以保证油菜籽的质量。

30.2.6　种子粮的干燥条件

粮食部门使用的烘干机械，都可以用来烘干种子粮。种子的胚部对热非常敏感，很容易受热损伤，因此，在烘干种子粮时，要采用特别温和的干燥条件，即使用较低温度的干燥介质，降低粮食的受热温度，从而保证粮食的发芽率和发芽势。

只要采用合理的干燥条件，烘后种子粮的品质不仅不会降低，可能还会提高，这是因为人工干燥加速了种子后熟期的进程，粮粒内部一些微量元素可能和水分一起转移，停留在胚部，从而增加胚部的生命力。

美国对于种子粮的干燥，有比较明确的规定，在仓内干燥时，粮食的允许受热温度和粮层的厚度见表 30-10。

表 30-10　各种粮食的允许受热温度和粮层厚度

粮食品种	粮层厚度/cm	粮食受热允许温度/℃			粮食品种	粮层厚度/cm	粮食受热允许温度/℃		
		饲料粮	种子粮	商品粮			饲料粮	种子粮	商品粮
玉米粒	50.8	82	43.4	54.5	稻谷	45.7	—	43.4	43.4
小麦	50.8	82	43.4	60.0	大豆	50.8	—	43.4	49
大麦	50.8	82	40.5	40.5	花生	152.4	—	32.0	32
燕麦	91.4	82	43.4	60.0	高粱	50.8	82	43.4	60

俄罗斯对各种粮食的干燥条件有详细的规定。用塔式烘干机烘干粮食时的规定见表 30-11。用塔式烘干机烘干稻谷种子的干燥条件见表 30-12。用室式烘干机干燥玉米穗的种子粮，其干燥条件如表 30-13。

表 30-11　俄罗斯推荐的干燥温度

粮食品种	粮粒允许受热温度/℃	干燥介质温度/℃
小麦，黑麦，大麦，燕麦，向日葵，	40	70
大豆，豌豆，蚕豆，菜豆，玉米	35	60

表 30-12　稻谷干燥的许用温度

项目	商品粮/℃	种子粮/℃
粮粒受热允许温度	35	35
单级烘干介质温度	70	60
双级烘干（第一级）	70	50
双级烘干（第二级）	90	60

表 30-13　玉米穗干燥参数

玉米穗的含水率/%	干燥介质最高温度/℃	室式干燥机内玉米穗的最大堆积高度/m	干燥至12%～13%所需的大致时间/h
40 以上	36	2.0	80
35～40	38	2.5	70
30～35	40	3.0	60
25～30	42	3.5	55
20～25	44	>3.5	50
20 以下	46	>3.5	45

30.3 谷物干燥设备

30.3.1 仓式干燥机

30.3.1.1 仓内储存干燥

仓内储存干燥又名干贮仓，它由金属仓、透风板、抛撒器、风机、加热器、扫仓螺旋和卸粮螺旋组成，其结构见图 30-1，湿谷装入干贮仓后，立刻启动风机和加热器，将低温热风送入仓内，继续运转风机一直到粮食水分达到要求的含水率为止。仓内的粮食量由干贮仓的生产率和湿谷水分确定，每一批谷物的干燥时间约为 12～14h 不等。有些国家，如美国、加拿大，也采用常温通风整仓干燥的方法，谷床厚度达 4～5m，干燥周期较长，约为 2～5 周，采用的风量较小，一般为 1-3CFM/bu（CFM/bu 是指每 bu 每分钟输送的立方英尺热空气，1bu＝25kg。）。常温通风和低温干燥时对各种谷物含水率和温度的要求见表 30-14。

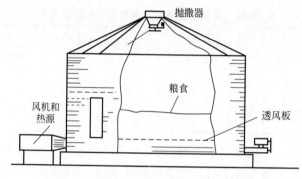

图 30-1 仓内储存干燥

表 30-14 各种谷物干燥参数的推荐值

项目		玉米	小麦	水稻	大豆	大麦	高粱
收获时高含水率/%	常温通风干燥	25	20	25	20	20	20
	热风干燥	35	25	25	25	25	25
安全储存水分/%		13	13	12	11	13	12
常温通风时允许的最大空气湿度/%		60	60	60	65	60	60
最高粮食温度	种子粮/℃	43	43	43	43	41	43
	商品粮/℃	54	60	43	49	41	60
	饲料粮/℃	82	82			82	82

30.3.1.2 连续流动式干燥仓

图 30-2 表示一个连续流动式干燥仓，它也是由金属仓、透风板、抛撒器、风机、加热器、扫仓螺旋和卸粮螺旋组成，但是配置不同，仓体为金属波纹结构，直径一般为 4～12m，大的可达 16m 以上。谷物从进料斗进入，经提升器、上输送搅龙，送到均布器均匀地撒到透风板面上，直到所要求的谷层厚度为止，然后开动风机，把经加热的空气压入热风室，热风从下而上穿过谷层，由排气窗排出机外。需要翻动谷物时，开动扫仓搅龙、下输送搅龙、提升器、上输送搅龙、均布器。下层的谷物由扫仓搅龙送到下输送搅龙，经提升器、上输送搅龙到均布器，均匀地抛撒在粮食表面，依此不断地间歇翻动，使上下层谷物调换位置，达到干燥均匀的目的。此种类型的机械化程度较高，但设备投资大。

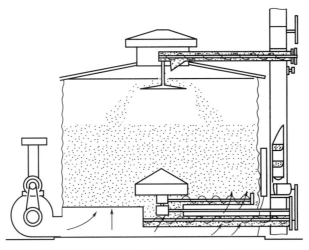

图 30-2　连续流动式干燥仓

30.3.1.3　顶仓式干燥仓

有些仓式干燥机在顶部下方 1m 处安装锥形透风板，加热器和风机即装在孔板下（图 30-3）。当谷物被烘干后，利用绳索拉动活门，可使谷物落至下面的多孔底板上，在底部设有通风机用于冷却撒落的热粮，与此同时顶部又装入新的湿粮进行干燥。此批烘干后又落到已冷却的干粮上，如此重复进行，直到仓内粮面到达加热器平面为止。此种干燥仓的优点是干燥冷却同时进行，卸粮不影响干燥，此外，粮食从顶部下落时对粮食有混合作用，可改善干燥的均匀性。

30.3.1.4　立式螺旋搅拌干燥仓

为了提高生产效率，增加谷床厚度和保证干后粮食水分均匀，可在圆仓式干燥机中加装粮食螺旋，对粮食进行搅拌，如图 30-4，搅拌螺旋用 1.5 马力（1 马力 = 745.70W）电机驱动，螺旋除自转外还可绕圆仓中心公转，同时还可以沿半径方向移动，立式螺旋搅拌器直径为 1.5in，叶片宽 0.25in，厚度为 6mm，螺距为 1.75in，螺旋转速 500~540r/min。

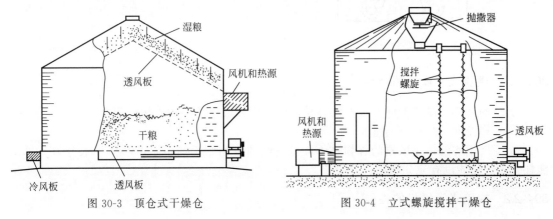

图 30-3　顶仓式干燥仓　　　　图 30-4　立式螺旋搅拌干燥仓

采用立式螺旋搅拌器的优点是：①疏松谷层，增加孔隙率，减少谷粒对气流的阻力，因而增大了风量。②使上下层的粮食混合，减少干燥不均匀性。③提高干燥速率，减少干燥时间。

30.3.2 横流式谷物干燥机

图 30-5 为一传统型横流式干燥机的示意图，湿谷物从储粮段靠重力向下流至干燥段，加热的空气由热风室受迫横向穿过粮柱，在冷却段则有冷风横向穿过粮层，粮柱的厚度一般为 0.25～0.45m，干燥段粮柱高度为 330m，冷却段高度为 1～10m。根据谷物类型和对品质的要求确定热风温度，食用谷物一般为 60～75℃，对于饲料粮可采用 80～110℃。横流式干燥机一般有两个风机：热风机和冷风机，热风风量为 15～30m³/(min·m²)，或 83～140m³/(min·t)，静压较低，约为 0.5～1.2kPa。

粮食在干燥机内的滞留时间即谷物流速，可以利用排粮轮或卸粮螺旋的转速进行控制，谷物流速主要取决于粮食的水分和介质温度。横流式干燥机的干燥特性如图 30-6 所示。

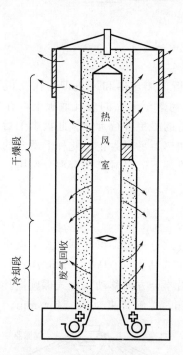

图 30-5 横流式谷物干燥机

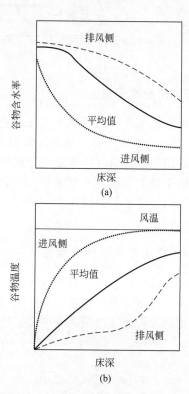

(a)

(b)

图 30-6 横流式谷物干燥机的干燥特性

30.3.2.1 横流式干燥机的特点

① 结构简单，制造方便，成本低，是目前应用较广泛的一种干燥机型。

② 谷物流向与热风流向垂直。

③ 干燥不均匀，进风侧的谷物过干，排气侧的谷物则干燥不足，产生了水分差。单位能耗较高，热能没有充分利用。

30.3.2.2 横流式干燥机的性能

衡量干燥机性能的主要指标有单位热耗、干燥的均匀性（水分差）、干燥速率、最高粮温等。影响横流干燥机性能的因素很多，主要有热风温度、风量、谷物初水分、谷物流量等，选择最佳参数时需要综合考虑各方面指标，有些参数对性能的影响是互相矛盾的。例如，对干燥后粮食的水分差而言，要求低风温和高风量；而对单位热耗来说，则正好相反，希望采用高风温和低风量，在选择热风温度和风量时应该进行分析，综合考虑。

　　美国 Thompson 教授对横流式谷物干燥机进行了计算机模拟，分析了热风温度和风量对单位热耗、水分差、最高粮温和谷物流量的关系，得出的性能曲线如图 30-7 所示。由图可知，当谷物流量一定时，热风温度增加，则单位热耗减少，风量提高则单位热耗增加。从图中曲线还可以得出，如果要求干燥后粮食的水分差小于 5%，粮温不超过 60℃，则热风温度应在 70℃ 以下。

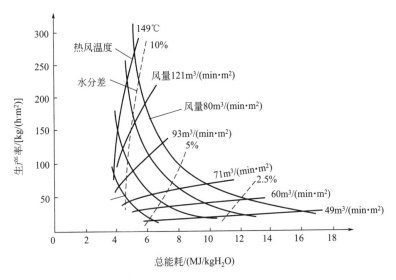

图 30-7　横流式谷物干燥机的性能曲线

30.3.2.3　横流式谷物干燥机的改进

（1）谷物流换位

　　为了克服横流式干燥机的干燥不均匀性，可在横流干燥机网柱中部安装谷物换流器，使网柱内侧的粮食流到外侧，外侧的粮食流到内侧，这样就能减少干后粮食水分的不均匀性。美国 Thompson 的研究表明，采用谷物流换位，不仅可以大大减小粮食的水分梯度，而且可降低粮温，Jones 利用模拟方法研究了换流器对谷物水分差的影响，发现当谷层厚度为 310mm 时，采用一个、两个和三个换流器，可使水分差分别减小 53%、48% 和 63%。采用换流器后热耗略有增加，粮食温度可降低 10℃。

（2）差速排粮

　　为了改善干燥的均匀性，美国 Blount 公司在横流式干燥机的粮食出口处，设置了两个排粮轮，两轮的转速不同，进风侧的排粮轮转速较快，而排风侧的排粮轮转速较慢，这就使高温侧的粮食受热时间缩短，因而可使粮食的水分均匀一致。美国 Blount 公司的横流式干燥机采用的差速排粮机构见图 30-8。Blount 公司的试验表明，两个排粮轮的转速比为 4∶1 时，干燥效果较好。

（3）热风换向

　　采用热风改变方向的方法，可使干燥均匀，即沿横流干燥机网柱方向分成两段或多段，使热风先由内向外吹送，再从外向内吹送，粮食在向下流动的过程中受热比较均匀，干燥质量可以改善。

（4）多级横流干燥

利用多级或多塔结构，采用不同的风温和风向，可以大大改善横流干燥机的干燥不均匀性。

（5）锥形粮柱

为了提高横流干燥机的干燥效率，可采用不同厚度的粮柱，即上薄下厚的结构，这样可使上部较湿的粮食受到较大风量的高温气流，可提高干燥效率。根据这个指导思想，美国干燥行业设计制造了锥形粮柱横流干燥机。

30.3.3　顺流式谷物干燥机

图 30-9 为一个单级顺流式谷物干燥机，热风和谷物同向运动，干燥机内没有筛网，谷物依靠重力向下流动，谷床厚度一般为 $0.6\sim0.9\mathrm{m}$，一个单级的顺流干燥机一般均有一个热风机和一个冷风机，废气直接排入大气，干燥段的风量一般为 $30\sim45\mathrm{m}^3/(\mathrm{min\cdot m}^2)$，冷却段的风量为 $15\sim23\mathrm{m}^3/(\mathrm{min\cdot m}^2)$。由于谷床较厚，气流阻力大，静压一般为 $1.8\sim3.8\mathrm{kPa}$。

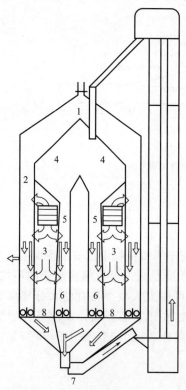

图 30-8　差速排粮式干燥机

1—湿粮入口；2—外粮粒；3—热风室；4—缓苏段；

5—内粮粒；6—差速轮；7—排粮口；8—冷却段

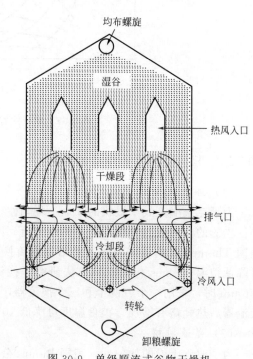

图 30-9　单级顺流式谷物干燥机

30.3.3.1　顺流式谷物干燥机的特点

① 热风与谷物同向流动。

② 可以使用很高的热风温度，如 $200\sim285℃$，而不使粮温过高，因此干燥速度快，单位热耗低，效率较高。美国的一项试验研究证明顺流干燥机比传统横流干燥机节能 30%。

③ 高温介质首先与最湿、最冷的谷物接触。

④ 热风和粮食平行流动，干燥质量较好。

⑤ 干燥均匀，无水分梯度。

⑥ 粮层较厚，粮食对气流的阻力大，风机功率较大。

⑦ 适合于干燥高水分粮食。

30.3.3.2　顺流式谷物干燥机的性能

在顺流式谷物干燥机中，热风和高温的流向相同，高温热风首先与最湿、最冷的粮食相遇，因而它的干燥特性不同于横流干燥机。试验证明，顺流干燥时，用 150℃ 的热风，通入含水率为 25% 的玉米中，经过 7.5cm 行程以后，风温就降到 81℃。英国 Bruce 的研究表明，21.8% 含水率的小麦，通以 177℃ 的热空气，经过 6cm 以后，热空气的温度就降低到 70℃。此外，在顺流干燥时，最高粮温点，既不在热风入口，也不在热风出口，而是在热风入口下方的某一个位置，其值与许多因素有关，如热风温度、谷物水分、谷物流速、风量等，一般情况下，约在热风入口下方 10～20cm 处。粮食温度沿床深的变化见图 30-10。由图可知，在顺流式干燥机中，风温和最高粮温有较大差别，干燥玉米时差值可达 40～80℃。

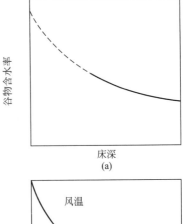
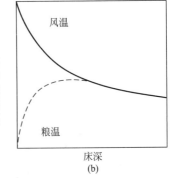

图 30-10　顺流式谷物干燥机的特性

30.3.3.3　顺流式谷物干燥机的结构

大多数的商业化顺流式干燥机设有二级或三级顺流干燥段和一个逆流冷却段，在两个干燥段之间设有缓苏段。图 30-11 为一个二级顺流式谷物干燥机的示意图。多级顺流干燥机比单级顺流有许多优点：a. 生产率高；b. 由于设有缓苏段，谷物品质有所改善；c. 如果二级以后的排气能够循环利用，则单位能耗可以降低。顺流干燥机缓苏段总长度可达 4～5.5m，谷物在机内的滞留时间为 0.75～1.5h。在这段时间可以使谷粒内部的水分和温度均匀化，以利于下一步的干燥。表 30-15 给出了一个三级顺流式谷物干燥机烘干玉米的试验数据，玉米的初始水分为 25%，各级采用的风温不同，变化范围为 350～550℉。

表 30-15　顺流式谷物干燥机性能

干燥机参数	试验 1	试验 2	试验 3
环境温度/℃	1.1	0.6	1.7
环境湿度/%	75～95	77～94	73～97
谷物温度/℃	8.9	15	21
初水分(湿基)/%	26.2	26.5	24.5
热风温度/℃	288～232～177	288～232～177	288～232～177
终水分(湿基)/%	15.5	14.8	17.4
出机粮温/℃	23.3	24.4	26.1
入机粮容重/(L/h)	643.48	50.9	50.5

续表

干燥机参数	试验 1	试验 2	试验 3
出机粮容重/(L/h)	669.12	51.8	52.2
生产率(湿谷)/(t/h)	35.35	31.75	55.7
热耗(耗油当量)/(kJ/h)	16758534.5	17851643.0	14163984.6
电耗/(kJ/h)	151452	151452	151452
去水量/kg	4491	4361	4795
单位热耗/(kJ/kg)	3730.6	4095	2968.6
单位能耗/(kJ/kg)	3894	4267	3103
破碎敏感性增量/%	3.8	9.5	0.5

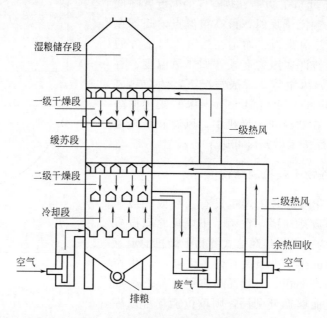

图 30-11　二级顺流式谷物干燥机

30.3.4　逆流式谷物干燥机

在逆流式谷物干燥机中，热风和谷物的流动方向相反，最热的空气首先与最干的粮食接触，粮食的温度接近热风温度，故使用的热风温度不可太高。低温潮湿的谷物则与温度较低的湿空气接触，因而容易产生饱和现象。在烘干高水分粮食时谷层温度有一个最佳值，由于谷物和热风平行流动，所有谷物在流动过程中受到相同的干燥处理。逆流式谷物干燥机如图 30-12所示。

30.3.4.1　逆流式谷物干燥机的特点

① 热效率较高；

② 粮食温度较高，接近热空气温度；

③ 排气的潜热可以充分利用，离开干燥机时接近饱和状态；

④ 粮食水分和温度比较均匀。

30.3.4.2 逆流式谷物干燥机的结构

逆流式谷物干燥机一般由一个圆仓和多孔底板组成，湿谷由仓顶喂入，底板上设有扫仓螺旋，螺旋除自转外还绕谷仓中心公转，将粮食自仓底输送到中心卸出。高温热风利用风机从仓底穿过孔板进入粮层，进行干燥作业（见图 30-12）。

30.3.5 混流式谷物干燥机

30.3.5.1 混流式谷物干燥机特点

① 由于干燥塔内交替布置着一排排的进气和排气角状盒，谷粒按照 S 形曲线向下流动，交替受到高温和低温气流的作用，因而可以采用比横流式干燥机高一些的热

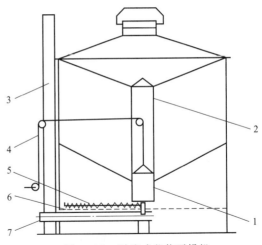

图 30-12　逆流式谷物干燥机
1—活塞；2—风筒；3—提升机；4—绳索；
5—扫仓螺旋；6—透风板；7—输送螺旋

风温度。随着风温的提高，蒸发一定量的水分所需的热风量也相应减少。使用的风机也可以小一些。

② 可以烘干小粒种子，如油菜籽、芝麻等。

③ 由于谷层厚度比横流式小，气流阻力降低，风机的功率较小，单位电耗的生产率较高。

④ 干燥机可以采用积木式结构，按二、四、六排角状盒作为一个标准段进行生产，每一个标准段具有一定的生产率，因而使干燥机便于系列化生产。

⑤ 在混流式谷物干燥机中，谷物不是连续地暴露在高温气流中，而是受到高低温气流的交替作用，故粮食的烘后品质好，裂纹率和热损伤相对少一些。

⑥ 从热风和粮食的相对运动来看，混流干燥过程相当于顺流逆流交替作用，因此称为"混流"式干燥机。

30.3.5.2 混流式谷物干燥机结构

混流式谷物干燥机由于内部角状盒的形状、尺寸、排列方法、进气道与排气道的布置等不同，可分为若干类型。这里重点介绍两种类型。

（1）整体式

国内粮食系统使用较多的是五角形气道、平行排列、隔层进出气这一类型，如图 30-13 所示。其塔身为整体式，多为砖、水泥结构，保温性能较好。五角状气道以一定排列方式，固定在塔的两壁上，一端封闭，另一端开口，开口在进气一侧的是进气角状管，开口在排气一侧是排废气角状管。谷物从干燥塔的顶部溜管进入，多余的谷物从回粮管 1 流出。进入烘干塔的谷物，先经过储粮段 2，然后到烘干段 3 被热空气（或烟道气）烘干，再经过隔离段 4 到冷却段 5，经过冷却的谷物进入排粮段 6 被排出。

（2）组合式

它采用全金属结构（见图 30-14），此类型混流式谷物干燥机的特点是：组合式结构便于系列化生产，各系列组合段的长和高相等，只是宽度不同。可根据用户不同的要求组合而成；每个组合段为矩形，横向开底的风管分层排列，每层风管由几条管道组成，

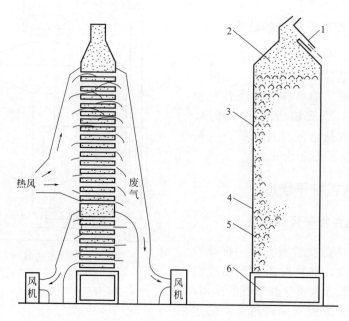

图 30-13 整体式混流谷物干燥机

1—回粮管；2—储粮段；3—烘干段；4—隔离段；5—冷却段；6—排粮段

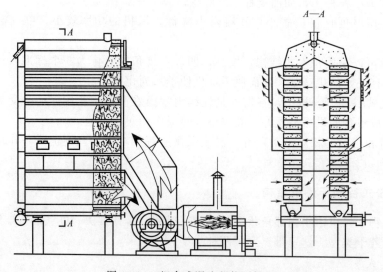

图 30-14 组合式混流谷物干燥机

进气层与排气层相互交替。在同一层所有管道向粮塔送入热空气，而该层管道的上下相邻的两层管道都是排气的管道。所以混流式谷物干燥机的干燥工艺相当于顺流和逆流干燥交替进行，如图 30-15 所示。

混流干燥机工作时，湿谷物靠自重从上而下流动。由于热风进入与湿空气排出的管道交替排列，层层交错，一个进气管由四个排气管等距离地包围着（图 30-16），反过来也是如此。湿谷粒靠自重由上而下流动时，先接触到进气管，再接触排气管，接触的温度由高到低，每个谷粒得到相同的处理，干燥均匀。谷物接触高温气流的时间很短，多次遇到低温气流，因而可用较高热风温度，而排出废气的温度低，湿度高，降低了单位热耗。

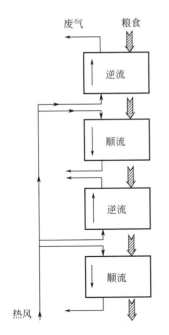

图 30-15　混流式谷物干燥机分析框图

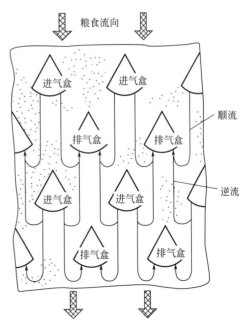

图 30-16　进排气角状盒排列图

30.3.5.3　角状盒的形式与排列

混流式干燥机内部排列有多层角状盒，其形状、大小、数目和排列方式对干燥机的性能、粮食品质和干燥均匀性有重要影响。通用的角状盒的截面形状是五角形的，但是也有三角形和菱形的。角状盒各面一般为光板面，也有角状盒斜面上带通气孔的，或者角状盒垂直面做成百叶窗式的。角状盒斜面或垂直面开孔的目的是增加干燥介质流通面积。

目前混流干燥机中应用最广泛的是五角形角状盒，这种角状盒结构简单，容易制造，安装方便。俄罗斯、丹麦、瑞典和法国的干燥机多采用五角形角状盒。

混流式干燥机的角状盒通常用 0.8～1.5mm 的薄钢板制成。对于不同的粮食，可采用不同尺寸的角状盒，一般角状盒的截面尺寸和排列如图 30-17 所示，一个角状盒的截面尺寸有宽、斜边高、垂直边高、顶角等，通常取 $a=100$mm，$b=60～75$mm，$c=60～75$mm，角状盒的水平间距 $A=200～250$mm，垂直间距 $B=170～250$mm。美国和丹麦的干燥机也有采用大间距角状盒的，水平间距达 400mm，角状盒的截面尺寸也较大。布置角状盒要注意粮食流动顺利和受热均匀，图 30-18 是常用的谷物干燥机的角状盒排列形式。

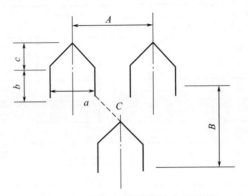

图 30-17　角状盒的截面尺寸和排列

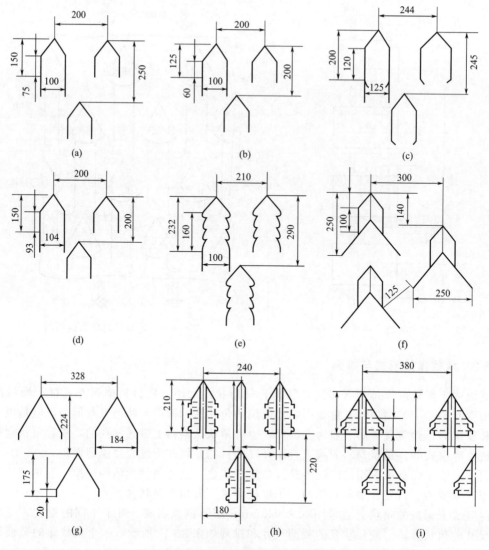

图 30-18　角状盒的排列形式（单位：mm）

国际上主要混流式粮食干燥机参数及性能见表 30-16。

表 30-16　国际上主要混流式粮食干燥机参数及性能表

项目	Cimbria（丹麦）	Law-denis（法国）	Carier（英国）	Svegma（瑞典）	Allmet（英国）	Bentall（英国）	ДСР（俄罗斯）
生产量/t	25	20	20	20	20	20	16
降水率/%	4	5	5	5	5	5	6
吨水量①	100	100	100	100	100	100	96
总功率/kW		38	29	24.75	23.9	26.85	40
热耗/(kcal/kg)	1004					961	1190
电耗/(kW/kg)		0.032	0.025	0.021	0.020	0.023	0.035
干燥机高度/m	13.7	8.68		8.215	6.98	8.03	11.3
干燥塔数目	1	2	1		2	2	1

项目	Cimbria （丹麦）	Law-denis （法国）	Carier （英国）	Svegma （瑞典）	Allmet （英国）	Bentall （英国）	ДСР （俄罗斯）
标准段数	8	8			14	10	
角状管总排数	32	32			28	40	55
每排角状管数	5	3			4	10	16
角状管总数	160	96			112	400	880
热风风量/(m³/h)	67200					84940	60700

注：1cal=4.1840J。

① 根据国家标准将干燥机生产量（吨）与降水幅度相乘称作吨水，它表示干燥机的大小。

30.3.6 顺逆流谷物干燥机

顺逆流干燥机是在顺流式干燥机的基础上发展起来的，它采用组合式干燥工艺，在第

一、第二等干燥段采用顺流干燥，在最后干燥段采用逆流干燥，然后逆流冷却，如图30-19所示。

在顺流干燥机中，在最后一个干燥段，粮食温度已经上升到一定限度，粮食水分也达到较低，这时再用顺流干燥，干燥速度缓慢，干燥效率较低。但是，在最后阶段如果采用逆流干燥，则高温热风首先与低水分、高温粮食接触，有利于热风与粮粒间的热质交换，干燥效率高，并能保证粮食的烘后品质。这样就充分利用了两种干燥工艺的优点。

顺逆流干燥机的生产能力最大能达到30t/h，降水幅度可达15%，是目前应用较广的大型粮食烘干机。

30.3.7 圆筒形内循环式谷物干燥机

随着农村经济的发展以及谷物收获作业的机械化，农村对中小型移动式谷物烘干机的要求日益迫切。

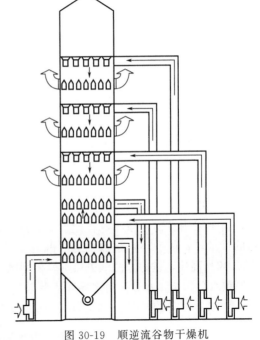

图 30-19　顺逆流谷物干燥机

引进的美国 Vertec 型移动式谷物烘干机，机器过于庞大，昂贵，不适合我国公路运输条件，而且只能使用燃油。

近年来引进的圆筒形内循环移动式谷物干燥机，结构简单、重量轻，生产率能满足要求，它的结构见图30-20，有以下几个特点。

① 生产效率高，干燥速度快　一个直径2.4m，高度仅5m，质量1500kg的干燥机每小时可烘玉米2t（降水5%），一天（20h）可烘40t粮食，每15min粮食就完成一个循环，循环20次就可以降到安全水分。

② 使用方便　烘干机可以移动，用40马力拖拉机不仅可以牵引还可以传动。省掉一个驱动动力机（约15~20kW），可以拉到任何地方工作，省去粮食运输费用。

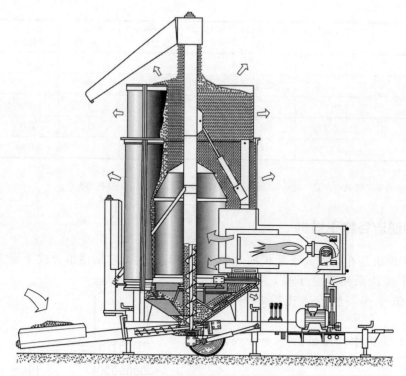

图 30-20　圆筒形内循环移动式谷物干燥机

③ 谷物循环速度快，每 10～15min 完成一次循环，因此可以使用高的风温，而不致粮温过高。粮食始终处于不断地混合与流动状态中，因此干燥均匀，水分蒸发速度快。

④ 干燥、缓苏同时进行，高温干燥后的谷物用立式螺旋送到上锥体上方，进行短时间的缓苏，便于谷粒内部水分向外扩散，符合粮食干燥的规律，有利于保证粮食品质。

⑤ 利用较短的干燥段和谷物高速循环流动，代替高塔慢速流动，机身高度大大减小。另外，由于采用谷物内循环，省掉了庞大的提升机。因此在相同的生产率和降水幅度条件下机器的重量轻，体型小，结构紧凑，占地面积小，而且制造容易，大大节约了钢材。

⑥ 卸料高速，进料方便　虽然干燥机间歇作业，但是平均效率高，卸粮只需 15min，烘干不受原粮水分影响，水分高时多循环一些时间。不需要因安装烘干机而花费的土建费用。

表 30-17 为国外圆筒形内循环粮食干燥机的主要参数及性能。

表 30-17　国外圆筒形内循环粮食干燥机主要参数及性能表

参数	机型								
	GT-380（美国）	Master Junior（英国）	Moridge 8330（美国）	Mecmar 9/90（意大利）	Opico 380s（英国）	Lely 550（英国）	Agrex AG100（德国）	Law Denis-8290（法国）	Gsi 620-B（美国）
立式螺旋直径/in	12	12	10	14	12	10	12.6	11.8	12
螺旋转速/(r/min)	275	240	275	225	275				
每次循环所需的时间/min	10～12	20	8～10	8～10	10～12	10～12			10～12
每小时循环次数	5～6	3	6～7	6～7	5～6	5～6	5～6		5～6
粮层厚度/cm	45.7	48	45.7	51.5	45.7	47.5		42	45.7
立式螺旋尺寸	大	小		很大	大		大		

参数	机型								
	GT-380（美国）	Master Junior（英国）	Moridge 8330（美国）	Mecmar 9/90（意大利）	Opico 380s（英国）	Lely 550（英国）	Agrex AG100（德国）	Law Denis-8290（法国）	Gsi 620-B（美国）
喂料螺旋直径/in	8	6		7.87	8	8	7.87	7.87	7
圆筒外径/m	2.4	2.5	2.4	2.5	2.4	1.98	2.4	2.5	2.4
圆筒高度/m	4.1	4.7～5.0	4.26	5.4	5.6	3.56	4.0	4.1	
风机类型	轴流式	离心式	双级轴	离心式	轴流式	轴流式	轴流式	轴流式	轴流式
风机转速/(r/min)	2600	2500	2300	1350	2600	2500	2500	2500	2350
风机叶轮直径/in	26	26	22	28.35	26	22			29
风量/(m³/h)	20376	16000	16980	35000	20376		18000	17700	
生产率/(t/h)	6	6～10	5.87	8.5	8.9	2.5	2.1	90/24	
降水幅度/%	15.5～20.5	15～20	15～20	15～20	15～20	15～20	14～20	14～20	
装机容量	8.9t	9～15m	280bu	12.5m³		5.0t			
油炉发热量/(10⁵ kcal/h)	55	50	50	60	55	25	50	50	75
总功率/hp	20	30	25	40	20	15	22	20	25
机器质量/kg	1520	2200	1250	2700	1520	1105	2700	2500	1950
装料时间/min	50.8t/h	30		10～12	50t/h	12～20			
卸料时间/min	50.8t/h	15		9	60t/h	36t/h			
筛筒孔径/mm	内2.4，外1.3	内2.0，外1.5	1.3～2.4	1.5～3.0			1.5～2.5	1.3～2.4	0.06in

注：1in＝25.4mm；1bu＝27.22kg。

30.3.8　方形批循环式水稻干燥机

目前我国江浙一带和日本、韩国及一些东南亚国家开始使用方形批循环式干燥机烘干水稻，这种干燥机主要由储粮段和干燥段组成，如图 30-21 所示。它的基本原理是低温干燥介质穿过较薄的粮层，使粮食在温和的条件下逐渐烘干，烘后的粮食经过提升机，进入储粮段，再进入干燥室，根据粮食初始水分的大小，决定粮食在机内的循环次数。这种干燥机不能连续作业，只能批量生产。它的特点如下：

① 生产能力小，干燥介质温度低，干燥速度慢。要降低较多水分，就必须多次烘干，进行循环作业，即间歇式干燥。

② 采用横流薄层多通道作业，干燥和缓苏交替进行。

③ 使用液体燃料，干净卫生，热效率较高。

④ 干燥机负压工作，在干燥机周围没有灰尘飞扬，符合环保要求。

⑤ 利用计算机控制粮食干燥过程，如干燥速度和粮食水分的在线测量。

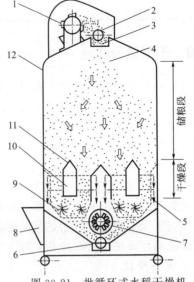

图 30-21　批循环式水稻干燥机

1—斗式升运器；2—上搅龙；3—均分器；4—粮食；
5—废气室；6—下搅龙；7—吸风扇；8—喂入斗；
9—排粮辊；10—透气孔板；11—热风室；12—烘干箱

外国主要批循环式水稻干燥机参数及性能见表 30-18。

表 30-18 外国主要批循环式水稻干燥机参数及性能表

公司		三久 （中国台湾）	金子 （日本）	静冈 （日本）	新兴 （韩国）	韩晟 （韩国）	三发发 （中国）
型号		PRO-60	EL-580R	SVC-6000	NCD-60	HSD-60	5HSG-60
装机容量/kg		6000	5850	6000	6000	6000	6000
外形尺寸	长度/mm	3270	3510	2990	2940	3330	3500
	宽度/mm	1941	1970	1600	1570	1655	1676
	高度/mm	5281	5500	5840	5315	5980	5600
燃料类型		煤油 0 号柴油	JIS1 号煤油	JIS1 号煤油	轻柴油		轻柴油
油箱容量/L				95		180	
耗油量/(L/h)		9.0	2.5～9.0	1.8～7.0	8.8	4.16/2.1	7～10
功率/kW		3.9	提升机 0.75 主风机 3.7 除尘 0.06	循环 0.12 主风机 0.65 提升机 0.65 除尘 0.25 扬谷器 0.75	风机 1.87	4.0	提升机 0.55 风机 1.5 上搅龙 0.79 下搅龙 0.25 总功率 2.37
循环时间/min		65			55～60	97	60
装料时间/min		30	35～44	43	30～40	34～40	23.5
卸料时间/min		41	39～43	55	30～40	40～47	33
降水率/(%/h)		0.6～1.0	0.4～0.8	0.7～1.0	0.7～0.9	0.7～1.0	0.6～1.2
机器质量/kg			1350	1380		1425	1050～1250
缓苏比			9.25	5.0			11
热风温度/℃			30～50				55～65
单位热耗/(kcal/kg)							1000～1200

30.3.9　干燥通风作业

干燥通风作业既包括干燥过程又包括通风过程，主要用于干燥玉米，它的工艺过程是首先进行高温干燥，当玉米的水分高于要求的水分 2% 时，不经过冷却就从高温干燥机中取出，然后将玉米缓苏 6～10h，再慢慢冷却。干燥通风作业的目的是降低能耗，改善品质。如图 30-22 所示，干燥通风作业包括干燥、缓苏、冷却三个阶段，每个阶段都有一定的要求。

（1）高温干燥阶段

大多数的连续流动式干燥机都是在机内冷却谷物，而在干燥通风作业中，谷物不在干燥机内冷却，整个干燥过程都用热风对谷物进行连续不断的干燥。采用的介质温度比一般干燥作业使用的温度要高，可在冷却装置上加设加热器或增加原有加热器的加热能力。

（2）缓苏阶段

送到缓苏仓的玉米籽粒温度一般为 48～60℃。在单个籽粒内会存在着水分梯度，籽粒的中心水分最高。缓苏过程的目的就是让籽粒内部的水分重新分布，以消除水分梯度。当此过程完成以后，快速高温干燥过程所造成的玉米籽粒外层的一些应力得以消除。水分的重新

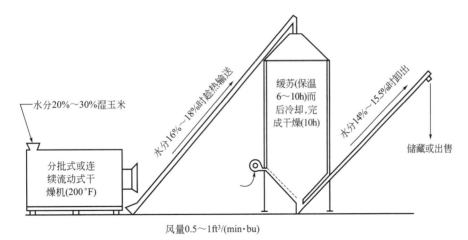

图 30-22　干燥通风循环系统

分布过程需要 4～10h。

缓苏仓装卸玉米的流量比未改作干燥通风作业之前的流量大 60％～100％。在缓苏仓装仓时采用谷物均布器是很重要的，因热玉米中的碎屑物是富有弹性的，会在出粮口的下面聚集起来，其紧实程度比冷凉与干燥时要大。

（3）冷却段

在干燥通风作业的冷却过程中，以每蒲式耳 0.5ft³/min 的风量所去的水分总量最大。风量越高玉米冷却越快，但去水没有那么多。风量在每蒲式耳 0.5～1ft³/min 之间经 6～12h即可将玉米冷却。采用每蒲式耳 0.5ft³/min 的风量所去的水分为 1.5％～2.5％之间。在缓苏仓内谷物的初始温度越高，则由某一给定风量所去的水分也越多。

30.3.10　塔式连续真空干燥

30.3.10.1　概述

30.3.10.1.1　塔式连续真空干燥发展现状

塔式连续真空干燥最初是为解决玉米干燥的问题而开发的。众所周知，玉米是世界上最重要的种植作物之一，其种植面积和产量仅次于水稻、小麦，居第三位。2007 年中国玉米种植面积为 2805 万公顷，产量约为 1.48 亿吨。玉米不仅是重要的粮食作物，为人们提供各种食品，而且是动物饲料最为重要的原料，同时也是生产酒精、淀粉的重要工业原料。据统计分析，玉米大约有 15％用于生产食品，10％用于生产淀粉、酒精，75％用于生产动物饲料。

我国黑龙江、吉林、辽宁和内蒙古是玉米主产区，2005 年这些地区播种面积已达 800万公顷，玉米产量 4000 多万吨，约占当年全国产量的 30％以上。这些地区玉米收获时已近冬季，其水分一般为 20％～30％左右。而最近几年，由于玉米品种的问题以及播种时的旱情、收获时的早霜，这些地区的玉米在生长期间有效积温不够，再加上越区种植等农业技术因素，造成玉米收获时水分通常在 35％左右，甚至高达 40％以上。如此高的玉米水分，需经干燥脱水后才能进行粮食安全储藏保管。目前种植的玉米，其柱轴较大，含水量也多，导致玉米收获后自然脱水速度缓慢，因此玉米的机械烘干就显得更为重要。据统计我国粮食由于不能及时干燥到安全水分而造成的霉变和发芽损失相当严重，一般年景的粮食损失为 500

多万吨，严重的年景损失更多。每年国家收购入库的高水分粮食约 2500 万吨，而现有粮食烘干机的处理能力最多只有 1000 万吨，其余一半多是依靠通风、晾晒等自然办法进行干燥，花费的物力和财力比机械烘干还多。如何解决我国的粮食干燥，特别是玉米干燥问题，已经成为关系到国民经济发展的一项重要课题。

目前，玉米干燥主要采用常压下的热风快速干燥，其特点是烘干季节的环境温度一般在 $-10℃$ 以下，高温热风（$100\sim160℃$ 左右）直接对 $-10\sim-7℃$ 冷玉米加热，热风与玉米籽粒之间的温差可达到 $110\sim170℃$，从而实现快速干燥（日产量 $100\sim500t/$台）。这种干燥方法存在以下几个问题。

（1）干燥后的玉米品质较差，裂纹率较高

玉米籽粒内部的水分向表面的转移比较缓慢，而此时在高温热风的作用下，籽粒边界层表面的蒸发速度过快，因此当水分的转移速度赶不上边界层表面的蒸发速度时，边界层就会破裂。在较高的温差热应力下，玉米籽粒表面就会出现局部的干裂、硬化和惊纹现象，造成品质严重下降，不仅降低了使用价值，而且还失去了工业用粮价值，更为严重的是在后序的入仓、储存、运输等流通过程中，破碎粒增多，损耗加大。目前玉米运到港口后，破碎率高达 $10\%\sim25\%$，严重降低了上述地区玉米的市场竞争力。

（2）玉米热风干燥的热效率低

热风利用后的尾气仍然具有一定温度（$50℃$左右）。目前的干燥设备，很少对该尾气回收利用，由此造成的能源浪费有时可达到 40% 以上。据统计我国上述地区玉米干燥平均单位能耗高达 $7630kJ/kgH_2O$，干燥热效率低、能耗高已经成为制约我国粮食干燥机应用的一个重要因素。

（3）玉米热风干燥过程中，还会产生粉尘污染

热风干燥中，热风会夹带着玉米干燥过程中产生的粉尘，这些粉尘没有经过处理和回收，对空气和环境会造成很大的污染。这种极细颗粒被人体吸入后很难清除，危害极大，需要从干燥工艺和除尘设备两方面进行综合治理。由于经济原因，目前我国的玉米干燥机很少配备现场的粉尘收集系统，因此玉米干燥现场的环境污染现象普遍存在。

为了解决玉米干燥的这些问题，国内外学者做了大量的工作，提出了玉米塔式连续真空干燥技术。

玉米塔式连续真空干燥技术是近几年才开始受到重视的干燥技术，原因是现有的真空干燥设备难以满足连续大批量的玉米干燥，在技术手段和干燥成本上都存在着瓶颈。随着塔式连续真空干燥技术的提出，玉米真空干燥应用于实际的生产过程才成为可能，进而促进了玉米真空干燥技术的研究。

塔式连续真空干燥技术与设备最先由国家粮食储备局郑州科学研究设计院提出，并得到了国家“十五”科技攻关计划“粮油储藏安全保障关键技术研究开发与示范”重点项目“东北玉米低温真空干燥新技术研究与开发”的支持。随着技术研究的开发和进展，先后试制生产了 3 套试验性的设备，分别为 20t/d、60t/d 和 300t/d，取得了一定的效果。而后，在国家“十一五”科技支撑项目“安全绿色储粮关键技术研究开发与示范”的“粮食干燥新技术装备和设施研究开发与示范”课题的支持下，国家粮食储备局郑州科学研究设计院等单位进行了塔式连续真空干燥设备的产业化建设。塔式连续真空干燥设备较为复杂，其要求的密封性很高，且又是外压容器，因此设备的制造成本相对于热风干燥较高，技术上还有很多问题需要解决，有待于进一步研究和开发。

塔式连续真空干燥设备经过几年的发展，逐渐地引起了国内外学者和工程界的重视，相关企业和科研院所也开始进行研究。何翔等对这种设备的结构进行了初步的研究，参考玉米

混流式热风干燥机的结构，设计了塔式真空干燥仓，玉米在塔式真空干燥仓内的菱形管间隙间呈 S 形向下流动，依靠菱形管表面供给的热量，在真空条件下完成干燥过程；丁贤玉则对低温真空干燥玉米进行了初步的分析，指出其具有较好的发展前景；赵祥涛、唐学军等报道了塔式连续真空干燥的生产性试验结果，指出能耗低于传统的热风干燥设备，玉米裂纹增加率小于 5%，应用效果较好；吉林大学的尹丽妍对谷物真空干燥机理进行了研究，并开展了实验，采用的是 47℃ 的干燥温度，压力范围在 0.1～0.03MPa；于辅超和马中苏等采用 0.07～0.03MPa 的真空度研究了玉米薄层真空干燥，指出在薄层干燥条件下，加热温度达到 60℃ 时，玉米的品质会显著下降。

　　真空干燥应用于玉米等需要大批量干燥的物料，技术上还有很大困难。塔式连续真空干燥设备和技术尽管取得了初步的成功，也引起了国内外的重视，但是从研究的报道来看，尚未针对这种设备进行系统性研究，从传热和传质的角度对其进行研究也很少。

30.3.10.1.2　塔式连续真空干燥的技术经济性

　　技术经济性以粮食干燥，特别是玉米干燥为例，从能源、品质以及环保几个方面对塔式连续真空干燥的技术经济性进行分析。

　　（1）玉米干燥能源消耗和损失组成

　　我国玉米干燥大多采用对流干燥的塔式热风干燥机，有横流、顺流、逆流及混流等形式，其热能消耗组成见图 30-23。从使用情况来看，其单位热耗较高有以下几个原因：①干燥机的保温性能差，热损失大；②热风炉的结构和技术参数不合理，没有经过优化；③没有充分地利用余热；④干燥工艺不合理；⑤新技术开发缓慢，科研基础投入少。粮食干燥节能的一

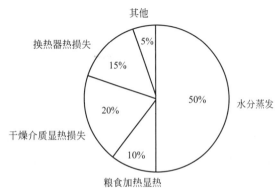

图 30-23　粮食热风干燥热能消耗组成

些途径和方法已经在有关文献中做了分析和研究，主要包括避免粮食的过分干燥；改进热风炉的结构，提高燃煤的燃烧效率；回收废气余热，采用优化的干燥工艺，如组合和多级干燥，干湿粮混合工艺；应用新能源，如生物质能源、太阳能等。

　　（2）玉米塔式连续真空干燥的热能消耗技术经济性分析

　　我国东北地区是玉米的主产区，干燥的时间大部分在冬季，温度较低，为了较好地分析玉米塔式真空干燥技术经济性，我们以玉米为干燥对象，比较玉米热风干燥和塔式连续真空干燥每天干燥 300t 玉米，含水率从 25% 到 15% 的耗热量。

　　取外界环境温度为 -20℃，相对湿度为 30%。玉米初始温度与外界温度相同，其 0℃ 以下玉米比热容为 1.758kJ/(kg·℃)，取 0℃ 以上玉米的比热容为 2.01kJ/(kg·℃)（15% 的湿基含水率）；冰的相变潜热为 333kJ/kg；干燥过程中认为玉米中的水分在 0℃ 以上才蒸发为气体，水的蒸发潜热为 2450kJ/kgH₂O。计算中除了热风炉和热水锅炉的热损失外（热效率均为 70%），其他损失不计。

　　① 玉米热风干燥的计算分析　玉米热风干燥的基本参数为：热风炉加热干燥空气到 120℃，进入干燥室吸收物料的水分，出干燥室的空气温度为 50℃；干燥后玉米的温度为 40℃。

　　a. 300t 玉米干燥所需要的热量为 $1.3×10^8$ kJ；

　　b. 温度为 -20℃，相对湿度为 30% 的空气含湿量为 0.18g/kg；

c. 加热到 120℃时，含湿量不变；

d. 1kg 热空气在干燥室中由 120℃降到 50℃提供的热量为 70kJ；

e. 干燥 300t 玉米需要的空气量为：1.86×10^6 kg；

f. 锅炉对热风的供热为 2.604×10^8 kJ；

g. 取热风炉总体效率为 0.7，煤燃烧值为 24.244MJ/kg，则每天需要消耗 15.344t 煤；

h. 煤的价格按每吨 500 元计算，则每天需要的供热费用为 7672 元。

② 玉米塔式连续真空干燥的计算分析　玉米塔式连续真空干燥的基本参数为：进入干燥仓内的热水温度为 80℃，出干燥室的热水温度为 60℃；被真空泵抽走的气体温度为 40℃（压力为 8000Pa 左右），干燥后玉米的温度为 40℃。

a. 玉米塔式连续真空干燥采用的是热水，出水通过管道直接回流锅炉，因此热水锅炉对玉米的供热量为 1.3×10^8 kJ；

b. 需要热水循环量为 1560m³；

c. 锅炉与蒸汽加热器总体效率为 0.7，则每天需要燃煤 7.66t，所需要的供热费用为 3830 元；

d. 玉米塔式真空干燥每天比玉米热风干燥节省 3842 元。

（3）玉米塔式连续真空干燥的投资回收分析

① 玉米塔式连续真空干燥设备与热风干燥机投资分析　热风干燥机和塔式连续真空干燥设备对玉米进行干燥，都需要利用介质对玉米升温，使水分蒸发，并排走水分。根据玉米热风干燥机和玉米塔式连续真空干燥设备各组成部件所完成功能的相似性，表 30-19 进行了分类对比，并比较了相应的投资费用和运行费用。热风干燥需要风机，塔式连续真空干燥需要水环真空泵、冷凝器、热水循环泵、冷水循环泵及水箱，来完成干燥过程，两者这部分的设备投资费用塔式连续真空干燥略高；热风干燥有热风炉，塔式连续真空干燥则用热水或蒸汽锅炉来对干燥介质加热，塔式连续真空干燥需要的能耗小，热水锅炉的功率比热风炉的功率要小得多，相应的投资成本就会低；热风干燥塔和真空干燥仓都是玉米进行干燥的空间，真空干燥仓要求良好的密封，加工费用较高，又采用传导和辐射方式对玉米加热，因此所需要钢材量要比热风干燥塔多。其他设备如：清理设备、提升设备、原料仓、成品仓、冷却仓，两者基本相同。旋转进出料阀是玉米塔式连续真空干燥相对于热风干燥所特有的动密封易磨损部件，技术上还有很大的发展空间，价格也不高（<0.5 万元/个）。从整体上来看，玉米塔式连续真空干燥设备较为复杂，对制造的要求也高。真空干燥仓的制造加工成本高于热风干燥塔，因此其整体设备的制造成本要高于热风干燥机。为了降低设备的制造成本，尤其是降低真空干燥仓的成本，玉米真空干燥设备还需要进一步的技术开发，以促进其大规模的推广和应用。

表 30-19　玉米热风干燥机与塔式连续真空干燥设备投资与运行费用对比

热风干燥设备	投资费用	运行费用	真空干燥设备
干燥塔	<	≤	干燥仓
热风炉	>	>	热水或蒸汽锅炉
风机	<	≥	水箱 冷凝器 水环真空泵 热水循环泵 冷水循环泵

② 玉米塔式连续真空干燥与热风干燥的电能消耗和维护成本分析　玉米热风干燥中主

要的耗电部件有：风机、热风炉的配套装机功率和提升设备等。玉米塔式连续真空干燥设备则主要是冷热水循环泵、水环真空泵机组、锅炉自身的装机功率和提升设备等。玉米塔式连续真空干燥锅炉的规模要小于热风干燥的热风炉，所需要的装机功率也要小；由于采用了冷凝器，玉米干燥中产生的水蒸气大部分被冷凝掉，因此水环真空泵的功率也不会很高，加上冷热水循环泵的功率消耗，其功率也不会超过玉米热风干燥的风机能耗。玉米塔式连续真空干燥设备比玉米热风干燥机复杂，因此其维护费用要比热风干燥高，但是随着玉米塔式连续真空干燥技术的日益成熟，这一点不会是问题。总的来说玉米塔式连续真空干燥的运行成本应与热风干燥大致相当，或少于热风干燥。

③ 玉米塔式连续真空干燥与热风干燥的品质效益分析　我国东北地区烘干季节的环境温度一般在零下 20℃ 左右，高水分的玉米大部分采用的是热风干燥，高温热风（120～160℃）直接对零下 20℃ 的冷玉米加热，热风与玉米之间的温差可达 140℃ 以上。在热风的作用下，玉米籽粒表面形成流体边界层，受热汽化的水蒸气通过流体边界层向空气中扩散，被干燥物料内部水分要向表面移动。如果其移动速度赶不上边界层表面的蒸发速度，边界层水膜就会破断，在温差热应力等因素的共同作用下，被干燥物料表面就会出现局部干裂现象，然后扩大到整个表面，形成表面硬化和裂纹，其裂纹率一般为 18%，甚至高达 35%，造成玉米质量严重下降，不但降低了使用价值，在以后的运输、储藏过程中，更使破碎率增加、损耗加大，其损失可高达 5%。据统计我国的东北玉米运到大连北粮港后平均破碎率为 10%，运到深圳湾口岸后，平均破碎率在 20%，玉米的质量严重下降，由此造成了较大的经济损失。采用真空干燥，玉米籽粒内部和表面之间的压力差较大，在压力梯度作用下，水分会很快向表面移动，不会出现表面硬化，从而保证了玉米质量。

以每天干燥 300t 玉米为例。玉米运到大连港口后，破碎率在 10%，每千克降等损失 0.04 元，共损失 1.2 万元。另外，由于热风干燥使玉米产生裂纹，在玉米流通中产生的玉米尘有 1% 随粉尘丢失，每吨玉米的价格以 1000 元计算，则损失 0.3 万元。总损失为 1.5 万元，可见损失是比较大的。

④ 玉米塔式连续真空干燥与热风干燥综合经济效益计算　每天塔式连续真空干燥比热风干燥可以为企业多受益 1.8842 万元。我国东北每年干燥时间大约为 120 天，因此一台每天干燥 300t 的塔式连续真空干燥设备，每年可以比热风干燥使企业多受益 226.104 万元。可见，尽管塔式连续真空干燥设备比热风干燥机的制造成本高，但是从企业长期运行效益来看，是具有很大的吸引力的。

（4）塔式连续真空干燥相对于热风干燥的节能分析

① 干燥介质循环利用　玉米真空干燥用的是热水或微压蒸汽，干燥介质进入干燥仓，将热量通过传导和辐射传递给玉米后，由回流管道直接回到蒸汽或者热水锅炉。因此除了水环真空泵抽走温度较低（<40℃）的水蒸气和管道散热损失外，没有其他的类似于热风干燥的干燥介质所损失的热量。

② 低温节能　热风干燥的玉米温度有时候达到 60℃，而真空干燥一般不会超过 40℃。由于低温干燥，就减少了玉米升温所需要的热量，因而真空干燥相对于热风干燥要节能。由于温度低，干燥仓筒壁的温度也较低，这样就减少了由于干燥仓外壁向外界的热量散失；而且热风干燥中，玉米中的水分随热风排出时的温度与热风温度相同（50℃），因此这部分水蒸气排走的热量要多于真空干燥（<40℃）。

③ 保温节能　干燥仓内为真空条件，仓内对流传热较弱，干燥仓的外壁温度较低，这样就减少了通过干燥仓向外界的热损失；由于整个干燥仓是密闭的，没有热量通过热风泄漏而损失；如果在干燥仓外再做好保温措施，其热损失就会更小。因此真空干燥的保温性能较好。

④ 薄层干燥　玉米真空干燥主要采用的是传导和辐射传热。玉米籽粒与干燥仓内热管等密切接触，且不断流动，在较低的压力下，玉米中的水分就被汽化，粮层厚度很薄，其干燥为薄层干燥，干燥的效率高，干燥的速度快。

（5）玉米真空干燥的环境影响

如前所述，热风干燥会对空气和环境造成很大的污染。玉米的真空干燥在密闭的干燥仓中进行，在干燥过程中粉尘不会外泄造成环境污染，而且产生的粉尘会被冷凝器吸收，从而消除了污染源。真空干燥是一种真正的低温干燥，在干燥过程中，产生的粉尘会远远小于热风干燥。另外，由于真空干燥的玉米比热风干燥的干燥品质好，玉米产生很少的裂纹，在以后的流通中就会产生较少的粉尘，因此真空干燥的玉米流通中对环境的影响小。

30.3.10.2　塔式连续真空干燥设备结构

该设备主要由真空干燥仓、进/出料机构、排料机构、加热系统和真空系统五大部分组成，图 30-24 为该设备的示意图。其工作过程为：物料经过提升设备送入进料漏斗，经过旋转进料阀进入真空干燥仓；玉米在重力的作用下在干燥仓内的菱形加热管间向下流动，流动过程中玉米间歇地与菱形管的加热表面接触，吸收热量的同时去除水分完成干燥；玉米干燥过程中产生的水蒸气和泄漏进来的空气，通过干燥仓内的角状管进入冷凝器，绝大部分水蒸气被冷凝，剩余的水蒸气和全部空气则被以水环真空泵为主体的真空系统抽走；干燥后的物料由关风器排出。

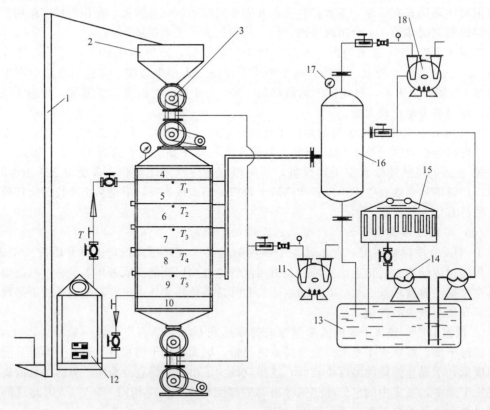

图 30-24　塔式连续真空干燥设备示意图

1—提升机；2—进料漏斗；3—关风器；4—干燥仓上储粮段；5—干燥仓干燥段1；6—干燥仓干燥段2；7—干燥仓干燥段3；8—干燥仓干燥段4；9—干燥仓干燥段5；10—干燥仓下储粮段；11—辅助真空泵；12—锅炉；13—水箱；14—冷水泵；15—冷却塔；16—冷凝器；17—真空表；18—主真空泵

（1）塔式真空干燥仓

真空干燥仓工作时是外压容器，必须保证其具有较好的仓体强度。在真空条件下，玉米的干燥以传导传热为主，对流和辐射传热为辅，其传热能力受到限制，因此需要在干燥仓内设置供热管道，并使其具有较大的比供热面积（供热管面积与干燥仓体积之比），以保证较大的体积干燥强度，从而具有较高的生产效率和较大的生产能力。采用保温夹套保证仓壁部位的保温效果，防止仓中心与仓壁产生温度梯度，使物料产生湿度梯度，导致干燥后的产品含水量不均匀，甚至出现仓内壁结露，有水流出来的现象。

真空干燥仓仓体分为三部分，最上面是与关风器相连接的进粮储粮段；而后是干燥仓主体，由 5 个相同的干燥段组成，玉米主要是在这段完成干燥；最下段是出粮储粮段。每个干燥段的结构示意图如图 30-25 所示，加热管道采用菱形管，与其他类型的加热管道相比，颗粒物料的流动性较好，比供热面积大，结构相对容易实现。干燥仓内的抽真空管道采用热风干燥中常用的角状管结构，既可保证物料的自由流动，又可防止物料进入真空管道。为了对干燥仓内的温度进行监测，在每段干燥仓仓体的上部安装有测温探头。

（2）真空关风器

① 真空关风器的结构和特点　关风器由带格室的旋转叶轮和固定的壳体两部分组成（见图 30-26），适用于排卸流动性好、磨削性小的粉粒状和小块状物料。其工作原理是当叶轮由传动机构驱动在圆筒形壳体内旋转时，从上部落下的粉粒状物料便由进料口进入叶轮格室，并随叶轮转动而被送到卸料口排出。由于叶轮与壳体间的配合比较紧密，具有一定程度的气密性，并且能在排料过程的同时减少漏气作用。

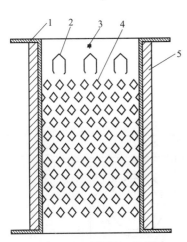

图 30-25　真空干燥仓仓体

1—仓壁；2—角状抽气管；3—测温探头；
4—菱形加热管；5—保温层

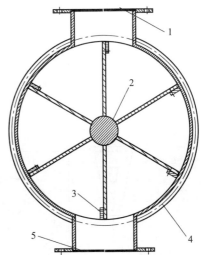

图 30-26　关风器结构示意图

1—进料口；2—叶轮；3—密封结构；
4—壳体；5—排料口

关风器具有如下几个特点：a. 可以实现连续地排料和供料。b. 在一定的转速范围内，可以通过调节叶轮的转速来调节供料量。c. 具有一定程度的气密性，高气密的关风器是连续真空干燥设备所必需的。d. 粒状物料不易破碎，保证物料的品质。e. 可用于高温物料的供料或排料。f. 结构简单，运转、维修方便，成本较低。

② 真空关风器的设计及优化　真空干燥用的关风器漏气量要求为 $10\sim100L/min$ 时，才能满足实际生产的需要。关风器的叶片和轴肩处是气体泄漏的主要部位，因此需要重点对关风器的这两个部位进行了设计。

关风器转子叶片数量为 6 片，进出料口为长方形，开口宽度小于两叶片外沿直线长度，可以确保同时有 2 个以上的叶片密封，两端圆盘和各叶片形成若干独立密封空间，形成了进出口压力差梯度，减少漏气。

转子叶轮采用带墙板的结构形式（图 30-27），在转子叶轮叶片和圆形墙板外沿开有矩形槽，槽内装有耐高压的弹性材料；弹性材料上也开有矩形槽，耐磨自润滑柔性材料镶嵌在矩形槽内，从而实现转子叶轮和壳体内圆孔"零间隙"配合运转（图 30-28）。耐磨自润滑柔性材料由聚四氟乙烯青铜微粉、二硫化钼和碳纤维复合而成。关风器在运转过程中，耐磨自润滑材料会磨损，由于有弹性材料，可以自动补偿磨损后形成的间隙，使其保持零间隙配合运行。为了使其密封性能良好，必须使弹性材料具有一定的预紧力，但是预紧力过大，会使磨损较快和电机功率过大，因此需综合考虑。

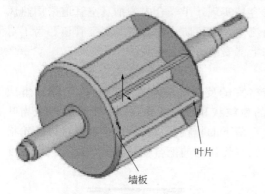

图 30-27　墙板式叶轮结构

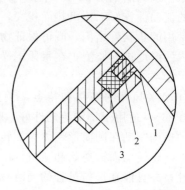

图 30-28　叶片密封结构示意图
1—密封间隙；2—耐磨自润滑柔性材料；3—弹性材料

③ 真空关风器漏气率试验　关风器主要是为颗粒物料塔式连续真空干燥技术开发的，关风器的进、出料口有一端在工作时处于真空状态，其漏气率的测量采用如图 30-29 所示的试验方法。测量的关风器规格为 9L/r，叶片数量为 6 片。

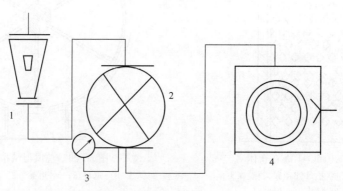

图 30-29　漏气率测量装置
1—玻璃转子流量计；2—高气密关风器；3—真空表；4—旋片真空泵

真空泵开启后，压力表的压力基本上稳定在 10000Pa，其漏气率约为 50L/min。将关风器转子转动一定角度后，再次测量，其漏气率仍约为 50L/min。

④ 关风器性能评价　关风器的进排料量可以根据以下理论公式计算：

$$G = 0.06 Vn\gamma\varGamma$$

式中，G 为关风器的进排料量，t/h；V 为关风器的容积，L/r；n 为关风器的转数，r/

min；γ 为关风器容积效率；Γ 为物料容重，t/m^3。

当将该关风器用于玉米连续塔式真空干燥，其每天的进料量为：
$$G=0.06\times9\times50\times0.7\times0.685\times24=310 \text{（t）}$$

因此该关风器可用于每天干燥 300t 玉米的真空干燥设备。

玉米真空干燥的真空度要好于 10000Pa，在压差为 90000Pa 的情况下，该关风器在工作状态下每小时漏气量为：
$$Q_L=Q_S+Q_B$$

式中，Q_S 为每小时的静态漏气量，m^3/h；Q_B 为由格室带入的气量，m^3/h。
$$Q_B=0.06Vn(1-\gamma)$$

所以关风器进料时的漏气量为
$$Q_L=0.06\times50+0.06\times9\times50\times(1-0.7)=11.1 \text{（m}^3\text{/h）}$$

出料时的漏气量为
$$Q_L=0.06\times50+0.06\times9\times50\times(1-0)=30 \text{（m}^3\text{/h）}$$

因为进料和排料各需一个关风器，则在大气压下总漏气量为 41.1m^3/h，换算到真空度为 10000Pa 下后，其漏气量约为 441m^3/h。

玉米塔式连续真空干燥设备可选用水环真空泵，考虑到系统由于其他因素引起的漏气等原因，根据水环真空泵的抽气曲线可知，可选用 2BE150-0 型水环真空泵，其在 10000Pa 下的抽气量为 636m^3/h，功率为 19.6kW。由以上分析可知，该关风器密封性能能够满足颗粒物塔式连续真空干燥设备的需要。

初步的研究和测试表明，此真空关风器使用弹性密封技术和复合耐磨自润滑材料来减少关风器的漏气量，其密封性能良好。在进、出料口一端真空度为 0.01MPa，两端压差为 0.09MPa 的情况下，其漏气量约为 50L/min。分析表明，该真空关风器可以满足颗粒物塔式连续真空干燥设备的性能要求，较好地解决了物料连续定量加入和排除真空容器的气体渗漏的难题。

（3）真空系统

真空干燥设备所需要的真空系统必须能抽除水蒸气，而直接能抽水蒸气的真空泵只有水环泵、湿式罗茨泵、水喷射泵和蒸汽喷射泵四种，其余真空泵都不能直接抽水蒸气。图 30-24 中的塔式连续真空干燥设备采用的是冷凝器-水环真空泵机组，并采用主泵+辅泵的形式。在干燥仓的高度方向设置若干抽气口，与冷凝器-主泵相连；在进出口串联的两个关风器之间分别加装抽真空管道，采用辅泵单独抽气。此外，该设备还能采用的真空机组有罗茨泵-冷凝器-水环泵机组，蒸汽喷射泵-冷凝器-水环泵机组，螺杆真空泵-冷凝器-水环泵机组。另外，除了抽真空设备以外，还需要除尘器等设备。

① 干式除尘器　干式除尘器多用于真空干燥设备上，主要是捕集汽化湿分蒸汽时所带走的物料。如在耙式真空干燥系统上，由于耙齿的搅拌、破碎及敲击棒等作用，部分物料可能被破碎成粉末状而随湿分蒸汽抽出干燥器，利用干式除尘器所具有的反吹风清尘功能，可以捕集回收其中的绝大部分粉末状干燥物料。影响捕集的主要因素包括除尘器中过滤网孔尺寸（即丝网数目）和湿分蒸汽是否会发生冷凝。要保证湿分蒸汽不冷凝，可以降低粉末状干物料在过滤丝网上的黏附率。根据粉末状干物料的粒度，选用合适的网孔尺寸的过滤网，可以有效地捕集各种不同的物料。干式除尘器的除尘率可达 98%。

如果在干式除尘器的器壁上设置加热夹套，可以提高除尘器中湿分蒸汽的温度。抽气系统应保证除尘器中气体压力远小于该温度下湿分饱和蒸汽压，从而保证湿分蒸汽在除尘器中不发生冷凝。由于物料粉末在过滤网上附着，堵塞网孔，过滤丝网入气侧的分压高于出气侧。因此，这里所说的除尘器中气体压力是指过滤丝网入气侧的湿分蒸汽分压力。如要测试上述气体压力，应将真空表安在丝网入气侧的除尘器壁上。

② 湿式除尘器　湿式除尘器用于真空干燥设备上，不但能捕集湿分蒸汽携带的粉末状固体物料，而且能降低湿分蒸汽的温度，以便冷凝。

使用真空泡沫湿式除尘器的目的是通过水层洗去气体中含有的物料粉尘。含物料粉尘气体由除尘器筒体下部的进风口进入后，由于气体流向发生改变，较重的粉尘落入筒体下部的锥体中。含粉尘气体穿过筛板上部的水层时形成沸腾的泡沫层，从而加大了气体和水的接触面积，增强了除尘的效果，同时也降低了流经除尘器的气体温度。泡沫湿式除尘器的结构如图 30-30 所示，其除尘效率可达 98%。

用于真空干燥的泡沫湿式除尘器的筛板孔径应小于常压干燥的孔径。由于溢流管的控制，筛板上部水层高度也较低。一般还应保证泡沫湿式除尘器的气体流动阻力约为 1000Pa。

③ 冷凝器　塔式连续真空干燥过程会产生大量的蒸汽，如果这些蒸汽进入系统中凝结成液体，会对真空泵有损害或不利于真空泵的长期使用。一般要在真空系统入口加冷凝器，去除工艺介质中的大量蒸汽，这样还可以减小主泵的负荷。

由于在低压下，可凝气体的冷凝温度很低，有时在真空机组入口难以将可凝气体冷凝，需要将冷凝器放置在罗茨泵和前级泵中间，来冷凝罗茨泵排出的压力较高（相对于入口压力）的可凝气体，减小前级真空泵的负荷，如图 30-31 所示的冷凝和储液一体化的冷凝器。

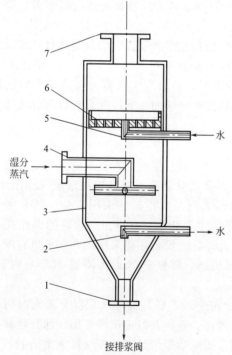

图 30-30　泡沫湿式除尘器的结构

1—排浆口法兰；2—出水管；3—筒体；4—进气管组件；
5—进水管；6—筛板；7—出气口法兰

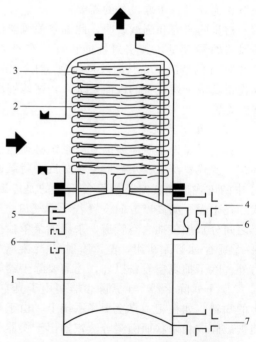

图 30-31　冷凝和储液一体化的冷凝器

1—液体储罐；2—冷凝器罐体；3—冷却盘管；
4—截止阀；5—排气口；6—视镜；7—排液阀

在冷凝液体量不是很大的情况下，采用冷凝和储液一体化的冷凝器可以减少空间，方便管路布置，减少投资资本。如果冷凝的液体量较大，冷凝器换热面积会很大，宜采用单独的冷凝器和单独的储液器。冷凝器的型式可以采用列管式和板式，在冷凝器中用温度较低的冷却液来冷却工艺气体，由于液体冷却气体时换热系数较低，换热面积较大；由于要将大量可凝蒸汽冷凝，并考虑蒸汽的冷凝潜热，换热量较大。

④ 罗茨泵-冷凝器-水环泵机组　罗茨泵的转子与泵腔、转子与转子之间具有一定的间隙，互不接触，不需要润滑油润滑；在泵腔内对气体不产生压缩现象，对被抽气体中含有的灰尘和蒸汽不敏感。液环泵，对气体的压缩接近等温压缩，泵内没有互相摩擦的金属接触面，不易发生燃烧爆炸事故；泵腔内转动件与固定件之间由液体密封，无需润滑；适于抽含有蒸汽、水分或固体微粒的气体。但是液环泵的极限压力取决于液环泵使用的液体。水是通用的工作液体，液环泵的极限压力取决于供水的温度，当水温度上升，会使液环泵极限压力升高，实际抽除气体流量也会减小。罗茨液环真空泵机组，具有液环泵的优点，而且提高了液环泵的真空度，扩大了液环泵在低压力下的抽速，能够很好地处理含有蒸汽或粉尘的气体。

罗茨泵-液环泵真空机组在正常工作中，罗茨泵和液环泵交接处的压力都在几个千帕，因此液环泵工作液的饱和蒸汽压不能太高，否则机组很难正常运行。

⑤ 蒸汽喷射泵-冷凝器-水环泵机组　蒸汽喷射泵大量应用于钢铁冶金、石油化工、食品、制药等行业，但是其效率较低，要消耗大量蒸汽。而且蒸汽喷射器的安装高度有很高的要求，一般要高架安装，越高其抽气效率越高，高架安装时要求最低 11m 的高度。蒸汽喷射泵结构简单，工作稳定可靠，可以抽出含有蒸汽、粉尘、易燃易爆以及有腐蚀性等气体，抽气量很大。其缺点是能量损失较大，抽气效率较低。单级泵压缩比一般为 8～10，为了获得更低的工作压力，需多个喷射泵串联起来工作。

液环泵适宜处理大量可凝蒸汽的工况，入口允许吸入一定量的液体，但是其极限压力不高，在不考虑气体返流和泄漏时，极限压力就是所用工作液温度下的饱和蒸汽压。液环泵的效率一般在 30%～50% 之间，有时能达到 60%，高于蒸汽喷射泵效率。

在多级（三级或三级以上）蒸汽喷射泵中，用水环泵（水作工作液时，液环泵称为水环泵）代替最后一级蒸汽喷射泵或最后两级蒸汽喷射泵，组成蒸汽喷射泵-水环泵串联机组，可有效利用蒸汽喷射泵在高真空下抽气能力大和水环泵在低真空下抽气效率高的特点，节约能源。由于液环泵可以做成闭式循环系统，工作液通过换热器冷却后循环利用，避免了工艺液体的排放，有利于保护环境。

蒸汽喷射泵-水环泵串联真空机组的其他优点如下：

① 低位安装，不需要大气腿；
② 适用于系统体积大，要求抽空时间短的场合；
③ 启动迅速，无需启动泵；
④ 可用于工作蒸汽含水率较高的场合；
⑤ 可用于工作蒸汽压力不稳定或低于 0.4MPa 的场合。

（4）供热方式

该干燥设备的加热系统用热水锅炉和热水循环泵，其中热水锅炉可以提供热蒸汽。其主要特点是结构简单，加热温度低，节约能源，系统在低压下运行，安全可靠；热水可以回收再利用，经济性好。干燥时，被加热物料与加热管直接接触，加热方式以热传导为主，物料在加热表面上以薄层分布，非常有利于传热传质。

30.3.10.3　塔式连续真空干燥实验研究

在静态真空干燥中，玉米颗粒与加热表面之间具有最大的温度梯度和湿度梯度，由此引起的耦合应力也最大。当玉米长时间与加热表面接触时，在温度梯度和湿度梯度的作用下，玉米会产生应力裂纹。为了保证玉米干燥的质量和干燥效率，需使玉米与加热表面之间形成一种动态关系，即玉米在一段时间内与加热表面接触，在下一段时间内又不直接与加热表面接触，形成"接触加热升温—干燥脱水降温"这样的动态循环过程。塔式连续真空干燥过程与传统的箱式、带式、双锥回转式和搅拌式真空干燥过程都不相同，干燥过程中物料从塔的顶端进入，靠自重从底部流出，物料在塔中流动的过程为真空干燥的全过程，因此实现了玉米的动态真空干燥。为了使一定初始含水率的玉米在一定高度的干燥塔内干燥后达到要求的含水率，需要知道此过程中的传热传质规律，从而控制物料在干燥仓内的停留时间，即干燥周期。玉米塔式连续真空干燥传热传质特性属于动态特性，为了研究其动态特性，必须对玉米塔式连续真空干燥过程进行实验研究。通过动态的干燥实验，对实验设备的设计效果进行评价，并改进设计。目前，对塔式连续真空干燥的动态实验掌握得较少，本节仅对 2007 年的一次中试型实验和 2005 年的一次生产型实验进行阐述。

（1）中试型玉米塔式连续真空干燥实验

实验设备采用国家粮食储备局郑州科学研究设计院和郑州飞机工业公司联合研制的塔式连续真空干燥设备，如图 30-32 所示。

图 30-32　中试型塔式连续真空干燥设备实物图

① 实验材料、过程与方法

a. 实验材料。实验采用的玉米是 2007 年自然收获的高水分玉米，试验玉米量为 20t，产地辽宁。玉米平均含水率为 24％，含水率不均匀度小于 2％，杂质低于 0.9％，无霉变。试验前玉米储藏在冷库中，保证玉米不发霉变质，玉米的入机温度在 -10℃。

b. 实验过程与实验方法。设备安装调试后，开始进行实验。实验时间为 2008 年 3 月 18 日—2008 年 4 月 7 日，实验地点在郑州飞机工业公司玉米塔式连续真空干燥的实验基地。实验期间，天气状况较好，室外气温为 10～20℃之间。

首先将一定初始含水率和温度的玉米装入干燥机中，并将其满仓；而后启动干燥设备开始干燥，并不断地连续进料和排料，以连续干燥方式进行动态实验，并监测出机玉米的水分和温度。首先进行的是蒸汽供热时的玉米动态真空干燥特性实验，而后进行了热水供热时的玉米动态真空干燥特性实验。实验过程中干燥仓物料进出口处和冷凝器内的真空度均控制在 9000Pa。

水分测量采用 LDS-IH 型电脑水分测定仪，如图 30-33 所示，测量范围 3％～35％。

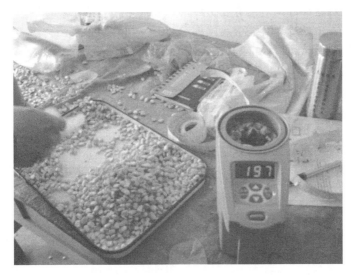

图 30-33　LDS-IH 型电脑水分测定仪图

玉米温度的测定采用 MT300C 系列远红外温度测量仪，如图 30-34 所示，测量精度为±1℃，测量范围为：-20～300℃。

图 30-34　MT300C 系列远红外温度测量仪

如前所述，每段干燥仓仓体的上部均设有温度探头，依照 5 段干燥仓仓体从上至下顺序，将温度探头编号为 T_1、T_2、T_3、T_4 和 T_5 号（见图 30-24 和图 30-25），可以实时显示仓内的气体温度。

② 实验结果与分析

a. 蒸汽供热时的玉米动态真空干燥特性。蒸汽供热的好处是无需热水循环泵，节省动力；蒸汽供热的温度控制在 120℃，流量为 90m³/h。图 30-35 和图 30-36 为某次蒸汽供热时得到的干燥特性，时间是从上午 10:55～下午 14:15。图 30-35 为干燥仓内从上至下的 5 个测温点（T_1-T_5）的温度变化特性。入机玉米温度较低（-10℃），因此当储粮段有玉米时，测温点 T_1 测得的温度较低；当储粮段没有玉米时，其温度就会回升。由图中的温度 T_2 和温度 T_3 可知，干燥段的中部温度较为稳定，对玉米的供热较好，维持在 55℃左右；但是温度 T_4 和温度 T_5 则明显低于温度 T_2 和温度 T_3，特别是温度 T_5 基本维持在 40℃左右。这表明蒸汽供热这种方式对干燥仓下段的供热能力严重不足，温度偏低。测量得到的玉米出机温度小于17℃，也证明了这一点，如图30-36所示。由于蒸汽供热时干燥仓的下部温度较低，水分下降缓慢，超过3h仅降水7%，玉米干燥的周期较长。

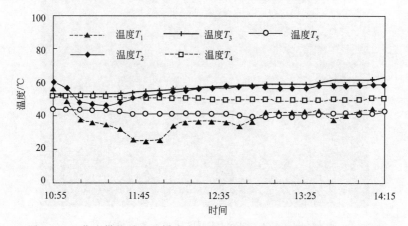

图 30-35　蒸汽供热时，干燥仓内的温度探头所监测到的温度变化曲线

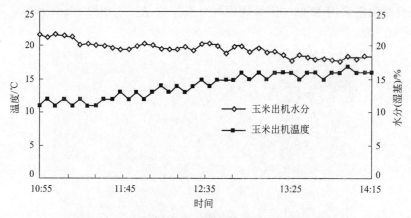

图 30-36　蒸汽供热的玉米出机温度和水分特性曲线

b. 热水供热时的玉米动态真空干燥特性。热水供水温度为90℃，回水温度为85℃。图30-37和图30-38为某次热水供热时得到的干燥特性，时间是从上午9:00～晚上21:00。图30-37为干燥仓内各个测温点（$T_1 \sim T_5$）的温度变化趋势。

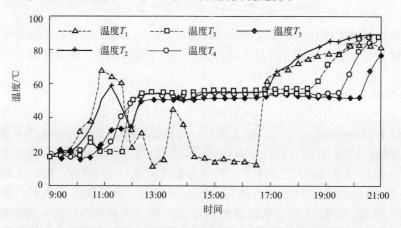

图 30-37　热水供热时，干燥仓内的温度探头所监测到的温度变化曲线

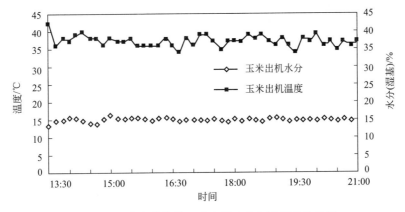

图 30-38　热水供热的玉米出机水分和温度特性曲线

由此可知，除温度 T_1 外，干燥仓内各部分的温度（气体温度）保持在 55℃左右，玉米的出机温度在 38℃左右，玉米的出机水分稳定在 14%左右，如图 30-38 所示。出机玉米的质量较好，色泽正常，测量其容重为 723kg/m³。在干燥后期，干燥仓内的玉米粮温开始下降，因此，各个温度点的温度依次逐渐升高。

经过多次实验，得到该玉米塔式连续真空干燥设备的试验结果，如表 30-20 所示。

表 30-20　中试型玉米塔式连续真空干燥设备的试验结果

参数	设计值	测试值
玉米处理量/(t/d)	10	12.9
初始水分/%	—	24
入机粮温/℃	—	−10
降水幅度/%	—	10
空载极限真空度/Pa	＜6000	5500
工作真空度/Pa	＜9000	9000
体积干燥强度/[kg/(h·m³)]	—	32.4
单位热能消耗/(kJ/kg H₂O)	—	5700
供热温度/℃	—	85~90
出机粮温/℃	＜43	38
裂纹率增加率/%	＜10	7
干燥后含水率不均匀度/%	≤1.5	1.5
干燥后玉米容重/(kg/m³)	—	723

③ 设备改进方案的研究　经过实验，认为玉米塔式连续真空干燥设备可以做如下改进。

a. 在干燥仓的下储粮段下部，设置一排粮结构，如图 30-39 所示的排粮机构。实验发现，随着干燥过程的进行，干燥仓底部有大量的粉尘堆积，在干燥仓内水蒸气的作用下，容易形成黏块，造成出料不畅。排粮机构的设置会很好地解决这一问题，排粮机构的结构形式可参考热风干燥的排粮结构设计。

b. 利用水环真空泵和冷凝器的冷却水对被干燥的玉米进行预热，如图 30-39 所示的预热装置。水环泵和冷凝器工作过程中需要冷却水，而随着干燥过程的进行，水箱中冷却水的温度会逐渐升高，现有的方案是采用冷却塔对冷却水进行冷却，因此存在着热量浪费。设备改进后，可以利用这部分热量对被干燥的玉米进行预热处理，使热能得到充分的利用。预热装置的结构形式可参考塔式真空干燥仓，但不用考虑真空密封；工作时，玉米先进入该预热装置进行预热升温，而后再进入真空干燥仓进行真空干燥。

c. 改进热水锅炉对干燥仓的供热方式。原来的方案是锅炉对干燥仓的 5 个干燥段串联供热，热水首先进入干燥段 1，而后再进入干燥段 2，再依次经过干燥段 3、干燥段 4 和干燥段 5，最后回到锅炉。这种供热方式虽然满足了目前的要求，但是缺点也比较明显，即当干燥塔较高时，供水管道的流阻较大，而且容易使干燥仓上部与干燥仓下部的温差过大，干燥仓下部供热不足，导致干燥过程不能顺利进行，这在采用蒸汽供热时表现最为明显。为此，可以采用并联供热的方式，如图 30-39 所示。

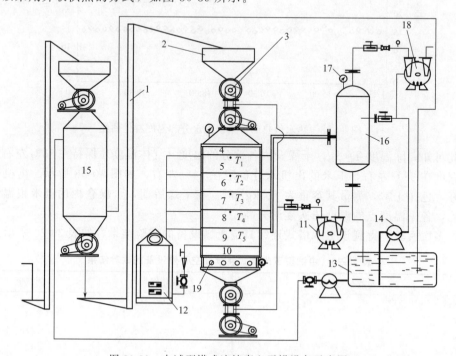

图 30-39　中试型塔式连续真空干燥设备示意图

1—提升机；2—进料漏斗；3—关风器；4—上储粮段；5—干燥段 1；6—干燥段 2；7—干燥段 3；
8—干燥段 4；9—干燥段 5；10—下储粮段；11—辅助真空泵；12—锅炉；13—水箱；
14—水泵；15—预热装置；16—冷凝器；17—真空表；18—主真空泵；19—排粮机构

（2）生产型玉米塔式连续真空干燥实验

① 实验用粮及实验测定内容　2005 年自然收获的高水分玉米，连续处理量 15t/h，产地吉林，平均含水率为 24%～30%，含水率不均匀度小于 3%，杂质低于 0.9%，无霉变。

测定内容：真空干燥室内的真空度和汽化蒸发温度，入机玉米的含水率和温度；出机玉米含水率和温度；供热温度；玉米破碎率，裂纹率增值；水分不均匀度等。

② 实验设备和地点　采用国家粮食储备局郑州科学研究设计院制造的 5ZHCY15 型玉米塔式连续真空干燥设备及清理筛、斗式提升机、皮带输送机、抽真空系统、供热系统、冷却系统、电气温控系统等设备，其设备照片如图 30-40 所示。电脑水分测定仪（测量范围 0%～40%）、YSC-3 型真空压力表、XMT-102 型数显温度传感器、半导体点温计（0～100℃）、SL-401 型声级计、FSF 型粉碎机、TQ3288（分度值 0.1mg）分析天平、温度计（0～100℃）等仪器作为试验检测设备。该真空干燥装置为连续式机型，在重力作用下，物料下落过程中不断翻滚，有利于被干燥物料内部湿分的迁移及水分子的运动，从而使物料达到干燥的目的。物料从顶部进入底部排出为一个干燥周期，一次降水满足生产要求。试验地点在吉林省，时间为 2005 年 11 月至 2006 年 3 月。

③ 实验方法　塔式连续真空干燥工艺流程：高水分玉米→皮带输送机→圆筒清理筛→斗式提升机→湿粮仓→皮带输送机→斗式提升机→真空低温干燥装置→皮带输送机→斗式提

升机→冷却塔→皮带输送机→干粮仓（图 30-40）。

图 30-40　生产型玉米塔式连续真空干燥设备（300t/d）

　　在玉米真空低温干燥装置进粮口和排粮段的全断面随机抽取原粮或干燥过程中的试样，每 60min 取一次，每次取 5kg，共 100 次，然后混合均匀。利用取样法、称重法、压升法、温度对比法等判断干燥是否达到要求，试样含水率、水分不均匀度、裂纹率、破碎率等测定按 GB 6970 方法进行。

　　④ 实验结果　十几天的生产数据表明，该机组的实际生产能力可达 360t/d，合计干燥玉米 6000t 以上。经黑龙江省农业部干燥机械设备质量监督检验测试中心现场对真空低温干燥机测试，装机功率小于 200kW，工作真空度－0.096MPa，汽化蒸发温度小于 45℃，裂纹率增值低于 5%，破碎率增值低于 1%，水分不均匀度低于 1%，粉尘浓度为 3.2mg/m³；初始水分 24%，玉米平均温度－10℃，降水幅度 10% 时单位热耗低于 5000kJ/kgH₂O。在相同初始条件下远低于当地热风干燥机热耗指标，节能 30% 左右，噪声低于 85db（A），环保性能好。出机玉米品质优良，能够保证玉米品质的色、香、味、形及营养成分。在整修生产周期内，物料进出干燥机流畅，无堵料现象发生，各测试点温度、真空度和压力均无异常波动现象，说明真空低温干燥系统气密性能好，抽真空系统、加热系统、物料输送系统及电气温控系统等均工作正常。生产型玉米塔式连续真空干燥设备的连续性、适应性和稳定性得到了进一步的试验验证。

30.3.10.4　塔式连续真空干燥理论研究

　　（1）塔式干燥仓内颗粒流动特性模拟研究

　　玉米在塔式连续真空干燥仓内的干燥过程中以传导传热为主，对流和辐射传热为辅，为保证其传热能力，设置了菱形的供热管道。玉米在干燥仓内是靠自重向下流动的，因此应保证玉米在菱形供热管道间不堵塞，使干燥过程能够顺利进行。另外，由于热量传递是在玉米流动过程中完成的，玉米的流动必然影响其传热的效果，从而对干燥后玉米水分均匀度和玉米品质产生影响。对玉米在塔式真空干燥仓中流动特性进行研究，可以为改进干燥仓的结构，提高干燥效率和干燥品质提供依据。

玉米在塔式真空干燥仓内的流动属于颗粒流动。颗粒流动可以根据问题的研究目的和精度要求应用不同的模型来描述，这些模型大致可以分为两类：连续机理模型（continuum mechanics method，CMM）或宏观模拟；离散单元模型（discrete element method，DEM）或微观（颗粒尺度）模拟。连续机理模型的问题在于它们忽略了颗粒个体性质，而过分依赖高度简化的、规定性质的本构方程。DEM 的基本思想是把整个介质看作由一系列离散的独立运动的粒子（单元）组成，单元本身具有一定的几何（形状、大小、排列等）、物理和化学特征。单元的尺寸是微观的，且只与相邻的单元作用，其运动受经典运动方程控制，整个介质的变形和演化由各单元的运动和相互位置来描述。目前离散单元模型在筒仓卸料过程中的流动特性得到了广泛的研究，但是针对干燥设备中的颗粒物料混合特性的研究较少。在化工生产过程中，颗粒的混合、分离是一个很常见而且重要的过程，但是对颗粒物料混合的机理认识还不充分，通过对颗粒流动的计算模拟，可以更好地对这些过程进行研究。

① 颗粒流动计算方法与模型方程　玉米颗粒在塔式真空干燥仓内流动的数学模型采用离散单元法建立。离散单元法的基本数学原理是将散粒体分离成离散单元的集合，利用牛顿第二定律建立每个颗粒单元的运动方程，进而求得颗粒群的整体运动状态。

DEM 模型最早是由 Cundall 等提出来的。颗粒的运动由牛顿第一定律和颗粒间接触的力——位移定律来描述。颗粒 i 的线性运动和转动由下面的方程描述：

$$m_i \frac{\partial v_i}{\partial t} = F_{gi} + \sum F_{cij}$$

$$I_i \frac{\partial \omega_i}{\partial t} = \sum (r_i \times \sum F_{cij})$$

式中，m_i 为颗粒 i 的质量；I_i 为颗粒 i 的惯量；v_i 为颗粒 i 的线速度；ω_i 为颗粒 i 的角速度；F_{gi} 为颗粒 i 所受的体积力；$\sum F_{cij}$ 为颗粒 i 与颗粒 j 的接触力；r_i 为颗粒 i 质心指向接触点的向量；t 为时间。

当颗粒与颗粒（或壁面）接触时发生形变，产生接触力，颗粒的接触力包含弹性应力（阻止颗粒的形变）和阻尼（耗散颗粒碰撞的能量），如图 30-41 所示。

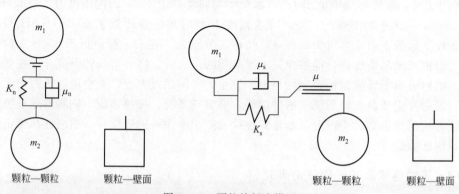

图 30-41　颗粒接触力模型

该接触力一般分解为法向和切向的分量：

$$F_{cij}^n = K_n(R_i + R_j - |l_{ij}|) - \mu_n m_c (v_{vel} \cdot \boldsymbol{n}_{ij})$$

$$F_{cij}^s = -\mu_s m_c (v_{vel} \cdot \boldsymbol{l}_{ij}) - \text{sign}(\Delta s) \min(K_s |\Delta s|, \mu |F_{cij}^n|)$$

式中，F_{cij}^n 为颗粒接触力的法向分量；F_{cij}^s 为颗粒接触力的切向分量；K_n 为法向弹性

系数；K_s 为切向弹性系数；R_i 为颗粒 i 的半径；R_j 为颗粒 j 的半径；$|l_{ij}|$ 为颗粒 i 和 j 中心的距离；m_c 为有效质量，$m_c = \dfrac{m_i m_j}{m_i + m_j}$；$v_{vel}$ 为两颗粒的相对速度；μ 为滑动摩擦系数；μ_n 为法向阻尼系数；μ_s 为切向阻尼系数；$\boldsymbol{n}_{ij}$ 为法向单位向量；$\boldsymbol{l}_{ij}$ 为切向单位向量；Δs 为切向滑动距离。

根据研究对象和目的不同，采用的颗粒接触力模型也有所不同。一般常见的有 Hooke 定律、Hertz 理论等，主要是接触力公式中弹性系数 K_n、K_s 等的计算方法不同，本研究采用 Hooke 定律。

② 模型的求解　模型的求解采用 PFC2D 软件，PFC2D（particle flow codein 2 dimensions）也称二维颗粒流程序，它是通过离散单元方法来模拟圆形颗粒介质的运动及其相互作用。用颗粒流方法进行数值模拟主要有以下几个步骤。

a. 定义模拟对象，根据研究目的定义模型的详细程序。如对某一力学机制的不同解释做出判断时，可以建立一个比较粗略的模型，只要在模型中能体现要解释的机制即可，对所模拟问题影响不大的特性可以忽略。

b. 建立力学模型的基本概念。首先对分析对象在一定初始条件下的特性形成初步概念。为此，应先提出一些问题：系数是否将变为不稳定系统；问题变形的大小；主要力学特性是否非线性，是否需要定义介质的不连续性；系统边界是实际边界还是无限边界；系统结构有无对称性等。综合以上内容来描述模型的大致特征，包括颗粒单元的设计、接触类型的选择、边界条件的确定以及初始平衡状态的分析。

c. 构造并运行简化模型。在建立实际工程模型之前，先构造并运行一系列简化的测试模型，可以提高解题效率。通过这种前期简化模型的运行，可对力学系统的概念有更深入的了解，有时在分析简化模型的结果后（例如，所选的接触类型是否有代表性；边界条件对模型结果的影响程度等），还需将第二步加以修改。

d. 补充模拟问题的数据资料。模拟实际工程问题需要大量简化模型运行的结果，因为一些实际工程性质的不确定性（特别是应力状态、变形和强度特性），所以必须选择合理的参数研究范围。第三步简化模型的运行有助于这项选择，从而为更进一步的试验提供数据。

e. 模拟运行的进一步准备。a. 合理确定每一步所需时间，若运行时间过长，很难得到有意义的结论，所以应该考虑在多台计算机上同时运行。b. 模型的运行状态应及时保存，以便在后续运行中调用其结果。例如，如果分析中有多次加卸荷过程，要能方便地退回到每一过程，并改变参数后可以继续运行；c. 在程序中应设有足够的监控点（如参数变化处、不平衡力等），对中间模拟结果随时作出比较分析，并分析颗粒流动状态。

f. 运行计算模型。在模型正式运行之前先运行一些检验模型，然后暂停，根据一些特性参数的试验或理论计算结果，来检查模拟结果是否合理，当确定模型运行正确无误时，连接所有数据文件进行计算。

g. 解释结果。计算结果与实测结果进行分析比较。图形应集中反映要分析的区域，如应力集中区，各种计算结果应能方便地输出，以便于分析。

③ 颗粒物料在塔式真空干燥仓内的流动特性研究　物料是在干燥仓内的菱形管间隙中流动的，为保证供热的效率和供热功率，菱形管的间隙不能太大；而当菱形管之间的间隙太小时，又容易使物料堵塞在菱形管中间，从而使整个干燥过程失败。因此需要对菱形管间隙与物料直径之间的关系进行研究，从而确定出较为合理的结构尺寸。

在连续干燥过程中，干燥仓底部设有排料机构，可以控制物料的排料速度，从而使玉米的流动速度和状态受到控制，因此对连续干燥过程中的流动特性进行模拟研究。

a. 颗粒物料直径对流动特性的影响研究。首先对物料直径为 7mm 时的流动特性进行模拟，模拟结果表明没有发生物料残留在干燥仓内部。增大物料的直径，分别对 8mm、9mm 和 10mm 直径的物料流动进行模拟，模拟结果表明，当直径增大为 10mm 时，在干燥仓内有部分颗粒形成颗粒团而"卡"在菱形管中间，出现了颗粒残留现象，如图 30-42 所示。这表明设计和使用干燥仓一定要考虑所干燥物料的特性，特别是物料直径。玉米的等效直径最大不会超过 10mm，大部分为 6～7mm，因此该干燥仓内菱形管间距为 40mm 时可以确保干燥过程的顺利进行，这也与相关的理论相吻合，即采用 $D > 4d$ 的原则（D 为菱形管间距，d 物料的直径）。

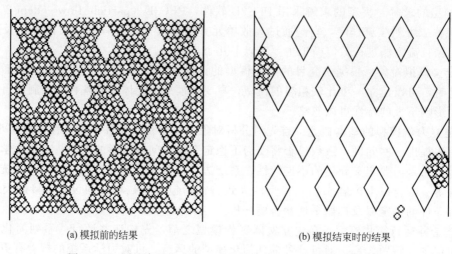

(a) 模拟前的结果　　　　　　　　　　　　(b) 模拟结束时的结果

图 30-42　颗粒直径为 10mm 时干燥仓内出现部分颗粒残留现象

b. 颗粒物料在连续干燥过程中的停留时间特性研究。物料在干燥仓内从上向下流动，应确保每个物料在干燥仓内所停留的时间一致，即具有相同的干燥周期，从而确保物料干燥后的水分均匀性，防止个别物料由于停留时间过长导致干燥品质严重下降。

停留时间特性的研究过程如下：采用前面介绍的方法，应用 PFC2D 软件，建立如图 30-43(a) 所示的干燥仓模型，此模型的底部设有移动边界墙，可以根据设定自由移动，仓壁的长度可以保证物料不泄漏出仓外。根据动态试验的结果，玉米在干燥仓内的流动速度约为 1mm/s，因此设定该移动边界墙向下的移动速度为 1mm/s；随着边界墙的移动，颗粒物料就在重力的作用下向下移动。图 30-43(b) 和图 30-43(c) 就是模拟得到的结果。由图 30-43(c) 可知，物料向下移动 7 个菱形管的距离后，两种物料之间仍有明显的界限。因此，干燥仓内绝大部分物料处于先进先出的流动状态，物料在干燥仓内的停留时间具有较好的一致性。

c. 颗粒物料在连续干燥过程中的横向混合特性研究。物料在干燥仓内的横向混合可以使干燥过程中产生的不同温度和湿度的物料更好地混合，从而逐渐达到一致的温度和湿度，因此对干燥效果有着重要的作用。

横向混合特性研究的过程如下：采用前面介绍的方法，应用 PFC2D 软件，建立如图 30-44(a) 和图 30-45(a) 所示的干燥仓模型，仓壁的长度可以保证物料不泄漏出仓外；此模型的底部设有移动边界墙；同样根据动态试验的结果，设定该移动边界墙向下的移动速度为 1mm/s；随着边界墙的移动，颗粒物料就在重力的作用下向下移动。图 30-44(a) 和图30-45(a) 中颗粒物料用颜色所标定的范围不同，图 30-44(a) 为横向每隔半个菱形管间距进行标定，图 30-45(a) 为横向每隔一个菱形管间距进行标定。

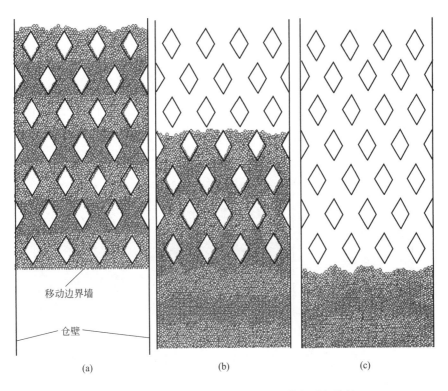

图 30-43　连续干燥过程中颗粒流动的停留时间特性

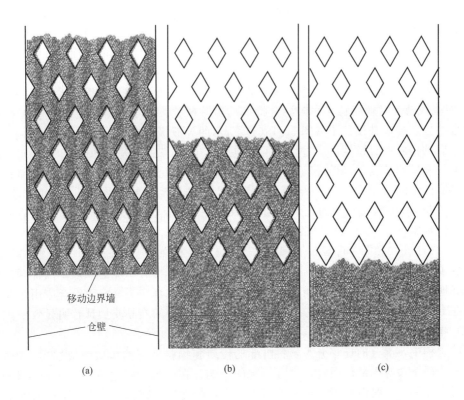

图 30-44　连续干燥过程中颗粒在干燥仓内的横向混合特性（半个菱形管间距）

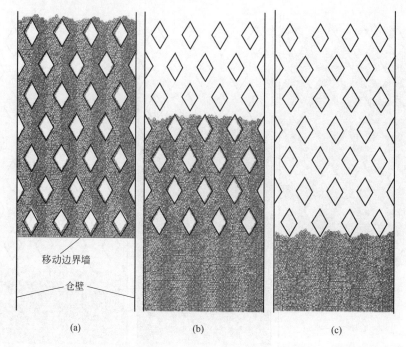

移动边界墙

仓壁

(a)　　　　　　　　　(b)　　　　　　　　　(c)

图 30-45　连续干燥过程中颗粒在干燥仓内的横向混合特性（一个菱形管间距）

图 30-44(b) 和图 30-44(c)，图 30-45(b) 和图 30-45(c) 是模拟得到连续干燥过程中的颗粒沿干燥仓横向流动的混合结果。在图 30-44 中，横向每隔半个菱形管间距进行标定的颗粒物料在高度方向经过 7 个菱形管间距的流动后，两种颗粒物料两者较好地混合到了一起，有较好的横向混合效果［见图 30-44(c)］，对干燥有利。但是，图 30-45 表明，横向每隔一个菱形管间距进行标定的颗粒物料在流动过程中，其横向交叉流动的范围是有限的，两种物料之间存在着明显的界限［见图 30-45(c)］。这种现象会给干燥带来不利的影响，如果干燥仓壁的保温效果不好，则会造成干燥仓的温度不均匀，进而导致干燥后的水分不均匀。

d. 导流板结构对颗粒物料横向混合特性的影响研究。为了改善颗粒物料在干燥仓内的横向混合特性，提出并设计了如图 30-46(a) 所示的导流板结构。

改进后的横向混合特性研究过程如下：应用 PFC2D 软件，建立如图 30-46(a) 所示的干燥仓模型，仓壁的长度可以保证物料不泄漏出仓外；此模型的底部设有移动边界墙；设定该移动边界墙向下的移动速度为 1mm/s；随着边界墙的移动，颗粒物料在重力的作用下向下移动。为了与图 30-45 的结果对比，该模拟中的颗粒物料同样采用横向每隔一个菱形管间距用不同颜色标定。

由图 30-46(b) 和图 30-46(c) 可以看出，颗粒物料在真空干燥仓和导流板的共同作用下，改变了颗粒物料的流动特性，黄色颗粒和红色颗粒不再有明显的界限，两种颜色标定的物料较好地混合到了一起。这证明这种导流板结构与塔式真空干燥仓的组合应用，促进了颗粒物料在干燥仓内的横向混合，对提高塔式连续真空干燥的产品质量具有明显效果。

（2）塔式干燥仓内气体流动特性模拟研究

干燥过程中，湿分的迁移分为物料内部的传质和物料外部的传质两个过程。一般来说，其外部的传质条件对内部传质过程都有一定的影响。在热风干燥过程中，热风为干燥介质，主要有两个作用：一是起到传递热量的作用，将热量传递给物料；二是将干燥后的水分及时携带出干燥仓。而在真空干燥过程中，气体的传热能力较弱，传热主要通过菱形管与物料之

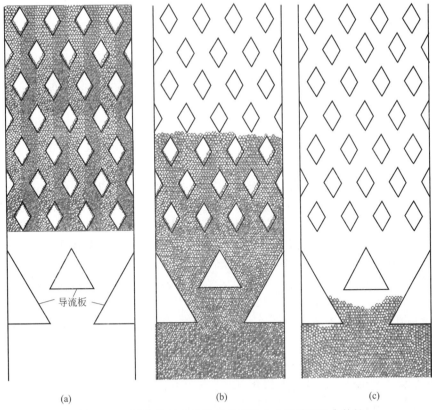

图 30-46　颗粒物料在改进后的干燥仓中的横向混合特性

间的传导来进行，气体的主要作用就是传质。气体的流场对真空干燥过程传质的影响主要体现在干燥仓内的气体压力和气体流动速度。气体压力会影响水的汽化温度以及物料内外的压力差，进而影响物料内外的水分传递；而气体流动速度主要影响物料外、干燥仓内的水分传递，对水分排出干燥仓外具有显著影响，从而也影响物料的干燥过程。因此，研究塔式真空干燥仓内气体的流动规律，对于正确认识干燥仓内的热量和质量传递过程和优化干燥设备的结构，如抽气口的合理布置、真空泵的合理选择、真空度合理控制，都具有重要意义。

对干燥仓内气体的流动规律进行研究，如采用实验的方法，其难度和工作量都很大。随着计算机技术、计算机图形学和数值分析学等学科的迅速发展，形成了计算机辅助工程分析技术（CAE），从而为研究工程装置的结构，对其进行优化提供了一种新的手段。计算流体力学（CFD）为干燥过程计算和模拟提供了有力的工具，相当多的学者应用 CFD 方法对干燥过程的气体流场进行了分析和模拟，在喷雾干燥、流化床干燥等干燥过程的机理分析中取得了极为重要的结论和结果，对促进干燥理论的研究起到了重要作用，有些甚至是必需的研究手段。在真空干燥领域，也有学者结合真空室内的流场，对干燥过程的外部影响因素对内部传热传质过程的影响进行了研究。

本节采用标准 k-ε 湍流模型，将干燥仓内的物料区视为多孔介质，利用达西定律、Ergun 方程和多孔介质界面跳跃条件，建立了干燥仓内部气体流动的三维数学模型；应用 Fluent 软件对塔式真空干燥仓内气体的压力和速度分布进行了数值求解，从而为改进设备的结构，合理控制真空度提供了理论基础。

① 塔式真空干燥仓内气体流动的数值模拟　以图 30-32 所示塔式连续真空干燥设备的真空干燥仓为物理模型，干燥仓总高 8m，分为五个干燥段和上下储粮段；每个干燥段的尺

寸为 $0.6m \times 0.6m \times 1.2m$，内部设置尺寸为 $0.04m \times 0.04m \times 0.6m$ 的菱形管；每个干燥段的上部设置一排角状管与抽真空管道相连；上下储粮段分别与物料入口和出口相连，其高度为 $0.5m$；干燥仓总体积约为 $2.4m^3$，其中干燥段体积约为 $2m^3$。

a. 基本假设。数学模型是用数学表达的方式表现现实事物，即运用数学语言对现实世界的信息加以归纳和描述，是对现实世界的抽象。作为物理模型，必须对其进行提炼和简化，才能上升为数学模型。由前面可知，塔式连续真空干燥过程中，颗粒物料在干燥仓内自上而下流动，吸收热量，放出水分，从而完成干燥。物料是通过干燥仓的上部和下部的进出料机构进出干燥仓的，而干燥过程中的水蒸气和漏进来的空气则通过真空系统抽出。在稳定工作状态下，通过干燥仓的上下进出料机构渗漏的气体流量是一定的，为了维持整个干燥仓内的气体压力稳定在一定的范围内，在关风器与干燥仓之间，即物料进口和出口处设置真空抽气系统，保证一定的入口气体压力；而干燥仓内的气体（绝大部分为水蒸气，少量为空气）则主要是通过干燥仓内设置的抽真空管道抽除。由此可见，该干燥仓与外界有三处气体交换的边界条件。在真空干燥过程中，测量干燥仓内的气体压力最为简单和实用，因此这三处边界均设为气体压力边界条件。因此，假设如下：

ⓐ 不考虑开车和停车时的情况，只研究稳定运行时的状态，因此假设气体的流动为稳态流动。

ⓑ 本模型是对气体的流动进行模拟，其重力引起的速度变化很微小，因此重力的影响忽略不计。

ⓒ 因为流速不足以对流体的密度产生很大的影响，因此假设流体为不可压缩流体。由于干燥仓内为水蒸气和空气，且绝大部分为水蒸气，仓内气体的物性参数采用水蒸气的物性参数。水蒸气在室温、大气压下的密度为 $0.855kg/m^3$，则在室温、9000Pa 真空度下的密度为 $0.0855kg/m^3$。

ⓓ 干燥仓内的物料区视为多孔介质，并用孔隙率和颗粒平均直径来对其性质进行描述，设玉米料床的孔隙率为 44%，等效直径为 $7 \times 10^{-3}m$；干燥过程中，物料产生的水蒸气负荷设为常数。

ⓔ 假设黏性系数为常数。

ⓕ 玉米在干燥仓内的流动速度较慢，约为 1mm/s，因此假设玉米的流动对气体的流场没有影响。

b. 气体流场计算方法和模型方程

ⓐ 干燥仓内气体流态的判定。利用 M. knudsen 气流判别式对干燥仓内的气流状态进行判别：

$$\dfrac{\lambda}{D} > \dfrac{1}{3} \text{时为分子流；} \\[2mm] \dfrac{\lambda}{D} < \dfrac{1}{100} \text{时为黏滞流；} \\[2mm] \dfrac{1}{100} \leqslant \dfrac{\lambda}{D} \leqslant \dfrac{1}{3} \text{时为黏滞-分子流（过度流）}$$

式中，λ 为气体分子平均自由程，$\lambda = \dfrac{kT}{\sqrt{2}\,\pi\sigma^2\,\bar{p}}$，m；$T$ 为气体的温度，K；D 为干燥仓内的特征尺寸，m；k 为玻尔兹曼常数，1.38×10^{-23} J/K；$\bar{p}$ 为气体平均压力，Pa；σ 为气体分子有效直径，3.72×10^{-10} m。

对于干燥仓内的气体，可得到黏滞流流态判别的新表达式：

$$D\bar{p}>2.27T\times10^{-3}\ （\text{Pa}\cdot\text{m}）$$

干燥仓内的气体温度小于 $100℃$（373K），菱形管间距为 $4\times10^{-2}\text{m}$，干燥仓内的气体压力为 9000Pa 左右，因此

$$（D\bar{p}=4\times10^{-2}\times9000=360）>（2.27T\times10^{-3}=2.27\times383\times10^{-3}=0.87）$$

可以判定干燥仓内的流动状态为黏滞流。黏滞流的流态分为层流和湍流两种，因此需要根据雷诺数 Re，对干燥仓内气体的流态作一步的判断，判别式为：

$$\left.\begin{array}{l}Re=\dfrac{UD}{\nu}<Re_{\text{cr,min}}\text{时为层流}\\[2mm]Re=\dfrac{UD}{\nu}>Re_{\text{cr,min}}\text{时为湍流}\end{array}\right\}$$

式中，U 为气体的平均流速，m/s；D 为干燥仓内的特征尺寸，m；ν 为气体的运动黏度，$\text{kg/（m}\cdot\text{s）}$。$Re_{\text{cr,min}}$ 为临界雷诺数，2×10^{3}。

经过试算可知，干燥仓的气体速度在 1m/s 的量级上；菱形管间距为 $4\times10^{-2}\text{m}$；干燥仓内绝大部分为水蒸气，水蒸气的运动黏度为 $1.34\times10^{-5}\text{kg/（m}\cdot\text{s）}$，因此

$$Re=\frac{UD}{\nu}=\frac{1\times4\times10^{-2}}{1.34\times10^{-5}}=2.985\times10^{3}>Re_{\text{cr,min}}$$

可以判定干燥仓内的气体流动状态为湍流，可以采用湍流理论对流场计算。

ⓑ 气体流动的模型方程。干燥仓内的气体流动比较复杂，本研究使用工程中广泛应用的 k-ε 湍流模型。当采用标准 k-ε 模型求解流动问题时，控制方程包括连续性方程、动量方程、k 方程、ε 方程。这些方程可以表示成如下通用形式：

$$\frac{\partial(\rho\phi)}{\partial t}+\frac{\partial(\rho u\phi)}{\partial x}+\frac{\partial(\rho v\phi)}{\partial y}+\frac{\partial(\rho\omega\phi)}{\partial z}=\frac{\partial}{\partial x}\Big(\Gamma\frac{\partial\phi}{\partial x}\Big)+\frac{\partial}{\partial y}\Big(\Gamma\frac{\partial\phi}{\partial y}\Big)+\frac{\partial}{\partial z}\Big(\Gamma\frac{\partial\phi}{\partial z}\Big)+S$$

表 30-21 给出了在三维直角坐标下与上式相对应的 k-ε 模型的控制方程。

表 30-21　流体控制方程

方程	ϕ	扩散系数 Γ	源项 S
连续性	1	0	S_{m}
x-动量	u	$\mu_{\text{eff}}=\mu+\mu_t$	$-\dfrac{\partial p}{\partial x}+\dfrac{\partial}{\partial x}\Big(\mu_{\text{eff}}\dfrac{\partial u}{\partial x}\Big)+\dfrac{\partial}{\partial y}\Big(\mu_{\text{eff}}\dfrac{\partial v}{\partial x}\Big)+\dfrac{\partial}{\partial z}\Big(\mu_{\text{eff}}\dfrac{\partial\omega}{\partial x}\Big)+S_u$
y-动量	v	$\mu_{\text{eff}}=\mu+\mu_t$	$-\dfrac{\partial p}{\partial y}+\dfrac{\partial}{\partial x}\Big(\mu_{\text{eff}}\dfrac{\partial u}{\partial y}\Big)+\dfrac{\partial}{\partial y}\Big(\mu_{\text{eff}}\dfrac{\partial v}{\partial y}\Big)+\dfrac{\partial}{\partial z}\Big(\mu_{\text{eff}}\dfrac{\partial\omega}{\partial y}\Big)+S_v$
z-动量	ω	$\mu_{\text{eff}}=\mu+\mu_t$	$-\dfrac{\partial p}{\partial z}+\dfrac{\partial}{\partial x}\Big(\mu_{\text{eff}}\dfrac{\partial u}{\partial z}\Big)+\dfrac{\partial}{\partial y}\Big(\mu_{\text{eff}}\dfrac{\partial v}{\partial z}\Big)+\dfrac{\partial}{\partial z}\Big(\mu_{\text{eff}}\dfrac{\partial\omega}{\partial z}\Big)+S_\omega$
湍动能	k	$\mu+\dfrac{\mu_t}{\sigma_k}$	$G_k-\rho\varepsilon+S_k$
耗散率	ε	$\mu+\dfrac{\mu_t}{\sigma_\varepsilon}$	$\dfrac{\varepsilon}{k}(C_{1\varepsilon}G_k-C_{2\varepsilon}\rho\varepsilon)+S_\varepsilon$

ⓒ 多孔介质区模型方程。当流体流经干燥仓内由被干燥物料组成的床层时，流体是在物料所组成的微小孔隙内部流动的，其流动情况非常复杂，对其进行详细描述是相当困难的。实际上，在工程应用中并不关心每个微小孔隙中流体的详细流动情况，而只关心流体在固定床层中整体的流动特性，诸如速度、压力、温度、组分浓度等参数的分布规律。因此多孔介质模拟是添加动量源项到标准的流体动力学方程，其连续性方程、动量方程、k 方程、ε 方程方程如下：

$$\frac{\partial(\gamma\rho\phi)}{\partial t}+\frac{\partial(\gamma\rho u\phi)}{\partial x}+\frac{\partial(\gamma\rho v\phi)}{\partial y}+\frac{\partial(\gamma\rho\omega\phi)}{\partial z}=\frac{\partial}{\partial x}\Big(\Gamma\frac{\partial\gamma\phi}{\partial x}\Big)+\frac{\partial}{\partial y}\Big(\Gamma\frac{\partial\gamma\phi}{\partial y}\Big)+\frac{\partial}{\partial z}\Big(\Gamma\frac{\partial\gamma\phi}{z}\Big)+S$$

表 30-22 给出了在三维直角坐标下与上式相对应的多孔介质流体流动的 $k\text{-}\varepsilon$ 模型的控制方程。

表 30-22　多孔介质流体控制方程

方程	ϕ	扩散系数 Γ	源项 S
连续性	γ	0	S_m
x-动量	γu	$\mu_{\text{eff}}=\mu+\mu_t$	$-\dfrac{\partial \gamma p}{\partial x}+\dfrac{\partial}{\partial x}\left(\mu_{\text{eff}}\dfrac{\partial \gamma u}{\partial x}\right)+\dfrac{\partial}{\partial x}\left(\mu_{\text{eff}}\dfrac{\partial \gamma v}{\partial x}\right)+\dfrac{\partial}{\partial x}\left(\mu_{\text{eff}}\dfrac{\partial \gamma \omega}{\partial x}\right)+S_u$
y-动量	γv	$\mu_{\text{eff}}=\mu+\mu_t$	$-\dfrac{\partial \gamma p}{\partial y}+\dfrac{\partial}{\partial x}\left(\mu_{\text{eff}}\dfrac{\partial \gamma u}{\partial y}\right)+\dfrac{\partial}{\partial y}\left(\mu_{\text{eff}}\dfrac{\partial \gamma v}{\partial y}\right)+\dfrac{\partial}{\partial z}\left(\mu_{\text{eff}}\dfrac{\partial \omega}{\partial y}\right)+S_v$
z-动量	$\gamma \omega$	$\mu_{\text{eff}}=\mu+\mu_t$	$-\dfrac{\partial \gamma p}{\partial z}+\dfrac{\partial}{\partial x}\left(\mu_{\text{eff}}\dfrac{\partial \gamma u}{\partial z}\right)+\dfrac{\partial}{\partial y}\left(\mu_{\text{eff}}\dfrac{\partial \gamma v}{\partial z}\right)+\dfrac{\partial}{\partial z}\left(\mu_{\text{eff}}\dfrac{\partial \gamma \omega}{\partial z}\right)+S_\omega$
湍动能	γk	$\mu+\dfrac{\mu_t}{\sigma_k}$	$\gamma(G_k-\rho\varepsilon)+S_k$
耗散率	$\gamma \varepsilon$	$\mu+\dfrac{\mu_t}{\sigma_\varepsilon}$	$\dfrac{\gamma\varepsilon}{k}(C_{1\varepsilon}G_k-C_{2\varepsilon}\rho\varepsilon)+S_\varepsilon$ $S_u=\dfrac{150\mu}{D_p^2}\times\dfrac{(1-\gamma)^2}{\gamma^3}u+\dfrac{1.75\rho}{D_p}\times\dfrac{(1-\gamma)}{\gamma^3}u$ $S_v=\dfrac{150\mu}{D_p^2}\times\dfrac{(1-\gamma)^2}{\gamma^3}v+\dfrac{1.75\rho}{D_p}\times\dfrac{(1-\gamma)}{\gamma^3}v$ $S_\omega=\dfrac{150\mu}{D_p^2}\times\dfrac{(1-\gamma)^2}{\gamma^3}\omega+\dfrac{1.75\rho}{D_p}\times\dfrac{(1-\gamma)}{\gamma^3}\omega$

基于上述数学模型，可以采用通用的 CFD 分析软件 Fluent 对干燥仓内的气体流场数值求解。

② 模型的求解

a. Fluent 简介。Fluent 是用于计算流体流动和传热问题的软件，它将不同领域的计算软件组合起来，成为 CFD 计算机软件群，软件之间可以方便地进行数值交换，并采用统一的前、后处理工具，从而可高效率地解决各个领域的复杂流动的计算问题。Fluent 针对每一种流动的物理问题的特点，采用适合于它的数值解法，在计算速度、稳定性和精度等各方面达到最佳。

Fluent 软件的应用范围非常广泛，主要范围有：a. 不可压或可压流动；b. 定常状态或者过渡分析；c. 无黏，层流和湍流；d. 牛顿流或者非牛顿流；e. 对流热传导，包括自然对流和强迫对流；f. 耦合热传导和对流；g. 辐射热传导模型；h. 惯性（静止）坐标系，非惯性（旋转）坐标系模型；i. 多重运动参考框架，包括滑动网格界面和转子/定子接触模型的混合界面；j. 化学组分混合和反应，包括燃烧子模型和表面沉积反应模型；k. 热、质量、动量、湍流和化学组分的控制体源；l. 粒子、液滴和气泡的离散相的拉格朗日轨迹的计算，包括了与连续相的耦合；m. 多孔流动；n. 一维风扇/热交换模型；o. 两相流，包括气穴现象；p. 复杂外形的自由表面流动。

利用 Fluent 软件进行流体的流动和传热模拟计算的流程，一般先利用 Gambit 进行流动区域几何形状的构建、定义边界类型和生成网格，然后将 Gambit 中的网格文件输出用于 Fluent 求解器计算的格式，在 Fluent 中读取所输出的文件并设置条件，对流动区域进行求解计算，最后对计算的结果进行后处理。Fluent 中所涉及的求解方法有非耦合求解（segregated）、耦合隐式求解（coupled implicit）和耦合显式求解（coupled explicit）。非耦合求解方法主要用于不可压缩或低马赫数压缩性流体的流动，耦合求解方法则可以用在高速可压缩流体。Fluent 默认设置为非耦合求解，但对于高速可压缩流动，或需要考虑体积力的流动，求解问题时网格要比较密，建议采用耦合隐式求解方法求解能量和动量方程，可较快地得到收敛解。缺点是需求的内存比较大，大约是非耦合求解迭代时间的 1.5～2.0 倍。如果必须要耦合求解，但在机器的内存不够的条件下，可以考虑用耦合显式解法求解问题。该解法也耦合了动量、能量及组分方程，但是内存却比隐式求解方法小。

　　b. 几何模型的建立和计算区域离散化。Gambit 是 Fluent 的前置处理器，它包括先进的几何建模和网格划分方法。借助功能灵活、完全集成和易于操作的界面，Gambit 可以显著减少 CFD 应用中的前置处理时间。对于三维流动，则可生成四面体、六面体、三角柱和金字塔等网格；结合具体计算，还可生成混合网格，其自适应功能能对网格进行细分或粗化，或生成不连续网格、可变网格和滑动网格。利用 Gambit 建立干燥仓的三维几何模型如图 30-47(a) 所示，该模型以干燥仓底部的中心为坐标原点，以干燥仓高度方向为 Z 轴建立坐标系。与物理模型一致，干燥仓从上至下分为上储粮段、干燥段（1～5）和下储粮段；其中 I_corn 为干燥仓的物料进口，O_corn 为干燥仓的物料出口，O_gas 为抽真空管道与真空系统相连的抽气口。图 30-47(b) 为干燥仓内抽真空管道的几何模型，角状管有 5 排，每排 3 个。

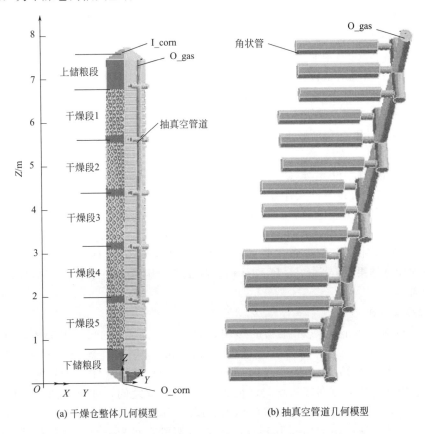

(a) 干燥仓整体几何模型　　　　(b) 抽真空管道几何模型

图 30-47　干燥仓的几何模型

　　计算区域离散化是进行数值计算的第一步，即对空间上连续的计算区域进行剖分，把它划分成许多个子区域，并确定每个区域中的节点，这一过程又称为网格化。由于工程中所遇到的流动问题大多是发生在复杂区域内，网格的生成就比较困难。流动与传热问题数值计算的精度及计算过程的效率主要取决于所生成的网格和算法，所以网格的质量对计算精度有很大的影响。利用 Fluent 的前处理器 Gambit 划分的计算网格如图 30-48 所示。网格划分采用 Tgrid 类型的混合网格。

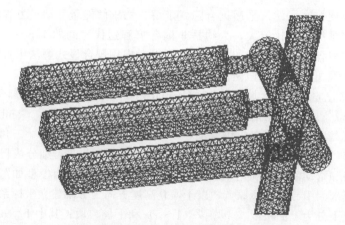

图 30-48　干燥仓内角状管的网格划分

c. 边界条件。

ⓐ 进出口条件：干燥仓物料进口 I＿corn，物料出口 O＿corn 和真空抽气口 O＿gas 的边界条件均为气体压力边界条件。

ⓑ 壁面边界：理论上壁面上取非渗透性及非滑移条件，各项速度为零。

ⓒ 多孔介质界面跳跃条件：物料装载区为多孔介质区，多孔介质与进出口通道之间采用多孔介质界面跳跃边界条件，为了简化计算，界面厚度为零。由于流动为定常流动，即求解只考虑边界条件而无需考虑初始条件。

d. 模型的模拟计算。在区域离散化和确定了定解条件之后，就可以采用 Fluent 进行求解。启动 Fluent 软件，选择 3d 运行，读入在 Gambit 中输出的 .msh 格式文件并检查网格。计算模型选 k-ε 模型，设定水蒸气为模拟工质（其在 9000Pa 的真空度下密度约为 0.0855kg/m³），设定边界条件及计算步长和收敛条件。首先研究干燥强度（水蒸气的气体负荷）对干燥仓内气体流场的影响：根据动态真空干燥的实验结果，首先设定干燥强度 L＿gas＝0.009kg/(m³·s)；为研究极限状态下系统的性能，改变干燥强度 L＿gas＝0.018kg/(m³·s)；然后研究抽真空管道角状管的布置和真空度配置对气体流场的影响。计算收敛后，将模型和计算结果保存为 .cas 和 .dat 格式的文件。用 Fluent 软件进行后处理，得到不同切面的结果。

③ 模拟结果分析

a. 干燥强度对干燥仓内气体流场的影响。图 30-49 为 I＿corn＝9000Pa，O＿corn＝9000Pa，O＿gas＝9000Pa，干燥强度为 9×10^{-3}kg/(m³·s) 时干燥仓内 $y=0$ 截面上的气体压力和速度分布。图 30-50 为干燥仓内（$x=0$，$y=0$）处的气体压力和速度分布。由图可知，干燥仓内气体压力分布较为均匀，在 9000~9100Pa 之间，并且其压力区域可以分为较为明显的 6 段，并且随着干燥仓位置的增加而逐渐下降；干燥仓内的速度也呈现出 6 段分布，干燥仓内气体的速度绝大部分小于 2m/s；在每两段之间为干燥仓内角状抽气管内的气体速度，其速度明显高于干燥仓内角状管外的气体速度。

表 30-23 为计算统计出的 I＿corn、O＿corn 和 O＿gas 处的气体流量，负号代表气体从干燥仓流入外界环境，正号代表气体从外界环境流入干燥仓。由表可知，没有外界环境气体通过物料进口 I＿corn 和出口 O＿corn 进入干燥仓内部，而水蒸气则通过 I＿corn 和 O＿corn 被抽走，因此干燥仓内的气体负荷主要为干燥过程中产生的水蒸气；干燥仓的物料进出口同时也为干燥仓内水蒸气的出口，所以会使下储粮段中已干物料再次受到干燥仓的水蒸气的润湿，从而影响干燥的质量；并且干燥过程中，物料产生的粉尘容易在出料口 O＿corn

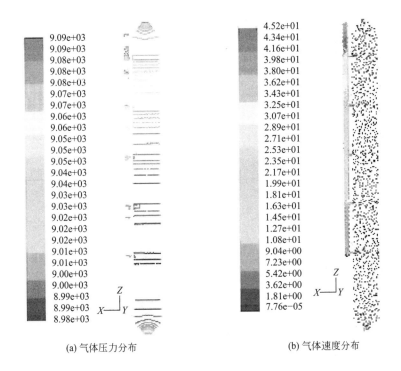

(a) 气体压力分布   (b) 气体速度分布

图 30-49　干燥仓内 $y=0$ 截面气体压力和速度分布（每排 3 个，共 5 排角状管）
[I＿corn＝9000Pa，O＿corn＝9000Pa，O＿gas＝9000Pa，L＿gas＝9×10^{-3} kg/(m³·s)]

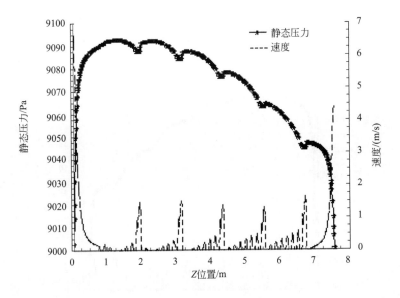

图 30-50　干燥仓内 $x=0$，$y=0$ 处的气体压力和速度分布（每排 3 个，共 5 排角状管）
[I＿corn＝9000Pa，O＿corn＝9000Pa，O＿gas＝9000Pa，L＿gas＝9×10^{-3} kg/(m³·s)]

处被润湿产生板结，造成堵塞。

　　当玉米的初始含水率较高，干燥速率较快时，干燥仓内会产生大量的水蒸气，即干燥强度增加，因此需要研究其极限状态下的流场。当干燥强度 L＿gas＝1.8×10^{-2} kg/(m³·s) 的气体压力和速度分布见图 30-51 和图 30-52。

表 30-23　**I _ corn、O _ corn、O _ gas 处的气体流量** $\left[\text{每排 3 个，共 5 排角状管，}\right.$
$\left.\text{L _ gas}=9\times10^{-3}\text{kg/(m}^3\cdot\text{s)}\right]$

项目	I_corn	O_corn	O_gas
压力/Pa	9000	9000	9000
流量/(kg/s)	-2.45×10^{-3}	-3.68×10^{-3}	-1.56×10^{-2}

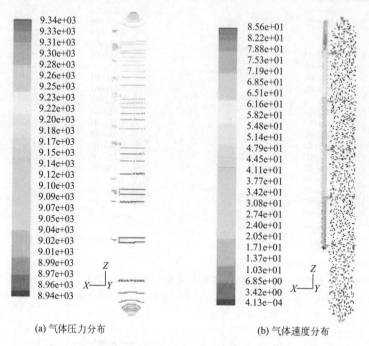

(a) 气体压力分布　　　　　　　　(b) 气体速度分布

图 30-51　干燥仓内 $y=0$ 截面气体压力和速度分布（每排 3 个，共 5 排角状管）
$[\text{I _ corn}=9000\text{Pa}，\text{O _ corn}=9000\text{Pa}，\text{O _ gas}=9000\text{Pa}，\text{L _ gas}=1.8\times10^{-2}\text{kg/(m}^3\cdot\text{s)}]$

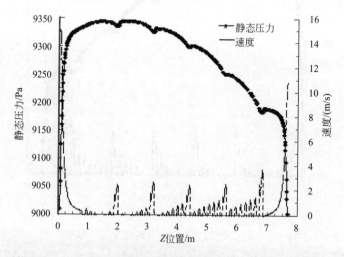

图 30-52　干燥仓内 $x=0$，$y=0$ 处的气体压力和速度分布（每排 3 个，共 5 排角状管）
$[\text{I _ corn}=9000\text{Pa}，\text{O _ corn}=9000\text{Pa}，\text{O _ gas}=9000\text{Pa}，\text{L _ gas}=1.8\times10^{-2}\text{kg/(m}^3\cdot\text{s)}]$

随着干燥强度的增加，干燥仓内的气体压力明显增加，压力范围在 9000～9350Pa 之间，且绝大部分压力超过 9150Pa。为了保证物料的温度维持在一定的温度范围内，实际的干燥过程中应考虑干燥速率对气体压力的影响，因此应提高抽气口处的真空度，以维持干燥仓内的气体压力低于一定的压力值。表 30-24 给出了 I_corn、O_corn 和 O_gas 处的气体流量，负号代表气体由干燥仓进入外界环境，正号代表气体从外界环境流入干燥仓。

表 30-24　I_corn、O_corn、O_gas 处的气体流量［每排 1 个，共 5 排角状管，
L_gas＝1.8×10⁻² kg/(m³·s)］

项目	I_corn	O_corn	O_gas
压力/Pa	9000	9000	9000
流量/(kg/s)	-5.88×10^{-3}	-8.06×10^{-3}	-2.94×10^{-2}

　　b. 角状管抽气口的布置和真空度配置方案对气体流场的影响。由前面的分析可知，当物料的进出口和真空抽气口采用同一真空度作为控制目标时，会使下储粮段中已干物料再次受到干燥仓内水蒸气的润湿。因此，需要对设备的结构进行改造，并合理地控制真空度。

　　为此，采用以下方法。

　　ⓐ 在干燥段 5 的下部、下储粮段的上部增加一排真空角状管抽气口，如图 30-53 所示；

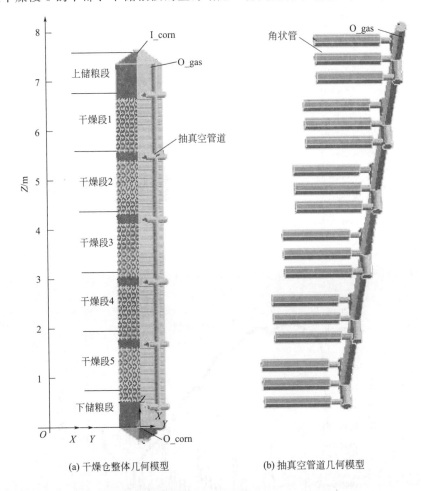

(a) 干燥仓整体几何模型　　(b) 抽真空管道几何模型

图 30-53　干燥仓的几何模型（每排 3 个，共 6 排角状管）

　　ⓑ 采用物料进出口气体压力较高，而真空抽气口气体压力稍低的抽气方案。这种方案具有以下几个优点：由于干燥后的物料需要在下储粮段内停留一定的时间，这段时间可以作为物料的冷却时间，可以使外界的空气少量地引入储粮段中，起到冷却的作用；由于增加了

一排真空抽气口，使第五干燥段内的水蒸气能及时排出，避免润湿储粮段的已干粮；而泄漏进来的冷空气也由增加的一排抽气口直接排出，而不致于进入干燥段，造成热量的浪费。需要指出的是，物料的进出机构——关风器泄漏的气体流量是一定的，因此采用这种方案不会造成真空泵的总功率增加。

对图 30-53 中的几何模型重新划分网格后，模拟得到物料进出口 I_corn＝9000Pa，O_corn＝9000Pa，而真空抽气口压力 O_gas＝8500Pa 时的气体压力和速度分布（如图 30-54 和图 30-55）；表 30-25 为此时 I_corn、O_corn、O_gas 处的气体流量，负号代表气体由干燥仓进入外界环境，正号代表气体从外界环境流入干燥仓。

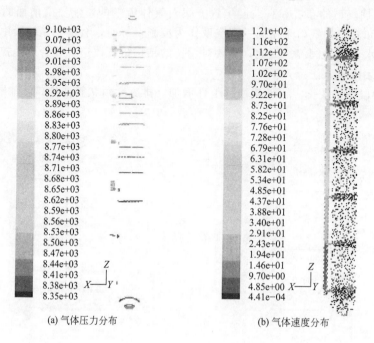

(a) 气体压力分布　　　　　　　　(b) 气体速度分布

图 30-54　干燥仓内 $y＝0$ 截面气体压力和速度分布（每排 3 个，共 6 排角状管）
[I_corn＝9000Pa，O_corn＝9000Pa，O_gas＝8500Pa，L_gas＝$1.8×10^{-2}$kg/(m³·s)]

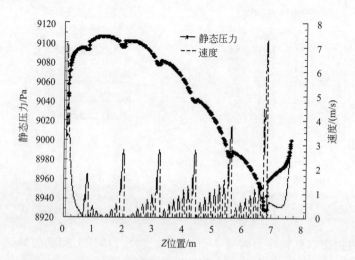

图 30-55　干燥仓内 $x＝0$，$y＝0$ 处的气体压力和速度分布（每排 3 个，共 6 排角状管）
[I_corn＝9000Pa，O_corn＝9000Pa，O_gas＝8500Pa，L_gas＝$1.8×10^{-2}$kg/(m³·s)]

表 30-25　I_corn、O_corn、O_gas 处的气体流量（1）[每排 3 个，共 6 排角状管，
L_gas＝$1.8×10^{-2}$ kg/(m^3·s)]

项目	I_corn	O_corn	O_gas
压力/Pa	9000	9000	8500
流量/(kg/s)	$1.8×10^{-3}$	$-3.9×10^{-3}$	$-4.1×10^{-2}$

由图 30-55 和表 30-25 可知，干燥仓内的气体压力基本稳定在 9000Pa 以下，气体速度比前面有所增加；但是，物料的出口 O_corn 仍是水蒸气的抽气口，会造成已干粮的再次润湿，因此不满足要求。

因此决定降低真空抽气口的气体压力，图 30-56 和图 30-57 是在物料进出口压力为

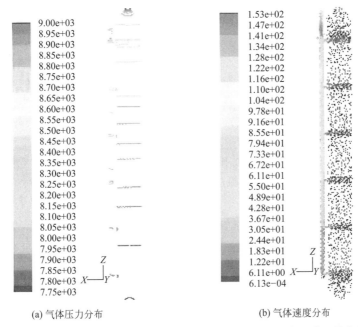

(a) 气体压力分布　　　　　(b) 气体速度分布

图 30-56　干燥仓内 $y＝0$ 截面气体压力和速度分布（每排 3 个，共 6 排角状管）
[I_corn＝9000Pa，O_corn＝9000Pa，O_gas＝8000Pa，L_gas＝$1.8×10^{-2}$kg/(m^3·s)]

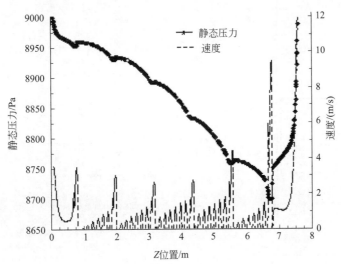

图 30-57　干燥仓内 $x＝0$，$y＝0$ 处的气体压力和速度分布（每排 3 个，共 6 排角状管）
[I_corn＝9000Pa，O_corn＝9000Pa，O_gas＝8000Pa，L_gas＝$1.8×10^{-2}$kg/(m^3·s)]

9000Pa，而真空抽气口压力为 8000Pa 时的气体压力和速度分布；表 30-26 为 I＿corn、O＿corn、O＿gas 处的气体流量，负号代表气体从干燥仓流入外界环境，正号代表气体由外界环境流入干燥仓。由图和表中数据可知，干燥仓内的气体压力均低于 9000Pa，物料出口处 O＿corn 也引入了外界的环境气体，可以起到冷却已干玉米的作用，因此该方案满足要求。

表 30-26　I＿corn、O＿corn、O＿gas 处的气体流量（2）[每排 3 个，共 6 排角状管，$L＿gas=1.8×10^{-2} kg/(m^3·s)$]

项目	I_corn	O_corn	O_gas
压力/Pa	9000	9000	8000
流量/(kg/s)	$6.5×10^{-3}$	$2.0×10^{-3}$	$-5.2×10^{-2}$

c. 角状管抽气口的数量对干燥仓内气体流场的影响。物料从上至下流动的过程就是塔式连续真空干燥的过程。如果每个物料在流动过程中所经历的外界条件一致，就可以认为其干燥结果是一致的，即玉米从上至下经历干燥仓内高度方向的各个位置，如果每个位置处横截面内的气体压力和速度场是均匀分布的，则可以保证干燥后玉米品质的一致性。而在保证气体压力和速度均匀性的前提下，应减少设备的投资和技术加工难度。为此，本节研究角状管的数量配置对干燥仓内流场的影响。

在干燥仓内的干燥段 4 内均选取了若干截面（见图 30-58），包括该干燥段第一排菱形管上方、角状抽气管下方的截面 Z_1；每排菱形管中部的截面 $Z_2 \sim Z_{14}$；该干燥段最下一排菱形管下方的截面 Z_{15}；为了说明气体流场的周期性变化，与截面 Z_1 相对应，选取了干燥段 5 内的截面 Z_{16}。

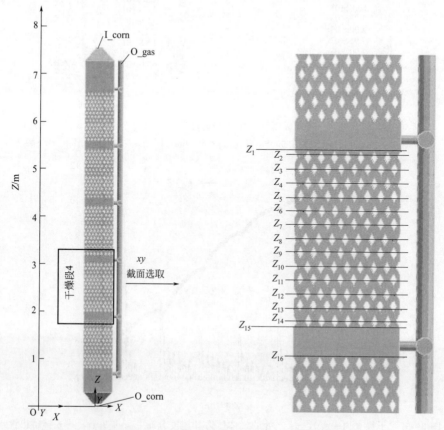

图 30-58　xy 截面在干燥仓内的位置示意图

模拟的条件为 ［I＿corn＝9000Pa，O＿corn＝9000Pa，O＿gas＝8000Pa，L＿gas＝ $1.8\times10^{-2}kg/(m^3 \cdot s)$］；每排 3 个，共 6 排角状管。

首先研究干燥仓内 xy 截面上的气体压力分布。由图 30-59 和图 30-60 可知，截面 Z_7 和截面 Z_{15} 上的气体压力分布较为均匀一致；选择的 $Z_1 \sim Z_{16}$ 截面中气体压力分布也与图 30-59 和图 30-60 类似，因此这里仅给出了截面 Z_7 和截面 Z_{15} 处的气体压力。由于干燥仓 xy 截面内的气体压力的分布较为均匀一致，可认为气体压力对干燥效果影响不大，因此重点研究干燥仓截面处的气体速度分布。

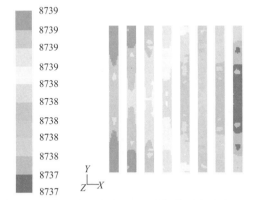

图 30-59　截面 Z_7 处的 xy 面的气体压力分布（Pa）　　图 30-60　截面 Z_{15} 处的 xy 面的压力分布（Pa）

干燥仓内 xy 截面上的气体速度分布如图 30-61 所示，即选取不同高度处的截面 $Z_1 \sim Z_{16}$ 的气体速度分布（截面位置参见图 30-58）。

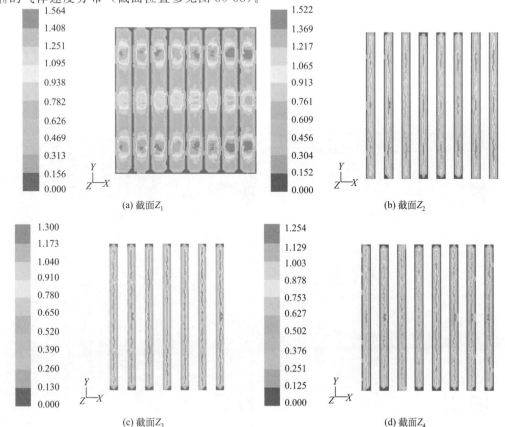

(a) 截面Z_1　　　　　　　　　　　　　(b) 截面Z_2

(c) 截面Z_3　　　　　　　　　　　　　(d) 截面Z_4

图 30-61

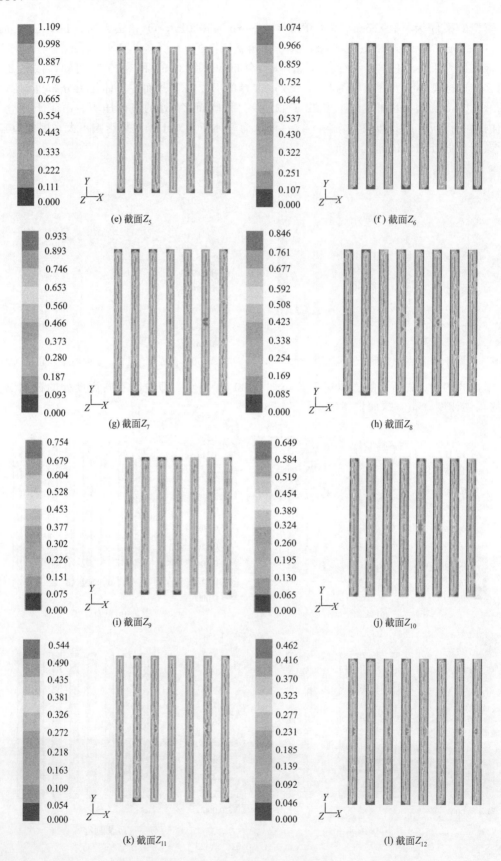

(e) 截面Z_5

(f) 截面Z_6

(g) 截面Z_7

(h) 截面Z_8

(i) 截面Z_9

(j) 截面Z_{10}

(k) 截面Z_{11}

(l) 截面Z_{12}

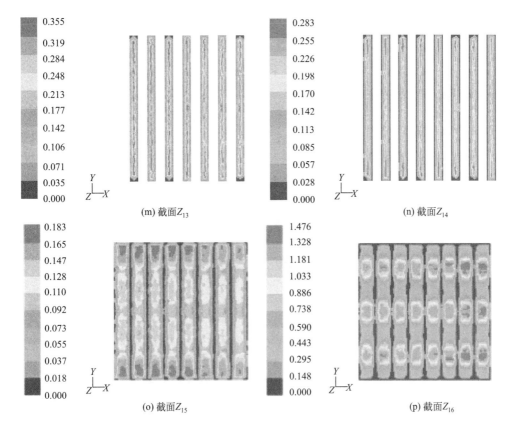

图 30-61　每排 3 个，共 6 排角状管时的干燥仓内的不同截面处的气体速度分布（m/s）

[I _ corn＝9000Pa，O _ corn＝9000Pa，O _ gas＝8000Pa，L _ gas＝$1.8×10^{-2}$kg/(m^3 · s)]

　　由图 30-61(a) 可知，在靠近角状管抽气口处，即干燥段第一排菱形管上部截面 Z_1 处的气体速度分布极为不均匀；由图 30-61(b) 可知，在稍微远离半个菱形段间距后，即截面 Z_2 处气体速度分布较为均匀（截面位置参见图 30-58）；而后气体速度的分布一直较为均匀，直到达到该干燥段的下部，靠近下一个角状管抽气口处，即截面 15，其气体速度分布如图 30-61(o) 所示。而后，在下一个干燥段中，气体的速度分布呈现出上述分布规律的重复性，干燥段第一排菱形管上部截面 Z_16 处的气体速度分布极为不均匀，如图 30-61(p) 所示。

　　对于设备的制造，希望每排的角状管数量越少越好，这样既能节省材料，也能减少制造加工的费用，还能减少角状管对物料的干扰。因此，研究了每排只有两个和一个角状管时的气体速度分布。改进后的真空抽气管道如图 30-62 所示。图 30-62(a) 为每排有两个角状管的抽真空管道几何模型，图 30-62(b) 为每排只有一个角状管的抽真空管道几何模型。重行划分网格计算后得到模拟结果，图 30-63 为每排有两个角状管时的干燥仓内的气体压力和速度分布，表 30-27 为此时 I _ corn、O _ corn、O _ gas 的气体流量的大小，图 30-64 为气体速度的分布变化。

表 30-27　I _ corn、O _ corn、O _ gas 处的气体流量 [每排 2 个，共 6 排角状管，

L _ gas＝$1.8×10^{-2}$kg/(m^3 · s)]

项目	I_corn	O_corn	O_gas
压力/Pa	9000	9000	8000
流量/(kg/s)	$5.4×10^{-3}$	$1.58×10^{-3}$	$-5.08×10^{-2}$

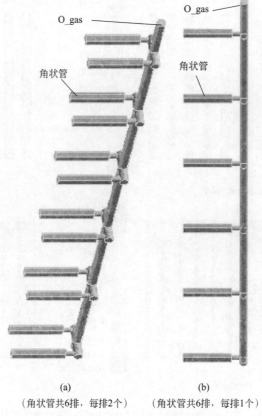

(a)　　　　　　(b)

（角状管共6排，每排2个）　（角状管共6排，每排1个）

图 30-62　改进后的抽真空管道几何模型

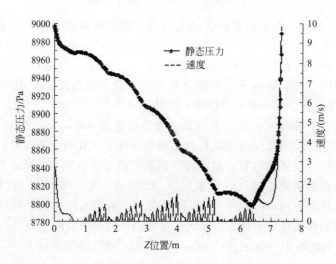

图 30-63　干燥仓内 $x=0$，$y=0$ 处的气体压力和速度分布（每排 2 个，共 6 排角状管）

$[\text{I\_corn}=9000\text{Pa}, \text{O\_corn}=9000\text{Pa}, \text{O\_gas}=8000\text{Pa}, \text{L\_gas}=1.8\times10^{-2}\text{kg}/(\text{m}^3 \cdot \text{s})]$

　　由图 30-64 可知，在稍微远离一个菱形段间距后，即截面 Z_3 处气体速度分布就较为均匀了，这表明每排两个角状管的配置方案也满足该干燥过程。

　　图 30-65 和图 30-66 为一个角状管时的干燥仓内的气体压力和速度分布，表 30-28 为 I_corn、O_corn、O_gas 处的气体流量。

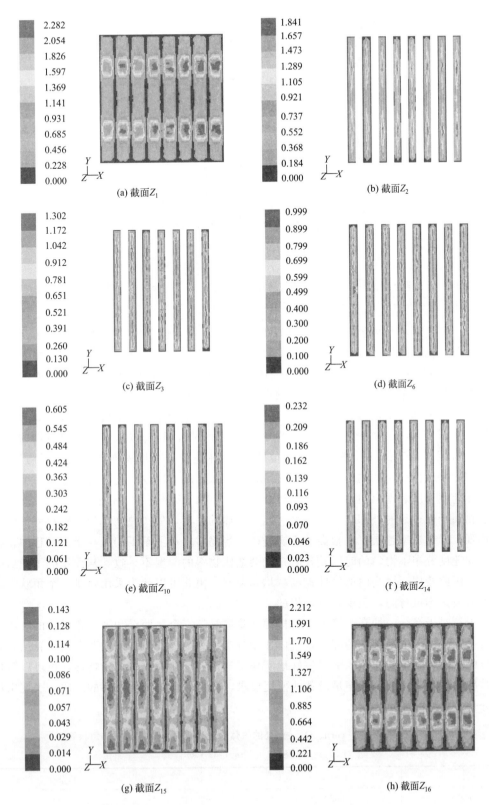

图 30-64　每排 2 个，共 6 排角状管时的干燥仓内的不同截面处的气体速度分布（m/s）

$[I\_corn=9000Pa，O\_corn=9000Pa，O\_gas=8000Pa，L\_gas=1.8\times10^{-2}kg/(m^3 \cdot s)]$

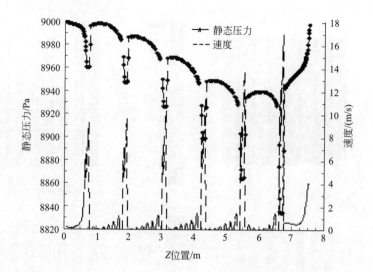

图 30-65 干燥仓内 $x=0$，$y=0$ 处的气体压力和速度分布（每排 1 个，共 6 排角状管）

[I＿corn＝9000Pa，O＿corn＝9000Pa，O＿gas＝8000Pa，L＿gas＝1.8×10⁻²kg/(m³·s)]

由图 30-65 可知，干燥仓内的气体压力小于 9000Pa，干燥仓内的气体速度小于 2m/s，干燥仓中角状管内的气体速度则明显增加，最大处达到 18m/s。由表 30-28 可知，由外界环境通过物料出口 O＿corn 进入干燥仓内的气体流量很小，这样就很难利用外界环境的低温气体对储粮段的玉米进行冷却，不能使干燥后的玉米立刻转运至粮仓。

与每排有两个和三个角状管的情况相比，每排只有一个角状管时的气体速度分布有了较大的差异。由图 30-66(a)，图 30-66(b)，图 30-66(c) 可知，其气体速度分布很不均匀，即使离开抽气口距离 145mm 后（截面 Z_3 的位置），气体速度分布也表现出较大的不均匀性；而后气体速度表现出一定的均匀性，见图 30-66(d) 和图 30-66(e)；但是当靠近下一个抽气口时，气体速度再次表现出明显的不均匀性，见图 30-66(f) 和图 30-66(g)。

由于物料干燥过程的外部影响条件之一就是气体的速度，气体速度越快，物料外部的传质能力越强，干燥速率越快。在很高的干燥仓内，当物料在从上至下的流动干燥过程中，物料处于气体速度分布不均匀的时间较长时，就会造成物料的湿度不一致，从而影响干燥后的产品质量。因此希望干燥仓内的气体速度越均匀越好，由此可以认为采用每排一个角状管的设备配置方案是不可行的，至少是不理想的。

从以上针对干燥仓内抽真空管道，每排抽气管道具有三个、两个和一个角状管的气体流场分析表明，采用三个角状管的配置，气体速度分布最为均匀；但是采用两个角状管的方案也是可行的，这种结构和间距的配置较好地实现了气体速度在截面的均匀特性，也可以简化设备的结构和配置，完全可以满足设备的使用要求，可以保证玉米干燥后的品质，表现出均匀的水分性和良好的品质。

表 30-28 I＿corn、O＿corn、O＿gas 处的气体流量 [每排 1 个，共 6 排角状管，L＿gas＝1.8×10⁻²kg/(m³·s)]

项目	I_corn	O_corn	O_gas
压力/Pa	9000	9000	8000
流量/(kg/s)	2.3×10⁻³	0.14×10⁻³	−4.7×10⁻²

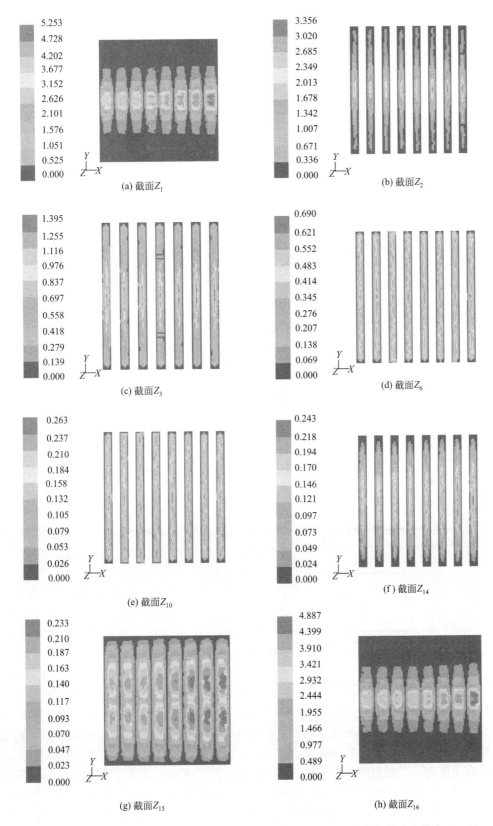

图 30-66　每排 1 个，共 6 排角状管时的干燥仓内的不同截面处的气体速度分布（m/s）

（3）塔式真空干燥仓内供热系统流场模拟研究

塔式真空干燥仓从原理上来说，就是一个换热器。热水在干燥仓内的菱形管内部流动，是管程流动；而玉米在干燥仓内的菱形管表面流动，是壳程流动；两者在菱形管的表面完成换热。与传统的换热器一样，如何解决菱形管内部的水流速度的均匀性，是保证塔式真空干燥设备正常工作的必要条件。一般有两种方法，一种是采用实验的方法，一种是采用模拟的方法。以模拟法为例，如图 30-67 所示，建立塔式真空干燥仓的热水流动的物理模型。该模型中的干燥仓分为上下两个部分。上部分的菱形管内热水通过水热夹套从左往右流动，而下半部分的菱形管内热水则从左往右流动。设置相应的进出口条件，就可以应用 Fluent 软件进行建模求解了。

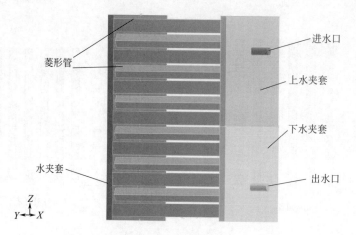

图 30-67　干燥仓内供热系统的流场物理模型

模拟结果如图 30-68 所示，菱形管内的水流速度在 $1.77 \mathrm{m/s}$ 和 $3.15 \times 10^{-4} \mathrm{m/s}$ 之间，最大速度和最小速度相差 3 个数量级以上。这表明菱形管内的水流分布极不均匀，甚至可以认为有些菱形管内部几乎没有水流的流动，即出现了所谓的"死区"。因此，需要按照设计要求，根据实际需要对水流进行倒流，防止"死区"的出现。

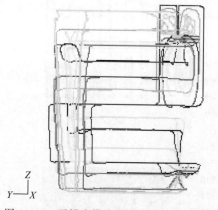

图 30-68　干燥仓供热系统的水流迹线模拟

（4）玉米真空干燥水分在线测量

目前塔式真空连续干燥设备取得了初步成功，而该技术的推广受到干燥过程中玉米水分的自动检测的严重制约。吉林大学吴文福教授依托国家自然基金项目"低温真空连续干燥条件下粮食介电特性及水分检测和控制"对真空条件下玉米介电特性和传热传质进行了研究。研究指出，真空条件下粮食介电特性的测量与粮食在常规条件下的介电特性有很大的区别。与普通热风干燥条件下的介电特性相比，在真空连续干燥条件下的介电特性存在影响因素更多、数学模型建立难度大、过程参数探测难度大、信号干扰大等特点。另外，由于真空压强的介入，粮食颗粒传热传质的分析也发生改变。课题组的尹丽妍博士基于水势分析了真空干燥条件下玉米传热传质和应力的变化情况，并在设计叉指式平板电容介电参数检测元件的基础上，构建了真空状态下的介电测试系统，实验研究了玉米介电特性的变化规律，为真空干燥过程测试控制提供了基础。该研究从理论和试验两方面研究真空干燥介电特性变化、传热传质和应力变化过程。以叉指式平板电容作为水分传感器的主要元件，利用 LCR 测试仪检测玉米真空干燥条件下的介电特性，结果表明，真空度对粮食介电特性有较大的影响。为了更好地考虑综合因素对粮食介电特性的影响，在这里引入了水势的概念，得到玉米水势与介电特性的关系，并分析了粮食的介电特性在真空中和大气压下介电特性的差别。根据介电特性的试验数据，利用剔除粗大误差的方法得到有效数据，再对有效数据进行神经网络数据融合，并通过试验进行了验证分析。

30.4　谷物干燥设备的自动控制

30.4.1　概述

30.4.1.1　谷物干燥设备自动控制的意义与要求

谷物干燥设备的自动控制是通过设计相应控制策略，使谷物干燥设备的出口谷物含水率或相关干燥过程中的控制量按照预期规律变化的控制过程。谷物干燥系统的自动化控制是谷物干燥过程的重要环节和关键技术。实施谷物干燥过程的自动控制能保证将收获后的高水分谷物高质高效地干燥，为谷物的长期安全储藏打下重要基础，对保证出机谷物含水率均匀、减少能耗、降低干燥成本和劳动强度、提高生产效率具有重要意义。

谷物干燥的热质传递交换过程具有多变量、强耦合、大滞后和多干扰性等特点，是工业控制中典型的复杂非线性系统，较难建立一个统一模型来描述这一过程。因此，谷物干燥过程的复杂性使传统控制遇到了挑战。谷物和干燥介质的初始条件、外界环境因素和干燥设备结构等都是实现谷物干燥系统控制目标的关键影响因素。通常，在谷物连续干燥控制过程中，通过检测出机谷物含水率和各影响因素，依据相应的控制算法优化控制排粮辊电动机转速或其他热介质条件，可实现对谷物在烘干设备中干燥时间的控制，并最终实现将出机谷物含水率降至安全储藏含水率的控制目标。谷物干燥系统控制的目标可概括为以最优的干燥控制方式、最小的能量消耗，干燥出品质最好的谷物。

为实现上述干燥控制目标，谷物干燥设备的自动控制系统应当满足以下要求。

① 精度高　自动控制系统的水分控制精度应使出机谷物水分达到 $\pm 0.5\% \sim 0.7\%$，只有少量的谷物水分偏离要求的终水分，而且低于和高于要求水分的谷物应尽量平均分配。

② 响应速度快　当入机谷物水分发生变化时，排粮速度能很快响应。

③ 稳定性好　控制系统必须稳定，无振荡，在受外界条件干扰时，系统的波动不能太大。

④ 可靠性高，适应能力强　控制系统应能在不同气候和环境条件下连续、正常、可靠地工作。

30.4.1.2　谷物干燥设备的自动控制方法研究现状

Zachariah 和 Isaacs 试验了四种大型干燥机的控制方法，即：PID（比例-积分-微分，proportional integral derivative）控制；前馈和 PID 反馈控制；开关控制；PID 和开关控制。每一种控制策略均求出最优的放大系数 k（gain）和时间常数 t 的值，以保证初水分产生一个阶跃时终水分的误差和干燥速率的积分值为最小。研究中发现对一个给定干燥条件下求出的最优的控制方法，在另一种干燥条件下可能很不稳定。他总结认为干燥过程的计算机模拟可以提供一种快速而准确的研究自控系统性能的方法和有力工具，并且试验表明前馈开环控制方案的效果较好。

Borsum 和 Bakker-Arkema 教授研究了单级顺流式烘干机的自控系统，他使用了微处理器控制粮食流量。当时尚无商业上可提供的物美价廉的水分在线测试仪器，用于控制的算法是一种比例-积分反馈控制的相当算法（digital equivalent）。该单片机控制器可以保持出机粮食平均温度在 ±0.5℃ 范围内（与设计值相比），相当于出机粮食水分偏差为 ±0.2%。Borsum 和 Bakker-Arkema 建议使用一个温度传感器来检测入机粮食温度的变化，作为一个前馈的信号，以减小它对出机粮温的影响，而粮温是用来控制干燥过程的参数。

Stone 利用计算机模拟技术对比了前馈控制和传统的比例-积分控制，他用热风温度作为控制变量，以控制出机粮食水分。他用预期的终水分和计算机模拟的终水分的差值的平方和来比较评价控制器的性能，对比结果表明 PID 控制优于简单的 FF（前馈）控制。Stone 对 FF 控制做了如下试验：他把 FF 控制器的响应时间延迟了一半（half of delayt ime），发现它的 ISE（误差积分和）是简单 FF 控制的 26%，是传统 PID 控制的 ISEW 的 48%。他指出前馈控制不适应干燥机参数的变化，认为采用前馈＋反馈或自适应控制是一种较好的控制方案。

Becker 开发了一种简化的干燥过程模型，用于连续横流式烘干机的微机控制。这个模型与强有力的分布参数模型相比并不逊色，它用于干燥过程的优化，使耗油费用和人工费用最小。他进行了室内烘干玉米的试验，发现热风温度是主要制约因素，认为横流式干燥机可用的最高热风温度为 117℃。

Forbes 等于 1984 年开发了一种基于数学模型的控制策略，他利用 Becker 推荐的一种简化的干燥过程模型。该模型的方程如下：

$$M = M_i e^{-At}$$

式中，M 为谷物水分（干基，t 时刻），%；M_i 为谷物初水分（干基），%；A 为反映粮食干燥特性的参数，s^{-1}；t 为干燥段滞留时间，s。

Forbes 利用反馈线性过滤方法（feed back linear filtering）确定干燥特性参数。他试验了四种控制策略并与计算机模拟进行了比较：反馈由出口水分控制；PID 控制；前馈（超前/滞后）由入口处谷物水分控制；基于模型的前馈控制（利用干燥机入口处的平均水分控制）。他利用终水分的预测值和设定值的差值平方和对比了四种控制方案的性能。唯一的控制参数是排粮辊的转速，热风温度是保持不变的。试验表明，PID 反馈控制和前馈控制效果均不好，原因是时间滞后太大和入机粮食水分变化太频繁。作者指出：上述两种控制方案的主要问题是控制系统的响应是基于刚刚进机的粮食水分或者刚刚离机的粮食水分。试验发现，基于模型的控制方案效果最好，它利用入机粮食的平均水分作为整机粮食水分进行控制。作者对该控制系统进行了产业化开发，并在大型生产烘干机上进行了试验。试验表明，与手动控制比较，该机性能大大改善。此套系统已由加拿大 Rolfes 公司投入正式生产，自 1984 年起已经在政府支持下生产了五十套（安大略州粮食干燥机改型计划），并装在大型粮食烘干机上。生产试验表明，安装自控系统的干燥机节能约 13.5%。另外，95% 的用户认为干燥机的生产率有所提高，97% 的用户认为粮食过干现象大为减少，81% 的用户则要求更高的粮食品质。作者期望自控系统能够使粮食烘干达到低能耗、高效率和好品质。只有慎重、仔细地操作才能保证控制系统有效地工作。

英国的 Whitfield 利用计算机模拟技术，对顺流式粮食烘干机的 PID 控制器参数进行了优化。它根据出机粮食水分控制粮食流量，数据取自顺流式粮食烘干机并用于验证模拟的准确性。研究表明：实测值和预测值的绝对误差在 1%（干基）之内。作者还利用不同的放大系数（gain）和不同的积分时间对干燥过程进行模拟，以期获得最佳性能，农场中的实际数据被用于模拟程序的输入。使用经验表明，该控制系统在某些条件下工作很好，但不是所有条件均好。这主要是由于处理量和干燥水分的非线性关系。

瑞典的 Nybrant 开发了一种自适应（adaptive）控制系统。他利用排气温度控制粮食水分，并利用一个实验室用的批式干燥机深入研究了风温、风量对排气温度和粮食水分的影响，目的是分析利用排气温度确定出机粮食水分的可行性。他发现：即使排气温度保持不变时，初水分变化时出机粮食水分也是变化的。Nybrant 利用实验室的小型干燥机对"自适应控制器"进行了试验，试验证明，尽管条件多变，自适应控制器能够比较准确地控制排气温度。

Brook 和 Bruce 于 1986 年对近代最新的谷物干燥机自控系统作了综述。他们指出"实用的谷物干燥模拟程序已经开发出来，并且用于谷物干燥机自动控制"。他们还指出，模拟模型必须改进，以便用于计算干燥过程中粮食的损伤和品质。目前尚无可以计算谷物干后品质的模型，但是这将是今后研究的热点。他们指出国际市场对粮食品质提出很高的要求，因而干燥研究部门必须更加深入地研究干燥条件与粮食品质的关系。他们建议开发粮食品质或有关参数的在线检测装置。

Eltiganic 在横流式干燥机上试验了两个季度的干燥机自动控制系统，它采用了基于模型的前馈控制器，水分测试为半连续式。该控制系统比手动控制能改善干燥品质，可减少过干现象和节省工时，并能降低能耗。

1999 年我国学者刘强博士在美国对横流式谷物干燥机自动控制进行了研究，开发了新型 MPC（model predictive controller）控制器，并在农用风机公司（FFI）生产的 Zimmer-manVT1210 横流式干燥机上进行了试验，水分控制精度达到 $\pm 0.7\%$，热风温度在 $85\sim120$℃范围，入机粮水分在 $21\%\sim32\%$（w.b.）范围内变化，干燥塔干燥和冷却段共长 12.9m，分十段以便进行模拟。

2008 年李长友教授等在基于谷物深层干燥解析理论基础上，设计了适用于产业化推广应用的集中干燥自适应控制系统，系统可在谷物含水率变化范围（$10\%\sim35\%$）和温度变化范围（$-30\sim+40$）℃内可靠工作，能控制干燥机出机谷物含水率偏差 $\leqslant\pm0.5\%$（湿基）。

2015 年赵勇和王士军等假设谷物干燥过程模型为一阶滞后系统，提出了一种基于自适应逆控制的谷物干燥机控制器，仿真结果证明了该方法的可行性。

其他国外学者 R. Dhib，M. Nabil，H. Abukhalifeh 等也相继研究了 MPC 控制方法在谷物干燥过程控制中的应用。这些研究对谷物干燥设备自动控制方法的改进和谷物干燥质量的提高做出了很大的贡献。

20 世纪 90 年代开始，随着计算机技术的发展，一部分学者开始研究将模糊控制、神经网络控制和专家控制等先进智能控制方法应用到谷物干燥设备的自动控制中。如 1994 年 Q. Zhang 和 J. B. Litchfield 研究了横流谷物干燥机的模糊控制，通过调整排粮辊转速和加热器功率来控制出机谷物的最终含水率，并能根据出机谷物含水率和谷物状态判断谷物干燥后品质。1997 年学者 Taprantzis 研究了流化床干燥的模糊控制问题，结果表明模糊控制比 PI 控制具有更好的动态效果。学者 Perrot 等采用模糊控制器，成功地预测了热空气干燥过程中的品质损失。此后，控制方法不断改进，控制效果逐步提高。2011 年马来西亚学者 H. Mansor 的研究结果表明，采用模糊控制能很好地处理谷物干燥过程的非线性问题。2011 年学者 A. Francisco 等结合非线性预测控制框架提出了一种旋转干燥器的灰盒神经网络控制器，并进行了仿真研究，证明了该方法的有效性。2015 年学者 O. F. Lutfy 等为带式干燥机设计了一种简化型的模糊神经网络控制器，经实验证明控制效果较好。

我国谷物干燥系统智能控制的研究同样开始于 20 世纪 90 年代初期，中国农业大学曹崇文教授、张晓红、李俊明等分别进行了模糊控制、模糊优化和干燥品质模糊优化的理论研究。其他学者 F. Han（2011）、J. Li（2016）、J. Wu（2017）、O. F. Lutfy 等（2015）分别提出的神经网络控制和模糊神经网络控制，均能较好地控制干燥系统。2011 年韩峰设计了一种神经网络自适应 PID 预测控制器，与手动控制相比，能更好地控制干燥过程。2016 年刘拥军利用人工神经网络算法对烘干过程的各参数进行学习，然后结合模糊控制算法对谷物烘干过程的自动控制算法进行了仿真研究。也有部分学者将专家控制应用到谷物干燥过程的控制中，2005 年吕孝荣和 2010 年韩峰等分别对谷物干燥机的专家控制进行了研究。2006 年李国昉对谷物干燥机的仿人智能控制进行了研究。2017～2018 年 A. Dai 等针对一种组合式多功能谷物干燥实验装置，分别研究提出了几种智能控制方法，试验结果表明这些控制算法均具有快速、稳定、精确及抗干扰性强等良好的控制性能。

30.4.1.3　谷物干燥设备的自动控制策略发展水平和发展趋势

目前，针对谷物干燥设备的自动控制系统仍然较多依赖人工经验和一些理论上的定性指导，无法完全脱离人工控制。而基于谷物干燥系统固定数学模型的传统控制，控制器设计时需经过线性化处理，利用一个线性控制器实现非线性谷物干燥系统的控制有一定的局限性。如果建立复杂的模型，控制器又需经过烦琐的计算，一定程度上也会影响谷物干燥过程的实时控制效果。

从国内外研究分析可以看出，智能控制技术不依赖于被控对象模型，具有实时控制性能好和鲁棒性强的优点。因此，结合传统控制、模型预测控制、非线性控制以及智能建模和智能控制的先进控制方法，是实现谷物干燥过程精确控制的较好选择之一。国内外相关学者在以水分控制为核心的谷物干燥过程的先进控制算法理论研究中取得了一定的成果，但需要研究的问题还很多。如智能控制在谷物干燥机中的应用相对较少；谷物干燥系统控制中，探究粮食流速控制、温度控制和谷物干燥后品质控制的组合优化控制策略不多；对谷物干燥系统控制的大滞后问题讨论较少等。

30.4.2　谷物干燥设备自动控制系统的特点

① 多变量　谷物干燥机的自动控制是一个比较复杂的加工过程，它不仅要考虑干燥过程中谷物水分、谷物温度、干燥介质温度、湿度、流量以及外界气候条件等参数的影响，还要兼顾到谷物干燥机的工艺流程（如顺流、逆流、混流和横流等）。另外，一些干燥变量无法直接测量，即使可以测量，测量值也不够准确。

② 非线性　谷物干燥一般有升温、恒速和降速等阶段。其中降速阶段是谷物干燥中最主要的阶段，而在此阶段，谷物的水分变化是非线性的。

③ 滞后　谷物干燥机自动控制系统的响应速度受谷物流速的影响，而谷物干燥一般时间都比较长，大型干燥机谷物在机内的滞留时间高达 5～6h。因此，自动控制系统的响应速度缓慢，并且在干燥过程中交互作用严重，一个控制动作的改变会影响干燥机中的所有性能参数。

④ 强耦合　在干燥机中，被控变量和控制变量有耦合作用。

⑤ 非稳态　有些谷物干燥机经常是在非稳态下工作的。

此外，干燥机作业条件复杂，干扰变量较多，检测自控效果较难，再加上目前无精确的在线水分测试仪器，因此谷物烘干机的自动控制是一个难点。

30.4.3　谷物干燥设备的控制变量分析

合理选择控制变量、被控变量以及合理处理谷物干燥系统的大滞后问题，是建立性能优良的控制系统的前提。因此，在设计谷物干燥系统的控制系统时，还需要理解谷物干燥过程中各影响因素对谷物干燥控制系统的影响。影响谷物干燥控制系统变量的因素较多，如图 30-69 所示。

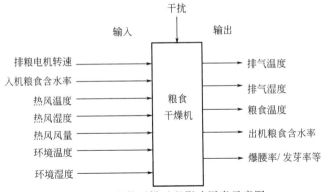

图 30-69 谷物干燥过程影响因素示意图

在连续塔式谷物干燥系统中，可选择排粮辊转速、热风温度或热风风量为控制变量；谷物的最终含水率、爆腰率或发芽率为被控变量；不同干燥段热风和谷物的温度、入机谷物含水率和出机谷物含水率等为控制过程中的干扰影响量。

整个连续干燥过程中，谷物靠其自重自上而下流动，其速度由干燥机底部的排粮辊控制，排粮辊转速快，谷物在干燥机中经历的干燥时间短，出口谷物含水率就高，反之亦然。对连续塔式谷物干燥过程的控制中，出口谷物含水率是重要的被控变量，可选择两种控制方案：一是可采取固定排粮辊转速，通过控制干燥过程中的热风温度实现对出口谷物含水率的控制，即恒速调温法；二是可采取固定热风温度，通过调节排粮辊转速实现对出口谷物含水率的控制，即恒温控速法。

采取恒温控速法时，可假设在一定时间范围和环境条件下，对于某一批谷物干燥，其初始谷物温度和含水率、环境温度、热风温度、热风和冷却风风量基本不变，其变化量可作为谷物干燥过程控制中的干扰量，通过检测出口谷物含水率，依据谷物干燥过程中各影响因素，设计先进的控制算法控制排粮辊转速，从而控制谷物在干燥机内的烘干时间。谷物干燥控制系统的各变量选择参考如下。

① 被控变量：出口谷物含水率；

② 控制变量：排粮辊转速；

③ 干扰影响变量：入机谷物含水率、各热风段温度、湿度、环境温度和湿度变化等。

入机谷物含水率和热风温度变化是比较重要的前端已知输入干扰量，可结合前馈控制方法进行抑制。其他不确定因素导致的输出变化为未知输出干扰量，可结合反馈控制方法进行抑制。此外，控制过程中应根据干扰信号不同，采取不同的滞后控制措施。一般情况下，应对前端输入干扰时，如入机谷物含水率变化，为避免干燥段中谷物出现过度烘干或烘干不足，控制器不应采取立即响应的措施，设计时应考虑干燥段滞后时间和信号调整与输出效果之间的滞后时间；应对不确定因素引起的输出干扰时，控制器应采取立即响应的措施。

30.4.4 谷物干燥设备的控制方法

30.4.4.1 谷物干燥设备的经典控制方法

（1）反馈控制

在反馈控制时，控制是根据干燥机的出口参数进行的（冷却段前），它的优点是输出量的误差可以直接测出来，而不用预测，但是参数的变化不能预先知道，而必须在到达传感器时才可以获知。反馈控制又可以细分成以下几种方法。

① 开关控制　这是一种最简单的反馈控制，对一个输出参数进行控制。例如，测量排气温度作为终水分的指示量，如果水分高于预定值，则排粮机构停转，当水分降低到预定值以下时，则开动排粮机构。开关控制可以在横流式干燥机中使用，不能在顺流式干燥机中使用，因为顺流式干燥机的入口风温太高，如果关闭排粮辊，上部粮食会局部过热。

② 比例控制　将干燥机的出机粮食水分与要求的终水分进行比较，形成一个差值 e（error），然后按照差值 e 的大小成比例调节为谷物流量 Ke，其中 K 是比例系数，再根据实验选择一个合适的 K 值，使终水分达到要求，见图 30-70。

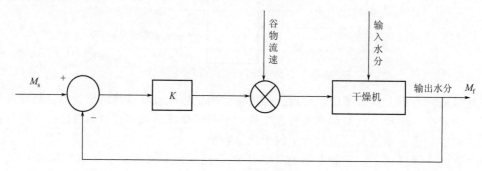

图 30-70　比例控制框图

③ PID 控制　比例、积分与微分控制，在控制算法中除了一个比例项外，还增加了一个差值 $e(t)$ 的积分项 $\left[\dfrac{1}{T}\displaystyle\int_0^t e(t)\mathrm{d}t\right]$，作用是防止稳态时的补偿。其控制结构如图 30-71 所示，其中，控制器输出为 $u(t)$，可作为控制排量电机的控制量，输入量（谷物目标含水率给定值）$r(t)$ 与输出量（实际出口谷物含水率）的偏差为 $e(t)$，被控制对象为谷物干燥对象。

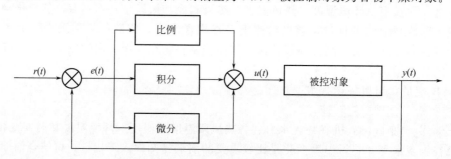

图 30-71　PID 控制结构图

位置式 PID 控制算法的表达式如下所示：

$$u'(t)=k_{\mathrm{p}}e(t)+k_{\mathrm{i}}\int_0^t e(\tau)\mathrm{d}\tau+k_{\mathrm{d}}\frac{\mathrm{d}e(t)}{\mathrm{d}t}$$

式中，k_{p} 为比例增益；k_{i} 为积分增益；k_{d} 为微分增益。为获得满意的控制效果，PID 控制器的参数 k_{p}、k_{i}、k_{d} 需要根据系统控制状态进行实时调节。

负反馈控制的优点是只要输出量与给定量之间存在偏差，就会有控制作用存在，并力图纠正该偏差。但负反馈也有一定的缺点，即从发现偏差到采取控制措施之间有时滞，在纠正时，实际干燥情况可能已经发生了很大的变化，如果经反复调节仍然不能满足要求，就会影响干燥后谷物品质。因此，在工程实践中一般采用前馈控制和反馈控制相结合的方法，构成复合控制系统，可以取得更好的控制效果。

（2）前馈控制

前馈控制是按谷物的入口参数来调节谷物的干燥结果。例如，以进口谷物湿含量来调节的话，如果切换到湿含量大的一批新谷物，则前馈控制会马上使流量降低到某一数值，该值可以保证谷物通过干燥装置后达到所需要的湿含量。前馈控制适合于原粮水分变化频繁、差别较大的情况。谷物干燥过程的前馈控制器结构如图 30-72 所示。

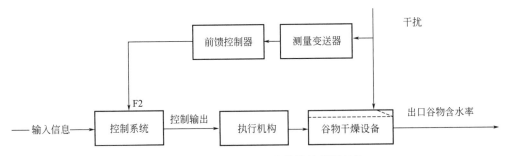

图 30-72　谷物干燥过程的前馈控制器结构

前馈控制属于开环控制，是一种按照对象特性而定的"专用"控制器，比反馈控制要及时。但一种前馈控制只能控制一种干扰，输出量不参与控制，无法检验补偿效果。因此，单纯的前馈控制器不适合用于具有多干扰特点的谷物干燥过程控制。为了解决前馈控制的局限性，将前馈控制与反馈控制相结合，可构成前馈＋反馈控制。

（3）前馈＋反馈控制

前馈＋反馈的控制方法比单纯的反馈控制和前馈控制方法效果要好，并且当入机谷物含水率突然增加时，此方法最为有效，可以避免大量地输出湿谷，减小终水分的偏差。这种控制方法可使排粮机构动作提前，因而终水分比较一致，但是成本要增加不少（见图 30-73）。

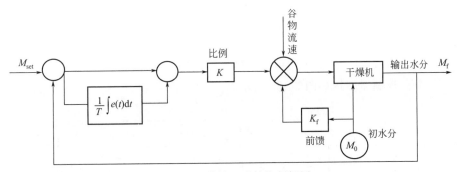

图 30-73　前馈＋反馈控制框图

前馈＋反馈控制系统结合了对谷物干燥过程中的扰动抑制和对出口谷物含水率的目标跟踪两方面的综合能力，控制效果较好。其中前馈控制克服了反馈控制不易克服的主要干扰，而对其他干扰则进行反馈控制。而反馈控制降低了前馈控制模型的精度要求，具有一定的自适应能力，从而为工程上实现比较简单的通用谷物干燥控制策略创造了条件。

（4）自适应控制

除原来的反馈控制回路以外，自适应控制还增加一个实现适应控制的回路，不断监视被控制过程的特性，同时包括一个辨识部分和一个自适应机构。自适应控制能够根据干燥过程参数的变化和外界干扰，随时调整它的控制参数，使干燥机永远处于最佳的工作状态。自适应控制与其他控制方法比较有很多优点：自适应控制能适用于多种谷物干燥机，无需任何关于干燥机自身特点的数据；对环境条件、谷物状况无特殊要求；控制器对干扰的响应速度较快；控制模型中的参数能随外界条件的变化进行自动调节（见图30-74）。

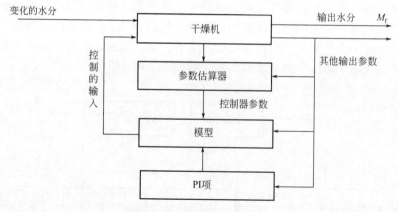

图30-74　自适应控制框图

（5）模型预测控制

模型预测控制（model predictive control，简称 MPC）是 20 世纪 70 年代开始发展起来的一类计算机控制算法。曹崇文和汪喜波（2002）在谷物干燥机的自动控制一文中指出，MPC 控制器的控制特点适合于谷物干燥机的控制。MPC 不仅利用干燥过程当前和过去的输出测量值与给定值的偏差值，而且还利用预测模型预测未来偏差值，以滚动优化的方式确定当前的最优控制策略，使未来一段时间内出口谷物含水率与出口谷物目标含水率的期望偏差值最小。一般而言，谷物干燥设备的性能目标函数是出口谷物含水率的函数。

MPC 控制的核心要素主要包括①预测模型；②反馈校正；③滚动优化；④参考轨迹。MPC 典型控制算法主要有动态矩阵控制（DMC）、广义预测控制（GPC）、内模控制（IMC）、推理控制（IC）等。1999 年 Q. Liu 基于分布参数模型开发的 MPC 控制器，在 Zimmerman VT1210 横流式干燥机上进行了试验，利用谷物干燥机实际输出值与分布式参数模型估计值的误差，对预测模型进行修正，然后再利用该模型预测值反馈回输入端进行滚动优化，计算出当前时刻最优排粮辊电动机转速，以使出口谷物含水率维持在目标谷物含水率水平。该 MPC 控制器结构如图 30-75 所示。

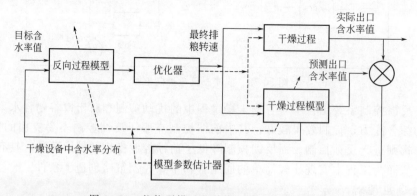

图30-75　谷物干燥过程的模型预测控制器结构

30.4.4.2　谷物干燥设备的智能控制方法

智能控制不依赖于被控对象模型，具有实时控制性能好和鲁棒性强的优点。通过采用模糊逻辑、人工神经网络或其他人工智能辨识方法来建立谷物干燥过程的精确数学模型，然后结合 PID 控制、自适应控制、模型预测控制等控制算法设计先进的智能控制器，可有效提高谷物干燥设备的控制性能。智能控制主要包括模糊控制、神经网络控制、模糊神经网络控制和支持向量机控制等。

（1）模糊控制

与传统 PID 控制的输出与输入关系总是精确不同，模糊控制的输出与输入关系是模糊的。模糊控制器是利用模糊集合理论，将专家知识或操作人员经验形成的语言规则直接转化为控制策略，即不依靠精确的数学模型，而是利用语言知识模型进行设计和修正控制算法，即根据大量实测值来实现控制。同时，在实施控制过程中又要实时地对干燥指标作出评价，并依此对下一步生产过程进行调整预测。用于实时控制的专家系统除必要的控制、交互信息外，主要数据从传感器实时测得，并将专家系统推理出的结论随时输出。这就要求系统动态地、连续不断地读取数据，随时进行推理，并输出结果。当系统具有严重非线性、参数时变性、参数耦合性和信息采集困难时，模糊控制具有明显的优越性。

Q. Zhang 等于 1992 年对横流式谷物干燥机的模糊控制进行了研究，他通过调整加热器功率（热风温度）和排粮螺旋转速来控制干燥机的操作，即控制出机粮食的终水分。模糊控制器包括以下组成部分：过程鉴别器、知识库、模糊化和计算单元、去模糊和控制行为。根据出口粮食的水分和品质以及入机粮食水分的变化过程，鉴别器将干燥过程鉴别为下列三种状态，即可接受、缺陷和干扰状态。知识库包含在各种不同条件下达到控制目标的控制信息。模糊控制器用低（LO）、中低（ML）、中（MD）、中高（MH）、高（HI）、很高（VH）等语言值来描述测得的变量和控制执行操作的大小，见图 30-76。

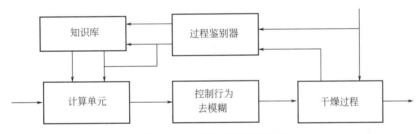

图 30-76 模糊控制系统框图

当预测的出口粮食水分不在理想水平或粮食损伤率超过可接受的水平时，此过程状态即为有缺陷状态，根据预测水平与理想水平的差异程度，缺陷状态再分为大水分缺陷、小水分缺陷和可接受状态。干扰状态即初水分发生变化的状态，为了保持干燥机操作的稳定性，模糊控制器仅将初水分变化较大的情况认为是干扰。干燥机的控制知识由工程规则、操作经验和干燥机控制经验得到，它包括执行控制的操作行为。

（2）神经网络控制

神经网络系统是由大量的神经元组成，通过广泛互相连接而形成的复杂网络系统，是一个高度复杂的非线性动力学系统，虽然不善于表达显性知识，但是具有很强的逼近非线性函数的能力，即非线性函数映射能力，在控制中表现出很强的鲁棒性和容错性，将神经网络用于控制，利用的正是它的这个独特的优点。

神经网络控制系统是指在控制系统中采用神经网络这一工具，对难以精确描述的复杂非线性对象进行建模，或充当控制器，或优化计算，或进行推理等的系统。神经网络控制器的结构形式众多，由神经网络预测控制、神经网络直接逆系统控制、神经网络自适应控制、神经网络内模控制等。目前，神经网络在谷物干燥控制中的应用主要集中在以下方向：谷物干燥过程建模研究；神经网络与其他控制结合的干燥控制。图 30-77 给出了一种谷物干燥过程的神经网络内模控制结构，其中神经网络内模型与谷物干燥设备并行连接，通过在线正向辨识谷物干燥过程的动态模型，而神经网络优化控制器与谷物干燥系统的逆模型有关。

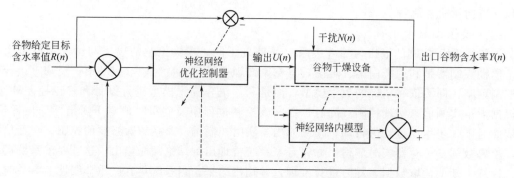

图 30-77　谷物干燥过程的神经网络内模型控制结构

此外有相关学者将模糊控制与神经网络结合，构造了具有自适应学习能力的神经模糊控制系统。两者结合既具有模糊理论表达知识的能力，又具有神经网络自学习能力，为非线性复杂谷物干燥系统的控制提供了一种有效的方式。

（3）智能优化控制方法

根据工艺需求，明确谷物干燥系统控制和优化的目标，研究建立谷物干燥系统指标优化函数，通过将传统控制、神经网络控制、模糊控制、专家控制和进化算法等结合，设计面向指标优化的新型智能控制系统，也是目前谷物干燥系统控制的一个研究方向。通过智能优化控制算法预选排粮辊转速，或在干燥条件发生改变时重新确定排粮辊转速，从而在保证精确跟踪出机谷物含水率动态的同时，兼顾能量损耗及谷物品质。其控制方案如图 30-78 所示。

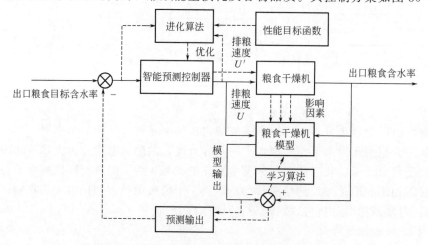

图 30-78　谷物干燥过程的智能优化控制结构

30.4.5　谷物干燥设备控制系统示例

本节以一种组合式多功能谷物干燥实验系统的连续干燥控制为例，介绍谷物干燥过程的一种支持向量机（support vector machines，SVM）优化的智能内模 PID 控制方法。

30.4.5.1　组合式多功能谷物干燥实验系统

本组合式多功能谷物干燥实验系统，在东北某机械有限公司投入使用，由机械系统和控制系统组成。

（1）机械系统

机械系统主要由湿谷仓、5HSHF10 型干燥机（2.06m×4.30m×5.3m）、干谷仓、胶带输送机、提升机及电动机等组成。现场系统装置如图 30-79 所示，机械结构如图 30-80 所示。

图 30-79　现场系统装置图（1∶120）

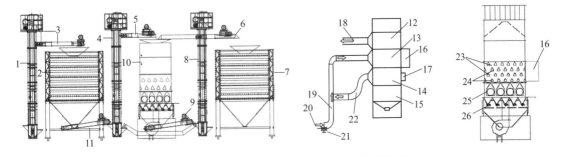

图 30-80　组合式多功能实验装置机械系统结构图

1,4,8—提升机；2—湿谷仓；3,5,6,9,11—皮带机；7—干谷仓；10—干燥机；12—储粮段；

13—组合式对流段；14—辐射段；15—排粮段；16—废气室；17—燃烧器；18—废气风道；

19—主热风道；20—冷空气；21—电动阀门；22—辐射段废气风道；23—进风角盒；

24—出风角盒；25—辐射筒；26—排粮辊

组合式多功能谷物干燥机的设计特点主要体现在图 30-80 中的谷物干燥装置中对流段的组合设计，可拆解组合，根据组合式对流段中进风角盒和出风角盒的排列形式不同，形成顺流干燥结构、顺逆流干燥结构或混流干燥结构，并能与红外辐射干燥段结合，形成三种对流干燥，分别与红外辐射干燥结合。

（2）控制系统

该谷物干燥系统的主控器为 PLC-S7300，主要对 3 台谷物提升机、5 台谷物胶带输送机以及供热风机、除尘风机、油炉电动机等进行启停控制，对混气电动阀门进行开度控制，对排粮辊电动机转速进行变频控制。在入粮口及排粮段均安装了电容式水分传感器。另外，有烘后粮温、热风温度等其他传感器。各传感器检测数值经 PLC 控制器采集后传送到计算机或触摸屏上进行存储、显示和计算，操作人员可通过计算机或触摸屏对干燥系统各设备进行远端监测和控制，在计算机中对实验数据进行分析处理与理论研究，进行不同干燥算法的设计与实验。图 30-81 为现场工作中的电柜及控制系统实物图。

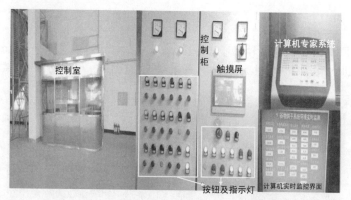

图 30-81　现场工作中的电柜及控制系统实物图

　　本算法主要基于组合式多功能谷物干燥实验装置的连续混流干燥工艺，对该谷物干燥机的小麦混流连续干燥过程进行控制。其连续干燥工艺过程为：谷物干燥机一端进湿物料，一端出干物料。谷物不断从干燥机顶端进入干燥机中，流经储粮段、混流段、辐射段和排粮段，最后通过提升机、皮带机将符合目标含水率的谷物送至干谷仓中。谷物不在干燥机内部循环流动，干燥机出口的谷物含水率即为最终含水率。

　　在混流干燥段中，自上而下交错排列着有规则布置的进、排气角状盒，这是混流干燥机的主要结构特点。如图 30-82，组合式多功能谷物干燥实验系统中 5HSHF10 型混流谷物干燥机的混流干燥段中，热空气通过多组进风角盒以相同的概率进入混流干燥段内的粮流中，对谷物在垂直方向上进行热质耦合干燥，热空气将热量传递给谷物，并带走谷物内部的水分，谷物被干燥，干燥后的废气经过多组有规则布置的出风角盒排入废气室，最后通过干燥机顶部的烘干废气管道排入大气。在此通风干燥过程中，热风在粮层中的运动既有顺流、逆流，又有错流方向，因此称为混流干燥。热风混流干燥过程中，辐射段未使用，因此在连续混流干燥模型中，将辐射段和排粮段看作缓苏段。

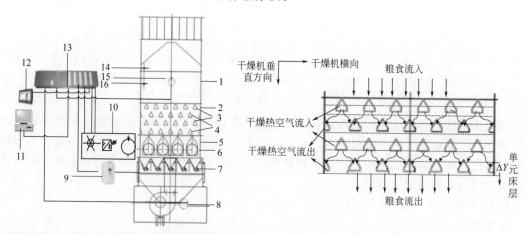

图 30-82　5HSHF10 型混流谷物干燥机

1—储粮段；2—对流段；3—进风角盒；4—出风角盒；5—辐射段；6—燃烧器；7—排粮辊；
8—出口谷物温度和含水率传感器；9—变频器；10—其他干燥参数监测传感器；11—计算机；
12—触摸屏；13—PLC；14—谷物上限位；15—入机谷物温度和含水率传感器；16—谷物下限位

　　整个干燥过程中，谷物靠其自重自上而下流动，其速度由干燥机底部的排粮辊来控制，排粮辊转速快，谷物在干燥机中经历的干燥时间短，出口谷物的含水率就高，反之亦然。因此，在谷物干燥过程中，出口谷物含水率是重要的被控变量，计算机可以依据合适的控制算法控制排粮辊电动机的转速，实现出口谷物含水率均匀一致的控制目标。

30.4.5.2 小麦连续混流干燥过程的数学模型描述

对小麦连续混流干燥过程建模时，忽略了干燥过程中谷物的温度变化，将谷物干燥看作一个等焓过程，即理想干燥过程，不考虑首批谷物（即干燥开始前充满干燥仓的谷物）在干燥机内的干燥情况，在建立单元谷物床层的薄层方程基础上，建立连续混流谷物干燥机的数学模型。

（1）单元谷物薄层方程

单元谷物薄层的干燥速率正比于该时刻的谷物含水率和该时刻干燥条件下平衡含水率的差值，如下式所示。

$$\frac{\mathrm{d}M}{\mathrm{d}t}=-K(M-M_\mathrm{e})$$

式中，M 为谷物的湿基含水率，用小数表示；K 为干燥常数，h^{-1}；t 为干燥时间，h。

假设单元床层的小麦含水率在 Y 方向分布均匀，其含水率看作平均含水率，代入上式中，得到公式如下。

$$\frac{\mathrm{d}\overline{M}}{\mathrm{d}t}=\frac{1}{\Delta Y}\int_0^{\Delta Y}-K(\overline{M}-M_\mathrm{e})\mathrm{d}y$$

式中，$\overline{M}=\frac{1}{\Delta Y}\int_0^{\Delta Y}M\mathrm{d}y$，小数（w.b.）；$K=\mu\mathrm{e}^{-r/[4.8(T_\mathrm{a}+273)]}$；$\mu$、$r$ 为干燥系数；M_e 为该时刻干燥条件下的平衡含水率（EMC），用下式表示。

$$M_\mathrm{e}=0.01\mathrm{e}^{\alpha+\beta/[4.8(T_\mathrm{a}+273)]}$$

式中，T_a 为热空气温度，℃；α、β 为谷物参数。

于是得到下式：

$$\frac{\mathrm{d}\overline{M}}{\mathrm{d}t}=\frac{1}{\Delta Y}\int_0^{\Delta Y}-\mu\mathrm{e}^{-r/[4.8(T_\mathrm{a}+273)]}[\overline{M}-0.01\mathrm{e}^{\alpha+\beta/4.8(T_\mathrm{a}+273)}]\mathrm{d}y$$

在微单元体内，忽略谷物温度变化带来的能量损失，得到空气和谷物的热平衡方程如下：

$$c_\mathrm{a}V_\mathrm{a}(1\mathrm{d}x)\mathrm{d}T_\mathrm{a}=h_\mathrm{g}V_\mathrm{g}(1\mathrm{d}x)\mathrm{d}M$$

式中，c_a 为干空气比热容，kJ/(kg·℃)；V_a 为空气流速，kg(湿物质)/(h·m²)；V_g 为排粮速度，kg(湿物质)/(h·m²)；$\mathrm{d}T_\mathrm{a}$ 为单元床层内热空气的温度变化，℃；h_g 为蒸发潜热，kJ/kg；$\mathrm{d}M$ 为单元床层内谷物含水率的变化（w.b.）。

谷物在单元谷物床层的驻留时间 $\mathrm{d}t$ 的计算公式如下式所示：

$$\mathrm{d}t=\frac{\rho_\mathrm{g}}{V_\mathrm{g}}\mathrm{d}y$$

式中，ρ_g 为谷物密度，kg(湿物质)/m³。

综合以上方程，最后得到谷物干燥机内单元薄层的干燥方程为：

$$\begin{cases}\dfrac{\mathrm{d}\overline{M}}{\mathrm{d}t}=\dfrac{1}{\Delta Y}\int_0^{\Delta Y}-\mu\mathrm{e}^{-r/[4.8(T_\mathrm{a}+273)]}(\overline{M}-0.01\mathrm{e}^{\alpha+\beta/[4.8(T_\mathrm{a}+273)]})\mathrm{d}y\\[3mm]\dfrac{\mathrm{d}y}{\mathrm{d}t}=\dfrac{V_\mathrm{g}}{\rho_\mathrm{g}}\\[3mm]\dfrac{\mathrm{d}T_\mathrm{a}}{\mathrm{d}y}=\dfrac{h_\mathrm{g}V_\mathrm{g}}{c_\mathrm{a}V_\mathrm{a}}\times\dfrac{\mathrm{d}M}{\mathrm{d}y}\end{cases}$$

对上述方程组进行简化并求解，得到干燥机中单元谷物薄层的含水率方程如下：

$$\frac{\mathrm{d}\overline{M}}{\mathrm{d}y} = -k_1(\overline{M}-M_{e1})/[V_g(1/\rho_g + k_1\overline{M}c_1\gamma - k_1M_{e1}c_2\gamma)]$$

式中，$k_1 = \mu\mathrm{e}^{-r/[4.8(T_1+273)]}$；$M_{e1} = 0.01\mathrm{e}^{\alpha+\beta/[4.8(T_1+273)]}$；$\alpha = -20.4+0.075T_1$；

$\beta = 12522-37.3T_1$；$\gamma = \dfrac{h_g\times0.9\Delta Y}{c_aV_a}$；$c_1 = \dfrac{1-\mathrm{e}^{r/4.8(T_1+273)}-r/618}{4.8(T_1+273)-618}$；

$c_2 = \dfrac{1-\mathrm{e}^{(r-\beta)/[4.8(T_1+273)]}-(r-\beta)/618}{4.8(T_1+273)-618}$

因此，假设某采样时刻的第 $(j-1)$ 个单元的平均谷物含水率为 $\overline{M_{j-1}}$，将干燥机中单元谷物薄层的含水率方程差分离散化后，得到的第 j 个单元薄床层的谷物含水率为：

$$\overline{M_j} = \overline{M_{j-1}} - k_1(\overline{M_{j-1}}-M_{e1})\Delta Y/[V_g(1/\rho_g + k_1\overline{M_{j-1}}c_1\gamma - k_1M_{e1}c_2\gamma)]$$

（2）连续混流干燥机深床含水率分布模型

建立连续混流谷物干燥机干燥过程的深床含水率分布模型时，将混流段的谷物床层等分为一系列薄层，每个单元床层的厚度 ΔY 非常小，假设每个单元床层内谷物温度和含水率分布均匀，其中干燥段等分成 n 层，缓苏段等分为 k 层，如图 30-83（a）所示。

干燥机干燥过程数学模型的计算步骤如下：a. 在干燥段，干燥气流依次通过各层，利用某一层气流和谷物的干燥状态，计算下一层气流和谷物的干燥状态。这样在 Δt 时间间隔内，依据差分离散化后的单元谷物薄层的含水率方程进行计算，气流和谷物状态的变化可以依次通过各薄层进行计算。b. 如图 30-83（b）所示，下一个 Δt，将混流干燥段的谷物最低一层薄层去掉，而在原来的第一薄层位置处加入一层新的薄层，再按照步骤 a 进行计算；这样不断重复计算 a、b 过程，即可以计算得到任意采样时刻的干燥段各单元谷物薄层的含水率分布。

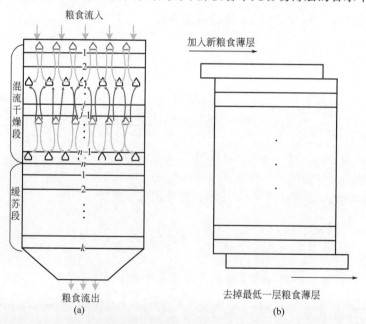

图 30-83　混流干燥机模型结构图

（3）连续混流干燥机模型数值模拟

干燥机中每个单元谷物薄床层的厚度 ΔY 为 0.05mm，去掉角盒尺寸，可将整个混流干燥段分成 20 个单元谷物薄层。在模拟软件中，选用的排粮速度为 2400kg（湿物质）/（h·

m²），干燥热风温度为 100℃，小麦的初始含水率为 20％。在该干燥条件下，模拟了首批小麦排出干燥机后，干燥机内小麦含水率的分布情况，如图 30-84 所示。从该图可以看出，因不考虑干燥机内的首批小麦，在每一个采样时刻，混流干燥段内的小麦含水率按单元薄床层序号增加的方向从高到低分布，序号越大的单元薄床层的小麦在干燥机中经历的干燥时间越长，其含水率也越低。因此，每一采样时刻的干燥段内各单元床层的小麦含水率数值，也反映了不同干燥时间对小麦含水率的影响。其中，干燥段入口单元床层的小麦含水率最高，出口的谷物床层的小麦含水率最低。另外，在连续混流干燥实验过程中，如果干燥条件、排粮速度和物料等基本参数不变，各采样时刻的干燥机内的各单元床层的谷物含水率分布也不会发生变化。图 30-85（a）为排粮速度为 2400kg(湿物质)/(h·m²) 时，不同热风温度下，混流干燥段内各单元薄层的小麦含水率分布。从该图可以看出，干燥段热空气温度越高，同一单元谷物薄层的小麦含水率越低。因此，不同热空气温度对小麦的干燥速率影响较大。图 30-85（b）为热风温度为 100℃时，不同排粮速度下混流干燥段内的小麦含水率分布，从该图可以看出，排粮速度影响干燥机内的谷物含水率分布，排粮速度越低，同一单元薄层的小麦含水率越低，反之亦然。在以下干燥机控制算法设计中，假设热风温度为常量，通过控制谷物干燥机的排粮辊电动机转速，使出口谷物含水率达到目标值。

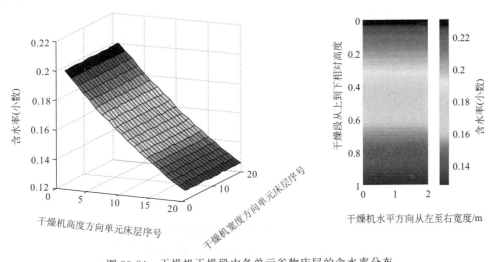

图 30-84　干燥机干燥段中各单元谷物床层的含水率分布

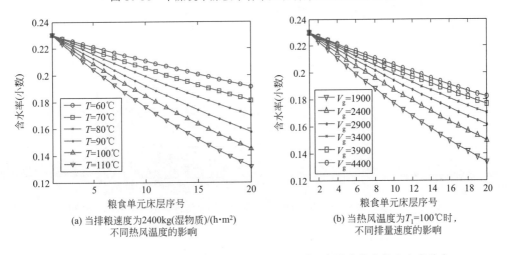

(a) 当排粮速度为2400kg(湿物质)/(h·m²) 不同热风温度的影响

(b) 当热风温度为 T_1=100℃时，不同排量速度的影响

图 30-85　连续混流干燥时，干燥机干燥段中不同因素影响的谷物含水率分布

30.4.5.3　控制问题分析

控制需求：a. 干燥过程中热介质温度的控制；b. 出口谷物含水率的控制。

本实例中选择组合式谷物干燥实验系统的出口小麦含水率作为被控对象，采取恒温控速法。假设在一定时间范围和环境条件下，对于某一批小麦干燥而言，其初始小麦温度和含水率、环境温度、热风温度、热风和冷却风风量可认为基本不变，其变化量可作为小麦干燥过程控制中的干扰量，通过检测出口小麦含水率，依据小麦干燥过程中各影响因素，设计智能控制算法控制排粮辊电动机转速，从而实现对小麦在干燥机内烘干时间的控制。

控制系统的各变量选择如下。①被控变量：出口小麦含水率；②控制变量：排粮辊电动机转速；③干扰量：入机小麦含水率、各热风段温度、湿度，环境温度和湿度变化等，其中，入机小麦含水率和热风温度变化是比较重要的干扰因素，可看作前端已知输入干扰量，其他不确定因素导致的输出变化可看作未知输出干扰量。控制过程中可根据干扰信号不同，采取不同的滞后控制措施。

30.4.5.4　谷物干燥的遗传优化支持向量机的内模型控制器设计

本研究基于支持向量机回归内模控制（internal model control based on SVM，SVM-IMC）理论，结合 PID 控制器和遗传算法，提出了遗传优化支持向量机内模 PID 算法（genetically-optimized supported vector machine regression internal model PID controller，以下简称 GO-SVR-IMPC），实现了组合式多功能谷物干燥实验系统的小麦混流连续干燥过程的控制仿真，仿真结果证明了该算法的有效性。

内模型和逆模型的精确性对内模控制系统的设计非常重要，支持向量机内模控制能综合考虑谷物干燥过程中的各参数状态，学习谷物干燥过程中的输入、输出关系，逼近谷物干燥的非线性过程，实施连续干燥过程的精确控制。

（1）控制器设计

遗传优化的支持向量机内模型 PID 控制器结合 PID 控制、遗传算法、SVM 算法和内模控制算法的控制结构设计如图 30-86 所示，该控制系统包括控制对象 D（混流连续干燥的干燥模型），一个 SVM 逆模型控制器 C，一个 SVM 预测模型（即内部模型 M）、一个 PID 控制器 P 及遗传优化算法 G。u_C 为控制器 C 的输出，u_P 为控制器 P 的输出，u 为控制器 C 和 PID 控制器 P 的控制叠加。

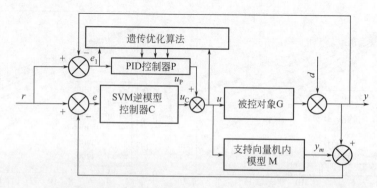

图 30-86　基于 SVM 和遗传算法的谷物干燥的非线性智能预测控制器结构

当 $k \geqslant m+1$，PID 控制器输出如下所示：

$$u_P(k) = u_P(k-1) + k_p \Delta e_1(k+\alpha) + k_i e_1(k+\alpha) + k_d [\Delta e_1(k+\alpha) - e_1(k+\alpha-1)]$$

其中，$e_1(k+\alpha)=r(k+\alpha-1)-y(k+\alpha-1)$；$\Delta e_1(k+\alpha)=e_1(k+\alpha)-e_1(k+\alpha-1)$

逆模型控制器的输出如下：

$$u_C(k)=f_{svr2}[e(k+\alpha),e(k+\alpha-1),\cdots,e(k+\alpha-n),u_C(k-1),\cdots,u_C(k-m)]$$

其中，$e(k+\alpha)=r(k+\alpha-1)-[y(k+\alpha-1)-y_m(k+\alpha-1)]$

被控对象和内模型输入 $u(k)$ 如下：

$$u(k)=u_C(k)+u_P(k)$$

内模控制器实际输出如下：

$$y_m(k+\alpha)=f_{svr1}[y_m(k+\alpha-1),\cdots,y_m(k+\alpha-n),u(k),\cdots,u(k-m)]$$

被控对象实际输出如下：

$$y(k)=f[y(k-1),\cdots,y(k-n),u(k-\alpha),\cdots,u(k-\alpha-m)]$$

（2）控制性能指标函数

从超调性、上升时间、精确性和能量损耗的角度，建立了谷物干燥过程的性能指标函数如下：

$$\text{if}\,|e(k)|>\xi\,\text{then}\,J=\sum_{k=1}^{N-1}[w_1|e(k)|+w_2u^2(k)+w_5|erry(k)|]+w_3t_r+w_4^*E$$

式中，E 为干燥过程中所有采样时刻能耗的总和；$e(k)$ 为系统误差；$u(k)$ 为控制器输出；t_r 为上升时间；w_1，w_2，w_3，w_4，w_5 为权值；N 为采样总数目。为避免超调，在目标函数中加入惩罚函数，ξ 为控制的超调量大小，一旦超调发生，惩罚函数将首先被用作最优指标，其 $erry(k)=y(k)-y(k-1)$，$y(k)$ 是被控对象的输出。

$$E=\sum_{k=1}^{N}h_gV_g(\overline{M}_k-\overline{M}_i)\Delta t$$

式中，h_g 为蒸发潜热，kJ/kg；V_g 为排粮速度，kg/h；$\overline{M}_k$ 为干燥段出口第 k 个采样时刻的平均粮食含水率，小数（w.b.）；$\overline{M}_i$ 为干燥机入机粮食平均含水率，小数（w.b.）；Δt 为粮食在干燥机中每个单元粮食薄床层中经历的干燥时间，h。

（3）遗传优化

利用遗传算法优化控制器结构中的 k_p、k_i、k_d 三个参数，使优化后的支持向量机内模型 PID 控制器能更好地控制谷物干燥过程。

控制优化的具体步骤如下。

① 遗传优化算法的初始参数值：进化代数为 60；种群规模为 10；优化个体数为 3。

② 适应度函数选择前述已建立的性能目标函数公式 J，其权重系数 w_1，w_2，w_3，w_4 和 w_5 分别为：0.999，0.001，2，0.00015，100。

③ 基于遗传算法原理和 GO-SVR-IMPC 控制原理，在 MATLAB 中编写控制优化程序。每次迭代中调用 GO-SVR-IMPC 模型，计算控制性能目标值，并把该值作为个体适应度值，对种群中的个体进行选择、交叉和变异，最终经过各代进化，具有最小适应度值的个体即为最优个体。选择、交叉和变异的概率分别为 0.9、0.6 和 0.01。

④ 将优化后的控制参数值赋给 GO-SVR-IMPC 控制器，并按控制器控制算法流程对谷物干燥过程进行最优控制。

本研究中遗传优化算法最优个体适应度值的变化过程如图 30-87 所示。最终经 38 代进化，得到的最优目标函数值 J 为 57.4813，最优 PID 参数值分别为 4.9983、-9.8891 和 -0.1559。

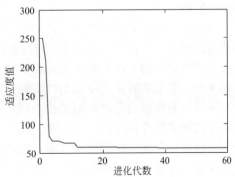

图 30-87　遗传优化算法的适应度曲线

（4）控制流程

① 首先采用 SVM 算法训练系统的内部模型 M 和逆模型 C。

② 其次输入参考信号，确定采样时间，控制性能指标函数；初始化系统的输入、输出和控制器初始参数。

③ 在每一采样时刻，当 $k \geqslant (m+1)$ 时，构造逆模型控制器 C 的实际输入，根据辨识的被控对象的逆模型计算逆模型的实际输出；按照 PID 控制规律计算 PID 的输出；再分别计算被控对象的输入 u、输出、控制误差、控制器的性能指标函数，以及利用遗传算法选择最优控制参数等。

④ 如果控制器的性能指标函数不满足要求，则返回步骤②重新计算，或返回步骤①重新训练内部模型和逆模型；如果满足要求，则选择控制参数进行控制并输出控制结果。

30.4.5.5　控制仿真实验与结果分析

在控制性能仿真中，假设 30.4.5.2 节建立的小麦混流连续干燥过程的数学机理模型预测误差为零，模拟实际谷物干燥过程，将其作为本控制器的控制对象，被控变量选择为组合式谷物干燥实验系统干燥段出口的平均谷物含水率值。假设该实验装置的干燥段滞后时间为 20 个采样时间，同时假设干燥段出口谷物含水率的滞后时间为 1 个采样时刻（现场控制过程中可根据实际情况进行调整）。假设需要干燥的谷物初始含水率为 23%，最终控制的出口谷物含水率目标值为 15%。

首先基于实际谷物干燥过程中的各输入输出信息，建立出口谷物含水率的支持向量机预测模型和逆模型，根据如图 30-86 所示的智能内模控制算法，计算谷物干燥过程的最优排粮辊的电动机转速值，传送给 PLC 变频控制模块，从而实现对排粮辊电动机转速的调整。

（1）跟踪控制结果与分析

为了测试控制器的控制效果，对正弦信号、三角波信号、阶跃信号和方波信号四种输入信号进行跟踪控制仿真，仿真结果如图 30-88。从图中可以看出，GO-SVR-IMPC 控制器能快速调整干燥段出口谷物含水率达到目标值 15%（湿基），仅用 50 个采样时间即可使输出误差的绝对值小于 0.02，并且最后的稳定误差在 $10^{-13} \sim 10^{-10}$ 数量级内。从以上仿真结果可以看出，GO-SVR-IMPC 控制器能够精确实现四种典型目标信号下的跟踪控制，具有良好的动态性能和较高的跟踪精度。

（2）鲁棒性测试结果与分析

通过两个鲁棒性测试来评估 GO-SVR-IMPC 控制器对参数突然变化的响应能力：热空气温度的突然变化和入机谷物含水率的突然变化，并观察控制信号调整后干燥段出口谷物含水率的输出。

如图 30-89（a），假设在 $k > 200$ 时，热空气温度变为 110℃。从图 30-89（a）可以看出，当热风温度突然升高为 110℃时，为避免谷物过干燥，此时控制器能立即响应该变化，增大排粮流速抵消谷物温度升高产生的影响，从而使下一采样时刻的谷物经过每一个谷物薄层的时间减少，最后重新使干燥段出口谷物含水率达到目标值。系统输出和控制误差如图 30-89（b）所示，系统输出与目标值的稳态误差几乎为零，符合谷物干燥机控制的要求，从而证明了该控制器的鲁棒性。

入机谷物含水率的变化是谷物干燥过程中影响最大的干扰因素。第二个鲁棒性测试用来评估控制器处理这种干扰的能力，测试结果如图 30-90 所示。如图 30-90（a）所示，在采样点 $k = 200$ 时入机谷物含水率突然改变为 29%（湿基），然后在采样点 $k = 400$ 又突然改变为

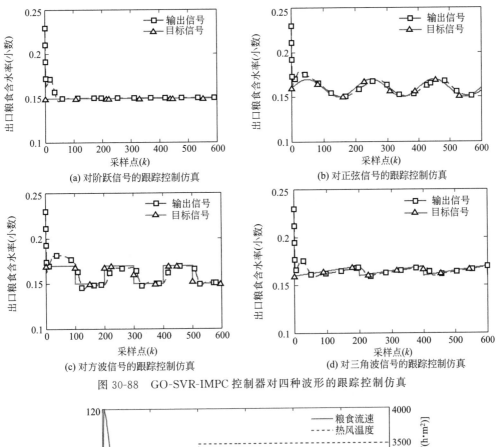

(a) 对阶跃信号的跟踪控制仿真

(b) 对正弦信号的跟踪控制仿真

(c) 对方波信号的跟踪控制仿真

(d) 对三角波信号的跟踪控制仿真

图 30-88　GO-SVR-IMPC 控制器对四种波形的跟踪控制仿真

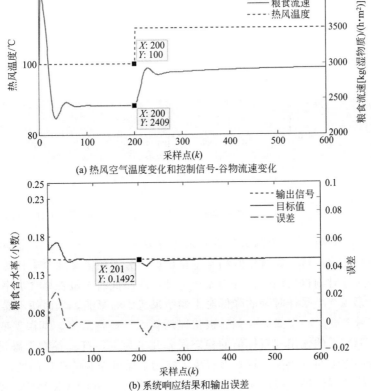

(a) 热风空气温度变化和控制信号-谷物流速变化

(b) 系统响应结果和输出误差

图 30-89　GO-SVR-IMPC 控制器的鲁棒性测试结果 1 和信号变化时序关系

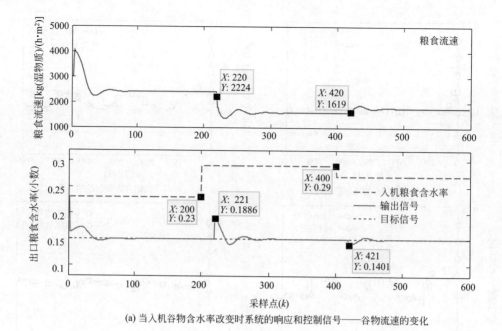

(a) 当入机谷物含水率改变时系统的响应和控制信号——谷物流速的变化

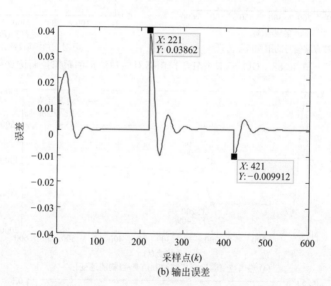

(b) 输出误差

图 30-90　GO-SVR-IMPC 控制器的鲁棒性测试结果 2 和信号变化时序关系

27%（湿基），为不影响还在干燥段其他谷物的干燥效果，控制信号不是立即响应，而是提前计算最优排粮转速值，待干燥段中谷物全部排出后，分别在第 220 个采样时刻使谷物流速下降和第 420 个采样时刻再次调整使谷物流速上升，从而抵消入机谷物含水率在第 200 个采样时刻的升高和第 400 个采样时刻的降低对干燥结果造成的影响，从而使干燥段出口谷物含水率能在控制信号改变的一个滞后时刻后被快速调整到目标含水率。其误差变化如图 30-90（b）所示，系统调整后的输出与目标值的稳态误差几乎为零，符合谷物干燥机控制的要求，从而证明了该控制方法的鲁棒性，较好地解决了谷物干燥机控制的滞后问题。

　　上述两个鲁棒性测试进一步证明了在系统参数改变时，GO-SVR-IMPC 控制器能快速、稳定地响应参数变化，调整输出到目标值，证明了该控制器在谷物干燥机控制中的有效性。

（3）抗干扰性测试结果与分析

通过对控制系统输出施加两种不同的阶跃扰动信号，考察 GO-SVR-IMPC 抵消外部扰动或测量噪声影响的抗干扰特性。其一在 $k=150$ 处施加幅值为 0.05 的阶跃扰动信号，其二在 $k=500$ 处施加幅值为 -0.04 的阶跃扰动信号，观察控制信号调整后干燥段出口谷物含水率的输出。输入目标信号为幅值为 0.15 的阶跃信号，模拟目标为 15％的最终出口谷物含水率。该控制器的抗干扰测试结果如图 30-91 所示。从图中可以看出，当存在干扰信号时，GO-SVR-IMPC 可以通过快速调整控制信号到一个合适的值来迅速抵消干扰的影响，并且当干扰信号消失后，又可以快速地恢复被控对象的输出到期望目标值。同时，系统与目标值之间的输出稳态误差较小，几乎为零（$10^{-13} \sim 10^{-5}$ 数量级）。仿真结果表明该控制器抗干扰能力较好，能够满足本研究中的控制要求。

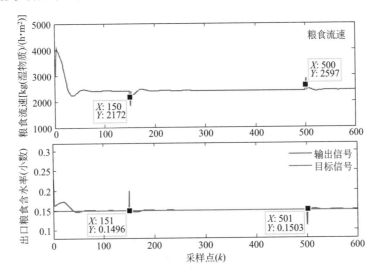

图 30-91　GO-SVR-IMPC 控制器的抗干扰测试结果和信号变化时序关系

当分别在采样点 $k=150$ 和 $k=500$ 处施加两种不同干扰时的控制信号-谷物流速变化和系统输出

（4）控制器比较结果与分析

由于常规 PID 控制器在谷物干燥机控制中应用较多，为进一步验证 GO-SVR-IMPC 的控制性能，有必要将其性能与传统控制器进行比较。本研究将该控制器与 SVR-IMC 控制器和 PID 控制器的控制性能进行了比较。为了保证比较结果的合理性，同样用遗传优化方法对 PID 控制器的初始参数进行了优化。

表 30-29 总结了基于误差平方准则（integral square of errors，ISE）公式 $ISE = \sum_{k=m+1}^{N} e^2(k)$ 和性能目标值 J 的比较结果。图 30-92 比较了当目标信号为正弦波时各控制器的跟踪控制结果。

表 30-29　三种控制器 *ISE* 值和 *J* 值比较

谷物干燥系统控制器	ISE	J
GO-SVR-IMPC 控制器	0.0041	65
GO-SVR-IMC 控制器	0.0066	70
遗传优化 PID 控制器	4.54	672

类似于上述鲁棒性测试，PID 控制器的抗干扰性和鲁棒性测试结果如图 30-93 所示。

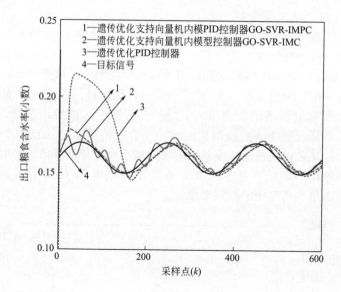

图 30-92 几种控制器的跟踪控制仿真结果比较

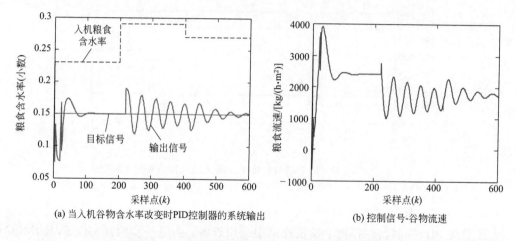

(a) 当入机谷物含水率改变时PID控制器的系统输出   (b) 控制信号-谷物流速

图 30-93 PID 控制器的抗干扰性和鲁棒性测试结果

从图 30-92 和表 30-29 可以看出，PID 控制器在信号的起始阶段具有比较大的超调和振荡，其 ISE 和 J 值较大；GO-SVR-IMC 控制器在目标值附近有较小的振荡现象，但控制性能指标 ISE 和 J 值均比 PID 控制器小。

从图 30-93 PID 控制器的抗干扰性测试可以看出，PID 控制器在非线性系统的抗干扰控制性能方面控制效果不理想，当入机谷物含水率改变时，表现出了不理想的振荡行为。

30.4.5.6 总结

GO-SVR-IMPC 控制器可实现四种典型目标输入信号的跟踪控制，控制过程中超调小，能快速精确地控制输出到目标值，稳态误差为 10^{-13} 数量级，具有良好的动态性能和较高的控制精度。当非线性系统参数发生改变时，控制系统能根据干扰信号的不同采取不同的应对措施，并在相应采样时刻后调整控制信号，抵消干扰影响，从而调整系统输出到目标值，具有较强的抗干扰性和鲁棒性。与其他被比较的控制器相比，具有调整时间短，超调量、性能指标 ISE 和稳态误差值小的优点，进一步验证了该控制算法的优越性。

参考文献

［1］ 赵思梦. 粮食干燥技术［D］. 郑州：郑州粮食学院，1987.

［2］ Bakker-Arkema F W, Brooker B. Drying and storage of grains and oilseeds. AVI Publishing Co Inc, 1992.

［3］ FAO Food and Agricultural Association. Paddy drying manual, 1989.

［4］ 粮食干燥编写组. 粮食干燥. 北京：中国财经出版社，1983.

［5］ 金国淼，等. 干燥设备设计. 上海：上海科学技术出版社，1983.

［6］ Hall C W. Drying and storage of agricultural crops. Westport, Conn: AVI Publishing Co Inc, 1980.

［7］ Mujumdar A S. Handbook of Industrial Drying. New York: Marcel Dckker Inc, 1995.

［8］ 中国农业机械化研究院. 农业机械设计手册（下册）. 北京：机械工业出版社，1990.

［9］ 伴敏三栄. 人工干燥中水稻爆腰的试验研究. 东京：日本农业机械化研究所，1976.

［10］ 桐栄良三. 干燥装置手册. 上海：上海科学出版社，1983.

［11］ Mujumdar A S. Drying of solids. New York: Marcel Dckker Inc, 1992.

［12］ 邵耀坚，等. 谷物干燥机的原理和构造. 北京：机械工业出版社，1985.

［13］ Bakker-Arkema F W. Drying cereal grains. Westport, Conn: AVI Publishing Co Inc, 1974.

［14］ 胡景川. 农产物料干燥技术. 杭州：浙江大学出版社，1988.

［15］ 金兹布尔格. 食品干燥原理与技术基础. 北京：中国轻工业出版社，1986.

［16］ АНАЗЕВИЧ В. СУШКА ЗЕРНА, 1989.

［17］ Thyagaraian T, Shamugam J. Principle and applications to model based control of drying systems—Review . Drying Technology, 1998（6）: 931.

［18］ Carl Duchesne. Dynamics and assessment of some control strategies of a simulated industrial rotary dryer. Drying Technology, 1997,（2）: 477.

［19］ Perrot N, Bonazzic. Application of fuzzy rule based models to prediction of quality degradation of rice during hot air drying . Drying Technology, 1998（8）: 1533.

［20］ Kaminski W, Strumillo C. Optimal control of bioproduct drying with respect to product quality. Chemical Engineering and Processing, 1992, 31: 125-129.

［21］ Liu Q, Bakker-Arkema F W. A model predictive controller for grain drying. Journal of food engineering, 2001, 49: 321-376.

［22］ Liu Q, Bakker-Arkema F W. Automatic Control of Crossflow Grain Drying. ASAE-paper（99）: 6026.

［23］ Forbes J F, Jacobson B A. Model based control strategies for commercial grain drying systems. Canadian Journal of Chemical Engineering, 1984, 62: 773-779.

［24］ Mujumdar A S. Handbook of industrial drying. 3th ed. Boca Raton: Crc Press, 2006.

［25］ 曹崇文，朱文学. 农产品干燥工艺过程的计算机模拟. 北京：中国农业出版社，2001.

［26］ 郝立群，白岩，董梅. 玉米干燥中的能耗. 粮食加工，2005,（2）: 29-31.

［27］ 何翔，王军. 低温真空连续干燥技术及其塔形设备研制初步探讨. 干燥技术与设备，2006, 4（3）: 158-161.

［28］ 潘永康，王喜忠，刘相东. 现代干燥技术. 2版. 北京：化学工业出版社，2007.

［29］ 徐成海，陆国柱，谈治信，等. 真空设备选型与采购指南. 北京：化学工业出版社，2013.

［30］ 徐成海，张世伟，关奎之. 真空干燥. 北京：化学工业出版社，2004.

［31］ 徐成海，张世伟，谢元华，等. 真空低温技术与设备. 北京：冶金工业出版社，2007.

［32］ 尹丽妍，于辅超，吴文福，等. 谷物低温真空干燥机理的探讨. 中国粮油学报，2006, 21（5）: 129-132.

［33］ 赵祥涛. 高水分玉米真空低温干燥工艺生产性试验研究. 干燥技术与设备，2007, 5（4）: 202-205.

［34］ 张志军，张世伟，唐学军，何祥. 连续真空干燥. 北京：科学出版社，2015.

［35］ Chen Z. Primary drying forces in wood vacuum drying. Virginia: Virginia University, 1997.

［36］ Chen Z, Lamb F M. Analysis of the Vacuum Drying Rate for Red Oak in a Hot Water Vacuum Drying System. Drying Technology, 2007, 25（3）: 497-500.

［37］ Erriguible A, Bernada P, Couture F, et al. Simulation of vacuum drying by coupling models. Chemical Engineering and Processing: Process Intensification, 2007, 46（12）: 1274-1285.

［38］ Fortes M, Okos M R. Change in physical properties of corn during drying. Transaction of the ASAE, 1980, 23（4）: 1004-1008.

［39］ Fortes M, Okos M R. Non-Equilibrium Thermodynamics Approach to Heat and Mass Transfer in Corn Kernels. Transactions of the ASABE, 1981, 24（3）: 761-769.

［40］ Fortes M, Okos M R, Barrett Jr J R. Heat and mass transfer analysis of intra-kernel wheat drying and rewetting. Journal of Agricultural Engineering Research, 1981, 26（2）: 109-125.

［41］ Kohout M, Collier A P, Stepanek F. Vacuum Contact Drying Kinetics: An Experimental Parametric Study. Drying Technology, 2007, 23（9）: 1825-1839.

［42］ 刘相东. 干燥过程原理研究概况. 干燥技术与设备, 2004（3）: 3-4.

［43］ 曹崇文, 汪喜波. 粮食干燥机的自动控制. 现代化农业, 2002, 02: 40-44.

［44］ 李国昉, 毛志怀, 齐玉斌. 粮食干燥过程控制. 中国粮油学报, 2006, 21（2）: 107-110.

［45］ 韩峰, 吴文福, 朱航. 粮食干燥过程控制现状及发展趋势. 中国粮油学报, 2009, 05: 150-153.

［46］ Liu Q, Arkema F W B. pH—Postharvest technology: Automatic control of crossflow grain dryers, Part 1: Development of a process model. Journal of Agricultural Engineering Research, 2001, 80（1）: 81-86.

［47］ Liu Q, Arkema F W B. pH—Postharvest technology: Automatic control of crossflow grain dryers, Part 2: Design of a model-predictive controller. Journal of Agricultural Engineering Research, 2001, 80（2）: 173-181.

［48］ Liu Q, Arkema F W B. pH—Postharvest technology: Automatic control of crossflow grain dryers, Part 3: Field testing of a model-predictive controller. Journal of Agricultural Engineering Research, 2001, 80（3）: 245-250.

［49］ 李长友, 班华. 基于深层干燥解析理论的粮食干燥自适应控制系统设计. 农业工程学报, 2008, 24（4）: 142-146.

［50］ 赵勇, 王士军, 刘敦宁, 等. 基于自适应逆控制技术的连续流粮食干燥系统研究. 中国农机化学报, 2015, 36（2）: 107-110.

［51］ Dhib R. Infrared Drying: From Process Modeling to Advanced Process Control. Drying Technology, 2007, 25（1）: 97-105.

［52］ Nabil M, Abdel-Jabbar, Rami Y, et al. Multivariable process identification and control of continuous fluidized bed dryers. Drying Technology, 2002, 20（7）: 1347-1377.

［53］ Abukhalifeh H, Dhib R, Fayed M E. Model Predictive Control of an Infrared-Convective Dryer. Drying Technology, 2005, 23（3）: 497-511.

［54］ Zhang Q, Litchfield J B. Knowledge representation in a grain drier fuzzy logic controller. Journal of Agricultural Engineering Research, 1994, 57（4）: 269-278.

［55］ Taprantzis A V, Siettos C I, Bafas G V. Fuzzy control of a fluidized bed dryer. Drying Technology, 1997, 15（2）: 511-537.

［56］ Francisco A, Cubillos E V, Gonzalo A, et al. Rotary Dryer Control Using a Grey-Box Neural Model Scheme. Drying Technology, 2011, 29（15）: 1820-1827.

［57］ Lutfy O F, Selamat H, Noor S B M. Intelligent Modeling and Control of a Conveyor Belt Grain Dryer Using a Simplified Type 2 Neuro-Fuzzy Controller. Drying Technol, 33（10）: 1210-1222, 2015.

［58］ 张晓华, 陈宏钧, 王卓军, 等. 新型产生式模糊控制器在粮食烘干系统中的应用. 控制理论及其应用年会论文集, 1991: 685~688.

［59］ Aghbashlo M, Hosseinpour S, Mujumdar A S. Application of Artificial Neural Networks（ANNs）in Drying Technology: A Comprehensive Review. Drying Technology, 2015, 33（12）: 1397-1462.

［60］ Mansor H, Mohd N S B, Raja A R K, et al. Intelligent control of grain drying process using fuzzy logic controller. Journal of Food Agriculture & Environment, 2010, 8（2）: 145-149.

［61］ Han F. Corn Drying Process Digital Simulation, Control and Expert System Technology. Changchun: Jilin University, 2010.

［62］ Li J, Xiong Q, Wang K, Shi X, Liang S. A recurrent self-evolving fuzzy neural network predictive control for microwave drying process. Drying Technology, 2016, 34（12）: 1434-1444.

［63］ Wu J, Yang S X, Tian F. An adaptive neuro-fuzzy approach to bulk tobacco flue-curing control process. Drying Technology, 2017, 35（4）: 465-477.

［64］ 刘拥军, 董春宵, 杨斌, 等. 基于神经网络算法的粮食智能控制系统研究. 计算机与数字工程, 2016,（7）: 1271-1276.

[65]　吕孝荣. 粮食烘干过程智能控制的理论与试验研究 [D]. 沈阳：东北大学，2005.

[66]　韩峰. 玉米干燥过程数字模拟、控制及工艺专家系统 [D]. 长春：吉林大学，2010.

[67]　李国防. 连续式粮食干燥智能控制技术研究. 北京：中国农业大学，2006.

[68]　Dai A, Zhou X, Liu X, et al. Intelligent control of a grain drying system using a GA-SVM-IMPC controller. Drying Technology, 2018, 36（1）：1-23.

（张志军，代爱妮，曹崇文）

　　张志军撰写了"30.3.10　塔式连续真空干燥"；代爱妮撰写"30.4　谷物干燥设备的自动控制"；其余部分为曹崇文撰写。

第31章

乳品及糖类的干燥

31.1 乳品的干燥

31.1.1 引言

乳品干燥的目的是使制品的保存期延长，重量减轻，便于运输和储存。经工业化处理的乳品有：全脂乳粉、脱脂乳粉、乳清粉、富脂乳粉、豆乳粉、奶茶粉、酪蛋白、冰淇淋粉、奶油等。在这些乳制品中有加糖品种和不加糖品种，并可制成速溶或普通品种。乳制品营养价值高，口感好，已日益为人们所重视，故乳制品的加工技术和生产规模发展很快，使加工后的乳制品复溶性好、营养组成保存全面、成本降低。

在众多的乳制品加工中采用的主要方法是喷雾干燥法。它经历了卧箱式喷雾干燥、单塔立式喷雾干燥和喷雾-多级干燥。目前我国的乳品工业已有多家工厂采用多级干燥法生产乳粉，取得了很好的效果。世界上规模最大的牛乳喷雾干燥装置建于新西兰，其生产能力接近10t/h，我国乳粉厂规模大多在1t/h以下。

31.1.2 喷雾干燥器的组成及形式

31.1.2.1 干燥室

干燥室的形状、大小与雾化器的形式、空气分布器、尾气排出管、排粉方式有关，取决于乳品的性质和对制品的要求。乳品工业用的各种干燥室见图31-1。

① 水平并流型［图31-1(e)］Blaw-Knox，Rogers公司的产品类型，是几十年前使用最多的一种，仅适用于喷嘴方式和生产能力不大的工厂，因很难避免空气流的"死角"区，物料相对停留时间较长，对乳品质量会有影响，虽然它对厂房的要求比较低，但仍属于淘汰的类型，目前已极少见。

② 垂直下降并流型［图31-1(a)～(d)］的热气流和液滴相接触，虽然气流温度高，其热量都供给水分蒸发，但实际液滴表面温度接近湿球温度，故仍能保持物料原有特性，是乳品干燥中的主要形式。尤其是图31-1中（a）、（b）两种用得十分普遍。这种形式的缺点是干燥后的乳粉较易形成空心球粒而使容重降低。

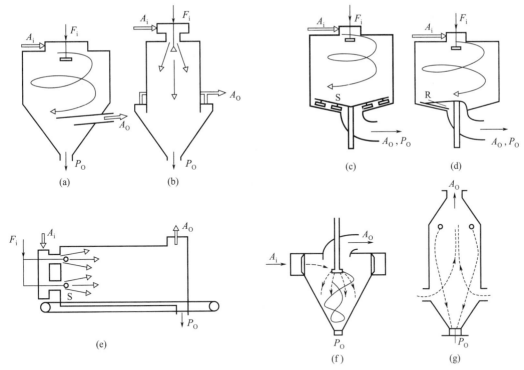

图 31-1　干燥室类型

(a)~(g) 为设备形式。①按干燥室的形状分，包括立式圆柱形 (a)~(d)；低塔式(a)、(c)、(d)；高塔式(b)；
水平箱式(e)。②按产品排出方式分，有与废气一起排出 (c)、(d)；部分与废气分离 (a)、(b)、(e)。③按产品
向排料口的输送分，有重力式——锥底 (a)、(b)；机械式——平底 (c)、(d)、(e)；④按气底流动
方式分，有水平并流型 (e)；垂直下降并流型 (a)~(d)；垂直下降混流型 (f)；垂直上升对流型 (g)

③ 垂直下降混流型 ［图 31-1(f)］ 这种类型的干燥塔内不存在排风管上有堆积乳粉的现
象；塔的直筒身短而锥角较小，故粉粒较易排出（锥角仅 40°）；塔内温度分布较均匀且低，
故用于含油量高的乳制品，如椰乳粉和稀奶油粉等。Niro Swenson、Mojonier 等公司有此
类产品，我国也有生产。

④ 垂直上升对流型 ［图 31-1(g)］ Wurster and Sanger 公司制造。热风自下而上，乳液
自上而下与热风呈对流接触，因液滴在水分少的阶段与高温空气接触，从而干燥速度慢，适
用于干燥粒径较大的粒子。优点是干粒的容重较大，空心、结皮倾向小；缺点是液滴表面温
度高而易产生热变性，干燥后乳粉品质不如前几种。

不论哪种类型的干燥室，都必须满足液滴充分干燥和水分蒸发的必要路程和空间。用容
积干燥强度表示单位空间每小时的水分蒸发量。干燥强度的大小，反映出干燥室内气液混合
的优劣。乳品喷雾干燥的容积干燥强度见表 31-1。

表 31-1　容积干燥强度 ε 与进出口风温关系

$t_2/℃$	容积干燥强度 $\varepsilon/[kg/(m^3 \cdot h)]$				
	140℃	160℃	180℃	200℃	225℃
70	3.16	4.07	4.91	5.71	6.63
100	1.05	2.41	3.27	4.09	5.07

干燥室下部的锥角大都是 60° 或 55°。干燥后的乳粉靠重力排出。干燥室还装备有检查
门、光源等。另外，还配置了安全灭火装置（由于出口温度增高来启动喷水嘴）。

为减少辐射散热损失，干燥室通常用 80～100mm 厚的岩棉层保温，并用薄不锈钢、涂塑钢板或铝板包覆。

干燥室在运行过程中，室壁、顶部、筒身和圆锥体的连接处与出风管的上半部，都会附着少量乳粉，故每日至少要清洗一次。大于 3m 直径的干燥室，可用机械移动的清扫车，它可以在干燥室内升降工作台，用人工清扫干燥室内的各个部位，然后再用清水洗净。

31.1.2.2　热空气系统

热空气与雾滴充分混合是整个工艺过程的关键，对产品质量和热利用率有着决定性的影响。空气分配器有 3 种形式。

（1）旋转气流空气分配器

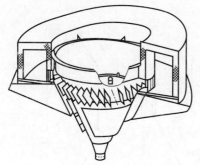

图 31-2　旋转气流空气分配器

旋转气流空气分配器见图 31-2，用于低塔式干燥室。热气流在蜗壳内初步分配，蜗壳的外缘应按"对数螺旋线"规则渐缩，可将热气流的流量各向均布。内部的导向板可调节气流的旋转角，气流的旋转方向应与雾化轮的旋向一致。气流在分配器的出口集中到雾化轮的周围，使热空气尽量在液滴运动速度最大处互相混合，以获得较好的传热、传质效果。这种分配器已商业化，但制造较复杂，且成本较高。

（2）直流式空气分配器

直流式空气分配器见图 31-3，图中（a）中间有一斜面的调节筒，可防止热风短路。热风直线状从上至下运动。这种装置在我国乳品行业中常见，适用于瘦高型塔身。也有在分配器的下方出口处用多孔板，使其更均匀地分布热风。图中（b）所示的是日本森永公司的 MD 型干燥塔的分配器。其特点是在热风出口的周围有两股冷风沿壁而下，当热风温度为 150℃时，冷风温度为 20℃。冷风量很少，进入塔后热风温度仅下降 2～3℃，由于塔顶有冷风流动，不会引起局部焦化和变质。

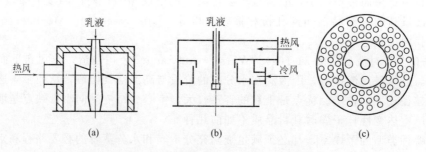

图 31-3　直流式和平行流式空气分配器

（3）平行流式空气分配器

在用压力式（喷枪）雾化器进行乳液喷雾时，相对应的热风分配器是一块多孔板。如图 31-3(c) 所示，在多孔板的中央开有一个大孔。围绕中央大孔的周围布满小孔。在大孔内通过 4 根喷枪，大孔的正中间有一根细粉回流管。

这种分布板最早出现在乳粉的喷雾干燥塔，后来又逐渐推广到微晶纤维和糖类的喷雾干燥，都取得了很好的效果。这种分配器的设计理念与过去的"均匀分配热风"不同。它是建立在：①以一半以上的风量集中到雾化器的周围，以高速的气流去接触高速的喷液，从而可以在恒速阶段（即表面水分干燥阶段）很快完成干燥；②另外约一半的风量从周围小孔通过热风,其作用是完成降速阶段的干燥(即颗粒内部水分的干燥)。采用这种形式的分布板,可以使液滴表面水分很快蒸发,从而大大减少液滴粘壁的可能。由于部分水分被快速干燥,在相同工况下,塔内的温度更低。显然这种分布板对气流的分布优于一般的平均分布形式。

(4) 空气加热器

空气在进入热空气系统之前要经过过滤,并加热到所需温度。空气可用蒸汽加热器、燃油炉、燃气炉和导热油加热器等间接加热。

最常用的加热方法是用翅管加热器通入加热蒸汽加热。这种加热方法能将空气加热到比蒸汽温度低 10℃ 左右的温度。由于绕带式翅片的锡合金浸焊不可靠,可采用铜管外紧套铝管然后将铝轧制成翅片的复合管。这种传热管的传热系数高,而且不易在清洗时变形。在乳品厂用的蒸汽加热器前可串联冷凝水预热器。利用高压凝水经闪蒸,成略高于常压的二次低压蒸汽,虽然相对温度不是很高,但由于蒸汽的给热系数及潜热均较高,利用它作为空气的预热,至少可获得 15℃ 以上的升温,大约可节约 20% 的热量。

用轻柴油燃烧后间接加热空气的燃油炉,能把空气加热到 250℃ 以上,热效率约 80%,内部的炉膛和传热管必须用不锈钢材,以免铁锈污染产品。

31.1.2.3　雾化装置与供料系统

雾化装置的作用是将乳液分散成符合要求的液滴,通常有 3 种雾化形式。

① 转盘式雾化器　这是一种绕对称轴旋转的叶轮。料液在靠近中心的位置进入转盘,在离心力的作用下加速流经叶片到达轮缘。转盘的圆周速度为 100~200m/s。叶片呈辐射状矩形(图 31-4)。为乳品干燥研制的一种专用转盘见图 31-5。它有弯曲的叶片,能借助离心力的作用除去料液中的气泡。用这种转盘生产的乳粉比用径向直叶片转盘生产的乳粉所夹留空气量要少,而散堆密度大。

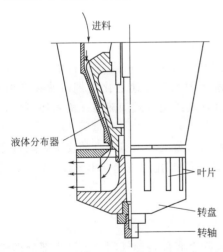

图 31-4　带液体分布器的转盘装配图
(盘上有径向矩形叶片)

图 31-5　具有弯曲叶片的转盘
(拆除了顶板)

另一种能制得散堆密度大且无空气夹留的乳粉的方法是将低压蒸汽引入转盘内,以蒸汽-料液界面取代空气-料液界面。

转盘式雾化器在运行前要使转盘上方的罩壳与转盘的距离尽量小(一般为 2mm),以免从间隙中抽入空气而产生吸顶(或称泵吸)作用,导致乳粉积聚到塔顶而焦化。

转盘式雾化器的液体流通空间大，不易堵塞，操作方便。但加工较复杂，加工精度较高。

② 压力式雾化器　在压力式喷嘴中，高压泵提供的压力能转化成动能。压力式雾化器的压力泵可以用均质高压泵兼用，故在乳品行业中采用压力喷雾的较多，均质时的压力为15～25MPa，而喷雾时则采用 20～30MPa 的压力。有两种形式（图 31-6），一种有涡流室，另一种有带导槽的插芯，两种形式在乳品干燥中都得到了普遍应用。

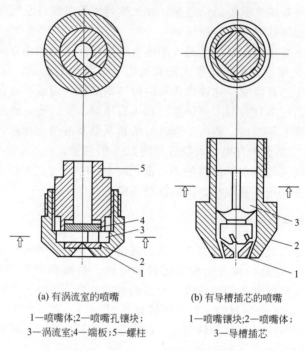

(a) 有涡流室的喷嘴

1—喷嘴体;2—喷嘴孔镶块;
3—涡流室;4—端板;5—螺柱

(b) 有导槽插芯的喷嘴

1—喷嘴镶块;2—喷嘴体;
3—导槽插芯

图 31-6　压力式喷嘴的主要零件

③ 二流体雾化器　在这种雾化器中，料液为高速空气流雾化。适用于小量液体雾化，在生产速溶全脂乳粉时，用它往乳粉上喷洒润湿剂（如卵磷脂）。

最好将乳液预热到 60～80℃进行喷雾，降低乳液黏度，从而可提高进料浓度，以提高生产能力和经济效益，并且能提高乳粉的质量。为避免因受热加速老化增稠而使黏度增加，乳液的预热应在喷雾之前进行。加热器形式推荐用盘管式或刮壁式加热器。前者还可设置在高压杀菌设备中，装在喷嘴前的供料管线中。

经济而有效的加热方法是直接蒸汽喷射法。喷射用的蒸汽必须符合食品要求。通常把喷射装置直接安装在供料管线中。供料管线为不锈钢管，可按乳液流速 1.0～1.5m/s 来确定管子的断面尺寸，若采用高压泵，流速可达 3m/s。

31.1.2.4　乳粉回收系统

在喷雾干燥系统中，部分干粉在干燥室内自由沉降至底部经锁气阀分出。少部分细粉随尾气带出，从尾气中分离出的乳粉进入回收系统。最常用的第一级分离器是旋风分离器。

① 旋风分离器　旋风分离器是一种离心式粉尘分离器，含有粉尘的空气流在分离器内做向下的螺旋运动，而后折返向上，至上部中央的排气管排出。粉粒受离心力的作用甩向器壁，并通过锁气阀排出。

旋风分离器的进口风速为 20～24m/s。一种中央排气筒带锥形的旋风分离器显示了很好的操作弹性和分离效率。当切割粒径大于 20μm 时，其分离效率≥98％。旋风分离器在运行中要注意防止底部漏风而带来的二次飞逸损失。

在我国的乳品行业中，因乳粉含糖量较高，容易在旋风分离器内产生结壁而堵塞风道，故大部分乳品厂都不用旋风分离器，而采用一级袋滤器以回收细粉。

② 袋滤器　国外乳品中不添加蔗糖，故袋滤器不作为一级除尘，而是设置在旋风分离器后面作二级除尘用。长时间的粉粒与尾气接触会影响产品质量。当尾气穿越滤袋时，细粉被过滤而附着在袋的一侧，用反吹或振荡的方法清理滤袋，细粉被收集在袋区的下方料斗中。图 31-7 是我国普遍采用的细粉回收方法。干燥后的尾气经干燥室下方扩大段，大部分粉粒降落至塔底，其余的粉粒同尾气折回上方干燥室的周围袋滤区，经过滤后的细粉在振打后落至塔底与直接降落部分的粉粒混合后排至室外。这种袋滤装置和干燥塔组合的形式可减少散热损失，清理方便，占地少，回收率较高。滤袋的气体穿透速度可取 $200m^3/(h \cdot m^2)$。

③ 湿法除尘器　这种除尘器是利用文丘里作用原理，使尾气在约 40m/s 高速经过喉管时将洗涤水吸入混合段，在混合段内气-液充分混合。在旋流段使气流旋转而产生离心力，液滴在分离段沿壁面下降至循环液槽，气体洗涤后排至室外。其结构示于图 31-8。

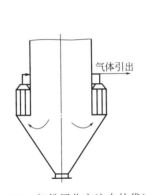

图 31-7　细粉回收方法中的袋滤器

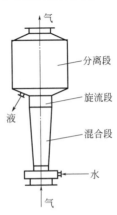

图 31-8　湿法除尘器

这种除尘器的效率可达 99.95％以上，阻力降至 2kPa 左右，洗涤水可循环使用，逐渐增浓到一定浓度后，掺入原料液中重新进入干燥系统。在溶液容易起泡时（如豆乳）不宜使用，同时操作需小心控制中间清洗，以免杂菌污染。此除尘器仅限于脱脂奶和乳清干燥。

31.1.2.5　乳粉的后处理

乳粉后处理的方法很大程度会影响产品的结构和质量。刚从干燥塔排出的乳粉温度通常为 70～80℃，若长时间放置会产生热变性或吸湿固化，特别是含乳糖多的乳清尤其如此，应立即将乳粉冷却到 30℃ 以下。喷雾干燥制造的乳粉粒子含有 10％～20％ 容积的空气，接近不良热导体，热导率仅为 $1.26kJ/(m^2 \cdot h \cdot ℃)$ 的低值，故必须用直接冷风冷却。图31-9是常用的气流输送-冷却系统。将塔底和旋风分离器底部排出的乳粉集中到风送管道（8）内，由过滤后的冷风输送到风送旋风分离器（9）集中排料。由于热粉在管中将空气加热，空气相对湿度下降而不需要将空气事先脱水，冷却后的乳粉仍能保持干燥后的水分。风管的空气流速约 16～20m/s，风量要兼顾输送并足够冷却乳粉。这种流程的缺点是在乳品输送途中粉粒易碎细化，产品中过多的细粉会影响复溶时"抱团"。

图 31-10 是用振动流化床冷却的流程，在干燥室（3）内完成干燥后的乳粉经振动流化床两次冷却后进行包装。此流程消除了部分细粉，在旋风分离器底部排出的细粉可返回干燥室。冷却效果比前者充分。9 是环境空气，10 是制冷空气，一般先冷到 5～8℃，然后稍微

加热后进入床层。

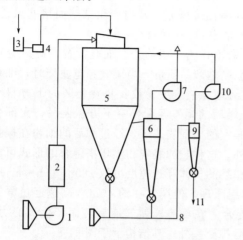

图 31-9　常用气流输送-冷却系统
1—送风机；2—空气加热器；3—料罐；4—进料泵；
5—干燥室；6—主旋风分离器；7—排风机；
8—风送管道；9—风送旋风分离器；
10—风送风机；11—产品出口

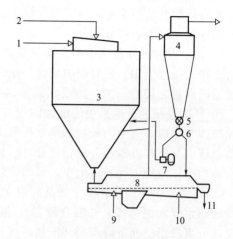

图 31-10　振动流化床冷却流程
1—空气；2—进料；3—干燥室；4—旋风分离器；
5—旋转阀；6—换向阀；7—带送风机和吹送阀；
8—振动流化床；9—空气进口；
10—制冷空气；11—产品出口

　　乳品行业用的振动流化床示于图 31-11。由于卫生方面的要求，流化床内尽量减少零件以避免乳粉积聚而影响产品质量。空气的穿孔速度约 20m/s，开孔率约 0.5%～2.0%，多孔板为冲压蛇形板，呈波浪形以获得必要的刚度。为确保在运行结束时残粉排空，多孔板的开孔应朝向乳粉的流动方向。多孔板与外壳全部焊接。用普通电机带动偏心块产生激振，流化床内应方便清洗。其静止床高度约 200mm。较完善的后处理系统示于图 31-12。

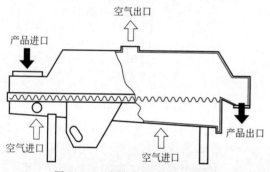

图 31-11　腹振式振动流化床结构

　　流程中设有两级干燥装置，一级冷却装置，第二级干燥的流化床进气温度为 80～100℃。在干燥塔内的出风口设在腰部的扩大部位，不同于一般的插入锥底导气管，消除了堆积在出气管上方的乳粉。采用第二级干燥提高了热利用率。流程中 7、8、9 部分是将细粉返回至干燥室，靠近雾化器的湿区，使细粉与湿粉粒相碰撞而发生附聚作用。经附聚后的乳粉既保留了原有细粉的比表面，也不会产生复溶时的"抱团"现象，从而提高了产品质量。细粉返回的附聚方法示于图 31-13。

　　卵磷脂化处理：全脂乳粉和类似的含脂乳粉，即使经过附聚处理也难以在冷水中复原。这种乳粉颗粒被一薄层游离脂肪覆盖着，使其成为疏水性物质。涂覆卵磷脂润湿剂可使之成为可湿性物质，并能在冷水中溶解。卵磷脂覆层厚度为 0.1～0.15μm，用量为 0.2%（对乳粉），与 0.4% 奶油（对乳粉）混合、加热后，用二流体喷嘴把溶液喷洒在两台流化床之间的乳粉流上，或直接喷入流化床内。卵磷脂在低于 40℃ 时会凝固，高于 70℃ 时易氧化变质。故在这套流程中严格控制温度十分重要。通常在混合、输送过程中，设备、管道都用热水夹套保温。这种乳粉在 20～40℃ 水中即溶解，分散性达 80%～90%（常法制造的乳粉分散性在 20% 以下）。

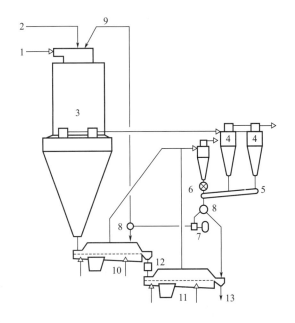

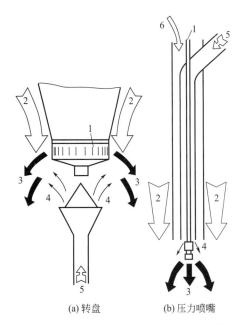

图 31-12　设有后干燥及冷却流化系统的
喷雾干燥器流程

1—供热风；2—供料；3—干燥室；4—主旋风分离器；

5—振动输送槽；6—旋转阀；7—带送风机的吹送阀；

8—换向阀；9—细粉返回管；10—后干燥流化床；

11—冷却床；12—卵磷脂化装置；13—产品出口

图 31-13　细粉引到湿区附聚方法示意图

1—供料；2—干燥空气；3—雾化云；

4—细粉；5—细粉风送；6—冷却空气

31.1.3　乳粉生产技术

31.1.3.1　乳液的干燥

乳液喷雾干燥时，巨大的热量、质量传递在极短的时间内发生。若不了解引起降解的因素，产品就会出现严重的质量缺陷。

浓缩乳液滴以 100～150m/s 的速度离开雾化器。大部分水分在液滴运动的减速行程中除去，在此行程中雾滴失去初速度，并为干燥空气所夹带。小液滴在雾化器 0.1m 的距离内蒸发 90% 的水分；大液滴需 1m 行程。

在整个干燥过程中，液滴的温度处于周围空气温度与湿球温度之间，受到液滴中水分活性和周围空气相对湿度的控制，纯水滴（$\alpha_w=1$）始终保持湿球温度，直至水分完全蒸发掉为止；"干"产品会达到周围空气的温度。从这个意义上来说，干燥并不意味着不含湿分，而是含有与水的活性相对应的湿分，水的活性等于周围空气的相对湿度（$\alpha_w=\varphi$）。乳滴在雾化后立刻会达到略比湿球温度高的温度，因为浓缩乳中水的活性低于纯水的活性。随着水分不断减少，乳滴中水的活性不断下降。在整个干燥过程中，液滴或颗粒的湿度和温度及相互关系对潜在的热降解、颗粒结构、粉粒表面结构和其他可能出现的缺陷都具有极重要的意义。

水分自乳滴表面的蒸发在恒速干燥阶段开始，但并非意味着干燥速度和液滴温度严格固定不变，因为由于湿度的降低，水的活性不断降低。然而，这个阶段中的液滴仍然是流体，液滴中的水分很容易由液滴内部迁移到表面，并保持表面润湿。

在后一干燥阶段中，湿含量达到一临界值，乳滴失去流体特性而变成湿固体，表面形成皮膜并结壳，在这种情况下，受热量大于水分移动量则产生蒸汽，因而进一步升高内压使表壳破裂。乳制品的临界湿含量一般在 15％～30％（湿基）之间。该阶段的特点是在乳滴的径向突然出现湿度梯度。干燥速率的控制因素转变为水分穿过颗粒内部的扩散速率，干燥速率开始下降，这个阶段称为降速阶段。

图 31-14 为 Biswas 所研究的 1.47～1.90mm 大乳滴的干燥特性曲线（全脂乳）。图 31-15 及图 31-16 为脱脂乳的干燥特性曲线。

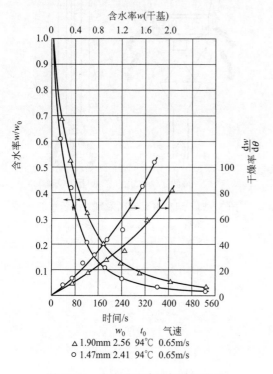

	w_0	t_0	气速
△ 1.90mm	2.56	94℃	0.65m/s
○ 1.47mm	2.41	94℃	0.65m/s

图 31-14　全脂乳液滴干燥特性曲线

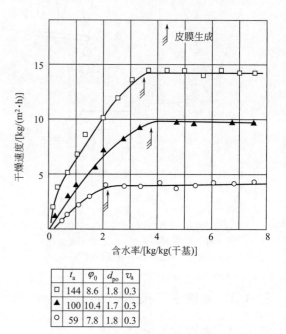

	t_a	φ_0	d_{po}	v_a
□	144	8.6	1.8	0.3
▲	100	10.4	1.7	0.3
○	59	7.8	1.8	0.3

图 31-15　脱脂乳滴的干燥特性曲线（1）

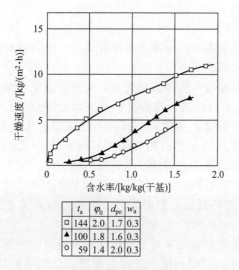

	t_a	φ_0	d_{po}	w_a
□	144	2.0	1.7	0.3
▲	100	1.8	1.6	0.3
○	59	1.4	2.0	0.3

图 31-16　脱脂乳滴的干燥特性曲线（2）

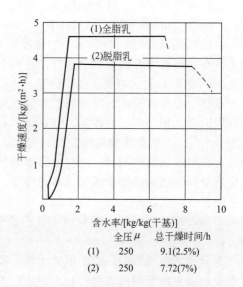

	全压 μ	总干燥时间/h
(1)	250	9.1(2.5%)
(2)	250	7.72(7%)

图 31-17　真空冷冻干燥特性曲线

从图 31-15 和图 31-16 可以看到脱脂乳滴在含水率 2～4kg/kg（干基）（相当于湿基含水

率 66.6%～80%）时开始生成皮膜，当液滴含水率低于 2kg/kg（干基）时进入降速干燥阶段。脱脂乳液像其他蛋白质食品（如明胶）一样，比全乳滴更容易结膜。实际上的喷雾液滴直径要小得多，故临界湿含量还要低。

Lamber 用冷冻干燥法对全脂乳和脱脂乳的干燥速度进行了研究，结果示于图 31-17。据此全脂乳的干燥速度为 4.28kg/(m²·h)，脱脂乳为 3.56kg/(m²·h)。可见全脂乳的干燥速度较快。

Trommelen 等将脱脂乳用过热蒸汽与干燥空气两种气体分别进行了干燥实验。证实在 150℃空气中较在过热蒸汽中干燥速度快，当在 250℃时，过热蒸汽中的干燥速度较快。无论用哪一种气体，脱脂乳滴在干燥过程中均连续膨胀、破裂，但膨胀的比率以在蒸汽中为大。

由乳滴变成干粉粒的过程中，质量约减少 50%，理想条件下，这一过程中体积减小约 60%，而直径减小约 25%。在恒速干燥期，液滴近似按理想的质量-体积-直径关系缩减。当表面结壳后，颗粒的粒径就已基本确定了。

雾化乳滴中空气的存在也对颗粒的最终形状和结构有重大影响。液滴中空气含量取决于蒸发器与喷雾干燥器之间料液的充气作用、雾化方法（转盘雾化的含气量比压力雾化多）和料液的类别与状态（主要是发泡性，它受浓度和乳清蛋白状态的影响）。耐热产品及高温、高浓料液的发泡性要比浓度不很高的不耐热料液低得多。

因此，通过控制喷雾干燥前的技术条件和雾化方法，可明显减少夹杂在液滴内的空气量。随着液滴大小、气泡体积和液滴温度随时间的变化不同，液滴将会膨胀、收缩、凹陷，形成空心球或破裂成碎片。残留在液滴中的空气在颗粒中形成空泡，称为闭锁气（以每 100g 固体中的毫升数表示）。应避免发生这种情况，因为这会降低散堆密度，影响复溶，并使惰性气体包装更为困难。

避免热降解和夹杂空气膨胀的理想干燥方法是保持尽可能长的恒速干燥阶段，使得在临界点时，周围空气的温度较低。为此，人们开发了多级干燥法。

31.1.3.2　单级干燥

单级干燥是指乳液用一次喷雾干燥完成全部水分的排除。用这种工艺除去降速阶段的水分不仅过程长，而且操作成本也高。例如，用进气温度为 200℃的空气将浓度为 50%总固形物的脱脂乳液干燥到湿含量为 3.6%的乳粉所需的空气量和能量，比只干燥到湿含量为 7.0%的乳粉多 33%，即 7.0%与 3.6%之差仅占总蒸发量的 4.1%，却需多耗能量 33%。

在有限的空间内，为了一步达到低湿含量的乳粉，就需要提高进、出风温度，但这会影响到产品的质量。因此，单级干燥必须在尽量保持液滴温度相当低的条件下操作。这就意味着要用较低的进气温度和进料浓度，尤其是在干燥热敏性和高质量产品时更应如此。这就影响了其经济性。我国的乳品干燥在 20 世纪 90 年代前，大多采用单级干燥装置，90 年代开始采用多级干燥技术。

31.1.3.3　两级干燥

两级干燥是先用喷雾干燥干至湿含量比最终要求高 2%～5%的程度，接着用流化床干燥除去其余的水分。喷雾干燥器的排气温度比单级干燥低 15～25℃，因而在临界湿含量时周围空气的温度和颗粒所经受的温度也相应降低。因此，这种加工工艺允许进气温度和进料浓度提高到单级干燥禁用值以上。在改善产品质量的同时，进一步提高了经济性。

剩余的水分用流化床干燥的方法除去，根据水分扩散速率的变化逐步提供干燥空气，即逐步提供用于蒸发的热量。

就热能经济性而言，第二级干燥也需要一部分热量。但这仅占第一级干燥中所节省热量的 $30\%\sim50\%$。因此，与单级干燥相比较，如果所有其他参数都相同，两级干燥至少可节能 10%。如果再利用这种方法的其他一些优点，即提高进气温度和料液浓度的可能性，则两级干燥会节省更多能量。

两级干燥可用于脱脂乳、全脂乳、预结晶的乳清浓缩液、酪蛋白酸盐和类似的粉状产品。有些粉料的"玻璃态转变温度 T_g"较低而受到限制。T_g 取决于粉料的组成。非晶体乳糖含量、乳酸含量（一些低熔点添加剂）及水分增高均会使玻璃态转变温度降低。

对于脱脂乳和全脂乳，为保证能靠重力将干燥器内的产品汇集起来，且不结团地排入流化床内，从喷雾干燥器排出的乳粉最高湿含量约 $7\%\sim8\%$。这种乳粉的任何机械处理都是不可取的，因此不能采用带刮料器的平底干燥器。乳粉在高温下刮铲会发生脂肪游离而影响产品质量。

对于乳清干燥，只有乳清浓缩液经过预结晶时才能采用两级干燥，此时非晶体乳糖的含量降低，改善了它的吸湿性、结团性，从而可以正常流化。对于其他一些产品，必须根据具体情况来判断是完全应用两级干燥法，还是在某种程度上采用这种方法。

31.1.3.4　流化床技术

流化床在乳品干燥中最初用作高脂乳粉（$30\%\sim75\%$ 脂肪）的冷却床。脂肪含量高于 30% 的乳粉在气流输送至冷却系统中经常堵塞。应用流化床以后，一般公认经流化床处理的乳粉与气流输送系统处理的乳粉相比，在结构上有明显不同。经流化床处理的乳粉由于经过附聚而明显较粗，且较易流动。这些附聚物是在干燥室中经一次附聚而形成的。若采用气流输送系统，这些附聚物会碎解成细粉。

此外，流化床还能从大颗粒和附聚物中吹出未经附聚的细粉，故具有分级作用。可通过调整流化速度来控制这种分级作用，使产品中小于某一粒径的细粉从流化床吹出，重新回入干燥室进行附聚。

流化速度可在 $0.1\sim1.0\text{m/s}$ 间选取；脱脂乳粉取 $0.2\sim0.3\text{m/s}$；全脂乳粉取 $0.3\sim0.4\text{m/s}$；高脂乳粉取 $0.4\sim0.6\text{m/s}$；特殊情况可高至 1.0m/s。流化床中干燥空气的进气温度一般为 $80\sim100℃$。

冷却床都采用两段冷却。由于刚从干燥室下来的乳粉表面还有一定蒸气压，用环境空气时虽然开始的相对湿度大，仍不会在乳粉表面吸湿，但当充分冷却后，就会有从空气中吸湿的可能。成品乳粉的水活度在 $0.15\sim0.20$ 之间。乳粉和空气间存在一个平衡湿含量（见表 31-2 和表 31-3）。例如，用干球温度为 $8℃$ 的空气冷却乳粉时，当冷却到 $34\sim40℃$ 以下时，或用 $5℃$ 的空气将乳粉冷却到 $28\sim35℃$ 以下时，乳粉便开始从空气中吸收水分。但只要乳粉的最终温度不超过上述温度 $5℃$ 左右，水分的增加并不太大。

表 31-2　全脂乳粉的平衡含水率（干基）

温度/℃	湿度/%	平衡含水率/%
37.7	9.5	5.43
67	2.7	3.83
93	1.05	2.74
112	0.50	1.34
133	0.10	0.40

表 31-3　脱脂乳粉的平衡含水率（干基）

温度/℃	湿度/%	平衡含水率/%
3.83	3	7.14
57	0.80	4.74
90	0.25	1.89
115	0.15	0.13
132	0.10	0.03

31.1.3.5　应用实例

乳品工业喷雾干燥装置的生产能力，按蒸发量计，我国大多取 250～500kg/h 范围，国外为 500～6500kg/h 范围。近 20 年来新建喷雾干燥器的生产能力明显增长。所提有关基本产品干燥性能实例时，可参阅图 31-9～图 31-12 所示的几种基本喷雾干燥装置的形式。

脱脂乳粉生产的操作条件和产品特性列于表 31-4，全脂乳粉列于表 31-5，甜乳清列于表 31-6。

表 31-4　脱脂乳粉生产的各种干燥系统的性能

工艺条件	气流输送系统	冷却床系统	两级干燥法[①]	直通干燥法[①]
乳粉品种	普通粉	无尘粉	普通粉	速溶粉
进气温度/℃	180～230	180～200	200～230	180～200
排气温度/℃	94～100	96～100	84～89	84～88
进料浓度/%	45～50	48～50	48～52	48～50
从干燥室排出乳粉含水率/%	—	—	6～7	6～7
乳粉最终含水率/%	3.6～4.0	3.6～4.0	3.6～4.0	3.6～4.0
散堆密度[②]/(g/mL)	0.6～0.7	0.50～0.55	0.68～0.80	0.45～0.50
润湿性/s	—	30～120	—	10～30
分散性/%	—	70～90	—	85～95
平均粒径/μm	30～50	120～160	50～80	150～200

① 干燥-冷却流化床系统的喷雾干燥器有两种不同的细粉再循环操作方法：当生产非附聚产品时，细粉回到流化床的尾部，此法称为两级干燥法；若生产附聚产品，将细粉送回干燥室中，此法为直通干燥法。这两种方法均示于图 31-12 及图 31-13。

② 经附聚的产品不宜用任何形式的气流输送装置输送，因为它会使附聚物破碎。此项特性是指直接由生产设备收集进运输箱中的产品性能。对于普通粉，是指由气流输送到储粉仓以后的性质。

表 31-5　全脂乳粉生产的各种干燥系统的性能

工艺条件	气流输送系统	冷却床系统	两级干燥法[①]	直通干燥法[①]
乳粉品种	普通粉	无尘粉	普通粉	速溶粉
进气温度/℃	180	180	180～200	180
排气温度/℃	95～97	95～97	76～80	78～82
进料浓度/%	48～50	48～50	48～52	48～52
从干燥室排出乳粉含水率/%	—	—	5～6	5～6
乳粉最终含水率/%	2.5～3.0	2.5～3.0	2.5～3.0	2.5～3.0
散堆密度[②]/(g/mL)	0.58～0.63	0.50～0.55	0.62～0.68	0.45～0.50
润湿性/s	—	—	—	10～30[③]
分散性/%	—	—	—	90～100[③]
平均粒径/μm	30～50	120～160	50～80	150～200

① 同表 31-4。

② 同表 31-4。

③ 全脂乳粉的速溶性是指用 0.2% 卵磷脂处理过的产品。这种流程见图 31-12。

表 31-6　甜乳清生产的各种干燥系统的性能

工艺条件	气流输送		直通干燥法[①]	改进的直通干燥法[④]
品种	未预结晶	经预结晶[②]	经预结晶[②]	经预结晶[②]
形态	普通粉	部分结块	先结块	无结块
进气温度/℃	180	200	185	150～160
排气温度/℃	90	92～95	80	50～55
进料浓度/%	42	50～55	50～60	50～54
从干燥室排出	—			
乳粉的含水率/%			5	10～54
最终含水率				
自由水/%	3.0	2.5	2.0	2.5
总含水率/%	—	4.0～5.0	5.0	5.0
散堆密度[③]/(g/mL)	0.6～0.7	0.6～0.7	0.55～0.65	0.4～(0.7)[③]
				1000～3000[③]
平均粒径/μm	30～40	40～50	100～150	(40～80)

① 将细粉送回干燥室中与湿粉附聚后再干燥的产品称直通干燥法，示于图 31-10。

② 这种工艺要求浓缩液先进行预结晶，以使非晶体乳糖转化成 α-乳糖水合物。预结晶在有充分搅拌的结晶槽中进行。操作条件为：在 30℃ 下保持几小时，然后冷却到 10～15℃。整个结晶过程需要 6～16h，使乳糖含量的 60%～80% 结晶。而未结晶的普通粉很细，易吸湿结块。

③ 从设备中排出的产品散堆密度低，带有大团块。通常用锤式粉碎机粉碎。括号中的数字是指粉碎后的粉粒。

④ 此法需要在干燥室排出口和流化床进口之间装一输送带，使湿粉在带上停留 3～6min，以便使其中的乳糖完成结晶过程。输送带在图 31-10 上未示出。

31.1.4　特种喷雾干燥器

31.1.4.1　筛网干燥器（或称滤层式干燥器）

此装置由美国 Meade 制造于 1964 年，经威斯康星州 Damro 公司改进后推广使用。它的操作条件较缓和，集喷雾干燥和网带干燥于一体，可以干燥难以干燥的食品，并保证其质量，热效率较高，且塔身较低。

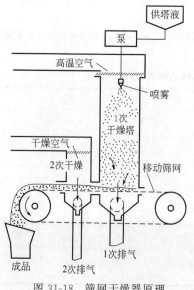

图 31-18　筛网干燥器原理

其工艺过程如图 31-18 和图 31-19 所示。高压喷雾的液滴在一次喷雾干燥后，并不充分干燥，在含有适当水分的湿润状态下堆积在塔底网状传送带上，形成多孔质的乳粉层。乳粉层的构造受粒子的水分及黏度的影响。多孔性结实的乳粉层证明有良好的透气性。如果没有适当的水分和黏度，则粉层太致密，会妨碍空气排出。因此，调整在筛网上堆积的喷雾干燥粒子的水分，是这种装置运行操作的关键。在喷雾干燥阶段属于恒速干燥段，可去掉大部分的表面水分。形成乳粉层后进入减速干燥段。生产的产品呈多孔、附聚状乳粉，无细粉。

适用的食品类如下（热塑性粉）。

吸湿性食品粉体：糖蜜、玉米糖浆、60% 麦芽糖、100% 麦芽汁、结晶乳糖、酸性干酪乳清、结晶葡萄糖。

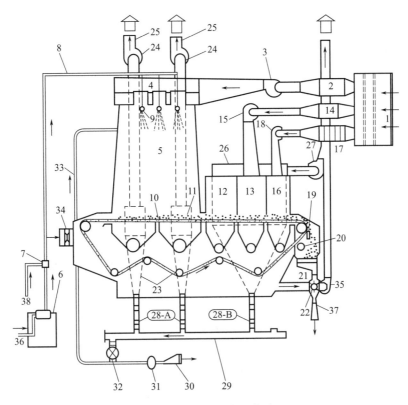

图 31-19　筛网干燥器构造

1—1 次空气过滤器；2—主燃烧气；3—干燥室用鼓风机；4—整风装置；5—喷箱；6—高压泵；7—混合阀；
8—高压配管；9—喷嘴；10—网状传送带；11—多孔层；12—保持室；13—再干燥室；14—再干燥用燃烧器；
15—再干燥用鼓风机；16—冷却室；17—除湿装置；18—冷风用鼓风机；19—刮刀片；20—干式洗涤器；
21—振动加料器；22—粉碎机；23—旋风分离器；24—排风机；25—排风管；26—滤袋；27—排风机；
28—蝶形阀；29—振动输送机；30—过滤器；31—罗茨鼓风机；32—旋转阀；33—传送管；
34—传送带干燥用加热器；35—排风机；36—原料液；37—制品；38—高压空气

高脂肪食品粉体：奶油、稀奶油、人造奶油、50%椰子油、咖啡用乳粉。

高酸度食品粉体：发酵乳、果汁。

高蛋白食品粉体：不太适合于酪素、脱脂乳等不形成多孔性或干燥速度大的物料。

该装置用于酸性乳清的操作条件见表 31-7。

表 31-7　酸性乳清的操作条件

项目	进风温度	出风温度	风量
一次空气	175～180℃	60～65℃	906m³/min
二次空气	80～95℃	60～72℃	340m³/min
料液含固率	45%～50%		
层厚	2～4cm		
粉层压降	8～10cmH₂O		
网带的材料	聚酯类网带		
喷嘴数量	12 个头		

31.1.4.2 上排风多级干燥器

这种干燥器（图31-20）由丹麦 Niro 公司研制。这种装置将喷雾干燥和流化床干燥组合在一起。顶部设压力式喷嘴（单个或多个），干燥室的底部设一固定的流化板（不振动）。高湿含量的湿粉由第一级喷雾干燥直接落入内置流化床，进行第二级干燥，最后用振动流化床干燥（或涂卵磷脂）和冷却。这种干燥器的进气温度较高，而排气温度较低，适用于多种乳制品干燥。其优点是产品质量好、热利用率高，并能充分利用喷雾干燥室的空间。乳粉形态呈团聚状粗粒，无细粉。

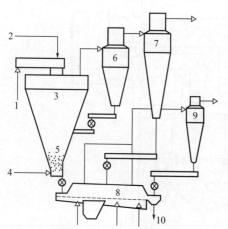

图 31-20 上排风多级干燥器

1—一级干燥空气；2—供料；3—干燥室；
4—二级干燥空气；5—乳粉固定流化床；
6—一级旋风分离器；7—二级旋风分离器；
8—振动流化床；9—流化床旋风分离器；10—产品

31.1.4.3 旋转气流多级干燥器

这种干燥器由丹麦 Niro 公司和 Anhydro 公司生产（见图31-21）。它在喷雾干燥器的顶部安装有旋转气流空气分配器（见图31-2），因此，既可以用转盘喷雾，也可以用压力喷嘴喷雾。干燥室的锥底内部，倒置一只空心锥体，这两只圆锥体的中间形成一环状空间，内设一圈固定流化板，环形流化板上的舌形开孔朝一个方向旋转，从而使流化的粉层产生旋转运动。在干燥室内的转盘、热风分布器和塔壁开孔这三者的旋转方向和流化板上的旋向均需保持一致。图中的7表示在干燥室的圆柱段和锥底相接部分进入一股冷风（环境温度），可减少这部分乳粉堆积，同时使热塑性物料冷却后容易降落。图中的11是用于第三级干燥（或涂卵磷脂）和冷却用的振动流化床。旋转盘式雾化器特别适用于预结晶的乳清制品的干燥。若产品不需要附聚，则将振动流化床改为气流输送-冷却管，可得到相同的效果（见图31-22）。

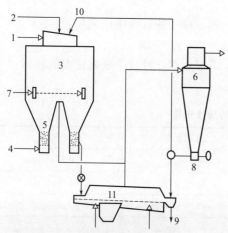

图 31-21 旋转气流多级干燥器（1）

1—一级干燥空气；2—供料；3—干燥室；4—二级干燥
空气；5—乳粉固定流化床；6—旋风分离器；7—掠壁风；
8—带送风机的吹送阀；9—产品出口；
10—细粉返回管；11—振动流化器

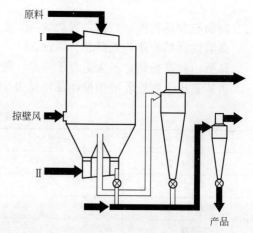

图 31-22 旋转气流多级干燥器（2）

以上三种装置的共同点是均使用了内置式固定流化床，其充分考虑到乳粉在不同干燥阶段所需要的时间和热量，以不同的形式满足了要求；降低了喷雾干燥塔的高度、改善了产品质量、减少了能耗，是比较先进的装置，但对操作控制要求较高。这三种装置对不同物料的操作特性见表31-8。

表 31-8　有内置式流化床的喷雾干燥器的操作条件和乳品性能

产品	型号		
	A(图 31-20)	B(图 31-21)	C(图 31-22)
普通脱脂牛乳			(a)200～220;(b)120;(c)无;(d)50～52;(e)0.70～0.80
附聚后的脱脂乳(速溶)	(a)250～265;(b)80～140;(c)60～100;(d)48;(e)0.4～0.45	(a)180～200;(b)120;(c)常温;(d)50;(e)0.45～0.50	
普通全脂牛乳			(a)180～200;(b)120;(c)无;(d)50～52;(e)0.62～0.67
附聚后的全脂乳(速溶)	(a)200～240;(b)120;(c)80;(d)48;(e)0.40～0.45	(a)180～200;(b)120;(c)室温;(d)50;(e)0.48～0.55	
不结块的甜乳清	(a)200～250;(b)25;(c)60～100;(d)50～60;(e)0.5～0.6	(a)180～200;(b)50;(c)室温～40;(d)50～60;(e)0.50～0.6	
充脂40%乳清	(a)200～240;(b)25;(c)室温;(d)50～55;(e)0.40～0.45	(a)180～200;(b)室温～60;(c)室温;(d)55;(e)0.40～0.50	
婴儿食品	(a)200～250;(b)室温～80;(c)室温;(d)45～60;(e)0.40～0.45	(a)160～200;(b)60～100;(c)室温;(d)50～58;(e)0.40～0.50	(a)160～200;(b)室温～60;(c)室温;(d)45～52;(e)0.52～0.60

注：(a) 为第一级干燥进风温度,℃；(b) 为第二级干燥进风温度,℃；(c) 为第三级干燥进风温度,℃；(d) 为进料浓度,%；(e) 为堆积密度，g/cm³。

以上三种装置，我国已能生产，用于生产豆乳、全脂乳粉等多种产品，并成功地用于椰奶多级干燥。图 31-20、图 31-21、图 31-22 装置所生产的粉末形态示于图 31-23 中。

附聚粉粒

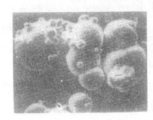
半附聚粉粒

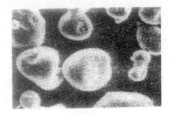
未附聚粉粒

图 31-23　各种粉末形态

31.1.4.4　泡沫层干燥

Sinnamon 等利用浓缩乳的黏性使之均匀地充入氮气，再平摊在真空箱式干燥器内的不锈钢板上进行干燥。将全脂乳加热至63℃，用 18～28MPa 的压力乳化，在 74℃ 杀菌 15s 后，真空浓缩到含固率47%～50%；再在 57℃ 下用 4～28MPa 压力乳化，向浓缩乳中吹入氮气；冷却到13℃，发泡达到某种程度后降温，增加黏度及蒸发水分形成多孔性骨架构造，再干燥至海绵状；然后粉碎至 30 目大小的成品，其堆积密度为喷雾干燥法的 1/3～1/2，约为 $200～300kg/m^3$。全脂乳粉真空棚式干燥曲线见图 31-24。泡沫喷雾干燥法的溶解性能等均优于普通喷雾干燥法（见图 31-25），但生产能力低、生产成本较高。这种方法还可以添加可溶性大豆蛋白、糖等稳定剂，充入氮气进行泡沫化，其目的都是增加溶液表面积，形成毛细管构造，提高溶解性能。

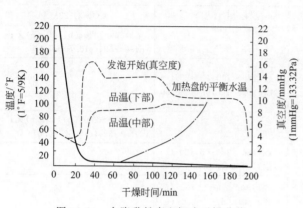

图 31-24　全脂乳粉真空棚式干燥曲线

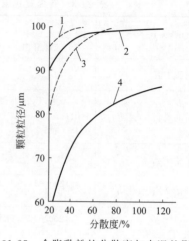

图 31-25　全脂乳粉的分散度与水温的影响
—— 喷雾干燥；--- 泡沫干燥
1—75℃；2—75℃；3—38℃；4—38℃（水温）

王家贤等在喷雾干燥时乳液中充入氮气，在牛乳的泡沫喷雾干燥方法中，得到的乳粉呈大颗粒、表面粗糙、多孔质的结构，具有良好的冲调性，同时可保留牛乳中大部分芳香组分，缩短干燥时间（降速阶段）。泡沫喷雾的干燥方法用在山楂类食品干燥上也取得了相似效果。

31.1.5　乳粉的物理化学性质

31.1.5.1　乳粉中的乳糖

乳糖是乳粉的重要成分。全脂乳粉约含 38％，脱脂乳粉约含 50％，乳清粉约含 70％。乳糖的化学结构式如图 31-26 所示。在乳糖中半乳糖同葡萄糖借助于乳糖苷碳原子及葡萄糖第四碳原子连接在一起。乳糖有两个基本的异构体，即 α 型与 β 型。α 型的无水物在一般状态下并不存在，含一个结晶水 α 型乳糖在过饱和水溶液中 93.5℃以下的温度结晶析出。在 93.5℃以上晶析干燥时变成 β 的无水物。含一个结晶水的乳糖在 65℃以上真空下干燥变为 α 无水物。α 无水乳糖在 93.5℃以下变为含水物，在 93.5℃以上变为 β 无水物，见图 31-27。在 20℃平衡时，乳糖液由 62.25％的 β 型与 37.75％的 α 型组成。所以平衡系数为 1.65。急速干燥乳糖液或牛乳产生玻璃状乳糖，是非结晶型的，玻璃状乳糖的 β:α 的比例为（1:1.5）～（1:1.6）。同时与在空气中的平衡状态不同，具有较低的蒸气压，吸湿性极强。脱脂乳粉和乳清粉之所以容易吸潮就是这个缘故。喷雾干燥的脱脂乳粉几乎全是非结晶型乳糖。

冷冻干燥的乳粉一般不存在结晶乳糖，但其水分含量高，或冷冻浓缩乳在干燥过程中一部分熔化时就进行结晶化。

玻璃状乳糖在粒子中形成连续相。气体很难透过玻璃状乳糖，所以乳粉放在真空状态下也能保持粒子内的空气。由于吸湿性强，在吸收水分后乳糖浓度下降，从而获得使乳糖分子间晶格再分配所需的移动性和空间。结晶后的乳糖变为 α-水合物。乳糖的结晶促进小晶

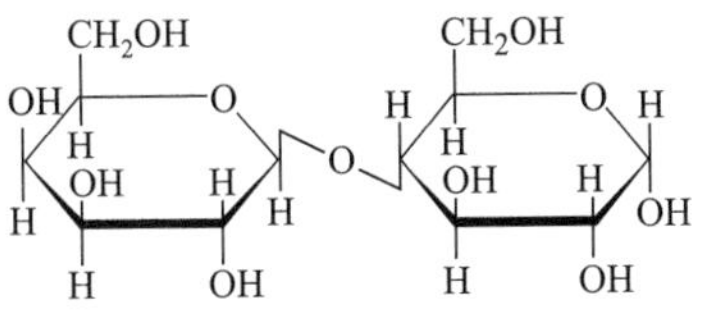

图 31-26　乳糖的化学结构式 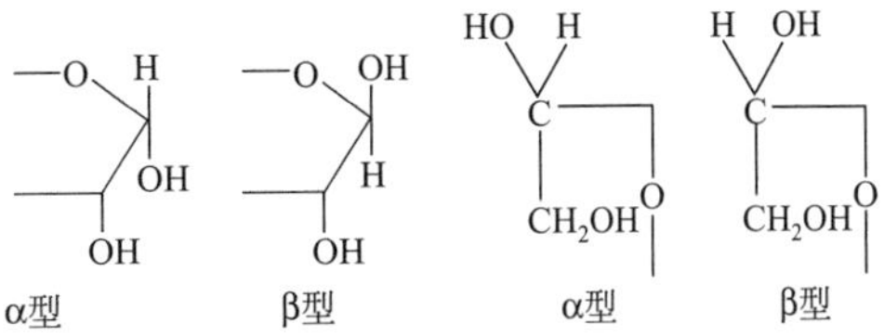　　　　　图 31-27　α、β型乳糖的结构差异

体周围小裂缝、间隙等的网眼发展，它可提高气体或脂肪溶媒的穿透性。

此外，结晶的作用就是把乳粉外的乳成分从乳糖晶体外的网眼结构的毛细管内驱逐出去。总之，结晶就是纯化。将蛋白胶束等封锁，使浓缩乳的无机盐不稳定化等，也是干酪素凝固的最好条件。

乳粉在相对湿度 50% 的空气中开始吸潮。含水分 3%～5% 的喷雾干燥脱脂乳粉，在 37℃ 保存 600 日也不结晶。水分约 7.6% 时，37℃ 保存一日，28.5℃ 保存 10 日，20℃ 保存 100 日均开始结晶化。如果延长牛乳的浓缩时间，长时间低温保存浓缩乳时，即使新鲜乳的乳糖也会结晶化。这种乳糖结晶有的在 10μm 以上，有砂状感觉。另外，有专利介绍，在浓缩乳中添加乳糖晶种使产生极小的乳糖结晶，可以制出溶解性很好、不吸潮、不结块的乳粉。

速溶脱脂乳粉，为了使粒子间团粒化添加水分，其结果使乳糖结晶化，结晶后再干燥到规定的含水率即为成品。

31.1.5.2　乳粉中的蛋白质

全脂乳粉中约含蛋白质 27%，脱脂乳粉约含 37%。构成蛋白质的干酪素、乳清蛋白的稳定性对乳粉还原是非常重要的。使乳粉出现不溶性蛋白的原因是：在干燥过程中使乳清蛋白热变性和干酪素粒子中的结晶水被去掉。喷雾干燥的乳粉虽然发生若干热变性，但极少不稳定化。为了使乳粉的还原性好，应将干燥过程中的热处理降到最低程度。用电子显微镜观察冷冻干燥乳粉的还原液与新鲜牛乳中干酪素胶束，发现两者之间毫无差别。此乳粉的溶解度为 100%。滚筒干燥乳粉的干酪素胶束完全胶着在一起，喷雾干燥乳粉的干酪素胶束几乎都分离呈球状；真空干燥乳粉的胶束以不规则的形状集合在一起。干酪素胶束的大小为 10～350μm，其平均粒径如下：新鲜牛乳 119～123μm；喷雾干燥、真空干燥乳粉为 143μm；真空干燥酪乳粉为 133μm。在乳糖结晶过程中，将乳糖以外的成分驱赶到结晶之间的网络中，凝集为蛋白粒子，在不适当的储存条件下，乳糖部分溶于网络的溶液中，乳糖与干酪素中的赖氨酸、组氨酸反应产生褐变。

31.1.5.3　乳粉中的脂肪

脱脂乳粉的脂肪含量为 1.5%，全脂乳粉为 26%～27%，乳油粉为 65%～75%。乳粉粒子中脂肪的物理化学性质受制造方法的影响，同时脂肪的状态也决定乳粉的性质。乳粉应在还原时分散性好，脂肪被蛋白膜保护。用喷雾干燥法制造的乳粉，较易得此性质，具有在容器内不产生润滑脂状薄膜、凝集的脂肪、油状斑点等现象。新鲜并储藏条件好、制造条件适当的喷雾干燥全脂乳粉的脂肪球小且均匀分布在粒子内，但是保存和制造条件不好的乳粉脂肪大部分游离，在粒子内的气孔周围形成薄层，或在粒子表面以斑点或滴状存在。真空泡沫干燥全脂乳粉的游离脂肪在粒子表面以薄层存在，其量与粒子的表面积之间有密切关系。经均质后的喷雾干燥乳粉中的脂肪球以 0.2～0.3μm 分布于乳粉中。保护脂肪球的蛋白膜厚

度为 $4\sim5\mu m$。喷雾干燥全脂乳粉的游离脂肪的组成与乳粉的全脂肪的组成之间未发现明显的差别。

全脂乳粉中游离脂肪量因制造法不同而不同。喷雾干燥为 $1\%\sim20\%$；滚筒干燥为 $91\%\sim96\%$；冷冻干燥为 $43\%\sim75\%$；泡沫干燥为 10% 以下。滚筒干燥乳粉的游离脂肪多，其原因为牛乳与高温滚筒直接接触，以及用刮刀在滚筒表面剥取的机械因素等。充分均质后喷雾干燥的全脂乳粉的游离脂肪量可下降到 $3.3\%\sim3.7\%$。当干燥含脂肪量 $65\%\sim75\%$ 的稀奶油时，通常的制法会使大部分脂肪游离，故应添加乳化剂，用离子交换树脂将牛乳中一部分钙除去，可制出含游离脂肪少的稀奶油粉。

压力喷雾干燥全脂乳粉增加游离脂肪的因素包括：①增加杀菌温度与保持时间；②脱脂浓缩乳中添加调制奶油；③预热浓缩乳；④用胰酶处理浓缩乳。

喷雾干燥全脂乳粉的游离脂肪随浓缩乳的含固量的增加而减少。这种现象在离心式喷雾乳粉中比压力喷雾更为明显。

冷冻干燥乳粉也有较多游离脂肪，这是由于冷冻条件不稳定，牛乳经长时间冷冻破坏了脂肪的乳化条件。但是，在冷冻前与喷雾干燥同样进行均质处理可以增加稳定性。

乳粉中脂肪游离在临界水分值发生。含脂肪 $27\%\sim28\%$ 的乳粉临界水分为 $8.6\%\sim9.2\%$，此时乳糖发生结晶化，无脂乳固体连续相破坏，脂肪游离。刚制造的新鲜乳粉比储存过的乳粉的吸水速度慢，同时新鲜乳粉的脂肪从开始游离，即使水分值稍高，其临界水分值也不变。水对脂肪的游离作用是不可逆的，即使去掉吸收的水分使游离脂肪减少，乳粉也不能恢复到原来的状态。临界水分直接与无脂乳含固量（主要是乳糖）成比例。据 Fastova 报告，喷雾干燥乳粉的含水量超过 5.3% 时游离脂肪急剧增加。

31.1.5.4　乳粉中的水分

为了防止乳粉中水分增加而引起质量下降，其含水量必须控制在 5% 以下。

水分在储存中会发生一系列的变化，如产生有还原作用的吲哚，产生碳酸气与消耗氧气，产生水及荧光物质，出现褐变，乳糖的消耗，酸度增加及蛋白质溶解性下降等。虽然由于温度上升促进这些反应，但是对全脂乳粉、冰淇淋粉等水分在 4% 以下时，温度达到 $40℃$ 也不发生褐变。另外，用喷雾干燥全脂乳粉，在含 $1.7\%\sim2.4\%$ 的低水分时，容易产生牛脂臭，如水分增加到 4.2% 可以防止这种臭味的产生。关于乳粉粒子中水的配比还不明确，大致是一部分与蛋白质结合，另一部分与乳糖结合，全脂乳粉控制水分在 2.5%，脱脂乳粉在 4% 以下。

31.1.5.5　乳粉中的空气

滚筒干燥法乳粉的粒子内几乎不含空气，而喷雾干燥法乳粉的粒子中含有空气。压力喷雾全脂乳粉的空气量的容积比为 $4\%\sim5.5\%$，离心式的为 $13.5\%\sim19.5\%$；脱脂乳粉压力式的为 13%，离心式的为 35%。脱脂乳粉含有较多的空气是由于蛋白膜较早、较厚地形成而包围了空气，同时脂肪对气泡的稳定性有破坏作用。乳粉粒子中空气的来源有三方面：①浓缩乳中含有的空气；②干燥过程中液滴表面的硬膜阻碍气体释放；③离心喷雾时，叶轮旋转夹带的空气。

长期储存时，乳粉粒子内气泡所含的氧气对脂肪氧化有很大影响。在室温下，喷雾干燥的全脂乳粉可以保存 $3\sim7$ 个月；滚筒干燥的全脂乳粉可保存 $6\sim12$ 个月；脱脂乳粉可保存 12 个月，充氮气的喷雾干燥全脂乳粉的保存期最低可与滚筒干燥全脂乳粉的保存期相同。喷雾干燥乳粉在真空状态下保存空气会缓慢地由粉粒小孔内扩散出来。将刚制造的喷雾干燥全脂乳粉装罐在真空状态下测定含氧量为 0.1％～0.2％，经过保存罐顶空隙的含氧量与日俱增，储存 5 日后增加到 1.3％～5.4％，滚筒干燥乳粉无此现象。压力喷雾乳粉脱气较快，而离心喷雾乳粉脱气慢，一般 5 日就可脱完气。乳粉虽在真空下脱气，但仍然残留有空气，这是因为玻璃状乳糖对气体透过性极低。

31.1.5.6　乳粉的密度及填充密度（堆积密度）

乳粉的体积与粒子的密度和填充密度有密切关系，是储藏罐、包装机、产品袋等设计所需的物理性质。它随喷雾干燥的条件，如进风温度、喷雾方法、料液含固率等而变化。

乳粉的密度测定方法，典型的有比重瓶法和空气比较法。表 31-9 为不同乳粉的组成及密度，表 31-10 为不同喷雾方法下的密度。

表 31-9　乳粉中的组成及密度

项目	密度/(g/cm³)	脱脂乳粉组成/％	全脂乳粉组成/％
脂肪	0.931	1.0	25.9
蛋白质	1.451	34.8	26.9
乳糖	1.607	52.2	38.1
灰分	3.000	7.8	6.1
水分	1.000	4.2	3.1

注：乳粉密度表示方法有表观密度、容积密度、真密度三种，都是单位体积中乳粉的质量。表观密度包含了颗粒内和颗粒间的空气，其数值与填充密度相同。容积密度仅包含了颗粒内部的空气。真密度是指不包含空气的乳粉本身的密度。

表 31-10　喷雾方法对乳粉密度的影响（20℃）

制品	干燥方法	乳粉密度/(g/cm³)	制品	干燥方法	乳粉密度/(g/cm³)
脱脂乳粉	压力喷雾 A	1.471	非结晶乳糖	压力喷雾	1.520
	压力喷雾 B	1.248	β-乳糖	压力喷雾	1.590
	离心喷雾	1.073	喷雾干燥乳清粉	压力喷雾	1.580
酪乳粉	压力喷雾	1.315	脱盐乳清粉	压力喷雾	1.525
乳粉中的脂肪	压力喷雾	0.940	全脂乳粉	压力喷雾	1.24～1.29
干酪素	压力喷雾	1.390	α-乳糖(水化合物)	压力喷雾	1.545

按表 31-9 中组分的密度计算得到脱脂乳粉的密度（真密度）为 1.554g/cm³，全脂乳粉为 1.324g/cm³。表 31-10 是半田等用贝克曼空气比较式比重计测定的结果。脱脂乳粉因干燥方式不同有很大差别，离心喷雾比压力喷雾的值低得多；而且，离心式的乳粉填充密度也低，体积明显较大。相同组分用不同方法测定结果也会有少量的差别。

影响填充密度的因素还有干燥的进风温度、乳液的含固率和喷雾的压力等。其相互关系示于图 31-28～图 31-32 中。由图可见，填充密度与热风温度成反比，而与乳液的含固率成

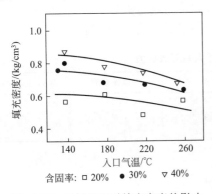

图 31-28　干燥风温对填充密度的影响

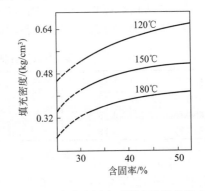

图 31-29　乳液含固率对填充密度的影响

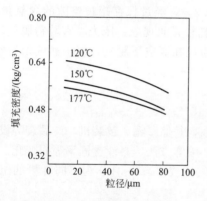

图 31-30 喷雾粒径对填充
密度的影响

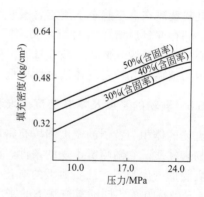

图 31-31 喷雾压力对填充
密度的影响

正比。液滴与高温空气接触方式也影响填充密度,按顺流式、混合流、对流式的顺序变高。提高压力式雾化的泵压可使粉粒变细,粒子密度增大。

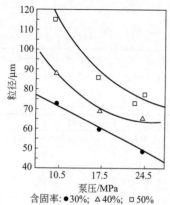

图 31-32 泵压对乳粉粒径的影响

31.1.5.7 乳粉的流动性

在乳粉制造过程中经常遇到乳粉在干燥室和旋风分离器底部的附着和堵塞以及在动包装和饮用自动出售机中的乳粉流动不畅等问题。这些都与乳粉的流动性有关。脱脂乳粉比全脂乳粉、婴儿乳粉的流动性好,但飞散性大。当脱脂乳粉的粒径在 $100\mu m$ 以上时飞散性小,流动性也好。描述乳粉流动性的物理性质有以下 4 个。

（1）休止角（ϕ_r）

乳粉在水平面上自然堆积时,圆锥体与底面形成的夹角称休止角。全脂乳粉为 $48.2°\pm2.5°$;脱脂乳粉为 $37.8°\pm2.5°$;乳清粉为 $55°$;婴儿乳粉为 $41°\sim45°$。休止角在 $30°$ 以下流动性好,在 $45°$ 以上流动性不好,所以全脂乳粉是流动性不良的粉体。

（2）内摩擦系数

在乳粉储槽内的某一点,周围乳粉对此点施加应力,有垂直应力 σ 和剪应力 τ。当此点处于临界应力状态（粉层内的平衡即将被破坏时）时,其相互关系由 Coulomb 公式表述:

$$\tau = \sigma\tan\phi + c \tag{31-1}$$

式中,ϕ 为内摩擦角;$\tan\phi$ 为内摩擦系数;c 为附着力或凝集力。

种谷等用直接剪切法,测定了各种乳粉的内摩擦系数,如表 31-11 所示。

表 31-11 各种乳粉的内摩擦系数与凝集力

乳粉种类	内摩擦系数	凝集力/(g/cm²)	乳粉种类	内摩擦系数	凝集力/(g/cm²)
脱脂乳粉	0.70	3.75	α-乳糖	0.46	0
冰淇淋粉	0.65	0	酪乳粉	0.23	0
全脂乳粉	0.58	1.49			

（3）凝集力

乳粉有很强的凝集性,其凝集力受下述因素影响。

① 脂肪含量增加可提高粒子间凝集力 当脂肪含量在 50% 以上时尤为明显。

② 脱脂乳粉水分低于 2.5%、温度达到 70℃时也无凝集力；但水分大于 6.0%时，在 20℃也结块。这可能是乳粉粒中乳糖变成 α-水合物所致。

③ 全脂乳粉在低水分时有凝集力，且随水分增加而增加，但是到水分为 4%左右时反而减少。

④ 粉粒的平均粒径减小会增加凝集力，凝集力与含脂肪率、水分、温度、粒径间的关系如下式：

$$H = 1.70 \times 10^{-5} d^{-1.5} \exp 0.33M + 0.06Ft + 1 \tag{31-2}$$

式中，H 为粒子间凝集力，g/cm^2；F 为脂肪率，%；M 为水分，%；t 为温度，℃；d 为粒径，μm。

（4）分散度

测定分散度的方法有在气流中使乳粉堆积求飞散必需的最小空气量法及发尘性法两种。

若以上方法的测定值超过 50%，可以说分散度好，流动性强。分散度的平均值，脱脂乳粉为 40%；婴儿乳粉为 15%；全脂乳粉为 10%；乳清粉为 50%。离心喷雾乳粉一般分散度高。脱脂乳粉与平均粒径成反比，而全脂乳粉与平均粒径成正比。各种乳粉和有关食品粉体的流动性见表 31-12。

表 31-12　乳粉与食品粉体的流动性

粉体	粉粒密度 /(g/cm^3)	填充密度/(g/cm^3)		压缩度 /%	休止角 /(°)	刮铲角 /(°)	Carr 指数 （喷流性）
		松装	紧实				
大豆粉	—	0.522	1.865	40	51	68	38(85)
茶叶末	1.4	0.260	0.620	58.1	52	81	19(45)
糯米粉	1.4	0.473	0.907	24	47	60	47(65)
玉米淀粉	1.4	0.430	0.690	38	51	79	36(54)
砂糖(120μm)	1.6	0.470	0.880	47	67	92	27
食盐(415μm)	2.17	1.140	1.350	8.2	40	30	84(79)
脱脂乳粉(压力喷雾)	1.34	0.532	0.753	29	40	64	56(81)
脱脂乳粉(离心喷雾)	1.06	0.539	0.741	25	40	63	59(84)
全脂乳粉(压力式)	1.18	0.456	0.720	37	49	69	41(60)
乳清粉(压力式)	1.22	0.412	0.758	46	55	78	29(51)
婴儿乳粉(压力式)	1.29	0.526	0.789	33	41	67	48(72)

31.1.5.8　乳粉的热物性

（1）乳粉的比热容

乳粉的比热容 c 是乳粉固体粒子 c_s 和空气比热容 c_o 的和，由下式求出：

$$c = \frac{m_s c_s + m_o c_o}{m_s + m_o} = \frac{c_o + mc_s}{1+m} \tag{31-3}$$

式中，m_s 为乳粉固体粒子的质量；m_o 为乳粉包含空气的质量。

m 通过粒子空隙 ε 得到：

$$m = \frac{m_s}{m_o} = \frac{\rho_s}{\rho_o} \times \frac{1-\varepsilon}{\varepsilon} \tag{31-4}$$

式中，ρ_s 为乳粉粒子密度；ρ_o 为空气的密度。

表 31-13 表示乳粉各组分的比热容 c_p 值。Buma 的试验数据为：乳糖、乳清粉、脱脂粉的比热容 [kJ/(kg·℃)] 各为 1.26、1.21～1.30、1.17～1.34。

表 31-13 乳粉各组分的比热容

组分	c_p/[kJ/(kg·℃)]	著者	组分	c_p/[kJ/(kg·℃)]	著者
乳糖	1.20	Perry	脂肪	1.72	Charm
蛋白质	1.19	Berlin	无机盐	1.26	Charm

（2）乳粉的热导率

与乳粉的比热容相仿，乳粉的热导率 K 是固体部分热导率 K_s 与气体部分热导率 K_o 的合成。用单位体积值表示热导率时多用串联回路近似推算。乳粉的热导率见表 31-14。

$$\frac{1}{K}=\frac{1-\varepsilon}{K_s}+\frac{\varepsilon}{K_o} \tag{31-5}$$

若 $K_s<10K_o$，并且 $\varepsilon<30\%$ 时，可用式（31-6）表示

$$K=(1-\varepsilon)K_s+\varepsilon K_o \tag{31-6}$$

表 31-14 乳粉的热导率

项目	密度/(kg/m³)	比热容/[kJ/(kg·℃)]	热导率/[kJ/(m·h·℃)]
乳粉粒	1.310	1.264	6.531
空气	1.177	1.005	0.096

例 乳粉填充于储槽。空隙率 ε 分别为 0.55、0.35 时，试按串联回路近似推算热导率。

解 （1）$\varepsilon=0.55$，将各值代入式（31-5），则

$$\frac{1}{K}=\frac{1-0.55}{6.531}+\frac{0.55}{0.096}=0.069+5.729=5.798$$

$$K=\frac{1}{5.798}=0.172\ [kJ/(m·h·℃)]$$

（2）$\varepsilon=0.35$，同样代入式（31-5），则

$$\frac{1}{K}=\frac{1-0.35}{6.531}+\frac{0.35}{0.096}=0.099+3.646=3.745$$

$$K=0.267\ [kJ/(m·h·℃)]$$

Farrall 等用双层圆筒填充各种乳粉，测到的热导率（K）如下：

① K 值为 0.448～0.724kJ/(m·h·℃)。

② 随乳粉的水分、填充密度、温度的增加，K 值也增加。

③ 全脂乳粉与脱脂乳粉的 K 值无大差别，后者略大一些。

各种报告的 K 值差异较大，这是因为乳粉试样的填充密度、粒径、形状、水分等存在差异。全脂乳粉的填充密度、温度与热导率的关系如图 31-33 所示。

（3）乳粉的自燃

乳粉自燃时产生热量，其反应速度与温度的关系可用阿累尼乌斯方程（Arrhenius equation）表示。图 31-34 为全脂乳粉的阿累尼乌斯曲线。

$$P=7.1\times10e^{10-\frac{6780}{T}} \tag{31-7}$$

式中，P 为自燃速率，℃/h；T 为热力学温度，K。

全脂乳粉的自燃温度与诱导时间的关系如图 31-35 所示。

$$t=175\tau^{-0.122} \tag{31-8}$$

式中，τ 为诱导时间，h；t 为自燃的临界温度，℃。

自燃温度与干燥室内堆积乳粉层厚度的关系如图 31-36 所示。在此曲线的左侧为允许的安全区。代表乳粉堆积厚度的线呈放射状通过坐标原点。例如厚度为 100mm 时在 240℃、

8min 自燃；80mm 厚时为 115℃、14h 自燃。

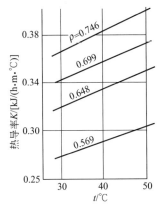

图 31-33   全脂乳粉填充密度、温度与热导率的关系

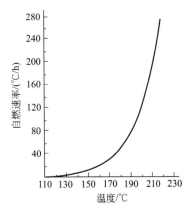

图 31-34   全脂乳粉的阿累尼乌斯曲线

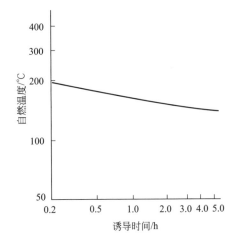

图 31-35   全脂乳粉的自燃温度
与诱导时间的关系

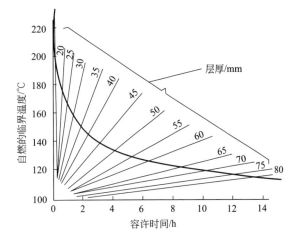

图 31-36   全脂乳粉堆积厚度与
自燃的临界温度的关系

31.1.6   质量检查

乳品的最终产品必须符合质量标准规范所规定的要求。它包括各种细菌指标、感官指标、化学性质和物理性质等特定要求。

一般工厂控制的性质是湿含量、溶解度指数和散堆密度（填充密度），测定方法如下。

最终水分：用恒温箱在 105℃下干燥 3h 测定重量损失，以百分数计。

自由水分：方法如上，但温度为 87℃，干燥 6h。

总温度：用卡尔·费歇尔法测定，此法可测定结晶水。

填充密度：在 250mL 的量筒内放入 100g 乳粉，轻轻敲实至最小体积值，取其倒数乘以 100。

润湿性：把 10g 脱脂乳粉（或 13g 全脂乳粉）放在 100mL、20℃的水面上，测出浸湿时间，以秒表示。

分散性：把 10g 脱脂乳粉（或 13g 全脂乳粉）放入 100mL 水中（25℃），搅拌 20min，倒入 150μm 孔筛中，测出溶解乳粉的百分数。

我国制定的乳制品标准示于表 31-15 中。

表 31-15　几种主要乳粉的质量标准

指标		全脂乳粉 特级品	全脂乳粉 一级品	全脂加糖乳粉 特级品	全脂加糖乳粉 一级品	脱脂乳粉 特级品	脱脂乳粉 一级品	母乳化乳粉 特级品	母乳化乳粉 一级品	婴儿调制乳粉特级品	脱盐乳清粉特级品
水分/%	≤	2.50	2.75	2.50	2.75	4.00	4.50	2.50	3.00	3.00	2.50
脂肪/%		25~30	25~30	20~25	20~25	≤1.5	≤1.75	24~30	24~30	18~22	1.20
碳水化合物/%		乳糖42	乳糖42	蔗糖≤20	蔗糖≤20	乳糖52	乳糖52	总糖53~58	总糖53~58	总糖50~56	乳糖78~82
酸度/°T	≤	18	19	16	17	18	19	18	19	16	18
理化指标 溶解度 指数法/mL	≤	0.15	0.30	0.15	0.30	0.30	0.50	0.15	0.30	0.15	0.30
理化指标 溶解度 重量法/%	≥	99	98	99	98	98	97	99	98	99	98
杂质度/10⁻⁶	≤	6	12	6	12	6	12	6	12	6	6
铅(以 Pb 计)/10⁻⁶	≤	0.5	0.5	0.5	0.5	0.5	0.5	0.5	1	1	0.5
铜(以 Cu 计)/10⁻⁶	≤	4	4	4	4	4	4	4	4	4	4
微生物指标 杂菌数/(个/g)	≤	20000	30000	20000	30000	20000	30000	200000	30000	20000	20000
微生物指标 大肠菌群(近似数/100g)	≤	40	90	40	90	40	90	40	90	40	40
微生物指标 致病菌		不允许	不允许	不允许	不允许	不允许	不允许	不允许	不允许	不允许	不允许
感官指标(评百分) 滋味及气味不低于		60	55	60	55	60	55	60	55	60	60
感官指标(评百分) 色泽		≤5	≤5	≤5	≤5	≤5	≤5	≤5	≤5	≤5	≤5
感官指标(评百分) 组织状态		≤25	≤25	≤20	≤20	≤30	≤30	≤20	≤20	≤20	≤30
感官指标(评百分) 冲调性		≤5	≤5	≤10	≤10	—	—	≤10	≤10	≤10	—
感官指标(评百分) 总评分		≥90	≥85	≥90	≥85	≥90	≥85	≥90	≥85	≥90	≥90

注：乳粉感官特征评分标准详见轻标（QB）乳粉部分。

31.2　糖类的干燥

糖及糖类物质的确切定义及分类比较复杂，例如多糖类物质可以包含糊精、淀粉、纤维素及一般意义上的多糖。

在喷雾干燥领域多糖及其衍生物不存在困难，故不在本节讨论，用常规应对食品（或药品）类物料的方法即可进行。

在喷雾干燥领域出现困难和必须用一些特殊手段去应对的主要是单糖及有黏性的低分子糖，因此本节将讨论涉及黏结性糖类的特性及其干燥方法。

同时，在许多食品及中草药中均含有较多糖类的物质，因此本节的叙述有一定意义。

31.2.1　玻璃态转变温度及其影响

31.2.1.1　喷雾干燥时物料的物理性质变化

富糖类物质干燥的难点在于这些低分子混合物物理性质的变化。尤其是蔗糖、麦芽糖、葡萄糖和果糖，当用喷雾干燥快速除去水分时，会导致产生无定形的或一些微晶体散布在无定形体中。这种物质是不平衡的亚稳态结构。

亚稳态结构也表现出不同程度的吸水性，图31-37 为这些含糖物质在干燥过程中的状态变化示意图。对于不同糖类，黏结性的具体数据也不同，反映在黏结性的一些重要物理性质为：吸湿性、溶解性、熔点及玻璃态转变温度，表 31-16 为五种常见糖类的有关黏性的物理性质，这些性质在喷雾干燥过程中自始至终影响黏性。

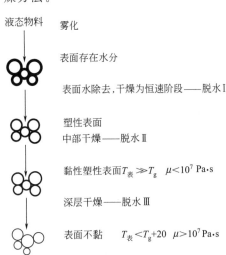

图 31-37　液滴在喷雾干燥过程中物理状态的变化（脱水分 Ⅰ、Ⅱ、Ⅲ 三阶段）
T_g 为玻璃态转变温度；$T_表$ 为干颗粒表面温度

表 31-16　五种常见糖在喷雾干燥中的有关黏性的物理特性

糖	吸湿性	熔点/℃	在 60℃ 水中溶解度/%	T_g/℃	黏性
乳糖	+	223	35	101	+
麦芽糖	++	165	52	87	++
蔗糖	+++	186	71	62	+++
葡萄糖	+++++	146	72	31	+++++
果糖	++++++	105	89	5	++++++

从表 31-16 中可见，果糖在常规喷雾干燥条件下，即使含水率很低，也会粘壁。

31.2.1.2　玻璃态转变温度

玻璃态转变温度已经在食品富糖类干燥中有过描述。这些描述把物质从玻璃态（固态）转向熔融态（液态）的中间又划分出两种状态，见图31-38，从玻璃态转向橡胶态时的表面温度称为玻璃态转变温度 T_g，在橡胶态阶段物料的黏度下降，使分子运动向结晶态方向发展，Downton 等测定无定形物质的黏度为 $10^6 \sim 10^8 Pa \cdot s$，此时第一次出现明显的黏性。

大多数食品类化合物（碳氢化合物和蛋白质）的玻璃态转变温度是比较高的，并随分子量增加而增加。Johari 测定水的 T_g 值为 $-135℃$，也就是当冰块在 $-135℃$ 以上时它的表面

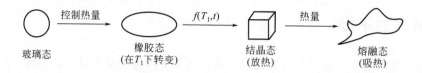

图 31-38　从无定形玻璃态经橡胶态转向结晶态的物理状态

带黏性。T_g 值是粉状食品加工和储存的常用评估标准。

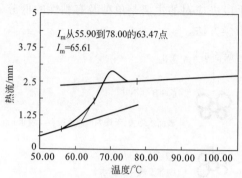

I_m 从 55.90 到 78.00 的 63.47 点
I_m=65.61

图 31-39　蔗糖的 DSG 分析加热率

加热 20℃/min 到 210℃，快速冷却 200℃/min
到 110℃，然后在 20℃/min 下扫描

低分子量物质的 T_g 值可用 DSG 测定（微分热量扫描仪），典型蔗糖粉的温谱图示于图 31-39。

当喷雾干燥时，初始阶段液滴的表面温度接近于露点温度，而当在干燥结束时，粉末表面温度接近排气温度，因此当排气温度低于 T_g 值时，就可以避免干粉在塔壁或集粉装置内结块。

31.2.1.3　混合物的 T_g 值计算

Gordon 等推导出两种及以上聚合物混合体玻璃态转变温度的计算式：

$$T_g = \frac{cw_1 T_{g1} + cw_2 T_{g2}}{cw_1 + cw_2} \tag{31-9}$$

式中，T_g 为混合物的玻璃态转变温度；w_1，w_2 分别为两种溶质的质量分数；c 为在玻璃态转变温度下，溶质间比热容的比值。

在喷雾干燥时，式(31-9) 中的 w_2、T_{g2} 可以用水的参数代入。水的 T_g 为 $-138℃$，从式(31-9) 可见混合物中水对 T_g 的影响。往往干燥尾气温度小的变化会对干燥后的产品产生很大影响，这种影响对产品的形态和储存也是如此。

由式(31-9) 可拓展至三元或更多的混合物

$$T_g = \frac{w_1 \Delta c_{p1} T_{g1} + w_2 \Delta c_{p2} T_{g2} + w_3 \Delta c_{p3} T_{g3}}{w_1 \Delta c_{p1} + w_2 \Delta c_{p2} + w_3 \Delta c_{p3}} \tag{31-10}$$

31.2.1.4　添加剂对 T_g 的影响

为了顺利进行喷雾干燥，方法之一是升高含糖物料的 T_g 值。高分子量聚合物具有较高的 T_g 值，故可升高混合物的 T_g 值。我国的喷雾干燥企业通常用添加麦芽糊精来提高混合物的 T_g 值。麦芽糊精的 T_g 值是根据它的等效葡萄糖值（DE）的比例来决定的，它在 100～243℃ 间变化。添加剂的种类很多，但不得降低原来物料的品质和价值。同时，有的高分子化合物会提高混合后液体的黏度，使喷雾发生困难，会使问题的性质发生变化。在食品工业中往往因添加剂过量而使食品的原味发生变化。

除了糊精、变性淀粉类以外，工业上还有用果胶、CMC 和阿拉伯胶等高分子量物料作为糖类喷雾干燥的添加剂。

在工业上除了制成水溶性混合物以提高 T_g 值之外，还可以用无机物（食品级）添加到喷雾干燥的次级气流中，使湿物料的表面"包裹"一层粉状抗黏结物，如滑石粉、$SiO_2 \cdot nH_2O$ 或相同性质物料的干粉等，尤其在食品行业的喷雾干燥中。

31.2.2　改性低分子糖的方法

31.2.2.1　化学法

W. Timothy 提出将低分子糖与金属阳离子结合，形成金属阳离子与糖的络合物，使喷雾干燥的产品具有抗吸湿性和流动性。

W. Timothy 将二价和三价正离子包括氧化钙、氢氧化钠、氢氧化钾，其他如镁、锶、钡、锌等化合物，加到玉米糖浆中的果糖和葡萄糖溶液中，发现在喷雾干燥及干燥后的产品抗吸湿性大为改善。玉米糖浆的 DE 值从 36 增至 100。

试验是加入碱性二价或三价阳离子盐类到糖浆中，正离子游离出来与一个或多个低价分子糖形成糖的正离子络合物，或多价的正离子基团。糖可以是单糖、二元糖或它们的组合。

加入低分子糖液中的游离正离子的摩尔比为 0.25～1.5，从理论上分析一价正离子钾可结合到一个糖分子，二价钙至少可以结合两个糖分子，三价铝可以与三个糖分子结合。反应的原理是呈微酸性的糖液游离出 H^+，与加进去的碱性金属氧化物游离的 OH^- 中和，正离子（如 Ca^{2+}）与除去 H^+ 之后糖的氧原子（有一负电荷）结合为络合物。实验证实混合后的 pH 值至少在 9～12 的范围内都是有效的。

在实用中由于最价廉而易得的碱性二价氧化物是 CaO，而我国的 CaO 质量则普遍较低，因此在使用 CaO 时要做一些"纯化"工作，剔除未烧透的 $CaCO_3$ 和泥沙杂质，在喷成水雾的环境下使之消化，然后再加到糖浆中去。此外，由于玉米糖浆中还有少量乳酸和亚硫酸甚至醋酸，这些酸与 $Ca(OH)_2$ 会形成不溶于水的沉淀，应当将其滤去，然后送去喷雾干燥。例如未改性的果糖（含水）熔点为 40℃，当用钙正离子添加剂结合糖单元后，其熔点就升高到 82.2℃。

31.2.2.2　物理法

所谓物理法就是指在一定条件下，经过温度、压力等条件变化使低分子糖的晶型发生变化。如无水 α-D-六环葡萄糖熔点为 146℃，在 108℃ 条件下会转变为无水 β-D-六环葡萄糖，熔点上升至 148～150℃，溶解度也从 62% 上升至 72%（25℃）。

麦芽糖也有 α、β 两种同分异构体存在，当 α-麦芽糖转变为 β 态时完成单羟基麦芽糖结晶化，使原来 α-麦芽糖的吸湿性大为下降。Yoshino 在 1986 年就对工业化生产 β-单羟基麦芽糖进行了详细报道。

将浓度为 25% 的玉米淀粉浆调节 pH 值为 6.0，加入 α-淀粉酶菌，液化结果 DE 为 6.0。在 55℃ 下加入 β-淀粉酶和异戊体假单胞菌，经 48h 糖化后糖的组成为麦芽糖 75%，葡萄糖 0.5%，麦芽三糖 15%，其余为麦芽寡糖（聚合度较高的麦芽糖化合物）；用活性炭和离子交换树脂净化，然后蒸发浓缩至浓度为 60%，添 0.5% 晶种在 30℃ 恒温下搅拌 12h 结晶，其结晶度为 47%；再送去喷雾干燥，得到含水 5.1% 的糖粉。干燥塔热风的进出口温度为 95℃、75℃，将糖粉投入陈化段，陈化设备是连续式流化床。陈化的条件是温度 65℃、相对湿度 70%、时间 4h，在此条件下糖粉吸收水分并进行 β 异构转化及形成羟基晶体。陈化物出口的含水率为 7.2%，然后再置于带式干燥机上用热空气干燥至含水 6.1%，可得流动度为 A 级、α 旋光度 +115° 的不吸湿麦芽糖粉。

在表 31-16 中列举的五种糖类中，除蔗糖外，都可以经过结晶及在一定条件下转化成 β 态，从而改善它的吸湿性，同时对产品的后处理及储存都带来方便。

K. Master 在乳品干燥中也述及了乳糖的结晶转态处理方法，糖的其他衍生物如山梨糖醇等也可以经过类似方法进行。

物理方法的优点在于保持了原有糖类的口味。

31.2.3　含糖物料喷雾干燥的对策

31.2.3.1　正确选择设计参数，合理配置干燥设备

含糖物料不一定全部指（纯）糖类物料，也包括了含糖植物如中草药中的当归液、造纸黑液中含有的糖酸、蔬菜类（如番茄汁）和水果类汁液，淀粉、纤维素的水解产物等复合糖类化合物。

针对不同含糖量，测出玻璃态转变温度，制定干燥的操作条件，选择设计参数是最根本的方法。首先要使工艺流程走通，不粘壁，不结块，产品能保证质量；其次要求热能和动力消耗的合理性，减少盲目放大，降低多余动力消耗，操作方便等。

例如乳糖干燥的出口尾气温度不应大于 101℃，同时应当尽量在制造流程中考虑到乳糖的结晶态实现的可能，使其趋于稳定的结构。在设计干燥塔时应当尽量缩短其恒速段的时间，使气/液两相在尽可能速度高的区域混合和接触，以提高液滴表面的传热、传质速率，从而使颗粒表面在短时间内出现干态。在设计干燥塔直径时还要结合液体在雾化时的喷距，要求在表面干燥之后才与塔壁接触，这就要结合雾化装置的选择，其中包含物料的黏度、含固率、喷液量、雾化轮转速（或压力与孔径）、正确配置足够的热源和风机等。

31.2.3.2　干燥塔壁冷却

在干燥塔的塔壁保温区，去掉保温棉使之进入常温空气，这部分空气在受热后可以重新回入空气加热器的进口，因此热量并未浪费。设计这种塔型要求塔径适当放大，因为在靠近塔壁的空气层温度较低，不属于正常的干燥区，而且要求保持冷却气流在干燥塔外壁四周均匀流动，不允许有偏流和死角。

这种方法已经有效地应用在糖类物料的喷雾干燥中，它在其他热敏性物料，如多氧菌素等要求产品中有生物活性（效价）的场合也有成功的实例。

采用这种方法时应密切注意干燥塔内壁的空气相对湿度的增加，在喷雾干燥正常运行中空气中含有大量水分。

31.2.3.3　细粉返回

从旋风分离器下部分离出的细粉重新回到雾化区可以促使产品团聚，颗粒增大，表面干燥，K. Master 等有过阐述。在细粉回流时应当注意的是，必须用浓相气流输送，若采用稀相输送，即使细粉到达了雾化区，由于大量的空气相对于很少的干粉，使液滴与干粉不可能碰撞而失效。

细粉返回的区域也可以设置在干燥塔内壁。夹带细粉的空气从圆周的切线方向进入干燥塔，使塔壁形成薄的气膜，气流可以吹去吸附在塔壁的干粉。进入的气流同样要注意空气的相对湿度不能太高，如它是冷却干粉以后的热气流，则由于气体升温相对湿度下降而无冷凝之虑。用此方法的气体可以是稀相输送。

31.2.3.4　低温、低湿的干燥条件

为了避开玻璃态转变温度或热敏性生物活性物料，要求采用经除湿而且温度很低的空气进行喷雾干燥，国外称为 BIRS 流程，其进风温度只有 60℃，整个过程仅仅湿度发生变化而

温度变化不大。这种过程的干燥速率相对较低，因此干燥塔很高，以此来保证它所需要的时间。在番茄粉和分散染料生产中均有类似流程。

31.2.3.5　局部引入冷空气

在干燥过程的末期，被喷雾的液滴已经干燥，但往往尾气温度大于物料的玻璃态转变温度，造成在旋风分离器中物料结团而堵塞。导入冷空气与尾气混合后降低了气体温度，可以降低粉末表面的黏性，但是要注意的是进入的空气会升高混合气体的相对湿度，引起粉末表面的湿度增加而降低 T_g 值。比较稳妥的办法是在冷空气进入系统之前加冷冻除湿机，这在我国的南方尤为必要。在药物或含糖物料的喷雾干燥中均可以见到这种流程。

31.2.3.6　塔壁清扫器

对于低玻璃态转变温度的粉状物料及某些合成树脂胶，在干燥以后呈疏松状态附着于干燥塔的内壁，可以用回转的立管，与塔壁距离很近，管内通入压缩空气，以吹扫塔壁的附着物。这种方法用于含糖多的中草药干燥是有效的，但是对于有生物活性的药物不推荐，因为在转臂装置上难免要积料，这部分物料一旦进入会影响产品质量。

31.2.4　小结

糖及其衍生物已经发展成一支庞大而独立的学科，涉及面很广。以上论述的许多内容只有糖化学家才能解释清楚，同时喷雾干燥本身还在发展和完善当中。本节仅仅从玻璃态转变温度着手，对于喷雾干燥中经常出现的问题给予有限的解决方法。

参考文献

[1]　Cabalda V M, Kennedy J F. Spray drying handbook [J]. Carbohydrate Polymers, 1991, 15（3）: 344-345.

[2]　Kessler H G, Food Engineering and Dairy Technology [M]. Kessler Verlag A, 1981: 654.

[3]　Westergaard V. Milk Powder Technology, Evaporation and Spray Drying [M]. Copenhagen: A/S Niro Atomizer, 1980.

[4]　Havagard-Soerensen I, Krag J, Pisecky J, Westergaard V. Analytical Methods for Dry Milk Products [M]. 4th ed. Copenhagen: A/S Niro Atomizer, 1978.

[5]　Instant dried milk. Determination of the dispersibility and wettability [J]. ISO Technical Specification （ISO）eng no 11869: 150, 2014.

[6]　林弘通, 陶云章. 乳粉制造工程 [M]. 北京: 中国轻工业出版社, 1987.

[7]　《乳品工业手册》编写组. 乳品工业手册 [M]. 北京: 中国轻工业出版社, 1987.

[8]　吴利军, 王家贤, 褚家瑞. 泡沫喷雾干燥特性的研究 [J]. 武汉化工学院学报, 1992, （Z1）: 66-70.

[9]　Keith Masters. Scale-up of spray dryers [J]. Drying Technology, 1994, 12（1-2）: 235-257.

[10]　王宗濂, 韩磊, 唐金鑫, 等. 喷雾干燥热风分布器的设计原则 [J]. 干燥技术与设备, 2003, （01）: 40-41.

[11]　Bhandari B R, Datta N, Howes T. Problems associated with spray drying of sugar-rich foods [J]. Drying Technology, 1997, 15（2）: 671-684.

[12]　Alexander K, Judson King C. Factors Governing Surface Morphology of Spray-Dried Amorphous Substances [J]. Drying Technology, 1985, 3（3）: 321-348.

[13]　Slade L, Levine H, Ievolella J, et al. The glassy state phenomenon in applications for the food industry: Application of the food polymer science approach to structure-function relationships of sucrose in cookie and cracker systems [J]. Journal of the Science of Food and Agriculture, 2010, 63（2）: 133-176.

［14］ Downton G E, Flores-Luna J L, King C J. Mechanism of stickiness in hygroscopic, amorphous powders ［J］. Industrial & Engineering Chemistry Fundamentals, 1982, 21（4）: 447-451.

［15］ Roos Y, Karel M. Plasticizing Effect of Water on Thermal Behavior and Crystallization of Amorphous Food Models ［J］. Journal of Food Science, 2010, 56（1）: 38-43.

［16］ Johari G P, Hallbrucker A, Mayer E. The glass-lipid transition of hyperquenched water ［J］. Nature, 1987, 330（6148）: 552-553.

［17］ Datta N, Bhandari B R, Howes T. Differential scanning calorimetry study on sugars and spary dried sugar-rich food powders （Unpublished work）.

［18］ Gordon M, Taylor J S. Ideal Copolymers and the Second-Order Transitions of Synthetic Rubbers. I. Noncrystalline Copolymers ［J］. Journal of Chemical Technology & Biotechnology Biotechnology, 2010, 2（9）: 493-500.

［19］ Schenz T W, Eisenhardt W A, Saleeb F Z. Method and manufacture for easily spray-driable low molecular weight sugars: US 4541873A ［P］. 1985-09-17.

［20］ Yoshino Z. Production of powdery maltose: US 4595418 ［P］. 1986-06-17.

［21］ Cabalda V M, Kennedy J F. Spray drying handbook ［J］. Carbohydrate Polymers, 1991, 15（3）: 344-345.

［22］ 唐金鑫, 黄立新, 王宗濂, 等. 喷雾干燥工程的研究进展及其开发应用 ［J］. 南京林业大学学报（自然科学版）, 1997,（S1）: 10-14.

［23］ Hayashi, Hiromichi. Drying Technologies of Foods -Their History and Future ［J］. Drying Technology, 1989, 7（2）: 315-369.

［24］ Lazar M E, Brown A H, Smith G S, et al. Experimental production of tomato powder by spray drying ［J］. Food Technology, 1956, 10（3）: 129-134.

［25］ Karats S, Esin A A. Laboratory scraped surface drying chamber for spary drying of tomato paste ［J］. Lebensm-Wiss u-Technol, 1990, 23: 354-357.

（王宗濂，韩磊）

第32章

植物提取物的干燥

植物提取物（botanical extract）是指以天然植物（植物全部或者某一部分）为原料，按照所提取的最终产品用途的需要，经过物理化学提取分离过程，定向获取和浓缩收集植物中的某种或多种有效成分，但不改变其有效成分结构而形成的产品，可广泛用于医药、食品、美容及其他领域。我国拥有丰富的植物资源，已经从植物提取物中发现了大量具有显著生理或药理活性的有效成分。我国是世界上重要的植物提取物供应国，以 2014 年为例，我国出口植物提取物 17.48 亿美元，占全球植物提取物市场的 18%[1]。

如此丰富的植物资源和广阔的市场前景，引起国内外学者的极大关注。一般情况下，植物提取物需要从提取液（水溶、醇溶和脂溶）干燥成固态，目的是使产品的保存期延长、重量减轻，便于运输、使用和管理。对全球资源丰富的植物而言，其活性提取物的价值伴随着传统医药现代化的高速发展得到最大体现。干燥作为最基本的化工单元操作方式之一，是保持物质不致腐败变质的方法之一，已经广泛用于植物提取物的制备，常用的干燥方式主要分为 3 类：喷雾干燥、冷冻干燥和真空干燥。喷雾干燥技术是一种较为常见的制造颗粒的技术，在干燥过程中先将前驱液经雾化器分散成雾滴，热空气与液滴在塔内接触，表面溶剂受热蒸发，从而获得干粉成品。冷冻干燥就是把含有大量水分的物质，预先进行降温冻结成固体，然后在真空的条件下使水蒸气直接升华出来，而物质本身留在冻结时的冰架中，因此它干燥后体积不变，结构疏松多孔。真空干燥是将物料放置于密闭干燥箱内，对物料不断加热的同时抽走水蒸气，保持相对低压环境，使得物料内水分在压力差和浓度差的双重作用下从物料中快速溢出，从而实现物料的干燥。真空干燥过程中，干燥箱内环境为稀薄气体，低于大气压力，氧气含量低，从而能够有效防止物料的氧化，并且能安全干燥易燃易爆物料。

32.1 植物提取物的分类

植物提取物通常需要溶剂的穿透性和溶解性，将植物中活性成分溶入溶剂中，溶剂的极性常以介电常数 ε 来表示，ε 大的溶剂极性强，反之，ε 小的溶剂极性弱。根据使用的提取溶剂极性的强弱不同，可以将植物提取物分为极性植物提取物、中等极性植物提取物及非极性植物提取物。

32.1.1 极性溶剂提取物

极性溶剂是指含有羟基或羧基等极性基团的溶剂，如水、甲酸、甘油、二甲亚砜等。水是典型的强极性溶剂（$\varepsilon = 80$），且价廉易得，使用安全，故为常用溶剂。水溶液的 pH 值对活性成分溶解度也有影响，可用一定浓度的酸性水溶液提取脂溶性的碱性物质如生物碱，或用一定浓度的碱性水溶液提取脂溶性的酸性物质，如有机酸、酚类、黄酮、香豆素和内酯等。用水作提取溶剂，优点是价格低廉、易得和安全；缺点是水提取液易变质、发霉和不易保存，水的沸点高，蒸发浓缩时间长，同时水提液中含有大量的蛋白质和果胶、鞣质、糖类和无机盐等杂质成分，给后续分离操作带来不便。水溶性提取物的主要成分有：糖类、蛋白质、多羟基化合物、酚酸、黄酮、多酚、花色苷水溶色素等。

32.1.2 中等极性溶剂提取物

中等极性溶剂也称亲水性有机溶剂，如甲醇、乙醇、丙酮和丙二醇等，具有较大的介电常数（ε 为 $10 \sim 30$），它们既能溶于水，又能诱导非极性物质产生一定的偶极矩（即极性），使后者溶解度增加，对天然有机化合物具有良好溶解性，穿透动植物细胞能力强，因而提取成分较为全面。乙醇具有水、醇双重提取性能，既可提取极性成分又可提取某些非极性成分。乙醇提取液中含有的胶体少，黏度小，易过滤，沸点低，回收方便，含量在 20% 以上即有防腐作用，不易发霉变质。因此，乙醇是实验室和工业化生产中最常用的溶剂。丙酮具有良好的脱脂性，常用于脂溶性物质的提取，但易挥发燃烧，且具有一定的毒性。醇溶性提取物的主要成分有：生物碱、苷类、有机酸、内酯、鞣质、色素等。

32.1.3 非极性溶剂提取物

非极性溶剂亦称亲脂性有机溶剂，如石油醚、乙醚、苯、氯仿、乙酸乙酯、脂肪油等介电常数（$\varepsilon < 10$）小的溶剂。该类溶剂选择性强，多数非极性溶剂沸点低，提取液回收方便，但挥发性大，损失较多，大多数易燃、有毒、昂贵，且亲脂性过强，不易穿透动植物细胞组织。脂溶性提取物的主要成分有：叶绿素、脂肪酸、挥发油、β-胡萝卜素、三萜酸、角鲨烯、植物甾醇、树脂等。

常见有机溶剂按极性大小顺序依次排列为：水＞甲酸＞二甲亚砜＞甲醇＞乙醇＞正丙醇＞丙酮＞乙酸＞乙酸乙酯＞蓖麻油＞乙醚＞氯仿＞植物油＞四氯化碳＞液体石蜡。

常见有机溶剂的理化性质如表 32-1 所示，常见有机溶剂间的共沸混合物如表 32-2 所示。

32.2 植物提取物的制备

目前，无论是水溶性提取物、醇溶性提取物还是脂溶性提取物，其生产工艺的传统方法一般可归纳为图 32-1 所示的过程。

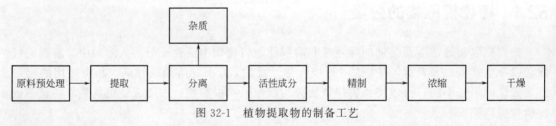

图 32-1 植物提取物的制备工艺

表 32-1　常见有机溶剂的理化性质[2]

名称	英文名称	结构式	分子式	分子量	物理形态/毒性	熔点/℃	沸点/℃	闪点/℃	折射率	密度	介电常数(ε)
甲醇	methanol	CH_3OH	CH_4O	32.04	无色液体/有毒,神经视力损害	-97.7	64.7	11	1.3284^{20}	0.7913^{20}_4	33.0^{20}
乙醇	ethanol	CH_3CH_2OH	C_2H_6O	46.07	无色液体/微毒,麻醉	-117.3	78.5	13	1.3611^{20}	0.7894^{20}_4	25.3^{20}
乙醚	ethoxy ethane/diethyl ether	$(CH_3CH_2)_2O$	$C_4H_{10}O$	74.12	无色液体/麻醉	-116.3	34.6	-45	1.3527^{20}	0.7134^{20}_4	6.18^{-15}
丙酮	acetone/propanone	CH_3COCH_3	C_3H_6O	58.08	无色液体/微毒,麻醉	-95.35	56.4	-20	1.3591^{20}	0.7908^{20}_4	21.01^{20}
乙酸	acetic acid/ethanoic acid	CH_3COOH	$C_2H_4O_2$	60.05	无色液体/低毒,刺激	16.7	117.9	39(CC)	1.3718^{20}	1.0492^{20}_4	6.20^{20}
乙酸酐	aceticanhydride	$CH_3COCOCH_3$	$C_4H_6O_3$	102.09	无色液体/低毒,刺激	-73.1	140.0	54(CC)	1.3904^{20}	1.0820^{20}_4	22.45^{20}
二氧六环	1,4-dioxane	环状结构	$C_4H_8O_2$	88.11	无色液体	11.8	101.2	12	1.4224^{20}	1.0329^{20}_4	2.22^{20}
苯	benzene	环状结构	C_6H_6	78.12	无色液体/中毒,神经,造血损害	5.5	80.4	-11(CC)	1.5011^{20}	0.8787^{20}_4	2.28^{20}
甲苯	methyl benzene/toluene	$C_6H_5—CH_3$	C_7H_8	92.14	无色液体/剧毒,刺激,神经损害	-94.9	110.5	4	1.4960^{20}	0.8660^{20}_4	2.38^{23}
氯仿	trichloromethane/chloroform	$CHCl_3$	$CHCl_3$	119.39	无色液体/强烈麻醉,易转变成光气	-63.6	61.2		1.4459^{20}	1.4832^{20}_4	4.81^{20}
四氯化碳	tetrachloro methane	CCl_4	CCl_4	153.82	无色液体/中等,肝,心,肾损害	-22.99	77.0		1.4607^{20}	1.5940^{20}_4	2.24^{20}
乙酸乙酯	ethyl acetate	$CH_3COOC_2H_5$	$C_4H_8O_2$	88.11	无色液体/低毒,麻醉	-83.58	77.06	-4	1.3723^{20}	0.9003^{20}_4	6.08^{20}
四氢呋喃	tetrahydro-furan	环状结构	C_4H_8O	72.11	无色液体/麻醉,肝肾损害	-108.5	65	-14	1.4050^{20}	0.8892^{20}_4	7.52^{22}

续表

名称	英文名称	分子式	结构式	分子量	物理形态/毒性	熔点/℃	沸点/℃	闪点/℃	折射率	密度	介电常数（ε）
乙腈	acetonitrile	C_2H_3N	CH_3CN	41.05	无色液体/中毒、刺激	-44	81.6	6	1.3460^{15}	0.7875^{15}_4	36.64^{20}
吡啶	pyridine	C_5H_5N		79.10	无色液体/麻醉、刺激、肝肾损害	-41.6	115.2	20	1.5067^{25}	0.9827^{25}_4	13.26^{20}
石油醚	petroleum ether	戊烷+正己烷			无色液体/低毒	-73	35~60	-49	1.3630^{20}	$0.63\sim0.66^{20}$	1.8^{20}
正丁醇	1-butanol	$C_4H_{10}O$	$CH_3(CH_2)_2CH_2OH$	74.12	无色液体/低毒；麻醉	-89.5	117.7	37	1.3993^{20}	0.8097^{20}_4	17.84^{20}
异丙醇	2-propanol	C_3H_8O	$(CH_3)_2CHOH$	60.10	无色液体/微毒、刺激、视力损害	-89.5	82.4	12	1.3772^{20}	0.7855^{20}_4	20.8^{20}

注：表中折射率和介电常数（ε）的右上角数值均为被测溶剂的温度；密度指数值均为被测溶剂的相对密度，在其温度下与4℃水的密度比值，右上角和右下角均表示温度。

表 32-2　常见有机溶剂间的共沸混合物[3]

共沸混合物	组分的沸点/℃	共沸物的组成（质量）/%	共沸物的沸点/℃
乙醇-乙酸乙酯	78.5,77.06	30:70	72.0
乙醇-苯	78.5,80.4	32:68	68.2
乙醇-氯仿	78.5,61.2	7:93	59.4
乙醇-四氯化碳	78.5,77.0	16:84	64.9
乙酸乙酯-四氯化碳	77.06,77.0	43:57	75.0
甲醇-四氯化碳	64.7,77.0	21:79	55.7
甲醇-苯	64.7,80.4	39:61	48.3
氯仿-丙酮	61.2,56.4	80:20	64.7
甲苯-乙酸	110.5,117.9	72:28	105.4
乙醇-苯-水	78.5,80.4,100	19:74:7	64.9

对原料的预处理，一般是收集、挑拣、阴干、粉碎及炮制等。

提取方法主要包括：传统溶剂浸提、超声波、微波、超临界流体、亚临界流体、酶法提取及半仿生提取等辅助手段一种或多种组合的新型提取。

分离：固液分离常用真空过滤或高速离心。液液分离常用溶剂萃取或固相萃取。

精制：一般采用吸附柱色谱、分配柱色谱、离子交换柱色谱、凝胶柱色谱、大孔树脂柱色谱、亲和柱色谱等。吸附柱色谱包括大孔树脂吸附纯化、硅胶吸附纯化、Al_2O_3 吸附柱色谱、活性炭吸附纯化、膜分离等多种手段。此外，根据柱压的不同，可分为高压色谱（$p>20bar$，$1bar=10^5Pa$）、中压色谱（$5bar<p<20bar$）和低压色谱（$p<5bar$）。

浓缩：对含有活性成分的提取液，通常使用减压蒸馏法、透析法及超过滤法。

干燥：针对不同提取物的特性，可选择不同的干燥方法：箱式干燥法、喷雾干燥法、喷雾冷冻干燥法、微波干燥法、热泵干燥法、真空冷冻干燥法及超临界流体干燥法。

32.2.1　植物提取物的常用提取工艺

植物提取物的提取效果除主要取决于选择合适的溶剂和提取方法外，原料的产地、采摘季节、地域差别、质量优劣、提取部位、提取温度、提取时间、操作压力、溶剂对原料的溶胀等因素也影响提取效果。

32.2.1.1　原料预处理

现代药学研究表明，植物药材在生长发育的各个时期，所含有的有效成分均存在较大的差别。如果采收季节不当，有效成分含量低，投料时工作人员不加以辨认，势必影响提取物质量，使得使用效果无保障，因此要对采摘时间严格把控。此外，天然动植物原材料储藏不当易霉烂变质、走油、虫蛀等，投料时若用此储藏不当的药材，会直接影响提取物质量，因此需要加强仓库管理。含挥发油植物储藏不当，会逐渐氧化、分解或自然挥发而使药效降低，天然色素原材料储藏不当会因光、热作用而失色。原料预处理通常需要将原料粉碎，原料经粉碎后粒度变小，表面能增加，浸出速度加快，粒度越小，比表面积越大，浸提速度越快。但粉碎后粒度过细，样品粉粒表面积过大，吸附作用增强，反而影响扩散速度，并不利于有效成分的溶出。同时许多不溶性高分子物质如蛋白质、鞣质、糖类等浸出量也相应增加，导致分离提纯困难，运行成本增加。故粉碎粒度需适中，一般而言，粉碎粒度以 20～60 目为宜。

32.2.1.2　传统提取技术

传统提取技术有溶剂提取法、水蒸气蒸馏法，在植物提取中常用的溶剂提取方法有回流法、索氏法、冷浸法、渗漉法等。回流提取和索氏提取需要长时间的加热，极有可能使植物中的有效成分发生改变，冷浸法和渗漉法则提取时间较长，溶剂使用量大。

（1）溶剂浸提法

浸提法是将原料用适当的溶剂在常温或温热条件下浸泡出有效成分的一种方法，具有操作简便的优点，是天然产物有效成分提取的经典方法。常用的溶剂包括水、甲醇、乙醇、丙酮及乙酸乙酯等一种或多种溶剂的混合。根据温度的不同一般分为冷浸提法（常温）和热浸提法（>25℃），冷浸提法适合提取遇热易破坏的物质及淀粉、树胶、果胶、黏液质等。根据提取装置和目标组分不同，分为索氏提取和水蒸气蒸馏法。索氏提取属于连续提取法，用较少的溶剂一次提取便可提取完全，常用于提取油脂类物质，因长时间受热，不适合于热不稳定的物质提取。水蒸气蒸馏法是利用被蒸馏分与水不相溶的特点，使被分离的物质能在比原沸点低的温度下沸腾，经冷凝后得到水油两层，达到提取分离目的，常用于挥发油成分的提取，也适合常压蒸馏时易发生氧化、聚合和降解的有机化合物。

（2）渗滤法

渗滤法是将适度粉碎的原料湿润膨胀后置于渗滤筒中，由上部不断添加溶剂，溶剂渗过原料层向下流动过程中浸出药材成分的方法。渗滤属于动态浸出方法，溶剂利用率高，有效成分浸出完全，可直接收集浸出液。该法适用于贵重药材、毒性药材及高浓度制剂；也可用于有效成分含量较低的药材提取。但对新鲜的及易膨胀的药材、无组织结构的药材不宜选用。该法常用不同浓度的乙醇或白酒作溶剂，故应防止溶剂的挥发损失。提取效果较浸提法更高，提取比较完全，但使用溶剂量大，对原料的粒度及工艺要求较高，且可能造成堵塞而影响正常操作。渗滤法主要分为单渗滤法（用一个渗滤筒的常压渗滤方法）和重渗滤法（多个渗滤筒串联排列，渗滤液重复用作新药粉的溶剂，进行多次渗滤以提高渗滤液浓度的方法）。重渗滤法溶剂利用率高，浸出效率高，渗滤液中有效成分浓度高，可不必加热浓缩，避免了有效成分受热分解或挥发损失，但所占容器多，操作较麻烦。渗滤法适用于高浓度浸出制剂的制备，亦可用于药材中有效成分含量较低时的充分提取。

传统溶剂提取法，溶剂耗用量大，设备造价高，生产成本高，除去溶剂时，易造成产品品质下降或溶剂残留。针对传统提取方法表现出的不足，有的研究者对传统方法进行了一些改进。如将膜分离技术引入溶剂回流提取法，通过分子大小筛分技术可去除蛋白质和色素等，从而提高目标组分含量。使用超声波辅助提取时，基于超声波在液体传播时，使液体介质不断受到压缩和拉伸，尤其在含有杂质、气泡的地方会暂时形成近似真空的空洞，受到压缩而产生崩溃，空洞内部最高瞬时压可达几万个大气压，同时伴随局部高温及放电现象等的空化作用，基于空化作用，会产生力学、热学效应等，加速植物活性组分的传质传热效应。与索氏提取法相比，可显著提高效率且节省样品处理时间。使用微波辅助提取，基于在微波作用下，植物某些组分被选择性地加热，使之与基体分离，进入微波吸收能力较差的萃取剂中，加之微波加热效率很高，升温快速而均匀，可缩短萃取时间，显著提高萃取效率。然而，对于精油等热敏性物质或者易挥发物质的提取，微波提取的局限性较大，也有通过选择较低介电常数的溶剂或者无溶剂微波进行提取。

32.2.1.3　现代提取技术

现代提取技术包括超临界流体萃取、亚临界流体萃取、生物酶法提取、半仿生提取等。相比于传统提取技术，这些新技术拥有产率好、纯度高、速度快、能耗少等优点，在植物提取中逐渐得到广泛的应用。

（1）超临界流体萃取

超临界流体萃取技术是20世纪80年代逐步在我国得到应用的一种高效、快速的提取技术，一般以二氧化碳作为萃取剂。因为超临界二氧化碳的疏水性较高，常用于提取疏水性化合物，如脂溶性维生素、类胡萝卜素、脂肪酸和脂肪族烃等，加入适量的夹带剂，也可以对极性物质进行提取。Cao等[4]进行了超临界流体萃取的葡萄籽油的研究，在中等粒度（20～40目）的高压（30～40MPa）和低温（35～40℃）的优化条件下，加入10%的乙醇作为改性剂，最大产率达到6.2%，游离脂肪酸、不饱和脂肪酸在油中约占70%。张良等[5]对川贝母游离生物碱的超临界CO_2流体提取条件进行优化，结果显示当乙醇用量为300mL，萃取压力为20MPa，萃取时间为2h，萃取温度为45℃，萃取率可达0.195%。

超临界流体萃取可分为萃取和分离两个过程，在临界点附近利用流体与溶剂具有良好的传质性能，将所需组分从原料中提取出来；恢复常温常压，提取物与气态的超临界流体分离。与传统提取方法相比，超临界流体的萃取温度在 30～70℃ 之间，有利于挥发性、热敏性物质的提取；萃取剂一般为二氧化碳，无残留；提取速度快、效率高。但超临界流体萃取一些极性大、分子量大的物质时，需要加入夹带剂，而且操作压力大，对设备要求高，更适合用于附加值高的物质的提取。

（2）亚临界流体萃取

亚临界流体萃取是在一定温度下（介于沸点和临界温度之间），在一定的压力下（低于临界压力）可以使某种提取溶剂保持在液体状态下进行提取的一种新兴技术。丁烷和丙烷是最早应用的亚临界流体，随后液氨、二甲醚、水等溶剂也应用到了亚临界提取中。由于这些溶剂的极性不同，在应用中也各具特色。丙烷、丁烷、四氟乙烷为非极性溶剂，常用于提取脂溶性物质；二甲醚既能提取极性物质，也能提取非极性物质；液氨可用于水溶性成分的提取。在亚临界条件下水的极性降低，用于对中弱极性物质的提取。王林林等[6]对超临界 CO_2 萃取法、亚临界丁烷萃取法、有机溶剂萃取法和压榨法所得的石榴籽油进行分析，结果表明亚临界丁烷萃取理化性质更好，抗氧化能力更强。Ravber 等[7]从向日葵种子中用亚临界水提取法同时去除油和水溶性相，在不同的温度和料液比下研究萃取动力学，水溶性提取物在 100℃ 时发生水热降解产生各种水热降解产物，总酚含量降低，总体的抗氧化能力升高。亚临界水可以避免萃取产物受有机溶剂污染、萃取耗时等不足，是一种清洁的提取方式。

（3）生物酶法提取

生物酶法提取是利用酶催化反应的专一性、高效性，较温和地分解植物组织，使有效成分快速溢出，提高传质过程，提升收率、纯度和提取速度的一种提取方法。生物活性成分常常处于细胞质中，由纤维素、半纤维素、木质素等组成的细胞壁抑制活性成分的溢出。添加纤维素酶、α-淀粉酶和果胶酶等特定酶，能够破坏细胞壁并水解结构多糖。傅博强等[8]比较酶法和水提法对多糖提取率的影响，结果表明多糖的提取率增加 63.3%，粗多糖增加 98.9%。酶提取法反应温和，可避免热敏组分分解，能提取出无效成分，并提高提取物的品质。但是酶对温度、酸碱度反应敏感，只能在一个较窄的范围波动；酶反应也可能改变某些活性成分，造成提取率降低，引入其他杂质等。例如，纤维素酶能水解黄芩苷，造成其提取率降低。

（4）半仿生提取

半仿生提取是模拟口服药物经胃肠道环境转运原理而设计的，目的是尽可能保留原植物中的有效成分，包括在体内有效的代谢物、水解物、螯合物或新的化合物。选用特定 pH 值的酸性水和碱性水依次提取，目标是提取含有目标组分高的"活性混合物"。一般只适合水溶性大的极性有效成分的提取，相对于其他提取方式以某一种有效成分优化提取工艺，半仿生提取更加注重整体作用。半仿生提取要符合工业化，不能完全与人体相同，故而称为半仿生。半仿生提取多应用于中药或中药复方活性成分的提取，张晓丹等[9]用半仿生提取法提取中药复方银翘散，探讨提取时间、溶剂用量、pH 值对提取率的影响。与水提法比较，半仿生提取可提高银翘散的疗效。半仿生提取法不适合热敏性物质的提取，pH 值的变化也可能产生其他副产物。

32.2.2　植物提取物的常用分离纯化技术

针对植物提取物中的特定目标活性组分，为实现功效提升的目标，往往需要对该组分进行分离纯化富集。植物提取物常用的分离纯化技术主要包括萃取法、沉淀分离法、膜分离法、柱色谱法等。

32.2.2.1　萃取法

萃取法根据萃取两相状态不同可分为液-固萃取（即浸提）、液-液萃取和气-液萃取（即吸收）。其中以液-液萃取应用最为广泛。液-液萃取法即两相溶剂提取，利用混合物中各组分在两种互不相溶溶剂中分配系数（K）的不同而达到分离的目的。$K = c_A/c'_A$，其中 c_A 为组分 A 在萃取剂中的浓度；c'_A 为组分 A 在原样品溶液中的浓度。K 值越大，萃取剂用量越小，溶质越容易被萃取出来，萃取分离效果越好。K 值取决于温度、溶剂和被萃取物的性质，而与组分的最初浓度、组分与溶剂的质量无关。影响分离效果的主要因素包括萃取剂、被萃取的物质在萃取剂与原样品溶液两相之间的平衡关系、在萃取过程中两相之间的接触情况。在被萃取物质一定的条件下，主要取决于萃取剂的选择（往往选择分配系数大、溶剂间密度差大、适度的界面张力、黏度低和价廉易得试剂）和萃取次数（同体积分 3～5 次即可）。一般常用萃取溶剂为：小极性溶剂，石油醚、苯和环己烷；中极性溶剂，氯仿、乙醚和乙酸乙酯；大极性溶剂，水饱和正丁醇、乙醇等。

32.2.2.2　沉淀分离法

沉淀分离法是在样品溶液中加入某些溶剂或沉淀剂，通过化学反应或改变溶液的 pH 值、温度等，使分离物质以固相物质形式沉淀析出的一种方法。能否将物质从溶液中析出，取决于物质的溶解度或溶度积，需要选择适当的沉淀剂和沉淀条件。对于植物提取物中水溶性的多糖、鞣质、酶和蛋白质等，向水溶液中加入丙酮、乙醇等有机溶剂就可使它们沉淀出来。溶剂沉淀法主要影响因素为：①溶剂的种类。溶剂必须选择能与水相混溶，如甲醇、乙醇、丙醇、丁醇、丙酮、乙醚、四氢呋喃等，同时还需考虑其价格和毒性。②样品浓度。样品浓度过高，虽使目标成分沉淀完全，但往往会发生共沉淀或包裹现象，使杂质也有部分析出；样品浓度过稀，沉淀剂使用量过大，沉淀析出不彻底，分离效果不理想。③温度。可利用不同物质在不同温度下溶解度的差别，通过调节温度达到分离的目的。④pH 值。在选择沉淀条件时要把 pH 值考虑进去，如蛋白质的沉淀需要控制 pH 值。

32.2.2.3　膜分离法

目前膜分离主要包括渗透、反渗透、纳滤、超滤、微滤、电渗析、液膜技术、气体渗透、渗透蒸发等，在植物提取物分离中应用较多的膜分离方法见表 32-3。

表 32-3　天然植物提取物的主要膜分离方法[10]

膜分离方法	分离目的	透过组分	截流组分	推动力	传质机理	膜类型	应用举例
微滤	溶液脱粒子	溶液	0.02～10μm 微粒、细菌	压力差	筛分微粒大小	多孔膜	过滤、预处理
超滤	溶液脱大分子	小分子溶液及胶体分子	0.001～0.02μm 生物大分子溶质	压力差	筛分分子大小	非对称复合膜	除去生物大分子杂质
纳滤	脱去小分子溶质和低价粒子	小分子溶质和低价离子	1nm 分子和高价离子	压力差	分子大小、电荷效应	复合膜	除去小分子杂质

续表

膜分离方法	分离目的	透过组分	截流组分	推动力	传质机理	膜类型	应用举例
反渗透	脱溶剂，浓缩	溶剂	溶质	压力差	优先吸附，溶解扩散	非对称复合膜	浓缩
渗透	大分子溶质脱小分子	小分子溶质	大分子溶质	浓度差	阻扩散	非对称膜或离子交换膜	多糖脱盐
电渗析	脱小离子，小离子溶液浓缩	小离子组分	非电解质及大离子	电位差	离子选择	离子交换膜	蛋白质精制
渗透蒸发	挥发性液体混合物分离	膜内易溶解组分或易挥发组分	不易溶解组分或较大、较难挥发组分	分压差，浓度差	溶解-扩散	均质膜，复合膜，非对称膜	恒沸混合物的分离

32.2.2.4　柱色谱法

按照固定相类型和分离原理分类，可以将柱色谱分为吸附色谱、分配色谱、离子交换色谱、凝胶色谱、大孔树脂柱色谱。

（1）吸附色谱

固定相为吸附剂，常用的有硅胶、氧化铝、活性炭、聚酰胺、硅藻土、分子筛等。吸附色谱法是指混合物随流动相通过吸附剂（固定相）时，吸附剂对不同组分物质具有不同的吸附力，而使混合物中各组分分子、组分分子与流动相分子在吸附剂表面的竞争吸附贯穿整个分离过程。尤其以硅胶使用最为广泛，硅胶是一种酸性吸附剂，适用于中性或酸性成分的柱色谱，具有较大的吸附容量，分离范围广，能用于极性和非极性化合物的分离，如有机酸、挥发油、蒽醌、黄酮、氨基酸、皂苷等，但不宜分离碱性物质。作为极性吸附剂有以下特性。①对极性物质具有较强亲和能力，同为溶质，极性强者将被优先吸附。②溶剂极性越弱，则吸附剂对溶质将表现出越强的吸附能力。溶剂极性增强，则吸附剂对溶质的吸附能力减弱。③溶质即使被硅胶、氧化铝吸附，但一旦加入极性较强的溶剂，又被后置换洗脱下来。活性炭是使用较多的一种非极性吸附剂，其吸附作用与硅胶相反，对非极性物质具有较强的亲和能力，在水溶液中吸附力最强，在有机溶剂中较弱。从活性炭上洗脱被吸附物质时，溶剂极性越小，活性炭对溶质吸附能力也减小，洗脱溶剂的洗脱能力越强。

（2）分配色谱

分配色谱是利用混合物中各成分在两种不相混溶的液体之间的分配系数不同，而实现分离的方法。组分在流动相与液体溶剂间的分配服从液-液萃取的平衡关系，相当于一种连续逆流萃取分离法。分配色谱分为正向分配色谱（固定相极性＞流动相极性，极性小的物质先流出，极性大的物质后流出）和反相分配色谱（固定相极性＜流动相极性，极性大的物质先流出，极性小的物质后流出）。正向分配色谱的固定相有水、各种缓冲液、稀硫酸、甲醇、甲酰胺、丙二醇等，流动相有石油醚、醇类、酮类、酯类、卤代烷烃及苯等；而反相分配色谱的固定相有硅油、液体石蜡等极性较小的有机溶剂，流动相有水、低级醇类等。分配色谱往往适用于分离水溶性或极性较大的成分，如生物碱、苷类、糖类、有机酸及氨基酸衍生物；对某些非极性成分，如油脂、甾体，可采用反相分配柱色谱进行分离。

（3）凝胶色谱

凝胶色谱是利用凝胶微孔的分子筛作用，对分子大小不同的物质进行分离的一种柱色谱法。填充色谱柱的固定相（载体）由具有一定大小孔径的多孔凝胶制成，凝胶在水中不溶，是用液体（一般为水）饱和了的惰性聚合物骨架，各组分在柱内的保留程度不同，从柱中流出的次序就不同，这些组分的保留时间和从柱中流出的次序取决于分子的大小，分子量大的组分分子体积大，只能在凝胶颗粒间隙移动，较早地被溶剂冲洗出来，分子量小的组分分子体积小，可自由渗入微孔并扩散至凝胶颗粒内部，通过色谱柱时阻力大、流速慢，将最后从柱底流出。因此，各组分在凝胶色谱中被洗脱出柱的先后顺序基本上是按照分子大小排列，即分子量由大而小流出。凝胶种类很多，常见的有葡聚糖凝胶（Sephadex G），羟丙基甲基葡聚糖凝胶（Sephadex LH-20），聚丙烯酰胺凝胶（Bio-Gel P）和琼脂糖凝胶（Sephadex B；Bio-Gel A）等。Sephadex G 分离范围广泛，分子量从 0～700 到 5000～80000。Sepha-dexLH-20 由于键合了羟丙基，葡聚糖的亲脂性增强，不仅可在水中应用，也可在极性溶剂或与水混合溶剂中膨润使用，如氯仿、四氢呋喃等，应用范围扩大，对黄酮、蒽醌、香豆素等成分也能分离。

（4）大孔树脂柱色谱

大孔树脂法是利用大孔吸附树脂对欲分离物质的吸附作用和筛选作用达到分离目的的方法。其吸附作用是由于范德华引力或氢键，而筛选作用则由树脂本身多孔性结构所决定。大孔吸附树脂对天然化学成分如皂苷、生物碱、黄酮、香豆素及其他一些苷类成分都有吸附作用，尤其对色素的吸附作用较强，对糖类的吸附能力很差。

大孔吸附树脂是一类有机高聚物吸附剂，它不含交换基团，具有注入致孔剂所形成的空隙。其主要有以下优点：较稳定的理化性质，机械强度好，一般不溶于酸、碱及有机溶剂，吸附之后易解吸，再生容易。通过不同的合成方法，可以得到众多孔隙大小分布、比表面积、功能基团和极性都不同的树脂，所以可以针对不同分离对象选择较优的树脂品种。大孔树脂根据极性的强弱分为非极性、弱极性、中等极性和强极性等，也可以根据功能基团的不同分为苯乙烯型、丙烯酸酯型、丙烯酰胺型、氧化氮型和亚砜型等。目前大孔树脂在中药成分精制中应用广泛，表 32-4 中列出了一些常用于植物多酚、皂苷等精制的大孔树脂的性质。

表 32-4　常用大孔树脂的极性、平均孔径和比表面积[10]

树脂	极性	平均孔径/nm	比表面积/(m²/g)
AB-8	弱极性	13～14	480～520
D-101	弱极性	9～10	500～550
HPD100	非极性	8.5～9	650～700
HPD300	非极性	5～5.5	800～870
HP-20	非极性	26	600
ADS-8	非极性	12～16	450～500

32.3　典型植物提取物的干燥技术

32.3.1　色素干燥

天然色素主要提取自植物、动物和微生物，因其安全、具备生理活性、具有一定的营养作用和保健功能等优点，而广泛应用于食品、医药以及化妆品行业。然而由于对光、热及pH 值的敏感性较高，天然色素在加工以及流通过程中，易发生氧化、分解，且共存成分的存在使有的天然色素出现异味、异臭等现象，从而严重影响了天然色素的单位产品色价和保质期。而作为天然色素加工过程中的重要一环，干燥技术的发展与应用则是解决这些问题的一个重要途径。干燥方法直接影响到产品的性能、形态及质量等，因此需要选择适当的干燥方式和干燥工艺，这对提高色素产品品质具有重要意义。

杜敏华等[11]利用真空冷冻技术加工草莓果浆,大大降低了草莓色素及 V_C 的损失率,较好地保存了食品营养成分及色泽;并利用线性加权组合法优化草莓果浆的真空冷冻干燥工艺,得到最佳工艺参数为:冻结温度为 $-36℃$,物料解析时的表面最高温度为 $48℃$,升华初始干燥仓压力为 26Pa,装料厚度为 7mm, V_C、草莓色素的损失率为 6% 和 38%,冷冻时间为 18h。金锋等[12]利用喷雾干燥技术对玉米色素进行微胶囊化,发现色素含量 10%,总固形物含量 40%,喷雾干燥的进风温度 140℃,出风温度 80℃,包埋率效果最好(71.53%)。Tolun 等[13]对葡萄渣中的花青素进行了提取,并对提取物微胶囊化,得到了粉末状的天然色素,有效地解决了其营养成分、天然风味的加工、保存及再现等问题。马文平等[14]研究了枸杞色素的真空冻干技术,因枸杞色素为热敏性物料,在枸杞鲜果的烘干试验中发现,温度超过 50℃,制品的质量会受到影响,在冻结温度 $-30℃$,初始真空度 80Pa,结束时 30Pa 时,产品色泽、组织形态、气味和杂质等感官指标以及胡萝卜素含量等理化指标均非常理想,并且在选择合适的包装材料后便于储存和运输。赵慧芳等[15]研究了真空(50℃,5h)、冷冻($-50℃$,10h)和喷雾干燥(100℃,1.0~1.5s)三种方法对黑莓色素产品纯度的影响,发现冷冻干燥所得黑莓色素产品的色价、总花色苷含量显著高于真空干燥和喷雾干燥所得的黑莓色素产品,色价高达 44.53,总花色苷含量为 12.85g/100g,分别高于真空干燥 17.93% 和 13.65%。因此认为冷冻干燥是黑莓果实色素的最佳干燥方法。吕英华等[16]研究了桑葚色素真空冷冻干燥工艺,发现最佳仓压为 90Pa,解析干燥时加热板温度 60℃,物料最终温度为 48.1℃,干燥 12h 后,可得色泽深红、质地均匀、溶解性好的粉末。郭雪玲等[17]研究了冷冻干燥、真空干燥、鼓风干燥三种不同干燥方式对香蕉片色素稳定性的影响,结果表明,在真空干燥真空度 133Pa 和温度 105℃时获得的香蕉片色素,染色毛织物颜色最深。焦岩等[18]为提高玉米黄色素的溶解性和稳定性,研究了喷雾干燥法制备玉米黄色素微胶囊工艺,发现壁材阿拉伯胶与麦芽糊精的比例为 1:5,芯材含量为 15%,进风温度为 170℃,进料量为 10mL/min,在此条件下,玉米黄色素微胶囊率达到 89.5%。Venil 等[19]使用卡拉胶作为壁材,在 180℃进风温度,85℃出风温度条件下,制备黄色素粉末微胶囊效率最高(70.06%),水分含量平均 3%,且经过微胶囊保护较其自由态显示出更强的抗氧化性。Wang 等[20]研究了姜黄素微胶囊工艺,使用多孔淀粉和明胶作为壁材(质量比为 1:1),发现芯/壁材质量比 1:30,嵌入温度 70℃,嵌入时间 2h,进风温度 190℃,流速 70mL/min,干燥气流 70m³/h,改善了姜黄素对光、热及 pH 值的稳定性,溶解性也显著增加。

刘伟等[21]研究了喷雾干燥、冷冻干燥及低温真空干燥方式对栀子黄色素品质(含水量、色价和色差)的影响,发现经喷雾干燥获得的产品水分最低,其次为冷冻干燥,最后为低温真空干燥。经喷雾干燥的栀子黄色素含水量是后者的约 1/2。不同干燥方法制备的栀子黄色素粉末的色价分别为 82.3、88.5 和 87.9。低温真空干燥和冷冻干燥的产品色价相差仅为 0.6,而喷雾干燥对产品粉末的影响较为严重,其色价较前两者分别降低了 5.6 和 6.2。低温真空干燥产品和冷冻干燥产品的明度非常接近,低温真空干燥产品偏黄,冷冻干燥产品较低温真空干燥产品偏红,总体色差几乎相同,而喷雾干燥产品的明度最大,且产品偏红和偏黄,总体对产品造成的色差最大,对产品品质的影响较大。冷冻干燥和低温真空干燥的产品颗粒呈现扁片状、多边形状、圆形等,形状多样且不规则,喷雾干燥的天然栀子黄色素粉末产品大多呈凹球形,原液被二流体雾化器粉碎成微米级的雾滴,雾滴外表面直接接触热空气介质,传质和传热速度很高,因而雾滴粒子外表面首先干燥,在表面结成一层半透性的壳膜,并初步形成球形粒子。在极短的干燥时间内,干燥温度不高且料液雾滴与热空气进行热质交换时存在受热不均的现象,从而造成表面的壳膜强度大小不一,颗粒内部水分会优先通过强度较小的壳膜处向外传递，随着粒子内部水分的逸出，此处的壳膜会出现凹陷的现象。

真空干燥的主要影响因素包括加热板温度、真空度、料液质量分数以及料层厚度。当温度超过 60℃时栀子黄色素的稳定性差，高温时易造成色素损失，温度过低时产品不宜干燥并容易潮解，因此加热板的温度范围 35～55℃较为合适。对干燥箱内真空度而言，高真空条件下溶液的沸点降低，有利于料液中的水分快速蒸发、逸出，因此尽可能选择较高的真空度范围，一般选择的真空度为 0.07～0.09MPa。实际生产中，栀子黄原液质量分数为 10%左右，当直接采用此原液进行干燥试验时，加热板温度超过 55℃的情况下，处于真空环境中的栀子黄色素料液在干燥过程中会出现暴沸的现象，一般选取料液质量分数范围为 15%～30%。色素料液的料层厚度根据实验中定制的物料盘规格参数选择范围为 5～9mm。通过比较 8 种常用模型：Newton/Lewis 模型、Page 模型、Henderson and Pabis 模型、Logarithmic 模型、Two-term 模型、3rd degree polynomial 模型、Midilli and Kucuk 模型和 Two-term Exponential 模型，结果表明，Page 模型拟合最好，适合于真空干燥，具体模拟方程如下：

Page 模型对应不同加热温度时的关系式如下：

35℃时，Page 模型为：$MR = \exp(-1.378 \times 10^{-6} t^{1.991})$

45℃时，Page 模型为：$MR = \exp(-1.098 \times 10^{-3} t^{1.084})$

55℃时，Page 模型为：$MR = \exp(-1.619 \times 10^{-4} t^{1.474})$

刘伟等[22]还用 Fick 扩散原理研究了真空干燥的干燥机理，发现有效扩散系数随着加热温度的上升而变大，它们的范围从 $8.449 \times 10^{-9} \, m^2/s$（35℃）、$8.946 \times 10^{-9} \, m^2/s$（45℃）到 $1.093 \times 10^{-8} \, m^2/s$（55℃）。扩散系数方程可以表达为：

$$D_{eff} = 7.435 \times 10^{-12} T^2 - 5.451 \times 10^{-10} T + 1.842 \times 10^{-8} \qquad (35℃ \leqslant T \leqslant 55℃) \ (R^2 = 1)$$

刘伟等[23]还研究了桑葚红的低温真空干燥制粉，发现温度对产品的色价以及干燥时间有显著影响，而真空度、料液质量分数以及厚度对色价有一定影响。加热板温度为 45℃，溶液质量分数为 15%，厚度为 5mm，真空度为 0.08MPa，在此条件下得到的粉末质量特性为：含水量 4.26%，色价 76.2，干燥时间 1360min。张耀雷等[24]研究了不同干燥方式对红枣粉末色差的影响，发现不同干燥方式所得红枣粉末的颜色不同，真空干燥（60℃、100h 和 90kPa）的红枣粉末明度 L^* 值＞微波真空干燥的红枣粉末明度＞烘箱干燥的红枣粉末明度（70.72＞61.89＞32.29）。真空冷冻干燥（43Pa、-55℃和 100h）的操作环境为低温、真空，褐变反应小；烘箱干燥（60℃，100h）的红枣粉末偏红度比微波真空干燥和真空冷冻干燥要红，后两者的偏红度相似（35.22＞20.97＞20.21）。由于微波真空干燥和真空冷冻干燥的真空环境可以抑制红枣粉末的褐变反应，其偏红度比较低，而烘箱干燥的红枣粉末偏红度较高。真空冷冻干燥的红枣粉末的偏黄度 b^*＞微波真空干燥的红枣粉末的偏黄度＞烘箱干燥的红枣粉末的偏黄度（38.91＞37.53＞35.80）。烘箱干燥的红枣粉末色差＞微波真空干燥的红枣粉末色差＞真空冷冻干燥的红枣粉末色差（78.89＞53.00＞49.10），微波真空干燥和真空冷冻干燥对红枣色泽的影响比较小，烘箱干燥对其影响比较大。因此，操作时间短、温度低、真空度高的干燥方式对物料色泽的影响比较小。表 32-5 为烘箱干燥、微波真空干燥和真空冷冻干燥的红枣粉末的明度、偏红度 a^*、偏黄度 b^*、色差 ΔE 的相关数据。

色差计进行测量时，一般参照物为白板，其明度 L 为 92.92，偏红度 a 为 -0.90，偏黄度 b 为 0.54，其色差 ΔE 为 0，红枣粉末色差公式如下：

$$\Delta E = \sqrt{(L - L^*)^2 + (a - a^*)^2 + (b - b^*)^2}$$

式中，L^*、a^*、b^* 为红枣粉末的测量值。

表 32-5　不同干燥方式红枣粉末色差比较[24]

干燥方式	色差			
	明度 L^*	偏红度 a^*	偏黄度 b^*	色差 ΔE
烘箱干燥	32.29	35.22	35.80	78.89
微波真空干燥	61.89	20.97	37.53	53.00
真空冷冻干燥	70.72	20.21	38.91	49.10

32.3.2　油脂类干燥

由于植物油脂自身的特性，如不溶于水，黏度较大并且不易分散，难与其他食品原料均匀混合。含有不饱和脂肪酸的油脂，极易受到环境影响而氧化变质，不仅会产生不良风味（一些油脂如大蒜油、鱼油等本身具有异味，不适宜直接食用），降低营养价值，甚至还会产生对人体有害的物质，从而制约了在食品工业中的应用。若将其包裹，实现微胶囊化，可降低光线、水分、氧等不利因素对油脂品质的影响，同时粉末状的油脂也便于其储存、运输及应用，从而可发挥保健性油脂的最大功效。

油脂微胶囊化后形成流动性良好的固态粉粒，在加工时油脂易与食品原料混合均匀，便于油脂的包装和运输，改善了油脂因液态带来的诸多不便，使其质量稳定，便于加工利用，并且保护了油脂本身的营养价值。故微胶囊化油脂成为当今食品加工和油脂加工行业重点的研究方向之一。微胶囊技术可将油脂粉末化，致密的壁材能有效保护油脂中的营养活性成分。因此，粉末油脂是综合现代高新技术，以植物油、玉米糖浆、优质蛋白质、稳定剂、乳化剂和其他辅料，采用现代生物工程、食品工程高新技术——微胶囊技术加工成的水包油型（O/W）制品。目前，大多数微胶囊化油脂的生产都在使用喷雾干燥技术，如大豆油、玉米油、花生油等大宗型食用油，也包括猕猴桃籽油、紫苏籽油、松籽油、海狗油、鱼油和鱼肝油等。

微胶囊化技术是利用天然或合成的高分子成膜材料作为壁材，把分散的固态物质、液体甚至包括气体在内的芯材完全包埋起来，使之形成具有密封或半透性囊膜的微型颗粒的技术。由此可见，壁材的组成及比例和芯材的乳化程度等影响芯材的包埋率。微胶囊粒子的大小和形状，由于微胶囊各种制备工艺条件限制而有所不同。通常的微胶囊粒径一般在 1～1000μm 范围内，壁材厚度也在 0.2～10μm。微胶囊具有防止被包埋物质受到外界环境的不良影响，掩盖被包埋物质的气味，改善其颜色和味道，降低其潜在毒性，改变被包埋物质性能，使其表现出不同的理化性质，减少挥发性物质在储藏过程中的损失等功能。喷雾干燥装置，雾化压力，进风及出风温度等，均对产品质量有不同程度的影响。喷雾干燥能制备出形状良好的微胶囊粉末，而且适用于工业化生产。喷雾干燥法微胶囊化可分为三类：水溶液系统、有机溶液系统和胶囊浆溶液系统。前两者主要是壁材的载体溶剂不同，后者通过相分离法微胶囊化得到微胶囊的分散液，包埋效率很高，胶囊粒径很小，但包埋成本也较高，适合于对贵重产品或高附加值的产品进行包埋，目前在食品工业中还不多见。通常情况下，使用最多的是水溶液体系。

通常采用喷雾干燥方法来制备微胶囊粉末，其工艺流程如图 32-2。

邓叶俊等[25]研究得到了皱皮木瓜籽油乳化的最佳配方：大豆分离蛋白/麦芽糊精为 1：3，芯/壁材比为 1：2，复合乳化剂（单甘酯/蔗糖酯为 3：7）用量为 0.5%，固含量 15%。将一定量的复合壁材（大豆分离蛋白和麦芽糊精）置于 60℃蒸馏水中溶解，并恒温搅拌 15min，加入复合乳化剂（单甘酯及蔗糖酯）和皱皮木瓜籽油，机械搅拌器中高速搅拌

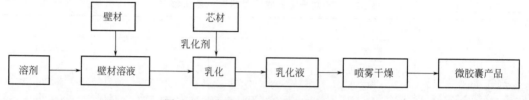

图 32-2 喷雾干燥制备微胶囊工艺路线

30min 形成初乳液，以高压均质机均质两次，进行喷雾干燥，收集得到皱皮木瓜籽油微胶囊产品。选择合适的壁材，对喷雾干燥微胶囊化粉末油脂来说是十分重要的，其特性对乳化液稳定和产品质量都有重要影响。壁材要满足食品卫生要求，要有高溶解性、低黏度及良好的乳化性和稳定性，能与芯材很好地配伍且不发生反应。另外，还要考虑来源以及价格等问题。壁材主要分为碳水化合物和蛋白质两大类。碳水化合物主要包括植物胶、淀粉、糊精及一些糖类和纤维素；蛋白质有明胶、酪蛋白及其盐类、乳清蛋白类及其他一些蛋白脱奶粉和大豆分离蛋白等。徐江波等[26]对紫苏籽油进行了喷雾干燥法微胶囊的研究，发现壁材（亚麻籽胶）与芯材比为 2:3（质量比），出风温度 80℃，进风温度 180℃，进料速度 45.56mL/min，雾化器转速 24000r/min，微胶囊效率可达 92.36%。王萍等[27]研究了红松仁油的喷雾干燥微胶囊制备粉末油脂的工艺，发现在喷雾干燥进风温度为 180~200℃，出风温度 80~100℃，进料温度 60℃，进料速度 40~60 档，吹风速度 50~60 档，壁材比（阿拉伯树胶/麦芽糊精）1:5，芯/壁材比 0.4:1 时，经过 25MPa 均质两次，可实现微胶囊效率 91.15%。冯卫华等[28]研究了猕猴桃籽油微胶囊化工艺，发现壁材采用 1:1 的大豆分离蛋白与麦芽糊精，芯材与壁材的配比为 1:1.5，料液总固形物含量为 25%，在 30~35MPa 压力下均质处理，喷雾干燥进风温度 180℃，出风温度 80℃，制得的微胶囊结构较圆整，表面光滑、致密、无裂纹，有些颗粒表面稍有凹陷，过氧化值较初始油显著降低。刘成祥等[29]研究了喷雾干燥制备牡丹籽油微胶囊化粉末油脂，发现牡丹籽油微胶囊的最佳制备工艺条件为复合壁材（阿拉伯胶与 β-环糊精的质量比 1:2）、芯材与壁材质量比 1:2、乳化液总固形物含量 20%；高压（40MPa）均质 2 次，喷雾干燥（进风温度 180℃，出风温度 80℃，进料速度 20mL/min）在最佳制备工艺条件下制得的牡丹籽油微胶囊产品颗粒圆整，大小分布均匀（1~10μm 的微胶囊约占 65%），囊壁表面平整光滑，包埋率可达 86.32%。

在喷雾干燥粉末油脂的制备过程中，产品的质量包括结构的致密程度、芯材是否被破坏和产品水分等，都与进出风温度有关，均质压力也是影响乳状液和粉末油脂成品性质的重要条件。因此，影响粉末油脂质量的主要因素包括均质压力、进风温度、进料速率等。提高均质压力能有效提高微胶囊的包埋率。均质压力的提高有利于形成稳定均一的乳液，经过高压剪切后的油滴变得更小，且更均匀地分散在体系中，降低了乳液发生破乳、聚集和上浮等不良现象的发生，有利于形成稳定而致密的微胶囊膜，进而提高包埋率。但是过高的均质压力导致液滴表面积偏大，反而不易形成稳定的微胶囊膜，降低微胶囊的包埋率。一般选择20~30MPa 为最佳均质压力。随着温度的上升，微胶囊的包埋率也随之上升，当进风温度超过一定范围后，微胶囊的包埋率略有下降。当进风温度较低时，微胶囊的干燥速度慢，导致微胶囊的水分高，形成的微胶囊壁不够致密，同时也容易出现粘壁现象，因此微胶囊产品的包埋率也较低；但是过高的温度会导致水分蒸发过快，微胶囊壁迅速凹陷，出现裂缝、破裂等情况，微胶囊的包埋率也相应降低。因此，选择合适的进风温度对提高微胶囊包埋率具有重要意义，一般选择 170~180℃ 为最佳进风温度。进料速率增加，微胶囊包埋率也随之增加，当进料速率达到一定范围时包埋率达到最大值，继续增加进料速率，微胶囊的包埋率反而下降，这是因为进料速率过快时，在干燥室内分散的液滴粒径偏大，微胶囊的水分干燥不充分，难以形成稳定致密的微胶囊壁，且过高的进料速率容易造成粘壁现象；进料速率过低使得微胶囊产品在干燥室内受热过度，微胶囊产品易发生破裂，进而使得微胶囊包埋率降低。一般选择 16～20r/min 为最佳进料速率。

高红日等[30]采用乳化与喷雾干燥相结合的方法优化了椰子油粉末油脂最佳制备工艺参数：乳化温度为 60℃，固形物浓度为 20%，均质压力为 40MPa，进风温度为 195℃，进料速度为 20mL/min，在该条件下，产品包埋率为 96%。麻成金等[31]在喷雾干燥法制备杜仲籽油微胶囊的技术研究中，选用阿拉伯胶和麦芽糊精作微胶囊壁材，得出的喷雾干燥最佳工艺条件为：进风温度 180℃，出风温度 80℃，均质压力 35MPa，在此条件下，产品包埋效率为 84%～86%。经微胶囊化处理的杜仲籽油，氧化稳定性显著增强，微胶囊产品的颗粒外形较圆整，表面光滑，大小分布较均匀。Quispe-Condori 等[32]研究了用玉米醇溶蛋白微胶囊化亚麻籽油时，采用的也是喷雾干燥法，并同时用冷冻干燥做了对比，结果显示喷雾干燥比冷冻干燥的包埋率高，其喷雾干燥的条件为：流动速率 9mL/min，进气温度 135℃，出口温度 55～60℃。用于油脂喷雾干燥的工艺条件一般为：均质压力 20～40MPa，进气温度 160～190℃，进料速率 10～20mL/min，出口温度 55～80℃。总之，只有将壁材选择与配比、均质压力、喷雾干燥条件等与包埋的芯材相配合，才能得到质量较高的粉末油脂。葛昕优化的茶油微胶囊化的最佳喷雾干燥工艺组合为[33]：壁材分别为大豆分离蛋白和麦芽糊精，其比例为 1:1，芯壁比为 0.6:1，乳化剂添加量为茶油质量的 4%，乳化温度为 80℃，乳化时间为 20min，均质压力为 40MPa，次数为 4 次；进风温度 180℃，出风温度 70℃，风速 4.9m³/min，固形物含量为 20%，经过优化后工艺生产的茶油微胶囊，含油率为 36.14%，微胶囊化产率为 96.37%，微胶囊化效率为 87.30%。

真空冷冻干燥简称冻干，即先将湿物料冻结到其共晶点温度以下，然后在适当的真空度下，使物料的水分从冰态直接升华而除去的一种方法。物料在低温和真空条件下干燥，可减少和防止物料中热敏性成分的损失，最大限度地保留物料原有的色、香、味和营养成分，提高干燥产品的质量，产品不变形，适用于易氧化物料的干燥。顾霞敏等[34]研究了真空冷冻干燥大豆卵磷脂的工艺，发现最佳工艺参数为：预冻温度 -35℃，含水量 50%，冻干时间 7h，处理量 8.1kg/m²，得到的冻干产品含水量 0.767%，低于德国 Lipoid 公司产品含水量（0.792%）。徐琳[35]研究了鸦胆子油脂质体冻干粉的制备工艺，发现在预冻温度 -47℃、预冻速度为快速降温、预冻时间为 4h、真空干燥时间为 34h，及在冻干保护剂磷脂与蔗糖、甘露醇、海藻糖的比例为 1:1.5:2:2 的优化条件下，形成的脂质体冻干粉外观呈白色，饱满，平均粒径为 140nm 左右，包封率为 92.22%。杨芳[36]研究了樟树籽油纳米脂质体制备工艺，发现在樟树籽油脂质体溶液中加入冻干保护剂（海藻糖与大豆卵磷脂质量比为 2:1），在预冻温度 -80℃下，预冻 5h，干燥 36h，制备的樟树籽油脂质体冻干粉包封率为 87.2%，平均粒径 138.1nm，相变温度 86.42℃，且形态规整，大小均匀，重建后樟树籽油脂质体壁膜较厚。

微胶囊化粉末油脂的质量主要从两方面考察：一是乳化液的特性，二是产品的特性。乳化液特性主要包括稳定性、黏度、颗粒大小等，产品特性主要有外观及形态、粒径分布、体积密度、水分、表面油含量、包埋率和氧化稳定性等，以及粉末油脂产品的脂肪酸组成（与原油对比）。理想的粉末油脂要有较高的包埋率（通常要求 85% 以上）及较低的水分（3%以内），还需具备良好的溶解性、流动性、复原乳状液稳定性等。

粉末油脂的性能主要包括微胶囊的理化性质，如水分、密度、吸收性、粒径及储藏稳定性。喷雾干燥法制备得到的粉末油脂微胶囊形态圆整，表面光滑，除有少量凹陷外，微胶囊形状基本接近球形，且微胶囊壁致密，未出现裂痕和破裂现象，微胶囊产品的完整性好，具有良好的包埋效果。可以观察到微胶囊产品表面存在一定程度的凹陷，这是喷雾干燥法制备微胶囊普遍存在的现象，凹陷的存在一定程度上会影响微胶囊产品的流动性，但对微胶囊的包埋效果不会产生影响。这可能是乳液在干燥过程中水分蒸发迅速，产生不均匀收缩导致的，或乳液在被喷射入干燥机时内部带有一定空气，由于液滴表面水分蒸发干燥形成致密的微胶囊壁，带入的空气密封在微胶囊内不能排出，在冷却过程中，外部空气压力大于微胶囊内部压力，导致微胶囊发生凹陷现象。图 32-3 为喷雾干燥制备粉末油脂微胶囊的扫描电镜图。

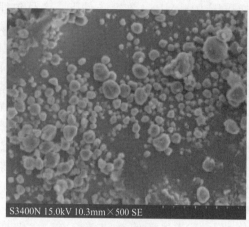 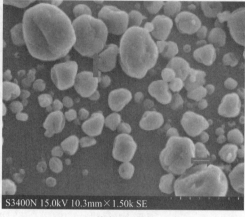

(a) 放大500倍　　　　　　　　　　　　　　(b) 放大1500倍

图 32-3　微胶囊扫描电镜图[25]

油脂过氧化值高于 15meq O_2/kg 时，则不再适合食用，邓叶俊等[25]研究发现，皱皮木瓜籽油微胶囊能有效降低皱皮木瓜籽油的氧化速度。在 6～12 天，未微胶囊化的油脂较微胶囊包埋油脂过氧化值的上升速度显著，而微胶囊包埋的油脂直到 24 天后过氧化值才开始出现上升，这可能是因为微胶囊结构被破坏，内部油脂出现渗透，且被迅速氧化。当未包埋的皱皮木瓜籽油在加速氧化条件 12 天时，过氧化值达到 35.4meq O_2/kg，远远超过适合食用值（15meq O_2/kg），而微胶囊产品在 18 天时过氧化值依然在适合食用值以下。因此通过喷雾干燥法制备的微胶囊能延缓油脂氧化、增强储藏稳定性。李延辉等[37]也发现经喷雾干燥制备的榛仁油粉末，较未微胶囊化的储藏稳定性更优，制备的最佳条件：均质次数为 3 次、均质压力为 40MPa、进料温度 40～50℃、进风温度 180℃、出风温度 90℃，包埋率在 87%以上。图 32-4(a) 为皱皮木瓜籽油微胶囊与未微胶囊化皱皮木瓜籽油储藏过程中过氧化值变化情况。图 32-4(b) 为经微胶囊包埋的榛仁油粉末与未微胶囊化榛仁油储藏过程中过氧化值变化情况。在 63℃加速氧化试验中，从第 3 天开始发生变化，未经微胶囊化的榛仁油过氧化值超过 15，而经微胶囊包埋的榛仁油粉末直到第 8 天过氧化值才开始略微超过 15，且上升的速率显著低于未经微胶囊化的榛仁油。

32.3.3　植物多糖干燥

多糖是由糖苷键结合的糖链，至少是超过 10 个单糖组成的聚合糖高分子碳水化合物。多糖在生物界广泛存在，是构成生命的四大基本物质之一。多糖不仅是细胞的结构物质和能源物质，更是具有多种生理功能的生物活性物质，在生命现象中参与了细胞的各种活动。多糖与维持生命所需的多种生理功能密切相关，并作为动物、细菌、高等植物、真菌和藻类的

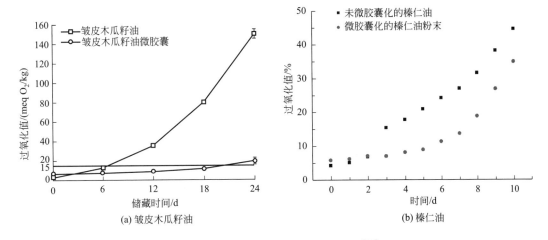

图 32-4　储藏过程中过氧化值的变化[25]

生理活性物质存在。临床上多糖具有免疫调节、抗病毒、抗癌、降血糖等功效，亦常常用于对肿瘤的辅助治疗。多糖的毒性小，安全性高，副作用低。可以说任何一种植物均含有多糖，但对植物多糖的干燥研究，鲜有报道。如铁皮石斛多糖、牛蒡多糖、红枣多糖、枸杞多糖、金银花多糖、山药多糖等。

红枣多糖是红枣中主要的功能性成分，因此多糖含量制约着干燥方式的选择。张耀雷等[24]研究了不同干燥方式对红枣总糖、多糖和还原糖含量的影响，条件分别为烘箱干燥：80℃干燥时间 40h；微波真空干燥：温度 50℃，真空度 9×10^4 Pa，微波功率 3.5（W/g），干燥时间 4h；真空冷冻干燥：温度为 -42℃，干燥时间为 50h。研究发现，经烘箱干燥的红枣还原糖含量高于经微波真空干燥的红枣，也高于真空冷冻干燥的红枣还原糖含量（45.40%＞28.88%＞25.18%），经真空冷冻干燥的红枣多糖含量高于微波真空干燥的红枣，也高于烘箱干燥的红枣（1.02%＞0.75%＞0.49%）。经烘箱干燥的红枣总糖含量高于微波真空干燥红枣，也高于真空冷冻干燥的红枣（74.86%＞70.8%＞64.03%），这是由于不同干燥方式所得红枣的含水量不同。烘箱干燥温度较高且操作时间较长，导致红枣多糖中糖苷键断裂，红枣多糖含量减少。真空冷冻干燥过程温度较低，减少了温度对红枣多糖的破坏，因而其多糖含量最高。三种干燥方式所得红枣中，烘箱干燥红枣的还原糖含量最高而多糖含量最低，可能原因是多糖降解生成还原糖。马小双等[38]研究了广南铁皮石斛多糖不同干燥方法的优化条件，发现自然干燥在干燥时间为 7h 时复水性最好；热风干燥在 60℃条件下干燥 5～6h 效果最好；真空干燥在 70℃、0.05kPa 真空度下干燥 6h 所得的多糖复水性最佳。辛明等[39]研究了不同干燥工艺对铁皮石斛多糖的影响，发现 -60℃中速冻 3h，真空冷冻干燥产品 L 值最大，颜色较为鲜亮，色泽保持得较好，明显优于自然晾干 2.5 天、热风干燥 60℃、6h、0.09MPa 真空干燥产品。程轩轩等[40]比较了真空冷冻干燥和自然干燥方法对干姜中多糖的影响，发现 -20℃、48h 真空冷冻所得干姜的多糖含量显著高于自然晒干产品。蔡良平等[41]研究了黄芪多糖喷雾干燥工艺，发现液体物料浓度为 10%，进风温度 140℃，出风温度 70℃，进风压力为 40MPa 时，制粉条件最佳。赵芩等[42]对枸杞多糖提取物进行了微波干燥工艺研究，发现随着微波功率密度和真空度增大，干燥速率加快，多糖保留率先增加后减少，物料厚度对多糖保留率无影响。陈媛媛等[43]发现利用真空微波干燥铁棍山药多糖，在功率 1200W，真空度 0.04MPa，切片厚度 8mm 最优条件下，多糖得率最高（10.01%）。王芳芳等[44]优化了杭白菊多糖的喷雾干燥工艺条件，进料浓度 1.16g/mL，进风温度190℃，进料速度180mL/h，干粉得率为88.1%。喻俊等[45]发现，使用冷冻干燥（-40℃，100Pa）牛蒡水提物，较真空干燥（60℃，0.06MPa）和热风干燥（60℃，2.0m/s）可获得最高的多糖含量，达到90.72%。徐洲等[46]研究了不同干燥方法对淫羊藿多糖化学性质和抗氧化活性的影响，发现真空冷冻干燥（-60℃，0.07MPa）较热风干燥（60℃）和真空干燥（60℃，0.07MPa）的多糖含量高，抗氧化活性（DPPH自由基、羟基自由基和超氧阴离子的清除）最强。

张耀雷等[24]研究了5种不同干燥方式对壶瓶枣品质的影响（表32-6），发现枣粉中总糖含量的顺序为烘箱干燥＜真空烘箱干燥＜二流体喷雾干燥＜超声波雾化干燥＜真空冷冻干燥。烘箱干燥的温度较高，干燥时间较长，消耗糖类物质较多；真空烘箱干燥的真空环境，喷雾干燥时间极短，真空冷冻干燥的低温与真空环境使美拉德反应较弱，因此总糖含量较多。壶瓶枣粉中还原糖含量的顺序为：烘箱干燥＞真空烘箱干燥＞超声波雾化干燥＞二流体喷雾干燥＞真空冷冻干燥，这可能是由于壶瓶枣中蔗糖等糖类在较高的温度下发生转化[47]。壶瓶枣粉中多糖含量顺序为烘箱干燥＜真空烘箱干燥＜二流体喷雾干燥＜超声波雾化干燥＜真空冷冻干燥，这是因为多糖为热敏性物质，在较高的温度下干燥较长时间容易造成多糖的降解。五种干燥方式得到的壶瓶枣肉中蛋白质含量大致相同，而黄酮含量较少，且干燥方式对其含量影响较小。

表 32-6　不同干燥方式红枣粉末的水溶性成分[24]

干燥方式	总糖/(mg/g)	还原糖/(mg/g)	多糖/(mg/g)	蛋白质/(mg/g)	黄酮/(mg/g)
烘箱干燥	708.30	562.83	23.17	1.57	0.68
真空烘箱干燥	748.64	454.01	24.34	1.38	0.58
真空冷冻干燥	796.11	356.43	26.07	1.38	0.63
二流体喷雾干燥	777.25	387.86	25.51	1.47	0.62
超声波雾化干燥	783.53	395.31	25.79	1.73	0.61

5种干燥方式的工艺条件为：真空冷冻干燥（-55℃，100h）；真空烘箱干燥（60℃，100h和90kPa）；烘箱干燥（60℃，100h）；二流体喷雾干燥（进风温度135℃，出风温度80℃，进料速度为12.5mL/min，进气压力为2atm，1atm＝101325Pa）；超声波雾化干燥（进风温度135℃，出风温度80℃，进料速度12.5mL/min，功率4.5W）。

二流体喷雾干燥和超声波雾化干燥得到的壶瓶枣粉均呈颗粒状，且表面有褶皱；烘箱干燥、真空烘箱干燥和真空冷冻干燥的壶瓶枣粉呈不规则块状。超声波雾化干燥和二流体喷雾干燥壶瓶枣粉呈圆球内凹形。图32-5为5种干燥方式处理的壶瓶枣粉的扫描电镜图。

32.3.4　其他植物提取物干燥

32.3.4.1　银杏叶提取物的超临界流体干燥

很多液体产品为了便于运输、降低成本和延长其本身的保质期，通常都需要通过干燥来减少产品中残留的溶剂量。超临界流体干燥是一种新的干燥工艺，它是利用超临界流体所具有的超强的溶解能力，把待干燥物料中的溶剂溶解并置换出来，从而得到干燥产品。所说的溶剂可以是乙醇、丙酮等。这种干燥方法显著的特点是流体在超临界状态下不存在表面张力，所以被干燥的物料在干燥过程中不会因毛细管张力影响而产生微观结构变化。例如，冷冻干燥中常见的孔道塌陷，喷雾干燥对干粉产品的热破坏。采用超临界干燥可以和喷雾干燥一样直接获得粉状产品，且粉状产品的粒径普遍比喷雾干燥产品小。

超临界流体具有特殊的溶解度、易调变的密度，较低的黏度和较高的传质速率，作为溶剂

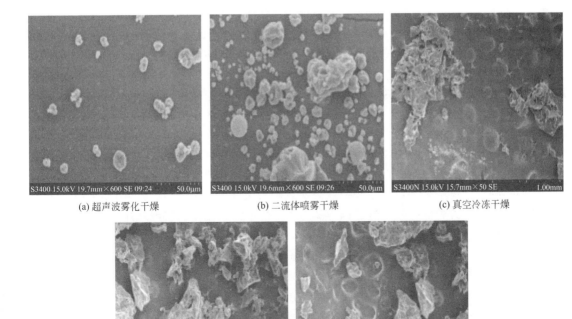

(a) 超声波雾化干燥　　　　　　　(b) 二流体喷雾干燥　　　　　　　(c) 真空冷冻干燥

(d) 真空烘箱干燥　　　　　　　(e) 烘箱干燥

图 32-5　壶瓶枣粉扫描电镜微观形态对比[24]

和干燥介质显示出独特的优点和实用价值。CO_2 本身是一种清洁、易得、无毒、廉价的气体，它在温度 31.1℃、压力 7.38MPa 条件下即可达到超临界状态，相比于乙醇的超临界状态（温度 243.4℃，压力 6.38MPa）和水的超临界状态（温度 374.2℃，压力 22.0MPa），其温度和压力要求适中，更加容易实现，所以超临界 CO_2 的应用最广（工艺流程见图32-6）。最终干燥产品的指标很多，例如产品中残留溶剂量、粉体的颗粒形态或分布、产品的有效成分等。其中，

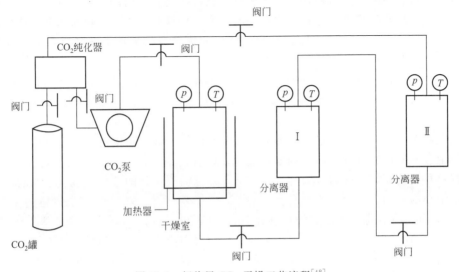

图 32-6　超临界 CO_2 干燥工艺流程[48]

干燥产品的残留溶剂或者水量的大小，会直接影响产品的最终保质期。

超临界流体干燥影响因素主要为超临界流体温度、超临界流体压力、料液中初始溶剂量、超临界流体流量和干燥的运行时间。黄立新等[48]研究了银杏叶提取物超临界流体干燥工艺，发现超临界干燥粉体产品的残余溶剂量在 6.5%～10.44% 之间，变化率在 60% 以上。超临界流体的温度对于残留溶剂量变化影响最大，上述 5 个影响因素对于干燥后产品中残留溶剂量的影响由大到小依次为：超临界流体温度、超临界流体压力、料液中初始溶剂量、超临界流体流量、干燥的运行时间。最佳工艺条件为超临界流体压力 20MPa、流量 15L/h、温度 55℃、银杏叶提取物初始含固量为 17.24%、整个运行时间 6.0h。影响最显著的因素为超临界温度，其次为样品固含量。干燥粉体产品中的残余溶剂量总和随工艺参数的变化较大，表明超临界干燥工艺参数对于残余溶剂量影响很大。廖传华等[49]发现在保证达到超临界流体条件下，压力越低越好。这是因为随着压力的增大，流体的密度增加，引起传质速率的减慢，不利于溶剂的去除，使干燥效率下降。当达不到超临界条件的情况下，溶剂的溶解能力大大下降，并与固体颗粒产生表面张力，脱除溶剂时，容易发生植物提取物中活性化合物结构破坏，导致表面积及孔体积减小。在达到超临界条件下，温度的影响包含两个方面：①温度越高，流体的密度越小，有利于水的去除，提高表面积；②温度越高，越易发生水热变化，颗粒长大，表面积会下降。张岩等[50]研究了超临界 CO_2 喷雾干燥中不同因素对制备乙基纤维素微粒的影响，发现出口为 8mm 的喷嘴所得微粒粒径比 4mm 喷嘴所得的微粒粒径要小，且分布较窄，粒度均匀。随气液比变化，粒径先增加后减小。高浓度溶液所得微粒粒径比低浓度溶液大，粒径分布略有变宽。浓度越高，所得平均粒径增大。随温度升高，微粒粒径增大，粒径分布变宽。随压力增加，微粒粒径减小，粒径分布变窄。

超临界特殊条件产生的粉体粒径分布往往较喷雾干燥范围更小，如经超临界干燥获得的银杏叶提取物粉体的累积粉体直径 $D10$、$D50$ 和 $D90$ 分别是 $7.02\mu m$、$28.43\mu m$ 和 $51.98\mu m$。粉体的最大颗粒直径小于 $75\mu m$，超过一半以上的颗粒粒径小于 $30\mu m$。尽管采用的物料不同，但仍可以看出超临界干燥获得的产品平均粒径比喷雾干燥（$20～200\mu m$）要小。

32.3.4.2　喷雾冷冻干燥高附加值产品

喷雾干燥或者冷冻干燥常被用于生产天然植物提取物、医药产品和生物化工产品的粉状产品。但是，冷冻干燥得到的是饼状产品，必须通过机械磨碎来获得粉状产品，造成产品的颗粒直径＞1mm、粒径分布范围宽，且磨碎产生的热量会造成产品质量降低，二次加工过程对产品纯度以及品质也会造成一定的影响。

喷雾冷冻干燥过程一般包含下列 3 个步骤：①利用特殊设计的雾化器把需要干燥的液体雾化成细小的雾滴；②通过低温气体或者液体把上述雾滴快速冷却和冻结，形成冻结的粉末；③利用升华原理，对上述冻结粉末进行干燥，最终获得粉末状的干燥成品。因此，喷雾冷冻干燥实际上是两个完整的过程，即通过低温的液体（液氮、液态丙烷等）或者气体（空气，液氮上方的低温氮气等）喷雾制冰粉过程，以及真空/常压冷冻干燥或者流化床干燥的干燥过程。早期的喷雾冷冻就是通过二流体雾化器把需要干燥的液体在液氮上方的低温氮气中雾化成细小的雾滴，并冷冻成冰粉。

表 32-7 为 3 种不同干燥方法的特性比较。由表 32-7 可知，喷雾干燥虽然干燥时间短，但对于热敏性物料产品的质量有较大的影响。采用真空冷冻干燥和喷雾冷冻干燥，同样可以获得较高的产品质量，但是喷雾冷冻干燥的干燥时间较短。从能耗的角度看，在产品质量不受温度影响的前提下，喷雾干燥应该是首选的干燥制粉的方式。

表 32-7　3 种干燥方法的特性比较[51]

干燥方法	干燥时间	产品形态	产品质量	能耗	装置能力/(kg/h)	操作	投资
喷雾干燥	10~50s	团聚体	中	小	1~35000	连续	小
真空冷冻干燥	24~72h	干饼	好	高	1~5000	间歇	高
喷雾冷冻干燥	5~8h	球形多孔	好	高	0.5~1	间歇	高

因此，喷雾冷冻干燥作为一种新型的干燥方式，可以替代部分的真空冷冻干燥，特别适合干燥高附加值的产品。黄立新等[52,53]研究开发的喷雾冷冻干燥工艺过程如图 32-7 所示，并用于银杏叶提取物和奶粉等的试验研究，其中采用喷雾干燥与喷雾冷冻干燥方式得到的干燥粉末如图 32-8 所示，结果显示，喷雾冷冻干燥对色泽保留得更好。

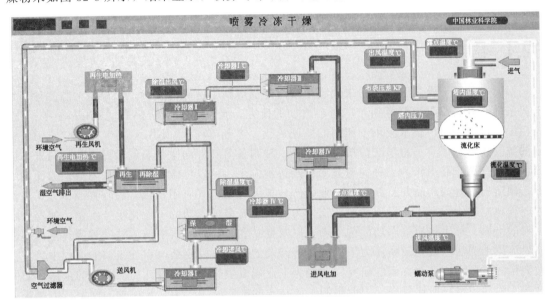

图 32-7　闭式循环喷雾冷冻干燥装置

(a)喷雾干燥

(b)喷雾冷冻干燥

图 32-8　喷雾冷冻干燥与喷雾干燥粉末产品对比

程超等[54]研究了喷雾冷冻干燥对葛仙米藻胆蛋白抗氧化特性的影响，发现喷雾冷冻干燥（SFD）对葛仙米藻胆蛋白的抗氧化特性有一定的影响，在基于电子转移和氢原子转移的抗氧化（ABTS$^+$· 和 FRAP）测定方法中，SFD 与冷冻干燥（FD）制备的样品差异不明显，但在基于活性氧自由基（OH·）清除的测定方法中，SFD 显著优于 FD。这表明 SFD

非常适合于高活性成分的干燥。SFD 的喷雾冷凝温度为 $-50℃$，FD 预冻时采用的温度为 $-18℃$。何泓良研究了喷雾冷冻干燥技术制备盐酸伊立替康脂质体工艺[55]，发现 SFD 优化工艺为物料流速 5.5mL/min，喷嘴高度 18.5cm，雾滴/液氮质量比 0.037，由此制备的脂质体冻干微粒的外观和再分散性好，平均粒径、粒径分布、包封率保持一致，且稳定性较原脂质体显著提高。徐庆等[56]总结了 SFD 常用雾化器及产生的颗粒尺寸，①四流体雾化器，产生的粒径 $<10\mu m$；②二流体雾化器，产生的粒径 $20\sim300\mu m$；③超声雾化器，产生的粒径 $1\sim5\mu m$；④"喷墨"雾化器，产生的粒径 $>1000\mu m$；⑤静电式雾化器，产生的粒径 $0.004\sim 4000\mu m$。目前最常用的冻结方式是：①在液氮中（$-196℃$）直接冻结；②直接在低温环境中冻结（$-80\sim-60℃$）；③先在低温环境中冻结（$-45℃$）左右或者在液氮中冻结，接着在低温环境中（$-20℃$左右）保持几个小时；④在过冷板面上（$<-5℃$）冻结。

32.4　结束语

目前，喷雾干燥微胶囊化粉末油脂在国内外都得到了良好的发展，无论是油脂品种还是工艺条件、方法及应用都得到了广泛、透彻的研究，并且还在不断拓展，Dalmoro 等[57]已经在医药行业将超声技术应用于药剂的微胶囊化。李超等[58]也使用了超声技术应用于苘麻籽油微胶囊化，证实了超声法简单可行，是一种制备苘麻籽油微胶囊的较好方法。另外，微胶囊包埋在调味品中作为一种高新技术已经得到应用，可以将微胶囊化方法与其他方法相结合，制造出更好的产品并将其投入工业生产，更大地拓宽其应用领域。超临界流体干燥法作为一种新型的干燥技术，发展较快，迄今为止，已有多项成功的工业化生产实例，如凝胶状物料的干燥、抗生物质等医药品的干燥，以及食品和医药品原料中菌体的处理等。但由于超临界流体干燥法一般在较高压力下进行，所涉及的体系也较复杂，在逐级放大过程中，需要做大量的工艺和相平衡方面的研究，才能为工业规模生产的优化设计提供可靠的依据，而做这些实验的成本一般比较高，因此限制了该技术的推广应用。为了解决这一问题，需要建立合适的理论模型以预测物质在超临界流体相中的平衡浓度，减少实验工作量，缩短放大周期，节约资金，但进行一些工艺实验探索也是非常必要的。为此，仍需开展超临界流体干燥的工艺实验和干燥机理两方面的深入研究。此外，喷雾冷冻干燥的雾化、冻结、干燥以及原料组成特性等都能影响产品颗粒形态，合理地优化喷雾冷冻干燥工艺有助于制备比表面积大、空隙率高、结构均匀稳定的粉体。学者们关于喷雾冷冻干燥工艺对特定物料品质的影响做了大量研究，但大多限于实验室研究，规模化程度不高。今后，需要研究解决 SFD 过程的不连续、低温液体的处理烦琐、蛋白类物质在低温操作下变性与失活等缺点。此外，干燥过程的强化及其对产品性能的影响还需要进一步研究。

参考文献

[1]　任琰，钟根秀，于婧怡. 出口植物提取物质量安全现状及监管对策 [J]. 浙江农业科学，2016，57（12）：1956-1959.

[2]　程能林. 溶剂手册 [M]. 5 版. 北京：化学工业出版社，2015.

[3]　桂耀荣. 科学网，2010. http://blog. sciencenet. cn/blog-290330-325585. html.

[4]　Cao X, Ito Y. Supercritical fluid extraction of grape seed oil and subsequent separation of free fatty acids by high-speed counter-current chromatography [J]. Journal of Chromatography A, 2003, 1021（1）：117-124.

［5］ 张良，袁瑜，李玉锋. CO₂ 超临界萃取川贝母游离生物碱工艺研究［J］. 西华大学学报（自然科学版），2008，27（1）：39-41.

［6］ 王林林，祁鲲，杨倩，等. 不同制油方法对石榴籽油品质的影响［J］. 中国油脂，2016，41（6）：35-38.

［7］ Ravber M, Žkerget K, Škerget M. Simultaneous extraction of oil-and water-soluble phase from sunflower seeds with subcritical water［J］. Food Chemistry, 2015, 166: 316-323.

［8］ 傅博强，谢明勇，周鹏，等. 纤维素酶法提取茶多糖［J］. 无锡轻工大学学报：食品与生物技术，2002，21（4）：362-366.

［9］ 张晓丹，刘向前，姚金鹏. 半仿生提取法提取中药复方银翘散的工艺研究［J］. 中成药，2007，29（012）：1771-1774.

［10］ 汪茂田，谢培山，王忠东，等. 天然有机化合物提取分离与结构鉴定［M］. 北京：化学工业出版社，2004.

［11］ 杜敏华，田龙. 线性加权组合法优化草莓果浆的真空冷冻干燥工艺［J］. 食品工业，2007，4：15-17.

［12］ 金锋，李新华，张森. 玉米色素微胶囊制备工艺研究［J］. 中国食品添加剂，2006，（4）：48-52.

［13］ Tolun A, Artik A, Altintas Z. Effect of different microencapsulating materials and relative humidities on storage stability of microencapsulated grape pomace extract［J］. 2020, 302: 125347.

［14］ 马文平，秦垦. 枸杞色素的分离及其冷冻干燥技术的初步研究［J］. 食品科技，2002，9：48-49.

［15］ 赵慧芳，李维林，王小敏，等. 黑莓果实色素纯化及干燥工艺研究［J］. 食品科学，2009，30（12）：35-39.

［16］ 吕英华，苏平，霍琳琳，等. 桑椹真空冷冻干燥工艺研究［J］. 科技通报，2007，23（4）：578-581.

［17］ 郭雪玲，陶永瑛，侯秀良，等. 干燥方式对香蕉皮色素稳定性的影响［J］. 天然产物研究与开发，2016，（11）：1783-1788.

［18］ 焦岩，孙巧，刘井权，等. 喷雾干燥法制备玉米黄色素微胶囊工艺研究［J］. 中国调味品，2016，41（3）：139-141.

［19］ Venil C K, Khasim A R, Aruldass C A, et al. Microencapsulation of flexirubin-type pigment by spray drying: Characterization and antioxidant activity［J］. International Biodeterioration& Biodegradation, 2016, 113: 350-356.

［20］ Wang Y, Lu Z X, Lv F X, et al. Study on microencapsulation of curcumin pigments by spray drying［J］. European Food Research and Technology, 2009, 229（3）: 391-396.

［21］ 刘伟，黄立新，张彩虹，等. 不同干燥方法对栀子黄色素品质的影响［J］. 食品工业科技，2012，33（10）：257-259.

［22］ Liu W, Zheng Y Y, Huang L x, et al. Low-temperature vacuum drying of natural gardenia yellow pigment［J］. Drying Technology, 2011, 29（10）: 1132-1139.

［23］ 刘伟，黄立新. 桑椹红色素的低温真空干燥制粉研究［J］. 中国食品添加剂，2011，（2）：99-104.

［24］ 张耀雷，黄立新，张彩虹，等. 干燥方式对红枣及其提取物品质的影响［C］. 常州：全国干燥技术交流会，2013.

［25］ 邓叶俊，黄立新，张彩虹，等. 喷雾干燥法制备皱皮木瓜籽油微胶囊及其性能研究. 林产化学与工业，2018，38（1）：33-38.

［26］ 徐江波，肖江，陈元涛，等. 喷雾干燥法制备紫苏籽油微胶囊的研究［J］. 中国调味品，2013，38（12）：9-13.

［27］ 王萍，吕姗姗，高丽丽. 红松仁油微胶囊化粉末油脂的研究［J］. 粮油加工与食品机械，2004，（11）：48-50.

［28］ 冯卫华，刘邻渭，许克勇. 猕猴桃籽油微胶囊化技术研究［J］. 农业工程学报，2004，20（1）：234-237.

［29］ 刘成祥，王力，苏建辉，等. 牡丹籽油微胶囊的制备及特性研究［J］. 中国油脂，2016，41（11）：12-16.

［30］ 高红日，郑联合，陈艳，等. 椰子油粉末油脂制备工艺研究［J］. 粮食与油脂，2011，（9）：24-26.

［31］ 麻成金，马美湖，黄群，等. 喷雾干燥法制备微胶囊化杜仲籽油的研究［J］. 中国粮油学报，2008，23（6）：141-144.

［32］ Quispe-Condori S, Saldaña M D A, Temelli F. Microencapsulation of flax oil with zein using spray and freeze drying［J］. LWT -Food Science and Technology, 2011, 44（9）: 1880-1887.

［33］ 葛昕. 微胶囊化茶油的制备技术及工艺优化［D］. 北京：中国林业科学研究院，2013.

［34］ 顾霞敏，魏作君，杨亦文，等. 大豆卵磷脂的真空冷冻干燥工艺研究［J］. 中国油脂，2006，31（6）：84-86.

［35］ 徐琳. 鸦胆子油脂质体冻干粉的制备及其药剂学行为考察［D］. 扬州：扬州大学，2008.

［36］ 杨芳. 樟树籽油纳米脂质体制备工艺及其性质的研究［D］. 南昌：南昌大学，2013.

［37］ 李延辉，郑明珠，刘景圣. 微胶囊化榛仁油的制备工艺研究［J］. 食品科学，2006，27（6）：136-138.

［38］ 马小双，李程程. 广南铁皮石斛多糖干燥方法的优化［J］. 安徽农业科学，2015，（15）：72-73.

［39］　辛明，张娥珍，李楠，等．不同干燥工艺对铁皮石斛多糖及石斛碱的影响［J］．南方农业学报，2013，44（8）：1347-1350.

［40］　程轩轩，孟江，卢国勇，等．真空冷冻干燥法和自然干燥法对干姜中多糖和姜酚类成分的影响［J］．广东药学院学报，2011，27（3）：264-266.

［41］　蔡良平，兰惠瑜，曹玉明，等．黄芪多糖喷雾干燥工艺研究［J］．中国药业，2006，15（15）：51-51.

［42］　赵芩，张立彦，邱志敏．枸杞多糖提取物微波真空干燥特性研究及其品质分析［J］．食品工业科技，2013，34（23）：266-270.

［43］　陈媛媛，符云鹏，陈亮亮，等．微波真空干燥处理对铁棍山药多糖得率和干燥特性影响［J］．农产品加工（学刊），2012，（11）：99-102.

［44］　王芳芳，雷荣剑，韩丁．Box-Behnken法优化杭白菊多糖浸膏的喷雾干燥工艺［J］．中国中医药科技，2015，22（3）：287-288.

［45］　喻俊，张利，李亚波，等．干燥方式对牛蒡多糖理化性质及抗氧化活性的影响［J］．食品与机械，2016，（6）：160-163.

［46］　徐洲，刘静，冯士令，等．不同干燥方法对淫羊藿多糖化学性质和抗氧化活性的影响［J］．食品工业科技，2015，36（19）：116-119.

［47］　张耀雷，黄立新，张彩虹，等．超声波喷雾干燥壶瓶枣多糖及其对产品品质的影响［J］．林产化学与工业，2016，36（2）：64-70.

［48］　黄立新，廖传华，王成章，等．银杏叶提取物的超临界流体干燥实验研究［J］．干燥技术与设备，2009，（6）：258-260.

［49］　廖传华，顾海明，黄振仁．超临界CO_2萃取技术的应用和研究进展［J］．食品文摘，2002，（9）：26-27.

［50］　张岩，陈岚，李保国，等．超临界CO_2喷雾干燥制备乙基纤维素微粒的实验研究［J］．农业工程学报，2004，20（5）：186-190.

［51］　黄立新，郑文辉，王成章，等．喷雾冷冻干燥在植物提取和医药中的应用［J］．林产化学与工业，2007，27（S1）：143-146.

［52］　黄立新，周瑞君，Mujumdar A S，等．奶粉的喷雾冷冻干燥研究［J］．化工机械，2009，36（3）：219-222.

［53］　黄立新．国家948项目"林业特色资源提取物喷雾冷冻干燥技术引进"的验收材料.

［54］　程超，朱玉婷，田瑞，等．喷雾冷冻干燥对葛仙米藻胆蛋白抗氧化特性的影响［J］．食品科学，2012，33（13）：36-39.

［55］　何泓良，王卫国，甘勇，等．喷雾冷冻干燥技术制备盐酸伊立替康脂质体冻干微粒及其理化性质考察［J］．中国药房，2010，（45）：4274-4278.

［56］　徐庆，耿县如，李占勇．喷雾冷冻干燥对颗粒产品形态的影响［J］．化工进展，2013，32（2）：270-275.

［57］　Dalmoro A，Barba A A，Lamberti G，et al. Intensifying the microencapsulation process：Ultrasonic atomization as an innovative approach［J］．European Journal of Pharmaceutics & Biopharmaceutics，2012，80（3）：0-477.

［58］　李超，肖佰惠．超声法制备苘麻籽油微胶囊的工艺优化［J］．食品科学，2011，32（18）：39-43.

（黄立新，谢普军）

第33章

茶叶干燥

33.1　茶叶简介

　　茶是由山茶科山茶（Camellia sinensis）的芽或叶加工制成的，与咖啡、可可并称为世界三大饮料。目前有近 60 个国家生产茶叶，160 多个国家消费茶叶，世界人均茶叶年消费量约为 500 克[1]。据《2019 年国民经济和社会发展统计公报》报道，2019 年我国茶叶产量已达 280 万吨[2]，居世界第一。中国是茶叶的故乡，几千年前就有关于制茶和饮茶的记载，其他国家的茶叶加工方法都来源于中国。茶叶中有丰富的生化物质以及无机矿物营养元素[3]，饮茶在解酒杀菌、消除疲劳、利尿明目等方面都有较好的保健作用[4]。近年来有大量科学研究证明，茶叶中的茶多酚、茶多糖以及生物碱等有效成分具有帮助消化、抗衰老、抗辐射、加强身体免疫系统等功能，所以茶叶具有保健及治疗功效[5]。除了药用和饮用，茶叶还可食用。近年来，人们把茶叶的提取物或者粉碎后的茶末添加到食品中，做成茶面、茶糖、茶冰淇淋、茶饼、茶蛋糕等食品。

　　干燥是茶叶制作工艺中重要的工序，茶叶干燥的目的包括：①降低茶叶含水量，利于储藏。水分是茶叶内各种成分生化反应必需的介质，随着茶叶含水率的增加，茶叶的变化速度加快。茶叶在储藏过程中吸湿性很强，水分随储藏时间的增加不断增高。当含水率达 7％以上时，任何保鲜技术和包装材料都无法保持茶叶的新鲜风味；若茶叶含水量超过 10％，将加速其陈化甚至霉变。因此，为了使茶叶更好地储藏，不发生陈化变质，茶叶必须干燥。在实际生产中，茶叶经过干燥使含水率保持在 4％～6％，可防止茶叶品质劣变，延长其保质期。②发展茶叶特有的色香味形。干燥的作用不仅仅是去除水分，更重要的是在蒸发水分的过程中，发生复杂的、有水参与的热化学变化。干燥过程中，茶叶热化学变化占主导地位，生化成分的热化学反应速度、方向及转化量影响茶叶品质。③排除茶叶异味，提高品质。茶叶品质不佳会有青臭味及苦涩味，在储藏过程中亦会产生陈味、馊味等不利于品质的异味。通过干燥可以减少甚至排除这些青臭味及陈味等异味，减轻苦涩味，提高茶叶品质。

33.2 茶叶干燥基础

33.2.1 茶叶的物理化学特性

33.2.1.1 茶叶的物理特性

鲜茶叶是一种高含水率的物质，其含水率与芽叶的老嫩程度及采收季节有关。春茶幼嫩芽叶的湿基含水率可达 75%～78%，秋茶成熟叶片的湿基含水率在 65%～70% 之间。干茶叶储藏要求湿基含水率≤6%。这说明茶叶干制过程的失重量约为鲜茶叶质量的 3/4。

茶叶的比热容与含水率有关，二者之间的关系可用下式来表示，即：

$$c_{wc} = c_{dc} + (4.186 - c_{dc})w \tag{33-1}$$

式中，c_{wc} 为湿茶坯的比热容，kJ/(kg·℃)；c_{dc} 为绝干茶坯的比热容，kJ/(kg·℃)；w 为在制茶坯的湿基含水率，%。实验测定 $c_{dc} = 1.44$kJ/(kg·℃)。故：

$$c_{wc} = 1.44 + 2.746w \tag{33-2}$$

茶叶（茶坯）的热导率是水、干茶、空气这三相物质的热导率与各自的容积成分乘积之和。含水率为 5% 时，$\lambda_c = 0.13～0.17$kJ/(m·h·℃)；含水率为 30% 时，$\lambda_c = 0.36～0.43$kJ/(m·h·℃)；含水率为 60% 时，$\lambda_c = 0.86～1.25$kJ/(m·h·℃)。各类茶中，红碎茶的 λ_c 最大。

干茶叶导温系数 $a = (3.2～4.7) \times 10^{-4}$m²/h。

茶叶的可塑性也与含水率有关。可塑性最好的是杀青叶，因为此时含水率适中，细胞张力要比鲜叶小。其次是鲜叶，揉捻后的在制茶叶，其可塑性随含水率的降低而逐渐变差。所以，茶叶的成形主要依靠前期制作工序。

33.2.1.2 茶叶中的生化特性

目前已知茶叶中含有 600 多种化学成分，其中有机物达 450 种以上[6]，与人体健康相关的主要功能性成分是茶多酚、氨基酸、咖啡碱，这三类物质也是决定茶叶品质、茶叶颜色和茶汤滋味的成分，是茶叶常规检验的重要指标。茶叶中的无机化合物总称灰分，茶叶灰分（茶叶经 550℃灼烧灰化后的残留物）中主要是矿物元素及其氧化物，其中大量元素有氮、磷、钾、钙、钠、镁、硫等，其他元素含量很少，称微量元素。茶叶中的主要组成成分及比例见图 33-1。

33.2.1.3 茶叶的密度与流动特性

茶叶的密度（容重）及流动性能与茶叶的种类、老嫩程度、颗粒紧密度、外形特征及含水率有关。绿茶制品（春茶三级）的密度见表 33-1。三种毛茶标准样的密度见表 33-2。绿茶制品（春茶三级）的静止角见表 33-3。红碎茶的静止角见表 33-4。乌龙茶的静止角为：一级二等 44.5°，一级四等 49.7°。

表 33-1 绿茶制品的密度

类别	鲜叶	杀青叶	揉捻叶	烘坯叶	初干叶	足干叶
含水率/%	70	59	55	31	28	4
密度/(kg/m³)	48	89	194	121	130	267

表 33-2　三种毛茶标准样的密度

类别	炒青绿茶	乌龙茶	滇红碎茶
堆积密度/(kg/m³)	228～355	201～251	383～388

表 33-3　绿茶制品的静止角

类别	鲜叶	杀青叶	揉捻叶	烘坯叶	初干叶	足干叶
含水率/%	70	59	55	31	28	4
静止角/(°)	50.4	48.4	54.6	57.9	57.5	32.6

表 33-4　红碎茶的静止角

茶样	碎三	碎二	碎一	片茶	末茶	茶末	毛茶	茶梗
粒径/mm	3～2	2～1.4	1.4～1.0	2～1.2	1.0～0.6	0.03	—	—
静止角/(°)	42～43	43～44	41～42	43～47	43～48	49～53	43～49	48～49

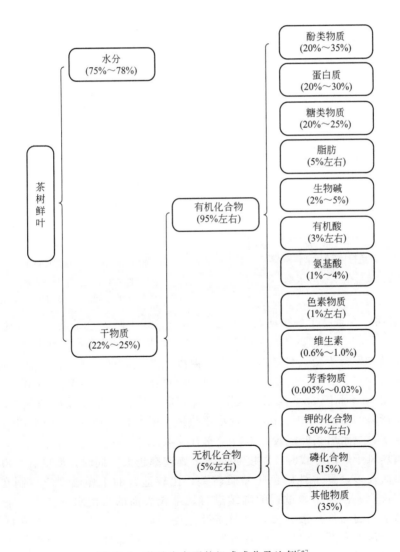

图 33-1　茶叶中主要的组成成分及比例[7]

33.2.2　茶叶的干燥特性

33.2.2.1　茶叶平衡含水率

与其他物料一样，茶叶平衡含水率与环境温度及环境相对湿度有关。相对湿度大，则平衡含水率高；环境温度高，则平衡含水率低。

在室温 25℃ 条件下测得的茶叶平衡含水率曲线如图 33-2 所示。由图可知，干茶叶暴露在空气中很容易吸潮变质；特别是当环境相对湿度超过 50% 时，会大大加快吸潮速度。所以茶叶干制品必须妥善保管。

33.2.2.2　茶叶干燥曲线

在一定的干燥条件下，茶叶的水分变化与时间的关系曲线称为干燥曲线。干燥曲线与通过茶层的气流速度、茶层厚度、干燥温度有关。图 33-3 为特定流速和茶层厚度的茶叶干燥曲线。

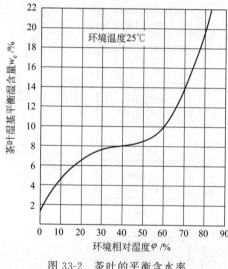

图 33-2　茶叶的平衡含水率

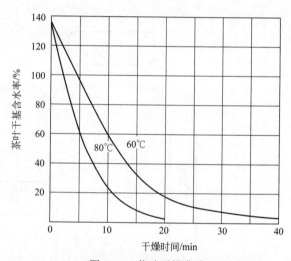

图 33-3　茶叶干燥曲线
（空气流速 0.52m/s，茶层厚度 40mm）

图 33-3 表明，在茶叶干燥初期其干基含水率呈直线下降，这是茶叶的恒速干燥期。在恒速干燥期，水分的汽化主要是在茶叶的表面进行，提供干燥作业的热量主要用于水分汽化，茶叶温度基本保持不变。料层越薄、干燥温度（热风温度）越高，恒速干燥期就越短。不同热风温度（70℃、80℃、90℃、100℃）和不同微波功率（700W、470W、350W）茶叶的失水情况如图 33-4 和图 33-5 所示。从图 33-4 可明显看出，茶叶 MR 值从 1 降到 0.01 以下，微波干燥所需的时间（6~11min）远小于热风干燥（45~127min）；采用微波干燥所得的茶叶色泽绿翠，复水后茶叶能较好地散发原有香味。

茶叶采用热风干燥的方式时，温度越高，干燥速率越大。同时，温度在 100℃ 所得的干燥茶叶发黄卷曲较多，复水性后色味品质较差，比较适合的干燥温度应控制在 80℃ 以下，但耗时相对较长[8]。随着干燥过程的继续进行，茶粒表面的自由水分消失，茶叶水分的汽化依赖于内部水分的向外扩散转移，这时茶叶温度开始逐渐升高，含水率降低速度逐渐减慢，茶叶进入降速干燥期。此后，随着茶叶含水率的不断降低，水分的汽化速度也越来越慢；当茶叶含水率低于 4%~6% 时，干燥过程进行得相当缓慢。因此，从生产效率、节能、

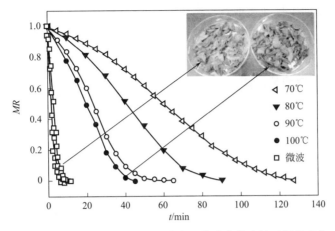

图 33-4　不同热风温度和微波功率下茶叶水分比随时间的变化

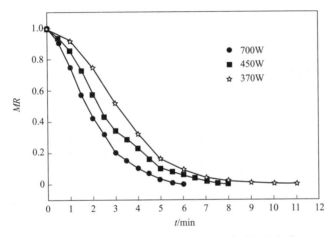

图 33-5　不同微波功率下茶叶水分比随时间的变化

储藏、保存角度考虑，茶叶终了含水率控制在 4%～6%为宜。

从图 33-5 可以看出，采用微波干燥方式时，功率越高，茶叶干燥速率越大。但实验中也同时发现，微波的功率并非越高越好，针对名优茶叶，合适的干燥功率在 470W 以下。提高干燥功率虽然可以缩短干燥时间，但会降低茶叶外观品质，同时对茶叶主要成分茶多酚的损失也比较大。

因茶鲜叶是一种高含水率、较疏松的薄形物料，经过揉捻或揉切后表面水分多，所以与烘干粮食相比，其干燥曲线的恒速干燥段比较明显，斜率较大；在降速降水的前期，也因为水分扩散比较容易，故而曲线仍然比较陡，这是茶叶干燥的特点。

33.2.2.3　茶叶干燥速率曲线

反映茶叶干燥速率与含水率关系的曲线，称为茶叶干燥速率曲线。图 33-6 是按

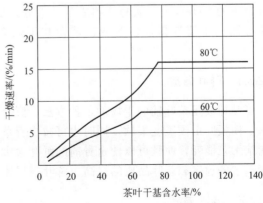

图 33-6　茶叶干燥速率曲线
（空气流速 0.52m/s，茶层厚度 40mm）

图 33-3 给定条件绘制的干燥速度曲线。图中的水平部分对应于干燥曲线的恒速干燥段。

应当指出，上述两种曲线是代表特定工况下茶层水分的一种变化趋势；其测点不同，工况不同，测定结果也会不同，因此图示曲线不具有通用性。

33.2.2.4 茶叶通风干燥的失水量

茶叶烘焙通常采用中低压通风机相配套的干燥器，干燥过程的失水量可以通过下式求得：

$$W = 219.68 \times \frac{L_2}{T_2} \times \frac{\varphi_2 p_{s2} - \varphi_1 p_{s1}}{p - \varphi_1 p_{s1}} \quad (kg/h) \tag{33-3}$$

$$W = 219.68 \times \frac{L_1}{T_1} \times \frac{\varphi_2 p_{s2} - \varphi_1 p_{s1}}{p - \varphi_2 p_{s2}} \quad (kg/h) \tag{33-4}$$

式中，φ_2 为排放湿空气的相对湿度，%；φ_1 为大气相对湿度，%；p_{s2} 为 φ_2 测点温度的饱和水蒸气压力，Pa；p_{s1} 为 φ_1 测点温度的饱和水蒸气压力，Pa；p 为大气压力，Pa；L_2 为排放湿空气流量，m^3/h；L_1 为未湿交换时的湿空气流量，m^3/h；T_2 为 L_2 测点的热力学温度，K；T_1 为 L_1 测点的热力学温度，K。

式(33-3) 适用于测量排气流量的场合，式(33-4) 适用于测量湿交换前空气流量的场合。

不同温度的饱和水蒸气压力见表 33-5。

表 33-5 标准大气压下不同温度的饱和水蒸气压力

$t/℃$	p_s/Pa	$t/℃$	p_s/Pa	$t/℃$	p_s/Pa	$t/℃$	p_s/Pa
0	611	40	7377	100	101325	160	618081
5	872	50	12338	110	143321	170	792066
10	1228	60	19924	120	198516	180	1002581
15	1705	70	31168	130	270110	190	1254960
20	2338	80	47364	140	361436	200	1554401
30	4243	90	70112	150	476093	250	3975395

33.2.3 茶叶脱水方法

茶叶加工是将水分为 75% 左右的茶树鲜叶加工成水分 4%～6%[9] 的干茶，失水重量达鲜叶自重的 90% 以上，从鲜叶到成茶，水分的变化量是鲜叶内在成分最大的变化。茶叶中的水分散失主要在摊放、萎凋、杀青和干燥等工序中通过与介质进行质热交换的方式进行[10]。

33.2.3.1 鲜叶摊放

鲜叶摊放是茶叶辅助干燥的一种方法。鲜叶摊放的目的：降低叶温，除去叶子表面的附着水，使梗叶由硬脆变柔软，同时也可减少青草气并增加香气。通过鲜叶摊放，不仅可以减少制茶工艺能耗，而且可以使杀青前的鲜叶含水率基本保持一致，因而有利于保持后续干燥工序工艺的稳定和茶叶品质的提高。鲜叶摊层厚薄要均匀，要保持叶层的良好透气性。

33.2.3.2 鲜叶萎凋

萎凋也是一种辅助干燥方法。鲜叶萎凋有加温（或日晒）和不加温两种。不加温萎凋与鲜叶摊放相似，但摊放时间要更长一些，生化变化也进行得更充分一些。加温萎凋可以缩短萎凋时间。红茶、青茶、黄茶、白茶均有萎凋工序。

工夫红茶鲜叶的萎凋有轻、中、重的区别。轻萎凋湿基含水率控制在 62%～64%，制成的成品茶香味较鲜醇，叶底色泽较鲜艳；中萎凋含水率控制在 60% 左右，香味和叶底色泽适中；重萎凋含水率控制在 56%～58%，其成品茶条索较紧，但香味稍淡，叶底色泽稍暗。

红碎茶鲜叶的萎凋程度与后续工序的加工方法有关。采用传统制法，萎凋叶含水率宜控制在 61%～63%；采用转子机制法，含水率控制在 59%～61%；CTC 制法需要保持叶张有较好的硬脆性，含水率控制在 68%～70%；LTP＋CTC 制法，含水率应控制在 68%～72%。

乌龙茶（青茶）萎凋有晾青萎凋（室内萎凋）、晒青萎凋（日光萎凋）、加温萎凋（热风温度不超过 40℃）和人工控制温湿度萎凋四种。

白茶的萎凋是主要干燥工序，萎凋后湿基含水率在 13%～22% 范围内。采用自然萎凋方法，萎凋时间需要 2～3 天；加温萎凋可以缩短时间。

用大叶种鲜叶制造黄茶，也需要轻萎凋。

33.2.3.3　茶叶杀青

杀青是绿茶、黄茶、黑茶等茶类初制的第一道加工工序。此外，青茶的炒青和小种红茶的锅炒工序也相当于杀青。杀青的目的是利用锅的高温来破坏茶叶中酶的活性，蒸发水分，散发青草气，增浓香气。绿茶杀青叶含水率在 58%～64% 之间。近年来，在杀青工序中出现了微波远红外辅助、汽热耦合滚筒等组合式新工艺[11]，同时新设备也被相继应用，如电磁加热滚筒技术和催化式红外杀青技术[12~14]。二青工序也出现了不同热源（柴、煤、气、电）的热风二青[15]、理条机二青[16]、微波二青[17,18] 等技术，其中柴煤式热风二青的热源不稳定，茶叶受热不均，且容易污染环境；燃气式热风二青对设备要求较高，中小茶厂难以完全配套；电热式热风二青设备的热效率低，运行成本较高；理条机二青方式的产能较小；微波二青技术所制绿茶香气不显；电磁加热技术的二青工艺效果较好[19]，但还没有应用于大规模生产。

33.2.3.4　茶叶干燥

干燥过程是茶叶加工中的一个重要环节，成品茶叶的色泽、香气、营养成分等品质与干燥过程息息相关。根据干燥传热机理，茶叶干燥可分为传导干燥（真空干燥、冷冻干燥、滚筒干燥、回转干燥），对流干燥，辐射干燥（红外线干燥、太阳能干燥），介电干燥（高频干燥、微波干燥）等[20]。目前应用最为广泛的干燥方式为热风干燥，是一种传统的干燥方法，而且较为经济，但在干燥过程中对茶叶的质量损害较大[21]。传统的茶叶干燥方法有自然阴干和太阳日晒，这样的干燥方式对环境的要求较高，而且不易于人为掌控。随着机械化干燥的发展，越来越多的干燥新技术被用于茶叶加工。

（1）热风干燥

热风干燥是以加热的空气作为干燥介质，进行热量的传递，从而去除水分的一种干燥方法。它投资低、成本低，在大批量的生产过程中，热风干燥占据一定的地位。倪德江等[22] 研究指出，云南部分茶叶加工作坊使用热风干燥设备代替烘干机，可使制茶成本降低，对茶叶色泽和香气的品质也有所提高。但是，茶叶在热风干燥的过程中也可能会因高温的影响而对品质带来损害，并且热风干燥在耗能问题上也需要改进。

（2）微波干燥

微波干燥是伴随着无线电技术发展而出现的一种新技术，属于一种体加热干燥方法，较常规干燥方法脱水速率快。微波干燥用于茶叶加工的研究较多，鲁静[23]在其研究中指出，微波干燥可以使绿茶茶汤明亮，滋味鲜醇，最大限度地保留茶叶的营养成分，综合品质更优。滕宝仁等[24]采用微波干燥对普洱茶中茶多酚含量进行了研究，结果表明，微波高温加快了儿茶素的氧化聚合，产生了多种茶多酚氧化聚合物，从而使得茶多酚含量相较于传统干燥有所下降。但是，由于微波干燥的时间较短，对普洱茶品质的影响并不明显。蔡雅娟[25]的研究表明，虽然微波干燥后茶多酚的含量相较于传统干燥有所下降，但是氨基酸、咖啡碱和维生素 C 的保留量均增加了，这说明微波干燥对茶叶干燥具有一定优势。Dong 等[18]也对茶叶微波干燥进行了研究，结果表明微波干燥后的茶叶在外观、品味、色泽上能够保持原有的风格，并且该干燥方式较传统干燥方式效率高，生产占地较少，过程清洁，而且微波干燥改变了传统干燥以木柴、煤炭等作为热源的方式，有利于环境保护。同时，使用微波干燥可以提高干燥效率，这对于提高普洱茶的生产规模有很大的帮助。然而，由于微波干燥时大量热能促使水分从内向外扩散，在干燥后期，茶叶中心含水量低，会使茶叶焦化，从而影响茶叶品质。

（3）冷冻干燥

冷冻干燥是指将待干燥物料快速冻结后，再在高真空条件下将其中的冰升华为水蒸气而去除的干燥方法。由于冰的升华带走热量，整个冻干过程保持低温冻结状态，从而有利于保留生物活性。Chan 等[16]采用不同干燥方法对茶叶及抗氧化剂含量的影响进行了研究，结果表明冷冻干燥均优越于微波干燥、烘箱干燥以及太阳光干燥的方式，但冷冻干燥的能耗较高。

（4）辐射干燥

① 太阳能干燥　太阳能干燥就是利用太阳能对物料进行干燥，使物料表面与内部之间进行传热、传质，最终达到干燥的目的。Raman 等[26]在其文章中介绍了多种新型太阳能干燥设备，例如太阳能自然对流干燥器、日光温室干燥器、间接太阳能干燥器等，以及将这些干燥设备用于食品干燥的一些特点。文章指出，太阳能干燥与燃烧木材和其他燃料的干燥方式以及传统的露天干燥相比，效率更高，均匀度更好，并且成本较低。樊军庆等[27]利用太阳能对农产品进行了干燥研究，通过与传统干燥方法的干燥质量进行对比，得出太阳能干燥在干燥质量、外观等方面都具有一定的优势。

② 红外干燥　红外干燥是一种利用辐射传热的干燥方法，当红外线的发射频率和茶叶中分子运动固有频率相匹配时，茶叶中分子振动摩擦，从而使茶叶得到干燥。Pitchaporn 等[28]采用远红外辐射及空气对流对桑叶茶加工过程品质和抗氧化剂的含量进行了研究。结果表明，使用远红外热空气对流干燥时，总酚和其他酚类化合物的含量明显增加，而且干燥后色泽和鲜叶较为接近，抗氧化剂含量的损失也较小。权启爱等[29]对远红外烘干机在名优绿茶上的加工做了介绍。通过与传统茶叶烘干机加工的产品进行感官评价和化学成分分析，得出远红外烘干产品品质较优，更适于名优绿茶的加工。

（5）热泵干燥[30]

热泵干燥作为解决传统茶叶干燥方式高能耗、干燥效率低的方法之一，具有良好的干燥效果，而且成本低、绿色无污染。赵升云等[31]研发了一种热泵-电辅热一体化茶叶烘干机，在对武夷茶进行的干燥试验中表明，采用热泵-电辅热一体化干燥技术干燥茶叶能够有效节约能源，茶产品的品质得以提升。有研究显示，将太阳能-空气源热泵联合干燥技术应用于茶叶干燥中，有显著的节能效果。明廷玉等[32]对太阳能-空气源热泵联合干燥茶叶工艺进行了研究，发现该系统可以有效地解决干燥系统能量供应的稳定性问题，并且在 50～60℃ 之间均可以在 8h 内使茶叶达到所要求的含水率。罗会龙等[33]设计并构建了一种空气源热泵辅助供热的太阳能干燥系统，测试、分析了系统的干燥能效比以及热力性能，结果发现该干燥系统有更大的节能潜力。

（6）联合干燥

联合干燥是一种具有广阔发展前景的干燥技术，它可以发挥各种干燥工艺的长处，克服运用单个干燥技术时所存在的不足，取长补短，达到高效率、低能耗、优品质的干燥目的。

① 微波-真空干燥　微波干燥过程可能会出现茶叶表皮破损的情况，这是由于微波干燥过程中茶叶表面温度过高。在这种情况下，可以使用联合干燥。微波-真空干燥结合微波干燥和真空干燥两种干燥方式的优势，降低干燥温度的同时加快干燥速度，在一定程度上提高了茶产品的质量。张丽晶等[34]对绿茶微波真空干燥工艺进行了优化，通过选取茶叶中水浸出物、色泽、复水比为参考对象，优化了微波-真空干燥用于绿茶加工的工艺条件。实验结果显示，微波功率增大会加重茶汤亮度的损失，而真空度在一定条件下能够使茶汤更加亮绿。

② 真空-冷冻干燥　在目前的干燥方法中，冷冻干燥的产品与新鲜产品最为接近，但是其加工成本较高，不适宜大批量产品的生产。而真空-冷冻干燥工艺结合了两种干燥方法的特点，缩短了干燥时间，节约了干燥成本[35]，为高质量茶叶的生产提供了质量保证。刘玉芳等[36]采用改进真空-冷冻干燥的方式，对乌龙茶迅速脱水干燥保香进行了研究，结果说明，改进后的真空-冷冻干燥方式既能提高乌龙茶的品质，又能缩短干燥时间。

茶叶规模化、产业化发展是一个趋势，而干燥技术的发展势必为此注入新动力、新方向。将联合干燥技术应用于茶叶干燥过程也是一个趋势，与传统干燥相比，联合干燥技术在节能环保、节约成本、保证茶叶品质方面都有一定的优势。干燥设备应该与干燥方法同时进行改进，在干燥工艺分析研究的基础上，对干燥设备选型，结合当代先进的方法和理论，找出改进的方向，进行配套研究及推广。

33.2.4　茶叶干燥工艺

茶叶的品质和茶树品种、制茶工艺等都有密切关系，为了便于识别茶叶品质和制法的差异，通常将茶叶进行分类和命名。茶叶分类方法较多，其中通过不同制茶方法对茶叶进行分类最为常见，制茶工艺不同，茶叶呈现的颜色也不同，根据茶叶的颜色可分为红茶、绿茶、青茶、黑茶、白茶和黄茶六大类，如图 33-7 所示。

33.2.4.1　绿茶干燥工艺

（1）大宗绿茶干燥工艺

大宗绿茶主要指长炒青茶和烘青茶。两类茶都有杀青和揉捻（揉茶）工序，但后续工序不同。长炒青的后续工序以炒（滚）为主，烘青的后续工序是烘。

① 长炒青工艺　长炒青较典型的工艺流程为：杀青→揉捻→解块分筛→烘二青（或滚二青)→炒头锅（初炒）→炒二锅（复炒）→过筛→滚炒（辉干），其中揉捻、解块分筛、过筛工序为非干燥工序。

杀青要求：锅温 400～470℃（最适宜温度为 430～460℃），叶温 70～80℃。杀青时间视鲜叶的老嫩程度合理控制。嫩叶水分多，酶的活性强，叶张韧性好，宜老杀，杀青叶含水率控制在 58%～60%；老叶含水量较少，酶的活性弱，叶张韧性差，宜嫩杀，含水率宜控

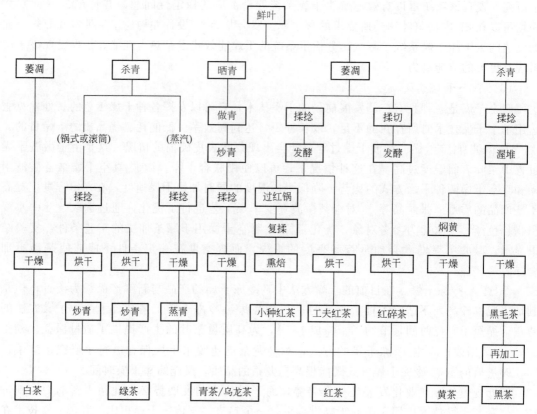

图 33-7　茶叶的分类及制作工艺[9]

制在 63%～64%。

烘二青要求：热风温度 110～120℃，烘层厚度在 20mm 左右，烘至含水率 35%～40%，时间 9～12min。若烘得过干，不易将茶叶条索炒紧；烘得过潮，锅炒时易黏结成团。在实际生产中，也有采用高风温（140～150℃）烘干的，若烘后不让其充分回潮（缓苏），则叶边、叶尖容易被后续工序炒碎，增加碎末茶。

炒头锅要求：锅温 150～160℃，炒至含水率在 20% 左右，时间 30～40min。

炒二锅要求：锅温 80～110℃，炒至含水率为 9%～10%，时间 40～60min。

辉干要求：锅温 60℃，含水率降至 5%，时间 60～90min。

② 烘青工艺　工艺流程为：杀青→揉捻→毛火烘干→足火烘干。其中揉捻为非干燥工序。

毛火烘干要求：热风温度 120～130℃，叶层厚度 20mm 左右，烘至含水率为 30%～35%，时间 8～10min。

足火烘干要求：热风温度 90～100℃，叶层厚度可比毛火烘干稍厚，烘干时间按终了含水率 5% 的要求进行控制。低温长烘有利于增浓香气。

在实际生产中，也有采用毛火、足火一次烘干的；从品质要求考虑，热风温度以 110～115℃ 为宜。

（2）名优绿茶干燥工艺

名优绿茶种类极其繁多，以下是几种主要名优绿茶的常规干燥工艺。

① 机制扁形茶工艺　扁形茶实现机械化加工是发展名优扁形茶生产的根本出路。现用扁茶机有多槽（5 槽或更多槽）往复振动式结构和大槽（单槽和 3 槽）炒手回转式结构。

多槽机扁茶机制工艺流程大致有两种：

a. 摊青→杀青→回潮→整形（压扁）→回潮→辉锅（辉干）；

b. 摊青→杀青（后期兼整形压扁）→回潮→辉锅。

摊青含水率控制在 70% 左右。鲜叶摊青有利于提高成茶品质。

杀青锅温（指锅体温度）200℃ 左右，整形锅温 160～180℃，辉锅温度 150℃（后期温度升高至 180℃）。

杀青或杀青兼整形含水率控制在 40%～50%，单独整形含水率控制在 15%～20%，辉锅含水率控制在 7% 以下。各工序作业温度与时间根据投叶量与含水率确定。

杀青投叶量每槽 0.1～0.15kg（兼整形时可以稍多投一些），整形和辉锅投叶量一般都是前道干燥工序出叶量的 2 倍。

整形和辉锅均需要投放加压棒，并且都要在投放茶叶后再过 1～2min 才能将加压棒放入槽内。在整形过程中一般要松压（取出加压棒）1～2 次。

炒制工序之间茶叶制品的回潮是扁茶做形和减少碎末不可缺少的环节，回潮时间必须充分。

为了提高机制扁茶的香气和外形的光滑程度，当含水率降至 15% 左右时可转入电炒锅，用手工辅助辉干。

大槽扁茶机的机制工艺过程基本上同多槽机。杀青锅温（槽锅端测温度）200℃ 或稍高；整形磨压锅温 180℃ 左右；辉干磨压锅温 160℃ 左右。杀青、整形磨压后，茶叶宜出锅回潮 20～30min 再进行辉锅（用原机辉炒或用电炒锅手工辉炒）。

批量较大的生产单位往往配有名优茶滚筒杀青机。杀青工序采用滚筒机，筒壁温度 250～300℃，杀青叶含水率控制在 56%～58%。做形工序采用扁茶机。

② 机制毛峰茶工艺　毛峰茶品类繁多，手工制作工艺各有差别。推行机械制作后，一般采用下述工艺流程：摊青→杀青→冷却→初揉→初烘→复揉→复烘→提毫→足火烘干，其中复揉、复烘工序也有省略的。

杀青采用小型滚筒杀青机，进叶端筒壁温度 250～300℃。烘干采用名茶烘干机，初烘风温 90～100℃，复烘风温 70～80℃，提毫锅温 70～80℃，足火烘干温度 60～70℃。

杀青叶含水率 56%～58%，初烘叶含水率 45%～50%，复烘叶含水率 30%～35%，提毫终了含水率 15%～18%，足干含水率要求在 6% 以下。

③ 机制球（螺）形茶工艺　球（螺）形茶品类也不少，其中最负盛名的要数碧螺春茶。碧螺春茶的机制工艺流程为：摊青→杀青→冷却→初揉→初烘→摊凉→复揉→复烘→做形提毫→足火烘干，其中也有将初揉与复揉、初烘与复烘合并进行的。

杀青采用小型滚筒杀青机，筒体温度 200℃ 左右。初烘、复烘、足火烘干用碧螺春烘焙机（也可以用小型名茶自动烘干机），热风温度 100～120℃。做形提毫用碧螺春茶成形机或球（螺）形茶炒制机（也称曲毫炒干机），锅温 70～80℃。足火烘干风温 60～80℃。

杀青叶含水率 55%～58%，复烘叶含水率 35% 左右，做形提毫终了含水率 10%～15%，足火烘干终了含水率应在 6% 以下。

④ 机制松针形茶工艺　机制松针形茶的基本工艺流程为：摊青→杀青→冷却→揉捻→滚二青→摊凉→初烘→摊凉→整形紧条或搓条做形→足火烘干。

杀青也多用小型滚筒杀青机，筒壁温度 250℃ 左右。滚二青仍用滚筒杀青机，筒腔温度 100～110℃。初烘用电热烘箱，风温 100～110℃。整形可用多功能机或理条机，槽体温度 150～170℃；当茶条要求比较紧结时，需要增加手工搓条工序或采用专用的整形机整形。足火烘干用小型自动烘干机，风温 70℃ 左右。

杀青叶含水率 56%～58%，滚二青终了含水率在 40% 左右，初烘含水率降至 30% 左右，做形终了含水率在 13% 左右，足火烘干含水率降至 5%。

（3）干燥工艺对绿茶香气的影响

香气是评价绿茶品质的重要因子，其香型特点及形成机制一直是国内外学者研究的热点。绿茶香型主要包括清香、花香、栗香等，其中栗香作为中高档绿茶的优质香型，以其协调而愉悦的香气特征深受消费者喜爱。干燥是香气形成的关键工序，也是茶叶品质发展和固定的最后工序[37]。宛晓春等[38]研究比较了炒干和烘干对茶叶香气的影响，发现炒干比烘干的茶叶香气更持久，较高温度下的烘干更易使茶叶呈现熟香。黄怀生等[39]研究发现"初烘-滚烘-炒足干（一烘两炒）"的干燥工艺下，茶样具有浓郁的栗香风味。张铭铭等[40]结合感官审评、理化成分和多元统计分析技术研究了隧道式红外辐射、箱式热风对流、链板式热风对流、斗式热风对流、振动理条式传导、滚筒辉干式传导六种干燥方式对绿茶栗香形成的影响，结果表明：箱式热风对流和滚筒辉干式传导方式更利于绿茶栗香品质的形成，其中箱式热风对流干燥的制备样栗香最为浓郁。

齐桂年等[41]在绿茶加工中引入微波干燥技术，结果发现此方法不仅使叶片受热均匀，加工制成的绿茶也比传统烘干制成的绿茶保留更多的有效成分，香气损失少；微波干燥还可以有效改善绿茶的粗老气和苦涩味，尤其是成品茶色泽翠绿，总体品质明显优于传统干燥。袁林颖等[42]研究比较了微波干燥和传统热风干燥的香型差异，发现微波干燥的茶叶具有清香，热风干燥的茶叶则易于形成栗香。肖宏儒等[43]进一步开展了不同微波功率、不同传送带速度下理条后的绿茶在制青叶的微波干燥试验，证实采用微波干燥能使绿茶品质至少提高一个档次，不仅使其色、香、味、形保持不变，而且营养成分损失甚少。

中野不二雄等[44]开展了远红外线干燥对绿茶品质的影响，发现相比于热风干燥，远红外线干燥所成的茶叶表面呈润泽状态，无风时还有火香味的倾向。权启爱等[29]对绿茶加工生产线的研究发现，比起其他干燥方式，远红外干燥更适合应用在茶叶生产流水线上。远红外线干燥所得的茶叶感官品质明显优于装配有传统茶叶烘干机的生产线，而且使用远红外干燥机不仅能达到"先高温后低温""毛火高温快干、足火低温足干"等工艺要求，而且远红外焙茶热效率高，能有效降低生产成本。邓余良等[45]开展了恒温远红外提香技术在绿茶加工中的应用研究，结果表明恒温远红外提香技术有助于提高生产效率，降低加工成本，且对成品茶的提香、润色效果明显。

33.2.4.2 红茶干燥工艺

红茶有工夫红茶、红碎茶和小种红茶之分。工夫红茶和小种红茶同属条形茶。小种红茶数量不多，介绍从略。

（1）工夫红茶加工工艺

工夫红茶的加工工艺流程为：萎凋→揉捻→发酵→烘干，其中揉捻、发酵不属于干燥工序。

萎凋的失水程度及其对成品茶质量的影响前已述及，不再重复。萎凋有自然萎凋和萎凋槽萎凋两种主要形式。日晒萎凋是自然萎凋的一种，其目的是缩短萎凋时间；但日光不宜过强，日晒时间也不宜过长，要避开上午 10 时至下午 3 时这段时间，日晒 30min 后应收回至阴凉处继续摊 1～2h。晴天室内萎凋一般需要 15～20h，阴雨天则需 36～48h。萎凋槽萎凋需要输送温度不超过 30℃ 的热空气（夏季可直接送冷风），萎凋叶层厚度 200mm 左右，时间 6～12h。使用自动连续式萎凋机，萎凋时间可缩短至 2.5～4h。

发酵工序是茶多酚在多酚氧化酶的参与下逐步生成茶黄素、茶红素的过程。茶黄素和茶红素与未氧化的茶多酚一起构成了红茶特有的红叶红梗和茶叶浓、强、鲜、爽的品质特征。

红茶烘干一般分为毛火和足火两道工序。毛火烘干温度 110～120℃，烘层厚度 15～20mm，终了含水率 25%～18%，干燥时间 12～16min。毛火烘干采用较高的热风温度，有利于迅速钝化酶的活性，抑制发酵的继续进行，使大部分低沸点的青草味物质得以散发。足火烘干温度一般为 90～95℃，烘层厚度 20～25mm，终了含水率要求达到 5%～6%，烘干时间亦为 12～16min。足火温度较低有利于增浓香气。

（2）红碎茶加工工艺

红碎茶的加工工艺流程为：萎凋→揉切→发酵→烘干。

红碎茶鲜叶萎凋的目的同工夫红茶。萎凋的失水程度与后续工序所用的揉切机具（揉切方式）有关。

红碎茶发酵的目的亦同工夫红茶。红碎茶发酵主要有两种设备和工艺：一种是采用在发酵车内进行温湿度控制的通气发酵，茶坯温度控制在 32℃ 以内，时间 80～90min；另一种是采用发酵机通入 20～26℃ 湿空气发酵，时间不超过 60min。

红碎茶以采用热输送带式烘干机烘干为好。按照茶叶烘干品质要求，也以毛火、足火两道工序干燥为佳。热风温度同红条茶烘干。毛火含水率控制在 15%～25%，足火烘至含水率 5%～6%。

（3）干燥工艺对红茶品质的影响

红茶的风味特征主要在加工过程中形成，发酵过程产生的茶黄素、茶红素等色素物质与儿茶素、游离氨基酸共同影响着色泽和滋味[46]。加工过程中氧化聚合等生化反应产生的不同香气成分，与原料中的糖苷类共同形成独特的品种香或地域香[47-49]。叶飞等[50]比较了热风干燥和滚炒干燥对宜红茶感官品质、理化品质和抗氧化能力的影响，结果发现：热风干燥处理的宜红茶样品的感官得分相对较高，茶汤色泽及部分理化成分优于滚炒处理，香气甜香高长，茶汤的抗氧化能力也相对较强。滚炒处理的宜红茶的干茶外形更加紧结，说明同一原料经过不同的干燥工艺后，茶叶品质特征差异明显[51]。

崔文锐等[52]对比研究了锅式炒干、烘干、微波干燥对工夫红茶品质的影响，感官审评结果表明：烘干工夫红茶基本符合要求；炒干工夫红茶除色泽灰褐外，其余各项因子都比烘干的工夫红茶好；微波干燥的工夫红茶外形较好，但内质却较差，且有闷味，香气低沉。综合各项因子，以炒干的工夫红茶品质最佳。与真空干燥、微波干燥和热风干燥相比，真空微波干燥可以提高抗坏血酸和氨基酸含量。与传统的罐式干燥相比，微波干燥更有利于抗坏血酸、叶绿素等活性成分的保留[53]。Qu 等[54]研究了常规热风干燥、微波干燥、远红外干燥、卤素灯干燥和卤素灯-微波组合干燥对红茶感官品质和化学品质的影响，感官评定结果表明，卤素灯微波干燥红茶和微波干燥红茶的色泽更均匀，口感更新鲜，甜味更浓。微波干燥红茶时，茶多酚、儿茶素和茶黄素的含量最高。远红外干燥和热风干燥可显著提高氨基酸和可溶性糖的含量。微波干燥红茶挥发性成分含量最高，其次是卤素灯-微波干燥茶、远红外干燥茶、卤素灯干燥茶和热风干燥茶。总之，微波干燥和卤素灯-微波干燥可以改善红茶的干燥过程。

33.2.4.3　乌龙茶（青茶）加工工艺

（1）加工工艺流程

乌龙茶的制造技术各地有一定的差异，但都有萎凋、做青、炒青、揉捻和干燥这几道基本工序。下面是两种比较典型的乌龙茶加工工艺流程。

a. 闽南乌龙茶（安溪铁观音）：萎凋（晾青、晒青）→摇青↔晾青→炒青→揉捻→初焙→包揉→复焙→复包揉→足火烘焙。

b. 武夷岩茶：萎凋→摇青↔晾青→初炒→初揉→二炒→复揉→初焙（毛火）→摊凉→复焙（足火）。

乌龙茶鲜叶萎凋有晾青、晒青、加温萎凋、人控萎凋四种。晾青和晒青一般是结合起来进行的，"露水叶"或日中采摘的鲜叶要先晾青，晒青光照不宜过强。萎凋的湿基降水率控制在 3%～5%（失重 10%～15%）。

摇青与晾青（合称做青）要交替进行，一般需要反复 4～5 次。摇青由轻到重（即由慢转速到快转速）逐次递增，历时 8～10h，包括晾青总计约需 20h。通过摇青、晾青的多次反复，将茶叶叶缘细胞擦伤，使其产生一定程度的酶促氧化和一系列的生化变化，达到"绿叶红镶边"和增浓香气与滋味的目的。同时，由于工序作业时间长，也能散失一部分水分。

炒青的作用是抑制酶的活性，防止叶张继续红变，固定做青形成的品质。适度炒青的含水率控制在 60% 左右。炒青时间：老叶约 5min，嫩叶约 7min。炒青温度较绿茶杀青稍低。

揉捻与烘焙也要交替进行，使茶叶在逐步成形的过程中逐渐得到干燥，最后成为成品茶。乌龙茶烘焙有用传统烘笼（或焙窟）进行手工烘焙和采用自动链板式烘干机大批量烘焙两类。以下介绍烘干机烘焙工艺。

闽南乌龙茶：初烘热风温度 120℃ 左右，叶层厚度 10～20mm，历时 7～10min，湿基含水率降至 45%～40%；复烘热风温度 90～100℃，叶层厚度 20mm 左右，时间 7～10min，烘到接近足干；足干补火热风温度 80～90℃，叶层厚度 20～30mm，历时 20min。

武夷岩茶：毛火热风温度 120～130℃，叶层厚度 20mm 左右，历时 7～10min，含水率降至 40% 左右；足火热风温度 80～90℃，叶层厚度 50～60mm，烘至足干。

（2）干燥工艺对乌龙茶品质的影响

传统乌龙茶初制干燥采用热风烘干，在干燥过程中由于发生水解、氧化等反应，叶片中的叶绿素和花果香物质损失较多，对清香型乌龙茶品质不利[55]。为此，研究人员试图在乌龙茶初制中引入其他先进的干燥技术。刘秋彬等[56,57]将真空冷冻干燥技术应用于加工清香型乌龙茶，试验结果表明真空冷冻干燥的清香型乌龙茶香气馥郁清高，花香显，汤色黄绿明亮，滋味醇厚回甘，其品质明显高于热风烘干对照样，即真空冷冻干燥更有利于充分展示清香型乌龙茶的色、香、味。黄亚辉等[58]将真空冷冻干燥技术应用于广东单丛的干燥工序，同样表明真空冷冻干燥对单丛茶品质具有改善作用；对真空冷冻干燥工艺的探索表明，先经过初步烘焙再进行真空冷冻干燥处理的茶叶品质最优，而不经烘焙直接采用真空冷冻干燥处理的茶样品质欠佳。刘玉芳等[59]探研了低温真空干燥技术对乌龙茶品质的影响，结果显示采用该方法制作的乌龙茶外形色泽翠绿、香气鲜灵浓郁、汤色黄绿明亮、滋味醇厚芬芳，综合品质高于传统热风烘干的产品，且低温真空干燥比真空冷冻干燥能耗少、时间短，是一种能提高乌龙茶品质的新型干燥方法。

茹赛红等[60]将微波干燥应用于金萱品种新鲜茶的干燥工序，结果表明微波干燥比热风干燥时间缩短了 76%～95%，而且干燥后的茶叶有很好的复水性，但其茶多酚总量低于热风干燥。石磊[61]研究了传统干燥、微波、红外、远红外干燥技术对乌龙茶品质成分的影响，发现微波干燥相比于传统干燥可提高毛茶中茶多酚、氨基酸的总量，红外、远红外干燥可提高可溶性糖、可溶性蛋白、水浸出物含量，且不同干燥方式加工的乌龙茶的香气组分差异明显。张凌云等[62]对比了传统干燥、复式干燥（毛火采用微波干燥，足火采用传统干燥）、微波干燥（微波干燥机烘至足干）三种处理制作的金牡丹乌龙茶品质及其生化成分的含量差异，其感官审评以传统干燥样品的香气最好，微波干燥次之，复式干燥最差；相比于传统干燥，微波干燥制作的乌龙茶的茶多酚、可溶性糖含量较低，香气成分种类少于传统干燥，但氨基酸含量较高，且具有稍高的香精油含量。因此认为采用传统干燥制法更有利于发挥金牡丹乌龙茶的香气品质特点，微波干燥法则更加省时省力。

33.2.4.4　其他茶类的加工工艺

其他茶类产量较大的还有普洱茶、黑茶、黄茶、白茶等。

（1）普洱茶加工工艺

普洱茶主产云南，包括云南大叶种晒青毛茶及其紧压茶和用沤堆后发酵普洱散茶制成的各种紧压茶。

现代普洱散茶制作工序：云南大叶种鲜叶→杀青→揉捻（揉至基本成条）→日晒（至含水率 10% 左右，没有阳光时也可改用烘干）→匀堆→泼水复潮并沤堆（自然发酵至适度）→扒散自然晾干→解团筛分。沤堆是形成普洱茶色香味品质的关键工序。以熟普洱散茶为原料，可压制成普洱沱茶、普洱砖茶、普洱饼茶。

（2）黑茶加工工艺

在黑茶加工过程中，鲜叶中的化学物质不断发生变化，促进了黑茶品质的形成。黑茶包括湖南黑茶、湖北老茶青、四川边茶、广西六堡茶等。黑茶原料均比较粗老，制造过程都有沤堆发酵工序。黑茶用来制造边销紧压茶。制造工艺以湖南黑茶为代表。

黑茶色泽形成的关键工序是渥堆，黑茶渥堆后叶绿素 a 只剩痕量，叶绿素 b 只剩微量，以致整个色调中无绿色出现；而鲜叶中固有的黄色的类胡萝卜素和深黄色的叶黄素则保存得较多；而茶多酚因微生物酶促氧化和自动氧化，产物茶黄素、茶红素、茶褐素共同作用影响黑茶的汤色形成[63,64]。

黑茶滋味形成于各加工工序，是各种呈味物质通过变调、相乘、阻碍等相互作用的结果，通过对黑茶加工的不同工序中的茶多酚、儿茶素、氨基酸、糖类物质的含量变化进行分析，结果表明以上因素的共同作用都让黑茶的滋味趋向于"醇和"[65-67]。

黑茶的基本茶香主要来源于茶叶本身所具有的芳香物质的转化、降解、异构、聚合；其特征风味香气主要来自于渥堆的作用；干燥过程使不利于黑茶香气品质的成分大量挥发，有益香气的成分大量保留，有些黑茶还吸附特殊香气（松烟香等），最终形成黑茶的风味香气[68,69]。通过储藏过程，黑茶陈香物质形成并累积呈现了"老茶香"。

湖南黑茶初制工艺：鲜叶洒水（洒水量占鲜叶重量的 10% 左右，雨水叶不洒水）→杀青（多闷少透）→杀青叶趁热初揉→沤堆→复揉→烘焙。

湖南黑茶初制的关键工序是沤堆和烘焙。沤堆茶坯含水率以 60%～65% 为宜（当揉捻叶含水量不足时，可浇少量水）。堆内温度 30～40℃（当堆温超过 45℃时，要进行翻堆）。堆高：稍嫩叶 15～25cm，粗老叶 100cm，其上盖以保温保湿覆盖物。沤堆时间：春季 12～18h，夏秋季 8～12h。经过沤堆，叶绿素大量减少，颜色由绿变黄褐；茶多酚减量明显，氨基酸含量有所增加，茶多酚氧化的中间产物与氨基酸结合产生一种香味物质。此外，茶中的其他一些成分也会发生一定程度的变化，这些都对黑茶品质的形成有利。

烘焙多用特砌的"七星灶"，焙床上铺焙帘，直接用松柴燃烧气烘焙。茶坯一层一层地加（每层厚 2～3cm），当第一层达六七成干时加第二层，至总厚度 18～20cm 时不再加；当最上一层也达六七成干时进行上下翻位，烘至含水率 8%～10%。全程烘焙时间 3～4h。据称这种烘焙方法也对黑茶品质的形成有利。

（3）黄茶加工工艺

黄茶以色黄、汤黄为特色。黄茶品类也不少，其初加工一般工艺流程为：摊青→杀青→（揉捻）→（初烘）→堆积→闷黄→烘干或炒干。其中揉捻与初烘并不是各品类黄茶都必须进行的工序。闷黄是黄茶特有的工艺，也是黄茶"黄汤黄叶"品质形成的关键步骤，影响闷黄的主要因素是含水量和闷黄温度，含水量和闷黄温度越高，黄变速度越快[70]。"闷黄"是利用湿热条件使在制叶内含化学成分发生热化学变化，若含水量过高，黄变时间过短，则内含成分转化不充分，影响滋味醇度及鲜爽度；若含水率过低，则叶温较低，传统上闷黄工序温度一般控制在 35～40℃[71]，随闷黄温度的上升，湿热反应加强，但闷黄温度过高，儿茶素、氨基酸及可溶性糖等滋味贡献物质会因消耗过度而含量锐减，不利于黄茶品质的形成。闷黄时间同样是影响黄茶滋味品质的主要因素之一，需要依据在制叶水分及环境温度而定，时间过短导致黄变不足，滋味浓涩，汤色、叶底偏青；时间过长，反应过度，多酚、氨基酸及可溶性糖等物质因消耗过度而含量下降，导致滋味淡薄，汤色、叶底黄暗[72]。闷黄耗时与黄变程度要求、含水量和闷黄温度密切相关，也有研究表明调整闷黄时供氧量可以改善黄茶品质，充氧闷黄成品茶具有愉悦的花果香，汤色浅黄、清澈明亮，滋味鲜醇爽口。闷黄时，叶内各生化成分在湿热作用下发生深度的化学变化，多酚类等涩味呈味物质由于氧化、异构化及热裂解等反应而含量锐减，蛋白质、淀粉等大分子物质发生水解生成氨基酸和可溶性糖类等，使鲜甜呈味物质含量升高，形成黄茶香气清悦、滋味甜醇的品质特征[73]。

（4）白茶加工工艺

传统白茶的初制工艺只有萎凋、干燥两道工序。萎凋过程是形成白茶品质的关键，伴随着长时间的萎凋，鲜叶发生一系列的化学反应，形成香气清鲜，滋味甘醇爽口的品质特征。根据萎凋方式的不同，可以分为以下三类[74]：自然萎凋，指日光和无日光交替进行萎凋；加温萎凋，指采用室内控温进行萎凋；复试萎凋，指自然萎凋和加温萎凋交替进行。萎凋方式、时间、环境是白茶品质的重要影响因素。白茶萎凋过程中，前期酶活性提高，蛋白质水解生成具有鲜爽和甜味的氨基酸，萎凋后期叶内多酚类化合物氧化还原失去平衡，邻醌增加，氨基酸被邻醌所氧化、脱氨、脱羧，生成低沸点挥发性醇类和醛类化合物，为白茶嫩香、清香、毫香提供香气来源[75]，同时，氨基酸与邻醌结合而成的有色化合物，对白茶汤色有着良好的影响[76]。若萎凋时间过短，多酚类物质转化不充分，则茶汤苦涩味较重；若萎凋时间过长，生化成分消耗过多，则会导致茶汤滋味淡薄。因此，只有控制好萎凋的条件，才能加工出优质的白茶。罗舟[77]研究发现低温长烘能显著提升茶汤中的甜醇度，光波干燥的方式对于白茶香气及滋味品质均有提升，且耗时较短。

33.2.5　鲜叶的预处理

33.2.5.1　鲜叶清洗

茶树生长在自然环境中，鲜叶表面或多或少地含有泥尘及其他污染物质（如残留农药等）。从卫生角度考虑，应对采收下来的鲜叶进行清洗处理。鲜叶清洗可以采用连续清洗机，也可以采用人工搅拌浸洗。图 33-8 为鲜叶清洗机结构示意图。

33.2.5.2　鲜叶脱水

经过清洗的鲜叶或雨水叶、露水叶，需要进行脱水处理。脱去表面附着水，不仅可以减少制茶能耗，而且可以保持鲜叶初始含水率的相对稳定，有利于后续工序工艺的控制，有利于茶叶品质的提高。鲜叶脱水机采用高速离心工作原理，其核心部件是一个高速旋转的筒体。现用脱水机有立式和卧式两种类型，均系间歇作业。筒体直径 600～650mm，线速度 30～32m/s。图 33-9 为立式鲜叶脱水机结构示意图。

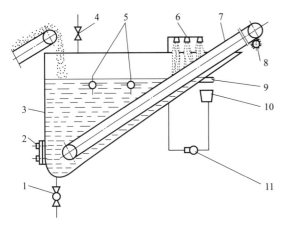

图 33-8　鲜叶清洗机结构示意图
1—排水开关；2—排水孔；3—水池；4—进水阀；
5—叶片；6—喷水装置；7—输送带；8—输送带
清理器；9—排水槽；10—过滤器；11—泵

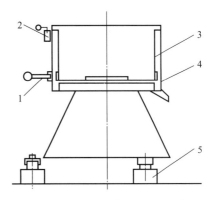

图 33-9　立式鲜叶脱水机结构示意图
1—刹车装置；2—开关；3—转筒；
4—机架；5—减震坐垫

33.2.5.3　鲜叶分级

鲜叶分级的目的：一是确保同批付制芽叶的匀整性，便于制茶时工艺参数的控制；二是分级付制可以从优质优价和制品整齐性方面获得最佳的经济效益。提高鲜叶的匀整性主要是要抓好鲜叶的采摘关。建设标准茶园并实行机采是提高鲜叶采摘质量的根本途径。鲜叶分级采用筛式机械分级机。该机网筛呈锥体状，由两段不同孔径的筛网组成，一次可将鲜叶分出三个档次。

33.3　茶叶加工装备

茶叶属于加工增值性农产品，加工是茶叶生产的必要环节，也是决定及影响制茶品质的关键生产环节。茶叶加工方式最初是手工炒制方式，后逐渐转变为半机械化、机械化制茶的方式，未来发展趋势是应用自动化生产线制茶的工程化方式。目前，茶叶加工仍处于机械化、半机械化、手工炒制（工艺名茶）三种方式交叉并存的时期，这三种加工方式由于受人为因素及设备性能的影响较大，所制产品的品质常常不够稳定，其质量难以得到有效保障。现代化的茶叶加工技术要求茶叶在加工过程中应实现连续化、清洁化、自动化和标准化[78]，这与现代食品加工要求的标准化和规模化生产是一致的。茶叶自动化生产线的应用是必然趋势。

33.3.1　茶叶加工生产线

茶叶自动化生产线是指依据制茶工艺要求，采用衔接设备将各工序设备连接起来形成连续生产线，并通过单片机、检测传感系统、PLC 控制系统（programmable logic controller，可编程逻辑控制器）等微机控制设备及程序化系统对整条生产线进行自动化、数字化控制，形成茶叶加工的流水线，从而实现自动加工过程中工序连续不间断、茶叶不落地[79]。

我国茶叶连续化生产线研究起步晚，应用时间较短，2006 年才正式研制出中国第一条名优茶连续化、自动化生产线。针对各类名优茶的连续化加工生产线的开发进程不断推进，发展迅速。2008 年，四川农业大学与茗山茶业合作研发了蒙顶甘露自动化生产线；2010 年，谭俊峰等以国产茶叶机械为主体，采用面向对象多层体系结构技术的 Delphi7.0（程序开发工具），研发出一套功能实用、使用简便、人机界面友好的新型炒青绿茶自动化示范生产线[80]；2011 年云南研制出一条普洱茶自动生产线[81]；2012 年，浙江春江茶叶机械有限公司研制出条形红毛茶自动清洁生产线，实现了红毛茶加工全过程物料定量、温度控制、湿度控制、时间设定的自动化的生产[82]；2013 年，湖南农科院茶叶研究所配合湖南湘丰茶叶机械有限公司研制出香茶自动化生产线[83]；2015 年，郑红发等研制出红绿茶兼制型全自动生产线[84]；2017 年四川农业大学研发了藏茶清洁化生产线。此外，还有众多的茶叶连续化、自动化生产线正在建设中或已建成。

在程控单机方面，先后成功研制出鲜叶摊放贮青机、可调式连续理条机、快速冷却贮放机、冷却贮叶槽、全自动连续茶叶炒干（辉干）提香机、电磁滚筒杀青机、封闭式自动抖筛机、茶叶自动包装机等先进设备，这对克服名优茶连续化加工技术瓶颈发挥了重要的作用。茶叶的香气主要在杀青与干燥环节形成，杀青与干燥的优劣直接决定茶叶品质。因此，杀青与干燥机械在茶叶加工机械中显得尤为重要。

33.3.2　茶叶杀青机械

杀青机械是完成鲜叶或做青叶高温杀酶、多量脱水并使之发生一定程度热化学变化的一类设备。

33.3.2.1　锅式杀青机

锅式杀青机有单锅、双锅、两锅连续和三锅连续四种机型，均由炒叶锅腔、炒叶器、传动机构、机架及炉灶等部分组成。

炒叶锅锅口直径有 800mm（俗称 80 锅）和 840mm（俗称 84 锅）两种，锅深分别为280mm 和 340mm，相应的球半径分别为 425.7mm 和 429.4mm。锅口上方设有倒锥形炒叶腔（腔的上口径 960～980mm），腔高 600mm 左右，其作用是防止茶叶向外抛出和使腔内保持一定的温度。炒叶腔备有顶盖（竹编制品），闷杀阶段将顶盖盖上。

锅式杀青机炒手（炒叶器）有长齿形、短齿形和弧形板几种。齿形炒手起翻抛和抖散茶叶的作用，弧形板炒手用于扫起锅底茶叶和出茶清锅。每只锅各配一对长齿、一对短齿和一对弧形板炒手；齿形炒手与弧形板或成 90°安装或成 60°安装。

单锅杀青机为单锅单灶结构，炒叶腔前壁设有出茶门，锅口与水平面成 5°前倾（前低后高）。杀青前期锅温以 430～460℃为宜。

双锅杀青机为两只单锅并列安装，两个炉灶并砌且共用一个烟囱，由一套传动机构带动两只锅的主轴。为便于两锅分别操作，减速箱出轴设有离合器。

两锅连续是两只锅呈一前一后安装的一种结构（三锅连续即在第二只锅后再加一只锅）。两锅之间有过茶门，后锅后腔壁设有出茶门。为方便茶叶转锅和出茶，锅口与水平面成后倾5°安装。两锅连续是对机器不停歇运转而言，实际上投放鲜叶、茶叶转锅和出茶仍然是间歇作业。后锅温度一般在 350℃左右。

主轴转速：单锅和双锅杀青机 24～26r/min；两锅连续杀青机前锅 26r/min，后锅 24r/min；三锅连续杀青机前、中、后锅分别为 28r/min、23～24r/min、17～18r/min。

单锅杀青机产量低，三锅连续杀青机后锅温度不容易达到杀青要求（后锅作用不明显），故在生产中以双锅杀青机和两锅连续杀青机应用较为普遍。锅式杀青机适用于较小的生产规模。

图 33-10 为两锅连续杀青机结构示意图。图 33-11 为锅式杀青机三种炒手的结构尺寸。

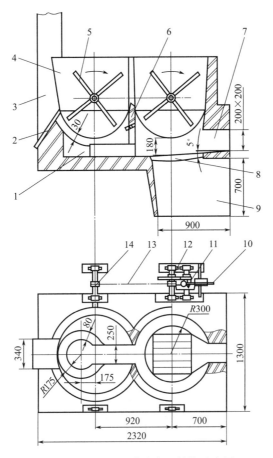

图 33-10 两锅连续杀青机结构示意图

1—第二锅炉膛；2—出茶门滑板；3—烟囱；4—炒叶腔；5—炒叶器；6—转锅山头；7—炉口；8—炉栅；
9—风洞（灰坑）；10—离合器操纵杆；11—牙嵌离合器；12—齿轮；13—链条；14—链轮

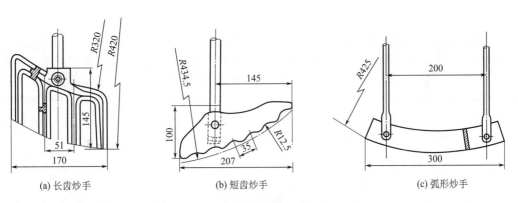

(a) 长齿炒手　　　　　　　　(b) 短齿炒手　　　　　　　　(c) 弧形炒手

图 33-11 锅式杀青机炒手的结构尺寸

33.3.2.2 滚筒连续杀青机

大型滚筒连续杀青机由上叶输送机、滚筒体、传动机构、炉灶和排湿装置等部分组成。

大型滚筒杀青机按筒径定义型号，其筒径有 500mm（50 型）、600mm（60 型）、650mm（65 型）、700mm（70 型）和 800mm（80 型）几种。筒体长度：50 型、60 型为

4000mm，其余为4200～4500mm。筒内设有4～6条螺旋导叶板，进叶端长400～500mm，螺旋角40°～45°，出叶端长400～500mm，螺旋角45°～50°，中段在15°左右。导叶板起翻抛和导向输送作用。

驱动滚筒旋转的传动机构有齿轮齿圈传动副和滚轮滚圈摩擦副两种。因后者加工工艺简单、成本低，所以多采用后者。滚筒转速23～34.5r/min（筒径大的转速低）。

上叶输送机（兼作喂料用）由宽250mm左右的输送带、机架、储茶斗、传动装置等部分组成。输送带线速度28～30m/min。鲜叶输送量通过调节匀叶轮与输送带间的距离进行控制。

滚筒杀青机工作过程的筒壁高温区温度应在400℃以上。茶叶杀青产生的大量高温水蒸气有利于缩短杀青时间，但同时也会造成滚筒黏叶现象（尤其是温度较低的出叶端），黏住的茶叶会逐渐变黄变焦。所以滚筒杀青机必须设置排湿装置。实际使用的排湿装置均采用吸风式排湿风机。

滚筒杀青机的生产能力与筒径有关，70型的正常生产能力为250～400kg/h。

图33-12为70型滚筒杀青机机灶结构示意图。

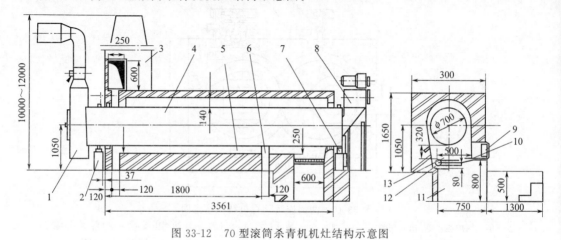

图33-12　70型滚筒杀青机机灶结构示意图

1—排水蒸气装置；2—托轮机构；3—烟囱；4—滚筒；5—火道；6—储灰道；7—传动托轮机构；8—输送装置；9—炉门；10—炉栅；11—通风洞（灰坑）；12—出渣口；13—燃烧室

为适应名优茶生产的需要，在大型滚筒杀青机的基础上又开发出了名优茶滚筒杀青机，其基本结构与工作原理同大型滚筒杀青机，热源有煤、液化气、电等。名优茶滚筒杀青机应用最多的有30型（筒径300mm）和40型（筒径400mm）两种。筒体长度：30型有1420mm和1600mm两种；40型为1800mm，筒体内壁焊有3条高40～50mm的导叶板。滚筒转速30～39r/min（筒径大的转速稍慢）。杀青过程筒腔温度110～120℃，杀青时间0.5～2min。台时产量（鲜叶）：30型25～35kg/h，40型60～80kg/h。

33.3.2.3　蒸汽与混合气杀青机

蒸汽杀青机有网带式、网筒式两种（网筒式杀青机为日本引进产品）；蒸汽-热风混合气杀青机为网带式结构。

（1）网带式蒸汽杀青机

结构示意如图33-13所示。网带用1.5mm不锈钢丝或镀锌钢丝编织而成。目前，6CZS-0.5型用于名优绿茶杀青，蒸床（蒸青工作段）面积0.5m²。常压蒸汽发生器设置在蒸床下方，由3×3kW U形电热管向方形水槽供热。网带通过蒸床时间75～90s。该机的台时鲜叶处理量为4～5kg/h。

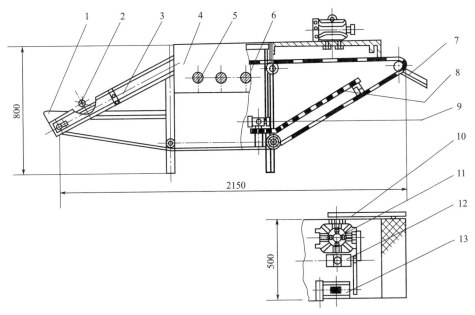

图 33-13　6CZS-0.5 型网带式常压蒸汽杀青机结构示意图

1—储叶斗；2—匀叶器；3—输送带；4—蒸汽发生器；5—调节开关；6—筛网；7—出茶斗；
8—冷却板；9—风扇；10—三角皮带；11—蜗轮箱；12—无级变速器；13—电动机

（2）蒸汽-热风混合气杀青机

该机简称汽热杀青机，其结构示意如图 33-14 所示。汽热杀青机的主要特点为：配有蒸汽热风发生炉和纯热风发生炉，蒸汽热风发生炉提供 105～150℃ 可调温蒸汽热风混合气，用于鲜叶杀青，纯热风（110～150℃ 可调）用于杀青叶快速脱水，杀青匀透，茶叶色泽翠绿，并可减轻夏暑茶的苦涩味。

汽热杀青机有 6CZS50、6CZS150、6CZS300 三种型号规格，台时鲜叶处理量分别为 40～60kg/h，120～150kg/h，250～300kg/h。

33.3.2.4　乌龙茶炒青机

乌龙茶杀青习惯称为炒青。乌龙茶炒青机为短筒结构，以筒径定义型号，有 110 型、90 型、80 型几种（筒径分别为 1100mm、900mm 和 800mm）。福建茶区原先生产的炒青机筒体的长径比一般在 1.2 左右，引进的台式炒青机其工作部的长径比约为 1.8。筒内焊有 4 条导叶板，起翻抛和导向作用。乌龙茶炒青机进出叶在同一端口，正转炒青，反转出叶，均为间歇作业方式。110 型为燃煤供热，筒体转速 20～22r/min。台式 80 型和 90 型为燃气供热，筒体转速无级可调。燃气式滚筒炒青机的结构如图 33-15 所示。燃气式炒青机的燃烧装置紧凑轻巧，机体做成了可倾式，有利于缩短出叶时间。

炒青机的工作温度：110 型为 220～250℃，80 型、90 型为 180～250℃。1 筒次投叶量：110 型 40～50kg，90 型为不大于 12.5kg。炒青时间 5～10min。

33.3.2.5　微波杀青机

微波杀青是利用茶叶在高频微波场中水分子的高频极性取向振动和摩擦而发热来除去水分的。微波干燥机一般多为兼用型。

用于茶叶微波杀青的杀青机以功率定义型号，有 3 型、6 型、8 型、10 型、12 型、20

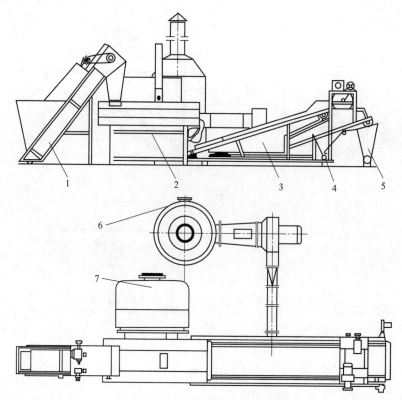

图 33-14　蒸汽-热风混合气杀青机

1—上叶输送带；2—杀青装置；3—脱水装置；4—冷却装置；5—热风送叶装置；6—热风炉；7—蒸汽热风发生炉

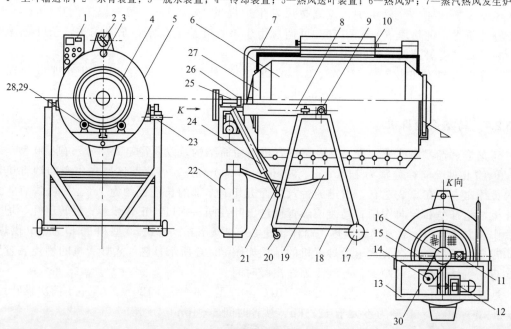

图 33-15　燃气式滚筒炒青机的结构

1—电控箱；2—热气挡板；3—温度计；4—滚筒钢轨；5—燃气炉外罩；6—炒青滚筒；7—电机线管；
8—固定钢板；9—轴承；10—热气调节手柄；11—排气扇；12—调速电动机；13—座架；14—主动皮带轮；15—皮带；
16—从动皮带轮；17—支承轮；18—机架；19—点火器；20—转向轮；21—液化气管；22—液化气罐；23—倾倒手柄；
24—缓冲器；25—主轴；26—主轴轴承；27—滚筒后罩；28—托轮；29—托轮轴承；30—减速箱

型若干种，微波功率为 3～20kW。有立柜式和箱（卧）式两类。箱式为连续作业方式，由机架（箱体）、微波管、运送带、传动装置、电控箱等组成。茶叶杀青时间以 2min 左右为宜。微波杀青能保持茶叶的翠绿色泽，但香气略逊于炒杀。由于设备投资方面的原因，推广应用尚有一定难度。

33.3.3　茶叶炒干机械

33.3.3.1　锅式炒干机

锅式炒干机的基本组成同锅式杀青机，锅子尺寸规格也相同。图 33-16 为四锅炒干机结构示意图。锅式炒干机有双锅并列和四锅并列两种。灶腔一般都是一锅一灶，两个炉灶合用一个烟囱。为了节约能耗和节省筑炉材料，双锅也有背靠背安装和共用一个炉灶的，这种结构的双锅必须同时作业。因炒干温度较低，而茶叶翻抛又不像杀青那样强烈，故炒叶腔可以稍低，一般有 500mm 即可。上腔口直径 900～940mm。

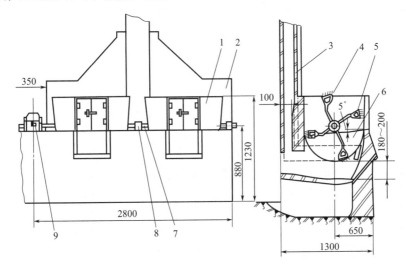

图 33-16　四锅炒干机结构示意图（右半部分）

1—炒叶腔；2—烟柜；3—烟囱；4—炒刷；5—炒耙；6—铁锅；7—主轴；8—轴承座；9—减速器

炒手的炒叶方向有两种：一种是朝前炒起茶叶向后抛；另一种是向后炒起茶叶向前抛。前一种锅子呈后倾 5°安装，翻炒和出叶不改变主轴旋转方向；后一种锅子呈前倾 15°～18°安装，出叶时主轴要反转。

锅式炒干机的关键工作部件是炒手，如图 33-17 所示，其形状和尺寸对茶叶品质（尤其是外形和紧结度）有显著影响。实际应用的炒手分有刷和无刷两类，结构形状多种多样。有刷类利于扫，宽板型［见图 33-17(b)～(d)］利于紧条，有刷类与无刷类配合使用。

33.3.3.2　筒式炒干机

筒式炒干机有滚筒式、瓶式、长筒形和多角瓶式几种类型，均由筒体、传动机构和炉灶等部分组成。

滚筒式炒干机的筒体如图 33-18 所示，由圆筒和锥体两部分焊合而成。筒壁厚 2～2.5mm，筒内焊有两条平行的角钢凸棱和一块螺旋状的三角凸块，茶叶依靠凸棱和凸块起翻抛和紧条作用。出叶端（锥体部分）焊有 4 块出叶导板。进茶端装有与主轴同速的排湿风扇。

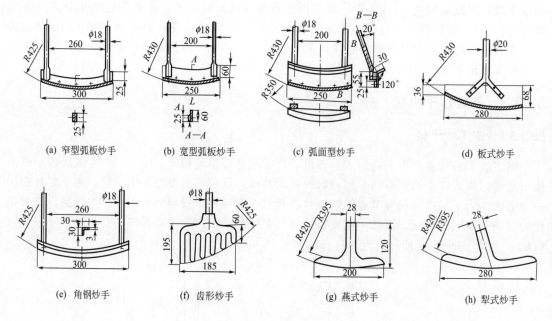

(a) 窄型弧板炒手　　(b) 宽型弧板炒手　　(c) 弧面型炒手　　(d) 板式炒手

(e) 角钢炒手　　(f) 齿形炒手　　(g) 燕式炒手　　(h) 犁式炒手

图 33-17　炒手形式

瓶式炒干机的筒体如图 33-19 所示。图 33-19(a) 的筒内焊有 12 条高 8～10mm 的凸棱，导角为 8°；图 33-19(b) 的筒内焊有 20 条高 10mm 的凸棱，导角 15°。出茶口焊有 4 块高 120mm 的导叶板，供出茶用。筒体转速在 28r/min 左右。

长筒形炒干机的筒体长度约 5000mm。筒内分段焊有 20 条凸棱，棱高 8～10mm，前 3m 导角 3°，尾端 2m 导角为零，筒内吹热风排湿。筒体呈 1：10 斜度安装（前高后低），便于茶叶顺序前行与排出。

多角瓶式炒干机是瓶式炒干机的变体，有正八角形和正十二角形两种。这种机型有着较好的理条、紧条和车色作用；加工出来的茶叶，条索紧结光滑，色泽略带灰润。

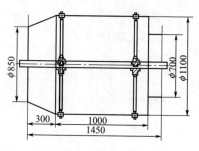

图 33-18　110 型滚筒式炒干机筒体示意图

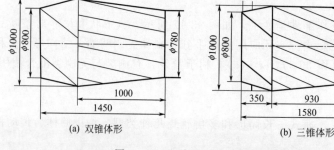

(a) 双锥体形　　　　　　　(b) 三锥体形

图 33-19　瓶式炒干机的筒体示意图

此外还有一种双动炒干机，筒体内装有 4 只与筒体转向相反的炒手。筒体转速 10.5r/min，炒手转速 17.5r/min。使用该机对粗松茶头有一定的紧条、平服作用。图 33-20 为双动炒干机筒体结构示意图。

33.3.3.3　名优茶炒制机械

（1）炒茶锅

用于名优茶炒制的锅子锅径较小，多数口径为 640mm（称为 64 锅），锅深 240mm。热源有使用煤、煤饼、木柴的，也有用电（远红外）加热的。后者控温容易，没有污染，易于保证茶叶的炒制质量。

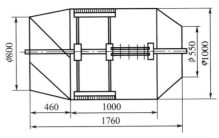

图 33-20　双动炒干机筒体结构示意图

锅炒扁形茶均依靠手工操作，如龙井茶的杀青、理条、整形和炒干是靠手的抓、推、搭、捺、磨等多种动作来完成的。毛峰茶杀青可以使用炒耙之类的简易工具。

（2）小型瓶式多用机

这是一种用于毛峰类茶杀青、理条、炒干的半机械化作业机。依靠手工投料，进行间歇式作业，筒体反转可以自动出料。

这类机器多以筒径定义型号，有 50 型（最大处直径 500mm）、60 型（筒径 600mm）和 80 型（筒径 800mm）。图 33-21 为瓶式多用机的结构示意图。瓶胆中的棱条与抛叶板具有抛叶、理条、紧条作用。

（3）多槽往复式炒茶机

多槽往复式炒茶机按功能大体可分为多功能机和理条机两类。多槽锅由 5～11 个近似半圆形的槽体连接而成。工作时槽锅在垂直于锅槽方向做往复运动，运动距离约为槽径的 1.3～1.5 倍。多功能机配有轻重不同的压辊，用于扁茶炒制；锅槽槽口宽 105mm、槽长 420mm，槽数以 5 槽居多（最多不超过 7 槽），往复运动频率 90～140 次/min（可调）。理条机不配压辊，主要用于名优茶理条作业（也可用于针形茶炒制）；槽口宽一般为 90mm，槽长 600mm，槽数最多达 11 槽，往复运动频率 170～240 次/min（可调）。

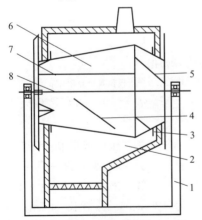

图 33-21　瓶式多用机的结构示意图
1—机架；2—炉灶；3—挡烟板；4—抛叶板；
5—出叶导板；6—滚筒；7—棱条；8—滚筒轴

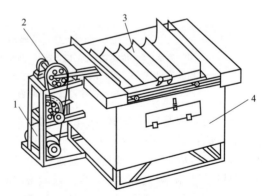

图 33-22　多功能扁茶炒制机的结构原理图
1—电机；2—传动机构；
3—多槽锅；4—炉架（机架）

图 33-22 为多功能扁茶炒制机（多功能扁茶机）的结构原理图。该机由多槽锅、传动机构、炉灶、机架等部分组成，压辊随机配给。能源有煤、柴、液化气、电等几种。当以燃料为热源时，一般都通过辐射板加热槽锅。多功能扁茶炒制机通过温度和往复运动频率的调节，以及适时适重加压与工步间茶叶的摊凉回潮，能完成杀青、理条、压扁、辉干作业的全

过程。多功能扁茶炒制机也可以用来炒制不加压的其他条形茶。

多槽往复式炒茶机全用手工投叶，出茶时将槽锅的一边提起，打开出茶门即可快速卸出茶叶。

（4）固定槽式扁茶炒制机

有单槽和三槽两种，依靠安装在传动轴上的可施压炒手和刮（翻）板炒手完成龙井类扁茶的炒制作业。

单槽扁茶炒制机由传动装置、传动轴、压板（炒手）、刮板（翻板）、槽锅、加热装置、机架、电控箱等部分组成（不同厂家的局部结构会有一定的差别）。槽锅宽一般为 480mm，锅长 800mm，炒手回转半径 240mm 左右（可调），锅轴转速 23～28r/min。另外还有一种炒手摆动式单槽机，炒手摆动频率 10～14 次/min。弧板状压板炒手的炒制面有一定的柔弹性，可对茶叶实施压、带、磨等炒制动作。刮板炒手偏离压板炒手一定的角度，其主要功能是抖散茶叶（兼作出茶清锅用）。单槽扁茶炒制机可完成扁茶炒制的全过程。在实际生产中，杀青及压炒成形与辉干一般都分成两段进行（中间加回潮工序），或改用手工锅炒辉干。台时产量（干茶）0.4～0.5kg/h。图 33-23 为一种单槽扁茶炒制机的结构简图。

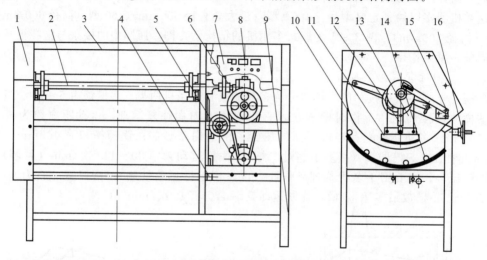

图 33-23　单槽扁茶炒制机的结构简图

1—机罩；2—传动轴；3—机架；4—凸轮调整机构；5—电机；6—压板位置调整磁钢；

7—微电脑控制器；8—蜗轮减速箱；9—接地端；10—槽锅；11—压板（炒手）；12—压板伸缩机构；

13—凸轮；14—电热管；15—刮板（翻板）；16—手轮

三槽扁茶炒制机是在单槽机的基础上发展起来的。它将杀青、压炒成形和辉干分作三道工序来完成：第一锅以炒为主，用于杀青与初步压炒，配有一只刮板炒手和一只压板炒手；第二锅以压炒成形为主，配有一只刮板炒手和两只压板炒手；第三锅侧重于磨炒辉干，也配一只刮板炒手和两只压板炒手。三只锅的锅槽宽均为 420mm，锅槽长 500mm（也有600mm），炒手回转半径 220mm 左右（可调）。炒手做同方向回转，三锅均有闸板控制的出茶口，可以实现半连续化作业。在实际操作中，第一锅往往只用于杀青和压炒成形，出锅回潮后再经第二、三锅进行辉干（或再经手工锅炒辉干）。锅轴转速 14～15r/min，台时产量0.4～0.5kg/h。图 33-24 为三槽扁茶炒制机结构示意图。三槽机是近期推广应用最多的一种机型。

（5）曲毫炒干机

曲毫炒干机也称球（螺）形茶炒干机，由炒锅、曲轴弧形炒板、传动机构、机架、炉灶等部分组成，用于炒制球（螺）形茶，如碧螺春等。图 33-25 为曲毫茶炒干机的结构示意图。炒茶锅的直径为 500mm。该机的主要特点是炒锅呈半球形（较深），炒板呈弧面形，可在锅内做往复摆动，茶叶在炒板向心推力及多种挤压力的反复作用下，逐渐趋圆并干燥。该机有燃煤（柴）、燃气及电热等供热方式。

33.3.4　茶叶烘干机械

茶叶烘干机是依靠流动的热空气来干燥茶叶的，载运茶叶的工作部件是链板、百页、网带、孔板或槽体。

33.3.4.1　静置式烘干器

静置式烘干器有烘箱、烘（焙）笼两种，供烘制少量高档名茶用。

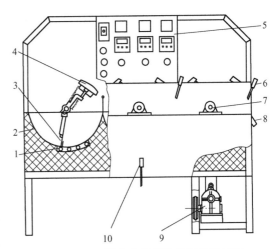

图 33-24　三槽扁茶炒制机的结构示意图
1—电热管；2—槽锅；3—刮板；4—压板（炒手）；
5—电控箱；6—出茶门手柄；7—传动轴；
8—出茶口；9—传动装置；10—轴离合手柄

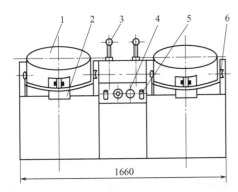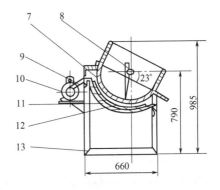

图 33-25　6CJC-50 型曲毫（球形）茶炒干机结构示意图
1—炒叶腔；2—出茶溜板；3—调节手柄；4—电器开关；5—电炉开关；6—轴承座；7—茶锅；
8—弧形炒板；9—三角皮带；10—电动机；11—电炉盘固定板；12—电炉盘；13—机架

烘箱多为抽屉式结构，由箱体、抽屉式烘盘、热源及通风装置构成，烘层为 3～4 层，烘干面积 1～2m^2。一般以电为热源。

烘笼亦称焙笼，由竹丝或金属丝制成罩形笼体，罩体内安置炭盘，以炭火为热源。烘茶时罩顶先铺白布，再匀铺茶叶；烘焙过程要将茶叶轻翻换位几次，以确保干燥均匀。

33.3.4.2　百叶式烘干机

手拉百叶式烘干机由长方形箱体、手拉百叶、出茶机构、风机及热风炉等部分组成。箱体以角钢作支架，四面用钢板环封。百叶板可用镀锌钢丝编织网制作，也可以用镀锌冲孔板制作，板的背面居中位置装有转轴，通过操作手拉杆控制百叶启闭。

百叶式烘干机有 6～8 个烘层。湿茶坯用手工薄摊于顶层，以后每隔一定时间逐层向下翻落。为避免相邻百叶衔接处漏茶，百叶边缘应有叠缝。上下层重叠方向应相反，以保证茶叶自上而下翻落过程中不产生同一方向的位移。最下一层百叶的下部设有气室，以满足均匀布气要求。箱底的出茶口装有滑板式出茶门，不出茶时封闭，以免热空气流失。

依靠手工启闭百叶劳动强度较大，且时间控制全凭经验，若操作不当会影响茶叶品质。为此，在手拉百叶烘干机的基础上，设计了一种半自动百叶式烘干机，可实现百叶定时自动启闭和自动出茶，但上茶仍靠手工操作。此类烘干机还带有测温和自动报信装置，能及时提醒操作者按时上茶。

百叶式烘干机以百叶的总摊叶面积定义型号，有 6CH(B)-10、6CH(B)-8、6CH(B)-6 三种基本型号。此外，为适应小批量名优茶生产的需要，还发展了 3～5m² 的小型百叶式烘干机，供小型茶叶初制厂使用。手工启闭百叶式烘干机如图 33-26 所示。干茶产量 5～6kg/(m²·h)。

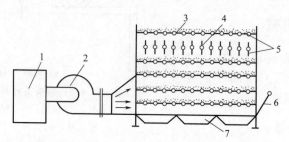

图 33-26　手工启闭百叶式烘干机结构原理

1—热风炉；2—风机；3—百叶工作位；4—百叶放料位；5—百叶；6—出料操作手柄；7—集料斗

33.3.4.3　自动链板式烘干机

自动链板式烘干机由长方形箱体、带行走链的冲孔链板、自动出茶机构、传动机构、风机及热风炉等部分组成。箱体为角钢、钢板结构，有些烘干机墙板内衬有保温隔热层。

现用的烘干机有三组 6 烘层和四组 8 烘层两类，最上面一组烘板有的与上茶输送带连在一起。单块烘板长度有 1000mm、1250mm 两种，每块烘板的有效摊叶宽度为 100mm，搭接式烘板有 3mm 的搭接边。上面一组烘板的冲制孔径为 2.5mm，下面几组冲制孔径为 1.5mm（或 1.6mm）。烘板宽度方向的一侧制成圆环状，中穿心轴，心轴两端与两边的曳引链套接。链板运载茶叶的过程是依靠两边搁板搁住的，搁板在链板翻板处断开，断开长度略大于烘板宽度。茶叶在逐层往返翻落的过程中被烘干，最后经淌茶板、推茶绞龙和出茶翼轮送出机外。

茶叶摊层厚度通过上叶匀叶轮进行控制。各组烘板的运行速度各不相同，上快下慢，能较好地与茶叶干燥特性曲线相吻合，同时也与茶叶干缩规律相一致，有利于保证茶叶干燥品质，对减少能耗也有一定的效果。

为满足迅速抑制上烘茶坯酶促氧化的需要，20 世纪 80 年代开发的 6CH 系列烘干机采用了分层进热风措施，而且上叶输送带部分也同时送风。其中，上叶输送带与第一组烘板连为一体的一类烘干机，热风从第一组烘板中间的通道送入输送带区；上叶输送带单独设置的一类烘干机，则分路单独送风。从干燥工艺角度考虑，后一种送风方式效果更好。

自动链板式烘干机系列有 6CH-10、6CH-16、6CH-20、6CH-25、6CH-50 等型号，以 6CH-16、6CH-20 应用最为普遍（型号中的数字代表面积，m²）。干茶产量 6kg/(m²·h)。此外还有两组 4 烘层的 6CH-3、6CH-6 两种小型名优茶烘干机。

图 33-27 为自动链板式茶叶烘干机结构原理图。图 33-28 为百叶链落茶原理。图 33-29 为出茶轮出茶示意图。

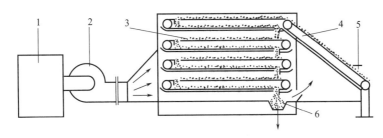

图 33-27　自动链板式茶叶烘干机的结构原理

1—热风炉；2—风机；3—链板烘床；4—上叶（料）输送带；5—匀叶（料）器；6—出料槽

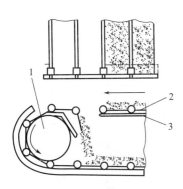

图 33-28　百叶链落茶原理

1—链轮；2—百叶链板；3—搁板

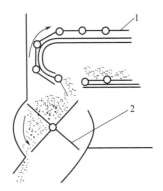

图 33-29　出茶轮出茶示意图

1—百叶链板；2—出茶轮

33.3.4.4　网带式烘干机

网带式烘干机由不锈钢网带、箱体、传动装置、送料喂料装置及供热装置等部分组成。

原杭州茶机总厂生产的 GC-16、GC-20 型烘干机，干燥面积分别为 $16m^2$ 和 $20m^2$，由蒸汽热交换器供热。5 层网带的运行速度分别可调，全烘程时间：16 型为 $24\sim96min$，20 型为 $20\sim130min$。因这类烘干机价格较高，故主要用于中药饮片、脱水蔬菜、水产品等的干燥。GC 型网带式烘干机的结构示意如图 33-30 所示。

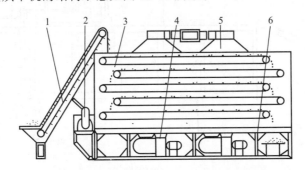

图 33-30　GC 型网带式烘干机的结构示意图

1—输送装置；2—变速装置；3—干燥室；4—下风道；5—上风道；6—机架

此外，还有用于名优茶（毛峰类茶）烘干的小型网带式烘干机，有效烘层为 4 层，型号有 6CH（M）-1、6CH（M）-2、6CH（M）-3、6CH（M）-6、6CH（M）-8 几种，烘干面积 1～$8m^2$。热源有用电热管加热的，也有用热风炉的。各层网带的运行速度也分别可调。为避免网带勾茶或漏茶，应采用细孔网。为保持网的平整，最好采用粗细网双层网带结构。基本结构及工作原理与传统的外翻板式烘干机类同。干茶产量 $4 \sim 6 \mathrm{kg/(m^2 \cdot h)}$。

33.3.4.5　电磁内热链板式烘干机[85]

如图 33-31 所示，采用电磁加热技术对箱体进行加热作业，同时进一步加强对烘干环境温度和热风风速等的精准调控，具有以下特点：①克服传统燃气/燃煤式的温控稳定性差、电热式热效率低和运行成本高等问题，融入电磁加热技术，采用移相脉宽法调节升降温方式，保证加热装置在高温下功率不下降，并在输出回路增设电流测量回路，形成输出保护，确保电路有效的大负载输出，同时确定了负载线圈排列双组布置间距及相位角布置，在机体结构及罩板设置方面解决了对外干扰和加热装置的自干扰，采用轴流风扇更节能，能耗和噪声小于离心风机，多个轴流风机并联送风为全断面送风，风压和风量可满足茶叶毛火和足火工艺需要，更有利于箱体内湿度降低，茶叶香气更优异，同时箱体内风速调节更方便、均

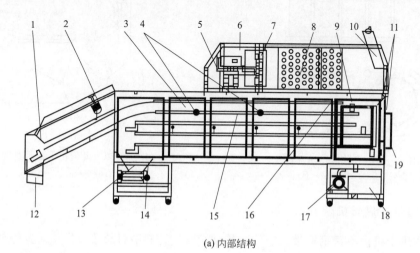

(a) 内部结构

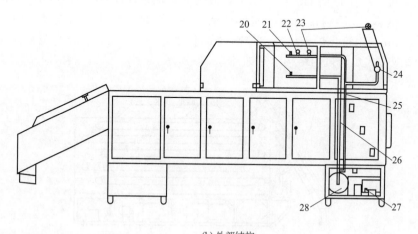

(b) 外部结构

图 33-31　电磁内热链板式烘干机

1—上料输送带；2—匀叶装置；3—保温门板；4—红外传感器；5—运转装置；6—风扇机箱室；

7—轴流风扇；8—油-空气交换器；9—键轮运转装置；10—油箱；11—风向导流条；12—余料存储口；

13—出料口；14—出料输送；15—冲孔链板输送层；16—蓬片支撑；17—导热油泵；18—电磁加热控制器；

19—观察门；20—出油温度传感器；21—进油温度传感器；22—限流阀；23—排气阀；24—球阀；

25—进油管路；26—出油管路；27—上料及输送运转装置；28—电磁加热装置

匀。②油-空气交换器采用无缝钢管为导流体，同时叠加圆形散热片，设计 6 排散热片的组成，油温最高可达 320℃，空气温度可达 160℃，可满足茶叶烘干作业所需。此方式能够迅速完成设备加热，并在短时间内即可达到设定温度，同时缩短热风路线，采用分层进风，提高对流换热系数，减少能耗损失，热效率较传统电热式烘干机大幅度提升。③在油-空气交换器的进风端设计余热回收装置，采用部分热量回收方式对余热进行回收，利用余热空气加热进风空气来降低能耗，减少热量散失、提升热效率，与未采用余热回收装置相比加热时间大幅缩短，节能效果显著，显著提升生产效率。④采用优质"不锈钢板＋保温棉＋冷轧钢板"组合保温材料和先进的温度测量反馈系统，反馈速度快、精度高，可获得对电磁、热风、油泵等工序温度的精准和稳定调控（±2℃内），降低温度波动带来的能耗损失，同时对热风温度和热风风量具有高可调性和稳定调控，保证不同批次茶样品质的稳定性，提升整体品质。

33.3.4.6 流化床式烘干机

流化床式烘干机由床腔、风柜、进叶装置、出叶装置、吸风管路、风机、热风炉等部分组成。热风采用正压送风，通过风柜中的配风板进行风量分配和调整。在进茶处，采用星形轮阻风导茶，出茶处也设有星形卸料器。为防止茶粒通过吸风管路排出，在管路处设有扩散室，使粗茶粒因突然减速而回落到流化室。为减轻粉尘对大气的污染，还需配置旋风式除尘器。图 33-32 为流化床式烘干机的结构原理。

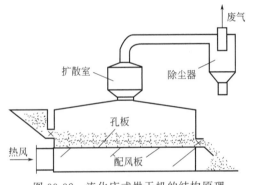

图 33-32 流化床式烘干机的结构原理

另外，还有一种移动床和振动流化床相结合的振动流化床式烘干机，其上层为链板式移动床，下层为振动流化床。热空气由风柜穿过流化床孔板，使茶叶在振动抛跳过程中与热气流进行充分的湿热交换，达到干燥的目的。移动床利用余热对茶坯进行预干燥，为流化干燥创造了有利条件。这种烘干机所需的风压较低，而且余热利用较好，所以能耗较省。图 33-33 为振动流化床式烘干机的结构原理图。

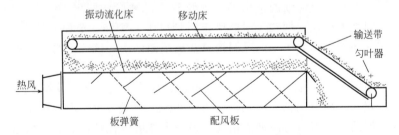

图 33-33 振动流化床式烘干机的结构原理图

流化床式烘干机适用于颗粒较为均匀的红碎茶的烘干作业，但推广应用并不多。

33.3.4.7 其他干燥机在茶制品行业的应用

随着速溶茶（含茶的全部可溶性成分）制取、茶中某些特效成分（如茶多酚、儿茶素、茶皂素、茶色素、茶多糖等）分离提取及茶粉（茶食品添加料）制备等茶叶深加工技术的深入发展，其他行业已经应用成熟的干燥技术，也引入了茶叶深加工行业。上述制品的终了干燥多采用喷雾干燥机或冷冻干燥机。

33.3.5 加工装备控制

茶叶制作过程操作参数的精准控制是生产高品质茶叶的前提，茶叶生产控制过程自动化和智能化是茶叶加工设备发展的趋势，直接决定了茶叶成品的质量，因此实现茶叶生产设备智能控制尤其是对温度的控制格外重要。

近些年，模糊控制在茶叶加工领域中有了越来越多的运用[86,87]。曹成茂等[88]结合茶叶加工工艺参数要求，利用 LabVIEW 软件将系统整体的模糊控制与温度的模糊 PID 控制相结合，既实现了茶叶杀青环节的智能控制，也实现了茶叶杀青环节的恒温控制，达到了理想的制茶效果。赵英汉[89]将新型广义控制算法和模糊控制算法相结合，解决了因投叶量不同、鲜叶初始含水率不同、加热存在滞后等因素造成的温度控制时温度波动大的问题。沈斌[90]等研发了一种新型的电加热滚筒式茶叶杀青控制系统，利用模糊 PID 控制技术和双闭环技术，来实现对杀青机滚筒加工温度的三段式控制，从而达到较好的茶叶杀青效果。针对茶叶理条温度控制技术，王小勇等[91]利用神经网络优化算法设置茶叶理条机的温度和时间参数，利用智能控制技术优化茶叶加工温度和加工时间的设定，达到了较好的控制效果。李兵等[92]利用动态矩阵控制策略设计了一种基于 DMC-PID 串级控制的茶叶远红外烘干机，在一定程度上解决了茶叶烘干温度控制的稳定性，提高了温度控制精度。吴晓强等[93]提出一种基于模糊 PID 控制的茶叶烘干温度控制方法，将模糊控制与常规 PID 控制技术相结合，实现利用模糊控制整定 PID 控制参数的目的，从而达到茶叶烘干温度控制的效果。付磊[94]将 BP 神经网络的 PID 控制技术应用于茶叶加工设备控制系统中，实现茶叶加工温度控制的智能化和连续化，使茶叶加工温度控制具有自学习和自优化的功能，保证温度控制相对精度≤±2%。

33.3.6 茶叶干燥的供热装置

33.3.6.1 常用炉灶及其结构

（1）马蹄回风灶

结构原理如图 33-34 所示。因烟道与回烟槽如马蹄状，故称为马蹄回风灶。其结构特点是：风洞（灰坑）较高，风洞断面呈梯形，炉膛较小，侧后方留出 10～30mm 间隙（烟气通道）与锅沿的回烟槽相通，烟气经回烟槽至回烟口进入烟囱，节能效果良好。因风洞高，为降低机器的作业高度，约有 4/5 的风洞构筑在地平面以下。该灶主要用于单锅杀青机。

（2）三星灶

其结构原理如图 33-35 所示。因有三个烟道口，故称为三星灶。其结构特点是：风洞结构与马蹄灶基本相同（高度稍低，燃煤炉 700～900mm，烧柴炉 400～600mm），炉膛呈水缸形，前壁两侧的两个烟道口与回烟道相通，另一个烟道口在炉口上部与烟柜相通，烟气分三路进入烟柜至烟囱排出。为减小回烟道烟气的流动阻力，回烟道沿程尺寸逐渐扩大。这种炉灶主要用于单锅或双锅杀青机，节能效果较好。

（3）两锅连续杀青机炉灶

炉灶结构如图 33-10 所示。其结构特点是：前后锅炉膛串接，前炉膛为主燃烧室（呈上大下小的圆盆状），后腔为火焰室（呈锅形）；后腔中心部位做成直径 350mm、高 350～380mm 的火库，火库顶缘两侧各设 80mm×80mm 的烟道，使回烟经烟道后排入烟囱；前后腔通过倾斜火道相连通，火道宽 250mm，前高 175mm，后高 120mm，底部与前后腔底

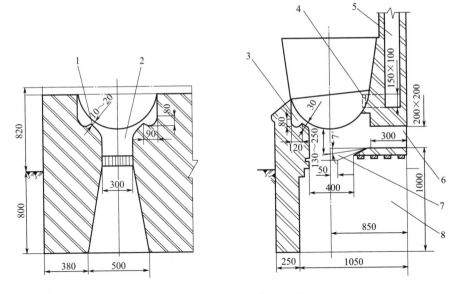

图 33-34　马蹄回风灶结构原理图

1—烟道；2—炉膛；3—回烟槽；4—回烟口；5—烟囱；6—炉口；7—炉栅；8—风洞（灰坑）

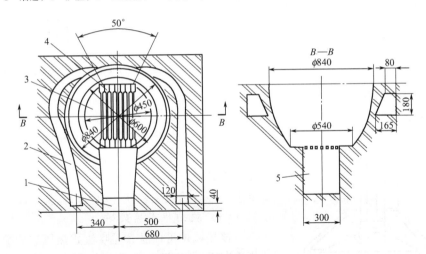

图 33-35　三星灶剖视图

1—炉口；2—回烟道；3—炉膛；4—炉栅；5—风洞（灰坑）

齐平。这种炉灶符合杀青温度前高后低的要求。

（4）滚筒杀青机炉灶

炉灶结构如图 33-12 所示。主要结构尺寸：风洞高 800～900mm（采用风机鼓风时，有 500～600mm 即可），宽 600mm；炉栅面积视杀青机型号而定，70 型为 600mm×500mm，炉栅内倾 8°；炉膛高 300～350mm；后部火道腔一般为椭圆形，垂直（长轴）方向前大后小，宽度方向应与滚筒体或筒体外侧导烟板保持 50mm 间隙。

33.3.6.2　金属热风炉

（1）套筒式热风炉

其结构原理如图 33-36 所示。结构特点是：空气采用三回程，烟气采用双回程；炉体为全金属结构，结构比较紧凑。该炉热效率较高，使用寿命较长。因空气流程折返次数多、流速较低，所以空气的对流给热系数并不大，其综合传热系数 K 一般在 $45\sim55kJ/(m^2\cdot h\cdot℃)$ 范围内。该炉需要配用引烟机。

（2）喷流式热风炉

其结构原理如图 33-37 所示。结构特点是：空气、烟气均为双回程；在空气的主回程内设有双向喷流套圈，空气经套圈上的小孔喷射到热壁上，因而可以强化对流传热效果；炉子结构紧凑，整机重量较轻，热效率较高，使用寿命较长。该炉强化换热部分的综合传热系数 K 可达 $110kJ/(m^2\cdot h\cdot℃)$ 左右。由于喷流阻力较大，动力消耗也比较大。该炉同样也需配用引烟机。

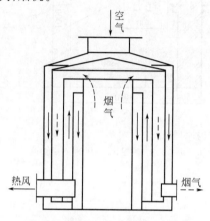

图 33-36 套筒式热风炉结构原理

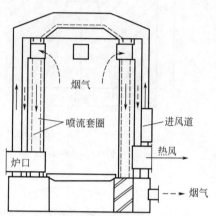

图 33-37 喷流式热风炉结构原理

（3）直流式热风炉

其结构原理如图 33-38 所示。结构特点是：副换热器（预热器）与主换热器组合成贯流式，空气与烟气均为单流程；整机为装配式结构；空气道阻力系数小，空气流速高达 $13\sim15m/s$，主换热段综合传热系数 K 可达 $100\sim110kJ/(m^2\cdot h\cdot℃)$；重量较轻，热效率较高，动力消耗省，使用寿命长。

（4）双回程式热风炉

该热风炉可以看作是喷流式热风炉的简化（取消喷流套圈），实际上是取双回程有效热交换面积较大和单流程主换热段空气流速高这两方面的有利因素而设计的。空气全流程的阻力损失与直流式热风炉相接近。在手司炉情况下，热效率可达 72% 以上。整机具有结构紧凑、重量轻、造价低、热效率高、动力消耗省、使用寿命长的特点。

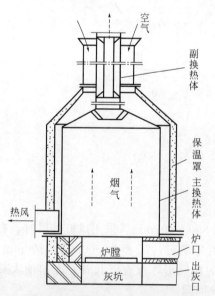

图 33-38 直流式热风炉结构原理

33.3.6.3 其他供热装置的应用

（1）反烧式煤燃烧装置

该燃烧装置的结构原理如图 33-39 所示，由炉芯（倒锥状密孔炉排）、输煤绞龙、煤斗、电机、风腔、燃烧室、炉门等组成。煤由绞龙送至炉芯下部，依靠挤压力向上推，自下而上经预热、干馏直至氧化燃烧。这种燃烧方式的优点是：供煤比较均匀，煤层比较疏松，燃烧比较充分（可基本消除黑烟），炉温比较稳定，燃

料可节约 10％左右。一般的中小型热风
炉均可设计成反烧式热风炉。为了实现给
煤量能在一定范围内调节，电机需要有相
应的转速调控措施。该燃烧装置也可以用
于茶的炒制设备。但出渣仍需要手工操
作，面上出渣会带走一些热量。

（2）全自动燃油燃烧器

该燃油燃烧器为成熟产品，已成系
列，可用来供配各类热风炉。该燃油燃烧
器由供油装置、配风装置、燃烧装置和控

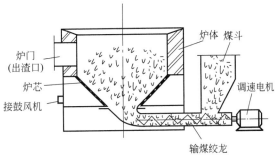

图 33-39 反烧式煤燃烧装置结构原理

制装置组成。燃油供热的主要优点是：燃料燃烧比较完全（排放废气比较洁净），供热稳定，
操作调控方便，热效率高。油价和设备投资是农业推广应用的主要难点。

（3）全自动燃气燃烧器

该燃气燃烧器由燃气供气系统、空气供配系统、燃烧器和控制系统组成。该燃气燃烧器
主要用于要求供热稳定、调控方便的炒制类制茶设备，并且多由燃气具生产厂家根据茶叶机
械制造企业的实际供配要求进行设计和制造。燃气供热的优点是：供热稳定，调控方便，热
效率高，排放废气基本无污染。使用的气源主要是液化石油气。

（4）空气蒸汽换热器

空气蒸汽换热器由成组的翅片散热管组成，有单排、双排、多排几种结构类型，产品已
成系列。散热器有铜质、铝质、钢质几种。因为需要有锅炉供汽，所以空气蒸汽换热器一般
只在具有相当规模的生产企业用来取代燃煤热风炉。

空气蒸汽换热器的综合传热系数为：

$$K = 19.77 G_m^{0.608} \quad [\text{W}/(\text{m}^2 \cdot \text{℃})] \tag{33-5}$$

换热器的空气阻力损失为

$$\Delta p = 1.57 G_m^{1.84} n \quad (\text{Pa}) \tag{33-6}$$

式中，G_m 为单位面积的空气质量流量，$\text{kg}/(\text{m}^2 \cdot \text{s})$；$n$ 为散热管的排数。

33.4 茶叶干燥过程控制

本节简述与生产效率、产品质量及能源消耗有关的干燥过程的控制问题。

33.4.1 风温与风量控制

33.4.1.1 风温控制

任何物料都有最适宜的干燥温度。就茶叶烘干而言，为了避免高湿度绿茶坯出现堆闷发
酵和红茶坯的过度发酵，在干燥的前期希望能将叶温迅速升至 70℃左右，同时希望能以较
快的速度脱水；到了干燥后期，希望以较低的温度慢烘，以使香气成得到比较充分的发挥
和发展。因此，比较合理的干燥方式是毛火、足火分段进行，毛火风温控制在 110～120℃，
足火风温控制在 90～100℃。

温度控制方法：一是通过调节助燃空气量来改变燃料的燃烧速度；二是适当调节主风机
的转速；三是改变热风的冷风配入量。第一种方法简单易行。第三种方法也比较简单，多作
为降温措施，但对节能并无多大益处。

33.4.1.2　风量控制

　　风量和风温是影响干燥速率的两个因素，而风量同时又是导致热风炉及烘干机系统阻力变化的关键因素。当设备及工艺确定以后，风量的调节不应该是大范围的。风量的调节，主要目的是满足干燥作业的温度要求（品质要求）。

　　风量的调控方法：一是在主风道中设置阻力，将风量向下调；二是调节主风机转速。第一种方法只能作为调温的一种应急措施，即用于风温一时不能恢复正常的场合。第二种方法适用于温度的自动调节，是一种节能的控制措施，其中又以调频调速节能效果最好。但调频调速设备投资相对较大，因此事先必须做技术经济的分析比较。

33.4.2　茶叶干燥的节能途径

33.4.2.1　节能热风炉设计要点

　　① 降低热风炉本体的蓄/散热损失　根本措施是减少重质砖和普通砖的用量，废止砖混结构的横管式热风炉，采用全金属结构。

　　② 降低排烟热损失　主要措施是增加热交换面积。但排烟温度过低时，必须附加机械排烟措施，或增高烟囱高度，前者动力消耗会相应增加。此外，热风炉的制造成本也会相应提高。

　　③ 正确设计炉内的零压线位置　理想的零压线位置应处在炉膛燃料层的顶部靠近炉门的中心部位。这样，开启炉门时既不会倒焰，也不会过量地吸入冷风。

　　④ 严格控制空气过剩系数　一定的空气过剩量是使燃料得到较充分燃烧的重要条件，但空气过剩系数过大会降低燃烧温度，且会增加排烟热损失。试验表明，当排烟温度为300℃时，燃油的空气过剩系数由1.5减至1.3，可节油2.2%。空气过剩系数的合理取值范围为：固体燃料1.4~1.5，液体燃料1.1~1.2，气体燃料1.05~1.1。

　　⑤ 尽可能采用比较先进的燃烧方式　大型热风炉宜采用链条炉排，小型热风炉可采用周向进风、底出渣的节能炉芯，中型热风炉可以采用反烧式煤燃烧装置，以保证燃料有足够的燃烧面积和燃烧时间。

　　此外，足够的燃烧空间也是设计时需要注意的问题。

33.4.2.2　节能操作措施

　　① 严格司炉操作　燃煤炉应做到少加煤、勤加煤、匀加煤，要保证煤层透风良好。细煤、煤粉应先添加适量的水或泥水，以免煤粒自炉栅空隙漏落和被烟气带走。

　　② 对燃料进行预热　燃料经过预热后，可以避免产生阵发性黑烟，容易保持炉温稳定。利用余热进行预热，还可以提高燃烧温度。

　　③ 注意调风操作　对于茶叶烘干系统而言，用于热风炉配套的助燃鼓风机的功率都比较小，故一般都不用调速装置，风量依靠阀门调节。从节能角度考虑，在风机进风侧调风要比在出风侧调风效果好。故应提倡进风侧调风。

　　④ 注意热风管路的保温，减少不必要的散热损失。

　　⑤ 搞好生产衔接，缩短空运行时间。

33.4.2.3　节能工艺措施

　　① 合理安排干燥工艺　湿茶坯的供风温度以120℃为宜，较干茶坯的供风温度不宜超过

100℃。温度高，虽然对提高台时产量会有一定的好处，但能耗也会增加，而且对产品的干燥品质也会有影响。

② 积极利用缓苏工序 茶叶烘干依靠对流传热，如果采用高温大风量一次干燥到底，会因为茶叶内部水分扩散速率明显滞后于表面蒸发速率，而造成能耗的大幅度提高。如果将茶叶烘干分成 2～3 段进行，中间加入 1～2 个缓苏工序，使茶叶内部的水分有足够的扩散平衡时间，不仅不会影响台时产量，相反还会有所提高，更重要的是有利于节能和产品的干燥质量。

33.4.2.4 能量回收措施

为了进一步降低加工能耗，茶叶加工生产线中热管余热回收技术相继被推广应用。常州某干燥设备公司在绿茶生产线中增加了电磁滚筒杀青机中的加热组件，集成应用了余热回收和流化床干燥技术，运行能耗成本为 4.6～4.8 元/kg 干茶，热效率提高 100%[95]。郑鹏程等[96]在现有茶叶电热风解块干燥机上安装热管换热器，对设备排出的高温尾气的余热进行回收利用。结果表明，使用热管换热器后能有效提高设备的热效率，降低能源消耗，加工节能效果明显；在投入方面，余热回收装置在运行 1 年的生产周期后就可以回收投资成本，效益显著。这种采用热管换热器回收高温尾气热量，用以预热进风冷空气的余热回收利用模式，不改变茶叶生产设备原有的运行方式，既保证了茶叶品质，又实现了节能增效，可以在其他以高温热风为热量传递载体的茶叶加工设备（高热风杀青机、热风烘干机）中推广应用。

33.4.3 人工智能在茶叶干制中的初步应用

近年来，随着信息产业的不断发展，数字技术日益成熟。数字图像处理是将图像信号转换为数字信号后进行处理。随着人类活动范围扩大，图像技术作为人工智能领域的重要学科，其应用范围不断扩大，逐渐应用于民用和科研领域，在农业生产中也得到了广泛应用[97]。

33.4.3.1 加工过程监测

计算机视觉技术利用采集到的在制品图像信息，提取颜色、形状、纹理特征参数，分析各个参数的变化规律，结合主成分分析，建立图像特征参数与含水量的回归方程，与在制品含水量相关性最大的图像特征参数，即可用来监测萎凋或干燥的工序进程[98-100]。张宪等[101]利用多光谱图像技术实时监测鲜叶摊青过程的含水率和鲜叶形态参数变化，建立了茶鲜叶含水率与面积、周长、叶片长宽等多个指数的预测模型，通过方差分析和残差的正态性分析，验证了该模型预测含水率的准确性达到 90% 以上，为茶叶摊青过程的自动化提供了理论依据。李文萃等[102]利用计算机视觉技术对贵州绿茶连续化生产线加工中的在制品进行色泽在线监测，发现颜色参数 G 变动幅度较大，能较好地反映绿茶加工中的色泽变化，且与含水量、茶多酚总量、水浸出物 3 种品质成分的相关系数分别达到 0.953、0.925 和 0.931。Gejimay 等[103]应用图像技术监测茶叶在干燥过程中茶叶颜色变化情况，并建立了干燥过程中茶叶图像的 RGB 模型。结果表明，茶叶在干燥过程中若热量分布不均匀将导致茶叶质量下降。Mohammad 等[104]应用图像技术研究了绿茶干燥过程中的颜色变化，研究了空气温度和空气流速对绿茶热风干燥过程中颜色参数变化的影响，并得到了绿茶热风干燥的最佳模型。Borah 等[105]借助图像识别技术监测红茶的发酵过程，观察茶汤颜色变化，在HIS 颜色空间基础上应用人工神经网络模型训练并识别了茶叶发酵过程中适合的颜色。

33.4.3.2 茶叶分级

计算机视觉系统通过毛茶茶叶和茶梗的形状、含水量及颜色的不同，进行分选分级，提高了毛茶精制的效率和茶叶品质。计算机视觉分级分选系统的研发，一直是农产品行业研究的热点[106,107]，但在茶产业起步较晚。陈笋[108]通过使用数字图像处理，基于支持向量机和最小风险贝叶斯分类器理论，根据茶叶和茶梗的颜色、形状等特征设计了茶叶、茶梗图像识别分类算法。吴正敏等[109]针对机采大宗绿茶的形状特征进行试验，对无重叠摆放的干茶进行图像采集，提取出干茶样品凸包面积、凸包周长、长轴长度、短轴长度等图像特征参数，同时设计三级的 BP 神经网络算法对提取的参数进行分析，实现了干茶的全芽、一芽一叶和一芽二叶 3 类等级的分选，但效率极低。胡焦[110]通过综合茶叶颜色和形状特征以及贝叶斯分类器等技术，开发出上位机人机交互软件，提高了茶叶色选机的智能化水平。宋彦等[111]采用机器视觉技术手段，构建了祁门工夫红茶的形状特征空间模型，识别率最高可达到 95.71％，为茶叶等级的量化识别提供了新的方法。虽然茶叶计算机视觉分级技术有更高的精度，也更加智能，但还处于转化阶段，需要进一步研究。

33.5 茶叶储藏与保管

33.5.1 茶叶的变质因素与变质条件

茶叶是一种极易吸收水分、吸收异味和氧化变质的物质。在茶叶的化学成分中，叶绿素在光和热（尤其是紫外线）的作用下，会失绿变褐；决定绿茶茶汤滋味的茶多酚，在储藏过程中会继续氧化而生成醌类，使茶汤滋味变劣；决定红茶色泽及滋味的茶多酚类生成物——茶黄素、茶红素，会继续氧化聚合而生成影响汤色、滋味的聚合物；维生素 C 会继续氧化生成脱氢维生素 C，进而与氨基酸反应形成氨基、羰基，使颜色褐变，滋味变得不鲜爽；氨基酸会与茶多酚氧化后的产物结合生成暗色的聚合物，使茶汤失去应有的鲜爽度；类脂类物质氧化后生成醛类与酮类物质，而类脂类水解后则变成游离脂肪酸，这些生成物都会导致汤色与滋味变劣；胡萝卜素吸光氧化后也会使茶汤变劣。此外，香气成分在储藏过程中也会发生变化，使香气逐渐减退而陈味逐渐增加。

导致上述变化的外部条件，主要是温度、水分、氧气与光线。试验表明，温度每升高 10℃，色泽褐变速度可增加 3～5 倍。茶叶含水率在 3％ 左右时，氧化进展很缓慢；当含水率超过 6％ 时，茶叶的化学变化速度会大大加快。茶叶中，儿茶素、维生素 C 的氧化，茶多酚在残留酶催化下的氧化，茶黄素、茶红素的继续氧化聚合，类脂类物质及胡萝卜素的氧化等，都是在有氧条件下进行的。光照射能使叶绿素变为褐色，光也能促进类脂类的氧化。

此外，茶叶还是一种极易吸收异味的物质。花茶窨制增香利用的正是茶叶的这一吸味特性。但这种特性也给茶叶的储藏保管增加了麻烦。

33.5.2 茶叶的储藏保管方法

茶叶保质储藏的先决条件是要将干茶含水率降至 5％ 以下，最高不应超过 6％。茶叶保质储藏的环境条件是低温、低湿、避光、缺氧、无异味。

为了减少光对茶叶的作用，包装茶叶用的袋最好采用多层复合薄膜制品或铝塑复合制品。为减少氧对茶叶的作用，袋装茶应抽真空或抽气充氮后封口。包装后仍应存放在阴凉干燥处。

对于大批量存放茶叶的储藏库，宜配置热泵式除湿机。有条件的单位，应采用密封冷库储藏。

　　数量较少的名茶，用生石灰密封储藏比较理想，因为生石灰有很强的吸湿能力。将茶叶置于放有一定数量生石灰的容器内，然后加盖密封。容器最好是大肚子、小口径，如酒坛、瓦瓮之类。这类容器容装量较大，封口较容易。在装茶之前，应将容器内壁抹干净，如有异味应事先除去。生石灰先装入细布袋内，并将其置于容器底部，上面再铺一层布或牛皮纸，然后将茶叶分装于若干纸袋内并逐一放入容器，上口用 2～3 层塑料薄膜包封，并将其移置阴凉干燥处。用这种方法储藏茶叶，可进一步将茶叶内的水分吸去，因此只要石灰不粉化，茶叶存放 1 年左右时间仍可保持较好的品质。若石灰已经粉化，应及时予以调换。

　　家庭小量茶叶的储藏，可将茶叶用未包装过食品的食品袋包装封严后置于冰箱内（家用茶叶低温储藏法）。据试验，在冰箱内存放 1 年时间的茶叶依然香气如初、色泽如新，但取出后变质速度较快。所以宜少量多袋包装，一次开封最好几天就用完。此外，用干燥的热水瓶存放茶叶也有良好的保质效果。存放时茶叶最好是装满热水瓶，以减少瓶内的空气量；瓶口同样也应塞紧封严，然后移置阴凉处。此即为避光避潮密封储藏法。

　　在茶叶的饮用过程中，将茶叶放于能盖严的铁罐内即可。若铁罐容积较大，可将茶叶置于食品袋内，袋口扎紧，再放入铁罐，盖上盖子。

　　总之，茶叶保质储藏，首先是茶叶本身要足够干燥；其次是环境要阴凉干燥，要避免光线直接或间接照射茶叶；最后是隔绝异味对茶叶的熏染。茶叶储藏保管方法很多，只要能达到上述几点要求，就可以显著减缓茶叶的陈化变质速度，获得满意的保质效果。

符号说明

a——干茶坯导温系数，m^2/h；

c_{dc}——绝干茶坯的比热容，$kJ/(kg \cdot ℃)$；

c_{wc}——湿茶坯的比热容，$kJ/(kg \cdot ℃)$；

G_m——单位面积的空气质量流量，$kg/(m^2 \cdot s)$；

K——综合传热（热交换）系数，$kJ/(m^2 \cdot h \cdot ℃)$ 或 $W/(m^2 \cdot ℃)$；

L_1——湿交换前的湿空气流量，m^3/h；

L_2——湿交换后的湿空气流量，m^3/h；

n——蒸汽热交换器的散热管排数；

p——大气压力，Pa；

p_s——饱和水蒸气压，Pa；

p_{s1}——φ_1 测点温度的饱和水蒸气压，Pa；

p_{s2}——φ_2 测点温度的饱和水蒸气压，Pa；

Δp——阻力损失，Pa；

T_1——L_1 测点的热力学温度，K；

T_2——L_2 测点的热力学温度，K；

W——失水量，kg/h；

w——茶坯湿基含水率，%；

w_e——茶坯湿基平衡含水率，%；

λ_c——茶坯热导率，%；

φ——环境相对湿度，%；

φ_1——大气相对湿度，%；

φ_2——排放湿空气的相对湿度，%。

参考文献

［1］　蔡军. 我国茶叶出口情况浅析及展望［J］. 广东茶业，2006，2: 25-26.

［2］　国家统计局. http://www.stats.gov.cn/tjsj/zxfb/201902/t20190228_1651265.html.

［3］　齐红革，尹华涛，廖振宇，等. ICP-MS 法测定不同产地绿茶中矿物质和微量元素［J］. 食品研究与开发，2015，

8: 65-67.

[4]　冯彬彬. 茶叶提取物的药用价值及开发利用 [D]. 重庆: 西南大学, 2007.

[5]　Khan N, Mukhtar H. Tea polyphenols for health promotion [J]. Life Sciences, 2007, 81 (7): 519-33.

[6]　张贱根, 胡启开. 茶叶中儿茶素类物质含量的影响因素 [J]. 蚕桑茶叶通讯, 2007, 5: 26-28.

[7]　张哲. 茶叶物理特性及吸湿解吸平衡规律研究 [D]. 武汉: 华中农业大学, 2012.

[8]　茹赛红, 曾晖, 方岩雄, 等. 微波干燥和热风干燥对金萱茶叶品质影响 [J]. 化工进展, 2012, 31 (10):
　　2183-2186.

[9]　金心怡. 茶叶加工工程 [M]. 北京: 中国农业出版社, 2014.

[10]　叶玉龙. 萎凋/摊放对茶叶在制品主要理化特性的影响 [D]. 重庆: 西南大学, 2018.

[11]　朱德文, 岳鹏翔, 袁弟顺, 等. 微波远红外耦合杀青工艺对绿茶品质的影响 [J]. 农业工程学报, 2011, 27
　　(3): 345-350.

[12]　叶飞, 高士伟, 龚自明, 等. 不同杀青方式对绿茶品质的影响 [J]. 四川农业大学学报, 2014, 32 (2):
　　160-164.

[13]　袁海波, 许勇泉, 邓余良, 等. 绿茶电磁内热滚筒杀青工艺优化 [J]. 农业工程学报, 2013, 29 (1): 250-258.

[14]　吴本刚, 肖孟超, 刘美娟, 等. 催化式红外杀青对绿茶热风干燥的影响 [J]. 食品科学, 2017, 38 (9):
　　126-132.

[15]　滑金杰, 袁海波, 尹军峰, 等. 绿茶电磁滚筒-热风耦合杀青工艺参数优化 [J]. 农业工程学报, 2015, 31
　　(12): 260-267.

[16]　Chan E W C, Lim Y Y, Wong S K, et al. Effects of different drying methods on the antioxidant properties of
　　leaves and tea of ginger species [J]. Food Chemistry, 2009, 113 (1): 166-172.

[17]　陈根生, 袁海波, 许勇泉, 等. 针芽形绿茶连续化生产线设计与工艺参数优化 [J]. 茶叶科学, 2016, 36 (2):
　　139-148.

[18]　Dong J, Ma X, Fu Z, et al. Effects of microwave drying on the contents of functional constituents of eu-
　　commia ulmoides flower tea [J]. Industrial Crops & Products, 2011, 34 (1): 1102-1110.

[19]　袁海波, 滑金杰, 王近近, 等. 电磁内热式绿茶毛火工艺参数优化与分析 [J]. 农业工程学报, 2018, 34 (3):
　　265-272.

[20]　黄小丽. 脉冲电场预处理对果蔬微波干燥特性的影响研究 [D]. 昆明: 昆明理工大学, 2010.

[21]　杨菊, 王凤花. 茶叶干燥方法的研究进展 [C]. 中国农业机械学会国际学术年会论文集, 2012.

[22]　倪德江, 封晓峰, 陈玉琼, 等. 热风式整形平台烘焙机 [J]. 中国茶叶加工, 2007, (1): 38.

[23]　鲁静. 微波技术应用于绿茶初加工的研究综述 [J]. 茶叶科学技术, 2011, (3): 1-4.

[24]　滕宝仁, 彭增华, 谭蓉, 等. 微波干燥普洱茶对茶多酚的影响 [J]. 食品科技, 2007, (11): 97-99.

[25]　蔡雅娟. 茶叶的干燥技术研究进展 [J]. 福建茶叶, 2005, (3): 22-23.

[26]　Raman V V S, Iniyan S, Ranko G. A review of solar drying technologies [J]. Renewable and Sustainable
　　Energy Reviews, 2012, (16): 2652-2670.

[27]　樊军庆, 张宝珍. 太阳能在农产品干燥中的利用 [J]. 世界农业, 2008, (7): 68-70.

[28]　Pitchaporn W, Sirithon S, Naret M. Improvement of quality and antioxidant properties of dried mul-berry
　　leaves with combined far-infrared radiation and air convection in Thaitea process [J]. Food and Bioproducts
　　Processing, 2011, (89): 22-30.

[29]　权启爱, 叶阳. 远红外烘干机的结构及其在名优绿茶加工中的应用 [J]. 中国茶叶, 2007, (2): 20-21.

[30]　马翠亚, 杨开敏, 王远成. 热泵技术在农产品干燥中的应用 [J]. 区域供热, 2019, 4: 13-20.

[31]　赵升云, 张见明, 黄毅彪, 等. 武夷岩茶热泵干燥工艺的试验研究 [J]. 海峡科学, 2018, (5): 40-43.

[32]　明廷玉, 李保国. 太阳能与热泵联合干燥茶叶的应用研究 [J]. 太阳能学报, 2017, 38 (10): 2730-2736.

[33]　罗会龙, 彭金辉, 张利波, 等. 空气源热泵辅助供热太阳能干燥系统性能研究 [J]. 太阳能学报, 2012, 33
　　(6): 963-967.

[34]　张丽晶, 林向阳, Roger R, 等. 绿茶微波真空干燥工艺的优化 [J]. 食品机械, 2010, (2): 143-147.

[35]　王海鸥, 胡志超, 屠康, 等. 微波施加方式对微波冷冻干燥均匀性的影响试验 [J]. 农业机械学报, 2011, (5):
　　131-135.

[36]　刘玉芳, 杨春, 刘晓东, 等. 乌龙茶迅速脱水干燥保香工艺技术研究 [J]. 广西农学报, 2009, (5): 37-40.

[37]　Kuo P C, Lai Y Y, Chen Y J, et al. Changes in volatile compounds upon aging and drying in oolong tea pro-
　　duction [J]. Journal of the Science of Food and Agriculture, 2011, 91 (2): 293-301.

［38］ 宛晓春，汤坚，袁身淑，等. 不同干燥温度和方式对绿茶香气组分和特征影响的研究［J］. 无锡轻工业学院学报，1992，（4）：285-291.

［39］ 黄怀生，粟本文，钟兴刚，等. 栗香型优质绿茶自动化加工工艺设计与应用［J］. 茶叶通讯，2018，45（1）：29-33.

［40］ 张铭铭，江用文，滑金杰，等. 干燥方式对绿茶栗香的影响［J］. 食品科学，2020，41（15）：115-123.

［41］ 齐桂年，谢建国，吴永刚，等. 微波在茶叶加工中对绿茶品质影响的初探［J］. 福建茶叶，2004，（3）：3-4.

［42］ 袁林颖，钟应富，李中林，等. 微波干燥对条形绿茶品质的影响［J］. 福建茶叶，2009，（4）：18-19.

［43］ 肖宏儒，宋卫东，朱志祥，等. 茶叶微波加工技术的研究［J］. 农业机械学报，2004，（3）：175-178.

［44］ 中野不二雄，季志仁. 远红外线在制茶上的应用［J］. 茶叶，1987，（4）：50-51.

［45］ 邓余良，尹军峰，许勇泉，等. 恒温远红外提香技术在绿茶加工中的应用研究［J］. 茶叶科学，2013，33（4）：336-344.

［46］ 程焕，贺玮，赵镭，等. 红茶与绿茶感官品质与其化学组分的相关性［J］. 农业工程学报，2012，28（增刊1）：375-380.

［47］ 崔继来. 糖苷类香气前体对乌龙茶和红茶香气形成的贡献［D］. 重庆：西南大学，2016.

［48］ 王秋霜，吴华玲，姜晓辉，等. 基于多元统计分析方法的广东罗坑红茶香气品质研究［J］. 现代食品科技，2016，32（2）：309-316.

［49］ 徐元骏，何靓，贾玲燕，等. 不同地区及特殊品种红茶香气的差异性［J］. 浙江大学学报（农业与生命科学版），2015，41（3）：323-330.

［50］ 叶飞，高士伟，龚自明，等. 干燥工艺对宜红茶品质及抗氧化能力的影响［J］. 湖南农业大学学报（自然科学版），2018，44（6）：678-682.

［51］ Lin X Y, Zhang L J, Lei H W, et al. Effect of different drying technologies on quality of green tea. International Agricultural Engineering Journal, 2010, 19（3）：30-37.

［52］ 崔文锐，杨绪旺. 三种干燥方式对工夫红茶品质的影响［J］. 福建茶叶，2005，（2）：9-10.

［53］ Yu M J, Zhang X J, Mou G L, Yan J S, Zhang H, Shi Z L. Research progress on the application of hot air drying technology in China［J］. Agricultural Science & Technology and Equipment, 2013, 230: 14-16.

［54］ Qu F F, Zhu X J, Ai Z Y, et al. Effect of different drying methods on the sensory quality and chemical components of black tea［J］. LWT-Food Science and Technology, 2019, 99: 112-118.

［55］ 陈泉宾，王秀萍，邬龄盛，等. 干燥技术对茶叶品质影响研究进展［J］. 茶叶科学技术，2014，（3）：1-5.

［56］ 刘秋彬. 真空冷冻干燥在乌龙茶加工中的应用［J］. 福建茶叶，2013，（5）：11-13.

［57］ 许振松，刘雪玉，陈勤. 优质单丛乌龙茶真空冷冻干燥技术研究［J］. 中国园艺文摘，2014，（2）：223-224.

［58］ 黄亚辉，梁金华，陈益才. 真空冷冻干燥技术对单丛茶品质影响的研究［J］. 广东茶业，2011，（6）：18-20.

［59］ 刘玉芳. 低温真空干燥技术对乌龙茶品质影响研究［J］. 广东农业科学，2013，（13）：95-97.

［60］ 茹赛红，曾晖，方岩雄，等. 微波干燥和热风干燥对金萱茶叶品质影响［J］. 化工进展，2012，31（10）：2183-2186.

［61］ 石磊. 现代干燥技术对乌龙茶品质的影响［D］. 广州：暨南大学，2010.

［62］ 张凌云，魏青，吴颖，等. 不同干燥方式对金牡丹乌龙茶品质的影响［J］. 现代食品科技，2013，29（8）：1916-1920.

［63］ Yue Y, Chu G, Liu X S, et al. TMDB: A literature-curated database for small molecular compounds found from tea［J］. BMC Plant Biology, 2014, 14: 243.

［64］ Oi Y, Hou I C, Fujita H, et al. Antiobesity Effects of Chinese Black Tea（Pu-erh Tea）Extract and Gallic Acid［J］. Phytother Reseatch, 2012, 26（4）：475-481.

［65］ Li Q, Liu Z H, Huang J, et al. Anti-obesity and hypolipidemic effects of Fu zhuan brick tea water extract in high-fat diet-induced obese rats［J］. Journal of the Science of Food and Agriculture, 2012, 93（6）：1310-1316.

［66］ Cheng Q, Cai S, Wang R, et al. Bi vitro antioxidant and pancreatic a-amylase inhibitory activity of isolated fractions from water extract of Qing zhuan tea［J］. Journal of Food Science and Technology, 2013, 52（2）：928-935.

［67］ Amy C K, et al. Antibacterial activity and phytochemical profile of fermented Camelliasinensis（fuzhuan tea）［J］. Food Research International, 2013, 53（2），945-949.

［68］ 颜鸿飞，王美玲，自秀芝，等. 湖南茯砖茶香气成分的 SPME-GC-TOF-MS 分析［J］. 食品科学，2014，35

（22）：176-180.

[69] Xu J, Hu F L, Wang W, et al. Investigation on biochemical compositional changes during the microbial fermentation process of Fu brick tea by LC-MS based metabolomics [J]. Food Chemistry, 2015, 186（1）: 176-184.

[70] 唐贵珍. 中国典型黄茶感官品质及滋味品质成分研究 [D]. 杭州：浙江大学，2019.

[71] 刘晓慧，王日为，张丽霞，等. 山东黄茶加工工艺的研究 [J]. 中国茶叶加工，2010，2：27-30.

[72] 滑金杰，江用文，袁海波，等. 闷黄过程中黄茶生化成分变化及其影响因子研究进展 [J]. 茶叶科学，2015，35（3）：203-108.

[73] 杨涵雨，周跃斌. 黄茶品质影响因素及加工技术研究进展 [J]. 茶叶通讯，2013，40（2）：20-23.

[74] 中国国家标准化管理委员会. 白茶加工技术规范：GB/T 32743—2016 [S].

[75] 顾谦，陆锦时，叶宝存. 茶叶化学 [M]. 北京：中国科学技术出版社，2002.

[76] 杨选民，惠康杰，黄凤琴. 白茶品质形成研究概述 [J]. 茶叶学报，2012，（1）：15-17.

[77] 罗舟. 白茶陈化品质及初制后期工艺优化研究 [D]. 杭州：浙江大学，2019.

[78] 陈宗懋，孙晓玲，金珊. 茶叶科技创新与茶产业可持续发展 [J]. 茶叶科学，2011，05：463-472.

[79] 刘燕平. 名优茶自动化生产线制茶技术与品质管控研究 [D]. 雅安：四川农业大学，2018.

[80] 谭俊峰，金华强，黄跃进，等. 自动化炒青绿茶生产线的设计与应用 [J]. 茶叶科学，2010，30（03）：229-234.

[81] 贾媛媛. 普洱茶自动化生产线的检测设备及技术特点 [J]. 福建茶叶，2016，08：7-14.

[82] 周仁桂，姜小文，祝叶峰. 条形红茶自动清洁化生产线 [J]. 中国茶叶，2012，02：19-21.

[83] 权启爱. 香茶自动化生产线的设备构成及技术特点 [J]. 中国茶叶，2013，04：8-10.

[84] 郑红发，包小村，汤哲，等. 红绿茶兼制型全自动生产线设计与应用 [J]. 茶叶通讯，2015，02：15-21.

[85] 袁海波，滑金杰，王近近，等. 电磁内热式绿茶毛火工艺参数优化与分析 [J]. 农业工程学报，2018，34（3）：264-272.

[86] 李琳，周国雄. 基于逆模型解耦的绿茶烘焙变论域模糊控制 [J]. 农业工程学报，2014，30（7）：258-267.

[87] 王小勇，李兵，曾晨，等. 基于模糊算法的茶叶理条机温度控制设计 [J]. 茶叶科学，2015，35（4）：363-369.

[88] 曹成茂，吴正敏，梁闪闪，葛良志. 茶叶杀青机双模糊控制统设计与试验 [J]. 农业机械学报，2016，47（7）：259-265.

[89] 赵英汉. 茶叶杀青工艺自适应控制算法研究及实现 [D]. 柳州：广西工学院，2011.

[90] 沈斌. 茶叶杀青系统自动控制技术研究 [D]. 杭州：浙江工业大学，2013.

[91] 王小勇，李兵，曾晨，等. 茶叶理条工艺的人工神经网络优化 [J]. 食品与机械，2016，32（1）：103-105.

[92] 李兵，孙长应，李为宁，等. 基于DMC-PID串级控制的茶叶远红外烘机设计与试验 [J]. 茶叶科学，2018，38（4）：410-415.

[93] 吴晓强，李亚莉，周红杰，等. 基于模糊PID的茶叶烘干机恒温控制系统研究 [J]. 食品与机械，2015，31（04）：111-113.

[94] 付磊. 茶叶加工温度智能控制及数字化专用控制器开发 [D]. 杭州：浙江工业大学，2019.

[95] 叶飞，龚自明，桂安辉，等. 自动化加工生产线改善机采绿茶理化品质研究 [J]. 农业工程学报，2019，35（3）：281-286.

[96] 郑鹏程，滕靖，龚自明，等. 热管技术在茶叶加工节能中的应用研究 [J]. 茶叶科学，2013，33（3）：273-278.

[97] 李松，周恺，程万强，等. 基于图像技术的茶叶品质检测研究进展 [J]. 现代农业科技，2019，2：194-200.

[98] 黄藩. 工夫红茶光补偿萎凋技术工艺研究 [D]. 北京：中国农业科学院，2015.

[99] 张成. 烘焙提香处理对红茶品质的影响及预测模型的建立 [D]. 重庆：西南大学，2015：26-31.

[100] 郝志龙，赵爱凤，金心怡. 利用计算机视觉研究白茶加工中色泽的变化 [J]. 福建农林大学学报（自然科学版），2015，9（3）：325-328.

[101] 张宪，贾广松，赵章风，等. 基于多光谱图像参数的茶叶摊青评价模型研究 [J]. 浙江工业大学学报，2017，（2）：125-129.

[102] 李文萃，唐小林，汤一，等. 基于视觉技术的绿茶色泽变化与品质关系研究 [J]. 食品研究与开发，2015，36（5）：1-4.

[103] Gejimay Y, Nagata M. Basic study on Kamairicha tea leaves quality judgment system [J]. American Society of Agricultural Engineers, 2000, 6: 1095-1103.

[104] Mohammad S, Shahin R, Styed S M, et al. Image analysis and green tea color change kinetics during thin-drying [J]. Food Science and Technology, 2014, 20（6）: 464-476.

[105] Borah S, Hines E L, Bhuyan M. Wave le transform based image texture analysis for size estimation applied to the sorting of tea granules [J]. Journal of Food Engineering, 2007, 79 (2): 629-639.

[106] Tom P, Dan M, Jim P. A machine vision system for high speeds or ting of small spots on grains [J]. Food Measure, 2012, (6): 27-34.

[107] 马涌. 基于机器视觉的颗粒状农作物色选系统研究 [D]. 哈尔滨: 哈尔滨工业大学, 2016: 7-9.

[108] 陈笋. 基于多特征多分类器组合的茶叶茶梗图像识别分类研究 [D]. 合肥: 安徽大学, 2014: 36-38.

[109] 吴正敏, 曹成茂, 谢承健, 等. 基于图像处理技术和神经网络实现机采茶分级 [J]. 茶叶科学, 2017, 37 (2): 182-190.

[110] 胡焦. 茶叶色选机智能图像采集处理系统的研究 [D]. 合肥: 安徽理工大学, 2014: 45-47.

[111] 宋彦, 谢汉垒, 宁井铭, 张正竹. 基于机器视觉形状特征参数的祁门红茶等级识别 [J]. 农业工程学报, 2018, 34 (23): 279-286.

（胡景川，刘建波，肖宏儒）

第34章

棉花干燥

34.1 概述

我国地域广阔，棉花种植历史悠久。棉花是我国重要的经济作物，也是我国第二大农作物，在国民经济发展中占有举足轻重的地位。棉花应用广泛，是纺织、化工、医疗等行业重要的原材料。采摘下的棉花叫籽棉，籽棉根据采摘方式不同分为机采棉和手摘棉，籽棉经加工后去掉棉籽的棉花叫皮棉。棉花加工即籽棉加工或棉花初步加工，是轻纺工业的前道工序。棉花收购部门收购的籽棉，经过初步加工（通过机械作用，使棉纤维和棉籽分离）之后，才能成为工业可以利用的原料——皮棉、短绒棉和棉籽[1]。随着我国棉花加工行业的不断发展和棉花质量检验体制改革的不断深入，我国棉花加工行业已经向效益型、集约化和大型化方向发展，逐渐与国际化接轨。

新中国成立后，我国棉花加工工业经历了三次大的技术飞跃。20世纪50年代中期以前以苏联加工技术为支撑，以"5571轧花机"的研制成功为标志，棉花加工逐步从半手工方式向机械化方式转变，棉花加工工艺开始逐步建立和不断完善。进入"七五"时期，国家成功开发了以"121轧花机"为核心设备的现代棉花加工成套装备，经过试用完善，在全国逐步推广应用，实现了我国棉花加工技术的第二次飞跃，棉花加工机械化水平有了显著提高。2000年以来，国家棉花流通体制改革不断推进，棉花加工初级市场完全放开，籽棉收购市场的参与主体不断增多。在放活籽棉收购市场的同时，也不可避免地造成籽棉收购市场的混乱局面，最为突出的是长期以来建立的"一试五定"籽棉收购规定难以有效执行，加工企业收购的籽棉水分高，含杂率大，混级严重。在此情况下，轧花企业为保证轧花产能和棉花加工质量，不得不采取"大清大排"的工艺措施[2]。

从2005年开始进行的国家棉花质量检验体制改革，针对我国棉花产业发展的实际需求和建立现代棉花流通体系的需要，在强化加工企业信息化管理的同时，高度重视棉花加工技术的提升，相关标准明确对棉花加工生产线进行改造或新建时都把棉花干燥设备考虑进来。经过几年改革，我国棉花加工整体技术水平实现了第三次飞跃，主要表现在加工企业规模化、自动化和信息化水平得到提升，其中，籽棉干燥技术和工艺装备在现代棉花加工生产线中占据了重要的地位。但在籽棉收购完全市场化背景下，进场的籽棉不论是手摘棉还是机采棉，回潮率和含杂率仍普遍超标。如果不进行干燥处理即进行清理加工，很难达到最佳的清理效果，棉花加工产能和加工质量都难以保证，严重影响棉花加工企业生产效益和产品的市场竞争力。

34.1.1　棉花采摘

目前，我国籽棉采摘方式主要是手摘棉和机采棉，其中大部分为机采棉。手摘棉和机采棉的杂质和回潮率差异很大。手摘棉是人工采摘的，采棉时一块地往往采摘多遍，每遍只采摘完全成熟的籽棉，因此手摘棉棉型保持较好，杂质含量很低，完全成熟的籽棉含水较少，回潮率很低。机采棉是利用采棉机采摘，采棉前由于不同棉株成熟度不同，往往需要先打催熟剂和落叶剂，然后用大型采棉机一遍采摘完。籽棉被采棉机采摘时会遭到一定的破坏，导致棉型散乱、杂质含量较高。另外，虽然打了催熟剂，但那些没有完全成熟的籽棉含有较高的水分，导致机采棉回潮率不均匀且整体偏高。两者之间的含杂量及回潮率对比如表 34-1 所示[3]。

表 34-1　手摘棉和机采棉含杂量、回潮率对比

杂质类别	手摘棉杂质含量/%	机采棉杂质含量/%
铃壳	0	3.0～4.0
棉枝	0	3.0～4.5
叶屑等细杂	1.0～3.0	2.0～4.0
僵瓣与不孕籽	1.0～1.5	4.5～6.5
合计籽棉含杂率	2.0～4.5	12.5～19.0
采收时籽棉回潮率	2.0～5.0	6.0～16.0

34.1.2　棉花加工工艺

棉花加工工艺过程可分为三个阶段，即准备阶段、加工阶段和成包阶段[4]。

① 准备阶段　采用干燥、清理工艺方法，为后续加工提供回潮率适宜、充分松散且清除了大部分外附杂质的籽棉。

② 加工阶段　对籽棉、棉籽进行轧、剥处理，对皮棉、短绒进行清理，对不孕籽等下脚料进行清理回收，以获得棉花加工厂生产的各种产品。

③ 成包阶段　将单位体积质量很小且松散而富有弹性的皮棉、短绒压缩成型、包装，以便运输、储存和保管。

随着农业现代化的快速发展，我国棉花生产方式发生了重大变革，籽棉采摘方式由传统手摘方式向机械化采棉方式转变，自动化机械采棉方式将会在更多的棉区得到推广。在市场强大需求推动下，进入 21 世纪，在我国新疆棉花主产区，陆续从国外引进了棉花加工设备，有力促进了棉花生产技术的推广应用。我国骨干棉机制造企业结合国外棉机行业的发展方向，大胆创新，快速开发了大型棉花加工生产线[5]。

棉花加工工艺流程如图 34-1 所示。

机采棉中的外附杂质较手摘棉高出几倍，籽棉回潮率较高，因此轧花前的籽棉增加了籽棉清理和干燥工序。在第一次籽棉干燥之后增加了用于清除棉铃、铃壳、棉枝等杂质的提净式籽棉清理机，并在第一、第二次籽棉干燥之后均采用了兼有籽棉分离作用的倾斜式籽棉清理机；在皮棉清理阶段，也同时增加了皮棉的清理次数，采用了一次气流式皮清机和二次锯齿滚筒式皮棉清理的组合清理工艺，皮棉清理效果显著改善。

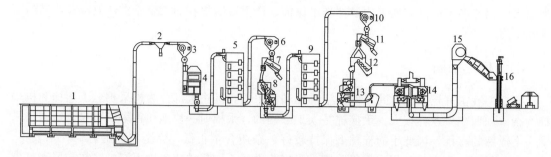

图 34-1　棉花加工工艺流程示意图

1—喂花机；2—籽棉重杂分离器；3—籽棉卸料器；4—籽棉异性纤维清理机；5—籽棉干燥设备；6—籽棉卸料器；
7—倾斜式籽棉清理机；8—除铃壳机；9—籽棉干燥设备；10—籽棉卸料器；11—倾斜式籽棉清理机；
12—倾斜回收式籽棉清理机；13—轧花机；14—皮棉清理机；15—集棉机；16—打包机

34.2　棉花回潮率

棉花回潮率是指棉花中所含的水分与干纤维质量的百分比。回潮率与含水率不同，含水率是指棉花中所含的水分与湿纤维质量的百分比。国标规定[6]，棉花公定回潮为 8.5%，回潮率最高限度为 10%。棉花属于吸湿物料，回潮率容易受环境影响发生改变，棉花回潮率的变化会导致其物理性状的改变，对加工、存储等各环节产生影响。

34.2.1　棉花回潮率的调控

棉纤维的主要成分是纤维素，纤维素分子中存在亲水基团羟基。纤维素中含有多个微小的细孔和缝隙，具有毛细管吸水作用，纤维素的表面能使游离水黏附，故纤维素具有较强的亲水性[7]。

水以两种形式存在于棉纤维中，即结合水和游离水。结合水以氢键的形式与棉纤维分子牢固结合在一起，与棉纤维共同决定棉花的性质和使用价值，一般条件下难以蒸发，不易与酶及微生物发生作用；棉纤维毛细管中的水和表面吸附的水叫作游离水，在外界温度和湿度一定的条件下，纤维素中该类型水的含量与外界空气保持动态平衡。当外界温度较高、湿度较低时，游离水容易逸出棉纤维，使棉纤维中的水减少；当外界温度较低、湿度较高时，游离水又会回到棉纤维，使棉纤维中的水增加。所以，游离水是棉纤维含水率发生变化的主体。

空气容纳水蒸气的能力与温度有关，空气被加热后其容纳水蒸气的能力迅速提高，当气温从 25℃ 上升到 100℃ 时，空气容纳水蒸气的能力是 25℃ 时的 25 倍之多。当含水率高的棉纤维放置于相对湿度低的高温空气中时，棉纤维被加热，纤维中的游离水得到能量，活性增强，且环境水蒸气分压又低于棉纤维内部水蒸气分压，棉纤维中大量的水分很快逸出棉纤维，被热空气带走，棉纤维变干。当内部水蒸气分压低的棉纤维接触到水蒸气分压高的湿空气后，由于棉纤维的亲水性，空气中的水分子大量进入棉纤维，使棉纤维变湿。

棉花回潮率调控正是利用棉纤维的亲水性和空气容纳水分的特性，来对过干或过湿的棉纤维进行水分调节。

棉花采摘早期，环境温度较高，空气湿度较低，籽棉进入加工厂的回潮率低于 6%。籽棉含水率较低，杂质清理效率较高，但是棉纤维和棉籽分离时，低回潮率籽棉的棉纤维损伤更严重，影响皮棉的加工质量。在轧花和皮棉清理过程中，棉纤维折断率与纤维含水率成反比。通过控制棉纤维与棉籽分离时和皮棉清理过程中的含水率,纤维的折断率将会最小化。在棉纤维与棉籽分离时和皮棉清理前,通过增大含水率,过度干燥的棉花的平均长度可以得到保持,加湿后的籽棉可以减少皮棉打包所需的动力。

目前棉纤维加湿的方法有两种。方法之一是将雾化后的纯净水直接喷射到棉花上,一些轧花厂选择在皮棉滑道处喷射;另外一种方法是采用湿空气来加湿棉花,加热后的空气携带充足的水分与棉纤维混合。例如每公斤空气在 130℉时能够携带水蒸气的量比在 60℉时多 10 倍。在加湿过程中湿空气的水蒸气分压必须高于棉纤维内的水蒸气分压,同样湿空气的温度要高于棉纤维内部温度,在加湿过程中,高温湿空气和籽棉的相对速度非常关键。加湿的方式包括:籽棉塔式加湿、配棉绞龙下的箱体加湿、带有格栅的皮棉滑道加湿和集棉机加湿。

需注意的是,籽棉增加的水分有实际物理状态的限制,必须防止管道内部高温湿空气的冷凝,否则将会阻碍籽棉流通。如果液态水呈现在籽棉的表面,轧花运转将会变得无规律或完全停止。

11 月份以后,我国南北方的温度陡降,相对湿度上升,空气中水分饱和,晚上结霜,棉花开始吸收水分。棉花吸水时放热,所以棉垛内部温度上升,为细菌和各种霉菌生长提供了极佳的生长条件,给棉花储存和正常轧花带来了很大的困难。为保证轧花机正常运转及加工高品质皮棉,美国加工环节使用棉花干燥工艺,为加工后棉纤维获得优良品质和最大的商业利润创造条件,这是我国与先进籽棉加工国家和地区在认识上和加工水平上的明显差距。我国应加快消除这种认识上的差距,避免今后在棉花市场交易竞争中受到损失。

34.2.2　棉纤维吸水后物理性能的变化

① 棉纤维含水率增加,断裂比强度增加。
② 棉纤维含水率过大,纤维弹性逐步降低。
③ 棉纤维含水率越高,与棉卷箱的摩擦系数越高。
④ 棉纤维含水率越高,色泽越深,甚至呈灰色。
⑤ 棉纤维吸湿时放热,反之放湿时吸热。
⑥ 干棉纤维是绝缘体,吸湿后则变为导电体。
⑦ 棉纤维吸湿时会发生有限度的膨胀,密度增加。

由于棉纤维吸水后会发生上述有关物理性能的变化,对轧花工艺、皮棉产量和质量等会产生很大的影响[7]。

34.3　棉花干燥

34.3.1　棉花干燥的必要性

棉花流通体制改革使中国棉花初级市场发生巨大变化,在活跃流通的同时也使籽棉收购质量良莠不齐,进场籽棉回潮率和含杂量普遍超标,无论储存和加工均需先对籽棉进行干燥处理,以保证籽棉清理效果和棉花加工质量。因此,近年来籽棉干燥技术在我国得到普遍应用,已经成为棉花加工工艺的基本配置。随着机采棉技术的迅速推广,对籽棉干燥技术提出了更高的要求。

在加工环节,研究表明当棉花回潮率处于 6.5%～8.5% 之间时最适宜轧花[8]。若棉花回潮率大于这个范围,由于棉纤维吸收了过多的水分使其弹性减小,籽棉清理时在刺钉辊筒的击打作用下，棉纤维容易互相缠绕形成棉结、索丝，纤维与所附杂质的摩擦力增大，使得杂质不易被清理。过湿籽棉轧花时，棉纤维与棉籽不易剥离，容易造成轧花机堵塞，降低轧花的生产效率。若籽棉回潮率小于这个范围，棉纤维的刚性变低，清理时在机械拉拽作用下棉纤维很容易被拉断，使得纤维长度变短，皮棉中短纤维含量增加。

在存储环节，若棉花回潮率过大会引起棉纤维变黄、发霉，甚至引起自燃。若棉花回潮率过低，加工后的皮棉回潮率也较低，使棉纤维回胀力变大，增大打包困难，甚至使打好的棉包发生"崩包"现象。

设置棉花干燥工艺的目的是在籽棉清理前调整棉花回潮率，使其处于最适合清理及轧花等后续加工的范围内，以提高轧花生产效率和皮棉加工质量。

34.3.2 棉花干燥工艺过程

棉花干燥是利用棉纤维的放湿性，以空气为介质，先对空气加热，以提高空气的温度和降低空气的相对湿度，或直接加热物料籽棉，然后使空气与籽棉相混合，在空气与棉纤维之间形成一个温度差、湿度差和压强差，迫使纤维中吸附的水分子逐渐向外转移，被热空气带走，达到棉花干燥的目的[9]。棉花干燥工艺根据籽棉在干燥过程中的输送方式可分为两类：气力输送式干燥和机械输送式干燥。

气力输送式籽棉干燥工艺主要包括离心风机、热源、喂料器、籽棉干燥机、卸料器及测控系统等，如图 34-2 所示，工艺流程是：根据籽棉回潮率，干燥介质（热空气）在离心风机正压的作用下经热源加热到一定温度（加热后的空气温度应低于 140℃），加热后的空气带动由喂料器供给的籽棉进入籽棉干燥机，干燥后籽棉和空气进入卸料器实现籽棉和空气的分离。

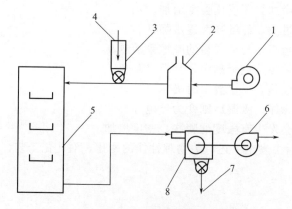

图 34-2 气力输送式籽棉干燥工艺示意图

1—热风机；2—热源；3—喂花机；4—籽棉入口；5—籽棉干燥设备；6—风机；7—籽棉出口；8—籽棉卸料器

气力输送式籽棉干燥过程中，干燥介质一方面参与籽棉的输送，一方面在输送过程中实现对籽棉的干燥。气力输送式干燥工艺具有结构简单，占地面积少，生产率高，干燥机没有运转部件，操作维修方便等优点，在国内外得到广泛的应用，占到 95% 以上。由于空气参与籽棉输送，气力输送式籽棉干燥工艺干燥过程需要大量的干燥介质（空气）。另外，由于干燥后的废气中含尘浓度较高，需经除尘后方可排到大气中。气力输送式干燥工艺的能耗较高，能量利用率较低。

机械输送式籽棉干燥工艺主要包括热风机、热源、喂料器、籽棉干燥机及测控系统，与气力输送式干燥工艺的不同之处是干燥过程中籽棉输送为机械输送方式，干燥介质空气不参与籽棉的输送，只起干燥的作用。

相比气力输送式籽棉干燥工艺，机械输送式籽棉干燥工艺所需的干燥介质量较少，干燥后空气的含尘浓度较低，且易于热量回收再利用。机械输送式干燥工艺的能耗稍低，能量利用率稍高一些。但机械输送式籽棉干燥工艺具有结构复杂，占地面积大，生产效率低，干燥机运转部件较多，操作维修困难，干燥均匀性差等缺点。

34.4　棉花干燥机

目前棉花干燥设备包括：标准塔式、短塔式、大容量塔式、热搁板式、带式、转筒式、立式、热风清理式、管道式、横流式、热箱式、高速滑移式、喷射式、对撞式和微波式等干燥机，如表 34-2。

表 34-2　棉花干燥机简介

干燥机类型	简介
标准塔式	带有 18 层或更多层内部搁板的装置，棉花和热空气频繁改变方向，增加暴露时间和籽棉分散度，空气和籽棉流动方向一致
短塔式	与标准塔式类似，但是带有少于 18 层的搁板（典型的是 11 层或更小），空气和籽棉流动方向一致
大容量塔式	与标准塔式类似，但是带有较少的搁板（通常 6 层），并且搁板之间有较大的空间，相比标准塔式，所需空气的体积通常较大，空气和籽棉流动方向一致
热搁板式	带有分流的塔式干燥机，被输送的籽棉流通过一系列被热空气腔体分散隔开的搁板，加热空气在塔体外边沿通过 U 形管道流动
带式	籽棉在带有金属孔的输送带上运动，热空气向下穿过籽棉，空气流横穿籽棉流
转筒式	籽棉喂入旋转的带有孔的滚筒表面，热空气从外面进入滚筒的内部，空气流动方向与籽棉流动方向相互交叉
立式	该装置用于开松的滚筒中，热空气和籽棉流从上部进入干燥机，并向下穿过撞击搁板和旋转的滚筒，从干燥机的底部释放
热风清理式	包括倾斜式清理机和冲击式清理机，热空气穿过清理机
管道式	热空气流与籽棉流的方向一致，管道式干燥必须具有充足的长度才能有明显的干燥效果，典型的长度应大于 8m
横流式	采用高速空气喷嘴（超过 50.8m/s），喷嘴沿水平方向穿过避风阀，使籽棉加速进入输送管道，籽棉被开松、干燥
高速滑移式	带有刺钉型或翼片型的滚筒，滚筒能够降低籽棉流的速度，允许热空气穿过籽棉，从而在流动方向热空气和籽棉之间形成较高的滑移速度
热箱式	利用热空气从输送带上吸取籽棉（通常是模块式给料机），空气流与籽棉流速度一致
对撞式	矩形箱体结构，热空气输送的籽棉流和另一热空气流从顶部相反的方向进入干燥机，热空气和籽棉流对撞，翻滚穿过干燥机
喷射式	矩形箱体结构，籽棉和热空气从底部进入，空气流的动力将籽棉悬浮后降落，从干燥机底部对面的出口出来

影响干燥设备效率的因素包括：干燥空气的温度、籽棉质量与热空气体积比值、被干燥籽棉的开松度与暴露时间、籽棉和热空气的相对速度，以及进入干燥设备的籽棉的回潮率。同时，籽棉的开松度、暴露时间和籽棉与热空气的相对速度影响干燥设备对热空气潜能的利用。下面介绍几种典型的棉花干燥设备。

34.4.1　塔式干燥机

塔式干燥机在棉花加工厂应用最为广泛，种类比较多，可分为标准塔式、短塔式、搁板增热式、大容量塔式与对撞式等。塔式干燥机安装采用立式安装方法，占地小，易于维护，可直接与管道连接，一般采用负压式籽棉输送方法。

塔式干燥机是我国在引进消化吸收的基础上发展起来的，目前塔式干燥机主要有两种形式：标准塔式干燥机和搁板增热式干燥机。标准塔式干燥机主要由"S"形籽棉通道、塔体及进、出料口等部分组成[10]，塔式干燥机如图 34-3 所示。工作时，籽棉和热空气从进口进入塔体内的"S"形通道，从上到下不断地折返流动，籽棉和热空气之间的速度差不断地在改变，在流动过程中完成热量和质量的传递，实现对籽棉的干燥，干燥后籽棉与空气分离。

与标准塔式干燥机不同，搁板增热式籽棉干燥机增加了保温通道，保温通道位于"S"形籽棉通道之间，可补充干燥过程中消耗的热量[11]。另外，标准塔式干燥机的搁板层数较多，一般最多为 24 层，其风压损失较大，搁板增热式干燥机层数一般为 6 层，并且压力损失较小。搁板增热式籽棉干燥系统除干燥机主机外，热源系统、保温系统、检测控制系统等辅助设备的合理、科学配置也是保证籽棉干燥效果的关键。搁板增热式籽棉干燥机可与燃煤热风炉、天然气热风炉以及电加热炉等热源配合使用。根据籽棉的初始回潮率大小，可以选择籽棉是否需要干燥后进入籽棉清

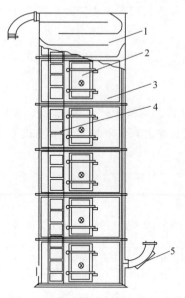

图 34-3　标准塔式籽棉干燥机示意图
1—S形通道；2—检修门；3—干燥塔体；
4—爬梯；5—籽棉热空气出口

理机，可以科学地配置工艺流程。检测控制系统实时监测籽棉的回潮率和温度，并反馈至供热设备控制系统，智能调节能量输入。在搁板增热式前端增加脉冲干燥器，对初始回潮率过高的籽棉进行预干燥，以保证干燥效果。搁板增热式籽棉干燥机独有的增热保温系统设计，较好地解决了籽棉在干燥过程中因耗热降温造成的籽棉干燥效果不理想的工艺瓶颈，取得了满意的干燥效果，如图 34-4 所示。籽棉干燥机工作时，保温通道和籽棉通道上下交错相隔，各保温通道之间采用弯头连通。保温增热系统中的气路流向与籽棉流方向相反，进口在塔体下部；干燥气路热风自上而下，温度逐渐降低，到塔体下部出口处最低；而保温气路热风自下而上，温度逐渐降低，到塔体顶部出口处最低。两股流动的热风在干燥机塔体内部相互平衡，使塔体内各处始终保持一个理想的恒定温度，提高了干燥机的工作热效率，籽棉干燥效果得到保证。

搁板增热式籽棉干燥机为气流干燥，因此，其设计计算主要进行气力输送工艺参数的计算，进而确定干燥机的风道结构尺寸及阻力、管道尺寸、风速、处理量、风机、热风炉选型等。

搁板增热式籽棉干燥机主要参数如表 34-3[2]。

表 34-3　搁板增热式籽棉干燥机主要参数

特征量	数值	特征量	数值
1 台时处理籽棉量/(t/h)	6 或 12	棉纤维单位耗热量/(kJ/kg H_2O)	≤5500
干燥机干燥强度/[kgH_2O/(m^3·h)]	≥35	干燥机漏风率/%	<12
塔体内热风温度/℃	≤140	空载噪声/[dB(A)]	≤75

搁板增热式籽棉干燥机含有增热保温隔层结构和搁板扰流板的创新设计，增大了转弯半径，同时使棉流在流动过程中不断翻动，提高了籽棉单位时间的干燥强度。干燥机塔体搁板

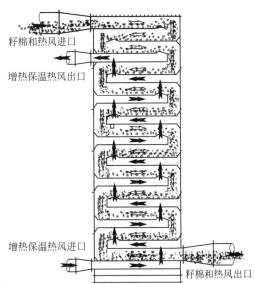

籽棉和热风进口

增热保温热风出口

增热保温热风进口

籽棉和热风出口

图 34-4 搁板增热式籽棉干燥机

层数的减少，缩短了籽棉在塔体内的流动时间和运动距离，籽棉在干燥过程中的阻力小，棉花流动通畅，有利于连续生产。在有效降低系统能耗的同时，籽棉在运动中形成的短纤维数量也大幅度减少，有利于棉花加工质量的提升。

研究者对搁板增热式籽棉干燥机在棉花加工车间的主要性能指标进行了验证实验（表34-4），并对干燥能力进行了测试（表34-5）。

表 34-4 搁板增热式籽棉干燥机主要性能指标在线实测结果

检测项目	生产线 1	生产线 2	生产线 3	生产线 4
1 台处理籽棉量/(t/h)	6.3	6.4	12.5	12.2
烘干塔进出口温度损失/℃	4.4	6.2	10.3	12.3
烘干塔干燥腔体阻力/mm H_2O	124.5	137.8	97.0	88.1
干燥腔体棉流速度/(m/s)	22.1	19.4	27.2	26.0
籽棉在干燥机塔体通过时间/s	2.8	2.5	2.9	2.6

表 34-5 搁板增热式籽棉干燥机干燥能力测试结果

实验生产线	回潮率/%		回潮率降低 /%	热风温度 /℃	干燥强度 /[kg H_2O/(m³·h)]
	干燥前籽棉	干燥后籽棉			
生产线 1	11.7	7.5	4.2	130	26.7
生产线 2	12.9	6.9	6.0	135	26.7
生产线 3	10.3	6.7	3.6	115	22.5
生产线 4	8.7	6.1	2.6	91	19.7

为提高籽棉干燥机的干燥效果和干燥效率，美国塞缪尔·杰克逊（Samuel Jackson）公司对籽棉干燥设备进行了研究，开发了负压式的籽棉干燥系统[12]。该干燥系统由燃气炉、涡轮增压式风机、干燥箱、对撞式籽棉干燥机以及温湿度传感器等构成，并能智能显示、调节干燥环节中的籽棉回潮率，达到智能干燥的目的。燃气炉可以燃烧天然气或丙烷，功率1000kW 或者 2000kW，可根据加工工艺选取功率大小，满足干燥系统的最大热量。温度传感器安装在热空气出口、籽棉与热空气混合点之后的位置，反馈给干燥控制系统，通过调节

燃气的输入量来调节热空气温度，达到智能调节的效果。在干燥系统前段增加干燥箱，对过于潮湿的籽棉进行预干燥，可减轻籽棉干燥机的干燥压力，优化干燥箱的漏气装置，干燥箱还具有去除籽棉中的大杂（棉铃或石块）的功能，干燥箱下端装有杂质输送机，可及时排杂，尤其在模块喂花过程中，干燥箱下端装有刺钉辊筒机构，使籽棉更加松散，可以有效地消除棉流中的堵塞问题，使干燥更加充分。湿度传感器实时测量干燥箱中的籽棉回潮率，并反馈给干燥系统。

该干燥系统采用大风量、控制热空气温度的设计理念，要求 1kg 籽棉配备 1.56m³ 风量，风速为 22~25m/s，大风量的设计理念可以保证籽棉在加工过程中的流通顺畅，避免堵塞，相对较低温度的热空气可以避免设备局部过热而损伤棉纤维，保证籽棉的均匀性和拉伸强度。此干燥系统能够增加加工速率，最大化加工产量和皮棉质量。

如图 34-5 所示，对撞式籽棉干燥机利用籽棉与热空气对撞产生的速度差和湍流效果进行籽棉干燥。顶端采用高速热空气流与带有籽棉的热空气流对撞的方式，籽棉在对撞的过程中更容易打散，增大与热空气的接触面积。在对撞式籽棉干燥机内部采用螺旋式的搁板装置，使籽棉在干燥机内由上而下高速"横冲直撞"，达到籽棉快速干燥的目的。对撞干燥机的高速对撞热气流可以补偿籽棉输送过程中的压力损失和温度损失，保证干燥过程中籽棉的温度参数，提高干燥效率，籽棉回潮率一致性良好。在工业运用过程中，籽棉的初始回潮率为 25% 的情况下，一台对撞式干燥机的干燥速率为每小时 32 包皮棉 [1 包皮棉为（217±10)kg]，能够满足加工需求。其特点是干燥能力强，干燥时间短且效率高，可保证棉纤维品质，设备智能化程度高。

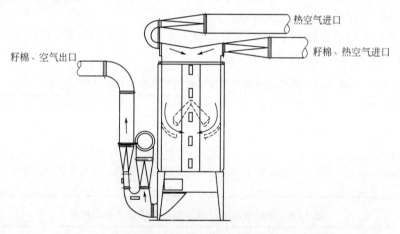

图 34-5　对撞式籽棉干燥机示意图

由于在籽棉进入干燥设备时，热空气与带有籽棉的热空气对撞对热风量的要求很大，美国塞缪尔·杰克逊（Samuel Jackson）公司在原有的设计基础上对设备进行了改进[13]，如图 34-6 所示，与以前设备（图 34-5）相比，少了一个热风进口，带有籽棉的热空气直接进入对撞式干燥机。改进后的干燥设备分为两种类型。如图 34-6(a) 所示，籽棉进入干燥设备与"勺"形结构发生撞击，籽棉和热空气沿着内部构造向下运动。在向下运动过程中，回潮率大的籽棉由于惯性大会与干燥设备发生多次撞击，在干燥设备中停留时间更长，干燥更加充分；而相对较轻的籽棉会直接进入干燥设备底部而后进入清理设备，该设备干燥均匀性更加完善。如图 34-6(b) 所示，对撞式干燥机在籽棉进入干燥设备后，籽棉与热空气被一分为二，沿着干燥设备向下高速运动而发生对撞，籽棉对撞后会更加松散，而在对撞的过程中速度会骤降，容易造成堵塞，大风量的特征成为这类设备运行的必要条件。

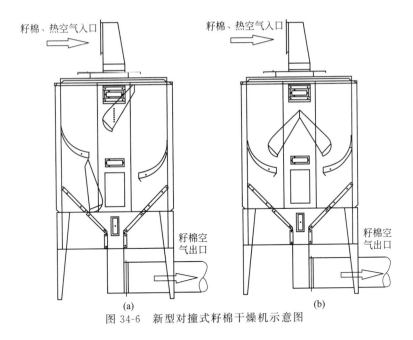

图 34-6　新型对撞式籽棉干燥机示意图

34.4.2　带式干燥机

带式籽棉干燥机主要由干燥箱、多层输送带、进料装置、出料装置、风机及吸湿器等组成[14]，如图 34-7 所示。工作过程中，籽棉由进料装置均匀地铺在输送带的网板上，籽棉在输送带上移动并落在下层输送带上，热风穿过物料，完成热量和质量的传递。

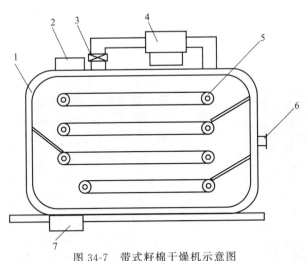

图 34-7　带式籽棉干燥机示意图

1—干燥箱；2—进料装置；3—风机；4—吸湿器；5—多层输送带；6—热空气进口；7—出料装置

带式干燥机的特点是，干燥过程中热空气中的尘杂较少，通过吸湿器除湿后可以循环利用，从而大大提高了热量利用率；通过多次翻转，干燥均匀性较好。但由于棉花的多孔特性，带式干燥中的空气速度较低，相比塔式干燥机干燥效率低，并且设备占地面积大，结构复杂，安装维护困难。

美国农业部学者 Laird 采用带式干燥装置干燥回潮率相对高的籽棉[15]，如图 34-8 所示，籽棉通过一个 1.8m 宽，12～21m 长的金属网传送带，热空气垂直穿过籽棉层，相比于塔式干燥，热空气与籽棉的接触时间可达到 90s 以上，干燥更加充分；在塔式干燥中，热空气通常被用来输送籽棉，而此带式设备所需的热空气仅穿透籽棉层，故所需压力较小，可以达到节能的目的。此装置在加工厂运行 5 年，生产 354000 包皮棉，相比于塔式干燥设备效果明显。此外，该设备还应用于其他产品的干燥，如：棉纺产品和纸张，以及干燥被玉米淀粉溶液包衣的棉籽，效果显著，尤其是处理后的棉籽可以用作饲料，大大提高了其实用价值，增加了效益。

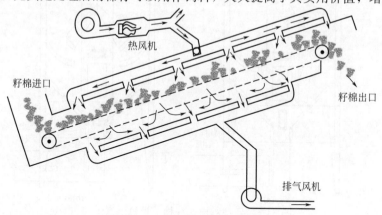

图 34-8 带式干燥机示意图

34.4.3 清理干燥一体式籽棉干燥机

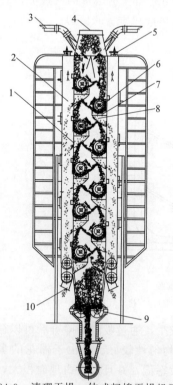

在棉花清理加工过程中，干燥工艺是不容忽视的，它对于清除籽棉中的叶屑，提高设备的清杂效率具有重要意义。干燥主要是降低籽棉表面的水分，减小叶屑等杂质与纤维表面的粘接力，在清理中使杂质较容易去除。

清理干燥一体式干燥机主要包括竖向籽棉通道、清杂单元及排杂通道，其中清杂单元上下交错布置于籽棉通道内部，清杂单元包括刺钉辊筒、格条栅和落杂斜板[16]，如图 34-9 所示。工作过程中，籽棉由喂料口进入籽棉通道，热空气由左右两边的热空气进口进入籽棉通道，籽棉下落后在刺钉辊击打、清杂及开松后被斜向上抛射出来，又在重力及热空气的作用下向下降落，在此过程中不断完成热量和质量的传递，废气由排杂通道向上排出，籽棉由下闭风阀排出。

清理干燥一体式干燥机的优点：减少了热空气的流量，籽棉干燥过程中的开松程度较好，干燥效率高。其缺点包括：在籽棉未达到清理所需的回潮率时进行多次击打，棉纤维易出现索丝、棉结，影响棉花加工质量；设备结构复杂，传动部件多，稳定性差，维护困难。

图 34-9 清理干燥一体式籽棉干燥机示意图
1—籽棉通道；2—排杂通道；3—热空气进口；
4—籽棉入口；5—废气出口；6—刺钉辊筒；
7—格条栅；8—落杂斜板；9—闭风阀；10—排杂口

34.4.4 脉冲-转筒组合式干燥机

脉冲-转筒组合式干燥机由脉冲管和转筒干

燥机组合而成[17]，如图 34-10 所示。脉冲管为不同管径的籽棉输送管道，通过改变籽棉气力输送管道的直径，改变籽棉和热空气的速度差，增加籽棉与热空气之间的传热和传质。转筒干燥机主要由转筒及转筒两端的进口和出口组成，转筒内壁上交错分布弧形抄板，起到均匀籽棉和籽棉运动导向作用。籽棉和热空气进入转筒后，气流速度下降，依靠转筒的旋转和弧形抄板的作用，籽棉不断地被抛起后下落。在此过程中，籽棉中的水分不断地被热空气带走。

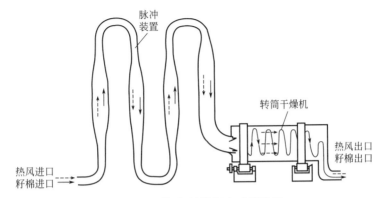

图 34-10　脉冲-转筒组合式干燥机

　　脉冲-转筒组合式干燥机的优点是：籽棉干燥均匀，工作可靠，相比塔式干燥机，其热能消耗低；缺点是：占地面积大，设备维护困难。

　　脉冲-转筒组合式干燥机的主要技术特征如表 34-6 所示。

表 34-6　脉冲-转筒组合式干燥机的主要技术特征

特征量	数值	特征量	数值
1 台时处理籽棉量/(t/h)	3~10	配备动力/kW	5.5
混合点处热空气温度/℃	80~115	热风机转速/(r/min)	2000
入口处风速/(m/s)	≥20	除水率/%	≥4
转筒干燥机长度/mm	6700	干燥不均匀度/%	<0.6
转筒干燥机宽度/mm	2200	整机质量/kg	5500
转筒干燥机高度/mm	3600		

34.4.5　微波式籽棉干燥机

　　热风干燥通常需要物料外部有高的温度，形成物料内外部的温度梯度，首先开始蒸发的是物料表面的水分，然后内部的水分再扩散到表面。微波干燥时，物料内部的水分首先被蒸发，物料内部的压力增大，形成物料内外的压力梯度，在压力梯度的作用下水分从物料内部排出。一般物料内部的温度高于外部温度。

　　基于微波干燥速度快，干燥过程控制精度高，反应迅速，能源利用率高，污染低等特点，微波干燥棉花技术取得了小规模的应用。采用大功率微波干燥籽棉具有整体加热干燥速度快、时间短、穿透深度较大、效率高、节约能源、易于控制等优势，但对棉纤维的强度有一定的降低，且对棉籽的发芽率损伤极大[18]。

　　微波式籽棉干燥机主要由进料装置、干燥箱、抽湿系统、出料装置、控制系统、波导装置及单管微波源组成[19]，如图 34-11 所示。其中抽湿系统包括抽风机和抽风道，抽风道设置于干燥箱体外侧，并通过多孔板与箱体内部连通。工作过程中，籽棉由进料装置进入，籽棉自由下落，在下落过程中，微波对籽棉加热，由干燥箱体下方的喂棉辊调节加热时间，抽湿系统将汽化后的水分带走，籽棉由出料装置排出，完成对籽棉的干燥。

郑州棉麻工程技术设计研究所在棉花加工厂开展了关于微波式籽棉干燥的实验研究，实验样机（如图34-12）主要由MY20L-09型微波电源、波导、环形器、操作台、水冷装置、储棉箱、微波干燥箱组成。微波电源将电能转化为微波能，微波由波导引入微波干燥箱。在微波干燥箱内有两块1.4m×2m的聚四氟乙烯网板，两网板相距0.38m，网板之间形成一个1.4m×0.38m×2m的微波干燥区。籽棉下落的过程中经过微波干燥区时，受到微波辐射而被加热干燥。干燥中产生的部分湿气透过聚四氟乙烯网板被抽湿风机吸走排入大气。经微波干燥的籽棉被喂花辊喂入混合箱，籽棉与空气在混合箱内混合后被送入MGZ-6B籽棉干燥机。籽棉随空气离开MGZ-6B籽棉干燥机后，被送入内吸籽棉分离器，内吸籽棉分离器将空气与籽棉分离，至此干燥过程完成，干燥的籽棉即可进入下一工序，湿空气经除尘后排入大气。

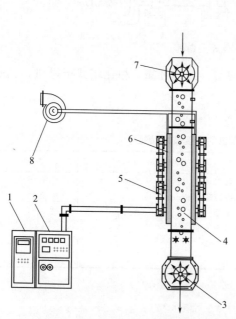 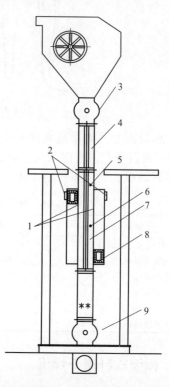

图34-11　微波式籽棉干燥机示意图
1—控制系统；2—微波源；3—出料装置；4—干燥箱；
5—波导装置；6—抽风道；7—进料装置；8—风机

图34-12　微波式籽棉干燥实验样机机构原理示意图
1—聚四氟乙烯网板；2—排湿口（接风机）；3—上闭风阀；
4—储棉箱；5—传感器一；6—传感器二；7—微波干燥箱；
8—微波馈能口；9—下闭风阀

实验样机主要参数如表34-7。

表34-7　微波式籽棉干燥实验样机主要参数

特征量	数值	特征量	数值
微波频率/MHz	915±25	1台时处理籽棉量/(t/h)	3
微波输出功率/kW	0~40（连续可调）	除水率/%	3~4

微波式籽棉干燥机具有效率高、干燥速率快、便于实现自动控制及热量利用率高的优点。由于籽棉处理量大、空间密集及棉花多孔特性，汽化后的水分与棉花混合在一起，很难在短时间内将汽化水排出。在实际应用过程中，出料口排出的籽棉往往会出现再次回潮的现象。另外，微波干燥影响棉籽的发芽率。

34.4.6　棉花干燥设备的综合对比

棉纤维属于天然物质，在受到高温高热作用时，其物理和化学性质都受影响，使大分子链的热运动增加，随着温度的升高，在热的作用下，大分子在最弱的键上发生裂解，在高温时这些裂解作用又都加速进行，表现为强力下降。棉纤维的分解温度为150℃，所以，热空气与棉纤维混合点温度应严格控制在140℃以下。干燥机的处理量必须与轧花能力相适应，否则会造成能源浪费或者干燥效果不佳。

籽棉干燥应选择单位热耗量较低，干燥均匀度好的籽棉干燥机，单位热耗量是籽棉干燥的热能消耗标志，直接关系到籽棉干燥运行成本。而干燥后籽棉回潮率的均匀程度（即干燥后籽棉最高回潮率与最低回潮率之差）会影响后续加工的正常进行和皮棉加工质量。

籽棉干燥设备优缺点共存，其干燥效率、压力损失、气流量值、热空气最高温度以及干燥能力等特征不尽相同。根据籽棉干燥设备的应用情况，总结如下：

① 带式和转筒式干燥机的气流流量最低，其次是热搁板式、喷射、管道式、热箱式、热风清理式、短塔式、立式、标准塔式、横流式、高速滑移式、对撞式和喷动式，最后是大容量塔式。

② 带式干燥机的压力损失最小，其次是横流式、热风清理式、立式、大转筒式、热箱式、对撞式、大容量塔式、喷射式、短塔式、热搁板式、高速滑移式、管道式和标准塔式。标准塔式干燥机的压力损失最大，管道式、短塔式和高速滑移式干燥机的单位压力的压力损失变化最大。

③ 由于低气流流量和低压力损失，带式干燥机需要的输送用空气的能量最低，其次分别是转筒式、热风冲击式、横流式、立式、热箱式、热搁板式、对撞式、喷射式、短塔式、管道式、喷动式、高速滑移式、大容量塔式和标准塔式。管道式干燥器输送用空气能量具有较高的可变性，主要是干燥单元的长度变化不一。

④ 燃料使用值与气流流量和温度变化有关，带有废气回收装置的干燥系统，燃料使用值低；带式、大转筒式、喷射式和热风清理式干燥机的系统由于所需气流量较低，燃料使用值较低；带有横流式和大容量塔式的干燥系统使用了较高的温度和较大气流量，具有较高的燃料使用值。

根据美国研究者对 2007～2010 年秋季轧花厂典型干燥系统的调查报告[20]（表 34-8），每个轧花厂干燥系统空气能耗变化范围是 2.8～80.6kJ/kg（加工单位质量皮棉），平均值为 28.0kJ/kg。对于输送用空气能量需求较高的干燥系统，例如标准塔式、大容量塔式、高速滑移式和管道式（长度超过 15m），系统干燥空气的能量需求高，尤其是轧花厂中有两个或更多个该类型的干燥设备时。

表 34-8　美国 2007～2010 年秋季籽棉加工干燥调研数据

轧花厂干燥系统类型①	系统输送空气比能/(kJ/kg)	燃料使用值/(MJ/kg)	系统干燥效率/%	加权空气流量均值/(m³/kg)	加权平均热空气温度/℃	环境温度/℃	热空气相对湿度/%	棉纤维初始水分（干基）/%	干燥后棉纤维的水分（干基）/%	轧花速率/(包/h)②
热箱式/短塔式/短塔式	17.8	9.1	38.1	1.27	110	8	0.7	12.0	7.5	25
管道式/热搁板式	25.2	10.4	43.2	1.31	89	24	1.0	8.0	4.7	26.5
横流式/高速滑移式/横流式	26.2	37.7	33.4	2.00	226	10	0.1	9.5	6.4	20
高速滑移式/热风冲击式/管道式/横流式	17.9	30.0	43.3	1.26	141	12	0.4	12.1	7.0	26

轧花厂干燥系统类型①	系统输送空气比能/(kJ/kg)	燃料使用值/(MJ/kg)	系统干燥效率/%	加权空气流量均值/(m³/kg)	加权平均热空气温度/℃	环境温度/℃	热空气相对湿度/%	棉纤维初始水分（干基）/%	干燥后棉纤维的水分（干基）/%	轧花速率/(包/h)②
高速滑移式/高速滑移式/高速滑移式	33.6	15.4	53.1	1.73	147	9	0.3	6.8	3.3	26
热箱式/对撞式/管道式	20.7	10.0	40.6	1.91	53	12	5.7	7.9	5.5	35
大转筒式/标准塔式	19.3	11.6	39.5	1.04	86	11	1.9	8.8	5.6	24
热箱式/对撞式/喷动式	11.5	13.6	26.1	1.00	51	12	6.1	5.5	4.6	50
热箱式/立式/管道式	12.6	36.1	27.1	2.52	86	16	1.7	7.3	5.5	27
热箱式/大容量塔式/管道式	26.1	38.0	43.4	2.92	114	20	0.7	7.0	4.1	30
管道式/短塔式/横流式/横流式	22.2	40.4	61.9	2.09	180	11	0.2	11.0	4.3	13
短塔式/短塔式/短塔式	27.8	29.6	63.0	1.57	173	6	0.2	13.4	5.0	16
高速滑移式/标准塔式/标准塔式/标准塔式	80.6	34.3	45.6	3.29	127	10	0.7	7.4	4.2	23
热箱式/带式	2.8	13.5	33.3	0.59	118	25	1.0	7.9	5.4	35.5
热箱式/喷射式/高速滑移式/喷射式/管道式	26.6	13.7	27.1	1.39	115	29	1.0	8.5	6.3	25
短塔式/热风冲击式/管道式	14.5	9.3	54.3	1.16	86	16	2.8	10.4	5.3	43
高速滑移式/热风冲击式/管道式	14.4	12.0	48	2.04	150	34	0.8	12.9	6.8	60
热箱式/热搁板式/热风冲击式	10.3	11.1	66.8	1.40	84	33	5.6	11.6	5.2	30.5
短塔式/立式/管道式/立式	44.1	12.7	59.2	2.22	64	34	12.0	9.6	6.6	23.5
管道式/短塔式/管道式/标准塔式	38.2	12.6	45.4	1.59	83	34	5.6	9.9	6.3	21
热箱式/喷动式/管道式/管道式	35.6	8.9	64.1	1.65	91	27	4.5	12.2	5.4	25
热箱式/标准塔式/管道式	28.1	12.7	52.3	2.51	120	30	1.7	10.4	5.3	17
短塔式/短塔式	6.6	17.7	41.3	1.38	120	12	0.8	11.2	6.7	30

注：每个干燥系统干燥设备种类和数量不一。

① 加粗的是现场调研的带有热量增加的干燥系统；

② 包重（227±10）kg。

　　系统的干燥效率与籽棉初始回潮率成正相关关系。干燥初始回潮率高的籽棉，干燥系统具有较高的干燥效率。系统干燥效率的平均值为46%，范围是26%～67%。由于系统干燥效率受初始回潮率的影响，为了便于分析，干燥系统分成两组，初始回潮率低于9.0%的干燥系统和初始回潮率高于9.0%的干燥系统。低回潮率的平均系统干燥效率为37.9%，而高回潮率的平均系统干燥效率为51.6%。数据显示，标准塔式干燥系统是使用中最有效的系统之一。干燥效率表示干燥系统干燥籽棉的能力，并不一定与干燥成本有关。

 参考文献

[1]　张成梁. 棉花加工过程智能化关键技术研究 [D]. 山东：山东大学，2011.

[2]　Ruan X L, Wang L M, Liu J M, Li X H. Design and Application of Seed Cotton Shelf Drying with Enhanced Heating [C]. 7th Asia-Pacific Drying Conference, 2011.

[3]　刘向新，周亚立，梅建. 新疆棉花清理加工技术条件 [J]. 中国棉花加工，2006，3：9-10.

[4]　徐彦亭，季向民. 结合国情合理设计机采棉加工工艺 [J]. 中国棉花加工，2001，4：16，41.

[5]　王殿钦，王泽武. 热风伴随、穿透式高效籽棉烘干清理机的设计 [J]. 中国棉花加工，2013，1：29-32.

[6]　棉花加工术语：GB/T 32139—2015 [S].

[7]　丁卫东. 棉花加工工（高级）[M]. 北京：中国劳动社会保障出版社，2008.

[8]　Byler R K. Historical Review on the Effect of Moisture Content and the Addition of Moisture to Seed Cotton

before Ginning on Fiber Length [J]. The Journal of Cotton Science, 2006, 10 (4): 300-310.

[9] 李宏志. 籽棉干燥的原理与作用 [J]. 中国棉花加工, 1999, 06: 1, 10.

[10] 徐炳炎. 棉花加工新工艺与设备 [M]. 西安: 西安地图出版社, 2000.

[11] 王昊鹏, 冯显英, 李丽. 籽棉热风干燥控制干基含水率模型的研究 [J]. 农业工程学报, 2013, 03: 265-272.

[12] Samuel Jackson. Dsbook Cotton Drying. www. samjackson. com, 2004.

[13] Samuel Jackson, Incorporated. Assembly Directions 81860A Universal Collider Dryer. www. samjackson. com, 2013.

[14] 陈胜明. 一种籽棉烘干装置: CN208536565U [P]. 2019-02-22.

[15] Len Alphin. Cotton Drying System Saves Energy [J]. Agricultural Research, 1997, 45 (6): 11.

[16] 史书伟, 王泽武, 陈从华, 等. 一种清杂型籽棉干燥机: CN202968814U [P]. 2013-06-05.

[17] 仝昭巍. 环状脉冲、转筒错流式籽棉干燥清理机: CN2172293 [P]. 1994-07-20.

[18] 陈建东, 杨宛章. 大功率微波技术在籽棉干燥中的应用 [J]. 农机使用与维修, 2009, 6: 26-28.

[19] 王利民, 万少安, 陈从华, 等. 一种籽棉微波烘干装置: CN202166279U [P]. 2012-03-14.

[20] Baker K D, Hughs E. A Survey of Seed Cotton Dryers in Cotton Gins in the Southwestern United States [J]. Applied Engineering in Agriculture, 2012, 28 (1): 87-97.

（臧利涛，秦建锋）

第35章

烟草干燥

烟草是我国重要的经济作物，常年种植面积 100 多万 hm^2，烟叶年产量达 200 多万吨。烟叶采收后从农产品转变为卷烟工业原料，需要经过多次的干燥加工工艺。如鲜烟叶采摘后需要经过调制，使烟叶脱水干燥，成为具有一定质量、风格和等级的原烟；打叶复烤生产中，打叶后的片烟原料需要复烤脱水，以利于后续原料的储存和醇化；卷烟制丝生产中，切丝后的烟丝也需要经过干燥脱水，最终成为适宜于卷制的卷烟原料。因此，干燥贯穿了烟草加工工艺整个过程，是烟草工艺流程中的重要加工环节。

35.1 概述

35.1.1 烟草种类与特征

烟草按照植物学分类，可分为普通（红花）烟草和黄花烟草，目前世界上大多数商用烟草都是红花烟草。按烟叶调制方式（即鲜烟叶脱水方式）不同，可分为烤烟、晾烟和晒烟、香料烟和黄花烟。

烤烟又称弗吉尼亚烟，采用烘烤方式进行调制处理。成熟的烤烟烟叶调制后，叶色呈金黄、橘黄色，含糖量较高，蛋白质含量较低，烟碱含量适中，油分多，香味好，是烟草工业的重要原料。晾烟是将烟叶或整株烟草采收后，在阴凉通风场所通过晾干脱水进行调制。晾烟包括白肋烟、马里兰烟和雪茄包叶烟，其中白肋烟含糖量很低，烟碱和蛋白质含量高，是混合型卷烟的重要原料。晒烟烟叶采收后，是采用太阳光晒干调制的。晒烟一般叶片较大、较厚，颜色多为深黄色、紫色或红褐色，烟叶含糖量较低，烟碱和蛋白质含量高，是多种烟草制品的原料。香料烟又称土耳其型烟，采用晾晒结合进行调制干燥。其烟叶光泽鲜明，烟味柔和，烟碱含量较低，树脂和蜡质类物质含量较高，是混合型和晒烟型烟草制品的主要原料。黄花烟为烟属的黄花烟种，采用日晒调制。调制后烟色较深，烟味浓，刺激性强，是制作鼻烟、嚼烟的原料，也有制作硫酸烟碱之用。

烤烟是我国生产的主要烟草种类。烤烟种植面积和产量占烟叶的 95％以上，其中以云南、贵州、四川、湖南、福建、山东、河南、湖北、重庆等 9 省市为烤烟烟叶生产的优势区域。白肋烟和香料烟在我国西南地区有小面积种植，其他地方晾晒烟多为分散种植。

35.1.2　烟草原料理化特性

烟叶质量综合来讲，即烟叶原料在烟草制品中的使用价值。与烟草原料质量相关的理化特性主要包括以下三个方面：

① 烟叶的外观质量，主要包括成熟度、部位、颜色、厚度、叶形等；

② 烟叶物理性能方面，包括填充能力、抗碎性和燃烧性；

③ 烟叶化学成分，包括烟碱、总糖、还原糖、总氮、钾、氯等含量，以及上述成分之间的平衡关系。

外观质量中，烟叶成熟度是评价烤烟烟质的核心指标。成熟度好的烟叶，其总糖和烟碱含量高，蛋白质含量低，化学成分协调，烟叶香气质好；而成熟度差的烟叶，表现为香气质较差，香气量不足，刺激性较大，杂气较重。

烟草主茎上不同部位的烟叶，有不同的外观特征，也具有不同的质量特征。上部烟叶较厚，颜色较深，叶片结构较致密，糖分含量高于下部叶，总氮和烟碱量最高，烟叶填充性居中，吸湿性较低，燃烧慢；中部叶颜色多呈橘黄、正黄色，油分多，叶片结构疏松，总氮和烟碱适中，烟叶填充性较差，吸湿性高，燃烧较慢；下部烟叶较薄，叶片结构疏松，烟叶香气较少，填充性好，燃烧性强。

烟叶颜色与其质量存在密切关系。烟叶经过调制干燥后，颜色一般呈青黄、微青、柠檬黄、橘黄、浅红棕、红棕等。其中，柠檬黄到橘黄色烟叶的香气质、香气量相对较好；红棕色烟叶杂气和刺激性增大，香气质和香气量降低；而青黄色及微青色烟叶有明显的青杂气，一般不带青色的烟叶其质量才符合基本要求。

化学特性方面，烟叶化学成分中烟碱含量一般为 1.5%～3.5% 之间，烤烟烟叶还原糖变化区间在 5%～25% 之间，烟碱与还原糖的比值以 1:(6～8) 为宜。烤烟要求总氮含量为 1.5%～3.5%，烟碱与总氮的比值以 1:1 为宜，偏低则意味着烟叶成熟度差。其他化学成分中，钾含量和氯含量对烟叶的燃烧性影响较大。钾含量越高、氯含量越低，则烟叶燃烧性越好。上述各类型烟草原料代表性的化学成分如表 35-1 所示。

表 35-1　烟叶中具有代表性的化学成分（醇化后烟叶，以干重计算，单位%）

类型	还原糖	总氮量	烟碱	灰分	钾	钙	镁	磷	硫	氯	粗纤维
烤烟	22.09	1.97	1.93	10.81	2.47	2.22	0.36	0.51	1.23	0.84	7.88
白肋烟	0.21	3.96	2.91	24.53	5.22	8.01	1.29	0.57	1.98	0.71	9.29
马里兰烟	0.21	2.80	1.27	21.98	4.40	4.79	1.03	0.53	3.34	0.26	21.79
香料烟	12.39	2.65	1.05	14.78	2.33	4.22	0.69	0.47	1.40	0.69	6.63

35.1.3　烟草加工流程

不同类型的烟草制品，包括烤烟型、混合型及雪茄型等产品，具有不同的加工工艺和流程。我国烟草原料主要以烤烟烟叶为主，烟草加工也是以烤烟型烟草制品为主。因此，本部分主要介绍烤烟型烟草制品的加工工艺流程。

如图 35-1 所示，烤烟烟叶在种植采收后，首先经过调制（即烟叶烘烤）成为原烟。原烟在打叶复烤加工过程中，经过打叶去梗将叶梗分离后，叶片和烟梗需要分别进行复烤干燥处理，以利于叶片后续储存醇化。醇化后的叶片需要经过制丝加工流程，即通过叶片回潮加料、切丝、烟丝干燥、掺配和加香等工序，成为成品烟丝，最终才能用于卷制烟草产品。此外，打叶复烤分离出的烟梗通过离线的梗丝加工工艺可加工为梗丝原料，部分叶片原料通过烟草膨胀工艺可加工为膨胀烟丝。梗丝及膨胀烟丝可作为配方原料，在制丝流程中与叶丝掺配使用。

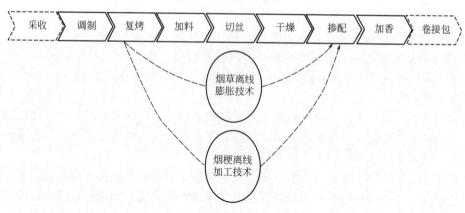

图 35-1　烟草加工工艺流程

35.1.3.1　烟叶烘烤

烟叶烘烤调制是把种植的烟叶从农产品变成卷烟原料的首要环节，是将田间采收的鲜烟叶放置烤房中烘烤调制，使其成为卷烟原料"原烟"的过程。烟叶烘烤过程中，主要是通过控制烤房中的温度、湿度和通风条件，使烟叶通过热风干燥脱水，成为具有一定质量、风格和等级的烟叶。该过程的工艺作用：一是脱除新鲜烟叶中大部分的水分，满足后续加工处理需求；二是通过烘烤使烟叶内含物质发生必要的分解和转化，使栽培种植的烟叶潜在的内在质量特性和外观质量充分显现并固定下来。因此，烘烤调制的方法及工艺参数对其调制后的烟叶品质有重要影响。

35.1.3.2　打叶复烤

打叶复烤，顾名思义，就是将原烟在复烤之前，先通过打叶设备的机械作用将烟叶上的叶片和烟梗撕裂分离，再对烟叶与烟梗分别进行复烤干燥，然后分别作为工业原料进行打包和储存。初烤后的烟叶之所以要经过复烤才能成为卷烟工业原料，主要原因在于初烤后的原烟含水率高且不均匀，一般约为 $15\%\sim20\%$，这样高含水率的烟叶在后续储存醇化过程中会出现板结"出油"、霉变和炭化等问题，因此需要及时对原烟通过复烤进行二次水分调整，使含水率降到 $11\%\sim13\%$，避免发生上述现象，以利于烟叶长期储存和自然醇化，改善和提高烟叶的品质。同时，初烤后的烟叶存在一些害虫、虫卵和霉菌，通过复烤处理可以将其杀灭，有利于长期储存。

35.1.3.3　制丝加工及卷制

醇化后的烟叶原料需要经过制丝加工过程，才能转变为适合卷制的成品烟丝。在烟草生产过程中，制丝的工艺流程最长，工序繁杂，设备种类也最多。其中制叶片段包括烟叶回潮、预配、加料、储叶等工序，主要完成叶片原料配方的目的，即把各种类型、等级、风格的烟叶原料和香料料液等合理混配在一起，使之产生较佳的感官品质效果。制叶丝段主要包括切丝、烘丝、掺配、加香等工序。切丝是将叶片按一定宽度切成叶丝；烘丝是将切后水分在 $20\%\sim30\%$ 之间的叶丝通过不同干燥方式脱水至 $11\%\sim13\%$；掺配、加香是将干燥后的叶丝与梗丝、膨胀叶丝等均匀掺配并补加部分香精料液。

经过制丝加工后的成品烟丝以及卷烟纸、滤棒、接装纸等卷烟辅材，在卷制包装环节经过卷烟机、包装机等设备，最终加工为成品烟草制品。

35.1.3.4　梗丝及膨胀烟丝加工

烟梗加工为梗丝，需要经过烟梗预处理、烟梗形变、梗丝干燥和梗丝风选工序。梗丝工艺中，烟梗经过预处理中的洗梗、润梗后，通过压梗和切梗工序制成梗丝，进而通过流化床干燥、滚筒干燥或隧道式干燥处理，进行干燥脱水，并达到一定的梗丝膨胀效果。膨胀烟丝是将部分烟丝加入特定液相介质中浸渍后进行高温处理，以达到使烟丝组织结构膨胀、增加烟丝填充值的目的。按浸渍介质的不同，膨胀方法可分为干冰膨胀法、液氮膨胀法和氟利昂膨胀法等，是降低卷烟烟气焦油量和卷烟烟叶消耗的重要手段之一。

综上所述，在烟草上述加工工艺流程中，在制品所经历的各种加工工序按其工艺目的大致可分为三类：一类是热湿加工过程，包括烟叶初烤、烟片复烤、烟丝干燥等干燥脱水工序和润叶、叶片回潮等增温增湿工序。该类工序的目的一方面是调节在制品含水率以满足后续储存、形变等加工环节对在制品水分的要求；另一方面也可在一定程度上改善在制品的物理特性和感官品质。第二类工序包括打叶、切丝、卷制等过程的形变工序，主要是为了满足从初始烟叶原料到最终卷烟产品的在制品物理形变需求。第三类工序主要涉及在制品的除杂净化和组分掺配过程，是以达到产品配方设计要求为目的，包括叶梗分离、加香加料、三丝掺配和烟草的精选除杂。

35.2　烟草干燥动力学特性

热风对流干燥是烟草物料的主要干燥方式，在烟叶初烤、烟片复烤和烟丝干燥中均有涉及。烟片、烟丝等烟草在制品干燥工艺中，物料干燥前的初始含水率基本上不超过 40%，干燥过程的含水率变化一般均在 10%～40% 范围内。在此含水率区间，干燥介质条件恒定的情况下，烟草脱水在干燥动力学上主要为降速干燥过程，依据 Mujumdar 等对物料干燥曲线的描述，包括第一降速段和第二降速段。

以某产区烤烟 B1F 在热风温度 100℃ 和热风湿度 0.2kg/kg 干空气条件下的对流干燥过程为例，其干燥特性曲线、干燥速率和表面升温速率曲线如图 35-2 所示。可以看出，在经历短暂的预热升温阶段 AB 后，烟草物料即进入 BCD 降速干燥阶段。该阶段是烟草物料干燥的主要阶段，具体表现为物料平均含水率和表面温度变化由较快逐步过渡到非常缓慢，干燥速率和表面升温速率逐渐减小。这一阶段又可分为第一降速段 BC 和第二降速段 CD。DE 段为滞速段，该阶段物料平均含水率趋近于平衡含水率，表面温度趋近于环境干球温度。

对于烟草物料对流干燥特性的动力学模型描述，较多采用式（35-1）所示的基于 Fick 第二定律的扩散方程来描述。对于形状为薄片或者堆积形状为薄片的物料，假设水分沿片状物料厚度方向中心 $L/2$ 处向外一维扩散，式（35-1）的解析解如式（35-2）所示。在不同烟草物料动力学分析中，常常取扩散方程前 1～3 项进行拟合分析。通过扩散方程对试验检测的含水率变化数据进行拟合，可得到物料的有效扩散系数 D_e。同时，一般认为烟叶（片状物料）或薄层烟丝有效扩散系数与干燥温度符合式（35-3）所示的 Arrhenius 关系式，由该式可确定干燥表观活化能。有效扩散系数 D_e 和干燥表观活化能，均被用于反映不同干燥条件及不同烟草物料的干燥脱水性能。

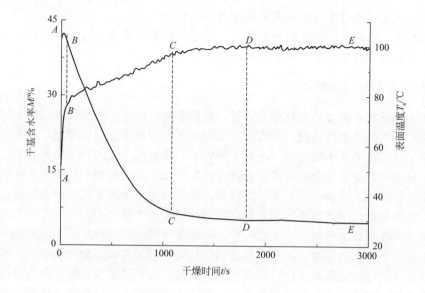

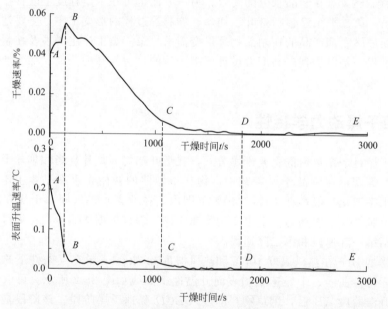

图 35-2　烟草对流干燥特性曲线、干燥速率和表面升温速率曲线

$$\frac{\partial M}{\partial t} = D_e \frac{\partial^2 M}{\partial x^2} \tag{35-1}$$

$$\frac{M - M_e}{M_0 - M_e} = \frac{8}{\pi^2} \sum_{n=0}^{\infty} \frac{1}{(2n+1)^2} \exp\left[-\frac{(2n+1)^2 \pi^2 D_e t}{4L^2}\right] \tag{35-2}$$

$$D_e = D_0 \exp\left(-\frac{E_a}{RT_g}\right) \tag{35-3}$$

　　除单一对流传热干燥外，烟叶或薄层烟丝干燥动力学分析还涉及复合传热方式下的干燥过程。在烟草制丝加工中，烟丝滚筒干燥方式下物料由于同时受热风对流传热和滚筒筒壁传热的作用，属于对流-传导复合传热方式下的干燥过程。对于该干燥过程，可在式(35-3)基础上进一步分析，建立烟丝有效扩散系数与传导传热的壁面温度之间的关系，如式(35-4)所示的幂函数关系，进而采用式(35-2)描述薄层条件下的复合传热过程动力学。此外，部

分涉及烟丝红外辐射-热风对流复合传热干燥的动力学分析中，也通过建立烟丝有效扩散系数与辐射传热参数之间的函数关系，获得了该复合传热方式下的烟草干燥动力学参数。

$$D_e = D_0 \left[\exp\left(-\frac{E_a}{RT_g}\right) \right] \times \left(\frac{T_w}{T_0}\right)^a \tag{35-4}$$

在烟草干燥动力学特性的影响因素中，除了外部干燥介质条件（如热风温度、湿度、风速等）外，不同种类烟草原料及不同部位烟叶的干燥动力学特性均呈现出较大差异。以烤烟烟丝、白肋烟烟丝及烤烟梗丝 3 种不同烟草材料为例，其在 240℃ 相同的快速气流干燥条件下（绝干空气），分析得到的水分有效扩散系数和活化能如表 35-2 所示。可以看出，烤烟烟丝的水分有效扩散系数最小，而干燥活化能最高；白肋烟烟丝则具有较高的水分有效扩散系数和较低的干燥活化能；烤烟梗丝介于二者之间。这一结果与不同烟草材料的理化特性是相关的。如白肋烟烟叶往往具有较为疏松的烟叶组织结构，同时化学组成中与水具有较强结合能力的糖类成分也明显低于烤烟烟叶，这导致其与烤烟相比具有明显更高的干燥脱水速率。此外，即使是相同种类的烟草，不同部位的烟叶其干燥动力学特性也呈现出较大差异。如下部烟叶与上部、中部烟叶相比，由于叶片结构较薄，且组织相对疏松，相同干燥条件下往往也呈现出较其他部位烟叶更高的水分有效扩散系数和更低的干燥活化能。

表 35-2　不同种类烟草材料对流干燥动力学参数

烟草材料种类	D_e/(m²/s)	E_a/(kJ/mol)
烤烟烟丝	2.12×10^{-8}	18.15
白肋烟烟丝	2.94×10^{-8}	8.71
烤烟梗丝	2.51×10^{-8}	11.67

在烟草原料干燥动力学分析中，除了上述基于 Fick 第二定律的扩散方程外，食品和农产品干燥领域常用的 Newton、Page 等半经验及经验性质的薄层干燥模型，也常常被用于不同烟草原料对流干燥动力学的描述。此外，近年来陈晓东等提出的 REA 模型也被用于烟草干燥动力学特性的分析。该模型假定干燥过程是水分蒸发和冷凝共同竞争的过程，因此烟片干燥速率可由式（35-5）来描述。式中，h_m 为传质系数；$\rho_{v,s}$ 为物料-空气界面上的蒸汽浓度；$\rho_{v,b}$ 为干燥介质中的蒸汽浓度。同时，REA 模型假定水分蒸发是一个活化过程，而水分冷凝是一个自发过程，因此 $\rho_{v,s}$ 可利用 Arrhenius 方程由式（35-6）来表示。将式（35-5）与式（35-6）结合，REA 模型可模拟分析烟片或烟丝物料的干燥动力学及干燥活化能。

$$\frac{dM}{dt} = -h_m(\rho_{v,s} - \rho_{v,b}) \tag{35-5}$$

$$\rho_{v,s} = \rho_{v,\text{sat}(T)} \exp\left(-\frac{\Delta E}{RT}\right) \tag{35-6}$$

35.3　烟草干燥工艺与设备

35.3.1　烟叶烘烤

烟叶烘烤是将田间生产成熟的新鲜烟叶采收后，在烤房中通过控制温湿度、通风等条件，使烟叶向着需要的品质方向转化并干燥，最终形成卷烟工业所需的原料的过程。经过烘烤后的烟叶，在内含物质、外观形态以及细微结构上都发生了显著的变化。这些变化正是鲜烟叶转化为原烟，显现其特有香味和理想色泽的必要路径。因此，烘烤调制的方法及工艺参数对其调制后的烟叶品质有重要影响。

含水率80％～90％的鲜烟叶，经烘烤干燥后成为含水率16％～18％的原烟，其内部和外观都发生了极为复杂的变化。内部变化是烟叶在烘烤环境下，由旺盛的生命活动继续发展逐渐至衰老到死亡的饥饿代谢过程，有组织结构的变化，有各种酶类参加的多种生理生化反应，以及受此影响的化学组分变化，如表35-3所示。外观变化首先是烟叶颜色由绿色、黄绿色到黄色的变化，其次是烟叶形态上的失水凋萎。烟叶颜色的变化代表了内部生理生化转化的程度，烟叶形态的变化代表了失水的程度，并且可以推断烟叶内部的生理生化能否继续发展。因此，烤后烟叶的外观质量，尤其是烟叶颜色，是烤后烟叶品质分级的重要指标。

表 35-3　烘烤过程中烟叶化学成分的变化（％）

化学成分	新鲜烟叶	烤后烟叶	化学成分	新鲜烟叶	烤后烟叶
淀粉	29.30	5.52	灰分	9.23	9.25
游离还原糖	6.68	16.47	草酸	0.96	0.85
果糖	2.87	7.06	柠檬酸	0.40	0.38
蔗糖	1.73	7.30	苹果酸	8.62	8.73
粗纤维	7.28	7.34	树脂	7.05	6.61
总氮	1.08	1.05	果胶	10.83	8.48
蛋白质氮	0.65	0.51	羰基化合物/(mg/100g 烟叶)	94.9	888.0
烟碱	1.10	0.99			

烘烤过程中，烟叶颜色的变化主要是叶中有机物质在酶作用下分解转化的结果，即酶促棕色化反应。新鲜烟叶内含有咖啡酸、绿原酸、奎宁酸等，上述多酚类物质在多酚氧化酶作用下，被氧化产生淡红色到深褐色物质。同时，也存在非酶促棕色化反应，即氨基酸与糖类之间的美拉德反应。酶促和非酶促棕色化反应都需要一定的温度和水分条件，因此烟叶烘烤过程中，颜色的变化和干燥脱水速率必须匹配适当，才能获得较好的烤后烟叶外观品质。否则，烟叶烘烤过程中颜色变化速度快，而脱水干燥速度慢，烟叶已经充分变黄，但叶内还有大量的水分，就会使酶促棕色化反应继续进行，烟叶颜色会继续发展而变为褐色。如果烟叶脱水速度快，而颜色变化速度慢，烟叶尚未充分变黄时，烟叶内水分已经不足以维持生命活动，酶促反应则提前终止，结果烟叶会呈现不同程度的青色。

烟叶烘烤的基本原理在于合理地控制烟叶的变色速度和干燥速度，使其相互匹配。对这两个速度的控制，主要是通过控制不同干燥阶段的温度和相对湿度来完成的。在烟叶烘烤前期，烟叶组织尚处于生命状态，发生以化学成分转化分解为主的生理生化变化。而烘烤后期，以叶片和叶脉的干燥为主，固定已形成的质量形状，这一时期则以排出水分的物理过程为主。因此，整个烟叶烘烤过程具有明显的阶段性。国内烤烟加工中，一般采用三段式烘烤工艺，即将烘烤过程分为变黄阶段、定色阶段和干筋阶段。上述三个阶段中，对干燥烘烤工艺有不同的温湿度控制要求，如表35-4所示。

表 35-4　三段式烟叶烘烤条件

烘烤阶段	温度/℃	相对湿度/％	时间/h
变黄阶段	30～42	98～60	30～72
定色阶段	42～54	60～30	30～48
干筋阶段	54～70	<30	24～36

在三段式烘烤工艺中，在每个烘烤阶段，将干燥温度分为升温控制和稳温控制两步，每一阶段的干球温度变化趋势及烟叶外观质量变化如图 35-3 所示。烘烤初期的变黄阶段主要是让烟叶在较多水分的情况下进行有机物质的转化和分解，因而变色速度快，干燥速度尽量放慢，采用较低的温度和较高的相对湿度，以保持叶组织细胞中适量的水分，促进烟叶生命活动和变黄时生化变化的顺利进行。在定色阶段，当烟叶基本上全部变黄时，需要将颜色固定下来，就应迅速减慢或停止变色速度、加快干燥速度，这时需要提高温度、降低相对湿度，让叶片中水分迅速蒸发排走，使黄色固定下来。干筋阶段主要是排出烟叶主脉水分的阶段，烟叶主脉较粗，组织结构紧致，持水力强，所以需要进一步升温、降湿才能达到干燥的目的。但干筋阶段的温度也不宜过高，否则会造成烟叶中香气物质的挥发损失。

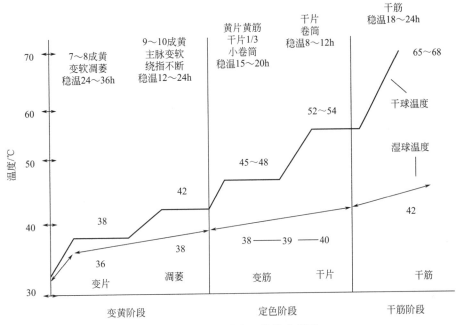

图 35-3　三段式烘烤工艺模式简图

烤房是烟叶烘烤干燥的主体设备。烟叶在烤房中堆积或挂架放置，并与烤房中通过的热气流接触，进行对流干燥脱水。根据烤房通风的性质，可将其分为自然通风烤房和强制通风烤房。自然通风是最早使用的烤房类型，一般采用气流上升式烘烤，即在烤房底部燃烧室中燃烧煤、生物质等固体燃料，产生的高温烟气通过烟气管道间壁加热烤房内下部的空气，热空气上升过程中对烟叶进行脱水干燥。烤房内的环境温湿度，通过烤房底部和顶部的通风口，进行人工通风排湿调节。

自然通风烤房中气流温湿度难以准确地合理调节，同时这种烤房的热量利用效率较低，一般仅为 20%～30%。因此，烟叶烘烤干燥的成本较高。目前，国内烟叶烘烤越来越多地采用强制通风烤房，即密集式烤房。如图 35-4 所示，密集式烤房一般由挂烟室（干燥室）、热风室、供热系统、通风排湿和热风循环系统、温湿度控制系统等组成。与自然通风烤房相比，密集式烤房使用风机进行强制通风和热风循环，并实现干燥热风温湿度自控，其干燥效率较高。因此，装烟密度可达普通烤房的 2～3 倍。同时，一定程度上也实现了烟叶烘烤的规模化和自动化。

35.3.2　烟片复烤

烘烤后的原烟经过润叶和打叶去梗后，分离出的烟片原料含水率在 17%～20% 范围，

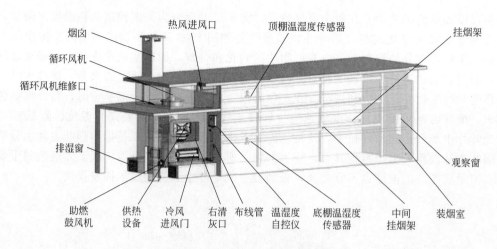

图 35-4　密集式烤房结构示意图

需要脱水至 11%～13% 的含水率，以利于后续储存醇化。这一干燥过程是通过烟片复烤工艺来实现的，该工艺也是烟叶由农产品转变为工业生产原料的重要加工环节。现行的烟片复烤加工普遍采用如图 35-5 所示的隧道网带式热风干燥工艺，烟片物料在输送网带上以厚层铺料的方式通过设备不同干燥区，在不同干燥区采用上吹风或下吹风的方式穿过网带物料层，进行热风对流干燥。

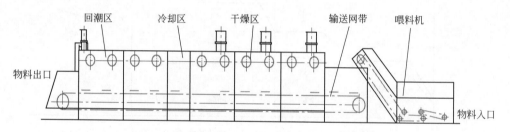

图 35-5　传统隧道网带式复烤设备结构示意图

该干燥方式具有较大的烟片处理能力。但由于烟片采用厚层铺料方式（铺料厚度一般为 80～120mm）与热风进行接触，容易导致网带上不同区域及不同厚度的烟片物料含水率不均一。因此，通常在干燥段将烟片物料进行过度干燥，即将烟片脱水至 8%～10% 的含水率，再通过干燥区后设置的冷却区和回潮区，采用高湿循环气流将过度干燥的烟片回潮增湿至 11%～13% 的含水率。由于烟片在过度干燥中基本进入第二降速干燥段，该阶段的缓慢脱水过程以及后续的冷却回潮，有助于干燥后物料水分的均衡。同时，对烟片物料进行过度干燥处理，也有助于杀灭烟片中的害虫和病菌，使烟片更适合于储存、醇化。然而，过度干燥使得烟片热处理强度增大，也会带来烟叶香气损失等问题。

长期以来，我国复烤工序均采用"干燥、冷却、回潮"的隧道网带式复烤技术。叶片经定量喂料机均匀地铺在输送网带上，随着网带的运动进入复烤机内；先经过干燥段，在循环热风的作用下，脱去水分；当达到一定指标后再进入冷却区，采用冷却循环风冷却；最后经过回潮段，使烟片的含水率达到要求，完成复烤过程。通过冷却区前后取样房两侧的烟叶含水率检测数据，作为调整干燥区、冷却区相关工艺参数及网面风速均匀性的依据；通过检测出料端左、中、右叶片的含水率，作为调整回潮段相关工艺参数和网面风速匀性的依据。

此外，在烟片复烤的干燥段，通常设置 4 个不同的干燥区，即对烟片采用多段热风组合干燥的方式。一方面，在不同干燥区依次采用上进风、下进风交错的进风方式，以提高网带上烟片与热风接触的均匀性；另一方面，各干燥区通过采用不同的热风温湿度组合，以较好地控制烟片干燥脱水过程。复烤过程中，各区段工艺热风的温湿度和烟草温度、水分变化趋势如图 35-6 所示。复烤过程干燥段应严格控制网面风速、热风温度和相对湿度，一般下进风网面风速为 0.5～0.6m/s，上进风网面风速为 0.6～0.7m/s，干燥热风温度不超过 100℃，热风相对湿度一般为 20%～30%；冷却区采用上进风方式，网面风速为 0.7～1m/s；回潮区上进风和下进风的网面风速一般控制在 0.5～0.65m/s，气流温度一般控制在 50～60℃，气流的相对湿度控制在 95%～98%。

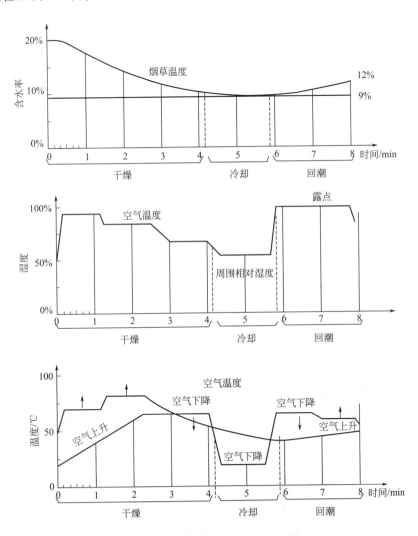

图 35-6　复烤过程烟草温湿度与空气温湿度变化

目前，打叶复烤企业使用的烟片复烤设备，主要有国外的 PROCTOR 型、COMAS 型、GARBUIO 型及国内改进的 KG 型复烤机等，复烤加工能力基本在 6000～12000kg/h 范围内。上述烟片复烤设备结构和加工原理基本一致，设备均采用隧道网带式结构，在烟片复烤过程中将处理过程依次分为三个区，即干燥区、冷却区及回潮区。以如图 35-7 所示的 KG 型复烤设备为例，其主要参数如表 35-5 所示。

图 35-7　KG 型隧道网带式烟片复烤设备

表 35-5　KG 型隧道网带式复烤设备主要参数

结构参数	设备长度	55636mm
	输送网带宽度	3500mm
	干燥区设置	4 个，1、2 上吹风段，3、4 下吹风段
	回潮区设置	2 个，1 上吹风段，2 下吹风段
工艺参数	生产能力	9600kg/h（脱水后含水率为 12％）
	进料水分	18％～20％
	烟片铺设厚度	105～135mm
	输送链运行速度	5～9m/min
	干燥区热风温度	80～100℃
	干燥后含水率	8％～10％
	冷却区热风温度	35～45℃
	出料含水率	11％～13％
	出料温度	55～65℃

35.3.3　烟丝干燥

在制丝工艺中，烟片经回潮加料和切丝处理后，叶丝含水率在 18％～22％ 范围内，需要经过烟丝干燥工序将含水率降低至 11％～13％，以便于后续卷制加工。该干燥过程一方面是通过干燥脱水使叶丝达到适合卷制的水分要求；另一方面是通过烟丝的干燥卷曲形变，使烟丝填充值增加，以降低后续卷制过程中的烟叶原料消耗。由于烟丝干燥是制丝加工流程中物料热加工强度最大的工序，烟丝热加工过程中，物料内部会发生美拉德反应，以及致香成分析出等化学变化过程，进而影响干燥后物料的化学特性和感官质量。因此，烟丝干燥也是烟草加工中烟叶原料物理、化学品质变化较为显著的加工过程。

目前，烟丝干燥方式主要有气流干燥和滚筒干燥两种方式。气流干燥主要是通过对流传热的方式给物料传热，滚筒干燥采用热传导和对流传热结合的复合传热方式给物料传热。

35.3.3.1　烟丝滚筒干燥

　　如图 35-8 所示的滚筒烘丝机是烟草行业传统的烟丝干燥设备，由于其稳定的加工性能，在行业内被广泛使用。干燥过程中，滚筒筒壁夹层及抄板夹层内通入饱和蒸汽作为加热介质，将筒体内壁和抄板加热至一定温度。同时，滚筒内通入一定温度和流速的热风。通过电子皮带秤计量的烟丝按一定流量通过输送振槽或皮带送入滚筒后，在抄板作用下通过升举-抛撒运动沿滚筒轴向传输，并与筒壁、抄板直接接触进行传热，加热后的烟丝温度升高、内部水分蒸发汽化至气相。滚筒内通入的热风以对流方式加热烟丝，以强化烟丝水分的汽化，同时作为载湿介质将烟丝蒸发出的水汽由排潮装置带出滚筒。干燥后的叶丝从滚筒的出料端卸出，在滚筒出口处均设置有红外水分检测仪，对烟丝干燥后水分实时监测。

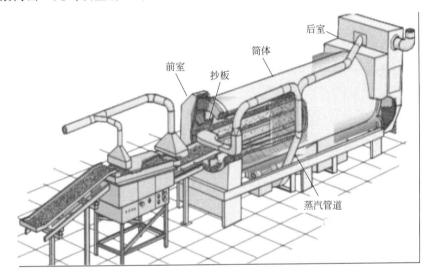

图 35-8　烟丝滚筒干燥设备结构示意图

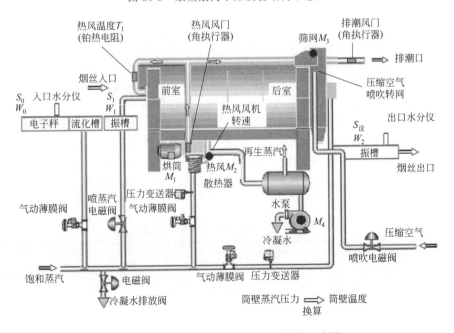

图 35-9　烟丝滚筒干燥设备控制结构示意图

滚筒干燥设备主体是具有一定倾斜角度并能旋转的筒体。如图35-9所示，烟丝滚筒干燥过程中主要控制的干燥工艺参数包括筒壁温度、热风温度、热风风量和滚筒转速。其中，筒壁温度和热风温度是影响干燥后叶丝物理特性和感官品质的核心工艺参数。其工艺参数控制主要包括蒸汽压力控制、热风温度控制、筒体转速控制。筒壁温度是通过调节进入滚筒筒壁夹层内的饱和蒸汽压力来控制的，调控范围一般在105～160℃。通过热风加热回路中的加热器蒸汽压力，来控制热风温度，调控范围一般在90～150℃。由于滚筒筒壁的传导传热是烟丝脱水热量的主要来源，烟丝出口含水率较多通过筒壁温度的调节进行闭环控制，也有部分采用热风温度或热风风量来调控烟丝含水率，筒内热风风速一般在0.3～1.0m/s范围内。

现行的烟丝滚筒干燥加工设备主要包括国外烟机公司生产的KLK、CEVJ等系列型号，以及国内烟机企业生产的SH627、SH317等系列型号。上述不同滚筒干燥设备干燥原理、工艺特点大体相仿，只是在具体结构和控制模式上存在差异。以烟丝额定生产能力6000kg/h的设备为例，上述不同型号滚筒干燥机在设备结构上的差异如表35-6所示。

表35-6　烟丝滚筒干燥设备结构对比表

结构参数	设备型号			
	KLK	CEVJ	SH627	SH317
额定生产能力/(kg/h)	6000	6000	6400	6400
滚筒尺寸($D \times L$)/(mm×mm)	$\phi 1900 \times 9000$	$\phi 3000 \times 12000$	$\phi 2080 \times 10000$	$\phi 2460 \times 8436$(外)，$\phi 914 \times 9350$(内)
长径比	4.73	4.0	4.81	3.43
滚筒倾角/(°)	1.5	2～5	2.0	5
滚筒内壁形状	滚筒的内壁装有12块L形弧状热交换板	平板	滚筒的内壁装有数块弧状热交换板和辐射状热交换板	滚筒的内壁采用管板加热的双筒结构，同步旋转，内外筒均焊有半圆管和焊有半圆管的炒料板，截面上分别平均分布24块抄板
热风流向	顺流	逆流为主	顺流	顺流、逆流均可

35.3.3.2　烟丝气流干燥

气流干燥是将散粒状固体物料分散悬浮在高速热气流中，在气力输送下进行干燥的一种方法。如表35-7所示，在干燥条件上，烟丝气流干燥的进料水分、干燥温度和干燥时间与滚筒干燥方式均存在显著差异。烟丝气流干燥前一般通过设置超级回潮装置，将进料烟丝水分调节至28%～35%。气流干燥器内，烟丝的停留时间仅为1～5s，远低于滚筒干燥，而气流干燥温度一般在180～350℃范围内。由于烟丝气流干燥强度较大，烟丝内部水分闪蒸产生的瞬时蒸汽压差可对烟草组织产生一定的膨胀效果。因此，与滚筒干燥方式相比，气流干燥后烟丝的表观密度较低而填充值较高，这对降低后续烟草产品卷制过程的原料消耗是有利的。

表35-7　烟丝气流干燥与滚筒干燥对比

烟丝干燥方式	干燥条件			干燥后烟丝物理特性	
	进料水分	干燥介质温度	干燥时间	表观密度	填充值
气流干燥	28%～35%	180～350	1～5s	较低	较大
滚筒干燥	20%～23%	筒壁温度110～160 热风温度90～150	3～8min	较高	较小

HXD 高温气流式烟丝干燥机是国内烟草工业较早采用的气流干燥系统,目前在烟草企业中仍有较多应用。如图 35-10 所示,该系统主要由燃烧炉、热交换器、进料系统、气流膨胀干燥管和旋风分离器组成。物料由旋转进料气锁送入干燥管,湿烟丝进入管道后被高速气流带向管道出口。在此过程中,干燥管气流风温在 260℃以上,气流速度超过 25m/s,烟丝在对流传热传质作用下水分被蒸发。由于物料进入管道后被高速气流冲散而使二者充分混合,在干燥管道出口通过旋风分离器将烟丝分离排出。分离出的干燥工艺气一部分通过排潮管路排出系统外,其余部分则经过燃烧换热系统被加热至一定温度后循环使用,循环工艺气流的湿度通过蒸汽喷射进行调节。该系统中出口烟丝含水率可通过气流风温、蒸气喷射量等参数调控。

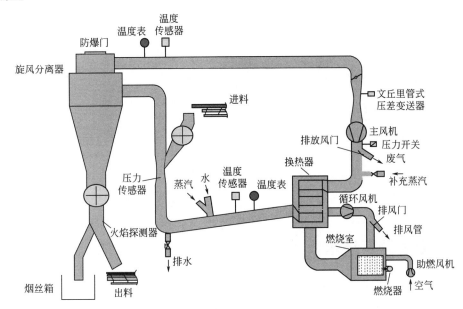

图 35-10　HXD 烟丝气流干燥系统工艺

在 HXD 气流干燥设备应用后,国内外烟草行业相继开发了 HDT、SH9、SH96、CTD 等一系列不同形式的气流干燥系统。这些气流干燥系统的差异主要体现在干燥管的结构设计和操作气速上,具体如表 35-8 所示。其中,图 35-11 所示的 CTD 烟丝气流干燥系统与传统的高温气流干燥系统相比,由于干燥管采用塔式结构,其操作气速较低,不超过 8m/s,气流干燥风温也可低至 160~180℃,具有干燥强度低、干燥产品香味成分保持好等特点,近年来得到了较广泛的应用。

表 35-8　烟丝气流干燥设备结构对比

设备结构指标	英国 HXD	德国 HDT	意大利 CTD	常州智思 SH9	秦皇岛烟机 SH96
干燥段高度/m	>15	>15	6	6	7.2
干燥段组合	垂直	垂直	垂直	水平+垂直	水平+垂直
干燥段形状	等面积矩形	等面积矩形	等径圆管	不同面积圆管+圆塔	变面积椭圆管
物料状态	料温低,22%~35%水分进料	有喷蒸汽升温松散装置,料温高,22%水分进料	有喷蒸汽膨胀单元,料温高,22%水分进料	料温低,22%~35%水分进料	有喷蒸汽升温松散装置,22%~35%水分进料

续表

设备结构指标	英国 HXD	德国 HDT	意大利 CTD	常州智思 SH9	秦皇岛烟机 SH96
干燥管设计	膨胀干燥一体，采用快速干燥	膨胀干燥一体，采用快速干燥	膨胀干燥分开，采用匀速、慢速干燥	膨胀干燥一体，采用变速脉冲干燥	膨胀干燥一体，采用变速脉冲干燥
干燥段风速/(m/s)	风速较高，>25	风速较高，>25	风速较低，≤8	风速适中，10~20	风速较高，>25
出料结构	一级旋风落料	二级旋风落料	切向落料	一级旋风落料	切向落料

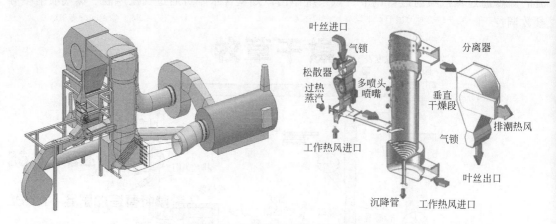

图 35-11　CTD 烟丝气流干燥系统结构示意图

35.4　烟草干燥新技术

　　针对烟草工业中烟片复烤干燥、烟丝滚筒干燥、烟丝气流干燥等现行干燥工艺存在的缺点和局限性，近年来相关烟草企业和科研机构研究开发了多种滚筒式、气流式的烟草干燥新工艺和设备，在提升干燥效率和烟草在制品干燥品质方面，具有较好的效果，以下将对此进行总结阐述。此外，在烟草红外辐射干燥、真空干燥、微波热风干燥、微波真空干燥等不同外场协同作用下的干燥技术方面，科研人员也做了大量研究工作，但由于尚未进入工业应用阶段，此处不作详述。

35.4.1　烟片直接干燥复烤技术

　　如前所述，现行隧道网带式烟片复烤工艺中，由于烟片经过干燥、冷却及回潮段的全过程中都是 80~100mm 厚度相对静止地平摊在 3~4m 宽的网带上进行的，由于干燥网面的风速很难保证均匀一致，再加上铺料的厚度也很难完全均匀，尽管采用过度干燥及干燥区上下交错进风等方法，出口烟片的含水率均匀性仍然不高。此外，过度脱水干燥使得烟片的干燥热处理强度较高，也会影响干燥后烟片的感官品质。

　　因此，烟草工业领域开发了基于滚筒干燥方式的烟片直接干燥复烤技术，可将含水率 17%~20% 的烟片物料直接干燥脱水至 11%~13% 的目标含水率，并保持较好的水分均匀性及干燥质量。该直接复烤装置结构如图 35-12 所示，与烟丝滚筒干燥装置类似，该烟片滚筒复烤装置同样采用了筒壁传导传热和筒内热风对流传热的复合传热干燥方式。但是在滚筒筒壁的载热介质和加热系统以及筒内的抄板结构设计上，该装置进行了差异化的设计，使其更适宜于烟片物料的干燥。

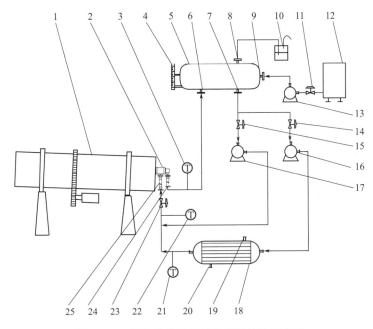

图 35-12　烟片直接干燥复烤装置结构示意图

1—滚筒；2—旋转接头；3—温度检测器；4—膨胀槽液位检测器；5—膨胀槽；6—膨胀槽进液口；

7—膨胀槽出液口；8—膨胀槽气体出口；9—膨胀槽补液口；10—冷液封；11—补液阀；12—补液罐；

13—补液泵；14—加热回路流量调节阀；15—冷液回路流量调节阀；16—加热回路输送泵；17—冷液回路输送泵；

18—加热器；19—饱和蒸汽入口；20—冷凝水出口；21—温度检测器；22—温度检测器；

23—滚筒液相介质入口截止阀；24—旋转接头出液口；25—旋转接头进液口

在筒壁的加热系统设计上，直接干燥复烤工艺中要求加热筒壁的载热介质低于 100℃，在此温度范围内，其具有稳定的工作性能及较高的传热效率，以利于实现烟片低加热强度的干燥复烤。常规饱和蒸汽介质难以满足在此温度范围内稳定工作的需求，因此可设计采用导热油等液相介质作为筒体载热介质，由于其比热容及热导率较高，且能在较宽的温度范围内保持相态和物性稳定，不存在类似湿饱和蒸汽由于含湿量变化导致的热焓波动问题，能够使得筒壁导热温度更为稳定。载热介质设计为循环加热使用，即在加热器与设备间通过加热回路循环工作。

如图 35-13 所示，在滚筒抄板结构设计上，抄板采用孔板板面结构，以便于热风自下而上穿流通过，增强抄料过程热风与抄板上叶片的对流接触换热效果。抄板下部同时设计有三个长度依次增加的导风板。在复烤过程中抄起的烟片平铺在抄料板上，筒内沿轴向流动的热风流经抄板下部导风板处遇阻，局部形成一定静压，在静压作用下部分热风可穿过抄板，透过叶片层对叶片进行热交换干燥，使得板上叶片受热更为均匀。在抄板排列方式上，筒内沿轴向设置 26 组抄板，每组抄板包括 14 块，沿径向均匀分布在筒壁上，相邻各组抄板沿筒体轴向采用交错排列的方式。这一优化的交替抄板设计可以降低物料运动过程中翻滚下落的高度，减小可能由此造成的烟片造碎及收缩。同时，物料在板上受前一组导风板的隔挡作用，可减小物料在滚筒运动传输过程中的轴向扩散，从而有助于减小干燥过程的料尾时间。

与隧道网带式复烤工艺相比，该滚筒直接干燥复烤方式下由于烟片物料的不断抛撒混合，与热风及筒壁的接触较为均匀，干燥后物料的水分均匀性较好。由于减少了传统复烤工艺中烟片的过度干燥，省去了冷却段和回潮段，可显著降低干燥能耗，并有利于保持烤后烟叶的香味成分。近年来，烟片滚筒直接干燥复烤技术已历经了 500kg/h 中试线设备、

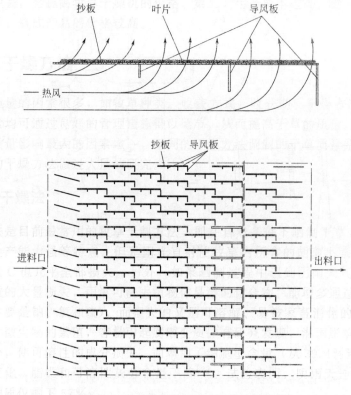

图35-13　滚筒抄板结构及在筒体内的分布

4000kg/h生产线设备的研制和工艺验证，初步开始在烟草行业打叶复烤企业推广应用。

35.4.2　烟丝滚筒-气流干燥技术

在烟丝干燥工艺方面，目前气流干燥和滚筒干燥两种方式对烟丝的干燥处理强度存在较大差异，干燥后烟丝的质量也各有优缺点。烟丝气流干燥采用高温、闪速干燥模式，烟丝干燥介质温度高（一般在200℃以上）、干燥脱水时间短（1～2s），这种干燥模式有利于提高干燥后烟丝的膨胀和填充效果，但不利于保持烟草本香。此外，烟丝快速通过干燥管道时分布不均匀，导致干燥过程受热不均，叶丝含水率波动较大，且存在结团现象。烟丝滚筒干燥由于干燥温度较低、干燥时间较长（3～8min），能较好地保持烟草本香，但填充值较低，同时滚筒干燥物料时存在"干头干尾"现象。

为了结合上述两种烟丝干燥技术的优势，我国烟机企业设计开发了新型滚筒-气流烟丝干燥装置，其结构如图35-14所示。该干燥装置主要包括进出料气锁、干燥滚筒、燃烧炉、主工艺风机、水汽管路等，烟丝经进料气锁、进料斜管滑入密闭的干燥滚筒，筒内热风介质温度控制在170～200℃范围，气速在1～2m/s范围，物料干燥时间40～60s。与传统烟丝滚筒干燥方式相比，该装置取消了筒壁传导加热系统，且明显增大了干燥介质风速和温度。物料干燥停留时间介于气流干燥和传统滚筒干燥方式之间。

目前，干燥能力3000kg/h的滚筒-气流式干燥装置已在国内部分烟草制丝生产线中得到应用。工业应用效果显示，滚筒-气流式干燥装置干燥后烟丝含水率均匀性明显好于气流干燥后，没有出现叶丝结团现象。干燥后烟丝的填充值高于传统滚筒干燥方式，而低于气流干燥方式，烟草本香也能较好地被保持。

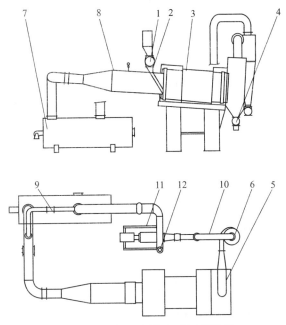

图 35-14　烟丝滚筒-气流干燥装置

1—进料气锁；2—进料斜管；3—干燥滚筒；4—出料气锁；5—回风管道Ⅰ；6—旋风除尘器；7—燃烧炉；
8—热风管道；9—冷风配比风门；10—回风管道Ⅱ；11—主工艺风机；12—排潮管道

35.4.3　烟丝两段式滚筒干燥技术

　　研究表明，在烟丝滚筒干燥过程中，不同干燥脱水阶段对其填充性、感官品质的影响程度有明显的差异。在干燥前期，烟丝含水率较高、干燥脱水速度也较快，该阶段烟丝脱水卷曲形变导致的烟丝填充值变化也较大。同时，由于该阶段烟丝温度可保持在较低水平，对香味成分保持影响不大。而在干燥后期，由于烟丝干燥脱水速度低，对烟丝填充值变化影响相对较小，但由于该降速干燥阶段烟丝温度上升加快，对烟丝干燥品质影响较大。

　　针对上述烟丝在滚筒干燥不同脱水阶段的干燥特性，国内外烟机公司均开发设计了两段式的滚筒干燥装置。以国内开发的两段式滚筒干燥设备为例，其滚筒结构如图 35-15 所示。

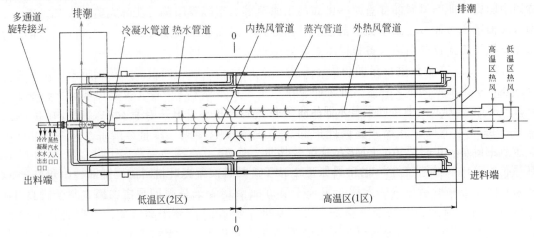

图 35-15　两段式烟丝干燥滚筒筒体结构示意图

该设备在筒体轴向上设计为两个独立的加热区，接近烟丝进料段的加热区为高温区，该区采用较高压力的饱和蒸汽加热筒壁，目的在于强化烟丝干燥前期的脱水速率，增大烟丝卷曲形变以提高填充值。在接近烟丝出料段的加热区为低温区，该区采用较低压力的饱和蒸汽加热筒壁，目的在于降低干燥后期烟丝的受热强度，以尽可能保持烟草中的香味成分。筒体高温区温度调节范围一般为 $120\sim160℃$，筒体低温区温度调节范围一般为 $100\sim130℃$。在筒体高温区和低温区的加热长度分区比例设计上，可根据高温干燥段和低温平衡段各自所需的工艺脱水能力进行换算，对筒体两段加热长度进行合理划分和匹配，使筒体加热长度分区比例满足快速干燥脱水和慢速均衡水分的工艺要求。

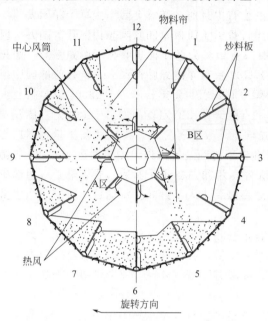

图 35-16　两段式烟丝干燥滚筒热风流向设计

同时，在滚筒内热风系统设计中，采用了如图 35-16 所示的错流式风路设计以及复合流向与分布方式。热风经同步旋转的中心风筒进入筒体进料端与物料均匀接触，热风流向和分布与物料从抄板上抛撒的流向形成错流，均匀地与物料充分接触，以提高热风的热交换效率。同时，热风沿滚筒轴向的流向设计较为灵活，既可采用顺流方式（即热风与物料同向运动），也可采用逆流方式，还可在高温区采用逆流方式、低温区采用顺流方式，以达到不同的干燥效果。

两段式滚筒干燥装置在干燥参数调节方面具有较好的灵活性，且加工能力、干燥处理强度与烟草企业制丝生产线中原有的常规滚筒干燥装置较为一致，因此目前从 500kg/h 到 6000kg/h 不同加工能力的烟丝两段式滚筒干燥装置，已在国内诸多烟草加工企业得到较为广泛的应用。

35.4.4　烟丝气流干燥新技术

在烟丝气流干燥工艺方面，针对目前烟丝气流干燥中存在的烟丝出口水分不均匀、存在较多结团现象等问题，郑州烟草研究院开发了脉冲式烟草气流干燥工艺与设备，其结构见图 35-17。该工艺设备的主要设计特点，一是采用了脉冲管与直管结合的干燥管路结构设计；二是采用了内置文氏管的进料膨胀单元结构设计。

如图 35-18 所示，进料膨胀单元结构中，物料由进料口直接进入文氏管内部，由蒸汽将物料吹出文氏管后，与文氏管外周的热风混合，并吹入后续的脉冲干燥管。高含水率的梗丝或烟丝经过内置文氏管的进料管道时被蒸汽和热空气迅速加热，使烟丝水蒸气分压迅速增加，在喷吹文氏管时，由于烟丝物料外部气相压力的瞬时释放，使烟丝内所含的水分以更快的闪蒸速度脱离出来，提高了烟丝的膨胀率和松散程度。

如图 35-19 所示，管道干燥系统主要由包含脉冲管的干燥管道组成，脉冲管由扩径管 4-2、4-4、4-6 和缩径管 4-3、4-5、4-7 组成。由进料管道来的物料由管道干燥系统的进口 4-1 进入干燥管内，转向 90°后向上运动，进入脉冲干燥管的扩径段的时候，干燥管径突然扩大，使气流速度骤降，而物料由于惯性沿扩径段继续上升，当物料减速上升一段时间后进入缩径干燥管段再次加速。物料反复加速和减速后，通过矩形截面扩径管分散后进入后续的料

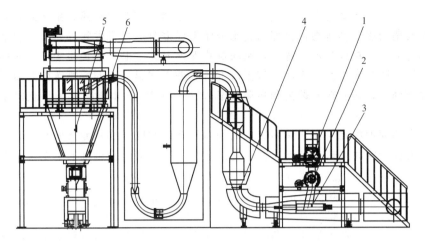

图 35-17　脉冲式气流干燥机

1—进料阀；2—松散装置；3—文氏管（水平段干燥管）；4—脉冲干燥管道；5—料气分离室；6—出料阀

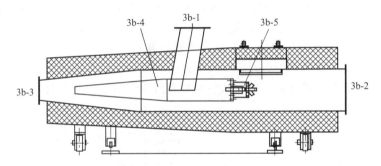

图 35-18　进料管

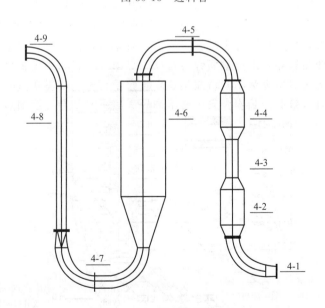

图 35-19　管道干燥系统

气分离系统，该矩形截面扩径管采用倒锥形结构，增加了物料在干燥管内的停留时间。脉冲干燥管强化了传热传质过程，同时物料流动过程中气流的反复加速和减速，也有利于通过气固相互作用的快速变化而打散结团烟丝。

在烟丝气流干燥工艺方面，目前的气流干燥装置多为提升管式气流干燥器，即采用干燥工艺气体与含湿固体物料并流上行的快速床对流干燥方式。提升管式气流干燥器具有气固接触效率高、气固通量大以及操作范围宽等优点，但由于气固并流上行的逆重力场运动，在流动结构上存在气固径向分布不均匀和颗粒团聚、返混等现象。对此，郑州烟草研究院也设计建立了气固并流下行流化床干燥器，结构如图 35-20 所示。该装置主要包括下行床主体干燥单元、湿空气预处理单元、干空气加热单元、加料单元与出料单元等，干燥过程中湿烟丝从干燥管顶部进料，同时加热后温度、湿度均调控至一定范围内的热风干燥介质也从干燥管顶部送入干燥管，烟丝与热风干燥介质在干燥管中同时顺重力场下行流动，并在此过程中进行热湿交换，至干燥管底部干燥后的烟丝被分离。该干燥器中烟丝与热风干燥介质均为顺重力场下行流动，与提升管式的气流干燥器相比，管道中固相颗粒浓度及速度径向分布较为均匀，可降低烟丝在干燥器中的返混和团聚，提升干燥后物料水分均匀性。同时，该干燥器也可设计采用过热蒸汽作为干燥介质，对烟草物料中香味成分的保持有较好作用。

目前，脉冲式烟草气流干燥装置及气固并流下行流化床干燥装置均处于小试或工业中试验证阶段。

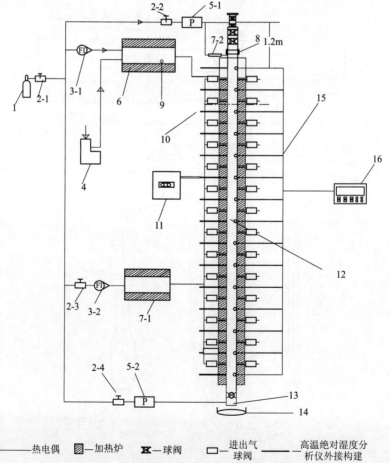

图 35-20　烟丝气固并流下行流化床干燥器

1—气源；2-1～2-4—截止阀；3-1,3-2—转子流量计；4—双柱塞流量泵；5-1,5-2—压力表；6—蒸汽发生器；
7-1,7-2—空气预热器；8—法兰；9—干燥介质进口；10—高温绝对湿度分析仪外接构件；11—高温绝对湿度分析仪；
12—下行床主体；13—落料缓冲区；14—接料盘；15—数据线；16—温控仪

参考文献

[1]　黄嘉祁. 烟草工业手册 [M]. 北京：中国轻工业出版社，1999.

[2]　闫克玉，赵铭钦. 烟草原料学 [M]. 北京：科学出版社，2008.

[3]　王彦亭，谢剑平，李志宏. 中国烟草种植区划 [M]. 北京：科学出版社，2010.

[4]　陈良元. 卷烟加工工艺技术 [M]. 郑州：河南科学技术出版社，2001.

[5]　张兰晓. 卷烟原料对流干燥试验与动力学分析研究 [D]. 郑州：郑州烟草研究院，2007.

[6]　Mujumdar A S. Fundamental principles of drying [M]. Montreal: Exergex Corporation, 2000; 1-22.

[7]　刘泽，等. 复合传热对薄层烟丝干燥强化传质作用的动力学分析 [J]. 烟草科技，2009，42（11）：5-10.

[8]　林玉红，等. 烤烟叶丝微波干燥特性研究 [J]. 烟草科技，2006，39（4）：5-8.

[9]　许冰洋，等. 基于收缩特性分析的叶丝下行床对流干燥动力学模型研究 [J]. 烟草科技，2015，48（9）：70-75.

[10]　Zhu W K, Wang L, Duan K, et al. Experimental and Numerical Investigation of the Heat and Mass Transfer for Cut Tobacco during Two-Stage Convective Drying [J]. Drying Technology, 2015, 33（8）: 907-914.

[11]　Zhu W K, Wang Y, Chen L Y, et al. Effect of two-stage dehydration on retention of characteristic flavor components of flue cured tobacco in rotary dryer [J]. Drying Technology, 2016, 34（13）: 1621-1629.

[12]　Pan G L, Yu C F, Shen Y J, et al. Drying characteristics of cut tobacco by combining radiative heat transfer and vacuum [J]. Tobacco Science & Technology, 2015, 48（增刊 1）: 92-98.

[13]　Li B, Zhu W K, Wang P F, et al. Fast drying of cut tobacco in drop tube reactor and its effect on petroleum ether tobacco extracts. Drying Technology, 2018, 36（11）: 1304-1312.

[14]　陈国钦，等. 基于片烟干燥动力学的 REA 模型与薄层干燥模型的对比. 烟草科技，2017，50（5）：61-67.

[15]　王岩. 叶丝滚筒分段变温干燥特性研究 [D]. 郑州：郑州烟草研究院，2015.

[16]　朱文魁，等. 烟草滚筒远红外复合干燥实验设备 ZL 201410275016. 3 [P]. 2016-07-06.

[17]　顾中铸，等. 烟丝干燥特性实验研究 [J]. 南京师范大学学报，2007，7（1）：32-36.

[18]　饶琳，等. 分段式低温滚筒叶丝干燥设备研究 [J]. 新技术新工艺，2009，（10）：95-97.

[19]　李辉，等. 滚筒-气流式烘丝机的设计应用 [J]. 烟草科技，2014，47（5）：24-29.

[20]　丁美宙，等. 气流干燥在烟草加工中的应用研究进展 [J]. 烟草科技，2005，38（9）：9-13.

[21]　刘楷丽，等. 滚筒直接复烤方式下片烟尺寸分布变化特征 [J]. 烟草科技，2016，49（3）：84-90.

[22]　Legros R, Millington A, Clift R. Drying of tobacco particles in a mobilized bed [J]. Drying Technology, 1994, 12（3）: 517-543.

（朱文魁）

第36章

牧草干燥

36.1 概述

36.1.1 我国的苜蓿种植情况

随着我国种植业结构的调整和畜牧业的快速发展，一些地区退耕还草，加大牧草（尤其是苜蓿）的种植面积，加强畜牧业发展，这对于优化农业和畜牧业结构，促进传统产业向优势产业转变，起到了积极的推动作用。要使种草养畜产业得到健康发展，除了因势利导、科学规划外，还必须重视发展牧草加工业。有了牧草加工业的发展，才能充分发挥种草养畜的经济效益[1]。

有"牧草之王"美誉的苜蓿为豆科优质牧草，因其具有极高的饲草品质、经济价值和生态适应性，自古以来就在世界各地广为种植，是最为重要的牧草之一。在农业发达的美国，苜蓿是种植面积最大的四种作物之一，种植面积为1000万公顷，每年从苜蓿草粉和草捆的出口中获利高达5000万美元，在加利福尼亚州，种植苜蓿的经济效益仅次于葡萄。目前苜蓿是我国发展最为迅猛、种植面积最大、最具经济价值的牧草种类。苜蓿产业还因较高的综合效益而日益受到社会关注。苜蓿产量较高，如果栽培管理措施合理，每亩苜蓿每年可产1t左右的干草，而苜蓿干草产品的国际市场价格目前大约为每吨150~200美元，国内市场价格大约为每吨500元人民币左右。种植苜蓿在劳动力、化肥、农药等方面的投入很低，所以种植苜蓿的收益要远远高于一般的大田作物[2]。

国家生态建设、农业产业结构调整等有关政策的支持是我国苜蓿产业高速发展的另一个重要因素。一方面，苜蓿良好的生态适应性使其能够在我国北方一些生态恶劣的地区正常生长；另一方面，苜蓿较高的经济收益又使其在农业产业结构调整中不逊于其他作物，所以近两年在我国华北、东北和西北地区都迅速涌现了一批苜蓿产业基地。例如在甘肃省张掖市，借助黑河流域水土治理工程项目，苜蓿产业得到迅速发展，目前该市的苜蓿种植面积已达30万亩，通过种植苜蓿不仅使大量荒废多年的戈壁滩重新披上了绿装，成为可利用的土地，而且当地农民也因种植苜蓿增加了收入，成功地实现了农业产业结构调整。目前我国苜蓿加工业发展势头强劲，巨大的市场潜力和较高的经济收益是我国苜蓿产业高速发展的主要动力。

36.1.2　发展牧草加工业的意义

干草是指在适宜时期将收割的天然或人工种植的牧草及禾谷类饲料作物，经自然或人工干燥调制，能长期保存的草料。干草的特点是营养性好、容易消化、成本比较低、操作简便易行、便于大量储存。在草食家畜的日粮组成中，干草起到的作用越来越被畜牧业生产者所重视，它是秸秆、农副产品等粗饲料很难替代的草食家畜饲料。新鲜牧草只限于夏秋季节使用，制成干草可以一年四季使用。因此，干草有利于缓解草料在一年四季中供应不均衡的状况，也是制作草粉、草颗粒和草块等其他草产品的原料。制作干草的方法和所需设备可因地制宜，既可利用太阳能自然晒制，也可采用大型的专用设备进行人工干燥调制，调制技术比较容易掌握，制作后使用方便，是目前常用的饲草加工保存的有效方法。

发展牧草加工业有以下三方面意义：

首先是保持和提高牧草的营养价值。采用科学的牧草加工调制方法，不仅可以保持牧草原有的营养价值，而且还可提高牧草的利用价值。如牧草经青贮加工后，既保持了青绿饲料原有的鲜态和大部分营养，又具特有的酸味，柔软多汁，适口性好，能刺激家畜食欲、消化液的分泌和肠道蠕动，从而增强了消化功能。优质的青干草粉营养丰富，含可消化蛋白质 $16\% \sim 20\%$[3]，还含多种维生素、微量元素及其他生物活性成分等，其作用优于精料，在配合饲料中加入一定比例的青干粉，可以生产营养均衡的饲料。

其次是保证畜禽牧草饲料全年均衡供应。我国牧草生产与家畜对草料的需求之间存在着严重的季节不平衡。如在寒冷的冬季，牧草在数量上和质量上均不能满足家畜的需求。如果在夏季牧草生长旺盛的季节，将多余的牧草进行加工调制，在冬季供给家畜，如同一年四季都可采食到青绿饲料，从而使家畜常年保持高水平的营养状态和生产水平。

最后是有利于种草与养畜的协调发展，实现牧草业产业化。在发展种草养畜的过程中，如果牧草加工业发展不同步，必然会出现种草与养畜的供求矛盾。一方面，种草与养畜有着各自不同的影响因素，具备种草条件的地方，未必适合养畜，养畜发达的地方，不一定具备种草的条件；另一方面，种草与养畜相比，资金投入相对少些，种草的农户未必都有资金投入养畜，有资金投入养畜的农户，自己所种的草未必能满足养畜的需要。因此只有通过发展牧草加工业这个龙头，建立牧草产品销售市场，实现种-加-销一条龙经营，才能很好地解决种养之间的供求矛盾，促进种草与养畜的合理布局和协调发展，促使各自的经济效益最佳化。

36.1.3　牧草干燥加工中的问题

人工干燥是苜蓿收获后、深加工前的一个必要水分调制过程，但是当前采用人工机械方法干燥苜蓿的场合较少，这严重制约了苜蓿加工业的发展，并且目前苜蓿干燥机多数是滚筒式设备，这种类型的干燥设备在化工行业应用由来已久，有些生产厂家没有考虑苜蓿的干燥特性及物料形状，直接套用干燥化工原料的滚筒干燥设备的结构，来设计制造滚筒式苜蓿干燥机，造成干燥机的适应性差，出现性能不稳定等问题，而且牧草干燥机的控制水平低。由于对苜蓿的干燥特性和在干燥过程中品质变化规律定量性研究较少，只能凭经验对干燥机的干燥温度、风速和转速等参数进行初步控制。因此，干燥后苜蓿的品质和含水率不稳定。

造成这种情况的原因有以下几个方面：第一，技术成本高。尽管苜蓿干燥看起来比较容易，但是要真正做到干燥品质好，生产效率高，需要研究人员花费很大的精力和资金去探索，才能获得合理的工艺参数和流程以及干燥机的结构。因此，厂家要把技术专利作为成本加到每套设备中去，会提高牧草干燥机的价格。第二，生产成本过高。国内有些厂家的生产条件和设备较差，造成产品的价格较高。

36.2　牧草干燥方法

影响干草质量的因素很多，如牧草种类、收获方式、收获期、干燥方法和储藏条件等，其中大多数因素均可通过良好的管理措施得以调节，从而提高干草的质量。干燥方法是众多因素中对干草质量影响最大的因素之一，不同的干燥方法调制的干草质量差异很大。国内外学者曾对牧草的干燥方法做过大量的研究。

36.2.1　自然干燥法

自然干燥法是目前最常用的牧草干制方法，即在自然条件下晒制干草，具有简便易行，资金投入少，生产能力强等特点。但是阳光直射使牧草内所含的胡萝卜素和叶绿素遭到破坏，同时维生素 C 也几乎全部损失。另外，如果晒制过程中遇到阴雨天气，雨水淋洗可造成干草营养物质的大量损失，雨淋可洗去植物体易溶的化合物、能增多通过低阻碍性细胞膜的矿物质量（主要是钠、氯和硫），而损失的又是可溶解、易被家畜消化的养分，而且雨淋还会促进腐生性微生物的繁殖，容易引起腐败变质。有研究发现，淋雨影响田间干燥的苜蓿产量和营养成分，使可溶性的成分损失，而增加了细胞壁含量（从 39.4% 到 43.6%），粗蛋白的含量没有变化，脂类和可溶性灰分含量下降[2]。试验表明，阴雨天连续 8 天调制的干草，可消化干物质仅剩下 57%。

除了日晒雨淋对苜蓿干物质有破坏作用以外，割后苜蓿在自然干制过程中，营养成分也会发生降解、劣变，这是由于处于收割期的苜蓿不仅有 80% 左右的含水率，同时也含有占物质重量 20%～25% 左右的、处于活性状态的蛋白质和维生素。在自然干燥的条件下，干燥过程总伴随着相当复杂的生理生化过程，有些是耗氧的。同时，在一些生物酶的作用下，有些蛋白质被分解为氨基酸，其中包括芳香性氨基酸，这对草食动物是有好处的。如果这个干燥过程进行得十分缓慢，有害微生物开始入侵植物的营养体内，使苜蓿植株开始腐坏或变质，同时也耗费掉大量养分，最终导致蛋白质保存率下降和苜蓿草产品品质下降或完全腐烂，这完全取决于苜蓿营养体脱水速度的快慢，即达到安全水分时所需的时间，因为只有当苜蓿的含水率达到 14%～15% 时，上述过程中所有活动才能完全停止，苜蓿草的营养成分才会处于稳定状态。要获得优质苜蓿干草，除适时收割外，在干燥过程中最大限度减少营养物质的损失，也是非常必要的。

（1）日晒干燥法

该法是将收割后的牧草在原地或者运到地势较高、较干燥的地方进行晾晒调制干草的方法。通常收割的牧草干燥 4～6h 使其水分降到 40% 左右；用搂草机搂成草条继续晾晒，使其水分降至 35% 左右；用集草机将草集成草堆，保持草堆的松散通风，直至牧草完全干燥。在牧草的干燥方法中，地面干燥法最长久。在干草调制过程中，由于刈割、翻草、搬运、堆垛等一系列手工和机械操作，不可避免地造成细枝嫩叶的破碎脱落，一般情况下，叶片可能的损失达 20%～30%，嫩枝损失约 6%～10%。因此在晒草的过程中除选择合适的收割期外，应尽量减少翻动和搬运，减少机械作用造成的损失。

（2）草架干燥法

在比较潮湿的地区或者雨水较多的季节，用地面干燥法调制草会造成干草变褐、发黑、发霉腐烂，可以在专门制作的草架子上进行干草调制。草架子有独木架、三脚架、幕式棚架、铁丝长架、活动架等。架上干燥可以大大提高牧草的干燥速度，保证干草的品质。架上干燥时应自上而下地把草置于草架上，厚度应小于 70cm 并保持蓬松和一定的斜度，以利于采光和排水。

由于晒制干草受天气的影响较大，特别是阴湿地区，用草架或凉棚晒制是较有效的一种方法。国外学者在这方面的研究较多，如 Cabict 等通过在阳光下晒制与凉棚下调制苜蓿干草做比较试验，结果发现两种方法调制的干草粗蛋白损失分别为 6.04％和 5.36％，净能损失分别是 15.63kJ/kg DM 和 13.25kJ/kg DM，胡萝卜素含量损失分别是 9～25mg/kg 及 18～34mg/kg。草架干燥法中，通常用组合式草架或铁丝架。在选择使用自然晒制法时应掌握好气候变化，选择适宜的气候条件来晒制干草，尽可能避开阴雨天气。在人力、物力、财力比较充裕的情况下，可以从小规模的人工干燥方法入手，逐步向大规模机械化生产发展，提高所调制干草的质量。无论是何种调制方式，都要尽量减少机械和人为造成的牧草营养物质损失。

（3）发酵干燥法

在光照时间短、光照强度低、潮湿多雨的地方，很难只单独利用太阳晒制来调制干草，必须结合利用草堆的发酵产热降低水分来完成牧草的干燥。发酵干燥法就是将收获后的牧草先进行摊晾，使其水分降低到 50％左右，然后将草堆集成 3～5m 高的草垛，把草垛逐层压实，垛的表层可以用大片薄膜覆盖，使草垛发热并使垛温达到 60～70℃，随后在晴天时开垛晾晒，将牧草干燥。当遇到阴雨连绵的天气时，可以在保持温度不过分升高的前提下，适当延长发酵的时间。此法晒制的干草营养物质损失较大。

36.2.2　人工干燥法

人工干燥法是牧草最佳失水方式，其干燥效率高，牧草品质好，能有效地保存各种维生素，特别是容易受光、热损失的胡萝卜素得到了大量的保存。但从经济效益方面考虑，由于高温干燥生产设备比较昂贵，需要较高的资金投入，适合规模化生产和经营的企业使用。此外，人工干燥技术便于机械化管理，加之生产的优质草粉可以赢得可观的效益，在能形成规模化生产和经营的条件下，可以推广使用高温干燥加工机组来进行草粉的生产，从而满足市场对优质草粉的需求。

在加拿大、澳大利亚、美国等国家，牧草加工已成为一项重要的饲料产业。我国中国农业大学、东北大学、东北农业大学等高校在吸收国外先进技术的基础上，通过多年研究，研制出了先进、实用的饲草秸秆揉切、烘干、压块成套技术与设备。国内外对人工干燥法的研究主要集中在对牧草干燥机的研制上。美国关于牧草干燥机的最早报道是在 1909 年，1910年在路易斯安那州建立了第一个用脱水苜蓿生产草粉的企业，之后又不断研制出了多种牧草干燥机。到目前为止，美国共建立了 1000 多个生产商品脱水苜蓿的企业。苏联于 1928～1930年开始牧草烘干实验。目前，独联体国家生产上应用的高温气滚式饲料干燥机组主要是 ABM-0.65 型，烘干牧草生产能力 0.65t/h。此外，还有 ABM-1.5A 型机组，草粉生产能力 1.6～1.8t/h；调制颗粒饲料和块状饲料的 OTIK-2 型通风机组，生产能力为 2t/h。苏联在饲料高温干燥方面的主要问题是干燥机组的布局不合理，因此许多机组每年仅工作 700～1000h。英国牧草人工干燥开始于 1869 年，但 20 世纪 30 年代才开始在生产中得到广泛应用。现在，英国的牧草干燥技术已经进入了世界领先水平，青草粉的生产量不仅满足本国的需要，而且大量出口到其他国家。另外，德国、法国、丹麦、荷兰等国牧草人工干燥也比较早。可以看出，国外对人工干燥牧草产品的集约化生产都极为重视，美国目前已经迈进了牧草干燥工业化发展的道路，英国的饲料高温干燥工业目前也已经进入了集约化生产的道路，而在丹麦等国家还出现了小型移动式干燥装置，干燥牧草 0.7t/h。就目前而言，国外牧草高温干燥的主要趋势有两方面：一是把苜蓿作为主要原料；二是把其他类型的干燥机由气流型干燥机来代替。国外在高温脱水干燥生产干草产品（主要是苜蓿草粉）方面起步较早，现在很多国家已走上了规模化、产业化的发展道路[2]。

我国的干草生产起步较晚，而且生产上主要应用的是自然干燥法，直到 20 世纪 80 年代初，我国才开始引进国外的草粉加工设备，但终因成本太高而无法推广使用。之后，连云港机械厂试制成功了松针粉加工的成套设备；1987 年大同农机厂又推出了饲草粉碎机；1989 年中国船舶公司 713 所研制成功了首台 93QH-300 型牧草快速、高温烘干加工机组，生产优质豆科草粉 300kg/h，草粉质量可达国际一级标准。随后该所又成功研制出 93QH-500 型牧草高温、快速烘干机组，首次在山西安装，运转正常，生产优质苜蓿草粉 500kg/h，草粉的蛋白质含量不低于 18％，颜色深绿，具有草粉特有的清香味。另外，贵州农业大学开发研制的 QG-100 型牧草烘干机组，生产的草粉介于独联体标准一级和特级之间，草粉呈绿色或墨绿色，气味芳香，保证了干物质的营养含量[2]。我国干草生产正逐渐走向集约化、工厂化生产的轨道。目前常见的牧草人工干燥有以下方式。

（1）机械压扁调制干草

牧草刈割后，由于叶片散失水分的速度较茎秆快（5～10 倍以上），而压裂茎秆后破坏了角质层、维管束和表皮，并使其暴露于空气中，加快了茎内水分的散失速度，使茎秆和叶片的干燥时间差距缩短，从而缩短了牧草的干燥时间，减少了营养物质的损失。

（2）常温鼓风干燥

此法是先建一个干燥草房，草房内设置大功率鼓风机若干台，地面安置通风管道，管道上设通风孔。利用鼓风机对草堆或草垛进行不加温干燥。常温鼓风干燥适合用于牧草收获时期的昼夜相对湿度低于 75％，而温度高于 15℃的地方使用。在特别潮湿的地方鼓风用的空气可以适当加热，以提高干燥的速度。需干燥的牧草经刈割压扁后，在田间干燥至含水率 35％～40％时运往草房，堆在通风管道上，开动鼓风机完成干燥。

（3）低温烘干

这种方法是建造牧草干燥室、空气预热锅炉、鼓风机和牧草传送设备，用煤或电作能源将空气加热到 50～70℃或 120～150℃，鼓入干燥室内，利用热气流经数小时的流动完成干燥。

（4）高温快速干燥

利用高温气流（500～1000℃以上），将含水率 80％～90％的牧草在数分钟甚至数秒钟内降到 14％～15％，干燥时采用煤油和红外线。干燥设备主要是高温气流滚筒式烘干设备。此法调制干草对牧草的营养价值及消化率影响很小，高温快速烘干的草粉比自然晒干草粉蛋白质增加 25％～33％，草粉的胡萝卜素和氨基酸含量高，其氨基酸的含量比同重量的大麦和燕麦粉高 3 倍多，但需要较高的投入，干草的成本大幅增加。

36.3　苜蓿干燥特性研究

36.3.1　苜蓿干燥特性

牧草的干燥特性是指牧草在各种干燥条件下（包括干燥温度、热风速度及处理方式等）

的干燥速度以及干燥常数等物理特性参数。

为了保持干苜蓿的营养品质，必须加快干燥速度，使其迅速脱水，尽快使分解营养物质的酶失去活性，减少蛋白质、叶绿素和胡萝卜素的损失。快速人工干燥法生产出来的苜蓿，由于芳香性氨基酸未被破坏，具有青草的芳香味，这种干草产品有很好的消化率和适口性，家畜采食量增加，营养摄取量也增加，从而提高了牧草的商品价值，也便于长途运输和出口。

人工干燥是苜蓿收获后必要的处理方式，但我国对苜蓿人工干燥的研究起步较晚，尤其是在苜蓿的干燥特性方面研究较少。东北农业大学和黑龙江八一农垦大学曾对牧草的干燥特性做了系统研究。

36.3.1.1　收获后苜蓿水分变化过程

牧草收割后水分散发过程可分为以下两个阶段：

游离水散失阶段：牧草的含水率可从 80%～90% 下降到 45%～55%。主要散失牧草内部的游离水，水分散失速度较快。

结合水散失阶段：当禾本科牧草含水率降到 40%～45%，豆科牧草降到 50%～55% 时，便进入结合水散失阶段，这一阶段水分散失速度逐渐减慢，含水率从 45%～55% 降到 18%～20%，需要 1～2 天。牧草干燥速度受环境温度、湿度、空气流速、牧草的保蓄水能力影响，也因生长时期和牧草部位而异。一般来讲，空气温度较高有利于牧草干燥，豆科牧草干燥速度慢于禾本科牧草，茎秆干燥速度慢于叶片干燥速度。牧草干燥速度要尽量快，要减少翻草次数，晾晒时不宜堆放太厚。

36.3.1.2　干燥温度对苜蓿干燥速度的影响

把刚刈割时的含水率（原始含水率）和安全含水率的差值与干燥时间的比值称为干燥速度。由于苜蓿各部分结构和成分不同，其叶片、细茎和粗茎表现出不同的干燥速度。

由图 36-1 中曲线可以发现：随着干燥温度升高，茎秆含水率下降幅度明显增大。在电镜下观察不同干燥温度处理过的苜蓿茎秆表面，发现当干燥温度超过 120℃ 时，苜蓿表面光亮的蜡质层消失，显现出内部纤维。即高温对苜蓿表面阻止水分散发的蜡质保护层产生热破坏，从而使苜蓿干燥速度提高。当苜蓿内部水分扩散速度不及表层蒸发速度时，即出现内控现象，进入降速干燥阶段。苜蓿在高温干燥时不会出现表层硬结现象，这是与谷物干燥的差

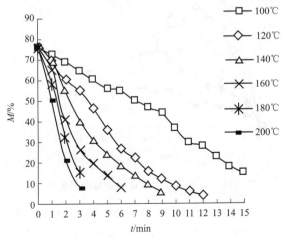

图 36-1　苜蓿茎秆含水率与干燥温度关系曲线

别。这是由于苜蓿的各部分结构差别很大，它包含粗茎、细茎和叶片。粗茎部分有中空的结构，表层附有角质膜，作为自然屏障阻止水分散失。细茎部分呈柱状，质地与粗茎相比软得多，含水率较高。苜蓿叶片质地脆嫩，呈薄椭圆状，容易干燥去水。由于苜蓿各部分物理结构和化学成分上的差异性，在干燥过程中苜蓿各部分表现出不同的干燥特性，因此有必要分别研究，以便确定苜蓿干燥工艺流程、参数，监控干燥品质。

如图 36-2 所示，干燥温度越高，苜蓿叶片含水率下降得越快。苜蓿的叶片部分呈椭圆形状，有较大的表面积，上面布满可以开闭的通气孔，有助于水分的释放。

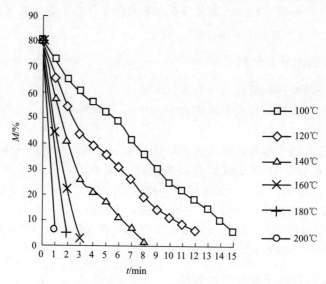

图 36-2 苜蓿叶片含水率与干燥温度关系曲线

图 36-3 和图 36-4 揭示了苜蓿叶片和茎秆的干燥速率与干燥温度的关系。研究条件是叶片的初始含水率为 78.32%，压扁后茎秆含水率为 70.17%，热风速度为 0.15m/s。

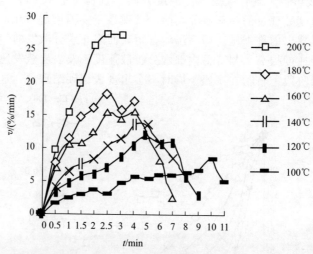

图 36-3 苜蓿叶片干燥速率与温度关系曲线

从图 36-3 中可以看出，干燥温度越高，苜蓿叶片的干燥速率越快。干燥时苜蓿的叶片叠放在一起，形成叶片群，在同一干燥温度下，随着干燥过程的进行，叶片群逐渐吸热升温干燥去水，全部叶片开始干燥时，干燥速率上升到最大值（即临界值）。干燥温度越高，热

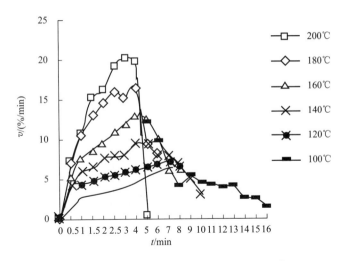

图 36-4　苜蓿茎秆干燥速率与温度关系曲线

空气的干燥势越强，干燥速率达到临界值的时间越短。通过试验研究得到了临界干燥速度 v_c（%/min）与干燥温度 T（℃）的关系（$r=0.9812$）为：

$$v_c = \frac{2.8962}{\exp(0.010928T)} \tag{36-1}$$

从图 36-3 中还可以看出，苜蓿叶片的干燥速率会在临界值维持一段时间，即进入恒速干燥段，此时热空气的干燥去水的速度与叶片脱水速度相等，经过 1~2min 后，当水分比 $MR=0.7~0.9$（$MR=\dfrac{M_i-M_e}{M_0-M_e}$，其中 M_0、M_e 分别为初始水分和平衡水分）时，叶片的含水率接近平衡水分，恒速干燥阶段结束。由于叶片群含水率降低，苜蓿叶片干燥进入降速阶段，干燥温度越低，降速干燥阶段的持续时间越长（但在本研究中的苜蓿叶片最终含水率没有达到干燥条件所对应的平衡水分，所以图 36-3 中这个规律不明显）。当叶片达到平衡水分时，干燥过程结束。

从图 36-4 中还可以看出，干燥温度越高，苜蓿茎秆的干燥速率越快。比较图 36-3 和图 36-4 发现，苜蓿叶片和茎秆的干燥速率曲线变化趋势相似。干燥热空气温度越低，干燥速率上升得越慢。

对比研究苜蓿的叶片、茎秆（压扁和未压扁）和整株压扁的苜蓿干燥速率，结果如图 36-5 所示。从图中可以看出，在相同干燥条件下（初始含水率 78.32%，热风速度 0.15m/s），苜蓿叶片的干燥速率最高，其平均干燥速率是未压扁茎秆（速度最低）的 1.85 倍，是压扁茎秆的 1.41 倍。压扁茎秆后能够减小水分扩散阻力，与未压扁相比，提高干燥速率 1.31 倍。

图 36-5 中的数据还表明，整株压扁后苜蓿干燥速率介于未压扁茎秆和叶片的干燥速率之间，一个原因是叶片的干燥速率最高，比茎秆高得多；另一个原因可能是在干燥过程中，整株压扁后的苜蓿茎秆中的一部分水分通过其叶片蒸发到热空气中，增加了脱水途径，所以干燥速率较高。进一步分析发现，干燥温度每增加 20℃，叶片的临界干燥速率提高 30%~40%，茎秆的干燥速率提高 15%~20%。

根据图 36-5 中的数据，可以计算得出：

压扁茎秆的干燥速率 v（%/min）与干燥温度 T（℃）的关系（$r=0.9812$）为：

$$v = -5.9478 + 0.095764T \tag{36-2}$$

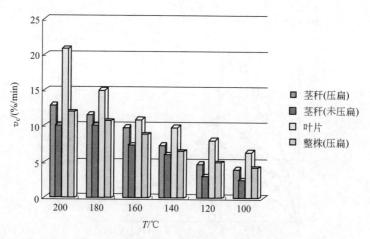

图 36-5　苜蓿不同部位临界干燥速率比较

未压扁茎秆的干燥速率 v（%/min）与干燥温度 T（℃）的关系（$r=0.9749$）为：

$$v=-6.1154+0.083642T \tag{36-3}$$

叶片的干燥速率 v（%/min）与干燥温度 T（℃）的关系（$r=0.9943$）为：

$$v=5.3905+0.145608\times\exp(0.023332T) \tag{36-4}$$

整株压扁的干燥速率 v（%/min）与干燥温度 T（℃）的关系（$r=0.9982$）为：

$$v=\frac{31.5829}{1+\exp(3.6496-0.017897T)} \tag{36-5}$$

尽管式(36-2)～式(36-5)受研究条件限制，使用范围有局限性，但为定量对比分析苜蓿不同部位在不同干燥工艺参数下的干燥速率提供了方法，据此可以进一步确定苜蓿的合理干燥方式。

36.3.1.3　初始含水率对苜蓿干燥速率的影响

在干燥温度 160℃，热风速度为 0.4m/s，未压扁苜蓿，长度 2～5cm 的情况下，初始含水率对苜蓿干燥速率的影响曲线见图 36-6。从图中可以看出，不同初始含水率苜蓿的临界干燥速率由高到低依次是 14.09%/min（50.03%）、12.03%/min（74.98%）和 10.95%/min（25.43%）。在实施本研究时，先把收获后的新鲜苜蓿（含水率 74.98%）在阳光下晾晒，调制含水率到 50.03% 和 25.43%。苜蓿的茎秆由上皮层、表皮层和角质层组成，在晒制过程中，各层收缩程度不同，会产生内应力，在茎秆上形成裂纹，这种现象可在电子显微镜下观察到。当苜蓿的初始含水

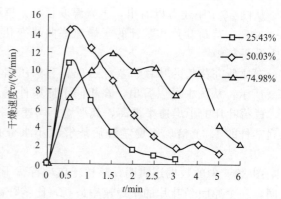

图 36-6　不同初始含水率对苜蓿干燥速率的影响

率为 25.03% 时，尽管在晒制时内部产生裂纹，有利于水分扩散，但在干燥过程中，水分势差（初始水分与平衡水分的差值，是物料干燥去水的动力）变小，所以临界干燥速率比水分势差大的鲜苜蓿（含水率 74.98%）稍低。鲜苜蓿在干燥时，当干燥速率达到临界值后，进入恒速干燥阶段，维持干燥速率 10.81～10.31%/min 达 3.5min，占全部干燥时间近 60%，

此时苜蓿茎叶内部水分扩散速度与热空气干燥去水速度相等。当苜蓿含水率达到 25.25%时，干燥过程进入降速干燥阶段，达到平衡水分 1.32% 时干燥结束。

36.3.1.4　不同热风速度对苜蓿干燥速率的影响

图 36-7 是不同热风速度对苜蓿干燥速率的影响规律曲线。由图中可以看出，在本研究干燥条件下（干燥温度 120℃，初始含水率 75.4%，苜蓿压扁切段 3~4cm），热风速度 U（m/s）越高，临界干燥速率 v_c（%/min）也越高，这两个参数间的关系（$r=0.9960$）为：

$$v_c = 19.7831\exp[-1.7200\exp(-3.6298U)] \tag{36-6}$$

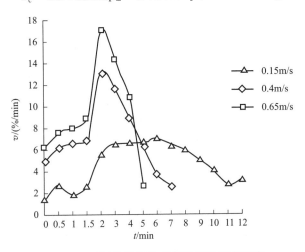

图 36-7　不同热风温度对苜蓿干燥速率影响

热风速度越高，热空气与苜蓿茎叶间质热传递越剧烈，干燥速率越快。但在低风速时，干燥速率平缓。从图中可以看出，在其他干燥条件相同时，不同热空气速度下，物料在 2min 时达到临界干燥速率，因此可以推断热空气的速度对临界干燥速率影响不显著。

36.3.2　提高苜蓿干燥速率的方法

干燥速率的大小决定了干燥后苜蓿草的营养水平和质量。当干燥时间在 2h 以内时，蛋白质保存率通常都在 95% 以上。当干燥时间过长时，蛋白质的损失将很大，不能保证苜蓿产品的质量，而且苜蓿产品经营者还要承受下雨等不测因素带来的风险。传统晒干方法还存在的一个突出问题是苜蓿叶片与茎的干燥速率不同步，当叶片已经脱水达到安全水分时，茎的含水率还很高，在此后的进一步脱水过程中，叶与茎的连接力很小，只要轻微的抖动或搬运都可能造成严重的落叶损失，使苜蓿草的蛋白质含量急剧减少，影响营养价值。

由于苜蓿的茎秆和叶片的干燥速率不同，最终的草产品水分分布很难达到均匀状态，而干燥后苜蓿水分均匀性对保证草产品质量和储藏稳定性是十分重要的。研究发现，对苜蓿的机械压扁调制和化学药剂处理是提高其田间干燥速率的有效方法。这两种预处理方法可以降低苜蓿内部水分向表面扩散的阻力，充分利用干燥热空气的载湿能力，这样能够减少实际水分蒸发热，提高热利用率，从而提高牧草干燥设备的生产率和降低操作成本。但目前采用人工方法产业化干燥牧草时，使用机械压扁调制和化学药剂处理方法预处理苜蓿的较少。

36.3.2.1　干燥前的处理

在东北农业大学的草业研究所试验田取苜蓿（*Medicagosativa* L.）样本，品种为草原

1号，在苜蓿的现蕾期手工收获。将收获后的苜蓿样本用塑料袋密闭放置在冰箱的冷藏室内待干燥试验用。

（1）机械处理

为了使牧草茎叶干燥速率保持一致，减少叶片在干燥中的损失，常利用牧草茎秆压裂机将茎秆压裂压扁，清除茎秆角质层和维管束对水分蒸发的阻碍，加快茎中水分蒸发的速度，最大限度地使茎秆的干燥速率与叶片干燥速率同步。压裂茎秆的牧草干燥时间要比不压裂茎秆缩短 1/3~1/2。

在本研究中，使用橡胶锤在胶垫上将苜蓿茎秆砸裂，切成 4cm 长的草段，制备待干燥的苜蓿样品 5kg。

（2）化学处理

将一些化学物质添加或者喷撒到牧草上，然后经过一定的化学反应使牧草表皮的角质层破坏，以加快牧草植株体内的水分蒸发，提高干燥速率。目前应用较多的干燥剂有碳酸钾、碳酸钙、碳酸钠、氢氧化钾、磷酸二氢钾、长链脂肪酸酯等。这种方法不仅可以减少牧草干燥过程中的叶片损失，而且能够提高干草营养物质消化率。先将苜蓿切成 4cm 长的草段，把草段装入两个 PET（聚对苯二甲酸乙二醇酯）材质的塑料袋中，每个袋子各 5kg，分别把 $NaHCO_3$ 和 K_2CO_3（纯度 99.96%，北京化学试剂厂）粉末各 20g 撒向不同塑料袋内的苜蓿草段，扎紧袋口常温密闭保存。

（3）机械-化学联合处理

将苜蓿茎秆用锤砸裂后，切成 4cm 长草段，取 5kg 装入塑料袋中，在不同塑料袋内分别撒入 20g $NaHCO_3$ 和 K_2CO_3 药剂粉末，扎紧袋口常温密闭保存。

（4）熏蒸处理

将未压扁的苜蓿茎秆放在蒸汽锅的帘屉上熏蒸 5min，待茎秆表面起皱取出。切成长度为 4cm 的草段，制备样品 5kg。

（5）蔫化处理

将收获后的鲜苜蓿在田间晾晒 16~24h，降水幅度达 20%~40%。将蔫化处理后的苜蓿取回，在实验室内切成 4cm 草段，制备样品 5kg。

36.3.2.2　预处理方式对干燥特性的影响

干燥常数 k 是反映干燥速度快慢的综合指标，k 值越大，表明苜蓿的干燥速率越快。相对干燥常数 k' 是指苜蓿在同一干燥条件下，不同干燥处理方法中的最低干燥常数与其他处理的干燥常数的比值。k' 值越大，表明该处理方法的相对干燥速度越快。如表 36-1 所示，干燥试验所用的苜蓿样本收获时间相同，水分一致，表中的苜蓿含水率差异是在压扁操作时水分散失程度和生长期不同造成的。

分析表 36-1 中的数据，当干燥温度为 120℃时，在其他干燥条件相同情况下，采用模拟径向槽辊压扁后苜蓿相对干燥常数 k' 最大，表明这种压扁后苜蓿的干燥速率最大，其次是模拟轴向槽辊和模拟光滑辊，依次比未压扁苜蓿的干燥常数提高了 105%、77% 和 50%。在研究过程中观察到，采用模拟径向槽辊压扁后苜蓿茎秆纤维束纤细柔软，对其水分束缚力相对变弱，所以干燥速度快。经其他压扁方式处理后的苜蓿只是沿着轴向破裂，对水分束缚力相对较强，所以干燥速率相对较慢，因此，径向槽辊压扁装置对提高干燥速率效果显著。

对于现蕾期的苜蓿（开花在 10% 左右），压扁 1 次、2 次和 3 次的相对干燥常数分别提高了 65%、111% 和 123%，压扁 2 次的相对干燥常数比 1 次提高了 46%，但是压扁 3 次苜蓿的相对干燥常数比 2 次只提高了 12%，可是生产效率下降 30% 多，并且增加了设备的能耗和复杂性。因此，在苜蓿压扁处理时，2 次压扁是合适的。

表 36-1　不同预处理的苜蓿干燥时间和相对干燥常数

序号	处理方法	苜蓿成熟期	初始含水率 $M_0/\%$	平衡含水率 $M_e/\%$	干燥时间 /min	干燥常数 $k/\mathrm{min^{-1}}$	相对干燥常数 k'
	干燥温度 120℃						
1	未做压扁处理	花前期	88.5	6.2	39	0.02564	1
2	用橡胶锤轻砸苜蓿茎秆,使其轻度开裂(模拟光滑辊)	花前期	88.6	3.8	26	0.03846	1.5
3	用橡胶锤砸裂苜蓿,并手工揉搓茎秆,使其破裂(模拟径向槽辊)	花前期	88.3	4.0	19	0.05263	2.05
4	用橡胶锤重砸苜蓿,使茎秆沿长度方向开裂(模拟轴向槽辊)	花前期	88.4	4.1	22	0.04546	1.77
	用橡胶锤砸苜蓿,使茎秆沿长度方向开裂						
5	未做压扁处理(对比样)	现蕾期	75.8	5.6	38	0.02632	1
6	砸 1 遍	现蕾期	74.5	4.6	23	0.04348	1.65
7	砸 2 遍	现蕾期	72.8	4.4	18	0.05556	2.11
8	砸 3 遍	现蕾期	71.6	4.1	17	0.0588	2.23
	干燥温度 130℃						
9	未做压扁处理(对比样)	花前期	88.2	5.1	36	0.02778	1
10	用 K_2CO_3 处理	花前期	86.8	2.8	27	0.03226	1.33
11	用 $NaHCO_3$ 处理	花前期	87.2	2.7	31	0.03704	1.16
12	熏蒸处理	现蕾期	72.1	3.1	33	0.0303	1.09
13	橡胶锤轴向砸裂＋K_2CO_3 处理	现蕾期	71.6	3.3	21	0.04762	1.71
	干燥温度 140℃						
14	未做压扁处理(对比样)	现蕾期	75.6	3.5	25	0.04	1
15	用橡胶锤重砸苜蓿,使茎秆沿长度方向开裂	现蕾期	73.4	2.1	13	0.07692	1.923
16	用 K_2CO_3 处理	现蕾期	74.1	2.2	19	0.05263	1.32
17	用 $NaHCO_3$ 处理	现蕾期	73.6	1.9	16	0.0625	1.56

注：表中干燥常数由公式 $k=-\dfrac{R_w}{M_0-M_e}$ 确定。

当干燥温度在 130℃时，用橡胶锤轴向砸裂，再用 K_2CO_3 处理后的苜蓿的相对干燥常数 k' 最大，为 1.71，其次是用 K_2CO_3 处理后的苜蓿，相对干燥常数 k' 值是 1.33，而用 $NaHCO_3$ 处理后苜蓿的相对干燥常数 k' 值要下降 12.8%，这说明 K_2CO_3 对苜蓿的释水能力比 $NaHCO_3$ 更强。苜蓿刈割后水分散失的主要阻碍为茎叶表面的角质层及蜡质，以有机溶剂溶解茎叶表面的蜡质后，破坏了蜡质层的结构，从而加速了水分的散失[2]。长链脂肪酸甲酯与蜡质表面结合，可促进水分在蜡质表面传递，从而促进水分的散失，加快苜蓿的干燥速度。Patil 研究了碱金属碳酸盐对加快苜蓿干燥的影响，认为随着碳酸盐中碱金属离子半径的增加，其加速苜蓿干燥的效果明显，因此 K^+ 等离子对水分的渗透有特殊的作用。K_2CO_3 对苜蓿有良好的干燥效果主要是 K^+ 和 CO_3^{2-} 提供了适宜的碱性环境（pH 值），促进了水分的渗透。当一价碱金属离子存在，pH 值为 3 或 11 时，角质层水的渗透性可以提高 5 倍；当 pH 值＝6～9 时，由于有羟基与角质层结合，角质层可根据原子核半径识别不同的碱金属离子，水的渗透性随着碱金属离子半径的增加而增大；而 CO_3^{2-} 是决定溶液 pH

值的因素。由于 K^+ 作用于角质层，且 CO_3^{2-} 适当提高 pH 值，二者共同作用使得 K_2CO_3 能够加快苜蓿干燥。而 $NaHCO_3$ 添加或者喷撒到牧草（主要是豆科牧草）上，经过一定的化学反应也使牧草表皮的角质层破坏，加快牧草株体内的水分蒸发，加快干燥的速度。这种方法不仅可以减少牧草干燥过程中的叶片损失，而且能够提高干草营养物质的消化率。熏蒸处理后的苜蓿相对干燥常数 k' 值只提高了 9%，这说明干燥速度提高效果不显著。常用的干燥方式是将苜蓿茎秆轴向砸裂，再撒入 K_2CO_3 处理，干燥速度显著提高。在生产实践中，可以根据具体情况确定采用哪种方法。一般讲来，压裂草茎干燥法需要的一次性投资较大，而化学添加剂干燥法则可根据天气情况灵活运用，也可以两种方法同时采用。

在干燥温度为 140℃ 时，模拟轴向槽辊压扁后苜蓿相对干燥常数 k' 最大，其余依次是用 $NaHCO_3$ 处理和 K_2CO_3 处理。与干燥温度为 130℃ 相比较，后两种处理情况的 k' 值随干燥温度的增加而提高了 41% 和 39%，并且干燥后苜蓿翠绿色更加鲜艳。

36.3.3　苜蓿压扁处理

苜蓿在田间晒制干燥时，为了使茎秆和叶片的干燥速度接近，并提高整株苜蓿在田间晾晒时的干燥速度，都采用苜蓿茎秆压扁机处理苜蓿。收获后压扁苜蓿茎秆是较为常用的机械加速干燥的方法，压扁苜蓿时破坏了茎秆的角质层、维管束和表皮，使茎秆的内部暴露于空气中，增大了水分传导系数，从而使干燥速度加快。机械压扁干燥是目前美国、加拿大、北欧等畜牧业发达国家和地区普遍采用的一种牧草处理方法。早在 20 世纪 30 年代，压扁机就已出现。到 20 世纪 60 年代中期，在压扁机基础上出现了刈割压扁机，一次可以完成收割、压扁和集条三项作业。对于压扁机械的要求除了减少牧草收获损失、提高干燥速率外，还要求其保持牧草饲料价值，过度压碎会造成养分浸出损失。随着牧草收获技术的发展，提高干燥速率的机械设备也有了很大的发展。

为了进一步提高干燥速度，尽快让牧草脱水，压碎脱水试验研究和设备应运而生。如日本福岛县研制的牧草压碎脱水装置，不经预干就能很快将收获后的鲜草中水分除去，并压制成 5～15mm 厚的薄层，比整草干燥节省燃料 30%～50%，生产成本降低 50%。用此装置将含水率 70%～80% 的鸭茅混合牧草压碎脱水成型，与晒干产品相比，脱水处理干草仍具有很高的营养价值，纤维消化率比干草高，与鲜草相差不大。

近年来，从国外引进先进的割草压扁机的同时，国内牧业机械科研单位和生产厂家也在积极研制和生产各种型号的割草压扁机，使用这种割草压扁机收割苜蓿草，晴天只要晒 6～8h（中间翻一次）就可以基本达到脱水要求。随着优良牧草紫花苜蓿的大面积种植，苜蓿产品（草捆、草粉、草颗粒等）的大量生产，苜蓿收割作业大力推广割草压扁机势在必行。

苜蓿茎秆中含有较多植物纤维，木质化程度较高，结构相对紧密，故干燥速度慢。在电镜下观察压扁苜蓿茎秆，压扁最明显的效果是将木质化和非木质化的细胞分开，使茎秆分成许多部分，从而增加茎秆表面面积，降低其内部组织对水分的阻力，充分利用干燥空气的载湿能力。因此，苜蓿的压扁处理能够加快茎秆干燥速度。传统的苜蓿收获是采用圆盘式或往复式割草机，都不带压扁装备，虽然能够完成收获作业，但由于苜蓿脱水干燥时间长，蛋白质的损失很大，不能保证苜蓿产品的质量，因而推广割草压扁机收获苜蓿是十分必要的。

张秀芬等[4]研究了压扁苜蓿茎秆对晒制干燥速度的影响，发现压扁苜蓿茎秆可以加快其干燥速度，并且压扁苜蓿茎秆后，苜蓿的茎、叶的干燥速度趋于一致，减少了叶及幼嫩部分的损失。另外，重压扁干燥时间比轻压扁缩短 20～24h，但营养损失较多，综合评定结果是调制干草时轻压扁效果较好。

高彩霞等[5]研究表明，在用日晒干燥苜蓿时，压扁后的干燥时间比不压扁缩短 24h，比阴干处理缩短 54h，从而减少了牧草的呼吸作用、光化学作用和酶的活动时间，也减少了牧草受雨淋和露水浸湿的损失，其营养成分差异显著。Rotz 等[6]在进行机械方法和化学方法对苜蓿干燥速度影响的研究中发现，机械方法使茎秆压扁对初次刈割的苜蓿的干燥速度影响较大，而对于以后几次刈割的苜蓿的干燥速度影响不大，而用 K_2CO_3 溶液化学方法喷洒，对初次刈割的苜蓿的干燥速度影响不大，而对以后几次刈割的苜蓿的干燥速度效果较好。

王钦[7]在介绍牧草的干燥和储备技术中指出，自然干燥法中压扁干燥的紫花苜蓿比普通干燥的牧草干物质损失减少 2～3 倍，碳水化合物损失减少 2～3 倍，粗蛋白质损失减少 3～5 倍；但在阴雨天，茎秆压扁的牧草营养物质易被淋湿，从而产生不良结果。他还指出目前国外还采用人工干燥方法，即用加热的方法加快干燥，人工牧草干燥机一般分为低温干燥机和高温干燥机，牧草在烘干机中进行干燥只要几十秒或几分钟，从而保持了青绿牧草的特点。因此，为了生产出优质的苜蓿产品，牧草必须在滚筒式干燥机内均匀干燥。但是苜蓿叶片的干燥速度比茎秆高得多，导致最终草产品的水分不均匀。

对于现蕾期的紫花苜蓿，用橡胶锤将茎秆砸扁，切成长度分别为 2～6cm 的段（间隔 1cm），干燥至平均含水率为 12% 的干草，取样分别测试茎秆、叶片的水分，计算水分差值 D，并用 Page 方程计算干燥常数 k，结果列于表 36-2 中。

表 36-2　苜蓿压扁后不同干燥温度下的干燥常数和茎叶水分差值表

长度 /cm	160℃		170℃		180℃		190℃		200℃		210℃	
	k /min⁻¹	D /%	k /min⁻¹	D /%	k /min⁻¹	D /%	k /min⁻¹	D /%	k /min⁻¹	D /%	k /min⁻¹	D /%
2	0.007	12.81	0.012	9.7	0.018	6.63	0.026	4.62	0.030	3.72	0.034	8.82
3	0.006	15.42	0.009	11.2	0.014	7.84	0.022	5.53	0.028	4.81	0.032	10.21
4	0.004	19.6	0.008	13.51	0.012	9.62	0.021	6.83	0.026	6.02	0.029	11.53
5	0.003	22.7	0.007	15.13	0.008	11.83	0.019	9.52	0.024	6.81	0.026	13.12
6	0.002	27.6	0.005	16.84	0.007	13.22	0.017	11.41	0.021	8.14	0.023	14.82

注：k 表示干燥常数；D 表示茎叶水分差值。

分析表中数据可以看出，随着干燥温度的增加，干燥常数 k 变大，这是因为苜蓿内部水分活化能随着温度增加而增加；但随着苜蓿段的长度增加，水分向外扩散的阻力增加，干燥常数 k 减小。在薄层干燥试验中发现，压扁后的苜蓿干燥速度提高了 2.0～2.5 倍。压扁后的苜蓿叶片与茎秆干燥速度比为 1.8～2.1（未压扁的比值为 3.0～3.3）。因此，干燥后苜蓿的茎叶必然存在水分差。观察干燥后苜蓿样品，平均含水率为 18% 时，如果差值超过 10%，苜蓿叶片因过干而脱落、破碎。苜蓿的干燥温度达到 210℃ 时，叶片出现焦糊状，而茎秆未达到要求水分，不利于储藏和加工。由于本研究是在薄层干燥实验台上进行的，认为干燥时热空气的温度与苜蓿实际承受的最高温度一致。苜蓿燃点为 240℃，超过该温度就会起火燃烧。

根据表 36-2 中的数据，用 DPS 软件可以回归得出各种长度（L/cm）草段的干燥温度（T/℃）与茎叶水分差值（D/%）间的关系式，如表 36-3 所示。

在用干苜蓿配制饲料时，一般要求草段长度为 3～4cm，这样既能发挥出草段对其他饲料添加剂（微量元素）的承载作用，本身的营养成分又易于消化。对表 36-3 中所列的回归方程分析后认为，如果要求干燥后苜蓿茎叶间的水分差低于 10%，合理草段长度为 3～4cm，干燥温度应该在 180～205℃，这样才能使得苜蓿的叶片和茎秆的干燥时间尽可能一致。如表 36-2 所示，当干燥温度达到 210℃ 时，苜蓿的叶片与压扁茎秆的干燥速度相差过大，导致干燥后茎叶间水分差异大，苜蓿内部的水分扩散速度随着干燥温度的增加而加快，没有出现谷物那样的表层硬化现象，这主要归因于苜蓿的纤维化成分、压扁后微观结构外露和热空气对表面蜡质层的破坏作用。在设计苜蓿干燥机时应该考虑到这些变化。

表 36-3 茎叶水分差值（％）与干燥温度（℃）和草段长度（cm）间的关系式表

干燥温度/℃	关系式	相关系数(r)
160	$D=8.8815\exp(0.189383L)$	0.9959
170	$D=24.4728/[1+\exp(1.0539-0.308058L)]$	0.9969
180	$D=23.1020/[1+\exp(1.5688-0.313363L)]$	0.9952
190	$D=3.9040-0.157285L+0.239286L^2$	0.9910
200	$D=1.6240+1.0497L+0.004286L^2$	0.9958
210	$D=6.9027\exp(0.127860L)$	0.9991

研究发现，当苜蓿叶片水分降到15％～20％时，其茎秆的水分含量为35％～40％。因此，为了使牧草茎叶干燥保持一致，减少叶片在干燥中的损失，常利用牧草茎秆压裂机先将茎秆压裂、压扁，加快茎中水分蒸发的速度，最大限度地使茎秆与叶片的干燥同步进行。压裂茎秆干燥所需的时间可比不压裂茎秆的时间缩短30％～50％。此法减少了牧草的呼吸作用、光化学作用和酶的活动时间，从而减少了牧草的营养损失，但由于压扁茎秆使细胞壁破裂而导致细胞液渗出，营养成分有损失。

36.4 牧草干燥设备

我国的干草生产起步较晚，而且生产上主要应用的是自然干燥法，直到20世纪80年代初，我国才开始引进国外的草粉加工设备，但终因成本太高而无法推广使用，目前我国干草产品生产正逐渐走向集约化、工厂化。

36.4.1 牧草干燥工艺流程及原理

牧草干燥工艺流程如图36-8所示。首先，鲜牧草（含水率＞75％）经过切碎、搓揉并

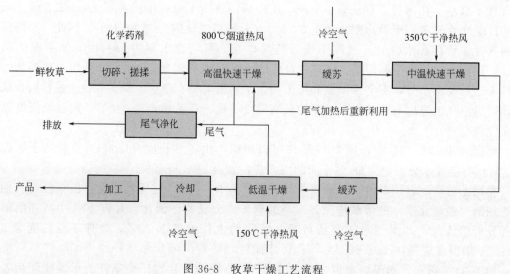

图 36-8 牧草干燥工艺流程

加入化学药剂，然后通过高温快速干燥机将牧草水分降到 50% 左右，从分离器出来的半干牧草经冷空气冷却、缓苏后，再利用干净热风进行二次干燥，干燥后的牧草含水率约降到 13%，牧草通过二次缓苏后进入低温干燥机，使牧草含水率降至 8%～10%，经冷却后进行制粒、制饼加工成产品。

由于牧草叶片干燥的速度要比茎秆快得多，所需时间短，牧草干燥时间的长短主要取决于茎秆干燥所需的时间。牧草茎秆含有大量不易被破坏的纤维素，木质化程度较高，结构相对紧密，干燥至一定湿含量时，内部水分扩散变慢，干燥速率大幅度减小，甚至难以在原有的干燥参数下继续脱水。在这种情况下，若继续高温干燥，牧草茎秆表面和叶片会产生焦煳现象，而茎秆内部还含有大量水分。可以通过以下三种途径解决这一问题。

第一，在干燥前对牧草进行物理化学预处理，即将牧草切碎、搓揉，破坏茎秆木质层，同时加入一些化学药剂，破坏其角质层，这样不仅可减少牧草干燥过程中叶片损失，而且能够提高干草营养物质消化率，最大限度地使茎秆与叶片的干燥速度同步。试验证明，经预处理后的牧草茎秆干燥时间比只经切碎的牧草茎秆干燥时间缩短近一半（如图 36-9 所示）。

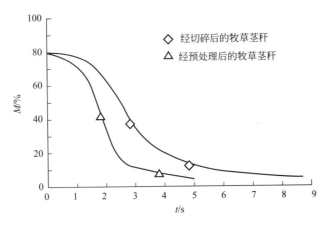

图 36-9　牧草茎秆在搅拌气流干燥机中的干燥曲线

第二，采用分段干燥。由于牧草在干燥过程中，存在等速干燥段和降速干燥段，若采用一次干燥至最终含水量，在降速干燥段，随着干燥速率的降低，牧草温度升高，会造成牧草营养成分大量损失，甚至产生焦煳现象。因此，在牧草等速干燥段，宜采用高温快速干燥，降速干燥段宜采用中低温干燥。

第三，在干燥工艺中加入缓苏过程，并在缓苏时通入冷风，待一定时间后，达到使牧草内部水分向表层迁移，牧草内外水分一致的目的，这样进行二次干燥可大大降低能耗，提高干草品质。

鲜牧草经预处理、分段干燥、缓苏等干燥工艺与传统干燥工艺相比，具有干燥能耗低，干燥后的产品不焦不煳，茎叶脆、绿，并带草香味，产品各营养成分基本得到保留，品质达到国家标准等特点。

36.4.2　典型牧草干燥装备

江苏正昌干燥设备有限公司与无锡粮科院等科研单位合作，有针对性地引进吸收国外牧草加工先进技术和设备，共同研究开发了系列牧草干燥加工成套设备。此专用设备在国外已经过 30 多年的使用并不断完善，是牧草干燥设备中的最佳加工配套设备，主要特点有：干燥速度快、产量大，最高产量可达到 5t/h 干料；热效率高，烘干成本低，比常规烘干设备节能 15%～20%；烘干质量好，烘干后的苜蓿草色泽鲜绿，比自然晾晒的干草蛋白质含量高出 50%；生产安全，由于整个系统全密封操作和全系统负压操作，生产环境好、一机多用、价格适中。本设备除烘干苜蓿草外，对其他经济作物如棕榈叶、秸秆类植物、中草药、木屑、果渣等有同样良好的烘干效果。其系统实行自动控制，可减少人工操作带来品质不稳定的弊端。

东北农业大学研制出四重滚筒式牧草干燥机（如图 36-10 所示）。采用四重滚筒方式，热能利用率高，节省燃料；综合应用冲击、穿流、顺流、逆流和横流的多维干燥技术，干燥均匀、速度快、生产效率高；以轻柴油为燃料，提高了供热的温度范围、稳定性和控制精度；四重滚筒式牧草干燥机内部的螺旋式抄板、水滴式滚筒截面和筒间变间距结构，提高了牧草在滚筒内部运动的流畅性，并可以保证牧草干燥质量；通过调节供风和供热，提高了物料干燥的品质和效率。其工艺流程为：切断、压扁和茎叶分离后的鲜苜蓿草送入上料机，在滚筒腔（第一重滚筒）内干燥脱去大量水分，经过多重滚筒烘干后排出机外；热介质是由间接燃油热风炉提供的清洁空气，与物料发生湿、热交换后经旋风分离器分离后排空。该设备性能稳定，为提高我国饲草生产的品质、缓解蛋白质饲料日趋偏紧的状况开辟了新途径，也可用于其他叶状和片状的果蔬农产品的干燥，应用前景广阔。

图 36-10　四重滚筒式牧草干燥机

德国、法国、丹麦、英国等国家牧草干燥设备的研究和应用起步也比较早。国产的饲草干燥设备尽管价格低廉，但目前生产的品种仍然不多，进口设备昂贵，能耗一般也较大，表36-4 介绍了几种国内典型的牧草干燥设备。

表 36-4　国内用于干草调制的部分干燥设备介绍

序号	机械名称	型号	参数	产地
1	干燥机组	绿宝 A-Ⅰ	总功率：60kW，配套热风炉：$1.0×10^4$MJ，产量：2t/h	江苏
2	干燥机组	绿宝 A-Ⅱ	总功率：120kW，配套热风炉：$2.5×10^4$MJ，产量：5t/h	江苏
3	牧草干燥压块成套设备	9SJG 系列	加工成本：180 元/t	北京
4	牧草烘干机	9JH1000	蒸发水量：550kg/h	北京
5	牧草烘干机组	93QH-300	生产能力：300kg/h	郑州
6	三级滚筒气流干燥机	SGQG 系列	生产能力：300～3000kg/h	四川
7	干草、草粉成套设备	ABM	生产能力：草粉 1.6t/h	俄罗斯
8	干草、草粉成套设备	AS-25	生产能力：1250kg/h	荷兰
9	系列牧草烘干机组	HYG	生产能力：0.3～1.5t/h	辽宁

目前用于牧草人工干燥的干燥机还有采用过热蒸汽干燥技术的，这是一种利用过热蒸汽直接与湿物料接触而去除水分的节能干燥方法。与传统热风干燥相比，过热蒸汽干燥是以蒸

汽作为干燥介质，干燥机排出的废气也全部是蒸汽，因为干燥过程中只有一种气态成分存在，所以传质阻力非常小；同时排出的废气温度仍能保持在 100℃ 以上，可利用冷凝、压缩等方法回收蒸汽的潜热再加以利用，因而热效率高。另外，由于蒸汽的热容要比空气大 1 倍，干燥介质的消耗量明显减少，故单位能耗低。其通风设备主要是轴流排风扇，用于输送干燥热空气或排出潮湿的空气。过热蒸汽干燥技术的主要优点是传热系数大、传质阻力小、蒸汽用量少、无爆炸和失火的危险、有利于保护环境、有灭菌消毒的作用等。

36.4.3　干草调制设备

除了新鲜饲草的刈割、收集和运输机械设备外，采用自然干燥法在田间调制干草所需的机械设备还包括翻晒、压捆等。田间机械一般都是独立设计、制造的，所需动力一般来自牵引的拖拉机。多数田间作业的机械源自农作物的机械用具，大多数都是改造而来的，但仍有其特殊性，如一般的收割机械都带有压扁装置，以利于饲草的快速干燥。我国目前自行研制的这类机械设备较少，表 36-5 介绍了部分这类机械设备。

表 36-5　用于干草调制的部分田间机械设备介绍

序号	机械名称	型号	参数	产地
1	收割机	9G-2.1	割幅：2.1m，生产效率：5.5km/h，配套动力：3.68kW	中国
2	收割机	350	割幅：2.74m，生产效率：8km/h，配套动力：2.28kW	美国
3	收割机	SM-4	割幅：1.7m，生产效率：10km/h，配套动力：8.38kW	德国
4	捡拾压捆机	9JK-1.7	尺寸：5.3m×2.65m×1.67m，机重：1690kg，配套动力：≥36.75kW	中国
5	指盘式搂草机	9LZ-5	尺寸：4.5m×2.9m×1.3m，机重：580kg，配套动力：≥20.58kW	中国
6	捡拾压捆机	AP-41N	尺寸：4.56m×2.3m×1.73m，机重：980kg，配套动力：≥22.05kW	巴西
7	摊晒搂草机	Haybob300	机重：300kg，生产率：3hm²/h，配套动力：≥11.03kW	巴西
8	收割压扁机	SCE2200A	机重：1450kg，生产率：2.2hm²/h，配套动力：≥40.43kW	巴西
9	搂草机	SW-ART3200	尺寸：3.15m×3.27m×1.17m，机重：318kg，配套动力：≥15.44kW	韩国
10	圆盘式割草机	SW-DMI70	工作幅度：1.7m，机重：310kg，盘数：4，配套动力：≥25.73kW	韩国

另外，还有用于调制干草的其他机械设备，主要用于成品干草的整理、检测等，以便干草的储存和运输以及质量跟踪。表 36-6 介绍了这方面的设备。

表 36-6　干草调制的部分辅助机械设备

序号	机械名称	型号	参数	产地
1	二次压缩机	9YD-200	尺寸：2.8m×1.2m×1.4m，机重：1850kg，配套动力：22kW 电机、柴油机	中国
2	方草捆捆扎机	9KF-8040	尺寸：4.2m×1.8m×1.4m，机重：780kg，配套动力：≥14.7kW	中国
3	牧草水分测定仪		牧草水分测定范围：10%～80%	中国
4	WBSS 草块压块系统		根据需要选配	美国
5	打捆牧草测湿仪	BHT-1	可测湿度范围：8%～44%	中国
6	打捆机	SWB-13ST	尺寸：4.74m×2.24m×1.57m，机重：1250kg，配套动力：≥25.73kW	韩国

36.5　干草品质

苜蓿干物质中，粗蛋白的含量为 18%～24.8%，赖氨酸为 1.06%～1.38%，粗脂肪为

2.4%，粗纤维为 35.7%，无氮浸出物为 34.4%，粗灰分为 8.9%，其中钙为 1.09%，磷为 0.3%，初花期和盛花期苜蓿干草的产奶净能接近于中等能量饲料。苜蓿蛋白含有 20 种以上的氨基酸，包括人和动物的全部必需氨基酸，其中蛋氨酸 0.32%、赖氨酸 1.06%、缬氨酸 0.94%、苏氨酸 0.86%、苯丙氨酸 1.27%、亮氨酸 1.34%，以及一些稀有氨基酸（瓜氨酸、刀豆氨基酸等），主要存在于苜蓿的叶片中，其中 30%～50% 的蛋白质存在于叶绿体中。一亩苜蓿可年产 5t 鲜草，按鲜干值 4:1 计算，可生产 1250kg 高蛋白、维生素草粉，其蛋白质产量是种一亩玉米蛋白质产量的 4～6 倍，相当于 750kg 大豆的含量；生物学含量相当于玉米的 3～4 倍；维生素、矿物质元素的产量则相当于玉米的 10 倍以上，其综合营养价值高于玉米、小麦等谷物。

牧草收割应选择牧草含粗蛋白最高期进行人工、机械收割，收割存放田间不应超出 60h，必须进行加工处理，避免堆放高度过高造成烧草而腐烂。

对于含蛋白质较高的优质牧草，可首先进行切碎、榨汁，提取蛋白质后，再进行干燥处理，不仅可增加牧草的经济价值而且还可以减少干燥能耗，增加干燥机单位产量，提高经济效益。

36.5.1 饲用干苜蓿品质评价内容

在早期，苜蓿主要作为舍饲和放牧家畜的青饲料来源。苜蓿干草的工业化生产仅仅是近几十年的事，如美国在 20 世纪 30 年代才开始实现苜蓿干草的工业化生产。对于苜蓿干草的营养价值评定以及在奶牛日粮中应用的研究在世界范围内的时间也不长。

van Soest 曾提出了洗涤纤维分析体系，将粗纤维这个指标精确分解为中性洗涤纤维（NDF）、酸性洗涤纤维（ADF）、酸性洗涤木质素（ADL）和灰分（ASH）指标，并计算得到纤维素（cellulose）、半纤维素（hemicellulose）和木质素（lignin）的含量，这种体系较粗纤维体系更有益于高产奶牛饲料的评定，因为粗纤维体系比较适用于单胃动物，而奶牛为反刍动物。美国 NRC（2001）在评定奶牛的纤维需要时就使用了 NDF 指标，指出在以玉米青贮或苜蓿青贮为主要粗饲料，干玉米为主要淀粉来源的奶牛日粮中，NDF 的建议量为 25%，且有 19% 应该来自粗饲料。目前洗涤纤维体系已被世界公认。

苜蓿干草的 NDF 含量主要受茬次和刈割时间影响，头茬和初花期刈割的苜蓿干草 NDF 较低，一般在 40% 左右（风干基础）。在测定 NDF 的基础上还可以结合瘤胃尼龙袋法测定 NDF 在瘤胃的降解率，以及结合人工瘤胃法测定总挥发性脂肪酸（TVFA）的产量及乙酸、丙酸和丁酸的比例。目前，上述指标的测定已成为世界各国苜蓿干草纤维评定的常规工作。

在苜蓿干草营养价值评定方法上，20 世纪 70 年代以后，近红外光谱分析法（NIRS）开始应用。其理论依据是在 0.7～2.5μm 近红外光谱区内，饲料各种有机成分对近红外光都有吸收，但不同成分对近红外光的最强吸收波长不同，同一成分也因含量高低而对近红外光的吸收强弱有一定差别。美国牧草和草地协会（AFGC）应用此技术制定了豆科、豆科与禾本科混合干草的质量标准，此项技术为苜蓿干草营养价值的快速评定和现场交易奠定了技术基础。该技术的突出优点是不需要对样品进行破坏性处理，能在短时间内测出 CP（粗蛋白）、NDF（中性洗涤纤维）、ADF（酸性洗涤纤维）三项重要指标，然后通过计算可得到 DDM（牧草中可消化干物质）、DMI（牧草中的干物质吸收率）、RFV（相对喂人值）三项指标。而湿法分析中测 DDM 和 DMI 则要通过动物试验确定。该技术本身在精度上不及湿法分析，但不同等级的苜蓿干草之间存在的只是该方法带来的系统误差，因而具有相对可比性，用它来对苜蓿干草分级是迅速而准确的。该技术已在美国得到普及，在我国尚未得到广泛应用，但随着我国苜蓿干草生产规模的扩大，它仍不失为一项很有前景的干草品质分析技术。

36.5.2　干草中营养物质变化

在自然条件下调制干草时植物体内经历着一系列复杂的生物学变化，其中营养物质的变化先后经过两个复杂的过程：生理-生化过程（即饥饿代谢时期）和生化过程（即自体溶解时期）。第一个时期的特点是一切变化在活细胞中进行，而第二个时期的变化是在植物的死细胞中发生。

在饥饿代谢时期，植物的呼吸作用使有机物有一定损失。植物体内储藏的部分无氮浸出物水解成单糖，作为能源而消耗掉，使植物体内的总糖量下降，有少量蛋白质也被分解成以氨基酸为主的氮化物。此时期酶的活动以水解酶的活动为主，分解各种蛋白质、糖类，形成氨基酸和糖。呼吸作用所消耗的糖和蛋白质在这个时期很少，约 5%～10%，由于蛋白质的分解，一些重要的氨基酸，如赖氨酸和色氨酸的数量增加。牧草收割后应减少在日光下的曝晒，搂成草垄，在草垄中阴干，人为地延长牧草干燥的第一个时期，可以获得富含氨基酸的干草。

在自体溶解时期，植物的细胞已死亡，在死亡细胞内进行的植物体的物质转化过程，称为自体溶解过程，这一时期的水分减少是由于死亡的植物体表面的蒸发作用。细胞死亡以后，植物的生理过程被生化过程所代替，植物体内继续进行着氧化破坏过程。参与这一过程的除了植物本身的酶类外，还有各种微生物活动而产生的酶，在两者的联合作用下，氨化物被进一步分解成氨而损失，糖类则被分解成二氧化碳和水，胡萝卜素受到体内氧化酶的破坏和阳光的漂白作用而损失。这一过程一直进行到牧草水分减少到 17% 以下，酶的作用才停止。单位时间内营养物质的损失在牧草含水 32%～67% 时最大，即在饥饿代谢末期和自体溶解初期损失最大。

在饥饿代谢期之后，植物体内淀粉剩下的数量不太多，在自体溶解时期不发生变化，或变化很小，水溶性碳水化合物（water soluble carbohydrate，简称 WSC）会由于微生物的作用发生比较大的变化。随着植物水分的降低，酶的活性和微生物的活动减弱，在此时期末，糖的损失减少。在正常和不拖延干燥时间的情况下，含氮物质不发生显著的变化。只要在自体溶解时期，能较快地干燥，微生物和植物本身的酶的作用会受到限制，但仍会有一定的活动，耗费一些营养成分，却能使一些营养成分得到一定的初步分解，产生一些芳香物质，使牧草的消化率和适口性都有所提高，这是质量良好的干草所需要的。如果干燥缓慢，就会导致营养成分的严重损失，而且干燥的时间越长，营养物质的损失越严重。因此，在调制干草的过程中，尽快地降低水分含量和缩短干燥时间是制作优质干草的基本原则。

在自体溶解期内，牧草胡萝卜素的损失约占胡萝卜素总量的 50%。后期胡萝卜素的破坏速度降低，但在未干或已干燥牧草下雨或露水浸湿时，氧化作用增强，因而胡萝卜素的损失大增。新割的苜蓿，受露水浸湿时，其干草与不受露水浸湿相比胡萝卜素减少 11.7%。当水分为 41% 的干草受潮时，干燥过程被延误，在 1kg 干草中，未被浸湿的干草含胡萝卜素 60mg，被浸湿的为 14mg，即胡萝卜素减少 76.67%。干草发热时也使胡萝卜素含量降低。

在豆科牧草（苜蓿）调制干草的过程中，最大的损失为机械折断植物的细嫩部分而造成的，同时使干草的质量显著降低。在干草的调制和保藏过程中，由于搂草、翻草、搬运、堆垛等一系列机械操作，不可避免地造成细枝嫩叶的破碎脱落。据报道，叶子可能损失 20%～30%，嫩枝损失 6%～10%。豆科草的茎秆粗大，茎叶干燥不均匀，叶子损失比禾本科要严重得多，因叶片脱落而造成的养分损失比例比重量损失的比例大得多。打捆过程中叶子的散失占干草损失总重的 53％，而豆科牧草叶子中粗蛋白的含量为茎秆中的 2～3 倍。苜蓿茎秆 DM（干物质）在体外消化试验中的消失速度比叶中的 DM 慢，这是由于茎中细胞壁含量更高。任何减少叶损失的方法都能有效地提高豆科牧草干草的质量。因机械作用而造成的养分损失量，不仅与植物的种类有关，而且与晒草技术有关。试验表明，收割后立刻进行小堆干燥的，干物质损失最少，仅占 1％；先集成各种草垄干燥的干物质损失次之，约 4％～6％；而以平铺法晒草的干物质损失最为严重，可达 10％～14％。在一些发达国家采用机械化联合作业，边割草边烘干边成捆，可使牧草营养物质损失达到最低。

测定水分最好是用水分分析仪进行测定，生产实践中也常用感官法测定，这些方法简便易行。感官法主要有以下两种：

含水率 40％左右的测定方法：取一束晒制干草于手中，用力拧扭，此时草束虽能拧成绳，但不形成水滴。

含水率 17％左右的测定方法：取一束干草贴近脸颊，不觉凉爽，也不觉湿热；或干草在手中轻轻摇动，可听到清脆的沙沙声；手工揉搓不能使其脆断，松开后干草不能很快自动松散，此时草的水分含量约为 14％～17％。若脸颊有凉感，抖动时听不到清脆的沙沙声，揉团后缺少弹性，松散慢，说明含水率在 17％以上，应继续降低水分。目前市场上有饲草专用电子水分测定仪出售，适用于成剂或成捆干草水分的测定，方法是将测定仪的探头插入草垛或草捆内部的不同部位，不同部位数据的平均值就代表了干草的含水率。

品质优良的干草，应该茎叶完整，保持绿色，有清香味，营养物质含量达到正常标准，某些维生素和微量元素含量较丰富，质地柔软，适口性好，可以为草食家畜提供优质的蛋白质、能量物质、矿物质和维生素等营养物质，尤其对以舍饲为主的草食家畜是必不可少的。优质干草的主要特点是：

① 保有较多的叶片，叶片中含有丰富的营养物质，且各种养分的消化率高，优质青干草叶片比例高。因此，在青干草的调制过程中，应尽量避免叶片脱落过多。

② 优质青干草应为青绿色，一般认为青干草中的胡萝卜素含量与其叶片的颜色有关，绿色越深，胡萝卜素的含量越高。

③ 质地柔软，牧草应在抽穗至开花期收割，是调制青干草的最佳原材料，只要调制得法，就可得到质地柔软的优质青干草。如果牧草在抽穗至开花期后收割，再在烈日下过分曝晒，会导致青干草质地坚硬。

④ 制作和保存良好的青干草闻起来具有特殊的、令人舒服的芳香味，这是饲草中一些酶和青干草轻微发酵共同作用的结果。

⑤ 优质的青干草，不应混有泥土、枯枝和生活垃圾等杂物及明显的虫害痕迹。

青干草品质的好坏，受很多因素影响。一般认为青干草的饲草品种组成（包括有无混入有毒杂草），叶片的保有情况，以及青干草的色、香、味等，都是评定其品质的指标。我国目前还没有统一的国家标准，目前评定的主要方法有以下几点：

① 根据饲草品种组成的评定：青干草中豆科牧草的比例超过 50％为优等；禾本科及杂草占 80％以上为中等；有毒杂草含量在 10％以上为劣等。

② 根据叶片保有量的评定：青干草的叶片保有量在 75％以上为优等；在 50％～75％之间为中等；低于 25％的为劣等。

③ 根据综合感官评定晒制干草的等级：

优等的牧草色泽青绿，香味浓郁，没有霉变和雨淋；中等的牧草色泽灰绿，香味较淡，没有霉变；色泽黄褐，无香味，茎秆粗硬，较差等级的牧草有轻度霉变；劣等的牧草霉变严重。

36.5.3　人工干燥后苜蓿品质

采用人工干燥方法可以保持苜蓿的营养品质和外观形状、颜色，能够按要求调制水分以满足下一步加工的需要。但是干燥条件对苜蓿的品质指标有较大影响，不合理的干燥参数可能导致干燥后苜蓿品质下降，甚至完全不能进一步使用，如干燥后的苜蓿营养成分（尤其是维生素的含量）降解、出现焦煳、绿色衰退等现象，不同的干燥方式导致干燥后水分差异大（尽管平均水分已经达到要求），在打捆储藏期间容易出现黄变、霉变等品质劣化情况。因此，如何控制干燥参数，保持和提高苜蓿干燥后品质指标（包括营养成分、外观颜色和内部微观结构等），是研究苜蓿干燥一个重要课题。

36.5.3.1　干燥温度对苜蓿品质的影响

在不同干燥条件下干燥后苜蓿的主要成分含量、干物质消化率、颜色和气味等见表 36-7。

表 36-7　干燥条件对苜蓿主要成分和状态的影响

温度/℃	时间/min	粗蛋白/%	粗脂肪/%	粗纤维/%	碳水化合物总量/%	颜色及状态	气味	干物质消化率/%
130	7	17.99	4.47	21.33	63.33	茎叶翠绿完整	草香浓郁	64.00
170	4	19.39	3.65	22.39	65.27	茎叶翠绿	草香浓郁	63.53
190	3	19.62	3.62	22.96	63.28	茎叶翠绿	草香	63.34
216	2.5	18.76	3.59	22.20	59.20	叶脆茎略焦	焦煳味	63.60
自然晾晒	3 天	13.23	2.79	33.74	43.50	茎叶发白	较淡草香	47.91

干草的质量评价最终取决于它的化学成分、消化率和采食率。化学成分主要是非结构性碳水化合物（淀粉和糖）、蛋白质、矿物质、结构性碳水化合物或纤维（主要是纤维素和半纤维素），其中非结构性碳水化合物易被反刍动物的瘤胃微生物消化，但不能有效降解木质素，并且木质素限定了微生物消化纤维素和半纤维素的能力。研究表明，木质素每增加 1 个单位，可消化干物质减少 3～4 个单位。干草中非结构性碳水化合物和可消化干物质的降低，主要是因收获期的延长而使植物老化，以及田间干燥时间的延长增加了非结构性碳水化合物的呼吸损失所致。试验表明，阴雨天连续 8 天调制的干草，其可消化干物质仅为 47%，而用热空气干燥的干草，可消化干物质为 77%，干草的消化率随着化学成分的变化而不同。

苜蓿中的碳水化合物含量高表明是优质牧草。随着干草中粗纤维含量增加，其干物质和有机物消化率下降，它们之间有很高的相关性。由表 36-7 可以看出，人工干燥后苜蓿的粗脂肪和碳水化合物含量高于自然晾晒后的值，在采用人工干燥时，随着干燥温度增加，干燥后苜蓿的粗脂肪和碳水化合物含量下降，并且自然干燥后的苜蓿，其干物质消化率显著下降，这主要是因为自然干燥时间较长，增加了非结构性碳水化合物呼吸损失所致，这说明高温快速干燥后苜蓿的平均品质状况高于自然晾晒后的干苜蓿。分析表 36-7 中数据发现，自然干燥 3 天后苜蓿粗蛋白质含量比人工干燥显著下降，表中所列的粗蛋白含量是总蛋白量，干燥温度对苜蓿中的可溶性蛋白质含量有显著影响，用氮在酸性洗涤纤维中的驻留量（acid detergent insoluble nitrogen，ADIN）表征苜蓿纤维物中不可溶蛋白质含量。苜蓿叶片中蛋白质含量是茎秆中的 3 倍左右，并且在干燥时叶比茎秆干燥速度快，热敏性高。研究干燥过程中苜蓿叶的 ADIN 变化规律（用 van Soest 方法测定该值），所得各值列于图 36-11，结果表明在干燥温度低于 150℃时，ADIN 值变化不大，当干燥温度达到 170℃时，ADIN值开始增加，并且干燥温度越高，该值越大。这说明随着干燥温度的增加，有些蛋白质分子附着到纤维质中去，变成不可溶蛋白质，草食动物食用后不能被消化吸收而排出体外。对于干苜蓿的颜色和气味两方面外观指标，人工干燥要好于自然晾晒状况，但采用人工干燥时，随着干燥温度增高，苜蓿中的叶片有焦煳的颜色和气味。从内部营养成分和外观状况综合比较，人工干燥苜蓿品质好于自然干燥的苜蓿。

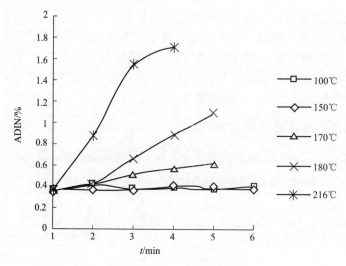

图 36-11　苜蓿中的 ADIN 随干燥温度变化规律

36.5.3.2　氮在酸性洗涤纤维中驻留量（ADIN）变化规律

从表 36-8 中的数据可以看出，在高温（超过 150℃）干燥过程中，苜蓿中的 ADIN 值随着干燥时间的增加而增加，该过程可用下述方程表示：

$$\frac{ADIN_f - ADIN_t}{ADIN_f - ADIN_o} = \exp(-kt^n) \tag{36-7}$$

式中，下标 f，t，o 分别表示在最终、即时和初始的 ADIN 值；k、n 是与干燥温度有关的反应常数。

苜蓿中的可溶性蛋白质是与干燥温度有关的重要营养成分。前面已经分析过，在干燥过程中，随着干燥温度的增加，有些蛋白质分子会附着到纤维中，变成不可溶蛋白质。

在干燥过程中，苜蓿的 ADIN 值列于表 36-8 中，其变化动力学方程中的反应常数 n、k 与干燥温度的关系可以根据 Arrhenius 方程求得。

$$k = k_0 \exp \frac{E}{RT} \tag{36-8}$$

$$n = n_0 \exp \frac{C}{DT} \tag{36-9}$$

表 36-8　在不同干燥温度下苜蓿中 ADIN 值

干燥时间/min	100℃	120℃	140℃	160℃	180℃	200℃	220℃	250℃
0	0.200	0.200	0.200	0.200	0.200	0.200	0.200	0.200
1	0.202	0.210	0.217	0.226	0.235	0.241	0.273	0.312
2	0.204	0.213	0.245	0.237	0.287	0.324	0.376	0.536
3	0.210	0.221	0.280	0.302	0.331	0.361	0.511	0.718
4	0.215	0.246	0.258	0.364	0.401	0.446	0.662	1.822
5	0.218	0.272	0.276	0.411	0.486	0.525	1.725	

续表

干燥时间/min	100℃	120℃	140℃	160℃	180℃	200℃	220℃	250℃
6	0.221	0.203	0.203	0.439	0.515	1.612		
7	0.224	0.211	0.216	0.457	1.536			
8	0.226	0.220	0.229	0.886				
9	0.229	0.226	0.246					
10	0.232	0.231						

用统计软件对表中的数据拟合处理（中间处理过程略），得到了 n、k 的表达式：

$$k=1.02\exp\frac{732.26}{T+273} \tag{36-10}$$

$$n=153328\exp\frac{-7276.9}{T+273} \tag{36-11}$$

根据式（36-7）、式（36-10）和式（36-11）就可以计算出不同干燥温度下（超过 150℃）的 ADIN 值，为设计降低干燥后苜蓿的 ADIN 值和提高可吸收蛋白质含量的干燥工艺提供了依据。

36.5.3.3　干燥后苜蓿茎秆与叶片的颜色变化

苜蓿颜色值是表征其营养成分高低的重要指标，干燥后颜色变化越小，表明干燥过程中营养成分（尤其是维生素和矿物质）损失越小。

用色差计测定新鲜苜蓿和干燥后苜蓿叶片和茎秆的表面颜色。该色差计采用 L、a、b 测量模式测定样品的颜色，其中 a 值表示被测样品绿颜色（与绿色模板相同色度时绿色值 100）对应的数值，它符合肉眼对颜色灵敏度的要求。

用绿度（Greeness，简写 G）表征苜蓿茎秆和叶片在干燥过程中颜色变化百分量，如式（36-12）。

$$G=\frac{a_f}{a_0}\times100 \tag{36-12}$$

式中，a_f 表示干燥后苜蓿样品的绿色值；a_0 表示干燥前苜蓿样品的绿色值。

对于大多数生物系统内指标的变化，某种情况出现的频率符合正态分布。在试验中发现，干燥后苜蓿样品颜色变化与热风温度和干燥持续时间有关。Finney 等采用正态密度函数表示种子发芽率的衰减规律，该函数也可以用于预测干燥条件对苜蓿茎秆和叶片颜色的影响程度。

$$G=\frac{1}{\delta\times\sqrt{2\pi}}\times\int_{-\infty}^{t}e^{-(t-t')^2/(2\delta^2)}dt \tag{36-13}$$

式中，δ 是导致苜蓿绿颜色衰退时间的标准偏差；t' 是当苜蓿绿度为 50% 时的平均时间。

使用 SAS（Ver13.0）软件包中的 Probit 程序分析干燥后苜蓿叶片和茎秆绿度数据，得到了 δ 和 t' 与干燥温度的关系式：

叶片：

$$t'=6.3217-2.5266\lg T \tag{36-14}$$

$$\delta=\exp(0.3515-0.009558T) \tag{36-15}$$

茎秆：

$$t'=\exp(1.2115-0.03217T) \tag{36-16}$$

$$\delta = \exp(1.5585 - 0.02234T) \tag{36-17}$$

根据式(36-13)~式(36-17)可以分别计算出在不同干燥温度和干燥时间内的绿度，以表征干燥后苜蓿品质状况。

研究发现，苜蓿叶片的绿色变化率在干燥温度140~150℃区间超过茎秆的绿色变化率。在此区间后，苜蓿叶片绿色显著下降，如图36-12所示。

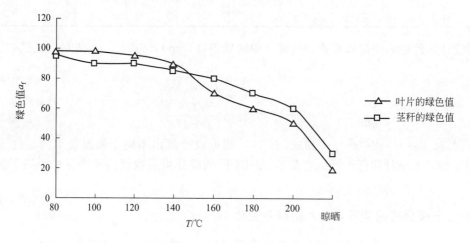

图36-12　苜蓿叶片、茎秆最终绿色值与干燥温度关系

36.5.3.4　苜蓿在干燥过程中茎秆微观结构的变化

根据Patil等[8]的研究发现，干燥时苜蓿会发生尺寸收缩的变化。苜蓿茎秆和叶片是由多层结构组成的。茎秆的结构从外到内依次是蜡质层、外皮、表皮层和内髓纤维。叶片由表及里依次由角质层、外皮层、细胞和维管束等组成，这些多层结构在干燥过程中都会发生变化。

在干燥过程中，茎秆由于失水收缩，外皮层收缩变得致密，表皮层面积收敛变小，而内部的木髓细胞开始挤压。用电镜观察发现，各层的厚度随着茎秆含水率的降低而减小。相对于角质层和表皮层，在干燥过程中，茎秆外皮层收缩得最快，表皮层收缩最不明显。苜蓿茎秆在高温干燥时，表面蜡质层被破坏，但不会出现硬化现象。当干燥温度低于80℃时，苜蓿茎秆表层平整，蜡质层依然存在［图36-13(a)、(b)］。如图36-13(c)所示，当干燥温度在100~150℃时，表层的蜡质层消失，有少部分皱起（起皮现象）。当干燥温度高于150℃时，茎秆表皮开始大面积皱起、破裂、收缩，并且观察到未做压扁处理的茎秆表面有微小裂纹出现，如图36-13(d)、(e)所示。由于组成茎秆的各个层次收缩程度不同，其中外皮层收缩程度大，内部的表皮层收缩程度小，从而形成拉应力，导致破裂，如图36-13(f)所示，这有利于内部水分向外扩散。

36.5.4　苜蓿干燥后品质评价

36.5.4.1　苜蓿品质评价指标

干草质量通常用感官方法测定颜色、气味、牧草种类和无机混杂物等表观特征，用化学分析方法测定营养成分，用消化实验方法测定消化率，计算出可消化营养物质的含量。在生产实践中常用消化实验方法测定消化率，由于此法花费时间长，消耗资金多，需要专用设备和熟练的操作技术，因而近年有的草地畜牧工作者根据牧草化学成分与消化率、代谢能之间

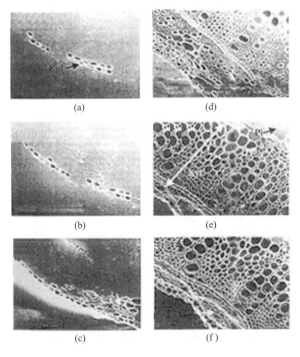

图 36-13　干燥后苜蓿茎秆微观结构

的相互关系，提出了依据牧草化学成分含量估测消化营养物质和代谢能的回归公式，这为确定干草质量评价提供了简单易行、可供操作的有效方法。表 36-9 列出了计算干燥后苜蓿营养价值的回归方程式。

表 36-9　苜蓿干燥后品质指标的计算方法

指标	回归方程式
干物质消化率 Y_{DM1}	$Y_{DM1}=74.5-0.49X$，X 为粗纤维含量（%）
有机物质消化率 Y_{DM2}	$Y_{DM2}=94.3-1.01X$，X 为粗纤维含量（%）
粗蛋白含量 Y_{CP1}	$Y_{CP1}=0.2208-0.104X$，X 为苜蓿中干物质含量（%）（$r=0.9399$）
可消化粗蛋白质含量 Y_{CP2}	$Y_{CP2}=0.91X-3.3$，X 为粗蛋白质含量（%）
干草代谢能 $Y_E/(kJ/kg)$	$Y_E=6.366+\dfrac{69.683}{X_1}+0.0156X_2$，$X_1$ 为粗纤维含量（%），X_2 为粗蛋白质含量（%）
中性洗涤纤维 Y_{NDF}	$Y_{NDF}=0.02922+0.2141X$，X 为苜蓿中干物质含量（%）（$r=0.7829$）
酸性洗涤纤维 Y_{ADF}	$Y_{ADF}=0.2404+0.1862X$，X 为苜蓿中干物质含量（%）（$r=0.8787$）

评价干苜蓿品质的指标有很多。但最常用的指标是粗蛋白（CP），酸性洗涤纤维（ADF）和中性洗涤纤维（NDF）和总消化率（TD）。其中 ADF 和 NDF 是最重要的指标，它们与牧草在动物体内的消化率和吸收率相关性很大。NDF 在中性洗涤溶液中不溶解，它是只能部分被动物吸收的苜蓿细胞壁结构，NDF 值越低，动物对苜蓿的吸收量越大。ADF 在酸性洗涤溶液中不溶解，它是牧草中不可溶植物性材料（木质素、硅等）的百分含量。ADF 值越低，动物的消化量越高。牧草中的 NDF 值要比 ADF 值高，因为 ADF 在中性洗涤溶液中也不溶解。表 36-10 中列出了不同等级的牧草营养成分。

分析得知，苜蓿中粗蛋白和粗纤维是决定其他营养品质指标的基本成分，分析干燥条件对苜蓿中的粗蛋白和粗纤维含量的影响规律，为进一步评价苜蓿干燥后品质指标提供依据。

表 36-10　牧草等级与其营养成分相关性表

等级	CP/%	ADF/%	NDF/%	DDM[①]/%	DMI[②]/%	RFV[③]
特等	>19	<31	<40	>65	>3.0	>151
1	17~19	31~35	40~46	62~65	2.6~3.0	125~150
2	14~16	36~40	47~53	58~61	2.3~2.5	103~124
3	11~13	41~42	54~60	56~57	2.0~2.2	87~102
4	8~10	43~45	61~65	43~55	1.8~1.9	75~86
5	<8	>45	>65	<53	<1.8	<75

① DDM—牧草中可消化干物质，$DDM = 88.9 - 0.779 ADF$；

② DMI—牧草中的干物质吸收率，$DMI = 120/NDF$；

③ RFV—相对喂入值，对牧草中干物质的消化吸收的综合评价，$RVF = 0.775 DMI \times DM$。

36.5.4.2　干燥后苜蓿主要营养成分变化

表 36-11 是在几种干燥条件下干燥后苜蓿的粗蛋白和粗纤维含量。

表 36-11　干燥条件对苜蓿中部分成分含量的影响

序号	干燥条件	粗蛋白含量/%	粗纤维含量/%
1	T:200℃,v:0.15m/s,压扁茎,t:6min,M_0:70.17%	10.46	36.69
2	T:180℃,v:0.26m/s,t:4min,M_0:70.17%	15.82	31.40
3	T:180℃,v:0.15m/s,压扁茎,t:7min,M_0:70.17%	12.76	39.65
4	T:138℃,v:0.65m/s,加 K_2CO_3,t:8min,M_0:70.17%	15.54	30.69
5	T:140℃,v:0.65m/s,t:4min,M_0:70.17%	15.91	22.30
6	T:165℃,v:0.26m/s,加 K_2CO_3,t:4min,M_0:70.17%	16.16	25.17
7	T:137℃,v:0.5m/s,整株压扁+K_2CO_3,密闭 2.5h,t:5min,M_0:70.17%	14.18	29.79
8	T:165℃,v:0.5m/s,t:5min,M_0:70.17%	17.05	31.31
9	T:147℃,v:0.5m/s,压扁整株,t:5min,M_0:70.17%	15.56	28.73
10	T:137℃,v:0.5m/s,压扁整株,t:5min,M_0:70.17%	13.86	34.18
11	T:120℃,v:0.15m/s,压扁整株,t:5min,M_0:70.17%	13.20	23.45
12	T:160℃,v:0.15m/s,压扁整株,t:6min,M_0:75.11%	15.02	26.59
13	T:146℃,v:0.5m/s,整株未压扁+K_2CO_3,密闭 2.5h,t:4.5min,M_0:70.17%	13.61	27.04
14	自然晾晒	13.94	27.92

注：T 表示干燥温度；v 表示热风速度；t 表示干燥时间；M_0 表示初始水分。

在表 36-11 中，人工干燥后苜蓿的粗蛋白和粗纤维含量减去自然晾晒后的相应值，计算所得的差值与自然晾晒后相应指标的比值，为粗蛋白和粗纤维含量的相对变化率，见表 36-12。

经过对表 36-12 中的数据进行统计分析，得到了干燥条件与成分指标间的相关系数，列于表 36-13。

表 36-12　干燥后苜蓿主要品质指标的相对变化

序号	干燥温度 /℃	热风速度 /(m/s)	处理方式[①]	干燥时间 /min	粗蛋白含量相对 变化率/%	粗纤维含量相对 变化率/%
1	200	0.15	1	6	−25.96	31.41
2	180	0.26	0	4	13.49	12.46
3	180	0.15	1	7	−8.47	42.01
4	138	0.65	3	5	11.48	9.92
5	140	0.65	0	4	14.13	−20.13
6	165	0.26	3	4	15.93	−9.85
7	137	0.5	4	5	1.72	6.70
8	165	0.5	0	5	22.31	12.14
9	147	0.5	2	5	11.62	2.9
10	137	0.5	2	5	−0.57	22.42
11	120	0.15	2	15	−5.31	−16.01
12	160	0.15	2	8	7.75	−4.76
13	146	0.5	3	4.5	−2.37	−3.15
14	晾晒		0	0		

① 表中处理方式：0—未处理；1—压扁茎；2—整株压扁；3—加 K_2CO_3；4—整株压扁＋K_2CO_3。

表 36-13　干燥条件与成分指标间的相关系数

相对变化率	干燥温度	热风速度	处理方式	干燥时间
粗蛋白含量相对变化率	0.4869	0.2690	−0.1194	0.3674
粗纤维含量相对变化率	0.6057	0.2386	−0.1847	0.1907

从表 36-13 中可以看出，对苜蓿粗蛋白变化率的影响程度从大到小依次为干燥温度、干燥时间、热风速度和处理方式（负相关）。对苜蓿中粗纤维含量相对变化率影响程度从大到小依次为干燥温度、热风速度、干燥时间和处理方式（负相关）。

参考文献

[1] 董航飞, 郑先哲, 王建英. 四重滚筒式牧草干燥机结构优化 [J]. 东北农业大学学报, 2010, 41（11）：136-139, 166.

[2] 郑先哲, 王忠江, 金长江. 牧草干燥理论与设备 [M]. 北京：中国农业出版社, 2009.

[3] 郑先哲, 蒋亦元. 苜蓿干燥特性试验研究 [J]. 农业工程学报, 2005, 21（1）：159-162.

[4] 张秀芬, 乌云飞, 贾玉山, 等. 压扁苜蓿茎秆加快干燥速度的研究 [J]. 中国草原, 1987,（01）：23-29.

[5] 高彩霞, 王培. 收获期和干燥方法对苜蓿干草质量的影响 [J]. 草地学报, 1997,（02）：113-116.

[6] Rotz C A, Abrams S M, Davis R J. Alfalfa Drying, Loss and Quality as Influenced by Mechanical and Chemical Conditioning [J]. Transactions of the ASAE, 1987, 30（3）：0630-0635.

[7] 王钦. 牧草的干燥和贮备技术 [J]. 中国草地, 1995,（01）：54-58.

[8] Patil R T, Sokhansanj S, Arinze E A, et al. Methods of Expediting Drying Rates of Chopped Alfalfa [J]. Transactions of the ASAE, 1993, 36（6）：1799-1803.

（郑先哲）

第37章

药物干燥

37.1 概述

药物是指预防或治疗疾病，增强躯体或精神健康的任何物质。一般都用化学合成法、DNA 重组技术、发酵法、酶反应或从天然物中萃取，或者是上述方法的组合而制成原料药物。成品药（或称制剂）即临床所用的各种剂型，如片剂、胶囊剂、注射制剂、外用制剂等，均是用原料药按处方调配制成的。其制造过程以及所用设备都和成品的质量同样有严格要求。兽用药物参照人用药物根据注射、口服等不同类型，各有相应的标准。

药物干燥是药物生产的一个环节，在与药品有关的卫生、洁净等方面应该符合药品生产管理方面有关的条文。

对于药品生产管理，世界卫生组织（WHO）以及各国政府都有明确的法规，规定药品生产的管理、操作、设备、药物各种药性记录、检测要求和方法。我国实施的规范是中华人民共和国卫生部颁布的《药品生产质量管理规范（2010 年修订）》；中国医药工业公司及中国化学制药工业协会也据此提出了《药品生产质量管理规范（GMP）实施指南（2001）》。世界卫生组织于 1992 年对药品生产质量管理规范（WHO GMP GUIDE）也有规定。GMP是 good manufacturing pracfic 的缩写，最早的版本是 1969 年由 WHA 22.50 决议产生的《药品生产和质量管理规范》（其后被简称为 WHO 的 GMP）。而后美国和日本等国都相继有相应的管理规范。美国的《FDA 原料药检查指南》最早是于 1984 年 4 月发布的（FDA，美国食品药品管理署），于 1987 年 2 月按美国制药工业协会提出的修改意见进行了修订，现行版本是 1991 年 9 月由美国卫生保健部公共卫生署及食品、药品管理署发布的。

各国除了对药品生产过程有严格的管理外，在药品的国际贸易中，世界卫生组织也发布了《国际贸易药品质量签证实施准则》，以保证进出口药品的质量。很多情况下进口国除对进口药品进行质量检查外，还要检查该药品的生产是否符合 GMP 要求。

37.2 药品生产质量管理规范对干燥器及干燥的要求

药品生产大致可分为两类：一类是原料药；另一类是制剂成品或称成品药。

在绝大多数原料药的生产中，起始物料或其衍生物都经过明显的化学变化。因此，药品中会含有杂质、污染物、载体、基质、无效物、稀释剂，以及不想要的晶型或分子，这些都可能存在于粗药品中，需要有相应的措施以保证药品的纯净。

药品生产中的干燥工艺，需考虑的是干燥时温度的升高会不会引起药品的降解或发生氧化等反应，以及在干燥过程中保证异物不得进入药品中。如热空气干燥时，热空气中可能挟带的灰尘与微生物等。干燥设备中不能积存物料或其他杂质。因此，原位清洗（clean in place，CIP）、原位灭菌（sterilizing in place，SIP）设施是药品干燥设备所必需的。

37.2.1　药品生产质量管理规范中涉及设备的有关条文

药品生产质量管理规范中除了对操作、记录、标签等工艺方面有严格规定以外，也对建筑、设备、环境等做了明确的要求，现将中华人民共和国卫生部 2011 年 3 月 1 日起施行的《药品生产质量管理规范（2010 年修订）》，并参考美国 FDA 颁布的《无菌原料药检查指南》（Guide to Inspections of Sterile Drug Substance Manufacturers）等规范中设备、操作、环境相关条款择要如下，供有关药品干燥设备开发研制时参考。

① 设备的设计、造型、安装应符合生产要求，易于清洗、消毒或灭菌，便于生产操作和维修，并能防止物料混淆。

② 凡与药品直接接触的设备表面都应光洁、平整、易于清洗或消毒、耐腐蚀，不得与药品发生化学变化或在设备表面上吸附所生产的药品。

③ 设备所用的润滑剂、冷却剂不得对药品或容器造成污染。

④ 生产开车前应检查设备、器械和容器是否洁净或灭菌，并确认无前次生产的遗留物。

⑤ 设计或选用的设备应设有清洗口，设备表面应光洁、易清洗。设备内壁应光滑、平整，避免死角、砂眼，应易清洗，耐腐蚀。

⑥ 使用润滑油、密封套的部件，要有防止因泄漏而污染原料、半成品、成品或包装容器的措施。

⑦ 无菌室内的设备，除符合上述要求以外，还应满足灭菌要求。

⑧ 对生产中产生粉尘量大的设备，如粉碎、过筛、混合、制粒、干燥、压片、包衣等设备，宜局部加设防尘围帘和捕尘吸粉装置。

⑨ 与药物接触的压缩空气以及洗瓶、分装、过滤用的压缩空气应经除油、除水和净化处理。灌装中填充的惰性气体应净化。流态化制粒、干燥及气流输送所用的空气应净化，尾气应除尘后排空。

⑩ 设备设计或选用应能满足产品验证的有关要求，合理安置有关参数的测试点。

⑪ 用于制剂生产的配料罐、混合槽、灭菌设备及其他机械和用于原料药精制、干燥、包装的设备，其容量应尽可能与批量相适应。

⑫ 设备管道的保温层表面必须平整光滑，不得有颗粒状物质脱落，不宜用石棉、水泥抹面，最好采用金属外壳保护。

⑬ 当设备安装在跨越不同洁净等级的房间或墙面时，除考虑固定外，还应采取密封的隔断装置以保证达到不同等级的洁净程度。

⑭ 对传动机械的安装增加隔震、消音装置，改善操作环境，动态测试时，洁净室的噪声级不得超过 70dB。

⑮ 生产、加工、包装青霉素等强致敏性药物、某些甾体药物、高活性及有害药物的生产设备必须分开专用。

⑯ 批号定义。在一定生产周期经过一系列加工过程所制得的质量均一的一组药品定为一个批量。一个批量的药品，编为一个批号，批号的划分一定要具有质量的代表性，并可根

据批号查明该批药品的生产日期和生产记录，便于进行质量追踪。

a. 可灭菌的小容量及大容量注射剂，以一个配液锅所配制的药液作为一个批量，使用多个过滤设备、多台灌装设备时，则应验证确有同一性能者；使用多台灭菌器，则应验证确有同一灭菌条件者，用多台灭菌器灭菌，可按每次灭菌数作为一小批。

b. 无菌分装注射剂以同一批原料药粉的分装量作为一个批量。使用多台灌装机，则应验证确有同一性能者。

c. 冻干无菌分装注射剂以冻干前同一批药液的冻干量作为一个批量。使用多台冻干机，则应验证确有同一性能者。

d. 片剂以压片前一个总混合器的颗粒混合量作为一个批量。使用多台压片机，则应验证确有同一性能者。

e. 构成一个批号的原料药，在包装前应经过最后混合，以保证具有均一性。

f. 原料药生产的中间体参照上述原则另行编制生产批号。

⑰ 清场要求

a. 设备内外无前次生产遗留的药品，无油垢。

b. 非专用设备、管道、容器、工具应按规定拆洗或灭菌。

c. 凡直接接触药品的机器、设备、管道、工具、容器应每天或每批清洗或清理。

⑱ 过滤灭菌用于热不稳定的液体。

⑲ 胶塞可用 125℃（温度均一的箱内）干热灭菌 2.5h，或热压蒸汽灭菌 120℃烘干。

⑳ 冻干产品的无菌过滤和灌装设备的主要部件应每天拆洗和热压灭菌。

㉑ 流化床干燥时所用的空气应净化除尘，排出的气体要防止交叉污染，操作中随时注意流态化温度、颗粒流动情况。应不断检查有无结料现象，更换品种必须洗净或更换滤袋。

㉒ 使用有机溶剂或在生产过程中产生大量有害气体的原料药精制、干燥工序，在确保净化的同时要考虑防火、防毒的有效措施，这种情况下净化空气不宜循环使用，防止空调系统中有机溶剂或有害气体的浓度增高。

a. 尽可能采用干燥、混粉一次完成的设备。

b. 干燥时所使用的空气应经净化处理，操作时应不断检查有无结料现象，尾气需经捕集、除尘后再排空。

以上内容是各药品生产质量管理规范对制药设备的要求。其目的是保证药品的质量和均一性。除此之外还有若干法规，如《湿热灭菌过程的验证》（美国注射剂学会）、《干热法用于灭菌和去热原的验证》（美国注射剂学会）等用于检测设备和药品的灭菌可靠性。

37.2.2　药用干燥器的主要结构特征

由于药物生产对批号及整批均一性的要求，对连续操作或分盘干燥的一整批物料就需要整机混合使这批物料质量均一，所以在可能的情况下优先考虑采用分批干燥的方式。为了在干燥器中不积存物料，除了内壁光洁以外在结构上要防止锐角，避免丝网或多孔结构，以利于彻底清洗。

干燥装置也与其他制药设备一样，需具有原位清洗（CIP）及原位灭菌（SIP）的设施。原位清洗是指装置不必拆卸，利用所配置的管道、阀门等将洁净水引入，将装置清洗干净的设施和方法。原位灭菌是指该装置可以利用所配置的管道、阀门或加热器等，将灭菌用的饱和蒸汽或高温热空气引入装置。在规定的温度、压力下维持规定的时间，以利于被处理的装置内可能残留杂菌的杀灭。而灭菌的操作条件要经过规定的方法验证，证明是有效的。

用热空气干燥的系统，热空气在进入干燥装置之前要经过严格的过滤，对于无菌药品其洁净程度要求达到 100 级。100 级的指标是每立方米空气中大于或等于 5μm 的尘埃粒子为零（即不存在）；粒径为 0.5～5μm 的尘埃粒子小于或等于 3500 个。雾化用的空气和其他进入装置的空气，也都必须按此标准要求。根据药品质量管理规范，这种检测要求定期进行，并做完整的记录。空气的采样口应设在进入干燥装置前，以保证进入干燥装置的空气的质量。不允许经过滤后再加热，因为加热器表面会积有灰尘或产生的氧化物会脱落。因此终端过滤器必须能耐受灭菌温度。

干热灭菌及饱和蒸汽灭菌所要求的温度、压力、灭菌周期规范及灭菌效果的检验均有规定方法。

药品生产中保证质量规范的多种版本都强调批号和每一批号质量的均一性，因此干燥装置，特别是成品干燥装置，应该满足一整批物料的干燥，以免多次、多盘或连续干燥所得产品在干燥结束后再进行一次混合。药品经多次转移也容易增加被污染的机会，所增设的混合器也被要求设置原位清洗、原位灭菌等设施，无疑会增加设备及操作。因此比较可行的方法是将干燥装置设计成能足够容纳一个批号的量，分批干燥，并配有原位清洗、原位灭菌等设施。

至于药品干燥的操作条件如温度、时间等则应在实验室规模进行实验，以确保药品的各项指标不受影响，再按此结构进行放大。

37.3 晶状或粉状药物的干燥

药品生产中有不少品种是经过提纯结晶或在溶液中析出粉状固体，再经过滤或离心分离得到湿的晶状或粉状药物。这些药物需要去除可挥发成分，得到干品。例如青霉素、金霉素、磺胺、咖啡因、阿司匹林、洁霉素等原料药物都属于该类型。早年这些药物是采用烘箱或真空烘箱进行干燥的。随着药品产量的扩大、药品质量管理规范的实施，现均已改为双锥回转真空干燥机干燥。该干燥机源自双锥混合器，药品在器中边干燥边转动，对整批药物的均一性有良好的保证。干燥机带有夹套供加热介质循环，器内设有挥发物排出管。锥体两端设有盖子，以供物料进出和清洗。锥体的转动是由电机经减速再通过齿轮带动的，传动系统应设有效的制动装置，以准确定位防止卸料时药品失控。为了卸料时不反复转动，锥角可设计成 60°，不受物料歇止角的影响，单程即可卸空。由于对药物生产环境也有要求，干燥器及机架外表面都要求覆盖不锈钢板。双锥回转真空干燥机如图 37-1 所示。

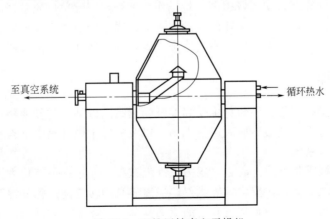

至真空系统 ⟵　　　　　⟶ 循环热水

图 37-1 双锥回转真空干燥机

该干燥机内部比较光洁，容易清洗，但在真空引出管与空心轴之间的间隙容易积料。因此需要强化该处的清洗。结合原位灭菌的需要，在安装时需要连接清洗用水及灭菌用蒸汽。许多药物含有挥发性有机溶剂，为防止这些溶剂被吸入真空泵并排入大气造成污染和安全问题，在流程中应配套有低温冷凝器，使在减压条件下能回收溶剂。该低温冷凝器利用制冷机直接冷却，冷却温度即为制冷剂的蒸发温度。使用 F-22（氟利昂 22）可达 $-45℃$，可以适应有机溶剂在减压条件下的凝集。如以乙醇为例，约可回收 90％，其流程如图 37-2 所示。

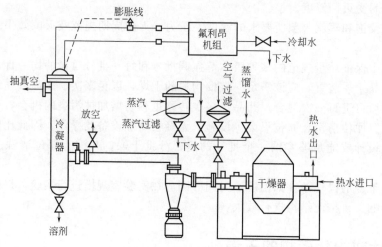

图 37-2　双锥回转真空干燥机流程

对于药物生产中的中间体，或其他还未要求无菌的物料干燥，在满足整批均一性以及干燥器内不积存物料、易于清洗的条件下也可采用流化、振动流化等其他形式的干燥装置。

37.4　料液的干燥

许多原料药在制成干品以前是水溶液，这些药液的干燥一般都采用喷雾干燥。虽然喷雾干燥的热效率较低，但因经过努力解决了药物的无菌要求，因此迄今已有若干品种药物采用喷雾干燥，如链霉素、庆大霉素、中药注射用粉剂"双黄连"等均采用喷雾干燥。其他如真空滚筒干燥等虽也有试验性报告或介绍，但未见用于工业规模生产。冷冻干燥是干燥温度在 0℃ 以下的干燥方法，适用于热敏性药物、生物制剂和血液制品，但冷冻干燥系统需要在高真空下凝集所升华的蒸汽，动力费用高，且操作周期长，因此单位质量产品的投资较高。

药液的干燥方法以选定该药物能耐受的温度为前提。经过实验验证，在可以耐受喷雾干燥的温度和受热时间的条件下，可以不选冷冻干燥，因为冷冻干燥的投资及操作费较大。

37.4.1　喷雾干燥

药液的喷雾干燥除了考虑该药物耐受温度及受热时间以外，与其他物料喷雾干燥的主要差别在于能否保证过程中及最终成品保持无菌，以及喷雾干燥过程中是否有影响药物质量的异物、润滑油等进入系统。

喷雾干燥的料液雾化方式有离心、压力、气流三种。在这三种雾化方式中，离心式雾化系统虽具有处理量大、雾化比较均匀等优点，但离心盘的转速高达每分钟万转左右，一般情况下转轴都不设轴封，因此很难防止润滑油或油雾漏入干燥室中而污染产品。若提高干燥箱的操作压力，则又有雾粒或干粉通过轴的间隙进入轴承箱而影响机械传动；或是离心盘高速旋转时造成轴心周围低压，引起油雾吸入等。压力式雾化系统则因高压液泵柱塞与液缸间的摩擦会有金属磨下，以及止回装置等不易清洗及灭菌。因此近 20 年只采用气流式雾化器作为无菌喷干的雾化装置。在采用气流式雾化器雾化时除了药液需经无菌过滤以外，雾化用压缩空气也需采用无菌过滤以达到无菌要求。

1976 年后 Niro 公司就采用了气流雾化，其流程如图 37-3 所示。流程中雾化用空气先经预过滤器，升压后通过过滤器及加热器，再经高效过滤器（HEPA）后进入雾化器。干燥用空气先经 HEPA 再加热，然后进入喷雾干燥塔。药液则是由送料泵经灭菌过滤后送至雾化器。其旋风分离器紧靠干燥器，可使管道积料减至最少。

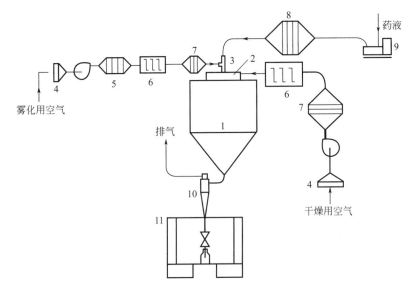

图 37-3　Niro 公司的无菌喷雾干燥流程

1—干燥器；2—空气分布器；3—雾化器；4—预过滤器；5—过滤器；6—加热器；7—高效过滤器；
8—药液灭菌过滤器；9—送料泵；10—旋风分离器；11—分装间

在其后发表的流程中，干燥用热空气的处理就改为先加热后经高效空气过滤器，如图 37-4 所示。

我国在 20 世纪 50 年代中期引进苏联的链霉素无菌喷干装置，其利用压缩空气作为干燥用热空气源，用厚层棉花作为干燥用热空气的灭菌过滤装置。20 世纪 70 年代我国自行开发研制的无菌喷干装置在无锡第二制药厂投运，用于庆大霉素的喷干，其流程如图 37-5 所示。其中干燥用热空气经过预过滤、风机、蒸汽加热器、电加热器、中效过滤器（×2）和高效过滤器（HEPA，×2），空气的净化程度可以达到 100 级。中、高效两种过滤器都能耐受喷干用的热空气温度。空气的净化程度远高于经厚层棉花的压缩空气。流程中增设了脉冲袋滤器，可以用来捕集旋风分离器未能收集到的部分细粉。这部分细粉不能作为成品，但可重新精制后得以利用。

作为药物等精细化工或其他热敏物料的喷雾干燥，除了保证流程以外，还要求雾化良好，以防止较大液滴在未干燥之前与器壁接触，造成粘塔；对于已干粉粒吸附于塔壁的现象也要采取使塔壁振动的办法，将这些粉粒振落于塔底，缩短其在高温区的停留时间。改进热空气的进塔分布也是缩短理论停留时间，加速干燥的必要措施。有时这些因素会影响药品的色级，即外观色泽的深浅。

喷干的药粉通常直接装入原料药成品瓶，为换瓶的需要，在旋风分离器出粉口要设有启闭装置。该装置也应保证不会存料及产生污染。由于换瓶时药物有机会接触外界空气，装瓶

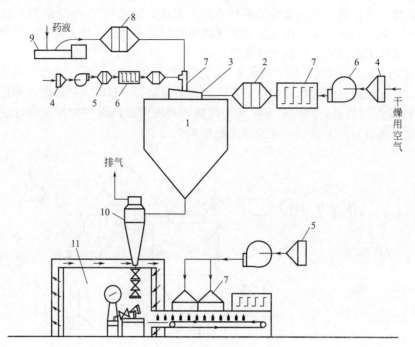

图 37-4　Niro 公司带产品分装的无菌喷雾干燥流程

1—干燥器；2—空气分布器；3—雾化器；4—预过滤器；5—过滤器；6—加热器；

7—高效过滤器；8—药液灭菌过滤器；9—送料泵；10—旋风分离器；11—分装间

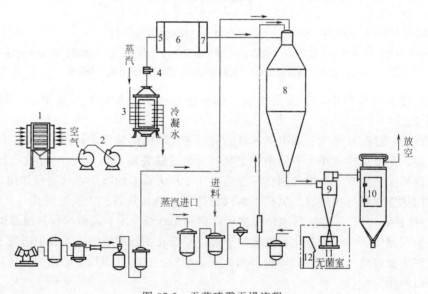

图 37-5　无菌喷雾干燥流程

1—预过滤器；2—风机；3—蒸汽加热器；4—调风阀；5—电加热器；6—中效过滤器；7—高效过滤器；

8—干燥器；9—旋风分离器；10—脉冲袋滤器；11—成品收集器；12—无菌空气源

的环境也要求 100 级，需要时在旋风分离器出粉口后面设置层流净化工作台，使洁净气流笼罩该操作区。

无菌喷干系统的热空气、雾化用空气、药液无菌过滤器都要定期检查过滤效果及按规程更换过滤介质或过滤元件。

37.4.2　冷冻干燥

热敏性药物及生物制品、血液制品要求更低的干燥温度，冷冻干燥是首选的干燥方法。其原理与设备结构于第 26 章已有详述。

用于药物的冷冻干燥，按照药品生产管理规范是要求整批产品的均一性。如一台冷冻干燥机在不足以处理一整批物料而需要配备多台干燥机时，应该验证各台机组的干燥性能，如操作温度、时间、成品含水量等。对于若干药品需要在瓶中冲注氮气的，冷冻干燥机应配有经灭菌过滤的氮气引入口，干燥室内应有分层自动压紧胶塞的装置。此种胶塞系专门设计的，在瓶中注入药液以后，胶塞先插入瓶口一半，在升华时蒸汽利用胶塞前半部的沟槽排出。干燥结束时利用机械装置将整盘药瓶上的半插胶塞压紧到位，与外界空气隔离，其示意图如图 37-6 所示。处理无菌药物的冷冻干燥机也应配置原位清洗及原位灭菌的设施。

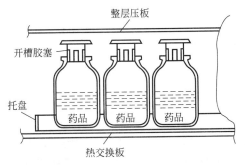

图 37-6　冲注氮气的药瓶示意图

（图中标注：整层压板、开槽胶塞、托盘、药品、热交换板）

37.5　制剂过程中的干燥

制剂也是成品药，是由原料药按处方配制而成的。制剂包括药液或药粉注射剂、片剂以及口服液剂和外用药物等。其中干燥作业主要在片剂（和胶囊剂）的制造过程，注射用药粉一般都是经无菌喷雾干燥或冷冻干燥制得的，也有不少是由无菌干燥的结晶分装，如青霉素钾盐等。

对于片剂的制造，不同的药片有不同的配方，由一种或多种原料药加辅料（如黏结剂、崩解剂）等，经均匀混合，再制成颗粒。制粒或造粒时需要加入少量的水，成粒后再干燥去水。所以制剂过程中的干燥就是片剂造粒操作中的干燥。

造粒过程使用较早的操作是混粉、捏合、造粒和干燥。其干燥是将制得的颗粒盛盘于箱式干燥器中。现已改用沸腾造粒或造粒联合机处理。沸腾造粒详见第 49 章造粒技术，其干燥用热空气应过滤净化。该机可将所有主辅料一次混合并制成颗粒，减少处理步骤。

制剂药物除了自身的干燥以外，有些包装材料，特别是包装无菌制剂的瓶及胶塞等，均需在清洗洁净后进行灭菌及干燥，以保证药物的质量。

37.5.1　制剂过程的制粒干燥

由原料药按处方制成片剂，需要先将药粉制成颗粒，以避免药粉压片时流动性不佳而装量不准，以及过程中的药粉会因冲模动作而飞扬。片剂药物中除主要药物一种或多种按处方配比计量以外还要加入粉状黏结剂、崩解剂等辅助材料。各种物料先一起混合均匀，再加入洁净水用捏合机使之成为膏团状物料，膏团状物料可用摇摆颗粒机制成湿颗粒。摇摆颗粒机是由正反向转动的刮板往复 120°左右将膏团状物料挤过半圆筒状的筛孔，使之成为湿颗粒。湿颗粒需经干燥后送至压片机，压制药片。其流程如图 37-7 所示。

该流程步骤较多，不易连续操作。近年来已有快速搅拌制粒机，如图 37-8 所示。此机可以将捏合、成粒等在一个设备中完成，减少了物料的转移次数，也减少了外界异物的侵入。

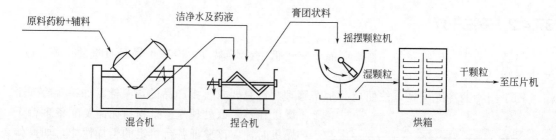

原料药粉+辅料　　洁净水及药液　　膏团状料

摇摆颗粒机

湿颗粒　　　干颗粒 → 至压片机

混合机　　　　捏合机　　　　　　　　烘箱

图 37-7　传统制粒流程示意图

37.5.2　包装材料的干燥

制剂药物包装材料的干燥主要是无菌药粉或药液注射剂所用的洁净、干燥的安瓿瓶、粉针瓶和粉针瓶用的胶塞。这些瓶和胶塞都要经过充分洗净，再用洁净水漂洗干净以防残留毛点或蒸发遗留物。安瓿瓶、粉针瓶的干燥都是经洗瓶机洗净后，传送进入烘瓶段烘干，经冷却再传送到分装机。胶塞的处理早期是用小筐将洗净的胶塞装入，先送至压力锅中蒸汽灭菌，再转移到烘箱中烘干残留水分。为防止外界异物污染胶塞，各小筐外均用透气性材料包覆。后来改用绞龙洗塞机清洗并烘干，再将干胶塞装入不锈钢扁盒在电热箱中125℃烘烤 2.5h 以灭除杂菌。20 世纪 80 年代以来日本、荷兰、德国都开发研制了若干种清洗或清洗-灭菌-干燥联合机，以适应严格的制药质量规范要求。

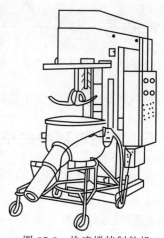

图 37-8　快速搅拌制粒机

37.5.2.1　药瓶的干燥

无菌药物所用的药瓶要求干燥、无杂物、无菌，药瓶在经清洗达标之后，由传送机构通过连续烘干机将药瓶烘干。此连续烘干机的主要特点是干燥用热空气都经过洁净过滤，用不产生尘粒或脱落氧化物的红外线灯泡作为热源。其示意图如图 37-9 所示。

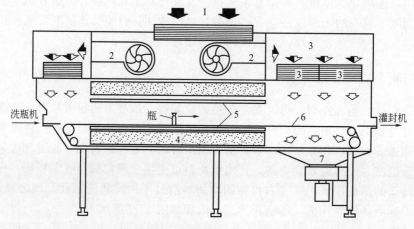

图 37-9　无菌药瓶烘干机示意图

1—中效过滤器；2—风机；3—高效过滤器；4—隔热层；5—电热管；6—水平网带；7—排风

37.5.2.2　胶塞的清洗-灭菌-干燥

用来封闭无菌药瓶的胶塞虽然不是药物，但与药物密切接触，且要承受注射针头的穿过，因此有严格的质量要求。如干燥后的含水量根据不同药物要求在 0.05%～0.1% 以下，而且处理胶塞的批量要与被分装药物的批量相应，保证均一性。

对整批均一性的要求，以及灭菌的可靠性保证，推动了清洗-灭菌-干燥联合多功能机的发展。在单一容器中处理药物可避免转移时接触外界，有利于热压灭菌。20 世纪 80 年代德国 Huber 及意大利 Nicomac 推出了大致相同的多室水平转筒式处理机，可以整批清洗-灭菌-干燥胶塞，如图 37-10 所示。胶塞通过进料口分别加到圆筒的各室之中，以防止转动时不平衡引起振动。卸料时也逐个卸出。器身内设有清洗水、洁净水以及灭菌用蒸汽和干燥用空气进出口。在装好胶塞后先引入清洗水，必要时加入清洁剂，洗净后再用洁净水漂净；然后用经过滤的蒸汽按规定温度、压力、时间进行灭菌；灭菌后用洁净压缩空气加热干燥至规定含水量；经处理的胶塞逐室卸出。这种结构对于灭菌条件的保证、胶塞洗净程度以及整批均一性都有改善。但此类机型由于内筒因平衡需要而必须分室，造成进出料需逐间进行，比较烦琐。水平轴两端需要良好密封并保持运转时洁净。

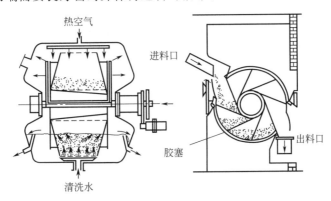

图 37-10　多室水平转筒式胶塞清洗

德国 SMEJA 公司与 CIBA-GEIGY 制药厂合作开发研制了 PHARMA-CLEAN 型胶塞清洗-灭菌-干燥机。该机的主要结构是用单轴支承的具有锥底的圆筒，另一端是用法兰连接的椭圆形盖，法兰之间设有流体分布板，用于分布清洗用水、灭菌蒸汽以及干燥用空气。在清洗-灭菌-干燥时锥底向上，胶塞通过管道吸入器内。清洗时所用水从椭圆形盖经分布板向上；灭菌、干燥时亦然。卸料时将器身转 180° 使锥底向下通过控制阀逐桶卸出。在清洗、干燥过程中可使器身左右转动各 45°，以使操作均匀。

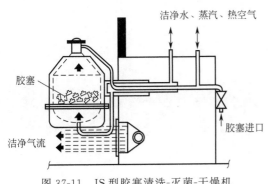

图 37-11　JS 型胶塞清洗-灭菌-干燥机

上海医药工业研究院开发研制了 JS 型胶塞清洗-灭菌-干燥机。采用单轴支承锥底圆筒形式和多套管多轴封的结构，使进出管道可用固定的不锈钢管连接，从而使干燥温度得以提高，满足了胶塞最终湿含量 0.05%～0.1% 的要求。根据胶塞休止角大的特点将左右转动角度提高到 90°，有助于彻底清洗及均匀干燥。现已在江西东方、鲁抗、华北制药厂等投入试运行。其结构如图 37-11 所示。此机所用清洗用水、蒸汽、干燥用空气均需经洁净过滤，其流程如图 37-12 所示。

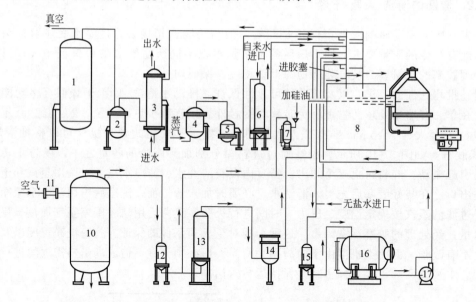

图 37-12　胶塞清洗-灭菌-干燥机流程图

1—真空储罐；2—真空过滤器；3—冷凝器；4—蒸汽过滤器；5—蒸汽砂芯过滤器；6—自来水过滤器；

7—加料器；8—胶塞清洗灭菌干燥器；9—仪表箱；10—空气储罐；11—集雾器；12—空气过滤器；

13—翅片加热器；14—电加热器；15—无盐水过滤器；16—无盐水储罐；17—F 型耐腐蚀泵

参考文献

[1] 李桢，刘守信，李可求. 双锥形回转真空干燥器. 化学世界，1986，27（2）：73-75.

[2] Zdzislaw Pakowski, Mujumdar A S. Handbook of Industry Drying. New York: Marcel Dekker Inc, 1995.

[3] Perry R H. Chemical Engineer's Handbook. 5th ed. New York: McGraw-Hill, 1973.

[4] 李桢，等. 低能耗无菌喷雾干燥器的研制报告. 医药农药工业设计，1978（1）：32-56.

[5] 李桢，等. 抗菌素生产中几种空气含尘情况的测定. 医药工业，1977（11）：39-43.

[6] 李桢，程兰田. 耐温高效空气过滤器的结构和封装. 化工装备技术，1985（4）：14-18.

[7] 彭瑞洪，李桢. 胶塞灭菌干燥联合机的研制. 中国医药工业杂志，1992，23（8）：378-380.

（李桢）

第38章

中药饮片干燥

38.1 中药饮片及炮制

38.1.1 概述

凡用于治疗和预防疾病的物质，一般统称为"药物"。就来源而言，药物可分为天然药物、化学药品和生物制品三大类。天然药物是指人类在自然界中发现并可直接供药用的植物、动物或矿物，以及基本不改变其药理化学属性的加工品。中药除极少数（如铅丹等）为人工合成药以外，绝大多数均属天然药物范畴。

中药包括中药材、中药饮片、中药提取物和中成药。中药材的栽培、种植，中药饮片的加工炮制，中药提取物及中成药的制备生产是中药产业的四大支柱。

中药必须经过炮制之后才能入药，这是中医用药的重要特点之一。中药炮制是根据中医药理论，依照辨证施治用药的需要和药物自身性质，以及调剂、制剂的不同要求所采取的一项制药技术，是中医长期临床用药经验的总结。炮制工艺的确定以临床需求为依据。炮制工艺是否合理、方法是否恰当，直接影响临床疗效。

中药饮片是中医临床处方用药。中药饮片有生品和制品之分。制品又有酒制、醋制及蜜制等不同规格，其不同规格的饮片各具有其不同的性能和药效，这显示了"减毒和增效"的炮制作用。加热是中药炮制的重要手段，其中炒制、煅制应用广泛。许多中药经炒制后，可杀酶保苷；煅制常用于处理矿物药、动物甲壳及化石类药物，能使之质脆易碎，而且作用也会发生变化。中药经辅料制后，在性味、功效、作用趋向、归经和毒副作用方面都会发生某些变化，从而最大程度地发挥疗效。所以中医传统就有"中药饮片，生熟异治"之说。这正是中医临床用药的特色和优势所在，是有别于其他医学的重要特点之一。

中药材是制备中药饮片的原料，中药饮片又是制备中药成方制剂和临床汤剂的原料药，三者之间有着密切的关系，是一项系统工程。

在中药生产过程中，在三个环节会应用干燥技术及设备，即：

① 在中药材采收至仓储环节中，其主要作用是将鲜品变为干品，便于储运；

② 在中药材炮制环节中，其主要作用将由中药材按照炮制规范加工成的饮片进行干燥；

③ 在中药制剂环节中，其主要作用是将提取药物有效成分后按照制剂要求加工的过程

及最终制剂产品进行干燥。

在炮制过程中涉及对植物、动物、矿物中药材的再加工，其中绝大多数取材于植物，尽管与谷物、果蔬、茶叶和生物物料等的干燥有类似的要求，但其加工要求的特殊性决定其加工工艺及参数、热加工设备、控制参数等具有特殊性，其控制目标是满足饮片质量要求。

中药材及制品的生产过程是复杂的分离重组过程，在许多情况下可以直接采用化工生产的基本单元，如粉碎、筛分、分级、浸取与萃取、液固分离、蒸发、结晶、蒸馏、干燥、搅拌、混合等，用于其生产过程中不同分离和重组步骤的操作，但有时则需要根据中药材及制品的特殊要求，开发特有的生产单元，如炮制前的浸润、中药材的煅制等。

38.1.2　中药材及分类

我国历史悠久，国土辽阔，地跨寒、温、热三带，地形错综复杂，气候条件多种多样，从高山到平原，从陆地到江河湖海，蕴藏着丰富的中药天然资源，其种类之多、储藏量之大，居世界之冠。丰富的天然资源是中药材的主要来源之一，中药资源包括药用植物、药用动物和矿物药材三大类。我国是中药资源异常丰富的国家，我国中药资源物种数已达12807种，除其中不足1%的矿物药材外，99%以上均为可更新的生物再生资源，尤以药用植物为最，占全部种数的87%。可以说药用植物是所有经济植物中种类最多的一类。

中药材是饮片和中成药的原料。据调查，我国市场上流通的中药材有1000～1200种，其中来自野生中药材的种类占70%左右，栽培药材种类占30%左右。其中植物类药材800～900种，占90%；动物类药材100多种；矿物类药材70～80种。

在植物类药材中，根及根茎类药材200～250种，果实种子类药材180～230种，全草类药材160～180种，花类药材60～70种，叶类药材50～60种，皮类药材30～40种，藤木类药材40～50种，菌藻类药材20种左右，植物类药材加工品有胆南星、青黛、竹茹等20～25种。

在动物类药材中，无脊椎动物药材30～40种，昆虫类药材30～40种，两栖类、爬行类药材40～60种，兽类药材60种左右。

中药材按照药用部位分类如下。

① 根茎类中药　为地下茎的总称，包括根状茎、块茎、球茎及鳞茎等。中药材中以根状茎为多见。

② 茎木类中药　包括药用木本植物的茎或仅用其木材部分，以及少数草本植物的茎藤，即茎类中药和木类中药。茎类中药，包括木本植物的藤茎和茎枝、茎刺、茎的翅状附属物、草本植物藤茎、茎的髓部等。木类中药，指采自木本植物形成层以内的木质部部分入药的药材，通称木材。

③ 皮类中药　通常是以裸子植物或被子植物（主要为双子叶植物）的茎干、枝和根的形成层以外部分入药的药材。

④ 叶类中药　以植物叶入药的药材总称，多数为成熟的叶，少数是嫩叶。叶类中药绝大多数采自双子叶植物的叶。

⑤ 花类中药　药用部位主要包括干燥的单花、花序和花的一部分。完整的花多为花蕾，少部分为开放的花和花序；花的一部分包括柱头、花粉、雄蕊、花冠、花萼、总苞、花托等。

⑥ 果实类中药　药用部位包括果穗、完整果实和果实的一部分。完整果实有成熟和近成熟果实、幼果之分；果实的一部分包括果皮、果核、带部分果皮的果柄、果实上的宿萼、中果皮的维管束、种子等。

⑦ 种子类中药　药用种子均为成熟品，包括完整的种子及假种皮、种皮、种仁、去掉子叶的胚等种子的一部分，有的种子发芽后或经发酵加工后入药。

⑧ 全草类中药　大多为干燥的草本植物的地上部分等；亦有少数带有根或根及根茎。

⑨ 藻、菌、地衣类中药　均为低等植物，在形态上无根、茎、叶的分化，是单细胞或多细胞的叶状体或菌丝体，可以分支或不分支；在构造上一般无组织分化，无中柱和胚胎。

⑩ 树脂类中药　通常是以植物体的分泌物入药的药材总称。

⑪ 动物类中药　种类较多的动物门有脊索动物门、节肢动物门和软体动物门，其次是环节动物门和棘皮动物门。

⑫ 矿物类中药　由地质作用而形成的天然单质及其化合物，除少数是自然元素以外，绝大多数是自然化合物，大部分是固体，也有些是液体。

另外在《中药大辞典》中还包含有藏药 404 种、傣药 400 种、蒙药 323 种、彝药 324 种和畲药 200 种。

中药所含化学成分很复杂，通常有糖类、氨基酸、蛋白质、油脂、蜡、酶、色素、维生素、有机酸、鞣质、无机盐、挥发油、生物碱、苷类等。每种中药都可能含有多种成分。在这些成分中，有一部分具有明显生物活性并起医疗作用的，常称为有效成分，如生物碱、苷类、挥发油、氨基酸等。另一些成分则在中药中普遍存在，但通常没有什么生物活性，不起医疗作用，称为"无效成分"，如糖类、蛋白质、色素、树脂、无机盐等。但是，有效与无效不是绝对的，一些原来认为是无效的成分因发现它们具有生物活性而成为有效成分。如鞣质在中药中普遍存在，一般对治疗疾病不起主导作用，常视为无效成分，但在五倍子、虎杖、地榆中却因鞣质含量较高并具有一定生物活性而视其为有效成分。

38.1.3　中药炮制的目的

中药炮制法是根据传统中医药的基本理论、中医临床用药和中药生产的要求而制定的。其目的主要是使中药在临床上提高疗效，保证药品的质量和用药的安全。中药炮制的目的是多方面的，往往一种炮制方法或者炮制一种药物，同时具有几方面的目的，这些虽有主次之分，但彼此之间又有密切的联系。概括起来，要求达到以下目的。

38.1.3.1　使得中药饮片达到一定的净度和纯度标准

中药材是采集野生或栽培、饲养的植物、动物或矿物的全体或部分自然状态的干燥品。中药材往往夹有其他杂物或非药用部分及霉败品等，因此在中药炮制前，都必须经过严格的分离和洗刷，使其达到一定的纯净度，以保证临床用药剂量的准确。

38.1.3.2　消除或降低中药的毒性或副作用

中药材品种较多，各具有一定的性能，其中有些对人体生理作用强烈或有毒害，中药分列大毒、小毒和峻烈、燥性等。为了医疗用药安全，中药供内服时，都必须严格要求中药需要经过炮制。

38.1.3.3　改变和增强中药饮片固有的性能，以提高疗效

中药饮片的生品和制品（熟品）具有不同的性能和治疗作用，因此中医在辨证施治时，须根据其不同病症而选用不同规格的饮片。中药饮片都是依据中医临床用药的需要，或改变其性能、或改变其升降、或改变其归经等而进行炮制的，以适应中医临床用药的需要。

38.1.3.4　适应于中医制剂的配制和中药的储备

中医治病用药大多采用中药汤剂，而汤剂多是临时配方调剂的。但也根据病症的需要而选用一定的剂型，中药传统的制剂（成药）有丸剂、散剂、膏剂、酒剂等。为了适应中药制剂的配制，需将原药材制成不同的粉碎度。

38.1.3.5　有利于储藏及保存药效

中药的生产供应均需经一定的储备期，由于中药饮片在炮制时经过洁净、烘烤及炒制、煨煅等加热处理，可以达到杀灭虫害和微生物的作用，以防止中药饮片在储备期间因霉败或虫害而影响疗效，保持中药的质量。同时对一些含苷类有效成分的中药，经过炮制的加热处理后，可使其共存的酶受热失去活性，以避免中药因酶解而失去疗效等。

38.1.3.6　矫味矫臭，利于服用

动物类药物或其他有特殊臭味的药物，炮制后均能起到矫味矫臭的效果，如酒制乌梢蛇、紫河车、麸炒僵蚕、椿根皮，醋制乳香、没药，长流水漂洗人中白等。

38.1.4　炮制的基本方法

中药炮制学是既古老又新兴的学科。中药炮制是依据传统中医药理论制备中药饮片的一门独特的传统制药技术。不同规格的饮片要求不同的炮制工艺，有的饮片要经过蒸、炒、煅等高温处理，有的饮片还需要加入特殊的辅料如酒、醋、盐、姜、蜜、药汁等后再经高温处理，最终使各规格饮片达到规定的纯净度、厚薄度和临床用药安全有效性的质量标准。炮制方法大致可分为五类。

38.1.4.1　净制

中药净制的方法虽然比较简单，但对药效的影响很大。因此，中药在用于临床之前，基本上都要经过净制处理，方能入药。从古至今，医药学家对中药的净制都非常重视。

① 纯净处理　采用挑、拣、簸、筛、刮、刷等方法，去掉灰屑、杂质及非药用部分，药物应清洁纯净。

② 粉碎处理　采用捣、碾、镑、锉等方法，使药物粉碎，以符合制剂及其他炮制法的要求。

③ 切制处理　采用切、铡的方法，将药物切制成一定的规格，使药物有效成分易于溶出，以便于进行其他炮制，也利于干燥、储藏和调剂时称量。

38.1.4.2　水制

用水或其他液体辅料处理药材的方法称为水制法。水制的目的主要是清洁药物、软化药物、调整药性。常用的有淋、洗、泡、漂、浸、润、水飞等。在水制中控制水处理的时间和吸水量很重要，若浸泡时间过长，吸水量过多，则药材中的有效成分大量流失，降低疗效，同时给饮片的干燥带来困难。

（1）润　又称闷或伏。根据药材质地的软硬，加工时的气温、工具，采用淋润、洗润、泡润、浸润、晾润、盖润、伏润、露润、包润、复润、双润等多种方法。

（2）漂　将药物置于宽水或长流水中浸渍一段时间，并反复换水，以去掉腥味、盐分

及毒性成分的方法。

（3）水飞　系借药物在水中的沉降性质分取药材极细粉末的方法。

38.1.4.3　火制

主要是用火加热。它既是最古老的炮制方法，也是最重要的手段之一，对药效有明显的影响。在火制的各种方法中以炒制和煅制应用最广泛。

药物炒制，其方法简便，在提高疗效、抑制偏性、减少毒副作用方面都能收到很好的效果。许多中药经炒制后，可产生不同程度的焦香气，起到启脾开胃的作用。

煅制法常用于处理矿物药、动物甲壳及化石类药物，或者需要制炭的植物药。此外，煨制、干馏等方法对疗效也有明显影响。尤其是煨制后，药效常有明显的变化，干馏法则常用于制造新药。

①炒　有炒黄、炒焦、炒炭等程度不同的清炒法。炒黄、炒焦使药物易于粉碎加工，并缓和药性；种子类药物炒后煎煮时有效成分易于溶出。炒炭能缓和药物的烈性、副作用，或增强其收敛止血的功效。还有拌固体辅料如土、麸、米炒的，可减少药物的刺激性，增强疗效。

②炙　用液体辅料拌炒药物，使辅料渗入药物组织内部，以改变药性，增强疗效或减少副作用的炮制方法。通常使用的液体辅料有蜜、酒、醋、姜汁、盐水、童尿等。

③煅　将药物用武火直接或间接煅烧，使质地松脆，易于粉碎，充分发挥疗效。坚硬的矿物药或贝壳类药多直接用火煅烧，以煅至红透为度。间接煅是置药物于耐火容器中密闭煅烧，至容器底部红透为度。

④煨　利用湿面粉或湿纸包裹药物，置热火灰中加热至面或纸焦黑为度，可减轻药物的烈性和副作用。

38.1.4.4　水火共制

常用的有蒸法、煮法，此外，还有提净法。部分复制药物仍离不开蒸、煮的方法。水火共制法炮制药物，其特点是加热温度比较恒定，受热较均匀，因此较易控制火候，加热时间可根据需要灵活掌握。煮法水量也很重要。若上述条件掌握不好，往往造成药物火候"不及"或"太过"，影响疗效。火候不及，达不到熟用目的；火候太过，则会导致疗效降低或丧失。

①煮　将清水或液体辅料与药物置容器内共同加热的方法。

②蒸　利用水蒸气或隔水加热药物的方法。

③淬　将药物煅烧红后，迅速投入冷水或液体辅料中，使其酥脆的方法。

④燀　将药物快速放入沸水中短暂潦过，立即取出的方法。

38.1.4.5　其他制法

常用的有发芽、发酵、制霜及部分法制法等。其目的在于改变药物的原有性能，增加新的疗效，减少毒性或副作用，或使药物更趋效高质纯。

38.1.4.6　饮片的规格

饮片的规格取决于药材的特点、质地、形态和各种不同的需要，如炮制、鉴别、用药要求的不同等。根据《中华人民共和国药典》和各省市炮制规范，常见的饮片类型分述如下。

①极薄片　厚度为 0.5mm 以下，对于木质类及动物骨、角质类药材，根据需要，入药

时可分别制成极薄片。

　　② 薄片　厚度为 1~2mm，适宜质地致密坚实、切薄片不易破碎的药材。

　　③ 厚片　厚度为 2~4mm，适宜质地松泡、黏性大、切薄片易破碎的药材。

　　④ 斜片　厚度为 2~4mm，适宜长条形且纤维性强的药材。

　　⑤ 直片（顺片）　厚度为 2~4mm，适宜形状肥大、组织致密、色泽鲜艳和需突出其鉴别特征的药材。

　　⑥ 丝（包括细丝和宽丝）　细丝 2~3mm，宽丝 5~10mm。适宜皮类、叶类和较薄果皮类药材。

　　⑦ 段（嘴、节）　长为 10~15mm，长段又称"节"，短段称"嘴"。适宜全草类和形态细长、内含成分易于煎出的药材。

　　⑧ 块　为 8~12mm³ 的立方块。有些药材煎熬时易糊化，需切成不等的块状。

38.1.5　中药饮片中的水分

　　中药饮片具有吸湿和散湿的能力，产生这种现象的主要原因是在每一瞬间，中药饮片表面及周围都会形成一定密度的水蒸气层，这种水蒸气层具有一定的水汽压力，而压力的大小取决于中药饮片的含水量、本身水分子的结合程度及空间温度的变化。即含水量越大，水分子的结合越不牢固，其表面水分子越活跃，因而中药饮片周围水蒸气的密度和压力也越大，这时会产生散湿现象。相反，中药饮片周围水蒸气的密度和压力小于空气中的水汽时，则产生吸湿现象。若中药饮片周围的水汽压力与空气中的水汽压力相等时（即动态平衡），则既不吸湿又不散湿，这时中药饮片的含水量便为平衡水分。

　　中药饮片的安全水分是指在一定条件下，能使其安全储存，质量不发生其他异变的临界含水量。现今习惯上应用的"安全水分"是指其含水量在安全范围内的临界限度。任何一种中药饮片都含有一定量的水分，它是中药饮片质量控制的重要指标之一。中药饮片加工、运输、储存实践证明，如果在一定的条件下，将中药饮片的含水量控制在一定的限度和幅度内，质量就不易发生变化。

　　干燥的关键在于适宜的温度。烘干法干燥的温度，一般以 50~60℃为宜，此温度对一般中药饮片的成分没有大的影响，同时又能抑制植物体内酶的活动。对含有维生素 C、多汁的果实类药材可以用 70~90℃的温度干燥。一般来讲，花类、叶类和全草类药材的干燥温度以 20~30℃为宜；根及根茎类药材的干燥温度一般控制在 30~65℃。另外还要根据药材中所含的有效成分的种类来选择适当的干燥温度。含挥发油类药材的干燥温度以 25~30℃为宜；含苷及生物碱类药材的干燥温度以 50~60℃为宜。总之在干燥中药饮片时，需保持适当的温度，温度过高会导致有效成分的分解破坏；温度过低饮片的干燥速率过慢，甚至使药材发霉变质。

38.1.6　水分对中药饮片质量的影响

　　中药饮片的品种繁多，属性复杂，主要来源是植物、动物、矿物，其中以植物类的中药饮片最多，而含水量又因其组成成分和内部结构不同而各有差异。中药饮片的含水量与其质量有着密切的关系。绝大多数中药饮片发生质量变化时，水分起主导作用，如果中药饮片中含有过量的水分，极易导致饮片生虫、霉变及药效成分分解变质等。

　　① 水分与虫害的关系　中药饮片在加工、运输、储存的过程中，不可避免地要受到虫害的侵袭和污染。实践证明，如果将含水量控制在一定标准下，可抑制生虫或减少虫害的发生。

② 水分与霉变的关系　霉菌的细胞所进行的新陈代谢，主要是在水的作用下，依靠霉菌分泌在其细胞壁外的酶，将饮片中的淀粉、蛋白质、纤维素等变成较简单的能溶解的化合物，再吸收到细胞中。水分愈高，则霉菌新陈代谢的作用愈强，其生长繁殖愈快，寄生和附着在中药表面的霉菌孢子很快地生长，进而造成霉变。

③ 水分与潮解的关系　中药饮片发生潮解的主要原因是自身组成成分含有可溶于水的物质，能从空气中吸收水蒸气，可溶性物质含量的多少，决定了潮解程度的大小。

④ 水分与软化的关系　中药饮片软化现象有些受温度影响，有些则受湿度的影响。如含亲水基团的动物胶质——阿胶、龟板胶、鹿角胶等，当大量吸收空气中的水分后，开始发软，软化现象严重时也会造成质量的变化。

⑤ 水分与风化的关系　某些中药饮片的成分中含有结晶水，当失去这部分水分时，其质量也随之发生变化。一般情况下，空气的相对湿度和中药饮片的风化成反比，即空气的相对湿度越低，风化现象越快。

⑥ 水分与走味的关系　饮片含有多种成分，各自有着不同的气味。当空气中的温、湿度变化时，这些成分就会散发和稀释，气味随之发生变化，质量受到影响。

⑦ 水分与其他质变的关系　空气的温度升高而相对湿度下降，过于干燥后，中药饮片所含的水分大量散发，使其本身水分走失严重，中药饮片就会发生干裂、脆化、变形等现象。

38.1.7　中药饮片水分测定方法

水分对中药材和饮片的质量有重要影响，在采购、加工、储存以及饮片炮制工艺试验研究中需要测试中药材及饮片中的水分。产地药农在进行加工时通常是以经验方法鉴别中药材的干燥程度，比如：

① 断面特征鉴别法　通常对于根、根茎、枝干及皮类中药材，将其折断后，断面色泽一致、中间和外层无明显的分界线者，表明已干透。如果断面色泽不一致，说明药材内部尚未干透，或断面色泽仍与新鲜时相同，这都是未干燥的标志。

② 敲击鉴别法　干燥的药材在相互敲击时，发出清脆响亮的声音，而声音沉闷不清脆者，说明未干透。但一些含糖较高的药材，如桂圆、天冬等，干燥后敲击的声音并不清脆，则应以其他方法进行鉴别。

③ 质地鉴别法　质地柔软的，表明尚未干燥。

④ 手插、牙咬鉴别法　对于果实、种子类药材，用牙咬、手插感到很硬，为干透的标志。如果手插入时阻力很大，不易插到底，甚至有湿润感觉，表明尚未干透。

⑤ 手搓鉴别法　全草类药材，用手折易碎断；叶、花用手搓易成粉末，都是干透的标志；柔软且不易折断或粉碎的，则是尚未干透的标志。

经验测试是在长期实践中总结出来的方法，只能对中药材及饮片的水分做出定性的评价，无法满足工业化生产和科研的需要，水分含量现代测定方法在其他章节已涉及，本章不再赘述。

38.1.8　中药材、饮片干燥机理

干燥是指通过汽化蒸发除去中药材及饮片中多余水分的过程。即将水分自中药材及饮片内部借扩散作用到达中药材及饮片表面，并从表面受热而汽化蒸发除去。在中药饮片的干燥过程中，大多数是利用热空气作为干燥介质，从物料中除去水分，实现物料的干燥。为完成

一定的干燥任务，需要从物料中除去多少水分，相应地需要多少空气和热量，这些都需要通过物料衡算和热量衡算来解决。有关干燥理论方面的知识详见本书有关章节。

中药材及饮片的干燥程度与中药材及饮片中水分存在的状态有关。按照水分与中药材及饮片的结合状态可分为以下两类。

① 非结合水　包括饮片表面的湿润水分、粗大毛细管和孔隙中的水分，也称自由水。这些水分与饮片是机械结合，结合力较弱。饮片中非结合水与同温度下纯水的饱和蒸气压相同，同时非结合水分的汽化与纯水一样，在干燥过程中极易除去。

② 结合水　包括细小毛细管所吸附的水分和中药材及饮片组织细胞内的水分。它们与中药材及饮片有较强的结合力，其特点是产生不正常的低蒸气压，即其蒸气压低于同温度下纯水的饱和蒸气压，致使干燥过程的传质推动力降低，所以结合水分较纯水难以除去。

中药饮片的干燥特性如下。

38.1.8.1　预热阶段

中药饮片受热时，其热量首先用于中药饮片的升温，中药饮片温度迅速达到热气流的湿球温度，即达到中药饮片水分挥发和吸收的平衡点。这一阶段中药饮片的含水率变化很小，一般预热阶段时间较短。

38.1.8.2　恒速干燥阶段

对中药饮片继续加热，由于自由水分蒸发能耗低，首先蒸发中药饮片中的自由水分，中药饮片的含水率等速下降，下降速率很快，因此本阶段也称为快速干燥阶段。在恒速干燥阶段，由于空气的温度、湿含量及流量不变，物料和空气间的温差应为一定值，空气与物料间的传热速率维持恒定。由于传递的热量全部用于水分的蒸发，水分的汽化速率不变，从而维持了恒速干燥的特征。在整个恒速干燥过程中，湿物料内部的水分向表面扩散，扩散速率与表面蒸发速率相适应，使物料表面维持湿润状态，其干燥速率取决于物料表面水分的汽化速率，即取决于气固两相间的传质速率和干燥的外部条件（如空气的温度、流量及湿度）等，中药饮片的温度基本保持不变。

38.1.8.3　降速干燥阶段

当中药饮片中的自由水分完全蒸发之后，饮片的含水量降低到临界湿含量以下时，便进入降速干燥阶段。此干燥阶段中，由于饮片内部水分的减少，内部水分向表面传递的速率小于表面的汽化速率，所以由干燥介质传给饮片的热量就有一部分用于饮片的升温。随着干燥时间的延长，饮片内的水分越来越少，水分由饮片内部向饮片表面的传递速率越慢，干燥速率越小，饮片的温度也随之不断地升高，温度呈逐渐上升趋势。中药饮片从恒速干燥阶段到降速干燥阶段的转变点称为拐点，一般中药饮片的拐点含水率为 8%～9%。在此干燥阶段中，干燥速率主要取决于水分自饮片内部向表面的传递速率及饮片本身的结构、形状和颗粒的大小等特性，而与饮片外部的干燥条件关系不大。所以降速干燥阶段又称为内部迁移控制阶段。

38.1.8.4　缓速滞止干燥阶段

中药饮片再继续干燥，将吸附水分全部挥发之后，最后解吸的是中药饮片的结合水分，由于结合水分释放难度最大，这时中药饮片的含水率下降速率更加缓慢并趋于停滞，而中药饮片的温度迅速升高趋于加热空气的干球温度值。

在恒速干燥阶段，饮片的表面温度等于湿球温度。因此，即使在高温下易于变质破坏的热敏性饮片仍然允许温度适当升高，以提高干燥速率和热的利用率。在降速阶段，饮片温度逐渐升高，故在干燥后期须注意不使饮片温度过高。通常需要减缓干燥速率，使饮片内部水分分布比较均匀，以避免产生表面硬化、开裂、起皱等不良现象，因此常需对降速阶段的干燥条件严格加以控制。

经过干燥的中药饮片，其干燥程度一般只能达到平衡湿度（即与周围空气间达到平衡稳定状态时的湿度）。在一定温度和湿度的条件下，与中药饮片的干燥相反，空气中的水分要向中药饮片中传递和渗透，使其回潮。空气中相对湿度愈小，则空气从中药饮片中吸取水分的能力就愈大。在一定温、湿度条件下，中药饮片在开始回潮时含水率增加较快，然后逐步减慢，最后趋于停止。因此，经干燥后的中药饮片，若要求低于平衡湿度时，则必须进行妥善储藏，否则中药饮片将会吸收空气中的水分，使含水量增高，达到新的动态平衡。

38.2　中药饮片的干燥方法

药物切成饮片后，为保存药效，便于储存，必须及时干燥，否则影响质量。在《中华人民共和国药典》（2020 年版）中，对药材产地及炮制规定的干燥方法如下。

① 烘干、晒干、阴干均可用"干燥"表示。

② 不宜用较高温度烘干的，则用"晒干"或"低温干燥"（一般不超过 60℃）表示。

③ 烘干、晒干均不适宜的，用"阴干"或"晾干"表示。

④ 少数药材需要短时间干燥，则用"暴晒"或"及时干燥"表示。

另外，对中药饮片的含水量要求也做出了标准规定，除另有规定外，饮片水分通常不得超过 13％。中药饮片干燥方法一般分为自然干燥和人工干燥两类。

38.2.1　自然干燥

自然干燥是指把切制好的饮片置于日光下晒干、炕干或置阴凉通风处阴干。日晒法和阴干法都不需要特殊设备，如水泥地面、药匾、席子、竹晒垫等均可应用，具有经济方便、成本低的优点。但本法占地面积较大，易受气候的影响，饮片亦不太卫生。

一般饮片均采用晒干法。但对于气味芳香、含挥发性成分较多、色泽鲜艳和受日光照射易变色、走油等类药物，不宜暴晒，通常采用阴干法。一般药物的饮片干燥传统要求保持形、色、气、味俱全，充分发挥其疗效。有特殊性质药材的自然干燥方法大致如下。

① 黏性类　黏性类药物因含有黏性糖质类成分，潮片容易发黏，如用小火烘焙，导致原汁不断外渗，会降低质量，故宜用明火烘焙，促使外皮迅速硬结，使内部原汁不向外渗。烘焙时颜色会随着时间延长而发生变化，过久过干会使颜色变枯黄，原汁走失，影响质量，故一般烘焙至九成即可。干燥程度以手摸之感觉烫不黏手为度。上烘焙笼前摊晒防霉，旺火操作要注意勤翻，防止焦枯，如有烈日可晒至九成干即可。

② 芳香类　芳香类药物，保持香味极为重要，因为香味与质量密切相关，香味浓即为质量好。为了不使香味走散，切后宜薄摊于阴凉通风干燥处。如太阳光不太强烈也可晒干，但不宜烈日暴晒；否则温度过高会使香气挥发，颜色也随之变黑。如遇阴雨连绵天气，为防止药材发霉，可用微火烘焙，但绝不能用猛火高温干燥，否则将导致香散色变，降低药物的疗效。

③ 粉质类　即含淀粉较多的药材。这些药材受潮后极易发滑、发黏、发霉、发馊、发

臭而变质，必须随切随晒，薄摊晒干。由于其质甚脆，容易破碎，潮片更甚，故在日晒操作中要轻翻防碎。如天气不好，可用微火烘焙，以保证切片不受损失，但火力不宜过大，以免烘至药物外色焦黄。

④ 油质类　油质类药材极易起油，如烘焙，油质就会溢出表面，颜色也随之变黄，火力过旺，更会失油后干枯，影响质量，故宜日晒。如遇阴雨不能日晒，可用微火烘焙，以防焦黑。

⑤ 色泽类　色泽类药材的色泽很重要，含水量不宜过多，否则不易干燥。白色的桔梗、浙贝母宜采用日晒，越晒越白。黄色类的泽泻、黄芪，如日晒则会毁色，故宜用小火烘焙，且可保持黄色，增加香味，但不能用旺火，以防焦黄。

38.2.2　人工干燥

人工干燥是指利用一定的干燥设备对饮片进行的干燥。该方法不受气候影响，外界污染小，卫生清洁，并能缩短干燥时间，适用于规模生产和饮片干燥自动化生产。人工干燥的温度除另有规定外，一般药材、饮片的干燥温度以不超过80℃为宜，气味芳香、含挥发性成分的饮片，干燥温度以不超过50℃为宜。

目前用于中药材人工干燥的方法大致分为三类。

① 第一类是传导传热，被干燥的中药材直接与加热面接触进行干燥。最常用的就是火炕干燥室，这也是最古老的干燥方法。此方法适用于化学成分性质较稳定的中药材干燥。但此方法的工作温度高且难以控制，热损失大。

② 第二类是通过热空气的对流，依靠升高加热温度、增大热流量强化干燥过程。此方法的工作温度高，热损失大，设备结构复杂庞大，既要求密封保温，又需要通风流畅，干燥效率低，不易实现自动控制。

③ 第三类是采用微波、远红外线等的辐射干燥，热能由辐射器以电磁波的形式发射，到达湿物料的表面被其吸收再转变为热能，将水分加热汽化而达到干燥的目的。由于无需加热介质，热效率较高。辐射器直接将电能转换为电磁辐射进行干燥，便于实现自动控制。在辐射加热中，介质发热程度与电磁场频率、电磁场强度、介质自身的介电常数和介质损耗正切值等参数有关。电磁波从介质的表面进入并在其内部传播，由于能量不断地被吸收并转化为热量，它所携带的能量就随着深入介质表面的距离以指数规律衰减。微波的穿透能力要比红外线大得多，其中915MHz又比2450MHz的微波穿透深度大。

按照人工干燥操作作业方式，又可分为连续式干燥和间歇式干燥。连续式干燥的优点是生产能力大，热效率高，劳动条件较间歇式好，且能得到较均匀的产品。间歇式干燥的优点是基建费用较低，操作控制方便，能适应多品种物料，但干燥时间较长，生产能力较低。

由于热风干燥生产成本较低，在中药饮片生产中广为采用。但热风干燥致使中药饮片的有效成分损失较大，甚至出现严重的品质降低现象。为提高热风干燥的生产效率，在生产中往往采用较高的料温和较厚的料层，造成中药饮片药用成分发生热分解，引起变色、性味消失，导致质量下降。

另外，中药饮片干燥前需要适当的预处理，以调节性味、消除毒性、降低初含水量，但由于程序较繁杂、费工费时，实际干燥生产过程中往往不重视或者忽略；干燥过程中自动化程度不高，不能分时间段对中药饮片的含水量、水分活度，以及干燥介质的温度、湿度、流速等进行自动监控，造成干燥品质不佳，最终含水量不符合要求，严重地影响中药饮片的品质。

随着全球回归自然的大趋势，伴随着"一带一路"国家战略，中医药已传播到183个国家和地区，加上国人健康保健意识的逐步提升，我国中药市场前景十分广阔，但近年来从各个层面药材和饮片质量抽查结果来看，不合格率居高不下，其中干燥技术不甚合理，也是导致药材或饮片品质差的主要原因之一。所以药材和饮片质量问题已经引起相关部门的高度重视，"十一五"期间，科技部已将"中药饮片炮制技术及相关设备研究"列为国家科技攻关项目；"十二五"期间启动了"全国中药饮片炮制规范"行业专项研究；"十三五"期间实施了"中药饮片产地加工炮制一体化"以及标准化项目、重点研发项目等。国家药品监督管理局也制定和颁布了一批与中药研究开发、生产和管理有关的法规、标准规范；许多省市分别开始了"省中药饮片炮制规范"修订。最具有历史意义的是 2017 年国家出台了《中华人民共和国中医药法》，其明确规定"继承和弘扬中医药，保障和促进中医药事业发展，保护人民健康"。由此国务院、发改委、科技部等多部门也相继出台政策，为中医药这个传统产业的发展提供了良好的条件，因此中药发展也得到了前所未有的重视和支持，同时也受到了社会各界和海内外的广泛关注，而中医药本身尚未被充分认识的丰富的科学内涵，以及其现代化、标准化、国际化过程中涌现出来的大量的科学技术问题，又引起了许多专家学者的兴趣，一个多学科、海内外共同研究、发展中医药事业的良好局面正在逐步形成。

随着改革开放的深入，市场经济的进一步完善，在中药产业相对于其他产业保持着较高增长率和西方发达国家医药市场准备对中药开放前景的吸引下，我国中药饮片生产必将逐步走向规范化、法制化、标准化的道路，建立与国际接轨并符合中国国情的中药饮片的生产和质量控制体系势在必行，作为中药饮片生产中的关键环节——干燥，也必将需要不断创新，采用新工艺、新技术、新设备，提高产品质量。

38.3　中药饮片干燥工艺研究

我国中药饮片历史悠久，老药工们积累了很多宝贵经验，但没有总结出系统的饮片生产的干燥原理和工艺方法。在《中华人民共和国药典》中叙述的炒制中药时的"炒黄、炒焦、炒炭"仍只能依靠药工的眼力和经验来掌握。长期以来，我国的中药饮片炮制业还处在一个设备陈旧（主要依靠传统手工生产）、工艺特色差别大、缺乏现代科学的质量标准的阶段，不仅造成饮片质量差异较大，而且更重要的是致使临床疗效不显著。

我国中药产业持续发展，已初步形成了一定规模的产业体系，成为我国国民经济和社会发展中一项具有较强发展优势和广阔市场前景的战略性产业。为提高中药饮片炮制质量，国家在"七五"至"十三五"期间投入大量资金，设立攻关项目，开展相关研究工作，采用现代科学技术，对常用的中药饮片就产地加工、炮制工艺优化、饮片质量标准制定、炮制原理等进行了化学、药理学、毒理学等多学科综合研究，为中药饮片标准化提供了科学依据。从以前凭经验观察等传统检测方式，逐步过渡到采用统一量化指标。同时国家投入大量资金，对饮片加工企业进行了大规模设备和技术改造，目前许多企业已经采用了先进的全浸润工艺设备（浸润罐）、中药数控炒药机、中药数控煅药炉以及全自动、数控生产联动生产线等。但是总体上看，我国中药的质量标准体系还不够完善，质量检测方法及控制技术相对比较落后；中药生产工艺及制剂技术水平较低；中药研究开发技术平台不完善，创新能力较弱；市场竞争力不强，缺乏国际竞争力，与国外先进的制药行业和国际标准要求相比较差距仍然很大。

38.3.1　影响饮片干燥的因素

影响中药材及饮片干燥的因素较多，概括如下。

38.3.1.1 中药材的种类与性质

中药材的种类包括根、根茎、叶、花、果实、种子、皮类和加工产品等。各类药材的性质包括形状与大小、粗细或初加工后的饮片厚薄，以及与水分的结合方式等均可影响干燥速率。如质地疏松的药材较质地坚实的易于干燥，颗粒状的药材要比粉末状的易于干燥。质地坚实、含淀粉量高、受热糊化后的种子类药材等内部水分扩散慢，故干燥速率也慢。有些药材不宜采用高温直接烘干，需要经过数天反润，使内部水分缓慢向表层扩散，再行烘干，才能达到规定的安全水分范围。

38.3.1.2 干燥室的温度

在适宜的范围内升高空气的温度，会加快蒸发速率，有利于干燥。干燥室的温度高低取决于干燥设备的性能。另外，干燥室的温度高低选择主要由被干燥药材的性质来决定。如含挥发油类的药材或饮片若干燥温度高，会导致挥发油成分流失较多。高温还会破坏某些成分，如含酶类、维生素类的药材或饮片。干燥时若采用静态干燥法则要求温度由低到高缓慢升温。

38.3.1.3 干燥室的湿度

干燥室的相对湿度大小与干燥速率成反比例关系；干燥室如果相对湿度过大，会影响药材或饮片水分由里向外扩散，有时甚至还会出现吸湿现象。因此在整个干燥过程中，必须把室内的潮湿空气排出来，保持药材或饮片内部湿度大于空气中的湿度，这样才能提高干燥速率。

38.3.1.4 干燥介质的流速

干燥速率也与干燥室内空气和湿度流动速度的快慢有关。为了解决这个问题，往往在干燥室内装有排风设备，增加或强迫潮湿空气向外排放。干燥速率的大小，与药材或饮片的性质、温度、湿度以及空气流速有关。

38.3.1.5 干燥速度及干燥方法

干燥应控制在一定温度下缓慢进行。干燥过程中首先表面水分很快蒸发除去，然后内部水分扩散到表面继续蒸发，直到干燥为止。温度过高，蒸发速率过快，表面会形成硬壳，影响内部水分蒸发，使干燥不完全。由于药材或饮片的种类和性质不同，干燥速率也各不相同，均需通过试验选择干燥工艺。干燥的方法与干燥速率也有较大的关系。静态干燥如烘干室、烘箱等因药材或饮片处于静态，药材暴露面积小，水蒸气散失慢，干燥效率差。沸腾干燥（流化床干燥）、气流干燥等属于流化操作，被干燥的药材或饮片可以跳动，与干燥介质接触面积大，干燥效率高。

38.3.1.6 压力

压力与蒸发量成反比，因而减压是改善蒸发条件、促使干燥加速的有效手段。真空干燥能降低干燥温度，加快蒸发速率，使产品疏松易碎，干燥效率高。

38.3.1.7 堆积厚度

在药材或饮片干燥过程中，如果堆积越厚，暴露面积越小，干燥也越慢。实验研究表明，饮片料层厚 30mm 左右时，其干燥速率大、周期短、能耗低、质量好。

38.3.2　中药材、饮片干燥工艺的确定方法

中药饮片多为热敏性物料，其干燥工艺的要求相对于一般物料而言较为严格。中药饮片最佳干燥工艺的确定，即在保证饮片干燥质量的前提下，以最低的干燥费用和最短的干燥时间完成饮片的干燥过程。

不同的中药饮片有不同的炮制标准要求和干燥特性，即使是同一种中药饮片在不同的干燥阶段也会表现出不同的特性。因此，只有掌握了干燥过程中中药饮片的内部特性，才能确定合理的干燥工艺。中药饮片的内部特性包括自身的成分、结构、形状、含水量、水分与饮片的结合形式，以及热导率、比热容等热物理参数。干燥工艺的本质是一个传热、传质的过程，利用干燥介质的物理特性，如温度、相对湿度、比热容等，配合不同的饮片在不同的干燥阶段，组织气流、设定风速以及与饮片的接触方式等。只有掌握了内在的规律性，才能达到保证产品质量，节约能源，取得最佳经济效益的目的。

与其他产品的干燥不同，中药饮片的干燥不仅需要关注干燥过程的干燥动力学特性（热、质传递效率与干燥操作特性），更要关注质量降解动力学特性（干燥后产品安全、商品特性），才能生产出优良产品。中药饮片在干燥过程中其有效成分将会发生降解，其中包括物理变化（外部变形、内部显微结构变化、低沸点组分挥发等）；化学变化（组分间化学反应，组分的分解反应，组分与水、氧、二氧化碳等反应所导致的变色、变味、变质等）；生物化学变化（酶作用所引起的生物化学反应、酶的活性变化、细胞的活性变化等）。所带来的结果是饮片的药效成分、生物活性下降甚至丧失。常用中药材有效成分在干燥过程中的降解变化符合一级化学反应动力学方程式，但也有少数遵循零级反应，即非线性动力学。

由于中药成分复杂，种类繁多，药材产地、来源、质地、大小、厚薄、质量要求等存在差异，干燥饮片的物性和要求指标十分复杂，对于不同质量要求的中药饮片，很难确定通用的干燥及过程控制方案。需要综合考虑选定目标函数，选择适当的干燥方法、设备和工艺参数，常用方法如下。

① 计算模拟方法　选取主要的代表物质作为指标成分，通过实验建立或查取文献获得其降解方程式，并以此代表中药饮片的生物降解规律。通过不同初始干基含水率、温度及相关干燥试验，确定模型参数，获得干燥质量退化动力学模型。应用热量平衡方程和扩散方程建立相应的数学模型，并与干燥装置的操作参数（包括饮片的尺寸与形状、干燥温度、速率、湿度等）和饮片内部的温度、湿度、其他成分浓度等之间建立联系，采用有限差分法求解，利用计算机模拟干燥过程中饮片温度和湿含量的变化。通过对干燥过程中有效成分含量变化，干燥过程热、质传递过程的模拟，确定工艺参数。

② 试验方法　选取中药饮片中主要的代表物质作为指标成分，选择不同的干燥方法和/或工艺，通常采用正交试验法在所选干燥设备上进行优选，确定干燥设备的适用性。需要设计人员从干燥技术的角度设计实验和分析结果，以检验各参数对干燥的影响程度，通过对比试验，确定工艺方法、设备和工艺参数。

尽管计算模拟方法的初期计算和试验工作量较大，但通过建立和完善数学模型和试验参数数据库，可以快速、准确地确定最优工艺参数，对确保干燥质量、提高生产效率、降低干燥成本均有重要意义，需要众多研究者的长期共同努力才能取得实质性重大突破。

干燥本身是一个理论、工艺方法与设备密切结合的技术性和实践性较强的行业。要高质量、经济地干燥一种饮片，涉及合理的干燥设备选择、过程操作方案的确定以及合理的系统配置等问题。而这些问题的圆满解决，又需要干燥过程原理、传递过程原理、机械设计原

理、物料特性学等一系列专业基础知识，并结合丰富的饮片干燥生产和应用经验。通常在中药饮片生产实践中，需要通过对中药饮片干燥效果的实验进行分析研究，才能最终选定干燥工艺方法、设备和工艺参数。

38.3.3　太阳能干燥实验研究

太阳能干燥装置可以节省常规能源，减少大气污染，具有较好的经济效益和社会效益。许多地方使用太阳能干燥装置干燥中药材，干燥效果良好。

中药材及饮片是医疗药品，传统的露天摊晒自然干燥方式是低温干燥，一般都低于35℃。太阳能装置干燥中草药，有时温度可达60℃。为研究太阳能干燥是否会破坏中药的有效成分，是否会破坏挥发性成分并导致药效降低，研究人员选取了25种中药材，分别采用传统干燥和温室型太阳能远红外综合干燥装置进行干燥试验，采用紫外分光光度法与红外分光光度法，对使用太阳能远红外综合干燥装置干燥的中药有效成分进行了对比研究。研究结果如下。

① 无论是含挥发性成分的中药材及饮片，还是药用部位不同的中药材，在干燥温度低于60℃的条件下，使用太阳能远红外综合干燥装置干燥，不会改变中药材及饮片的分子结构，对其有效成分的影响不大。

② 中药的吸收峰主要集中分布在 $6.67\sim25\mu m$ 之间，如果红外涂料的辐射波长范围能够与之相匹配，红外涂料的辐射能量只能引起分子基团的伸缩振动，不足以破坏分子键使分子分裂或改变分子结构，不会改变中药的有效成分。

利用太阳能加热空气有两种方法：
① 直接加热空气，即将中药材及饮片放在干燥室内，直接受阳光辐射。
② 间接加热空气，利用空气集热器将空气的温度升高，并降低中药材及饮片的相对湿度。

中药材及饮片吸收了太阳的辐射热之后，温度升高致使相应的水蒸气压力超过周围空气中的分压时，水分就从中药材及饮片表面蒸发。同时在设计干燥器时还要考虑通风排湿，尽量降低干燥器中空气的分压。

图 38-1 为太阳能干燥装置结构示意。研究人员利用一套采光面积为 $158m^2$，采用热性能测试及控温控湿的干燥方法，进行了太阳能干燥装置技术经济性能的研究。

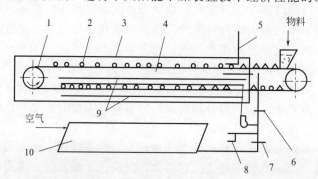

图 38-1　太阳能干燥装置结构示意图

1—输送带；2—被干物料；3—干燥温室；4—隔板；5—排气阀；6—回气阀；
7—集热器供气阀；8—空气进气阀；9—蒸汽加热器；10—空气集热器

太阳能干燥装置具有下述特点。

① 采用太阳能空气集热器与太阳能温室相结合的干燥系统。为充分利用太阳能，通过操作图 38-1 所示的四个阀门控制气流，实现集热器温室开式直流通风、温室内部闭式循环通风和介于上述两者之间多种配合的通风方式，以满足不同物料、不同干燥阶段、不同干燥工艺的要求。

② 干燥温室内设有隔板，将温室分为可接受日光照射的上通道和不可接受日光照射的下通道两部分，形成结构紧凑的内循环通路，可实现高温干燥空气的回流，减少排气热损失，提高干燥效率。

③ 干燥温室内设置了链条翻板式物料输送带，物料可按 1～6m/min 的传送速度连续进出，减轻工人劳动强度的同时还能与气流的运行方式配合，进行逆式连续对流干燥作业或分批干燥作业，以适应各种难干物料的不同干燥工艺要求。

④ 为了满足每日 24h 连续干燥的要求，温室下的通道内设有排管式蒸汽加热器，通过控制蒸汽阀门组，便能满足不同干燥阶段的供热要求，最大限度地利用太阳能，节约常规能源。

⑤ 设置了干燥气流温度、湿度监控显示系统，在物料的干燥周期内，可手动定量控制气流温度和排气湿度，进行变工况干燥作业，实现干燥工艺的优化调控。

在试验研究中选择中等难干的中药饮片——黄芩进行测试，在环境空气温度为 0～25℃、湿度为 60%～70% 的季节，太阳平均辐射 600～800W/m² 或无太阳辐射时配以蒸汽加热，保持 50～80℃ 相对稳定的干燥温度的条件下，进行了控温控湿干燥试验。结果表明，控温控湿干燥与常规控温干燥相比，在条件相近时干燥周期缩短 16%，耗汽量减少 35%，干燥效率提高 1 倍，具有较好的节能效果。

38.3.4　中药饮片热风干燥实验研究

热风干燥的加热方式一般是通过对流、传导、辐射等方式将热量传到物料上，使物料中的水分蒸发以达到干燥的目的。热风干燥将热能以对流的方式传给与其直接接触的湿物料，以供给湿物料中水分汽化所需的热量，并将水蒸气带走。因热空气的温度易调节，物料不易被过热。但热空气离开干燥器时，将相当大的一部分热量带走，故热能利用效率较低。另外，在热风干燥过程中，热能皆是从物料表面传至内部，所以物料表面温度高于内部温度，而水分则由内部扩散至表面。在干燥过程中，物料表面水分先汽化从而形成绝热层，增加了内部水分扩散至表面的阻力，所以物料干燥时间较长。热风干燥是中药饮片生产中最常用的干燥方法之一。

热风干燥由加热系统、湿物料供给系统、干燥系统、除尘系统、气流输送系统、控制系统组成，其工艺流程如图 38-2 所示。新鲜空气经过滤器净化后经鼓风机进入加热器，预热至一定温度后进入干燥器。湿物料则通过加料器进入干燥器与热空气接触，发生传热与传质过程，物料在被干燥后成为干品引出。降低了温度并增加了湿度的尾气经固气分离（旋风分离及袋滤）后由引风机排出。

中国药材公司与天津大学共同承担的"中药饮片工业生产浸润干燥工艺基础数据研究"，选择具有代表性的根茎类中药——大黄、白芍、板蓝根、甘草、黄芪、当归、川芎、防风、丹参、地黄、白术、三棱、山药、莪术、天花粉、桔梗、苍术共 17 种；皮类中药——桑皮、丹皮、厚朴、黄柏共 4 种；藤木类中药——忍冬藤；果实及种子类中药——枳壳、陈皮与槟榔共 3 种；全草类中药——薄荷；藻、菌、地衣类中药——猪苓等 27 种中药饮片。按照国内饮片厂提供的干燥工艺参数数据，进行热风干燥工艺实验研究。

热风试验采用固定床厢式干燥炉，使用计算机和数据采集系统连续测量和记录不同干燥

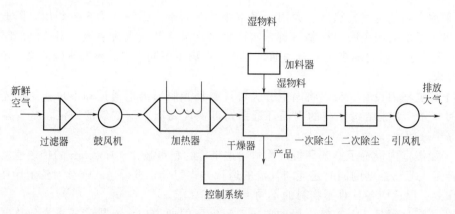

图 38-2　热风干燥工艺流程图

时间饮片的脱水量，得出饮片的干燥曲线等一系列较完整的干燥工艺基础数据，通过控制鼓风机的转速和可控硅的导通角调节风量、风速和加热温度。在试验中同步进行了饮片指标成分损失量分析，其中用高效液相色谱法分析了 10 种饮片，用紫外分光光度法分析了 5 种饮片，用气相色谱法分析了 5 种饮片，用药典法分析了 7 种饮片，分析工作均由天津乐仁堂制药厂承担。试验结果为：热风干燥指标成分损失超过 22％的有 15 种，损失在 10％～20％之间的有 4 种，小于 10％的有 8 种。红外线干燥实验指标成分损失超过 22％的有 12 种，指标成分损失 10％～20％的有 8 种，小于 10％的有 7 种。27 种饮片热风干燥的工艺基础数据见表 38-1～表 38-3。

表 38-1　指标成分损失 20％～100％的饮片

序号	药名	允许料温/℃	实际最高料温/℃	指标成分损失/％	物料最大温差/℃	风速/(m/s)	初始含水量 X/％	干球温度及供热方式/℃
1	薄荷	晾晒	68.5	100	35	1.3	80	70,恒温
2	三棱	70～80	67	100	20	1.0	100	70,恒温
3	天花粉	70～80	71.2	66.7	28	0.9	87	70,恒温
4	莪术	70～80	68	61.8	14	0.9	90	70,恒温
5	白芍	70～80	69	60	16	1.1	70	70,恒温
6	板蓝根	70～80	43.9	59.2	8	0.8	29	55—59—56,变温
7	大黄	70～80	70.2	43	19	0.95	112	50—80—53—62
8	防风	70～80	69	41.3	20	0.8	34	52—72—66—69—50
9	丹参	70～80	73.4	33.7	20	0.8	64	60—67—62—40
10	桔梗	70～80	68	33.6	18	0.8	29	40—74—68,变温
11	甘草	50～60	49	24.2	14	1.0	44	54—50—45,变温
12	川芎	50～60	48	22	6	0.8	92.3	57—50,变温
13	当归	50～60	59	29.1	15	1.0	75	50—59.8,变温
14	白术	70～80	83	25.3	25	0.5	74	30—70—88,变温
15	忍冬藤	50～60	71	28.6	36	1.2	72	70,恒温

表 38-2　指标成分损失 10％～20％的饮片

序号	药名	允许料温/℃	实际最高料温/℃	指标成分损失/％	物料最大温差/℃	风速/(m/s)	初始含水量 X/％	干球温度及供热方式/℃
1	黄柏	70～80	49.1	17.4	16	1.2	40	50,恒温
2	山药	70～80	69.8	16.6	21	0.7	81	70,恒温
3	猪苓	70～80	69.6	16	7	0.9	88	20—70—54,变温
4	生地	50～60	62	11.4	20	0.9	108	50—71—50—60

表 38-3　指标成分损失小于 10% 的饮片

序号	药名	允许料温 /℃	实际最高料温 /℃	指标成分损失 /%	物料最大温差 /℃	风速 /(m/s)	初始含水量 X/%	干球温度及供热方式 /℃
1	桑皮	70~80	79	14.9	20	1.1	77.3	70—80,升温
2	枳壳	50~60	63	1.4	11	0.7	75	20—75—84—68—47
3	丹皮	50~60	68	2.7	20	1.0	60	70,恒温
4	陈皮	50~60	66	0	10	0.5	28	20—74—26,变温
5	黄芪	70~80	68	0	15	0.8	53	50—70—30,变温
6	厚朴	70~80	72	2.8	20	1.0	103	50—76—70,变温
7	槟榔	70~80	69	0.5	28	1.3	80	50—76—68,变温
8	苍术	50~60	49.9	0	12	0.8	35.6	50,恒温

对表 38-1～表 38-3 的数据分析如下。

① 允许料温过高　由表 38-1 及表 38-2 可知,允许料温为 60~80℃,而实际最高料温均远低于允许料温,但指标成分损失却高达 22%~100%,可见允许料温过高。

② 允许料层过厚　当其他条件不变,料层厚度增加时,则料层最大温度差加大,干燥速率下降,干燥周期延长,脱水耗电量增加。优化的料层厚度以 30mm 左右为宜,但工程干燥允许料层厚高达 50~150mm,饮片质量难以保证。

③ 变温干燥优质节能　由表 38-3 可知,指标成分损失小于 10% 的 8 种饮片中的 5 种,均是变温干燥,其中枳壳、陈皮等已超过允许料温,但指标成分损失仍很小,可见变温干燥既优质又节能,具有重要的工程意义。

④ 初始含水率低节能　由表 38-1～表 38-3 可知,初始含水率不是影响指标成分的主要因素。但初始含水率增加 1.1 倍,干燥周期亦增加 1.1 倍,而单位脱水耗电量则增加 1.3 倍,可见饮片的初始含水率以小为宜。

⑤ 优化热风速度　热风速度过大,能耗大且料层温差大;热风速度过小,干燥速率低,干燥周期长,由表 38-3 可知,优化的风速为 0.5~1.0m/s。

38.3.5　远红外干燥实验研究

红外干燥已经从 20 世纪 80 年代开始在中药材及饮片干燥中得到应用,远红外加热设备具有耗能少、加热效率高、产品质量稳定、环境卫生好等优点,应用日益广泛。

38.3.5.1　远红外干燥机理

远红外干燥是利用辐射传热实现干燥的一种方法,即辐射元件所产生的电磁波以光的速度直线传播给被干燥物料,光子被吸收转变成物质分子的热振动能,并且当远红外线的发射频率和被干燥物料中分子运动的固有频率相匹配时,引起物料中的分子强烈共振,在物料内部发生激烈摩擦而产生热量,使得辐射能转变成热能,从而达到干燥的目的。有关红外干燥原理详见本书有关章节。

大多数高分子有机物以及水在红外区都有一定的吸收特性,虽然它们的吸收光谱各不相同,但对于远红外线却表现出强烈的吸收。特别是远红外线可穿透被干燥物料的内部,使得物料内部温度升高,而由于物料表面的水分不断蒸发吸热,使其表面温度降低,物料内部温度较表面温度高,使得物料的热扩散方向是自内向外的。同时,由于物料内存在水分梯度而引起水分移动,总是由水分含量较多的内部向水分含量较少的外部进行湿扩散。所以,物料内部水分的湿扩散与热扩散方向是一致的,从而加速了水分内扩散的过程,即加速了干燥的进程。

远红外干燥技术的基本理论是辐射与吸收的匹配。对远红外线能产生吸收的物质，并非对所有的波长都可以产生吸收，而是在某几个波长范围内吸收比较强烈，物质的这种特性通常称作物质的选择性吸收。而对辐射体来说，也并不是对所有波长的辐射能都具有很高的辐射强度，也是按波长不同而变化的，辐射体的这种特性称作选择性辐射。当选择性吸收和选择性辐射一致时，称为匹配吸收。

　　在远红外干燥过程中，要达到完全的匹配吸收是不可能的，只能做到接近于匹配吸收。原则上，辐射波长与物质的吸收波长匹配得愈好，辐射能量被物质吸收得愈快，穿透深度也就愈浅，这对细薄物质和粉状物料的干燥是比较适合的。而对导热性差、又要求深部均匀干燥的粗大物质和黏稠物料，应使一部分辐射能匹配较差、不能被表面吸收，从而穿透到物质的内部，以增加内部的吸收。

　　远红外线对中药饮片的干燥效果存在差异的主要原因是，不同种类饮片中的成分差异使不同饮片的固有振动频率不同，对红外辐射的吸收率不同，干燥效果也不一致。因此，在设计和选用远红外设备时，要注意配置作用频率相匹配的远红外元件。一般加热干燥植物类饮片用 $2\sim7\mu m$ 的元件，干燥生物类饮片用 $5\sim25\mu m$ 的元件，可以取得良好效果。

　　在选用远红外线干燥时，要注意两者的最佳匹配。对于只要表层吸收的物质，应采用正匹配，也就是说，使辐射峰带与吸收峰带相对应，使入射的辐射能量在刚进入物质表层时，即引起强烈的共振吸收而转变为热量。而对于表里同时吸收均匀升温的物质，应采用偏匹配，即根据物质的不同厚度，使入射辐射的波长不同程度地偏离吸收峰带所在的波长范围。

　　红外干燥器主要是由辐射元件、辐射炉腔（烘箱）、反射集中装置以及控制系统组成。其特点是：干燥速度快、产品质量好、热效率高、设备紧凑、结构简单、操作灵活。

　　远红外线干燥之所以在中药生产中得到广泛认可并迅速发展，是因为与过去常用的加热干燥方法，尤其是与烘箱、烘房干燥相比较，它具有多种优势。

　　① 采用传统加热干燥方法干燥湿物料时，是利用空气等中间介质通过对流和传导的方式将热能由发热体传递给物料，在此过程中热量损失较多，因此物料升温慢，干燥时间长。而远红外加热干燥是以电磁波的形式、光速直线辐射至被干燥物料上，无需中间介质传热，也没有热量损失，因此升温快、干燥时间短。

　　② 传统干燥法，其热传导方向（由表及里）与水分蒸发排出的方向（从内到外）恰好相反，干燥过程中湿物料易发泡和产生孔眼，或出现表干里湿的"假干"现象，干燥效率低、效果不理想。而用远红外线干燥时，热传递方向与水分排出方向基本一致，均为由内及外，所以干燥效率高、效果好，保证了产品质量。

　　③ 由于远红外辐射元件辐射的能量与大多数被辐射物的吸收特性一致，辐射的吸收率大，加热干燥效果好。

38.3.5.2　红外干燥工艺实验研究

　　中国药材公司与天津大学对 27 种中药饮片进行了红外干燥试验研究。试验采用间歇式红外干燥箱，以精密电子秤作为干燥物料的固定床，在干燥过程中由精密控温仪控制炉内温度，由数据采集系统测量辐射板，干球、湿球及物料温度，物料含水率，辐射器表面温度分布，辐射器的发射率，红外吸收率等物理量，并使用计算机检测系统记录、打印干燥过程变化。在试验中同步进行了饮片指标成分损失量分析，分析工作均由天津乐仁堂制药厂承担。27 种饮片红外干燥的工艺试验结果数据详见表 38-4～表 38-6。

表 38-4　指标成分损失 20%～100% 的饮片

序号	药名	允许料温/℃	实际最高料温/℃	指标成分损失/%	供热方式、辐射板温度/℃ 与变温时间比 k	备注
1	薄荷	晾晒	75	100	变温 200—150,k=0.28	应晾晒
2	三棱	80	82	100	恒温 300	允许料温过高
3	防风	80	79.4	65.9	恒温 377	允许料温过高
4	大黄	80	98	64	变温 278—248—217,k=0.22	实验料温过高
5	当归	60	64	55.6	变温 338—286—243,k=0.13	允许料温过高
6	陈皮	60	62	40.0	变温 275—130—62,k=0.05	允许料温过高
7	白芍	80	79	65	变温 289—250,k=0.31	允许料温过高
8	莪术	80	88.9	39.3	恒温 280	实验料温过高
9	板蓝根	80	77.7	38.3	恒温 360	允许料温过高
10	桔梗	80	75	28.6	恒温 387	允许料温过高
11	天花粉	80	84	27.8	恒温 386	允许料温过高
12	槟榔	60	78	22.7	变温 351—220—170,k=0.23	实验料温过高

表 38-5　指标成分损失超过 10%～20% 的饮片

序号	药名	允许料温/℃	实际最高料温/℃	指标成分损失/%	供热方式、辐射板温度/℃ 与变温时间比 k	备注
1	甘草	60	62	17.9	恒温 386	料温已超
2	黄芪	80	85	17.6	恒温 278	料温已超
3	黄柏	80	67	17.8	恒温 360	料温低
4	厚朴	80	72.6	12.4	恒温 295	料温低
5	桑皮	80	78	12.3	恒温 292	料温低
6	丹参	80	75	11.9	变温 281—264,k=0.731	料温低
7	白术	80	88.9	11.7	恒温 360	料温已超
8	山药	80	78	10.25	变温 296—241,k=0.33	料温低

表 38-6　指标成分损失小于 10% 的饮片

序号	药名	允许料温/℃	实际最高料温/℃	指标成分损失/%	供热方式、辐射板温度/℃ 与变温时间比 k	备注
1	苍术	60	71	0	变温 388—275,k=0.55,k=0.88	料温已超
2	丹皮	60	68	0	变温 282—175,k=0.74	料温已超
3	忍冬藤	—	79.5	0	恒温 360	
4	地黄	60	81	0.08	变温 370—300,k=0.89	料温已超
5	川芎	60	70	3.8	变温 374—219,k=0.81	料温已超
6	枳壳	60	63	9.5	变温 279—212,k=0.76	料温已超
7	猪苓	80	70	6.0	变温 293—229,k=1.13	料温已超

　　表 38-4 给出了红外干燥指标成分损失 20%～100% 的饮片共 12 种,结果表明:薄荷还应采用晾晒或更低的烘干温度进行干燥。三棱的允许料温过高与热风实验相同(见表 38-4),损失为 100%;热风干燥防风的最高料温为 69℃,指标成分损失为 41.3%;红外干燥防风的最高料温为 79.4℃,指标成分损失为 65.9%。热风干燥大黄最高料温 70.2℃时,指标成分损失为 43%;红外干燥大黄最高料温为 98℃,指标成分损失达 64%,说明饮片指标成分的损失量与温度的升高成正比,可见料温与指标成分损失密切相关。

　　表 38-5 列出了红外干燥指标成分损失 10%～20% 的饮片,共 8 种,其中使用恒温供热干燥 6 种饮片,使用变温供热干燥 2 种饮片。黄芪与白术因实验料温过高而使指标成分损失增加,其余物料损失偏高,是允许料温过高的缘故。

　　表 38-6 列出了红外干燥指标成分损失 10% 以下的 7 种饮片,其中 6 种饮片采用变温干燥工艺。丹皮、地黄、川芎等饮片虽已超过允许的一般要求的干燥温度,但指标成分损失仍

较小。将表 38-6 与表 38-3 的试验数据相比较，可以看出：热风干燥指标成分损失小于 10%的 8 种饮片中有 6 种采用的是变温干燥工艺，占 75%；红外干燥指标成分小于 10%的有 7 种饮片，其中采用变温干燥工艺的有 6 种，占 86%。这是由于变温干燥工艺能够减小料层上下之间温差。可见采用适合的变温干燥工艺，既可以节能又能够确保干燥质量，对提高饮片质量和干燥效率十分有利。

另外，研究人员还模拟生产环境进行试验，以陈皮的性状以及挥发油、水分、橙皮苷含量作为评价指标，比较了远红外、微波、热风三种不同干燥方法的效果。从中药材及饮片成品性状比较，远红外和热风干燥所得饮片的色泽、气味、外观均较好，而微波干燥过程中已经将药材蒸熟，影响了成品质量。干燥方法对挥发油含量的影响由大到小依次为，中药材：微波＞热风＞远红外＞晾干；饮片：晾干＞热风＞微波＞远红外。微波、热风干燥后的产品挥发油损失较大，这可能与微波干燥温度过高、热风干燥时间较长有关。远红外干燥温度较低、效率较高是挥发油损失较低的主要原因。不同干燥工艺对橙皮苷含量的影响不显著。

在应用远红外中药饮片干燥装置，通过正交试验法进行的丹皮饮片的最佳干燥工艺实验研究中，研究人员对干燥温度、通风量、循环翻动次数（即以饮片从入料口到出料口一个循环为翻动 1 次，多个干燥循环即翻动多次）等工艺参数进行了筛选。试验结果表明：

① 干燥温度、通风量及饮片翻动次数三种因素对丹皮酚含量均有影响，其中干燥温度的影响最为显著，通风量次之，饮片循环翻动次数影响最小。

② 从各因素的水平来看，干燥温度以 50℃ 为最佳，通风量以 40m³/min 为最佳，而翻动次数 4 次和 6 次的差异不显著。

研究人员在对当归切片干燥工艺的研究中发现，随着干燥温度的增加，切片厚度和辐照高度的降低，水分比明显减小，干燥速率显著增加；当归切片的远红外干燥过程服从 Weibull 分布函数（$R^2 = 0.98334 \sim 0.99934$，$\chi^2 = 0.0013 \sim 0.0065$），尺寸参数和形状参数均与干燥温度、切片厚度和辐照高度有关；估算水分扩散系数（D_{cal}）的区间为 $4.698 \times 10^{-11} \sim 2.084 \times 10^{-10}$ m^2/s，有效水分扩散系数（D_{eff}）的区间为 $3.891 \times 10^{-9} \sim 2.1792 \times 10^{-8}$ m^2/s，均随着干燥温度和切片厚度的增加，辐照高度的减少，总体呈现上升的趋势；与热风干燥的干制品相比，远红外干制品的色差值和水活度更小，更容易保留当归中的阿魏酸和挥发油；对不同干燥条件下干制品微观结构的扫描电镜分析发现，远红外可以增加当归切片内部的微孔数量，细胞排列更加整齐，增加了干燥过程的热质迁移速率，缩短了干燥时间。

在对桔梗切片的远红外干燥工艺进行优化研究中，以干燥温度、切片厚度和辐照高度为试验因素，将平均干燥速率、复水比和色差值作为试验指标，利用响应曲面法研究试验因素对桔梗远红外干燥工艺的影响，建立二次多项式回归模型，进行干燥工艺优化。结果表明：最优参数为干燥温度 60℃、切片厚度 3mm、辐照高度 240mm，此时对应的目标参数分别为平均干燥速率 0.718%/min、复水比 7.537、色差值 9.286。

38.3.6　微波干燥及炮制工艺实验研究

微波干燥近几年发展很快，在很多领域都有所应用，微波干燥由于其独有的特点，应用日益广泛。

38.3.6.1　微波干燥的特点

微波干燥具有很多优点，主要体现在以下几方面。

① 加热速度快　与普通方法相比，热量不必以热传导的形式从表面向物料内部传递，

而是直接将能量作用于整个物料，在物料内部瞬时转化为热量，大大缩短了加热时间；而很多物料本身是热的不良导体，采用普通干燥方法，加热速度缓慢。

② 选择性加热　微波只与物料中的水分而不与干物质相互作用，因此湿分被加热、排出，而干物质主要是通过传导给热。水分多的区域所吸收的微波会相对比较多，能够更迅速地干燥，这样就会起到一个热量分配自动平衡的作用。

③ 有效利用能量　微波能够直接与物料相互作用，不需要加热空气、大面积的器壁及输送设备等，而且加热室为金属制造的密闭空腔，它们反射微波，使之不向外泄漏，而只能为物料所吸收。

④ 过程控制迅速　能量的输出可以通过开/关发生器的电源来实现，操作便利，而且加热强度可以通过控制功率的输出来实现。

⑤ 更好的产品质量　在微波干燥时，由于表面的对流换热，物料表面温度低于中心，在物料表面很少产生温度过热和结壳的现象，有利于水分的向外蒸发，从而降低了产品不合格率。在对中药材和饮片进行干燥时，由于热效率高，受热时间短，使产品的色、香、味和维生素都能得到较好的保持。

采用微波进行中药饮片的炒制和炮炙，与传统方法相比，操作简便，温度和加热时间容易控制，加工后的饮片色泽美观，洁净一致，鼓起程度均匀，质地酥松，利于饮片中有效成分的溶出。

微波干燥虽然具有很多优点，但是一次性投资和运行费用都比普通干燥方法高。同时微波干燥使用的是电能，而从电能到电磁场的转化效率只在50%左右。为了降低微波干燥费用在整个干燥过程中的比例，目前微波主要用于提高干燥能力（迅速去除水分，不在物料内产生温度梯度），或者去除普通干燥方法很长时间才能去除的最后几个百分点的水分的情形。很多研究表明，不论是在大气还是在真空环境下，都可以将微波馈入其他类型的干燥机中，例如振动床或托盘干燥器中，来提高干燥速度，显著地缩短干燥时间。目前，在实践中应用较多的是微波与热风的结合方式，微波和热风可以有三种结合方式。

① 增速干燥方式　先用热风干燥。在物料含水量较大时，一般要经历恒速干燥阶段，在此阶段属于外部条件控制，即内部的水分扩散速度很快，干燥速度主要取决于外部的干燥条件，例如温度、风速和周围介质的性质等，这时可以用廉价的热风去除大部分的水分。但是一旦物料的平均含水量达到了临界点之后，属于内部条件控制，干燥速度主要取决于物料内水分的扩散速度，物料的干燥速度就会显著降低，这时利用微波能够非常显著地提高干燥速度。这一阶段去除的水分不是很多，使用微波的费用占总的干燥费用的比例不是很大。

② 终端干燥方式　当物料中的含水量很低时，采用普通干燥方式去除几个百分点的水分需要很长的时间，使用微波能够显著地缩短干燥时间。

③ 预热干燥方式　在干燥前先用微波将物料预热到水分的蒸发温度，然后采用普通热风干燥方式，可以显著地缩短干燥时间。

微波干燥虽有诸多优点，但研究人员发现使用微波干燥黄芪和当归，所需时间短，但外观品质较差，药材干燥后色深且有煳味。因此，采用微波干燥时，应严格控制温度和时间。采用微波干燥技术对玄参、党参、天麻、麦冬、半夏、三棱、桔梗、黄芩、丹参等根及根茎类药材进行干燥，热效率高，干燥时间短，但干燥后药材的颜色较深且有焦味。因此可以采用组合干燥方式。

38.3.6.2　菊花的微波、气流及组合干燥工艺

菊花为菊科多年生草本植物，具有味浓香甜、去腻消食、醒脑益神、清热解毒的功能，

是一种用途广泛的中药材，通常以其干燥的头状花序入药或泡茶饮用。目前我国每年干菊花产量达 1500～2000t。

（1）单纯使用微波干燥工艺

试验采用频率为 2450MHz 的隧道带式微波发生器，功率为 4kW。应用微波来干燥菊花取代传统蒸熟杀酶，并解决传统干燥方式存在的花瓣与花蕊含水不均的问题。

试验采用了不同厚度（单层铺放与双层铺放）的工艺方案。菊花原始含水率为 82.8%，单层菊花的干燥时间为 120s，终干水分为 10.3%，干燥速率为 0.6%/s。双层菊花的干燥时间为 150s，终干水分为 13.4%，干燥速率为 0.46%/s，菊花温度达到 70℃。

从干燥特性曲线（图 38-3）中可以看出，单、双层均呈相同的降水规律，单层菊花由于厚度薄，微波易穿透，水分易挥发，干燥速率高于双层菊花 0.14%。但是在干燥时间达到 50s 时，部分花瓣开始变焦，干燥至 80℃时，大部分花瓣变焦，花形萎缩。因此，单纯使用微波干燥菊花不能连续进行干燥，只能冷却后再进行，否则会由于物料温度过高，影响菊花的品质。

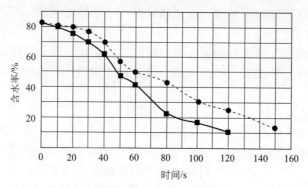

图 38-3　微波干燥菊花特性曲线
-- ● --两层；　■ 一层

（2）单纯使用气流干燥工艺

针对菊花干燥初期需高温、高湿杀酶以及花瓣与花蕊脱水难易不同的特点，研究人员还采用了全自动程序控制气流穿流箱式干燥机进行干燥试验。气流穿流箱式干燥机具有三段程序自动控制，温、湿度可调节以及热风循环等功能，能够满足变温、变湿以及分段干燥的多种物料特殊干燥工艺的试验要求。

干燥工艺设计为：干燥前期采用热风全部内循环方式以提高干燥介质温、湿度，达到钝化菊花中活性酶的作用；干燥中、后期采用热风部分循环干燥方式，循环风量约为全风量的 1/2～2/3，以保持花瓣不脱落、花朵内外水分的一致性。

试验用菊花原料分别采用整朵菊花、花瓣和花蕊三部分进行，以观察分析其各自的干燥特性。气流干燥菊花特性曲线如图 38-4 所示。

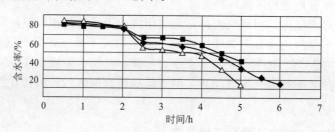

图 38-4　气流干燥菊花特性曲线
◆ 整朵；■ 花蕊；△ 花瓣

菊花整朵、花瓣、花蕊的原始含水率分别为 83.6％、85.2％、82％。干燥首先采取高温、内循环干燥方式，干燥介质温度为 70～75℃，干燥时间为 1～1.5h，目的在于钝化菊花的活性酶，1.5h 后采用 60℃ 热风部分循环干燥工艺，以保持内外水分的一致。

从图 38-4 中含水率的变化趋势可以看出，菊花的干燥曲线可以分为四个阶段，即预热段、快速干燥段、缓苏加热段和降速干燥段。

① 前 2h 为预热阶段，此时干燥温度虽高，但由于采用内循环工艺，脱水较少。

② 2～2.5h 区间视为第二阶段，即快速干燥段（或恒速干燥段），此时花瓣的干燥曲线下降最快，整朵次之，花蕊最慢。

③ 2.5～3.5h 区间可视为第三阶段，由于在快速干燥段表面游离水分大量蒸发，此时水分的迁移速度大大减缓，内部的物理、化学结合水因为与干物质有较强的结合力，需要大量的热量进行内、外部的湿、热交换，进入了缓苏加热阶段，花瓣的干燥速度稍快于第一阶段，整朵的干燥速率与第一阶段基本相同。

④ 3.5h 以后为第四阶段即降速干燥段，经缓苏加热后，内部的水分迁移到表面，使干燥速度加快。

从整朵花的干燥结果分析发现，从 83.6％ 水分干燥到 14.9％ 用时 6h，整朵花的外观以及色、味等指标均属特级花等级，说明采用气流特殊干燥工艺是可以满足菊花的干燥要求的，但干燥时间长达 6h。从三条干燥曲线分析发现，花蕊脱水最困难，花瓣因为组织薄脱水最快，整朵菊花居中。

（3）微波-气流组合干燥工艺

根据单一微波干燥与气流干燥试验研究结果，研究人员设计了微波-气流组合干燥设备和工艺。微波-气流组合干燥菊花的工艺流程如图 38-5 所示。

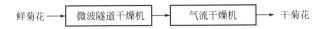

图 38-5　微波-气流组合干燥菊花的工艺流程

微波-气流组合干燥菊花的工艺流程为：鲜菊花原始含水率在 85％ 左右，先经微波干燥 30s，起到钝化酶（杀青）的作用，并带走大量的表面游离水分，含水率降至 65％；然后送入穿流式气流干燥机，热风温度 60～65℃，干燥 3.5～4h 后，终干水分为 18％。干燥后期采用循环风调节干燥介质温、湿度，以保持菊花花瓣与花蕊部分水分的平衡，以免花瓣过干而脱落。整个干燥时间约为 4h，菊花花朵外形整齐，保持原形，达到色、味、形、成分四不变的标准。

试验与实际生产表明，采取微波与气流干燥的组合干燥工艺，完全可以满足菊花干燥的特殊要求，产品质量大大提高。

与单一干燥方式相比，微波-气流组合干燥技术兼具微波和气流干燥各自的特点和综合优势，可以替代传统的干燥方式，是一种值得推广的实用技术。

38.3.6.3　微波炒制与炮炙饮片

目前许多单位应用微波炉进行中药传统炮制，对炒法和炙法的操作进行了初步探索。简要介绍如下。

（1）清炒法

① 炒黄　饮片置容器中占 1/2 量，或平铺在转盘上 0.5～1cm 厚，放入微波炉，设定火力 60％，时间 2.5min，按开始键加热，停止时取出。观察饮片色微黄，鼓起，有香气。

② 炒焦　将饮片大小分档，置容器中占 1/2 量，或平铺在转盘上 1~2cm 厚，放入微波炉，设定火力 80%，时间 2.5~3min，按键加热，中途翻拌 1 次，停止取出。观察饮片外表焦褐色，内棕黄色，有焦香气。

③ 炒炭　将饮片大小分档，置容器中占 1/2 量，或平铺在转盘上 1.0~1.5cm 厚，放入微波炉，设定火力 100%，时间视饮片大小为 5~8min，按键加热，中途翻拌 1 次，停止取出，速置通风处散烟（减小污染），观察外表为焦黑色，内深褐色。其他饮片炒炭，时间需随质地有所变化。

（2）加辅料炒法

① 土炒法　将灶心土置蒸发皿中占容量 1/2，将药材大小分档，散拌在辅料中，放入微波炉，设定火力 80%，时间 2.5min，按键加热，停止取出，筛去辅料观察药材外表均匀挂土色，断面颜色微黄，有土香气。

② 蛤粉烫法　部分传统炮制工艺操作难度较大的品种，如蛤粉炒胶类，火候及蛤粉的温度较难掌握，温度过高，成品焦化；温度过低则溏心，不能鼓起。每锅炒制量少，费工费时，劳动强度大。而采用微波法只需 3min 即可达到成品质量要求，且成品性状明显优于传统炒制法。以阿胶为例，将蛤粉放入蒸发皿中占容量 1/2，将阿胶丁分散浅埋于蛤粉中，相间 1.0cm，放入微波炉，设定火力 60%，时间 3min，按开始键，停止取出，筛去蛤粉观察药材，阿胶丁膨起，略圆，表面黄白色，内松脆无溏心。

③ 砂烫法　传统砂烫工艺，操作不易掌握，成品易出现粘砂现象，严重影响外观质量及饮片洁净度，且油烟对人体有较大危害。若采用微波法仅 4min，既可克服以上缺点又可达到标准要求。以马钱子为例，将河砂放入蒸发皿中占容量 1/2，将马钱子浅埋于砂土中，分散均匀，放入微波炉，设定火力 100%，时间 2~2.5min，按开始键，停止取出，筛去砂土观察药材，种子鼓起，外表颜色加深，放凉砸开，内壁棕褐色，布满小泡，有香气。滑石粉烫与砂烫相同。

（3）炙法

① 蜜炙　将饮片置于耐热容器中，按比例加入蜜水，拌匀闷润 1h，放入微波炉，设定火力 60%，时间 2.5min，按开始键，停止取出；或将饮片先放入微波炉中加热 2min，再把蜜水淋于饮片上拌匀，继续加热 0.5min，停止取出。观察饮片微干，色泽略深，有光泽，手捏结块，轻搓即散。

② 酒炙　将饮片置于耐热容器中，按比例加入黄酒，拌匀闷润 0.5h，放入微波炉，设定火力 60%，时间 2.5min，按开始键，停止取出。观察饮片微干，色泽略深。姜炙法与酒炙法相同。

③ 盐炙　将饮片置于耐热容器中，按比例加入盐水，拌匀闷润 0.5h，其他同蜜炙法。观察饮片微干，色泽加深。

炒炭和加辅料炒法中的麸炒，因加热时间长且烟气过浓，不宜采用微波炉炮制。另外，炙法中的醋炙因其酸性对微波炉有损害，亦不宜使用微波炉进行炮炙。

也有试验研究表明：微波炮制的槟榔与炒品、焦品相比，槟榔碱的损失最少，其他各类成分含量最高，炮制过程中药材无损失，收得率最高，较炒品高 5%，较焦品高 10%，药材炮制程度均匀一致，片形完整美观。采用微波炮制的厚朴、柴胡、延胡索、丹参、甘草、黄芪、大黄、牛蒡子等，通过与传统炮制比对指纹图谱峰面积、浸出物含量以及疗效，发现采用微波技术进行中药炮制，可以有效提高药材利用率，提高治疗效果。

微波法较传统炒制具有省工、省时、工艺简便易掌握、饮片洁净度高、劳动强度小、环境污染小、工艺指标可量化等优点，是中药饮片炮制较为理想的方法之一。

38.3.7　真空冷冻干燥工艺研究

由于中药在晾晒、风干以及饮片炮制加工过程中，植物蛋白、微生物、挥发油等有效成分会受到破坏，因此，我国开始在一些名贵中药材如人参、枸杞、鹿茸、三七、天麻等饮片的生产中，开始尝试采用真空冷冻干燥技术进行加工，以保持饮片原有的生物活性和药物效力，解决中药在人体内吸收慢等问题。近年来冷冻干燥技术逐步推广应用于其他饮片。

38.3.7.1　真空冷冻干燥及过程

真空冷冻干燥是指利用水的升华原理，使预先冻结在物料中的水分直接升华为水蒸气除去，最终得到干燥产品的方法。有关真空干燥理论等方面的内容请参见本书有关章节。

中药材及饮片真空冷冻干燥的关键是预处理、冷冻干燥（冻结、升华干燥、解析干燥）工序的工艺。

预处理是为了清除杂物，保证干燥品质，提高干燥速度和抑制酶的活性，在干燥前对中药材进行选料、清洗、切分、漂烫或蒸汽熏蒸。利用沸水漂烫或蒸汽熏蒸可钝化中药材中酶的活性，防止活性物质和有效成分分解；还能使细胞内的原生质凝固，产生质壁分离，有利于传热传质，提高干燥速度。在这一过程中应注意漂烫或熏蒸时间不宜过长，否则中药材中的热敏性物质易受破坏。

冷冻干燥包括冻结、升华干燥和解析干燥三个过程。

① 冻结　是将中药饮片冷却至共晶点温度以下，使中药饮片中的水分变成固态冰的过程。冻结时，中药饮片中冰晶的形态和数量由冷却速度决定，冷却速度越快，过冷温度越低，则形成的冰晶越细小，数量越多，水分重新分布的现象越不显著，中药饮片中组织细胞和有效成分受破坏的程度也就越小。因此，采用适合的冷却速度和冷却温度，对中药饮片冷冻干燥后产品品质的影响很大。通常是以温度低于饮片（通常需要试验测定）共晶点 5～10K 作为结束冻结过程的参照值。

② 升华干燥　中药饮片经冻结后即进入升华干燥阶段，在此过程中，要求迅速降低真空度，保持升华压力在三相点以下，并对中药饮片供热。中药饮片中的冰晶在一定的真空度条件下吸收设备提供的热量（称为升华热）而升华为水蒸气。冰晶升华后留下的海绵状孔隙成为后续冰晶升华时所产生的水蒸气的逸出通道。因此，冻结时形成的冰晶越细小，升华后产生的孔隙通道也就越小，使水蒸气逸出困难，干燥速度降低。另外，此时若中药饮片的基质温度过高，则干燥层将可能因刚度降低而发生塌缩，封闭水蒸气逸出通道，使孔隙内的蒸气压升高。当出现这种状况时，若不迅速减少热量供给，则升华界面的温度也将随之升高。一旦温度超过中药饮片的共晶点温度，冻结层就会因供热过剩而融化，使产品报废。因此，升华干燥时，提供给升华界面的热量不能太高，应与冰晶升华所需的潜热基本相当，以使升华界面的温度保持在共晶点温度以下（低于共晶点温度 2～5℃）。

③ 解析干燥　升华干燥结束后即进入解析干燥阶段。此时，中药饮片内部的毛细管壁还吸附有一部分残余水分，这些水分或者以无定形的玻璃态形式出现，或者与极性基团相连接形成结合水分，不能流动，也不能被冻结成冰晶。它们的吸附能量很高，必须通过高温汽化才能解析出来。但温度过高会使中药饮片中的热敏性成分发生热分解，降低中药饮片品质。因此，可以在升高温度的同时，增大真空度，以使水蒸气在中药饮片内外压力差的推动下更易逸出。在达到中药饮片的平衡含水率时应停止加热，降低真空度直至常压，结束干燥过程。本阶段应注意加热温度必须低于有效成分的热变性温度。

整个干燥过程结束后，应立即进行充氮或真空包装，以延长中药饮片的储藏时间。同时，由于经真空冷冻干燥后的产品中有海绵状微孔，吸水性极强，所以要防止中药饮片因吸湿而变质。

38.3.7.2　真空冷冻干燥的优点

冷冻干燥与其他干燥方法相比有着显著的优点。

① 中药饮片的干燥过程在低温和非常稀薄的空气中进行，因此可以避免常见的干燥加工过程中物料热敏性成分的破坏和易氧化成分的氧化等劣变反应，产品活性物质保存率高，芳香物质挥发性降低，易氧化物质得到保护，产品性味浓厚，使其不致变性或失去活力。

② 由于低温下化学反应速率降低以及酶发生钝化，微生物生长和酶作用无法进行，冷冻干燥过程中几乎没有因色素分解而造成的退色，以及酶和氨基酸所引起的褐变现象，故经冷冻干燥的中药饮片不需添加任何色素和添加剂，安全卫生。

③ 中药饮片干燥前先进行预冻处理，形成了稳定的固体骨架，在升华过程中，冰晶升华脱走后，不仅物料骨架保持原状，而且冰晶位置形成极易吸水的微孔，其收缩率远远低于其他方法干燥的产品，较好地保持了物料的外形，具有较好的外观品质。

④ 中药饮片预冻之后，内部水分以冰晶的形式存在于固体骨架之间，溶解于水中的无机盐等物质也被均匀分配其中，升华时就地析出，避免了一般干燥过程中物料内部水分向表面迁移时，所携带的无机盐在表面析出而造成的药材表面硬化。

⑤ 中药饮片在冻结下干燥，干燥后体积几乎不变，不会发生收缩现象，物质呈疏松多孔海绵状，加水后溶解迅速，几乎立即恢复原有的性质。

⑥ 干燥时能够排除 90%～95% 的水分，干燥后产品能在室温下长期保存。

38.3.7.3　真空冷冻干燥主要工艺参数

共晶点和共熔点是物料的重要物性参数，也是冷冻干燥过程中重要的基础参数和影响冷冻干燥产品质量的重要因素。共晶点和共熔点与物料的温度高低、物料所处状态和冷冻速率没有关系，只与物料的种类、组织结构和含水率、密度、浓度等因素有关。

共晶点是当物料中的水分全部冻结时物料的温度。真空冷冻干燥控制冻结的最终温度常以饮片的共晶点作为依据，在冷冻过程中必须保证饮片的温度低于共晶点，否则，就不能保证饮片全部冻结。

共熔点则是已经全部冻结成冰的物料温度升高到冰晶开始融化时的温度。升华干燥时饮片冷冻层的温度是以共熔点作为依据进行控制的。在干燥过程中，饮片干燥层的温度必须低于其共熔点，否则，就不能保证中药饮片中的水分全部以汽化的形式去除。

共晶点和共熔点虽然是在冻结和升温这两个相反的物理变化过程中，但共晶点和共熔点并不重合，同一种物料的共熔点要比共晶点稍微偏高一些，这是因为共晶点是物料中的水分全部冻结时的温度，而共熔点是已经全部冻结的物料温度升高到开始融化的温度。在真空冷冻干燥工艺试验研究中，通常需要测试饮片的共晶点和共熔点。共晶点、共熔点的测量方法有电阻测定法、热差分析法、低温显微镜直接观察法和数学公式推算法等。其中电阻测定法测量范围广，结果较稳定，且方法简便，便于实施，是比较理想的测定方法。

由于中药饮片品种、成分、质地、含水率、共晶点、共熔点、崩解温度等不同，冷冻干燥工艺也是不相同的。不同的冷冻干燥机由于冷冻干燥室容积不同、结构不同、极限真空度不同、降温速度不同、加热方式不同、板层之间温差不同、水汽凝结器的维持温度不同、吸附水蒸气的能力不同，冻干工艺也不可能相同。因此在真空冷冻过程中各个阶段工艺参数的设定和工艺条件也有较大差别，特别是在预冷冻阶段的共晶点温度、冷冻速度，升华阶段的真空度、供热温度以及加热速率等参数。

近年来国内有关高校、研究院所和生产厂家开始研究应用真空冷冻干燥技术生产中药饮片的工艺和生产方法，真空冷冻干燥开始由实验室走向规模生产应用。

38.3.7.4　人参冷冻干燥工艺研究

人参是一种名贵的药材，具有极高的营养、药用和经济价值。因其产地不同，可分为：高丽参、中国参、东洋参、西洋参、西伯利亚参。我国人参种植面积为世界之首，总产量也最高，但成品质量欠佳，在国际市场上缺乏竞争力。在香港市场，韩国红参是我国红参售价的 4 倍，日本红参是我国红参售价的 3 倍。其原因除栽培、管理等因素外，产后干燥加工技术也是一个重要因素。

人参收获后，一般鲜参上都沾染着不少微生物、病菌和虫卵，它们在参体上不断繁殖，导致参根腐烂，难以储藏。长期以来，广大参农大多把鲜参直接在阳光下摊晒或风干，或蒸煮后晾晒，有时辅助土挂烘烤的方法进行人参干制。

人参内部结构较为紧密，鲜参的湿基含湿量（含水量与湿物重之比）约为 70％，且外部皮层较厚，干燥周期较长，一般为 15～30h，在温度较低（＜30℃）条件下有的长达几周，一旦遇上阴雨天，大批鲜参霉烂、变质，损失极为严重，加之工艺落后，干制品质量无法得到保证。因此，改进现行的干燥方式、缩短干燥时间、提高干燥技术和成品质量是生产部门亟待解决的问题。

有关研究结果表明：应用冷冻干燥技术加工出的人参，不仅形、色、气、味优于生晒参和红参，而且生物性状和组织中的内含物保持完整，有效成分含量高，特别是其中的人参皂苷高达 7.3％。而生晒参、红参和糖参中人参皂苷含量仅为 5.2％～7.1％、3.4％～5.1％和 1.7％～2.9％。故应用冷冻干燥技术加工的人参也有"活性参"的美称。在国际市场上的价格较传统干燥产品高得多。

真空冷冻干燥工艺流程如下。

① 洗刷　将收获后的鲜参用冷水迅速地洗刷干净，然后分级、整形、称重。快速洗刷的目的在于减少药效成分的流失。

② 冷冻储藏　将称重后的人参放在 −5～−3℃ 的冷冻库内储藏。

③ 冷冻降温　把储藏的人参放在真空冷冻干燥机中，进行降温冷冻，冷冻温度以 −30～−20℃ 为最佳。为节省能源，−10℃ 也可以。

④ 真空干燥　减压并以每小时升高 2℃ 的速度升温。每隔 1h 记录一次板温和样品温度，并分别绘制板温和样品温度曲线，当两条曲线重叠时再延长 3～5h（温度在45～50℃之间），取出冻干参。

⑤ 包装、称重　用蒸馏水打潮后包装。

该法如放入通道式微波灭菌干燥机内 45min（通过一遍），则可缩短冷冻干燥时间5～10h。

应用不同方法处理人参的部分理化指标对比见表 38-7。

表 38-7　不同方法处理人参的部分理化指标比较

理化指标	冷冻干燥鲜人参	生晒参	红参
外观与气味	表面黄白色，主根肥大、质轻，香气浓	表面灰黄色，主根皱缩、质实，香气淡	表面棕红色，主根皱缩、质实，香气淡
断面	裂隙大而多，形成层不明显，断面白色	裂隙小而多，形成层明显，断面棕黄色	裂隙小而多，形成层明显，断面棕红色
总皂苷含量	3.78％	3.35％	2.81％

续表

理化指标	冷冻干燥鲜人参	生晒参	红参
含氮量	6.5%	6.0%	5.6%
多肽	1904nmol/g	1258nmol/g	851nmol/g
多糖含量	59%	57.1%	54.8%
DNA	双链	部分双链	单链
收率	29%～30%	25%～27%	27%
虫蛀	无	有	严重

38.3.7.5　枸杞冷冻干燥工艺研究

研究人员依据枸杞的化学成分特性及加工的经济性要求，对枸杞粉的冷冻干燥工艺进行了相关实验研究。

① 以枸杞鲜浆中蛋白含量及口感作为指标，将干燥的枸杞粉（$T_{max}=40℃$，水分3.0%）在真空条件下加热至70℃，保持5～6h，所得到的枸杞干粉复水后，溶液蛋白含量、口感与鲜浆相比，无明显差别。当温度超过70℃时，枸杞干粉复水的溶液有明显焦糖味。据此，确定实际生产中 T_{max} 应低于70℃。

② 以枸杞粉复水速度及质量作为指标，确定冷冻速度、冷冻温度的设定值。冷冻速度影响着物料冻结时形成冰晶体的大小，冰晶体的大小又影响着升华速度。冰晶体晶粒越大，吸热越快，升华速度越快；反之则慢。冻结晶粒越小，产品品质越好；反之则差。经实验，枸杞冷冻速度设定为0.50℃/h，最终冷冻温度低于－25℃时，既经济又能保产品质量，且干制的枸杞粉不易黏结。

通过小鼠游泳实验和巨噬细胞吞噬功能及升白试验，研究了冷冻干燥法对枸杞某些药理作用的影响。结果证明：冷冻干燥和自然干燥处理的枸杞均有明显的抗疲劳作用，并且冷冻干燥处理的枸杞的抗疲劳作用明显强于自然干燥处理的枸杞。

38.3.7.6　鹿茸冷冻干燥工艺研究

研究人员对鹿茸冷冻干燥工艺进行了研究。将冷凉后的鹿茸放入冷冻干燥机的托盘上，预冷至－25℃左右，30min后抽真空，使真空度达12Pa，开始加热，搁板温度设置在75℃，约4h后搁板温度设置在65℃，约7h后搁板温度设置在45℃。

真空冷冻干燥鹿茸能较好地维持鹿茸的外形，长度和周长的变化都减小，水分低于传统干燥方法（11%～12%），干燥效率高于传统法（34%）。干燥效率高的原因可能是真空冷冻干燥较好地保留了鹿茸内的血液。

真空冷冻干燥含血鹿茸大大缩短了干燥时间，加工一批只需21～25h，同时减轻了工人的劳动强度。真空冷冻干燥试验研究结果还表明：冻干茸的氨基酸、有机物质、铁锌元素含量及总磷量、总氟量等均高于水炸茸，这说明采用直接冷冻干燥方法加工鹿茸是可行的。

38.3.7.7　三七冷冻干燥工艺研究

三七产于我国云南、广西等地，已有三百多年的种植历史，它是我国医药宝库中的一颗明珠，是国内外公认的珍品。三七含有24种皂苷、17种氨基酸、17种微量元素、几十种挥发油以及三七多糖、三七黄酮和人体必需的维生素B、维生素E等多种生物活性物质。现代医学及药理学研究发现，三七具有明显的扩张血管、增加冠脉流量、降低冠脉阻力及降低心肌耗氧的功能；对中枢神经有一定的抑制作用；具有免疫调节作用，对肿瘤细胞有明显的抑制作用。此外，三七还具有抗衰老、抗氧化及抗炎症的作用。

目前，三七多以干燥后的整头根茎、花等供应市场，也有少量三七鲜切片。三七根茎、三七花的干燥以传统热力法为主，容易造成三七中生物活性物质的损失，使三七的药效下降。因此，干燥作为三七加工过程中的重要环节亟待研究。

三七真空冷冻干燥的工艺流程见图 38-6。

图 38-6　三七真空冷冻干燥的工艺流程图

经冷冻干燥技术加工三七的试验研究发现，在三七冷冻干燥加工过程中，最好对原材料进行切片或针刺，经过这种处理后，预冻的时间短、效果好，并且使升华和解析阶段的脱水更容易。此外，升华的温度应当控制在 40℃ 以下，否则容易造成冰晶融化，出现干燥层塌陷。解析干燥阶段的温度应控制在 45℃ 左右，温度过高容易造成皂苷、三七素、维生素、挥发油等遇热易分解成分降解、变性、挥发，从而使有效成分损失。冷冻干燥三七的最终含水量应当控制在 5% 左右，得率为 36%。

通过冻干后的三七，一方面食用方便；另一方面，由于其切分和粉碎容易，可以为其他三七制品的加工带来方便。冻干三七的有效成分损失较少，其总皂苷含量仅比鲜三七略低，比传统方法干燥三七含量高出近 27%，在实用和医用方面与传统方法干燥三七相比可以提高三七的药效和减少三七的用量。冻干三七的成品和传统方法干燥的三七成品的外观和性能比较见表 38-8。

表 38-8　真空冷冻干燥与传统方法干燥三七的性能比较

性能	真空冷冻干燥	传统方法干燥
外观	表面黄白色、质轻、外表不变	表面灰白色、质重、外形皱缩
气味	浓郁	清淡
质地	疏松	坚硬
断面	裂隙大、多孔、断面淡黄色	裂隙很小、无孔、断面黄白色
复水性	5min 后基本恢复原形	2h 后无变化
切分、破碎	容易	困难

冷冻干燥法与传统方法干燥加工的三七相比较具有以下特点。

① 保持了三七新鲜时的外观形态，饱满美观，香气浓郁，商品形象好。

② 组织结构近似于新鲜时的状态，不萎缩，质地疏松，易于粉碎，便于患者服用或粉碎制药。同时，水等溶剂极易渗透，可在短时间内吸水并恢复新鲜状态，易于切制和有效成分的提取。

③ 加工过程机械化，设备定型，易于控制加工质量，缩短加工周期（约 30h），成品率高。

④ 有效成分含量接近鲜三七，含量高于传统方法炮制的加工品。

38.3.7.8　地黄冷冻干燥工艺研究

经过研究地黄在不同的干燥条件下梓醇的含量变化情况，以及梓醇的含量与地黄干燥变黑之间的关系，结果表明鲜地黄采收后直接冷冻干燥，干品中的梓醇含量明显较高。经过冷冻干燥储藏、自然阴干、晒干、烘干等不同条件干燥后，梓醇含量均有不同程度的降低。

研究人员采用高效液相色谱法，以药材地黄的有效成分梓醇为检测指标，考察其在干燥过程中的化学动力学质量降解过程。通过试验确定了反应级数、速率常数及模型参数，得出了控制其质量降解的预测模型，并对预测模型进行了验证。研究结果表明，依据化学动力学所建立的质量降解模型，能较好地反映地黄干燥质量随干燥时间、含水率及温度的变化过程，可用来进行中药饮片真空冷冻干燥质量降解的模拟。试验表明真空冷冻技术应用于中药饮片干燥能有效地保持饮片的药用有效成分，避免传统干燥方法所造成的有效成分降低等缺陷。

38.3.7.9　西洋参冷冻干燥工艺研究

西洋参是一种补而不燥、男女老少皆宜的名贵滋补药材，目前国内市场上销售的西洋参主要为烘干或晒干的西洋参段或片，这些产品质地坚硬，使用时还需要通过软化切片或浸泡等方法处理，而在烘干或晒干的加工过程中由于干燥温度太高，长时间暴露在空气中，会导致活性成分、有效成分的破坏。而冷冻干燥法可有效避免上述缺点。

采用电阻法测量物料的共晶点和共熔点。以西洋参有效成分人参皂苷 Rb_1 的含量为指标，对真空冷冻干燥过程中影响产品质量的关键工艺参数进行研究和正交试验优化。试验结果表明，共晶点和共熔点分别为 $-20℃$ 和 $-16℃$，最佳工艺为切片厚度 3mm、预冻时间 4h、升华干燥时间 8h、解析干燥温度与时间 30℃/6h。人参皂苷 Rb_1 的含量可达 2.41%。

38.3.7.10　天麻冷冻干燥工艺研究

研究人员分别以干燥速率、单位时间生产率及面积收缩率为干燥特性指标，以天麻素、天麻多糖、对羟基苯甲醇、醇溶性浸出物含量为指标成分，考察真空压强、隔板温度和切片厚度对天麻干燥特性和活性成分的影响，采用多层次分析结合正交设计优化干燥工艺，并从红外光谱、扫描电镜（scanning electron microscope，SEM）及色度三个方面对天麻冻干样品的质量进行评价。结果表明：天麻的干燥特性与真空压强、隔板温度和切片厚度均呈现显著变化规律；天麻的活性成分则无显著变化规律。在优化的工艺条件（真空压强 45Pa，隔板温度 55℃，切片厚度 5mm）下，天麻素、天麻多糖、对羟基苯甲醇和醇溶性浸出物含量分别为 0.472%、22.54%、0.292% 和 31.98%，且质量优于其他干燥样品。可见天麻的干燥特性参数与真空冷冻干燥工艺密切相关，成分指标随工艺参数改变无明显变化趋势，采用真空冷冻干燥工艺制备的天麻样品质量良好。

山西中医学院选择当地所产的传统鲜品药材，如薄荷、荆芥、细辛、连翘、丹皮、黄芩、丹参、枸杞子、蒲公英、紫河车等 10 个品种，开展了“快速冷冻真空干燥技术保护中药材药学品质的研究”。对比研究实验结果证实，经快速冷冻干燥保鲜的中药，其有效成分不仅明显高于传统饮片，而且高于《中华人民共和国药典》所规定的标准。

由于真空冷冻干燥技术存在诸如设备昂贵、生产成本较高、干燥速率低、干燥时间长、干燥过程能耗高、对包装和储藏条件有特殊要求等问题，也使该技术目前还难以普遍应用。

但随着真空冷冻干燥技术水平的提高，真空冷冻干燥中药饮片产品的高品质所附带的高价值将逐步得到市场的认可，真空冷冻干燥作为保证中药饮片干燥品质的先进工艺，将会日益广泛地应用于中医医疗实践中。

38.4　常用的饮片干燥设备

经过多年的努力，在饮片生产实践中，已经研制了多种干燥工艺和设备，常用的有蒸汽式、电热式、红外式、微波式等，为实现中药饮片炮制加工规范化、质量标准化提供了技术保障。

干燥往往是中药饮片生产的最后一道工序，干燥过程控制的稳定性在某种程度上决定了中药饮片的质量。由于目前中药饮片干燥装置的控制水平普遍不高，缺乏适合、有效的控制手段，常常会在中药饮片处于降速干燥阶段，干燥过程需要更多的是时间而不是热量时，由于缺乏在线检测手段和适当的控制手段，使干燥过程仍处于加热状态。这说明，若干燥过程不加以合理控制，最后将会导致中药饮片过热或水分过低，造成不必要的浪费。

　　随着控制理论、控制技术的不断发展，应尽快提高我国中药饮片干燥设备的自动化检测与控制水平，提高干燥装置整体技术含量，满足中药材和饮片的干燥要求。

38.4.1　阳光房

　　阳光房是在空旷处建设的顶棚可透光的晾晒场，顶部有抽湿装置，四面为可开关的玻璃窗，方便通风，阳光照射时，温度可达 60℃。晾晒时将待干燥物料置托盘或匾上，放置在阳光房内，使药材或饮片表面及内部干燥。阳光房可节省大量能源，环保无污染，是中药饮片生产企业较欢迎的一种干燥设备，见图 38-7。

图 38-7　阳光房

38.4.2　敞开式（穿流式）烘箱

　　敞开式烘箱（又称穿流式烘箱，见图 38-8。）利用热风炉产生的热空气在干燥箱内自下而上穿流被干燥的物料，与湿物料进行热交换，排出湿热空气，使物料的含湿量降低，达到干燥目的。该方式具有操作简单，维护方便，干燥成本低廉的特点，适用于多种饮片小批量烘干。

38.4.3　厢式干燥器

　　厢式干燥器（见图 38-9）是一种间歇操作的设备。小型的称为烘厢，大型的称为烘房，可以用来干燥多种不同形态的物料。厢内设有固定的或可移动的架子，架子上放置可盛放干燥物料的浅盘（料盘）。空气从入口吸入后经加热器及滤网进入各层浅盘之间，在物料上方掠过而起到干燥作用。

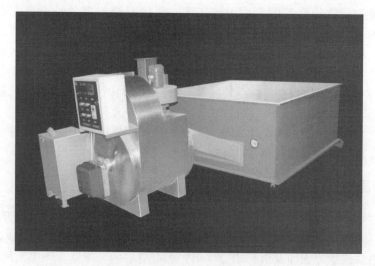

图 38-8 敞开式（穿流式）烘箱

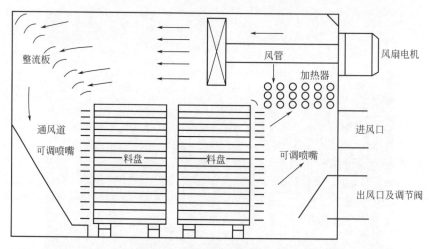

图 38-9 厢式干燥器结构示意图

在厢式干燥器内，如干燥粒状物料或纤维状物料时，可以将物料放置在网上，使气流垂直通过物料，可以大大提高干燥速率。这种干燥方式也称作穿流式干燥。厢式干燥器也可以在真空条件下操作，干燥厢是密封的，采用蒸汽或其他加热方式将饮片加热，用真空泵将蒸汽或其他溶剂蒸气抽出，送入冷凝器冷凝成液体，使干燥器内维持一定的真空度。真空干燥器可以处理需低温下进行干燥的饮片，或干燥过程中需要隔绝空气的饮片。

厢式干燥器操作中的突出问题是干燥不均匀，干燥器内各个位置上的物料干燥程度不同，其原因：一是各处气流分布不均匀，可以用加大气量的方法加以改善；二是各处物料接触新鲜空气的先后顺序不同，补救的方法是可定时颠倒气流的吹送方向，或定时更换料盘的位置。

厢式干燥一般为间歇操作，每干燥一批物料要向架子上装卸一次料盘，停歇的非干燥操作时间长，热量损失多，热效率低，产品质量也不均匀，消耗人力大且劳动条件恶劣。因此此类干燥器适宜在下述情况下使用：

① 小规模生产；

② 物料干燥需要较长的时间；

③ 干燥过程中要求干燥条件变化大,而且必须严格控制;

④ 用于几种小批量产品的干燥,而又不能相互混杂,每批物料干燥之后要将设备清洗一次。

38.4.4　翻板式干燥机

翻板式干燥机是饮片生产厂常用的干燥设备之一。图 38-10 为翻板式干燥机的结构示意图。

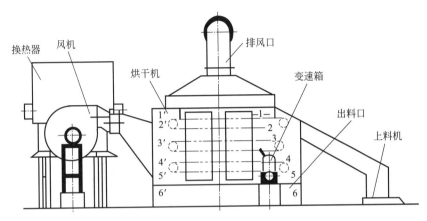

图 38-10　翻板式干燥机的结构示意图

翻板式干燥机的组成如下。

① 上料输送装置　主要由上料台、匀料器和翻板输送带组成。它们的主要功能是堆放湿物料,控制上料量,实现均匀进料,将物料均匀送入烘干机。

② 烘干机　是该机的主体,外壳为内衬保温材料的金属构件组成的长方形箱体,它的前上端与上料输送装置相连,后端分层进热风,机顶一般呈敞开式,也可根据需要装置排湿罩,箱内设有 4~6 层水平移动的多孔翻板,物料匀摊其上一起水平移动,并自上而下逐层翻落,烘干后的饮片由出料器卸出。

③ 变速传动装置　由电机、减速器组成,其主要功能是为上料输送及烘干机提供动力和改变运动速度,根据不同物料所需的不同烘干时间,可以在 10~26min 内调节,也可以根据用户要求改变全程烘干时间。

④ 送风装置　由离心通风机、进出风管和调节阀门组成,为烘干机输送洁净的热空气。通风机安装形式一般有两种:一种为送风式,风机设在空气换热器后端;另一种为吸风式,风机设在烘干机和空气换热器之间。调节阀门的主要功能是为不同烘干物料在不同的烘制阶段提供不同的热风量,以改变干燥速率。

翻板式干燥机的工作过程:由锅炉来的蒸汽经空气换热器转换成热风,经风机吹入烘干机,湿空气从上部排风口排出,饮片由上料机送至翻板最上层 1 处,由传送带将饮片运至 1′ 处,此时翻板打开,饮片降落到下层 2 处,在第 2 层翻板上干燥,当传送到 2′ 处时,翻板又打开,饮片降落至第 3 层翻板 3 处,再传送到 3′ 处又打开翻板,饮片降至 4 处,依此循环干燥,直至物料从 6′ 处出料口出料,完成一个干燥周期。

翻板式干燥系统的优点是当湿饮片由上层网板跌落到下一层网板时,即被翻动,故干燥均匀,可缩短干燥时间、连续操作。但该系统的缺点主要是气流分配不均匀,致使各层干球温度不均匀,热效率低。

38.4.5 带式干燥机

带式干燥机（见图 38-11）是批量生产用的连续式干燥设备，用于透气性较好的片状、条状、颗粒状饮片的干燥。该类干燥机具有干燥速度快、蒸发强度高、产品质量好的优点。该机的特点是分配器与循环风机使热风穿流过饮片，干燥效果好，但物料干燥层数少，不如翻板式层数多。

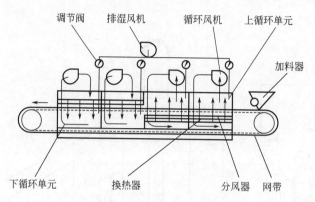

图 38-11 带式干燥机结构示意图

带式干燥机主要由加料器、网带、分风器、换热器、循环风机、排湿风机和调节阀等组成。

带式干燥机的工作原理：料斗中的物料由加料器均匀地铺在网带上，网带采用 12～60 目不锈钢网丝，由传动装置拖动在干燥机内移动。干燥段由若干单元组成，每一单元热风独立循环，其中部分尾气由专门排湿风机排出；每一单元排出的废气量均由调节阀控制。在上循环单元中，循环风机送出的风由侧面风道进入单元下腔，气流向上通过换热器加热，并经分风器分配后，成喷射流吹向网带，穿过物料后进入上腔，干燥过程是热气流穿过物料层，完成热量与质量传递的过程。上腔由风管与风机入口相连，大部分气体循环，一部分温度较低、含湿量较大的气体作为废气经排湿管、调节阀、排湿风机排出。下循环单元中，循环风机出来的风先进入下腔，向下经换热器加热，穿过物料层进入下腔。下腔由侧面风道及回风管与风机入口相连，大部分气体循环，一部分排出。上下循环单元可根据需要灵活配置。

可以根据生产中药饮片的种类，将多套设备串联使用，形成初干段、中干段和终干段。采用多段组合能够更好地发挥带式干燥机的性能，且干燥更均匀。

38.4.6 振动式远红外干燥机

振动式远红外干燥机结构如图 38-12 所示，该机采用振动输送物料和远红外加热方式。振动式远红外干燥机由加料系统、加热干燥系统（主机）、排气系统及电气控制系统等组成。

① 加料系统 由加料斗和定量给料机组成。

② 加热干燥系统 由框架、保温门、振槽、链轮振动装置、辐射装置及电动机等组成。

③ 排气系统 由排风管、风机和蝶阀组成。

④ 电气控制系统 由电热丝断路指示灯、远红外辐射器开关、控温仪、湿度测定仪、电压表及电流表等组成，均安装在一个电气控制柜上。

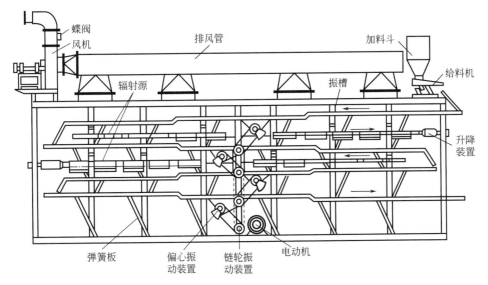

图 38-12　振动式远红外干燥机结构示意图

干燥时饮片由给料机自动定量地加入第一层振槽，利用箱顶的预热使饮片温度升高，然后输送入第二层振槽，在远红外辐射下使饮片温度升高至预加热温度，再送至第三层振槽继续加热升高至设定温度。由于振动作用饮片不断上抛翻动，水汽不断蒸发，从而达到干燥的目的。当饮片送至第四层振槽时，由于该层无辐射加热装置，又有冷风不断补充，加热后的饮片逐渐冷却，通过振槽终端的筛网筛去细粉，干燥成品送至接收桶。

该干燥器具有快速、优质、耗能低的特点。饮片在干燥设备内停留 6~8min，而通过远红外辐射的时间仅为 1.5~2.5min。由于加热时间短，饮片有效成分不易被破坏，且外观色泽鲜艳、均匀、香味好，成品含水量可达到 2% 左右。

为了更好地应用远红外加热干燥技术，取得更好的干燥效果，应事先了解饮片的吸收光谱，以正确选择远红外辐射元件。此外，干燥机的结构形式、远红外元件与物料的距离等对干燥效果也有一定的影响，要注意优化控制干燥器的热力场、辐射场和温度场，合理地选择辐射元件和干燥器结构，并考虑与使用环境的配合。

另外，在干燥过程中，干燥器内蒸汽含量会逐渐增多，不仅影响了干燥速度和质量，而且本身也会吸收一部分远红外辐射能，使热量受到损失。因此，应结合少量的热风鼓吹将蒸汽赶出，并防止产生死角，使蒸汽在死角聚集而影响烘干，则干燥效果将会明显提高。

38.4.7　冷冻干燥设备

冷冻干燥机（简称冻干机）按系统分，由制冷系统、真空系统、加热系统和控制系统四部分组成；按结构分，由冻干箱（或称干燥箱、物料箱）、冷凝器（或称水汽凝集器、冷阱）、真空泵组、制冷机组、加热装置、控制装置等组成，如图 38-13 所示。

制品的冻干在冻干箱内进行。箱内设有若干层搁板，搁板内置有冷冻管和加热管，分别对制品进行冷冻和加热。箱门四周镶嵌密封胶圈，临用前涂以真空脂，以保证箱体的密封。

冷凝器内装有螺旋状冷凝蛇管数组，其操作温度应低于干燥箱内制品的温度，工作温度可达 $-60 \sim -45$℃，其作用是将来自干燥箱中制品所升华的水蒸气进行冷凝，以保证冻干过程的进行。每批操作完毕后，自冷凝器底部通过加热器吹入热风进行化霜，融化的水自底部排出。

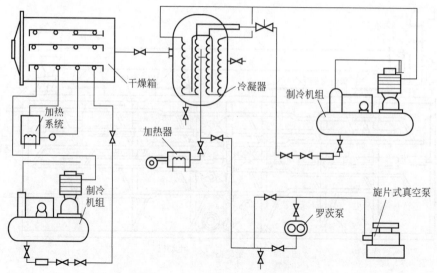

图 38-13　真空冷冻干燥系统示意图

真空泵组对系统抽真空，冻干箱中绝对压力应保持在 0.13～13.3Pa。小型冷冻干燥机组通常由罗茨真空泵或扩散泵加前级泵组成；大型机组可由多级蒸汽喷射泵组成。

制冷机组对冻干箱中的搁板及冷凝器中的冷冻盘管降温，冻干箱中的搁板可降至 -40～-30℃。实验室冷冻干燥机组可采用一台制冷机供干燥器和冷凝器交替使用。工业用小型冷冻干燥机组对冻干箱和冷凝器应分别设置制冷机，以保证操作的正常进行。常用的冷冻剂有氨、氟利昂、二氧化碳等。

加热装置供冻干箱中的制品在升华阶段时升温使用，应能保证干燥箱中搁板的温度达到 80～100℃，加热系统可采用电热或循环油间接加热。

自动控制系统是真空冷冻系统的重要组成部分。真空冷冻系统的控制包括制冷机、真空泵的启、停，加热温度的控制，物料温度、冷阱温度、真空度的测试与控制，自动保护和报警装置等。真空冷冻干燥系统通常采用由可编程序控制器和工业控制计算机组成的主从式控制系统。可编程序控制器（PLC）实现开关量的检测与逻辑控制（如按钮、指示灯、电机、阀门等）；工业控制计算机实现模拟量的检测与控制（如温度、真空度等），同时还提供良好的人机界面与操作员进行交互，使得修改各种参数简单、易行，便于对系统进行及时、快速、准确的控制，具有干燥机冻干曲线设定、除霜、灭菌、在线清洗、真空控制、干燥状态检测、故障报警和维修检查的功能，能够实现对冷冻干燥过程的闭环控制。通过测量和记录冷冻干燥过程的工艺参数，可以完整地了解整个过程；对这些参数实施有效的控制，则可以实现对整个冷冻干燥过程的优化，即在保证产品质量的前提下，提高生产效率以及减小能量消耗。

尽管中药饮片干燥设备及工艺研究取得了较大进展，但中药预处理和干燥设备尚停留在低级阶段，是中药生产装备上的薄弱环节之一，仍需加大研发力度，才能够满足《药品生产质量管理规范（GMP）》洁净、优质、高效、自控等方面的要求。

38.5　中药饮片储藏技术

中药材的储藏方法一般均适用于中药饮片，但部分中药饮片经过净制、切制和炮制，使其在形状、体积、厚度、气味、色泽及理化性质等方面都发生了改变，特别是中药饮片内部组织的破损或暴露，增大了与空气的接触面积，较一般中药材更易于氧化变质，气味芳香类中药饮片更易走失香气。中药饮片具有一般中药材所不具备的特性，因而增大了储藏的难度。中药饮片的传统储藏方法和现代储藏技术简介如下。

38.5.1　传统储藏方法

中药饮片的传统储藏方法具有简便易行、经济、效果较好的特点，有些还具有环境保护和无公害等现代储藏的优点。仓储工作者搞好仓库内部及其周围环境的清洁卫生和消毒工作，是综合防治害虫的有效措施和最基础性的工作，它已为长期库储保管工作所证实，也是中药饮片防虫的有效措施之一。中药饮片的储藏可应用以下方法。

38.5.1.1　密封储藏法

此法是在适宜的时间，将存放中药饮片的库房或堆垛或容器等密封，使中药饮片和密封空间与外界隔绝，不受外界空气、温度、湿度、光线、细菌、害虫等因素影响的传统储藏方法。该法要求库房的门、窗等要糊严；堆垛用油漆布等导热性能差、隔潮性能较好、不透气的物料罩起封严；缸、坛、罐、箱、桶等容器要密闭。必要时添加生石灰、木炭等吸湿剂。密封材料使用得当，能有效地防止中药饮片的虫蛀、霉变、酸败、潮解、变色、泛油、气味散失等变异现象的发生。现发展为使用塑料薄膜帐、塑料薄膜袋等密闭性能良好的新型材料，其隔绝外界因素影响的效果更好。

38.5.1.2　通风储藏法

此法是在晴天或库房外相对湿度低的天气，将门窗开启，使库内外的空气流动，调节库内空气的温度、湿度的传统储藏方法。该法使用得当，能有效地调节库房内的温度和湿度，保证中药饮片的干燥。现发展为使用排风机和空气过滤装置，降低库房内的温度和湿度，并用计算机控制，使库房通风操作自动化。

38.5.1.3　吸湿储藏法

此法是在密封条件下，放入吸湿剂（如生石灰、木炭、炉灰、草木灰等），降低库房或容器中的湿度，避免中药饮片受潮的传统储藏方法，相比于单纯密封法效果好。现发展为使用无水氯化钙、硅胶等吸湿剂，降低小型库房或容器中的湿度；或在库房安装吸湿机，降低库内湿度，避免中药饮片受潮，效果更好。

38.5.1.4　对抗同储防虫储藏法

此法是在中药饮片易生虫季节之前，将具有防虫作用的药物或酒类（95%药用乙醇或50度以上白酒），采用混合同储、喷洒同储、分层次放置等方式进行密闭储藏，起到防止虫害作用（亦防霉变）的传统储藏法。该法具有简便易行、无污染、无公害等特点。

38.5.2　现代储藏技术

中药饮片的传统储藏方法已不能完全适应中药饮片炮制事业发展的需要，随着现代科学技术在中药饮片储藏中的应用，出现了一些新的储藏技术。

38.5.2.1　远红外线干燥或微波干燥后储藏

利用远红外线干燥技术或微波干燥技术，对中药饮片进行干燥后再储藏的方法，具有较高的杀菌、杀虫及灭虫卵的作用。中药饮片灭菌后再储藏,能起到防虫、防霉的作用。

38.5.2.2 气幕防潮法储藏

气幕又称气帘或气闸。气幕是安装在库房门上,配合自动门,防止库内冷空气排出库外和库外的热空气侵入库内,并起隔潮作用的装置。气幕防潮法是保持库内空气阴凉和干燥的储藏技术。

38.5.2.3 气调法储藏

密封中药饮片库房内的空气,人为地造成低浓度氧或高浓度二氧化碳的状态,能有效地起到杀虫、防虫、防霉变的作用,是保证中药饮片品质稳定的一种储藏方法。在高温季节,该法还能有效地防止中药饮片的走油、变色和变味。这是一项减轻劳动强度、节约劳动力、费用少、无污染、无残留、无公害的科学且经济的储藏技术。现今国内外已广泛应用于粮食、食品、蔬菜、果品等的储藏保鲜。

38.5.2.4 气体灭菌后储藏

气体主要是指环氧乙烷和环氧乙烷的混合气体。由于环氧乙烷是一种低沸点(13～14℃)的有机溶剂,具有易燃易爆的特点,应用环氧乙烷混合气体可克服上述缺点。灭菌机理为:环氧乙烷能与细菌蛋白质分子中的氨基、羟基、酚基或巯基中活泼的氢原子发生加成反应,生成羟乙基衍生物,使细菌代谢受阻而产生不可逆的杀灭作用。环氧乙烷具有较强的扩散和穿透力,对各种细菌、霉菌、昆虫及虫卵具有十分理想的杀灭作用;灭菌操作简便、安全、可靠。

38.5.2.5 ^{60}Co 辐射后储藏

此法是应用^{60}Co产生的γ射线或加速产生的β射线辐照中药饮片的储藏方法。灭菌机理为:附着在中药饮片上的霉菌、害虫吸收放射能后,产生自由基。这种自由基经由分子内或分子间的反应过程,诱发辐射化学的各种过程,使机体内的水、蛋白质、核酸、脂肪和碳水化合物等发生不可逆变化,导致生物酶失活,生理生化反应延缓或停止,新陈代谢中断,霉菌和害虫死亡。研究证明,该法杀虫效果显著,不影响药效,不产生毒性物质和致癌物质。

38.5.2.6 低温冷藏

此法是在低温状态下储藏中药饮片的方法。该法是利用机械制冷设备产生的冷气,将储藏温度降至一定的低温,以抑制害虫、霉菌的发生,达到安全储藏的目的。例如,将储藏温度控制在-10℃时,可使一些贵重中药饮片及受热易变质的中药饮片不走油、不变色、不发生虫蛀和霉变。

38.5.2.7 蒸汽加热后储藏

此法是利用蒸汽杀灭中药饮片中所含的霉菌、杂菌及害虫的方法。该法分为低高温长时灭菌、亚高温短时灭菌和超高温瞬时灭菌三种方法,具有无残毒、投资少、成本低、成分损失少等优点。

38.5.2.8 中药挥发油熏蒸后储藏

此法是利用挥发油的挥发来熏蒸中药饮片,达到抑菌和灭菌的储藏方法。灭菌机理为:

破坏霉菌结构，使霉菌孢子脱落、分解，从而起到杀灭霉菌、抑制其繁殖的作用。

38.5.2.9 包装防霉储藏

此法是中药饮片经无菌包装后再储藏的方法。将灭菌后的中药饮片装入一个霉菌无法生长的环境中，避免包装中的二次污染，达到防霉效果。经无菌包装后的中药饮片在常温下保存，一年内不会发生霉变。

2018 年我国中药饮片工业总产值达 1715 亿元，较 1996 年增长了 400 余倍，中药饮片工业的增长速度在整个医药工业一直处于领跑状态，2016 年我国中药贸易总额 46 亿美元。但中药产业的发展仍存在巨大的挑战，造成这种现状的原因很多，但其中最大的制约因素是我国中药材、饮片和中药的标准化程度低，种植不规范，生产技术相对落后，缺乏科学规范的质量标准和质量控制手段，造成质量参差不齐。要实现中药现代化，除了要继续加强中医中药基础研究外，更要重视中药工业的装备技术现代化，重视中药生产过程中的工程技术问题的研究，只有这样才能使中药生产工艺、生产技术、生产装备具有科学性、合理性及先进性，才能实现我国中药生产工业的现代化。

参考文献

[1]　王孝涛. 中药饮片炮制与临床组方述要. 北京：化学工业出版社，2005.

[2]　王琦，孙立立，贾天柱，等. 中药饮片炮制发展回眸. 中成药，2000，22（1）：33-58.

[3]　原思通. 医用中药饮片学. 北京：人民出版社，2001.

[4]　李向高. 中药材加工学. 北京：中国农业出版社，2004.

[5]　曹光明. 中药制药工程学. 北京：化学工业出版社，2004.

[6]　中华人民共和国药典委员会. 中华人民共和国药典（四部）. 北京：中国医药科技出版社，2015.

[7]　万家荣，阳健生. 红外水分测量仪的基本原理及其特点. 红外技术，1990，12（6）：27-30.

[8]　任迪峰，毛志怀. 我国中草药干燥的现状及发展趋势. 农业工程学报，2001，17（2）：5-8.

[9]　元英进，刘明言，董岸杰. 中药现代化生产关键技术. 北京：化学工业出版社，2002.

[10]　韩国柱. 临床药代动力学. 北京：中国医药科技出版社，1997.

[11]　任迪峰，王建中，王晓楠. 地黄和麦冬干燥质量退化动力学研究. 北京林业大学学报，2004，26（1）：70-73.

[12]　肖国铭，郑宗和，吴庆章. 中型太阳能中药饮片干燥装置. 太阳能学报，1994，15（2）：162-166.

[13]　陈茂鑫，柯涛，王承交. 太阳能红外干燥中草药的红外光谱研究. 太阳能学报，1995，16（4）：401-404.

[14]　陈茂鑫，柯涛，韦文楼. 太阳能红外干燥中草药的紫外光谱研究. 广西大学学报，1995，20（1）：15-20.

[15]　刘相东，于才渊，周德仁. 常用工业干燥设备及应用. 北京：化学工业出版社，2005.

[16]　潘永康，王喜忠，刘相东. 现代干燥技术. 2 版. 北京：化学工业出版社，2008.

[17]　程立方，崔秀君，程敬伦，等. 远红外、微波、热风干燥陈皮的对比实验研究. 中国中药杂志，1998，23（8）：472-473.

[18]　程立方，崔秀君，程敬伦，等. 远红外中药饮片干燥装置的研制与应用. 中国中药杂志，1998，23（9）：535-537.

[19]　李武强，万芳新，罗燕，等. 当归切片远红外干燥特性及动力学研究. 中草药，2019，50（18）：4320-4328.

[20]　李武强，黄晓鹏，马嘉伟，等. 响应面法优化桔梗切片远红外干燥工艺. 林业机械与木工设备，2019，47（8）：47-51.

[21]　祝圣远，王国恒. 微波干燥过程数学描述. 工业炉，2004，26（1）：15-18，29.

[22]　王俊英. 当归、黄芪干制及储藏方法的比较研究. 兰州：甘肃农业大学，2009.

[23]　陈璇. 不同干燥方法对玄参品质的影响［D］. 武汉：湖北中医药大学，2010.

[24]　李越峰，徐富菊，张泽国，等. 微波干燥对党参中党参炔苷含量的影响. 中兽医医药杂志，2015，34（1）：55.

[25]　季德，宁子琬，张雪荣，等. 不同干燥加工方法对天麻药材质量的影响. 中国中药杂志，2016，41（14）：2587.

［26］　吴发明，张芳芳，李敏，等. 川麦冬产地干燥方法综合评价研究. 中药材，2015，38（7）：1400.

［27］　杨小艳，李敏，卢道会，等. 不同干燥方法对半夏质量的影响. 成都中医药大学学报，2013，36（3）：18.

［28］　贺潇潇，吴启南，王新胜，等. 基于多指标质量评价技术研究不同干燥方法对三棱品质的影响. 中药材，2014，37（1）：29.

［29］　黄力，金传山，吴德玲. 不同干燥方法对桔梗中桔梗皂苷 D 含量的影响. 安徽中医学院学报，2010，29（3）：69.

［30］　朱俊霖，闫永红，张学文，等. 不同干燥方法对黄芩有效成分含量的影响. 中国实验方剂学杂志，2012，18（5）：7.

［31］　张薇，邹兆重，刘慧珍，等. 微波干燥丹参药材及其质量评价研究. 中国中医药信息，2010，17（12）：36.

［32］　张晓辛，肖宏儒，曹曙明，等. 利用微波-气流组合干燥技术干燥菊花的试验研究. 农业工程学报，2000，16（4）：129-131.

［33］　陈新培，窦志英，肖学风. 微波技术在中药炮制中的应用. 中国中药，2001，26（7）：501.

［34］　刘惠茹，李萍，唐家福. 微波技术在中药炮制中的应用探讨. 基层中药杂志，2002，16（5）：41.

［35］　孙立立，惠秋莎，孙立靖，等. 中药槟榔饮片炮制工艺研究. 中成药，2000，22（5）：345-348.

［36］　赵鑫，毛雪. 中药炮制中微波技术的应用及其有效性分析. 山西医药，2019，（18）：2233-2236.

［37］　徐成海，邹杰芬，张世伟. 真空冷冻干燥技术的现状与发展趋势. 第七届全国干燥会议论文集，1999：366-370.

［38］　程远霞，陈素芝，谢秀英. 食品共晶点和共熔点试验研究. 食品工业，2004，25（1）：49-50.

［39］　郝近大. 鲜药的研究与应用. 北京：人民卫生出版社，2003.

［40］　杨涓. 枸杞粉的冷冻真空干燥加工工艺. 宁夏农学院学报，2001，22（1）：74-76.

［41］　王静珍，孙厚英，刑永春. 冷冻干燥与自然干燥枸杞子药理作用研究. 宁夏医学，2000，22（4）：214-215.

［42］　陈宝，王永理. 血茸的真空冷冻干燥. 中药材，2000，23（1）：27-28.

［43］　孟宪贞，程晓薇，陈力强. 冷冻干燥法与传统加工法制得的鹿茸化学成分分析及其比较研究. 中国药房，1997，8（3）：110.

［44］　孟芹，马克坚，刘明. 冷冻真空法加工鲜三七的实验. 中药材，1997，20（5）：237-238.

［45］　李一果，段承俐，萧凤回，等. 冻干技术在中药材及三七加工中的应用. 现代中药研究与实践，2003，增刊：60-62.

［46］　边宝林，杨健，王宏洁，等. 不同干燥条件对鲜地黄梓醇含量的影响. 中国中药，1996，21（6）：346-347.

［47］　陆国胜. 西洋参真空冷冻干燥工艺研究. 食品研究与开发，2018，39（14）：115-119.

［48］　徐磊，熊吟，崔秀明，杨野，等. 真空冷冻干燥工艺中天麻干燥特性和活性成分的变化规律研究及其质量评价. 中药材，2018，41（07）：1678-1683.

［49］　韩丽. 实用中药制剂新技术. 北京：化学工业出版社，2002.

［50］　李宏. 冷冻干燥过程计算机监控系统. 医药工程设计，2001，22（4）：39-43.

［51］　王琦，王龙虎. 现代中药炮制与质量控制技术. 北京：化学工业出版社，2005.

（石典花，戴衍朋，孙立立）

第39章

生物物料干燥

39.1 概述

39.1.1 干燥操作涉及的生物物料

"生物物料"这个术语最早出现在 20 世纪 50 年代的学术文献中，从 80 年代起至今一直被频繁引用。生物物料主要是指那些由微生物、菌种、病毒、动物和植物细胞以及组织内的某些细胞外物质通过生物技术生产出来的产品。生物物料和生物技术密不可分。生物技术是一门可以追溯近千年历史的传统学科，它一直影响着人类生活的方方面面，包括工业（化工和制药）、农业、食品、健康和环保等。图 39-1 为生物技术的学科基础及其实际的应用领域[1]。一般来讲，大多生物技术过程（在目前的技术发展阶段）均可划分为 5 个主要操作过程：选种、育种、细胞响应、过程操作和产品回收。每个过程的具体操作和机理见表 39-1[2]。

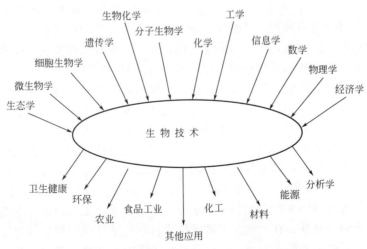

图 39-1　生物技术的学科基础及其应用领域

生物物料可进一步划分为生物、微生物和生物聚合物。除了一般常见的生物外，微生物主要有细菌、真菌（包括霉菌、食用伞菌和酵母菌等）、藻类和病毒等；生物聚合物包括蛋白质、核酸、糖类和油脂等[3]。生物物料的获得往往离不开发酵，发酵是最古老而又最常见的生物技术手段。有微生物参与的生物物料生产中，产品的形式各种各样，通常有可能是与原料相似的微生物产品，如酵母和菌种；也有可能变异为其他不同种类的产品，如具有复杂化学结构的高分子聚合物或有机化合物。

表 39-1　生物技术操作的五个主要过程

	生物技术操作	基本机理
选种	选择或繁育新的生物物种或细胞群	系统微生物学 微生物生态学 微生物或细胞生理学 传统或分子遗传学
育种	品质的保存、繁育	微生物或细胞生理学 过程工程学
细胞响应	诱发所需的活力	微生物或细胞生理学 过程工程学
过程操作	除选种外的各生物技术操作过程	过程工程学
产品回收（下游操作）	颗粒的分离 细胞的分裂 提取、浓缩 混合物的提纯 产品的干燥	过程工程学

39.1.2　生物物料干燥的特点

生物物料的种类和形式繁多，不胜枚举。但它们的共同点是均需将最终产品的质量保持在某一特定的指标之上。由于各种生物物料的特性和使用目的的不同，所需保持的质量指标和水平也不会相同。作为生物技术工程的下游技术操作，干燥是许多生物技术产品的最后一道工艺过程，也是保证其最终产品质量的一个极其重要的操作单元。通过干燥，产品才会以稳定的产品形式进行运输、保存、出售以至最终投入使用。大多数生物制品均具有热敏和湿敏（指热不稳定和湿不稳定）的特性，而干燥又是一项需要改变物料的温度和湿度的操作，因此生物物料的干燥过程是控制产品最终质量的一道非常关键的操作过程。

对于一般物料的干燥过程，关注的主要目标是效益，即设法提高热效率和节能等干燥动力学因素；而对于生物物料的干燥过程，除了需要关注和研究其干燥动力学特性之外，更重要的是还要研究其质量退化动力学特性，以保证产品的最终质量。为了保持生物物料在干燥过程中的质量，长期以来人们进行过多种努力与尝试。非热力干燥，如真空冷冻和接触吸收干燥等，是保证产品质量最直接和最简单的方法。但这些方法通常均不适合大批量地处理物料，其投资成本和操作成本也明显高于热力干燥。因此其应用受到了很大的限制。在生物物料的热力干燥中，用于控制产品质量最广泛的一种方法就是调整干燥的操作参数，如干燥介质的温度、流量等[4-9]。比如对于热敏性物料，最直接和最有效的方法就是以尽量低的介质温度和尽量短的热处理时间来除去物料中的水分。但这通常是要以较低的干燥效率和较高的操作费用来做代价的。另外，在干燥前对被干燥物料进行某种预处理，也能提高或改善干燥后产品的质量。如某些酶和医药制剂，可以通过在干燥前加些糖或其他一些惰性稳定剂的方法，来改善它们的热稳定性。对于一些食品，特别是一些植物性食品，则可以通过亚硫酸浸泡、水烫、冷冻或压力冷冻的预处理方法来提高它们的热稳定性[10-13]。除上述一些预处理方法外，改变被干燥物料的物理特性也是一种能改善物料干燥后质量的预处理方法。与前述预处理方法不同的是，这种方法不一定能改变物料的热稳定性能，但可以改变物料在干燥过程中的干燥动力学特性，从而调整物料在干燥过程中的状态，最后达到改善干燥后产品质量的目的。这些可以改变的物理特性包括物料的尺寸、形状、表面积、收缩性和疏密度等。其中最简单的一种处理方法，是在待干燥的物料中添加一种额外的材料，即所谓的"载体"，来增加物料的表面积/体积比，从而大大地提高物料的干燥速率[14]。Strumillo 等[14]将牛血清蛋白与具有不同堆积密度的载体混合在一起，获得具有不同空隙率的牛血清蛋白混合物，然后分别进行热力学干燥实验。实验结果表明：具有不同空隙率的物料，其干燥过程中的有效质量扩散系数明显不同。较高空隙率的物料其有效质量扩散系数也高，而高的质量扩散速度加速了物料中水分的分离，缩短了物料在某一湿分段的加热时间，这特别有利于某些湿敏性物料的质量保护（图 39-2）。从图中可以发现，空隙率对扩散系数的影响甚至高于温度的影响。

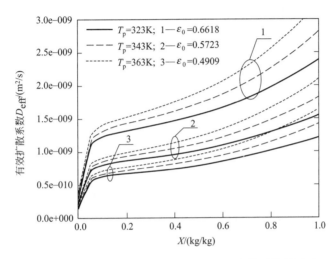

图 39-2　初始空隙率 ε_0 和物料温度对有效扩散系数的影响

本章将主要讨论在干燥中可能会产生质量退化的生物物料的干燥特性、质量变化、干燥方法以及相应的质量保护措施。在干燥过程中质量较稳定的物料则不在本章的讨论范围之内。

39.2　生物物料的特性

生物物料种类繁杂、形态差异极大，但大都要求清洁、纯正、不染菌、不变异、活性生命力强等。充分了解生物物料的特性是准确运用生物技术工程和工艺以确保上述要求的一个重要前提。被干燥生物物料的基本特性和干燥特性是决定干燥介质种类、干燥方法和干燥装置的重要因素。本节主要研究一些对干燥工艺有着密切联系的生物物料的基本特性（物料中的湿分、物理特性、热特性和流动特性）和干燥特性（吸湿等温线、热敏性、湿敏性和水活度）。

39.2.1　基本特性

39.2.1.1　物料中的湿分

生物技术过程中典型的发酵液是水、微生物或生物聚合物、未反应的营养成分残渣、某些副产品，以及过程添加物等物质的混合液。其固相物含量仅为几个百分点。对于这种悬浮液的浓缩和干燥过程，不仅要考虑除去作为介质和溶剂的水分，更要考虑除去作为材料内结合成分的水分。这种材料内部的水分对于产品的储藏期限、活力以及质量的影响很大。

很多生物物料从它们的特性和结构方面考虑，很难精确地确定其所含水分的结合方式。通常均假定它们属于胶体毛细多孔物质，其水分可能呈多种结合方式。不同的结合水方式会对生物物料的质量和保存产生不同的影响。微生物细胞内的水分大多为自由水；而在生物大分子和生物聚合物中的水分则大多是结合水（见图 39-3）[15]。微生物内仅有大约 15%～18% 的结合水。生物合成产品通常均为亲水的胶体，能容纳大量的结合水。在有结合水存在的生物物料干燥过程中，一部分干燥能量需用来补偿结合水与生物聚合物间的结合能。

图 39-4 为一个典型的细菌细胞以及它的主要组成部分。这些成分均由有机或无机物组成。其分子质量有几个到上万个道尔顿不等。在活性细胞的所有成分中，水占了 70%～98%，而这些水分大多是自由水分。它们是各种反应的介质和许多物质的溶剂。如它们参与蛋白质的生物合成、酶反应，并导致生成的阴、阳离子的分解等。

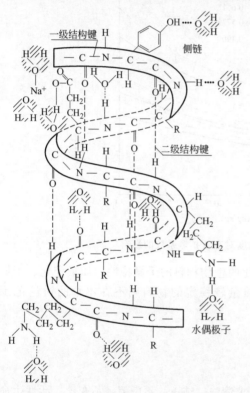

图 39-3　水分与极性蛋白质的结合示意图

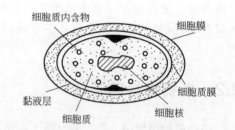

图 39-4　细菌细胞示意图

除上述生物技术产品外，一些生物组织中的水分，如肉类和植物组织内的水分也有别于一般物料内的水分。这些物质的湿含量一般都较高，通常在 (4～20) kg/kg 干基湿含量左右。而且都较难干燥，这是因为：

① 由于表面水分的快速蒸发而在表面形成了一层凝胶膜。这层膜限制了内部水分的迁移。如果干燥温度较高的话，还会引起蛋白质变性和淀粉的凝胶化。

② 这些物料的组织内部没有连续的孔道。水分必须通过致密的组织构架扩散至表面。

③ 一些具有高分子量的组分（包括蛋白质）与水有较强的亲和力。在干燥的后期必须以较强的干燥条件除去这些水分。

④ 随着水分的蒸发，残余水分内的盐和其他溶质的浓度提高，导致蒸气压和残余水分

活力降低。

⑤ 这些物料大都具有较强热敏特性。为了保证最终干燥产品的质量，其干燥介质温度绝不能高于 100℃（某些物料甚至要远远低于此温度）。某些情况下，可以在干燥的初期使用较高的干燥介质温度。这是因为在常速干燥段，物料表面温度可以保持在其湿球温度左右。

综上可见，生物物料在干燥过程中内部的湿分传递是关键的控制因素。这就使得固体物料内部的湿含量梯度很大。具有这种干燥特性的物料很难通过改善外部干燥条件，如风温和风速，来提高干燥速率。

除上述提到的因素外，如果物料需要干燥至很低的湿含量，即需要除去微量的残余水分时，还可能导致一些特殊的困难。它们包括：

① 当采用热力干燥的方法时，特别在物料湿含量较低的干燥后期，干燥可能伴随着氧化现象。如焦糖化或褐化反应。这会除去某些不希望除去的结合水分。

② 某些易挥发的组分，如香料油等可能散失。

③ 干燥时，很难准确地控制干燥条件以除去松散的吸附水分，而只保留氢键结合水或更强的化学键结合水。对于具有大分子结构的物质就更是如此。

④ 即使没有结合力很强的化学键结合水存在，当吸附表面较大时，吸附性物料与水分之间也存在明显的分子间吸引力。这种水分与疏松物料中的水分明显不同，它们的蒸汽压较低，没有明显的冰点存在，其值可能会低至 −70℃。某些物料特性，如介电常数在任何温度下均没有明显的转折点，会呈现较高黏度的密实、分子定向结构。

39.2.1.2　物理特性

常以中间产品或最终产品的形式呈现的生物物料大多数是松散颗粒，或具有刚性骨架结构的固体。显然，松散颗粒可以呈现悬浮液、浆体或膏体形态。骨架结构固体很多也是颗粒构成的堆积床。这些以颗粒为基质的物料在干燥过程中可能发生皱缩、膨胀、凝结、聚集、分解和絮凝等现象[3]。因此，干燥的实现大多都与颗粒形态的物质有关。即使是液态的物料在干燥过程中也很可能转变为固态颗粒，如喷雾干燥。颗粒的物理特性，如粒径、粒径分布、堆积密度等，是本节讨论的主要内容之一。另外，干燥时湿物料的收缩、干燥应力和传热传质等都是基于物料的物理特性的，研究一种生物物料的干燥方法和工艺，必须首先了解这种生物物料的物理特性。生物物料的基本物理参数包括形状、尺寸、体积、密度、孔隙率和比表面积等。生物物料的物理化学性质有时也要考虑，如晶体和胶体等方面的性质。

（1）颗粒尺寸

① 颗粒直径　多数情况下，生物原材料为单细胞组织或它们的结合体。球形或椭圆形细胞通常称为球菌（复球菌）；圆柱形细胞称为杆菌或杆状菌（复杆状菌）；螺旋形细胞称为螺旋菌（复螺旋菌）。一些细胞的形状可能会随着周围环境的变化而改变。在生物物料的干燥和脱水中，涉及的生物原材料的固体微粒尺寸大都在纳米到微米级（表 39-2[16]）。粒径可分为表示单个颗粒的单一粒径和表示许多不同尺寸颗粒组成的颗粒群的平均粒径。常用的单一粒径表示法有长轴径、二轴算术平均径、圆等值径、表面积平均径、体积平均径和球等值径等[17]。颗粒群平均粒径为由不同尺寸粒子组成的粉粒状物料的平均粒径，需要先测定各个粒子的单一直径，然后再用平均方法加以平均即可。粒径测试的方法很多，经统计有上百种。目前常用的有沉降法、激光法、筛分法、图像法和电阻法五种。另外，还有几种在特定行业和领域中常用到的测试方法，如刮板法、沉降瓶法、透气法、超声波法和动态光散射法等。

表 39-2　典型微生物和蛋白质分子的形状和尺寸

微生物和蛋白质分子	名称	形状	尺寸
细菌	巨大芽孢杆菌	杆状	$2.8 \times (1.2 \sim 1.5) \mu m$
	黏质沙雷菌	杆状	$(0.7 \sim 1.0) \times 0.7 \mu m$
	铅白葡萄球菌	球状	直径 $1.0 \mu m$
	疥疮链霉菌	丝状	直径$(0.5 \sim 1.2) \mu m$
真菌	灰葡萄孢	丝状	直径$(11 \sim 23) \mu m$
	孢囊梗黑根霉	丝状	直径$(22 \sim 42) \mu m$
	接合孢子黑根霉	球状	直径$(150 \sim 200) \mu m$
	卡尔酵母	椭球体	$(5 \sim 10.5) \times (4 \sim 8) \mu m$
藻类	衣藻	卵形	$(28 \sim 32) \times (8 \sim 12) \mu m$
	枯草菌素	细丝状	直径$(4 \sim 8) \mu m$
原生动物菌	绿色眼虫属	螺旋状	$(40 \sim 65) \times (14 \sim 20) \mu m$
	有尾草履虫	拖把形	长度$(180 \sim 300) \mu m$
蛋白质分子	鸡蛋清蛋白		4.0nm
	血清球蛋白		6.3nm
	血蓝蛋白		22.0nm

② 颗粒直径分布　颗粒直径分布即粒度分布，用特定的仪器和方法反映出的不同粒径颗粒占粉体总量的百分数。有区间分布和累积分布两种形式。区间分布又称为微分分布或频率分布，它表示一系列粒径区间中颗粒的百分含量。累积分布也叫积分分布，它表示小于或大于某粒径颗粒的百分含量。频率分布曲线通常符合正态分布规律。在频率分布曲线上，频率分布最高点的粒径称为多数径 d_{mod}。在累积分布曲线上，累积数为 50% 时的粒径称为中径 d_{50}。

（2）颗粒形状

① 形状指数和球度　颗粒的物理形状除了取决于硬度、冲击力和开裂等物理性能外，还取决于材料的内部结构（如细胞、无定形组织和晶体形态等）和颗粒的生产工艺（喷雾干燥、结晶和冷凝等）。颗粒实际存在的各种各样的形状通常可分为球形状、薄片状、毛絮状、纤维状、棱角状、盘状和不规则形状等。形状指数是把物体的实际形状与基准形状，如球体和圆等，进行比较的一个物理量。球度是表示物体实际形状和球体之间的差异程度，定义如下：

$$S_p = d_e / d_c \tag{39-1}$$

式中，为 S_p 为球度，$\%$；d_e 为与实际物体体积相等的球体的直径；d_c 为实际物体最小外接球直径或物体的最大直径。这个球度表达式表示了以相同体积球体为基准的物体形状特征。经测定表明，苹果、桃子和梨等水果的球度为 $89\% \sim 97\%$。球度数值越大，说明物体形状越接近于球体。

② 圆度　圆度是表示物体角棱的锐度。它表明物体在投影面内的实际形状和圆形之间的差异程度。下面是一些常用的圆度定义（图 39-5）。

$$R_d = A_p / A_c \tag{39-2}$$

式中，R_d 为圆度，$\%$；A_p 为物体在自然静止位置时的最大投影面积；A_c 为 A_p 的最小外接圆面积。

$$R_d = \frac{\sum r}{NR} = \frac{r_1 + r_2 + r_3 + \cdots + r_n}{NR} \tag{39-3}$$

式中，r 为物体各棱角处的曲率半径；R 为最大内切圆半径；N 为相加的棱角总数。有时，圆度也可用圆度比表示，圆度比定义为

$$R_r = r/R \tag{39-4}$$

式中，R_r 为圆度比；R 为与物体投影面积相等的球体的直径；r 为物体投影面中最小锐角处的曲率半径。

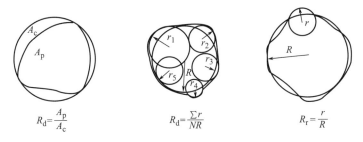

图 39-5　各种圆度定义方法

（3）密度

物料的密度是进行干燥计算和设计时必不可少的一个原始数据。物体每单位体积内所具有的质量称密度。根据体积测定方法不同，密度有不同的定义。

① 固体密度（solide density）　又称为真密度，它是把物料仔细粉碎除去物料内部空洞所占体积求得的密度，一般用 ρ_s 表示。

② 颗粒密度（particle density）　它是根据物料实际体积（包括物料内部空洞）和质量求出的密度，一般用 ρ_p 表示，简称为密度。

③ 容积密度（bulk density）　它是把物料装入已知容积的容器内，测量装入容器内的物料质量，根据容器容积和物料质量求得的密度，一般用 ρ_b 表示。由于容器和充填方法不同，其值也不同。因而必须对测定标准和充填方法加以规定。

测量物料的密度方法主要有液浸法、气体置换法和比重梯度管法等[17]。液浸法是将物料浸入润湿物料表面的液体中，测定物料排出的液体体积，从而求得物料的密度。采用这种方法时应保证液体不渗透进物料内部，并使液体能到达物料表面的所有凹坑或缝隙中。气体置换法是把上述液浸法中的液体改为气体。它的优点是测定时不损伤物料，并适合于疏松多孔物料的密度测定。比重梯度管法是根据悬浮在液柱中的位置，并和标准比重的浮子进行比较，从而确定物料密度的方法。

一般在干燥过程中，生物物料的密度是随温度和周围压力变化的，而且密度是随温度的增加而下降的。

（4）表面积和比表面积

在研究生物物料的干燥问题时都必须了解其表面积，其值的大小与干燥速率直接相关。一般来讲，非多孔物料的表面积是指忽略颗粒外表面的裂纹、褶皮、坑洞、凹陷、网纹和橘皮等而计算出来的面积。松散物料的比表面积通常和其体积或质量有关联，分别用单位质量物料的表面积和单位体积物料的表面积表示。二者之间有以下关系：

$$S_w = \frac{S_V}{\rho_s} \tag{39-5}$$

式中，S_w 为单位质量物料的表面积；S_V 为单位体积物料的表面积；ρ_s 为粒子密度。比表面积常用透气法或涂层法测定。

（5）孔隙率和空隙率

绝大多数松散颗粒物料在堆放或装入容器中时物料表面存在很多孔，物料之间存在很多间隙。孔和间隙的概念常常被混淆，一般认为孔为一个固态物体内的空隙（不一定是柱形孔），而间隙为床层内松散颗粒间的空间或形成的空隙。孔或毛细孔可限制为单独一个颗粒物料内存在的与颗粒表面相连的开孔。颗粒内部的闭孔虽然对固体的物理性能和热性能有一定的影响，但在干燥时对质量传递没有影响，因此通常不予考虑。由上述定义可知，孔隙率为物料上开孔的体积和物料所占体积之比；而空隙所占的体积和整个物料堆放床层体积之比称为空隙率。假定颗粒周围只由一种气相填充，颗粒物料的孔隙率 Π 计算如下式：

$$\Pi = V_g/V_m = V_g/(V_s + V_g) \tag{39-6}$$

然而床层空隙率 ε 为：

$$\varepsilon = \frac{V - V_m}{V} = 1 - \frac{V_m}{V} \tag{39-7}$$

式中，V_g 为所有颗粒上开孔的体积；V_m 为所有颗粒的体积；V_s 为真实固体体积；V 为床层的容积体积。

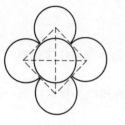

(a) 密实堆体　　　(b) 松散堆体

图 39-6　散粒体堆积方式

对于假想的散粒体，其颗粒为同直径的球并以可能的最大密度堆积起来，其特征是每个球都位于四面体的顶点并与其余 12 个球接触（图 39-6），这样的堆体空隙率最小，其值为 0.2595。如果用同样的球放在立方体的角上并与其余 6 个球接触，其中 4 个点位于一个平面内，这样的堆体的空隙率最大，其值为 0.4764。其他堆积方式的空隙率值都在 0.2595～0.4764 之间。随机充填时，空隙率为 0.4 左右，它与物料形状、堆积或充填方式、物料尺寸分布和含水量等有关。孔隙率为颗粒物料的固有空隙，与物料的堆积和填充方式无关。

（6）晶体结构

相当多的生物物料和生物过渡产品都以晶体形态存在。如溶解酵素，它是鸡蛋蛋清提取物经重结晶而产生的，泰乐菌素是以晶体形式从链霉菌株离析得到的。

晶体材料在干燥时需要特别注意。如晶态 L 型赖氨酸，它是一种含有 17% 结合水分的高度分散晶体化氢氧化物。这样的赖氨酸形式具有高度的热不稳定性，其物料最高温度不能超过 80℃。较高的温度不但会降低氨基酸的等级，而且会因为晶体表面的软化导致聚集形成。随着晶体的瓦解，结晶水的移动，干燥过程会得到明显加强。冲击流和喷动床干燥由于具有很好的对流传递特性，特别适宜这类物质的干燥，能保持其干燥后较高的水活度。

还有一些生物物料，如抗生素、酶和药品等，是以晶态或无定形态存在的。由定义可知，相比于晶态物料，无定形态物料不含规则有序的结构组织，可能存在一些更优越的性能。以苯巴比通和氢氟甲噻产品为例，与晶态化产品相比，通过喷雾干燥得到的高能无定形态产品，其溶解性能比晶态产品高 1.2～2.5 倍[18]。

（7）胶体和凝胶

由于水和活性组织有着固有的紧密联系，生物物料可以认为是一种内部充满着大量水的复杂固体结构，也可以认为是内部有着高度分散固相的液体系统。这两种系统都具有液体溶胶性能。假设在生物物料内水为连续相，固体散布后就成为水溶胶溶液或水状胶质溶液。当水溶胶经加热或冷却，因为凝集的连续性，水状胶质溶液并不一定成为水凝胶。对于生物物料，就可以称为生物胶体或生物凝胶体。由于水溶胶转变为水凝胶，细胞的脱水将导致细胞质的凝胶化。以凝胶结构结合的水分其生物活性很不活跃，因而凝胶化将抑制新陈代谢。

大多数生物物料实际上是胶体物料，大量的湿分通过毛细管力存在于细胞基质里面的凝胶体颗粒的空隙之间。少量的湿分被细胞表面吸收，和细胞的形态、大小及其分布有关。在干燥脱水过程中，表面水和间隙水首先被蒸发移走；因为细胞壁是弹性的，然后才是与物料紧密结合的水。

39.2.1.3　热特性

在干燥过程中，由于生物物料都是多相体系，当生物物料从开始的浆状或黏状变为最终的干物料时，其结构和性能将发生很大变化。生物物料的热特性将在两个极端之间，两个极端分别由如下物质的热特性定义[3]：

① 水和水悬浮液，包括随着悬浮固体增多而成的软膏体；

② 固体物料，包括湿料和干料，包括湿含量较大的硬膏体。

在生物物料的加热、冷却、干燥、脱水和冷冻等加工过程中，物料温度的变化在很大程度上取决于它本身的热特性，物料的热特性参数主要包括物料的比热容 c、热导率 λ 和热扩散系数 D。这些热特性参数对于干燥装置的设计和干燥过程的预测是必不可少的基本数据。缺乏物料的比热容就无法对加热或冷却系统进行热平衡计算。在加热和冷却过程中为保持物料干燥后产品的品质，必须限制物料的温度，这同样要了解物料的热特性。生物物料的热特性随其化学成分、物理结构、物质状态、湿含量和温度的变化而改变。

（1）比热容

由热力学分子理论知，一定量物质热力学温度升高或降低 1K 所吸收或放出的热量为该物质的热容。比热容是指单位质量物质温度每升高或降低 1K 所吸收或放出的热量，由下式表示：

$$c = \frac{Q}{m\Delta T} \tag{39-8}$$

式中，c 为比热容；Q 为热量；m 为质量；ΔT 为温差。

因为热量与过程有关，所有热容和比热容也与过程有关。恒压过程中的比热容称为比定压热容，用 c_p 表示。恒容过程中的比热容称为比定容热容，用 c_V 表示。由于生物物料传热问题中通常采用定压过程，一般均使用比定压热容。在压力不太高时，固体和液体比热容随压力变化是较小的。同时，生物物料干燥时，其压力一般也是比较小的，所以通常把生物物料的比热容作为不变的常数对待。目前，比热容的实验测定大致有混合法、保护热板法、差示扫描量热法和比较量热法等[17]。生物物料比热容测定的最常见方法是在量热器内进行的混合法。混合法测定比热容所需设备简单，操作较方便，能适应多种物料测定。由于量热器测定时不可避免发生热泄漏，对其测定结构往往要进行误差校正。

生物物料的比热容是随物料组成成分、湿含量、温度等而变化的。早在 1892 年 Siebel 就提出，生物物料的比热容可以取为物料中水的比热容以及与水结合在一起的固体物质比热容之和。根据这个假设，物料比热容和湿含量成线性关系，并可由下式求出：

$$c = (c_w - c_d)X + c_d \tag{39-9}$$

式中，c 为比热容；c_w 为水的比热容；c_d 为固体干物质的比热容；X 为湿基湿含量。

对于一般的生物物料，他提出计算比热容的经验公式如下：

冰点温度以上时　　　　　　$c = 0.84 + 0.0335X$

冰点温度以下时　　　　　　$c = 0.84 + 0.0126X$ $\tag{39-10}$

式中，X 为物料的湿基湿含量，%；0.84 假设为干物质比热容，kJ/(kg·K)；c 为物料的比热容，kJ/(kg·K)。由于冰的比热容 [2.1kJ/(kg·K)] 约为水的比热容 [4.19kJ/(kg·K)] 的一半，冰点以下时物料的比热容较小。

实验研究已证明，物料比热容实测值总是大于上式的计算值，特别是在物料湿含量较低时误差较大。其原因可能是物料中结合水比自由水有较高的比热容值。用这种计算方法所得数据不够精确，但在缺乏实验数据时仍可利用该法初步估算物料比热容值。对于大部分湿含量较高的生物物料，用式（39-10）计算而得的比热容值和实测值相比误差较小，是可以接受的。

大量测试结果证明，生物物料比热容随其湿含量而变化，一般呈线形关系。生物物料干物质比热容值大大小于水的比热容值，所以生物物料的比热容值要比水小，其比热值视其湿含量而变。生物物料比热容不但随成分而变，而且随温度而改变。一般地说，比热容随温度升高而增大。大部分生物物料在低于冰点温度时其比热容是非常小的。当温度升高时比热容几乎呈对数增加。

（2）热导率和热扩散率

热导率 λ，单位是 $W/(m \cdot K)$，它反映了物料的热传导能力。热导率是傅里叶导热方程式中的比例常数，可简单表示为：

$$q = -\lambda A \frac{dT}{dx} \tag{39-11}$$

式中，q 为热流量；A 为垂直于热流方向的面积；dT/dx 为 x 方向的温度梯度；λ 即为热导率。

热导率的测定方法可分为稳态法和非稳态法两大类。稳态法测定热特性时物料内各点温度是不随时间而变化的。因此，它必须在导热过程已达到稳定状态后才能进行测定。稳态测定法中使物料达到稳定状态所需时间约数小时。测定时物料中存在温度差和湿度差，因而使物料中水分由热表面向冷表面迁移，直至达到平衡为止。这种水分迁移将会改变物料的物料性质，影响测定精度。因此，稳态法不适合高水分物料测定，只对湿含量低于 10% 的物料才有良好的适应性。非稳态法和稳态法的基本区别在于非稳态测定时物料在特定位置的温度是随时间而变的。非稳态法主要优点是可以快速得出结果。在许多情况下不需要测定热流量，可接受非常小的误差。在测定生物物料的热导率时，这些因素都是非常重要的。

生物物料热导率随物料化学成分、物理结构、物质状态和温度而变化。大部分生物物料都含有较多水分。和比热容一样，这些物料的热导率也可根据它们的湿含量和固体干物质的热导率进行估算。生物物料的热导率和温度有很高的相关性。实测证明，生物物料在冰点以上时，热导率和水的热导率一样随温度升高而增大。在冰点以下时和冰的热导率一样随温度下降而增大。

热扩散系数 D 又称为导温系数，单位是 m^2/s，它反映导热过程中物料导热能力和储热能力之间的关系。热扩散系数是衡量物料受热后温度传导能力的一个重要参数，用下式表示：

$$D = \frac{\lambda}{c\rho} \tag{39-12}$$

式中，D 为热扩散系数；λ 为热导率；c 为比热容；ρ 为物料密度。

热扩散系数可以根据热导率、比热容和密度计算而得，也可以采用直接测定的方法获得。如采用探孔测定法，在用热导率探针测定物料的热导率时，增加两个热电偶，即可同时测定物料的热扩散系数。该方法优点是试验时间短，温度变化小，较适合生物物料测定。

对于大部分生物物料，热扩散系数在 $(0.1 \sim 0.2) \times 10^{-6} \, m^2/s$ 范围内。它随温度和湿含量而变化。实测结果表明，它们之间函数关系并不确定。

39.2.1.4　流动特性

除了部分微生物是在固体表面上（固体载体工艺）或固体骨架里面（细胞固化工艺）培养和生产出来的，大部分生物物料基体以溶液、悬浮液、浆体或膏体等液体流态形式进入生产链直至干燥后变为固态。因而大部分生物物料为液体物料，在重力作用下会产生流动并且不能保持其形状。在设计和选择各种液体生物物料的干燥等加工和输送设备时，必须首先了解这些物料的流动特性。各种液体生物物料可呈现出截然不同的流动特性。同一种液体生物物料在不同的加工过程中如加热、冷却、浓缩和干燥等，其流动特性会发生很大变化。

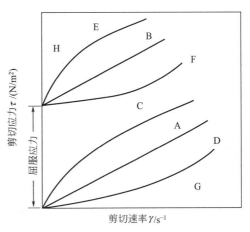

图 39-7　流体的流动曲线
A—牛顿流体；B—宾汉姆体；C—假塑性；
D—胀流性；E—假塑性的非宾汉姆体；F—胀流性的
非宾汉姆体；G—理想无黏流体；H—弹性固体

各种液体的流动特性可用流动曲线表示。流动曲线是表示液体所受剪切应力 τ 和剪切速率 γ 之间的函数关系。它一般是以纵坐标表示剪切应力 τ，横坐标表示剪切速率 γ 所绘制成的关系曲线，图 39-7 为各种流体的流动曲线。

根据液体流动性质不同可分为牛顿流体和非牛顿流体两类。当剪切应力和剪切速率之间存在线性关系时称为牛顿流体。所有的气体都是牛顿流体，纯液体及简单的溶液大多是牛顿液体，如牛奶、酒精和大部分食用油等。反之，当剪切应力和剪切速率之间不存在线性关系时称为非牛顿流体，大多数液体生物物料属于非牛顿流体，如血液、果酱、干酪和奶油等。非牛顿流体又可分为两大类：一类为在给定温度和剪切速率时，物料的剪切应力为常数，它不随时间而变化；另一类为在给定温度和剪切速率时，物料的剪切应力不是常数，它随时间而变化，如图 39-8 所示。

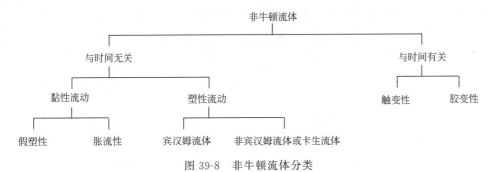

图 39-8　非牛顿流体分类

当液体的流动曲线通过坐标原点时，这类液体的流动称为黏性流动。黏性流动的液体受到剪切应力就会立即产生流动。当液体的流动曲线不通过坐标原点时，这类液体的流动称为塑性流动。塑性流动的液体只有当它所受剪切应力超过液体的屈服应力时，液体才会产生流动。

在液体生物物料干燥等加工中经常需要测定物料的流动特性，其目的往往是用于质量控制、了解物料的结构以及加工工程方面的应用。用于流体流动性质测定的方法有细管法、旋转法和振动法等[17]。

39.2.2　干燥特性

39.2.2.1　吸湿等温线

生物物料的吸湿等温线能反映它们从环境中吸附水分的能力，是选择干燥设备和决定包装方式的重要依据。吸湿等温线是由环境的相对湿度和在该环境下该物料的平衡湿含量所决定的。

吸湿等温线通常用重量分析法来测定。将已知湿含量的一定量的固体物料置于具有确定温度和相对湿度的环境中，经足够使其达到湿分平衡的时间后，重新测量试样的重量，并计算其平衡湿含量。在相同的温度下，改变环境的相对湿度，重复上述过程，利用所测得的数组数据，即可画出该物料的吸湿等温线。

在大多数情况下，通过逐步提高和逐步降低环境相对湿度所获得的吸湿和解析等温线是不同的。这种现象称为吸湿滞后现象，有时是非常有价值的。对于干燥来讲，只有解析等温线具有实际意义。

如果可能，吸湿等温线应在动态条件下，如流态化条件下测得。使用在静态下测得的吸湿等温线，如果应用在颗粒呈悬浮状态的流化床干燥器或气流干燥器时，可能导致较大的误差。Reprintseva 和 Fedorovich（1979）[18] 给出了某些生物物料和药品的吸湿等温数据。分析这些数据对干燥器的选择是很有帮助的。根据 Rebinder 的划分，对于只在零和饱和相对湿度下吸湿与解析等温线两点重合，具有很强的滞后特性的物料属于胶体物料。大多数的生物物料呈现上述特性。所有含有淀粉或药用胶的医药片剂也属胶体物料。不呈现或具有很小吸湿滞后（相对湿度在 0.2~0.9 之间）特性的物料属毛细多孔材料。抗坏血酸、对氨基邻磺酰苯甲酰亚胺和六亚甲基羟化四甲铵等可归为上述类型。吸湿滞后特性介于上述两者之间的则为胶体毛细多孔材料，如青霉素等。固-液两相间的结合能由毛细多孔材料到胶体材料逐渐增加。对于生物物料这种较难干燥的物料，在干燥过程中必须严格控制干燥温度和干燥时间。干燥温度取决于固-液间的结合能；干燥时间则取决于物料的几何尺寸和物料的初始湿含量。选定的干燥温度和干燥时间除要满足上述条件外，还要考虑物料的质量退化特性和产品对质量的要求。表 39-3 给出了某些物料的吸湿特性。

表 39-3　某些物料的吸湿特性数据

材料	湿含量/%（干基）						最大吸湿湿含量	吸湿热/10⁻²（kJ/kmol）
	物理结合		物理化学结合					
			多分子吸附		单分子吸附			
	毛细	渗透	吸收	解析	吸收	解析		
青霉素	21.4	9.6	3.0	3.6	1.0	1.0	19.0	134.0
链霉素	20.0	10.0	9.0	12.0	6.8	6.8	25.0	158.0
苯基水杨酸酯	—	—	—	—	0.18	—	1.0	58.12
乙酰基水杨酸酯	8.5	6.0	1.5	10.0	0.5	0.5	5.8	23.5
对氨基水杨酸酯	20.0	12.0	8.0	10.0	2.0	2.0	20.0	—
抗坏血酸	13.0	13.0	0.5	0.6	0.25	0.25	2.0	8.95
滑石粉	—	—	0.1	—	0.05	—	0.35	10.36
淀粉	32.0	22.0	13.6	16.0	8.2	10.0	26.0	56.35

更多有关生物物料的吸湿等温资料可参考文献[19,20]，有关药品的资料可参考文献[21]。

39.2.2.2　热敏性

　　干燥是一个与温度有着极其密切联系的生产过程，温度是影响生物物料干燥效果的最重要的因素。在通常条件下，温度的提高有助于物料干燥时干燥速率的提高。然而，在生物物料脱水和干燥过程中，物料受热温度过高可能导致活细胞的死亡率增加，以及组织成分的活性退化和变性等。热敏性就是用来定义生物物料对其所承受温度的系列反应的一个概念。

　　增加受热过程的强度和时间能加速微生物的成长，影响它们的形态和新陈代谢，将可能导致微生物的破坏和变性或热死亡。因此，干燥过程进行的限定条件可以用时间-温度复合表示，即表示出了物料的热敏性（也可称为热稳定性、热变性、热敏感或耐热性）。

　　图 39-9 为杆菌肽（添加到饲料中的一种抗生素）的热敏性温谱图[22]。从图中的曲线可以

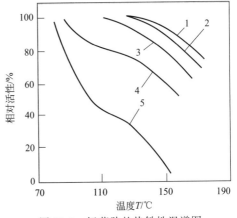

图 39-9　杆菌肽的热敏性温谱图
加热时间 t：1—5s；2—15s；
3—30s；4—60s；5—300s

了解到，在相对低的加热温度（110℃）下，最开始的 30s 内杆菌肽能保持原有的活性，随着加热时间的延长，其活性将逐步衰退；加热时间 60s 后，活性降低 20％；5min 后，活性降低 40％。在 150℃加热温度条件下，极短的时间（5～15s）内，杆菌肽的活性也能保持原有的 90％，可见在很短的加热时间内其物质成分的破坏非常有限。

　　生物物料的热敏性参数通常通过毛细管方法（液体培养）或试管方法（固体培养）来测定。在测试中，放在毛细管或试管里面的物料样品等温加热一个给定的时间间隔，再迅速冷却。然后再对样品的存活细胞数量和酶活性等重要指标进行分析。为得到精确的数据，样品整体需要加热均匀，特别是对于极短加热时间（5～15s）的样品。

　　除了在较高温度下，生物物料在较低的介质温度情况下也可能导致不良变化。图 39-10 为冷冻干燥时四种不同乳杆菌的热敏性温谱图[23]，它同时也表明不同悬浮剂（固化剂）对测试样品的活细胞存活率的影响效果。

　　需要注意的是，生物物料的热敏性不仅受其形式、状态和基因品种影响，而且还受原料形式、发酵成分、生物转化时间、媒介的水含量和酸性等许多其他因素影响。不同种类的生物物料，甚至相同种类的不同物料都可能有着不同的热敏性。同一种生物组织在不同的生产工艺期间也可能有不同的热敏性。例如，在微生物培养过程中，可以观察到培养基中一些物质（聚糖）含量的增加将影响微生物的热稳定性。孢子和非孢子微生物的热稳定性在 pH 值为 6～7 时最好，而当 pH 值增大时热稳定性将逐步降低。一般认为，溶液中含有蔗糖、葡萄糖、蛋白质和一些钙、镁、锰等金属离子时，能提高生物物料的热稳定性。

39.2.2.3　湿敏性

　　大多数生物物料是经过液体媒质栽培、系统合成或转变而成的，具有较高的初始湿分含量。实践证明，生物组织更容易在高湿度或高水活度环境下死亡。通常有两种方法用来降低生物物料的湿分环境和水活度：一种是加入可溶解的食盐、蔗糖或葡萄糖等物质的化学方法；另一种是通过热力干燥或冷冻升华干燥等物理方法来降低物料湿分。这两种方法都是通过阻止生物组织的退化来保护生物物料的。由生物物料组织内部和所处环境的水分的变化，

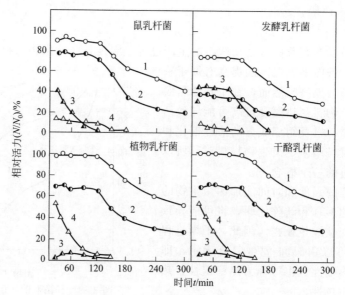

图 39-10　冷冻干燥时不同悬浮剂对乳杆菌活力的影响

1—核糖醇；2—谷氨酸；3—PEG1000；4—脱脂乳

而引起质量性能变化的难易程度，称为湿敏性。生物物料在干燥过程中，必定要经历湿含量的变化过程，因此抗湿敏性对于物料自身的保护特别重要。

实验数据分析表明，生物合成的微生物和产品的最终湿含量对于生物物料性能质量的影响应该独立考虑。例如抗生素、氨基酸、酶或激素等生物物料的性能质量会随着湿分的升高而降低。这些物料中的水分会导致各种各样的化学反应，如氨基和糖的化学反应会导致感官性能（色、味、溶解性等）的恶化，同时还会改变热化学性质（提高物料的弹性和黏度）。此外，这些化学反应通常是放热的，在产品的运输和储藏时可能会导致自燃。因此，这些生物物料必须脱水，而且其最终湿含量不能超过 8%～10%。因此，干燥后产品的质量取决于原物料的质量以及一些与物料特性有关的干燥方法和参数。

目前人们对生物物料脱水过程中的湿敏性，以及最终湿含量对微生物存活的影响等方面的了解还不是很透彻[3]。现有的数据表明，快速剧烈脱水干燥过程对于很多生物组织的活力性能有负面影响。物料的湿敏性取决于其物质固有特性，例如，链球菌具有非常显著的抗湿敏性，杆状菌、沙门氏菌和布鲁氏菌也具有较明显的抗湿敏性，而奈瑟氏菌株、嗜血杆菌和霍乱菌等微生物对湿度变化的耐受能力非常差，具有显著的湿敏性。

研究还发现，微生物中大细胞的干燥湿敏性比小细胞更显著，圆柱状细胞比球状细胞的干燥湿敏性更明显；具有厚壁的革兰氏阳性微生物相比于革兰氏阴性微生物的干燥湿敏性更明显；藻类和真菌类孢子比繁殖体的干燥湿敏性更显著。

39.2.2.4　水活度

生物物料都含有一定的水分，水是任何一种生物物料的主要质量成分，也是组成成分中含量最多的成分。水是维持生物物质生存必不可少的因素之一。大多数生物技术过程在水环境中进行，生产得到的产品是固体物质质量含量为 5% 左右的生物物料水悬浮液。在接下来的下游操作中，如分离、浓缩和保存，水分逐步减少。经蒸发器浓缩后，溶液中固体物质质量含量达 10%～20%，经离心过滤后，质量含量能达到 25%～30%。基于长期保存和装运方便等需求，生物物料还需进一步干燥脱水。通过热力干燥后，抗生素类物料的最终湿含量一般为 5%～8%，细菌和酵母类物料的最终湿含量一般为 20%～30%，其他不同物质的最终湿含量取决于其湿敏性和操作条件等因素。

生物物料的水分是随着环境条件变动而变化的。如果物料周围的空气干燥、相对湿度较低，则水分从物料向空气中蒸发，水分逐渐减少而干燥。反之，如果环境相对湿度高，则干燥的物料就会吸附水分以致水分增多。总之，不管是吸湿还是解析，过程至最终达到物料与环境湿度的动态平衡为止。通常我们把此时的物料湿含量称为平衡湿含量。

某种物质的水活度表示其在特定湿空气环境中（T，φ），其中微生物可实际利用的自由水含量，显然它不是该物质的全部水含量。水分活度的定义如下：

$$a_\mathrm{w} = \left(\frac{p_\mathrm{w}}{p_\mathrm{v}}\right)_T \tag{39-13}$$

式中，a_w 为水活度；p_w 为物料中所含水分的水蒸气分压；p_v 为温度 T 下纯水的饱和蒸气压。

式（39-13）与湿空气的相对湿度表达一致，因此水活度的值等于该物料在特定湿空气环境中（T，φ）中湿分平衡时环境的相对湿度值。纯水的水活度为 1；绝干物料的水活度为零。水活度直接影响生物物料的物理、化学和微生物特性，包括流动特性、凝聚和静态现象，生物组织的寿命、颜色、味道、成分、香味和稳定性，霉菌的生成和微生物的生长特性等。因此在研究生物物料干燥过程的质量降解时，不仅要分析其湿含量，还要分析生物物料的水活度。

图 39-11 为水活度和不同溶质分别对革兰氏阴性细菌和革兰氏阳性细菌在 28℃保存 30 天后，活细胞存活状况[24]。水活度是一个直接影响生物物料保质期的重要因素。例如，水活度值为 0.81 的蛋糕，其 21℃时的保质期为 24 天；如果水活度提高到 0.85，则该指标将降低为 12 天。表 39-4 列出了一些生物物料中微生物不生长或活性失效的临界水活度值[25]。从表中可以看出水活度值在 0.6 以上时微生物和酶的活性得到加强。

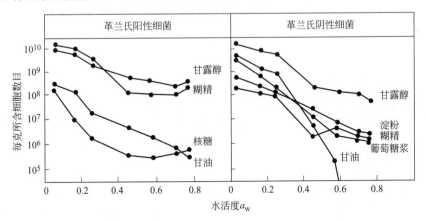

图 39-11　革兰氏阴性细菌和革兰氏阳性细菌在不同水活度和溶质中的存活情况

表 39-4　生物物料中微生物成长与最低水活度环境

水活度 a_w	受此范围内最低水活度抑制的微生物	典型食品物料
0.95～1.0	假单胞菌、埃希氏菌、变形杆菌、螺菌类、克雷伯氏菌、芽孢杆菌、产气荚膜梭菌	新鲜的食品和罐装水果、蔬菜、肉、鱼及牛奶；熟香肠和面包；含糖达 40% 或含盐达 7% 的食品
0.91～0.95	沙门氏菌、弧菌、肉毒杆菌、沙雷氏菌、乳酸菌、片球菌和一些丝状真菌及酵母菌	一些干酪（切达干酪、瑞士硬干酪、门斯特干酪、波罗夫洛奶酪）、盐腌肉（火腿）、一些浓缩果汁；含糖达 55% 或含盐达 12% 的食品

水活度 a_w	受此范围内最低水活度抑制的微生物	典型食品物料
0.87～0.91	许多酵母菌（假丝酵母、球拟酵母、汉森酵母）、微球菌	发酵香肠（如意大利腊肠）、松糕、人造黄油；含糖达 65% 或含盐达 15% 的食品
0.80～0.87	大多数丝状真菌（如青霉素）、葡萄球菌、大多数酵母	大多数浓缩果汁、甜炼乳、巧克力糖；湿含量 15%～17% 的面粉和大米；水果蛋糕、软糖
0.75～0.80	大多数嗜盐细菌	果酱、蜜饯等
0.65～0.75	嗜旱曲霉菌、双孢酵母	湿含量达 10% 的燕麦片；糖蜜、蔗糖、一些干的水果和坚果
0.60～0.65	嗜渗酵母、一小部分霉菌	湿含量 15%～20% 的干水果、焦糖、蜂蜜
0.60 以下	微生物不繁殖	意大利面制品；湿含量 10% 的食品物料

39.3　生物物料的退化过程

39.3.1　热力干燥过程中的主要变化

生物物料在热力干燥过程中可能会发生许多变化。其中主要有生物化学变化、酶变化、化学变化和物理变化（见表 39-5），某些生物物料的生物化学变化与细胞和结构中的水分降低有关（如酵母和细菌）。酶变化主要是由于生物聚合物的分解。化学变化则会导致物料中某些营养成分的降低，并可能产生一些有害成分。生物化学和化学变化又常会导致物料的物理特性发生变化，如可溶性和结合水的能力降低，芬芳组分的丧失等。

表 39-5　生物物料在热力干燥过程中的主要变化

反应类型	退化过程	典型物料	变化中的结果
生化反应	微生物退化、细胞破坏	酵母、细菌、霉菌等	蛋白质变性，细胞失活
酶反应	活力下降、脂肪过氧化	酶、维生素、脂肪等	与其他组分发生反应（包括蛋白质和维生素）
化学反应	氨基酸破坏、淀粉胶化	蛋白质、淀粉、氨基酸等	蛋白质变性，营养成分降低，增进消化率和能量利用，分子破碎
物理反应	焦糖化	单糖	颜色、风味丧失
	物理特性改变	所有物料	破裂，收缩，变形，可溶性改变

39.3.2　质量退化动力学

生物物料的热力干燥中，许多因素如物料温度的升高、湿含量的改变、干燥介质的氧浓度和 pH 值等，均会导致上述各种变化。因此，必须通过优化过程条件，采用更加有效的操作方式，甚至改变操作过程本身，来创造最有利的干燥过程和条件，以最大限度地降低那些不利的变化，并达到最佳的质量保持效果。对生物物料质量退化动力学的深刻理解，先进的测试和分析手段，以及计算机技术的应用，均有助于产品质量的改善。计算机对过程的模拟、分析以及优化需要建立一系列的代数方程、微分方程乃至偏微分方程，来描述所分析系统的动力特性。这样一组方程称为数学模型。该数学模型通常需要通过计算机利用合适的数值方法来求解。通过对物料质量退化过程的分析，可以加深对所控制过程机理的理解，并据此建立合适的数值模型。该过程是一个非常复杂的过程，目前还没有一个通用的描述式。现行的研究中，通常大都认为该过程服从化学反应方程式[26]：

$$-\frac{\mathrm{d}Q}{\mathrm{d}t}=K_{\mathrm{D}}Q^{n} \tag{39-14}$$

式中，Q 为生物物料的质量指标；t 为时间；K_{D} 为反应常数；n 为反应级数。

上述方程中，最简单的反应是一级反应。许多微生物的退化过程均服从一级反应方程式，如酶的退化[27-31]，维生素 C 的损失[32-39]，颜色的改变[40-42]，风味的丧失或减弱[43-45]等。还有许多生物物料呈零级反应特性，即反应过程中质量退化速率与反应物质的存留量无关。某些物料的非酶褐化过程是零级反应，包括各种水果，见文献 [20，38，46，47]，蔬菜见文献 [48]，奶粉见文献 [49，50]。此外，某些物料的冷冻干燥过程也服从零级反应，如碳水化合物、脂肪和蛋白质等，见文献 [51]。

除一级和零级反应外，其他级数也是可能的，如维生素 C 的氧化过程就服从半级反应方程式[52]。而某些酶催化反应呈混合级数反应[53]。但多数生物物料的质量退化反应还是一级或零级反应。

在应用方程（39-14）时应注意，若反应的级数不同，则其中的反应常数 K_{D} 的单位会发生变化。

$$K_{\mathrm{D}}=\frac{Q^{1-n}}{t} \tag{39-15}$$

另外，方程（39-14）中的反应常数 K_{D} 与物料的温度、湿含量以及环境的氧浓度、pH 值等因素有关，若要应用方程（39-14）来预测生物物料在干燥过程中的质量变化情况，必须了解它们之间的关系。下面将一一予以介绍。

39.3.2.1　温度的影响

许多生物物料是热敏性物料。这类物料的热抵抗能力很弱，高温条件下微生物的热死亡速率很高。比较典型的热敏性物料有某些维生素（维生素 C，维生素 B_1，维生素 D，以及泛酸等）、酶、病毒、酵母和菌种等。对于这类物料，描述反应常数与温度的关系应用最广泛的是 Arrhenius 方程：

$$K_{\mathrm{D}}=k_0\exp\left(-\frac{E_{\mathrm{D}}}{RT}\right) \tag{39-16}$$

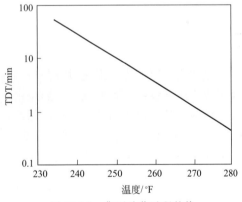

图 39-12　典型杀菌过程的热致死时间曲线（$1\mathrm{°F}=5/9\mathrm{K}$）

式中，k_0 为频率系数；E_{D} 为活化能；R 为气体常数；T 为物料的热力学温度。除 Arrhenius 方程外，也有用其他关系式来描述反应常数与温度之间关系的。热致死时间（TDT）就是其中的一种。TDT 是杀死物料中的全部微生物或毁灭所有营养成分所需要的时间。假定微生物的 TDT 与温度之间遵循半对数关系（见图 39-12），用数学式表达如下：

$$\lg(\mathrm{TDT}_1/\mathrm{TDT}_2)=(T_2-T_1)/Z \tag{39-17}$$

式中，TDT_1、TDT_2 分别为在物料温度 T_1、T_2 下的热致死时间；Z 为 TDT 曲线（或下述 D 值）斜率的负倒数。

有时还采用十余一时间 D，即质量指标衰减至 10% 所需的时间，来代替 TDT 时间。这时式（39-17）变为：

$$\lg(D_1/D_2)=(T_2-T_1)/Z \tag{39-18}$$

式中，D_1、D_2 分别为在物料温度 T_1、T_2 时的分率衰减时间。TDT（或 D）曲线斜率的负倒数 Z 表达了反应速率与物料温度之间的依赖关系。其值愈小，表明该物料的反应速率愈大，即对温度变化愈敏感。

Ramaswamy 等[54]对上述两种表达方式在应用中的异同进行了详细的讨论，有兴趣的读者可参阅上述资料。尽管还没有可靠的证明指出哪一种方法更好一些，但在实际应用中，还是 Arrhenius 表达式被采用得多一些。

方程（39-16）中的生物退化活化能 E_D，通常均用 K_D 对 $1/T$ 曲线的斜率导出。它取决于物料的构成因素，如水活力、湿含量、固相浓度等。

39.3.2.2　湿含量的影响

在热力干燥过程中，物料的湿含量也是一个影响产品质量的非常重要的因素。大多数生物物料都存在一个最佳的湿含量范围。在这个范围内，微生物或营养成分可以保持最大的活力或最稳定的状态。如孢子菌制剂的生物活性在湿含量保持在 $8\%\sim9\%$ 时最高。某些物质的细胞结构，如酶，在湿含量较高时（尤其在高温状态下）会迅速明显地受到破坏，从而导致活力降低[55]。这类物料称为湿敏性物料（它们也许在窄的湿含量范围内比较稳定）。还有一些微生物合成产品和孢子类，如氨基酸、抗生素和某些菌株等，属于这类物料。

目前还没有一个成熟的通用的表达式能描述反应常数 K_D 与湿含量之间的关系。一些研究者针对某些特定的物料和质量指标推荐了一些表达式。如 Mizrahi 等[48]用下述公式描述卷心菜的褐化过程与湿含量的关系：

$$褐化速率 = k_1\left(\frac{k_2+X}{k_3+X}\right)^s \tag{39-19}$$

式中，X 为物料的平均湿含量；k_1，k_2，k_3，s 为常数。

有时不用湿含量而用水分活度来描述湿分对退化过程的影响，特别是在描述生物物料和食品在储藏过程中的质量退化过程时，如豆条的氧化过程即反比于水分活度的平方根[56]。

39.3.2.3　氧的影响

一些生物物料的质量退化过程与氧的存在有关，特别是脂肪类物料的过氧化过程。热力干燥过程中脂溶性维生素的损失主要是由于过氧化物或自由基与维生素的反应所致，这些过氧化物或自由基来源于脂肪的氧化。因此，只要能防止脂肪的氧化，即可降低脂溶性维生素（至少是维生素 A 和维生素 E）的过程损失[57]。

下述关系式经常被用来描述反应速率与氧浓度或氧分压之间的关系[58,59]：

$$反应速率 = \frac{p_{O_2}}{k_1+k_2 p_{O_2}} \tag{39-20}$$

式中，p_{O_2} 为氧分压；k_1，k_2 为常数。

39.3.2.4　温度与湿含量的综合影响

在干燥过程中，大多数生物物料的质量退化过程均不仅与一个因素有关，可能会有两个或数个影响因素共同作用，影响物料的退化过程。由于很多生物物料在干燥过程中同时呈热敏和湿敏的特性，温度-湿含量混合模型应用最为广泛。如酶[28]、酵母[7,30]、维生素 C[6,41]等物料的退化过程可用温度-湿含量混合模型描述。

这时只要将方程（39-16）中的频率系数和活化能改为湿含量的函数就可以了，即：

$$K_D(X,T) = k_0(X) \exp\left[-\frac{E_D(X)}{RT}\right] \qquad (39\text{-}21)$$

至于 $k_0(X)$ 和 $E_D(X)$ 的具体函数关系和其中的常数，则需通过实验和数值拟合技术来确定。

39.4 生物物料的干燥方法及装置

除少数情况外，现今大多数生物物料在某个生产阶段均需做干燥处理。生物物料需要特定的湿含量以便加工、成型、造粒或储运等。最终湿含量决定了干燥时间和干燥操作的条件，同时也应该避免过度干燥。生物物料颗粒内部的湿分梯度和颗粒间湿含量的均匀性也是重要的。对生物物料采用的干燥方法，应重点考察干燥中保证产品质量和节能的措施，着力避免干燥产品组织破坏、蛋白质变性、颜色消退或酶活性下降等。由于降质、相变、褪色、变性和其他因素，生物物料的干燥温度限制可能更严格。生物物料的热敏性决定了最高温度以及此温度下物料可承受的干燥时间。生物物料干燥装置的设计同一般物料大同小异。由于生物物料营养成分和组织活性的保存等要求，在干燥工艺和装备结构上有一定的局限性。

由于干燥方式种类繁多，而且即便是同一类型的干燥方式也有多种不同的设计，因此本节只选择一些在生物物料干燥中应用较广泛的干燥方法进行讨论。考虑到生物物料对干燥后产品质量的要求，本节将重点讨论它们在干燥过程中对生物物料质量的影响及优缺点。

39.4.1 喷雾干燥

喷雾干燥器被广泛地应用于溶液及稀薄浆料的干燥。物料首先被雾化为直径小于 0.25mm 高度分散的小液滴，然后经热风加以干燥。干燥时间仅为数秒钟。尽管通常干燥气体的温度都较高，但物料的温度一般不高于其湿球温度，所有物料与干燥介质的温差较大。低温加上较短的热处理时间，使得喷雾干燥器特别适用于热不稳定性物料的干燥。

一个典型的用于生物物料干燥的开式循环喷雾干燥系统如图 39-13 所示。有些干燥系统还在干燥室的底部通入冷空气，对即将排出干燥器的物料进行冷却。这种系统适用于那些在较高温度下易于黏结的物料。

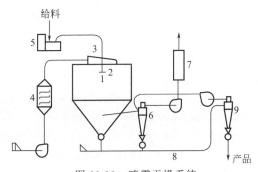

图 39-13 喷雾干燥系统
1—干燥室；2—喷雾器；3—气体分配器；
4—空气加热器；5—进料泵；6—主旋风收集器；
7—湿法洗气器；8—气流输送系统；9—旋风分离器

喷雾干燥后的干颗粒非常细，可直接用于造粒或与其他成分混合，并且有利于速溶。但这种干燥系统的热空气不能再加热循环使用，所以它的干燥效率较其他干燥器要低。通常蒸发 1kg 水分需要 1.5~2.5kg 左右的蒸汽。

实际应用中，为了提高效率，经常用多效真空蒸发器预先蒸发掉一部分水分，然后再用干燥器干燥至所需的最终湿含量。最常用的奶粉生产工艺就是先把原奶蒸发、浓缩至 35% 左右的湿含量，然后再喷雾干燥至 10% 的最终含水率。对于生物物料的干燥，由于发酵过程中改变转换系数以及添加剂等情况，会使发酵液的组成和特性发生变化，从而可能会在喷雾干燥器中发生物料粘壁的现象。这可以通过调整干燥器的结构来防止。Tutova 和

Kuts[60]在喷雾干燥器的干燥室内加装了一个带有数个喷嘴的清除器，它沿着器壁旋转并清除粘在壁上的物料。它们的另一种设计是在顺流喷雾干燥器内加装一个气体分布器，喷出的气体沿壁面形成一层气垫，从而预防粘壁现象。

某些黏性较大的生物溶液在喷雾干燥器中很快就被干燥成湿含量低于10％的固相颗粒。其干燥过程是这样的：当小液滴接触到很高温度的干燥介质后，表面快速蒸发形成一层硬壳，而内部的水分还未来得及迁移至表面。这部分水分只能在颗粒的硬壳内部蒸发并形成很多小气囊，气囊内的蒸汽在通过硬壳的释放过程中在表面上穿出许多微孔。当干燥继续进行时，由于内部的收缩最终形成一个中空的多孔干燥颗粒。这样结构的颗粒具有很大的表面积，并有很好的速溶性，但其缺点是产品在储存过程中易氧化。

某些物料在 $5.5m \times 5.5m$ 的离心雾化喷雾干燥器中干燥的一些数据列于表 39-6 中[31]。

表 39-6　生物制品的喷雾干燥

物料	进料浓度/%	气体温度/℃		蒸发速率/(kg/h)
		进气	排气	
咖啡	30	149	82	227
动物血浆	35	166	71	354
酵母	14	227	60	490
赖氨酸饲料①	—	290～250	80～125	1000

① 使用 $5.4m \times 9.0m$ 的离心雾化喷雾干燥器[61]。

39.4.2　流化床干燥

流化床干燥（包括振动流化床）在生物物料的干燥中应用十分广泛，通常被用来除去晶体和颗粒物料中的残留水分。固体颗粒物料在这两种干燥器中呈流态化，混合均匀，具有较高的传热和传质速率，并能防止物料的过热。它们还能设计成多级干燥系统，在不同的干燥阶段采用不同温度的干燥介质。因此在流化床中固相颗粒物料的温度和湿含量较其他干燥过程更容易控制，这也正是流化床干燥较广泛地用于热敏性和湿敏性物料的原因之一。

流化床干燥器干燥生物物料的缺点是可能对细胞造成机械破坏，引起被干燥物料的黏结和粘壁等现象。后两种情况会导致物料的干燥程度不均匀和局部过热等问题。它们的另一个缺点是必须要限制干燥介质的流速在其物料夹带速度以下。为了控制过程参数，满足产品质量要求，流化床干燥器经常被设计成具有多级干燥性能的结构，这种结构更容易调整过程参数。一种用于结晶白糖干燥，具有干燥和冷却功能的流化床干燥器见图 39-14[62]。

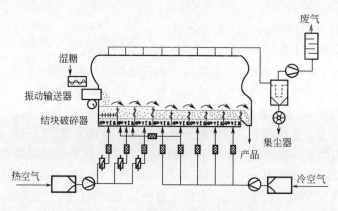

图 39-14　多级流化床白糖干燥器

振动流化床干燥器除能进行物料的干燥外，同时能对粉末状物料造粒。生物技术产品经常呈悬浮液或膏状，这些物料也可以用流化床或振动流化床干燥器进行干燥。这时整个干燥系统需要做一些调整，经常使用的有如下两种方法：

① 用合适的惰性材料颗粒形成流化床，然后将液状生物物料喷洒在这些惰性材料上进行干燥（这类似于喷动床干燥）；

② 通过部分干燥物料的再循环形成流化床，并将液状原料喷洒在这些再循环物料的流化床上进行干燥（见图 39-15）。

上述两种方法在实际应用中都有一些局限性。第一种方法干燥后的物料需要解决物料与惰性材料的分离问题；第二种方法用于热敏性物料时，由于部分物料可能因循环次数多、产品过热而影响产品质量。

39.4.3　转鼓干燥

转鼓干燥也称为"膜干燥"。这是因为干燥中稀糊状物料或浆液被吸附在旋转的加热转鼓外表面上，形成一层固相膜，膜内的水分则蒸发到鼓外的环境中。有时整个干燥装置被密闭在一个真空的环境内，以达到快速及低温干燥的目的。

转鼓干燥装置有单鼓和双鼓两种形式。后者大多应用在大型的干燥器上。图 39-16 是一台典型的转鼓干燥器示意图。浆状物料被送到两鼓中间的空隙处，通过两鼓的相向转动，在鼓面上形成均匀的料层。这是一种较常见的给料方式，称为"夹式给料"。这种给料方式膜的厚度可以通过改变两鼓间的距离加以调整。

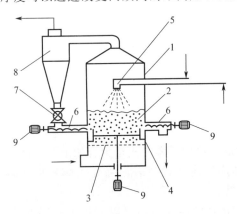

图 39-15　用于液状物料的流化床干燥器

1—流化室；2—流化床层；3—气体分布板；
4—结构破碎器；5—雾化喷嘴；6—螺旋进料，
排料器；7—旋转进料器；8—旋风分离器；9—马达

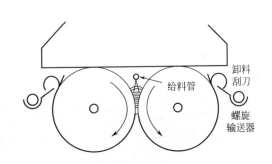

图 39-16　"夹式给料"转鼓干燥器

还有一些其他的给料方式[63]，其中最简单的一种称为"浸式给料"。这种干燥器可用于接触吸附干燥，图 39-17 为用于接触吸附干燥的双鼓干燥器[3]。干燥器含两个可以内部加热的空心转鼓，转鼓外表面部分浸入盛有浆料的料槽 $100 \sim 250\,mm$ 处。进料连续稳定，通过转鼓旋转形成料膜。膜的厚度不能用机械的方式调整，但可以通过改变料液浓度调整。表 39-7 给出了一些生物物料在"浸式给料"双鼓干燥器中干燥的一些数据。

转鼓干燥的转鼓速度通常为 $1 \sim 5\,r/min$，所以物料干燥时间较其他干燥器要短。如果在真空条件下操作，再辅之以较短的干燥时间，它特别适用于热敏性物料的干燥。如果再降低转鼓转速，延长干燥时间，会使接近卸料刮刀处的料膜温度接近鼓面温度。这样高的温度可能会造成物料焦化的危险。另外，较薄而又裸露的膜状物料还容易发生产品的氧化现象。

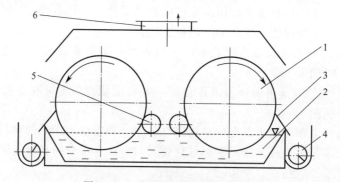

图 39-17　"浸式给料"双鼓干燥器

1—圆柱形转鼓；2—浆液；3—卸料刮刀；4—干料输出；5—成膜小鼓；6—排烟道

表 39-7　生物制品的转鼓干燥

物料	湿含量（湿基）/（kg/kg）		加热蒸汽压力 /10^5 Pa	干料产出率 /[kg/(m² · h)]	干燥速率 /[kg/(m² · h)]
	初始	干料			
啤酒酵母	0.90	0.080	5.2	5.8	47.4
饲料酵母	0.78	0.075	4.7	11.0	35.4
脱脂鲜奶	0.912	0.040	5.3	6.2	61.5
单宁提取物	0.50	0.032	4.13	6.0	5.6

39.4.4　喷动床干燥

喷动床干燥经常用于较低固相浓度的悬浮液干燥，图 39-18 是它的操作示意图。干燥室是柱锥结构，内部装有一些颗粒状的惰性粒子。操作时，这些惰性粒子在干燥器底部进入的高速气流冲击下呈流化状态。被干燥的稀薄悬浮液则通过喷嘴喷洒在惰性颗粒的外表面上。惰性颗粒一般为 5～10mm 的方形或球形。这种干燥方式至少有如下两个优点。

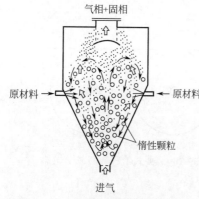

图 39-18　喷动床干燥器操作示意图

① 被加热的惰性材料表面强化了物料的干燥过程（两面受热）。

② 快速运动的惰性材料可以清理干燥器的壁面，并能保证被干燥物料呈均匀的高度分散状态。

这种干燥适用于那些对热不十分敏感的生物物料的干燥（如某些氨基酸等）。它可以处理与喷雾干燥相似的物料，但由于它的容积蒸发速率较喷雾干燥高，干燥室尺寸小，投资成本低，在某些方面优于喷雾干燥[64]。Markowski 曾使用抗生素饲料对这两种干燥的性能进行过比较，其结果列于表 39-8 中[64]。

表 39-8　抗生素饲料的喷动床与喷雾干燥器干燥数据

参数	喷动床干燥器	喷雾干燥器	
		实验室规模	生产规模
进气温度/℃	170	200	248
排气温度/℃	90.5	85	80

续表

参数	喷动床干燥器	喷雾干燥器	
		实验室规模	生产规模
初始湿含量/%	80.2	83.4	83
产品湿含量/%	2.64	6.55	5.24
容积蒸发速率/[kg/(m³·s)]	0.00437	0.0026	0.0014
热利用系数	0.45	0.53	0.58
气流比/(kg/kg)	36.5	25.4	18.9
颗粒直径/nm	0.247	0.97	3.09
活力/mg^{-1}	4.2	4.3	4.4
蒸发能力/(kg/h)	8	12	1200

　　实验结果表明，喷动床干燥的容积蒸发速率远远高于喷雾干燥，而喷雾干燥的热利用系数则高于喷动床干燥的 20% 左右。在保持产品干燥后的活力方面，喷雾干燥略占优势。

39.4.5　气流干燥

　　气流干燥的工作原理与喷雾干燥有些类似。不过在气流干燥中物料是被送到干燥器底部的上升热气流中，随热气流通过干燥室。被干燥后，在干燥器顶部与气流分离排出装置外。它经常被用于固体颗粒或膏状物料的干燥。气流干燥器要求进口的物料呈高度分散的状态，否则很难迅速地被气流带走。为了解决这一问题，在实际操作中，常将一部分干燥后的物料与原料混合再循环，以提高进料的疏松度。图 39-19 即为一种气流干燥器的示意图。

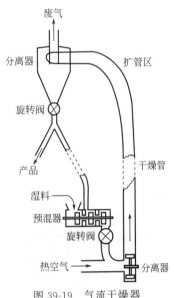

图 39-19　气流干燥器

　　气流干燥器管道内的气流上升速度必须能携带最大的颗粒进入旋风分离器。在实际设计中，经常取由斯托克斯方程所计算出的湿物料自由落体速度的两倍。在干燥器上部，管道截面经常被适当扩大，以延长物料在干燥室内的停留时间。典型的气流速度在 15～45m/s 之间。所以物料与热气流的接触时间很短，这可以保证物料不致过热。

　　对于物料非循环的气流干燥器，由于物料与干燥介质接触时间短，整个干燥的热效率很低。如热风进口温度很高（500℃以上），热效率会稍有提高。但如热风进口温度为 150℃ 时，其热效率仅为 30% 左右。某些措施，如适当增大风道截面、废气再循环利用等，可以适当提高热效率。

39.4.6　冷冻真空干燥

　　冷冻干燥又称为冷却升华干燥，是在干燥之前先将物料冷冻到该种物料的共晶点温度以下，使水分变成固态的冰，然后在适当的真空度下，使冰直接升华为水蒸气，再用真空系统中的水汽凝结器将水蒸气冷凝，从而获得干燥制品的技术。冷冻干燥技术在生物物料方面的应用比较早，大约在 1811 年研究人员就开始用冻干法对生物体脱水；1909 年 Shackell 试验用冻干法保存菌种、病毒和血清；1911 年 Hammen 更进一步地证明了用冻干法保存细菌的成活率；1929 年 Sawyer、Lioyd 和 Kitchen 成功冻干黄热病毒。

　　冷冻干燥一般是在真空下进行，除具有真空干燥的特性外，还因预先冻结时固定了物料的外形，形成了固体骨架，干燥后能保持形状基本不变，物料内的物质成分分布均匀，形成多孔状物质结构，容易吸水。对于一般生物物料，既能保持物料的色、相、味、营养成分、形状不变，又能保证生物制品不受污染和活性不变。冻干物料含水率可以达到很低，方便长途运输和长期储藏。我国各生物制品研究所都采用冻干法生产活菌菌苗和活毒疫苗，主要产品有冻干卡介苗、鼠疫苗、痢疾菌苗、麻疹疫苗、流感疫苗和血红蛋白等。

近几年来，人们对生物物料干燥后的品质要求非常重视。一般对干燥后生物物料的含水均匀性、色、相、味、活性、营养成分等都有严格要求，特别是其在干燥后还要求保持原有活性。采用冷冻干燥技术干燥生物物料，是一种比较常用而又理想的方法。

39.4.6.1　冷冻真空干燥的优缺点

对于热敏或易氧化物料，冷冻真空干燥可能是最好的干燥方法。许多生物物料和药品都用这种方法干燥，如血清、血浆、盘尼西林、抗生素、某些菌种等。有些食品，如某些蔬菜、肉、鱼和虾等也用冷冻干燥。冷冻真空干燥的最初阶段要在冰点以下，随后是水分通过升华而直接变成蒸汽的过程，操作压力要明显低于冰、水和蒸汽的三相点，对于纯水就是 $0{}^{\circ}C$，$0.533kPa$。由于物料中的水分经常含有一些可溶性物质，此点还要降低，操作上，常将压力降至 $0.33kPa$ 以下。

生物物料在真空下的冷冻干燥有以下一些优点。

① 所有代谢的反应速率均会降低，包括再生。化学反应速率，包括酶的催化作用，也会降低。

② 蛋白质的变性会大大减小，所以活性组织常会保持其活力。这部分是因为低温处理，也有盐和其他一些溶质迁移减慢以至停止的缘故。总之这意味着最终产品的质量会保持在与干燥前同一量级上。

③ 某些挥发性组分，如精炼油等的损失会大大低于经其他干燥方法处理后的损失。

④ 干燥均匀，很少会出现"表面硬化"的情况。

⑤ 如果需要，产品的最终湿含量可达很低的水平。而用其他干燥方法，就必须将物料在高温下处理很长时间。

⑥ 干燥后，产品的堆积体积与干燥前相比，变化很小，并具有疏松、脆性结构。这种结构对于那些要求后续加工、重构的物料特别有利。另外，它的速溶性也大大提高。

⑦ 真空状态下的低氧浓度处理，能降低产品的氧化程度。

⑧ 物品可以装在它的最终产品的容器内干燥，这可以简化产品的灭菌工艺，特别适合于一些药品的干燥。

⑨ 如果产品的最终含湿量较低，并能很好地密封，可以在常温下保存较长的时间。

尽管冷冻真空干燥具有上述诸多优点，但对于那些需要大批量处理的物料却不能广泛地应用。这主要是由于下列一些因素限制了它的应用。

① 冷冻真空干燥的干燥设备投资成本、操作成本均高于一般的干燥过程。干燥时间也较长，一般均在 10h 以上。

② 如果提高干燥速率，会降低产品质量，特别是一些蛋白质食品，会使鱼和肉类食品呈纤维状结构。

③ 由于干燥后的产品表面积增大，特别易于氧化，因此必须采用真空或惰性气体封装。

39.4.6.2　冷冻阶段对产品质量的影响

冷冻干燥过程中，升华前的冷冻是一个非常重要的阶段。它对产品的最终质量有很大的影响。这种影响可以分为两方面来讨论，即冷冻温度和冷冻速度。

事实上，即便是在冰点以下，许多物质中的水分并不能完全结冰，仍然有少量湿分呈液状（见表 39-9）[60]。

表 39-9　某些物质在不同温度下的结冰湿分　　　　单位：％

物质	最低冷冻温度/℃	平均温度/℃				
		−5	−10	−20	−30	−40
蒸馏水	0	100	100	100	100	100
自来水	0.3	94	97	98.5	99	99.2
口蹄疫病毒	−2.2	56	78	89	92.7	94.5
禽霍乱病毒	−2.4	52	76	88	92	94
猪丹毒菌株	−2.1	59	79	89.5	93	94.5
炭疽疫苗	−1.0	80	90	95	96.7	97.5
孤杆菌株	−1.0	80	90	95	96.7	97.5
乳酸菌	−1.4	72	86	93	95.7	96.5
脱脂乳	−0.5	90	95	97.5	98.3	98.8

这些液态物质中会有球蛋白、有机盐和各种有机化合物，如糖和各种核苷酸等，提供给微生物生长的营养成分。如果这种残存湿分的含量高于它的最小水活度值，微生物就会继续生长繁殖。某些有机物质的最小水活度值列于表 39-10[65]。

表 39-10　某种活性物质的最小水活度值

物质种类	最小水活度 a_w	物质种类	最小水活度 a_w
普通细菌	0.91	趋渗酵母(高糖浓度)	0.60
普通酵母	0.88	嗜干霉菌	0.65
普通霉菌(不同种类,其值不同)	0.62~0.93	嗜冷菌	0.75
嗜盐菌	0.75		

例如，盐浓度提高引起的蛋白质变性通常是可逆的，而且会导致物质结构的较大变化，或者个别细胞活力的下降。

在 −5.5℃下，压榨牛肉汁的反应很快，因为在此温度下仅有 80％ 的水分结冰，而且残余水分中的盐浓度提高至原始浓度的 5 倍[65]。这样的残余水分足以导致牛肉的蛋白质变性。另外，细胞中残余的 20％ 的水分，也可供反应物质的代谢过程。因此，只有较低的温度才能使生物物料的残余水分低于它们的最小水活度值，从而抑制它们的反应。

冷冻阶段影响产品质量的另外一个因素是冷冻速度。很早以前，人们就发现快速冷冻的物质在冷冻保藏中较缓慢冷冻的物质质量会明显提高。后来的理论证实，这主要是由于冰晶尺寸的不同。缓慢冷冻的物质，其内部水分冻结形成的冰晶尺寸较大，刺破了细胞壁。这就可以解释鱼和肉类食品在不同的冷冻温度下，其结构不同和微生物的活力降低的原因。快速冷冻过程物质内部的水分形成的冰晶小，分布均匀，这不仅有助于细胞的保护，而且会强化以后的脱水过程。经快速冷冻后的物质在升华阶段其蒸发速率大约是慢速冷冻后物质的 3~5 倍。快速冷冻的工业化定义是物料的中心部分温度能在 2h 内从 0℃ 降至 −5℃，或是冰层每小时形成 10~30mm。

39.4.6.3　升华阶段对产品质量的影响

在冷冻干燥的升华阶段，升华温度是一个重要的因素。最佳的升华温度是共晶点以下的温度，但在实际操作中，很难达到这个温度，因为在这个温度下，干燥时间较长，从而需要较多的能量。

在升华阶段，必须严格控制供给的热量，以获得满意的干燥速率而又不致使物料溶解或

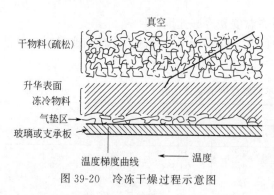

图 39-20　冷冻干燥过程示意图

导致物料质量下降。特别是在所谓的"气垫区域"更是如此。图 39-20 是冷冻干燥过程的示意图。

在将被干燥的物料中加入一些保护物质，如甘油或糖（果糖、蔗糖或乳糖等）能改变物料的共晶温度，从而提高冷冻干燥中的升华温度，这些加入的物质能保护微生物不致因盐浓度过高而受到伤害，同时也有利于冰晶的形成。

39.4.6.4　冷冻干燥装置

一台典型的冷冻干燥器包括一个干燥室、真空系统和一台蒸汽冷凝器。蒸汽冷凝器可以设置在干燥室内，也可以与干燥室分离设置。干燥室的结构和用于升华的热能的提供方式有多种形式。

图 39-21 是一台连续刮板式冷冻干燥器的示意图[66]。这种干燥器特别适用于生物物料的干燥。固相浓度较低的悬浮液（小于 40%）由装在旋转中心管上的喷嘴喷洒向真空干燥室器壁并在器壁上被冷冻。干燥室呈圆筒形，其外部有一个冷却夹层。升华的热量由装在旋转中心管上的热辐射器提供。在器壁上干燥后的产品由刮板卸下（图 39-21 中未示出真空系统）。

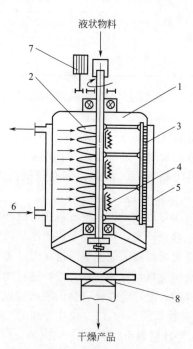

图 39-21　连续刮板式冷冻干燥器

1—真空室；2—喷嘴；3—刮板；4—热辐射器；5—冷却夹层；6—冷冻介质；7—马达；8—真空密封装置

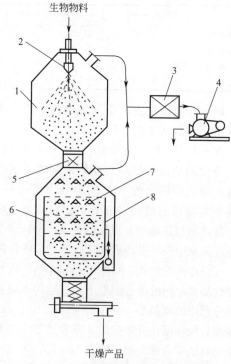

图 39-22　连续振动-重力冷冻干燥器

1—冷冻造粒室；2—进料；3—冷凝器；4—真空泵；5—进料阀；6—升华干燥室；7—热辐射器；8—振动筛板

图 39-22 示出了一台与上述形式不同的连续振动-重力冷冻干燥器[67]，它可用于液状或膏状物料的干燥，液状或膏状物料在干燥器上方的冷冻造粒室喷入或送入，经冷冻造粒靠重

力落入下方的升华干燥室干燥。该室内设置有振动筛板。提供升华热量的热辐射器则安装在每一块筛板上。一个完整的冷冻干燥系统流程示于图 39-23。

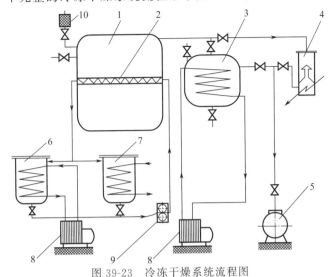

图 39-23　冷冻干燥系统流程图

1—干燥室；2—加热或冷却架；3—冷凝器；4—扩散式真空泵；5—回转真空泵；
6—冷却介质储罐；7—加热介质储罐；8—制冷装置；9—循环泵；10—气体过滤器

39.4.7　混合载体干燥

混合载体干燥是一种提高干燥产品质量的方法。所谓的"载体"是一种添加物质，在干燥前混入被干燥的物料内，形成一种新的混合物料。通过这种方法来改变物料的表面积、物理结构、收湿性以及其他一些物料特性，以便在热力干燥后获得较高的产品质量。通常，载体可被用作液状物料的基体材料（类似于喷动床干燥时使用的惰性粒子）、接触吸收干燥时的收湿剂或混合填料。

39.4.7.1　用作基体材料的载体

"载体"（carrier）这个词最早就是用来指作为基体材料的。某些液体物料由于不便于应用流化床、转筒等干燥器进行干燥，便将这些物料喷洒在一些分散物料上，如乳糖、氯化钠等辅料上，然后再用上述干燥器进行干燥，并称这些基体材料为"载体"。利用上述方法对一些热敏性的生物物料进行热力干燥，能明显地提高干燥产品的质量。Zimmermann 和 Bauer[31,68] 曾观察过乳酸菌喷洒在各种不同的载体材料上，用流化床干燥器进行热力干燥的特性，他们指出："微生物喷洒在载体物料上的流化床干燥似乎能与冷冻干燥媲美"。他们还发现使用不同种类的载体材料干燥后得到的微生物的损伤程度大不相同（见图 39-24）。

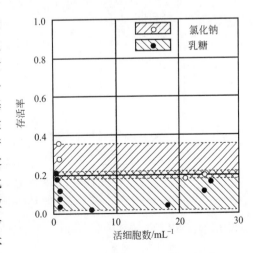

图 39-24　细胞浓度和载体材料对微生物存活率的影响

这种方法用于液状物料干燥的优点是：

① 转变液状生物物料为颗粒状，从而可以利用热效率较高的流化床或其他分散式干燥器进行热力干燥。

② 液状物料与载体接触，载体可以通过接触吸收部分水分，降低了被干燥物料的初始含湿量，从而减少热力干燥的时间。

③ 喷洒在载体上的生物物料增加了它们的表面积/体积比，从而延长物料在热力干燥时的恒速干燥段，并使物料在较低的湿球温度下干燥。

所有上述各项优点均有利于生物物料在热力干燥过程中的质量保护，并可提高干燥产品的质量。

乳酸菌喷洒在载体上的流化床干燥装置示于图 39-25[68]。400mL 的乳酸菌株混入 9.6L 的发酵液中，并在小型实验发酵罐中培养。然后该发酵液经微滤浓缩至每毫升具有 $2×10^9～3×10^9$ 个活细胞的浓度。最后将其喷洒在流化床内的载体材料上进行热力干燥。热风的进口温度在 $45～100℃$ 之间。

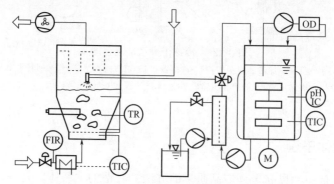

图 39-25　乳酸菌的载体流化床干燥装置

TIC—温度指示控制器；TR—温度记录仪；FIR—流量计；pHIC—pH 值指示控制器；OD—光密度计；M—马达

图 39-26 是一台用于液相物料载体干燥的顺流喷雾干燥器示意图[61]。在接触区形成的物料-载体混合物与热气流接触、干燥，最后从干燥器送到旋风分离器内，与废气分离成为干燥产品。

除上述两种形式外，还有一些其他类型的干燥器，可以用于生物物料的载体干燥。有关的详细资料可参阅文献[60]。

39.4.7.2　用作接触吸收干燥收湿剂的载体

尽管在载体用作基体材料时，也会从生物物料中吸收部分湿分，但它的主要目的却是转变液体物料成为颗粒状的固体物料，从而利用流化床或其他分散式干燥器进行干燥。当载体被用作接触吸收干燥的收湿剂时，则完全不再需要传统的热力干燥过程，仅靠载体（或称收湿剂）与生物物料的接触，来除去物料中的水分。这种干燥的方法称为接触吸收干燥。接触吸收干燥方法能准确方便地控制生物物料的最终含水量。这对一些湿敏性的物料来说（即物料在某湿含量范围呈现质量不稳定的特性），由于最终湿含量是它们质量

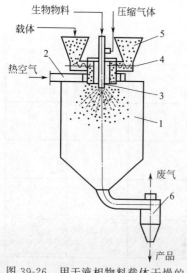

图 39-26　用于液相物料载体干燥的
顺流喷雾干燥器

1—干燥室；2—气体导管；3—喷嘴；
4—载体进料；5—载体料斗；6—旋风分离器

保护的控制参数，用接触吸收干燥法来干燥更为合适。

显然，作为接触吸收干燥器的收湿剂，载体需要具有较强的收湿性与化学及生物化学稳定性。利用载体作为收湿剂的接触吸收干燥具有如下优点。

① 接触吸收干燥不需要对物料加热，是一种非热力干燥方法，这对于生物物料，特别是热敏性物料，极为有利。

② 它可以方便、准确地控制物料的最终含水量。而某些生物制品和食品在储藏期间的稳定性与其含水量有极为密切的关系，准确地控制它们的最终含水量就意味着产品质量的提高。

③ 这种非热力的脱水方式可以大大地节省能量。

干燥过程中，收湿剂（载体）的用量可以通过被干燥物料与收湿剂之间的质量守恒关系求得：

$$m_{s,2} = m_{s,1} \frac{X_{0,1} - X_{f,1}}{X_{f,2} - X_{0,2}} \tag{39-22}$$

式中，$m_{s,1}$、$m_{s,2}$ 分别为被干燥物料与收湿剂的固相质量，kg；$X_{0,1}$、$X_{0,2}$ 分别为被干燥物料与收湿剂的初始湿含量（干基），kg/kg；$X_{f,1}$、$X_{f,2}$ 分别为被干燥物料与收湿剂的最终湿含量（干基），kg/kg。

接触吸收干燥也可以作为某些物料在热力干燥前的预处理过程，通过这种预处理，降低物料的初始湿含量，残余的水分再通过热力干燥的方法除去，以达到降低物料的热处理时间，节省能量的目的。用于膏状物料接触吸收联合流化床干燥的一种改型流化床干燥器见图 39-27[69]。

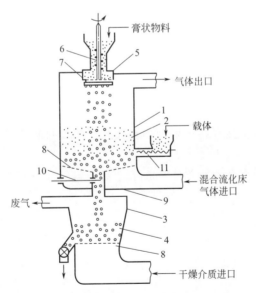

图 39-27 膏状物料的吸收流化床干燥器
1—预混收湿干燥室；2—收湿流化床；3—干燥室；
4—颗粒流化床；5—造粒机；6—螺旋；7—湿颗粒；
8—气体分布板；9—颗粒通道；
10—进料器；11—载体进料装置

在图中上部的预混、收湿干燥室中，由造粒机落下的湿颗粒通过收湿剂流化床与其混合。在这一过程中，物料的部分水分被收湿剂吸收，同时也防止了颗粒的黏结。完成预混、收湿的物料，通过下部干燥室进料器进入干燥室进行流化床热力干燥，除去残余水分。

这种干燥装置能强化脱水过程，避免颗粒表面过热，从而提高最终产品的质量。

39.4.7.3　用作混合填料的载体

如果载体在干燥前与被干燥的膏状或糊状物料混合在一起，然后再造粒、干燥，此时载体作为多组分物料中的一个组分，像某些动物的混合饲料以及药品片剂或丸剂中的填充物一样，称为混合填料的载体，这种生物物料与载体的混合物颗粒便可以在分散式干燥器中进行干燥。在混合物料中的载体能吸收生物物料中的部分水分，当混合物颗粒中的湿分均匀后，其初始湿含量一般较生物物料混合前的初始湿含量低。较低的初始湿含量缩短了热力干燥的时间，这显然对物料的产品质量有利。Taeymans 和 Thursfield[70] 以及 Strumillo[7] 等的试验证实，混有载体的生物物料干燥较没有载体干燥，其产品质量会显著提高。这种产品质量的提高不仅是由于缩短热处理时间，还与物料混合后其疏松程度的改变有关。

添加适当的填料，可以使混合物的疏松程度较生物物料本身的疏松程度提高。这种较疏松的颗粒结构能强化物料在热力干燥过程中的质量传递过程[14]。Xiong 等[71] 观察了具有不同疏密度的普通面团与膨化面团的干燥动力特性。他们发现孔隙率较高的膨化面团的有效扩散系数要比孔隙率较低的普通面团高出许多，特别是在干燥的初始阶段。Strumillo 等用牛血清蛋白与载体物料（麦糠）以不同的混合比例获得具有不同堆积空隙率 ε_0 的混合物料，其干燥结果也证实了上述结论（图 39-2）。

物料堆积空隙率的提高能够加速湿分的迁移速率，并缩短干燥时间，同时以很快的速度通过物料中某一湿含量范围的湿分段，缩短了活性物质在这一湿分段的反应时间，如果这一湿分段恰好是该物料的湿不稳定范围，就能大大降低该物料在干燥过程中的质量损失[14]。

综上所述，载体作为混合填料具有下述优点。

① 改善物料的特性，如堆积空隙率、表面积/体积比和收湿性等。而这些特性的改变又能改善物料的干燥动力学特性。

② 改善的干燥动力学特性有利于生物物料在热力干燥过程中的质量保护，从而获得较高质量的产品。

③ 载体与生物物料的混合也使载体吸收了生物物料的部分水分，降低了混合物的初始湿含量。

39.4.8　其他干燥方法

其他用于生物物料干燥的方法主要有真空低温干燥、渗透脱水干燥、超临界流体干燥和热泵干燥等[3]。

真空低温干燥是将干燥物料置放在密闭的干燥室内，用真空系统抽真空的同时对被干燥物料不断低温加热进行脱水的一种干燥方法。由于气相压力低，湿物料在较低温度下产生的饱和水蒸气大于气相的水蒸气分压，因而水分被蒸发而逃逸到真空室的低压空间，再被真空泵抽走排出干燥室，从而将湿物料逐渐脱水干燥。真空低温干燥的真空度约为 533~667Pa，干燥温度在常温至 70℃。在真空干燥过程中，干燥室的压力始终低于大气压力，可实现低温干燥，避免生物物料干燥时的热敏感。干燥室气体分子数少，密度低，含氧低，还能对物料起到一定的消毒灭菌作用，减少物料染菌或者抑制某些细菌的生长。真空低温干燥需要配置真空系统，在大型连续化生产设备上还需要在进出口设置传动部件的真空密封结构。使用过程中容易造成泄漏，需要定期检查，及时更换，因而真空干燥设备制造成本高，运转费用贵。

渗透脱水干燥是一种利用高渗透溶液的高渗透压和低水活度对被干燥物料进行渗透脱水的干燥方法。渗透脱水主要依靠溶液与被干燥物料之间产生的水分迁移推动力，因而能耗较小，而且可减少对产品的热损伤。生物物料的细胞壁大多是半渗透膜，具有部分选择性，因而在物料细胞中的水分透过膜进入渗透溶液时，溶液中的溶质也有部分渗透到细胞中去。通过渗透脱水，物料脱水后的湿含量能达到 50% 左右，此即可作为中等湿含量的干燥产品，或作为预干燥产品。但若要获得很低的最终湿含量的干制品时，则还需要用其他干燥方法进一步脱水。因而渗透脱水干燥适用于具有高初始湿含量的部分生物物料的干燥。

超临界流体干燥技术是利用超临界流体萃取技术开发的一种新型的干燥方法。生物物料的超临界流体干燥可以去除物料中的有机溶剂或水分。近年来，这种干燥方法发展较快，迄今已有多项成功的工业化应用的实例，如凝胶状物料的干燥、抗生物质等医药制品的干燥，以及食品和医药品原料中菌体的处理等。超临界流体干燥一般在较高压力下进行，涉及体系复杂，成本高，因而限制了该技术的推广应用。

热泵干燥也是一种适用于生物物料干燥的低温节能干燥方法。在热泵干燥过程中，热泵能回收潜热，并能使回收的潜热具有适当的温度品位，具有能量利用率高、运行费用低等优点。热泵干燥一般为低温干燥，因此不会产生氧化及化学分解等现象，因而适用于热敏性生物物料的干燥，干燥后产品色、相、味及外观保存良好，产品质量高。热泵干燥也存在干燥时间较长，干燥装置的设备投资较高等问题。

符号说明

A——面积，m^2；

A_c——最大投影面积，m^2；

A_p——最小外接圆面积，m^2；

a_w——水活度；

c——比热容，$kJ/(kg \cdot K)$；

c_d——干物质比热容，$kJ/(kg \cdot K)$；

c_p——比定压热容，$kJ/(kg \cdot K)$；

c_V——比定容热容，$kJ/(kg \cdot K)$；

D——扩散系数，m^2/s；

D——分率衰减时间，s；

D_{eff}——有效扩散系数，m^2/s；

d_{50}——颗粒群中径，mm；

d_{mod}——颗粒群多数径，mm；

E_D——反应活化能，J/mol；

k_0——频率系数，s^{-1}；

K_D——反应常数，s^{-1}；

m_s——固相质量，kg；

N——棱角总数；

N——活细胞数目，g^{-1}；

N_0——初始活细胞数目，g^{-1}；

n——反应级数；

p_{O_2}——氧分压，Pa；

p_v——温度 T 下纯水的饱和蒸气分压，Pa；

p_w——物料中的水分的水蒸气分压，Pa；

Q——热量，W；

Q——生物物料的质量指标；

q——热流量，W/s；

R——最大内切圆半径，m；

R——理想气体常数，$J/(mol \cdot K)$；

R_D——圆度，%；

R_r——圆度比；

r——曲率半径，m；

S_p——颗粒球度，%；

S_V——体积比表面积，m^2/m^3；

S_w——质量比表面积，m^2/kg；

T——热力学温度，K；

TDT——热致死时间，s；

t——时间，s；

V——床层容积体积，m^3；

V_g——所有颗粒的开孔体积，m^3；

V_m——所有颗粒的体积，m^3；

V_s——真实固体体积，m^3；

X——湿含量，kg/kg；

X_0——初始湿含量，kg/kg；

X_f——干燥终了时的湿含量，kg/kg；

Π——颗粒孔隙率；

ε——物料空隙率；

ε_0——物料初始空隙率；

λ——热导率，$W/(m \cdot K)$；

τ——剪切应力，N/m^2；

γ——剪切速率，s^{-1}；

φ——空气相对湿度，%；

ρ——物料密度，kg/m^3；

ρ_b——物料容积密度，kg/m^3；

ρ_p——物料颗粒密度，kg/m^3；

ρ_s——物料固体密度，kg/m^3。

参考文献

[1] Chemiel A. Biotechnology-Microbiological and biotechnological Fundamentals. Warszawa: PWN (in Polish), 1991.

[2] Bu'lock J B. Basic Biotechnology. Academic Press, 1987.

[3] Kudra T, Strumillo C. Thermal Processing of Bio-Materials. New York: Gordon and Breach Science Publishers, 1996.

[4] Kaminski W, Strumillo C. The influence of temperature on sorption isotherms of protein-containing mixtures. Drying Technology, 1994, 12 (6): 1263.

[5] Karel M, Saguy I, Mishkin M A. Advances in optimization of food dehydration with respect to quality retention. Proc 4th Int Drying Symp IDS'84, Kyoto, Japan, 1984: 295.

[6] Mishkin M, Saguy I, Karel M. Optimization of nutrient retention during processing: Ascorbic acid in potato dehydration. J Food Sci, 1984, 49: 1262.

[7] Strumillo C, Zbicinski I, Liu X D. Drying of thermosensitive materials in vibrofluidized bed dryer. Proc 8th Polish Drying Symp, Warsaw, Poland, 1994, 2: 306-314.

[8] Strumillo C, Zbicinski I, Liu X D. Thermal drying of biomaterials with porous carriers. Drying Technology, 1995, 13 (5-7): 1447-1462.

[9] Teixeira A A, Dixon J R, Zahradnik J W, Zinsmeister E. Computer optimization of nutrient retention in the thermal processing of conduction-heated foods. Food Technol, 1969, 23: 845.

[10] Asghar A, Sami M, Nadeem M T, Sattar A. Effect of some pre-drying unit operations on the chlorophyll stability and nutritional quality of dehydrated peas. Lebensmittel-Wissernechaftund-Technologie, 1978, 11: 15.

[11] Quenzer N M, Burns E E. Effects of microwave, stream and water blanching on freeze-dried spinach. J Food Sci, 1981, 46: 410-413.

[12] Roch T, Lebet A, Marty-Audouin C. Effect of pretreatments and drying conditions on drying rate and color retention of basil (ocimum basilicum). Lebensm Wiss Technol, 1993, 26: 456.

[13] Stone M B, Toun D, Greig J K, Naewbanij J O. Effects of pretreatment and dehydration temperature on color, nutrient retention and sensoty characteristics of okra. J Food Sci, 1986, 51: 1201.

[14] Strumillo C, Zbicinski I, Liu X D. Effect of particle structure on quality retention of biomaterials during thermal drying. Drying Technology, Special issue of Drying and Dewatering of Bioproducts, 1996, 14 (9): 1921-1244.

[15] Adamiec J, Kaminski W, Markowski A S, Strumillo C. Drying of biotechnological products. Mujumdar A S, Marcel Dekker. Handbook of Industrial Drying. 1995.

[16] Atkinson B, Mavituna F. Biochemical Engineering and Biotechnology Handbook. New York: The Nature Press, 1991.

[17]　周祖锷. 农业物料学. 北京. 中国农业出版社, 1994. .

[18]　Reprintseva S M,Fedorovich N V. New methods of thermal processing and drying of pharmaceuticals. Moscow（in Russian）:Naukai Tekhnika, 1979.

[19]　Kaminski W, Strumillo C. The influence of temperature on sorption isotherms of protein-containing mixtures. Drying Technol,1994, 12（6）: 1263.

[20]　Kaminski W, Mitura E,Tomaczak E. Effect of thermal processing and addition of carries on water sorption isoherms in Baker's yeast. Drying Technol,1996, 14（2）: 245.

[21]　Stahl P H. Feuchtigkeit und trocken in der pharmaceutischen technologies（Moisture and drying on the pharnaceutical technology）. Daarmstadt:Dr Detrich Steinkopff Verlag, 1980.

[22]　Tutova E G,Kuts P S. Drying of Microbiological Products. Moskva: Agropromizdat, 1997.

[23]　Valdez G F, Giori G S,Ruiz Holgado,et al. Effect of drying medium on residual moisture content and viability of freeze-dried lactic acid bacteria. Applied and Environmental Microbiology, 1985, 49: 413-415.

[24]　Mugnier J, Jung G. Survival of bacteria and fungi in relation to water activity and solvent properties of water in biopolymer gels. Appiled and Environmental Microbiology, 1985, 50: 108.

[25]　Rao M A,Rizvi S S H. Engineering Properties of Foods. Rizi S S H. Thermodynamic properties of foods in dehydration. New York Basel: Marcel Dekker Inc, 1986:133-214.

[26]　Labuza T P. Open shelf life dating of foods. Food and Nutrition Press, Westport, Conn 1982.

[27]　Fu W Y, Suen S Y,Etzel M R. Injury to lactococcus lactis subsp. Lactis C2 during, spray drying, Proc. 9-th Int Drying Symp（IDS'94）, August 1-4 Brisbane Australia, 1994. 785.

[28]　Luyben K, Ch A M, Liou J K,Bruin S. Enzyme degradation during drying. Biotechnology and Bioengineering, 1982, 24: 533.

[29]　Meerdink G. Drying of liquid food droplets enzyme inactivation and multicomponent diffusion. The Netherlands:Agricultural University Wageningen. 1993.

[30]　Yamamoto S, Agawa M, Nakano H,Sano Y. Enzyme inactivation during drying a single droplet:Proc 4th Int Drying Symp IDS'84, Kyoto, Japan, July 9-12: 328.

[31]　Zimmermann K, Bauer W. The influence of drying conditions upon reactivity of baker's yeast. Proc 4th International Congress of Engineering and Food（ICEF-4）, Edmonton, 1985.

[32]　Karel M, Nickenson J T R. Effects of relative humidity, air and vacuum on browning of dehydrated orange juice. Food Technol, 1964, 18: 104.

[33]　Labuza T P, Mizrahi S, karel M. Mathematical models for optimization of flexible film packaging of foods for storage. Trans Am Soc Agr Eng, 1972, 15: 150.

[34]　Laing B M, Schlueter D L, Labuza T P. Degradation Kinetics of ascorbic acid at high temperature and water activity. J Food Sci, 1978, 43: 1440.

[35]　Lee Y C, Kirk J R, Bedford C L, Heldman D R. Kinetics and computer simulation of ascorbic acid stability of tomato juice as function of temperature, pH and metal catalyst. J Food Sci, 1977, 42: 640.

[36]　Nagy S, Smoot J M. Temperature and storage effects on percent retention and percent vs recommended allowance of vitamin C in canned single-strength orange juice. J Agr Food Chem, 1977, 25: 135.

[37]　Riemer J, Karel M. Shelf-life studies of vitamin C during food storage Prediction of L-ascorbic acid retention in dehydrated tomato juice. J Food Proc Preserv, 1978, 1: 293.

[38]　Saguy I, Kopelman I J, Mizrahi S. Extent of nonenzymatic kinetics and prediction. J Food Pro Preserv, 1979a, 2: 175.

[39]　Wanninger L A. Jr Mathematical model predicts stability of ascorbic acid in food products. Food Technol, 1972, 26（6）: 42.

[40]　Chou H, Breene W M. Oxidation decoloration of β-carotene in low-moisture model systems. J Food Sci, 1972, 37: 66.

[41]　Saguy I, Kopelman I J, Mizrahi S. Thermal kinetic degradation of red beet pigments（betanine and betalamic acid）. J Agr Food Chem, 1978a, 26: 360.

[42]　Saguy I, Mizrahi S, Villota R, Karel M. Accelerated method for determining the kinetic model of ascorbic acid loss during dehydration. J Food Sci, 1978b, 43: 1861.

[43]　DeMan J M, Voisey P W, Rasper V F, Stanley D W. Rheology and Texture in Food Quality, ed. Bourme M

C. Texture of fruits and vegetables. AviPub Co Inc, Westport, Conn, 1976.

［44］　Nicholas R C, Pflug I J. Over and under pasteurization of fresh cucumber pickles. Food Technol, 1961, 16 （2）: 104.

［45］　Paulus K, Saguy I. Softening kinetics of cooked carrots. 39-th Ann Meet, Inst of Food Technologies, St Louis, Mo, 1979: 10-13.

［46］　Resnick S, Chirfe G. Effect of moisture content and temperature on some aspects of nonenzymatic browning in dehydrated apple. J Food Sci, 1979, 44: 601.

［47］　Saguy I, Kopelman I J, Mizrahi S. Simulation of ascorbic acid stability during heat processing and concentration of grapefruit juice. J Food Proc Eng, 1979b, 2: 213.

［48］　Mizrahi S, Labuza T P, Karel M. Feasibility of accelerated tests for browning in dehydrated cabbage. J Food Sci, 1970, 35: 804.

［49］　Flink J M, Hawkes J, Chen H, Wong E. Properties of the freeze drying "scorch" temperature. J Food Sci, 1974, 39: 148.

［50］　Labuza T P. Nutrient losses during drying and storage of dehydrated foods. CRC Crit Rev Food Technol, 1972, 3（2）: 217.

［51］　Karel M, Labuza T P. Nonenzymatic browning in model food systems contsining sucrose. J Agr Food Chem, 1968, 16: 717.

［52］　Shtamm E V, Skurlatov Y I. Catalysis of the oxidation of ascorbic acid by copper（Ⅱ）ions I Kinetics of the oxidation in the copper（Ⅱ）-ascorbic acid-molecular oxygen systems. Russ J Phys Chem, 1974, 48: 852.

［53］　Saguy I, Karel M. Modeling of quality deterioration during food processing and storage. Food Technol, 1980, 2: 78.

［54］　Ramaswamy H Y, Van De, Voort F R and Ghazala S. Analysis of TDT and Arrhenius methods for handling process and kinetic data. J Food Sci, 1989, 54（5）: 1322.

［55］　Rothe M. Thermoresistenz von Weizenenzymen in Abhangkeit von der Feuchte des Mediums. Emahrungsforschung, 1965, 10: 29.

［56］　Quast D B, Karel M, Rand W M. Development of a mathematical model for oxidation of potato chips as a function of oxygen pressure extent of oxidation and equilibrium relative humidity. J Food Sci, 1972, 37: 673.

［57］　Labuza T P. Effects of dehydration and storage. Food Technology, 1973, 27（20）: 20.

［58］　Karel M. Some effects of water and of oxygen on the rates of reactions of food components. Cambridge: MIT, 1960.

［59］　Lundberg W O. Autooxidation and Antioxidants. New York: Wiley Interscience, 1961.

［60］　Tutova E G, Kuts P S. Drying of microbiological products. Moscow: Agropromizdat, 1987: 304.

［61］　Mujumdar A S. Handbook of Industrial Drying. Adamiec J, Kaminski W, Markowski A S, Strumillo C. Drying of biotechnology products. New York: Marcel Dekker, 1995.

［62］　Bosse E D. Fluidized-bed drying and cooling of crystal sugar. Int Sugar Jnl, 1993（1115）: 229.

［63］　Mujumdar A S. Handbook of Indusrial Drying. Pakowski Z, Mujumdar A S. Drying of pharmaceutical products. New York: Marcel Dekker, 1995.

［64］　Markowski A S. Quality interaction in a Jet Spout Bed dryer for bio-products. Drying Technology, 1993, 11 （2）: 369-387.

［65］　Webb F C. Biochemical engineering. D Van Nostrand Company lnc, 1964.

［66］　Shumski K P. Vacuum apparatus and equipment in chemical industry. Moscow: Mashinostroyenie, 1974: 575.

［67］　Novikov P A, Pikus I F, Tutova E G. Continuous freeze-dryer for liquid materials: RU 273374. 1990.

［68］　Zimmermann K, Bauer W. Fluidized bed drying of microorganisms on carrier material. Proc 5-th International Conf on Engineering and Food（ICEF-5）, 1989, 2: 666.

［69］　Tutova E G. Fundamentals of contact-sorption dehydration of labile materials. Drying Technology, 1988, 6 （1）: 1.

［70］　Mujumdar A S. Drying. Taeymans D, Thursfield J. Fluid bed drying immobilized yeasts. Hemisphere Publishing Co, 1988.

[71] Xiong X B, Narsimhan G, Okos M R. Effect of composition and pore structure on binding energy and effective diffusivity of moisture in porous food. J Food Eng, 1991, 15: 187.

（刘相东，肖志锋，查文浩）

第40章

聚合物干燥

40.1 概述

随着高分子科学的研究和发展，合成聚合物的方法日益增多，为聚合物家族增加了许多新的成员，并开拓了合成聚合物应用的广阔前景。这些合成的聚合物有塑料、合成橡胶、合成纤维、胶黏剂、涂料及各种功能材料。

干燥是生产聚合物的一种后处理操作，即将滞留于聚合物中的未反应单体及溶剂去掉，以满足包装及进一步成型加工的要求。此外，聚合物在储存一段时间之后，往往会吸收一定量的水分，为了不使加工后的产品（如铸件、薄膜等）出现表面缺陷或产生不良的机械性能，也需要在送入加工机械之前将聚合物树脂干燥至适当的湿含量。

目前的干燥设备种类多达 400 种，投入工业化应用的也至少有 100 多种。选择合适的干燥器和工艺参数以满足聚合物生产的需要，是生产厂家所关注的问题，但是确定干燥某种聚合物适宜的干燥器是困难的，因为需要考虑许许多多的因素（如工艺条件等）。本章将介绍合成聚合物常用的一些干燥方法，并对一些聚合物的干燥过程进行评述。

40.2 一般聚合过程

聚合物干燥器的选型很大程度上依赖于聚合物生产的上游操作过程——聚合反应过程。每种聚合过程有各自的特点，它们往往与聚合物的类型和应用有关。本节只介绍几种聚合实施方法，其他形式的聚合，如气相聚合、接枝共聚、阴离子聚合、阳离子聚合、光聚合等可参阅有关文献[1,2]。

40.2.1 本体聚合

本体聚合是指纯单体在引发剂（过氧化物、偶氮化物等）存在的条件下，通过加热或紫外光照射而进行的聚合。该过程中不加入稀释剂。聚合之前，单体必须进行纯化，可以通过吹氮气、蒸馏或真空抽气的方法将其中的氧气或其他阻聚剂去掉。通常在加热一段时间之后，随着转化率的提高，聚合物-单体体系的黏度迅速增大，聚合生成热不易扩散，有必要通过冷却的方法移去聚合反应所产生的部分热量。由于聚合热很难移去，本体聚合只应用于很少的场合，但其生产规模往往很大，如高压下本体聚合苯乙烯、乙烯。本体聚合的优点是聚合物纯度高，可制得透明制品；缺点是合成的聚合物分子量分布比较宽。

40.2.2　溶液聚合

溶液聚合是将单体和引发剂溶于适当的溶剂之中所进行的聚合过程。溶剂进行循环（冷却后，进入聚合反应釜中）有助于控制反应生成热，进而控制反应速度。溶液聚合产物浓度为 $50\%\sim60\%$（质量分数），主要用于油漆、黏合剂、浸渍材料等方面。该过程中，选择溶剂的链转移常数非常重要，它影响分子量的大小。

在溶液聚合中，绝大部分溶剂既是稀释剂，又是反应物，它对自由基聚合的基元反应，即链引发、链增长、链转移和链终止反应有着重要的影响。溶液聚合的特点是：反应热容易移去，聚合温度容易控制；没有发生反应或被蒸发出的单体可以随同溶剂循环进入反应釜；由于单体浓度低及溶剂引发的链转移，生成的聚合物分子量较低（与本体聚合相比）。

40.2.3　悬浮聚合

悬浮聚合是一种或多种含有引发剂的不溶解于水的单体，通过搅拌以液滴的形式分散于水中所发生的聚合反应。水促进散热，用于控制热量的移去。在该体系中往往还加入分散剂，以稳定该悬浮体系。

悬浮聚合生成的颗粒纯度较高，粒径约为 $0.001\sim2$ mm，可直接通过离心/过滤、干燥的方法加以分离。工业上，悬浮聚合用于生产聚氯乙烯（PVC）、聚苯乙烯（PS）和聚甲基丙烯酸甲酯（PMMA）等，但不适合生产黏性、胶状聚合物（如聚丙烯酸酯）。

40.2.4　乳液聚合

乳液聚合中，引发剂溶于水中，再加入乳化剂（正离子或负离子乳化剂）以使单体分散成更小的颗粒。聚合过程结束之后，可以通过凝聚、洗涤和干燥的方法分离出来，或者直接使用（如乳胶漆）。

乳液聚合的优点是：反应中水是理想的传热介质，聚合热易于移去；聚合速度快，可以产生很高的分子量；聚合后，体系的黏度低（与分子量无关）；乳液聚合物干燥时安全，无着火危险，也不会污染空气；如果干燥温度高于聚合物的玻璃化转变温度，乳胶能在表面干燥成黏附膜。乳液聚合物的一个缺点是它们往往含有少量残余的对水敏感的组分，如表面活性剂和引发剂的分解产物[2,3]。

该过程大规模地运用于生产合成橡胶和结构塑料。乳液聚合物是水性涂料、黏合剂及整饰织物、纸张和皮革的基本原料。

在聚合反应之后，可以通过离心、沉淀方法得到湿滤饼，然后进行干燥。由分散相（乳液，微悬浮体）聚合反应产生的聚合物颗粒（如 E-PVC，PMMA 和 PVAc），通常也可以通过喷雾干燥形成细小、分散性的粉料。比如，在中低温（$<155℃$）和低固含量的条件下，醋酸乙烯（VAE）聚合物乳液（含 10% PVA）经喷雾干燥后，更容易获得球形颗粒。当疏水性纳米二氧化硅加入 VAE 聚合物乳液中时，液滴的干燥过程伴随着纳米二氧化硅从液滴内部到外部的迁移，可制备出疏水性纳米二氧化硅包覆的球形颗粒[4]。由溶液聚合反应形成的聚合物溶液十分黏稠，很难进行后处理，可以先用大功率的螺杆式蒸发器进行浓缩，然后再用挤压机脱气或用过热蒸汽进行急速沉淀。另外，也可以从低固含量的溶液（如 PVP）中直接经喷雾干燥得到成品粉料。而经过气相聚合反应生产的聚合物，可省去干燥操作，通

常经过一个闪蒸过程和一个瞬时氮气洗涤过程就足够了。

40.3 聚合物树脂常用的干燥方法

根据树脂与水的亲和能力，可将树脂分为两大类：非吸湿性树脂和吸湿性树脂。树脂中湿分的吸附和解吸与树脂的种类、环境温度和湿度有关。某些情况下，树脂放置在环境中只几分钟，便对树脂产生不利的影响。在干燥之前，必须了解聚合物对水的渗透性（即水汽在聚合物中的扩散系数以及溶解度）和平衡湿含量（EMC），这对于聚合物的安全储存很重要[5]。

聚乙烯、聚苯乙烯和聚丙烯属于非吸湿性树脂。这类树脂只在球粒的表面吸湿，这些湿分有时在送入铸模前适度加热便可去掉。在某些情况下，只要在高位料斗与加工机械之间足够通风，或者让热空气穿过料层便可除去湿分，这些设备比较简单，包括空气过滤器、风机和电加热器。

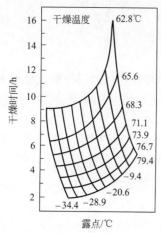

图 40-1　干燥介质温度及露点对干燥时间的影响

PET、聚酰胺、ABS 和聚碳酸酯属于吸湿性树脂，湿分的去除需干、热空气。此类树脂的干燥需要正确选取或设计干燥器，除湿干燥器通常用于此类物料的干燥。在吸湿性树脂干燥过程中，需要考虑下述干燥介质的条件：

① 干燥介质的最高温度　它受物料的极限温度限制，即该温度下，聚合物会发生熔融、氧化、降解或其他化学反应，放出需要保留在树脂中的挥发性物质。

② 干燥介质的露点（或湿度）　某一温度下干燥介质的露点越低，即其湿度越低，被干燥物料能达到的平衡湿含量越低。但是，温度提高，露点的重要性下降。如图 40-1 所示，将聚酰胺 66 从湿含量为 0.2%（质量分数，下同）干燥至 0.08%，使用不同露点（-34℃、-21℃）的干燥空气（温度为 63℃）所需的干燥时间差别很小。需注意，干燥介质的露点对吸湿性树脂有显著的影响。对吸湿性强的物料，露点不要高于 0℃。比如，要使 PET 充分干燥，露点为 -50～-40℃；对于其他吸湿性树脂，露点为 -25～-15℃便足够了。露点对干燥时间也有影响，尤其是当趋于所要求的湿含量时。只要露点下的平衡湿含量远远低于要求干燥的湿含量，提高温度比降低露点作用更大。

③ 干燥介质流量　干燥介质的流量必须兼顾干燥能力和能量消耗等多方面因素。一般地，干燥树脂颗粒 1kg/h，对于普通干燥器气量为 0.031～0.062m³/min[3]。

此外，还需考虑颗粒大小和初始湿含量。

40.3.1 直接式干燥

直接式干燥也叫对流干燥，通过热气流与产品直接接触而传递热量，气体提供显热用于蒸发物料中的湿分。传热介质可以是空气、惰性气体、过热蒸汽或燃烧生成的气体。但燃烧气体很少用于干燥聚合物，以避免产品污染。惰性气体可避免爆炸及火灾的发生，防止聚合物在加入稳定剂之前发生氧化。如果蒸发的溶剂必须回收，那么过热蒸汽是理想的传热介质及湿分载体。

聚合物生产厂常用的对流干燥器有：流化床、气流、喷雾、隧道、喷动床等干燥器。直接式干燥器的一个共同缺点是消耗的气体量相当大，需要相应地配备辅助设备（如加热器、风机和除尘设备等），而且热效率较间接式干燥器低。

图 40-2 是一种使用新鲜空气进行干燥操作的固定床干燥器（开循环系统），或称为料斗式干燥器。加热后的空气通常从颗粒床层的底部进入，在与床层传热的同时将湿分带走。空气入口温度保持在比物料极限温度大约高 20℃。这种干燥装置的优点是造价低、易于操作和清洗，可以直接与成型加工机械连接，热效率为 30%～80%。它的缺点是：干燥受干燥介质露点的制约，即受当时气候条件的影响，干燥吸湿性树脂的效率只有 20%～30%，而且可能发生产品及环境的污染，尾气排放温度较高（40～60℃）。这种料斗式干燥器通常用于非吸湿性树脂（如聚烯烃、聚苯乙烯）的干燥。

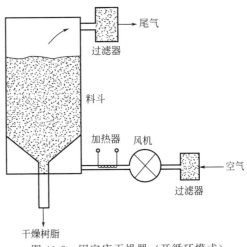

图 40-2　固定床干燥器（开循环模式）

如果将尾气的 70%～90% 再循环，即只引入占总气量 10%～30% 的新鲜空气，将提高热效率。这种类型的干燥器比开循环式干燥器的能效高，适合于干燥非吸湿性树脂和吸湿性弱的树脂，如 ABS、PC、PMMA、PPO 和 SAN（苯乙烯-丙烯腈共聚物）。

另一种干燥方法，即除湿干燥，它首先将干燥介质（一般为空气）在干燥剂箱中进行预处理，去掉一部分湿分，使其露点下降。然后，干燥的空气经换热器加热后穿过料层。一般使用硅胶或分子筛作为干燥剂，最近也开发出一些新型聚合物干燥剂。若空气流的湿含量大，用硅胶可除去大量的水分；而对于进气湿含量低的情况，分子筛较适用。进入干燥剂床的气流温度一般高于 40℃，这对于使用分子筛除湿是必要的。分子筛每吸附 1kg 湿分产生 4187kJ 的热量。因此，分子筛不但可以降低干燥介质的露点，而且可加热干燥介质，从而减少热能输入量。当然，在分子筛再生时需经加热除去其吸收的湿分。

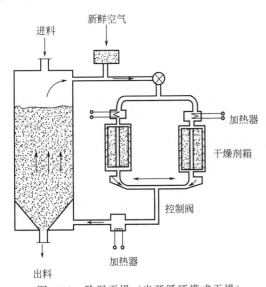

图 40-3　除湿干燥（半开循环模式干燥）

图 40-3 是带有干燥剂（吸附剂）箱的半开循环式干燥系统，在此系统中带有干燥剂再生装置。一小部分气流被加热至 200℃ 左右后，穿过干燥室床层将干燥剂的湿分移去，使这部分干燥剂再生。干燥剂箱按一定顺序进行轮换。工业上使用的另一种装置（如图 40-4 所示），预热后的新鲜空气在某一时刻对某一干燥剂箱进行除湿。此种装置中，干燥剂箱可以更换，干燥剂的再生在干燥系统的外部进行，不影响干燥过程的进行。若附设一个冷凝器，可以使回路气流的露点降低。此外，除湿器也可以使用一种蜂窝结构的转轮（honeycomb rotor）装置进行除湿以及干燥剂的再生。

使用被脱去的溶剂作为干燥介质，事实证明是可行的，而且也是有益的设计（如图40-5 所示）。它的优点是：蒸汽的定容比热容通常是空气或氮气的 2～3 倍，从而减少冷凝器、回收设备的尺寸；消除了其他气体所产生的气膜阻力，传热系数一般为 $630\sim1670kJ/(m^2 \cdot h \cdot ℃)$[6]，干燥速率提高；若使用过热蒸汽流化物料，则所需的表观气速较低（与空气相比），减少了蒸汽耗量，从而减小了粉尘收集装置、风机等设备。

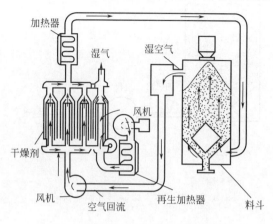

图 40-4 "旋转木马"料斗式干燥器[3]

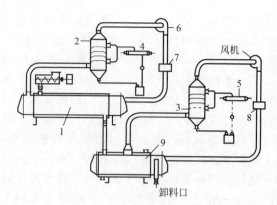

图 40-5 二级桨叶搅拌干燥系统
1—第一级干燥器；2,3—冷凝器；4,5—溶剂冷却器；
6—风机；7,8—加热器；9—第二级干燥器

40.3.2 间接式干燥

间接式干燥将传热介质与被干燥物料隔开，通过表面传热、辐射等方式向物料传递热量。传热介质（或称为流体）为可冷凝的蒸汽（如水蒸气、高沸点有机溶剂）或液态流体（如热水、乙二醇溶液）。

间接式干燥器一般用于小规模或中等规模的生产，干燥的产品堆积密度比直接式干燥高。该种干燥器通常包括滚筒、空心盘式、桨叶搅拌式和回转真空（双锥式）等。在间接式干燥器中往往通入气体作为蒸发湿分的携带载体，携带气体有时也参与传热/传质过程。

一种称为通气圆筒（vented barrels）的干燥装置用于干燥聚合物树脂。它的一种结构是，由壁面开孔的圆筒与丝网围成的同心圆管形成一个环形腔，圆筒的外部安装保护夹套。物料从上部进料口进入该环形腔，被开孔圆筒壳壁上覆盖的热元件加热。空气从保护夹套与多孔壳壁之间进入，被加热后穿过树脂颗粒，带走表面水分，同时预热物料，最后从丝网圆管排出，在排出过程中不受阻碍。空气的行程受压缩空气文丘里管控制。经预热的物料进入螺旋推料器，其内部湿分在剪切作用下闪蒸。通风的优点是产品发生污染的危险性小，操作过程不受湿含量的影响，操作可靠，质量稳定，在适宜的条件下可除去滞留的单体。

40.3.3 干燥器的选择

在聚合物干燥过程中，上述两种干燥方法均普遍应用。在一台干燥装置中结合使用此两种干燥方法，或者将直接式和间接式干燥器进行组合使用，是解决某些聚合物干燥的有效途径。比如，在流化床床层中埋置加热元件，可提高床层与加热元件的传热速率，其效果参见表 40-1。应注意，在聚合物干燥应用中，聚合物的软化点限制了加热元件的使用温度。

当然，对于一个干燥过程也可以组合不同的干燥器。当需要频繁更换干燥产品级别时，"气流-流化床"两级干燥就比较合适，但是如果产品生产所使用的溶剂是有机溶剂时，则需要建造惰性干燥气体循环系统。如果长期恒定操作，接触式流化床干燥器由于节省能量和干

燥气体流量，具有优越性，但清洗较麻烦。

表 40-1　加热板对返混式流化床干燥器的影响[7]

加热板	进气温度/℃	废气温度/℃	干燥气体耗量/(kg/kg 干产品)	热量消耗/(kJ/kg 干产品)	加热板	进气温度/℃	废气温度/℃	干燥气体耗量/(kg/kg 干产品)	热量消耗/(kJ/kg 干产品)
－	100	70	24.8	2487	－	130	70	12.5	1599
＋	100	70	19.4	1955	＋	130	70	6.6	1202

注："－"和"＋"分别表示"无加热板"和"床层埋置加热板"；物料 S-PVC 的初始湿含量为 20％（干基）。

此外，基于产品质量的考虑，选择干燥器时还需考虑产品在干燥器中停留时间的分布特点。产品在喷雾、气流干燥器的停留时间一般为几秒钟，在连续式流化床以及转筒干燥器中的停留时间可限制在几分钟。若需要较长的停留时间，则在间歇式流化床、料斗式干燥器、多级喷动床、回转真空干燥器中进行干燥。对热敏性树脂的干燥，一般采用真空分批干燥的方法，但是为了使操作简单、干燥时间大幅缩短，可以使用如图 40-6 所示的混合干燥装置。该装置采用夹套间接加热，混合和低露点气体进行干燥操作。

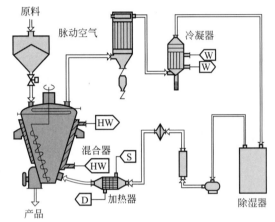

图 40-6　混合式干燥装置

然而，由于聚合物的性质变化范围广，很难确切规定选择聚合物干燥器的规则。干燥器的选择也受到聚合物物理性质（即聚合物的干燥特性、挥发组分性质、极限温度值、颗粒大小及分布情况）的限制。当然，还需考虑其他因素，如设备占用空间、生产量、污染控制、溶剂回收、热敏性以及产品质量等方面的要求。

40.4　几种聚合物树脂的干燥

树脂的干燥程度依赖于成型加工过程的特性，某些操作对物料湿含量的要求很严格。如 PET（聚对苯二甲酸乙二醇酯）和聚酰胺具有很高的吸湿性。一般储存条件下，PET 含 0.15％（干基）的湿含量，但在进行加工时，必须干燥至低于 5×10^{-5}（干基）。尽管 PET 在干燥时可以采用高温操作，不难实现此要求，但在 PET 的干燥和加工过程中，绝对不允许与大气接触。某些聚酰胺在一般储藏条件下含有 2％的湿含量，但在湿含量为 0.1％～0.15％时才能满足加工要求[3]。干燥聚酰胺时，允许加热的温度低（70～80℃），要想达到此湿含量，干燥介质的露点必须很低，而且需要很长的干燥时间。文献 [8，9] 列出一些聚合物树脂在不同成型过程中允许的湿含量。

40.4.1　聚烯烃干燥

40.4.1.1　聚丙烯

聚丙烯的制备有多种方法，大多数情况下是在碳氢化合物存在的条件下，使用活化的"齐格勒-纳塔"型催化剂（TiCl₃），进行丙烯浆液聚合，生产出两种类型的聚合物，即均聚物和共聚物。在热力干燥前，应将滞留在碳氢化合物浆液中的催化剂用离心的方法去掉。正己烷在大多数聚丙烯生产中用作溶剂。由于离心或过滤分离出的滤饼的不同特性，它们需要不同的干燥方法。均聚物滤饼虽然有些胶黏，但黏度低于乙烯含量高的共聚物（该产物易于附聚、结团、黏结表面等）[10]。

　　离心分离后的滤饼，稀释剂含量可高至35％（湿基），温度为50~60℃。大多数均聚物和共聚物在湿含量为5％（湿基）~35％（湿基）之间表现为恒速干燥特性，即湿分从颗粒表面蒸发，干燥速率高。这些聚合物的极限温度为100~110℃，因而溶剂的沸点是选择干燥器的决定因素。过去，工业上使用转筒干燥器，但在20世纪60~70年代，二级桨叶搅拌干燥器（如图40-5所示）的应用取得成功。第一级进行溶剂的表面蒸发，机械搅拌强度大（桨叶末端的线速度为10~20m/s），传热快[传热系数为110~570W/(m²·K)]，停留时间短；第二级用于结合状态湿分的去除，机械搅拌速度慢，传热慢，停留时间长。每级干燥器均采用净化气再循环装置，以控制露点、提高干燥器效率。此两种形式的搅拌干燥器结构可参考文献[11]。

　　在聚丙烯的干燥过程中，要求降低聚丙烯中挥发性物质的含量，并回收易燃的碳氢化合物溶剂。这样，后一阶段便要求干燥气体的露点相当低。所以，需要降低循环干燥气体的露点（即将其夹带的溶剂除去）——这对干燥速率受传质速率控制的条件尤其重要；降低干燥介质中溶剂的分压可使干燥速率提高。图40-7说明了使用低/高露点气体时聚丙烯的干燥特性，使用低露点的再循环氮气（正己烷露点为-20℃），停留时间短，但能耗大（与高露点氮气相比）。因为制冷装置是工艺流程中的一个耗资大的环节，所以应当尽量减少再循环气体量。这一阶段，停留时间从30min至1h以上，取决于再循环气体的露点和聚合物的干燥特性。因此，需要使用一种可以控制停留

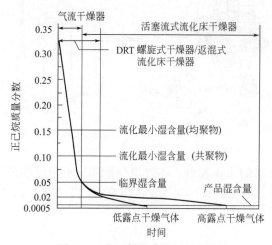

图40-7　聚丙烯的典型干燥曲线

时间的干燥器。同时，也希望后级干燥器为闭循环模式，以降低能耗。

　　基于上述考虑，开发出了"气流-流化床"二级干燥系统，用于干燥聚丙烯，如图40-8所示。气流干燥，热循环气体在文丘里管喉部将料饼分散、破碎，并将之干燥至约5％（湿基）。后级干燥在流化床干燥器中进行，使用氮气作为干燥介质，也可以考虑使用正己烷和异丙醇共沸物作为干燥介质。溶剂通过湿法除尘-冷凝装置回收。聚丙烯经过活塞流式流化床干燥后，溶剂（正己烷或正庚烷）含量极低，一般为5×10⁻⁴。另外，使用返混式流化床干燥器替代气流干燥器，干燥1kg聚丙烯消耗氮气量为1.2~2.2kg。对于闭循环操作，蒸发有机溶剂的热焓低于418.7kJ/kg[7]。如果生产量小，可使用图40-9所示的干燥装置。

　　考虑到节约热量、控制腐蚀，用DRT螺旋式干燥器（如图40-10所示）作为前级干燥器，代替气流干燥器。DRT螺旋式干燥器是新近发明的非绝热接触式干燥器，也可称为旋转薄膜蒸发器。热量从干燥器内部转筒的夹套壁传给沿内壁表面螺旋上升的薄层物料。因为传热速率相当高，气体流截面积小，只需少量介质即可将湿蒸汽带出干燥器。DRT螺旋式干燥器的气固比为0.2，而气流干燥器为1.0[3]。DRT螺旋式干燥器用于干燥聚丙烯的一个重要优点是它可在腐蚀性环境下工作。

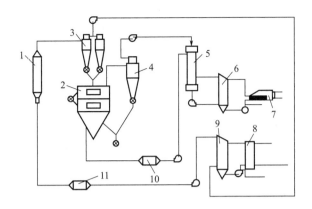

图 40-8　"气流-流化床"二级干燥系统

1—气流干燥器；2—流化床干燥器（带加热元件）；3,4—旋风分离器；5—废气预热器；

6,9—洗涤装置；7—制冷装置；8—换热器；10,11—加热器

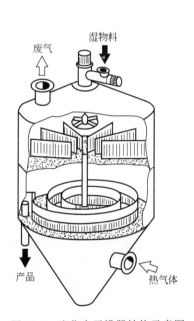

图 40-9　流化床干燥器结构示意图

（物料：聚丙烯）

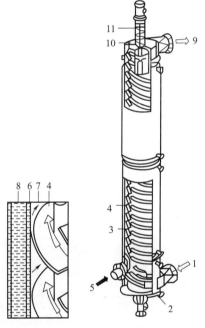

图 40-10　DRT（DrallrohrTrocking）螺旋式干燥器[3]

1—携带气体；2—底部轴承及支撑件；3—转筒；

4—空气导向板；5—湿物料；6—薄料层；7—流道；

8—加热/冷却夹套；9—产品及携带气体；

10—顶端盖；11—驱动装置

在聚丙烯和高密度聚乙烯生产厂中常会发生游离氯化物对设备的侵蚀。氯化物是由于活化后的催化剂与乙醇发生钝化反应而产生的。催化剂中滞留的氯化物是引起应力腐蚀裂纹的原因，这也是聚丙烯生产厂常见的一种腐蚀现象。当产品中含有一小部分水，将使腐蚀速率变得显著。为了避免此类腐蚀，冷凝液应为中性，同时在设备的某些部分涂敷抗酸腐树脂，也有必要在干燥恒速阶段在不使正己烷蒸气发生冷凝的环境下进行（比如，在后续干燥器——流化床的前一段进行保温）。DRT 螺旋式干燥器的特点是输入的总热量低，产品容量低。表 40-2 为聚丙烯干燥的一些操作数据。

表 40-2　聚丙烯干燥操作数据[6,12]

干燥器类型及规格/m	气流干燥器直径 0.75× 长 22	流化床干燥器流化床底面积为 17.8m²	"气流-流化床"干燥系统 3.825×2.2× 5.75(流化床干燥器)	高速搅拌干燥器直径 1.21× 长 7.8	低速搅拌干燥器 4.6×2.7×1.05 (筒体)
生产量/(kg/h)	7800	4800	5070	2950	6300
初始湿含量/%(湿基)	40(正己烷)	30	6~8	40(碳氢化合物)	0.1(有机溶剂)
产品湿含量/%(湿基)	11	0.03	0.1	0.1	0.01
干燥温度/℃	130	105	130	120~130	120(水蒸气)
气量/(m³/min)	288		70(氮气)		
备注	干燥介质为有机过热蒸气	固定加热管排	物料进入气流干燥器的湿含量为35%~40%	携带气体为氮气,转速为200r/min	回转体直径为0.8m,转速为18r/min

40.4.1.2　高密度聚乙烯（HDPE）

HDPE 又称为低压聚乙烯。聚合完成后，从稀释相离心分离出的聚合物用稀释剂洗涤，使用惰性气体在气流或者带加热元件的流化床、回转圆筒干燥器中进行干燥。装配加热板片优于加热管，其原因是板片可以充分调节空气区域。为了达到最终的湿度，干燥气体的露点为-10℃。赵晓君[13]报道了一种 HDPE 中试装置，采用干燥闪蒸罐实现了粉料与溶剂、残留烃类的分离。

HDPE 的极限温度为 $100\sim110$℃，其干燥工艺同聚丙烯相似，因为它们的上游物理操作以及产品物理性质均相似。HDPE 最好在多级系统中进行干燥，在气流-流化床干燥系统中进行更适用。

表 40-3 为聚乙烯干燥的一些操作数据。

表 40-3　聚乙烯干燥操作数据[6,12]

物料	聚乙烯	高密度聚乙烯
干燥器类型及规格/m	高速搅拌干燥器直径 1.06× 长 6.6	卧式三室流化床 9×2.3×2.76(长×宽×高)
生产量/(kg/h)	3500	4600
初始湿含量/%(干基)	11	约 7
产品湿含量/%(干基)	0.1	0.05
干燥温度/℃	108(水蒸气)	100~113
备注	携带气体为氮气,搅拌器转速为 220r/min	第一室设齿耙式搅拌器,转速为 10r/min,气量 2×10⁴m³/h

40.4.2　聚氯乙烯干燥

40.4.2.1　聚氯乙烯乳液（E-PVC）

使用喷雾干燥器干燥 E-PVC，对操作实施严格的控制之下，可以生产出品质相同的产品。一般地，E-PVC 与水形成浆液，通过转盘或喷嘴雾化，干燥成粉料。雾化可以由多点气流喷嘴（双流体）实现，而加热空气经分布器后形成低速、垂直的气流。喷雾干燥，由于快速蒸发的同时仍能保持较低的雾滴温度，可以采用高的干燥气体温度，不会对聚合物品质产生影响。另外，干燥过程中可回收一部分尾气（可达 50%），并利用排出的废气对从大气中补给的空气进行预热。刘成森等[14]采用微悬浮法，整套装置 E-PVC 生产能力达到 5 万 t/a。为了保证生产连续、安全、稳定运行，同时延长雾化器使用寿命，分别对雾化器及相应胶乳输送泵进行技术改造：①将原有离心泵改成螺杆泵，优化系统联锁控制，将螺杆泵出口压力、雾化器进口压力，分别与螺杆泵、雾化器进行联锁控制；②雾化器电机变频与雾化器进行联锁，变频故障、雾化器停车，螺杆泵立即跳停，胶乳输送系统停止物料输送。

为了提高热效率，使用"喷雾-流化床"二级干燥系统，流化床作为后级干燥器。经喷雾干燥后，颗粒状产品仍具有较高的湿含量，但料温较低，接着将它们送入流化床干燥器，通过控制停留时间，可以将产品干燥至所需的湿含量。据报道，热量消耗总量比单级（喷雾干燥器）低 20％左右。一种改进的"喷雾-流化床"二级干燥系统将流化床设置在喷雾干燥器的底部，即与喷雾干燥器制成一体，湿粉料直接进入流化床，避免了湿料与输送机械金属表面的接触。

干燥 E-PVC 和聚氯乙烯的另一种改进形式是喷射式干燥器[3]，它利用喷射破碎的原理，对气流干燥器进行改进，集干燥、细磨于一体，干燥时间短。

40.4.2.2　悬浮聚氯乙烯（S-PVC）

S-PVC 及其共聚物有许多种干燥方法。由于聚合中使用水作为分散液体，在湿滤饼中含有水和一些单体。离心或超速沉降分离设备可以使湿料饼的湿含量达到 15％～30％（湿基）（依聚合物的级别而定）。一般而言，均聚物孔隙率高，微孔中含有的许多水分难以靠离心力去掉，料饼的湿含量为 22％～30％（湿基），干燥后为白色颗粒（空气进入微孔所致）；而共聚物的孔隙率低，只含有 15％（湿基）的水分，干燥后产品透明。湿料饼中的水分多数为自由水分，可容易地干燥至 2％～5％；只有一小部分是结合水分，而且结合水分的结合力不强，也较容易去掉。传统干燥方法是使用转筒干燥器，其一般直径为 1～2m，长度为 15～30m，转速为 4～8r/min，最终湿含量可达到 0.2％。表 40-4 比较了 3 种干燥 S-PVC设备（见图 40-11～图 40-13）的操作特性。

表 40-4　干燥 S-PVC 的 3 种干燥器的操作特性比较[15]

项目	连续式流化床干燥器（床层中埋置加热管）	转筒干燥器	气流-旋风干燥器
停留时间/min	60～80	12～15	2～3
进风温度/℃	80～90（热空气、热水）	180～185	160
传热方式	对流（15％～25％）＋传导（75％～85％）	对流	对流（85％～90％）＋传导（8％～10％）
废气温度/℃	52～55	65～70	65～70
返混程度	隔板间的单床层完全混合	挡板间中度混合	无
物料热惯性	非常大	中等	非常小
物料与热空气的流动方式	错流	并流	并流
产品湿含量	均匀	波动	波动范围大
热降解	无	大	大
除去滞留单体效果	有效	波动	无效果
细粉产生	小	大	中/大
产品整体均匀度	均匀	中	小/中
操作控制状况	非常平稳	波动	均匀进料下,平稳
维修程度	少	多	少
蒸汽耗量/[kg/kg(干 PVC)]	0.4	0.41	0.49
电力消耗/[kW/kg(干 PVC)]	27	28	36

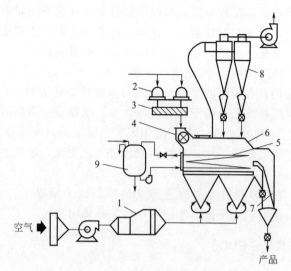

图 40-11 连续式流化床干燥器（床层中埋置加热器）
1—加热器；2—离心机；3—螺旋加料器；4—机械粉碎装置；5—加热管；6—流化床干燥器；
7—产品卸料装置；8—旋风分离器；9—换热器

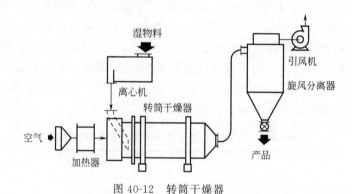

图 40-12 转筒干燥器

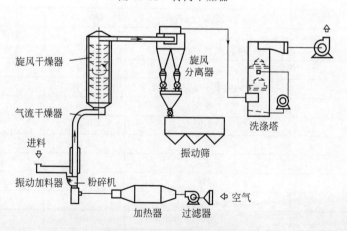

图 40-13 气流-旋风干燥器

"气流-旋风"二级干燥系统较转筒干燥器好。在气流干燥器中，大部分表面水分几秒内便可去掉，而其余少部分表面水分和结合水分在流化床中干燥约 30min（在适宜的干燥温度条件下）便可去掉。

通常，湿料饼通过螺旋加料器进入气流干燥器。S-PVC 颗粒（粒径在 $100\mu m$ 以下）进入气流干燥管后，不会在热空气的冲击下分散成单个颗粒，而是在干燥过程中逐渐被分散[12]。因此，需要在干燥器内部安装一个特殊的粉碎机械，将进料分散于气流中，然后在气流管加速。因 S-PVC 对剪切作用较为敏感，对物料做分散处理时应和缓。

经气流干燥器后，物料的湿含量为 2%～8%。气流干燥器的进/出口温度一般为 180℃/60℃，根据树脂颗粒的湿含量和干燥特性而定。由于对剪切敏感，干物料流经气流管的速度为 15m/s 左右，对干物料的处理应特别小心。

当然，要达到最终湿含量仅用气流干燥也可实现，但因为气流干燥的停留时间短，必然需要较高的气流温度，这样干燥出的产品质量差。此外，S-PVC 中含有不同分子量大小、颗粒尺寸和特性的均聚物，它们具有不同的脱水或干燥特性。

工业上，也可以使用两段式流化床干燥器干燥 S-PVC，即在单一装置中将两种不同的流化形式（返混和活塞流）组合在一起。湿 S-PVC 经沉降、过滤后，由螺旋加料器送入返混式流化床干燥部，通过溢流堰再进入活塞流干燥部，最后从卸料堰出料。在返混式流化床（床层的长宽比小）中，停留时间分布范围大，其操作特性类似于搅拌容器，物料混合强烈，从而使整个床层的温度均一，颗粒的平均湿含量恒定，干燥空气与颗粒具有良好的热质传递。经返混式流化床干燥后，再使用活塞流式流化床（床层的长宽比大）干燥 S-PVC。通常将活塞流式流化床这一段分隔成几室。因为停留时间可以得到很好的控制，颗粒的湿含量沿床长度方向显著发生变化。

在返混式干燥部设置加热板，而在活塞式干燥部不设置，这是出于经济合算的考虑；另一原因是 S-PVC 干燥至一定湿含量时，在加热板上具有积聚静电荷的趋势，从而导致传热系数下降。这种干燥系统设置加热板后，从热经济性和整体节能的角度上看优于"气流-流化床"干燥系统。应使聚合物湿含量达到在返混式干燥部能够马上流化，以避免在床层扰动状态下，不发生流化，所以离心分离后的滤饼不能太黏或容易团聚。如果出现这种情况，那么气流干燥器更适合作为前级干燥器。

尽管活塞流式流化床作为第二级干燥器可以准确控制产品温度、湿含量/停留时间，但在这一级的蒸发载荷小，只需要少量的气流，很难实现流化状态。此种情况下，用振动流化床代替可解决这个问题。振动流化床需要的流化速度小，细粉夹带量也随之减少。由于在低频下振动，在振动力与气体曳力的总体作用下，物料在整个处理过程中比较缓和，颗粒破碎减少。振动流化床干燥器是颗粒物料干燥极为重要的装置。

在 S-PVC 流化过程中，静电荷的积聚会影响整个系统的动力学特性，对床层的传递过程不利，如影响传热表面和床层之间的传热。这是流化床很难解决的问题，因为颗粒强烈运动，颗粒间及颗粒与干燥器器壁接触频繁。虽然静电荷的产生不可避免，但可以改变工艺条件，增大静电荷的耗散，从而降低其数量。一种方法是加入一小部分细粉，使团聚物分开，减小颗粒表层与壁面接触面积，床层重现其原有特性，从而保证操作过程的顺利进行。

荆盼龙[16]报道了 15 万 t/a PVC 闪蒸干燥和流化床组合干燥系统，工艺流程如图 40-14所示。通过振动输送机和螺旋输送机供给物料，闪蒸干燥器类型为直筒式高速水冷文丘里管，流化床干燥器进行返混和柱塞流两段干燥。初始含水量在 23%～25% 的 PVC 滤饼从闪蒸干燥器的底部进入，表面的大部分水分迅速蒸发，3～5s 后水分下降至 3% 以下。经过滤器过滤后的部分空气经空气预热器和蒸汽换热器后分别进入流化床的返混段和柱塞流段，继续对 PVC 树脂进行干燥，最终使 PVC 粉料中的水分小于 0.4%。

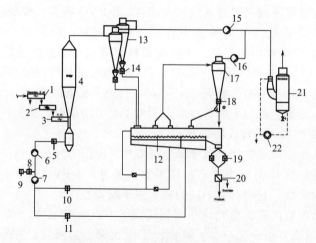

图 40-14　组合干燥系统工艺流程图

1—离心机；2—振动输送机；3—螺旋输送机；4—闪蒸干燥器；5—热风炉；6,7—风机；8—空气预热器；
9—空气过滤器；10—返混段空气加热器；11—柱塞流段空气加热器；12—流化床；13,17—旋风分离器；
14,18,19—旋转阀；15,16—排风机；20—成品筛；21—尾气洗涤器；22—循环泵

40.4.2.3　氯乙烯-醋酸乙烯酯共聚物（VC-VA）

在 VC-VA 共聚物中，VA 的含量以及聚合程度不同，其干燥困难程度也不同。即使在前级处理中脱水程度很好，如湿含量达到 13％～17％（湿基），如果聚合物的耐热性很低，以致不能使用高温热空气，那么也很难移去 VA 单体。因此，与 PVC（聚氯乙烯）均聚物干燥相比，停留时间变得很长。推荐使用单级间歇流化床或"气流-间歇流化床"干燥系统，并对实际条件详细研究。

PVC 干燥过程中，需要考虑单体氯化物对设备的腐蚀。单体氯化物存在于滤饼之中，会腐蚀加工的零件，产生应力腐蚀裂纹。定期检查和适时更换配件是必不可少的。干燥 PVC 还需考虑 VC 的排放，VC 浓度应小于 5×10^{-6}（美国 EPA 规定），这也是选择干燥设备的一条规则。

表 40-5 为 PVC 干燥的一些操作数据。脉冲气流-卧式多室流化床干燥数据参见文献 [12]。

表 40-5　PVC 干燥操作数据[6,12]

干燥器类型及规格/m	倒锥气流干燥器直径 0.55/0.46×16	多层流化床干燥器直径 1.8×2 层	多室流化床干燥器	固定加热管排流化床干燥器	气流式喷雾干燥器	
					直径 5×9	直径 2×8
生产量/(kg/h)	2500	2050	650	4500	600	75
初始湿含量/%（干基）	19～20	2.1	3.0	28.5	150～233	178
产品湿含量/%（干基）	0.3	0.1	0.1	0.2	<1	<0.4
干燥温度/℃	130～135	78	65	热风/热水 85	138	130
废气温度/℃	75～80				45	60
气量/(m³/min)	133	105（排风）	120	400（排风）	600	133（排风）
产品粒径/mm	<0.25	0.104	0.03	0.104	0.15	0.01
备注		半连续操作	连续操作	底面积及加热管面积均为 14.4m²	喷嘴压力为 0.4MPa，雾化器数实际为 18 和 24	

刘小静[17]报道了 20 万 t/a PVC 卧式流化床干燥优化工艺，含水率 20％～22％的滤饼

经破碎后进入干燥床,整个系统采用微负压操作(-0.6~-0.4kPa),解决了风送系统能力不足、旋风分离器物料堵塞、PVC树脂水含量波动较大的问题。根据生产经验,将 PVC 树脂含水量控制在 0.15％~0.35％时树脂流动性较好,不易堵塞管道。

40.4.3　丙烯腈-丁二烯-苯乙烯共聚物(ABS)干燥

　　乳液接枝共聚过程用于生产冲击强度高的 ABS,也可用本体或悬浮聚合过程生产冲击强度较低的 ABS。三种单体含量不同,产生的 ABS 产品不同。丙烯腈具有热稳定性和抗化学老化的特性,丁二烯具有低温韧性和冲击强度高的特性,苯乙烯可增强光泽的稳定性和模塑性(易加工)。

　　ABS 的干燥特性与其组分的含量有关。一般离心后的滤饼含有 50％(湿基)的湿含量,它必须干燥至低于 0.1％,其临界湿含量为 5％ 左右,允许温度约为 100℃。ABS 具有轻度的吸湿性,加工前必须进行干燥操作,以避免湿分引起的表面缺陷或影响产品的机械性能。使用干燥不合格的 ABS 树脂注射成型的零件会发生银色斑纹或变形,生产出的管材、薄板、型材会产生孔穴、气泡、毛疵、弧坑或网状裂缝。图 40-15 是 ABS 平衡湿含量与相对湿度的关系曲线,并不是所有级别的 ABS 均具有相同的水亲和能力,而是随 ABS 组成比、添加剂等发生变化,图中的两条虚线给出其变化范围。就 ABS 的物理特性而言,通常使用单级、并流、直接传热式转筒干燥器。转筒干燥器停留时间长,适合于干燥大颗粒的 ABS 共聚物。气流干燥器只适合干燥小颗粒的 ABS,但其热效率高,经济性好。

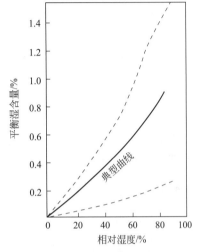

图 40-15　ABS 平衡湿含量与相对湿度之间的关系曲线

　　在凝聚或脱水过程中,ABS 形成团块,因此有必要破碎团块(如在气流干燥系统中附设鼠笼式粉碎机,或使用环形干燥器作为第一级干燥器)。因为在干燥的降速阶段主要是为了移去单体,所以需要较长的停留时间。为了满足这个要求,广泛采用间歇式流化床干燥器。

　　使用直接和间接组合传热方式的二级干燥系统用于干燥 ABS 已取得成功。

　　"气流-流化床"二级干燥系统在产品质量及热效率方面具有优势。当然,也可以用直接或间接式转筒干燥器代替流化床干燥器。采用流化床干燥器作为第二级干燥装置时,最好使用活塞流模式,因为它易于控制停留时间。

　　干燥 ABS 可以采用间接加热闭循环操作、惰性气体加热或液体加热方式的干燥器。这些干燥器减少了苯乙烯单体的排放和聚合物的氧化(使用惰性气体),整体热效率高。典型的干燥器是间接加热式流化床干燥器(如图 40-16 所示)。它采用槽式结构以优化颗粒流动特性和提高传热对数平均温差。另外,进入气室的气体温度低。该过程中,外部直接燃烧式加热器将传热流体(熔融盐、热流体、蒸汽等)加热至某一温度(低于 ABS 降解温度)。由于气体主要作为流化介质,与物料几乎不发生热量传递,不需大体积容器。进一步讲,流化气体量小,使处理装置也相应减小。

　　ABS 类树脂是易燃物质,可发生自燃和粉尘爆炸。处理时不仅要控制热空气温度,而且要消除"火源",如原物料中存在金属异物、静电荷超量等。出于安全考虑,应当仔细维护,定期清洗,移去黏结在设备上的树脂。

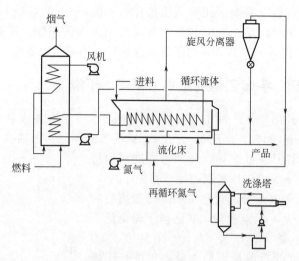

图 40-16　间接加热式流化床干燥器（闭循环操作）

ABS 在干燥工作环境中，苯乙烯质量含量不能高于 5×10^{-5}，厂房顶板定时（15min）抽样浓度不得超过 1×10^{-4}。

40.4.4　合成纤维干燥

40.4.4.1　聚酰胺

聚酰胺是主链上含有许多重复酰胺基的合成聚合物的总称，用作塑料时称为尼龙，用作合成纤维时在我国称为锦纶。聚酰胺的合成所使用的材料很多。该聚合物制取的机理是二元胺和二元酸或者它们的同系物缩聚，或者通过单体加聚反应合成。聚酰胺的品种很多，商业上使用的聚酰胺主要是聚酰胺 6 和聚酰胺 66，它们占聚酰胺纤维和纤维成型加工市场的 $75\%\sim80\%$[3]。

聚酰胺切片通常从初始湿含量 $4\%\sim10\%$（湿基）干燥至低于 0.1%，这是因为聚酰胺所吸附的水分充当增塑剂，降低了聚酰胺的刚度、强度和硬度。某些种类的聚酰胺在一般的储存条件下约含有 2% 的水分，但在加工之前必须干燥至低于 0.1%。由于干燥聚酰胺的极限温度为 70～80℃，要达到此湿含量必须使用低露点的干燥介质，且干燥时间较长，见图 40-17。常用的干燥器是真空回转干燥器，干燥温度为 70～80℃，干燥时间为 10～24h。若不采用真空干燥方法，则在 80℃ 下使用循环除湿空气作为干燥介质也可以。图 40-4 为用于注射成型加工之前干燥聚酰胺的干燥系统。此时，必须注意热空气的湿度。

聚酰胺的聚合效果差，其切片的初始湿含量高，

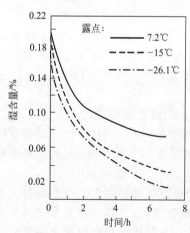

图 40-17　介质露点对聚酰胺 66 干燥过程的影响（干燥温度为 80℃，空气流量为 1.3m³/min）

具有在低湿含量下牢固结合水分的特性，需要长时间干燥。因此，最好使用流化床或桨叶搅拌式干燥器。在这些干燥器中经 4～6h 可干燥至 0.002%。

聚酰胺另一个特点是，在低湿含量下会发生氧化降解，在高温下会发生褐色。干燥时间延长会导致产品变色和品质下降。因此，在氮气环境下使用立式移动床干燥器，或采用低温

流化床干燥器干燥聚酰胺，以防止氧化。通常在高湿含量下用空气作为干燥介质，在低湿含量下在惰性气体环境下操作。表 40-6 比较了 3 种干燥器对聚酰胺 1010 的操作情况。卧式流化床干燥器干燥聚酰胺 1010 的详细操作数据参见文献 [9]。

表 40-6　干燥聚酰胺 1010 的 3 种干燥器的操作特性比较[9]

项目	真空干燥箱	回转真空干燥器	卧式流化床干燥器	项目	真空干燥箱	回转真空干燥器	卧式流化床干燥器
初始湿含量/%（湿基）	1	1	1	干燥均匀度	不均匀	均匀	均匀
最终湿含量/%（湿基）	0.15～0.20	0.15	0.1	耗电量/(kW·h/kg 物料)	0.7	0.9	0.2
干燥温度/℃	100	100	125	劳动强度	强	中	轻
干燥时间/h	20	6	0.5				

40.4.4.2　聚酯

聚酯纤维是主链上含有许多重复酯基的一大类长链合成聚合物。目前，广泛使用的线型聚酯纤维是聚对苯二甲酸乙二醇酯（PET），俗称涤纶，以及主要由之组成的共聚物。

聚酯切片可用于生产聚酯瓶、胶片或纤维。PET 是高吸湿性物料，达不到要求湿含量的树脂所成型加工的零件，易破裂或达不到所要求的质量指标。瓶级的 PET 树脂需干燥至低于 0.002%，而工程上湿含量一般需达到 0.02%[3]。因此，不同用途的 PET 需采用不同的干燥方法。PET 吸湿速率快，在相对湿度为 50% 时，干燥至 0.017% 的 PET 树脂，在大气环境中静置 15min，湿含量将超过 0.02%；1h 后，达 0.03%；一天后，达 0.11%。故而在其使用前需放置于密闭容器中。

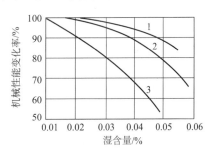

图 40-18　湿含量对 PET 机械性能的影响
1—拉伸强度；2—伸长率；
3—无缺口抗冲击强度

水是缩聚反应制备聚酯树脂 PET 或 PBT（聚对苯二甲酸丁二醇酯）的反应伴生物，在聚合物中湿含量超过一定值（0.02%），在合适的温度下（150℃以上），聚合物会发生水解和降解，水分促使 PET 和 PBT 分解成苯甲酸衍生物和二元醇[9]。若水分汽化，则形成气泡使纺丝断头或产生毛丝。湿含量高于 0.02%，PET 的物理性质也显著下降（如图 40-18 所示）。如湿含量为 0.04%，拉伸强度为 94%，无缺口抗冲击强度为 64%，熔体流速（meltflow）是湿含量小于 0.02% 时的 2 倍，从而导致过多地装填物料，使流道黏结严重。因此，即使湿 PET 或 PBT 树脂成型加工的零件不会有表面缺陷，使用性能也差。

聚酯的初始湿含量约为 0.4%，在干燥之前需要完成结晶过程（结晶后，湿含量达 0.02% 左右），以提高其软化点及切片韧度。PET 的一个特点是，温度为 70～80℃时变软发黏，在 90～100℃下，其内部结构发生重整，从玻璃体转化为晶体状态。结晶度随温度提高而急剧上升，当温度达一定值时又变得平缓。聚酯的结晶度达 30%～50%[18]。需注意的是，如果在冷却后再复烘已干燥过的切片，其结晶度变化甚微。因此，聚酯干燥系统分为两级，第一级完成结晶和预热，通常使用流化床或搅拌容器、转筒；第二级（如立式移动床）进行干燥。

表面结晶后，PET 在温度升高至熔点之前不会呈现黏性，可以卸入移动床干燥器进行干燥。往往使用氮气（露点温度为 -40℃）或低湿空气逆流穿过物料层。连续式操作，停留时间为 2h 便可达到要求。

过去，干燥 PET 在间歇式回转真空干燥器中进行，干燥时间为 10~12h。随着处理量的逐步增大及 PET 用途的变化，需要减小设备，并且节能。间歇式流化床和桨叶搅拌式干燥器的组合使用，可使聚酯切片的停留时间接近理想活塞流，节能效果显著。

近年来，要求生产超细聚酯纤维（直径为 5~7μm），则需要干燥至湿含量为 $2×10^{-5}$；而一般的聚酯纤维直径为 18~22μm，最终湿含量需要达到 $5×10^{-5}$。另外，还要求干燥过程中产生的粉末极少，产品均匀度高。

ROSIN 工程公司开发的 PET 连续式干燥系统，由水平桨叶搅拌结晶装置与立式移动床干燥器（columndryer）组成，它可应用于生产所有种类的纤维、工业纺丝、聚酯瓶和胶片，可处理不同类型及尺寸的颗粒。该系统也可用于干燥 PBT 和聚碳酸酯颗粒。但桨叶机械作用会稍微产生尘埃，而且在结晶器的一端需留出一定的空间以便取出转轴，因而又开发出适合固相聚合的 PET 聚酯干燥的流化床装置。使用流化床进行预热和预结晶比过去的桨叶搅拌器有许多优点。1970 年，ROSIN 公司率先将流化床结晶器和立式移动床干燥器用于干燥 PET（如图 40-19 所示）。流化床装置有 5 个作用[10]：①蒸发表面和一些内部水分；②将 PET 从无定形态转变为结晶态；③将 PET 切片加热至立式移动床干燥器所需要的温度；④使 PET 床层呈湍动状态，避免烧结和彼此黏结；⑤除去来料中的尘埃。

当 PET 切片进入流化床，表面水分迅速蒸发。进一步加热，结晶发生，该转变

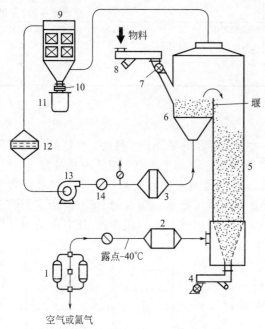

图 40-19 连续式流化床结晶-立式移动床干燥器

1—除湿器；2,3—加热器；4—振动卸料器；
5—立式移动床；6—流化床结晶器；7—旋转阀；
8—振动加料器；9—袋滤器；10—截止阀；11—粉料仓；
12—过滤器；13—风机；14—调节风门

过程为放热过程，足以将物料加热至软化点之上。如果 PET 切片不能充分流化，将会结成团块。团聚使干燥不完全，并影响后加工，尤其是对微细纤维的生产。另外，团聚会导致物料流动被阻塞等问题，若不解决，会中断整个操作。为了使干燥阶段进行顺利，必须防止 PET 切片团聚。通过内部挡板（可以调节，从而改变停留时间），以实现流化床的活塞流状态，使每个 PET 切片经历几乎相同的热处理，使结晶均一。物料经加热、结晶后，越过堰板进入移动床干燥器。移动床干燥器的内部结构将影响 PET 切片与干燥气体的接触程度，其中气体的分布结构相当重要。德国 B-M 公司设计的一种立式移动床干燥器，叫作"狭缝式"干燥器（如图 40-20 所示），由几组水平安置的菱形管组成，其一端与风室相通，另一端封闭，风从干燥器底部所开的小孔中排出，与下落的 PET 切片产生良好的接触。

在立式移动床干燥器中，恒速流动的热气流（除湿空气或氮气）向上穿过床层。空气的露点用分子筛吸附系统（当使用压缩空气时）或制冷/干燥系统（当使用由风机输送的低压气体时）加以控制。生产量达 1000kg/h 时，采用压缩空气系统更经济。当使用氮气时，在生产量高的工厂采用闭循环、低压除湿系统更经济。

图 40-21 为日本 Hosokawa Micron 株式会社开发的 PET 干燥系统。首先，非结晶的 PET 切片在 Solidare 结晶装置内由于高效率的搅拌作用，使切片能够很快地实现均一加热、

结晶（停留时间为 3~7min，结晶程度为 35%），而且微粉的产生量很少（可以设置微粉分离器，在进入干燥器之前除去微粉），然后使用除湿气体在料斗式干燥器中对 PET 切片进行干燥，干燥产品具有高质量、低运行费用的特点（干燥 1kg PET 约需要 100kcal 的热能）。

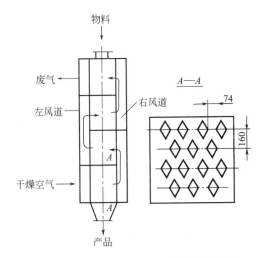

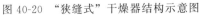

图 40-20　"狭缝式"干燥器结构示意图

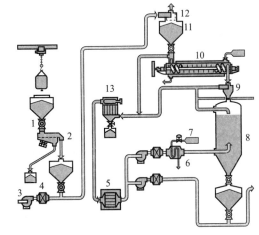

图 40-21　PET 干燥系统

1—旋转进料器；2—输送装置；3—风机；4—过滤器；
5—除湿器；6—加热器；7—蒸汽；8—料斗式干燥器；
9—微粉分离器；10—Solidare 结晶装置；11—原料仓；
12—旋风分离器；13—脉冲空气

　　一些干燥器干燥聚酯切片的操作数据及特性参见文献［18］。

　　对苯二甲酸是生产聚酯的主要原料。2011 年 9 月 20 日，世界最大规格、年产 400 万吨粗对苯二甲酸（CTA）/精对苯二甲酸（PTA）的蒸汽管回转圆筒干燥机组在南京顺利出厂。这套大型机组包括两台直径 4.2m、两台直径 4.5m 和一台直径 4.8m 的干燥机，从研发、设计到制造，全部由中国化工集团公司天华化工机械及自动化研究设计院有限公司自主完成，效率为 78%~82%，可使石化行业的干燥设备采购成本降低 50%。蒸汽管回转圆筒干燥机，主体是略带倾斜并能回转的筒体，在筒体内以同心方式排列蒸汽（也可为热水、导热油）加热管路，其一端安装在出料口处分配室上，蒸汽经由分配室进入加热管路，另一端用可热膨胀的结构安装在加料口支架上，湿物料经螺旋加料器加入筒体，在重力作用下物料由高端进低端出，移动过程中与加热管束进行热交换从而完成干燥。该干燥机的规格参数见表 40-7，应用实例见表 40-8。

表 40-7　蒸汽管回转圆筒干燥机规格参数

物料	直径/mm	长度/mm	换热面积/m²	产能(总)/(万吨/年)	蒸汽消耗量/(kg/h)	项目年份
CTA	φ4500	34000	2902	320	33605	2009
PTA	φ4800	35000	4252	160	16200	2009
CTA	φ3800	26000	1535	152	11821	2010
PTA	φ3800	24000	1511	152	16830	2010
CTA	φ4200	32000	2270	400	14780	2013
PTA	φ4200	35000	3068	275	23580	2013
CTA	φ4200	31000	2074	135	15500	2013

续表

物料	直径/mm	长度/mm	换热面积/m²	产能（总）/（万吨/年）	蒸汽消耗量/（kg/h）	项目年份
PTA	φ4200	29000	2054	130	28000	2013
PTA	φ4200	25000	1770	240	20700	2015
PTA	φ4200	32000	2800	156	26500	2017
PTA	φ4700	25000	2281	250	23100	2018

表 40-8　蒸汽管回转圆筒干燥机应用实例

物料	原含水率/%	产品含水率/%	产量/（kg/h）	干燥器的直径×长度/m	传热面积/m²	水蒸气压力/MPa	加热温度/℃	回转数/（r/min）
CTA	15	0.1	170000	4.2×31	2074	0.83	177	3.5
PTA	10	0.1	168000	4.2×29	2054	0.83	177	3.5

40.4.5　其他

聚乙酸乙烯酯（PVAc）通过催化转变，用于制备聚乙烯醇（PVAL）。催化剂的耗量与 PVAc 珠粒的湿含量有关，若 PVAc 的湿含量大则导致催化剂的用量增多，同时产生不必要的灰分[19]。聚乙酸乙烯酯一般通过乳液聚合，聚合中温度控制很重要，它影响 PVAc 珠粒的物理性质，进而影响干燥特性。PVAc 是高热敏性树脂（温度不能高于 42℃，否则会退化成硬团），吸湿性高，易团聚，很难干燥且干燥过程不稳定。传统的干燥方法是在旋转盘式干燥器（turbo tray dryer）中进行的，但由于其移动件多，维护问题多，产品最终湿含量受限制。在两段式流化床中干燥，则湿分均匀，可减少细粉产生及颗粒团聚。在初始阶段，PVAc 很难流化，故而使用返混式流化技术，并且通过特殊设计的机械分散装置，将物料与已部分干燥的物料混合，提高进料的流化特性。后一级用除湿空气，热负荷小，使用深床层以缩小干燥器尺寸及减小除湿装置的制冷负荷。在深床层，一组折流板用于产生单向流动（活塞流）状态，避免短路，并使最终产品湿含量均匀。

聚苯乙烯（PS）和丙烯腈-苯乙烯共聚物（AS）需要量也比较大，可用流化床干燥。目前，两段式流化床由于具有节能的优势，可代替所有的流化床。此外，桨叶搅拌式干燥器也得到应用。由于它们的软化点相对低，若操作温度调节不当，熔化的树脂将粘在设备上。

聚碳酸酯（PC），最初使用"气流-间歇式流化床"（带有汽提操作）干燥系统，近年来使用盘式干燥器，因为它不但节能，而且可直接对氯化物溶剂进行操作，无需汽提操作，也可用 Solidare 干燥器。聚碳酸酯耐热性高，干燥不困难。聚碳酸酯物料含水量为 10%～15%（生产工艺中一般要求干燥后含水量小于 0.02%），溶剂含量为 3%～5%，存在粒径分布较宽的问题，粉料中的溶剂在高温时会分解出 HCl，对设备产生一定的腐蚀。马瑞进等[20]选取桨叶干燥器，试验过程中夹套温度为 140℃时，聚碳酸酯粉料有部分软化的情况，会对桨叶干燥器使用产生一定影响，因此确定 130℃为干燥适宜温度。在较短干燥时间内，桨叶干燥器能够将粉料中的全部溶剂和大部分表面水脱出（干燥时间为 5min 时，聚碳酸酯粉料中水含量从 10%下降至 0.5%以下），从而解决了因溶剂残留造成后序设备管线腐蚀的问题。王磊等[21]报道了一种适用于干燥聚碳酸酯的屋脊式干燥塔，结构简图如图 40-22 所示。湿的聚碳酸酯从塔顶通过入料均布器均匀地分布到塔内，产品通过塔底部的密封旋转卸料阀排出。加热介质由塔底部进入干燥管，然后从管子上的若干个小孔排出，并与物料直接接触换热，逐级完成干燥后从塔顶排出。相邻单元间设有料封段，防止热介质偏流。塔底部

的密封旋转卸料阀具有变频调节功能，能够
调整物料干燥停留时间和干燥后的水分含
量，直至满足要求。干燥塔每个单元的料封
段设置测温元件，便于调节热介质的流量，
以达到逐级控制物料水分进行干燥的要求。
该干燥装置解决了聚碳酸酯在干燥过程中易
粉化碎裂和静电挂壁的问题，可实现连续操
作，塔体内传热面积大，并且停留时间跨度
大，能实现聚碳酸酯的深度干燥，已成功应
用于聚碳酸酯的工业化生产中。

　　聚亚苯基氧（聚苯醚，PPO）树脂需较
长的干燥时间，因为含有超细颗粒，与水的
亲和能力强，干燥非常困难，可使用桨叶搅
拌式干燥器。PPO 的吸水率很低，原料中的
水分会使成品表面出现银丝、气泡等缺陷，
一般可将原料置于 $80\sim100℃$ 的烘箱中热风
干燥 $1\sim2h$ 后使用。

　　聚丙烯腈（PAN）滤饼在制成一定形状
后，在带式干燥器或单/双级气流干燥器进
行干燥。在 NaSCN 二步法制备聚丙烯腈基

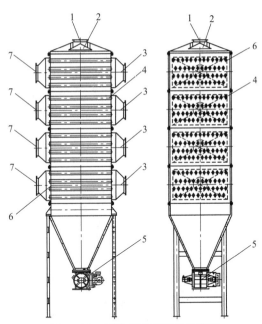

图 40-22　屋脊式干燥塔结构简图
1—进料接管；2—入料均布器；3—热介质出口连接
管箱；4—屋脊式干燥管；5—密封旋转卸料阀；
6—立式管箱；7—热介质进口连接管箱

碳纤维原丝过程中，需要对聚丙烯腈（PAN）共聚物进行干燥。制备碳纤维用聚丙烯腈共
聚物的分子量提高，亲水性增加，因此碳纤维用聚丙烯腈共聚物脱水难度大。碳纤维用聚丙

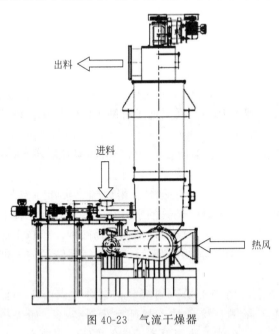

图 40-23　气流干燥器

烯腈淤浆（聚丙烯腈共聚物和水的混合
物），固含量为 21% 时，流动性较好，可
采用喷雾干燥；固含量大于 28% 时淤浆呈
淤泥状、无流动性；脱水至固含量 34%
时，易粘壁，不易进行长周期和高温干
燥。金宏伟等[25]采用集成了颗粒粉碎和
分级系统的气流干燥器（如图 40-23 所
示），可以处理泥状或块状流动性差的物
料，适合碳纤维用聚丙烯腈淤浆的干燥要
求。在气流和破碎机的共同作用下，湿的
聚合体颗粒被破碎成细小、干燥的颗粒。
干燥后的物料在热风的作用下沿着干燥室
器壁旋转上升，细小的颗粒通过分级器被
气流带出，较大的颗粒返回干燥室与后续
的湿物料混合后被进一步干燥破碎，直至
成为合格的产品。康鲁浩等[26]对干喷湿
纺纺丝工艺制得的聚丙烯腈（PAN）初生

纤维进行自然晾干、热风干燥、冷冻干燥，试验表明冷冻干燥可以很好地保留 PAN 初生纤维
原始物理特性、内部结构、表面形貌和结晶状况，适合于制备聚丙烯腈初生纤维干燥样品。
　　MBS 树脂（甲基丙烯酸酯-丁二烯-苯乙烯接枝共聚物），在 PVC 中加入 5%～15% 的量

用于改进 PVC 的冲击性能。悬浮接枝共聚过程后，经离心机脱水，MBS 的湿含量大约为 35%，产品要求的湿含量为 1%。MBS 为热敏性物料（过高的温度和较长的停留时间会使产品发黄变质），表面黏性强、不易流动、粒度分布宽且粒径小，可在"气流-多室流化床"进行干燥[27]。最先采用的是间歇流化床干燥方式，该工艺设备结构简单、操作检修方便、设备维护费用低，但处理量有限，设备内留有死角，清理劳动强度大。随着 MBS 市场的扩大，流化床干燥和气流-流化床干燥开始成为 MBS 干燥的新工艺（图 40-24），并逐渐发展成为国内外生产干燥工艺的主流。

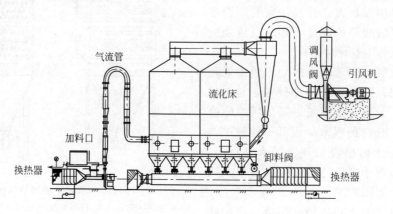

图 40-24　气流-流化床组合干燥

对于热塑性聚氨酯橡胶，当胶粒的湿含量大于 0.2% 时，制品的外观及加工性能将受到影响，而且机械性能也明显下降。湿含量为 0.01% 的成型制品的拉伸强度约是湿含量为 0.2% 的 4 倍，撕裂强度约是湿含量为 0.2% 的 2 倍，且压缩变形变小[28]。其干燥温度随硬度不同而发生变化，一般为 80~110℃，干燥时间为 2~3h。

对于氯化橡胶（CNR，由天然橡胶在水或溶剂中氯化而制得的一种精细有机氯产品），国内最早使用真空耙式干燥器干燥 CNR，干燥后物料中水分可达 0.1%。目前国内主要采用流化床和气流干燥方式，也可使用脉冲气流干燥或薄膜蒸发干燥器[29]。

回转真空干燥器可在 300℃ 和绝对压力为 13Pa 下干燥 PET、PBT 和液态结晶聚合物，也可以干燥聚酰胺、氟塑料和聚氨基甲酸（乙）酯（PU）。高温低压有助于促使某些类型的聚合物结晶，提高它们的强度。

喷动床干燥器是一种有效的气固接触装置，可用于干燥 PS、PVC 和 PMMA 等[6,22]，有关数据参见表 40-9。

离心式颗粒干燥器（centrifugal pellet dryer）可以干燥聚乙烯、聚丙烯、聚酯和橡胶。操作过程由 3 个阶段组成：预脱水、冲击脱水和空气干燥。95% 的水分在一些垂直多孔板上通过冲击和重力作用去掉。预脱水的颗粒进入螺旋型转子，转子外部为圆筒筛网。颗粒由底部沿螺旋向顶部移动，水含量达到 0.5%~0.1%（第二阶段）。最后，热空气从转子的上部强行穿过移动的颗粒，将之干燥至 0.05% 以下[10]。

此外，以燃气为干燥介质的 Unison 干燥器可用于干燥丙烯酸乳液，卧式涡流干燥器（vortex dryer，如图 40-25 所示）用于干燥聚乙烯醇、聚乙酸乙烯酯和聚苯乙烯。如果树脂、橡胶作为某些连续纸幅类产品的表面涂膜，那么可以使用射流干燥的方法（将热空气垂直喷射到涂层表面），也可以用红外线/远红外线辅助进行干燥，或者对流-红外联合干燥的方法。关于聚合物材料涂膜的干燥，参阅本书相关章节。

表 40-10 列出了某些聚合物树脂的干燥操作数据。

表 40-9　喷动床干燥器干燥聚合物的操作数据[6,22]

物料名称	物料湿含量/%		热空气温度/℃		热空气速度/(m/s)		干燥器压降/Pa	蒸发1kg水分的消耗		干燥器蒸发水分强度		干燥器的热效率/%
	初湿	终湿	进入	排出	喷管	干燥器		干空气/kg	热量/kJ	按干燥器容积计/[kg/(m³·h)]	按上部截面积计/[kg/(m²·h)]	
苯乙烯与α-甲基苯	36.7	0.98	200	76	24.0	0.367	60	86.5	7244	28.1	15.3	33.4
乙烯的共聚物	41.9	0.8	180	60	23.0	0.352	60	86.0	6301	28.5	15.5	38.5
聚甲基丙烯酸甲酯	10.3	0.64	200	90	20.2	0.326	550	34.0	5150	59.7	32.5	46.3
	10.3	0.57	190	98	19.5	0.334	250	31.4	5736	65.0	35.4	41.7
聚乙烯醇缩丁醛	59.1	32.2	148	70	11.3	0.195	100	37.5	6155	34.4	18.8	39.0
乙基纤维素	36.6	13	212	68	—	—	—	39.0	—	104.0	56.0	—
	51	1.5	225	75	—	—	—	25.0	—	163.0	90.0	—
聚苯乙烯	10.4	0.28	45	28	—	0.635	—	—	3620	—	19.0	—
聚氯乙烯	60	0.5	120	60	—	—	—	75.0	9000	—	—	—

表 40-10　一些聚合物树脂的干燥操作数据[6,12,23,24]

物料	聚碳酸酯	脲醛树脂溶液	粒状酚醛树脂		聚甲醛	醋酸纤维素	717 离子交换树脂	聚苯乙烯	聚醋酸乙烯酯	聚乙烯醇	ABS
干燥器类型及规格/m	流化床干燥器 直径1.36×高5	离心式喷雾干燥器 直径4×高5	带式穿流干燥器 直径4×高6		直管气流干燥器 直径0.2×高13.6	直管气流干燥器 (直径0.1×高14)×2段	直径0.1×高28	涡流干燥器 BD-800/1	VD-800/3	VD-100C/6	连续多室流化床干燥器
			并流	逆流							
生产量/(kg/h)(湿基)	284	100	1000		125	60	100	300~350	250~300	650~700	2000
初始湿含量(湿基)/%	68.2	40	30		20	53.8	4~7	40	50	60	2
产品湿含量(湿基)/%	1	<0.2	6.5		1	<2%	0.1~0.4	1.0	2.0	2.0	0.4
干燥温度/℃	199	150~160	95	45	135	110	120	100	150	148	85
废气温度/℃	>104	60			38	65	42	70~80	60	90	90
气量/(m³/min)	37	56					10				70
停留时间/min								1.2	4.5	6.5	
备注	湿分为庚烷、氯甲烷和水(19.8%、19.8%、28.4%)	转速为9000r/min 较好	料层数为2，总干燥面积分别为16.75m²和14.5m²		产品粒度为0.104~0.125mm	分散器出口气体温度为85℃	产品粒度为0.074~1mm				平均粒径为0.2mm

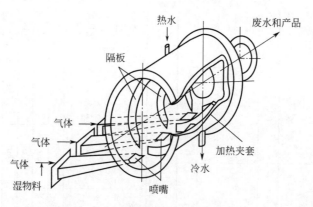

图 40-25　卧式涡流干燥器结构图[23]

40.5　聚合物涂膜干燥

聚合物涂膜是指复合在平面（或不规则形状）基材上的聚合物薄膜，也称为涂层。这种涂膜可以是功能性的（如：胶黏带、照片胶片）、保护性的（比如：防腐涂膜）或装饰性的（比如：油漆），也可用于修饰表面（比如：纸涂膜、疏水涂膜）。虽然聚合物涂膜大多是有机材料，但也可以包括陶瓷或金属颗粒等，用于提高耐久性、功能性或美观性。

薄膜的涂布设计要求尽可能快地形成尽可能薄的聚合物薄层，厚度通常为 $1\sim100\mu m$。根据所需的涂膜厚度、液体的流变性和涂膜行进速度（比如纸的涂布），聚合物涂布可采用多种方法，多层涂布也很常见，比如：Singhal 等[30]研究了聚（苯乙烯）-四氢呋喃和聚（甲基丙烯酸甲酯）-四氢呋喃多层膜的设计。

40.5.1　涂膜的形成

涂膜的原料液（涂料）一般有三种：聚合物溶液、聚合物单体和聚合物胶乳[31]。

① 聚合物溶液　聚合物溶解在溶剂中，可降低聚合物的黏度。通过改变溶液中溶剂的量，以及涂布和干燥方法，可调整涂层溶液的流变性。一旦液体沉积在基材上，就必须在干燥过程中除去溶剂。用于功能涂膜的大多数聚合物不溶于水，需要使用有机溶剂。通常，为了加入添加剂或考虑成本，需要使用多种挥发性溶剂，从而导致干燥过程中相分离的潜在问题。聚合物溶液通常可在现场按规格配制，适用于多种聚合物，并在涂布过程中可调节最终涂膜厚度和性能。但是，为了保持涂料流动性，溶剂中溶解的聚合物量相对较小（约10％～20％，质量分数），因此每层厚度需要足量地干燥。此外，还需要考虑溶剂处理相关问题，包括环境和安全问题、溶剂回收等。

② 聚合物单体　许多聚合物单体在室温下是液态的，因此可以直接涂布，通常不添加溶剂，或者添加少量溶剂以降低其在涂布温度下的黏度。低聚物前体也属于这一类。对于液态单体，主要通过固化反应，减少或去除干燥步骤。随着固化反应进行，涂料的平均分子量逐步增加，直到形成固体聚合物层。固化反应过程中，可以通过改变温度、紫外线或电子束辐射强度以及聚合物的化学性质来控制最终的涂膜性能，如交联密度。

③ 聚合物胶乳　胶乳是聚合物粒子在水中的分散体。通过乳液聚合，可以制备粒径约为 $10nm\sim1\mu m$ 的各种聚合物粒子。涂膜的形成经过如下阶段：随着水的去除，悬浮液中的粒子密集，即"固结"（consolidation）阶段。随着降速段结束，水开始侵入粒子堆积层，

在表面张力、毛细管和范德华力作用下，粒子聚集，这些力足够大时便使得粒子在接触点处开始变平，粒子间的孔隙缩小，此为"压密"（compaction）阶段。最后，在"聚结"（coalescence）阶段，聚合物链扩散穿过粒子之间的边界，将粒子连成整体，产生最终的无孔隙无单粒子间边界的涂膜。水是乳胶涂料的液体介质，因此乳胶涂料是单体和溶剂型涂料的一种环保替代方案。许多消费类涂料，如清漆和油漆，开始使用乳胶分散体。多种聚合物可以聚合成乳胶粒子，在乳胶膜形成过程中保持其特性。

Tent 和 Nijenhuis[32]指出，丙烯酸乳胶膜的成膜过程可分为六个阶段（图 40-26）。前四个阶段为絮凝和聚结的过程，需要 5～10min 左右；最后两个阶段为自粘接过程，需要更长的时间（据报道，以天甚至月为时间尺度）。

　　a. 水分蒸发，导致粒子间距离均匀收缩。

　　b. 水在空气-乳胶界面附近的絮凝颗粒之间的渗流，最终在空气-乳胶表面蒸发。

　　c. 粒子的密集堆积。

　　d. 水在密集的不可移动粒子间隙蒸发，导致粒子在界面力作用下形成多面体结构（当干燥温度高于最小成膜温度时）。然而，干燥温度在远低于最小成膜温度的情况下，乳胶粒子不会变形，剩下的空隙最终被空气充满。

　　e. 水通过封闭的聚合物膜扩散，聚合物粒子自粘接（粒子失去同一性）。

　　f. 均相聚合物膜形成。

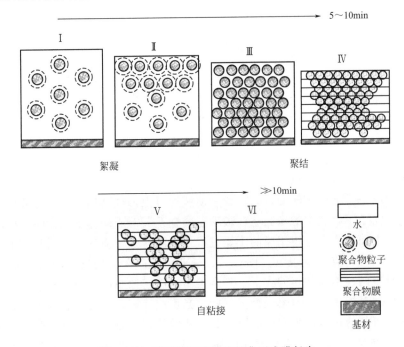

图 40-26　干燥丙烯酸乳液的典型成膜行为

40.5.2　涂膜干燥

聚合物涂膜的干燥过程包括：挥发性液体被输送到涂膜的自由表面；液体蒸发；蒸气从自由表面被排出。这三个步骤是串联的，干燥速率受最慢的步骤控制。液体在涂膜内的输运由内部条件控制，后两个步骤由外部条件控制，取决于周围气相的条件和传输过程。当干燥开始时，溶剂或挥发性液体在涂膜的自由表面大量存在，并且将挥发性物质带到表面的内部过程（例如，在聚合物/溶剂系统中的扩散）很快。然而，随着干燥的继续和溶剂含量的下降，最终内部传输变慢并成为干燥速率的控制步骤，直到过程结束。溶剂在聚合物涂膜中的扩散系数是温度和浓度的一个很强的函数，随着溶剂的蒸发，扩散系数可以降低几个数量级[33]。

干燥初期，聚合物浓度低，干燥处于恒速阶段，而且由于粒子的布朗运动，聚合物在悬浮液中均匀分布。在这个阶段，通过失重实验得到的蒸发率［g/(s·m²)］可以转换为自由表面下降率（μm/s）。随着进一步蒸发，聚合物浓度增加到临界水平时，干燥进入降速阶段。在结构上，聚合物链可能开始缠结，涂层黏度急剧增加，在空气与涂膜界面处的聚合物固体阻碍蒸发。最后，剩余的溶剂必须通过浓缩的聚合物-溶剂网络或聚合物粒子网络扩散到自由表面。在降速阶段，涂膜实际上已成固体，因此干燥会导致其内部产生应力。如果涂膜干燥过快或不均匀，会导致涂膜缺陷，如起泡和裂纹。另外，干燥段还可包括聚合物涂膜的退火（annealing）或固化（curing）。

与所有分散和溶解过程一样，液体特性决定了涂布过程的设计。流变性对于输送、涂布、计量和调平涂料液非常重要。涂层在基材上的润湿和扩散方式与其流变性一样重要。一些先进的涂布工艺在干燥之前要在另一液体层上涂布一层液体，该液体在另一种液体上的润湿性很重要，相邻液体之间的表面张力和它们的混溶性也很重要。

玻璃态聚合物在涂料工业中有着广泛的应用，包括用作底漆、防护涂料和阻隔涂料。聚甲基丙烯酸甲酯（PMMA）、聚苯乙烯（PS）和聚醋酸乙烯酯（PVAc）等是一些常见的非晶态玻璃聚合物。这些聚合物室温玻璃态化为其提供了功能特性，但必须被加热到高于玻璃化转变温度而处于橡胶状态，或被溶剂或其他添加剂塑化后，才能实施涂布。在许多应用中，聚合物在足够的溶剂（约20%固体）中均匀溶解，涂膜最初呈橡胶状。如果处理温度足够低，那么在干燥的初始阶段，随着膜内浓度梯度的发展，在涂膜表面开始出现橡胶态—玻璃态转变，形成玻璃态表皮。随着干燥的进行，部分涂层将处于橡胶态，部分涂层将处于玻璃态。当除去足够的溶剂后，整个涂层变成玻璃态。有时，处理温度高于纯聚合物的玻璃化转变温度，而一些聚合物的玻璃化转变温度很高，在这种条件下会使溶剂沸腾并使涂膜起泡。提高环境中溶剂的湿度可以保持涂膜表面充分塑化，使其保持橡胶态。在后一阶段，涂膜仍可能经历橡胶态—玻璃态转变，并在整个薄膜厚度上形成结构梯度。对玻璃态聚合物薄膜干燥的优化，需要了解基本的橡胶态—玻璃态转变及其对干燥速率和涂膜结构的影响[34]。

在导电材料表面涂覆介电树脂膜的干燥过程中，除传热传质外，还同时发生单体聚合以及产生副产物、收缩和应力等现象。Itaya 等[35]研究了存在缩聚反应的树脂膜传热传质特性。在辐射和对流两种不同加热方式下，测定了聚酰胺清漆膜的表观干燥速率。采用热重法和差示扫描量热法对缩聚反应速率进行了分析。当反应速率显著时，表观干燥速率开始显著下降。这意味着溶剂的扩散被表面结皮所抑制。实验使用聚酰胺清漆，由两种单体，即偏苯三酸酐（TMA）和 4,4'-二苯甲烷二异氰酸酯（MDI）组成，溶于 N-甲基吡咯烷酮（NMP）和二甲苯的溶剂混合物中。在清漆的干燥过程中，除了溶剂的蒸发外，还发生单体的缩聚反应，并伴随二氧化碳的产生。

图 40-27 示出了在柔性基材上制备聚合物涂膜的连续操作实例。

40.5.3　涂膜干燥模型

Okazaki 等[36]建立了一组描述聚乙烯醇水溶液干燥过程的传质传热方程。扩散系数是控制聚合物涂膜干燥的关键材料性能。作者采用微干涉法测量了水在聚乙烯醇中的扩散系

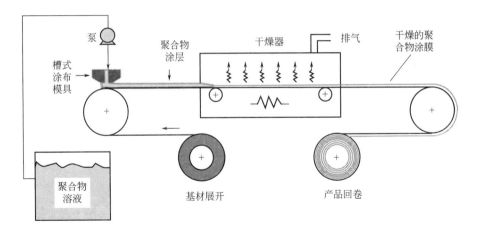

图 40-27 柔性基材上制备聚合物涂膜的连续操作工艺示意图[31]

数，并输入干燥模型。干燥模型预测结果与实验结果吻合较好。

大多数干燥模型使用 Fick 扩散定律（传质因浓度梯度而发生）来描述干燥过程中涂膜内的溶剂传质。一些聚合物在干燥过程中会发生非 Fick 型传递（non-Fickian transport），这种传递会在干燥过程中产生显著的应力，并且具有较高的剪切模量。Vinjamur 和 Cairncross[37]采用非 Fick、非等温干燥模型研究了聚合物涂膜的干燥行为。溶剂从涂膜中蒸发的过程中，由于涂膜表面溶剂浓度较低，溶液在涂膜表面附近可能与涂膜内部深处的性质不同。表面层结皮，对膜的生产是可取的，因为膜需要具有致密结构的薄表层以实现膜的高选择性和通量。然而，在聚合物涂膜的生产中，结皮是不可取的，因为它使得干燥速度降低，导致表面裂纹和涂膜内气泡的形成。在近恒速干燥阶段，较高的涂膜温度下，由于松弛时间较短，应力在涂膜表面附近松弛。应力松弛导致负的非 Fick 流。在较高的气体流量下，负的非 Fick 流导致涂膜表面附近形成较薄的低溶剂浓度层，涂膜内部形成较厚的高溶剂浓度层。因此，在较高流量下干燥，涂膜中仍有更多的溶剂残留，并发生裹液结皮（trapping skinning）。Cairncross 和 Durning[38]提出其他两种结皮类型，即由于浓度梯度大而形成的花纹结皮（figurative skinning）和表层固结、涂膜内部仍是液态时所形成的完整结皮（literal skinning）。

日本学者今驹博信近 10 年来为了解决涂膜干燥的各种问题，提出"材料温度变化法"推定干燥速度，"干燥特性模型"预测挥发性单成分溶液系涂膜干燥过程，针对浆料干涂膜中黏合剂分布的"黏合剂干燥偏析出推定法"，以及最近的"关联模型"，对复杂现象迅速实现模型化[39]。此外，夏正斌等[40]综述了其他涂膜干燥模型及扩散系数的测定或估算。

参考文献

[1] 夏炎. 高分子科学简明教程. 北京: 科学出版社, 1987.

[2] Schildknecht C E, Skeist I. 聚合过程. 北京: 化学工业出版社, 1984.

[3] Mujumdar A S. Drying of Solids. Hasan M, Mujumdar A S. Industrial Drying of Polymers and Resins: Principles and Dryer Selection Guidelines. New Delhi: Wiley Eastern, 1986: 291-315.

[4] Xin Chen, Baicun Zheng, Jun Shen. Morphologies of polymer grains during spray drying. Drying Technolo-

gy, 2013, 31（4）: 433-438.

［5］　Roff W J, Scott J R. Handbook of Common Polymers. London: Butterworth & Co, 1971.

［6］　夏诚意, 郭宜祐, 王喜忠. 化学工程手册. 北京: 化学工业出版社, 1991.

［7］　Mujumdar A S. Handbook of Industrial Drying. Hovmand S. Fluidized Bed Drying. New York: Marcel Dekker Inc, 1987: 165-223.

［8］　Glanvill A B. Plastics Engineering Data Book. New York: Inds Press, 1974.

［9］　丁浩等. 塑料工业实用手册（上）. 北京: 化学工业出版社, 1995: 887-898.

［10］　Mujumdar A S. Handbook of Industrial Drying. 2nd ed. Hasan M. Mujumdar A S. Drying of Polymers. New York: Marcel Dekker Inc, 1995: 1039-1070.

［11］　Bepex Corporation. CEP, 1983, 79（4）: 5.

［12］　金国淼, 等. 干燥设备设计. 上海: 上海科学技术出版社, 1988.

［13］　赵晓君. 高密度聚乙烯中试装置工艺设计［D］. 大连: 大连理工大学, 2015.

［14］　刘成森, 王新志, 李贺帅, 等. F100 型旋转雾化器在聚氯乙烯糊树脂生产中的应用. 中国氯碱, 2018,（10）: 18-20.

［15］　Mujumdar A S. Drying. Shah R M, Aroara P K. Drying of S-PVC—A state-of-the-art review. Amsterdam: Elsevier, 1992: 1311-1320.

［16］　荆盼龙. 30 万 t/a PVC 离心干燥系统优化改造. 中国氯碱, 2018,（12）: 18-20.

［17］　刘小静. PVC 干燥工艺的优化. 聚氯乙烯, 2018, 46（08）: 7-9.

［18］　贝聿泷, 徐炽. 聚酯纤维手册. 2版. 北京: 中国纺织出版社, 1995: 133-155.

［19］　Mujumdar A S. Drying. Aroara P K, Shah R M. Drying system for poly-vinyl acetate—A hygroscopic and heat sensitive polymer. Amsterdam: Elsevier, 1992: 1293-1302.

［20］　马瑞进, 杜燕, 王啸宇, 等. 双桨叶干燥器在聚碳酸酯干燥中的应用. 化工技术与开发, 2013, 42（06）: 52-53.

［21］　王磊, 杨巍, 高烨, 等. 聚碳酸酯屋脊式干燥塔结构设计. 化工机械, 2015, 42（04）: 512-515.

［22］　Mujumdar A S. Handbook of Industrial Drying. 4th ed. Pallai E, Szentmarjay T, Mujumdar A S. Spouted Bed Drying. CRC Press, 2014: 365.

［23］　Mujumdar A S. Handbook of Industrial Drying. 2nd ed. Kudra T, Mujumdar A S. Special Drying Techniques and Novel Dryers. New York: Marcel Dekker Inc, 1995: 1097-1149.

［24］　余国和, 金裕生, 李征涛. 确定颗粒状物料实际干燥曲线的通用方法. 第五届全国干燥技术交流会论文集, 1995: 114-121.

［25］　金宏伟, 吴嵩义, 黄翔宇, 等. 聚丙烯腈粉末干燥设备的选用. 石油化工技术与经济, 2018, 34（01）: 28-31.

［26］　康鲁浩, 王成国, 井敏, 等. 制备聚丙烯腈初生纤维干燥样品研究. 功能材料, 2014, 45（23）: 23043-23048.

［27］　易江林, 金涌, 俞芷青, 张礼. MBS 树脂的流化床干燥. 第五届全国干燥技术交流会论文集, 1995: 316-319.

［28］　李绍基, 朱良民. 聚氨酯树脂. 南京: 江苏科学技术出版社, 1993: 418.

［29］　高琦, 杨磊, 钟杰平, 符新. 氯化橡胶干燥技术与设备. 橡胶工业, 2004, 51: 559-562.

［30］　Singhal U M, Rahul Dixit, Raj Kumar Arya. Drying of multilayer polymeric coatings, Part I: An experimental study. Drying Technology, 2014, 32（14）, 1727-1740.

［31］　Francis L F, Stadler B J H, Roberts C C. Materials Processing: A Unified Approach to Processing of Metals, Ceramics and Polymers. Elsevier Inc, 2016.

［32］　Abraham van Tent, Klaas te Nijenhuis. The film formation of polymer particles in drying thin films of aqueous acrylic latices II. Coalescence, studied with transmission spectrophotometry. Journal of Colloid and Interface Science, 2000, 232: 350-363.

［33］　Perez E B, Carvalho M S. Drying of thin films of polymer solutions coated over impermeable substrates. Heat Transfer Engineering, 2007, 28（6）: 559-566.

［34］　Ilyess Hadj Romdhane, Peter E Price, Craig A Miller, Peter T Benson, Sharon Wang. Drying of glassy polymer films. Ind Eng Chem Res, 2001, 40: 3065-3075.

［35］　Yoshinori Itaya, Naoki Bessho, Masanobu Hasatani. Heat and mass transfer with polycondensation in resin film during drying. Drying Technology, 1999, 17（10）: 2169-2181.

［36］　Okazaki M, Shioda K, Masada K, Toei R. Drying mechanism of coated film of polymer solution. J Chem Eng Jpn, 1974, 7: 99-105.

［37］　Vinjamur M, Cairncross R A. Non-Fickian nonisothermal model for drying of polymer coatings. AIChE Journal, 2002, 48（11）: 2444-2458.

［38］　Cairncross R A, Durning C J. A model for drying of viscoelastic polymer coatings. AIChE J, 1996, 42（9）: 2415-2425.

［39］　今駒博信. 塗膜乾燥における相関モデルの応用. 化学工学論文集, 2012, 38（1）: 1-12.

［40］　夏正斌, 涂伟萍, 杨卓如, 等. 聚合物涂膜干燥研究进展. 化工学报, 2001, 52（4）: 283-287.

（李占勇）

第41章

纳米材料干燥

41.1 引言

纳米材料（nanometer materials）是指三维空间尺寸至少有一维处于纳米尺度范围（$1 \sim 100nm$）或由它们作为基本单元构成的材料，即指晶粒和晶界等显微结构达到纳米级尺度水平，并且具有特殊性能的材料。纳米材料包括原子团簇、纳米颗粒（三维尺度均为纳米量级的零维材料）；纳米线、纳米晶须、纳米丝、纳米棒、纳米管（三维空间中有两维处于纳米尺度的一维材料）；纳米薄膜或多层膜（三维空间中有一维处于纳米尺度的二维材料）；还包括基于上述低维材料所构成的致密或非致密固体。纳米材料具有表面效应、体积效应、量子效应、宏观量子隧道效应等，具有许多与常规材料不同的、奇特的物理和化学性质，在光、电、声、磁和催化等方面将展示出广阔的应用前景。

若以反应物状态来分，纳米材料的制备可分为固相法、液相法和气相法三大类。液相法是目前实验室和工业上广泛采用的制备纳米粉体的方法。对于纳米粉体的液相制备法，一般都要涉及干燥这一后处理过程。如果干燥脱水（或/和溶剂）方法选择不当，就会出现纳米颗粒团聚问题，这将对其使用性能产生不利影响。因此，如何保证纳米颗粒在干燥过程中保持分散而不团聚"长大"，是纳米粉体技术未来发展和应用的关键。

对于纳米多孔气凝胶的制备，通常是先利用溶胶-凝胶工艺在溶体内形成无序、枝状、连续网络结构的凝胶；然后，再通过适当的干燥方法，除去凝胶孔洞内的溶剂而不改变其微孔结构。由于凝胶在干燥过程中易发生弯曲、变形和开裂，对干燥条件的要求相当苛刻，干燥条件稍有不当，便会导致整个制备过程的失败。所以，凝胶的干燥是溶胶-凝胶工艺中至关重要而又较为困难的一步。

41.2 纳米材料的干燥机理

与常规物料相比，纳米多孔材料的干燥过程不仅要脱水（或/和溶剂），而且要保持纳米多孔气凝胶材料的纳米孔洞结构；对于纳米粉体材料的干燥过程，还要防止颗粒之间的团聚，因此，其干燥机理要复杂得多。这里仅对凝胶结构破坏机理、纳米颗粒团聚机理和纳米材料的溶剂蒸发（干燥）过程机理等进行简单介绍。

41.2.1　纳米材料的溶剂蒸发（干燥）过程机理

一般认为，凝胶的溶剂蒸发（干燥）过程要经历三个阶段，即恒速干燥阶段、第一降速干燥阶段和第二降速干燥阶段。

在恒速干燥阶段，干燥速率与时间及样品厚度无关，凝胶体积收缩速率等于液体溶剂蒸发速率，因此，在此阶段凝胶孔隙内始终充满液体。在收缩发生的最初阶段，凝胶的骨架很软，体系中的毛细压力也小；随着收缩过程的进行，凝胶的骨架变"硬"，对收缩应力的抵抗能力也增强，毛细压力也随之增加。在恒速干燥阶段，凝胶孔隙内液体流向表面的速率几乎等于液体的蒸发速率。孔内液体向外传递主要通过流动方式实现，扩散起的作用很小。

随着液体溶剂的蒸发，凝胶体不断收缩，凝胶的固态网络骨架强度也不断增加，直到可承受足够大的压缩应力时，其体积收缩量不再能维持液体的凹液面在凝胶体的表面，便进入干燥的第二阶段，即第一降速干燥阶段。在临界点（即恒速干燥阶段的终点，亦即第一降速干燥阶段的起点）处，弯液面的曲率半径等于凝胶孔洞半径，如果接触角为 0°，这时毛细压力达到最大值，凝胶的固体网络骨架不再收缩。在临界点之后，蒸发速率开始降低，液体的蒸发虽然已经进入凝胶体相内，但液体的蒸发绝大部分仍在凝胶的表面进行。不饱和孔的内壁被一薄层连续的液体层所覆盖，这一薄层液体可为孔内液体的传递提供一个连续的通道。因此，在第一降速干燥阶段，凝胶孔内液体的传递仍是以流动方式为主，同时伴随着蒸气的扩散传递。在第一降速干燥阶段，由于空气-水界面已进入凝胶体相内，凝胶的开裂总是出现在这一干燥阶段，并且与凝胶厚度关系很大。

在第一降速干燥阶段，凝胶孔洞的非饱和区被一薄层液体所覆盖，所以，凝胶的外表面并不会马上变干，只要液体的流量与蒸发速率具有可比性，这一状态就可以一直维持下去。但随着蒸发过程的进行，外表面到干燥前沿的距离越来越远，压力梯度也越来越小，从而使液体的流动速度减慢，液体在外表面的分布慢慢呈现不连续状态，这时凝胶的干燥进入第三阶段（即第二降速干燥阶段）。在这一阶段，蒸发完全在凝胶体相内进行，蒸发速率对外部条件不再敏感，凝胶孔内靠近外表面的液体呈不连续状态，液体的传递以流动和扩散两种方式进行，但以扩散为主。干燥进行到第二降速干燥阶段，作用在凝胶上的总应力大大缓和，因此，凝胶会稍稍扩张。由于骨架在未干燥侧受到的压缩应力比干燥侧要大，产生的应力差可能使凝胶发生弯曲变形。在这一阶段，凝胶的体积不再变化，但质量还在逐渐减少。随着这部分液体溶剂的挥发，孔洞将进一步发生不同程度的坍塌，其中微孔的坍塌消失使原来的网络结构缩成一个个体积较大的胶体颗粒。

41.2.2　凝胶结构破坏机理和纳米颗粒团聚机理

41.2.2.1　毛细压力理论

在干燥过程中，引起凝胶骨架和微孔结构的坍塌破坏（或纳米颗粒的团聚），原因主要是毛细压力。

$$p = \frac{2\sigma\cos\theta}{r_p} \tag{41-1}$$

式中，p 为毛细压力，N/m^2；σ 为气-液界面能（或表面张力），N/m；θ 为接触角，(°)；r_p 为孔洞半径，m。

由式(41-1)可见，要防止干燥过程中凝胶骨架及微孔结构的坍塌破坏（或纳米粉体颗粒的团聚），就必须设法降低其毛细压力，可采用以下方法：降低表面张力（如表面张力为零的超临界干燥、将气-液界面转化为能量更低的气-固界面的冷冻干燥、以表面张力较小的醇类等有机溶剂取代表面张力较大的水的各种置换干燥等）；改变润湿角使其接近于90°（表面改性处理）；适当增大孔洞直径（孔洞直径愈小，所受的毛细压力愈大）且使其分布更均匀（孔径不均匀会造成整个凝胶体所受的毛细压力不同，从而引起其结构的破坏）。对于凝胶的干燥，还可以采取增加其骨架强度等措施。此外，还可以利用加热均匀且干燥时间短的微波干燥技术等。

41.2.2.2　凝胶结构破坏的理论模型

关于干燥过程中凝胶结构破坏的原因众说纷纭，基于各自的观察结果和经验推测，建立了许多理论模型，其中最有代表性的是宏观模型和微观模型。

（1）宏观模型

宏观模型理论认为，干燥应力是引起凝胶开裂的主要原因，干燥过程产生的应力是宏观的，作用在整个凝胶体上，而不是作用在被干燥体的某个局部区域。其实验依据是干燥后的凝胶块或保持完整状态或发生弯曲变形或开裂成几块，但绝不会变成粉末。这一理论还给出了凝胶开裂与蒸发量、凝胶块厚度及渗透率之间的定量关系，并且能很好地解释许多干燥现象。但它也存在一定的局限性，例如，这一模型不能解释为什么许多凝胶会在临界点处发生开裂，因为按照这一模型，在临界点处并不存在一个增加的突变使凝胶开裂。

（2）微观模型

微观模型理论认为，凝胶的开裂是由于孔径的不均匀造成。根据这一模型，当干燥到临界点后，液体总是先从较大的孔中向外蒸发，因此，大孔中的应力受到缓和，而小孔中的应力仍然存在，从而使小孔大幅度收缩，引起开裂。这一模型认为干燥过程中产生的应力是微观的，是由凝胶微观结构的局部不均匀性引起的，并且产生的应力作用于该区域，在该区域造成开裂。因此，孔径分布越宽的凝胶，干燥过程中越容易发生开裂。这一模型能够很好地解释为什么凝胶往往在临界点处发生开裂，但这一模型同样存在不足，比如，它不能解释为什么降低干燥速率和凝胶的尺寸可以减少开裂。

41.2.2.3　纳米颗粒团聚机理

目前，人们对粉体硬团聚体的形成机理还没有一个统一的认识，存在几种不同的看法，如晶桥理论、毛细管吸附理论、氢键作用理论和化学键作用理论等。

晶桥理论的观点是：在干燥过程中，毛细管吸附力使胶体颗粒相互靠近，颗粒之间由于表面羟基的溶解-沉淀形成晶桥而变得更加紧密，随着时间的推移，这些晶桥相互结合，从而形成较大的块状聚集体。

毛细管吸附理论认为：在凝胶受热时，吸附水的蒸发使颗粒的表面部分被暴露出来，而水蒸气则从其孔洞的两端出去。这样，由于毛细压力的存在，在水中形成静拉伸压强，可导致毛细管孔壁的收缩，所以，静拉伸压强被认为是导致凝胶硬团聚体形成的主要原因。

氢键作用理论则认为：纳米颗粒靠氢键的作用相互聚集，随着后处理和时间的推移而形成硬团聚体。

化学键作用理论的观点是：凝胶表面存在的非架桥羟基是产生硬团聚体的根源，相邻胶粒表面的非架桥羟基易发生式(41-2)的反应。

$$Me\text{-}OH + HO\text{-}Me \longrightarrow Me\text{-}O\text{-}Me + H_2O \tag{41-2}$$

Me-O-Me基团导致了硬团聚体的形成。

实际上，单一的理论很难解释团聚体形成的机理。大多数人把硬团聚体形成的原因归于单纯由于干燥过程的毛细压力收缩作用，但毛细管吸附理论并不能解释为什么采用表面张力相近但性质不同的有机溶剂脱水得到的凝胶，在干燥后其团聚状态却有很大的差异。有实验证明有机溶剂的低表面张力不是防止硬团聚体形成的主要原因。如果颗粒之间仅靠氢键作用相互聚集，显然这种干凝胶聚集体在水溶液中会很容易被分散，但实际上很难，所以这种硬团聚体的形成仅靠氢键作用是不够的。

41.3　纳米材料的干燥方法及其应用

纳米材料的干燥方法有很多种，可分为直接干燥法、置换干燥法、改性干燥法和组合干燥法四大类，而每一大类中又包括很多种不同的干燥方法，这里仅对其中一些典型干燥方法进行简要介绍。

41.3.1　直接干燥法

直接干燥法是将液相法得到的沉淀物直接（或经简单水洗过滤处理后）采用常规干燥或高温煅烧而获得纳米材料产品的一种操作方法。

41.3.1.1　箱式干燥

由于凝胶孔洞尺寸为纳米量级，要除去这些液态溶剂而保持纤细的多孔网络结构不变是极其困难的。在箱式干燥器（即烘箱）内，用常压（或微负压）热空气作为干燥介质使纳米材料孔洞中的液体溶剂蒸发时，凝胶的纳米微孔和气-液界面的表面张力会引起巨大的毛细管收缩作用力；若采用快速加热干燥法，由于凝胶的固相和其孔内液相溶剂的热膨胀系数不同，如果这些应力超过凝胶网络骨架的强度，就会使凝胶的孔隙坍塌、多孔网络结构遭到破坏。因此，必须采用慢速干燥法，据报道，安全干燥速率甚至会耗时超过一年。对于纳米颗粒的箱式干燥，虽然目前在实验室中采用得比较多，但由于毛细压力的存在，粉体颗粒间产生严重的团聚问题，很难得到质量较好的纳米粉体产品。尽管这种干燥方法比较经济、简便，但很容易引入杂质，且干燥不均匀，颗粒之间团聚严重。

41.3.1.2　喷雾干燥

喷雾干燥法是在喷雾干燥塔内，将过滤洗涤处理后的沉淀物配制成一定固含量的浆料（或金属盐溶液），利用雾化器使之分散成细小的雾滴，并与高温气体干燥介质接触，雾滴内的水分被迅速加热蒸发，从而得到纳米粉体。

根据喷洒在气相中液滴的处理方法不同，喷雾干燥法还包括喷雾热解法和喷雾水解法。喷雾热解法是把金属盐溶液雾化喷入高温气氛中，立即引起溶剂的蒸发与金属盐的热分解，随后因过饱和析出固相，从而直接得到氧化物纳米粉体。喷雾热解法制备出的部分球形混合氧化物粉体如表 41-1 所示。喷雾水解法是将金属盐溶液喷入高温气氛中制成气溶胶，气溶胶与水蒸气发生水解反应，形成单分散的颗粒化合物，再将颗粒化合物进行热处理可制得氧化物纳米粉体。

表 41-1　喷雾热解法制备出的部分球形混合氧化物粉体

氧化物	原料	粒径范围/nm	平均粒径/nm
$CuO \cdot Cr_2O_3$	硝酸盐	15～120	70
$CoO \cdot Fe_2O_3$	氯化物	2～170	70
$MgO \cdot Fe_2O_3$	氯化物	15～180	70
$MnO \cdot Fe_2O_3$	氯化物	2～160	50

喷雾干燥法易实现连续生产，但对过程控制和操作条件要求较高，还需颗粒收集和废气处理等后续工序。

41.3.1.3　冷冻干燥

冷冻干燥法是先配制一定浓度的盐水溶液，用喷嘴使之雾化成微小液滴，高度分散进入制冷剂（如液氮）中，被急速冷冻为固体颗粒，再把冷冻物过滤后，迅速移入预先用液氮降温的真空冷冻干燥器中，随即加热，使冰升华，经煅烧得到盐或氧化物纳米微粒。这种干燥方法包括喷雾冷冻和真空干燥两个过程，在喷雾冷冻过程中要注意不能使冰盐分离，真空干燥过程中必须做到不能使冰熔化，而应使其升华。表 41-2 是采用这种冷冻干燥法制备出的几种粉体粒子。对于凝胶的冷冻干燥，一般是将凝胶中的水冷冻成冰，然后，在真空下使冰升华成水蒸气而被除去。

表 41-2　冷冻干燥法制备的几种粉体粒子

生成物	原料盐	粒径/nm	生成物	原料盐	粒径/nm
W	铵盐	3.8～6	Al_2O_3	硫酸盐	70～220
W-25％Re	铵盐	30	MgO	硫酸盐	100

当水被冷冻成为冰时，其体积膨胀变大。水在相变过程中的膨胀使得原先靠近的凝胶粒子适当地分开，同时，由于固态的形成，阻止了凝胶的重新聚集；另一方面，由于将汽-液界面转化为能量更低的汽-固界面，从理论上讲，冷冻干燥可大大缓解干燥过程中界面张力作用而引起的团聚问题。

纳米材料的真空冷冻干燥具有以下特点：

① 能由可溶性盐的均匀溶液来调制出复杂组成的粉体材料。

② 由于急速的冻结，可以保持金属离子在溶液中的均匀混合状态。

③ 通过冷冻干燥可以简单地制备无水盐。无水盐的水合熔融，一般在比无水盐的熔融温度低得多的条件下发生，因而，可以避免混合盐在熔融时发生分离。

④ 经冷冻干燥制备出的产品，气体透过性好。

⑤ 干燥时间长。因为在纳米颗粒的冷冻干燥过程中，冰晶升华留下的孔隙小，通道窄小且不连续，所以升华形成的水蒸气只能靠扩散或渗透方式逸出。在低温下冰的升华是一个缓慢传质过程，整个操作时间比较长。如样品厚度为 20mm，干燥时间需 54h；厚度为 15mm 时为 45h；厚度减少到 12mm，干燥时间仍需要 32h。

⑥ 物料内部温差大。由于干燥过程中，已干层的热导率很低，对流、传导在真空条件下难以有效地传递到升华界面上，因此采用辐射加热（如实验室用红外灯等）使冰升华是常用的一种手段，物料吸收的辐射热量大部分用于冰的升华，其余部分热量使干燥层温度升高。物料靠干燥器下部的液氮使其冷冻层的温度保持在共熔点之下，这就使得物料上下层存在较大的温差（可达 30℃以上），造成干燥温度难以控制。

⑦ 易产生"崩解"现象。前已述及，干燥过程中升华的水蒸气通道孔隙窄小且不连续，水蒸气须靠扩散或渗透方式逸出，低温下冰的升华是一个缓慢传质过程，干燥速率很小，若控温稍不注意，温升过快，极易产生"崩解"现象（即冰升华后已干层所形成的骨架十分脆弱，当达到一定温度时，会引起骨架的刚度下降，使水蒸气通道变窄或堵塞，减慢甚至阻止了水蒸气的升华，从而导致干燥层塌陷，未干层融化的一种现象）。随着崩解现象的出现，已干层的粉体受压差的影响而飞扬，这不仅影响了产品的收率，更使干燥过程无法继续进行。

41.3.1.4　微波干燥

微波是指波长为 $0.001\sim1m$、频率为 $3\sim3000MHz$、具有穿透能力的电磁波。微波发生器的磁控管产生微波，通过波导输送到微波干燥器中，物料在微波场的作用下被加热脱湿干燥。与传统的加热干燥有所不同，传统加热干燥的热量是由物料的外表向内部传递，而微波干燥是向被干燥物料内部辐射微波电磁场，推动其偶极子运动，使之相互碰撞、摩擦而生热。目前采用这种干燥方法已制备出二氧化钛、氧化铝、氧化锆、二氧化硅等纳米粉体。

与传统的加热干燥法相比，微波干燥具有以下特点：

① 加热速度快　仅需传统加热干燥法的 $1/100\sim1/10$ 的时间就可以完成。

② 加热均匀　微波加热场中无温度梯度存在，热效率高。

③ 控制灵敏　开机几分钟即可正常运转，调整微波输出功率，加热情况无惰性改变，关机后加热均无滞后效应。

41.3.1.5　超临界干燥

所谓超临界干燥是在高压容器（即超临界干燥器）内，将多孔固体物料中的液相组分（水、有机溶剂、水和有机溶剂的混合物等）在其超临界状态下除去，而得到一种多孔固体产品的分离过程。当材料中的液体溶剂状态超过其临界温度和临界压力时，液体就变成超临界流体，气-液界面不复存在，消除了表面张力的影响，即毛细压力变为零，从而可避免干燥过程中的凝胶微孔塌陷、网络被破坏，也可以防止纳米颗粒的团聚。

水的临界温度高达 $374.1℃$，临界压力达 $21.8MPa$，而且在超临界状态下水凝胶容易出现溶解问题，所以水凝胶不适于超临界干燥。目前所采用的大多是超临界置换干燥。

关于纳米材料的直接干燥法，除了上述介绍的几种方法外，还有亚临界干燥法、直接高温煅烧法、直接蒸发法等，可参考相关文献。

41.3.2　置换干燥法

所谓置换干燥法是将液相法得到的沉淀物中的溶剂水在干燥前利用置换剂（包括有机溶剂、液体 CO_2、超临界 CO_2 等）进行置换处理，再采用适当的干燥方法而获得纳米材料产品的一种操作方法。

在采用湿化学法制备纳米粉体时，需要在干燥前的过滤等预处理过程中，用去离子水进行多次洗涤，将液相中残留的各种杂质离子尽可能除掉，但在水洗后的干燥过程中，不可避免会引起粉体颗粒间的团聚。用表面张力比水低的有机溶剂取代残留在颗粒间的水，可以获得较轻团聚的粉体。对于凝胶的溶剂置换，往往是后续干燥过程所要求的。常用的置换方法主要有以下 4 种。

① 有机溶剂洗涤。用有机溶剂对沉淀物（或凝胶）进行多次的浸泡、洗涤、过滤（对于块状凝胶的制备，一般没有过滤这一步骤），尽最大可能地除去其中的水分，以免在干燥过程中引起粉体颗粒间的团聚。常用的有机溶剂有：甲醇、乙醇、丁醇、叔丁醇、丙酮、己烷、硅油等。

② 共沸蒸馏。把制成的纳米颗粒悬浮液，用水洗尽其中的无机杂质后，再加入与水部分互溶（或不互溶）而沸点比水高的有机溶剂中，在搅拌下进行共沸蒸馏，使水分与有机溶剂以最低共沸物的形式最大限度地被脱除。共沸蒸馏所用的溶剂有：正丁醇、异戊醇、异丙醇、丙醇、乙二醇、乙醇、苯、甲苯等，最常用的是正丁醇。

③ 液体 CO_2 置换。因为液体 CO_2 对水的溶解性很小，所以在进行超临界 CO_2 干燥前，需要用有机溶剂置换凝胶中的水得到有机溶剂凝胶，再用液体 CO_2 置换其中的有机溶剂。

④ 超临界 CO_2 萃取置换。凝胶的孔洞很小，液体 CO_2 扩散到凝胶孔洞中需要较长的时间，因此液体 CO_2 置换操作耗时很长。如果把溶剂置换过程所用的液体 CO_2 变成超临界 CO_2 流体，就是超临界 CO_2 萃取置换。

41.3.2.1 箱式置换干燥

与直接箱式干燥法相比，箱式置换干燥得到的产品粒径有所减小，其他性能也有所改善。但得到的颗粒尺寸还是比较大而且不均匀，团聚也比较严重。

41.3.2.2 冷冻置换干燥

直接冷冻干燥法是以水为介质的。但水的熔沸点相差 $100℃$，且由于氢键的作用使其升华热较大。另外，由于盐-水体系的低共熔点较低，需要控制冷阱温度在 $-50℃$ 才不致熔化，升华速度极慢。而叔丁醇的熔沸点差较小（如表 41-3 所示），升华热较水小，冷阱温度只需控制在 $-15℃$ 即可保证不熔化，使升华干燥速度大为加快；叔丁醇冷冻时体积的改变比水小得多，有利于保持凝胶的微孔结构；叔丁醇的蒸气压比水高得多，故用叔丁醇代替水可节省干燥时间，所得气凝胶比水凝胶干燥产物有更多的介孔结构，且有利于生成介孔炭气凝胶。因此，就出现了以叔丁醇代替水的冷冻置换干燥法。

表 41-3 水和叔丁醇的性质比较

物质	熔点/℃	沸点/℃	冷冻时密度变化/(g/cm^3)	饱和蒸气压$(0℃)/Pa$
叔丁醇	25.5	83	$3.4×10^{-4}(26℃)$	821
水	0	100	$7.5×10^{-2}(0℃)$	61

41.3.2.3 超临界置换干燥

（1）超临界有机溶剂干燥

水凝胶不适合于超临界干燥，所以利用无机盐（如水玻璃等）制备的水凝胶，需要用醇类（如甲醇）置换出其中的水而得到甲醇凝胶；再将甲醇凝胶放入干燥器中，加入一定量的甲醇，以一定的升温、升压速率使甲醇达到超临界状态（甲醇的临界点为 $239.4℃$、$7.93MPa$），使其孔洞内的甲醇溶剂逐渐变成超临界流体，维持系统在超临界状态一段时间，恒温缓慢减压释放出甲醇溶剂，这就是 1931 年 Kistler 采用超临界甲醇干燥法制备出的第一种气凝胶——SiO_2 气凝胶。后来，又有用乙醇、丙酮等进行置换的超临界有机溶剂干燥法，制备出 Al_2O_3、TiO_2、ZrO_2、有机气凝胶、炭气凝胶等。此外，还有采用超临界乙醇干燥法制备出氢氧化镍、氧化锌、二氧化锆、氧化镍、α-Fe_2O_3 等纳米粉体。

（2）超临界二氧化碳干燥

一般说来，用醇类（如甲醇）作为溶剂，高温下能使凝胶网络表面发生某种酯化作用，得到的气凝胶表面具有憎水性，因此，在空气中不易因吸收水分而破坏其纳米多孔结构，非常稳定，能长期存放而无变化；但醇类的临界温度比较高，且又易燃，甲醇还具有毒性，所以，用醇类作为溶剂具有一定的危险性。另外，用醇类作为溶剂，在超临界干燥过程中，会对凝胶网络产生一定的影响，尤其是在有水和碱性催化剂存在的情况下，影响会更大。这种影响的机理与凝胶的陈化过程一样，也可以认为是超临界干燥过程中的高温高压加剧了凝胶网络的陈化，使凝胶网络变粗，刚度变大，比表面积降低，这对某些气凝胶的制备不利。

1985 年，Tewari 等采用超临界 CO_2 干燥，不仅使超临界干燥过程的操作温度大为降低，也使设备的安全可靠性得到提高。在操作条件下，CO_2 对凝胶的固体骨架基本是化学惰性的，属于一个纯物理过程。因为 CO_2 对水的溶解性很小，所以在进行超临界 CO_2 干燥前需要用有机溶剂置换凝胶的水，再用液体 CO_2 置换其中的有机溶剂。超临界 CO_2 干燥得到的气凝胶，其表面具有较强的亲水性，很容易吸附空气中的水分，因此放久了会因吸水而逐渐变成乳白色，严重时会出现开裂。吸附的水分一般可通过加热（100～250℃）来除去，而不会影响其纳米多孔结构。目前，制备气凝胶或纳米粉体大多是采用超临界 CO_2 干燥法。

（3）超临界二氧化碳萃取干燥

如果把超临界 CO_2 干燥过程的溶剂置换所用的液体 CO_2 变成超临界 CO_2，就是超临界 CO_2 萃取干燥。与超临界 CO_2 干燥法相比，超临界 CO_2 萃取干燥法的整个干燥时间大大缩短，操作费用大幅降低。但操作过程中，要保证系统的操作温度和压力超过二元混合物（如乙醇和 CO_2）的临界温度和压力，否则，气凝胶的多孔结构就会遭到破坏。

41.3.2.4　固定床置换干燥

水凝胶经有机溶剂置换和改性后，有可能利用亚超临界干燥或常压干燥法制备出质量良好的气凝胶。流化床干燥技术很难适应于凝胶的干燥，这是由于气凝胶的密度低，要求操作的流化气速必须非常低，否则气凝胶还没干燥完全，就已经被气流所带走，因此气体带入的热量就很少，所需的干燥时间会特别长。另外，在流化床的操作过程中，凝胶颗粒之间相互碰撞，会出现大量的颗粒磨损和破碎。但气体干燥介质向下流动的固定床干燥器可以避免流化床干燥的上述不足，干燥装置的结构简单、造价低，操作气速还可以比较高，也减少了颗粒磨损和破碎。这种干燥器的床层厚度一般为 0.2～0.6m，进入床层的气体流速为 0.05～0.3m/s，对于含有大量有机溶剂的凝胶干燥一般用惰性气体（如氮气等）作为干燥介质。对于粒度比较均匀、直径为 1mm 且经过表面改性的二氧化硅凝胶颗粒，在高度为 0.5m 的固定床干燥器中进行干燥，氮气从上部向下流动，进入的气速为 0.2m/s，气体入口温度为 160℃。操作时，先以氮气循环的方式将凝胶干燥 2.5h，含有有机溶剂蒸气的氮气离开干燥器后，经冷凝除溶剂后，补充少部分氮气（10g/kg 惰性氮气），被加热到所要求的温度后，再次进入固定床干燥器中。此后，用新鲜的干燥氮气继续干燥 0.5h。得到的气凝胶颗粒产品几乎没有磨损，也没有破碎。如果要进行连续干燥操作，可以把这种固定床变成连续运动的带式干燥操作，气流交叉穿过凝胶物料层和网带向下流动。

41.3.2.5　共沸蒸馏置换干燥

共沸蒸馏置换干燥法是采用共沸蒸馏法尽最大可能地脱除纳米颗粒悬浮液（或湿凝胶）中的水分。有机置换剂经冷凝分层后循环使用。脱去水分的残留物，再升温将有机置换剂蒸馏除去。随后，再利用烘箱等常规干燥器进一步干燥（和煅烧）。目前采用该方法已制备出氧化锆、氧化铝、氧化铟、氧化镍、二氧化硅、氢氧化铝镁（AMH）、氧化铟锡（ITO）、Fe_3O_4、TiO_2、ZrO_2-Al_2O_3 等纳米粉体。

41.3.2.6　微波置换干燥

Yamamoto 等将制备的有机水凝胶先用叔丁醇置换 RF（水）凝胶中的水，然后采用微波置换干燥 10min，得到 RF 微波（MV）干凝胶，经高温热解炭化成为炭干凝胶。其干燥速率比热风箱式置换干燥和冷冻置换干燥速率高得多。

41.3.3　改性干燥法

虽然超临界干燥法得到的气凝胶或纳米粉体材料的质量比较高，但超临界干燥所需的条件比较苛刻，制备周期长，对设备要求高，其产品昂贵。要实现凝胶（或纳米粉体）的亚超临界干燥或常压干燥操作，就必须先对制备的纳米材料采取一些改性措施，如增加凝胶网络骨架的强度、改善凝胶孔洞的大小及均匀性、对凝胶表面进行改性以及减小溶剂的表面张力等。添加控制干燥化学添加剂（drying control chemical additives，简称 DDCA）法是在溶剂中添加一定量的 DDCA，以减少干燥过程中凝胶破裂的可能性，缩短干燥周期。

改性干燥法是对制备的纳米材料采取改性等措施后，进行的低压或常压干燥操作的方法。

41.3.3.1　改善凝胶孔洞的均匀性

有机金属化合物直接水解和缩合得到的凝胶网络结构一般不可能非常均匀，造成凝胶内部孔道有粗有细，根据毛细压力和孔洞半径之间的关系式(41-1) 可知，细孔道内的毛细压力要大于粗孔道的，这样，在同一块凝胶内部应力的不均衡往往会造成凝胶干燥过程中的开裂或破碎。适当增加凝胶的孔径可以减小毛细压力，使渗透率增加，从而减小干燥应力。甲酰胺的加入，使凝胶的孔径增大，而且分布均匀，从而大大降低了干燥的不均匀应力，也减小了毛细压力。另外，甲酰胺抑制硅醇盐的水解速率而提高缩聚速率，因而与使用纯甲醇相比，可以生成更大的凝胶网络，提高了网络强度。但这种方法也存在不足，由于孔径的增加，烧结温度增加。

41.3.3.2　改变溶剂混合物的挥发顺序

如果凝胶孔隙内的溶剂是乙醇（或甲醇等）和水的混合物，由于乙醇比水易挥发，干燥过程中乙醇先挥发，到干燥后期在凝胶孔隙内剩下大量的水。如果干燥前在体系中加入低挥发度、低表面张力的表面活性剂［如 N,N-二甲基甲酰胺（DMF）］，先挥发除去的是乙醇和水等高挥发度物质，剩下的却是表面张力低的低挥发度物质 DMF，从而使凝胶开裂的可能性减小。

41.3.3.3　表面改性处理

Deshpande 等将水凝胶用乙醇（或丙酮、己烷等）进行置换后，放入三甲基氯硅烷（TMCS）中反应改性（溶剂为苯、甲苯或己烷等），再用乙醇（或丙酮、己烷等）进行洗涤，经过表面改性处理的凝胶表面润湿性大大改变，使其润湿接触角接近于 90°（如表 41-4 所示），毛细压力大大降低。最后，在常压室温下干燥 24h，接着在 50℃和 100℃下，分别再干燥 24h，得到一种具有气凝胶（超临界干燥得到的）性能的二氧化硅干凝胶。

表 41-4　四种经表面改性和未经改性凝胶的润湿接触角

溶剂	经表面改性(常压干燥)	未经表面改性(超临界干燥)
乙醇	76.7°,78.4°	30.3°,35.1°
丙酮	79.3°,77.2°	29.1°,37.2°
己烷	89.6°,82.7°	41.3°,48.4°
1,4 二氧杂环己烷	81.1°	66.4°

与之类似，Frazee 等用甲苯进行共沸蒸馏，再用二甲基二甲氧基硅烷（DMDMS）或三

甲基甲氧基硅烷（TMMS）代替三甲基氯硅烷（因为三甲基氯硅烷与氧化铝凝胶不发生化学反应）对氧化铝凝胶进行表面改性，随后在通风橱内室温下干燥 0.5 天，再在 150℃的电炉热板上干燥 30min，最后，在 500℃下煅烧 15min，得到氧化铝干凝胶。

41.3.3.4　增加凝胶网络骨架强度

为增加凝胶网络骨架的机械强度，目前主要采取以下三种措施：

① 调变水解条件。通过水热处理和化学处理来调节凝胶的水解条件，能加速凝胶合成过程中的缩聚反应，制得高交联度和高聚合度的缩聚物，从而使凝胶的网络强度增加。

② 对凝胶进行陈化。陈化是凝胶粒子的溶解和再沉积过程，通过这一过程可使凝胶骨架的连通性增加，同时使凝胶变硬，强度增大。有人依次用水/乙醇、乙醇盐/乙醇溶液对湿凝胶进行陈化处理，使凝胶骨架的强度有所增加。

③ 添加控制干燥化学添加剂。常用的控制干燥化学添加剂（DCCA）有甲酰胺、二甲基甲酰胺、二甲基乙酰胺、丙三醇、草酸等。DCCA 的添加，一方面能抑制醇盐的水解而提高缩聚速率，从而生成强度更高的凝胶网络；另一方面还能使凝胶孔径分布均匀，从而大大减少干燥的不均匀应力，缩短干燥时间。但 DCCA 的加入也会带来一些不利影响，如有些有机物不易除去，会在烧结过程中产生气泡；有些有机物在高温下容易炭化使产品带黑色等。

41.3.4　组合干燥法

为解决纳米碳酸钙的工业干燥技术问题，两级干燥技术越来越被许多企业看好，它较好地解决了低温干燥与生产能力之间的矛盾，同时在第二级干燥设备中引入颗粒分散解聚功能，减少产品干燥后的再磨工序。常见的有输送带式干燥和旋转快速干燥、桨叶式干燥和旋转快速干燥、桨叶式干燥和微粉干燥、双螺旋输送干燥和盘式干燥等两级干燥的组合。

41.3.4.1　输送带式干燥和旋转快速干燥的组合

纳米碳酸钙的输送带式干燥和旋转快速干燥的两级组合工艺流程如图 41-1 所示。压滤后的纳米级碳酸钙经挤条机成型后进入输送带式干燥机中，除去大部分湿分；当半成品湿含量≤20％时，离开输送带式干燥机；经螺旋输送机进入旋转快速干燥机的加料器中，再被送入旋转快速干燥机内，在搅拌和旋转热气流的作用下，被进一步干燥及破碎，干燥好的细粉与上升的气流一起经分级器进入旋风分离器，经袋滤器分离得到产品。废气经引风机、烟囱排空。

41.3.4.2　桨叶式干燥和旋转快速干燥的组合

纳米碳酸钙的桨叶式干燥和旋转快速干燥的两级组合工艺流程如图 41-2 所示。比较图 41-1 和图 41-2 可见，这两种流程的主要差别是由桨叶式干燥机代替了输送带式干燥机。压滤后的滤饼先被加入桨叶式干燥机中，在空心桨叶的旋转搅动下边前进边干燥。水蒸气（或导热油）在空心桨叶内和干燥机夹套中通过，热量以传导的方式对纳米碳酸钙湿物料进行干燥，半干产品离开桨叶式干燥机后，再进入旋转快速干燥机中，被进一步干燥得到合格产品。

41.3.4.3　桨叶式干燥和微粉干燥的组合

如果把上述的桨叶式干燥和旋转快速干燥的两级组合中的旋转快速干燥机用微粉干燥机

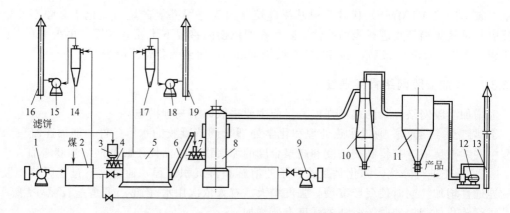

图 41-1 输送带式干燥和旋转快速干燥的两级组合工艺流程示意图

1,9—鼓风机；2—热风炉；3—滤饼储槽；4—挤条机；5—输送带式干燥机；6—螺旋输送机；7—加料器；
8—旋转快速干燥机；10,14,17—旋风分离器；11—袋滤器；12,15,18—引风机；13,16,19—烟囱

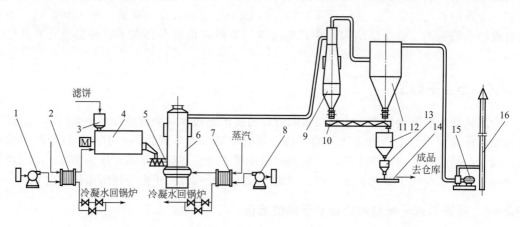

图 41-2 桨叶式干燥和旋转快速干燥的两级组合工艺流程示意图

1,8—鼓风机；2,7—板式换热器；3—滤饼储槽；4—桨叶式干燥机；5—加料器；6—旋转快速干燥机；
9—旋风分离器；10—螺旋输送机；11—袋滤器；12—成品仓，13—包装机；14—成品输送机；15—引风机；16—烟囱

来代替，就构成了桨叶式干燥和微粉干燥的两级组合流程。经一级桨叶式干燥后得到的松散物料由螺旋输送机连续均匀地加入微粉干燥机内，进一步干燥成为合格产品。这种微粉干燥机主要由筒体、回转搅拌器和分级器等组成。它是一种集干燥、破碎、分级为一体的多功能干燥机。回转搅拌器的主要作用是将软团聚颗粒打散，使大的软团聚颗粒变成粒径符合要求的产品。分级器为离心机械式气流分级结构，依靠叶轮高速旋转而产生的离心力和气流向心力的作用对粒子进行分级，粒径符合要求的物料经过分级器，由热风送入旋风分离器，经袋滤器分离得到合格产品；而粒径较大的物料在离心力的作用下，撞击在设备筒体内壁后返回到底部，在回转搅拌器和热风的作用下被进一步干燥破碎，直到合格后进入后续的收集装置。

41.3.4.4 双螺旋输送干燥和盘式干燥的组合

纳米碳酸钙的双螺旋输送干燥和盘式干燥的两级组合工艺流程如图 41-3 所示。滤饼经皮带输送机送至料仓，经粉碎机破碎后进入双螺旋输送干燥机中，当水分达到要求时，从双螺旋输送干燥机尾部排出；再经斗式提升机、料仓和电子皮带秤计量后，连续加入盘式干燥

机顶部，在盘式干燥机内逐盘下落，干燥好的产品从底部卸出。

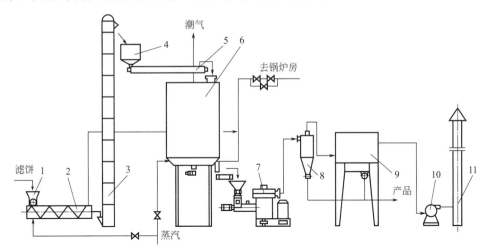

图 41-3　双螺旋输送干燥和盘式干燥的两级组合工艺流程示意图

1—粉碎机；2—双螺旋输送干燥机；3—斗式提升机；4—料仓；5—电子皮带秤；6—盘式干燥机；
7—打散机；8—旋风分离器；9—袋滤器；10—引风机；11—烟囱

41.4　纳米材料干燥方法的选择

　　纳米材料干燥方法的选择是一个很复杂的问题，目前还没有一个统一的选择依据。一般应根据物料的干燥试验结果，并结合实践经验来确定。不过，以下几点可以作为选择纳米材料干燥方法时参考。

　　① 相对而言，直接干燥法虽然操作简单、生产成本低、设备投资少，但一般很难得到高质量的纳米材料产品。

　　② 置换过程应该是纳米材料干燥过程中一个不可缺少的环节，特别是对于沉淀法制备纳米粉体时，有机溶剂的洗涤（或置换）会使产品的疏松程度等质量大大提高，共沸蒸馏是一种很有发展前景的置换方法。

　　③ 就目前所采用过的置换干燥方法，超临界置换干燥（包括超临界有机溶剂干燥、超临界二氧化碳干燥、超临界二氧化碳萃取干燥等）所得到的产品（包括纳米粉体和气凝胶等）质量最好，其次是冷冻置换干燥、微波置换干燥等。

　　④ 对于超临界置换干燥法，超临界有机溶剂干燥法的操作温度和操作压力比较高，干燥设备成本和操作费用高，安全性差；超临界二氧化碳干燥法的液体二氧化碳置换过程操作时间很长；而超临界二氧化碳萃取干燥法具有操作时间短、操作压力和温度低等优点。

　　⑤ 微波干燥具有加热均匀、干燥时间短等特点。

参考文献

［1］　潘永康. 现代干燥技术. 2 版. 北京：化学工业出版社，2007.

［2］　Mujumdar A S. Handbook of Industrial Drying. Fourth Edition. Florida: CRC Press（Taylor & Francis Group, LLC），2015.

［3］　王宝和，李群. 气凝胶制备的干燥技术. 干燥技术与设备，2013，11（4）：18-26.

［4］　史亚春，李铁虎，吕婧，等. 气凝胶材料的研究进展. 材料导报，2013，27（5）：20-24.

［5］　张立德. 纳米材料. 北京：化学工业出版社，2000.

［6］　张立德，牟季美. 纳米材料和纳米结构. 北京：科学出版社，2001.

［7］　Baohe Wang，Wenbo Zhang，Wei Zhang，et al. Progress in drying technology for nanomaterials. Drying Technology，2005，23（1-2）：7-32.

［8］　王宝和，张伟. 纳米材料干燥技术进展（一）. 干燥技术与设备，2003，（1）：15-16.

［9］　王宝和，张伟. 纳米材料干燥技术进展（二）. 干燥技术与设备，2003，（2）：18-23.

［10］　王宝和，张伟. 纳米材料干燥技术进展（三）. 干燥技术与设备，2004，（1）：16-18.

［11］　王宝和，张伟. 纳米材料干燥技术进展. 第九届全国干燥大会论文集，2003.

［12］　王宝和. 纳米材料干燥技术的研究和发展. 通用机械，2004，（12）：12-13，72-73.

［13］　王珏，周斌，吴卫东. 硅气凝胶材料的研究进展. 功能材料，1993，26（1）：15-19.

［14］　张文博，王宝和，范方荣. 不同干燥方法对纳米氧化镁粉体形貌和尺寸的影响. 干燥技术与设备，2005，2（1）：32-35.

［15］　栾伟玲，高濂，郭景坤. 纳米粉体干燥方法的研究. 无机材料学报，1997，12（6）：835-839.

［16］　王宝和，于才渊，王喜忠. 纳米多孔材料的超临界干燥新技术. 化学工程，2005，33（2）：13-17.

［17］　陈龙武，张宇星，甘礼华，等. 气凝胶的非超临界干燥制备技术. 实验室研究与探索，2001，20（6）：54-57.

［18］　马广成，丁世文. 冷冻干燥法——水溶液合成无机物新法之一. 现代化工，1989，9（5）：44-47.

［19］　Pajonk G M. Catalytic aerogels. Catalysis Today，1997，35：319-337.

［20］　Tamon H，Ishizaka H，Yamamoto T，et al. Preparation of mesoporous carbon by freeze drying. Carbon，1999，37：2049-2055.

［21］　Changhai Liang，Guangyan Sha，Shucai Guo. Resorcinol-formaldehyde aerogels prepared by supercritical acetone drying. J of Non-Cryst Solids，2000，271：167-17.

［22］　曹爱红，洪掌珠，蓝心仁. 沉淀法制备 TiO$_2$ 纳米粉体和微波干燥的研究. 河南化工，2002，（6）：9-11.

［23］　曹爱红. 微波干燥制备 Al$_2$O$_3$ 纳米粉体的研究. 天津工业大学学报，2002，21（4）：25-27.

［24］　许珂敏，许煜汾. 表面活性剂在制备 ZrO$_2$ 微粉中的作用. 材料研究学报，1999，13（4）：434-436.

［25］　李文翠，秦国彤，郭树才. 从酚类合成新型炭材料——炭气凝胶. 煤炭转化，1999，22（1）：15-18.

［26］　相宏伟，钟炳，彭少逸. 超临界流体干燥理论、技术及应用. 材料科学与工程，1995，13（2）：38-53.

［27］　宁桂玲，吕秉玲. 纳米颗粒的干燥及其研究进展. 化工进展，1996，（5）：22-25.

［28］　梁长海. 维持凝胶结构的干燥理论、技术及应用. 功能材料，1997，28（1）：10-14.

［29］　Poco J F，Satcher J H，Hrubesh L W. Synthesis of high porosity monolithic alumina aerogels. J of Non-Cryst Solids，2001，285：57-63.

［30］　Hu Z S，Dong J X，Chen G X. Replacing solvent drying technique for nanometer particle preparation. Journal of Colloid and Interface Science，1998，208：367-372.

［31］　孙献亭，贾利群，张义民，等. 溶胶-凝胶法制备 Al$_2$O$_3$ 气凝胶. 郑州工学院学报，1999，10（2）：14-16.

［32］　黄伟九，彭成允，王应芳，等. 纳米 ZrO$_2$ 作为润滑油添加剂的摩擦学性能研究. 湘潭矿业学院学报，2001，16（4）：28-31.

［33］　侯树恩. 纳米氧化锆粉体的制备方法：CN1397597. 2003.

［34］　哈特尔 J，弗伯特 R. 一种将液凝胶次临界干燥以生成气凝胶的方法：CN1282270A，2001.

［35］　仇海波，高濂，冯楚德，等. 纳米氧化锆粉体的共沸蒸馏法制备及研究. 材料研究学报，1994，9（3）：365-370.

［36］　彭天右，杜平武，胡斌，等. 共沸蒸馏法制备超细氧化铝粉体及其表征. 材料研究学报，2000，15（6）：1097-1101.

［37］　张永红，陈明飞. 热处理对制备氧化铟锡（ITO）粉末的影响. 金属热处理，2002，28（2）：18-20.

［38］　张永红，陈明飞，彭天剑. 共沸蒸馏法制备氧化铟粉体及性能研究. 湖南有色金属，2002，18（4）：26-28.

［39］　黄凯，张多默，郭学益，等. 共沸蒸馏法制备单分散氧化镍微粉. 中国粉体技术，2002，8（4）：16-18.

［40］　侯万国，庄群岳，韩书华，等. 共沸蒸馏法制备 AMH 纳米材料及其机理研究. 化学物理学报，1997，10（5）：461-465.

［41］　潘秀红，戚凭，陈沙鸥，等. 沉淀法制备 ZrO$_2$ 微粉. 青岛大学学报，2002，17（1）：1-5.

［42］　张宗涛，胡黎明. 无团聚 Al$_2$O$_3$-ZrO$_2$ 复合纳米粉末的制备及机理. 华东理工大学学报，1996，22（4）：439-443.

［43］　申小清，李中军，要红昌. 纳米 SiO$_2$ 粉末的共沸蒸馏法制备及其机理. 郑州大学学报，2002，34（2）：88-91.

［44］刘秀然，李轩科，沈士德. 溶胶-凝胶超临界干燥法制备纳米氧化镍气凝胶. 武汉科技大学学报, 2001, 24（2）: 155-156.

［45］潘宏庆，叶钊，林驹，等. 纳米 ZrO_2 的制备. 福建化工, 2002,（2）: 9-10.

［46］曾健青，张镜澄. 用超临界流体干燥法制备纳米级二氧化锆. 广州化学, 1997,（3）: 9-12.

［47］刘志强，李小斌，彭志宏，等. 湿化学法制备超细粉末过程中的团聚机理及消除方法. 化学通报, 1999,（7）: 54-57.

［48］张波，胡泽善，叶毅，等. 纳米氢氧化锌抗磨减摩添加剂的制备. 润滑油, 1999, 14（6）: 40-44.

［49］许珂敬，董云会，杨富贵. 化学沉淀法制备多孔纳米 SiO_2 粉末. 淄博学院学报, 2000, 2（4）: 52-55.

［50］王立光，胡泽善，赖容，等. 纳米氢氧化镍的制备及摩擦学性能. 石油学报, 2000, 16（6）: 45-50.

［51］冯丽娟，赵宇靖，陈诵英. 超细粒子催化剂. 石油化工, 1991, 20（9）: 638-639.

［52］奚红霞，黄仲涛. 凝胶的干燥. 膜科学与技术, 1997, 17（1）: 1-8.

［53］Yamamoto T, Nishimura T, Suzuki T, et al. Effect of drying method on mesoporosity of resorcinol-formaldehyde drygel and carbon gel. Drying Technology, 2001, 19（7）: 1319-1333.

［54］董国利，高荫本，陈诵英. 不同干燥过程对超细 TiO_2 粉体性质的影响. 物理化学学报, 1998, 14（2）: 142-146.

［55］沈军，周斌，吴广明，等. 纳米孔超级绝热材料气凝胶的制备与热学特性. 过程工程学报, 2002, 2（4）: 341-345.

［56］Deshpande R, Smith D M, Brinker C J, et al. Preparation of high porosity xerogels by chemical surface modification; U S 5565142, 1996.

［57］简森 R M, 兹莫曼 A. 干凝胶, 其制备方法和用途: CN1124229A, 1996.

［58］Frazee J W, Harris T M. Processing of alumina low-density xerogel by ambient pressure drying. J of Non-Cryst Solids, 2001, 285: 84-89.

［59］余高奇，王玲，周华，等. 超临界干燥法制备纳米级 α-Fe_2O_3 粉. 武汉科技大学学报, 2002, 25（4）: 357-358.

［60］张伟，王宝和，张文博，等. 不同溶剂置换法制备纳米氧化镁粉体的研究. 无机盐工业, 2005, 37（2）: 24-26.

［61］胡庆福. 纳米级碳酸钙生产技术与应用. 北京: 化学工业出版社, 2004.

［62］肖品东. 超细活性碳酸钙技术现状浅议. 非金属矿, 2002, 21（1）: 5-8.

［63］魏绍东. 纳米碳酸钙的生产. 安徽化工, 2003,（6）: 25-27.

［64］魏绍东，赵旭. 干燥设备在纳米碳酸钙生产中的应用. 无机盐工业, 2005, 37（5）: 52-54.

［65］王宝和. 纳米碳酸钙粉体的干燥技术现状. 干燥技术与设备, 2005, 3（4）: 157-160.

（王宝和，黄立新）

第42章

木材干燥

42.1 木材干燥的基本理论与知识

42.1.1 木材中的水分

一棵活树，其根部的细胞不断地从土壤中吸收水分，经过木质部的管胞（针叶材）或导管（阔叶材）输送到树叶，树叶中的水分一部分用于蒸腾作用，另外一部分参与光合作用。树木中的水分既是树木生长必不可少的物质，又是树木输送各种营养物质的载体。根部不间断地把土壤中的水分输送到树叶，所以树干中含有大量水分。活树被伐倒，并锯制成各种规格的锯材后，水分的一部分或大部分仍然保留在木材内部，这就是木材中水分的由来。

木材是一种具有多孔性、吸湿性的生物材料，当木材周围的大气条件发生变化时，其含水量也会随之发生变化。木材与水分之间的关系是木材性质中最重要的一部分，木材中水分的多少在一定范围内影响木材的物理力学性质以及机械加工性能。

42.1.1.1 木材中水分的存在状态

木材是由无数的中空细胞集合而成的空隙体。木材中的水分按其与木材的结合形式和存在的位置，可分为化合水、吸着水和自由水三种。化合水存在于木材化学成分中，它与组成木材的化学成分呈牢固的化学结合，一般温度下的热处理很难将它除去，且数量很少，可以忽略不计。因此，对干燥有意义的主要是自由水和吸着水。

自由水是指以游离态存在于木材细胞的胞腔、细胞间隙和纹孔腔这类大毛细管中的水分，其性质接近于普通的液态水。理论上，毛细管内的水均受毛细管张力的束缚，张力大小与毛细管直径大小成反比，直径越大，表面张力越小，束缚力也越小。木材中大毛细管对水分的束缚力较微弱，水分蒸发、移动与水在自由界面的蒸发和移动相近。自由水多少主要由木材孔隙体积（孔隙度）决定，它影响到木材重量、燃烧性、渗透性和耐久性，对木材体积稳定性、力学、电学等性质无影响。

吸着水是指以吸附状态存在于细胞壁中微毛细管的水，即细胞壁微纤丝之间的水分。木材胞壁中微纤丝之间的微毛细管直径很小，对水有较强的束缚力，除去吸着水需要比除去自由水消耗更多的能量。吸着水多少对木材物理力学性质和木材加工利用有着重要的影响。木材生产和使用过程中，应充分关注吸着水的变化与控制。

42.1.1.2　木材的含水率及测量

（1）木材含水率的定义

木材中水分多少是用含水率或含水量来表示的。即用木材中水分的质量与木材质量之比的百分数的方式表示。根据计算基准的不同，木材含水率可分为绝对含水率和相对含水率两种。

如果用木材所含水分的质量占其绝干材质量的百分率表示，称绝对含水率（MC）。如果用木材所含水分的质量占其湿材质量（或木材原来的质量）的百分率表示，称相对含水率（MC_0）。

木材干燥生产中通常多用绝对含水率，相对含水率只在个别情况下才采用。因为绝干材质量固定，便于比较，而湿材质量（或木材原质量）随时在变化，不宜作互相比较用。

（2）含水率的测量

① 称重法　是最传统、最基本的木材含水率测定方法。我国林业行业标准及国家标准中都规定以称重法测量的含水率为准。称重法是进行基础性试验研究和校正其他测定方法的依据。

在湿木材上取有代表性的含水率试片（厚度一般为 10～12mm），所谓代表性就是这块试片的干湿程度与整块木材相一致，并没有夹皮、节疤、腐朽、虫蛀等缺陷。一般应在距离锯材端头 250～300mm 处截取。将含水率试片刮净毛刺和锯屑后，应立即称重，之后放入温度为（103±2）℃的恒温箱中烘 6h 左右，再取出称重，并作记录，然后再放回烘箱中继续烘干。随后每隔 2 小时称重并记录一次，直到两次称量的质量差不超过 0.02g 时，则可认为是绝干。

用称重法测量木材含水率准确可靠，且不受含水率范围的限制。但测量时需要截取试样、破坏木材、耗时长、操作烦琐。由于薄试片暴露在空气中其水分容易发生变化，测量时要注意截取试片后或取出烘箱后应立即称重，如不能立即称重，须立即用塑料袋包装，防止水分蒸发。

② 电测法　根据木材的某些电学特性与含水率的关系，设计成含水率测定仪直接测量木材含水率的方法。依据木材电学特性的不同，电测法可分电阻式含水率测定仪和介电式含水率测定仪两种。电测法测量方便、快速，且不破坏木材，但测量范围有限。

a.电阻式含水率测定仪。在研究木材的电导率（电阻率的倒数）的对数与含水率之间函数关系图时不难发现，在含水率 6％～30％范围内，该关系曲线为斜率较大的直线段，即电阻率随含水率的变化较明显，故在该含水率范围内测量较准确。含水率超过 30％，曲线出现较大的转折，斜率变得非常平缓，即电阻率随含水率的变化不明显，故测量的精确度差。含水率高于 60％时，木材则接近于导体，难以测得真实含水率。而当含水率低于 6％时，木材接近绝缘体，电阻太大不易测量。因此，电阻式含水率测定仪测量木材含水率的准确性范围在 6％～30％之间。

电阻式含水率测定仪在使用时应注意以下事项。

ⅰ.树种修正：树种的影响主要是木材的构造及所含的电解质浓度，如内含物、灰分及无机盐等。而木材的密度对电阻率的影响较小。

ⅱ.温度修正：随着温度的升高，电阻率减小，含水率读数增加。木材含水率测定仪通常是在 20℃的室温下标定的，若测量温度不是 20℃，必须进行修正。修正的数值不仅取决于温度，还取决于含水率。大约温度每增加 10℃，含水率读数约增加 1.5％。因此，必须将测量的读数减去这个数值才是真实的含水率。

比较好的木材含水率测定仪常带有温度修正旋钮。例如国产 ST-85 型数字式木材含水率仪，温度修正范围为－10～100℃。测量时只要将温度旋钮调到木材本身的温度值即可，仪器会自动进行修正，所测数值即为真实值。

ⅲ．纹理方向：木材横纹方向的电阻率比顺纹方向大 2～3 倍。弦向略大于径向，但差异较小，一般可忽略不计。含水率测定仪的标度通常是以横纹电阻率作为依据的，测量时须注意测量方向与纹理方向垂直，若在顺纹方向测量，所测数值将比真实值大。当含水率低于 15％时，木材纹理方向的影响可以忽略不计；当含水率大于 20％时，横纹方向的读数约比顺纹方向的读数低 2％。

ⅳ．插入深度：测量锯材含水率通常采用针状电极，将电极插入木材内部。针状电极探测器有二针二极，也有四针二极，使用无多大差别。二针二极探针间距一般为 25～30mm。探针插入深度应为板厚的 1/5～1/4，这样所测得的含水率将接近于沿整个厚度的平均含水率。若插入厚度是板厚的一半，则测得的是芯层较高的含水率。

ⅴ．探针：探针一般分为绝缘式和非绝缘式两种。绝缘式探针测量的是插入深度上两个探针尖端之间的木材电阻值，即测量的是木材内部某一层次的含水率；而非绝缘式探针测量的是整个插入深度上两个探针之间的木材电阻值，即测量的是整个插入范围内最湿部分的含水率。因此，测量得到的含水率比实际含水率要更大一些。若被测木材表面有冷凝水或被水弄湿，采用非绝缘探针将会产生较大的测量误差。

b．介电式含水率测定仪。介电式含水率测定仪是利用木材的介电常数 ε 和功率损耗角的正切值 $\tan\delta$ 与木材含水率的关系来测定木材含水率的仪器。按照设计原理的不同可分为三类：功率损耗式、电容式和电容-功率损耗式。其原理为：依据在高频交流电场的作用下，木材的介电常数 ε 和功率损耗角的正切 $\tan\delta$ 与木材含水率成正比的关系来测定木材含水率。

功率损耗式含水率测定仪是利用介电损耗因子随含水率的变化规律来测定木材含水率的仪表。它具有方便、快速、不破坏木材等优点。但其测量精度较电阻式低，其原因是：木材表面的含水率对仪表读数有决定性影响，因为接近电极部分电场较强。此外，还包括板面粗糙情况以及电极设计方式对其精度的影响。

影响功率损耗式含水率测定仪的因素主要有以下几方面。

ⅰ．树种：主要是指木材的构造及所含的电解质浓度，如内含物、灰分及无机盐等。

ⅱ．密度：绝干材的介电损耗因子随着密度的增加而增大；高含水率时，介电损耗因子与密度之间的关系曲线将会有轻微的向下凹的趋势。

ⅲ．温度：介电损耗因子与温度之间并不是简单的函数关系，当温度升高时，有可能增大也可能减小，还与频率和含水率有关。

ⅳ．电极：表面接触式的电极必须紧贴木材表面，否则会由于气隙的存在导致测量结果不准确。

电容式含水率测定仪是指仅以介电常数为被测参数，利用介电常数随木材含水率的变化规律来测定木材含水率的仪表。由于技术和设备费用昂贵的原因，至今还没有在木材工业生产中广泛应用。

电容-功率损耗式含水率测定仪是利用介电常数和介电损耗因子两个参数随含水率的变化规律来测定木材含水率的仪表。从原理上讲，此种方法综合考虑了木材的介电常数和介电损耗因子两方面的影响，是一种比较好的测试方法，但是由于木材含水率与木材的介电常数以及介电损耗因子之间关系很复杂，在实际生产中很少采用。

42.1.1.3　木材的纤维饱和点

当木材细胞腔中的自由水蒸发完毕，而木材细胞壁中的吸着水处于饱和状态时木材的含水率叫木材的纤维饱和点。

纤维饱和点是木材性质的转折点，木材的强度、收缩性能，以及导热、导电性能等都与其密切相关。当木材含水率高于纤维饱和点含水率时，木材强度和导电性不受影响，木材收缩或膨胀亦不会发生；当木材含水率低于纤维饱和点含水率时，则随含水率的减小木材的导电性减弱、强度和收缩增大；反之，随着含水率的增加，则木材的膨胀增大，强度降低、导电性能增强。纤维饱和点随树种与温度而不同，就多种木材来说，在空气温度约为 20℃、空气湿度为 100% 时，纤维饱和点对应的含水率平均值为 30%，变化范围为 23～33%。随着温度的升高，木材纤维饱和点降低，温度每升高 1℃，木材纤维饱和点降低 0.1%，其表达式可以表示为：

$$M_{FSP} = 0.3 - 0.001(t - 20) \tag{42-1}$$

式中，M_{FSP} 为纤维饱和点；t 为温度，℃。

这说明温度越高，木材从饱和空气中吸湿的能力越低。纤维饱和点与木材利用关系十分密切，它是木材材性变化的转折点已被大家公认。

42.1.1.4　木材的平衡含水率及其确定方法

（1）木材的吸湿性

木材是一种吸湿性的材料。当空气中的蒸气压力大于木材表面水分的蒸气压力时，木材自外吸收水分，这种现象叫吸湿；当空气中的蒸气压力小于木材表面水分的蒸气压力时，木材向外蒸发水分，这种现象叫解吸。木材的吸湿和解吸统称为木材的吸湿性。吸湿性不等同于吸水性，前者指的水分存在于木材的细胞壁，而后者指的水分还包括自由水。

木材的吸湿机理包括：一是木材细胞壁中极性基团（主要为羟基，通过形成氢键）对水分的吸附（为木材吸湿的主要机理）；二是在吸着环境的相对湿度很高时，由 Kelvin 公式确定的细胞壁毛细管系统产生凝结现象。

当木材在一定的相对湿度和温度的大气环境中，随着时间的延续，含水率逐渐由高变低最终达到一个恒定不变的含水率，称为木材解吸稳定含水率 $MC_解$；若含水率逐渐由小增大最终达到一个恒定不变的含水率，称为木材吸湿稳定含水率 $MC_吸$，如图 42-1 所示。对于木材来说，在一定的大气条件下，吸湿稳定含水率总要比解吸稳定含水率低，这种现象称之为木材的吸湿滞后。吸湿滞后的值用 ΔMC 来表示，吸湿滞后数值的变化范围在 1%～5%，平均值为 2.5%。

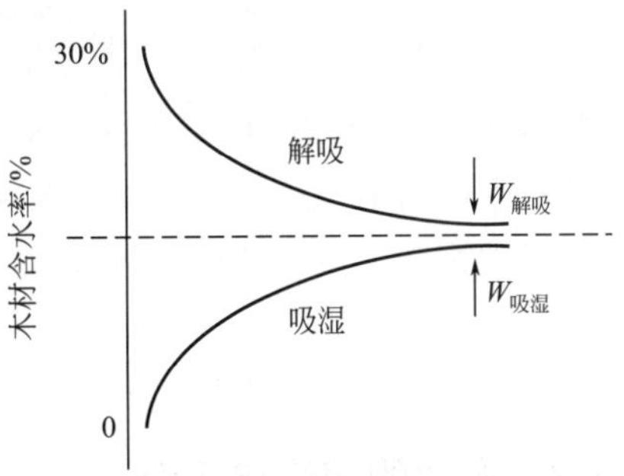

（2）木材的平衡含水率

当木材在一定的相对湿度和温度的大气环境中，吸收水分和散失水分的速度相等，即吸湿速度等于解吸速度，这时的含水率称为木材的平衡含水率（EMC）。

在实际生产中，气干锯材的吸湿滞后值不大，可以忽略不计。因此一般气干锯材的平衡含水率可粗略地认为：$EMC = MC_解 = MC_吸$。

木材平衡含水率是制定干燥基准，调节和控制干燥过程所必须考虑的问题。木材干燥最

图 42-1　木材的解吸与吸湿

终的含水率为多少适宜，要根据使用地区的平衡含水率来确定。通常情况下取木材终含水率为：

$$MC_{终}＝EMC－2.5\%　　　　　　　　　　(42-2)$$

在特定环境中，木材的平衡含水率会随着不同树种或同一树种的不同部位（如心边材），木材的组分（如抽提物）的不同而出现一定的差异。除了木材本身的组分之外，湿度、温度、吸湿历史等其他因素也会影响木材的平衡含水率。

（3）木材平衡含水率的确定

木材平衡含水率的确定方法有：气象资料法、图表法、称重法和电测法。下面主要介绍图表法及电测法。

① 图表法　根据木材所处环境的温、湿度，由图 42-2 或表 42-1 直接查得。

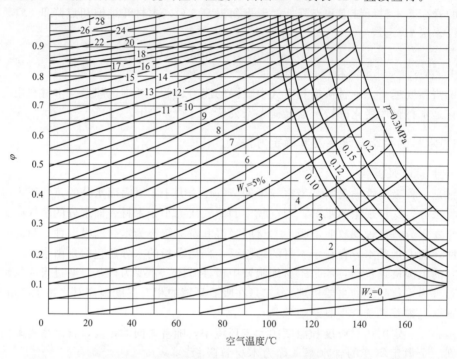

图 42-2　木材平衡含水率图（W_1、W_2 分别指平衡含水率为 5% 和 0 的曲线）

② 电测法　直接采用平衡含水率测量装置测量。这种测量装置可与电阻温度计一起装在干燥室内，用来代替传统的干、湿球温度计，测量并控制干燥介质状态，尤其适用于计算机控制的干燥室。即计算机根据所测的木材含水率和干燥介质对应的平衡含水率，按基准设定的干燥梯度来控制干燥过程。但是由于电测法靠电阻的大小来衡量含水率大小，只有当含水率处于 6%～30% 之间才能用。

42.1.2　木材的密度与干缩

42.1.2.1　木材的密度

木材的密度为单位体积木材的质量，单位为 g/cm^3。木材密度是木材性质的一项重要指标，直接影响到木材的物理、力学等性质。密度越大，干缩系数也越大。就干燥工艺而论，密度较大的木材较难于干燥。

根据木材中水分状态的不同，常用的有气干材密度、绝干材密度和基本密度。

表 42-1　木材平衡含水率表

干湿球温度计差/℃

> 例:干球温度=80℃
> 温度计差=10℃
> 平衡含水率=8.5%

干球温度/℃

干球温度	0	1	2	3	4	5	6	7	8	9	10	11	12	13	14	15	16	17	18	19	20	21	22	23	24	25
120																					4.5	4	4	4	3.5	3.5
118																			4.5	4.5	4.5	4	4	4	4	3.5
116																	5	5	5	4.5	4.5	4	4	3.5		
114															5.5	5.5	5.5	5	5	4.5	4.5	4	4	3.5		
112													6.5	6.5	6	5.5	5.5	5	5	4.5	4.5	4.5	4.5	4	4	3.5
110											7.5	7	6.5	6.5	6	5.5	5.5	5	5	5	4.5	4.5	4.5	4	4	4
108									8.5	8	7.5	7	6.5	6.5	6	5.5	5.5	5	5	4.5	4.5	4.5	4	4		
106							10	9.5	8.5	8	7.5	7	6.5	6.5	6	5.5	5.5	5	5	4.5	4.5	4.5	4	4		
104					11.5	11	10	9.5	8.5	8	7.5	7	6.5	6.5	6	5.5	5.5	5.5	5	4.5	4.5	4.5	4	4		
102			14.5	13	11.5	11	10	9.5	9	8.5	7.5	7	6.5	6.5	6	5.5	5.5	5	4.5	4.5	4.5	4	4			
100	22	16.5	15	13	12	11	10	9.5	9	8.5	7.5	7	6.5	6.5	6	5.5	5.5	5	5	4.5	4.5	4.5	4	4	4	
98	22.5	17	15	13.5	12	11	10	9.5	9	8.5	8	7.5	7	6.5	6	5.5	5.5	5	4.5	4.5	4.5	4	4			
96	23	17	15	13.5	12	11.5	10	10	9	8.5	8	7.5	7	6.5	6	5.5	5.5	5	4.5	4.5	4.5	4	4			
94	23	17.5	15.5	14	12	11.5	10.5	10	9	8.5	8	7.5	7	6.5	6.5	6	5.5	5.5	5	4.5	4.5	4.5	4	4		
92	23.5	18	15.5	14	12.5	11.5	10.5	10	9.5	8.5	8	7.5	7	6.5	6.5	6	5.5	5.5	5	4.5	4.5	4.5	4	3.5		
90	24	18	15.5	14	12.5	11.5	10.5	10	9.5	8.5	8	7.5	7.5	6.5	6.5	6	6	5.5	5.5	5	4.5	4.5	4.5	4	3.5	
88	24	18.5	15.5	14	12.5	11.5	10.5	10	9.5	8.5	8	7.5	7.5	6.5	6.5	6	6	5.5	5.5	5	4.5	4.5	4.5	4	3.5	
86	24.5	18.5	15.5	14.5	12.5	11.5	11	10	9.5	8.5	8	7.5	7.5	6.5	6.5	6	5.5	5.5	5	4.5	4.5	4.5	4	3.5		
84	24.5	19	16	14.5	12.5	11.5	11	10	9.5	9	8.5	8	7.5	7	6.5	6	5.5	5.5	5	4.5	4.5	4.5	4	4	3.5	
82	24.5	19	16	14.5	13	12	11	10	9.5	9	8.5	8	7.5	7	6.5	6	5.5	5.5	5	4.5	4.5	4.5	4	4	3.5	
80	25	19	16	14.5	13	12	11	10	9.5	9	8.5	8	7.5	7	6.5	6.5	6	5.5	5.5	5	5	4.5	4.5	4	4	3.5
78	25	19	16	15	13	12	11	10	9.5	8.5	8	7.5	7	6.5	6.5	6	5.5	5.5	5	4.5	4.5	4	4	4	3.5	
76	25	19.5	16.5	15	13	12	11	10	9.5	8.5	8	7.5	7	6.5	6.5	6	5.5	5.5	5	4.5	4.5	4	4	4	3.5	
74	25.5	19.5	16.5	15	13	12	11	10	9.5	8.5	8	7.5	7	6.5	6.5	6	5.5	5.5	5	4.5	4.5	4	4	4		
72	25.5	20	17	15	13.5	12.5	11	10	9.5	8.5	8	7.5	7	6.5	6.5	6	5.5	5.5	5	4.5	4.5	4	4	4		
70	26	20	17	15.5	13.5	12.5	11	10.5	9.5	8.5	8	7.5	7	6.5	6.5	6	5.5	5.5	5	4.5	4.5	4	4	4		
68	26	20	17.5	15.5	13.5	12.5	11.5	10.5	9.5	8.5	8	7.5	7	6.5	6.5	6	5.5	5.5	5	4.5	4.5	4	4	3.5		
66	26.5	20.5	17.5	15.5	13.5	12.5	11.5	10.5	10	8.5	8	7.5	7	6.5	6.5	6	5.5	5.5	5	4.5	4.5	4	4	3.5		
64	26.5	20.5	17.5	15.5	13.5	12.5	11.5	10.5	10	8.5	8	7.5	7	6.5	6.5	6	5.5	5.5	5	4.5	4.5	4	4	3.5		
62	27	21	17.5	15.5	13.5	12.5	11.5	10.5	10	9	8.5	8	7.5	7	6.5	6.5	6	5.5	5.5	5	4.5	4.5	4	4	3.5	
60	27	21	18	15.5	14	12.5	11.5	10.5	10	9.5	8.5	8	7.5	7	6.5	6.5	6	5.5	5	5	4.5	4.5	4	3.5	3.5	
58	27	21	18	15.5	14	12.5	11.5	10.5	10	9.5	8.5	8	7.5	7	6.5	6.5	6	5.5	5	4.5	4.5	4	3.5	3.5	3.5	
56	27.5	21	18	15.5	14	13	11.5	10.5	10	9.5	8.5	8	7.5	7	6.5	6.5	6	5.5	5	4.5	4.5	4	3.5	3.5	3	
54	27.5	21.5	18	16	14	13	11.5	10.5	10	9.5	8.5	8	7.5	7	6.5	6.5	6	5.5	4.5	4.5	4	3.5	3.5	3	3	
52	28	21.5	18	16	14	12.5	11.5	10.5	10	9	8.5	8	7.5	7	6.5	6	5.5	5.5	5	4.5	4.5	4	3.5	3.5	3	2.5
50	28	21.5	18.5	16	14	12.5	11.5	10.5	10	9	8.5	8	7.5	7	6.5	6	5.5	5.5	5	4.5	4	4	3.5	3	3	2.5
48	28	21.5	18.5	16	14	12.5	11.5	10.5	10	9	8.5	8	7.5	7	6.5	6	5.5	5	4.5	4.5	4	3.5	3.5	3	2.5	2
46	28.5	21.5	18.5	16	14	12.5	11.5	10.5	9.5	9	8.5	8	7.5	7	6.5	6	5.5	5	4.5	4.5	4	3.5	3	2.5	2.5	2
44	28.5	22	18.5	16	14	12.5	11.5	10.5	9.5	9	8.5	7.5	7	6.5	6	5.5	5.5	4.5	4.5	4	3.5	3	2.5	2.5	2	
42	28.5	22	18.5	16	14	12.5	11.5	10.5	9.5	9	8	7.5	7	6.5	6	5.5	5	4.5	4	4	3.5	3	2.5	2		
40	29	22	18.5	16	14	12.5	11.5	10.5	9.5	9	8	7.5	7	6.5	6	5.5	4.5	4.5	4	3.5	3	2.5	2			

① 气干材密度 ρ_q 是木材含水率为12％时的质量 G_{12} 与体积 V_{12} 之比。气干材是木材长期在一定大气环境中放置的木材，我国国标将气干材的含水率定为12％。

$$\rho_q = \frac{G_{12}}{V_{12}} \quad (\text{g/cm}^3) \tag{42-3}$$

② 绝干材密度 ρ_0 经过在103℃左右的烘箱中干燥到其质量不再变化时的木材，认为其含水率为0，木材的绝干材密度则是绝干状态下木材的质量 $G_干$ 与其体积 $V_干$ 之比；

$$\rho_0 = \frac{G_干}{V_干} \quad (\text{g/cm}^3) \tag{42-4}$$

③ 基本密度 ρ_j（公定密度） 是木材试样绝干质量 $G_干$ 与试样饱和水分时的体积 $V_湿$ 之比，就是说密度计算时质量与体积对应着木材的不同含水率状态。

$$\rho_j = \frac{G_干}{V_湿} \quad (\text{g/cm}^3) \tag{42-5}$$

以上三种密度，一般以基本密度为木材材性的依据。因为绝干材的重量和饱和水分时的木材体积都比较固定，所以在实验室常用作判断木材重量和相互比较的指标。但在生产上多采用木材气干密度。

42.1.2.2　木材的干缩

木材的干缩与湿胀是木材的重要性质，是导致木材尺寸不稳定的根本原因，影响着木材及木制品的正常使用。如干缩会导致木制品尺寸变小而产生缝隙、翘曲甚至开裂；湿胀不仅增大木制品的尺寸，使地板隆起、门窗关不上，而且还会降低木材的力学性质。但对于木桶、木盆及木船等，木材的湿胀有利于这些木制品的张紧。

木材干缩湿胀的现象为在绝干状态和纤维饱和点含水率范围内，水分进出木材细胞壁的非结晶领域，引起的非结晶领域的收缩或湿胀，导致细胞壁尺寸变化，最终木材整体尺寸变化的现象。一般认为木材干缩湿胀时只是木材细胞壁尺寸的变化，木材细胞腔的尺寸不变。木材之所以会干缩湿胀，是因为木材是一种多孔性毛细管胶体，具有黏弹性；而且木材细胞壁主成分分子上具有羟基等极性基团，能与水分子之间形成氢键，其吸湿和解吸过程伴随着能量的变化。

（1）木材干缩的各向异性

木材的干缩湿胀在不同纹理方向上是不同的，因此，木材的干缩率可以分为线干缩率和体积干缩率。木材线性干缩又可分为顺纹理方向（纵向）和横纹理方向（径向和弦向）的干缩。经试验测定，对于大多数树种来说，木材纵向干缩率很小，为 $0.1％\sim0.3％$；径向干缩率为 $3％\sim6％$；弦向干缩率为 $6％\sim12％$。可见，三个方向上的干缩率以纵向干缩率最小，通常可以忽略不计，这个特征保证了木材或木制品作为建筑材料的可能性。但是，横纹干缩率的数值较大，若处理不当，则会造成木材或木制品的开裂和变形。

（2）木材干缩率与干缩系数

在实际生产中，通常采用干缩率和干缩系数两个参数来定量表述木材的干缩程度。

干缩率包括气干干缩率和全干干缩率。木材从生材或湿材状态自由干缩到气干状态，其尺寸和体积的变化百分比称为木材的气干干缩率；而木材从湿材或生材状态干缩到全干状态，其尺寸和体积的变化百分比称为木材的全干干缩率。

利用式（42-6）和式（42-7）可分别计算出从湿材到全干时的线全干干缩率和体积全干干缩率。

$$\beta_{max} = \frac{L_{max} - L_0}{L_{max}} \times 100\% \qquad (42\text{-}6)$$

式中，β_{max} 为试样径向、弦向或纵向的线全干干缩率，%；L_{max} 为试样含水率高于纤维饱和点时的径向、弦向或纵向尺寸，mm；L_0 为试样全干时径向、弦向或纵向尺寸，mm。

$$\beta_{V,max} = \frac{V_{max} - V_0}{V_{max}} \times 100\% \qquad (42\text{-}7)$$

式中，$\beta_{V,max}$ 为试样的体积全干干缩率，%；V_{max} 为湿材的体积，mm^3；V_0 为试样全干时的体积，mm^3。

干缩系数是指纤维饱和点以下吸着水每减少 1% 的含水率所引起的干缩数值（%），用 K 来表示。弦向、径向、纵向和体积干缩系数分别记为 K_T、K_R、K_L 和 K_V。利用干缩系数，可以算出纤维饱和点以下和任何含水率相当的木材干缩数值。

$$Y_w = K(30 - W) \quad (\%) \qquad (42\text{-}8)$$

式中，Y_w 为指定含水率下的干缩数值，%；K 为干缩系数，%；W 为指定木材含水率，%。

木材弦向干缩与径向干缩的比值称为差异干缩。干缩率的大小是估量木材稳定性好坏的主要依据；差异干缩是评价木材干燥时，是否易翘曲和开裂的重要指标。差异干缩率值愈大，木材愈易变形、开裂。根据木材差异干缩的大小，大致可确定木材对特殊用材的适应性。

42.1.3　木材在气态介质中的对流干燥过程

42.1.3.1　木材的对流干燥过程

木材在气流介质中的干燥过程主要包括预热阶段、等速干燥阶段和减速干燥阶段，如图 42-3所示。

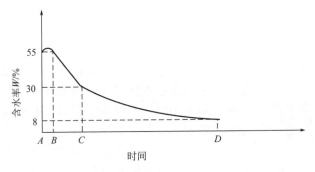

图 42-3　木材在气态介质中的理论干燥曲线

① 预热阶段（A—B 段）　锯材干燥开始时首先要对锯材进行预热处理，目的是提高木材温度使其能够均匀热透；软化木材，消除应力；打通水分通路；使含水率梯度和温度梯度方向一致。其特点是使木材均匀热透；不蒸发水分，但可以少量吸湿。

② 等速干燥阶段（B—C 段）　此阶段主要是自由水的干燥过程。在等速干燥阶段，由木材表面蒸发自由水，表层的含水率保持在接近于纤维饱和点的水平，此时有足够数量的自由水供表面蒸发，干燥速度固定不变。只要介质的温度、湿度和循环速度保持不变，含水率的降低速度也就保持不变。木材表层的自由水蒸发完毕后，内部还有自由水，所以曲线图上向下倾斜直线线段的终了，并不等于木材内的自由水已经完全排除。在等速干燥阶段内，空气温度越高，湿度越低时，自由水蒸发越强烈。

③ 减速干燥阶段（C—D 段）　在减速干燥阶段，表层含水率低于纤维饱和点，由内层向表面移动的水的数量小于表面的蒸发强度，干燥速度逐渐缓慢，到干燥终了时等于零，达到平衡含水率。因此，纤维饱和点以下的干燥阶段叫减速干燥阶段。

等速干燥期结束，减速干燥期开始这一瞬间的含水率，叫作临界含水率 MC_C。由于锯材厚度上含水率的分布不均匀，临界含水率常常大于纤维饱和点。含水率越不均匀，MC_C 值就越大。干燥速度、被干锯材的厚度和木材密度的加大，都会引起含水率在干燥过程中沿锯材厚度上的不均匀，并使 MC_C 的数值增大。干燥速度越大，被干锯材越厚，密度越大，临界含水率就越与初含水率接近，等速干燥期就越短。

42.1.3.2　干燥过程中木材水分的蒸发和移动

在以湿空气为介质的对流木材干燥过程中，可分为木材表面的水分蒸发和木材内部的水分移动两个过程。木材干燥过程必须先使水分从木材内部向表面移动，木材表面水分在对流作用下蒸发时，木材表面及以下邻近层自由水首先蒸发。大毛细管系统内的自由水先移动和蒸发，随后微毛细管系统也开始排除水分。由于木材具有一定厚度，在木材内部与表层间出现水分梯度——内部高外部低的含水率梯度，促使水分进一步向外移动。水分的移动是由许多因素共同作用而产生的。

（1）木材干燥过程中的水分蒸发

所谓蒸发是指在液体表面进行得比较缓慢的汽化现象。蒸发在任何温度下都可以进行，它是液体表面具有较大动能的分子克服了邻近分子的吸引力，脱离液体表面进入周围空气而引起的。蒸发的强度主要取决于液体的温度，液体的温度越高，分子的动能越大，蒸发过程就越快。此外，在相同温度下，蒸发的速度还与蒸发表面积的大小及液面上的蒸汽密度（或压力大小）有关。液体表面积越大，蒸发过程越快，若加大液面上的气流速度，使蒸汽密度减小，也能使蒸发过程加快。水分蒸发时，只有当水面或湿物体表面上的空气没有被水分饱和时（相对湿度＜100％）才可发生。相对湿度越小，表明空气中水蒸气分压越小，蒸发速度越快。在蒸发面上常有一定厚度的被蒸汽所饱和的空气薄层，表面上气流速度越大薄层的厚度越小，从而蒸发也越快，因此表面气流速度越大，蒸发越快。

具体到木材干燥过程中，主要是在木材表面的蒸发过程。湿木材表面的水分蒸发时，当表层含水率高于纤维饱和点时，与自由水的水分蒸发情况相同，木材温度高时，木材表层的水分蒸发强度加大，湿空气流速大时，水分蒸发快，木材干燥速度大；但当表层含水率降至纤维饱和点时，情况就不同了，此时木材表面的水蒸气压力低于同温度下自由水面的水蒸气分压，蒸发强度降低，木材干燥过程变慢。木材中的水分蒸发不仅发生在木材的表面，在木材内部也有发生。即使在木材含水率很高时，木材孔隙内也还可能有许多气包，它们构成一个个小的蒸发面，随着木材逐渐干燥，这些小蒸发面即与主蒸发面会合，如图 42-4 所示。

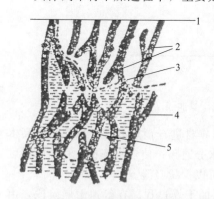

图 42-4　木材中气包构成的小蒸发面
1—木材表面；2—细胞壁；3—主蒸发面；
4—自由水；5—木材内小蒸发面

（2）木材干燥过程中的水分移动

① 自由水移动　木材表层细胞中的水分蒸发产生毛细管力，从而使木材中的自由水通过细胞腔和纹孔构成的通道移动；这个毛细管力对木材表层邻近内层的自由水形成一个拉力。对其影响最大的是木材的渗透性。毛细管自由水移动

所要求的能量最小，也是各种水分移动机理中最快的方式。这也是为什么充满水的渗透性好的边材比心材干燥快的主要原因。毛细管水分的流动在木材纹理方向（纵向）比横向（弦、径向）快至少 50 倍。自由水的移动只能发生在有自由水存在时，即含水率高于纤维饱和点时；同时也要有从表层或蒸发区域到邻近内部区域连续的水分存在。因此，在高含水率时自由水移动较快。另一个影响自由水移动的因素是木材的温度，木材温度高时，水分的黏性降低，因此毛细作用力相同时水分移动会较快。

② 水蒸气扩散　水蒸气以扩散的方式移动。在这个过程中水分子在各个方向上随机运动，如果一个区域的分子浓度较高，另一个区域的分子浓度较低时，离开高浓度区域的分子较进入高浓度区域的分子要多，因此含水率降低。同样，如果许多水分子被吸附、凝结或从其他区域移动过来时，扩散进入的水分子要比扩散出去的多，造成在某一方向上水分的移动。水蒸气扩散速率与扩散分子的浓度差成正比，或更精确一些，与水蒸气的压差成正比。木材含水率低于纤维饱和点时，木材中蒸汽压随含水率升高而增大；当含水率高于纤维饱和点时，区域内部不会有明显的蒸汽压梯度，也就是说，当含水率高于纤维饱和点时不会有水蒸气移动的发生。

因为要有连续的流动通道使水蒸气从一个区域扩散至另一个区域，因此纯的水蒸气扩散只能在渗透性好的木材中才可能发生。渗透性是由木材细胞间的连接通道形成的，与木材的硬度或强度无关，只与这些连接通道的开度有关。液态或气态的水分在渗透性好的木材中移动快，因此干燥快；而在渗透性不好的木材中，大部分或全部通道都被阻塞了，液态或气态水分的移动都会受阻。水蒸气的扩散是与吸着水的扩散同时发生的。大部分树种的边材渗透性较好，而针叶材的心材渗透性通常较差。

③ 吸着水扩散　吸着水是通过细胞壁进行扩散的。与蒸汽扩散一样，较干的位置上离开的水分子较少，而湿的位置离开的水分子较多。木材中发生了从湿的区域到干的区域水分的移动。木材表面水分蒸发使表层成为最为干燥的区域，因此水分从湿的芯层向干的表层移动，并且形成了含水率梯度。吸着水扩散的驱动力与水蒸气扩散相同，都是蒸汽压梯度。

④ 吸着水-水蒸气组合扩散　木材干燥中吸着水扩散和水蒸气扩散都不是单独进行的。在水分从木材中心向表层移动过程中，大部分水分是按下述顺序移动的：在细胞壁中以吸着水形式扩散——蒸发到细胞腔——水蒸气扩散通过细胞腔——下一细胞壁吸附——吸着水以扩散形式通过细胞壁——直到达到木材的表层。

当干燥发生于木材的端面时，迁移的水分通过的细胞壁较少，并且大部分的迁移是通过细胞腔，以水蒸气扩散的方式快速移动，因此，木材端面的干燥比侧面要快得多。密度大（重）的木材含有较高比例的细胞壁，而不像低密度（轻）木材含有较大比例的细胞腔；吸着水通过细胞壁较慢，因此低于纤维饱和点时密度大的木材干燥速率比密度小的木材要低很多。干燥密度大的木材因为阻力较大，会形成较大的含水率梯度，并且会形成较大的干燥应力，因此干燥密度大的木材比干燥密度低的木材降等的可能性更大。

吸着水和水蒸气扩散途径示于图 42-5 中。水分子以水蒸气形式通过细胞腔凝结，以吸着水形式通过细胞壁再到下一个细胞腔。这个过程一直重复直到水分子到达木材表面（图中 A 所示）；水分子以水蒸气的形式通过细胞腔和纹孔，以吸着水形式通过纹孔膜或以水蒸气形式通过纹孔膜中的微空隙（图中 B 所示）；水分子以吸着水的形式连续从一个细胞壁到下一个细胞壁（图中 C 所示）。

水分在纵向上的扩散比横向（弦、径向）快 10～15 倍左右，而垂直于生长轮方向的径向扩散又比平行于生长轮方向的弦向扩散快一些，因为水分沿木射线的方向移动较快。这就是为什么弦向板（厚度为径向）较径向板干燥快的原因。虽然在纵向的水分扩散比横向快很

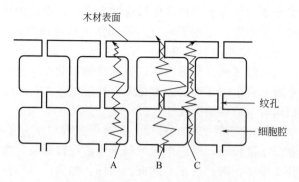

图 42-5　木材中水分的扩散途径
A—水蒸气-吸着水组合扩散；B—水蒸气扩散；C—吸着水扩散

多，但在实际干燥中这只能在很短的时间内起作用。通常木材的长度方向远比横向大得多，因此大部分的水分都是通过木材横向的宽面而蒸发的。当木材的宽度与厚度相差不大时，比如方材，干燥过程中的水分蒸发过程在宽度和厚度方向同时进行。

水分的扩散速率很大程度上取决于细胞壁的渗透性和它的厚度，因此渗透性好的树种干燥速度明显高于渗透性差的树种，且当木材的密度增加时，水分扩散的速度下降；木材中的侵填体及硬质沉积物也会导致水分通道的堵塞，从而降低水分的移动速率。

42.1.3.3　影响木材干燥速率的主要因素

影响干燥过程的因素主要包括：湿空气的温度、湿空气的相对湿度（或干湿球温差、平衡含水率）和气流速度。

① 温度　干燥中的温度又称为干球温度，因为温度是用一个干的传感器（通常用电传感器）测得的。在锯材干燥中所指的温度是进入材堆时的空气温度，也是干燥窑中的最高温度，是干燥窑中最易造成干燥缺陷的温度。

木材温度升高内部水分移动速度快，干燥速度快。但温度越高，锯材的变形量越大，且木材的强度削弱越厉害，尤其是含水率较高时容易出现开裂的情况下温度就更为重要。干燥温度还影响锯材的变色及虫害，这些缺陷发生的最适宜温度为 27～44℃，可通过干燥前对锯材进行化学处理或将锯材用 55℃以上的温度处理 24h，将虫、虫卵及霉菌杀死。锯材含水率很高时干燥温度超过 71℃，不论时间长短都会对木材强度造成损失；如果干燥质量优先考虑木材强度的话，干燥前期温度不要过高。

② 相对湿度　相对湿度是指空气中所含水分与同温度下空气所能包含最大水分量的比值，通常用百分数表示。一般用湿球温度来度量（在传感器上覆湿纱布后的温度），湿球温度除在相对湿度为 100％时与干球温度相同外，都低于干球温度。给定干球温度和干湿球温差后，可根据空气的热力学特性表查得相对湿度值。有些控制系统采用薄纤维片作为湿度传感器，纤维随空气湿度的变化而吸收或放出水分，然后以此纤维片的电阻反映空气的相对湿度。

在温度与气流速度相同的情况下，相对湿度越低，毛细管力越大。相对湿度低时，由于使木材表层含水率降低，使含水率梯度增大，增加了水分的扩散，锯材干燥也越快。相对湿度低时对于防止木材干燥的变色有益，但相对湿度如果过低，就会造成干燥过快、开裂及蜂窝裂等干燥缺陷的发生或加重。在干燥后期用较低的相对湿度可减少变形，但相对湿度过低时会加大锯材的干缩，反而加大变形。

湿空气在穿过材堆时，相对湿度会因空气吸收木材蒸发的水分及温度的下降而上升，材堆空气入口处的相对湿度最小，干燥强度最大。

③ 气流速度　气流速度与温度和相对湿度一样在锯材干燥过程中极为重要。含水率在纤维饱和点以上时，气流速度越大干燥速度越快（图 42-6）；材堆中气流速度越大，材堆内相对湿度越均匀，但同时也会增加开裂的风险。含水率在 20％以下时，气流速度对干燥速率与干燥质量影响不显著，因为此时木材干燥速率由水分在木材内部移动的速度决定，而不是由表层水分蒸发的速度决定。从图中可看出，风速对干燥速度的影响根据

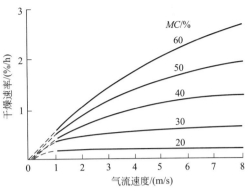

图 42-6　气流速度对锯材干燥速率的影响
（枫木生材，相对湿度为 65％）

锯材含水率大小也由大到小变化。基于此，可在干燥末期采用降低风速的方式来节省干燥能耗。高含水率时气流速度与相对湿度间存在直接的关系，如果气流速度降低的话，就降低了干燥速度，从而可以降低相对湿度来增加干燥速度进行平衡；也就是说可利用气流速度与相对湿度的不同组合来达到要求的干燥速率。

42.1.4　木材干燥过程中的应力与变形

42.1.4.1　产生应力的原因与应力的种类

（1）干燥过程中木材产生内应力的原因

① 木材构造上的各向异性　木材线性干缩是指顺纹理方向、横纹理方向（径向和弦向）的干缩。木材纵向干缩率很小，为 0.10％～0.30％，径向干缩率为 3％～6％，弦向干缩率为 6％～12％，弦向干缩为径向干缩的二倍。木材三个方向干缩差异是干燥过程中产生内应力的主要原因之一。

② 木材断面上含水率分布不均匀　含水率梯度存在于木材干燥的全过程。木材在干燥过程中木材断面上含水率分布不均匀，以及各部分收缩量的差异，是干燥过程中产生内应力的主要原因之一。

（2）干燥过程中木材产生内应力的种类

① 湿应力（弹性应力）　因锯材断面上各个区域的不均匀干缩所引起，它带有时间性，随着含水率梯度的消失，应力消失。此种应力是绝对弹性体的一种特征。

② 残余应力　因木材内部所产生的残余变形所引起，它与湿应力不同，在含水率平衡时并不消失，在干燥过程中和结束后均会发生。

③ 全应力　全应力＝湿应力＋残余应力。

干燥过程中影响干燥质量的是全应力；干燥结束后继续影响木制品质量的是残余应力。

42.1.4.2　木材干燥中产生应力与变形的过程

木材在室干过程中，内应力的变化过程可分为四个阶段，如图 42-7 所示。

① 干燥开始阶段　此阶段木材各部分的含水率都在纤维饱和点以上，梳齿形试验片每个齿的高度和未锯开之前的原尺寸一样。若把试验片剖为两片，每一片将保持平直状态。这些现象充分表明，此时木材内不存在湿应力，也不存在残余应力。

② 干燥前期阶段　此阶段中木材内层的含水率高于纤维饱和点，外层的自由水已蒸发

完毕，正在因排出吸着水而干缩。此阶段的木材内应力为外拉内压应力。

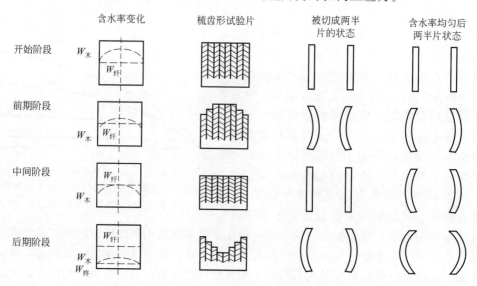

图 42-7　木材在室干过程中含水率和内应力变化示意图

从梳齿形试验片上可以看出，表面几层梳齿由于干缩而尺寸减小，内部各层梳齿仍保持原来状态。这时表层干缩，而内层还未能收缩，于是表面各层因受到内部的拉伸而产生拉应力，内部各层则产生压应力。

在这一阶段中若把从木材上锯下来的试验片锯成两片，可以看到，刚刚锯开时它们各自向外弯曲。把这两片放入恒温烘箱中或放在通风处，使含水率进一步降低并变得均匀。如果木材是理想的弹性体，在含水率分布均匀后，内应力即可消失，试片齿形变为平直，尺寸恢复原样。但木材既具有弹性，又具有塑性。木材内刚一发生内应力，同时也就出现了塑化变形。由于表层木材的尺寸已经在一定程度上塑化固定，内层在含水率减少时，还可以自由干缩。因此，在两片的含水率降低，并且分布均匀后，两片的形状就变成和原来的形状相反的样子，即向内弯曲。

在木材室干过程中，此阶段需采取前期处理来提高木材外层的含水率，使已固化的部分重新恢复可塑，使木材应力得以削弱和缓和。

③ 干燥中间阶段　当木材干燥到这一阶段时，木材内部的含水率低于纤维饱和点，若在上一阶段中没有采取前期处理，则被干木材表面各层早已由于失去正常的干燥条件而固定于拉伸状态。此时尽管内部的含水率还高于外部的含水率，但内部木材干燥程度却已和外部木材塑化固定前产生的不完全的干缩相差无几，内部尺寸与外部尺寸暂时一致。因此，在此阶段内木材中的应力也暂时处于平衡状态。

若把试验片锯成梳齿形，各个梳齿的长短暂时是一样的，但在含水率下降后，中间的一些梳齿将因干燥而变短。若把试验片锯成两片，两片当时保持平直状态，但在含水率降低并分布均匀后，原来在内层的木材由于干缩变短，使得两片向内弯曲。这就表明，在这个阶段内尽管暂时观察不到被干材中的内应力，但在干燥结束后，木材中的残余应力仍将表现出来。

在室干工艺中，当被干木材干燥到这一阶段时，通常对被干木材进行必要、及时、正确的中间处理，使已经塑化固定的外层木材重新成为可塑，从而使外层的木材得到补充收缩。

④ 干燥后期阶段　在此阶段，含水率已沿着木材的横断面变得相当均匀，由内到外的

含水率梯度较小。如果在上阶段中没有进行中间处理，此时外层木材由于塑化变形的固定，早已停止收缩；内层木材随着吸着水的排除而收缩，但受到外层的牵制不能完全收缩。木材外部受内部干缩趋势的影响，而产生压应力；内部受外部已塑化固定的木材牵制影响而产生拉应力。内层和外层应力的性质和干燥前期相反。

此时若把试验片锯成梳齿状，内层的一些齿在脱离了外层的束缚后，得以自由的干缩，它们的尺寸比外层短一些。若把试验片锯成两片，刚锯开时两片向内弯曲，当它们的含水率进一步降低并分布均匀后，向内弯曲的程度加强。

在木材室干工艺中，当被干材干燥到此阶段，木材含水率已降低到所要求的规定标准时，必须进行正确的平衡处理，以消除木材的残余应力。

42.2　木材常规干燥技术

42.2.1　常规干燥

根据中华人民共和国林业行业标准《木材干燥室（机）型号编制方法》中的注释，常规干燥是指以常压湿空气作为干燥介质，以蒸汽、热水、炉气或热油作为热媒，干燥介质温度在 100℃ 以下的一种室干方法。常规干燥是长期以来使用最普遍的一种木材干燥方法，这种传统干燥方法就是把木材置于几种特定结构的干燥室中进行干燥的处理过程。其主要特点是以湿空气作为传热、传湿的干燥介质，传热方式以对流传热为主。其干燥的过程是：待干木材用隔条隔开，堆积于干燥室内，干燥室装有风机，风机促使空气流经加热器升高温度，经加热的空气再流经材堆，把热量部分地传给木材，并带走从木材表面蒸发的水分，吸湿后的部分空气通过排气口排出。同时，相同质量流量的新鲜空气又进入干燥室，再与干燥室内的空气混合，成为温度和湿度都较低的混合空气，该混合空气再流经加热器升温，如此反复循环，从而达到干燥木材的目的。

42.2.1.1　常规干燥的类型与范围

木材干燥室是对木材进行干燥处理的主要设备。木材干燥室是指具有加热、通风、密闭、保温、防腐蚀等性能，在可控制干燥介质条件下干燥木材的建筑物或容器。一般按照下列主要特征来分类。

① 按照作业方式，可分为周期式干燥室和连续式干燥室。

a. 周期式干燥室是指干燥作业按周期进行，湿材从装窑到出窑为一个生产周期，即材堆一次性装窑，干燥结束后一次性出窑。周期式干燥室有叉车装窑和轨道车装窑这两种装窑方式。用叉车直接装窑比较简单，所以大型干燥室（50~60m³ 以上）都趋于用这种装窑方式。用叉车装窑的优点是：无需设置转运车、材车、相应的轨道及与此相应的土建投资。缺点是：装窑、出窑所需时间较长；叉车直接进入干燥室，若操作不当，可能会造成对窑体的损坏；提升高度较大时，门架升得太高，无法全部利用干燥室的高度。轨道车装窑的优点是：在干燥室外堆积木材，可确保堆积质量，装窑质量好；湿材装窑和干材出窑十分迅速，干燥室的利用率较高，干燥针叶材最好用这种装窑法。缺点是：干燥室前面一般需要有与干燥室长度相当的空地或需要预留出转运车的通道；干燥室内部材车轨道或转运车轨道需要打地基，土建工程量大；材车或转运车造价较高，投资额较大。对于一些小型的干燥室，个别厂家通常采用在干燥室内直接堆垛的方式装窑，窑的容积利用系数不高，堆积质量难以保证，且劳动强度较大，装窑效率低。实际上锯材的堆积质量与干燥质量之间关系密切，木材在干燥过程中产生的弯曲变形、表裂、端裂、局部发霉及干燥不均等缺陷均与堆积质量直接相关。因此，在可能的情况下尽量不要选用直接在窑内堆垛的装窑方式。我国周期式木材干燥室数量最多，分布也最为普遍。

b. 连续式干燥室如图 42-8 所示，此类干燥室比较长，通常在 20m 以上，有的甚至长达 100m，被干木材在如同隧道一样的干燥室内连续干燥，部分干好的木材由室的一端（干端）卸出，同时由室的另一端（湿端）装入部分湿木材，干燥过程是连续不断进行的。

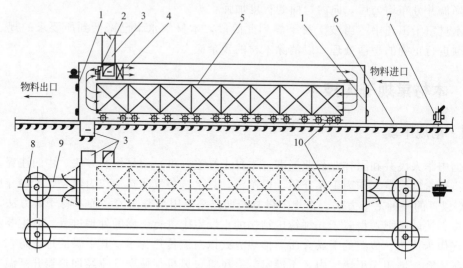

图 42-8　连续式干燥室

1—门；2—循环风机；3—废气出口；4—预热器；5—小车；6—钢索；7—绞车；8—转车盘；9—回车道；10—滑车

连续式干燥室可用于大批量均质木材（特别是针叶材或竹材）的干燥，经济效益比较显著。但此类干燥室空气介质条件的控制不如周期式干燥室精确，而且使用时应尽可能地使推入干燥室的木材的树种、厚度及初含水率都相同，否则木材的干燥周期很难确定。

② 按照干燥介质的种类，可分为空气干燥室、炉气干燥室和过热蒸汽干燥室。

a. 空气干燥室以常压湿空气作为干燥介质，室内设有加热器，通常以蒸汽、热水、热油或炉气间接加热作为热媒，用加热器加热干燥介质。

b. 炉气干燥室的干燥介质为炽热的炉气，通常室内不安装加热器，把燃烧所得到的炉气通过净化与空气混合，然后直接通入干燥室作为干燥介质。

c. 过热蒸汽干燥室的干燥介质是常压过热蒸汽，其通常以蒸汽为热媒，特点是散热面积较大，以保证使干燥室内蒸汽过热，并能保持干燥室内的过热度。

就目前而言，由于干燥质量和设备的原因，炉气干燥室和过热蒸汽干燥室在我国应用较少。

③ 按照干燥介质的循环特性，可分为自然循环干燥室和强制循环干燥室。

a. 自然循环干燥室内的气流循环是由冷热气体的重度差异而实现的，这种循环只能引起气流上、下垂直流动。循环气流通过材堆的速度较低，仅为 0.2～0.3m/s，新建干燥室基本不再采用此种通风方式。

b. 强制循环干燥室室内装有通风设备，循环气流通过材堆的速度在 1m/s 以上。通风机可以逆转，定期改变气流方向，进而保证被干材均匀地干燥，获得较好的干燥质量。

我国木材干燥室的应用状况概括为：周期式占绝大多数，按容量估算约占 99%，连续式极少约占 1%。强制循环室约占 4/5，自然循环室约占 1/5；中、小型室占多数，大型室占少数。目前，新建的干燥室几乎均为强制循环干燥室。

42.2.1.2　典型常规蒸汽干燥室的结构

目前在国内外应用最广泛的木材干燥室还是周期式强制循环空气干燥室，一般按照通风设备在室内外的配置情况进行分类，可概括为五种类型：室内顶风机纵轴型（长轴型）、室内顶风机横轴型（短轴型）、室内侧风机型（侧向通风型）、端风机型及喷气型。由于国内自制高温电机的基本突破，长轴型干燥室逐渐被短轴型干燥室所代替。由于动力消耗较大，提高循环风速困难，喷气装置性能不够稳定，喷气型干燥室逐渐被淘汰。目前在我国形成了短轴型、端风机型、侧风机型三大主要类型的发展趋势。针对这一情况，本节重点对以上三种室型的干燥室进行介绍与分析。

① 短轴型强制循环干燥室　图 42-9 为短轴型强制循环木材干燥室示意图。它的结构特点是：顶板将干燥室分为上下两间，上部为通风机间，下部为干燥间；每台风机由一台电机带动；通风机间无气流导向板；进、排气口在干燥室上部两列式排列。

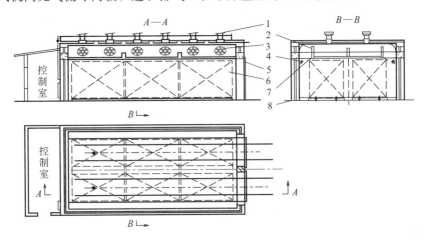

图 42-9　短轴型强制循环干燥室

1—进排气口；2—加热器；3—风机；4—喷蒸管；5—大门；6—材堆；7—挡风板；8—材车

短轴型干燥室的优点是：气流分布优于长轴型，虽然气流循环也是"垂直-横向"，但曲折转弯比长轴型要少，室内空气循环比较均匀，干燥质量也优于长轴型，能满足高质量的用材要求；电机与风机叶轮之间可采用短轴或直联方式，安装和维修较为方便。缺点是：每台通风机要配置一台电动机，动力消耗大；建筑费用高于长轴型干燥室；若采用室外型电机，需设电机夹间，占地面积大，若电机与风机叶轮之间采用直联方式，则不存在这一问题。

② 侧风机型强制循环干燥室　图 42-10 为侧风机型强制循环干燥室示意图。其结构特点是：风机在干燥室的一侧或两侧安装；无通风机间，其建筑高度低于长、短轴型干燥室；进排气口在室顶或侧墙上两列式排列；若采用室外型电机则在干燥室一侧需设电机夹间。侧风机型干燥室气流循环特点是气流通过风机一次，而流过材堆两

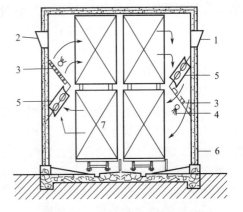

图 42-10　侧风机型强制循环干燥室

1—新鲜空气进口；2—湿空气排放口；3—加热器；
4—喷蒸管；5—轴流风机；6—干燥室壳体；7—材堆

次，材堆高度上的通气断面等于减小一半，干燥介质的体积可以减少一半，因而风机的功率也可减小。

侧风机型干燥室的优点是：结构简单，室内容积利用系数较高，投资较少；设备的安装和维修方便；气流的循环速度比较大，干燥速度较快。缺点是：气流速度分布不均，有气流 $v=0$ 的区域即"死区"存在，干燥质量低于短轴型；气流一般为不可逆流动，不如可逆循环干燥效果好；若采用室外型电机，需要增设电机夹间，非直接生产性占地面积较大。

③ 端风机型强制循环干燥室　图 42-11 为端风机型强制循环干燥室示意图。它是对侧风机型结构的改进。其结构特点是：轴流风机安装在材堆的端部即风机间在材堆端部；进、排气口在风机间顶部风机的两侧或端墙上。

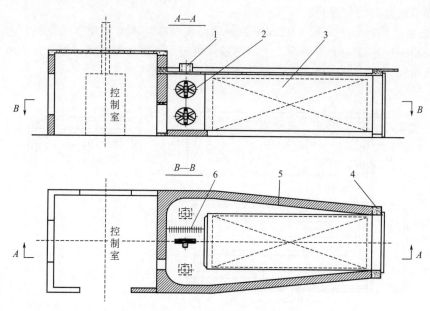

图 42-11　端风机型强制循环干燥室
1—进、排气道；2—风机；3—材堆；4—室门；5—斜壁；6—加热器

端风机型干燥室的优点是：空气动力学特性较好，能形成"水平-横向-可逆"的气流循环，若斜壁设计合理，气流循环比较均匀，干燥质量较好；设备安装与维修方便，容积利用系数高；投资较少。缺点是：干燥室不宜过长，装载量较小。为确保干燥质量，材堆长度通常不要超过 6m。若斜壁角度设计不当，会使材堆断面气流不均，从而降低木材的干燥质量。

木材干燥室的结构、类型多种多样。选择干燥室的形式是生产中常常碰到的问题，由于各种类型的干燥室都有各自的优缺点，对于某一类型的干燥室来说，可能在这种情况下适用的，但在另一种情况下可能就不很适用。必须根据具体情况进行具体分析，然后选用比较合适的干燥室。木材干燥室的类型、结构，直接关系到干燥室内的气流动力学特性，最终关系到干燥效果。按照气流动力学特性，常规干燥室可以分为顶风机型、端风机型和侧风机型三种类型，如图 42-12 所示。

实验证明：在风机位于材堆侧面的侧风机型干燥室（c）内，干燥介质在材堆长度乃至高度上不能得到均匀的分配，循环速度差异明显，这样就不会有相同的干燥速度。风机位于室端的端风机型干燥室（b）基本可以消除这种缺陷，但室内材堆总长度一般不能超过 6m，否则沿材堆长度上气流循环不均匀。风机位于室顶的顶风机型干燥室（a），气体动力特性最

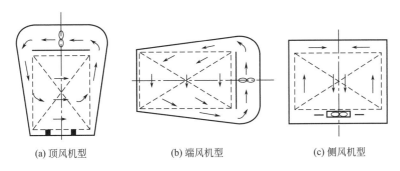

|(a) 顶风机型|(b) 端风机型|(c) 侧风机型|

图 42-12　周期式干燥室气流动力图

好，在材堆整个断面上，循环速度的分布比较均匀，干燥后锯材终含水率均匀性好。

42.2.1.3　干燥室内部设备

木材人工干燥的实质，就是给木材人为地创造一个外部环境，使木材在一定的温度、湿度和气流速度下逐步排出其内部的水分。人们可以通过调节环境中的温度、湿度和风速等，使空气介质适应于不同树种、厚度及含水率材堆干燥的需要。木材干燥室的主要设备包括：通风设备、供热与调湿设备、木材的运载设备及检测和控制设备等。

（1）通风设备

用对流加热的方法干燥木材必须要有干燥介质的流动。在木材干燥室中，安装通风机能促使气流强制循环，以加强室内的热交换和木材中水分的蒸发过程。通风机按其作用原理与形状可分为轴流式通风机和离心式通风机两种，根据其压力可分为高压（3kPa 以上）、中压（1～3kPa）和低压（不大于1kPa）三种。木材干燥室一般多采用低压和中压通风机。

通风机的性能常以气体的流量 Q（m³/h）、风压 H（Pa）、主轴转速 n（r/min）、轴功率 N（kW）及效率 η 等参数表示。每一类通风机在风量 Q、风压 H、转速 n、轴功率 N 之间存在着一定的关系。

① 轴流式通风机　轴流式通风机如图 42-13所示，它是以与回转面成斜角的叶片转动所产生的压力使气体流动，气体流动的方向和机轴平行。其叶轮由数个叶片组成，轴流式通风机的类型很多，其主要区别在于叶片的形状和数量。通常使用的有 Y 系列低压轴流通风机和 B 系列轴流风机等。风机叶片数目为 6～12 片，叶片安装角一般为 20°～23°（Y 系列），或 30°～35°（B 系列）。Y 系列轴流风机可用于长轴型、短轴型或侧向通风型干燥室；B 系列轴流风机由于所产生的风压比较大（大于 1kPa），

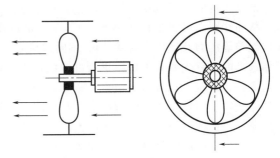

图 42-13　轴流式通风机原理图

一般可用于喷气型干燥室。与离心风机相比轴流风机具有送风量大而风压小的特点。

木材干燥室所采用的轴流式风机可分为可逆转（双材堆）和不可逆转（单材堆）两类。可逆转风机的叶片横断面的形状是对称的，或者叶片形状不对称而相邻叶片在安装时倒转180°。可逆通风机无论正转或逆转都产生相同的风量和风压。不可逆转通风机叶片横断面是不对称的，它的效率比可逆通风机的效率高。

木材干燥用轴流风机不同于普通轴流风机，它要求能够频繁地进行正反风向工作，有尽

量一致的正风、反风性能，以满足强制循环干燥室中木材干燥的工艺要求。目前国内的多个厂家已开发出能耐高温、高湿的木材干燥专用轴流风机，型号有三种分别为 NO8、NO6、NO4，选用铝合金和不锈钢制作，经实际生产运用完全能满足木材干燥的使用要求。其配用电机绝缘等级为 H 级（180℃），防护等级为 IP54。

② 离心式通风机　离心式通风机如图 42-14 所示，由叶轮与蜗壳等部分组成。当离心式风机工作时，叶轮在蜗壳形机壳内高速旋转，迫使叶轮中叶片之间的空气跟着旋转，因而产生了离心力，使充满在叶片之间的空气在离心力的作用下沿着叶片之间的流道被甩向叶轮的外线，使空气受到压缩，这是一个将原动机的机械功传递给叶轮内的空气，使空气的压力增高的过程。这些高速流动的空气，在经过断面逐渐扩大的蜗壳形机壳时，速度逐渐降低，因此，流动的空气中有一部分动压能转化为静压能，最后以一定的压力（全压）由机壳的排出口压出。与此同

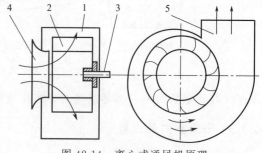

图 42-14　离心式通风机原理
1—蜗壳；2—叶轮；3—机轴；
4—吸气口；5—排气口

时，叶轮的中心部分由于空气变得稀薄而形成了负压区，由于入口呈负压，外界的空气在大气压力的作用下立即补入，再经过叶轮中心而去填补叶片流道内被排出的空气。于是，由于叶轮不断地旋转，空气就不断地被吸入和压出，从而连续地输送空气。

离心通风机在木材干燥生产上主要用于喷气型干燥室，一般安装在室外的管理间或操作室内。

在木材干燥室的设计过程中，风机的选择及风量和风压的确定是一个非常重要的问题。通常情况下，干燥室内的干燥介质，在风机的带动下通过加热器并穿过材堆时，其载荷的下降是很大的。因此，为干燥室配备风机时，必须认真选择。有时，干燥室并不理想，但风机选得好，可显著改善木材的干燥效果。一般地，轴流风机的送风量较大，风压较小；离心式风机则相反，风压较大，而送风量较小。

根据风机的送风量和风压等参数，可绘制出反映风机性能的曲线，即风机的性能参数曲线。从曲线图即可查出以下数据：a. 在一定风速条件下的风机总风压，它取决于送风量，还可能与静压力及动压力有关；b. 不同送风量所需的输入功率；c. 风机效率。在通风机的具体选型时，首先要对干燥室进行准确的动力计算，根据干燥室内气流的循环方式及流经材堆的风速，确定风机所需的流量，根据风速及干燥室内设备选型及布置的情况，计算出气流经过加热器、材堆等处的沿程阻力和局部阻力，进而确定出风机所需的风压。之后，参考生产厂家提供的产品说明书及风机的性能参数曲线，最终选定循环风机。

在干燥室内的小气候条件是相当恶劣的。一方面，温、湿度都很高；另一方面，木材还会放出若干腐蚀性酸类。所以，用于制作风机的材料必须是耐腐蚀的。特别要注意的是，如风机的驱动电机和周围空气接触，更要防止锈蚀。在生产中，应经常保持通风机的清洁，对通风机、电动机和传动装置要经常检查、润滑，发现电动机过热或通风机发生异响时，应该迅速停电，进行检修。

（2）供热与调湿设备

木材干燥室内的供热与调湿设备主要包括：加热器、喷蒸管或喷水管、疏水器、进排气口、连接管路及阀门等。

① 加热器　木材干燥室安装加热器，用于加热室内空气，提高室内温度，使空气成为

含有足够热量的干燥介质，或者使室内水蒸气过热，形成常压过热汽作为干燥介质干燥木材。加热器要根据设计干燥室时的热力计算配备，以保证其散热面积和传热系数；加热器的安装要求操作时能灵活可靠地调节放热量的大小，并且当温度变化幅度比较大时，加热器的结合处不松脱。

a. 加热器的分类。用于木材干燥室内的加热器，可分为铸铁肋形管、平滑钢管和螺旋翅片管三种。其中铸铁肋形管、平滑钢管是早期干燥室中常用的加热器，现已应用较少。目前新建干燥室几乎全部采用双金属挤压型复合铝翅片加热管。

铸铁肋形管加热器有圆翼管、方翼管两种，其优点是：坚固耐用、散热面积大；缺点是：重量大，易积灰尘。平滑钢管加热器（无缝钢管）的优点是：构造简单，接合可靠，安装、维修方便；传热系数较高，不易积灰尘；缺点是：散热面积小。螺旋翅片加热器有绕片式和整体式两种。绕片式是在无缝钢管外绕钢带（或铜、铝带）成螺旋片状，并经镀锌（或锡），使钢管和翅片连接成一体，即成为绕片管，再由绕片管焊接成整体的加热器；整体式是先在基管（钢管或铜管）上套铝管，然后在表层的铝管上轧制出翅片，挤压形成整体式结构。螺旋翅片加热器的优点是：形体轻巧，安装方便，散热面积大，传热性能良好；缺点是：对气流阻力大，翅片间隙易被灰尘堵塞，降低加热器效率。从目前应用情况来看，整体式螺旋翅片加热器应用最多。

b. 加热器散热面积的计算。

$$F = \frac{QC}{K(t_{蒸} - t_{空气})} \tag{42-9}$$

式中，F 为加热器表面积，m^2；Q 为加热器应放出的热量，kJ/h；$t_{蒸}$ 为加热器材管道内蒸汽的平均温度，℃；$t_{空气}$ 为干燥介质的平均温度，℃；C 为后备系数，取 $1.1 \sim 1.3$；K 为加热器的传热系数，$W/(m^2 \cdot K)$。

在上式中，由于加热器应放出的热量 Q 是干燥室设计中的已知条件，在运用上式在进行加热器散热面积的计算时，关键是要确定出加热器的传热系数 K 值。由于加热器的布置形式、流经加热器外表面的介质流速以及加热管内热媒性质等因素的不同，传热系数 K 值的计算公式繁多。具体在确定传热系数 K 值时，可参考生产厂家提供的样本说明。

c. 加热器的配备与安装。加热器面积的配备，因被干木材的树种、厚度及选用加热器的类型而异。选用螺旋翅管散热器时，一般每立方米实际材积需要 $2 \sim 6 m^2$ 散热面积；如果采用高温干燥时，散热器的面积要增加一倍。

加热器在安装时应注意以下几个问题：

Ⅰ. 为保证沿干燥室的长度方向散热均匀，在安装加热器时，一般应从大门端进气（对热量的漏失可得以补偿），这样可减少在干燥室长度方向上的温度差。

Ⅱ. 加热器应布置在循环阻力小，散热效果好，且便于维修的位置；各种热媒的加热器在安装时均不可与支架成刚性连接。

Ⅲ. 以蒸汽为热媒的加热器应以加热器上方接口为蒸汽进端，下方接口为蒸汽冷凝水出端，并按蒸汽流动方向留有 $0.5 \sim 1\%$ 的坡度。

Ⅳ. 以热水或热油为热媒的加热器应以加热器下方接口为热媒进端，上方接口为热媒出端。按热媒流动方向上扬 $0.5 \sim 1\%$ 的坡度，并在加热器超过散热片以上的适当位置加放气阀。

Ⅴ. 大型干燥室加热器宜分组安装，自成回路，可根据所需的干燥温度，全开或部分打开加热器。

Ⅵ. 加热器管线在温度变化时，长度上应能自由伸缩，长度超过 40m 的主管道应设有伸缩装置。

② 喷蒸管或喷水管　喷蒸管或喷水管是用来快速提高干燥室内的温度和相对湿度的装置。在干燥过程中，为克服或减少木材的内应力发生，必须及时对木材进行预热处理、中间处理和终了处理，这就需要使用喷蒸管或喷水管向干燥室内喷射蒸汽或水雾，以尽快达到要求的温度和相对湿度。

喷蒸管是一端或两端封闭的管子，管径一般为 $1.25 \sim 2$ 英寸（1英寸$=0.0254m$），管子上钻有直径为 $2 \sim 3mm$ 的喷孔，孔间距为 $200 \sim 300mm$。喷水管与喷蒸管的结构不同之处在于，喷水管的水喷出位置要安装雾化喷头。喷蒸管或喷水管的喷出流量取决于干燥室容积和规定的喷出时间。在使用喷水管进行加湿时要注意，水雾在干燥室内蒸发为水蒸气时，要吸收一定的热量，这会略微降低干燥室内的温度。此外，为达到良好增湿效果，喷水管的水压必须达到 $3 \sim 5kgf/cm^2$（$1kgf/cm^2 = 0.1MPa$）。如达不到这一压力，或喷水管设计不当，不但达不到增湿效果，反而会将木材浇湿。

喷蒸管或喷水管安装应符合以下规定：

a. 喷孔或喷头的射流方向应与干燥室内介质循环方向一致；

b. 在干燥室长度方向上喷射应均匀；

c. 不应将蒸汽或水直接喷到被干燥的锯材上，否则将使木材发生开裂或污斑。

通常在强制循环干燥室内两侧各设一条喷蒸管，根据气流循环方向使用其中的一根。喷蒸管的喷孔容易被水垢和污物堵塞，应当经常检查及时清除。

③ 疏水器　疏水器是安装在加热器管道上的必需设备之一，其作用是排除加热器中的冷凝水，阻止蒸汽损失，以提高加热器的传热效率，节省蒸汽。疏水器的类型较多，在木材干燥生产中通常使用的是热动力式疏水器。

热动力式疏水器，适用于蒸汽压力不大于 $16kgf/cm^2$（1.6MPa），温度不大于 200℃ 的场合。安装位置在室内或室外皆可，不受气候条件的限制。

疏水器的选用主要根据疏水器的进出口压力差 $\Delta p = p_1 - p_2$ 及最大排水量而定。

a. 疏水器的进出口压力差：　　　　$\Delta p = p_1 - p_2$

式中，p_1 取比加热器进口压力小（$1/10 \sim 1/20$）$\times 0.1MPa$ 的数值；p_2 取 $p_2 = 0$（排入大气），$p_2 = 0.03 \sim 0.06MPa$（排入回水系统）。

b. 水流量 Q：因为蒸汽设备开始使用时，管道中积存有大量的凝结水和冷空气，如按出水常量选用，则管道中积存的凝结水和冷空气不能在短时间内排出，因此，按凝结水常量加大 $2 \sim 3$ 倍选用。即实际的 Q 比计算的 $Q_计$ 大 $2 \sim 3$ 倍。

疏水器安装是否正确，对其能否发挥性能功效有很大的关系。安装时，疏水器的位置应低于凝结水排出点，以便能及时排出凝结水。此外在使用疏水器时还应注意以下几点：

a. 要定期检查严密性；

b. 要及时清除阀片或阀座上面的水锈及过滤网中的污物；

c. 长期使用后，其阀片和阀座会有磨损，造成漏汽，可用金刚砂进行研磨；

d. 疏水器中断使用后，在再次使用前应进行分解、清洗。

④ 进排气口　在木材干燥过程中，进气口用于向干燥室导入新鲜空气，而排气口用于排放湿空气。干燥室中进排气口的大小、数量及位置是影响木材干燥的重要因素，直接影响到干燥室的技术性能。通常进排气口成对地布置在风机的前后方。根据干燥室的结构，可以设在室顶，也可设在室壁上。

由于从木材中释放出来的酸性物质腐蚀性较强，进排气口一般应用铝板制作。进排气口需设置可调节的阀门，干燥室的进气量和排气量应维持在木材干燥所必需的最低水平，以减少进排气热损失。它取决于干燥木材的树种、初含水率和需达到的终含水率、木材的厚度，以及材堆的堆积密度等。通过调节阀门控制排气量，使排气量稳定在为保持干燥室内空气介质的规定相对湿度所需的最佳值。

通常情况下，进排气口直径和数量应与按需要排出的水分计得的排风量相当。排气口必须设在风机的风压所及范围内，以利于在风机驱动下，将湿空气排出。同样，进气口应设在风机能抽取到新鲜空气的地方，使干燥空气得以借风机之力而进入干燥室。使用逆转风机，由正转变为逆转时，进气口变为排气口，排气口变为进气口。

42.2.1.4　壳体结构及建筑

木材干燥室是在温、湿度经常变化的气体介质中工作的。常规干燥室的温度在室温至 100℃ 范围内变化，相对湿度最高为 100%。此外，干燥室内的空气介质还含有由木材中逸出的酸性物质，并以一定的气流速度不断在室内循环。因此，木材干燥室的壳体除了要满足坚固、耐久、造价低等一般要求外，还必须保证干燥室对密闭性、保温性、耐腐蚀性的要求。

干燥室壳体保温的原则是确保在高温高湿的工艺条件下窑的内表面不结露。因为结露意味着冷凝水所释放的凝结热已大部分通过壳体传出室外，既造成热损失，又使室内温度难以升高。冷凝水的渗透还会使壳体易遭腐蚀。

目前干燥室的壳体主要有三种结构形式，即砖混结构的土建壳体、金属装配式壳体和砖混结构铝内壁壳体。我国现阶段的生产性干燥室大多仍以砖混结构为主。但随着生产水平的提高，装配式窑的应用也将会越来越多。

（1）砖混结构壳体

砖混结构是最常用的干燥室壳体结构，它造价低，施工容易，但在建筑结构的设计和施工时，要防止墙壁、天棚开裂。通常采用的窑体结构及施工要求如下。

① 墙体　为加强整体牢固性，大、中型干燥室最好采用框架式结构。对多座连体窑，应每 2～4 窑为一单元，在单元之间的隔墙中间留 20mm 伸缩缝，自基础至屋面全部断开。墙面缝嵌沥青麻丝后再做粉刷，屋面缝按分仓缝处理。

墙体采用内外墙带保温层结构，即内墙一砖（240mm），外墙一砖（240mm），中间保温层 100mm。外墙采用实体砖墙，砖的标号不低于 75#，水泥砂浆的标号不低于 50#，并在低温侧适当配筋，保温层填塞膨胀珍珠岩或蛭石等，墙上少开孔洞，避免墙体厚度急剧变化。在圈梁下沿的外墙中应在适当位置预埋钢管或塑料管，作为保温层的透气孔。连体窑的隔墙可用一砖半厚（370mm）。在高寒地区，干燥窑应建在室内。如建在室外，应根据当地冬季温度，重新计算确定窑内壁不结露所需的保温层厚度。注意不要用空心砖砌窑墙，因那样容易开裂；也不要留空气保温层，因墙体的大面积空气保温层，会因空气的对流换热而降低保温效果。

对混凝土梁、钢梁，要设置足够大的梁垫；在天棚下设置圈梁，地耐力较差时在地面以下设置基础圈梁，对门洞设置封闭的混凝土门框；钢筋混凝土构件本身要有足够的刚度，在进行结构计算时应充分考虑温度应力；墙体内层表面作 20mm 厚水泥砂浆抹面，并仔细选择其配比，尽量满足隔汽、防水、防龟裂的要求；墙砌体采用（1：20）～（1：25）普通硅酸盐水泥砂浆并掺入 0.8%～1.5% 无水纯净的三氧化二铁砌筑，以增加密实性，墙内预埋件要严密封闭。

② 室顶　必须采用现浇钢筋混凝土板，不能用预制的空心楼板。室顶应做保温、防水屋面。

保温层必须用干燥的松散或板状的无机保温材料，常用膨胀珍珠岩，但不能用潮湿的水泥膨胀珍珠岩，且应在晴天施工，施工时压实并做泛水坡。

③ 基础　木材干燥室是跨度不大的单层建筑，但工艺要求壳体不能开裂，因此基础必须有良好的稳定性，不允许发生不均匀沉降。通常采用刚性条形砖基础，并在离室内地坪以下 5cm 处做一道钢筋混凝土圈梁。在做基础，包括地面基础时，必须做防水、防潮处理。在永久冻土层上做基础时，必须做特殊的隔热处理。基础埋置深度，南方可为 0.8~1.2m，北方可为 1.6~2.0m，由地基结构情况、地下水位、冻结线等因素决定。基础深埋可增加地基承载能力，加强基础稳定性，但造价也随之增加，且施工麻烦。因此，在满足设计要求的情况下，应尽量将基础浅埋，但埋深不能少于 0.5m，防止地基受大气影响或可能有小动物穴居而受破坏。

④ 地面　窑内地面的做法一般分三层。基层素土夯实；垫层为 100mm 的厚碎石；面层 120mm 厚素混凝土随捣随光。单轨干燥室的地面开一条排水明沟，双轨干燥室开两条，坡度为 2%，以便排水。干燥室地面也要根据需要做防水和保温处理。

对于采用轨道车进出窑的干燥室，干燥室地面载荷应按材堆及材堆装入、运出设备确定，其轨道通常埋在混凝土中，使轨顶标高与地坪相同，这样可防止干燥室内介质对钢轨的腐蚀。

（2）金属装配式壳体

金属装配式壳体的构件先在工厂加工预制，现场组装，施工期短，但需要消耗大量的合金铝材，成本昂贵。对金属壳体的一般要求是：壳体内壁应采用厚度为 0.8~1.5mm 纯度较高的铝板或采用厚度不小于 0.6mm 的不锈钢板制造；外壁可用厚度不小于 0.6mm 的一般铝板或镀锌钢板制造；内、外壁间填以对壳体无腐蚀作用的保温材料；壳体内壁一般采用焊接连接，焊缝不得漏气、渗水。用于常温干燥、高温干燥的内壁，在制造时要压制成凸凹形表面，对组合壳体要用有机硅密封膏等密封材料对结合处进行密封。组装后的壳体内壁表面在最不利的工况下不得结露。

通常的做法是，先用混凝土做基础和面，然后在基础上安装用合金铝型材预制的框架，可用现场焊接或用不锈钢螺钉连接，再安装预制的壁板和顶板及设备。预制板由内壁平板、外壁瓦楞板和中间保温板（或毡）组成，可以是一块整板，也可以不是整板，现场先装内壁板，然后装保温板，最后装瓦楞面板。内壁板不能用抽芯铆钉连接，而用合金铝横梁或压条靠螺钉连接将壁板或顶板夹在框架上。预制壁板也可采用彩塑钢板灌注耐高温聚氨酯泡沫塑料做成。

（3）砖混结构铝内壁壳体

此种干燥室的做法是先在基础圈梁上安装型钢框架，然后用 1.2mm 厚的防锈铝板现场焊接成全封闭的内壳，并与框架连接。内壁做完后再砌砖外墙壳体，并填灌膨胀珍珠岩或蛭石板保温材料。内壁与框架的连接通常用抽芯铆钉直接铆接，也可在内壁板后面焊些"翅片"，通过翅片与框架铆接。前者会破坏内壁的全封闭，并因铝板的热膨胀而使抽芯铆钉易断。一旦内壁有孔洞或破损，水蒸气进入壳体保温层，就会引起框架和壁板的腐蚀。后一种连接方法较好，但施工麻烦。

铝内壁的砖混结构窑要求铝内壁全封闭，施工难度大，对焊接技术要求高，只适用于中小型窑。

（4）大门

干燥室的大门要求有较好的保温和气密性能，还应能耐腐蚀、不透水，及开关操作灵活、轻便、安全、可靠。大门的形式归纳起来有 5 种类型，即单扇或双扇铰链门、多扇折叠门、多扇吊拉门、单扇吊挂门和单扇升降门。目前，生产中常用的大门是铰链门和吊挂门。

干燥室大门一般以金属门使用效果较好。以型钢或铝型材制成骨架，双面包上 0.8～1.5mm 厚的铝板或外表面包以镀锌钢板，用超细玻璃棉或离心玻璃棉板作保温材料（也可用彩塑钢板灌注耐高温聚氨酯泡沫塑料）。内面板的拼缝用硅橡胶涂封，门扇的四周应嵌密封圈。窑门的密封圈通常用氯丁橡胶制的"Ω"形空心垫圈，可装于门扇内表面四周的"嵌槽"中，门内缝隙须用耐腐、耐温与耐湿的密封材料做密封处理。对砖混结构窑，可直接用钢筋混凝土门框，也可在混凝土门框上嵌装合金角铝或角钢门框。

干燥室内的设备需长期在高温、高湿的环境中运行，再加上木材中排出的有机酸对室内设备的腐蚀作用，这种恶劣的环境将严重影响设备的使用寿命。因此，对干燥室设备及壳体的正确使用和维护保养，已成为当前木材干燥生产中倍受重视的问题。

对于干燥设备的正确使用和保养，要根据设备的具体情况而定。在锯材装窑之前，首先要对干燥室进行检验和开动前的检查，以保证干燥过程的正常进行，如有问题应及时检修，严禁"带病"运行。否则，在干燥过程中，加热、通风、换气等机械设备会出现故障。

干燥室壳体的开裂和腐蚀是木材干燥设备最常见也较难解决的问题。干燥室若出现开裂，就会因腐蚀性气体的侵袭而加速壳体的破坏，并使热损失增大，工艺基准也难以保障。干燥室壳体的开裂主要与基础发生不均匀沉降、壳体热胀冷缩、壳体结构不牢固和壳体局部强度削弱使应力集中等因素有关。

42.2.2　木材常规干燥工艺

木材干燥是一个复杂的工艺过程。首先需要根据树种、锯材规格、干燥质量和用途编制或选用合理的干燥基准；然后按干燥基准的技术要求制定出合理的干燥工艺。通过实施制定的干燥工艺，实现木材的干燥。

42.2.2.1　木材的干燥基准

干燥基准是木材人工干燥过程中调节干燥介质温度和湿度变化的程序表，是木材干燥工艺的核心，对木材干燥质量的优劣和干燥速度的快慢有决定性的影响。不同材种、不同厚度的成材干燥时，其干燥基准也各不相同。因此，干燥基准的制定、选用以及执行得正确与否，直接影响到成材的干燥质量与效益，对于木材干燥工艺过程有决定性的意义。

（1）干燥基准的分类

木材干燥基准的种类主要有含水率基准（含波动和半波动基准）、时间基准和连续升温基准三种。

① 含水率干燥基准　根据木材的含水率阶段控制介质的温度、湿度参数。即把整个干燥过程按含水率的变化幅度划分成几个阶段，每一含水率阶段规定了干燥介质的温度、相对湿度。这是国内外应用最广泛的基准。通常随着木材含水率的降低，分阶段地升高介质的温度，降低介质的湿度。但干燥硬阔叶树材厚板或方材时，板材中心的水分很难向外排出，故周期式地升高介质的温度和湿度，然后再降低介质的温度、湿度，利用温度梯度的作用把木材中心的水分"抽"出来。因温度、湿度反复波动，故称为波动基准。但波动基准执行时，蒸汽耗量较大，且不太容易掌握，执行不当时，容易引起开裂等干燥缺陷，故生产上使用不多。

② 时间干燥基准　按干燥时间控制干燥过程，制定干燥介质的状态参数。即按时间阶段规定相应的介质温度和湿度。时间基准只有在长期使用一定的干燥设备，且长期干燥某些固定的树种和规格的锯材，又积累了较丰富的经验时才使用，一般情况下不推荐使用时间基准。

③ 连续升温干燥基准 其基本原理是,为了保持干燥介质和被干燥木料之间的温度差为常数,从而恒定介质传给木材的热量,以加快干燥速度,在干燥过程中,从较低温度开始,按一定速率连续升高介质的温度,直至某一指定数值。

此类基准操作方便,干燥快速,在美国和加拿大较多地用于干燥易干的针叶树材(特别是薄板)。但这类基准对介质的湿度不易控制,若用于硬阔叶树材或难干的针叶树材(如落叶松等)时,易产生干燥缺陷,应慎用。

(2) 干燥基准的编制

对于未知树种和规格的木材需要制定新的干燥基准。在干燥基准编制过程中,分为有现成干燥基准参考和无现成干燥基准参考两种情况。有相似性质木材的干燥基准参考,采用比较分析法编制干燥基准;无现成干燥基准参考可采用百度试验法编制干燥基准。

① 比较分析法 如果没有被干锯材树种的干燥基准可以参考,但有相似性质木材的干燥基准参考,干燥基准的制定首先从研究木材性质和干燥特性开始,然后用分析和试验相结合的方法在实验室进行干燥基准试验。

木材性质主要指木材的基本密度、弦向和径向干缩系数;木材的干燥特性主要指干燥的难易程度和难干木材易产生的干燥缺陷。通过测试被干木材性质和干燥特性,参考性质和干燥特性与其相近木材的干燥基准,确定出被干锯材的初步干燥基准;初步的干燥基准在实验室条件下进行多次小试和修订,确定为初步干燥基准并进行生产性试验;若生产性试验成功,可认为初步干燥基准是合理的,并在生产上继续考察和修改,最终确定为该树种和规格的干燥基准。

② 百度试验法 百度试验法是寺沢真教授根据37种树种的木材干燥特性,采用欧美干燥基准系列经过多年的实验和研究,总结出的一种预测木材干燥基准的方法——百度试验法。该方法简便易行,可快速编制未知树种木材的干燥基准。

百度试验法的要点是把标准尺寸的试件放置在干燥箱内,在温度为100℃的条件下进行干燥并观察其端裂与表面开裂的情况,干燥终了后,锯开试件观察其中央部位的内裂(蜂窝裂)和截面变形(塌陷)状态,以确定木材在干燥室干燥时的温度和相对湿度。也就是说,百度试验法是根据试材的初期开裂(端裂与表面开裂)、内部开裂与塌陷等破坏与变形的程度而决定干燥基准的初期温度、末期温度和干湿球温度差。用标准试件所确定出的是被试验树种的厚度为2.5mm板材的干燥基准。另外,百度试验法根据试件在干燥过程中含水率的变化与消耗的时间,还可以估计出在干燥室干燥时所需要的干燥时间。

需要说明的是由于百度试验法是采用欧美干燥基准系列研究出来的,该系列中的干燥基准与我国的干燥基准相比较普遍要软一些。为了使百度试验的结果更接近于我国的实际生产情况,必须对试验结果做适当的修正。另外,由于个别树种的材性比较特殊,特别是对一些难干硬阔叶树材而言,百度试验中标准试件的干燥缺陷,不一定能完全反映出被干试材的真实情况。为避免这种情况的产生,在进行100℃试验的同时,可用该试件进行材性(密度、干缩率、干缩系数等)测定,然后据此对干燥基准进行适当的调整。

(3) 干燥基准的选用

对木材进行干燥时,首先是根据被干木材的树种和规格选择适宜的干燥基准。一般用途的木材可根据国家林业行业标准 LY/T 1068—2012《锯材窑干工艺规程》中的基准表选用干燥基准;而对于重要的国防军工用材,应选用基准表中相对较软的干燥基准。

依据《锯材窑干工艺规程》中的基准表,锯材干燥基准的选用过程如下。首先从表42-2(针叶树锯材)和表 42-4(阔叶树锯材)中查找某树种和规格对应的基准号,之后再根据基准号查表 42-3 和表 42-5 中的锯材干燥基准表,即可获得该树种和规格锯材的干燥基准。

表 42-2　针叶树锯材基准选用表

树种	材厚/mm					
	15	25,30	35	40,50	60	70,80
红松	1—3	1—3		1—2	1—2*	2—1*
马尾松、云南松	1—2	1—1		1—1	2—1*	
樟子杉、红皮云杉、鱼鳞云杉	1—3	1—2		1—1	2—1*	2—1*
东陵冷杉、沙松冷杉、杉木、柳杉	1—3	1—1		1—1	2—1	3—1
兴安落叶松、长白落叶松		3—1,8—1*	8—2*	4—1*	5—1*	
长苞铁杉		2—1		3—1*		
陆均松、竹叶松	6—2	6—1		7—1		

注：1. 初含水率高于 80% 的锯材，基准第 1、2 阶段含水率分别改为 50% 以上及 50%～30%。2. 有 * 号者表示需进行中间处理。3. 其他厚度的锯材参照表列相近厚度的基准。4. 表中 8—1* 和 8—2* 为落叶松脱脂干燥基准，适合于锯材厚度在 35mm 以下。汽蒸预处理时间需比常规干燥预处理时间增加 2～4h。经高温脱脂后的锯材颜色加深。

表 42-3　针叶树锯材干燥基准表

1—1				1—2				1—3			
W（含水率）/%	t（干球温度）/℃	Δt（干湿球温度计差）/℃	EMC（平衡含水率）/%	W	t	Δt	EMC	W	t	Δt	EMC
40 以上	80	4	12.8	40 以上	80	6	10.7	40 以上	80	8	9.3
40～30	85	6	10.7	40～30	85	11	7.5	40～30	85	12	7.1
30～25	90	9	8.4	30～25	90	15	8.0	30～25	90	16	5.7
25～20	95	12	6.9	25～20	95	20	4.8	25～20	95	20	4.8
20～15	100	15	5.8	20～15	100	25	3.2	20～15	100	25	3.8
15 以下	110	25	5.7	15 以下	110	35	2.4	15 以下	110	35	2.4
2—1				2—2				3—1			
W	t	Δt	EMC	W	t	Δt	EMC	W	t	Δt	EMC
40 以上	75	4	13.1	40 以上	75	6	11.0	40 以上	70	3	14.7
40～30	80	5	11.6	40～30	80	7	9.9	40～30	72	4	13.3
30～25	85	7	9.7	30～25	85	9	8.5	30～25	75	6	11.0
25～20	90	10	7.9	25～20	90	12	7.0	25～20	80	10	8.2
20～15	95	17	5.3	20～15	95	17	5.3	20～15	85	15	6.1
15 以下	100	22	4.3	15 以下	100	22	4.3	15 以下	95	25	3.8
3—2				4—1				4—2			
W	t	Δt	EMC	W	t	Δt	EMC	W	t	Δt	EMC
40 以上	70	5	12.1	40 以上	65	3	15.0	40 以上	65	5	12.3
40～30	72	6	11.1	40～30	67	4	13.5	40～30	67	6	11.2
30～25	75	8	9.5	30～25	70	6	11.1	30～25	70	8	9.6
25～20	80	12	7.2	25～20	75	8	9.5	25～20	75	10	8.3
20～15	85	17	5.5	20～15	80	14	6.5	20～15	80	14	6.5
15 以下	95	25	3.8	15 以下	90	25	3.8	15 以下	90	25	3.8

5—1				5—2				6—1			
W	t	Δt	EMC	W	t	Δt	EMC	W	t	Δt	EMC
40 以上	60	3	15.3	40 以上	60	5	12.5	40 以上	55	3	15.6
40～30	65	5	12.3	40～30	65	6	11.3	40～30	60	4	13.8
30～25	70	7	10.3	30～25	70	8	9.6	30～25	65	6	11.3
25～20	75	9	8.8	25～20	75	10	8.3	25～20	70	8	9.6
20～15	80	12	7.2	20～15	80	14	6.5	20～15	80	12	7.2
15 以下	90	20	4.8	15 以下	90	20	4.8	15 以下	90	20	4.8

6—2				7—1			
W	t	Δt	EMC	W	t	Δt	EMC
40 以上	55	4	14.0	40 以上	50	3	15.8
40～30	60	5	12.5	40～30	55	4	14.0
30～25	65	7	10.5	30～25	60	5	12.5
25～20	70	9	9.0	25～20	65	7	10.5
20～15	80	12	7.2	20～15	70	11	8.0
15 以下	90	20	4.8	15 以下	80	20	4.9

8—1				8—2			
W	t	Δt	EMC	W	t	Δt	EMC
40 以上	100	3	13.0	40 以上	95	2 / 3	14.9 / 13.2
40～30	100	5	10.8	40～30	95	5	11.0
30～25	100	8	8.6	30～25	85	7	9.7
25～20	100	12	6.7	25～20	85	10	8.0
20～15	100	15	5.8	20～15	95	15	5.9
15 以下	100	20	4.7	15 以下	95	20 / 24	4.8 / 4.0

表 42-4　阔叶树锯材基准选用表

树种	材厚/mm				
	15	25、30	40、50	60	70、80
椴木	11—2	12—3	13—3	14—3*	
沙兰杨	11—2	12—3(11—1)	12—3		
石梓、木莲	11—1	12—2(11—1)	13—2(12—1)		
白桦、枫桦	13—3	13—2	14—10*		
水曲柳	13—3	13—2*	13—1*	14—6*	15—1*
黄菠萝	13—3	13—2	13—1	14—6*	
柞木	13—2	14—10*	14—6*	15—1*	
色木(槭)木、白牛槭		13—2*	14—10*	15—1*	
黑桦	13—4	13—5	15—6*	15—1*	
核桃楸	13—6	14—1*	14—13*	15—8*	
甜槠、荷木、灰木、枫香、拟赤杨、桂樟		14—6*	15—1*	15—9	

续表

树种	材厚/mm				
	15	25、30	40、50	60	70、80
樟叶槭、光皮桦、野柿、金叶白兰、天目紫茎		14—10 *	15—1 *		
檫木、苦楝、毛丹、油丹		14—10 *	15—1 *		
野漆		14—10	15—2 *		
橡胶木		14—10	15—2		
黄榆	14—4	15—4 *	16—7 *	16—2 *	
辽东栎	14—5	15—5 *	16—6 *	16—8 *	
臭椿	14—7	14—12 *		17—1 *	
刺槐	14—2	14—8 *	15—7 *		
千金榆	14—9	14—11 *			
裂叶榆、春榆	14—3	15—3	16—2		
毛白杨、山杨	14—3	16—3	17—3(18—3)		
大青杨	15—10	16—1	16—5	16—9	
水青冈、厚皮香、英国梧桐		16—4 *	17—2 *	18—2 *	
毛泡桐	17—4	17—4	17—4		
马蹄荷		17—5 *			
米老排		18—1 *			
麻栎、白青冈、红青冈		18—1 *			
稠木、高山栎		18—1 *			
兰考泡桐	20—1	20—1	19—1		

注：1. 选用 13～20 号基准时，初含水率高于 80％ 的木材，基准第 1、2 阶段含水率分别改为 50％ 以上和 30％～50％；初含水率高于 120％ 的木材，基准第 1、2、3 阶段含水率分别改为 60％ 以上、60％～40％、40％～25％。

2. 有 * 号者表示需进行中间处理。

3. 其他厚度的木材参照表列相近厚度的基准。

4. 毛泡桐、兰考泡桐室干前冷水浸泡 10～15 天，气干 5～7 天。不进行高湿处理。

表 42-5　阔叶树锯材干燥基准表

11—1				11—2				12—1			
W	t	Δt	EMC	W	t	Δt	EMC	W	t	Δt	EMC
60 以上	80	5	11.6	60 以上	80	7	9.9	60 以上	70	4	13.3
60～40	85	7	9.7	60～40	85	8	9.1	60～40	72	5	12.1
40～30	90	10	7.9	40～30	90	11	7.4	40～30	75	8	9.5
30～20	95	14	6.4	30～20	95	16	5.6	30～20	80	12	7.2
20～15	100	20	4.7	20～15	100	22	4.4	20～15	85	16	5.8
15 以下	110	28	3.3	15 以下	110	28	3.3	15 以下	95	20	4.8

12—2				12—3				13—1			
W	t	Δt	EMC	W	t	Δt	EMC	W	t	Δt	EMC
60 以上	70	5	12.1	60 以上	70	6	11.1	60 以上	65	3	15.0
60～40	72	6	11.1	60～40	72	7	10.3	60～40	67	4	13.6
40～30	75	9	8.8	40～30	75	10	8.3	40～30	70	7	10.3
30～20	80	13	6.8	30～20	80	14	6.5	30～20	75	10	8.3
20～15	85	16	5.8	20～15	85	18	5.2	20～15	80	15	6.2
15 以下	95	20	4.8	15 以下	95	20	4.8	15 以下	90	20	4.8

13—2				13—3				13—4			
W	t	Δt	EMC	W	t	Δt	EMC	W	t	Δt	EMC
40 以上	65	4	13.6	40 以上	65	6	11.3	40 以上	65	3	12.3
40～30	67	5	12.3	40～30	67	7	10.5	40～30	70	7	10.3
30～25	70	8	9.6	30～25	70	9	9.0	30～25	74	9	8.8
25～20	75	12	7.3	25～20	75	12	7.3	25～20	78	11	7.7
20～15	80	15	6.2	20～15	80	15	6.2	20～15	82	14	6.5
15 以下	90	20	4.8	15 以下	90	20	4.8	15 以下	90	20	4.8

13—5				13—6				14—1			
W	t	Δt	EMC	W	t	Δt	EMC	W	t	Δt	EMC
35 以上	65	4	13.6	35 以上	65	6	11.3	35 以上	60	5	12.3
35～30	69	6	11.1	35～30	70	8	9.6	35～30	66	7	10.5
30～25	72	8	9.6	30～25	74	10	8.3	30～25	72	9	8.9
25～20	76	10	8.3	25～20	78	12	7.2	25～20	76	11	7.7
20～15	80	13	6.8	20～15	83	15	6.1	20～15	80	14	6.5
15 以下	90	20	4.8	15 以下	90	20	4.8	15 以下	90	20	4.8

14—2				14—3				14—4			
W	t	Δt	EMC	W	t	Δt	EMC	W	t	Δt	EMC
35 以上	60	3	15.3	35 以上	60	6	11.4	40 以上	60	5	12.5
35～30	66	5	12.3	35～30	62	7	10.6	40～30	66	7	10.5
30～25	72	7	10.2	30～25	65	9	9.1	30～25	70	9	9.0
25～20	76	10	8.3	25～20	70	12	7.5	25～20	74	11	7.8
20～15	81	15	6.2	20～15	75	15	6.3	20～15	78	14	6.5
15 以下	90	25	3.9	15 以下	85	20	4.9	15 以下	85	20	4.9

14—5				14—6				14—7			
W	t	Δt	EMC	W	t	Δt	EMC	W	t	Δt	EMC
35 以上	60	4	13.8	35 以上	60	3	15.3	40 以上	60	4	13.8
35～30	65	6	11.3	35～30	62	4	13.8	40～30	65	6	11.3
30～25	70	8	9.6	30～25	65	7	10.5	30～25	69	8	9.6
25～20	74	10	8.3	25～20	70	10	8.5	25～20	73	10	7.9
20～15	78	13	6.9	20～15	75	15	6.3	20～15	78	13	6.9
15 以下	85	20	4.9	15 以下	85	20	4.9	15 以下	85	20	4.9

14—8				14—9				14—10			
W	t	Δt	EMC	W	t	Δt	EMC	W	t	Δt	EMC
35 以上	60	3	15.3	35 以上	60	5	12.5	40 以上	60	4	13.8
35～30	65	5	12.3	35～30	65	7	10.5	40～30	62	5	12.5
30～25	70	7	10.3	30～25	70	9	9.0	30～25	65	8	9.8
25～20	73	9	8.9	25～20	73	11	7.9	25～20	70	12	7.5
20～15	78	12	7.2	20～15	77	14	6.6	20～15	75	15	6.3
15 以下	85	20	4.9	15 以下	85	20	4.9	15 以下	85	20	4.9

续表

14—11				14—12				14—13			
W	t	Δt	EMC	W	t	Δt	EMC	W	t	Δt	EMC
35 以上	60	4	13.8	35 以上	60	3	15.3	30 以上	60	4	13.8
35～30	64	6	12.3	35～30	65	5	12.3	30～25	66	6	11.3
30～25	68	8	9.6	30～25	68	7	10.4	25～20	70	9	9.0
25～20	72	10	8.4	25～20	70	9	9.0	20～15	73	12	6.4
20～15	74	13	7.0	20～15	74	13	7.0	15 以下	80	20	4.9
15 以下	80	20	4.9	15 以下	80	20	4.9				

15—1				15—2				15—3			
W	t	Δt	EMC	W	t	Δt	EMC	W	t	Δt	EMC
40 以上	55	3	15.6	40 以上	55	4	14.0	40 以上	55	6	11.5
40～30	57	4	14.0	40～30	57	5	12.6	40～30	57	7	10.7
30～25	60	6	11.4	30～25	60	8	9.8	30～25	60	9	9.3
25～20	65	10	8.5	25～20	65	12	7.5	25～20	65	12	7.7
20～15	70	15	6.3	20～15	70	15	6.4	20～15	70	15	6.4
15 以下	80	20	4.9	15 以下	80	20	4.9	15 以下	80	20	4.9

15—4				15—5				15—6			
W	t	Δt	EMC	W	t	Δt	EMC	W	t	Δt	EMC
35 以上	55	5	12.7	35 以上	55	4	14.0	30 以上	55	4	14.0
35～30	60	7	10.6	35～30	60	6	11.4	30～25	62	6	11.4
30～25	65	9	9.1	30～25	65	8	9.7	25～20	66	9	9.1
25～20	68	11	8.0	25～20	69	10	8.5	20～15	72	12	7.4
20～15	73	14	6.6	20～15	73	13	7.0	15 以下	80	20	4.9
15 以下	80	20	4.9	15 以下	80	20	4.9				

15—7				15—8				15—9			
W	t	Δt	EMC	W	t	Δt	EMC	W	t	Δt	EMC
30 以上	55	3	15.6	30 以上	55	3	15.6	30 以上	55	3	15.6
30～25	62	5	12.4	30～25	62	5	12.4	30～25	62	5	12.4
25～20	66	7	10.5	25～20	66	7	10.5	25～20	66	8	9.7
20～15	72	11	7.9	20～15	72	12	7.4	20～15	72	12	7.4
15 以下	80	20	4.9	15 以下	80	20	4.9	15 以下	80	20	4.9

15—10				16—1				16—2			
W	t	Δt	EMC	W	t	Δt	EMC	W	t	Δt	EMC
35 以上	55	6	11.5	35 以上	50	4	14.1	40 以上	50	4	14.1
35～30	65	8	9.7	35～30	60	6	11.4	40～30	52	5	12.7
30～25	68	11	8.0	30～25	65	8	9.7	30～25	55	7	10.7
25～20	72	14	6.6	25～20	69	10	8.5	25～20	60	10	8.7
20～15	75	17	5.7	20～15	73	13	7.0	20～15	65	15	6.4
15 以下	80	25	3.9	15 以下	80	20	4.9	15 以下	70	20	4.9

16—3				16—4				16—5			
W	t	Δt	EMC	W	t	Δt	EMC	W	t	Δt	EMC
40 以上	50	5	12.7	40 以上	50	3	15.8	30 以上	50	4	14.1
40~30	52	6	11.5	40~30	52	4	14.1	30~25	56	6	11.5
30~25	55	9	9.3	30~25	55	6	11.5	25~20	60	9	9.2
25~20	60	12	7.7	25~20	60	10	8.7	20~15	66	12	7.5
20~15	65	15	6.4	20~15	65	15	6.4	15 以下	75	20	4.9
15 以下	75	20	4.9	15 以下	75	20	4.9				

16—6				16—7				16—8			
W	t	Δt	EMC	W	t	Δt	EMC	W	t	Δt	EMC
30 以上	50	3	15.8	30 以上	50	3	15.8	30 以上	50	3	15.8
30~25	56	5	12.7	30~25	56	5	12.7	30~25	56	5	12.7
25~20	61	8	9.8	25~20	61	8	9.8	25~20	60	8	9.8
20~15	66	11	8.0	20~15	66	11	8.0	20~15	64	11	8.0
15 以下	75	20	4.9	15 以下	75	20	4.9	15 以下	70	20	4.9

16—9				17—1				17—2			
W	t	Δt	EMC	W	t	Δt	EMC	W	t	Δt	EMC
30 以上	50	4	14.1	30 以上	45	3	15.9	40 以上	45	3	15.9
30~25	55	6	11.5	30~25	53	5	12.7	40~30	47	4	12.6
25~20	60	9	9.2	25~20	58	8	9.8	30~25	50	6	10.7
20~15	64	12	7.5	20~15	64	11	8.0	25~20	55	10	8.7
15 以下	70	20	4.9	15 以下	75	20	4.9	20~15	60	15	6.4
								15 以下	70	20	4.9

17—3				17—4				17—5			
W	t	Δt	EMC	W	t	Δt	EMC	W	t	Δt	EMC
40 以上	45	4	14.2	40 以上	45	7	10.6	40 以上	45	2	18.2
40~30	47	6	11.4	40~30	47	9	9.1	40~30	47	3	15.9
30~25	50	8	9.8	30~25	50	13	7.0	30~25	50	5	12.7
25~20	55	12	7.6	25~20	55	18	5.2	25~20	55	9	9.3
20~15	60	15	6.4	20~15	60	24	3.7	20~15	60	15	6.4
15 以下	70	20	4.9	15 以下	70	30	2.7	15 以下	70	20	4.9

18—1				18—2				18—3			
W	t	Δt	EMC	W	t	Δt	EMC	W	t	Δt	EMC
40 以上	40	2	18.1	40 以上	40	3	16.0	40 以上	40	4	14.0
40~30	42	3	16.0	40~30	42	4	14.0	40~30	42	6	11.2
30~25	45	5	12.6	30~25	45	6	11.4	30~25	45	8	9.7
25~20	50	8	9.8	25~20	50	9	9.2	25~20	50	10	8.6
20~15	55	12	7.6	20~15	55	12	7.6	20~15	55	12	7.6
15~12	60	15	6.4	15~12	60	15	6.4	15~12	60	15	6.4
12 以下	70	20	4.9	12 以下	70	20	4.9	12 以下	70	20	4.9

续表

19—1				20—1			
W	t	Δt	EMC	W	t	Δt	EMC
40 以上	40	2	18.1	60 以上	35	6	11.0
40～30	42	3	16.0	60～40	35	8	9.2
30～25	45	5	12.6	40～20	35	10	7.2
25～20	50	8	9.8	20～25	40	15	5.3
20～15	55	12	7.6	15 以下	50	20	2.5
15～12	60	15	6.4				
12 以下	70	20	4.9				

采用该系列基准时应注意以下问题：

① 若锯材的厚度不是选用表中规定的厚度，可采用相近厚度的基准。例如当材厚为 20mm 时，如对干燥质量要求较高时，可用材厚 25mm 的基准；若对干燥质量要求不太高，可用材厚 15mm 的基准。锯材较薄的，干燥基准较硬；锯材较厚的，干燥基准较软。如被干锯材不是选用表中的树种，可初选材性相近的树种且偏软的基准试用，再根据试用的结果进行修正，或另行制订。判别基准的软、硬程度，可比较相同含水率阶段的平衡含水率和温度水平，平衡含水率高，温度低，干燥较缓慢，便是相对较软的基准；反之，便是相对较硬的基准。

② 对于风速 1m/s 以下的强制循环干燥窑及自然循环干燥窑，采用该系列基准时，干湿球温度差均应增加 1℃。

③ 干燥半干材时，可在相应含水率阶段的干球温度基础上，进行充分的预热处理后，再缓慢地过渡到相应含水率的干燥阶段。过渡阶段的介质状态可取相应含水率阶段的干球温度，和比相应含水率高一阶段的干湿球温差。过渡时间不小于 12～24h，锯材较厚的，过渡时间应长一些。

④ 没有喷蒸设备的干燥窑，应适当降低干球温度，以保证规定的干湿球温度差。

⑤ 表列基准参数均以材堆进风侧的介质状态参数为准。若干、湿球温度计不是装在材堆进风侧，干燥基准必须根据具体情况进行修正。介质进出材堆的温度差一般为 2～8℃，干湿球温度差将会降低 1～4℃，这与材堆宽度、气流速度和木材含水率等因素有关。若材堆较宽、气流速度较小、木材含水率较高，则介质穿过材堆后的温度将有较大的下降，湿度将有较大的提高。

⑥ 木材干燥性能的复杂性和干燥设备的多样性，都对干燥工艺产生影响。例如，同一树种中的不同"亚种"、不同产地甚至同一株树的不同部位，干燥特性都不尽相同；而不同的干燥窑又会因温（湿）度计安放的位置、材堆的宽度、气流的大小及其分布均匀度等的不同，使仪表检测的介质状态参数与材堆中的真实状态或多或少有些差异，有的甚至差别较大。因此，干燥基准不能生搬硬套。首次选用时，操作要多加小心，并注意总结经验并加以修正。

42.2.2.2　木材常规干燥过程

在选定锯材窑干基准后，还需认真实施窑干工艺过程，才能保证干燥质量。其主要环节包括：窑的升温和木材预热处理、干燥过程的实施、适时的中间调湿处理、终了平衡处理及调湿处理、"闷窑"及冷却出窑。

（1）窑的升温和木材预热处理

材堆装入窑后，首先须进行以下操作：①关闭进、排气道；②启动风机，对有多台风机的可逆循环干燥室，应逐台启动风机，不能数台风机同时启动，以免电路过载；③打开疏水器旁通管的阀门，并缓慢打开加热器阀门，使加热系统缓慢升温，同时排出管系内的空气、积水和锈污，待旁通管有大量蒸汽喷出时，再关闭旁通管阀门，打开疏水器阀门，使疏水器正常工作。

升温时先使窑内空气升温至约 35~45℃（因基准温度高低而异），让窑壁温暖起来；然后再开启喷蒸管或喷水管，同时微开或关闭加热阀门，使窑内空气的干、湿球温度同步升高至规定的预热处理温度。否则，待温度升高至规定值，再来升高湿球温度就迟了，会形成很大的干、湿球温差，而且很难再缩小。

木材预热处理的目的主要是使木材热透，以利于木材中的水分向外移动；其次可消除木材中可能有的初应力。在预热处理过程中，木材表面的水分一般不蒸发，且允许有少量的吸湿。

参考 LY/T 1068—2012《锯材窑干工艺规程》的规定，预热阶段干燥介质状态如下。

预热温度：应略高于干燥基准开始阶段温度。硬阔叶树锯材可高 5℃，软阔叶树锯材及厚度 60mm 以上的针叶树锯材可高 8℃，厚度 60mm 以下的针叶树锯材可高 15℃。

预热湿度：新锯材，干湿球温度差为 0.5~1℃；经过气干的锯材，干湿球温度差以使干燥室内木材平衡含水率略大于气干时的木材平衡含水率为准。

预热时间：应以木材中心温度不低于规定的介质温度 3℃为准。也可按下列规定估算，即针叶树锯材及软阔叶树锯材夏季材厚每 1cm 约 1h；冬季木材初始温度低于−5℃时，增加 20%~30%。硬阔叶树锯材及落叶松，按上述时间增加 20%~30%。

预热结束后，应将介质温度、湿度降到基准相应阶段的规定值，即进入干燥阶段。

实际操作中还需注意，湿材即使在饱和蒸汽或饱和湿空气中预热，表层也要蒸发水分，若预热温度较高，很容易引起木材表裂，此时需要降低预热温度或采用基准第 1 阶段的温度。如果没有特殊要求，也可以不预热。

（2）中间调湿处理

生材干燥过程初期，因表层水分很容易蒸发，而芯层含水率很高，故木材横断面上含水率梯度很大，表层受的拉应力也很大。最大拉应力通常在干燥开始后的 1.5~3d 内出现，且湿材的强度较低，易开裂。因此，干燥初期宜采用较低的空气温度和较高的湿度。随着木材含水率的降低，分阶段地升高空气温度，降低湿度。

在木材干燥过程中，应根据木材干燥应力的大小及时对被干木材进行中间处理。中间处理的目的是消除木材断面的干燥应力和表面硬化，防止木材在干燥过程中产生内部开裂和变形等干燥缺陷。

中间调湿处理干燥介质的状态如下。

处理温度：要和木材当时的含水率适应。干球温度比当时干燥阶段的温度高 8~10℃，但干球温度最高不超过 100℃。

处理湿度：按窑内木材平衡含水率比该阶段基准规定值高 5%~6%确定，或近似地控制干、湿球温度差为 2~3℃。

处理时间：可参照 LY/T 1068—2012《锯材窑干工艺规程》的规定。也可近似地凭经验估计，即针叶材和软阔叶材厚板，以及厚度不超过 50mm 厚的硬阔叶材，中间处理时间为每 1cm 厚度 1h 左右；厚度超过 60mm 的硬阔叶材和落叶松，每 1cm 厚度为 1.5~2h。

通常针叶材薄板可不进行中间处理；对硬阔叶材中间处理是必要的，因木材表层的最大拉应力出现很早（约在干燥周期的 1/8 时），故对硬阔叶材厚板须提早进行中间处理，可多次处理；中间处理次数过多也不好，不但增加了蒸汽消耗，而且板面颜色变暗无光泽，还会由于反复喷蒸处理，板面过分塑化而僵硬。

（3）平衡处理

平衡处理是自最干锯材含水率降至允许的终含水率最低值时开始，在最湿木材含水率降至允许的终含水率最高值时结束。平衡处理目的是提高整个材堆的干燥均匀度和沿厚度上含水率分布的均匀度。

平衡处理时干燥介质状态如下。

处理温度：可以比基准最后阶段高 5～8℃，但干球温度最高不超过 100℃。对于硬阔叶树锯材中、厚板，处理温度最好不要超过基准最后阶段的温度。

处理湿度：按窑内木材平衡含水率等于允许的终含水率最低值确定。平衡含水率比锯材终含水率可以低 2%。例如，当要求锯材干燥到终含水率 10% 时，那么平衡处理的介质平衡含水率应为 8%。

处理时间：可参考 LY/T 1068—2012《锯材窑干工艺规程》的规定。也可凭经验，按每 1cm 厚度维持 2～6h 估计，并在窑干结束后进行检验，以便总结和修正。

对于针叶材和软阔叶材薄板，或次要用途的锯材干燥，可不进行平衡处理。

（4）终了处理及冷却出窑

当锯材干燥到终含水率时，要进行终了处理。终了处理的目的是消除木材横断面上含水率分布的不均匀，消除残余应力。要求干燥质量为一、二和三级的锯材，必须进行终了处理。

终了处理时干燥介质的状态如下。

处理温度：比干燥基准最后阶段的温度高 5～8℃，或保持平衡处理时的温度。

相对湿度：按室内木材平衡含水率高于终含水率规定值的 5%～6% 确定。高温下相对湿度达不到要求时，可适当降低温度。

处理时间：可参考 LY/T 1068—2012《锯材窑干工艺规程》的规定。也可凭经验，即针叶材每 1cm 厚约 1.5h；硬阔叶材每 1cm 厚约 4～6h（因处理温度的高低而异）。

国内很多生产单位，干燥硬阔叶材的终了调湿处理时间都不足，木材的残余应力没完全消除，致使生产的木制品变形。

干燥过程结束以后，若时间许可"闷窑"10～12h，即停止窑内风机运转，关闭加热和喷蒸阀门，然后再逐渐冷却。特殊情况也可加速木材冷却卸出，即关闭加热器和喷蒸管的阀门后，让风机继续运转，进、排气口呈微启状态。待窑内温度降到不高于大气温度 30℃ 时方可出窑。寒冷地区可在窑内温度低于 30℃ 时出窑。

42.2.2.3　木材干燥缺陷及其预防

木材是各向异性体，相同干燥条件下，在不同方向上的干缩数值不同；锯材在干燥过程中，断面上的含水率分布是不均匀的，导致内外层的干缩也不尽相同；从结构组成上看，木材由各种不同的细胞组成，细胞中又含有水分和化学物质，在储存和干燥过程中会受到周围环境及真菌、细菌的影响或侵袭；木材构造本身的缺陷等，因此锯材储存和干燥过程中可能会产生种种缺陷，从而引起锯材的降等损失。其主要缺陷有：开裂、变形、皱缩、变色和干燥不均匀。

（1）干燥缺陷类型

木材在干燥过程中会产生各种缺陷，这些缺陷大多数是能够防止或减轻的。与干燥缺陷有关的因素是木材的干燥条件、干缩率、水分移动的难易程度以及材料抵抗变形的能力等。

① 木材的开裂　根据锯材干燥时开裂的部位不同，开裂可分为外部开裂和内部开裂，外部开裂又包括表裂和端裂两种情况。

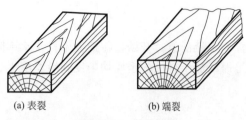

(a) 表裂　　　　　　(b) 端裂

图 42-15　外部开裂

a. 表裂。表裂通常出现在弦切板的正面（靠近树皮的面）上，且沿木射线或树脂道方向发展；径切板的表裂多出现在两侧面上，如图 42-15 中（a）图所示。它是干燥前期表面张应力过大而引起的。

表裂是在干燥前期出现的缺陷，到干燥后期不严重的表裂通常会闭合。这是由于干燥前期木料表层受拉应力，且弦切板正面拉应力最大，而湿木材的抗拉强度较低，故最易出现表裂。到干燥后期，木材断面上的应力发生转换，内部受拉应力，表层反而受压应力，在压应力作用下，初期不大的表裂到后期就闭合了。但一旦木材发生开裂，木材纤维已受到破坏，木材的强度也受到影响，且在空气湿度变化的环境中使用时，这种开裂还可能会再现。

b. 端裂。端裂多数是制材前原木的生长应力和干缩出现的裂纹。如图 42-15 中（b）图所示。当干燥条件恶劣时会发生新的端裂，而且使原来的裂纹进一步扩展。端裂若不及时防止，会发展成劈裂，使木料报废，直接影响木材加工的出材率。

木材中的水分沿顺纹方向排出的速度远远大于横纹方向，因此当整块木料的平均含水率还远在纤维饱和点以上时，两端的含水率早已降到纤维饱和点以下，端部木材要收缩，但受到内部木材的抑制，致使端部木材受拉力，当拉力超过木材横纹抗拉强度时，就产生端裂。因木射线组织强度差，故端裂通常沿木射线发展。此外，木材中的生长应力也是产生劈裂的主要原因。有时木材在锯解时，就会顺着纹理产生劈裂。干燥带有生长应力的木料，需采用较软的干燥基准，或干燥前对木料进行汽蒸或水煮处理，以减小生长应力。

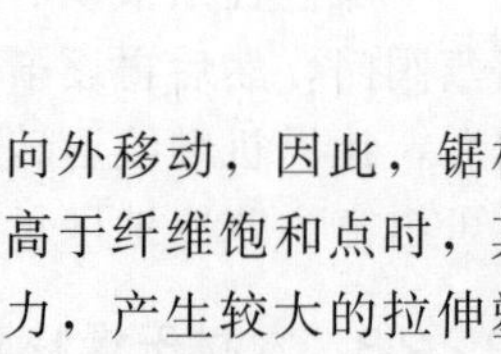

c. 内部开裂。内部开裂（内裂）是在木材内部沿木射线裂开，如蜂窝状，如图 42-16 所示。外表无开裂痕迹，只有锯断时才能发现。内裂一般发生于干燥后期，是表面硬化较严重，后期干燥条件又较剧烈，使内部张应力过大引起的。内裂是一种严重的干燥缺陷，对木材的强度、材质、加工及产品质量都有极其不利的影响，一般不允许发生。

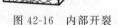

图 42-16　内部开裂

有些树种（如栎木属）的木材，材质致密，锯材心部的水分很难向外移动，因此，锯材横断面上的水分分布曲线很陡峭。干燥初期，当锯材平均含水率还远高于纤维饱和点时，其薄薄的表层含水率早已降到纤维饱和点之下，表层受到相当大的拉应力，产生较大的拉伸塑性变形。且随时间的延续产生塑化固定，若不处理，便失去收缩的能力。干燥后期，锯材心部的收缩超过了表层，这时心部受拉应力，若在锯材平均含水率已远低于纤维饱和点，但心部的含水率还较高时，过早地大幅度升高温度，木材会产生内裂。

② 木材的变形　弯曲变形是板材纹理不直、各部位的收缩不同或不同组织间的收缩差异及其局部塌陷而引起的，属于木材的固有性质，其弯曲的程度与树种、树干形状及锯解方法有关。被干木材的变形主要有横弯、顺弯、扭曲和翘曲等几种，如图 42-17 所示。锯材弯曲变形会给木材加工带来一定的困难，出材率明显降低。

横弯是板面沿横向发生弯曲，常出现在弦切板上。横弯的形成主要是由于弦切板的正面（靠近树皮的面）的横向收缩大于反面的横向收缩，故板材向树皮方向翘曲。顺弯是板面沿

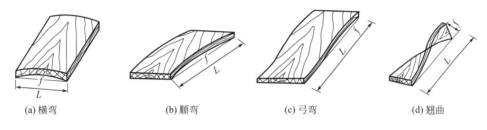

| (a) 横弯 | (b) 顺弯 | (c) 弓弯 | (d) 翘曲 |

图 42-17　弯曲变形

纵向发生弯曲。顺弯经常是由于板材的一面有应力木，其纵向干缩大于另一面正常木材。堆垛时隔条放置不整齐，上下层的隔条不在一直线上，上层板材的重量会将下层板材压弯，导致发生顺弯。弓弯是板材侧面（板边）沿纵向发生弯曲。侧弯是由于板材的一侧有应力木或幼龄材，其一侧的纵向干缩大于另一侧。翘曲是板面发生扭转，板材的四个角不在同一平面上。主要是由于板材中含有扭转或螺旋纹理，或含有幼龄材，其一部分纵向干缩特别大。

③　木材的皱缩　皱缩是由于木材细胞腔中的液态自由水排出时，产生很大的毛细管张力，对细胞壁产生巨大的吸引力，使细胞壁向腔内塌陷。另外，干燥初期木材内部受压缩应力的作用，此力与毛细管张力相叠加，更加重了木材皱缩。皱缩是在干燥前期，当锯材平均含水率还在纤维饱和点以上时发生的。皱缩主要与细胞形态、胞壁厚薄不均匀及胞壁透气性差有关。如图 42-18 所示，皱缩集中的部位会出现板面的凸凹不平，使加工余量增大。若因干燥工艺不合理而引起的皱缩，则往往还伴随有内裂或外裂，严重者使木材降等乃至报废。

图 42-18　木材的皱缩

④　木材的变色　木材经干燥后都会不同程度地发生变色现象。变色主要有两种情况：一种是由于微生物（真菌、细菌）的繁殖而发生的变色；另一种是木材中抽提物成分在湿热状态下酸化而造成的化学变色。

a. 微生物引起的变色。微生物引起的变色有：边材蓝变、木材霉变、湿心材褐变。

蓝变在针叶材和阔叶材中都可能发生，但通常只发生在边材，浅色木材（如马尾松、橡胶木、色木等）的边材很容易产生蓝变。霉变指在温暖、潮湿的环境下，湿材表面产生白色、黄褐色或黑色的絮状霉斑。某些硬阔叶树材在窑干时，如采用的干燥基准过软很容易在木材表面生霉，霉变只发生在木材表面，可用刷子清除，也可刨除，对木材质量无大影响。湿心材褐变是木材病理上的变化引起的，当湿心材干燥时，厌氧细菌使木材中的抽提物发生化学降解，从而使木材褐变。易产生湿心材褐变的树种有北美乔松、糖松、白杨、美洲黑杨和铁杉。

b. 化学变色。化学变色多发生于心材。大多数树种的心材在干燥期间，由于抽提物的化学性质及干燥温度不同，会产生不同程度的均匀的褐变色。这种变色是由于木材细胞中的酶在窑内温度作用下，发生降解。例如柚木窑干时，会在材面上生成不均匀的褐色油状斑纹，而且干燥温度越高，斑纹越深。但在阳光下晾晒后，斑纹就会变浅或消失。为避免板材由于曝晒而开裂，可边晒边在板面上洒水。另外，窑顶的冷凝水及喷蒸管中的锈污水滴洒在锯材表面，也会引起褐变色。

⑤　干燥不均匀　干燥不均匀包括材堆各部位终含水率不均匀及锯材厚度上终含水率分布不均匀。前者因一窑的锯材初含水率严重不均匀（如有湿心材），或因窑内各部位干燥不均匀而造成；后者主要是由于木材致密，中心水分很难向表面移动，或干燥过急，表层水分

大量蒸发,而内部水分的移动跟不上。

(2) 干燥缺陷产生的原因及其预防

木材在干燥过程中易产生的干燥缺陷种类繁多,产生干燥缺陷的原因各不相同。对实际生产中干燥缺陷产生的一般原因和预防及纠正方法进行了归纳和总结,列于表 42-6（伊松林,2017）,仅供使用者参考。

表 42-6　干燥缺陷产生的原因和预防及纠正方法

缺陷名称		产生的一般原因	预防、纠正方法
开裂	表裂	①多发生在干燥过程的初期阶段,由于锯材表层所受拉应力大于横纹抗拉强度; ②基准升级太快,表面水分蒸发过于剧烈,操作不当; ③干燥处理后,被干木材在较热的情况下,卸出干燥室; ④干燥前原有的裂纹在干燥过程中扩大	①选用较软基准,干燥初期宜采用较低温度、较高湿度(较小的干湿球温差)的工艺条件; ②改进工艺操作,减少温度和相对湿度的波动; ③被干木材冷却至工艺要求后,卸出干燥室; ④气干时已产生表裂的锯材,在随后的窑干过程中,不宜多次喷蒸处理,以免表裂扩大和加深,可有效防止表裂
	端裂	①锯材中水分沿顺纹方向排出的速度远大于横纹方向,顺纹理的端头水分蒸发强烈,端部木材受拉力超过木材横纹抗拉强度; ②锯材堆积不当,隔条离木材端头太远; ③基准较硬,干燥初期温度过高或湿度过低; ④生长应力大的木料(应力木或速生幼龄材)在锯解时顺着纹理产生端裂或劈裂,在干燥过程中扩大; ⑤径裂是端裂的特例,主要发生在髓心板上,因弦向收缩和径向收缩不一致而引起	①被干木材端头涂上防水涂料; ②木料堆积时,采用齐头或埋头的堆积法,即木料两端的隔条与板端平齐,或端头缩在隔条中,以防两端水分蒸发过快; ③选择较软的基准进行干燥; ④需采用较软的干燥基准,或干燥前对木料进行汽蒸或水煮预处理,以减小生长应力; ⑤对于大髓心板材,无论在气干还是室干过程中都会产生这种缺陷。而这种缺陷只能防止,主要是在制材时,将髓心部分除去或者使髓心位于木材的表面,方可预防这种缺陷的产生
	内裂	①基准偏硬,干燥初期水分蒸发过快,表面塑化固定,到干燥后期,如干燥条件较剧烈,锯材心部的收缩超过了表层,此时心部受到拉应力,当拉应力超过木材横纹抗拉强度时,便会产生内部开裂; ②有些材种(如栎木属木材)材质致密,锯材心部的水分很难向外移动,属于较易产生内部开裂的木材	①选择较软的基准,适当放慢初期的干燥速度,防止锯材表层塑化固定,适当地进行中间喷蒸处理,适当降低基准的后期温度,待锯材中心层的含水率也降到纤维饱和点之下,才能大幅度提高干燥温度,降低空气湿度; ②对于易产生内裂的被干木材,采用较软的基准,干燥时加强检查,及时调节和控制干燥介质的温度和相对湿度
变形	弯曲	①横弯主要由于弦切板外弦面的横向收缩大于对面的收缩,故板材向树皮方向翘曲,且终含水率越低,横弯越严重; ②顺弯是由于板材一面的纵向干缩大于对面,或堆垛时隔条放置不当,上下层不在一直线上,上层板材的重量会将下层压弯; ③侧弯是板材侧面(板边)沿纵向发生弯曲,板材一侧纵向干缩大于另一侧所致; ④被干木材厚度不均匀; ⑤终含水率不均匀,有残余应力	①控制终含水率,以免过干;材堆顶部加重物压紧(根据生产实践,每 1m² 的材堆顶面积加 1t 的重物,可有效防止横弯); ②按木材堆积要求进行整齐堆垛,减小隔条间距;材堆顶部加压重物; ③隔条的夹紧很难防止侧弯,但控制板材的终含水率,防止过干,可在一定程度上减小侧弯; ④在堆垛时确保被干木材厚度一致; ⑤做好干燥过程的平衡及终了处理
	扭曲	①扭曲是板面发生扭转,板材的四个角不在同一平面上,其主要是板材中含有扭转或螺旋纹理,或含有幼龄材,其一部分纵向干缩特别大所致; ②干燥过程中锯材干缩不一致造成的板面扭翘不平; ③材堆中温度、湿度不均,波动大	①板材整齐堆垛,减小隔条间距;在材堆顶部加重物,以限制板材扭曲;控制终含水率,防止板材过干,可减小扭曲; ②确保材堆中温湿度和干燥介质循环速度的均布; ③已产生扭曲的锯材,可用热水浸泡数小时,然后重新堆垛,并加重压,再行干燥,可使翘曲得到矫正

缺陷名称		产生的一般原因	预防、纠正方法
皱缩		①皱缩在干燥前期的高含水率段当干燥较快时发生,是由于木材细胞腔中的自由水排出时,产生了很大的毛细管张力,加之锯材的透气性较差,胞腔内部出现局部真空,使细胞壁向腔内塌陷; ②一般初含水率很高的木材(特别是湿心材)易发生皱缩,某些材质致密内部水分移动困难的木材,或细胞壁较薄的速生材,若前期采用过高的干燥温度,也易产生皱缩	①对于易产生皱缩的木材,最好先气干预干、再窑干,或窑干前期采用低温(不超过50℃)和缓慢的工艺条件; ②对已产生皱缩的锯材,当平均含水率降到20%左右时,可用饱和蒸汽喷蒸处理(4h以上),可减轻皱缩
变色	微生物变色	①蓝变由真菌在木材上繁殖、生长引起; ②霉变也是由真菌引起,湿材在温暖、潮湿的环境下,易在表面产生白色、黄褐色或黑色的絮状霉斑。某些硬阔叶材材窑干时,采用的干燥基准过软,也易在木材表面生霉; ③当湿心材干燥时,厌氧细菌使木材中的抽提物发生化学降解,从而使木材褐变; ④干燥温度低,相对湿度高,干燥介质循环速度较慢	①易蓝变的树种在采伐后,应及时锯解和人工干燥,或及时用化学药剂进行防变色处理;采用温度60℃以上、风速1m/s以上的人工干燥,使木材含水率降至20%以下,一般能有效地防止边材蓝变; ②对已生霉的锯材,可用60℃以上的温度汽蒸数小时,能有效抑制霉菌生长; ③湿心材褐变可采用化学处理或采用特殊的干燥基准,用抗氧剂处理生材,效果较好。未处理的湿心材采用低温、低湿基准干燥,可控制褐变
	化学变色	大多数树种的心材在干燥期间,由于抽提物的化学性质和干燥温度的不同会产生不同程度的均匀褐变。这种变色是木材细胞中的酶在窑内温度作用下,发生降解所致	①要及时进行人工干燥,防止长期在场地上堆放; ②窑干时要采用较温和的干燥基准,生材也可用化学试剂浸渍处理后,再窑干,以消除褐变; ③注意喷蒸管喷口方向,以免冷凝水滴在材面上; ④与铸铁发生化学反应产生的木材表层变色可用草酸水溶液去除
终含水率不均匀	材堆各部位不均匀	①同一窑的锯材初含水率严重不均匀(如有湿心材); ②长度方向上不均,主要是因为沿长度方向干燥介质对材堆的加热不均匀; ③宽度方向上不均,主要是由于通过材堆的气流速度偏慢或风机换向太频繁; ④高度方向上不均,主要原因是沿材堆的高度方向介质的循环速度分布不均	①窑干前进行预分选,湿心材等初含水率过高的锯材分开干燥; ②确保加热器沿材堆长度方向均匀加热,设置挡风板,提高气流循环的均匀性; ③确保通过材堆的风速在1m/s以上,延长风机的换向时间,在堆垛时可适当增加隔条的厚度; ④码垛时确保气道宽度,改进窑体结构,设置导流板,使窑内气流循环均匀,从而提高干燥均匀性。 另外,干燥阶段终了可进行平衡处理
	锯材厚度上不均匀	①主要是由于木材致密,中心水分很难向表面移动; ②干燥过急,表层水分大量蒸发,而内部水分的移动跟不上; ③材堆内木材的规格、厚度不统一; ④干燥薄板时,两块木材重叠堆积或者多块木材重叠堆积	①适时进行中间喷蒸处理; ②适当减慢干燥速度,做好终了平衡及调湿处理; ③在制材时统一规格,使木材厚度一致; ④合理堆积木材

42.3 木材其他干燥方法及工艺

42.3.1 除湿(热泵)干燥

42.3.1.1 除湿干燥的原理与分类

除湿干燥又称热泵干燥,它具有节能效果显著、干燥质量好、用电作能源不污染环境、干燥技术比较成熟等优点。目前已成为常规干燥之后处于第二位的干燥技术。木材除湿干燥技术始于20世纪60年代初,通常是一种低温干燥方法。第一代除湿机的供风温度最高达

40℃左右，干燥周期很长，影响了其推广使用。20世纪70年代以后，随着制冷技术的发展，除湿机的供风温度可达60℃以上。20世纪90年代，北京和上海的有关单位采用R142b作制冷工质，其最高供风温度可达75℃左右。2004年北京林业大学采用清华大学研制的HTR01环保型高温制冷工质，除湿机的最高供风温度可达90℃左右接近常规干燥温度，使除湿干燥技术有了更好的推广应用前景。

（1）除湿干燥的原理

除湿干燥和常规干燥的干燥介质相同，都是湿空气，两者不同的是空气循环方式，或者说干燥室降湿方式不同。常规干燥时室内空气采取开式循环，即定期从干燥室的排气道排出一部分湿度大的热空气，同时经吸气道从外界吸入等量的冷空气，它经加热器加热变为热空气后再进入材堆干燥木材。而除湿干燥时，湿空气在除湿机与干燥室间进行闭式循环，如图42-19所示。除湿机的主要部件是压缩机、蒸发器、膨胀阀和冷凝器。它有内外两个工作循环，即制冷工质在制冷系统管内的循环和管外空气的脱湿—加热—再脱湿循环。在制冷系统内，来自冷凝器的高压制冷液经膨胀阀节流降压后进入除湿蒸发器，并于低温低压下吸收来自干燥室湿空气的热量，使制冷工质由液态变为气态，而管外湿空气中的水蒸气则冷凝为水而排出，变为干空气。气态制冷剂则经压缩机升压后送至冷凝器，在它流过冷凝器时被管外空气冷却而放出热量，使制冷剂由气态变为高压制冷液，这就完成了一个制冷工作循环。与此同时管外对空气也同时完成了一个脱湿（蒸发器处）—加热（冷凝器处）—再脱湿的闭式循环。由此看来，除湿机工作时，制冷工质只是一种转移热量的媒介质，它在除湿蒸发器处吸收湿空气的热量并使空气变干，而在冷凝器处它放出先前吸收的热量（连同压缩机功率转换的热量）并使空气升温。由于除湿机回收了干燥室排湿放出的热量，是一种节能干燥设备。与常规干燥相比，除湿干燥节能率在40%～70%。

（2）除湿机的分类

按单机干燥能力的大小，除湿机可分为大型、中型和小型。单机干燥能力小于20m³ 材为小型；30～60m³ 材为中型；大于80m³ 材为大型。目前我国的除湿机都属于中小型，单机干燥能力一般都小于60m³ 材。

除湿机按工作循环和功能的不同可分为单热源与双热源两大类。单热源除湿干燥机如图42-19，它只能回收干燥室湿空气脱湿时放出的热量，难以实现干燥室升温，当干燥室需要供热升温而不必除湿时，如果没有蒸汽或其他辅助热源，一般需要启动辅助电加热器，故电耗较高。

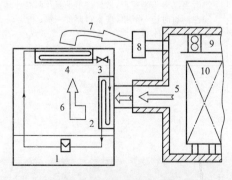

图42-19　单热源除湿干燥机

1—压缩机；2—除湿蒸发器；3—膨胀阀；4—冷凝器；

5—湿空气；6—脱湿后的干空气；7—送干燥室的热风；

8—电加热器；9—干燥室风机；10—材堆

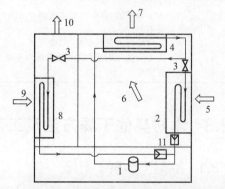

图42-20　双热源热泵除湿干燥机

1—压缩机；2—除湿蒸发器；3—膨胀阀；4—冷凝器；

5—湿空气；6—脱湿后的干空气；7—送干燥室的热风；

8—热泵蒸发器；9—外界环境空气；

10—排出的冷空气；11—单向阀

双热源除湿机又称为热泵除湿干燥机，如图 42-20，它与单热源的主要区别在于它具有除湿和热泵两个工作循环，有两个蒸发器（除湿蒸发器 2 和热泵蒸发器 8），两个热源（干燥室湿空气和大气环境），并具有使干燥室除湿和升温两种功能。当干燥室需要排湿时，除湿系统工作，与单热源除湿干燥机相同。当干燥室需要升温时，可启动热泵系统，热泵蒸发器 8 内的制冷工质从大气环境采热，通过压缩机送至冷凝器 4 放出热量，加热空气使干燥室升温。这种空气由低温变为高温的功能称为热泵（借水泵之意），热泵供热的多少取决于环境温度 T_0 和供热温度 T_1，T_0 越高供热越多，（T_1-T_0）越小压缩机能耗越低。

单热源除湿机也可以称为热泵干燥机，因为无论是热泵蒸发器还是除湿蒸发器工作，都是通过压缩机耗功使其制冷工质在冷凝器处将空气加热升温，前者称为除湿干燥机，后者称为热泵除湿干燥机。双热源除湿机的理论循环见图 42-21。

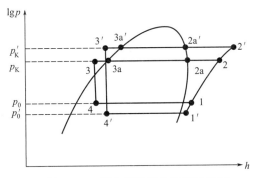

图 42-21　双热源除湿机的理论循环

图 42-21 中，1—2—3a—3—4—1 为除湿工作循环，1′—2′—3a′—3′—4′—1′为热泵工作循环。1—2(1′—2′) 为制冷剂在压缩机内的绝热过程；2—3a—3(2′—3a′—3′) 为制冷剂在冷凝器中的等压放热过程（包括过冷）；3—4(3′—4′) 为制冷剂流经膨胀阀的绝热膨胀过程；4—1(4′—1′) 为制冷剂在蒸发器中的等压蒸发过程。为使理论分析简化，对制冷循环作如下假设：①忽略制冷剂在蒸发器、冷凝器及所有的连接管线中的压力损失；②制冷工质在压缩机内近于等熵过程；③制冷剂在膨胀阀前、后的焓值相等。

双热源除湿干燥机虽然也备有辅助电加热器，但它使用时间短，一般在干燥初期，冬季气温较低时或干燥所需热量超过热泵供热量时使用。

除湿机按最高供风温度的高低分为低温（小于 40℃左右）、中温（50～70℃）和高温（≥70℃）三种类型，这主要与所用的制冷工质和所选用的压缩机等部件有关。目前我国生产的除湿机大部分为中温型，少数厂家生产高温除湿机。

此外，根据除湿干燥机制冷系统外部的空气循环方式，又可分为封闭式循环和半开式循环两大类。图 42-22(a)(b) 为空气的封闭式循环，其中 (a) 为除湿机放干燥室内，(b) 为除湿机放干燥室外，通过风管与干燥室连接。除湿干燥机在这种情况下工作时，冷凝器内制冷工质的冷却，一部分来自经蒸发器脱湿后的空气，又称一次风；另有一部分为补充空气，称二次风，这里的二次风直接经风阀来自干燥室。图 42-22(c) 为空气的半开式循环，这里的二次风来自外界环境的新鲜空气，又称新风。半开式循环的除湿机工作时，补充新风的进气扇与干燥室排气扇相互联动、同时工作（又称换气），即从外界补充新风的同时，从干燥室排出等量的湿空气。

42.3.1.2　影响除湿干燥能耗的因素

（1）除湿干燥的评价指标

除湿干燥虽然是一种节能的干燥技术，但同一台除湿干燥机由于运行使用条件和操作水平不同，能耗差别也是很大的。评价除湿干燥机在不同工况下的性能，常用供热系数（coefficient of performance）COP 和除湿比能耗 SPC（specific power consumption）。此外，在理论分析时，还可用㶲损或㶲效率来评价。木材除湿干燥生产中用除湿比能耗 SPC 更多些。

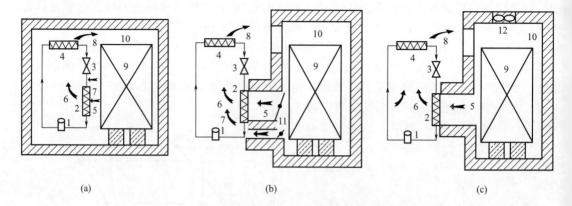

图 42-22　热泵干燥机两种空气循环

1—压缩机；2—蒸发器；3—膨胀阀；4—冷凝器；5—湿空气；6—脱湿空气；
7—二次风；8—热风；9—材堆；10—干燥室；11—空气阀；12—排气扇

① 供热系数 COP

$$\text{COP} = \eta T_1/(T_1 - T_2) = Q_1/W \tag{42-10}$$

$$Q_1 = Q_2 + W$$

式中，η 为热泵的总效率，一般在 $0.45 \sim 0.75$ 之间；Q_1 为热泵的实际供热量，kW；Q_2 为制冷工质从低温热源吸收的热量，kW；T_1 为制冷工质的冷凝温度，K；T_2 为制冷工质的蒸发温度，K；W 为压缩机的功耗（如果是机组的 COP 值，W 还包括除湿机的风机功率），kW。

当 T_1 一定时，T_2 越高，则 COP 值越高，说明在功耗相同的情况下，热泵能向空气提供更多的能量。

若取热泵的总效率为 0.6，设 T_1 为 65℃（338K），$T_2 = 5℃$（278K），则热泵的实际供热系数为：$\text{COP} = 0.6 \times 338/(338-278) = 3.4$，说明在这种条件下压缩机耗 1kW 的电能，空气在冷凝处可获得 3kW 以上的热能，比电加热供热效率高 3 倍多。根据国家有关部门公布的发电能耗，取发电效率为 0.33，即获得 1kW 的电能需消耗 3kW 的热能，也就是说只要除湿机的供热系数大于 3 就节约了一次能源。同时若取工业锅炉及管网的供热总效率为 0.6，则只要除湿机供热系数大于 1.8 就优于锅炉供热。总结以上分析，为便于记忆，将热泵的供热情况归纳为以下三种：a. COP＞3，节约一次能源；b. COP＞2，优于锅炉供热；c. COP＞1，优于用电加热器加热。

② 除湿比能耗 SPC　除湿比能耗俗称脱水比能耗。

$$\text{SPC} = \frac{某工况下压缩机消耗的能量}{相同的时间内木材的脱水量} \quad [\text{kW} \cdot \text{h}/(\text{kg} \cdot \text{K})] \tag{42-11}$$

除湿干燥的比能耗 SPC 值，不仅与除湿机的运行工况有关，而且还与木材的含水率及干燥室的运行工况等因素有关。SPC 与 COP 值等正相关，但二者没有函数关系。

③ 烟损（烟效率）　物质所含的总能量中包括可用能（烟，用 E_x 表示）和不可用能两部分。当环境温度为 T_0，压力为 p_0，则 $T > T_0$ 或 $p > p_0$ 的这部分能量为可用能，其余为不可用能。烟是评价物质系统能量品质的重要指标，系统所含有的所损失能量的多少，并不能反映其中所含有的有用能的大小。因此从热力学第二定律按使用能的角度看，用烟损（ΔE_{ex}）或烟效率（η_{ex}）来评价干燥装置用能的合理性比热效率更科学。烟效率与烟损分

别用式(42-12) 或式(42-13) 表示。

$$\eta_{ex} = \frac{干燥装置中的有效㶲}{输入干燥装置的㶲} \tag{42-12}$$

$$\Delta E_{ex} = 输入㶲 - 有用㶲 \tag{42-13}$$

有效利用㶲等于输入㶲减去㶲损，故干燥装置㶲损的大小可反映其㶲效率的高低。

(2) 影响能耗的因素

① 湿空气的温度与相对湿度　图 42-23、图 42-24 为某除湿干燥装置所测的空气温度和相对湿度对除湿比能耗的影响。由图可见，当空气的相对湿度基本保持稳定时，随温度增加，脱水比能耗 SPC 值有所减少，但当相对湿度较大时，温度的影响不明显。这是由于空气湿度大、温度低时，正处于木材干燥初期，木材内自由水蒸发阶段，除湿机的除湿量很大。同时，此阶段供风温度低，压缩机能耗小，故脱水比能耗 SPC 小。相反，当室内相对湿度较低，木材含水率在纤维饱和点以下时，随温度升高，空气绝对湿度增加，SPC 值下降较明显，但此阶段的 SPC 值受相对湿度的影响更大一些。

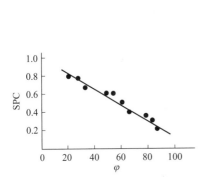

图 42-23　脱水比能耗 SPC 与空气相对湿度 φ 的关系
(空气温度 $T=41℃$)

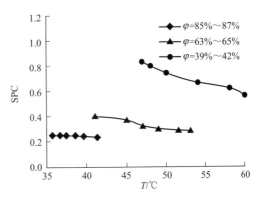

图 42-24　脱水比能耗 SPC 与空气
温度的关系

当空气温度一定时，相对湿度越高，脱水比能耗 SPC 越小；反之，相对湿度越低，脱水比能耗 SPC 越大。例如当空气温度在 41℃ 左右时，空气相对湿度 85% 与 64% 的 SPC 值相比，前者能耗只有后者的 60%。

② 流经除湿蒸发器的空气量　木材干燥过程中，干燥室内空气的温度和相对湿度随木材含水率的变化而变化。干燥初期空气温度低而相对湿度高，干燥后期温度高而相对湿度低。如果除湿机的制冷量和流经蒸发器的空气流量不变，就会出现除湿量越来越小，甚至为零的情况。

图 42-25 为除湿干燥时，空气循环的状态变化图。图中 1 点代表经冷凝器加热后的热空

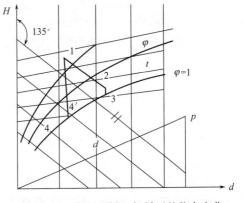

图 42-25　除湿干燥空气循环的状态变化

气状态，1—2 线代表热空气干燥木材的等焓过程，2 点代表湿空气进入除湿蒸发器前的状态。而 2—3—4 线为空气流经除湿蒸发器的状态变化过程，其中 3 点表示空气冷却到露点并开始排水脱湿的状态，3 点与 4 点的含湿量之差（$d_3 - d_4$）即代表每千克湿空气流经除湿蒸发器所排出的水分，图中的 4′ 点表示脱湿后的空气与旁通的空气混合后的状态。4′—1 线表

示空气流经冷凝器的加热过程。设空气流经蒸发器，冷却饱和（图中 2—3）所需的冷量为 Q_1，而脱湿排水过程（图中 3—4）所需的冷量为 Q_2，除湿机的制冷量为 Q_0，则：

$$Q_0 = Q_1 + Q_2 \tag{42-14}$$

　　除湿干燥是变工况过程，空气参数由干燥初期的低温、高湿逐渐变为干燥后期的高温、低湿状态，从而使空气冷却所需的冷量 Q_1 逐渐增加。因此如果除湿机的制冷量和流经蒸发器的空气流量不变，就会在干燥后期出现上面所述的空气流经蒸发器后先降温而不除湿的情况，造成能量的浪费。为改善这种状况，有两种办法：一种是让湿度小的空气先经过预冷，然后再流经除湿蒸发器，例如除湿蒸发器前加装水冷式、空气回热式或热管式等各种用于预冷的换热器，以增加空气的相对湿度；另一种办法是在除湿蒸发器前设置风量控制阀，如图 42-22（b）所示，随着空气温度增高湿度降低，逐渐关小风阀，即逐渐减少空气流量 G_1，增加旁通率 i（$i = G_2/G_1$，G_2 为未流经蒸发器的空气量），因为减少 G_1 就可减少用于冷却空气至饱和的冷量 Q_1，从而增加用于脱湿的冷量 Q_2，达到增加空气在该状态下除湿量的目的。根据有关参考文献，通过理论模拟分析和实验测试都可证实，在每一种空气状态（t，φ）下都存在一个最佳的空气旁通率（或者说最佳流量 G_1），例如当空气温度 $t = 35℃$ 时，湿度 $\varphi = 60\%$ 与 80% 相比，大约需减少空气流量的一半，可得到此状态（$t = 35℃$，$\varphi = 60\%$）下的最大除湿量。

　　③ 冷凝器蒸发温度、冷凝温度与压缩比　蒸发温度与冷凝温度分别指制冷工质在蒸发器与冷凝器中的温度。制冷工质在蒸发器与冷凝器中均处于饱和状态，故蒸发温度与蒸发压力，冷凝温度与冷凝压力之间互为函数。压缩比 y_b 是指冷凝压力与蒸发压力之比。即：

$$y_b = \frac{p_K}{p_0} \tag{42-15}$$

　　式中，y_b 为压缩机压缩比；p_K 为冷凝压力；p_0 为蒸发压力。

　　蒸发温度、冷凝温度及压缩比对脱水比能耗 SPC 的影响，主要反映在它们对除湿压缩机功率的影响。压缩机功率可用下式表示：

$$N = \frac{N_0}{\eta_i} + N_m \tag{42-16}$$

　　式中，N 为压缩机消耗的功率；η_i 为压缩机的指示效率；N_0 为压缩机消耗的理论功率；N_m 为压缩机消耗的摩擦功率。

　　压缩机消耗的理论功率可用下式计算：

$$N_0 = m W_0 / 3600 \tag{42-17}$$

　　式中，m 为制冷剂的流量，kg/h；W_0 为单位制冷剂消耗的理论功，kJ/kg。

　　压缩机消耗的理论功，由制冷工质经过压缩机前、后的焓差来确定（见图 42-21），即：

$$W_0 = h_2 - h_1 \tag{42-18}$$

　　式中，h_1 为制冷工质吸入压缩机时的焓值，kJ/kg；h_2 为制冷工质离开压缩机时的焓值，kJ/kg。

　　压缩机消耗的理论功与压缩比有关，压缩比 y_b 增大，W_0 增加。压缩机消耗的摩擦功率 N_m 和指示效率 η_i 与压缩机的工况有关。一般来说排气温度增加，压缩机的摩擦功率增加，而指示效率则下降。

　　a. 蒸发温度（压力）对能耗的影响。木材在干燥过程中干燥室温度随含水率降低而逐渐升高，使流经蒸发器的湿空气温度随之变化，从而使制冷剂的蒸发温度通常偏离设计值。除湿机工作时，蒸发温度偏离设计值过高或过低都是不利的。如果蒸发温度过低，即蒸发压力太低时，制冷工质的气态比体积增大，单位容积制冷量减少，使除湿机效率下降，消耗的功率增加，运行经济性变差。例如以 R142b 作制冷工质时，蒸发温度为 9℃和 20℃的单位容积制冷量分别为 1124kJ/m³ 和 1808.45kJ/m³，前者约为后者制冷量的 60%。同时由图 42-21 可以看出，当冷凝压力一定时，蒸发压力由 p_0 降至 p_0' 时，压缩机的压缩比增大，使单位制冷剂的理论功率增加。

另外，如果蒸发温度过高，蒸发器内外的供热温差减小，湿空气的除湿效率下降。而且过高的蒸发温度给压缩机轴封的工作带来不利，还会使压缩机的轴功增加。

实际运行时可通过两个途径来调节蒸发温度：ⓐ开大或关小热力膨胀阀来调节制冷剂流量；ⓑ调节流经蒸发器的空气流量。

b. 冷凝温度（压力）对能耗的影响。制冷工质冷凝温度（压力）的高低影响除湿机的送风温度，冷凝器温度越高，除湿机的送风温度越高，从而使干燥室升温加快，有利于缩短干燥周期。但冷凝温度过高时压缩机排气的温度也会很高，会影响压缩机的安全和寿命。当蒸发温度（压力）一定时，冷凝温度（压力）的提高会使压缩比增大，使总的能耗增加。总之，除湿机在高温段工作时，其安全性和经济性均降低。

影响冷凝器温度的主要因素是通过冷凝器的风量和风温，可以通过补偿新风（外界冷空气）的办法来降低冷凝温度。同时蒸发温度的高低也影响冷凝温度，一般情况下，当蒸发温度升高时，冷凝温度也随之增加。高的冷凝温度一般出现在木材干燥的后期。所以木材干燥后期除湿机的节能效果会明显降低。

c. 压缩比对能耗的影响。压缩机的压缩比越小，除湿机能耗越低，反之，则能耗越高。除湿机脱水比能耗 SPC 与压缩比的变化关系曲线见图 42-26。

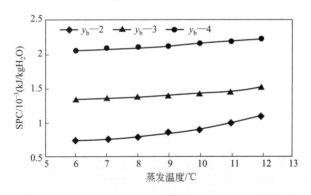

图 42-26　压缩比及蒸发温度对脱水比能耗的影响

压缩比及蒸发温度的大小主要靠调节蒸发压力与冷凝压力的差值，在实际运行中除湿机应配有高、低压控制器，以确保压缩机运行的安全性与经济性。

此外，除湿机的压缩比及能耗与使用的工质有关。例如以 R22 和清华大学研制的 HTR01 作对比，在蒸发压力同为 0.6MPa，冷凝温度同为 61℃的情况下，用 R22 作工质的压值比为 4.13，其供热系数 COP=2.4，而用 HTR01 作工质时的压值比只有 1.72，相应的供热系数为 COP=6.4。

④ 除湿机的类型与运行方式　上述几项影响除湿干燥能耗的因素是对同一台除湿机而言。实际上，除湿机的类型和运行方式对能耗的影响也很大，以下就常见的几种除湿机举例说明。

a. 单热源与双热源除湿机。单热源除湿机（图 42-19）一般依靠电加热器使干燥室升温，电耗高。双热源除湿机（图 42-20）则依靠热泵系统从大气环境吸热使干燥室升温，与单热源除湿机相比，其节能率可提高 10%～30%。双热源热泵系统的节能率取决于使用环境的温度和湿度。在气温高、湿度大的地区，节能明显，而在寒冷干旱地区则效果差。

b. 空气封闭循环和半开式循环。半开式循环的除湿机有一部分排气损失，故封闭式循环的节能效果更好。但高温除湿机在高温段工作时，为降低压缩机排气温度，延长使用寿命，宜用半开式循环。

c. 除湿机供风温度、湿度与干燥室参数的差值。根据理论分析证实，供风的温度差和湿度差越大，除湿机的能耗越高。只有除湿机采用智能型控制系数按最佳温度差和湿度差的供风原则控制除湿机的工作，才能使㶲损最小，能耗最少。

42.3.1.3　除湿干燥设备、工艺与示例

（1）除湿干燥设备与工艺

① 干燥室　整个除湿干燥系统由干燥室和除湿机两大部分组成。除湿干燥室与常规干燥室基本相同，二者主要区别包括以下几个方面：a. 以电加热或以热泵供热的除湿干燥，其干燥室内没有蒸汽（热水或炉气等）加热器及管路；b. 除湿干燥室无进、排气道，但大部分有辅助进排气扇 [图 42-22(c)]，一般在干燥前期除湿量大于除湿机负荷时启动排气扇；c. 除湿干燥室内风机的布置以顶风式居多，但一般无正、反转，且室内风机送风方向与除湿机送风方向相同；④多数除湿干燥室内无喷蒸或喷水等增湿设备。

② 干燥工艺　大多数除湿干燥属于中、低温干燥，干燥室最高温度在 60℃ 左右或低于 60℃，干燥速度慢，故一般不会出现开裂、变形等干燥质量问题。它对干燥的中间处理、平衡处理要求较低，多数除湿干燥没有中间处理和平衡处理。同时，如果没有喷蒸管，预热阶段木板也很难热透。表 42-7 为英国 Ebac 型除湿机的干燥工艺之一。表 42-8 为执行该工艺基准各含水率阶段的参考干燥时间（不包括前期预热和终了冷却阶段的时间）。表 42-9 为干燥不同材厚的时间系数。

表 42-7　杉木除湿干燥工艺基准（材厚 38mm）

含水率/%	干球温度/℃	干湿球温差/℃	平衡含水率/%	相对湿度/%
生材～60	40	2.5	17	85
60～40	40	3.5	15	80
40～35	40	5	12	70
35～30	45	7.5	10	60
30～25	45	10	8.5	50
25～20	50	13.5	6.5	40
20～10	60	20	4.75	30

注：表 42-7～表 42-9 中数据均取自 EnglandEbac 除湿机操作手册，1988。

表 42-8　杉木除湿干燥参考时间（材厚 38mm）

含水率/%	60～50	50～40	40～35	35～30	30～25	25～20	20～15	15～10	总干燥时间
干燥时间/h	23	26	14	15	19	24	29	35	185(7.7 天)

表 42-9　不同材厚的时间系数

材厚/mm	25	32	38	44	50	57	63	70	76
时间系数	0.6	0.8	1	1.2	1.4	1.65	1.9	2.15	2.4

当除湿干燥的板材材厚在 38～75mm 时，可在表 42-7 工艺基准的基础上，含水率阶段相应的温度降低 5℃，而相对湿度增加 5%。干燥 75mm 以上厚板材时，阶段温度降低 8℃，

而相对湿度增加 10%。除湿干燥进行时，干燥室升温和排湿比常规干燥慢，故干燥过程中允许干燥室温度略低于干燥工艺基准，但相对湿度尽量保持该含水率阶段相应的湿度。若干燥室湿度大于工艺基准的要求，可通过辅助排气扇增大排湿量；而当干燥室湿度低于基准要求时，而室内又无增湿设备时，可采取除湿机停机闷窑的方式。

（2）除湿干燥示例

① 椴木除湿干燥工艺曲线　试材为椴木，其基本密度为 $355kg/m^3$，材积为 $35m^3$，材厚为 6cm，木材初含水率为 48.3%。干燥试验在北京林业大学干燥试验室进行，除湿干燥机采用北京林业大学与北京冷冻机厂联合研制的 RCG30G 高温除湿干燥机，压缩机额定功率为 15kW，主风机功率为 3kW，风量为 $1×10^4 \sim 1.2×10^4 m^3/h$，通过除湿蒸发器的风量为 $2.6×10^3 m^3/h$。制冷工质为 R12。

椴木除湿干燥过程中干燥室内温度、空气相对湿度及木材含水率随时间的变化曲线如图 42-27 所示。图中干燥室温度、相对湿度、含水率等值，均取每天的平均值。由图中几条曲线的变化趋势可以看出，干燥过程中室温、空气相对湿度和木材含水率的变化规律和常规干燥是相同的。图 42-28 中显示，当木材的含水率大于 29.5% 时，木材中自由水的迁移和蒸发速度较快，含水率降低 18.8% 的干燥时间只占总干燥时间的 33.5%；而当含水率小于 29.5%，即在纤维饱和点以下时，木材内水分迁移速度明显降低，含水率从 29.5% 降到

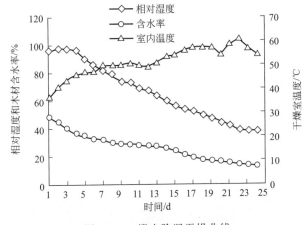

图 42-27　椴木除湿干燥曲线

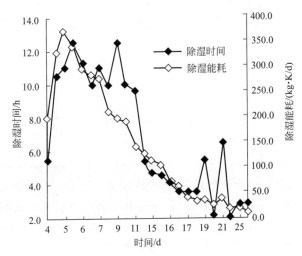

图 42-28　椴木除湿干燥过程中除湿能耗和除湿比能耗的变化

12.5%，只降低了17%，所需的干燥时间却占了总干燥时间的62.5%。椴木除湿干燥比常规干燥的温度低，干燥室温升慢，所以总的干燥时间比常规干燥大约要长一倍。

② 除湿量与能耗的变化曲线　图42-28绘出了除湿时间及除湿能耗随时间的变化曲线。由于除湿机是根据干燥工艺间歇开停，图42-28中的除湿时间是指每天开除湿机的时间之和，而总除湿量是每天经除湿机排水管排出的水量之和。

表42-10列出了椴木除湿干燥第1～10、20～24天的除湿时间、除湿量、除湿能耗、回收能量及除湿比能耗等参数。由表42-10和图42-28可以看出：①除个别几天外，每天开除湿机的时间、除湿量和总除湿量均随着干燥过程的进行而逐渐减少。干燥初期头5天平均除湿量是干燥后期最后5天平均值的15.6倍，而每天的总除湿量前者是后者的4.3倍。②每天的除湿量与除湿时间有关，随着除湿时间的增加，除湿量也相应增加，但不一定是正比的关系。例如：干燥的第4天和第9天开除湿机的时间几乎相等，但前者的除湿量比后者多73.5%。特别是在干燥后期除湿时间增加、除湿量不一定增加。③除个别情况外，每天的除湿能耗基本上与除湿时间成正比。④除湿比能耗表征了除湿机效率，它的数值越小，表明除湿效率越高。除个别情况外，干燥前期的比能耗小而后期的比能耗大，纤维饱和点以下的比能耗是前者的2～3倍。

表 42-10　椴木除湿干燥能耗分析

时间 /d	含水率 /%	干燥室温 /℃	室内相对 湿度/%	除湿时间 /(h/d)	总除湿量 /(kg·K/d)	除湿能耗 /(kW·h/d)	除湿回收 能量 /(kg·K/d)	除湿比能耗 /(kW·h/kg 水)
1	48.3	36.5	96.0	5.5	196.0	96.3	140.5	0.478
2	44.5	41.0	98.0	10.5	330.0	160.8	232.5	0.487
3	40.1	44.5	97.0	11.0	375.4	198.0	265.7	0.527
4	36.3	46.0	96.0	12.4	341.0	224.0	242.2	0.657
5	34.5	47.0	90.0	11.2	297.0	204.0	214.8	0.657
6	32.7	47.0	85.0	10.0	285.0	188.0	206.8	0.660
7	32.1	49.6	82.0	10.9	277.0	190.0	204.1	0.686
8	29.5	49.6	79.0	10.0	209.1	178.0	157.6	0.850
9	28.9	50.0	74.0	12.5	196.5	230.4	148.9	1.170
10	28.4	51.0	73.0	10.0	191.6	189.2	144.5	0.987
11-19d(略)								
20	15.8	54.3	44.0	2.0	23.4	40.0	33.6	1.710
21	15.1	59.0	42.0	6.4	33.4	112.4	35.3	3.360
22	14.2	60.5	39.0	2.0	16.5	36.0	23.7	2.180
23	13.4	57.0	38.0	2.7	15.1	44.2	22.6	2.860
24	12.5	54.5	38.0	2.8	10.0	45.2	19.2	4.520

③ 除湿干燥的能耗分析　除湿能耗包括除湿机的压缩机、主风机及干燥室内风机的电耗之和。而除湿机回收的能耗则包括：a. 湿空气中水蒸气流经蒸发器时冷凝而放出的汽化潜热；b. 冷凝水降温放出的热量；c. 流经蒸发器的空气降温放出的热量。

从表42-10所列数据可以看出除湿干燥的能耗有两个特点：

第一，不同干燥阶段除湿机的节能效果有明显的差异。a. 干燥的第6、7天以前，尚处于木材中自由水蒸发阶段，除湿量大，由除湿机回收的能量大于它消耗的能量，在此阶段开除湿机是很合算的；b. 干燥的第 8、9、10 天除湿量有很大的下降，其回收的能量比它消耗的能量分别少 11.4%、35.5%、24.2%，但据有关资料介绍，常规蒸汽干燥的平均脱水比能耗为 1.2～1.8kW·h/kg 水，表 42-10 所列数据第 8、9、10 天的平均脱水能耗仍小于常规蒸汽干燥，故这几天开除湿机仍比常规蒸汽干燥节能；c. 干燥的第 20～24 天已接近干燥终了，除湿量很少，开除湿机消耗的能量明显比它回收的能量多，而除湿干燥的能耗达 1.7kW·h/kg 水以上，说明干燥后期不宜开启除湿机。

第二，湿空气参数和除湿时间是影响除湿效率和能耗的主要因素。a. 干燥的第二天比第一天的除湿量明显大得多，这主要是第一天木材尚处于预热阶段，室温低，水分蒸发量少，且第一天的除湿时间几乎只有第二天的一半。第二天干燥室内空气的温度增高，相对湿度也增大，单位容积内空气的含湿量增大，故除湿量明显增加而除湿比能耗较低。b. 除湿的第 9 天比第 8 天的除湿时间多了 2.5h，但除湿量少了 6%，除湿比能耗增加了 37.65%，这是因为第 9 天的相对湿度比第 8 天少了 5%。c. 干燥后期的第 21 天，除湿时间达 6.4h，它与第 22 天（除湿时间 2h）相比，除湿量虽然增加了一倍，但能耗却增加了两倍，除湿比能耗达 3.36kW·h/kg 水。这说明增加开除湿机的时间不一定能增加除湿量和节能效果，因此必须掌握好开除湿机的时间。

（3）除湿干燥装置的合理选配

1）除湿机的合理选配

① 容量大小的选择　干燥产量大，材种、板厚及初含水率基本一致的情况下，宜选大容量除湿机。选用大容量除湿机可减少干燥室的数量，减少投资和运行费用。例如一台干燥 50m³ 材的除湿机售价大约只有 2 台干燥 25m³ 材除湿机的 80%。而 50m³ 材的干燥室的散热损失却比 2 个 25m³ 材减少 30% 左右，并且随着干燥室数量的减少操作人员可相应的减少。据测算，一台干燥 50m³ 材的除湿机的干燥成本与 2 台干燥 25m³ 材相比，可减少 24% 左右。

从组织生产的灵活性方面来看，干燥室数量不应太少，除湿机容量不宜过大，以便于不同材种、不同板厚和不同初含水率的板材分窑干燥，以提高干燥效率、减少能耗、降低成本。

② 单热源与双热源除湿机的选择　双热源除湿机比单热源除湿机节能效果好，而价格增加却不多，因此建议在年平均气温大于 10℃ 的地区采用双热源除湿机。对于年平均气温较低的地区，以及有蒸汽、热水或木废料燃烧炉作辅助热源的情况，可选单热源除湿机。

③ 中温与高温除湿机的选择　根据生产试验资料分析，当干燥条件（材种、材积、材厚、初/终含水率）相同时，以 R22 为工质的中温除湿机的小时平均能耗比以 R142b 为工质的高温除湿机大约低 23%～25%，而高温除湿机的干燥时间要比中温除湿机缩短 1/3 左右，因此高温除湿机的平均节能率比中温除湿机略高一些。若干燥厚的难干材，高温除湿机的优越性明显些；而干燥薄的易干材时优越性相对降低。如果有蒸汽、热水或废料燃烧炉作辅助热源，选用中温或高温除湿机均可。

近年来的研究表明，若采用性能良好的高温工质，高温除湿机比中温除湿机更节能。例如清华大学研制的 HTR01 高温工质，在除湿机的压值比（2.7）和冷凝温度（67℃）的条件下，同一台除湿机用 HTR01 的能耗比 R22 约节能 15% 左右，而且 HTR01 在高温段的性能更良好。例如在冷凝温度 85℃，压缩机压值比为 2.6 时，除湿机供热系数接近 5。同时供风温度高可明显提高生产效率。例如干燥 4cm 厚的马尾松，初含水率 50%，终含水率 12%，用 R22 的中温除湿机干燥，干燥时间为 14 天，而采用 HTR01 的高温除湿机，干燥时间仅用了8天，缩短了近一半的时间。因此选用优质高温工质的除湿机比中温除湿机更合适。

2）半开式与封闭式空气循环的除湿机

封闭空气循环的除湿机［图42-22(a)、(b)］能耗损失少，比半开式［图42-22(c)］节能。但封闭的除湿机有以下几个缺点：①干燥初期能耗由于除湿机排湿能力不够，在干燥室出现积水、木材霉变的现象；②若要满足干燥初期的除湿能力，则除湿机容量往往要增大一倍左右，使设备费增加；③干燥后期冷凝器由于没有外界冷风补充，压缩机压值比增大，排气温度过高，不仅使能耗增加，也影响除湿机的使用寿命。因此建议尽量用半开式空气循环的除湿机。

（4）除湿干燥室的合理配置

除湿干燥室的配置往往是容易被忽视的环节。从表面上看除湿干燥室比蒸汽干燥室简单，但若配置不当也是影响干燥效果的主要原因之一。据初步调查，主要有以下几个方面的问题。

① 干燥室材容与窑容的比例不恰当，空气循环速度不匹配。据有关资料介绍，除湿与常规蒸汽干燥相比，窑容与材容的比例要取得大些，而气流循环速度却要小一些。

② 许多除湿干燥室未设置辅助排气扇，因而在干燥初期干燥室不能进行适当的换气，从而导致干燥初期干燥室湿度过大，甚至出现积水和木材霉变现象。

③ 除湿干燥室的保温密闭性比蒸汽干燥室要求高，但许多除湿干燥室及大门的保温密封性不好，使散热损失增加，除湿干燥室达不到预定的温度。

④ 绝大多数除湿干燥室没有增湿设备，往往在干燥厚度大于5cm的硬阔叶材时不易保证质量。在没有蒸汽喷湿处理的情况下，笔者建议采用小型管道泵与水滴雾化器配合的简易增湿装置。

（5）改进除湿干燥的运行操作，减少能耗

① 设置除湿风量控制阀　随空气中含湿量的降低逐渐减少经过除湿蒸发器的空气量，以提高除湿效率。风阀的开度随除湿及制冷量和空气状态而变，对应于一定的制冷量和空气温度、湿度有一最佳风阀开度。目前我国绝大多数除湿机没有风量控制阀。

② 适当控制压缩机的压缩比　除湿机的能耗随压缩比的增大而明显增加，故控制压缩比是减少能耗的一条重要途径。实际操作中应通过两方面来控制压缩比：一方面通过调节膨胀阀的开度来调节蒸发压力；另一方面可通过补充新风调节风量来控制冷凝压力。目前我国生产的除湿机有不少未装热力膨胀阀，像冰箱一样用毛细管来代替，但它调节制冷量的作用很小。还有不少除湿机未装高、低压表和压力控制器，不能有效控制压缩比，这些都是影响除湿机能耗的因素。

③ 适当的停机闷窑，减少能耗　进入干燥中期以后，如果除湿机功率选择适当，干燥室的相对湿度将下降较快，这种情况下如果间断地采取停机闷窑的措施，可减少能耗，因除湿机停机后木材中水分继续蒸发，干燥室的相对湿度逐渐上升，当湿度上升到高于此阶段基准所要求的湿度的10%～15%时，开机除湿可提高除湿效率，减少能耗，同时停机闷窑期间还使木材表面得到一定的软化处理，有利于提高干燥质量和干燥速度。

④ 适当控制干燥室辅助排气扇的开扇时间　半开式空气循环的除湿机，当除湿机满负荷工作仍不能满足干燥室排湿要求时，可启动辅助排气扇，以减少换气热损失。

⑤ 实施除湿干燥的全自动控制　目前不少进口和国内的除湿机靠定时器未控制除湿机的开、停时间。如日本的CALD型系列除湿机，定时器的设定原则是干燥初期除湿时间长，后期时间短。例如初期开6h停1h，随干燥室湿度逐渐减少，开除湿机时间减少而停的间隔

增加，干燥后期可能开 1h 停 6h。这种除湿机开、停的控制管理方式比较粗放，因而影响除湿效率和能耗。只有根据除湿操作工艺优化的原则编制除湿干燥操作程序，利用计算机实现自动控制，才能实现最大限度的节能。

（6）除湿干燥的节能分析

由于我国目前仍以常规蒸汽干燥（又称热风干燥）为主，除湿干燥的技术经济分析采用常规蒸汽干燥对比的方法。由于除湿干燥与蒸汽干燥的用能形式不同，二者做能耗对比分析时，应将各种能耗折算为一次能源，即用干燥 $1m^3$ 材的标准煤耗作对比，才有可比性。

① 除湿干燥能耗　根据北京林业大学除湿干燥生产的统计平均数，取除湿干燥平均能耗为 $150kW \cdot h/m^3$ 材。同时根据国家计委公布的我国火力发电的平均能耗，取 $1kW \cdot h$ 耗标准煤 400g。则除湿干燥的平均能耗为：

$$150 \times 400/1000 = 60 \ [kg \ 标准煤/m^3 \ 材]$$

② 蒸汽干燥能耗　常规蒸汽干燥能耗取自北京某木材厂近几年木材干燥生产的统计平均值（以干燥软材为主），干燥 $1m^3$ 材的平均电耗为 $45kW \cdot h/m^3$ 材。平均耗蒸汽 $0.9t/m^3$ 材。取锅炉及输汽管网的总热效率为 60%，根据锅炉煤耗的计算方式。取 1t 蒸汽耗标准煤为 150kg。则蒸汽干燥 $1m^3$ 的煤耗为：

$$0.9 \times 150 + (45 \times 400) \div 1000 = 153 \ [kg \ 标准煤/m^3 \ 材]$$

③ 除湿干燥的节能率　根据上述除湿干燥和常规蒸汽干燥的平均能耗，可得除湿干燥的节能率为：

$$(153 - 60) \div 153 = 60.8\%$$

42.3.2　真空干燥

42.3.2.1　木材真空干燥的原理与特点

真空干燥是在密闭容器内，真空条件下对木材进行干燥。其干燥原理是在真空条件下水的沸点降低，蒸发速度加快，木材内部压力较高，因而可以在较低的温度下加快干燥速度，缩短干燥周期，保证干燥质量，特别适合于透气性好或易皱缩的木材，以及厚度较大的硬阔叶树材的干燥。缺点是设备复杂，容量较小，投资较大。水的沸点与周围空气的压力关系如表 42-11 所示，在真空条件下，水的沸点降低。在空气温度、湿度保持不变的情况下，木材内部水分移动的速率随着空气压力的减小而急剧增大，见图 42-29。因此，在真空条件下木材表面水分蒸发速度和内部水分的移动速度都得到了加快，木材的干燥速度自然得到了提高。

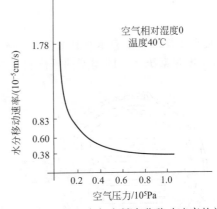

图 42-29　空气压力与木材水分移动速率的关系

表 42-11　真空度与水沸点

真空度/MPa	水沸点/℃	真空度/MPa	水沸点/℃
0.1	99.2	0.04	75.8
0.08	93.1	0.03	69.0
0.06	85.4	0.02	60.2
0.05	80.9	0.01	45.5

在真空条件下，干燥装置内空气稀少，不能采用通常的加热方法。木材真空干燥时，一般采用以下三种方式加热木材：a. 将木材放在两块热板之间，用接触传导的方法加热木材。b. 将木材置于高频或微波电场中，用辐射加热的方法加热木材。这两种加热方式加热效果不受真空度影响，可在连续真空的条件下加热干燥木材，故又称连续真空干燥。c. 木材在常压条件下采用对流加热的方法加热到一定温度后，再真空脱水，常压加热与真空脱水交替进行。由于真空作业是断续进行的，又称间歇真空干燥。以上三种加热方式在设备结构、工艺操作及真空干燥效果上均有一定差别。

42.3.2.2　真空干燥设备的组成及工艺控制

木材真空干燥设备主要有干燥筒、真空泵、加热系统、控制系统组成，见图42-30。

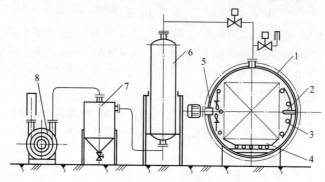

图 42-30　木材真空干燥机结构示意图

1—真空干燥箱；2—喷蒸管；3—加热管；4—材车；5—风机；6—冷凝器；7—汽水分离器；8—真空泵

① 干燥筒　干燥筒通常为圆柱体，水平安放。两端呈半球形，一端为门，也有两端都为门的。筒体一般用10～15mm厚的钢板辊压、焊接而成。干燥筒的直径通常为1.2～2.6m，有效长度为3～20m。近些年也有将直径扩大到4.0m的干燥筒面市。

② 真空泵　真空泵的作用是对干燥筒抽真空，从而排出木材中的水分。木材真空干燥主要在粗真空范围内进行，采用一般的机械式真空泵即可。机械式真空泵种类很多，但适合木材真空干燥的主要有水环式真空泵、水喷射真空泵和液环式真空泵三种。

③ 加热系统　不同类型的干燥机主要区别在于加热方式不同，主要包括三种方式：第一种是对流加热；第二种是传导加热（即接触加热）；第三种是高频电介质加热。

（1）对流加热真空干燥机

通常以热空气为介质，采用常压下对流加热与真空干燥交替进行的方法干燥木材，所以也称间歇真空干燥机。对流加热真空干燥机加热系统有两种形式：一种是利用干燥筒内壁为加热面的夹层水套加热；一种是在干燥筒放置结构紧凑、供热量大的螺旋片式（或翅片式）加热器或电加热器。

① 组成

a. 热水加热真空干燥机。圆柱形干燥筒有三层壁面，见图42-31。载热流体在外壁层和中间层之间的夹套内流动，空气介质在中间层和内

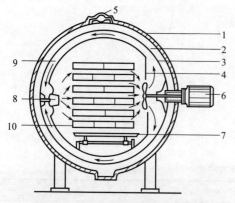

图 42-31　热水加热真空干燥机横断面

1—筒壁；2—热水夹层；3—中层壁；4—内层壁；
5—热水进口；6—通风系统；7—材车；8—风嘴；
9—循环空气层；10—材堆

层之间循环，通过装在干燥筒一侧的风机和另一侧的风嘴把夹层水套中载热流体的热量带给材堆。风嘴可上下摆动，以保持材堆高度方向气流量均匀一致。夹层水套中的载热流体一般为热水，热水温度可调，但不超过 95℃。热水在夹层水套与热水锅炉之间循环，常压下工作。这种设备的缺点是结构较复杂，钢材耗量大，造价较高；由于受载热流体温度和干燥筒内表面积的限制，设备的加热功率较小，国内较少采用。

b. 电加热或蒸汽加热真空干燥机。与常规蒸汽干燥窑的布置方式相类似，换热器与风机的安放位置可以有多种形式。如将换热器与风机都装在材堆上部的上部风机型；将换热器与风机都装在材堆底部的下部风机型；将换热器与风机都装在干燥筒一端的端部风机型；将换热器与风机装在材堆两侧的侧向风机型等。这种结构形式的真空干燥机一般加热功率较大，换热器中的载热流体通常为 0.2～0.6MPa 的饱和蒸汽，在电力充足的地区也可采用电热元件加热。图 42-32、图 42-33 分别为采用侧向风机和下部风机对流加热的真空干燥机结构示意图。

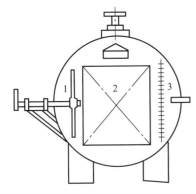 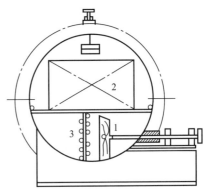

图 42-32　风机和换热管安装在材堆两侧　　　　图 42-33　风机和换热管安装在材堆下部
1—风机；2—材堆；3—换热管　　　　　　　　1—风机；2—材堆；3—换热管

② 工艺控制　对流加热间歇真空干燥主要由常压加热和真空脱水交替进行的若干个循环过程组成。干燥时，先在常压下对木材进行对流加热。加热过程与常规干燥的预热阶段相似，原则是使木材在既不变干又不增湿的条件下热透。因此，有时要向干燥筒内喷射蒸汽，以提高介质的相对湿度。加热阶段干燥机内风机运转。预热温度一般 100℃，可按木材厚度，1cm 厚汽蒸 1.0～1.5h 来确定需汽蒸的时间。待木材中心加热到预热温度后，即停止加热，并保持该温度一段时间，再抽真空。

抽真空阶段才是真正的干燥阶段。此时停止加热，风机也停止转动。抽真空时，木材表面水分剧烈蒸发。因此，必须控制抽真空的速度，以防止木材开裂。真空阶段时间的长短，根据木料厚度确定。据国外经验，木料每厚 1mm，抽真空时间为 1min。如木料厚为 50mm，每次抽真空时间为 50min。如此间歇加热和抽真空，反复循环，直至木料的含水率符合要求为止。

当木料含水率达到要求后，在常压和风机运转的条件下，对木材进行调湿处理。此时，介质温度应比干燥结束时的温度低 6～8℃，并向干燥筒内喷蒸，以提高木材的平衡含水率。处理时间因木料的厚度而异，一般为 8～24h。表 42-12 所列的有关树种木材间歇真空干燥工艺基准，可供干燥时选用。

(2) 热板加热连续真空干燥机

① 组成　被干燥木料一层层地堆积在加热板之间，与热板直接接触，见图 42-34。加热板为空心铝板，板中的载热流体通常为热水或热油。加热板通过软管与干燥筒内的热水总管

连接，由小型热水锅炉供热，也可采用集中供热。供水温度一般不高于95℃。

表 42-12　木材间歇真空干燥工艺基准

含水率阶段/%	加热阶段			真空阶段		
	介质温度/℃	材芯温度/℃	时间/min	材芯温度/℃	真空度/MPa	时间/min
(1)柞木(20mm厚)间歇真空干燥工艺基准						
预热	70	60	180			
>30	80	70	120	60	0.02	120
30～20	80	70	120	60	0.02	120
≤20	90	80	120	65	0.02	120
终了	90	80	120	65	0.02	240

含水率阶段/%	加热阶段			真空阶段		
	介质温度/℃	材芯温度/℃	时间/min	材芯温度/℃	真空度/MPa	时间/min
(2)桦木(20mm厚)间歇真空干燥工艺基准						
预热	80	70	180			
>30	90	80	120	60	0.02	120
30～20	90	80	120	60	0.02	120
≤20	90	85	120	65	0.02	120
终了	90	85	120	65	0.02	240

含水率阶段/%	加热阶段			真空阶段		
	干球温度/℃	湿球温度/℃	材芯温度/℃	真空度/MPa	材芯温度/℃	时间/min
(3)5.7～6.2cm厚水曲柳毛边板真空干燥工艺基准						
>40	75	72	65	0.015	42	3
40～30	80	76	70	0.015	42	3
30～20	82	75	72	0.01	45	2.5
20 以下	85	75	75	0.01	45	2.5

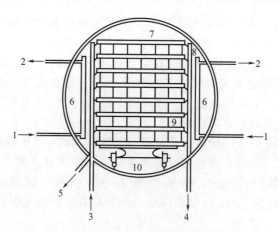

图 42-34　热板加热连续真空干燥机横截面
1—冷却水进口；2—冷却水出口；3—热水进口；4—热水出口；5—真空泵抽气口；6—冷却板；
7—加热板；8—热水管道及软管；9—木材；10—材车

② 工艺控制　热板加热连续真空干燥过程分为三个阶段：预热、干燥和调湿处理三个阶段。国内部分树种木材的热板加热连续真空干燥工艺基准见表42-13，可供选用。

a. 预热。被干燥的木料装入干燥筒后，先对木料进行预热。通常在常压下进行，预热温度比基准中的初始温度低5℃左右。预热时间以木材中心达到预定温度为准。也可按经验确定预热时间：对硬质材，每厚 1cm 预热 2.0～2.5h；对半硬质材和软材，每厚 1cm 预热 1.5h。

表 42-13　热板加热连续真空干燥工艺基准

树种与厚度	含水率/%	加热温度/℃	真空度/MPa	备注
柞木	>60	55	0.02	
	60～40	58	0.02	
30mm	40～30	62	0.02	
	30～25	62	0.01	
（整边板）	25～10	65	0.01	
水曲柳	>60	55	0.02	
	60～40	60	0.02	含水率从 60%→10% 的
40mm	40～30	64	0.02	干燥周期约 4d
	30～25	64	0.01	
（整边板）	25～10	67	0.01	
椴木	>60	62	0.02	
	60～40	65	0.02	含水率从 65%→10% 的
40mm	40～30	68	0.02	干燥周期约 4d
	30～25	68	0.01	
（毛边板）	25～10	73	0.01	
	预处理	50	0.02	目的是避免水分剧烈蒸发，
桦木	>60	60	0.02	5h 后正式转入干燥
	60～40	63	0.02	含水率从 65%→10% 的
40mm	40～30	66	0.02	干燥周期约 4d
（毛边板）	30～25	66	0.02	
	25～10	70	0.01	

b. 干燥。木材预热到预定温度后，启动真空泵即转入干燥阶段。干燥阶段真空度范围在 0.01～0.08MPa 之间。在干燥过程中，依木材的树种、厚度和含水率阶段不同，采用不同的干燥温度（一般指流入加热板的热水温度）。木材达到终含水率要求后，即关闭真空泵，停止加热。

c. 调湿处理。热板加热真空干燥木材的终含水率均匀性较差，干燥结束后须做调湿处理。方法是：停机后将木材密闭在干燥筒中陈放若干小时。此时木材中心的水分继续向外移动，有助于木材终了含水率趋于平衡。

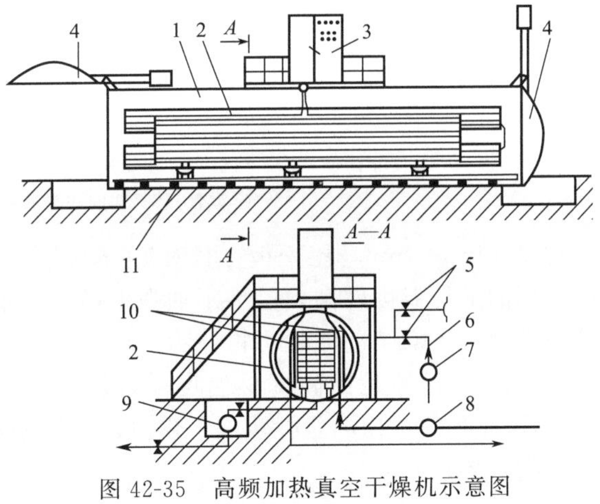

（3）高频加热真空干燥机

① 组成　有介电加热和感应加热两种形式。木材高频真空干燥机是高频介电加热机与真空干燥机的有机组合。如

图 42-35 所示，高频发生器的工作电容——数块电极板置于真空干燥筒内，两极板间的材堆在高频电场作用下被迅速加热，并在真空条件下获得快速干燥。

控制系统：真空干燥过程中可采用普通电器开关手动控制或采用可编程系统自动控制。需测量和控制的主要工艺参数包括木材含水率、木材中心温度、干燥筒内的真空度和温度。

② 工艺控制　干燥过程可分为预热和干燥两部分，通常不需要做调湿处理。先启动高

图 42-35　高频加热真空干燥机示意图

1—干燥筒；2—冷却板；3—高频发生器；4—干燥筒端盖；
5—电动真空阀；6—抽气管；7—真空泵；8—水泵；
9—冷凝水集水池；10—高频电极板；11—材车

频发生器，待木材加热到 80～90℃，即可启动真空泵，使真空室内真空度保持在 0.01～0.02MPa 之间。在干燥过程中主要控制木材中心温度变化，木材温度达到预定值后即切断高频输出，防止木材因温升过高而开裂。

（4）木材真空过热蒸汽干燥

传统真空干燥是指前面所讲的间歇真空和连续真空干燥方法。连续真空干燥结构复杂，木料装卸麻烦，而间歇干燥能量消耗又比较大，总之，二者都有一定的局限性。

真空过热蒸汽干燥是以纯过热蒸汽作为干燥介质，采用对流的方式对木材供热，在连续真空条件下干燥。一方面，真空的作用加快了水分在木材内部的移动，并使水分在较低的温度下沸腾汽化，避免因长时间高温作用对木材可能造成的损害；另一方面，对木材持续加热，利用过热蒸汽有较大的放热系数，使木材源源不断地获得充分的热量，连续进行干燥，节约能源。南京林业大学采用带有热能回收系统的对流连续加热的真空过热蒸汽干燥机（图42-36）生产运行情况介绍如下。

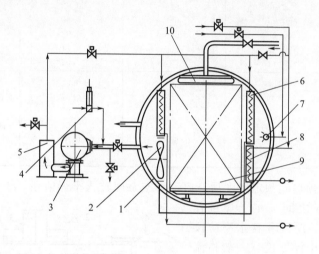

图 42-36　真空过热蒸汽干燥机工作原理
1—真空干燥筒；2—风机；3—往复式压汽机；4—注液泵；5—储汽罐；6—主加热器；
7—喷蒸管；8—辅助加热器；9—材垛；10—气囊

对厚 40～50mm 马尾松板方材对流加热连续真空干燥采用的干燥基准，见表 42-14。基准中采用的加热温度较高，是为了加强干燥的脱脂功能。真空度选得较低，越有利于降低热泵功率消耗。干燥工艺流程可粗分为三个阶段。

① 预热　目的是提高木材温度。常压下对流加热并做适当喷蒸处理。当介质温度达100℃后，维持 1～2h，即可转入干燥阶段。可根据需要适当延长加热和喷蒸时间，以增加松木脱脂效果。

表 42-14　4.0～5.0cm 马尾松板方材对流加热连续真空干燥基准

含水率阶段/%	介质温度/℃	真空度/-kPa	对应饱和温度/℃
＞50	100	5～10	98～99
50～30	103	5～10	98～99
30～20	104	10～20	93～98
20～10	106	30～40	86～90

② 干燥　干燥阶段根据木材含水率变化按基准操作。

③ 终了处理　当木材含水率下降到比设定的终含水率值高 3%~4% 时，即可进行终了处理。此时，关闭热泵、加热系统和风机，开启真空泵 1~2h，使室内温度下降到 80℃ 以下，即可结束整个干燥过程。终了处理有助于提高木材干燥均匀性，减小木材干燥应力，并可节约部分热能。

考虑到热泵系统的效率问题，对流加热连续真空干燥工艺设定的介质温度一般不小于 80℃。对不能承受该温度干燥的木材，仍可采用间歇真空干燥工艺作业，此时往复式压汽机将停止运行。

生产运行试验结果见表 42-15。按锯材干燥质量标准（GB 6491—86）对木材干燥质量进行了检查：材堆各部位终含水率均匀性好，板材厚度上含水率偏差较小，除材色稍加深外，几乎没有外观干燥缺陷，达到了一二级干燥质量要求。与国内电加热间歇真空干燥法相比，节能率为 47%。

表 42-15　生产运行试验结果

树种 （厚度/cm）	装材量 /m³	含水率/%		干燥周期 /h	总能耗	
		初	终		电/kW·h	汽/kg
马尾松(4.2)	6.1	68.4	19.1	20.0	211	1100
马尾松(4.2)	6.7	37.0	7.0	20.5	234	970

42.3.3　木材的微波与高频干燥

42.3.3.1　微波与高频干燥原理与特点

微波是指波长介于 1~1000mm 之间，对应的频率为 $3\times10^2\sim3\times10^5$ MHz 的电磁波。在我国，常用微波加热设备（含木材微波干燥设备）的工作频率为 915MHz 和 2450MHz。而高频电磁波一般是指波长为 7.5~1000m，相应频率介于 0.3~40MHz 之间的电磁波。

木材微波（或高频）干燥是把湿木料作为一种电介质，置于交变电磁场中，在频繁交变的电磁场作用下，木材中的极化分子迅速旋转，相互摩擦，产生热量，从而加热和干燥木材。在频繁交变的电磁场中，木材中热量的产生共有三种途径：①木材内含有矿物质，在高频交变电磁场的作用下，木材内的自由离子和部分被解离的束缚离子产生移动，因而引起离子导电损耗，产生热量。②木材物质非结晶区域存在许多羟基等极性偶极子基团，其在交变电磁场作用下能够发生频繁取向运动而引起介质损耗，产生热量。③木材中的极化水分子迅速旋转，相互摩擦，产生热量。众所周知，不同材料对微波有不同的反应，不同介质在微波场中吸收微波的能力也不尽相同。其中第③种途径是木材中热量产生的主要机理。

由于微波（高频）加热具有一系列的优点，美国、日本、加拿大、德国等国的学者在 20 世纪 60 年代初就开始研究利用微波（高频）干燥木材，认为微波干燥木材是一种最有效的快速干燥方法。

Barnes D（1976）等曾用微波对花旗松进行干燥，其试验结果显示：在保证干燥质量的前提下，将含水率为 36% 的花旗松干至含水率为 13% 时，只需要 6h，仅为常规干燥所需时间的 2.8%（常规干燥需要 216h）。

Seyfarth R（2003）等用"隧道式"的微波-真空装置对橡木和山毛榉进行了干燥处理。该试验装置由三个部分构成，其中中间部分为干燥段。实验结果表明：在保证质量的前提下，微波-真空干燥的速度非常快。将尺寸为 300mm×100mm×25mm，初含水率为 32% 的山毛榉干燥到 8% 时，即使温度控制在 60℃，所需干燥时间也仅仅为 2min。即使将尺寸为

1500mm×200mm×25mm，初含水率为40％的山毛榉干燥到10％时，所需干燥时间也仅仅为10min；微波-真空干燥的总干燥费用与常规干燥相当。鉴于此，笔者认为微波-真空干燥是一种极具有发展前途的木材干燥技术。

我国从1974年开始进行了木材微波（高频）干燥的研究和推广工作，并取得了一定的成绩。所进行的生产性工艺试验表明：对于易干、中等及难干的常用树种和不同规格的锯材，在满足质量要求的前提下，微波干燥与常规蒸汽干燥相比，可以缩短干燥时间至几十分之一。

（1）微波与高频木材干燥的特点

微波（或高频）木材干燥与传统干燥方法的最大区别是：能量不是从木材外部传入，而是以电磁波的形式直接"穿透"到木材内部，并通过电磁场与木材中水分子的相互作用而产生热量，实现对木材的快速干燥。由于其能量传递和转化的特殊性，微波（或高频）木材干燥具有一些新的特点。与木材中水分子的相互作用直接在内部发生，只要木料不是特别厚，木料沿整个厚度能同时热透，且热透所需时间与木料厚度无关。与其他干燥方法相比，微波（或高频）干燥具有下列优点。

① 干燥速度快，时间短　根据德拜理论，极性分子的极化弛豫时间τ与外加交变电磁场的角频率ω有关，在微波段时有$\omega\tau=1$的结果。微波工作频率为915MHz和2450MHz时，其τ约为$10^{-11}\sim10^{-10}$s数量级。因此用微波干燥木材时，木材的升温和水分蒸发能在整个木料中同时迅速进行，大大缩短了传统干燥方法中热传导所需要的时间。再者，微波作用于木材，可以破坏木材的纹孔膜，使木材内部的通透性增加，从而在很大程度上提高了木材内的水分迁移性能。因此在微波干燥过程中，木材的干燥速率理所当然要远高于常规干燥。

② 干燥质量好，节约木材　微波是一种穿透力较强的电磁波，如频率为915MHz的电磁波，其波长为32cm，它能穿透木材一定的深度，向被加热木材内部辐射微波电磁场，推动其极化分子的剧烈运动而产生热量。因此其加热过程在整个木材内同时进行，升温迅速，大大缩短了常规加热中热传导的时间。除了特别厚的木材外，一般可以做到表里一起均匀加热。

由于在微波干燥过程中，木材内部受热均匀，温度梯度和含水率梯度小，如果能控制好微波输出的功率大小、干燥时间和通风排湿，微波干燥的质量比热空气对流干燥更容易得到保证，从而提高木材利用率至少5％以上。另外，由于微波具有独特的非热效应（生物效应），微波干燥可以在较低温度下更彻底地杀灭各种虫菌，消除木制品虫害，避免常规干燥中可能出现的木材生菌、长霉现象。

③ 能量利用效率高　常规干燥中，设备预热、传热损失和壳体散热损失在总的能耗中占据较大比例。用微波进行加热时，湿木材能吸收绝大部分微波能，并转化为热能，而设备壳体金属材料是微波反射型材料，它只能反射而不能吸收微波（或极少吸收微波）。所以，微波加热设备的热损失仅占总能耗的极少部分。再加上微波加热是内部"体热源"，它并不需要高温介质来传热，因此绝大部分微波能量被湿木材吸收并转化为升温和水分蒸发所需要的热量，这就是微波能量利用高效性的原因所在。与常规电加热方式相比，微波加热一般可以省电30％～50％。

④ 可直接用来干燥木质半成品　人类自古以来对实木进行加工利用时，无一例外都是先将木材干燥后再加工。这是由于如果先下料制成形后再干燥，成形的木构件在干燥过程中只要略有变形、开裂，就不能使用，而微波干燥能基本保持木构件的原样，不变形、不开裂。因此，可以利用微波直接对木质半成品进行干燥，干燥好后再对半成品进行精加工。这

样不仅可以节约能源，降低干燥成本，还可以提高木材利用率 15％～20％。

除此以外，使用微波干燥木材还可以取消常规干燥中经常采用的浸泡、蒸煮、喷蒸等工艺流程，具有易于实现木材设备操作的自动化等优点。

（2）应用范围

微波（或高频）干燥木材作为一项新技术，它具有很多优点，甚至是一些常规干燥方法无法比拟的优点。但微波（或高频）干燥也有一些缺点或不足：①微波（或高频）干燥所用能源为高价位的电能，与传统能源相比，有时干燥成本很高，缺乏价格竞争优势。②木材微波（或高频）干燥设备复杂，投资较大。③微波场的均匀性有待改善，磁控管的效率较低（一般为 70％），在一定程度上影响了微波干燥的质量和能耗的降低。④在微波干燥室中，木材不能成堆堆积，锯材之间不能形成有效的相互牵制，导致因差异干缩引起的变形比常规干燥难以控制。⑤单独使用微波干燥木材，若控制不当，容易产生过快的温升和过高的温度，从而导致木材内部产生"炸裂"。⑥与传统干燥相比，目前我国对木材微波干燥的理论研究不够，干燥工艺的制定与控制带有一定的盲目性。正是由于这些问题没有得到圆满的解决，木材微波干燥的应用仍处于起步阶段。目前，微波（或高频）干燥主要适合于干燥厚方材、珍贵材和初含水率在纤维饱和点附近的木材，其中高频波长比微波长，穿透木材内部的深度更深，适合于干燥更厚的木材。如用频率为 915MHz 和 2450MHz 的微波对具有很高含水率的木材进行加热或干燥时，微波在木材中的渗透深度分别可达 16cm 和 6cm，而当木材含水率较低时，其渗透深度可达十几厘米，甚至更深，能满足厚方材干燥的要求。

42.3.3.2　微波干燥的设备及工艺

由于篇幅所限，本节仅介绍微波干燥的设备及工艺。

（1）微波干燥设备

基于微波干燥的基本原理，木材微波干燥设备系统主要由微波发生器、波导装置、微波加热器、传动系统、通风排湿系统、控制和测试系统以及安全保护系统等几部分组成（如图 42-37）。

微波发生器是整个干燥设备的关键部分，由磁控管和微波电源组成。其主要部分是产生微波的磁控管，其频率为 915MHz 和 2450MHz。微波发生器的主要作用是产生木材干燥所需要的微波能量。

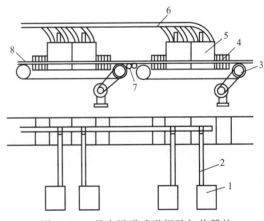

图 42-37　具有隧道式谐振腔加热器的微波干燥装置

1—微波源；2—波导；3—传动装置；
4—梳形漏场抑制器；5—谐振腔；
6—排湿管；7—中间过渡托辊；8—传送带

波导装置，它是微波的输送装置，即将微波发生器中磁控管产生的微波无损耗地传输到微波加热器中。波导按形状和功能可分为直波导、曲波导、弯波导和扭波导，其中后三种用来改变微波的传输方向。微波加热常采用矩形截面波导，其形式为矩形截面的长空心金属管。

微波加热器，是木材与微波之间进行相互作用的空间，高频微波电磁场在此与木材中的极性分子（含水分子和木材中的极化分子）完成能量的转换，使木材内部的温度迅速升高，使木料中水分蒸发而干燥。

传动系统，根据木料干燥的工艺要求，连续不断地将木材送入微波加热器中进行干燥，并将干燥好的木料输送出来进行下一道干燥工序，其中的木料输送带均采用低耗微波介质材料，如聚四氟乙烯、玻璃纤维带、聚乙烯带等。

通风排湿系统，其作用是排出木料中蒸发出来的水蒸气以及将木料通风冷却，保证干燥过程的连续进行。

控制系统，该装置是用来调节设备的各种运行参数，以保证干燥设备的输出功率、输送速度及排湿冷却装置等能根据最佳工艺规范的要求，及时、方便和灵活地控制与调整。

（2）微波干燥工艺

在常规木材干燥过程中，其整个干燥工艺一般由预热、干燥、中间处理、调制处理和终了处理 5 个阶段构成，其干燥过程因所选用的干燥基准不同而略有差异。在干燥过程中的控制参数为干燥介质（湿空气）的温度、相对湿度和风速。而在微波真空干燥过程中，其整个干燥过程包括升温加速干燥段、等温等速干燥段、升温减速干燥段，有时还有预热和冷却段，但没有在常规干燥中经常采用的浸泡、蒸煮、喷蒸等工艺流程。其干燥过程的控制主要包括微波输入功率、辐射时间和辐射间歇的控制。因此，与常规干燥工艺相比，微波木材干燥的工艺过程比较简单，也显得比较容易控制。

表 42-16 中列出了部分木材的微波干燥基准（干燥设备为隧道式微波干燥装置）。从节约能源和提高干燥质量的角度来考虑，在用微波干燥木材时，很少采用单一连续的微波干燥，而是将微波与其他干燥方法联合或者采用间歇微波干燥，如微波与热空气联合干燥、微波与真空联合干燥。根据有关资料报道，对于 25mm 厚的松木板，用 104.4℃ 的对流热空气与微波联合干燥，其耗电量比单纯的微波干燥节省 40%，而且干燥时间还可缩短 42%。

表 42-16　木材微波干燥基准

树种	厚度/mm	初含水率/%	终含水率/%	每台微波源输出功率/kW	每次辐射时间/min
马尾松	20～30	20	7	11～7.5	1.2～1.5
榆木	20～30	20～25	7～10	14～10	1.2～2.2
木荷	30	30	8	18～9	1.8～2.6
水曲柳	30～50	35～45	8～10	17～10	1.6～2.6
柞木	25	20～40	8	10～7	1.0～1.5
柳桉	25～30	15	6～8	14～8	1.2～1.5
香红木	30	30	8	10～7	1.0～1.5
红松	40～50	20～30	8～10	12～10	2.0～2.5

注：共 4 台微波源串联。

42.3.4　太阳能干燥

木材干燥是我国木材加工企业能耗最大的工序，约占总能耗的 60%～70%。目前我国木材干燥以煤作为主要能源。据有关资料，干燥 $1m^3$ 材，平均耗标准煤 150kg 左右，我国每年干燥几千万立方米的木材，因此由煤燃烧产生的烟尘和废气排放对大气环境造成的污染不可忽视。

太阳能是清洁廉价的可再生能源，利用太阳能干燥木材的研究和推广应用工作已在世界上许多国家开展。研究工作集中在美、英、法、日、加拿大等发达国家。太阳能干燥的推广和应用主要在热带和亚热带国家。总体来说太阳能干燥木材的应用规模都很小，大多数为简易太阳能干燥室，材积一般小于 $10m^3$。据不完全统计，目前世界上大约有 300 余座以太阳能为能源的木材干燥室，其中我国有近 20 个。

影响太阳能干燥推广应用的主要原因有：①太阳能资源密度低、不连续、不稳定；②干燥室温度低、波动大、干燥周期长；③简易太阳能干燥室容量小，而大、中型的投资大，占地面积大；④人们对节能和环保的重要性认识不够。

42.3.4.1　木材太阳能干燥室的类型

太阳能木材干燥室一般可分为温室型和集热器型两大类。实际应用中采用两者相结合的半温室型（或称整体式）太阳能木材干燥室。

（1）温室型太阳能干燥室

温室型太阳能干燥室如图 42-38 所示。这种干燥室的东、西、南墙及倾斜屋顶均采用玻璃或塑料薄膜等透光材料，太阳能透过玻璃进入干燥室后，辐射能转换为热能，其转换效率取决于木材表面及墙体材料的吸收特性。一般将墙体（或吸热板）表面涂上黑色涂料以提高对太阳能的吸收率。温室型干燥室一般为自然通风，如有条件也可以装风机进行强制通风，以加快木材的干燥速度。图 42-38 为自然通风，但在干燥室顶部加了一段烟囱，以增强通风能力，且烟囱越高，通风能力越强。

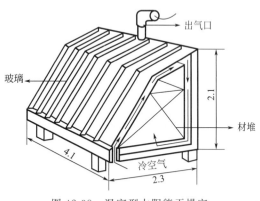

图 42-38　温室型太阳能干燥室

温室型干燥室的优点是：①造价低；②建造容易；③操作简单；④干燥成本低。它的缺点是：①保温性能不好，昼夜温差大；②干燥室容量小；③占地面积比同容量的常规干燥室大。

（2）集热器型太阳能干燥室

这类干燥室是利用太阳能空气集热器把空气加热到预定温度后，通入干燥室进行干燥作业的。从操作系统来看，此类型太阳能干燥室可以比较好地与常规能源干燥装置相结合，用太阳能全部或部分地代替常规能源，且集热器布置灵活，干燥室容量较大。但集热器型比温室型投资大，干燥成本高一些。图 42-39、图 42-40 分别为集热器型干燥室原理图和实物照片。

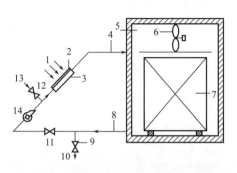

图 42-39　集热器型太阳能干燥室原理图
1—阳光；2—吸热板；3—集热器；4—热风管；
5—干燥室；6—干燥室风机；7—材堆；
8—回风管；9,11,12—风阀；10—排湿气；
13—进新鲜空气；14—集热器风机

图 42-40　集热器型太阳能干燥室实物照片

集热器型干燥室都采取了强制通风，除集热器系统有风机外，干燥室内设有循环风机。集热器放置的倾角（包括温室型南面的倾角）与所处的纬度有关，冬季最大日射量收集角的倾角为纬度加 10°，夏季减 10°。如北京地区为北纬 40°，可取集热器安装角为 45°，以适当兼顾冬季太阳能的收集。一般情况下集热器倾角可取当地的纬度。根据干燥室湿度的大小和干燥工艺的要求，集热器与干燥室间可取开式或闭式循环。当干燥室湿度大于干燥工艺要求的湿度时，干燥系统采取开式循环，即开启风阀 9、11、12，干燥室的湿气经风阀 9 而排出；而外界新鲜空气经风阀 12 进入集热器加热后，送进干燥室。当干燥室湿度等于或小于干燥工艺要求时，干燥系统采取闭式循环，即关闭风阀 9 与 12，开启风阀 11，使空气在干燥室与集热器间进行闭式循环。随着干燥室木材不断地蒸发水分，干燥室湿度会逐渐增大。

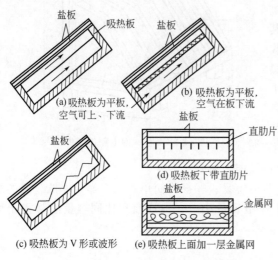

图 42-41　平板型空气集热器的几种类型

太阳能集热器是太阳能供热系统中的重要设备，它收集太阳能使之转换为热能，其转换效率的高低主要取决于集热器的性能。目前太阳能集热器有平板型、真空管型和聚光型三类。平板型构造简单，加工容易，造价低，但热损失大，热效率低。真空管型保温性能好，能提高集热温度和效率，但造价较高。聚光型一般用于太阳能动力装置，系统复杂，造价很高。用于木材干燥的太阳能集热器一般为平板型空气集热器。平板型集热器也有好几种类型，常用的几种如图 42-41。平板型空气集热器由框架、玻璃盖板（或别的透明材料）、吸热板和保温材料组成。图 42-41 中（a）、（b）的吸热板均为平板，其中（a）型空气在吸热板上下流动，比（b）型换热充分一些。图 42-41 中（c）、（d）分别是吸热板为 V 形（或波形）和带直肋片的情况，其目的在于增加换热面积，V 形（或波形）面还可增强气流的扰动，增加换热，但造价比普通平板型高。图 42-41(e) 是在普通吸热板上加一层金属网，以增强气流的扰动，增加换热。集热器的安装可以是整体式，也可以是拼装式。由于中等容量的太阳能干燥室的采光面积都在 100m² 以上，若采用整体式集热器安装和维修都比较困难。北京市太阳能所设计了拼装式太阳能空气集热器。每个单元的尺寸为 1527mm×776mm×230mm，采光面积为 1.08m²，全部由薄钢板冲压而成。这种拼装式空气集热器结构简单，加工容易，安装施工与维修都很方便，它可根据用户需要和施工场地情况灵活布置。集热器的拼装可以有不同的陈列形式。图 42-42 为拼装式空气集热器结构简图。

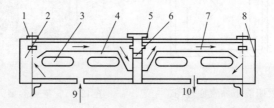

图 42-42　拼装式空气集热器结构

1—压板；2—保温层；3—空气流道；4—吸热板；5—玻璃盖板；6—集热器支架；

7—空气流；8—集热器框架；9—空气入口；10—空气出口

图 42-43（a）、（b）分别为 202 阵列（即 204 单元二列布置）和 303 阵列（即 304 单元三列布置）的空气流程图。

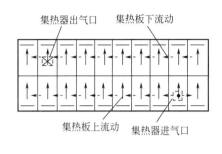

(a) 202阵列

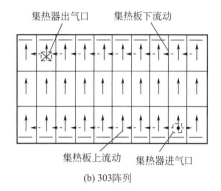

(b) 303阵列

图 42-43　空气流程图

（3）半温室型（整体式）太阳能干燥室

这类干燥室是将温室与集热器结合为一体，又称整体式或集热器-温室组合型干燥室。此种干燥室造价比温室型高，但比集热器型低，其集热性能和保温性能都比温室型好。另外，还有一种情况是在温室外另加一组太阳能集热器，以增加干燥室供热，提高室温，加快木材干燥速度。图42-44 为一种半温室型太阳能木材干燥室，它建在加拿大莱克海德（Lakehaead）大学，地处北纬 48°。它的集热器面积为

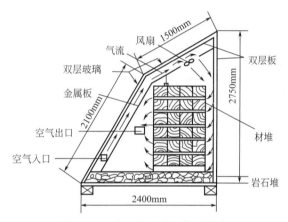

图 42-44　半温室型太阳能干燥室

4.4m²，底部铺有约 0.57m³ 的岩石用来储热。这种太阳能干燥室比木材在大气中干燥（简称气干）快 2.3 倍，夏季快 9 倍。7 月份当日平均气温 20°时，干燥室的最高温度可达 49℃。太阳能干燥的质量好，其干燥缺陷是气干材的 1/9～1/5。例如试材为加拿大短叶松湿材，材厚 51mm，材积约 1.2m³，将此试材从初含水率 60% 干燥至含水率 19%，夏天需 12 天，冬天需 100 天。但将同样的试材放大气中干燥，从 8 月份起需要 244 天；从 11 月份起需 230 天。8 月份在太阳能干燥室内可在 30 天内将此试材干燥至终含水率 10%。而气干法在高纬度地区，根本达不到 10% 的终含水率。

42.3.4.2　木材太阳能干燥供热系统热计算

（1）确定木材干燥所需的供热量

根据木材干燥学，预热 1m³ 木材所需的热量可按式（42-19）计算：

$$Q_{ym^3} = 1000\rho_0\left(1.591 + 4.1868\times\frac{MC}{100}\right)\times(t_s - t_0) \tag{42-19}$$

式中，Q_{ym^3} 为预热 1m³ 材所需的热量；ρ_0 为木材的基本密度；MC 为木材含水率；t_s 为太阳能干燥室平均温度；t_0 为一年中太阳能干燥运行时（北京地区 4－11 月晴天）外界大气平均温度。

取 $\rho_0 = 0.431 g/cm^3$，$MC = 50\%$，$t_s = 40℃$，$t_0 = 16℃$，则：

$$Q_{ym^3} = \left[1000 \times 0.431 \times \left(1.591 + 4.1868 \times \frac{50}{100} \right) \right] \times (40-16) = 38111.4 \ (kJ/m^3)$$

若设计取太阳能干燥室材积为 20m³，预热时间 10h，则木材预热所需热量 Q_{ys} 为：

$$Q_{ys} = \frac{38111.4 \times 20}{10} = 76223 (kJ/h)$$

由于木材预热结束即进入木材干燥的水蒸气蒸发阶段，此阶段所需热量一般只有预热阶段的 50%～60%。同时预热阶段在整个木材干燥阶段所占的时间很短，故确定热负荷时可取预热量的 70%。

太阳能供热负荷 Q_T 为：　　$Q_T = \dfrac{76223 \times 0.7}{3600} \approx 15 \ (kW)$

（2）确定太阳能集热器面积

太阳能集热器面积按式(42-20)计算

$$A_e = \frac{Q_T}{(HR_h) \times \tau a \ \eta} \tag{42-20}$$

式中，A_e 为太阳能集热器透光面积；Q_T 为木材干燥所需太阳能的供热量；（HR_h）为太阳能倾斜面上的辐射强度；τ 为集热器玻璃盖板的投射率；a 为集热器吸热板的吸收率；η 为集热器的瞬时热效率。

例如：北京地区干燥密度为 0.441g/cm³ 的松木，材积 20m³，初、终含水率为 50% 和 10%，根据木材干燥有关热计算公式可算出预热阶段所需的热量。若取预热阶段所需热量的 60% 作为太阳能集热器供热量，取值为 53356.1kJ/h≈15kW。查北京地区有关太阳能辐射的资料，（HR_h）＝2310kJ/(m²·h)，τ＝0.85，a＝0.9，η＝0.45，则所需的集热器面积为：

$$A_e = \frac{53356.1}{2310 \times 0.85 \times 0.9 \times 0.45} = 67.1 \ (m^2)$$

由此可见，单位材积所需的集热器面积约为 3.4m²。

42.3.4.3　木材太阳能干燥示例

① 表 42-17 为采光面积 32.4m²，303 阵列布置集热器的供热性能测试数据。测试地点北京。由于篇幅有限，表中只列出 9 月某一天的数据。

表 42-17　太阳能供热性能参数

日期	记录时刻	环境温度 t_0/℃	集热器进口风温度 t_1/℃	集热器出口风温度 t_2/℃	进出口温差 Δt/℃	辐射强度 I/(W/m²)	集热器热效率 瞬时热效率 η_T	集热器热效率 平均热效率 η_T	送风量 G/(kg/h)	有效得热 Q/kW	供热系数 瞬时 COP_T	供热系数 平均 COP_T	备注
9.12晴	11:00	25	25	50	25	759	46.4		1721	9.35	14.10		开式循环
	12:00	26	26	57	31	992	45.8		1685	11.36	18.20		
	13:00	26	26	63	37	1062	49.3		1654	13.30	20.90		
	14:00	26	26	63	37	1012	50.2	50.34	1654	13.30	20.30	16.3	
	15:00	26	26	58	32	865	50.6		1681	11.69	17.50		
	16:00	27	27	52	25	662	52.3		1710	9.29	14.00		
	17:00	27	27	44.5	17.5	408	57.8		1751	6.66	9.40		

从表中所列 9 月 12 日数据可看出，集热器最高供风温度可达 63℃，平均热效率 50.34%（接近国际水平），平均供热系数达 16.3，即太阳能风机耗 1kW 电能，集热器可向干燥室供热 11kW 以上，因此太阳能供热的节能效果十分明显。

② 太阳能干燥木材示例　图 42-45 为单独使用太阳能干燥时干燥室内温度、相对湿度和木材含水率变化的工艺曲线。图中干燥室内温度（窑温）、相对湿度（窑湿）和木材含水率均为每天的平均值。试材为 5cm 厚的红松，初含水率 31％，终含水率 14.4％，材积 15m³，干燥时间从 8 月 4 日到 8 月 15 日，共 12 天，地点北京。集热器采光面积 73m²，风机功率 25kW。由图 42-45 可以看出，单独用太阳能作能源时，干燥室内的温度、相对湿度受气候条件的影响波动较大，干燥周期较长。该试材若采用常规蒸汽干燥，干燥时间大约可缩短一半。

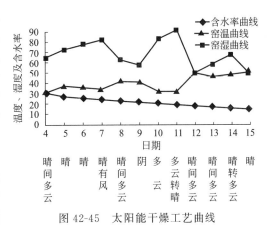

图 42-45　太阳能干燥工艺曲线

42.3.5　木材的联合干燥技术

联合干燥符合国际干燥技术的创新发展趋势，每一种干燥方法都有各自的优点和适用范围，联合干燥正是取其优点而避其缺点。现以除湿干燥与常规蒸汽联合干燥为例，首先用蒸汽热能对木材预热，避免了采用除湿干燥时用电加热预热带来的升温慢、电耗高的缺点。进入干燥初期至中期阶段，干燥室的排湿量大，此期间采用除湿干燥回收干燥室排气的余热，可以明显地降低干燥的能耗。在干燥后期，当干燥室排湿量很小时，则用蒸汽干燥，可提高干燥室温度，加快干燥速度，缩短干燥周期。又如日本采用高频与常规蒸汽联合干燥 113mm×113mm 的方柱柳杉，与单纯蒸汽干燥相比，干燥速度快了 4 倍多，而干燥成本（包括设备、能耗和人工费）降低了 3％。

此外，木材干燥行业出现了各种形式的联合干燥，如高频-蒸汽、真空-微波、真空-除湿、太阳能-蒸汽、太阳能-热泵除湿等各种联合干燥。因篇幅所限，本章仅列举几种。

42.3.5.1　除湿-常规联合干燥

除湿干燥与常规干燥的基本原理相同，均以湿空气作干燥介质，依靠热空气与木材间的对流换热，加热木材并吸收木材蒸发的水分。二者主要区别是湿空气的去湿方法不同。常规干燥时，需要定期从干燥室排气道排出一部分湿度大的热空气，同时从吸气道吸入等量的外界冷空气，即空气采用开式循环，排气热损失很大；而除湿干燥时以制冷的方式去湿，空气在干燥室与除湿机间采用闭式循环（见图 42-19），故节能效果显著。

常规干燥在不同的含水率阶段的排气热损失不同。前期大，后期小，接近终了时不排气。图 42-46 为以 2m³ 马尾松为试材，测得的各含水率阶段（又称工艺阶段）的能耗和排气热损失。图中横坐标表示不同的含水率阶段，纵坐标表示能耗或热损失。由图 42-46 看出，除初期木材预热能耗较高外，干燥中期能耗基本保持稳定。当含水率降至 25％ 以下时，含水率越低，木材中的水分越不易排出，干燥时间越长，故能耗越高。同时由图 42-46 还可看出，当含水率降至 23％ 以后，排气热损失明显降低，最后接近于零。因此除湿与常规干燥联合时，除湿机只宜在前期和中期排湿大时运行。

除湿能耗（kW·h/m³）、除湿回收的能量（kW·h/m³）、除湿与其回收能量的比随含水率阶段变化的关系如图 42-47。从图中可以看出干燥初期除湿能耗与回收的能量相比，除湿能耗很少，到含水率阶段 26％～23％ 时除湿能耗与回收的能量接近。进一步过右纵轴

1.00 处画一条平行于横坐标的线，可以看出当含水率为 23% 时除湿消耗的能量与回收能量相等。木材含水率在 23% 以下时，除湿消耗的能量就大于其回收的能量，说明在含水率 23% 以下开除湿不合算。即含水率 23% 是蒸汽与除湿的匹配点。这一点与理论分析得出的含水率 24% 相接近。

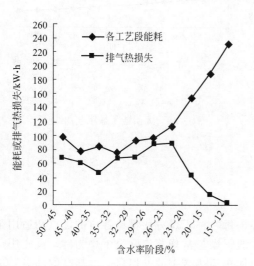

图 42-46　蒸汽干燥各工艺阶段能耗和排热气损失

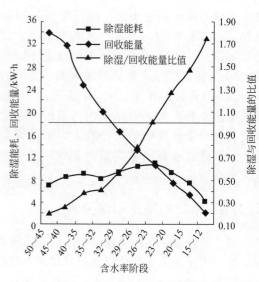

图 42-47　除湿与回收能量分析

同时理论分析表明，试材和干燥工艺不同，匹配点位置也有变化，大致含水率在 20%～25% 这个区间。

除湿干燥与常规干燥联合运行时，对于中温除湿机，除湿阶段按除湿工艺运行，除湿机停机以后按常规工艺运行；对于供风温度达 80℃ 以上的高温除湿机，完全可按常规干燥工艺运行。

42.3.5.2　太阳能-热泵联合干燥

为克服太阳能间歇性供热的弱点，常需要与其他能源和供热装置联合，如太阳能-炉气、太阳能-蒸汽、太阳能-热泵等联合干燥。太阳能-热泵除湿机联合干燥是一种没有污染、比较理想的联合干燥方式。美国、日本和我国北京林业大学及福建省材料所等单位都进行过这方面的研究工作。

图 42-48 为北京林业大学设计的太阳能与热泵除湿机联合干燥系统的工作原理。该联合干燥系统由太阳能供热系统Ⅰ、热泵除湿干燥机Ⅱ及木材干燥室Ⅲ这三大部分组成。图 42-49 为该联合干燥装置的外观图。

太阳能供热系统由太阳能集热器、风机、管路以及风阀组成。太阳能集热器采用北京市太阳能研究所研制的 PK1570 系列拼装式平板型空气集热器。根据集热器数量多少和位置可布置数个阵列。图 42-48、图 42-49 中为 3 个阵列。热泵除湿干燥机与普通热泵工作原理相同，具有蒸发器、压缩机、冷凝器与膨胀阀四大部件。但它具有除湿和热泵两个蒸发器，除湿蒸发器 6 中的制冷工质吸收从干燥室排出的湿空气的热量，使空气中水蒸气冷凝为水而排出，达到使干燥室降低湿度的目的。热泵蒸发器 9 内的制冷工质从大气环境或太阳能系统供应的热风吸热，制冷工质携热量经压缩机 11 至冷凝器 8 处放出热量，同时加热来自干燥室的空气，使干燥室升温。木材干燥过程中，干燥室的供热与排湿由太阳能供热系统和热泵除湿机两者配合承担。二者既可以单独使用也可联合运行。如果天气晴朗气温高，可单独开启

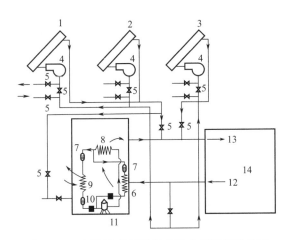

图 42-48　太阳能-热泵除湿机联合干燥系统原理

1,2,3—太阳能集热器；4—太阳能风机；5—风阀；6—除湿蒸发器；7—膨胀阀；8—冷凝器；
9—热泵蒸发器；10—单向阀；11—压缩机；12—湿空气；13—干热风；14—干燥室

太阳能供热系统；如果阴雨天或夜间则启动热泵除湿机来承担木材干燥的供热与除湿。在多云或气温较低的晴天，可同时开启太阳能供热系统和热泵除湿机，但从太阳能集热器出来的热空气不直接送入干燥室，而是经风管送向热泵蒸发器。此时由于送风温度高于大气环境温度，可明显提高热泵的工作效率。

图 42-50 为太阳能-热泵联合干燥木材的工艺曲线。试材为红松，基本密度为 0.36g/cm³，板厚为 6cm，材积为 15m³，初含水率为 66%，终含水率为 18%，干燥时间从 9 月 5 日到 9 月 17 日，共约 13 天，地点北京。图 42-50 中，干燥室内温度、相对湿度和木材含水率均为每天的平均值。对照图 42-45 的曲线变化趋势可以看出：①单独使用太阳能干燥时，干燥室内温度、相对湿度的波动较大，木材干燥过程受气候条件的影响大，很难实现预定的干燥工艺。②太阳能-热泵联合干燥时，干燥室内温度和相对湿度的变化比较平稳，基本上能按规定的工艺运行。木材含水率降低的速度比太阳能快。③太阳能-热泵联合干燥木材的周期明显比单独使用太阳能干燥的周期短，提高了生产效率。

图 42-49　太阳能-热泵联合干燥装置照片

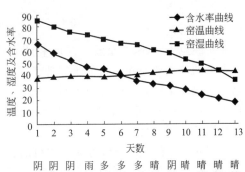

图 42-50　太阳能-热泵联合干燥木材工艺曲线

42.3.5.3　高频-真空联合干燥

由于木材在真空状态下水的沸点降低到 100℃以下，微波（或高频）与真空干燥两种方法联合，不仅能避免单独微波干燥过程中因温度过高而易出现的内裂和内部烧焦的缺陷，又能解决单独真空干燥过程中因空气介质稀少而使热量传递较慢的问题，还能降低干燥成本，大幅度减少干燥时间，所以微波-真空干燥技术是一项具有较大发展前景和应用价值的新技术。

图 42-51 为根据在北京林业大学实验室内进行的木材微波-真空干燥实验结果，绘制了马尾松木材干燥曲线，从图中可以看出木材干燥时其含水率和温度的变化规律。就干燥过程中木材的含水率和温度变化情况而言，木材含水率和温度的变化大致可以分为以下三个阶段。

① 快速升温加速干燥段　这是木材干燥的初期阶段，即干燥的第一阶段。在这一阶段，木材的干燥具有两个显著的特点：木材的含水率基本不变或变化很少，此时木材的干燥速率由零逐渐增大，是干燥速率的加速段；与此同时，木材内的温度几乎呈直线趋势迅速增加。因此，在干燥的初期，微波辐射的能量基本被用来升高木材的温度。

② 恒温恒速干燥段　这是木材干燥的主要阶段，在这一阶段基本完成木材内水分的蒸发过程。从图 42-51 中可以看出，在这一阶段，木材的干燥也具有两个显著的特点：木材的含水率均匀下降，呈现等速干燥趋势；在对应的阶段，木材的温度基本保持在某一固定值上下波动，基本保持恒温状态。所以在这一阶段，木材得到的微波能量基本用来蒸发木材中的水分。这是木材干燥的最主要阶段，在整个干燥过程中所占的时间比例最大，一般占整个干燥时间的 50% 以上。

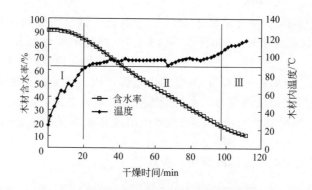

图 42-51　木材的微波-真空干燥曲线

③ 后期升温减速干燥段　这是木材干燥过程的最后阶段，此时，木材内的水分已经较少，水分的蒸发速率和木材的干燥速率逐步呈现下降趋势，而木材的温度则逐渐上升。第二与第三阶段发生转折的临界点木材含水率与微波辐射功率、木材厚度等因素有关，但其值一般在 10%～20% 之间。在这一阶段，微波能量除了继续蒸发木材中的水分外，还有部分微波能量用来升高木材内的温度。

从图 42-51 和上述分析可知，木材的整个微波-真空干燥过程可以分为三个不同的阶段，每一个阶段分别具有不同的特点。与常规干燥相比，最显著的特点是：在常规干燥中木材的等速干燥段很短，甚至基本不存在，而在微波-真空干燥过程中，木材的等速干燥段在整个干燥过程中所占的比例很大（一般在 50% 以上），其临界含水率甚至可以延伸至纤维饱和点以下。所以微波-真空干燥的速率很快，约为常规木材干燥速率的几十倍，甚至上百倍。

当然，以上干燥曲线是木材微波-真空干燥过程的一般干燥规律。若微波辐射的强度很大，超过了木材内最大的临界水分蒸发速率，此时在温度变化曲线的第二阶段，可能恒温表现得就不一定会很明显。

图 42-52 为西部铁杉的高频-真空联合干燥曲线，其温度与含水率的变化曲线与 42-51 中的曲线存在类似的规律。

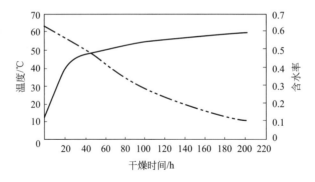

图 42-52　西部铁杉的高频-真空联合干燥曲线

42.4　单板和木碎料干燥

42.4.1　单板干燥

42.4.1.1　单板干燥特性与方法

（1）单板干燥特性

制造胶合板或装饰贴面板用的一层薄木称为单板。由于单板薄而大，且带有裂隙，水分很容易移动。其加热和干燥过程分为 3 个阶段，如图 42-53 所示。阶段Ⅰ为单板加热阶段。此阶段中单板的温度逐渐上升，至热空气的露点温度。此阶段单板表面的水蒸气分压低于热空气，因此无水分蒸发。热空气传给单板的热量，几乎都消耗于单板温度的升高。单板温度上升到露点后，表面就开始蒸发水分，达到湿球温度时，即进入等速干燥阶段Ⅱ。此时热空气供给的热量几乎全部消耗于水分的剧烈蒸发。木材的温度保持为热空气的湿球温度。等速干燥阶段中，单板表面的水分蒸发速度正比于单板表面与热空气中水蒸气分压之差，如式（42-21）：

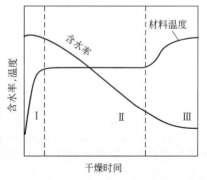

图 42-53　干燥特性曲线

$$\frac{\mathrm{d}W}{A\mathrm{d}\tau} = -K(p_s - p_w) \tag{42-21}$$

式中，W 为水分蒸发量，kg；A、τ 分别为蒸发面积（m²）和干燥时间（h）；K 为表面蒸发系数；p_s、p_w 分别为单板表面蒸气压及热空气中水蒸气分压，Pa。

干燥继续进行，单板含水率达到纤维饱和点以后，干燥速度下降，进入减速干燥阶段Ⅲ。此阶段单板表面蒸发减少，干燥以单板内部水分扩散为主。热空气传给单板的热量使单板温度上升并开始收缩，单板温度逐渐趋近于热空气的干球温度。单板表面和内部的温度梯度消失，干燥结束。

由图 42-53 的特性曲线可见，单板的干燥以第Ⅱ阶段为主。由于单板内部的水分移动比较容易，木材的温度只略高于热空气的湿球温度。因此，①可采用高温热空气（通常用

140℃）以加快干燥速度而又不损伤单板。②采用高风速。高速气流由喷嘴垂直于板面喷出，当单板连续前进时，高速气流好似一把"刮刀"刮去单板表面附近的饱和蒸汽界层，以加速水分的进一步蒸发。③低相对湿度的空气可加速干燥。

（2）单板干燥方法

目前实用的单板干燥方法有：滚筒式干燥机干燥、网带式干燥机干燥、热板接触干燥等。

① 滚筒式单板干燥机　这种干燥机水平安装数对直径约75mm、间隔约为12～18cm的钢滚筒。滚筒既可传送单板，又可对单板接触加热，还可压紧单板防止或减轻单板的翘曲变形。下滚筒由链条传动同向旋转，其转速可根据所需的单板进料速度，进行无级变速调节。上滚筒经齿轮由下滚筒传动，并因上滚筒的重量及弹簧的弹力将单板（厚度为0.4～10mm）夹紧在上下滚筒之间，以防单板翘曲变形，并让单板通过。

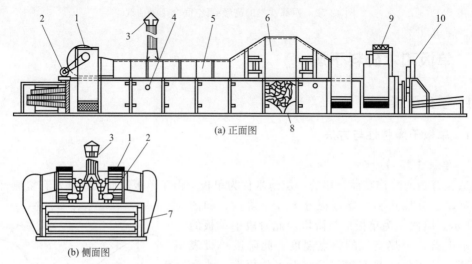

图 42-54　滚筒干燥机

1—电动机；2—风机；3—排气筒；4—温度计；5—风道；6—加热器；
7—滚筒；8—加热器；9—冷却风机；10—单板输送电动机

滚筒干燥机的外壳为装配式带保温层的金属板（图 42-54），覆盖在型钢骨架上。气流循环方式有离心风机安装在干燥机顶部，向下送风引起的逆向（与进板方向相反）循环；也有多台轴流风机安装在干燥机侧上方，引导空气横向循环。加热器多装在干燥机的顶部，以便循环气流流过。最后一节装有冷却风机，干燥后的单板经冷却后送出机外。裁剪成一定宽度的单板纵向进料。

干燥温度通常为 130～140℃，厚度为 1mm 的薄单板的干燥时间约为 6～10min（因树种而异）；而厚度 3mm 厚单板约需 20～33min。由于有滚筒压紧，干燥出的单板平整光滑。

② 网带式单板干燥机　这类干燥机中，连续的整幅单板横纹方向进料，由上下两组网带夹持送进干燥机，进行干燥。干燥机由十多节或数十节组成。每节上部装有一台轴流风机 1 和一组翅片管式加热器 2，由风机吹出的横向气流流经加热器后，被送入喷嘴 3，再从单板的上下两面喷出，以加快水分的蒸发（图 42-55）。网带干燥机采用连续

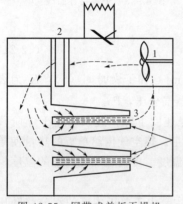

图 42-55　网带式单板干燥机

1—轴流风机；2—管式加热器；3—喷嘴

单板进料，干燥后再剪裁，故出板率较高。但网带对单板的夹紧力很小，干燥出的单板不如滚筒式平整光滑。该机中的垂直喷射气流很容易吹散单板表面的饱和蒸汽界层，故蒸发水分的效果比纵向及横向平行气流好。

以上两类干燥机的热源除了使用蒸汽以外，还可使用柴油或天然气直接燃烧生成的气体，直接加热单板。由于这种气体温度可高达 200℃，热效率远高于蒸汽加热。但干燥温度过高会影响单板的强度及胶合板的胶着力。常用的干燥温度为 130～150℃。

③　热板式干燥机　热板式干燥机是用一对对加热平板对单板接触传热，并施加适当压力进行干燥。图 42-56 是连续式热板干燥机示意图。干燥机内由一对单板传送滚筒和一对加热热板组成一组，沿干燥机长度方向有多组。当热板一张开，滚筒转动，将单板送进热板。热板

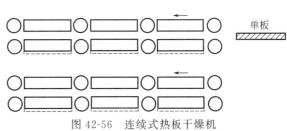

图 42-56　连续式热板干燥机

随后加压加热，其压力为 172～586kPa，温度为 120～230℃（因树种和板厚而异）。加热数秒钟后又张开，以便水分蒸发，同时滚筒又转动送板。这样重复进行，单板被送向另一端，同时逐渐干燥。利用高温平板对薄又大的单板接触加热，其热效率高于对流加热的干燥机；干燥出的单板平整光滑，且单板宽度干缩小于对流加热（可减小 5%），但厚度干缩较大，且热板温度越高，施加的压力越大，厚度干缩越大。另外，热板式干燥机的生产率一般也低于滚筒式和网带式。

④　单板干燥的缺陷及防止办法　单板干燥的缺陷主要有开裂、波纹变形及终含水率不均匀。

a. 开裂。最主要的开裂为板边开裂。主要原因有旋切单板的原木存在端裂；装卸单板操作不当；单板两端松紧程度不一致；卷板、搬运操作不当。防止办法：除了按工艺规程操作之外，单板旋切后，用胶带纸贴在单板两端，或两端用缝纫机线缝上，可有效防止端裂。

b. 波纹变形。原因有单板旋切时旋刀刃磨或调整不当，旋出的单板厚薄不匀；原木为速生小径材或应力木，木材干缩大且不均匀。防止办法：保证单板旋切质量；采用滚筒干燥机或热板干燥机干燥单板可有效防止波纹变形。

c. 终含水率不均匀。原因有单板各部分初含水率不均匀，有湿心；单板厚度不一致；单板各部分木材组织结构不均匀；干燥机宽度方向上温度或风速不均匀。防止办法：保证单板旋切质量，使厚薄均匀；干燥机宽度上温度、风速分布要均匀；对单板终含水率连续多点检测，对终含水率过高的部分再干燥。单板终含水率应根据胶种和胶合板厚度控制在 6%～8% 或 8%～12%。

42.4.1.2　速生材单板的热压干燥

以胶合板为主的单板类人造板由于具有较高的强度比、优良的尺寸稳定性，在我国家具、建筑和装修等行业具有广阔的应用前景。但用于制造单板的传统树种以及优质的大径级原木越来越少，已满足不了我国胶合板生产的需求。因此取而代之的是杨木、泡桐等人工速生材。

杨木、泡桐等人工速生材，其密度小、结构疏松、材质松软，特别是含水率分布不均，致使单板干燥后变形严重，开裂度大，容易破碎，出材率下降，涂胶不均，影响胶合强度；单板整理困难，不易拼接；热压后极易产生离缝、叠心等严重缺陷，使等级下降，废品率高。因此，研究适合我国人工速生材单板和特厚单板干燥工艺是急待解决的问题。

速生材单板干燥通常采用对流和热压两种干燥方法，前者与普通单板的网带或滚筒对流干燥方法相似，而热压干燥则是把单板夹在两块热平板间进行干燥。热压干燥与对流干燥相比有以下优点：①因单板与热平板紧密接触而使热量迅速传递，用160℃左右的热板干燥单板，其干燥速度相当于420℃热空气的对流干燥，而热能消耗却减少了一半。热压干燥后的单板光滑、平整、含水率均匀，对改善涂胶质量和热压质量都是有利的。②特别是在干燥厚单板时，其干燥速度之快是对流干燥所远远不及的，而且能够节约能源和提高产品质量。③热板温度为160~230℃，热压干燥几乎无湿单板加热期，当单板一接触到热压板即有水分蒸发，在压机闭合几秒后单板重量即有很大变化。一般在干燥的开始阶段水分蒸发很快，在含水率降至10%以后，干燥速度放慢。

随着速生材在我国工业用材中的比例逐年增加，热压干燥将是一种有发展前途的单板干燥技术。南京林业大学顾炼百主持的"九五"课题就是有关杨木等速生材单板类人造板材干燥工艺的研究。先对单板滚压柔化，使单板在压辊齿刃的刻痕下放松，消除单板木材中的生长应力；接着进行连续单板高温接触干燥，使热压板的温度达到或略超过木材热软化温度，使单板塑化、变软。同时单板在热压过程中要周期性地开启热压板，进行呼吸以便迅速排出木材中的水分，并辅以适当的周期，既有利于木材水分的散发，又给单板收缩机会，防止单板开裂，此法干燥的单板既平整，又很少破碎，还可数倍地提高干燥速度，而且可干燥连续单板，只需一次裁剪，减少单板损失。

例如1.7mm厚美洲黑杨（*Populus deltoids*）生材单板采用热压干燥时，干燥机采用高温导热油加热的连续式热压单板干燥机，热压板加热至192℃，前压板压力0.09MPa，后压板压力0.18MPa。热压干燥的最佳呼吸周期是：每隔15s压板张开1次，共6次，最后再压30s结束，干燥周期2min。

热压干燥单板的厚度干缩率略大于对流干燥，而宽度干缩率远小于对流干燥，这主要是由于热压干燥时，木材的横纹干缩受到了压板的抑制。就平整度而言，对流干燥的单板翘曲变形较大，表现在单板波纹高度大，波纹数多，而且波峰陡峭，这是由于美洲黑杨生长迅速，幼龄材比例高，生长应力大。此外，细胞壁薄、胶质木纤维含量大，干燥时易产生皱缩。热压干燥抑制了单板的翘曲，特别是在190℃以上的干燥温度下，达到了木材的玻璃态转变温度，使木材在平整的状态下干燥、固定，即使应力消除后，也很少产生变形。

热压干燥后的终含水率比较均匀，且符合胶合板生产要求。这主要是由于湿单板夹在热压板中，与高温热压板紧密接触，热压板的热量能迅速传给单板，高含水率的红心区域，木材的热导率大，从热压板传给木材的热量多，使该区域水分蒸发加快。另外，木材的温度超过100℃，木材中水分迅速汽化，含水率高的区域水蒸气压力也高，使木材中的水蒸气迅速向外扩散，因而单板终含水率相差不大。

高温热压干燥单板的热效率远高于对流加热网带干燥的热效率。其主要原因是热压干燥时，高温热压板与湿单板直接接触，无需进排气，热损失小；热压干燥的温度192℃远高于网带对流干燥的温度140~160℃，也使前者的热效率提高。

42.4.2 刨花干燥

42.4.2.1 刨花干燥的原理及特点

刨花干燥过程是水分移动的过程，也是和周围介质传热、传质的过程。干燥时，热量可以通过传导、对流和辐射等传热方式传给湿物料。在实际传热过程中，这三种传热方式往往同时存在。其中使用较为广泛的是以对流为主的传热方式，其次是以传导为主的传热方式。

在干燥湿刨花时，当刨花中所含水分超过其平衡水分而与干燥介质接触时，干燥将热量传给刨花表面，然后热量由表面向内部传导，这个过程称为传热过程。刨花表面获得热量后，由于表面水蒸气分压大于干燥介质水蒸气分压，水分立即蒸发，汽化后的水汽通过刨花表面的气膜向空气中扩散。刨花表面水分不断蒸发而逐渐减少，刨花内部与表面间形成含水率梯度。传导到刨花内部的热量，使刨花内部的水分向表面移动。干燥介质连续不断地将汽化的水分带走，从而达到干燥的目的。表面水分汽化的过程以及刨花内部水分向表面移动的过程称为传质过程。由此可见，刨花的干燥与一般物料干燥相似，是通过传热、传质两过程的同时作用而实现的。传热过程能促进传质过程，即干燥介质向物料传热，使水分蒸发而产生传质过程。传质过程又分两种，一种是物料表面的水蒸气向干燥介质中移动的气相传质；一种是内部水分向蒸发面扩散移动的固体内部的传质。水分的内扩散和表面汽化是相联系的，也是同时进行的。但在干燥过程的不同阶段，干燥机理不相同。总之，干燥速率与传热速率和传质速率都有关系。

刨花干燥与成材干燥有很大的区别。刨花的厚度小、比表面积大，因而水分移动的路程短。干燥时呈现疏松的运动状态，传热和传质效率都较高，因而不易产生内部水分扩散慢于表面蒸发的现象。所以，刨花干燥可以采用较高温度和较低湿度的干燥介质进行快速干燥。干燥过程基本上属于恒速干燥阶段，其临界含水率较低，干燥时间亦较短，因而刨花在干燥时不会发生翘曲、开裂等缺陷。

42.4.2.2　刨花干燥方法

刨花干燥按供热和刨花移动方式可分为接触供热和机械传动干燥、对流供热和机械传动干燥、对流供热和气流传动干燥三大类。

（1）接触供热和机械传动干燥

接触供热和机械传动干燥可分为接触加热回转圆筒式干燥机、转子式干燥机和带有预热装置的 Schilde 干燥机等。

① 接触加热回转圆筒式干燥机　这是一种刨花板生产中常用的干燥设备。如图 42-57 所示，蒸汽从圆筒一端的进气管进入，通过内部多组加热管，圆筒另一端有排气管，刨花从进料口进入，与加热管接触，加热刨花使之干燥。圆筒安装成一定倾斜度，并在圆筒内有导向叶片，在圆筒回转时使刨花逐渐向出口处移动。干燥过程中，必须随时将筒内湿空气排出和补入新鲜空气。筒内空气流动速度不应太快，以免刨花被高速气流带走。这种干燥机的缺点是刨花之间以及刨花与干燥机壁和加热管之间有摩擦，容易使刨花破碎和生成粉尘；圆筒内有较多的蒸汽管，一旦漏气维修较为困难。

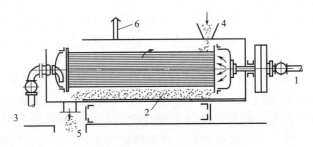

图 42-57　接触加热回转圆筒式干燥机

1—进气管；2—加热管；3—排气管；4—进料口；5—出料口；6—排湿口

② 转子式干燥机　它和回转圆筒式干燥机不同处是机壳环上再焊几根钢杆，钢杆上有

叶片。如图 42-58 所示，钢杆与转子的轴线成一定角度，这能保证从进料口进入的刨花往出料口出料。转子上的叶片推着刨花沿着干燥机做轴向移动。叶片固定不动，只是中间加热管道组成的转子转动。转子可分为单转子和双转子两种。转子架在机壳的空心轴上，转子由两个封头和钢管组成。从导管经过空心轴及封头往钢管内注入循环加热水或蒸汽。在转子上焊有几个圆环，将刨花带起来撒在加热管上，使刨花加热干燥。在机壳上有观察孔、新鲜空气补给孔、排湿孔，以及清洗导管灰尘的管。

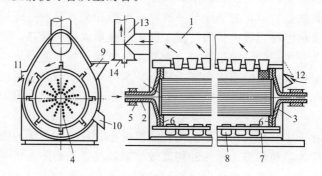

图 42-58　转子式干燥机

1—机壳；2—空心轴；3—封头；4—钢管；5—导管；6—圆环；7—钢杆；8—叶片；
9—进料口；10—出料口；11—观察孔；12—空气补给孔；13—排湿孔；14—管

③ 带有预热装置的 Schilde 干燥机　这是一种很经济的干燥机，专用于干燥刨花板芯层的颗粒状刨花。该机在进料口设有预热装置，湿刨花在金属编织的传送带上缓慢移动，将干燥机排出的废热气引入预热装置的底部，利用上升热气流穿过传送带预热刨花，预热后的刨花进入干燥室。干燥室的进料口处有分流板，可将刨花均匀地分配到加热区。转子由加热管及叶片组成。转子转动，使刨花连续地移动。由于有了利用废气热量加热湿刨花的装置，从耗热量来看，该机是较经济的。

（2）对流供热和机械传动干燥

对流供热和机械传动干燥可分为多层带式干燥机、炉气加热圆筒干燥机、振动筛式干燥机、盘式干燥机、具有连续抛料装置的 Zwenkao 干燥机等。

① 多层带式干燥机　生产量较高的刨花板厂干燥芯层刨花可使用带式干燥机。带式干燥机分为三层和五层。由 3～5 条输送带组成，输送带可用金属网带制成，也可用金属履带制成。相邻的输送带转动方向相反，两端是交错的，输送带用电机带动。刨花由干燥机的顶部落入最上层输送带的一端，在输送带运动过程中，刨花层层下落，最后由出料口排出。刨花从上层落下时，能改变刨花位置，使刨花在热空气中均匀干燥。干燥时间根据刨花层的厚度和输送带的运动速度而变。一般上层带用高速运行，下层带逐层降低速度，最下层速度最慢，刨花层的堆积量也最厚。干燥后刨花基本无破损。该机的主要缺点是网带式网格易扭曲和破损，机中经常留有大量刨花，容易引起火灾。

② 炉气加热圆筒干燥机　这种干燥机的外形与接触加热圆筒干燥机十分相似。如图 42-59 所示，圆筒两端用支撑轮支承，由电机带动，使圆筒回转。圆筒的内部结构简单，没有加热管，只装一些导向叶片，圆筒转动时使刨花向出料口移动。这种干燥机前端带有燃烧室，一般用废木材、锯屑、煤或油作燃料，在燃烧室燃烧时产生高温气体，与进入燃烧室的冷空气按一定的比例混合。通过两道挡火墙，可将炉气中的火星及灰尘除去，防止火星进入干燥机及炭粒沾污刨花表面。炉气的进口温度为 300～400℃，以 1～3m/s 的气流速度经过干燥圆筒。从进料口进入圆筒的刨花与炉气进行热交换。干燥后的刨花从出料口排出。出口

温度约 200℃。废炉气可排入大气中或经炉气再循环装置送回燃烧室,继续循环使用。有的设计为了防止刨花燃烧,在燃烧室内增设风量自动调节装置,可以根据干燥圆筒内的温度自动调节风门的开闭程度,自动控制进入燃烧室的冷空气量,进而自动调节炉气温度,防止温度过高引起刨花燃烧,从而达到安全生产的目的。

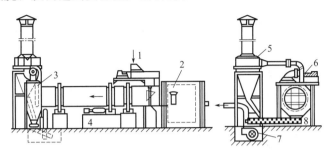

图 42-59　炉气加热圆筒干燥机

1—进料口;2—燃烧室;3—出料室;4—传动机构;
5—旋风分离器;6—排炉气的鼓风机;7—气力运输的鼓风机

③ 振动筛式干燥机　干燥机内装有数层筛子,振动筛的振幅和振动频率等对干燥效果有影响。刨花由干燥机上部的锥形进料口落至振动筛上,通过振动筛的振动将刨花抛起并向前移动,同时利用热空气通过刨花层进行干燥。该机具有结构简单、需要功率小、易于观察、干燥质量较好等优点。

④ 盘式干燥机　盘式干燥机的外形为立柱式,它由加热元件、产生气流的涡轮、多层带有可翻动扇形板的环形架及电机等组成。该机又称涡轮式干燥机。当环形架回转一周时,翻转一块扇形板,板上刨花直接落入下一层的扇形板上。如此连续运行,干燥后的刨花由出料口刮板运输机排出。在扇形板翻转落料的过程中,刨花被气流均匀加热。环形架的转速可根据总的干燥时间进行调节。

(3) 对流供热和气流传动干燥

对流供热和气流传动干燥可分为三级圆筒气流干燥机、悬浮式气流干燥机、管道式气流干燥机、喷气式干燥机、回转喷气式干燥机、Bronswerk 干燥机、螺旋运输式干燥机等。

① 三级圆筒气流干燥机　这种干燥机主要由燃烧室、筒体及排气部分等组成。燃烧室以煤气、油类、木粉尘或上述的混合物为燃料,产生的热气体为干燥介质。筒体由三层同心圆筒组成。热气体在三个同心圆筒之间进行三个循环,因而缩短了干燥机的总长度。该气流干燥机的工作原理如下:湿刨花首先进入内层筒(即直径最小的圆筒),与高温的热气流直接接触,热量传递给刨花主要依靠气流的对流作用,可使用较高空气温度和速度,刨花表面水分蒸发处于等速干燥阶段。刨花在气流的作用下,依次进入中层筒和外层筒(即直径最大的圆筒)。在中层筒和外层筒内使用较慢的空气速度和中等温度,刨花的水分蒸发处于减速干燥阶段。热空气的速度随着温度和筒径的不同而变化。如果干燥生材制得的废料刨花时,入口最高温度为 650~760℃,三个圆筒由小到大的进口速度(m/min)依次为 498、195、98。当干燥相对干的刨花时,入口温度应降低到 260~316℃。排气部分通常由 1 台或 2 台风机组成。空气压力既可采用正压,也可采用负压。正压时,风机安装在干燥机与旋风分离器之间。负压时,风机安装在旋风分离器外侧。负压系统的优点是刨花未通过风机,刨花的破损率较低,而且风机的旋转叶轮磨损较小。电子控制系统主要包括热电偶温度控制仪和高温热电偶记录仪。它们安装在干燥筒与风机之间,热电偶温度控制仪用于测定干燥机圆筒末端出口处的气体温度。当出口温度超过某个预先调好的值,高限额系统自动将整个干燥工序

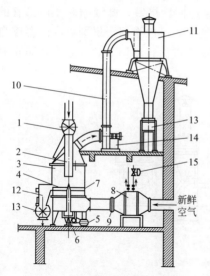

图 42-60　单层悬浮式气流干燥机

1—进料阀；2—管道；3—干燥室；
4—搅拌器；5—电机；6—减速器；
7—筛网；8—加热器；9—节流阀；
10—管道；11—旋风分离器；
12—管道；13—出料阀；
14—鼓风机；15—控制阀

停下来。热电偶的高温指示计安装在燃烧室与干燥筒之间。这种干燥机的入口温度都高于木材燃点（约为 230℃ 左右），但由于高温热气流运行速度较高，刨花干燥过程能迅速完成，同时刨花在干燥机内停留时间极短，所以一般不会发生火灾事故。

与此相类似的干燥机还有两级和单级圆筒气流干燥机。

② 悬浮式气流干燥机　这种类型的干燥机主要用适当速度的气流，使刨花呈悬浮状态，使刨花表面充分暴露在高温气流中进行干燥。有的干燥机对悬浮状态的刨花还具有良好的分选效果。

a. 单层悬浮式气流干燥机。如图 42-60 所示，湿刨花经进料阀沿着管道进入干燥室。搅拌器由电机并通过减速器带动。它使堆积的刨花均匀地铺在筛网的表面。新鲜空气进入加热器，用热水加热到 85℃。热空气从干燥室底部进入，热空气量可用节流阀调节。热空气的流速应使干燥的轻刨花都流过管道，经分离器底部排出，用运输机送至料仓。较大的刨花不能在空气中悬浮而落在筛网上干燥，用搅拌器推动刨花向筛网边部移动，最后进入管道，经出料阀卸载至运输带上，送往芯层干刨花料仓。鼓风机使干燥室内的空气流动。刨花的终含水率主要取决于进入干燥室的热空气温度。进入干燥室的温度根据温度计自动调节，用电机控制阀门，以调节加热用的热水流量。此外，还要测量干燥机出口处温度、干燥室空气压力，以及筛网上的空气温度和压力。

b. 双层悬浮式气流干燥机。这是单层悬浮式干燥机的发展，由上下两层干燥室组成。上下两层横断面直径可以一样，也可以不同。该机适用于干燥含水率较高的刨花。湿料从进料口经阀进入上层干燥室，轻的刨花在上层干燥室内完全被干燥，并与粉尘等一起被风机送入干刨花的旋风分离器，再由此送往分选设备，以便将刨花和粉尘分开，作为表层刨花使用。其余刨花再进入下层干燥室，继续进行干燥。干刨花用风机送入旋风分离器。较粗刨花经排料器排出，作为芯层刨花。

③ 管道式气流干燥机　这是一种产量较高的干燥机，刨花靠高速气流在管道内输送，同时进行干燥。单级干燥机（见图 42-61）一般使用 400～500℃ 的热空气进行干燥。从干燥机排出气体温度不超过 100℃。有的单级管道长达 60 余米，直径为 1.37m。单级管道式气流干燥机的缺点是干燥后的刨花有部分终含水率不均，这可采用多级干燥来消除。生产中表明，二级干燥就能达到显著效果。二级干燥机管道总长 120 余米，管道分为两段，使干燥过程分为两步。第一级干燥称为预干燥，使用较高温度，约 200～316℃；第二级称为主干燥，使用较低温度，为 38～82℃。

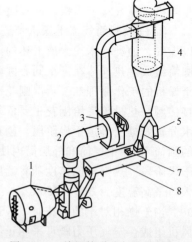

图 42-61　单级管道式气流干燥机

1—空气加热器；2—管道；3—鼓风机；
4—旋风分离器；5—干料出口；
6—干料再循环；7—湿料入口；
8—混合器

多级干燥机在燃烧室产生热气体，气流温度一般为 400～450℃。需要干燥的刨花通过进料口进入干燥机，在热气流的作用下沿上升管上升，到达分离弯管处，将刨花进行局部分离，一部分细碎刨花及粉尘进入回气管，经旋风分离器分离，用螺旋输送机将粉尘等排出。而大量刨花经下降管道送入二级干燥系统，继而进入三级干燥系统，干燥好的优质刨花最后到达三级干燥系统的末端，在排料口处排出。该机能有效地干燥刨花和除去细碎刨花及粉尘，刨花完整性好，设备占地面积小，热效率高，干燥成本低。

④ 喷气式干燥机　喷气式干燥机属于水平固定式干燥机，如图 42-62 所示。它利用旋转流动层干燥的原理进行干燥。湿料进入固定筒体的一端，在筒体底部形成物料层。热空气进入筒体是经过筒体纵向排列的喷嘴，使热空气成切线方向进入干燥筒体内，物料在筒内一面旋转一面向前运动。为了防止刨花集结，可用旋转齿耙耙松。已干物料经过风机，从旋风分离器底部排出。热空气可回到加热装置继续使用，这样大部分热量保留在干燥机内。采用这种封闭式空气循环系统，热效率高。这种干燥机主要通过控制安装在筒底空气进口处喷嘴内形成缝隙的叶片，来决定热介质在筒内旋转角度及物料向前运动的速度。因此，可十分精确地调整刨花在筒内停留的时间。使用这种装置，可以根据刨花的不同树种、不同含水率和不同形状，采取不同的干燥时

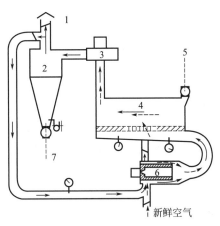

图 42-62　喷气式干燥机工作示意图
1—排气口；2—旋风分离器；3—鼓风机；
4—干燥机筒体；5—湿料入口；
6—热交换器；7—干料出口

间。如果干燥较大规格的刨花，应使它移动速度减慢，延长干燥时间。反之，细小刨花能较快通过，缩短干燥时间。这种类型的干燥机根据加热方式分为直接加热式和间接加热式两种。直接加热式干燥机可使用煤气或油作燃料，也可使用木屑与油的混合物作燃料。这种干燥机工作时入口温度为 370～400℃，加热介质可循环使用。间接加热式干燥机是用蒸汽、热水或热油间接加热。这种干燥机的热空气不能再循环使用，工作时入口温度为 160～188℃。

⑤ 回转喷气式干燥机　该机具有分选作用。锥形喷管在绝缘性能良好的圆筒形干燥室内回转。湿刨花经回转阀进入干燥室，干刨花通过回转阀排出。适当地调整喷嘴角度，就能使刨花从进料回转阀到出料口，围绕并沿着回转锥形喷管的周围，形成螺旋状刨花流。叶片可使刨花产生漩涡和升力。粗刨花在回转锥形喷管的末端通过出料口排出。在出口端，薄而轻的刨花首先由气流带至旋风分离器，随后是较厚的刨花。经旋风分离器分离出来的刨花，由回转阀排出。燃烧室内通常是用油或油和木屑作原料，热气体依靠风机与湿回流气体相混合，一部分回流气体经排气管排出，另一部分回流气体起分选的作用。该机热效率高，干燥时间短。

42.4.3　纤维干燥

干法生产纤维板在热压前要求纤维含水率在 6%～8% 的范围或更低，而经过纤维分离、施胶后的浆料，纤维的含水率都在 40%～60% 左右，因此需要将湿纤维进行干燥处理。

42.4.3.1　纤维干燥的原理及特点

干燥原理：大尺寸的木材分离成纤维状物质后，蒸发表面很大，适用于高温气流快速干

燥。纤维气流干燥是应用固态流化原理连续式常压干燥的一种形式。在干燥过程中，湿纤维在常压的管道中流动，受到高速气流的冲击，使结团纤维分散成悬浮状态。湿纤维和加热后的干燥介质混合实现快速的热质交换，湿纤维中的水分汽化，最后被干燥介质带走而达到干燥的目的。

纤维在常压的管道中运行，与高温气流接触后，纤维中的水分很快吸热汽化。在水分未蒸发完之前，纤维本身的温度不会超过常压下水蒸气的饱和温度很多。同时，还要求纤维中保留一部分水分，干燥时间又很短，故不会出现纤维过热现象。

纤维干燥的主要工艺参数有：干燥介质的温度、气流速度、加料量和纤维颗粒度。各因素的变化对干燥都有很大影响。

气流干燥的温度比较高，干燥方式不同，选用温度也不同。一级干燥法使用温度为250～350℃；二级干燥法使用温度为120～250℃。干燥时间前者是7s以内，后者约12s左右。

欲使湿纤维能在管道中流动，气流速度必须大于悬浮速度。但是为了延长纤维在管道中的停留时间，提高干燥效率和缩短管道的长度，最好气流速度略大于悬浮速度。

42.4.3.2　纤维干燥方法

纤维干燥若按工艺、管道型式和操作方式分类可分为一级、二级；直管、脉冲管和套管；立式和卧式；吸入和压出等多种组合形式。

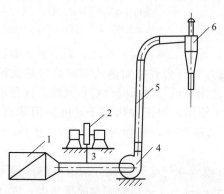

图42-63　一级立式气流干燥（压出型）
系统工艺流程
1—热源；2—磨浆机；3—湿纤维进口；
4—风机；5—主干燥管；
6—旋风分离器

（1）一级气流干燥法

干燥介质的温度使用250～350℃。纤维通过干燥机一次能达到要求的含水率，干燥时间应控制在胶黏剂达到固化之前结束，所以纤维在一级管道内停留的时间不超过7s。

这种干燥方法具有时间很短，生产效率很高，设备简单（图42-63），投资少，热损失小等优点。但它的主要缺点是由于干燥温度高，着火概率大，含水率不容易控制。

（2）二级气流干燥法

使用的干燥介质温度在200℃以下，其干燥流程分两步进行（图42-64）。第一级由于含水率高（50%～60%），可以使用较高的进口温度（160～180℃），到达干燥机出口处时，温度降低到55～65℃。当第一级干燥结束时，纤维在管道内停留了3～4s，使含水率降到大约20%。

然后进入第二级干燥机，这时进口温度为140～150℃，出口温度为90～100℃，使纤维含水率达到最终要求的6%～8%。纤维在第二级干燥机中也停留3～4s。纤维通过二级干燥系统的全程总时间（包括在纤维分离器和格窗进料器中停留的时间在内）约12s。采用二级干燥系统的优点：使用的温度低，干燥程序柔和，可以减少着火率；能在二级系统中灵活地分别控制纤维的干燥程度，使含水率均匀，所以应用比较广泛。其缺点是使用温度低，管道长，占地面积大，投资高；多一次废气排放，管道热损失大，热效率不如一级干燥法。

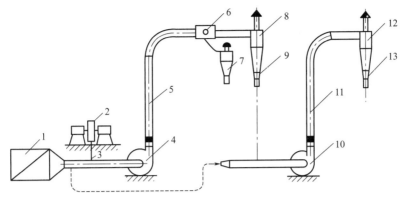

图 42-64　二级立式气流干燥（压出型）系统工艺流程

1—热源；2—磨浆机；3—湿纤维进口；4——一级干燥风机；5——一级主干燥管；6—分选器；

7—旋风分离器；8——一级干燥出口旋风分离器；9,13—星形阀；10—二级干燥风机；

11—二级主干燥管；12—二级干燥出口旋风分离器

（3）木材纤维对撞流干燥

当前中密度纤维板生产中，纤维原料的干燥采用的是管道气流干燥系统。它在整个生产能耗中占有相当的比重（通常在 50％左右）。长度达 100m 以上的管道占据着十分庞大的空间，也给生产线的设计提出了许多特殊的要求。我国是世界中密度纤维板第一生产大国，人们对研究高效快速的纤维干燥技术倍加关注。研究表明，对撞流干燥技术是木材纤维干燥的理想、快速、高效的干燥方法，它可以实现降低设备投资和节约能耗的目的。

① 木材纤维对撞流干燥系统组成　对撞流干燥（impinging stream drying，简称 ISD）的基本原理是使两股或两股以上气体-物料两相流动撞击，形成高度湍流的流动状态，使物料处于剧烈、快速、紊乱的不稳定运动过程中。同时由于惯性的作用，物料穿过撞击面渗入反向流，并来回做减幅振荡运动，从而延长了在对撞区的停留时间。其结果是，物料表面经历着气流的高速摩擦和湍流场剧烈不断的压力变化，由于气流和物料间的影响，热质传导的边界层变得很薄，使物料较长时间地处于被强化的传热、传质条件下，从而具备快速、高强度干燥的特点。

木材纤维在对撞腔内的停留时间是十分短暂的，为达到理想的干燥效果，应该采用多级对撞器相互串联，组成适用纤维干燥的干燥系统。图 42-65 为一级垂直对撞腔和三级半环对

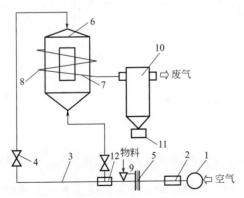

图 42-65　垂直-倾斜半环组合式对撞流干燥系统

1—罗茨风机；2—电加热器；3—进料管；4—阀门；5—孔板流量计；6—垂直对撞腔；

7—倾斜半环对撞器；8—半环对撞腔；9—加料口；10—旋风分离器；11—收料袋；12—物料分配器

撞腔串联组合而成的对撞流干燥实验系统——垂直-倾斜半环组合式对撞流干燥系统，系统管道总长度 13.5m。其具体构成为：风机 1；加热器 2；物料配送装置 3、4、5、9、12；垂直对撞腔 6；三个倾斜 10°的半环对撞器 7 及分离系统和检测系统。图 42-66 是垂直对撞腔 6 的结构示意图，图 42-67 是半环对撞器 7 的结构示意图。

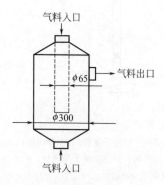

图 42-66　垂直对撞腔结构示意图

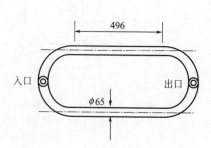

图 42-67　半环对撞器结构示意图

② 木材纤维对撞流干燥系统的实验研究

a. 各参数对纤维干燥特性的影响

Ⅰ. 不同初含水率对纤维干燥的影响。中密度纤维板使用的纤维从热磨机经喷浆管直接进入干燥管道，其含水率与热磨系统和原料的各项参数有关，可以在 30％～70％范围内变化。图 42-68 反映了某对撞流干燥实验装置对不同初含水率木材纤维的干燥结果。实验的系统参数为：气流温度 110℃、气流流量 0.121kg/s、带载率 0.0204kg/kg。实验结果表明：当初含水率在小于 70％范围内变化时，干燥纤维的终含水率所受影响很小。它表明系统对不同初含水率的纤维原料具有良好的适应性和很强的干燥能力。随着初含水率的增加，原料降水率和系统小时去水量上升，这是上述特征另一方面的反映。当初含水率上升时，纤维中所含的自由水增加。在强烈的具有相当温度的湍流气流流场中，这些自由水被迅速地与物料分离、蒸发。其干燥过程的规律适用等速干燥过程。

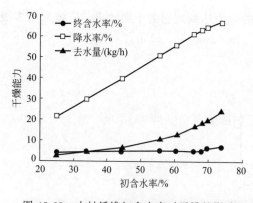

图 42-68　木材纤维初含水率对干燥的影响

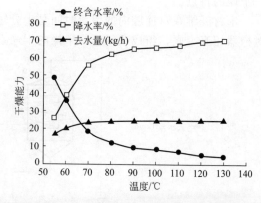

图 42-69　气流温度对木材纤维干燥的影响

Ⅱ. 气流温度对物料干燥特性的影响。气流温度是干燥系统的重要参数之一，从一般意义上说，温度的提高可以提高系统功率，增强干燥能力。

图 42-69 展示了气流流量为 0.121kg/s、带载率为 0.020kg/kg、物料平均初含水率为 73.61％的条件下，使用不同的气流温度对木材纤维进行干燥的相关实验数据。在开始阶段

（$T \leqslant 90℃$）随着温度的提高，降水率和小时去水量增加迅速，纤维终含水率明显下降。但温度的继续升高（$T \geqslant 90℃$），对纤维干燥效果的提升作用逐渐减弱，这是由于纤维在低含水率阶段，纤维内部的水分以吸附水的形式存在，干燥难度加大，随着温度的提高，终含水率的下降幅度减小。对于不同的产品生产工艺，终含水率的要求也不同。仅就适用于中、高密度纤维板生产的木材纤维的终含水率要求来说，设定一个适合的干燥温度（本实验为 90℃ 附近）可以起到满足生产要求、节约能源的作用。

Ⅲ. 气流流量对干燥特性的影响。气流流量对纤维干燥特性影响的实验分析条件为：气流温度为 100℃、带载率为 0.021kg/kg、初含水率为 76.37%，实验结果如图 42-70 所示。和其他系统参数变化不同，气流流量的变化对系统干燥特性的影响是多方面的。首先，在一定带载率的情况下，随着气流流量的增加，进入系统的物料量也跟着加大；其次，气流流量的改变将同步地引起管内流速甚至流场流态的改变，由此引起物料在对撞腔内运动状况和物料与干燥介质间传热传质特性的改变。另外，穿透深度、停留时间的改变也将直接影响干燥特性的变化。

图 42-70 表明，在纤维干燥中系统的小时去水量随着气流流量的增大而加大，降水率呈现先升后降的情况，纤维终含水率则为先降后升。这一情况的产生是因为：在气流流量变化的初始阶段，气流流速加大使得对撞腔内的湍流度不断提高，纤维进入对撞腔的速度也提高。在这一情况下，对撞腔内的干燥能力得以加强。当气流流速加大到一定值后，对撞腔内的流态进入高度湍流后流速的增加对干燥能力的提升作用减弱。另外，式（42-22）表明物料对于小尺寸物料，存在一个被带离对撞区的临界气流速度：

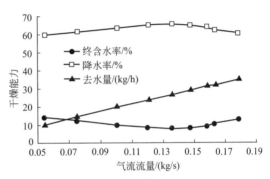

图 42-70　气流流量对木材纤维干燥的影响

$$u_{cr} = 0.9 \left(\frac{D}{d_p}\right)^{\frac{1}{7}} \sqrt{\frac{\rho_p - \rho}{\rho} g d_p} \text{ 或 } u_{cr} = 5.6 D^{0.34} d_p^{0.36} \left(\frac{\rho_p}{\rho}\right)^{0.5} \beta^{0.25} \tag{42-22}$$

式中，β 为颗粒的体积浓度，m^3/m^3；D 为对撞腔直径；d_p 为物料的当量直径；ρ 为空气密度；ρ_p 为物料密度。

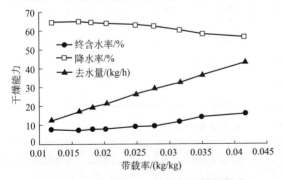

图 42-71　带载率对木材纤维干燥的影响

它表明当气流流量大于一定值后，大量的纤维被迅速带离对撞区，缩短了它在系统中的停留时间，使干燥效果下降；同时随着气流量增加而继续增加的纤维量，加大了系统的负荷。因此，在以上多因素的共同作用下，出现了终含水率上升及降水率减小的状况。

Ⅳ. 带载率对干燥性能的影响。系统的带载率实际上是系统生产能力的体现。图 42-71 显示的是带载率变化对木材纤维干燥的影响情况，其工况为：气流温度 100℃、气流流量 0.121kg/s、初含水率 76.31%。实验表明，随着带载率的提高，系统的小时去水量增加，但降水率减小，终含水率略有增加。这是由于带载率加大，意味着系统的负荷加大，在干燥系统功率有限的情况下，当带载率超过一定值后，纤维的干燥效果（从控制终含水率指标衡量）会受到影响，从而产生了图中的状况。

b. 对撞流干燥对纤维品质的影响。物料的几何状态对其产品具有较大的影响，经过热空气介质和物料间多次的干燥与碰撞，物料是否还能保持完好的形态，是工业生产中人们必然关心的问题。利用显微技术观察这种变化是一种可靠直观的办法。图 42-72 是经过对撞流干燥后单根纤维的显微图像（干燥温度 $T=110℃$）；图 42-73 是经过对撞流干燥后纤维的显微图像（干燥温度 $T=110℃$）。从图中可以清楚地看到，无论是纤维束还是单根纤维，经过对撞流系统剧烈的对撞和干燥后，都没有发生表面或内在的破坏，纤维形态保持完好。因此可以认为，对撞流干燥系统对于木材纤维的干燥不会造成断裂、粉碎等机械破坏。

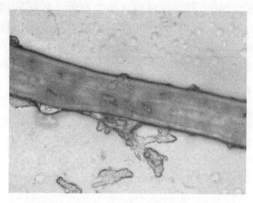

图 42-72　马尾松单根纤维的显微图像
（400X；温度 $T=110℃$）

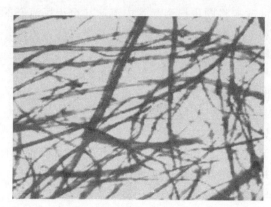

图 42-73　经对撞流干燥后的马尾松纤维的显微图像
（60X；温度 $T=110℃$）

c. 纤维制成品的宏观品质分析。将经对撞流干燥技术干燥的纤维制成纤维板样品，进行力学性能宏观的质量检测和分析。将其与传统的管道式气流干燥的纤维制成品进行对比分析，研究对撞流干燥对物料的性能影响。表 42-18 为对撞流干燥后的纤维原料制成的纤维板，与常规干燥所获得的纤维以相同热压工艺制成的样品的力学性能平均值的对比情况；表 42-19 是它们的统计标准偏差对比；表 42-20 是它们的统计 F 检验。

表 42-18　各力学性能平均值比较

分组	工艺	内结合强度/MPa	弹性模量/MPa	静曲强度/MPa
纤维板 A 组	常规干燥	0.028	422	4.82
	对撞流干燥	0.029	459	5.92
纤维板 B 组	常规干燥	0.034	766.7	5.88
	对撞流干燥	0.0485	822	6.19

表 42-19　力学性能统计标准偏差比较

分组	工艺	内结合强度/MPa	弹性模量/MPa	静曲强度/MPa
纤维板 A 组	常规干燥	0.008	131.5	0.973
	对撞流干燥	0.006	142.4	1.335
纤维板 B 组	常规干燥	1.19×10^{-2}	146.7	1.680
	对撞流干燥	1.62×10^{-2}	117.5	1.244

表 42-20　力学性能统计 F 检验

分组	项目	判别值	内结合强度/MPa	弹性模量/MPa	静曲强度/MPa
纤维板 A 组	$F(0.05;7,7)$	3.79	1.778	0.853	0.531
	$F(0.95;7,7)$	0.264			
纤维板 B 组	$F(0.05;11,11)$	2.235	0.504	1.559	1.827
	$F(0.95;11,11)$	0.447			

从以上的力学性能平均值、标准偏差和 F 检验等几个方面的分析，所得到的结论是：对撞流干燥技术用于木材纤维的干燥对其品质没有不良影响。因此，可以通过对撞流干燥技术在木材纤维干燥工艺中的应用，探索出一项快速、高效、低成本的干燥新技术。

③ 对撞流干燥对纤维实用性的分析　通过对对撞流木材纤维干燥技术的研究，表明该项技术具有很强的实用性。对比目前常用的木材纤维的气流管道干燥技术，它在以下两个方面体现出明显的优势：一是设备占用的空间大为缩小。目前使用的中密度纤维板生产系统的干燥设备管道长度均大于 100m，而以上介绍的对撞流干燥系统的管道长度仅仅 13.5m。由于设备尺寸减小，设备制造成本和设备表面热耗散也随之降低。二是干燥效率的提高，促使干燥介质的初始温度降低。对于目前工业使用的中密度纤维板生产系统，入口干燥介质温度均在 120℃以上，而实验系统确定的温度则表明 90℃是对撞流干燥系统的适用温度。这种状况对于中密度纤维板生产来说，不仅降低了能耗，而且更低的干燥温度可以减轻纤维表面胶料的预固化程度，有利于产品质量的提高。因此，该项技术对木纤维干燥具有很强的实用性。

对于类似中密度纤维板生产线，采用热磨机的喷浆管直接接入干燥系统的加料方式，不用另行设计加料机构。而对于其他散状纤维的对撞流干燥，系统则应考虑适当的加料系统。

参考文献

[1]　若利 P，莫尔-谢瓦利埃 F. 木材干燥——理论、实践和经济. 宋闯，译. 北京：中国林业出版社，1985.

[2]　鹫见博史. 木材の高温干燥（第2报）ベィツガの强度的性质および材色に及ぼす加热处理条件の影响，木材学会志，1978，(6)：7278.

[3]　Mujumdar A S, Passos L. Drying: Innovative Technology and Trends in Research and Development. The first Asian-Australia Drying Conference, 1999: 4-14.

[4]　Barnes D, Admiraal L, Pike et al. Continuous system for the drying of lumber with microwave energy. Forest Products Journal, 1976, 24 (5): 31-42.

[5]　Charrier B. Characterization of Eakwood Constituents Acting in the Brow Discoloration during Kiln Drying. Holzforschung, 1995, 49 (2): 165-172.

[6]　Yeo H. Effect of Temperature and Moisture Content on the Discoloration of Hard Maple Lumber. 8th International IUFRO Wood Drying Conference, 2003.

[7]　Resch H, Gaulsch E. High-Frequently Current / Vacuum Lumber Drying. 7th International IUFRO Wood Drying Conference, 2001: 128-133.

[8]　McCurdy M. Measurement of Colour Development in Pinus radiate Sapwood Boards During at Various Schedules. 8th International IUFRO Wood Drying Conference, 2003.

[9]　Nemeth R, Ott A, Takats P, Bak M. The Effect of Moisture Content and Drying Temperature on the Colour of Two Poplars and Robinia Wood. BioResources, 2013, 8 (2): 2074-2083.

[10]　Scatter M A. Solar drying of timber-review. J Holz Rob-Werkstoff, 1993, 51: 4066-4069.

［11］　Shi Mingheng, Wang Xin. Investigation on moisture transfer mechanism in porous media during rapid drying process. Drying Technology, 2004, 22（1-2）: 111-122.

［12］　Nidhal Mousa, Mohammed Farid. Microwave vacuum drying of banana slices. Drying technology, 2002, 20（10）: 2055-2066.

［13］　Patric Perre. The drying of wood: the benefit of fundamental research to shift from improvement to innovation. 7th International IUFRO Wood Drying Conference, 2001: 2-13.

［14］　Seyfarth R, Leiker M, Mollekopf N. Continuous drying of lumber in a microwave vacuum kiln. 8th International IUFRO wood drying conference, 2003: 159-163.

［15］　Sshlstedt-Persson M. Colour Responses to Heat-Treatment of Extractives qnd Sap from Pine and Spruce. 8th International IUFRO Wood Drying Conference, 2003: 24-28.

［16］　Takuoki Hisada. Present State of the Wood Drying in Japan and Problems to be solved. 7th International IUFRO Wood Drying Conference, 2001: 14-19.

［17］　Zhang B G, et al. Study on Drying Lumber with Solar Energy. 12th International Drying Symposium, Netherlands, 2000, 10c: 65-71.

［18］　Campean M, Marinescu I. Solar systems for wood drying. Environmental Engineering and Management Journal, 2011, 10（8）: 1069-1076.

［19］　He Zhengbin, Fei Yang, Peng Yiqing, Yi Songlin. Ultrasound-assisted vacuum drying of wood: effects on drying time and product quality. BioResources, 2013, 8（1）: 855-863.

［20］　高建民, 王喜明. 木材干燥学. 2版. 北京: 科学出版社, 2018.

［21］　高建民. 三角枫在干燥过程中诱发变色的研究［D］. 北京: 北京林业大学, 2004.

［22］　葛明裕, 等. 木材加工化学. 哈尔滨: 东北林业大学出版社, 1985.

［23］　顾炼百. 木材干燥——第5讲 锯材干燥缺陷及预防. 林产工业, 2002, 29（6）: 47-50.

［24］　顾炼百, 杜国兴. 木废料能源及其在木材干燥工业中的应用研究. 南京林业大学学报, 1997, 第21卷增刊: 183-188.

［25］　顾炼百, 李大纲. 木废料作能源的高温水木材干燥设备. 林产工业, 1999, 26（2）: 33-35.

［26］　顾炼百. 木材干燥"锯材窑干前的预处理". 林产工业, 2002, 29（2）: 46-47.

［27］　顾炼百, 等, 柏木单板连续热压干燥的研究. 林产工业, 2002, 29（1）: 13-15.

［28］　何正斌, 伊松林. 木材干燥理论. 北京: 中国林业出版社, 2016.

［29］　淮秀兰, 刘登瀛. 半环对撞流干燥的流动流体动力学分析. 农业工程学报, 1998, 16（1）: 67-72.

［30］　黄月瑞, 严华洪, 木材干燥技术问答. 北京: 中国林业出版社, 1985.

［31］　金国淼, 等. 化工设备设计全书——干燥设备. 北京: 化学工业出版社, 2002.

［32］　李成植, 刘登瀛 徐成海, 等. 垂直-倾斜半环组合对撞流干燥的实验研究. 东北大学学报, 2001, 22（1）: 47-50.

［33］　李坚, 刘一星, 等. 木材涂饰与视觉物理量. 哈尔滨: 东北林业大学出版社, 1998.

［34］　梁世镇, 顾炼百, 等. 木材工业实用大全·木材干燥卷. 北京: 中国林业出版社, 1998.

［35］　林伟奇, 等. 顶风机型与端风机型干燥窑特性的分析. 林产工业, 1997,（2）: 20-24.

［36］　刘昌铎. 木材微波干燥技术. 木材工业, 1996, 10（3）: 30-31.

［37］　潘永康, 王喜忠, 刘相东. 现代干燥技术. 2版. 北京: 化学工业出版社, 2007.

［38］　王天佑. 木材工业实用大全. 纤维板卷. 北京: 中国林业出版社, 2001.

［39］　王绍林. 微波加热原理及其应用. 物理, 1996, 26（4）: 232-237.

［40］　吴琦, 吴能福, 吴京. 微波干燥木材的应用. 林业机械与木工设备, 2000, 28（10）: 21-22.

［41］　夏元州. 国外刨花干燥技术（一）. 建筑人造板, 1997,（2）: 11-17.

［42］　夏元州. 刨花干燥过程的基本原理. 建筑人造板, 1995, 3: 22-27.

［43］　谢拥群, 张璧光. 中密度纤维板干燥系统的模拟计算. 木材工业, 2002, 16（5）: 33-36.

［44］　谢拥群, 张璧光, 等. 木材纤维对撞流干燥特性的研究. 北京林业大学学报, 2004, 26（3）: 55-58.

［45］　许秀雯. 纤维板生产工艺与技术. 哈尔滨: 东北林业大学出版社, 1988: 190-195.

［46］　杨洲, 段洁利. 微波干燥及其发展. 粮油加工与食品机械, 2000, 267（3）: 232-237.

［47］　伊松林, 张璧光. 太阳能及热泵干燥技术. 北京: 化学工业出版社, 2011.

［48］　伊松林, 张璧光, 等. 小型移动木材干燥设备. 林产工业, 2000, 27（4）: 40-41.

［49］　尹思慈. 木材学. 北京: 中国林业出版社, 1996.

［50］　张璧光, 李贤军. 椴木除湿干燥的能耗分析. 林产工业, 2004, 31（1）: 27-29.

［51］　张璧光. 我国木材干燥技术现状与国内外发展趋势. 北京林业大学学报, 2002, 24（5-6）: 262-266.

［52］　张璧光, 赵忠信. 降低木材除湿干燥能耗初探. 木材工业, 1998, 12（4）: 34-37.

［53］　张璧光. 实用木材干燥技术. 北京: 化学工业出版社, 2005.

［54］　张璧光, 等. 太阳能干燥木材的研究. 化工进展（干燥技术专刊）, 1999, 18（增刊）: 51-54.

［55］　张璧光. 木材科学与技术研究进展. 北京: 中国环境科学出版社, 2004.

［56］　张祉. 制冷原理与制冷设备. 北京: 机械工业出版社, 1999.

［57］　赵广杰. 木材细胞壁中吸着水的介电弛豫. 北京: 中国林业出版社, 2002.

［58］　赵寿岳. 经济实用的木材干燥窑. 林产工业, 1996, 23（6）: 22-25.

［59］　周永东, 等. 木材热泵除湿节能工艺的研究. 北京林业大学学报, 1995, 17（1）: 83-89.

［60］　朱大光, 韩建涛, 等. 端风机型和侧风机型木材干燥室性能的对比分析. 木材加工机械, 1995,（3）: 12-15.

［61］　朱政贤. 我国木材干燥工业发展世纪回顾与前瞻. 林产工业, 2000, 27（1）: 7-10.

［62］　朱政贤. 木材干燥. 2 版. 北京: 中国林业出版社, 1989.

［63］　庄寿增, 等. 高效节能木材真空干燥技术的研究. 林产工业, 1996, 23（3）: 13-16.

［64］　GB/T 17661—1999. 锯材干燥设备性能检测方法.

［65］　GB/T 6491—1999. 锯材干燥质量.

［66］　LY/T 1068—2012. 锯材窑干工艺规程.

［67］　LY/T 5118—1998. 木材干燥工程设计规范.

［68］　LY/T 1603—2002. 木材干燥室（机）型号编制方法.

［69］　GB/T 1934.2—2009. 木材湿胀性测定方法.

［70］　李维礼. 木材工业气力输送及厂内运输机械. 北京: 中国林业出版社, 1993.

［71］　伊松林, 何正斌, 张璧光. 木材常规干燥手册. 北京: 化学工业出版社, 2017.

（伊松林，高建民，何正斌，张璧光）

第43章

纸张干燥

43.1　引言

造纸工业是与国民经济和社会发展密切相关的集技术、资金、资源及能源于一体的重要基础原材料产业，纸及纸制品被广泛用于文化传播、包装、装潢、工农业生产、国防建设和人民生活的各个领域，在促进物质文明和精神文明建设中承担着重要职能。近年来，全球纸和纸板的产量一直呈现增长趋势，已由 2000 年的 3.24 亿吨增至 2018 年的 4.06 亿吨，预计到 2050 年将达到 7 亿~9 亿吨[1]。

2018 年我国纸和纸板生产量 1.04 亿吨，约占全球的四分之一，人均年消费量为 75kg。2009~2018 年期间，纸和纸板生产量年均增长率 2.12%，消费量年均增长率 2.22%[2]。纸和纸板的主要产品包括新闻纸、未涂布印刷书写纸、涂布印刷纸、生活用纸、包装用纸、箱板纸、瓦楞原纸、特种纸和纸板等。

造纸产业的迅速发展，给造纸技术和装备制造水平带来了新的挑战，尤其是在节能减排和环保政策日益严格的今天。过去几十年来，随着中高浓盘磨机、稀释水流浆箱、夹网成形、宽压区压榨，以及改善烘缸传热、提高干燥效率和能效水平等新技术的推广和应用，极大地提高了造纸过程的综合能源利用效率。同时，造纸工业具有跨领域协同发展的特点，现代化的制浆造纸装备提出了对高技术含量、高度自动化、高制造精度和材料的要求，需向信息化、数据化、智能化方向发展，以保证制浆造纸装备在高速运转条件下实现可靠性和产品质量性能，同时满足节能环保和经济高效的要求。为了满足连续化、自动化与智能化的生产要求，造纸工业正朝着高速、高效、高质、低消耗（资源和能源）和低排放的绿色低碳方向发展。

43.1.1　造纸干燥过程

造纸过程实际上是一个不断脱水的过程。如图 43-1 所示，一台典型的纸机主要由流送系统、网部、压榨部及干燥部等工序组成。其中，网部主要是借助重力、脉冲或真空的作用将流浆箱喷射出的低浓浆料悬浮液（0.1%~1.0%）脱至 15%~25% 的干度；然后进入压榨部，通过机械力的挤压进一步脱水至 33%~55%；最后进入造纸机干燥部，经过多组烘缸的交替蒸发作用逐渐脱除纸张内残余的水分，出干燥部的纸张干度一般在 90%~95% 之间[3]。

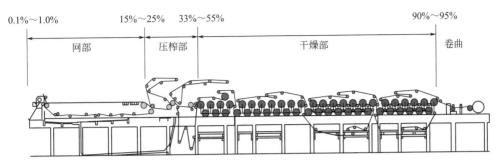

图 43-1　纸机结构简图[4]

干燥部是纸机最重要的操作单元之一，纸机总长度的 60%（杨克纸机除外）以及总投资成本的 40% 左右都集中在干燥部。图 43-2 给出了纸机各部分的脱水量、脱水成本和能耗的比较。如图所示，干燥部的脱水量仅约为上网浆料含水量的 1%，但其相对脱水成本和能耗却分别为 78% 和 84%[5]。这说明虽然干燥部脱水量最少，但是其脱水能耗和成本最高。此外，大多数纸张的强度指标都是在干燥过程中形成的，干燥过程还会对纸张的产品质量产生影响。因此，无论从干燥部本身的长度、投资，还是从干燥能耗及产品质量等方面来看，干燥部均是造纸过程最为关键的组成部分。

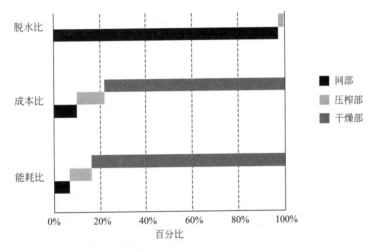

图 43-2　造纸过程脱水量、成本与能耗情况

据估计，每生产 1t 纸，需通过干燥方式蒸发掉约 1.2～1.5t 水，这相当于 2018 年我国造纸工业通过干燥需要蒸发约 1.3 亿～1.5 亿吨水。由以上脱水量与脱水成本以及脱水能耗的对比分析可知，改善网部和压榨部的脱水性能较改善干燥部本身的干燥性能在技术上更为经济可行。一般地，出压榨部纸张干度每提高 1%，干燥部可节约 3%～5% 的蒸汽量[6]。纸机干燥部本身性能的好坏对于整个造纸过程的能效水平也有较大影响，即便是很小的能效改善措施，也可能会在很大程度上节约干燥能耗。所以，合理地设计纸机干燥部，与节省建设投资、提高生产能力、保证产品质量、降低生产成本都有着极为重要的关系。

表 43-1 是不同纸种的典型电耗和汽耗，表中数据包括纸机驱动、泵、风机、阀门、管线、筛及其他附属系统的电力和热力能耗。造纸干燥过程的能源消耗主要为热能和电能，其中热能有蒸汽直接利用和燃气燃烧产生热能两种形式，电能主要用于电红外加热以及驱动各种泵与风机。

表 43-1　不同纸种的能耗估测值[7]

纸种	蒸汽/(kW·h/t)	电能/(kW·h/t)	蒸汽占比/%
新闻纸	1500	630	70
含磨木浆未涂布纸	1530	680	69
含磨木浆涂布纸	1420	820	63
全化木浆未涂布纸	2000	670	75
全化木浆涂布纸	2140	900	70
卫生纸	1050	1050	50

43.1.2　纸张干燥方式

纸张可能经历的干燥方式多种多样。根据传热所涉及的机理不同，可大致划分为：①以热传导为主的烘缸（含杨克烘缸）和热压干燥；②以对流传热为主的气浮干燥、冲击干燥和穿透干燥；③以辐射传热为主的红外干燥；④以电磁加热为主的微波干燥和高频干燥。当然，很多干燥设备并不局限于一种干燥方式，如杨克烘缸干燥就是烘缸干燥和冲击干燥相组合的方式。无论何种形式的干燥，纸张干燥的基本原理是热量传递给纸张的同时，把纸张中的水分传递给周围环境的传热与传质相耦合的传递过程。

表 43-2 列出了各种纸张干燥方式的应用情况及其主要干燥性能参数。使用传统的蒸汽加热式烘缸对纸张进行干燥，仍然在纸张干燥领域占据着主导地位，约占总干燥设备的85%～90%。虽然传统的烘缸干燥存在蒸发速率低、设备投资高、占地面积大等缺点，但它几乎可适用于各种不同纸种的干燥，也是到目前为止最为经济稳定的干燥方式，蒸发 1t 水仅需耗能为 2.8～4.5GJ[8]。

表 43-2　不同纸张干燥方式的占比与性能比较[3,8]

干燥方式	应用占比/%	蒸发速率/[kg/(m²·h)]	单耗/(GJ/t 水)	热回收潜力/%	热量来源
烘缸干燥	85～90	15～35	2.8～4.5	50～60	蒸汽
杨克烘缸干燥	4～5	30～200	2.8～5.0	70～80	蒸汽/燃气
红外干燥	3～4	10～120	5.0～8.0	50～70	电/燃气
冲击干燥	2～3	40～140	2.8～5.0	70～80	蒸汽/燃气
穿透干燥	1～2	170～550	3.4～4.5	65～75	燃气
冷凝带干燥	—	200	2.2～3.5	—	蒸汽
脉冲干燥	—	500～8000	0.55～1.4	—	电/燃气

烘缸干燥在纸和纸板干燥部占有主导地位，其主要原因如下[7]：烘缸干燥的能效效率高，是经济有效的干燥方式。干燥部的气罩是高效热回收系统，烘缸热源为低压蒸汽，此类蒸汽通常是纸厂中最经济的能源形式。烘缸干燥在一定程度上减少了纸张的收缩，单毯（网）布置的干燥部这种效果更加明显。在单毯布置的干燥部，烘缸干燥运行性能良好，断纸时上干毯（网）结构具有自清理功能，引纸方便。

烘缸干燥与其他干燥形式相比，不足之处是单位蒸发能力较低，所需的空间较大，对干燥控制响应慢，纸张干燥在横向（CD）水分分布控制上有效性较差。

43.1.3　纸张干燥作用

纸张干燥是造纸生产过程中最为重要的操作单元之一，其作用是借助热能蒸发经成形和压榨仍残留在湿纸幅中的水分，以使纸张达到成纸水分要求。

纸张干燥的作用归纳起来有以下几点[9-11]：

① 高效的干燥能力　由于热能从蒸汽传递给纸幅需要相当大的传热面积，干燥设备既庞大又昂贵。干燥设备的设计应充分利用传热效率，在尽可能高的干燥能力或蒸发速率下干燥纸张，提高设备的利用率和经济性。

② 不影响纸张质量　高效的蒸发必须在确保纸张质量的前提下进行。纸机横向蒸发的均一性是最重要的参数，任何横向蒸发特性的变化均会对最终纸张横幅水分的分布产生影响。其他可能受到影响的有纸张表面性能、起皱、卷曲及抗张性能。

③ 良好的运行特性　干燥部的运行稳定性是保证纸机生产效率的关键，断纸往往是造成生产效率低下的主要原因。随着现代化纸机车速的不断提高，其运行稳定性变得越来越重要。

④ 良好的能源利用效率　干燥设备的设计必须尽可能地降低能耗，蒸发 1kg 水的最佳能耗为 2965kJ，而实际能耗却要大得多。辅助系统，如蒸汽-冷凝水系统和通风系统，对干燥能耗的影响最大，要重视余热的回收利用，不断提高能源利用效率。

纸张在干燥部的传递要连续完整，纸机车速不断提高使得纸张传递更加重要。单位干燥单元的蒸发能力最大，且应保证纸的质量。干燥部良好的运行特性会对纸机的生产效率产生重要影响。干燥部的能耗应尽可能低。新纸机由于纸张通过干燥部时全程受到支撑作用，断纸次数大大减少。干燥部占据造纸厂房较长的空间，车速高和蒸发能力大的干燥部更需要较长的厂房。纸张经过干燥后在横向上的水分分布应保持一致。

43.2　纸张干燥的物理基础

43.2.1　纸张中水分的存在状态

纸张是典型的毛细管多孔材料，在纸张内部存在大量的孔隙，孔隙中可能存在液态的水或气态的水蒸气。就孔隙的尺度而言，一般可分为以下三类：存在于细胞壁内微孔（微毛细管）内的孔隙，其尺度为纳米（nm）量级；存在于被打碎的细胞腔（小毛细管）内的孔隙，其尺度为微米（μm）量级，约为 $10\mu m$；存在于纤维之间（大毛细管）的孔隙，其尺度在 $100\mu m$ 以上。这些尺度各异的毛细管共同构成了纸张错综复杂的毛细管网络，并使纸张具有大的比表面积。

存在于不同尺度孔隙或毛细管内的水，根据液相水与固相纤维结合紧密程度不同，可以把湿纸张内的水分划分为以下三种存在形式：①游离水，以游离状态存在于大毛细管孔隙（孔径大于 $100\mu m$）内的水，也称大毛细管水；②自由水，相互靠近的纤维之间以及存在于细胞腔组成的小毛细管内（孔径为 $10\mu m$ 左右）的水，也称小毛细管水；③吸着水，以物理吸附状态存在于细胞壁微毛细管内的水，即存在于细胞壁中的狭小空间（孔径小于 $50nm$）内，也称微毛细管水。此外，就湿纸张自身所含水分而言，还有一类形式的水，即化合水，主要以化学吸附状态与植物纤维通过化学键呈牢固的结合，但在干燥过程中一般不会被除去。

43.2.2　纸张中水分的蒸发机理

43.2.2.1　游离水的蒸发机理

存在于纸张内部的游离水由于受固相的束缚力很小，可以近似地认为具有普通液相水的特性，这部分水的蒸发发生在纸张表面，如同在液相水表面上发生的蒸发过程。在纸张表面上，饱和的液相水与饱和的气相水（水蒸气）始终保持着相平衡。当湿空气流过湿纸张表面时，表面上液相水的蒸发规律可用式（43-1）表示。

$$\dot{m}_s = -\frac{m_{s0}}{A}\frac{du}{dt} = h_m(\rho_{v,s} - \rho_{v,e}) \tag{43-1}$$

式中，$\rho_{v,s}$ 为湿纸张表面处水蒸气的密度；$\rho_{v,e}$ 为流动湿空气环境中水蒸气的密度；$\dot{m}_s$ 为单位纸张表面蒸发速率；m_{s0} 为绝干纤维的质量。式（43-1）的含义是，蒸发速率正比于湿纸张表面与环境中水蒸气的密度差，即纸张表面上的水被蒸发的驱动力，是湿纸张表面与环境之间的水蒸气密度之差，比例系数 h_m 称为表面对流传质系数。由此可见，通过提高纸张表面温度、降低环境的相对湿度、增加风速等措施可以提高纸张的干燥速率。

式（43-1）是反映纸张游离水蒸发机理的本构关系，它是类比于传热学中的对流传热公式得到的，如式（43-2）所示。

$$q = h(T_s - T_e) \tag{43-2}$$

式中，T_s 为纸张的表面温度；T_e 为纸张周围的环境温度。由式（43-2）而获得式（43-1）的理论依据源于边界层理论。根据流动边界层理论[12]，当空气流过平静湿纸张表面时，在湿纸张表面上会形成速度边界层。相应地，若空气流温度与湿纸张表面温度不同，在湿纸张表面上又会形成温度边界层；空气流中水蒸气密度与湿纸张表面水蒸气密度不同，则会在湿纸张表面上形成水蒸气密度边界层。在无量纲坐标系内，速度、温度与水蒸气密度的分布是相同的，通过质量、动量与能量之间的类比，可采用与式（43-2）相似的式（43-1）来计算游离水的蒸发速率。但式（43-1）中各参数的确定，与纸张内部经历的传热传质过程密不可分。

在游离水蒸发阶段，纸张中水分的减少表现为纸张内水分所占体积的减少，这部分体积远离于固相的纤维，水分的减少表现为纸张厚度逐渐变薄，纸张的含水率也相应下降。

43.2.2.2　自由水的蒸发机理

相对于游离水，自由水则不同程度地被束缚在纸张中的小毛细管网络中。为了了解纸张中自由水的蒸发行为，必须先清楚自由水在小毛细管内的存在形式与迁移行为。为此，需对小毛细管内自由水表面进行力平衡与相平衡的分析，如图 43-3 所示。

根据拉普拉斯方程，对自由水有：

$$p_{fw} = p_e - \frac{2\sigma}{r} \tag{43-3}$$

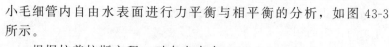

图 43-3　细胞腔内水柱凹形表面的力平衡

由式（43-3）可知，在毛细管水柱凹形表面下方，自由水的压力 p_{fw} 低于环境压力 p_e，两者的差值正比于表面张力 σ，反比于毛细管内自由水凹表面曲率半径 r。因此，毛细管力表现为一种吸引力，故亦可视毛细管为"毛吸管"。也正是毛细管力的作用，才使得自由水被束缚于 δ_d 范围内的小毛细管系统中，附加压力 $\Delta p(=p_{fw} - p_e < 0)$ 为负值。

与力平衡相对应，小毛细管内自由水表面上存在着饱和的液相水与饱和的水蒸气之间的相平衡。开尔文方程揭示了弯曲液相表面上饱和水蒸气压力 $p_{sv,c}$ 与相同条件下水平液相表面上饱和水蒸气压力 $p_{sv,p}$ 之间的关系[13]：

$$\frac{p_{sv,c}}{p_{sv,p}} = e^{-\frac{2\sigma M}{r\rho_w RT}} \tag{43-4}$$

表 43-3 为毛细管半径对毛细管压力及饱和水蒸气压力的影响,其所列数据可由式(43-3)与式(43-4)求得。

表 43-3 毛细管半径对毛细管压力及饱和水蒸气压力的影响[14]

名称	数据				
毛细管半径 $r_0/\mu m$	5	10	50	100	500
附加压力 $\Delta p/10^2 kPa$	0.2912	0.1456	0.0291	0.0146	0.0029
毛细管水柱高 H/m	2.971	1.486	0.297	0.149	0.03
相对饱和水蒸气压力 $p_{sv,c}/p_{sv,p}$	0.9998	0.9999	1.000	1.000	1.000

由表 43-3 可见,在半径 $r_0 < 100\mu m$ 的小毛细管内,毛细管的吸力已足够大,可将自由水吸至纸张表面。同时,自由水表面的饱和水蒸气压力 $p_{sv,c}$ 与平面的游离水表面饱和水蒸气压力 $p_{sv,p}$ 相差足够小,可近似认为 $p_{sv,c} = p_{sv,p}$。正是这个缘故,就液面蒸发而言,可以把束缚在小毛细管内看来不自由的水称为自由水。相应地,纸张表面上液相水的蒸发规律仍可采用经过修正的与式(43-1)相似的式(43-5)表示。

$$\dot{m}_s = -\frac{m_{s0}}{A}\frac{du}{dt} = h_m(\rho_{v,s} - \rho_{v,e})S_1 \tag{43-5}$$

式中,S_1 为自由水在纸张表面的饱和度,即液相水在纸张表面的覆盖率。在自由水蒸发阶段,纸张内水的饱和度 S_1 与温度 T_p 相关。

43.2.2.3 吸着水的蒸发机理

吸着水存在于固体纤维微小孔隙(孔径为纳米量级)内,即存在于微毛细管内,它的蒸发过程是从小毛细管内的自由水被蒸发完后开始的。吸着水在纸张内的存在形式,除了与毛细管现象有关外,还与由纸张表面特定的物理或化学性质所决定的吸附现象有关。也就是说,吸着水的蒸发不再是单纯的物理现象,而是物理化学现象。

表 43-4 是式(43-4)在微毛细管半径为 0.5~100nm 条件下的计算结果。

表 43-4 微毛细管半径对饱和水蒸气压力的影响[14]

名称	数据				
微毛细管半径 r_0/nm	0.5	1	5	10	100
相对饱和水蒸气压力 $p_{sv,c}/p_{sv,p}$	0.1163	0.3410	0.8064	0.8980	0.9893

吸着水蒸发的驱动力是吸着水凹形表面上饱和水蒸气密度 $\rho_{sv,c}$(或表示为饱和水蒸气压力 $p_{sv,c}$)与环境中水蒸气密度 $\rho_{v,e}$(或表示为环境水蒸气压力 $p_{v,e}$)的差值,吸着水的蒸发速率也可表示成式(43-5)的形式。但考虑到 $\rho_{sv,c}$(或 $p_{sv,c}$)的大小与吸着水在微毛细管中停留位置,进而与含水率相对应。为便于理解与计算,将吸着水蒸发速率 $\dot{m}_s$ 表示成与纸张表面含水率 u_s 和相应平衡含水率 u_e 之差成正比关系,见方程(43-6),比例系数为 h_m^*。

$$\dot{m}_s = -\frac{m_{s0}}{A}\frac{du}{dt} = h_m^*(u_s - u_e) \tag{43-6}$$

纸张内部吸着水蒸发所产生的水蒸气,以扩散的形式传输到纸张表面,并在纸张表面以对流传质形式传输给环境,其结果一并反映在式(43-6)。

43.2.3 纸张的等温吸附特性

纸张属于典型的吸湿性毛细多孔材料,且具有大的比表面积。在环境空气状态(温度和相对湿度）一定的条件下，纸张吸湿过程所达到的平衡含水率总是低于其解吸过程所能达到的平衡含水率的现象，称为纸张的吸湿滞后现象，如图 43-4 所示。这可能是吸湿过程中新游离出来的羟基较少，更多地存在于纤维无定形区，与纤维素的羟基仍通过氢键彼此相连，从而降低了纤维对水蒸气的吸附能力，使吸湿过程吸附的水较少[15]。

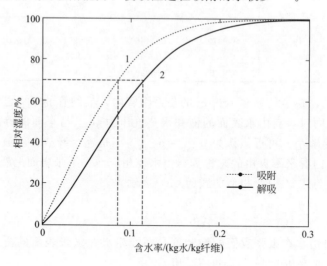

图 43-4　纸张的吸附解吸行为

当纸张表面的水蒸气分压 $p_{v,p}$ 低于周围环境的水蒸气分压 $p_{v,a}$ 时，纸张内纤维无定型区和纤维素末端的自由羟基会吸附水蒸气，发生吸湿现象（图 43-4 曲线 1）。若当环境的相对湿度为 60%，则当含水率增至约 8% 的干基含水率时，纸张的含水率将不再继续增加，即已与环境达到平衡，此时的含水率又称吸湿平衡含水率。吸湿现象并不同于我们通常所讲的吸水现象，吸湿仅指纤维细胞壁吸附吸着水，由非饱和变为饱和的过程，仅适用于描述吸湿性多孔材料；而吸水则还包括纸张吸收自由水变湿的过程，常用来描述非吸湿性多孔材料。

当纸张表面的水蒸气分压 $p_{v,p}$ 高于周围环境的水蒸气分压 $p_{v,a}$ 时，纸张发生解吸现象（图 43-4 曲线 2）。若环境的相对湿度为 60%，则当含水率降至约 10% 的干基含水率时，纸张的含水率将不再继续降低，即已与环境达到平衡，此时的含水率又称解吸平衡含水率。解吸是吸附的逆过程，但解吸并不等同于干燥。解吸仅指细胞壁微毛细管中吸着水的去除；干燥不仅包括吸着水的去除，同时还包括自由水的去除。干燥所指的范围比解吸要广得多，解吸仅是低于纤维饱和点时纸张内部吸着水的干燥过程。

当纸张与环境达到平衡状态时，纸张的含水率达到平衡含水率，它取决于环境的温度和相对湿度。纸张平衡含水率与环境相对湿度这一关系通常用吸附曲线来表示，图 43-5 为纸张的等温吸附线。当环境温度一定时，纸张平衡含水率随环境相对湿度的降低而减小；当环境相对湿度一定时，纸张平衡含水率则随环境温度的降低而升高。

纸张在干燥时的等温吸附特性取决于其组分构成，如纤维类型、比例和填料等。一般地，机械浆更容易吸水润胀，填料会阻碍纤维对水蒸气的吸附。

43.2.4　纸张的理论干燥特性

图 43-6 是纸张理论干燥曲线。从图中可以看出，纸张的理论干燥过程分为三个明显的干燥阶段：升温干燥阶段、恒速干燥阶段和降速干燥阶段。一般认为在升温和恒速干燥阶段，干燥过程除去的是游离水和自由水，而在降速阶段除去的是吸着水。除非过分干燥，否

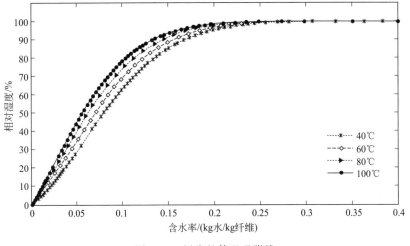

图 43-5　纸张的等温吸附线

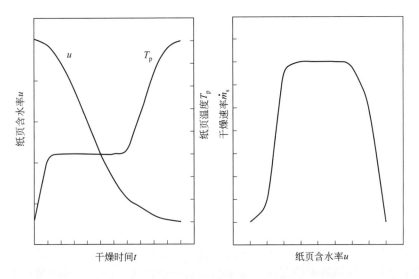

图 43-6　纸张理论干燥动力学曲线[4]

则结合水将作为纸张的物理成分之一存在于干纸张中。

升温干燥阶段，由于湿纸张在被干燥之前的温度较低，升温的主要目的是加热纸张，以提高其显热。此阶段的干燥时间较短。虽然纸张温度升高，但水分蒸发速率变化不大，纸张含水率变化较缓慢（在干燥初期甚至无变化）。在图 43-6 中表现为含水率随时间的变化（即曲线的斜率），由干燥之初的基本不变到增至最大。

当水分蒸发速率达到最高时，开始进入恒速干燥过程，且将以此速率稳定地蒸发水分。在恒速干燥阶段，水分由内部扩散至纸张表面的速率与纸张表面的蒸发速率基本持平，且只要此过程中自由水足够润湿纸张表面，恒速干燥阶段将持续，直至水分由内部扩散至纸张表面的速率不足以补充纸张表面的蒸发速率为止。在恒速干燥阶段，由热源传热给纸张的热量与用于纸张蒸发水分所需的能量近似相等，纸张温度在这一阶段将保持恒定不变。尽管对应的纸张温度较降速干燥阶段低，但该阶段的蒸发速率是最高的，同时脱除的水分最多。实际上，恒速干燥阶段在纸机干燥部只是近似的，并不绝对存在。

在恒速干燥阶段末端，随着自由水的不断蒸发，纤维胞间和胞腔内的毛细管半径逐渐缩小，此时毛细管力会逐渐显现，且呈增强趋势；纤维素末端的自由羟基还会与水分子形成氢键，这些均阻碍了水分的进一步蒸发。当纸张含水率降至纤维饱和点（FSP）时，蒸发速率会由恒速阶段的最大值突然降低，进入降速干燥阶段（即解吸模式）。尽管湿纸张中的吸着水含量很少，但其解吸过程首先要克服物理吸附的吸附热，然后才能像自由水那样蒸发至纸张外部，纸张温度也将会由前一阶段的恒定值继续升高。正因为如此，脱除同样质量的吸着水要比自由水消耗更多的时间和能量。纸张含水率随时间的变化率在此阶段会变得越来越慢，直到与环境达到动态平衡，则干燥过程结束。

43.3　纸张干燥工艺与特性

43.3.1　干燥部的组成

纸张干燥过程是在纸机干燥部完成的，干燥部主要由蒸汽-冷凝水系统、通风系统和热回收系统构成。蒸汽-冷凝水系统是干燥部的核心，由烘缸、汽水分离器、蒸汽管道和连接阀门等部件组成；通风系统则包括气罩、送风机、空气加热器及吹风箱等设备；热回收系统是由排风机和各种换热器组成的换热网络。这三个系统是相互联系、相互影响的，其中某一个系统的工作状态发生变化，就会影响其他系统的工作状态，进而影响整个干燥部的操作性能和能效。

在干燥过程中，湿纸张经过一系列充满蒸汽的烘缸时会吸收蒸汽冷凝释放出的汽化潜热，作为干燥纸张的热源。由湿纸张蒸发出来的水蒸气被送入的热空气（经蒸汽加热后的空气）带出干燥部。热空气可以增加空气的吸湿能力，从而提高纸张干燥过程的传热传质速率。干燥部消耗的热能（新鲜蒸汽）主要用于烘缸和空气加热器，也有少量用于过程化学品的配制。烘缸是消耗热能的主要设备，几乎占到了干燥过程总热耗的 80％～90％以上；加热空气需要的热能仅为干燥过程总热耗的 10％左右[16]。干燥部消耗的电能主要用来驱动烘缸、风机、泵等设备的运转。

为了区别驱动方式和通汽压力的不同，把干燥部内的烘缸分为烘缸驱动组和干燥组。通常把通汽压力相同的烘缸看作是一个干燥组，这些烘缸往往是通过一个蒸汽阀门供汽的；而把由同一张干网驱动的烘缸看作是一个驱动组，这些烘缸由一个主动烘缸通过干网的带动作用一起传动。

43.3.2　干燥部的布置

从压榨部传递来的湿纸张，通过一系列蒸汽加热的烘缸。生产中常用的烘缸直径为1.5m 或 1.8m 两种。蒸汽进入烘缸后冷凝释放出的潜热通过烘缸壁传递给纸幅。蒸汽压力的变化范围从负压到 1000kPa（视纸种而定）。传统的多烘缸纸机的干燥部都是双挂布置形式，上下两层烘缸均配有干网，以驱动纸幅绕烘缸运行，分别将纸幅紧压在上下排烘缸的表面上，有助于提高烘缸与纸幅间的传热，其结构如图 43-7 所示。

随着纸机车速的提高，纸张在上下烘缸间的开放引纸区的抖动程度会加剧。为改善高速纸机干燥部的运行效率，常在靠近压榨部一端采用单挂式布置结构，如图 43-8 所示。这种布置方式的特点是上下排烘缸共用一张干网，在对流干燥区由干网支撑着纸张运行至下一个烘缸，从而可以减轻纸张的抖动、起皱和断头问题。同时，可以省掉双挂式结构的导辊，增大烘缸包角，提高干燥能力；还可以避免因受牵引力导致的纵向（MD）过分拉长和横向过分收缩现象，提高成纸质量。缺点是干网被夹在下排烘缸表面与纸张中间，损失了下排烘缸的干燥能力。为此，现在多数单挂式布置的烘缸组，多为单排烘缸布置形式，下排采用真空辊取代烘缸，从而进一步提高高速纸机的稳定性。

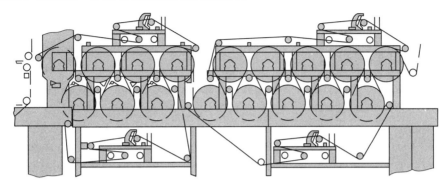

图 43-7　双挂布置方式

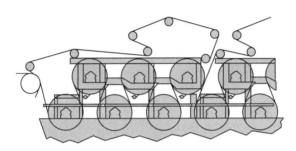

图 43-8　单挂布置方式

图 43-9 所示的就是典型的单排烘缸布置和双排烘缸双挂式布置混合的多烘缸纸机的干燥部，这种布置方式结合了两者优点，既增加了运行稳定性，又可以提高产能。

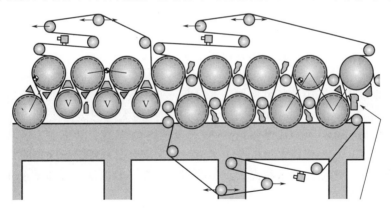

图 43-9　前单后双式混合布置方式

43.3.3　热量与质量传递

在接触干燥区蒸汽释放出潜热，通过缸壁传给被干燥的纸张，使纸张吸热升温。随着纸幅接触烘缸表面，干网将纸幅紧压在烘缸外表面，用来改善接触传热状况，同时由于干网与纸幅的接触一定程度上会阻止水分的蒸发。在接触干燥区吸收热量后，纸幅进入对流干燥区，蒸发水分消耗掉了纸张自身带有在接触干燥区吸收的大量热量，从而使其温度迅速降低。蒸发出来的水分通过对流传质的方式进入周围环境中。影响干燥过程的因素可以概括为两类，分别是蒸汽侧的影响（热量通过烘缸传给纸张）和空气层的影响（从纸张表面蒸发水分）。

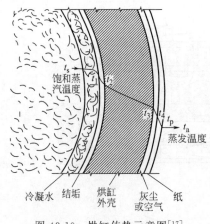

图 43-10　烘缸传热示意图[17]

43.3.3.1　热量传递

烘缸内蒸汽冷凝释放出的潜热依次经过内部的冷凝水层、烘缸内壁结垢、烘缸壁、烘缸外侧的灰尘和空气层，传至温度较低侧的待干燥湿纸幅，图 43-10 是烘缸传热过程示意图。在这一传热过程中，主要的热阻力通常来自烘缸内侧的冷凝水层及纸幅与烘缸间的空气层。利用适当的干毯压力保持纸幅牢固地紧贴缸面，将能使空气层减到最薄。在高速纸机上冷凝水层很可能是热传递最重要的阻力。如果让不凝气在蒸汽烘缸中积聚，它们可对热传递产生负面影响，而且还会造成不均一的干燥。

稳态导热条件下，根据热量传递的一般表达式，蒸汽传给纸幅的总热量可表示为：

$$Q = UA(T_s - T_p)$$

式中　Q——从蒸汽传给纸幅的热量，W；

　　　U——总传热系数，W/(m² · ℃)；

　　　A——跟纸幅接触的烘缸表面积，m²；

　　　T_s——蒸汽温度，℃；

　　　T_p——纸张温度，℃。

纸张温度在干燥过程中是变化的，与传热和蒸发过程有密切关系。强化烘缸传热可提高纸张在贴缸接触干燥时的温度，但同时也会增加在开放引纸区的蒸发速率，从而使得纸张温度在开放引纸区的温度下降。当进入下一个干燥循环时，较低的纸张温度有利于热传导。

因此，烘缸数量固定时，在传热方程中唯一能直接被控制的两个变量是蒸汽温度和总传热系数。

虽然提高烘缸内蒸汽压力，可增加蒸汽温度，但蒸汽的最高压力是有限制的，并不是越高越好。如表 43-5 所示，大多数低定量涂布纸不能使用太高的蒸汽压力，特别是在干燥部的湿端。因为压力太高，易造成纸张粘缸的现象，不利于从烘缸表面剥离，从而影响纸张的表面性能和纸机的运行稳定性。待纸张干燥至一定干度、具有一定的强度时，再逐渐提高蒸汽压力。一般地，对印刷的要求越高，湿端的蒸汽压力一般越低，且随着水分的蒸发，蒸汽压力的提升也越缓慢。

表 43-5　干燥部典型蒸汽压力值

纸种	湿端压力/kPa	干端压力/kPa
新闻纸	−35～100	345～415
全化浆书写纸	−30～0	345～520
全化浆拷贝纸	−35～35	520～690
超级压光磨木浆纸	−35～0	275～345
低定量涂布纸	−35～0	275～345
挂面纸板和瓦楞芯纸	200～520	1030

总传热系数 U 反映了蒸汽至纸幅传热阻力的大小，根据图 43-10 所示的各部分热阻，总

传热系数可以表示为[18]：

$$U = \cfrac{1}{R_{\mathrm{s}} + \sum\limits_{i=1}^{6} R_i + R_{\mathrm{a}}} = \cfrac{1}{\cfrac{1}{h_{\mathrm{s}} A_{\mathrm{s}}} + \sum\limits_{i=1}^{6} \cfrac{\delta_i}{\lambda_i A_i} + \cfrac{1}{h_{\mathrm{a}} A_{\mathrm{a}}}}$$

式中，R_{s} 和 R_{a} 分别是内部蒸汽和外部空气的对流传热热阻，是各自对流传热系数 h 和面积 A 乘积的倒数；R_i 由内向外分别是冷凝水、结垢、烘缸壁、灰尘或空气、纸张、干网的导热热阻，可由各自的厚度 δ、热导率 λ 和导热面积 A 求得，用下标 $1 \sim 6$ 分别表示。由此，通过减小各层热阻的方式可以提高烘缸的传热效果。

① 烘缸内不凝气体的热阻　进入烘缸的蒸汽可能挟带着空气或其他不凝气体，在烘缸内部累积将会阻碍传热，往往和内部蒸汽的对流传热热阻一起对待。适当地对通入烘缸的蒸汽进行处理和排出不凝气体，对防止此类问题的发生是很重要的。对设计良好的蒸汽-冷凝水系统，并不存在此问题。

② 冷凝水层的热阻 R_1　蒸汽冷凝后形成的冷凝水层是烘缸传热的最主要阻力，利用有效的排水装置及时排出冷凝水，并增加其湍动程度，破坏冷凝水环的形成，可以提高烘缸的传热。

③ 冷凝水层在烘缸内壁上结垢的热阻 R_2　运行一段时间后，定期除垢有利于改善传热效果。

④ 烘缸壁的热阻 R_3。烘缸壁厚取决于烘缸的设计压力，运行过程中是固定的因素，无法改变。

⑤ 烘缸表面与纸张间的灰尘或空气层产生的热阻 R_4　聚集在烘缸表面的灰尘和污垢阻碍了烘缸与纸张间的传热，设置刮刀保持烘缸表面清洁，可降低此传热阻力。

⑥ 纸张本身的热阻 R_5　纸张的性能，如水分、厚度、定量、表面粗糙度、透气度等都会影响传热能力，这也是造成不同纸种干燥速率差异的原因之一。表 43-6 给出了不同纸种的总传热系数。

⑦ 干网的热阻 R_6　利用适当的干网张力使纸幅紧贴在烘缸表面，将空气层减到最薄，以改善烘缸与纸幅的传热。干网张力一般为 $2.1 \sim 3.2 \mathrm{kN/m}$[19]。

表 43-6　不同纸种的总传热系数[3]

纸种名称	$U/[\mathrm{W/(m^2 \cdot ℃)}]$	纸种名称	$U/[\mathrm{W/(m^2 \cdot ℃)}]$
油毡纸	45~85	纸袋纸	230~255
瓦楞原纸	140~230	高级纸	255~285
挂面纸板	170~230	新闻纸	285~315

43.3.3.2　质量传递

在与烘缸接触传热过程中，纸张吸收了足够多的热量，其中的液相水变为气相，纸幅内部水分子首先以扩散形式迁移至表面，然后以水蒸气的形式通过对流传质穿过边界层后被周围空气流吸收，再借助通风系统排出干燥部。

纸张在干燥过程中的传质方程可以简化为总传质系数与水蒸气分压差的关系，即

$$M = KA(p_{\mathrm{v,p}} - p_{\mathrm{v,a}})$$

式中　M——蒸发水量，$\mathrm{kg/h}$；

　　　K——总传质系数，取决于纸张表面处对流边界层的厚度和流动状态；

　　　A——纸幅蒸发表面积，$\mathrm{m^2}$；

　　　$p_{\mathrm{v,p}}$——纸张表面处的水蒸气分压，Pa；

$p_{v,a}$——纸张周围空气的水蒸气分压，Pa。

表面空气流速决定了边界层的厚度，从而影响传质系数。通过设置袋区通风装置，增加纸张表面处边界层的湍动程度，可以提高总传质系数。

纸张表面处的水蒸气分压取决于纸张温度的高低，如图43-11所示。纸张温度是联系传热和传质过程的重要参数，有效的传热可以提高纸张温度，从而提高纸张表面处的水蒸气分压，有利于水分蒸发。而随着水分从纸张中蒸发，纸张温度会下降。因此，合理分配传热和传质区域，对提高干燥效率至关重要。当纸张含水率降至纤维饱和点，降速干燥阶段开始，此时水分蒸发从表面后退至纸张内部，表面处水蒸气分压除了与纸张温度 T_p 有关外，还取决于纸张的等温吸附特性。

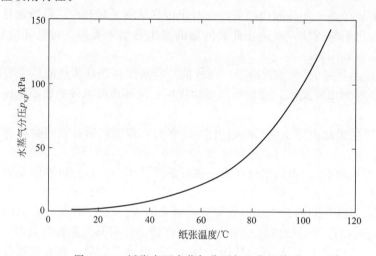

图 43-11　纸张表面水蒸气分压与温度的关系

纸张周围空气的水蒸气分压取决于空气含湿量的多少，如图43-12所示。周围空气的含湿量越高，则水蒸气分压越大，从而不利于传质速率改善。通过采用透气性良好的干网和加强袋区通风，维持袋区较低的相对湿度，有利于水分的蒸发，但低的水蒸气分压会损失通风的动力消耗。

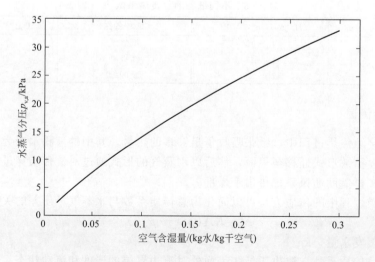

图 43-12　纸张周围空气的水蒸气分压与含湿量的关系

纸机袋区湿度的最大值一般在 0.25～0.30kg 水/kg 干空气之间，如果袋区湿度过高，将会严重阻碍水分蒸发。袋区通风效率降低或干网透气度降低是造成袋区湿度过高的原因。造纸工作者必须解决好干网透气度与纸张稳定性之间的矛盾。高的透气度将大量空气引入袋区，会对高速运行的纸幅产生干扰；低的透气度又会阻碍空气进入袋区，使袋区湿度增加，则会减缓水分蒸发。

由以上分析可知，纸张干燥是传热和传质相互耦合的复杂传递过程，加上纸机干燥部布置形式和操作条件的差异，要准确判断各个影响因素的情况比较困难。表 43-7 给出了主要因素对干燥效率的影响率估计值。

表 43-7　干燥效率的影响因素分析[10]

影响因素	影响率	影响因素	影响率
冷凝水排除	30%	袋区通风	15%
配比、浆种和纸张特性	25%	气罩和通风	5%
干网结构、透气度和张力	20%	其他	5%

43.3.4　烘缸实际干燥特性

多烘缸纸机干燥部是由多个干燥区组成的循环干燥过程，每个干燥区分为接触干燥和对流干燥两种方式。实际上，每个干燥循环由于涉及的传热传质机理不同，干燥过程中纸幅温度和干燥速率的变化情况也不同。严格地讲，理论干燥曲线中的恒速干燥阶段在多烘缸纸机干燥过程中并不存在。以图 43-13 所示的常见的双挂式和单挂式布置方式为例，对烘缸干燥特性分别说明。

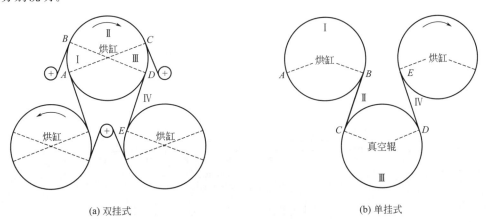

(a) 双挂式　　　　　　　　　　(b) 单挂式

图 43-13　双挂式和单挂式烘缸组的干燥区

43.3.4.1　双挂式烘缸组的干燥特性

根据图 43-13(a) 所示的双排烘缸双挂式布置的结构，一个干燥循环可以划分为四个不同的干燥区，每个干燥区的纸张温度和干燥速率曲线如图 43-14 所示。

① 贴缸干燥区Ⅰ，如图 43-13(a) 中的 AB 段所示。在此区域，纸张的一面与烘缸接触，另一面与袋区空气接触。由于前面的对流干燥区导致纸张温度降低，此时主要用于预热纸张，蒸发缓慢增加，但速率并不高。

② 压纸干燥区Ⅱ，如图 43-13(a) 中的 BC 段所示。在此区域，纸张被干网压在烘缸表面上，随着传热量的逐渐增加，纸张温度继续升高，但受干网阻力的影响，干燥速率先降低后逐渐增加。

③ 贴缸干燥区Ⅲ，如图 43-13(a) 中的 CD 段所示。此区域的纸张与 AB 段相同，纸张的一面与烘缸接触，另一面与袋区空气接触。纸张温度达到最高，干燥速率将继续增加。

④ 对流干燥区Ⅳ，如图 43-13(a) 中的 DE 段所示。在此区域，纸张与烘缸分离，不存在接触传热，而是两面均与袋区空气发生对流传质，是水分蒸发的主要区域。蒸发速率达到最高后，随着纸张向 E 点的移动，纸张温度和蒸发速率均逐渐降低。

双排烘缸双挂式干燥循环中，纸张温度在 AD 干燥区随传热量的增加不断升高，在 DE 干燥区随水分蒸发不断降低。理想的纸张温度变化曲线如图 43-14 所示，温度升高和降低的幅度一致，有利于热量和质量的传递。

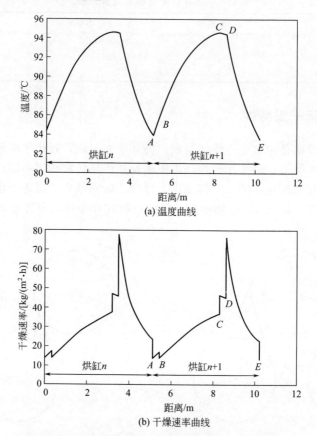

(a) 温度曲线

(b) 干燥速率曲线

图 43-14　双挂式烘缸每个干燥循环的动力学曲线[8]

43.3.4.2　单挂式烘缸组的干燥特性

根据图 43-13(b) 所示的单排烘缸单挂式布置的结构，一个干燥循环同样也可以划分为四个不同的干燥区，每个干燥区的纸张温度和干燥速率曲线如图 43-15 所示。

① 贴缸干燥区Ⅰ，如图 43-13(b) 中的 AB 段所示。在此区域，纸张被干网压在烘缸表面上，传热逐渐增加，纸张温度不断升高，干燥速率也随之增加。

② 对流干燥区Ⅱ，如图 43-13(b) 中的 BC 段所示。在此区域，纸张与烘缸分离，接受足够的热量后开始快速蒸发水分，由于干网随纸张在引纸区一起运动，致使两个表面蒸发速率有所差别，但蒸发速率仍是四个干燥区中最高的。

③ 压辊干燥区Ⅲ，如图 43-13(b) 中的 CD 段所示。在此区域，干网被纸张压在真空辊上，蒸发出来的水分通过干网由真空辊吸走，随着蒸发的继续，纸张温度和干燥速率均逐渐

降低。

④ 对流干燥区Ⅳ，如图 43-13(b) 中的 *DE* 段所示。此区域的纸张与 *BC* 段相同，纸张一面与干网接触，另一面与袋区空气接触也会随之降低。同样，由于没有额外的热量补充，随着水分的蒸发，纸张温度将持续降低，相应地干燥速率也会随之降低。

因此，单排烘缸干燥循环中，纸张温度在 *AB* 干燥区随传热量的增加不断升高，在 *BE* 干燥区随水分蒸发不断降低，其干燥特性如图 43-15 所示。

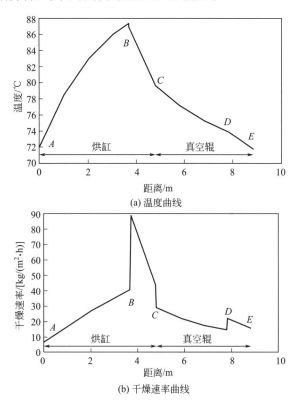

(a) 温度曲线

(b) 干燥速率曲线

图 43-15　单挂式烘缸每个干燥循环的动力学曲线[8]

43.3.5　干燥过程性能评价

干燥速率和干燥能耗是评价纸机干燥部运行性能的两个重要指标。干燥速率用来评价水分蒸发的快慢，干燥能耗则用来评价热能消耗的多少。

干燥速率，也称蒸发速率，是指单位时间内单位面积烘缸所蒸发掉的水分质量，单位常以 kg/(m²·h) 表示。对蒸发水分而言，希望干燥速率越高越好，但考虑到对成纸质量的影响，干燥速率往往受所生产纸种的制约。同时，干燥速率还受烘缸内蒸汽压力的影响。TAPPI 基于众多纸厂的实际干燥过程数据，绘制了不同纸种的干燥速率曲线，如图 43-16 所示。通过与 TAPPI 干燥曲线的对比，有助于了解企业同类型纸机干燥性能的好坏。

干燥能耗是指从纸张中蒸发单位质量的水分所消耗热量的多少，常以 kJ/kg 或 GJ/t 表示。干燥部消耗的蒸汽或热量主要用于加热纸张、蒸发水分、加热空气、排出不凝气以及排汽。表 43-8 为典型的烘缸干燥纸张的能耗值，其中 85% 的热量用于加热纸张和蒸发水分，14% 的热量用于加热空气以从干燥部排出蒸发掉的水分。生产过程中，要求运行时要有低的干燥能耗。对设计和维护良好的纸机来说，干燥能耗约为 2965kJ/kg。实际上很多纸机的能耗

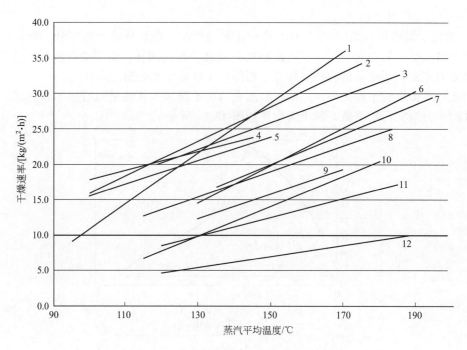

图 43-16　不同纸种的干燥速率曲线[20]

1—表面施胶纸；2—文化纸；3—牛皮纸；4—新闻纸；5—含磨木浆纸张；6—瓦楞纸；7—箱板纸；

8—白纸板；9—石膏纸板；10—纸板；11—纸浆（烘缸干燥）；12—纸浆（热风干燥）

表 43-8　典型烘缸干燥纸张的能耗[10,22]

项目	能耗/(kJ/kg)	占比/%	项目	能耗/(kJ/kg)	占比/%
加热纸张	200	7	排出不凝气	45	2
蒸发水分	2300	78	排汽	0	0
加热空气	420	14	总计	2965	约 100

明显高于此值，如某新闻纸机实测平均能耗为 3114kJ/kg[21]，蒸汽-冷凝水系统和空气系统对干燥能耗的影响最大。

蒸发水分所需的热量基本是固定的，在传统干燥部上改进很不容易。如果在纸张进入干燥部之前使用蒸汽箱，则纸张入口温度可提高，加热纸张的热量可降低。

加热空气方面往往可以大量节约干燥能耗。应该将加热的空气送入干燥部袋区以携带被蒸发的水分，也可利用烘缸散失的辐射热来加热空气。气罩和空气系统的状况对加热空气的能耗影响很大，设计不良时，其能耗可高达 700kJ/kg 水。

不凝气（如空气）在烘缸内积聚会影响传热效率，必须及时从系统中排出，以防止不凝气的积聚，设计不好时，其能耗可高达 465kJ/kg。

虽然良好的冷凝水排出系统不应通过排放蒸汽来维持烘缸内的压差，但很多纸机习惯将蒸汽排放到冷凝器或大气中，由此造成的能耗损失可高达 1160kJ/kg。

43.3.6　干燥对纸张性能的影响

纸张是由植物纤维经氢键结合而成的具有多孔性网状结构的特殊薄张材料，植物纤维包括针叶木、阔叶木、非木材纤维、二次纤维等，打浆提高了纸张的强度性能，压榨和干燥促进了纤维间的氢键结合。干燥时纸的弹性、塑性和机械强度均发生变化，并且产生变形，如收缩、伸长等。当湿纸张干燥时，随着水分的脱除，纤维间的距离不断拉近，当纸张的干度为 55% 时，纸的收缩迅速产生，干度为 80% 时，收缩基本完成，收缩主要发生在纸的厚度方向。由于纸张被干布或干网压在烘缸表面，纵横向收缩受到限制[23]。纸张干燥蒸发脱水，纤维收缩，从而在纸幅上产生应力，控制应力可提高纸幅的强度性能。

纸的收缩大小与浆种有密切关系。比如含大量化学机械浆的纸，收缩性小；化学浆次之；高黏状打浆的硫酸盐浆收缩最大。纸张收缩率越高，则纸的伸长率越高，吸湿变形性越大。

43.3.6.1　干燥对纸张强度性能的影响

干燥期间应力的大小对纸张的弹性有很大的影响，如果纸幅干燥时受到约束，就会较干燥时不受约束的纸张具有更高的弹性模量和抗张强度，以及更好的尺寸稳定性。纸张性能的不同是由不同的干燥应力、应力集中度、纤维定向排列的变化造成的。干燥应力是内部力和干燥时纸幅收缩产生的纸幅压力，干燥应力大小与纸幅尺寸稳定性、纤维内部和纤维间结合键的生成及结合指数有关。干燥应力也与打浆度、湿压榨级别和装备类型有关，干燥速率和纸机内的黏附力也会影响干燥应力。纸幅收缩特性取决于约束力的大小。多缸干燥，纸幅在烘缸上运行时纵向（MD）受到应力作用。纸机速度、固含量和张力大小决定了不同驱动组之间的速度差异。纸幅的抗张强度和裂断长在干燥期间由于纵向应变得到显著提高。

干燥时纸张收缩与伸长对抗张强度的影响如图 43-17 所示，随着纸张收缩，裂断长逐渐下降；反之，随着纸张伸长，裂断长先是快速增加，升到最高点后，又随着纤维塑性的降低转为下降。干燥不仅影响纸张的机械强度，还影响纸张紧度、吸收性、透气度、平滑度和施胶度等指标。快速升温的高温强化干燥，能够增加纸张的松厚度、气孔率、吸收性和透气度，但同时降低了纸张的紧度和机械强度。真空干燥的纸，结构较疏松，紧度小，施胶度和机械强度都比较低。纸张的过度干燥，会使纤维塑性减小，同时导致纤维素产生

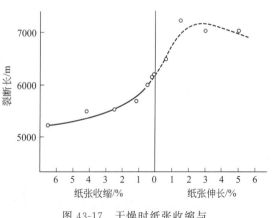

图 43-17　干燥时纸张收缩与伸长对抗张强度的影响

氧化降解，从而使纸的强度降低。纸张在干燥过程中会导致纤维的角质化，在二次纤维回用时出现结合力下降的现象[11]。

43.3.6.2　干燥对纸张收缩性能的影响

干燥过程在纸张生产过程中是纸张收缩变化最大的一个工艺过程，纸张的横向（CD）收缩在干燥部最大，占纸张总收缩量的 80% 左右。受到压光机和卷纸机的牵引力作用，纸张在干燥过程中会产生纵向（MD）伸长，伸长率一般为 0.5%～1.0%[11]。

干燥过程中纸张的收缩包括两个方面：纵向收缩和横向收缩。图 43-18 为纸张幅宽与干度的变化曲线，随着纸张干度提高，幅宽逐渐变小，发生了横向收缩。图 43-19 为某新闻纸机单排烘缸干燥过程中纸张的横向收缩曲线，在横向不同位置收缩程度是不一样的，而且两边收缩程度较大，中间收缩较小，这会造成纸幅横幅方向质量的不均匀。由于纸幅边缘附近不受约束，产生的收缩量较大。

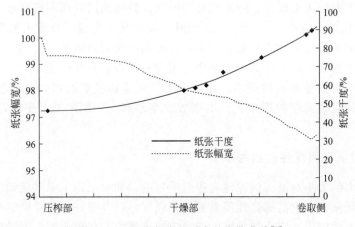

图 43-18 纸张幅宽与干度的变化曲线[8]

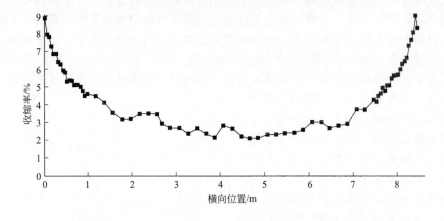

图 43-19 某新闻纸机单排烘缸干燥过程中纸张横向收缩曲线[8]

高档文化用纸湿纸幅经纸机压榨后，在自由状态下干燥，纸幅横向的自由收缩率为 6.5%，纵向的自由收缩率为 3.7%。在干网压紧情况下干燥（压力为 2.0kPa），纸幅横向收缩率减至 2.2%，纵向收缩率减至 1.6%。纸幅在自由状态下干燥会出现皱纹，但在干网压紧下，纸张不断受到约束，可以有效地去除皱纹。

纸幅收缩的不均匀性会影响纸张的性能，并对流浆箱堰板在全幅上的开度有影响。如果纸幅边缘收缩大于中心，而且在卷筒上的定量是均匀的，那么一定是湿部纸幅边缘的定量要低于中心的定量。纸幅边缘定量低是流浆箱相应的边缘处堰板开度小所致。均匀的定量分布可通过减小流浆箱边缘处唇板开度，减少纸幅边缘定量实现。干燥过程中，当纸幅边缘收缩时，相应部位定量增加，纸卷上就可以得到理想均匀的定量分布。

对于传统的双排烘缸干燥，干燥时施加于纸幅上的压力只有干网的压力，增加压力只是对压在干网下的纸幅收缩起作用，对开放区域纸幅边缘附近的横向收缩不起作用。在烘缸上产生的收缩量与纸幅在烘缸上的脱水量有关，纸幅大部分的脱水是在烘缸之间的开式引纸处，纸幅在其大量收缩时未受到约束。

为了防止或缩小横向收缩，干燥时的约束作用一定要运用到干燥部纸幅收缩最大的部位，自然收缩在干度约 60% 时开始产生，在干度达到 60% 以后对纸幅施以约束作用，对减少脱水造成的收缩才有作用。

43.3.6.3　干燥对纸张应力/应变行为的影响

纸幅受到应力作用后，既会产生弹性变形，也会产生永久的塑性变形。纸张的这种弹性塑性行为，不仅与所加力的大小有关，并且还和应力作用的时间长短有密切关系。

纸是一种弹塑性体，加载时不仅产生瞬时变形，而且继续产生延迟变形或初期蠕变。卸掉载荷纸的长度无法完全恢复，甚至经过一段较长的时间，也不能恢复到原来的长度，纸的这种永久变形称为永久应变。应变时间曲线显示两种变形的恢复特性，即瞬时恢复与蠕变恢复特性。湿纸张干燥时，纵向牵引力可以提高纸的抗张强度，但会降低纸的伸长率。纸张受到超过塑变点（即弹性阶段与塑性阶段切线的交点）的牵引力时，纸的弹性增加，塑性减小。干燥时加大牵引力，塑变点升高，拉伸时需要更大的张力。干燥时加大牵引力会使纸的裂断长和塑变力增加，伸长率和破裂功减小[11]。

43.4　纸张干燥过程的供热与通风

蒸汽和冷凝水系统是纸机干燥部的供热系统，为纸张干燥提供热量，是纸机干燥部的核心，主要由烘缸、汽水分离器、蒸汽和冷凝水管道、连接阀门以及各种温度、压力控制测量传感器等组成。纸张干燥的热量来源于烘缸内蒸汽冷凝释放出的潜热，为维持较高的传热和干燥速率，冷凝后产生的冷凝水要及时从烘缸内排出。将蒸汽通入烘缸和排出冷凝水是纸机干燥部重要的操作部分，对干燥效率、节能降耗、纸张质量和纸机总效率都有影响。

43.4.1　烘缸

43.4.1.1　烘缸的基本结构

烘缸的结构如图 43-20 所示，由烘缸筒体、缸盖、蒸汽接头、冷凝水排出装置、轴承等零部件组成。

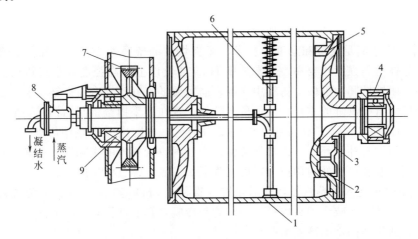

图 43-20　普通烘缸的结构

1—缸体；2—人孔盖；3—人孔盖压条；4—操作侧轴承；5—操作侧缸盖；
6—冷凝水排出装置（旋转式虹吸管）；7—传动齿轮；8—蒸汽接头；9—传动侧轴承

多烘缸纸机干燥部的烘缸直径常见的有 1.5m 和 1.8m 两种。烘缸属于典型的压力容器，设计应符合压力容器设计标准。蒸汽通过蒸汽接头通入烘缸内，一般为 0.3～0.5MPa。

蒸汽冷凝后形成的冷凝水通过冷凝水排出管排出。烘缸多采用 HT250 号铸铁浇铸制成，并经一定的后处理加工，使其变形极微，具有良好的使用性能。但随着纸机车速和通汽压力的升高，为了提高烘缸的强度，降低烘缸壁厚，建议采用 HT350 号铸铁来铸造烘缸。烘缸的铸件件不能有穿透的砂眼。在烘缸壁上有直径小于 8mm、深度小于 10mm 的砂眼时，可用烘缸相同材质的销子填补。烘缸的缸体内、外圆均要加工，烘缸表面外径公差为 ±0.5mm，粗糙度在 $Ra0.4\mu m$ 以下。烘缸的筒体也可使用含铬和镍的变形铸铁来制造，从而使烘缸表面具有较高的硬度，加工后得到较低的粗糙度，有利于提高纸张的干燥效率。烘缸装配后要求形位公差精度等级为：缸面圆度 8～9 级，缸面对两端轴承挡的径向跳动 8 级。烘缸两侧端盖有铸成一体的轴头，装在烘缸轴承及轴承座上，操作侧轴承留有轴向游动间隙。

薄页纸机干燥部只有一个大直径的杨克烘缸，通常为 2～7.3m，其结构如图 43-21 所示。目前新建的卫生纸机所用杨克烘缸的直径多在 5.5m 以上。为了提高干燥能力，一般还要配备高效的高速热风罩。通入杨克烘缸的蒸汽压力为 0.5～1.2MPa。

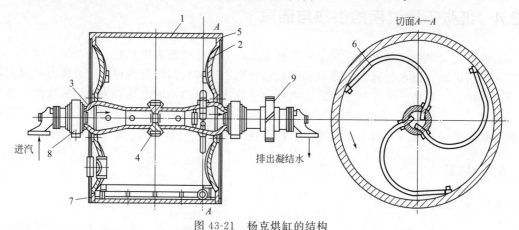

图 43-21 杨克烘缸的结构

1—缸体；2—缸盖；3—缸内拉管；4—补偿件；5—缸盖固定螺栓；

6—旋转式虹吸管；7—凝结水槽；8—轴承；9—传动齿轮

杨克烘缸与普通烘缸的结构有如下区别：

① 缸体 为了满足强度和刚度的要求，杨克烘缸的壁厚达 50～70mm，是普通烘缸壁厚的一倍。缸体材料强度也要高，通常采用 HT350 及以上的高强度合金灰铸铁。为了具有高的导热性、耐蚀性和耐磨性，铸铁中含碳、硅量要低，并应含有镍、铬、铜、钼等金属元素。为了减轻大直径烘缸的重量、增加传热效果，现在多采用全钢制的杨克烘缸。

② 缸盖和内拉管 为了缸盖和缸体的受力情况，在缸内两端盖中心处配置一内拉管，并在内拉管中间设有补偿环。可以根据装配时中心内拉管长度的实际尺寸来确定补偿环的厚薄尺寸。适当控制补偿环处的预拉力，可以降低烘缸固定螺栓的拉应力。

③ 杨克烘缸内通入的蒸汽量比普通烘缸（直径 1.5m）多 14～19 倍。为改善蒸汽在大直径烘缸内的循环，并减小轴头内径，蒸汽管和冷凝水管通常设在烘缸的两端。一般从操作侧通入蒸汽，从传动侧排出冷凝水。

烘缸是一个圆筒状传热压力容器，在热量传递过程中，如果端盖的保温效果不佳，会造成较大的热损失。一个直径为 1.5m 的烘缸一年因端盖散热造成的损失约相当于 86t 蒸汽的热量。对于烘缸端盖的保温，应该引起足够重视。有研究表明，烘缸端盖 90% 的散热损失是可以通过加强保温而避免的，可降低 1.7%～3% 的能耗，且投资回收期不到 1 年[24]。图 43-22 是对烘缸端盖的实际测试结果，图 43-22(a) 所示烘缸端盖表面温度高达 121.5℃，而

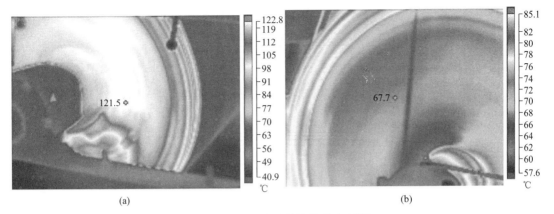

图 43-22　烘缸端盖散热情况对比[25]

图 43-22(b) 的表面温度只有 67.7℃。

43.4.1.2　烘缸的强度计算

烘缸是一个受压容器，因其壁厚远小于直径，所以缸体中的应力可按内压薄壁容器进行核算。

选用铸铁的许用应力时，应考虑到铸铁的抗拉和抗压强度不同，浇铸的质量很难控制，铸件中微小的砂眼、夹灰和气孔等缺陷难于检查，所以取用较低的数值，对于采用材料为 HT250 的铸铁烘缸，取许用应力为 15～20MPa。而在水压试验时产生的应力，允许在 30～40MPa 范围内。

烘缸的弯曲应力、扭转应力和离心力产生的应力均不超过 1.5～2.0MPa，可以忽略不计。烘缸的应力实际测定表明，烘缸强度的薄弱点常常是在缸体两端法兰的转角处。

烘缸盖的结构形状复杂，在不同截面上有不同的厚度，并有加强肋。用现有的计算方法，即把缸盖视作边缘有支撑的薄板来计算，误差太大。所以缸盖的设计主要是依靠已有的制造经验来避免裂纹的出现。通常缸盖的厚度比缸体的壁厚大 0.5～1 倍。

烘缸轴头的内径取决于烘缸的用汽量。蒸汽进入烘缸轴头内的流速不应超过 20m/s。轴头的外径可以根据强度条件来设计。对于铸铁轴头，许用应力为 20MPa；对于压配入缸盖内的钢质轴头，许用应力 60MPa。计算各危险界面上的弯矩时，除了考虑烘缸的自重及干毯的张力外，还应计算充满半缸的冷凝水后的质量。因为在冷凝水排出装置发生故障时可能出现这种情况。如果在机架支承上做烘缸的水压试验时，烘缸被水完全充满，轴头的负载增加很多，轴头的尺寸不大时，产生的弯曲应力可能超过许用应力[9]。

43.4.1.3　其他形式的烘缸

（1）多通道烘缸

在普通烘缸干燥中传热热阻主要来自烘缸内冷凝水所形成的水环。尽管采用虹吸管、扰流棒等排水和破坏水环的形成装置，使水环变得很薄，对传热的影响大大降低，但仍然对传热有一定影响。多通道烘缸的概念提供了一种全新的提高纸页干燥速率的方法，其结构如图 43-23 所示。多通道烘缸取消了传统烘缸中用于排出冷凝水的虹吸管装置，以及用以使冷凝水产生湍动的扰流板装置，而是在烘缸内壁加工了若干沿烘缸壁周向分布的矩形小通道。进入烘缸的蒸汽被均匀地分布在各个矩形小通道内，在通道内受限流动、冷凝放热，形成的冷凝水全部存在于矩形通道内，并由后续蒸汽推动从通道出口排出。在多通道烘缸中，由于冷

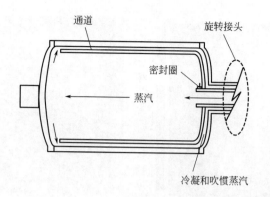

图 43-23　多通道烘缸的结构[26]

凝水被限制在矩形通道中，缸体内不会产生冷凝水积聚，这种结构使多通道烘缸可大幅提高干燥效率，降低能耗。

相对于传统烘缸及其冷凝水排出装置来说，多通道烘缸具有以下三方面的优势。

① 传热均匀性方面　在多通道烘缸中，蒸汽被均匀地分布在各通道内，这就使得烘缸壁面的温度分布较为均匀，对于湿纸幅的干燥效果也较好。

② 传热面积方面　蒸汽在多通道烘缸内的冷凝传热，相当于在带肋片的通道内的冷凝传热，肋片效应使得通道内的传热面积增大，从而加大了传热量，提高了传热效率。试验结果证明，这种多通道烘缸的传热系数比具有扰流棒的烘缸高 20％ 以上，比无扰流棒的烘缸高 90％ 以上。

③ 冷凝水排出方面　在多通道烘缸中，蒸汽被限制在通道内冷凝流动，经放热后所产生的冷凝水被限制在通道内流动，并由后续蒸汽推动从通道出口排出，冷凝水排出及时，不会产生冷凝水积聚。

现阶段对多通道烘缸的结构及其内部蒸汽流动和冷凝传热机理的研究还较少。因此，多通道烘缸干燥的产业化仍需要开展大量研究。

（2）夹层烘缸和带槽烘缸

夹层烘缸和带槽烘缸多用不锈钢板焊接制成，一般用于杨克烘缸等大烘缸中。在夹层烘缸中，蒸汽通入到接近烘缸圆周的环壁中，而不是采用一个大的受压容器，从而减小烘缸的质量，并可以减少大型烘缸中容易引起的蒸汽引进和冷凝水排出难的问题，而且传热性能等非常好，但制造成本较高。

带槽烘缸是在烘缸内壁径向加工出沟纹，冷凝水在表面张力作用下聚积在沟槽中，用虹吸集束组以保证每个小虹吸管位于沟槽的正确位置，将冷凝水有效地排出，从而保证良好的传热效率，用这种烘缸的杨克纸机生产卫生纸，车速可达 2000m/min[9]。

（3）电磁感应加热烘缸

用蒸汽加热烘缸的干燥装置有许多缺点：①结构复杂，造价高。因蒸汽通入缸内，使烘缸为一压力容器，必须有严格的密封和足够耐压机械强度。为了排出缸内冷凝水，还要有复杂的排水和连接部件。②部分蒸汽热能还传递给烘缸中无需加热的部件，造成热能浪费。烘缸内热量传递主要靠传导，因受冷凝水膜的阻碍，传热系数比较低，缸面温度分布不均匀。③调整温度难，且调整速度很慢。④设备维修费工费时。电磁感应加热烘缸则无上述缺点，其烘缸壁的加热原理为：电机驱动烘缸按一定速度转动，夹持机构使电磁铁靠近缸壁，在励磁绕组中通入电流后，在烘缸壁内就有磁力线通过，磁通量密度在一定范围内取决于电磁铁的励磁电流强度。当烘缸转动时，缸壁各点单位时间内的磁通声不断发生变化，从而产生和此变化成比例的电动力，而使缸壁内产生流通的电流。根据焦耳定律，缸壁就被加热。可以通过调节烘缸壁与电磁铁的间距，或调节电磁铁的励磁绕组电流强度，来调节缸壁的温度[9]。

43.4.2　冷凝水排出

纸张干燥的热能来源于烘缸内蒸汽冷凝释放出的汽化潜热。随着蒸汽的冷凝，在烘缸内部形成冷凝水层。该冷凝水层对纸机的干燥性能和纸张质量有着重要影响，往往借助虹吸管将其及时排出。

43.4.2.1　冷凝水的运动状态

根据车速情况，烘缸内冷凝水的运动状态是不同的，如图 43-24 所示。

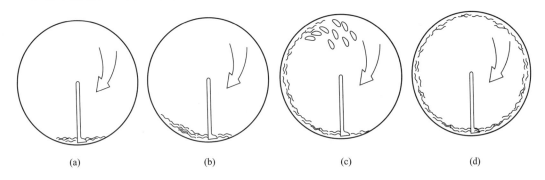

图 43-24　烘缸内冷凝水的运动状态[22]

对于直径为 1.5m 的烘缸，当车速低于 200m/min 时，冷凝水受重力作用聚集在烘缸底部，形成一个"小水塘"，如图 43-24（a）所示。在"小水塘"之外的区域传热系数很高，往往借助带有角度的固定式虹吸管插入水塘中将其排出。在低速纸机上，烘缸内部的冷凝水塘对传热有正面效应。当车速在 200～300m/min 时，随着车速的提高，由于冷凝水与烘缸壁之间的摩擦力，聚集在烘缸底部的冷凝水开始攀升至烘缸内侧面，呈图 43-24（b）所示的月牙状翻动。水塘内部还会因摩擦力而产生湍动，同时增强了传热作用。当车速接近 300m/min 左右时，摩擦力进一步增大，冷凝水被甩至烘缸内壁上侧，但是由于还不能形成足够的离心力，其被提升到 45°～90° 角时呈瀑布状回跌到烘缸底部，如图 43-24（c）所示。冷凝水层的湍动程度更高，传热也更好，但高湍状态会使烘缸传动系统的功率和转动负荷增大，长期在瀑布状态下运行，会引起烘缸传动齿轮损坏。当车速达到 300m/min 以上时，由于离心力的作用增强，冷凝水层将附着在烘缸内表面上形成一层完整的水环，并随烘缸一起旋转，如图 43-24（d）所示。

43.4.2.2　冷凝水的危害

冷凝水的热导率是 0.62W/(m·℃)，只有烘缸壁（铸铁）的热导率的 1/77。如果烘缸内有冷凝水积聚，则会大大增加烘缸的热阻，极大地降低干燥效率。

冷凝水在烘缸内随烘缸旋转呈现不同的状态。对于中高速纸机来说，烘缸内冷凝水环的形成和破坏，不仅导致纸机功率消耗大大增加，而且使传动功率剧烈波动，从而影响纸机的正常运行。

冷凝水在烘缸内聚集会出现不规则的温差，这种温差可达几度甚至几十度，从而造成干燥不均、纸张翘曲等纸病。此类干燥不均匀问题常见于干燥部的湿端，通常烘缸表面温差控制在 3℃ 以内为佳。

43.4.2.3 冷凝水的排出装置

冷凝水的排出装置是利用蒸汽和排水管端的压差排走冷凝水的机械装置。蒸汽可以从烘缸的一侧（传动侧居多）通入，而冷凝水可以从烘缸一侧（传动侧或操作侧）或两侧（传动侧和操作侧）同时排出，排出方式取决于纸机的实际情况。图 43-25 采取的是单侧通汽、单侧排水的方式，而图 43-26 采取的是单侧通汽、双侧排水的方式。

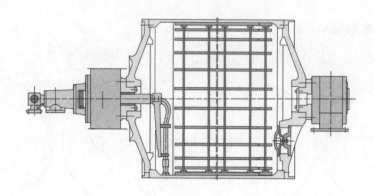

图 43-25 单侧通汽、单侧排水的方式

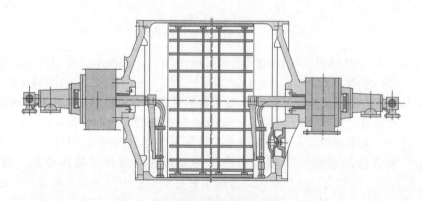

图 43-26 单侧通汽、双侧排水的方式

常见的烘缸内内部冷凝水排出装置有固定式和旋转式两种类型的虹吸管排水装置。

（1）固定虹吸管式排水装置

固定虹吸管式排水装置如图 43-27 所示。虹吸管直径为 35～60mm，一端固定在蒸汽接头的壳体上，吸管的吸入端伸入烘缸内，管口装有平头管帽，管帽与烘缸内壁距离为 2～3mm。要达到最佳的排水效果，吸入端应安装在冷凝水最深部位，并尽可能靠近烘缸中心。虹吸管位置偏向烘缸转动方向一边约 15°～20°角，同一传动组内所有烘缸必须处于同一位置，以便停机时均处于 6 点钟位置，以减少残留冷凝水量。

由于固定虹式吸管的悬臂较长，容易挠曲变形，或由于烘缸内冷凝水环破坏时产生冲击作用，可能引起吸水管头与烘缸内壁发生碰撞，导致虹吸管损坏，因此需经常检测维护。

固定式虹吸管的典型排水压差为 35～40kPa。当冷凝水在缸内形成呈水环状态的运动

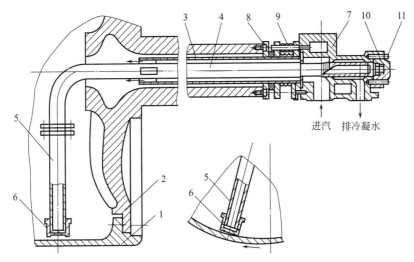

进汽　排冷凝水

图 43-27　固定虹吸管式排水装置

1—缸体；2—端盖；3—进汽管；4—虹吸管；5—虹吸管垂直段；6—管帽；

7—填料函；8—石墨圈；9—弹簧；10—锁紧螺帽；11—调节方头

时，冷凝水的线速度接近于烘缸线速度，因而会产生速度压头，通过固定虹吸管压出烘缸之外。因此，车速越高，所需排水压差越小。

固定式虹吸管在车速 300m/min 以下使用比较理想，但后来发现在 550m/min 的车速下使用时，排水也比较正常。现在固定式虹吸管几乎可以在所有车速下使用。

（2）旋转虹吸管式排水装置

当纸机车速超过 300m/min 时，烘缸内冷凝水已形成水环，一般需使用旋转式虹吸管排水，其结构如图 43-28 所示。它是固定在烘缸内传动侧缸盖上，虹吸管呈单支或双支或三等分三支蜗管状排布，与烘缸一起旋转。按照烘缸尺寸采用机械锁紧，可用弹性连接或螺丝固

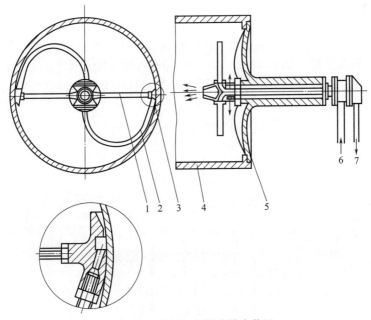

图 43-28　旋转虹吸管式排水装置

1—支杆；2—旋转虹吸管；3—吸头；4—缸体；5—传动侧端盖；6—进汽管；7—排水管

定。这种设计可以缩小吸入管端与烘缸内壁的间距，一般在 1.25～2mm 之间。

烘缸内冷凝水无论是聚集在下部或呈水环状，旋转式虹吸管都可以把它排出，可保持烘缸内冷凝水层的厚度不超过 0.8mm。为了排出冷凝水，烘缸和冷凝水排出管之间必须有一定的压差，压差大小是由纸机车速、烘缸直径、冷凝水状态决定的。旋转式虹吸管排水时除了克服提升冷凝水重力产生的阻力外，还需克服冷凝水旋转产生的离心力。因此，车速越高，所需排水压差越大。

当车速由 450m/min 提升至 1050m/min 时，旋转式虹吸管的排水压差则由 40kPa 增至 95kPa，不仅造成大量的能量损失，还会影响纸机的运行性能，甚至无法正常工作。因此，旋转式虹吸管不适用于高速纸机。而固定式虹吸管因排水压差低，则更多地应用于车速较高的纸机，可以提高能源效率 5%～10%。

43.4.2.4 喷吹蒸汽

为了使烘缸传热量最大，理论上烘缸内所有的蒸汽必须全部冷凝放热。但是，实际上在烘缸内蒸汽不可能全部冷凝。未冷凝的蒸汽夹带冷凝水从虹吸管排出，会大大降低排水的有效密度，使排水压差降低，这部分未冷凝的蒸汽就是喷吹蒸汽（blow-through steam）。喷吹蒸汽在进入直径较小的虹吸管吸入端时，有一个急剧加速的过程，有助于把冷凝水粉碎成小颗粒，以雾状完全混合排出，同时也会将烘缸中的不凝气体混同蒸汽以稀释状态被排出。喷吹蒸汽在虹吸管内的最佳流速为 23～46m/s，流速过高，会对虹吸管和轴径产生汽蚀作用。纸机车速越高，排水压差越大，所需的喷吹蒸汽率就越高，以保证冷凝水顺利排出。一般地，固定式虹吸管的喷吹蒸汽率是 10%～20%，旋转式虹吸管则为 25%～30%。

43.4.2.5 改善冷凝水层传热的措施

蒸汽在烘缸内为相变传热，通常以膜状冷凝的形式释放汽化潜热。由于膜状冷凝的传热系数小于滴状冷凝，为了防止蒸汽冷凝形成的液膜阻碍传热，对烘缸内壁适当的改造可以有效提高传热性能。常见的方法有树脂挂里和加装扰流棒。树脂挂里是指采用辛癸胺树脂在烘缸内壁挂上一层薄膜，既可防止烘缸内壁腐蚀，又能使蒸汽变成滴状冷凝，因而降低了烘缸的传热阻力。有文献报道采用树脂挂里可使传热系数提高 38%，节约蒸汽约 6.9%[27]。

在烘缸内设置扰流棒。如图 43-29 所示，扰流棒可使冷凝水环产生振动，棒的间距合适可以产生共振，从而可获得很强的湍流。同时，扰流棒还会将缸内壁分隔成许多敞开的格

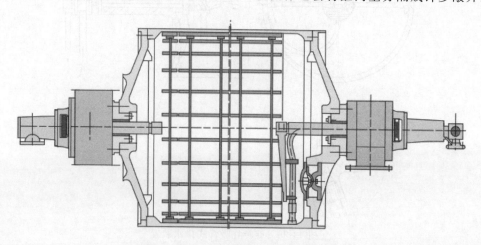

图 43-29　带扰流棒的烘缸内部结构图[8]

仓。冷凝水被扰流棒导向成轴向流动进入缸端的环形槽内被虹吸管排出，不会连接成随缸旋转的水环。现在高速纸机的烘缸都设有扰流棒。扰流棒对传热效率的改善会因纸机的车速变化而不同，如表 43-9 所示，车速越高越有利于改善烘缸的传热。使用扰流棒和固定式虹吸管排水装置，同无扰流板的旋转式虹吸管排水装置相比，干燥能力可提高 30% 左右，在车速达到 1270m/min 时，排水压差不超过 27.6kPa[28]。

表 43-9　加装扰流棒对传热效果的影响[25]

车速/(m/min)	改善传热效果/%	车速/(m/min)	改善传热效果/%
135～365	0	610～760	5～12
365～460	0～5	760～915	10～15
460～610	3～10	>915	12～20

另外，可在烘缸内壁上沿圆周加工出轴向的三角形沟槽。沟槽与轴向有一定倾斜角度，冷凝水在表面张力作用下集中在沟槽里，沟槽的顶部便成为干燥传热面。当烘缸旋转时产生的离心力在沟槽与轴向斜面上的分力，使冷凝水聚集在沟槽里。沿锥度斜面的轴向分力有使冷凝水排出速度增大的效果，流到烘缸中间的沟槽中的冷凝水可用固定式虹吸管顺利排出。据报道，此沟槽结构可提高干燥能力 15% 左右。

43.4.3　供热系统

根据纸张干燥所需热源的不同，其供热系统可以分为采用蒸汽作为热源的供热系统和采用其他热源（如导热油、红外辐射能、电磁能等）的供热系统。尽管现在纸机干燥部采用的热源形式多样，但绝大多数纸机均以蒸汽供热方式为主，以红外干燥为辅，其中以饱和蒸汽作为热源的干燥方法仍然占绝大部分。

43.4.3.1　采用蒸汽热源的供热系统

（1）分段供热/通汽系统

分段通汽是目前常见的供热方式，主要依靠各段烘缸之间的压力差，或者借助于最后一组烘缸连接的真空泵产生的负压通蒸汽。图 43-30 为典型的三段通汽系统，各段烘缸间的压差随操作条件的不同而异，可按干燥曲线实时自动调节。由图可以看出，该纸机的供热系统由一段、二段、三段烘缸组，冷凝水罐（闪蒸罐），真空泵及压力压差控制器等部件构成。

三段通汽首先将新鲜蒸汽通入一段主控烘缸组，它占了全部烘缸的大多数，蒸汽压力最高，未冷凝的喷吹蒸汽和冷凝水一起送至 3# 汽水分离器，分离出来的二次蒸汽则被送入二段烘缸组，冷凝水用泵送至 2# 汽水分离器。二段烘缸组的操作压力低于一段烘缸组，可以满足从 3# 汽水分离器输送喷吹蒸汽的需要，二段烘缸组产生的喷吹蒸汽和冷凝水被引至 2# 汽水分离器，冷凝水或者直接回锅炉房再利用或者被送至 1# 汽水分离器（这两种情况在工厂都很常见），分离出来的二次蒸汽通入靠近湿端的三段烘缸组。三段烘缸组的操作压力低于中间烘缸组，排出的喷吹蒸汽和冷凝水被送至 1# 汽水分离器，分离出二次蒸汽送至表面冷凝器，冷凝回收其热量，冷凝水一起被送至锅炉房作为锅炉给水再利用。不凝气体则用真空泵抽走，真空度的大小由真空泵上的阀门控制。如果从一段引入二段的二次蒸汽不能满足需要，则可加大通入一段烘缸的蒸汽量或直接将新鲜蒸汽通入二段。

各段烘缸之间的压力差，由烘缸冷凝水排出方式和车速决定，可按烘缸干燥曲线的要求用气动式或隔膜式阀门自动调节。但为了保证烘缸内冷凝水的顺畅排出，各段之间的压力差一般不应小于 29.5kPa，具体因所生产纸种不同而不同。为保证供热系统能在足够小的压力

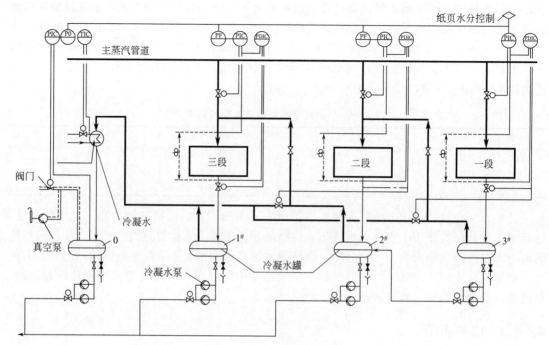

图 43-30　三段通汽系统

梯度下实现对烘缸内压力和温度的灵活控制，特别是对生产多纸种的纸机而言，经常需要在较大范围内对供热系统进行控制。图 43-31 和图 43-32 分别给出了两种生产中经常采用的分段通汽系统。其中图 43-31 为一个分段串联供热系统，其中一个系统内嵌于另一系统中。由于内嵌串联系统之间相互独立，并未与之相邻的系统进行连接，减小了供热系统所需的最低压差，从而具有更好的可控性。

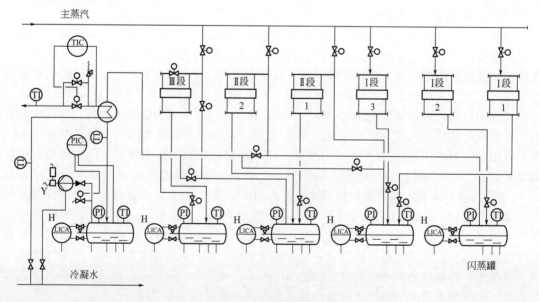

图 43-31　分段串联通汽系统

图 43-32 为一个分段并联通汽系统。这种并联通汽系统可以在每个子系统内独立安装一套闪蒸罐和真空泵，或者每个子系统共用一套闪蒸和真空装置，在调节蒸汽压力和压差时灵

活性更强，主要适应于纸张干燥过程需要使用多个压力等级的蒸汽时，或者需要调节干燥部某些烘缸表面温度的情况。

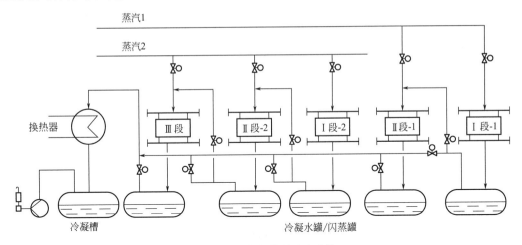

图 43-32　分段并联通汽系统

分段供热可以保证烘缸温度逐渐上升，使干燥曲线稳定，同时加强蒸汽循环和排出烘缸内的冷凝水和不凝气体，还可以保证整个烘缸温度均匀，提高了烘缸的干燥效率。另外，由于各段烘缸的蒸汽压力逐渐降低，可以充分利用前一段蒸汽的热量，节约干燥能耗。尽管如此，多段通汽系统也有如下局限性：

① 有一定的操作范围限制　主段烘缸组的压力不能设定过低，否则会使压差不够。若压力设定得太低，湿端烘缸组压力对纸张质量来说可能又偏高了。需采用不同的控制策略，系统设计复杂。

② 控制设施比较庞大　蒸汽压力的变化将使所有烘缸压力发生变化，为保证控制纸张水分，必须进行精确调节，控制过程过于复杂。

③ 系统不易形成不同的烘缸布置　蒸汽管段的规格取决于喷吹蒸汽量，系统的布置不易与传动机构匹配。

④ 故障处理烦琐　由于所有烘缸彼此相互联系，出现故障时处理会比较烦琐。

（2）**热泵供热/通汽系统**

图 43-33 为热泵结构图，由泵体、喷嘴、调节阀、接收室、混合室及扩散器等元件组成。其工作原理为：用高压蒸汽抽吸低压蒸汽，高压蒸汽以很高的速度通过喷嘴进入接收室形成负压，从而不断地抽吸低压蒸汽；在混合室中，低压蒸汽与工作蒸汽两股共轴流体进行

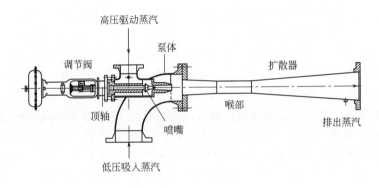

图 43-33　热泵结构图

能量交换，从而使低压蒸汽参数提升；进入扩压室中，低压蒸汽的动能转换为势能，压力提高到纸张干燥工艺所需的压力后通入烘缸组中[10]。

热泵供热的烘缸组单元如图 43-34 所示。与多段通汽的区别是可以将烘缸组的喷吹蒸汽和汽水分离器中的闪蒸汽经热泵压缩后作为低压吸入蒸汽，再次通入本段烘缸组或者后段烘缸组作为热源继续利用，由此，整个干燥部就分成几段独立的、相互之间不影响的热泵通汽系统回路。因为每个烘缸组彼此独立，所以系统具有很大的灵活性。干燥部的操作压力可在很大范围内变动，压差和喷吹蒸汽的设定可根据烘缸组干燥能力的需要而变化。

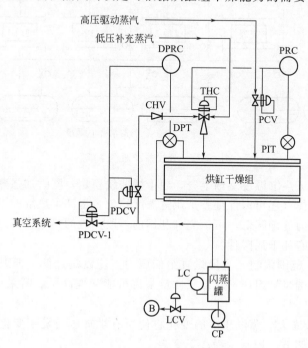

图 43-34　热泵供热烘缸组单元图[8]

通过合理设计喷射器，由喷射器出来的蒸汽压力可以满足纸张干燥工艺要求。随着闪蒸罐中闪蒸汽量的增多，闪蒸罐中的压力降低，冷凝汽的闪点降低，闪蒸汽的蒸发量增大，二次蒸汽利用率得到提高。由于改善了供热蒸汽的品质，有利于建立合理的烘缸温升曲线。随着闪蒸罐中压力的降低，纸机烘缸与闪蒸罐的压差增大，因而更利于烘缸中冷凝积水的排出。该方法一方面提高了系统的传质传热效率，另一方面提高了纸机烘缸转动时的平衡度，提高了车速，降低了能耗。

图 43-35 给出了一个纸机干燥部完整的通汽系统。在这个系统中共有四组烘缸，分别为两组高温烘缸组，一组中温烘缸组和一组低温湿端烘缸组。高温烘缸组使用蒸汽分为两部分：低压蒸汽（0.5MPa）经压力控制阀直接通入各组烘缸作为热量主要来源；高温烘缸组排出的喷吹蒸汽及冷凝水进入与其对应的汽水分离器，分离出的喷吹蒸汽及闪蒸汽经热泵增压后再通入该组烘缸。热泵用的高压蒸汽（0.8～1.2MPa）由锅炉房直接供应。中温和低温烘缸组组成串级通汽方式，与多段通汽方式类似，低压蒸汽通入中温烘缸组冷凝放热后送入汽水分离器，分离出的二次蒸汽通入低温烘缸组继续利用。各汽水分离器产生的冷凝水泵送至表面冷凝器冷凝后再送回锅炉房。这种结构结合了多段通汽和热泵通汽的优点，可以保证各段蒸汽压力相对独立的控制，实现蒸汽压力的逐级升高，便于控制升温曲线。

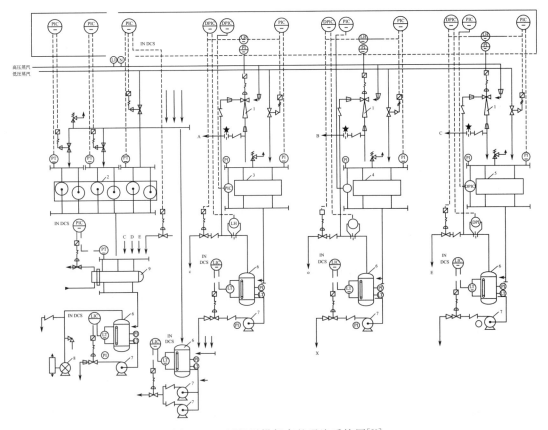

图 43-35　纸机干燥部完整通汽系统图[29]

1—热泵；2～5—1～4 组烘缸；6—汽水分离器；7—冷凝水泵；8—真空泵；9—表面冷凝器

尽管热泵通汽较多段通汽有众多优势，但在很多纸机上的应用仍有所限制，这可能是由于热泵通汽需要额外的高压蒸汽作为驱动蒸汽，通常 25%～30% 的蒸汽消耗是高压蒸汽。在很多造纸厂并没有现成的高压蒸汽，且高压蒸汽的成本高，这些因素在设计通汽系统时应加以考虑。

（3）杨克烘缸供热系统

大直径烘缸主要用于高速单面光薄页纸机上，由于其耗汽量大，一般采用循环供汽系统。该系统允许一部分蒸汽随冷凝水排出，以便将烘缸内不凝性气体带出和有利于冷凝水的排出，提高传热效率。进入汽水分离器的蒸汽和闪蒸汽一起经热泵提高压力后再送入烘缸内。这种系统要求新蒸汽压力应为 0.6～0.8MPa。一部分闪蒸汽经压力控制后进入冷凝器，再经真空泵排出。汽水分离器下部的冷凝水送回锅炉房。这种系统充分利用了蒸汽的热量，热效率高，在新型配用大直径烘缸中得到广泛应用。

43.4.3.2　采用其他热源的供热系统

（1）导热油加热烘缸的供热系统

导热油加热烘缸是以被加热的热油作为热载体，将其热量传递给烘缸表面来干燥纸页的。既可用于单缸纸机，也可用于多缸纸机。导热油由加热炉加热到要求的温度后，从加热炉上部流出经过滤后由热油泵输送到进油总管中，然后再由进入各烘缸的进油支管的控制阀控制流量后进入烘缸内，与烘缸壁热交换后的低温油由回油管道再进入加热炉中加热后循环使用。可以通过调节进出烘缸热油的流量来调节烘缸表面温度，以满足冷凝水排出和回收装置的工艺要求。此系统安全性好，投资少。导热油在300℃时基本不汽化。如要获得250℃的温度，油缸内只有0.1MPa的压力，而用蒸汽则要达到4MPa的压力。由于热油系统简单，且在低压下运行，比蒸汽供热系统造价低，投资可比蒸汽系统节约1/3左右。热油供热系统10~15年不需大修，10年内不用更换导热油，节约能源。热油供热系统进出烘缸油温差一般为5~15℃，回油只需在油炉内升温5~15℃就可循环使用，每次补充热量很少。而蒸汽供热系统需要把冷凝水重新加热成蒸汽，且要不断补充冷水，因而需要大量的热能将冷凝水和冷水加热为饱和蒸汽，能耗大，效率低[9]。

（2）红外线供热系统

红外线供热干燥具有蒸发速度快、成纸水分均匀等优点。但受设备结构的限制，主要是对流干燥，纸页不能像在烘缸干燥中受干毯的挤压作用而紧贴烘缸表面，所以其干燥的纸页必然有平滑度差，紧度低，平整性差，松厚度大，成纸稳定性差等缺点。所以，无法使纸页全部用红外线干燥，只能作为辅助干燥系统。厚水膜对短波长的红外线有较强的吸收性，而薄水膜则对长波长的红外线吸收性强，所以在压榨部或干燥的初期用红外线干燥时，一般应选用镍铬合金石英管辐射器，它的辐射源温度为760~980℃，有效波长范围为2.6~2.8μm，能量分布辐射占45%~55%，对流占45%~55%。干燥末期，纸页中水分低，水膜薄，应选用辐射温度低、波长长的远红外线，可选用埋入镍铬合金丝碳化硅板辐射器，电阻丝板面温度540℃，辐射源温度200℃，有效波长6μm，能量分布辐射占20%~50%，对流占50%~80%。红外辐射的最大穿透深度约0.6mm，所以对于高定量和厚纸板应采用双面辐射。

红外干燥加热器可用燃气或电来加热，一般多用电红外干燥器，便于控制。红外供热干燥若用在压榨部，则横向与纸页同宽，纵向间隔一定距离布置若干条红外加热干燥器，接通电源即可。若安在干燥部的末端调节纸页的水分，一般为成片安装。

（3）电磁供热干燥系统

电磁供热干燥系统是在烘缸内或外沿烘缸宽度方向上靠近烘缸壁，排列若干排电磁铁，烘缸旋转时切割磁力线而产生电流，使缸体发热而干燥纸页。在烘缸外部安放电磁铁的加热烘缸的感应宽度为150mm，与缸面的距离为13mm，电磁铁应交错排列。

43.4.4　通风系统

纸机干燥部的通风系统由气罩、送风机、袋区通风以及纸幅稳定器、空气加热器、热回收系统等部件组成，其作用是及时带走从纸张表面蒸发出来的水分，维持一定的传质驱动力[30]。其中，热回收系统是纸机干燥部的重要组成部分，决定着热能利用的有效性程度，主要是由排风机和各种换热器组成的换热网络，用来回收再利用气罩排风的余热，以节约干燥过程能耗。图43-36给出了纸机通风系统示意图。

通风系统对纸机效率、干燥能耗和产品质量有重要影响，且随着车速的不断增加，加强干燥部内的空气流动，对于整个干燥部的运行具有越来越重要的作用。对某瓦楞纸机干燥过程通风系统的研究发现，优化通风系统后可节约吨纸能耗7.2%[31]。从纸张表面蒸发出来的水分需要及时在通风系统的作用下排出气罩，以维持稳定的干燥条件。送入干燥部袋区的新鲜空气吸收纸张蒸发出来的水分变成湿热空气，其中的大部分热量可以被回收利用。

纸机干燥部通风及热回收系统的作用及要求有以下几个方面[31]。

① 从干燥部捕集和除去水蒸气　现代化高速纸机的干燥部，每分钟蒸发掉数吨的水蒸

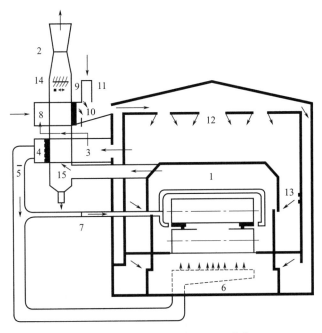

图 43-36　纸机通风系统示意图[30]

1—气罩；2—排风机；3—袋区送风换热器；4—袋区送风加热器；5—气罩送风机；
6—气罩底层送风口；7—袋区送风机；8—车间送风换热器；9—车间送风加热器；
10—温度调节风门；11—车间送风机；12—天棚送风口；13—车间送风口；
14—热水换热器；15—热水出水管

气。如果将这些水蒸气排入室内，则会对室内环境造成影响。通常由袋区送入的热风先吸收
这些蒸发的水蒸气，然后经气罩和排风机集中湿热空气后，再排出厂房，这是对通风系统的
最基本要求。

　　② 提高纸机干燥能力和产能　如果蒸发掉的水分不能快速高效地排出，将会使袋区湿
度增大，即传质驱动力降低，这会限制水分蒸发速率，进而影响纸机的产能。

　　③ 提供可控的操作环境　不均一的袋区通风会造成纸幅横向干燥能力的变化，影响横
向水分分布，造成纸幅出现褶皱和卷曲等纸病。袋区通风和气罩必须协调操作，维持袋区通
风湿度均一，以达到最佳干燥效果。

　　④ 稳定纸幅，提高纸机效率　纸幅在干燥部内高速运行，如果通风系统设计不良，会
造成纸张抖动得厉害，严重的还会造成断纸，从而影响纸机生产效率。通过妥善处理干燥部
内的气流，如设置纸幅稳定器，可以使纸幅稳定地运行。

　　⑤ 保护纸机设备　如果气罩的送排风设计和操作不好，可能会造成水蒸气在气罩内部
冷凝，锈蚀烘缸机架、导辊、结构件，将缩短纸机的寿命。同时，也会对纸张的质量产生负
面影响。

　　⑥ 改善能源利用效率　加热送风所需热量约为 $400\sim440kJ/kg$ 蒸发水，在通风系统不
良的干燥部，该数值可达到 $700kJ/kg$ 蒸发水。干燥过程绝大部分由蒸汽释放出的热量会以
水蒸气的形式排出，设计良好的通风系统可以回收其中大部分的热量，从而节约蒸汽用量。
设计良好的现代化高速纸机热回收系统，可以回收利用超过 60% 的余热[32,33]。

43.4.5　气罩

　　气罩的作用是捕集干燥部湿热空气，并将其驱逐出车间。气罩的结构形式决定通风系统

的设计。配置不同气罩的纸机通风量相差很大，表 43-10 给出了不同形式气罩的操作参数。

表 43-10　不同形式气罩的操作参数对比[8]

项目	单位	敞开式	中湿度	高湿度
排风湿度	kg 水/kg 干空气	0.04~0.07	0.12~0.14	0.16~0.18
排风温度	℃	50~60	75~85	80~90
排风露点	℃	37.5~46.3	55.7~58.5	60.8~62.8
气罩平衡	%	30~50	60~80	70~80
气水比	kg 干空气/kg 水	20~30	8~10	6~7

密闭气罩因排风露点高、气水比小（蒸发单位质量的水分需要的通风量少），与敞开式气罩相比可大大节约驱动风机的电耗和加热通风的热耗。图 43-37 为敞开式气罩和密闭气罩的热流图，"1"表示的是纸张干燥需要的热量，可以看出，密闭气罩所需热量明显低于敞开式气罩。经验表明，蒸发 1kg 水，密闭气罩比敞开式气罩可少用蒸汽 0.2kg，相当于节省蒸汽 15%~20%。

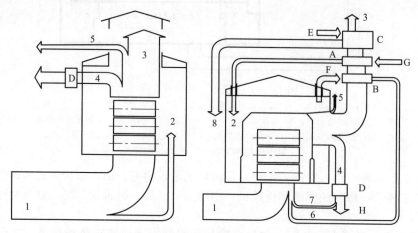

图 43-37　敞开式气罩（左）和密闭气罩（右）的热流图[24]
1—干燥纸张所需热量；2—车间通风耗热；3—气罩排风热损失；4—冷凝水热量；
5—烘缸辐射散热；6—气罩送风装置回收热量；7—冷凝水回收热量；8—热水回收装置回收热量

（1）敞开式气罩

这是目前纸机在用的最简单的一种气罩形式，由气罩壁、气罩顶层、风道和排风口等组成。气罩壁和顶层由外覆铝板、中间有保温层的钢框架组成。在传动侧气罩的上方设有几个矩形截面的风道和排风口，在风道两侧设有活动的隔板，用于调节干燥部各段的排气量。气罩的下缘与纸机操作水平面距离通常为 2m 左右，从气罩排出的空气较多来自车间。为了提高干燥速率，改善纸张横向水分分布，袋区要有良好的通风装备，可以利用排出的吸收了水蒸气的湿热空气，来预热新鲜空气，使较多的干空气进入干燥部带走更多的水汽；也可以将此预热后的空气进一步加热作为袋区通风，加速水分蒸发。一般车间内补充热风，对敞开式气罩的最佳温度是 48℃，袋区通风温度是 90~130℃。

敞开式气罩的操作湿度一般为 0.04~0.07kg 水/kg 干空气，排风温度为 50~60℃，露点为 37~46℃，蒸发 1kg 水需要 20~30kg 干空气，气罩平衡 HB（hood balance）一般为 30%~50%。敞开式气罩主要适用于中低速、窄幅纸机，尤其是 20 世纪 80 年代之前投产的纸机，后来新建的中高速纸机更多使用性能更高的密闭气罩。

（2）中湿度密闭气罩

中湿度密闭气罩比敞开式的操作温度高、湿度大、排风量小、热回收效率高，近年来在国内外纸机上得到了广泛利用。气罩由操作楼面上的一个保温密封罩组成，气罩的前面用升降屏，后面用滑移屏作为操作楼面上干燥部的进出口。密闭气罩还包括底部的密闭底板，用来防止气流泄漏，限制干燥部内的升压作用。中湿度密闭气罩的操作湿度一般为 0.12～0.14kg 水/kg 干空气，排风温度为 75～85℃，露点为 56～59℃，蒸发 1kg 水需要 8～10kg 干空气，气罩平衡为 60%～80%。

（3）高湿度密闭气罩

高湿度气罩的结构与中湿度气罩最大的不同在于其使用高绝热值的板材，并且密封性要求很高，气罩平衡可以达到 70%～80%。气罩操作湿度越高，空气的吸湿能力就越大，纸机的热效率就会越高。但湿度太高会导致气罩内结露，易造成断纸、腐蚀设备等，对纸张的生产过程不利。高湿度密闭气罩可以在 0.16～0.18kg 水/kg 干空气的湿度下操作，每蒸发 1kg 水仅需 6～7kg 空气，排风温度可达 80～90℃，非常有利于热量回收利用。高湿度气罩不仅节约了蒸汽和动力消耗，还可以减少经过气罩的空气流量及纸张产生的影响，从而可以提高纸张的运行稳定性和纸机的效率。

总体来讲，密闭气罩较敞开式气罩有很多优越性，可以提高纸机的热效率，节约能源消耗，原因包括以下几方面。

① 减少了蒸发水分的热损失　密闭气罩进风的温度高、排风湿度高，这会增加空气的吸湿能力，从而减少排风量，因此减少了蒸发水分的热损失，提高了纸机热效率。某纸机气罩改造前后的能耗情况见表 43-11。一般密闭气罩纸机蒸发水分耗热，可比敞开式气罩减少14%。当然，送风温度不能超过烘缸表面温度，否则将会影响产品质量，而无限制地提高排风露点温度，则会增加空气水蒸气分压力，从而影响水分蒸发。现代纸机设计排风露点一般为 50～60℃。

表 43-11　某纸机气罩改造前后的能耗对比[34]　　单位：kJ/kg 水

气罩形式	敞开式气罩	一般密闭气罩	高湿度密闭气罩
烘缸加热	2736	2675	2688
袋通风加热	527	435	314
纸机通风加热	579	170	100
总计	3842	3280	3102

② 有效利用了气罩的排风余热　密闭气罩排风露点温度高，因而气罩排风余热可以得到更有效的利用。每蒸发 1kg 水，密闭气罩回收的余热比敞开式气罩多了 1504kJ。回收的余热加热送风后还可以用来加热车间通风和温水。

③ 节省了通风设备电耗　敞开式气罩的排风量较大，一般蒸发 1kg 水需要 20～30kg 空气，而密闭气罩仅需要 8～10kg 空气。排风量的降低，可减少排风机的数量，从而节约电耗。对幅宽 4m 的纸板机分析表明，如果改为密闭气罩，排风量将可少 27 万 m³/h，相应地可降低风机电耗 60%。

④ 可显著改善车间的操作环境　纸机干燥部的封闭，可使造纸车间的操作环境得到改善。夏季不会因干燥部大量的热辐射和对流，以及水蒸气逸出至车间，对设备造成腐蚀，同时对工人的健康也不利；冬季排风量减少很多，可以大大降低补风量，从而节省车间暖通费用及热电消耗。

43.4.6　袋区通风

袋区是由烘缸、干网和纸张所组成的一个相对密封的区域，图 43-38 即为一个烘缸袋区

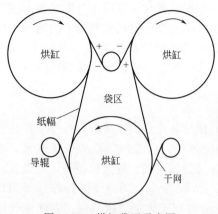

图 43-38　烘缸袋区示意图

示意图。自纸张表面自由蒸发出来的水分，扩散至袋区的干空气中，使其水蒸气密度增加，如不能及时除去这些湿空气，会降低水分蒸发的驱动力，阻碍水分进一步蒸发，此时即使增加蒸汽压力提高烘缸表面温度，也会影响干燥速率。因此，袋区通风对纸张干燥效率有着重要作用。

干网由于具有一定的透气度，随着纸幅的高速运行，会携带大量附着在其界面层上的空气，在导辊和干网汇集区形成一个正压区，该正压气流强制穿过干网进入袋区。在导辊的出口侧，随着干网离开导辊而形成一个负压区，从而把吸入的空气排出。这种有导辊的几何布置形成的自然形态的袋通风可以迫使袋区内的湿热空气通过干网流动，但被吸入带去的空气是气罩内的湿空气。另外，进入袋区的空气量无法控制，主要受纸机车速、干网透气度和导辊位置影响，可能会造成袋区内产生过压现象，迫使纸张产生抖动，影响运行的稳定性。

为改善纸机干燥部袋区纸张的稳定性，必须控制这种自然抽吸现象，并在受控情况下将干空气送入袋区，往往通过设置强制通风装置改善这一问题，同时也有利于提高干燥速率。袋区通风应与干网协调运作。一般地，低速高定量纸机可使用透气度高的干网和不太复杂的通风装置，从而保证干空气能够均匀地进入汇集区，干网将空气自然地吸入袋区，在低速纸机上不会有纸幅抖动问题。但在低定量高速纸机上，应选用透气度低的干网，对袋区通风装置的要求也要高。

为达到良好的运行稳定性和横幅水分分布，要求袋区吸入和压出的空气流相等。否则，袋区内的空气会产生纵向流动，迫使纸张抖动。如图43-39 所示的袋区通风装置，可以在使用高透气度干网条件下保持袋区平衡，还不会造成纸张过分抖动。该装置的上风嘴用来阻止导辊和干网汇集区进口处边界层的湿空气流进袋区，下风嘴用于阻挡被导辊吸来的湿空气。同时，在风嘴之间形成一个压力区，在受控情况下将所需的新鲜热风透过干网送入袋区，吸收并带走从纸幅表面蒸发出来的水分后，湿空气则通过自然抽吸作用排出袋区。经热回收的余热，及经加热器加热的新鲜

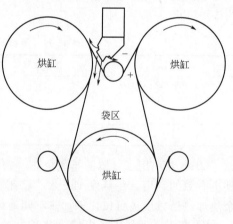

图 43-39　烘缸袋区通风装置

热风，应该横向均匀地送入袋区，以维持干燥效率和横向水分蒸发的均一性。

43.4.7　热回收系统

纸机干燥部通风系统排出的热湿空气所带走的热量约占工厂总能耗的 40%，这部分热量可以通过热回收系统加以回收利用。配备有不同形式气罩的纸机热回收系统性能相差很大，敞开式气罩排风的热损失几乎接近 100%，而密闭气罩排风热损失仅为 24%～36%（随季节变化而异）。由此可见，在余热回收方面存在的节能潜力还较大。图 43-40 为某典型新闻纸机（980t/天）干燥部的能流图。回收后的余热用于加热送风、洗网水、过程水、车间通风的比例分别为 6%、11%、19%、27%，其他随排风排至环境的热量为 37%[35]。

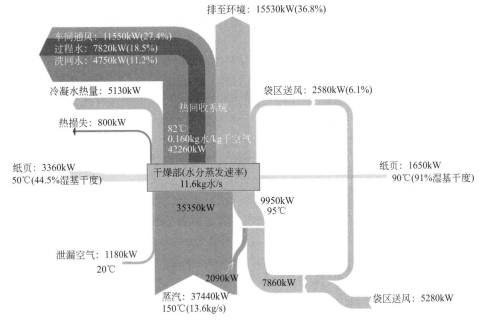

图 43-40　典型新闻纸机干燥部能流图

新鲜空气被送入干燥部之前，首先通过气气换热器与排出的湿热空气换热。也有些纸机在用排风预热袋区送风之前，先用干燥部排出的冷凝水加热，以充分利用冷凝水自身的热量，节省蒸汽消耗。由于预热后的空气温度达不到袋区通风的温度要求，一般还需通过蒸汽加热器进一步提升送风温度；换热后的湿热空气可再通过气液换热器来回收其中的余热，而加热后的温水可供造纸过程的其他工段使用；最后，湿热空气所含剩余热量还可用来加热循环水，用于车间通风。通过余热的逐级梯次利用，可以最大限度地提高干燥过程的能效。

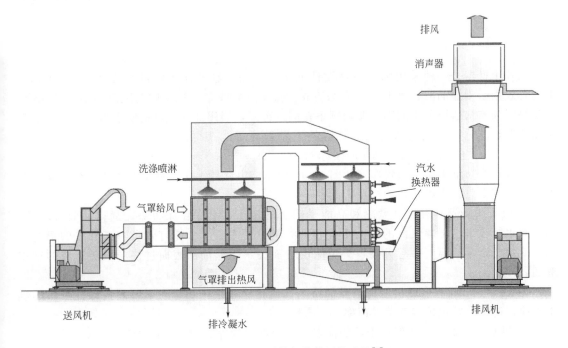

图 43-41　纸机干燥部的热回收系统[8]

图 43-41 是典型的纸机干燥部热回收系统流程图。排出气罩的含有大量余热的热风先经过气气换热器加热袋区送风，然后经气液换热器加热过程水进一步回收热量，再排至环境，达到了节约新鲜蒸汽量的目的。

三种常见的热回收设备形式是喷淋水、气气换热器和气液换热器。

喷淋水加热系统是最简单的，主要是在排出水汽中设置一个喷水器，喷水将排出水汽中的水分雾化，热量从水蒸气转移至水中，再将热水收集起来供造纸过程使用。

气气换热器是将热量从排出的水蒸气通过间接换热的方式转移到单独的空气系统，可以用来预热袋区送风和建筑物暖通用热空气。一般这种热回收设备可将袋区送风从室温加热到 50～60℃，显然这还不能满足袋区通风的温度要求，往往还需再借助蒸汽加热，这样可以节省蒸汽消耗量。

气液换热器是将热量从排出的水蒸气转移到水或水/乙二醇溶液中。水/乙二醇溶液可泵送到工厂的每个部门以加热建筑物暖通用空气，具有显著的热回收经济性，尤其是在冬季取暖费用较高的北方地区。

43.5　其他纸张干燥技术与装备

自 1817 年 John Dickinson 发明烘缸连续干燥技术应用在造纸机上以来，就一直作为纸机干燥部的主要干燥设备。近年来，研发人员在改善烘缸传热、干燥速率、能效水平，以及横幅水分均匀性和纸张质量方面进行了很多改进，提高了烘缸干燥的稳定性和适应性，但其基本原理并没有发生大的变化。同时，也开发了许多基于不同传热机理的新型干燥设备，但这些新型干燥方式大多有一定的适应局限性，如杨克烘缸干燥和穿透干燥多适应于生活用纸的干燥，红外干燥和热风冲击干燥则适用于涂布纸和纸板的干燥[36]。

随着纸机继续向高速化和大型化方向发展，对干燥部提出了更加严峻的考验，为了进一步提高干燥能力，多种干燥方式配合传统烘缸干燥的联合干燥技术将是未来纸机干燥部的发展方向。

43.5.1　红外干燥

红外干燥器是一种采用辐射原理设计的干燥设备，红外光谱的范围为 $0.7\sim1000\mu m$，但能有效用于干燥的波长范围为 $0.7\sim11\mu m$。由于红外线是一种发射电磁波的不可见光线，其频率因为与构造质分子的固有振动频率在同一范围，当用红外线对物质进行照射时，引起电磁共振，其热能可被有效地吸收。红外干燥系统所能获得的蒸发速率为 $45\sim90kg$ 水/$(m^2\cdot h)$，最大蒸发速率可达到 $150kg$ 水/$(m^2\cdot h)$。

典型的涂布纸干燥部布置形式如图 43-42 所示，由红外干燥、热风干燥和烘缸干燥组合而成，集成了三种干燥装置的特点，其中：

① 红外干燥器具有设计紧凑和高能量输出的特点，紧靠在涂布头之后，其效果较佳。当表面水膜还未遭干燥气流的过大干扰时，涂料中的大量水分能有效吸收红外线的辐射能量，使水与纸幅的温度一起升高，避免涂层表面失水引起局部表面过快干燥所造成的结皮弊病。

② 气浮式干燥具有非接触性干燥的特点，使得涂布纸张在进入下阶段接触性干燥的烘缸之前，能被有效地控制其蒸发速率。

③ 烘缸干燥器具有接触性干燥的优点，使得纸张的外观和张力得到控制。

图 43-43 是一个燃气红外纸张干燥装置的图示。

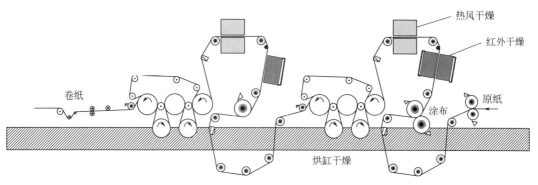

图 43-42　典型的涂布纸干燥部布置形式

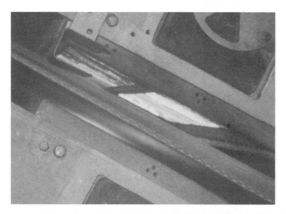

图 43-43　燃气红外纸张干燥装置图[36]

43.5.2　杨克烘缸干燥

生活用纸通常使用高速冲击气罩、蒸汽加热杨克烘缸干燥。现代生活用纸纸机，干燥能源有 40％来源于烘缸，60％来自气罩。杨克烘缸为干燥纸幅提供能源，在干燥过程中传递纸幅，在热压榨过程中充当辊子，为生活用纸的起皱提供基面。典型的杨克烘缸纸机如图 43-44 所示。

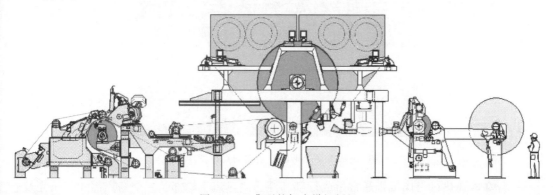

图 43-44　典型的杨克烘缸纸机

生活用纸的干燥通过蒸发过程进行，从湿纸幅转移到杨克烘缸开始，到纸幅达到一个稳态温度为止的期间内，纸幅与烘缸发生了短时间的快速热传递。对于贴杨克缸的纸面，其蒸发过程为水蒸气从烘缸表面逸出、冷凝以及以毛细管水的形式又迁移回蒸发表面；对于面向气罩的纸面，其蒸发过程与贴杨克缸面的纸面干燥方式类似，且水分的蒸发和迁移同样会导致水分的双向流，这样的过程持续且保持不变，直到剩下的水都是纤维结合水。最后阶段的干燥速率相对缓慢，会消耗更多的能源。与其他纸种不同，生活用纸比较薄且具有多孔性结构，从高温杨克缸表面产生的大部分水蒸气不需要经过冷凝就可以穿透多孔性结构的纸幅。纸幅受到的热压使得纸张更紧密地附着在烘缸上，且与烘缸间的传热更有效。如果蒸发产生的水蒸气没有及时地从纸幅中排出，就有可能发生纸幅起泡现象。通过降低蒸汽压力可以减缓传热并且控制起泡。杨克烘缸较高的传热速率，主要是因为它能使得水蒸气具有足够的穿透纸幅而不造成起泡的能力。

生活用纸的起皱也是在杨克烘缸上完成的，刮刀将纸幅从杨克烘缸表面刮落，在此过程中刮刀刀片具有适当的起皱几何结构，起皱过程使得纸张的松厚度、柔软性、吸收性能和伸长率都得到了提高。起皱过程中使纸幅黏附到烘缸上去的黏着力十分重要，烘缸和纸幅之间的剪切力使生活用纸起皱。为了使纸幅黏附在杨克烘缸表面，需要在烘缸表面喷涂上一层黏缸剂；为了使纸张容易从烘缸表面剥离，还需喷涂烘缸剥离剂。

杨克烘缸一般采用钢或者铸铁制造，烘缸内部装有旋转的虹吸管以排出冷凝水。一个铸铁的生活用纸纸机烘缸通常可以使用 15～30 年，每 1～4 年需要对烘缸重新磨削一次。

43.5.3　穿透干燥

穿透干燥（through air drying，TAD）是生活用纸生产采用的一项干燥技术，热风通过开放式的干燥器穿过纸幅。穿透干燥技术的优点是能够提高产品的性能，如纸张的松厚度、柔软度、吸水性等。由于没有湿压榨，纸幅的紧密程度降低，在同样的定量下，与传统的干燥起皱相比，穿透式热风干燥技术生产的生活用纸的松厚度可以提高 75％。通过此技术可以降低纸张的定量，减少纤维用量。穿透式热风干燥系统需要大量的高温空气且速度相对均等，且对真空系统要求高，因此需要较高的能耗。穿透干燥缸的表面一般设计成蜂巢形，开口率为 85％～90％，图 43-45 是穿透干燥缸表面的局部图。

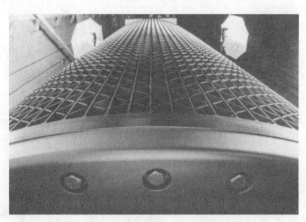

图 43-45　穿透干燥缸表面的局部图[36]

一台穿透式热风干燥纸机通常由成形部、穿透式热风干燥部、一个杨克部和带压光及卷曲的后干燥部组成，其中穿透干燥方式可以是外向式，也可以是内向式，如图 43-46 所示。外向式穿透干燥过程中，纸张被干网包覆在穿透缸表面上，高温热风由穿透缸内部吹过纸张表面后，经热风罩排出；内向式穿透干燥过程则恰好相反，即高温热风由热风罩穿过纸张表面后，经穿透缸排出。图 43-47 是维美德公司设计的配有两个穿透干燥单元的生活用纸纸机

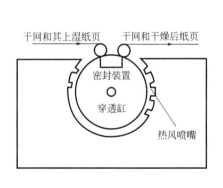

(a) 外向式穿透干燥装置

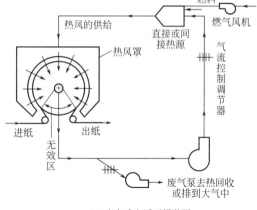

(b) 内向式穿透干燥装置

图 43-46 穿透干燥单元示意图

图 43-47 某生活用纸纸机的穿透式干燥部[36]

干燥部。

穿透式热风干燥是一个连续过程，空气和水蒸气的混合气穿过有渗透性的纸幅，通过对流蒸发纸幅中的水分，从而使热量传递给纸幅。纸幅从成行器传递到干毯上，干毯在整个穿透式热风干燥过程中都支承着纸幅。穿透式热风干燥烘缸的壳壁结构有一个很大的开放区域，85%～95%的开放区域是保证获得均匀的干燥、产品质量、运转性能和运行效率的关键要素。穿透式热风干燥烘缸外包围着气罩，气罩与辊子的真空弧形区相对应。加热过程中的空气通过由循环风扇产生的真空穿过纸幅，循环风扇可以返还 70%～95%的过程空气，剩下的排风将排出系统。干燥过程可以通过控制空气温度和热风速度来实现。

穿透式热风干燥生产出的生活用纸产品松厚度高、手感好，其蒸发率在 170～500kg/(h·m²) 之间，较配有高效气罩的杨克烘缸干燥的蒸发率 [98～170kg/(h·m²)] 要高。在典型的卫生纸和擦手纸的生产中，穿透式热风干燥的热效率比杨克烘缸干燥提高了

$40\% \sim 50\%$。

43.5.4 热风冲击干燥

热风冲击干燥（impingement air drying）是利用一股高速高温的热风直接喷射湿纸幅表面，由于破坏了滞止边界层，降低了传热传质的阻力，在纸幅表面发生了快速的对流传热和传质现象。热风冲击干燥可以明显改善干燥初期纸机的运行性能和产品质量，同时也可以避免因纸机产能提升造成的空间不足[37]。

图 43-48 是安装在单挂式干燥部的冲击干燥单元。由于 1 个冲击干燥单元相当于 2.5～3 个烘缸的干燥效果，该结构不仅可以增强水分蒸发能力，还能进一步改善纸机的运行稳定性。热风冲击干燥在提高纸张干度、缩短干燥部长度、改善纸张质量和优化运行性能等方面有着独特的优势，有利于纸机的高速运行，主要用在涂布纸和纸板的干燥过程中，现在也逐步延伸到其他类型的纸张干燥中。

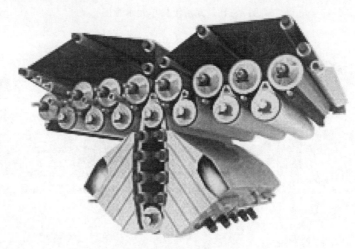

图 43-48　安装在单挂式干燥部的热风冲击干燥单元[38]

43.5.5 过热蒸汽干燥

多烘缸干燥部在纸机中仍然是能耗最大的，传统的蒸汽烘缸干燥部，大部分能量损失于热交换器后顶部排出的废气，回收这种低级的能量很困难。

用过热蒸汽干燥，蒸汽直接与湿纸页接触。它可以提供蒸发所需的热量，也可以释放蒸汽。过热蒸汽与纸张蒸汽的混合物可以回收，并在纸机上代替锅炉的新鲜蒸汽再次使用[39]。与传统干燥方法相比较，这项技术的主要优点如下[9]：

① 干燥过程中不存在空气，使来自纸页中蒸汽的回用成为可能，因为在这项技术中可回用低压蒸汽。不但不消耗蒸汽，而且还产生蒸汽。

② 由于使用了穿透罩，蒸发速率高，有较高的温度（350℃）和较高的喷射速率（110m/s）。

过去曾用过热蒸汽干燥不同的产品，如木材、纺织品、纸浆塑模与农产品。在造纸工业中，一些生产绒毛浆的工厂也使用该技术。

1980 年实验室开始研究纸页的干燥。Centre Technique du Papier（CTP）公司 1995～1997 年开始参与 Joule 欧洲项目，此项目是研究过热蒸汽干燥纸张的技术与经济可行性，主要合作伙伴有 TNO、Valmet 造纸机械公司与 VTY 能源研究所。研究显示，可以用过热蒸汽干燥纸页，通过在实验室进行动态试验，对两种形式的模拟设备进行低速试运转，证明使用过热蒸汽干燥纸页完全可行，主要结果如下[9]：

① 使用过热蒸汽完全可以使纸页干燥；

② 干燥速率比传统烘缸快，纸品质量没有大的变化；

③ 情况好时还会产生低压蒸汽。

43.5.6　冷凝带干燥

冷凝带（condebelt）干燥多用于纸板的干燥，其结构如图 43-49 所示，主要由两条钢织的带子组成。其中：上钢带为加热带，与密封的蒸发元件接触，作用是使纸张中的水分蒸发成水蒸气；下钢带为冷却带，与冷凝元件接触，作用是使水蒸气再冷凝成水。加热蒸汽的温度范围为 110～170℃，压力为 0.05～0.7MPa；冷凝水的温度为 60～90℃，通常为 80℃，压力与加热蒸汽压力一致[40]。由于冷凝带干燥使纸张在高温高压下长时间停留，有利于纤维间的结合，可以减少增强剂和施胶剂的用量。另外，还可以防止纸张在干燥过程中发生收缩现象，从而提高纸张的横向强度。

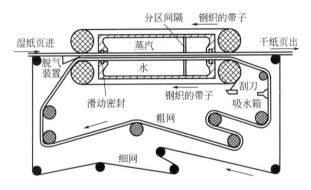

图 43-49　纸张冷凝带干燥器[41]

图 43-50 是一台安装有冷凝带干燥单元的纸机，其冷凝带干燥单元设置在烘缸干燥部的上部，可以实现三种不同的干燥方式：①只进行传统的烘缸干燥；②湿纸幅在出压榨部后直接进入冷凝带干燥；③湿纸幅从第三组烘缸处进入冷凝带干燥。后两种情况中，出冷凝带干燥后的纸张被引至第四组烘缸继续干燥。据报道，在芬兰和韩国各有一台配有冷凝带干燥的造纸机[36]。从运行情况来看，可以提高纸张的一般性能和平滑度，并能提高纸板的抗湿性。

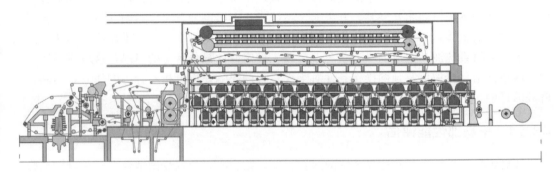

图 43-50　安装有冷凝带干燥单元的纸机[42]

43.5.7 气垫干燥

气垫干燥是靠高速的热风气流，使纸张或纸板在悬浮状态下以直接接触的形式被加热干燥蒸发水分，主要用于涂布纸、纸板或浆板的干燥。纸张涂布加工后，为防止涂料粘缸，除了常用的红外干燥器外，往往也借助气浮干燥器来进一步蒸发涂料中的水分，如第 43.5.1 节的图 43-42 所示。这里主要介绍用于干燥纸浆的气垫干燥装置，也称浆板干燥机。图 43-51 所示是产能为 540t/天的浆板干燥机的示意图，蒸发水分速率约为 24kg/h。

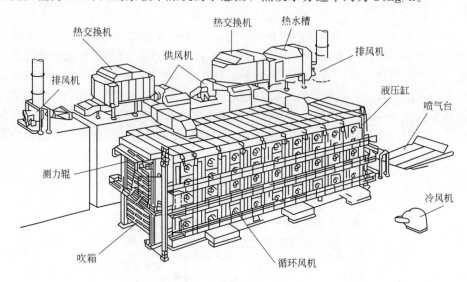

图 43-51 浆板干燥机示意图[11]

当湿浆板在干燥机内自上而下通过时，被经蛇管加热器加热后的热风，由循环风机送入各吹箱，经布风口不断地吹向湿浆板，在加热浆板的同时蒸发水分。同时，由于在一定的气罩内温度条件下，空气的湿度增加到一定的程度会达到饱和状态而失去干燥能力，还需要不断地排出吸收了水蒸气的湿空气，这主要由气罩顶部的排风机完成。新鲜空气则由供风机不断地从干燥机的底部送入，代替气罩内因湿度增加而被抽出的湿空气，从而完成浆板的干燥过程。

43.6 纸张干燥部性能评估与模拟优化

纸张的干燥过程是一个复杂的热质传递过程，由多个系统的耦合作用共同完成水分蒸发的任务，各个系统之间相互联系，其中一个系统操作参数的变化将会影响其他系统，甚至是整个干燥部的整体运行和能耗。生产实际中，经常存在因纸种变换、纤维配比、车速、蒸汽冷凝水、通风系统波动造成的操作状态偏离预先设定好的最佳状态的情况，这就需要能够及时准确地评估、模拟以及预测操作条件对干燥过程的影响，以分析不合理的地方，达到节能降耗的目的。

43.6.1 干燥部性能评估

针对纸机干燥部供热与通风系统的运行状况，结合必要的现场测试数据，可以对纸张干燥过程的运行性能评估，从而提出进一步的改进措施[43]。

图 43-52 为某纸机干燥部烘缸表面温度和纸张温度的测量值。该纸机由前、后两个干燥部组成。以前干燥（1～48 号烘缸）为例，前 6 个烘缸主要用于加热纸张，期间纸张温度是逐渐升高的，且此阶段较低的蒸发速率导致纸张干度变化较缓慢。第 7～14 个烘缸之间和第 15～21 个烘缸之间，水分在恒定的纸张温度下被蒸发掉，水分蒸发需要的热量与烘缸传给纸张的热量维持平衡，蒸发速率和纸张干度变化率基本维持不变。第 26～48 个烘缸之间的纸张温度又继续升高，直至与烘缸表面温度十分接近，这是因为在干燥的最后阶段蒸发等质量的水分较恒速阶段需要更多的能量，且干燥末端纸张表面相对湿度降低，导致其传质推动力降低，从而使干燥速率降低。

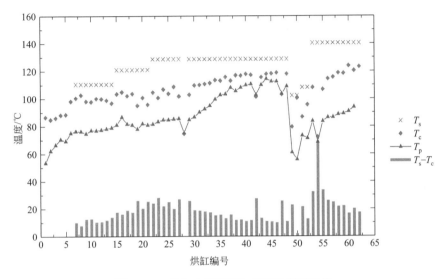

图 43-52　烘缸表面温度和纸张温度测量值

　　尽管如此，从图中可看出第 28、42、47 和第 54 个烘缸可能存在问题，因为这几个烘缸的表面温度非常低，甚至低至与纸张温度相等，反映在图中为烘缸温度 T_c 和纸张温度 T_p 是重合的。由此说明这些烘缸对干燥纸张可能并不起作用，但还一直消耗蒸汽，这是造成干燥速率低和能耗高的原因之一。另外，从图 43-52 中的蒸汽温度（T_s）与烘缸表面温度（T_c）差（T_s-T_c），如柱形图所示，还可以看出第 53～55 个烘缸的（T_s-T_c）较大，甚至超过了 30℃，这可能是由于烘缸内冷凝水层没有及时排出，影响了烘缸的传热性能，致使这几个烘缸同样对干燥纸张的作用不大。一般地，蒸汽温度与烘缸表面温度差（T_s-T_c）在 10～25℃之内，可以认为烘缸传热正常。

　　图 43-53 为袋区空气的干球温度（T_a）和露点温度（T_{dew}）测量值。在前干燥的湿端和后干燥，袋区空气的干球温度与露点温度差别不大，只有在前干燥的干端这种差别变得越来越大。这种分布趋势并不有利于纸张内水分的蒸发，结合图 43-54 所示的相对湿度分布情况来看，在干球温度和露点温度相近的袋区，其相对湿度已接近 100%，即这些袋区的空气已接近饱和状态，不再具有进一步吸湿水蒸气的能力，从而一定程度上限制了水分蒸发。另外，此种现象可能引起袋区内水分凝结，产生的水珠滴在纸张上会有损纸张质量。通过提高送风温度以加大送风温度与其露点温度的差距，可以解决此问题，从而也可以进一步提高干燥速率。

　　图 43-54 为干燥部袋区空气的湿含量分布。由于此纸机配备的是敞开式气罩，在干燥部的袋区没有送风来调节袋区温湿度的分布，致使其湿度分布极不均匀。从图中显示的趋势来看，以前干燥为例，大致可看出水分蒸发经历了由低到高，然后再降低的过程。在前干燥部

的湿端，虽然袋区的含湿量较低，但由于温度也较低，其相对湿度已接近100%，不再具有吸湿能力。从第25个烘缸起，前干燥袋区湿度逐渐降低，至前干燥末端的十几个袋区时，含湿量较低，且分布基本是一致的，含湿量为28g水/kg干空气左右。含湿量仅略高于室内空气，即周围空气吸收的由纸张表面蒸发出来的水蒸气已经很少。因此，对这些袋区内的纸张，其水分蒸发速率已很小了，对干燥纸张的作用不大。后干燥相对湿度也表现得过高。这些现象均表明该纸机干燥部的袋区空气状态不利于干燥纸张。若能借助通风系统调节袋区内空气的温湿度分布，则可大幅提高纸机的蒸发能力。

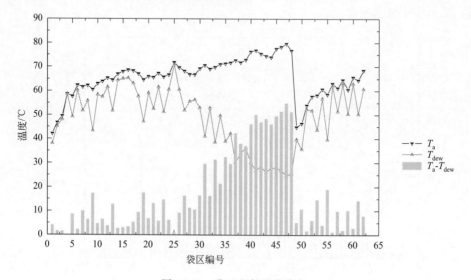

图 43-53　袋区空气温度分布

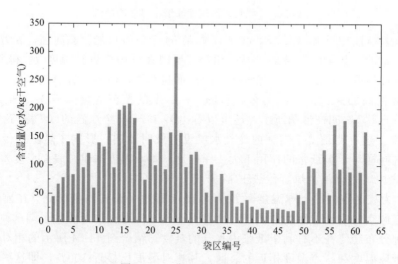

图 43-54　袋区空气湿含量分布

从以上分析可以发现，该纸机存在问题最大的地方，可能就是通风系统限制了纸机的干燥能力。进一步分析发现，该干燥过程带走蒸发掉的每千克水需要干空气量34kg。而对于配备有通风系统的密闭气罩，带走蒸发掉的每千克水仅需要8～10kg干空气。若改为密闭气罩并增加通风，则排风电耗可降低约1/3左右。排风温度的提高还会增强其热回收潜力，而现在的干燥部排风并无热回收。

针对该纸机干燥过程，其他节能改造措施有防止蒸汽和冷凝水泄漏，加强烘缸端盖保温，根据干燥曲线合理分配蒸汽压力，回收二次蒸汽再利用等。另外，鉴于该纸机能源计量工作还有待提高，在节能改造之前建议加强能源管理方面的工作。只有清楚地了解各部分能源的消耗量，才能知道到底哪些部分是用能的薄弱环节，也只有在准确计量的基础上，节能工作才有意义。

43.6.2　干燥部静态模拟

基于三段通汽式干燥部工艺流程，在"输入已知、输出未知"和"先烘缸、再通风、后纸张"的原则指导下，以烘缸组为最小建模单元，根据序贯模块法的基本思路，可以构建纸机干燥部的静态模型，用来模拟各模块之间的物流和能流信息，从而为纸机干燥部用能分析提供依据[43]。

43.6.2.1　模块划分

根据干燥过程中各操作单元功能的不同，可以把纸机干燥部分为以下 8 个功能模块，即烘缸组模块、汽水分离模块、表面冷凝模块、风机模块、热回收模块、空气加热模块、纸张模块和气罩模块。图 43-55 是按照典型的三段通汽式干燥部工艺流程构建的模块结构图。

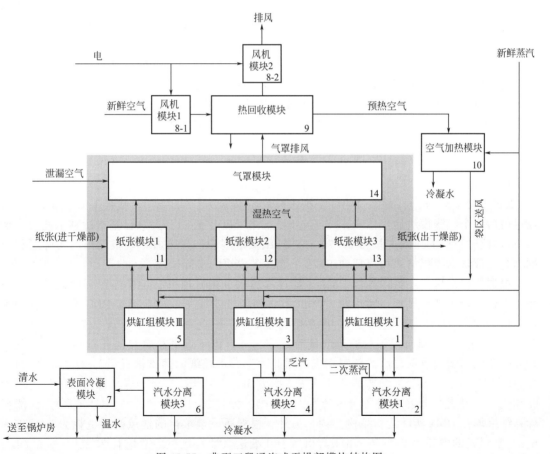

图 43-55　典型三段通汽式干燥部模块结构图

按照三段通汽式干燥部工艺流程，把操作压力相同的烘缸看作是一个烘缸组模块，则干燥部可分为 3 个烘缸组模块。然后，以烘缸组为模块划分的最小结构单元，把进出各烘缸组的纸张也划分为了相应的 3 个纸张模块。每个烘缸组排出的乏汽和冷凝水的流量与状态不尽相同，且经汽水分离器后产生的二次蒸汽作为下一段烘缸组的供汽，故各烘缸组对应的汽水分离也被分为了 3 个汽水分离模块。由最后一个汽水分离模块排出的二次蒸汽经表面冷凝模块回收余热。

根据干燥部通风系统的工艺，从车间经风机模块送入的新鲜空气需要经过热回收模块预热后，再经空气加热模块加热至袋区送风需要的工艺温度。由于所需要的送风量和排风量并不相等，还需分别设置送风模块和排风模块。其中，热回收模块用作加热新鲜空气的热源，是经纸张干燥模块排出的袋区湿热空气和由气罩两侧泄漏的新鲜空气，在气罩模块内混合后产生的具有一定温湿度的气罩排风，即来自气罩模块的排风。

43.6.2.2 模拟与讨论

选取 PM1 干燥部为模拟对象。根据干燥部模块划分依据，对该纸机干燥部进行模块划分，共由 17 个基本模块组成。PM1 用于生产幅宽 4.8m、定量 48g/m² 的新闻纸，车速为 1500m/min，设计产能为 540t/d。进出干燥部纸张干度分别为 48% 和 92%。

模型计算需要的假设参数是 PM1 设计参数和经验数据，取值依次为：烘缸组模块的散热系数取 5%，乏汽比取 10%；汽水分离模块的汽化比取 3%；风机模块的电机容量储备系数取 1.2，实际工况下风机的全风压取 2400Pa（风机铭牌），全风压运转时的风机效率取 0.8；热回收模块的换热效率取 60%；空气加热模块的换热效率取 80%；纸张模块的散热系数取 3%；气罩模块的泄漏系数取 30%，散热系数取 10%。

图 43-56 中各模块右下角的数字编号为模型的计算顺序。按照此计算顺序，依次对各模块进行求解，直至各纸张模块的出纸干度与实际测试值相接近，则认为模拟完成。若两者不符，则通过改变各烘缸组的进汽流量（即改变传给纸张的热量）来调节出各纸张模块的纸张干度。PM1 干燥部的模拟结果示于图 43-56，由此可以清楚地了解该干燥部内各模块间的联系。

如图 43-56 所示，初始干度为 48% 的湿纸张物流（湿纸）为 39.68t/h，经过第 1 个纸张模块后水蒸发了 2.34t/h，纸张干度增至 51.0%；经过第 2 个纸张模块后水蒸发了 3.56t/h，纸张干度增至 56.4%；经过第 3 个纸张模块后水蒸发了 7.17t/h，纸张干度增至 71.6%；经过最后一个纸张模块后水蒸发了 5.87t/h，纸张干度升至 91.9%（已基本达到工艺设定值 92%），此时对应的成纸产量为 20.74t/h。从纸张干度和产量来看，模拟结果与实际运行数据吻合，故认为模拟结果可以反映 PM1 干燥部各模块的实际情况。

根据模拟结果，还可以推算 PM1 干燥过程的水分蒸发速率、干燥能源强度以及干燥效率等指标。计算结果显示，每小时生产 20.74t 新闻纸或蒸发 18.94t 水，PM1 需要消耗的蒸汽总量为 24.91t/h［各烘缸组模块消耗的蒸汽流量（t/h）分别为 3.49，2.95，8.99，6.36］。其中，4 个烘缸组消耗的蒸汽量为 21.79t/h，占干燥部总蒸汽消耗量的 88%，其余 12% 的蒸汽用于加热预热后的新鲜空气。据此，生产每吨纸的蒸汽消耗量为 24.91/20.74＝1.20t 蒸汽/t 纸。PM1 干燥部蒸汽的总热流率为 68.01GJ/h，排出干燥部冷凝水的热流率为 9.73GJ/h，故蒸发每吨水需要的热量为：（68.01－9.73）/18.94＝3.08（GJ/t 水）。该能耗计算结果均在 PM1 实际运行范围之内。另外，根据通风量求得的送风机的电耗为 241kW·h/h，抽风机的电耗为 345kW·h/h，相当于吨纸送（抽）风机的总电耗为 28kW·h/t 纸。上述对 PM1 模拟结果的分析表明，所建立的干燥部静态模型基本能达到仿真工程实际。

图 43-57 为根据模拟计算结果绘制的 PM1 干燥部能源流向图，与文献中某典型新闻纸机（记作 PM0）干燥能源流向图相比，虽然 PM1 的水分蒸发速率（5.26kg/s）不到 PM0

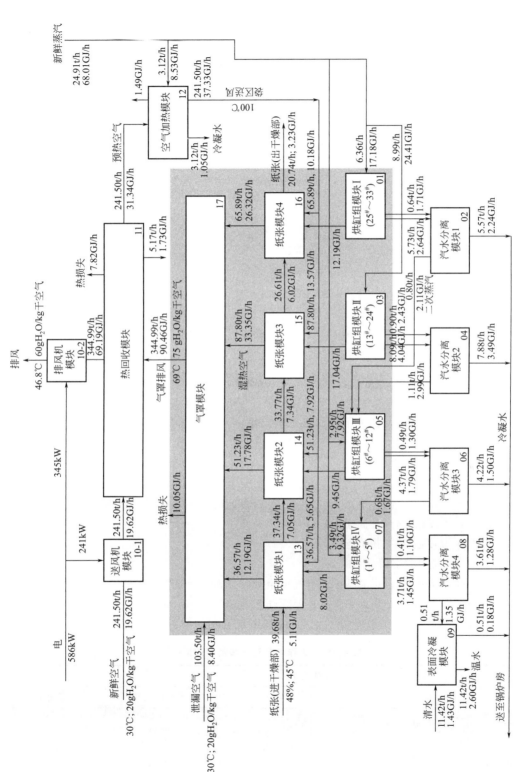

图 43-56　PM1 干燥部模块结构图及模拟结果

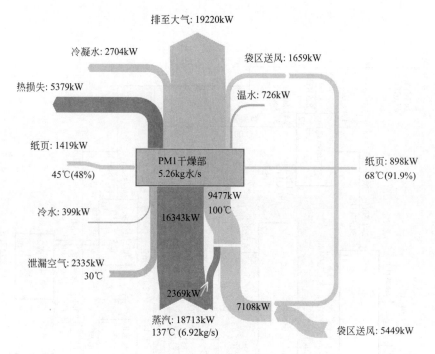

图 43-57 PM1 干燥部能源流向图

蒸发速率（11.6kg/s）的一半，但 PM1 加热新鲜空气消耗的热量却比 PM0 高了 11.8％，且排至大气的余热（19220kW）反而比 PM0 还要高，这说明 PM1 气罩排风的余热有效利用程度远低于 PM0，应考虑经济地回收部分余热，以改善其能源利用效率。

当 PM1 的操作参数，如进干燥部纸张的温度和干度、送风温度、排风湿度或环境的温湿度，发生变化时，会对干燥过程产生影响，进而影响干燥能耗。当参数发生变化后，都需要重新进行仿真，即要重新调节各段的蒸汽流量或压力，才能使出纸张干度达到工艺要求的水平，并维持相对稳定的干燥曲线。这个过程相当于工程实际中工况改变时，对纸机进行调节的过程。依次对 PM1 的以下五种情形进行了模拟分析：

a. 进纸张干度由 48％升高至 50％；

b. 进纸张温度由 45℃提高至 50℃；

c. 送风温度由 100℃降至 90℃；

d. 气罩排风湿度由 75g 水/kg 干空气增至 85g 水/kg 干空气；

e. 环境温湿度由 30℃，20g 水/kg 干空气变为 20℃，15g 水/kg 干空气。

表 43-12 分别为以上五种情况对 PM1 干燥能耗影响的分析计算结果。

表 43-12 操作参数对干燥能耗的影响

工况		干燥能耗		通风电耗	
		GJ/t 水	节能率	kW·h/t 纸	节电率
原工况		3.08	—	28.28	—
工况改变情况	a	3.08	0.1％	25.97	−8.2％
	b	3.04	−1.1％	28.28	—
	c	2.91	−5.6％	28.25	−0.1％
	d	3.01	−2.2％	23.97	−15.1％
	e	3.19	3.4％	25.90	−8.3％

结果表明，在所研究的范围之内，进纸张干度每提高 1％，可节省干燥热耗约为 4.2％，可节省风机电耗 4.1％；进纸张温度每提高 1℃，可节省干燥热耗约 0.24％；送风温度每降低 1℃，可节省干燥热耗 0.58％；排风湿度每升高 1g 水/kg 干空气，可节省干燥热耗 0.20％，可节省风机电耗 1.5％；环境温湿度的降低或升高会引起干燥能耗和干燥效率相应的变化。

43.6.3　干燥部能效优化

43.6.3.1　能效优化问题的提出

　　干燥部一直被业内戏称为"黑箱"，一方面是对纸张在干燥部的干燥机理理解不够，水分在纸张中存在多种形式，蒸发机理复杂，影响传热传质过程的因素也太多；另一方面是造纸企业在干燥部安装的传感器有限，有很多关键的过程工艺变量没有被监控，尤其是纸张干燥的动态变化过程，操作人员对纸张在干燥部的动态变化信息知之甚少。干燥部的调节也像"黑箱"一样，仅靠有经验的工艺人员依据在完成部获得的成纸状态信息，人为制定操作工艺设定值，并下载到控制器上执行运行控制，至于设定值是否为最优工艺条件，是否能够给企业带来最大的经济效益，无从可知。

　　（1）优化问题的目标

　　实际优化问题中，建立优化问题目标函数是最重要的步骤之一。通常目标函数表示为货币单位，表示企业在诸多约束条件下达到最小成本或者最大收益的目的。纸张干燥过程的能效优化问题将干燥部的能源成本作为目标函数，能源成本极小值就是能效优化问题的目标。干燥部的能源成本主要由电能成本和热能成本两部分构成。电能主要用于干燥部的传动，还有少部分用于驱动通风与余热回收系统的风机。用于传动的电能是必不可少的，可调空间比较小，所以为简化优化问题的规模，电能能源成本的统计只限于通风系统的电机的耗电量。热能成本主要包括两个部分，其中绝大部分是蒸汽-冷凝水系统的蒸汽消耗成本，蒸汽-冷凝水系统的蒸汽用于加热纸张，给纸张干燥提供足够的热能；蒸汽成本还有少部分是通风与余热回收系统空气加热装置的蒸汽消耗成本，用于将经过热回收后的新鲜空气加热到送风温度。

　　（2）决策变量与干扰

　　在纸张干燥过程中，影响能源成本的因素有很多，如主蒸汽段蒸汽压力，各段压差，送风量，排风量，送风温度，环境状态，车速，绝干定量，纸张进干燥部的状态，能源价格等。然而并不是所有有关系的变量都能成为决策变量，决策变量的选择有三大原则：易采集；能控制；尽可能少。易采集原则是指决策变量要容易采集获得，方便实时监控决策变量的状态，才能判断是否需要调整；能控制原则是指决策变量要容易控制调整，方便调整到优化方案；尽可能少原则是指决策变量个数要尽可能少，利于优化模型的求解，原因是每增加一个决策变量就会大大增加优化求解的计算量。在优化问题中，除了决策变量外，其他对优化目标有影响的过程变量称为干扰。干扰也会对优化目标产生影响，因其不易采集，不易控制，调节空间有限或者纯粹是简化优化模型的规模等原因，没有被选为决策变量，成了优化问题的干扰项。干扰项的存在使得过程系统不能时刻维持操作最优状态，所以对过程系统的运行优化是必要的。依据以上原则，分析纸张干燥过程能效优化问题的决策变量与干扰如下所示[44]：

　　决策变量：

　　主蒸汽段蒸汽压力；

各段蒸汽压差；

送风机的功率负载，即送风机的风量；

排风机的功率负载，即排风机的风量；

送风温度。

干扰：

环境状态的变化，主要包括大气压力、环境空气温度、环境空气湿度等；

车速的波动；

进干燥部纸张状态的变化，主要包括绝干定量、温度、湿含量等；

蒸汽价格和实时电价的变化。

（3）约束条件

约束条件是系统状态变量的约束，包括决策变量的可行域约束。纸张干燥过程能效优化问题的约束条件主要包括以下几个方面：

① 纸张质量约束　主要指成纸干度这一个指标，还包括纸张的抗张强度、耐折度、白度等物理性能指标。但是纸张物理性能与干燥部操作工艺之间的数学模型建立还不够完善，所以在现阶段的研究成果中暂未体现这点。

② 露点约束　露点约束包括两个方面：a. 为防止气罩内发生凝露现象，气罩内空气温度应该维持在露点温度以上，为安全起见，气罩内的相对湿度一般不能超过 80％；b. 对于密闭气罩，送风温度也应高于袋区空气的露点温度，若送入的新鲜空气温度过低，也会在小范围内发生凝露。

③ 气罩平衡约束　气罩平衡约束跟气罩零位控制有关，一般送排风比要在 70％～80％范围内。

④ 气罩排风湿度约束　密闭气罩排风绝对湿度一般不超过 0.20kg 水/kg 干空气，半封闭气罩排风绝对湿度一般不超过 0.12kg 水/kg 干空气。

⑤ 设备能力约束　如空气加热装置的极限加热能力、主蒸汽段蒸汽压力、干燥部湿端汽水分离器的真空极限等。

43.6.3.2　能效优化模型的建立

过程模拟是过程优化的基础，也就是说当建立的数学模型已能准确反映过程系统的特征时，才能用来研究过程系统的优化条件[44]。

（1）能源成本

能源成本由两部分构成：蒸汽成本和电能成本：

$$EnergyBenefit = \frac{a}{1000} \times m_{s,tot} + \frac{b}{3600} \times P$$

式中，EnergyBenefit 表示能源成本，元/s；b 表示电价，元/(kW·h)；a 表示蒸汽的价格，元/t 蒸汽；$m_{s,tot}$ 表示干燥部系统总蒸汽消耗，kg/s；P 表示通风与余热回收系统电耗，kW。

总蒸汽消耗包含两部分：

$$m_{s,tot} = m_{s,SCS} + m_{s,AH} = ProcessModel(\boldsymbol{x})$$

式中，$m_{s,SCS}$ 表示蒸汽冷凝水系统蒸汽消耗，kg/s；$m_{s,AH}$ 表示空气加热装置的蒸汽消耗，kg/s；ProcessModel 表示干燥部系统模型，关于干燥部系统模型的建立可以参照前文介绍。

$\boldsymbol{x}$ 是由决策变量组成的 $(i+2j+k+1)$ 维向量：

$$\bm{x}=\left[p_{\mathrm{S}};\Delta p_i;\phi_{\mathrm{a,sup},j};\phi_{\mathrm{a,exh},k}\,T_{\mathrm{a,sup},j}\right]$$

式中，i 表示烘缸分段数；j 表示送风机台数；k 表示排风机台数；p_{S} 表示主蒸汽段蒸汽压力，Pa；Δp_i 表示各段蒸汽分压，Pa；$\phi_{\mathrm{a,sup},j}$ 表示各个送风机的电机功率负载，%；$\phi_{\mathrm{a,exh},k}$ 表示各个排风机的电机功率负载，%；$T_{\mathrm{a,sup},j}$ 表示各个送风机的送风温度，℃。

风机电耗（P）可由下式计算：

$$P=\sum_{n=1}^{j}\phi_{\mathrm{a,sup},j}P_{\mathrm{N,sup},j}+\sum_{n=1}^{k}\phi_{\mathrm{a,exh},k}P_{\mathrm{N,exh},k}$$

式中，$P_{\mathrm{N,sup},j}$ 表示送风机额定功率，kW；$P_{\mathrm{N,exh},k}$ 表示排风机额定功率，kW。

（2）成纸干度约束

纸张干燥的基本作用就是将湿纸幅变干，通常情况下纸张离开干燥部时有一定的干度要求：

$$\mathrm{Dryness}_{\max}\geqslant\mathrm{Dryness}_{\mathrm{end}}=\mathrm{ProcessModel}(\bm{x})\geqslant\mathrm{Dryness}_{\min}$$

式中，$\mathrm{Dryness}_{\mathrm{end}}$ 表示纸页离开干燥部的干度，%；$\mathrm{Dryness}_{\max}$ 表示干燥部成纸干度上限要求；$\mathrm{Dryness}_{\min}$ 表示干燥部成纸干度下限要求。

（3）露点约束

为防止气罩内发生凝露现象，气罩内空气温度应该维持在露点温度以上，为安全起见，气罩内的相对湿度一般不能超过 80%。若是密闭气罩，送风温度要比气罩内露点温度高。

$$RH_{\mathrm{a}}(n)=\mathrm{ProcessModel}(\bm{x})\leqslant80$$
$$T_{\mathrm{a,sup}}(n)\geqslant T_{\mathrm{a,dp}}(n)=\mathrm{ProcessModel}(\bm{x})$$

式中，RH_{a} 和 $T_{\mathrm{a,dp}}$ 表示烘缸气罩排风的相对湿度和露点温度；$T_{\mathrm{a,sup}}$ 表示袋区的送风温度；n 表示烘缸编号。

（4）气罩平衡约束

气罩平衡约束跟气罩零位控制有关，一般送排风比要在 70%～80% 范围内：

$$70\leqslant HB=\frac{m_{\mathrm{a,sup}}}{m_{\mathrm{a,exh}}}\leqslant80$$

式中，HB 表示气罩平衡指标，%；$m_{\mathrm{a,sup}}$ 表示送风量，kg/s；$m_{\mathrm{a,exh}}$ 表示排风量，kg/s。

（5）湿端汽水分离器真空极限约束

受真空系统的配置影响，湿端汽水分离器，即最后一段的烘缸使用的汽水分离器，其真空有一定的极限。

$$p_{\mathrm{s}}-\sum\Delta p_i\geqslant P_{\mathrm{sep,min}}$$

式中，$P_{\mathrm{sep,min}}$ 表示真空极限；Δp_i 表示各段压差；p_{s} 表示主蒸汽段蒸汽压力。

（6）过程模型

过程模型的建立可以参照前文，这里只是简单介绍模型的输入输出。过程模型的输入为决策变量，过程模型的输出有四项，分别为能源成本、纸页离开干燥部的干度、袋区空气相对湿度、露点温度。

$$\left[\mathrm{EnergyBenefit},\mathrm{Dryness}_{\mathrm{end}},RH_{\mathrm{a}}(n),T_{\mathrm{a,dp}}(n)\right]=\mathrm{ProcessModel}(\bm{x})$$

43.6.3.3　能效优化运行效果

（1）研究对象

以某一瓦楞纸机为例，设计产能为 10 万吨/年，生产定量为 $75\sim100\mathrm{g/m^2}$ 瓦楞纸，设计车速 500m/min，幅宽 4m，成纸水分约为 8%。纸机干燥部分前后两个部分，中间是表面施胶工段，选取纸机前干燥为此次干燥部能效优化的研究对象，纸页进出前干燥的干度设计值分别为 45％ 和 90％。

该纸机前干燥采用双排多烘缸干燥部方案，总共由 39 个烘缸组成，如图 43-58 所示。前面 13 个烘缸是单挂结构；$2^{\#}$，$4^{\#}$，$6^{\#}$，$8^{\#}$，$10^{\#}$，$12^{\#}$ 烘缸是沟纹辊，不通蒸汽加热；后面 26 个烘缸是双挂结构，所有烘缸直径均为 1.5m，并且都配备扰流棒和固定虹吸管。纸机气罩设计为密闭式，有两套送排风装置（包括余热回收装置和空气加热装置）。调研期间由于纸机断纸信号、干网跑偏信号等还未接入 DCS，现场操作人员为方便查看干网位置和断纸发生情况，气罩门始终全部打开，整个干燥部运行类似于半密闭气罩，送风机全部关停，排风机满负荷运行，表 43-13 是各风机设计参数。采集调研期间，大气压力 101325Pa，环境温度 30℃，环境相对湿度 60％，绝对湿度 0.016kg 水/kg 干空气，蒸汽价格 150 元/t，电价格 1 元/(kW·h)。

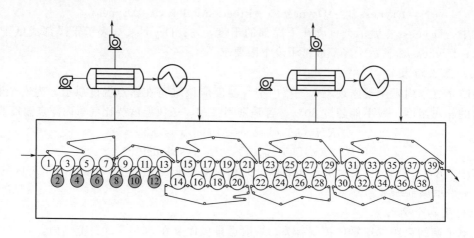

图 43-58　实例干燥部示意图

表 43-13　风机设计参数

位置	风量/(m³/h)	全风压/Pa	额定功率/kW	额定电流/A	转速/(r/min)
$1^{\#}$ 送风机	200000	4680	355	681	960
$2^{\#}$ 送风机	200000	4680	355	681	960
$1^{\#}$ 排风机	120000	3200	200	365	960
$2^{\#}$ 排风机	120000	3200	200	365	960

蒸汽-冷凝水系统如图 43-59 所示，烘缸分成四组，是典型的三段降压式。GRP3 烘缸组（$22^{\#}\sim29^{\#}$）和 GRP4 烘缸组（$30^{\#}\sim39^{\#}$）是主蒸汽段（Ⅰ段），蒸汽压力约为 104kPa；GRP2 烘缸组（$14^{\#}\sim21^{\#}$）是中间蒸汽段（Ⅱ段），蒸汽压力约为 74kPa；GRP1 烘缸组（$1^{\#}\sim13^{\#}$）是湿端蒸汽段（Ⅲ段），蒸汽压力约为 28kPa，$1^{\#}$ 和 $2^{\#}$ 汽水分离器分别回收 GRP4 和 GRP3 烘缸组的二次蒸汽用于 GRP2，$3^{\#}$ 汽水分离器回收 GRP2 的二次蒸汽用于 GRP1，各段都会从主蒸汽管道补充新鲜蒸汽，$4^{\#}$ 汽水分离器的真空极限约为 −20kPa。

烘缸各干燥区长度计算结果如表 43-14 所示。单挂烘缸干燥区分为三个区，Phase 1 是接触干燥区，Phase 2 是对流干燥区，Phase 3 裸露的烘缸表面长度；双挂烘缸干燥区分为五个区，Phase 1、Phase 2 和 Phase 3 是接触干燥区，区别在于 Phase 2 纸页表面被干网包覆，Phase 4 是对流干燥区，Phase 5 是裸露的烘缸表面长度。

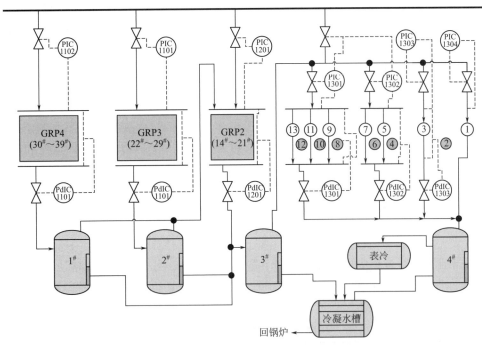

图 43-59　蒸汽-冷凝水系统工艺流程

表 43-14　烘缸各干燥区长度

干燥区长度	单挂烘缸($1^{\#} \sim 13^{\#}$)	双挂烘缸($14^{\#} \sim 39^{\#}$)
Phase 1	2.8197	0.7345
Phase 2	1.4107	1.3507
Phase 3	1.8927	0.7345
Phase 4	N/A	1.4107
Phase 5	N/A	1.8927

（2）过程模拟与系统参数选择

过程模拟是过程优化的基础，过程模拟的主要工作是根据采集工艺现状信息，调整好模型系统参数，使得过程模型能够真实地反映系统的特征。表 43-15 为主要系统参数的取值，在这组系统参数下，干燥部纸页干燥过程模型能够比较准确地反映干燥部系统的真实运行状态。各个烘缸内壁的冷凝系数都取值相同，$\alpha_{\text{s-c}}(n) = 1000\text{W}/(\text{m} \cdot ℃)$；烘缸与纸页之间的接触传热系数 h_{cp}，其线性估算模型为 $h_{\text{cp}} = 700 + 955u$，其中 u 表示纸页的含水率；

表 43-15　主要系统参数取值

符号	描述	取值
$\alpha_{\text{sc}}(n)/(\text{W}/\text{m} \cdot ℃)$	烘缸内壁冷凝系数	1000
$h_{\text{cp}}/(\text{W}/\text{m} \cdot ℃)$	烘缸与纸页之间接触传热系数	$700 + 955u$
FRF/%	干网影响因子	50
β/%	乏汽比	$0.67 \times (\Delta p/\text{kPa}) - 10$
AirSupCoe1	$1^{\#}$ 送风机有效送风系数	0.0526(1/19)
AirExhCoe1	$1^{\#}$ 排风机有效排风系数	0.0526(1/19)
AirSupCoe2	$2^{\#}$ 送风机有效送风系数	0.0500(1/20)
AirExhCoe2	$2^{\#}$ 排风机有效排风系数	0.0500(1/20)

干网影响因子（FRF）取 50％；乏汽比（β）与烘缸端差的关系，用线性模型 $\beta=0.67\times$（$\Delta p/\mathrm{kPa}$）-10 简单估算，其中 Δp 是烘缸端差，kPa；各个烘缸的有效送排风系数取平均值，第一套送排风装备对应 $1^{\#}\sim19^{\#}$ 烘缸，第二套送排风装备对应 $20^{\#}\sim39^{\#}$ 烘缸，因此第一套送排风装备的有效送风系数和有效排风系数为 0.0526，第二套送排风装备的有效送风系数和有效排风系数为 0.0500。

（3）能效运行优化效果

优化模型搜索求解采用 SQP 算法，最优操作工艺见表 43-16，主蒸汽段蒸汽压力为 105.34kPa，一二段蒸汽压差 30.01kPa；二三段蒸汽压差 45.52kPa，三段端差 30.00kPa，$1^{\#}$ 排风机电机负载 31.16％；$2^{\#}$ 排风机电机负载 40.18％。优化后蒸汽消耗可由原来的 5.0479kg/s 下降到 4.7488kg/s，下降 5.9％；通风系统电耗可由原来的 400kW 下降到 142.6822kW，下降 64.33％；实时能源成本可由原来的 0.8683 元/s 下降到 0.7520 元/s，下降 13.39％。分析过程数据，能耗的节省主要来自两个方面：一方面，经过严格优化计算，风量大大减少了，气罩排风的温度和湿度在没有超过约束极限的前提下都有相应提高，这样不仅节省了运行过程中的能耗，也利于排风余热回收；另一方面，优化计算后，可以严格控制纸页过干燥现象，如该优化案例中经过优化计算，纸页离开干燥部的干度正好为 90％。同时，蒸发负荷的减少也节省了该干燥部的能耗，降低了能源成本。

表 43-16　优化结果与分析

	变量	描述	优化前	优化后
决策变量	p_s/kPa	主蒸汽段蒸汽压力	104.00	105.34
	$\Delta p_1/\mathrm{kPa}$	一二段蒸汽压差	30.00	30.01
	$\Delta p_2/\mathrm{kPa}$	二三段蒸汽压差	46.00	45.52
	$\Delta p_3/\mathrm{kPa}$	三段端差	30.00	30.00
	$\phi_{a,\mathrm{exh},1}/\%$	$1^{\#}$ 排风机电机负载	100	31.16
	$\phi_{a,\mathrm{exh},2}/\%$	$2^{\#}$ 排风机电机负载	100	40.18
状态变量	EnergyBenefit/(元/s)	能源成本	0.8683	0.7520
	$m_{s,\mathrm{tot}}/(\mathrm{kg/s})$	干燥部蒸汽消耗	5.0479	4.7488
	P/kW	风机电耗	400	142.6822
	$\mathrm{Dryness}_{\mathrm{end}}/\%$	成纸干度	91.4274	90.0000
	$m_{a,\mathrm{exh},1}/(\mathrm{kg/s})$	$1^{\#}$ 排风机的排风量	45.8333	14.2810
	$T_{a,\mathrm{exh},1}/℃$	$1^{\#}$ 排风机排风温度	49.2539	69.5009
	$\mathrm{AH}_{a,\mathrm{exh},1}/(\mathrm{kg}\,水/\mathrm{kg}\,干空气)$	$1^{\#}$ 排风机绝对湿度	0.0495	0.1200
	$\mathrm{RH}_{a,\mathrm{exh},1}/\%$	$1^{\#}$ 排风机相对湿度	62.9170	53.7185
	$m_{a,\mathrm{exh},2}/(\mathrm{kg/s})$	$2^{\#}$ 排风机的排风量	45.8333	18.4170
	$T_{a,\mathrm{exh},2}/℃$	$2^{\#}$ 排风机排风温度	52.8408	69.6745
	$\mathrm{AH}_{a,\mathrm{exh},2}/(\mathrm{kg}\,水/\mathrm{kg}\,干空气)$	$2^{\#}$ 排风机绝对湿度	0.0578	0.1200
	$\mathrm{RH}_{a,\mathrm{exh},2}/\%$	$2^{\#}$ 排风机相对湿度	60.7922	53.3154

参考文献

[1]　Fao. ForesSTAT-Forest products production, import and export statistics [EB/OL]. Food and Agricultural Organization of the United Nations（FAO），2013. http: //faostat. fao. org/site/630/Forestry. aspx.

[2]　中国造纸协会. 中国造纸工业 2018 年度报告 [R]，2019.

[3]　Mujumdar A S. Handbook of Industrial Drying [M]. 4th ed. New York: CRC Press, 2014.

[4]　Roonprasang K. Thermal analysis of multi-cylinder drying section with variant geometry [D]. Dresden:

Technical University of Dresden, 2008.

［5］　Afshar P, Brown M, Austin P, et al. Sequential modelling of thermal energy: New potential for energy optimisation in papermaking ［J］. Applied Energy, 2012, 89（1）: 97-105.

［6］　Reese R A. Energy conservation opportunities in papermaking ［J］. Pulp & Paper Canada, 1988, 89（10）: 97-100.

［7］　张辉. 造纸Ⅱ干燥 ［M］. 北京: 中国轻工业出版社, 2018.

［8］　Karlsson M. Papermaking Part 2, Drying ［M］. 2nd ed. Finland: Paper Engineers' Association/Paperi ja Puu Oy, 2009.

［9］　潘永康, 王喜忠, 刘相东. 现代干燥技术 ［M］. 2版. 北京: 化学工业出版社, 2007.

［10］　Hill K C. Paper drying. Thorp B A, Kocurek M J. Pulp and Paper Manufacture. Volume 7: Paper Machine Operations ［M］. Atlanta: TAPPI, 1991: 282-305.

［11］　何北海. 造纸原理与工程 ［M］. 3版. 北京: 中国轻工业出版社, 2014.

［12］　Schlichting H, Gersten K. Boundary-Layer Theory ［M］. 8th ed. Berlin: Springer, 2000.

［13］　傅献彩, 沈文霞, 姚天扬, 等. 物理化学（下册） ［M］. 5版. 北京: 高等教育出版社, 2006.

［14］　俞昌铭. 多孔材料传热传质及其数值分析 ［M］. 北京: 清华大学出版社, 2011.

［15］　杨淑蕙. 植物纤维化学 ［M］. 3版. 北京: 中国轻工业出版社, 2001.

［16］　Lang I. Effect of the dryer fabric on energy consumption in the drying section ［J］. Pulp and Paper Canada, 2009, 110（5）: 33-37.

［17］　王忠厚, 许志晔. 制浆造纸工艺计算手册 ［M］. 北京: 中国轻工业出版社, 2011.

［18］　Incropera F P, Dewitt D P, Bergman T L, et al. Fundamentals of Heat and Mass Transfer ［M］. 6th ed. New York: John Wiley & Sons Inc, 2007: 57-485.

［19］　TIP 0404-04. Recommend tensions in dryer fabrics ［S］. Atlanta: TAPPI, 2015.

［20］　TIP 0404-07. Paper machine drying rate ［S］. Atlanta: TAPPI, 2010.

［21］　Kong L, Liu H. A static energy model of conventional paper drying for multicylinder paper machines ［J］. Drying Technology, 2012, 30（3）: 276-296.

［22］　绍帕 B A. 最新纸机抄造工艺 ［M］. 北京: 中国轻工业出版社, 1999.

［23］　卢谦和. 造纸原理与工程 ［M］. 2版. 北京: 中国轻工业出版社, 2006.

［24］　Mujumdar A S. Handbook of Industrial Drying ［M］. 3rd ed. New York: CRC Press, 2006.

［25］　孔令波, 刘焕彬, 李继庚, 等. 造纸过程节能潜力分析与节能技术应用 ［J］. 中国造纸, 2011, 30（8）: 55-62.

［26］　Choi S U. Multiport cylinder dryer with low thermal resistance and high heat transfer: US 6397489 B1 ［P］, 2002.

［27］　何北海, 林鹿, 刘秉钺, 等. 造纸工业清洁生产原理与技术 ［M］. 北京: 中国轻工业出版社, 2007.

［28］　陈克复. 制浆造纸机械与设备（下） ［M］. 3版. 北京: 中国轻工业出版社, 2014.

［29］　何智伟. 热泵在纸机干燥部蒸汽-冷凝水系统的应用 ［J］. 湖南造纸, 2003,（2/4）: 9-12/32-34.

［30］　徐柱天. 造纸机烘干部的通风系统 ［J］. 中国造纸, 1983,（2）: 57-61.

［31］　尹勇军. 纸张干燥通风系统建模与优化研究 ［D］. 广州: 华南理工大学, 2016.

［32］　Maltais D. Heat recovery on a paper machine hood ［J］. Pulp & Paper Canada, 1993, 94（12）: 113-117.

［33］　Sivill L, Ahtila P. Energy efficiency improvement of dryer section heat recovery systems in paper machines-A case study ［J］. Applied Thermal Engineering, 2009, 29（17-18）: 3663-3668.

［34］　宫振祥, 刘振义, 李生谦, 等. 纸机干燥部汽罩的发展及其对能耗的影响 ［J］. 天津轻工业学院学报, 1993,（1）: 45-49.

［35］　EIPPCB. Best Available Techniques（BAT）Reference Document for Production of Pulp, Paper and Board ［R］. Brussels: European Integrated Pollution Prevention and Control Bureau（EIPPCB）, 2013.

［36］　Stenström S. Drying of paper: A review 2000-2018 ［J］. Drying Technology, 2019, 38（7）: 825-845.

［37］　Manninen J, Puumalainen T, Talja R, et al. Energy aspects in paper mills utilising future technology ［J］. Applied Thermal Engineering, 2002, 22（8）: 929-937.

［38］　Valmet. OptiDry impingement drying ［EB/OL］, 2019. https: //www. valmet. com/board-and-paper/board-and-paper-machines/drying/impingement-drying.

［39］　侯顺利. 过热蒸汽冲击干燥技术 ［J］. 中国造纸, 2008, 27（3）: 62-65.

［40］　Kong L, Hasanbeigi A, Price L. Assessment of emerging energy-efficiency technologies for the pulp and paper industry: A technical review ［J］. Journal of Cleaner Production, 2016, 122: 5-28.

［41］　侯顺利, 邓知新. 冷凝带干燥 ［J］. 中国造纸, 2007, 26 (10)：46-48.

［42］　Retulainen E. Key development phases of condebelt: Long journey from idea to commercial product ［J］. Drying Technology, 2001, 19 (10)：2451-2467.

［43］　孔令波. 纸页干燥过程传热传质数学模型的研究 ［D］. 广州：华南理工大学, 2013.

［44］　陈晓彬. 纸张干燥过程建模与能效模拟优化研究 ［D］. 广州：华南理工大学, 2016.

（孔令波）

本章参考了《现代干燥技术》（第二版）第 42 章 "纸张和纸浆的干燥"（姚春丽教授编写）以及其他造纸工艺和干燥相关的文献；天津科技大学刘洪斌教授参与编写了 43.3.6 节 "干燥对纸张性能的影响"、43.5.1 节 "红外干燥"、43.5.2 节 "杨克烘缸干燥" 和 43.5.3 节 "穿透干燥"；衢州学院陈晓彬副教授参与编写了 43.6.3 节 "干燥部能效优化"。

第44章

煤及矿物干燥

44.1 引言

煤和矿物中含有一定量的水分，尤其是选煤和洗涤、选矿或浓缩，虽然经过机械脱水，但产品仍含有相当高的水分。例如，对于粉末精煤，经离心机脱水后，水分一般只能降到8%～9%。对于煤泥或浮选精煤，真空过滤机脱水后，滤饼水分也在20%以上；即使采用蒸汽加热过滤设备，也只能把浮选精煤滤饼的水分降低到17%左右[1-3]。煤的吸湿性随煤龄的增加而降低。热力干燥是降低煤和矿物中水分的重要操作，不只是为了降低运输成本，解决在寒冷环境下湿煤冻结而很难装卸的问题。而且，水分的存在可能导致煤的脆性降低，使混合操作难以控制，磨煤质量恶化，并影响分离和分级以及煤粉的气力输送。为了后续工艺过程需要，比如成型、炼焦、气化、炭化、燃烧和液体燃料合成等，对煤的最终含水量都有不同的要求，含水量容许范围参见表 44-1[4]。燃烧火焰的稳定性决定了煤中水分含量的上限值。降低低阶煤（low rank coal）及粉煤的水分，可提高其热值，同时燃烧效率也会提高。澳大利亚莫纳什大学的实验室和中试试验研究表明，减少澳大利亚褐煤中的水分，可以使发电厂的温室气体排放量减少30%。在焦炭生产中，设置干燥器对煤炭进行干燥和预热尤为重要，在相对较小的投资成本下，焦炉的预热和干燥生产能力可分别提高约30%～50%和10%～15%，而且焦炭具有更好的机械强度和均匀的粒化特性。此外，煤中含有2%～4%的水分最适合球磨；具有较高吸湿性的低阶煤通常可在较高的含水量下研磨。同样，矿物经过干燥后，可提高后续过程（如筛分、空气分级和静电沉淀）的效率，在焙烧和煅烧过程中提高效率或降低燃料消耗。

表 44-1 不同用途的煤的含水量范围

煤的种类	用途	含水量范围/%	煤的种类	用途	含水量范围/%
硬煤	捣固法炼焦	8～12	褐煤	压块成型	8～18
	炭化法炼焦	<8		气化	5～15
	压块成型	<4		低温炭化	<15
	低温炭化	0		加氢工艺	0
	加氢工艺	0		粉煤燃烧	12～15
	粉煤燃烧	<2			

44.2　煤干燥

需要干燥的煤主要包括洗脱煤、低阶煤以及型煤。低阶煤包括次烟煤和褐煤，在全球能源市场占据重要地位。2017 年，其世界范围内探明储量为 3167 亿吨，约占煤炭总储量的 30.6%[5]。褐煤是一种典型低阶煤，具有高水分（20%～60%）、高灰分（6%～25%）、低热值（10～21MJ/kg 收到基）、高挥发分（40%～50% 干基）的特点。在德国、希腊、捷克、波兰、澳大利亚、印度尼西亚和我国内蒙古东部，褐煤由于储量丰富和价格低廉，是重要的发电固体燃料。当高湿低阶煤直接用作燃料时，水分蒸发消耗大量高温热能，降低发电机组效率，并产生污水。因此，低阶煤在利用之前，通常需要进行干燥。希腊国立雅典理工大学 Kakaras 等[6]证实，通过整合干燥到褐煤发电厂，电厂效率得到显著提高。之后，他们进行了大量关于褐煤干燥节能理论和干燥系统优化的研究，特别注重于使用低品位热源的褐煤干燥，以及褐煤干燥商业示范项目。Karthikeyan 等[7]概述了低阶煤干燥技术发展，Osman 等[8]概述了低阶煤干燥技术相关专利和创新，Jangam 等从能源效率、污染排放、安全和可持续性方面对工业煤干燥技术进行了评价[9]，Rao 以及 Nikolopoulos 等[10,11]概述了低阶煤干燥和脱水技术最新进展。

44.2.1　煤干燥特性

44.2.1.1　煤中水分形态

如图 44-1 所示，煤中水分存在不同形态，可分为五种：A. 内部吸附水（adsorption water），位于煤颗粒内部微孔或微毛细管内；B. 沾附水（adhesion water），位于煤颗粒表面与煤分子相邻的水分子层；C. 毛细管水，位于煤颗粒间形成的毛细管或缝隙；D. 颗粒间水，位于煤颗粒间形成的毛细管或缝隙；E. 表面吸附水，单个或团聚颗粒表面水膜[7,10]。D 和 E 属于表面水，通过机械脱水可去除；部分 C 类水也可通过机械脱水去除。A 和 B 属于内部水，只能通过热干燥方式去除。一般来讲，水分大于 400g/kg 干煤为表面水，其蒸发焓接近纯水的蒸发潜热；水分在 150～400g/kg 干煤为毛细管水，蒸发焓随含水量降低逐渐增加；水分在 150g/kg 干煤以下为内部水，蒸发焓随含水量降低急剧增加[11]。

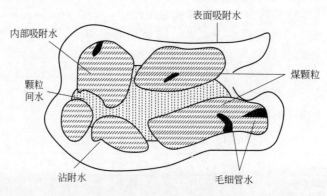

图 44-1　煤中水分形态

44.2.1.2　煤干燥过程

煤干燥主要分三个阶段：初始阶段、恒速阶段和降速阶段。在初始阶段，煤被加热到湿球温度，干燥速率逐渐增加至一个恒定速率。在恒速干燥阶段，煤水分维持在一个饱和状态，因此干燥速率为一个常数值。在临界含水量（取决于煤结构、煤厚度和初始含水量）后，煤水分进入不饱和状态，煤干燥随之进入降速干燥阶段。

低阶煤孔隙结构特性在煤干燥过程中会发生重要变化。低阶煤孔隙主要包含中孔和大孔，其表面积主要由中孔决定。Androutsopoulos 等[12]研究了干燥对希腊褐煤中孔和大孔的影响，观察到干燥过程中煤颗粒收缩（原体积减少 1/3），大孔和部分小孔体积少量减少，表面积显著增加。干燥过程中，尺寸 150~1000nm 孔不断减少，而尺寸 7.5~150nm 孔不断增加。煤颗粒收缩和水分去除导致孔收缩和消亡。Salmas 等[13]发现当干燥温度从室温升至 250℃时，中孔体积和表面积先增加后减少，转折温度为 250℃。

干煤吸湿也是煤干燥一个重要现象。Karthikeyan 等[14]发现，由于吸湿，干燥露天放置 2~4 天后其含水量将增加 10%~13%。干煤含水量增加幅度取决于干燥温度和干燥方法。例如，David 等[15]研究了维多利亚褐煤流化床干燥和吸湿特性，发现蒸汽干燥煤吸湿小于空气干燥煤，其差值为 1.6% 左右。Shen 等[16]研究了内蒙古锡盟褐煤在不同干燥温度、颗粒粒径和干燥时间下的吸湿现象，发现在空气相对湿度为 75% 下褐煤平衡含水量为 10%~15%。降低干煤吸湿的方法主要有高温热处理，干燥进行沥青或溶剂涂覆，干湿煤混合等[17]。

44.2.1.3 干燥对煤品质影响

干燥导致低阶煤中孔结构变化，从而影响褐煤自燃、挥发和燃烧行为。由于高挥发分含量和多孔结构，褐煤容易发生自燃现象。褐煤干燥加剧了自燃危险，从而对干燥煤存储、处理和输送提出了更严格的要求。褐煤干燥影响其自燃特性的因素有干燥方法和温度、煤种、颗粒大小和干燥时间等。干燥过程中低阶煤有机物会发生挥发，影响挥发的主要因素为干燥温度。在高温烟气干燥中，增加颗粒尺寸和初始含水量可抑制有机物挥发。干燥褐煤燃烧特性对褐煤锅炉设计非常重要。Man 等[18]研究了在 120~180℃ 干燥褐煤的燃烧和排放特性，发现干燥褐煤和原湿煤点火温度相同，但燃尽温度要高于原湿煤，NO$_x$ 排放低于原湿煤。

44.2.2 煤干燥器

用于煤干燥的干燥器可分为直接加热式和间接加热式两大类。干燥介质为烟气或蒸汽。煤炭不怕烟气污染，不与烟气发生化学反应，故最常用的是以烟气为干燥介质的直接加热式对流干燥器，如回转圆筒（或转筒）干燥器、气流干燥器、流化床干燥器、研磨型干燥器等。蒸汽加热干燥器主要有螺旋式干燥器、盘架式干燥器和转筒管式干燥器等。参考国内外文献[1-4,19-21]，各种类型煤干燥器概述如下。

44.2.2.1 回转圆筒干燥器

回转圆筒干燥器是煤和矿物干燥最常用的干燥器，用于干燥混合精煤、浮选精煤和浮选尾煤。图 44-2 是典型回转圆筒干燥器的示意图。干燥器的钢制筒体以耐火材料衬里，筒体上的滚圈支承在滚轮上，通常由齿轮传动装置带动回转。筒体轴线与水平成 2°~5° 倾斜[1-3]。煤从上部加入，经过圆筒内部时，与通过筒内的干燥介质或加热壁面进行接触干燥，干燥后产品从下端排出。在干燥过程中，由于筒体的旋转，煤在重力作用下从较高一端向较低一端移动。筒体内壁上一般装有抄板，可增加物料换热面积并促使物料向前移动。干燥介质一般为一定温度的空气、烟道气或水蒸气，干燥后尾气采用旋风除尘器收集尾灰。

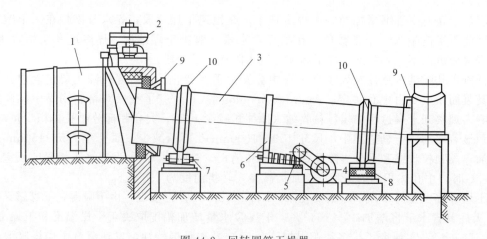

图 44-2　回转圆筒干燥器

1—燃烧炉；2—供料装置；3—钢制筒体；4—驱动电机；5—齿轮传动装置；6—齿轮；
7—滚轮；8—挡轮；9—迷宫式密封装置；10—滚圈

　　回转圆筒干燥器有两种布置形式，即顺流和逆流；为避免着火危险，煤炭干燥常采用顺流形式。转筒干燥器结构简单，故障率低，维修费用低，操作方便，产量可在较大范围内波动；生产能力大，可连续操作；清扫方便。但设备体积大，一次性投入高；安装、拆卸困难；热容量系数小，热效率较低；低阶煤的不同粒度停留时间差异较大，干燥后水分存在一定差异。常用回转圆筒干燥器的尺寸为：筒体直径 1.5～4.0m；筒体长度 12～30m以上。

44.2.2.2　流化床干燥器

　　流化床干燥器工作原理是利用干燥介质（热空气、烟气或蒸汽等）与被干燥的煤直接接触，在干燥介质动力的作用下，将煤吹起呈悬浮状态（或沸腾状态），通过传导和对流把热量传递给煤，使其温度升高，水分汽化蒸发。干燥介质中水蒸气的压力低于煤粒表面的水蒸气压力，因此汽化的蒸汽不断地移到周围的干燥介质中被带走，从而降低了煤的水分，达到干燥目的。流化床干燥根据干燥介质不同，低阶煤流化床干燥可分为蒸汽流化床干燥、热空气流化床干燥和氮气流化床干燥。

　　图 44-3 为 ENI 工程公司流化床干燥系统，主要由加料器、流化床干燥器、热风炉、鼓风机、除尘器、引风机等组成[1,3]。燃料经给料机送入燃烧炉，燃烧后的热烟气与一部分空气混合，其温度约 643℃，作为干燥煤的介质，经床层分布板 4 进入干燥室 2，煤仓 13 内的湿煤由给料机 3 送入干燥室 2，在热烟气作用下形成流化状态，流化床层的厚度约 600～900mm。干燥后的煤经风动卸料闸门卸料，排出干燥器的粉煤经干式机械除尘器 7（如，旋风分离器）收集，并由螺旋输送机 5（或输送带）送回产品仓。流经旋风集尘器的废气温度降至 115℃后，再用引风机送入水雾涤尘器，回收 $2\mu m$ 左右的微粉煤，废气经烟囱排入大气，完成整个干燥过程。主要技术参数为：入料表面水分 12.2%；粒度约 37mm；精煤180t/h；产品水分 5.3%；蒸发量 15t/h；烟囱排气含尘量 $\leqslant 0.1g/m^3$；入料中的滤饼不得超过 50%。

　　流化床干燥器适用于粒度在 30mm 以下，水分在 15% 以下的松散物料干燥，其优点是单位体积生产能力大，结构简单，便于制造，维修方便，易于设备放大，但操作和粒度控制较严，对易结壁和结块的物料，易产生设备结壁和堵床现象，存在粉尘爆炸的危险。

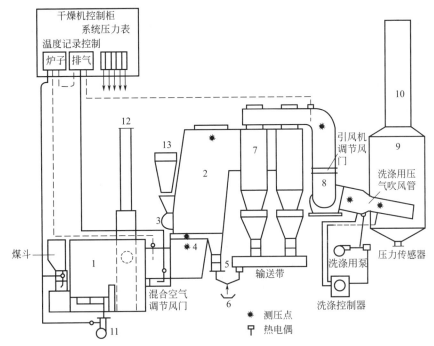

图 44-3　流化床干燥系统及其操作控制

1—热风炉；2—干燥室；3—给料机；4—床层分布板；5—螺旋输送机；6—产品仓；
7—干式机械除尘器；8—引风机；9—水雾涤尘器；10—排气烟囱；
11—压风机；12—烟囱；13—入料控制仓

44.2.2.3　气流干燥器

气流干燥器主要由加料器、打散器、气流干燥管、热风炉、旋风分离器、二次旋风分离器、循环风机、排风机、洗涤塔等组成。湿煤通过原料煤加料器进入打散器打散后直接送入气流干燥管下部。气体燃料在直燃式热风炉中与空气充分接触燃烧产生高温烟气，高温烟气与来自循环风机的低温烟气混合后由气流管底部进入气流管干燥器，将湿煤粉迅速分散并预热干燥。由于热烟气在气流管干燥器中流速较大，可将绝大多数煤粉带出气流管干燥器。少量未被带走的大颗粒，可由干燥器的下部排料阀排出，用运输机运走。悬浮在热烟气中的煤粉随烟气流进旋风分离器，在离心力的作用下使煤粉沉降下来，在旋风分离器底部灰斗经旋转阀排出到输送机上。少量未沉降下来的细煤粉用湿式除尘器洗涤，洗涤后产生的污水集中处理。气流干燥器的特点是：干燥强度大，一般为 $250\sim300\mathrm{kg/(h \cdot m^3)}$ 左右；干燥时间短，在 $0.5\sim2\mathrm{s}$ 即可完成整个干燥过程，所以它具有热效率高、处理量大、设备结构简单等优点，但存在安全性差、产品回收和废气净化难度大、电耗高等缺点。

图 44-4 为带有笼式粉碎机的气流干燥器。笼式粉碎机使得浮选精煤在干燥器中高度分散，并在 $10\sim20\mathrm{m/s}$

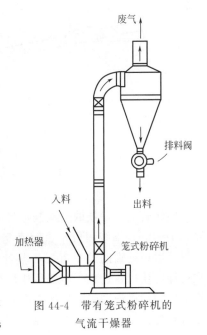

图 44-4　带有笼式粉碎机的
气流干燥器

的高速气流下，气固相间有较高的相对速度，从而使气固相间有较大的给热系数。气流干燥器的体积给热系数为 8.36～25.08MJ/(m³·h·℃)，而转筒干燥器为 0.418～0.936MJ/(m³·h·℃)，两者相比，前者要大 20～30 倍[1]。该气流干燥器的技术参数为入料粒度 0.5mm，入料水分 28%，出料水分 3%，处理量 25t/h，入口温度 400℃，出口温度 90℃，气速 20m/s，干燥时间 2s，热效率 70%，干燥管 0.7m×20m。

44.2.2.4　回转管式干燥器

回转管式干燥器是一种以蒸汽为加热介质的间接加热干燥器，广泛用于褐煤干燥，也可用于硬煤干燥。如图 44-5 所示，干燥器筒体内设有多根加热管，安装时有一定的角度。煤走壳程，蒸汽走管程，当粒径不大于 30mm 的湿煤在筒体内部流过时，被换热管内的蒸汽间接加热干燥后从干燥器尾端排出，热源为低品位、压力 0.4～1.6MPa 的过热或饱和蒸汽。干燥器尾部设有旋转接头，蒸汽通过旋转接头进入干燥器，换热后产生的蒸汽凝液通过旋转接头排出，经闪蒸降温后送入管网。干燥过程中由煤蒸发的水分与载气一起进入水回收装置单元，将煤中蒸发的水分进行回收利用。回转管式干燥器转速低，换热管磨损小，密闭性能好，除尘简单，热效率高，干燥后煤温不大于 80℃，粉化率低，无挥发分析出，是目前最为成熟、应用最多的煤干燥方法。

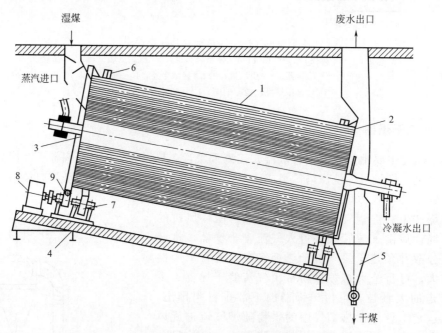

图 44-5　回转管式干燥器示意图

1—倾斜滚筒；2—无缝钢管束；3—空心轴；4—支承台；5—收集室；6—滚圈；
7—滚轮；8—传动装置；9—齿轮

回转管式干燥器的一些技术数据如下：直径（mm）2500/2800/3130/3350/3750/4000；筒长 7～8m；轴线倾角 8°；转速 5～9r/min；干燥速率 5.4～8kg/(m²·h)；二次蒸汽温度 90℃；出口处煤的温度 80℃；热耗 2950～3100kg/kg H₂O；二次蒸汽的含尘量为 25g/m³。在褐煤压块厂，这种干燥器用压块机出来的废汽作为加热蒸汽，还有利于热能的利用，但废汽带出的油微滴会受热炭化而沉积在管壁上。可用 70～80℃ 的三氯乙烯循环清洗以除去管上沉积物。用过的三氯乙烯经蒸馏回收使用。

多管回转干燥器也用于炼焦煤调湿干燥。以低压蒸汽为热源（如以焦化厂干熄焦产生的蒸汽发电后的背压蒸汽作热源），在多管回转干燥器内与湿煤进行间接热交换。其设备紧凑、占地面积小、运转平稳、操作运行费用较低、有成熟可靠的经验。这种煤调湿装置在日本、韩国和我国台湾已运行近 20 套。由我国自行设计、并采用国产多管回转式干燥器（兰州天华设计院）的宝钢、太钢和攀钢煤调湿装置分别于 2008～2009 年投产。以宝钢二期多管回转式煤调湿装置运转情况为例，取得以下成效：4 座 50 孔 6m 高的焦炉，年产焦炭 175 万吨（闷炉 2h）。2009 年 1～8 月，运转率达到 96.71%，节能降耗创效益 2000 多万元，各项技术指标达到国际同类装置先进水平。处理量达到 330～350t/h，达到或超过设计能力。煤料水分控制稳定在 6.5%～7%（宝钢要求），干燥器氧含量小于 13.5%，炼焦工序能耗下降 7.47%，焦炭粒度提高 1%。图 44-6 为攀钢多管回转式煤调湿装置。

图 44-6　攀钢多管回转式煤调湿装置

44.2.2.5　研磨型干燥器

研磨型干燥器实质上是在球磨机中通入干燥介质，煤在这种干燥器中边干燥边破碎边研磨，所得产品是干煤粉。火力发电厂常常用这种干燥器为其喷粉燃煤蒸汽锅炉制备优质干煤粉。磨煤机的形式很多，按磨煤工作部件的转速可分为三种类型，即低速磨煤机、中速磨煤机和高速磨煤机。煤在磨煤机中被磨制成煤粉，主要通过压碎、击碎和研碎三种方式进行，其中压碎过程消耗的能量最少，研碎过程最费能量。各种磨煤机在制粉过程中都兼有上述的两种或三种方式，但以何种为主则视磨煤机的类型而定。

低速磨煤机如图 44-7 所示，主要为滚筒式钢球磨煤机，一般简称钢球磨或球磨机。它是一个转动的圆柱形或两端为锥形的滚筒，滚筒内装有钢球。滚筒的转速为 15～25r/min。工作时筒内的钢球不断地撞击和挤压煤块，将煤块磨制成煤粉。然后由通入滚筒内的热风将煤烘干并将煤粉送出，经分离器分离后，一定粒度的煤粉被送入煤粉仓或直接送入煤粉燃烧器。钢球磨笨重庞大、电耗高、噪声大；但对煤种的适应范围广，运行可靠，特别适宜于磨制硬质无烟煤。

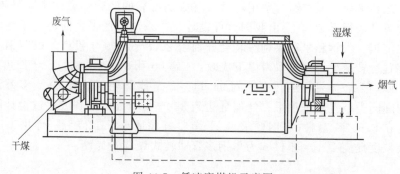

图 44-7　低速磨煤机示意图

低速磨煤机转速为 $50\sim300r/min$，种类较多。常见的有平盘磨、碗式磨、E 型磨和辊式磨。它们的共同特点是碾磨部件由两组相对运动的碾磨体构成。煤块在这两组碾磨体表面之间受到挤压、碾磨而被粉碎。同时，通入磨煤机的热风将煤烘干，并将煤粉送到碾磨区上部的分离器中。经分离后，一定粒度的煤粉随气流带出磨外，粗颗粒的煤粉返回碾磨区重磨。中速磨煤机具有设备紧凑、占地小、电耗省（约为钢球磨煤机的 $50\%\sim75\%$）、噪声小、运行控制比较轻便灵敏等显著优点；但磨煤机结构和制造较复杂，维修费用较大，而且不适宜磨制较硬的煤。在大容量燃煤锅炉中碗式中速磨用得较多。

44.2.2.6　振动流化床干燥器

在振动力的作用下，分布板上的煤层以一定速度向出料端输送；热空气或烟气自下向上穿过煤层，使煤层处于流化状态，振动也促进煤粒流化，如图 44-8 所示[1]。煤的输送速度取决于分布板的倾角以及振动频率和振幅，对于频率为 $50Hz$、$100Hz$，振幅为 $0.05\sim3mm$ 的电磁振动器，煤的输送速度为 $0.01\sim0.03m/s$。这种设备也可用于煤冷却。煤层高度一般为：$20\sim30mm$（研磨煤粉）；$40\sim60mm$（块煤）。为了使得干燥介质沿床长均匀分布，流化床长度一般不超过 10m，在激振装置安装在床中部的情况下，长度可至 30m。

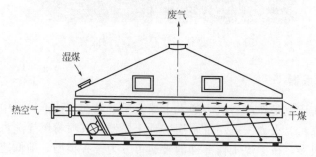

图 44-8　振动流化床干燥器

44.2.2.7　洒落式干燥器

洒落式干燥器的主机部分为一个 $3m\times1.1m$ 矩形断面，有效高度为 8.75m 的井筒式耐火结构（内为耐火衬，外为钢板及金属结构架），内部安装 12 个洒煤辊，直径为 300mm，长度为 3000mm，转速为 $950r/min$[1]。这些转辊既使得湿煤较均匀地洒落，也能够减缓其下落速度。准备干燥的湿煤由螺旋或刮板给料机，沿洒煤辊长度使湿煤由上而下地洒落，给入干燥器；而高温烟气则由下而上与煤进行对流（逆流）干燥。该干燥-燃烧系统如图 44-9 所示。

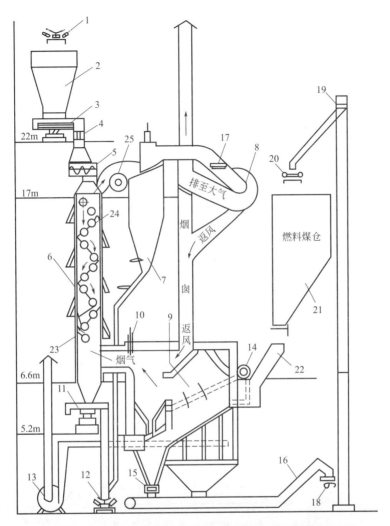

图 44-9 洒落式煤干燥-燃烧系统

1—来煤输送机；2—缓冲仓；3—给料机；4—配煤机；5—喂煤机；6—干燥器；7—集尘器；
8—引风机；9—燃烧室；10—烟道闸门；11—排料机；12—排料输送机；13—鼓风机；
14—吹风机；15—灰渣破碎机；16—炉灰输送机；17—引风闸门；18—输送机；
19—燃料提升机；20—燃料输送机；21—燃料煤仓；22—燃料溜槽；
23—返风板；24—洒煤辊；25—清扫器

洒落式干燥器可用于干燥粉末精煤和浮选精煤的混合精煤，也可单独干燥浮选精煤。在单独干燥浮选精煤时，往往由于入料水分高，黏度大，在干燥器中打团成球状，缩小了蒸发面积，影响干燥效果，亦容易发生堵塞，为此需设计打散装置——松煤辊，即将原下数第 3 和第 7 个辊改为外形尺寸相同、带有松散齿的辊。洒落式干燥器的特点是：占地小，热效率低，处理量小，单独干燥浮选精煤时产品水分高。

44.2.2.8 煤泥滤饼碎干机

如图 44-10 所示，碎给机构将煤泥滤饼破碎成均一粒度碎块，定量送入穿流干燥网带上，进行干燥。通过调整碎给机构与网带速度匹配，可将煤泥碎块均匀地散布在网带上，经穿流干燥作业后由排料机构排出机外。该装置将定量破碎、给料、"C形"路径穿流干燥和排料集于一体，再配以热风炉和一次除尘等辅助设备，形成湿煤泥滤饼干制生产工艺[1]。实际上，该种干燥器耦合了粉碎与带式干燥。煤泥滤饼经过破碎后，增大了与热干燥介质的接触面积。由于煤泥滤饼残存水分主要为毛细水分和少量的间隙水分，再度脱水只能借助热力干燥方法。带式穿流干燥既可保证产品的停留时间，从而能满足干燥最终含水量的要求，也不破坏被干燥物料的粒度。

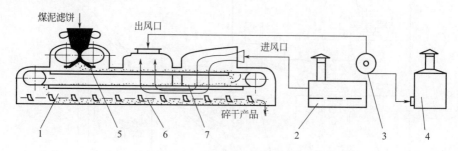

图 44-10 煤泥滤饼碎干机工艺原理

1—碎干机；2—热风炉；3—引风机；4—除尘器；5—碎给机构；6—排料机构；7—穿流干燥器

44.2.2.9 型煤翻排干燥器

型煤翻排干燥器也是一种带式干燥器，如图 44-11 所示[1]，湿、干型煤的进出通过导向溜槽，且翻排（传输带）运行稳定，与型煤之间无碰撞和挤压，因而成品率高，能够机械化连续生产。热风通过盖板 7 上的小孔实现均匀布风，然后向上穿过翻排，湿空气由排湿口 9 排出。

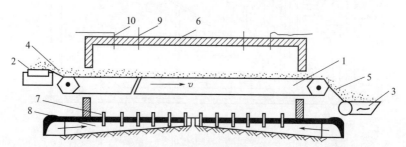

图 44-11 翻排干燥器示意图

1—翻排；2—加料带；3—出料带；4—导向溜槽；5—出料溜槽；6—保温炉体；
7—风道盖板；8—主风道；9—排湿口；10—循环风口

44.2.3 煤的新兴干燥技术

煤的新兴干燥技术主要包括过热蒸汽干燥、微波干燥、电厂废热干燥利用、燃油置换干燥等，其中过热蒸汽干燥近年来受到研究者较多关注。

44.2.3.1 过热蒸汽干燥

过热蒸汽干燥是一种采用过热蒸汽作为干燥介质的干燥技术。相比热风干燥，过热蒸汽是惰性的，产品无氧化和爆炸危险。使用过热蒸汽干燥煤炭有许多优点：

① 安全性提高，降低了爆炸或火灾风险（由于缺氧）。

② 粉尘排放显著减少。

③ 干燥速度和热效率提高。

④ 煤的可磨性提高。Rao & Wolff 发现 250℃ 过热蒸汽干燥对煤的可磨性有很大的提高[3]。

⑤ 硫含量降低。过热蒸汽温度在 300～500℃，煤中硫含量降低 40%～50%。一般来说，过热蒸汽环境主要降低了无机物的硫含量（包括黄铁矿硫）。蒸汽处理环境中含有少量的空气，可大大减少有机硫含量。

⑥ 钠含量降低。Baria & Hasan[22] 测量了过热蒸汽干燥前后褐煤和烟煤中的钠含量，发现过热蒸汽温度在 270～320℃，煤中钠含量减少了 50%～90%，这取决于煤种和蒸汽温度。

图 44-12 是燃煤火力发电厂配套的带内加热器的蒸汽流化床干燥器系统原理图。高压透平出来的低压蒸汽部分供低压透平发电，另一部分用作流化床内加热。从流化床干燥器排出来的蒸汽经静电除尘后部分经蒸汽压缩机压缩循环用作流化床干燥介质，多余的蒸汽被冷凝并回收其潜热。湿褐煤经流化床干燥后直接供蒸汽锅炉燃烧。内加热器用的是饱和蒸汽，其温度比床层温度高 30～50℃，使床层与热交换器管子之间能进行有效的热交换。流化床干燥器在微正压下操作，以防冷空气漏入。在普通的火力发电厂，透平机排出的废汽的潜热因其温度低而无法利用，只好用冷却水冷凝，导致近 2/3 的燃料能量损失。而在上述系统中，透平机的废汽则用来干燥燃料煤，从而可大大提高能量的利用率。该系统工作条件为流化床温度 110～120℃，流化床压力降 1～10kPa，流化蒸汽为 15～25kPa 过热蒸汽，加热蒸汽为 400～500kPa 的饱和蒸汽，进料粒度约 6mm，出料粒度约 4mm，干煤含水量 10%～20%（干基）。

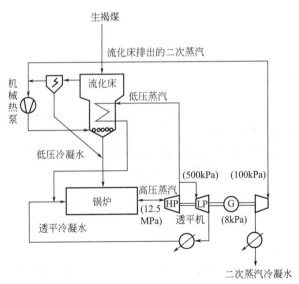

图 44-12　蒸汽流化床干燥器系统原理图

德国 RWE 电力开发了 WTA（wirbelschich trocknung mit interner abwarmenutzung）过热蒸汽流化床褐煤干燥技术，见图 44-13[23]。WTA 干燥器利用蒸汽压缩机回收过热蒸汽流化床排出的废蒸汽潜热。褐煤从 55%～60% 含水量被干燥到 12% 含水量，湿煤处理量为 44t/h。流化床内蒸汽温度为 110℃，压力为 50mbar（1bar=10^5Pa）。部分流化床排出蒸汽被压缩成 150℃、4bar 蒸汽，并通过沉浸在流化床内多管换热器加热床层。与回转管式干燥器相比，WTA 干燥器降低干燥能耗 80%，粉尘排放降低 80%，设备投资少。2009，WTA 褐煤干燥在德国 Niederaussem 电厂示范，电厂效率提高 1%。随后，WTA 技术在 Frechen 电厂应用。

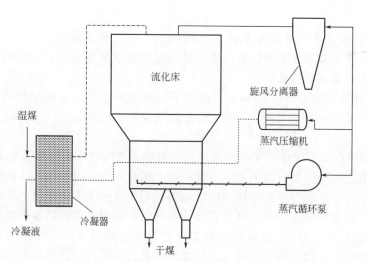

图 44-13　WTA 过热蒸汽流化床褐煤干燥过程示意图

近年来，研究者致力于开发高压过热蒸汽流化床干燥技术[24-26]。除在更高压力操作外，高压过热蒸汽流化床与 WTA 技术原理相似。高压过热蒸汽流化床传热效率高，对流传热系数可达到 250～300W/(m² · K)，蒸发能耗低。同时，高温有利于去除褐煤中的毛细管水。目前，Lechner 等[24,26]已完成高压过热蒸汽流化床干燥技术小试研究。

低压过热蒸汽炼焦煤调湿技术是一种新型的炼焦煤调湿技术，采用低压过热蒸汽作为调湿工艺的干燥介质，直接对入炉前的炼焦煤实施加热干燥，将炼焦过程中的入炉煤水分从 12%～14% 精确地控制在 6.5% 左右，以提升成品焦炭质量，降低炼焦过程的能耗，减少焦化水的生成量，该技术和干熄焦技术并称为 21 世纪炼焦过程两大重点节能环保技术。低压过热蒸汽炼焦煤调湿技术，与采用高温烟气或热风直接对流加热的焦煤调湿技术相比，例如使用流化床或转窑式干燥设备，具有传热系数大，传质阻力小，热能利用效率高，干燥器无转动件，干燥过程无氧化和爆炸危险，无污染物排放，对环境友好，对焦煤粒径的要求较为宽容，调湿后的焦煤不易产生扬尘，而且干燥过程所产生蒸汽的潜热及冷凝水可回收利用等诸多优点。低压过热蒸汽炼焦煤调湿技术，与采用蒸汽或导热油为传热介质间接加热的焦煤调湿技术相比，例如多管式干燥设备，具有传热系数大，对焦煤粒径的要求较为宽容，脱水速度快，处理能力大，干燥器无需转动，蒸汽系统工作压力更低，热能利用效率更高等优点。

2016～2019 年，北京康威盛热能科技有限公司和天津科技大学吴中华教授课题组对低压过热蒸汽炼焦煤调湿技术进行系列研究，包括炼焦煤干燥物性实验、冷态流动性实验和热态干燥调湿实验研究，并提出一种以锥形多孔折板组为核心内构件的重力床干燥装置，以改善炼焦煤在干燥装置中的流动性，并抑制调湿过程中的扬尘生成量[27-29]。图 44-14 为低压过热蒸汽煤调湿技术热态小试试验台。热态试验采用由焦化企业提供的入炉前焦煤作为被干燥物料，湿焦煤的含水量为 12%～14%，试验用焦煤的粒径小于 5mm，试验使用工作压力为 0.02MPa，工作温度为 230℃ 的低压过热蒸汽作为干燥介质，一台重力床干燥器试验装置被作为热态试验用干燥器，这台试验装置的干燥段有效高度为 6m，在其内部设置有数层焦煤及干燥介质导流板，用于强化焦煤干燥过程的传热和传质效果。

上述热态试验条件下，炼焦煤在干燥器内停留时间为 5s 的干燥过程中，被干燥的炼焦煤含水量由进料时 14% 降至出料时 8%，和由进料时 12% 降至出料时 6% 以下；炼焦煤在干燥器内停留时间为 10s 的干燥过程中，被干燥的炼焦煤含水量由进料时 14% 降至出料时 5%，和由进料时 12% 降至出料时 3% 以下。由此数据表明，低压过热蒸汽干燥技术具有特别快速的干燥能力和十分显著的脱水效果，尤其适用于高含湿煤炭表面水分的快速脱水干燥。热态实验中干燥装置在未投用内置式加热器的条件下，以及其内部干燥介质流速保持在较低水平的情况下，流通截面积仅为 $0.1m^2$ 左右的试验用重力床干燥器的连续干燥能力可以达到 6t/h 以上（按照湿焦煤的含水量由 14% 降至 6% 以下的情况）。由此表明，重力床干燥器具有较强的干燥能力。以一台设计流通截面积为 $3.5m^2$ 左右的干燥器为例，其设计连续干燥能力可以达到 200t/h 以上，尤其适用于对大批量湿物料进行连续干燥处理。通过焦煤调湿热态试验发现，采用该项调湿技术处理后的焦煤

图 44-14　低压过热蒸汽煤调湿技术热态
小试试验台（天津科技大学）

有一个值得特别关注的特点，即经过调湿后的焦煤，当其含水量降至 6% 以下时，煤颗粒的外表面仍然保持轻微的湿润状态，这一特别现象使调湿后的焦煤在其后续的生产过程中基本上避免了扬尘现象的发生。

44.2.3.2　微波干燥

微波干燥具有快速、体积加热、选择性加热、过程易于控制和环境友好等有优点。因此，研究者尝试利用微波干燥低阶煤[30-34]，例如 CoalTek 公司开发的 CoalTeck 煤干燥技术，以及澳洲 DBA Global Australia Pty Ltd. 公司开发的 Drycol 技术[30]。图 44-15 为 Drycol 微波煤干燥技术原理示意图。该技术具有 62%～94% 干燥效率（取决于煤种），干煤中硫、钾和磷含量显著降低。同时发现，微波干燥更适合干燥大颗粒粗褐煤。Tahmasebi 等[31]研究了中国和印度尼西亚低阶煤在 2.45GHz 微波炉中的干燥特性。他们发现，与传统干燥相比，随着煤粒径增加，微波干燥速率增加，干燥时间缩短。Tahmasebi 等[32]进行了微波干燥动力学研究，并揭示了中国褐煤干燥机理。微波能选择性激发水分子，煤颗粒内部

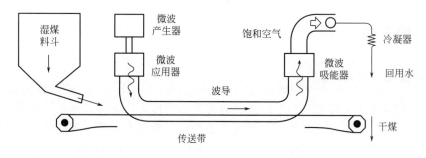

图 44-15　Drycol 微波煤干燥技术原理示意图

的局部蒸汽压增加，产生额外的传质驱动力。微波干燥中，表观扩散系数和干燥速率常数随着煤颗粒粒径增大而增大。微波加热也可与其他传统煤干燥器结合，利用微波去除毛细管水或结合水，缩短煤干燥时间，节省干燥能耗。

44.2.4　废热回收与利用

对利用低阶煤发电的电厂来说，一个有效提高电厂热效率的方法是利用锅炉尾气废热来干燥低阶煤。对于炼焦煤干燥，利用上升管废热和焦炉煤气废热作为干燥热源，可显著降低焦煤干燥成本。为了减少煤干燥能耗，Aziz 等[35,36]设计了一个基于自热回收（SHR）的褐煤连续流化床干燥系统。该技术通过有效地回收潜热和显热，达到提高系统整体热效率的目的。图 44-16 为自热回收煤干燥系统示意图，可以看出以自热回收为基础的连续流化床干燥器，蒸汽在系统内循环使用，煤干燥分为三个连续阶段：预热、蒸发和过热。干燥器 1a 为换热器，用于回收流化床内热管排出的蒸汽热量，并加热湿褐煤；干燥器 1b 用于冷却干褐煤并回收干褐煤热量，同时加热蒸汽；干燥器 3 用于回收流化床排出的蒸汽热量，并加热压缩机产生的高压蒸汽；压缩机和风机用于提供蒸汽在系统内的循环动力。由于蒸汽和干煤热量被回收利用，使得系统整体能源效率提高，与传统热回收干燥系统相比，SHR 干燥系统能耗降低 70%。

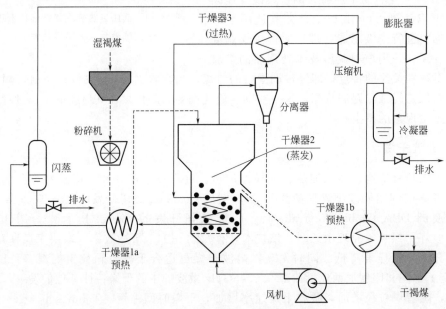

图 44-16　自热回收煤干燥系统示意图

44.3　矿物干燥

44.3.1　矿物常规干燥技术

矿物加工行业常用干燥器分为炉缸式、竖井式和炉排式，还有流化床、喷雾、气动或闪蒸输送、转筒、固定和旋转托盘型、红外或其他类型。常用的干燥介质是热空气、烟气和蒸汽。表 44-2 列出了传统矿物干燥器的特性及应用[37,38]。Davis& Glazier[39] 报道了大型流化床干燥铁精矿富集物。含 3%～4.5% 水分的铁精矿富集物需要干燥至 1.5%，以避免由于冬天水分冻结造成物料团聚。流化床干燥器直径为 3.66m，生产能力为 515t/h。以燃料油燃烧生成的气体为干燥介质，表观气速为 2m/s。固体停留时间为 1.5-2min，出口物料含水量为 0.1%。含水量 1.5% 的矿料由干料和湿料混合制成。也有报道利用流化床干燥器去除水硬铝石（$Al_2O_3 \cdot 3H_2O$）中 80% 的结合水，此氧化铝产物与氟化铵反应生产铵冰晶石，用于电解法生产铝[40]。采砂时，通常含水量约为 6%，采用流化床干燥器，每小时干燥输送 30~50t 砂子。

表 44-2　传统矿物干燥器及特点

干燥器	干燥特点
炉窑干燥器	传导干燥，缓慢干燥，劳动密集型，用于浮选锌铅精矿、铜泥、洗涤高岭土等干燥，热效率 10%~30%
炉排干燥器	对流干燥，干燥用于冶炼铁、铜和铬的生球矿，热效率 30%~60%，25~75kg 水/(h·m² 炉排)
井筒式干燥器	对流干燥，应用于锌和铁行业，典型尺寸 2m×2m×20m，35%~60% 热效率，投资和维护费用低
旋转圆筒干燥器	直接或间接加热，常压或真空操作，铀浸出过程中的黄饼干燥，矿物含水量为 3%~15%，停留时间为 5~25min
喷雾干燥器	特别用于多种矿物浮选物的干燥，固体浓度为 55%~70%，高热效率和低产物含水量（<5%），需要仔细选择喷嘴
真空干燥器	无粉尘，环境友好，高热水回收率，间歇操作
流化床干燥器	间歇或连续操作，热风干燥介质，用于可流化、非黏固体，或者二氧化钛、硅酸锆、锆石等浆料干燥，停留时间为 5-25min
闪蒸干燥器	闪蒸或气流干燥器，用于在热风中传送湿的粉体矿物，适合粉体输入方式，快速干燥或用于去除矿物表面水分
传送带干燥器/螺旋输送干燥器	湿物料由传送带或螺旋传送机通过加热腔室，螺旋输送机有中空轴或桨叶，适宜为现有干燥器的辅助干燥设备
转鼓干燥器	用于浆料或糊状矿物，湿物料涂覆在蒸汽加热转鼓外表面，真空可能被使用
旋转架/圆盘干燥器	操作原理类似转鼓干燥，用于干燥铝土矿、硼砂、碳酸钙、粉煤、高岭土、云母、苏打灰、二氧化钛、锌粉、铁矿石浓缩物等

喷雾干燥在矿业中的应用已越来越广泛，尤其是在浮选精矿的干燥方面。喷雾干燥有如下优点：①可直接抽取增浓器的底层流进行干燥，直接将胶态悬浮液变成干产品，避开了胶态悬浮液难以过滤这一难题；②既能满足闪急熔炼的需要，又可减少熔炼或提纯过程的燃料消耗；③产品几乎是绝干的，产品容易处理，产品损失和环境污染小；④自燃性物料（湿度为 3%~5% 时易自燃的物料）能被快速干至绝干而成惰性物；⑤易于操作和控制，热效率较高。

悬浮液中的固含量一般为 55%~70%。使用转盘式雾化器，进气温度可高达 500~1000℃，因而热经济性好。排气温度一般为 110~150℃，干产品的温度比这低得多。干燥器的进气管要用耐火材料衬里。干产品从锥形干燥室的底部排入输送系统。可用高效静电除尘装置或高效旋风分离器与湿式洗涤装置组合系统，从废气中回收夹带微粒。目前用喷雾干燥法处理的产品主要有铬富集物、铜富集物、铅-锰-钼-锌富集物、黄饼、贵重金属矿泥、锌滤渣以及磷酸盐等。近年来，随着新能源和纳米科技的发展，精细矿物生产也用到干燥技术。例如，在锂电池行业，采用喷雾干燥法可制备聚二苯（PAS）涂层自组装多孔微球 $LiFePO_4$ 阴极材料，该材料具有高的锂离子扩散系数、优异的电化学性能和良好的循环性能[41,42]。

44.3.2 矿物的新兴干燥技术

矿物新兴干燥技术包括过热蒸汽干燥、脉动燃烧干燥、微波干燥、热泵干燥等，大部分处于研究阶段。由美国 Hosokawa Bepex 公司开发的脉动燃烧喷雾干燥器已用于矿物干燥，物料包括无定形二氧化硅、盐水废水、陶瓷氧化铝、硫酸铁、高岭土、蛋氨酸锰、金属氧化物、镍碳酸盐、二氧化钛、沸石、含氧酸盐、赖氨酸铜、矿物质补充剂等。氧化锌（ZnO）纳米颗粒具有明显优于传统氧化锌颗粒的物理和化学性质。连续喷雾热解（SP）方法通常用于生产高纯度纳米氧化锌。广岛大学（日本）的研究小组研究了一种制备纳米颗粒的新喷雾热解法，称为脉动燃烧-喷雾热解（PC-SP），制备的纳米氧化锌呈球形，高度结晶，平均尺寸为 15.6nm[43]。此外将纳米氧化锌分散在甘油中，还成功地获得了高紫外光吸收率和可见光透明性。Fath 介绍了柴油机余热回收用于干燥黏土矿物——膨润土[44]。黏土矿物泥浆通常用于油井和气井钻探，需要干燥至 10%～12% 含水量，以保持良好的物理化学性质。一台用于内部发电的 285kW 卡特彼勒柴油机，产生的余热可作为膨润土干燥热源。柴油机产生的干燥空气温度根据环境空气温度在 30～50℃ 之间变化，这适合膨润土干燥。据估计，该废热干燥生产能力最大为 4t/d。

参考文献

[1] 潘永康，王喜忠，刘相东. 现代干燥技术 [M]. 2版. 北京：化学工业出版社，2007：1294-1317.

[2] 窦岩，孙中心，赵旭，等. 煤干燥技术的现状及展望 [J]. 化工机械，2017，44（3）：239-266.

[3] Rao P D, Wolff E N. Steam drying of subbituminous coals from the Nenana and Beluga fields-a laboratory study [R]. U S DOE report number DOE/ET/12222-T1, 1981.

[4] Mujumdar A S. Handbook of Industrial Drying [M]. Boca Raton: CRC Press, 2014.

[5] Global BP. BP statistical review of world energy, 2018.

[6] Kakaras E, Ahladas P, Syrmopoulos S. Computer simulation studies for the integration of an external dryer into a Greek lignite-fired power plant [J]. Fuel, 2002, 81（5）: 583-593.

[7] Karthikeyan M, Wu Z H, Mujumdar A S. Low rank coal drying technologies-current status and developments [J]. Drying Technology, 2009, 27（3）: 403-415.

[8] Osman H, Jangam S V, Lease J D, et al. Drying of low rank coal-a review of recent patents and innovations [J]. Drying Technology, 2011, 29（15）: 1763-1783.

[9] Jangam S V, Karthikeyan M, Mujumdar A S. A critical assessment of industrial coal drying technologies: role of energy, emissions, risk and sustainability [J]. Drying Technology, 2011, 29（4）: 395-407.

[10] Rao Z H, Zhao Y M, Han Y N, et al. Recent developments in drying and dewatering of low rank coals [J]. Progress in Energy and Combustion Science, 2015, 46: 1-11.

[11] Nikolopoulos N, Violidakis I, Karampinis E, et al. Report on comparison among current industrial scale lignite drying technologies [J]. Fuel, 2015, 155: 86-114.

[12] Androutsopoulos G P, Linardos T J. Effect of drying upon lignite macro-pore structure [J]. Powder Technology, 2007, 25（10）: 1601-1611.

[13] Salmas C E, Tsetsekou A H, Hatzilyberis K S, et al. Evolution lignite mesopore structure during drying-effect of temperature and heating time [J]. Drying Technology, 2001, 19（1）: 35-64.

[14] Karthikeyan M, Kuma J V M, Chew S H, et al. Factors affecting quality of dewatered low rank coal [J]. Drying Technology, 2007, 25（10）: 1601-1611.

[15] David S, Woo M W, Bhattacharya S. Comparison of superheated steam and air fluidized bed drying characteristics of Victorian brown coals [J]. Energy& Fuels, 2013, 27（11）: 6598-6606.

[16] Shen W J, Song H, Wang Q, et al. Experimental study on drying and moisture readsorption kinetics of an Indonesian low rank coal [J]. Journal of Environmental Sciences, 2009, 21 (S1): 127-130.

[17] Karthikeyan M. Minimization of moisture reabsorption in dried coal samples [J]. Drying Technology, 2008, 26 (7): 948-955.

[18] Man C B, Zhu X, Gao X Z, et al. Combustion and pollutant emission characteristics of lignite dried by low temperature air [J]. Drying Technology, 2015, 33 (5): 616-631.

[19] 郝凤印. 选煤手册 [M]. 北京：煤炭工业出版社, 1993.

[20] 煤炭工业部选煤科技情报中心站. 国外选煤设备手册 [M]. 北京：煤炭工业出版社, 1981.

[21] 煤炭工业部选煤设计研究院. 选煤厂设计手册 [M]. 北京：煤炭工业出版社, 1978.

[22] Baria D N, Hasan A R. Steam/hot water drying of low rank coals [J]. Energy Progress, 1986, 6 (1): 53-60.

[23] Mujumdar A S, Husain H, Woods B. Techno-economic assessment of potential superheated steam drying applications in Canada [R]. Technical Report of Canadian Eletrical Association, 1994.

[24] Hoehne O, Lechner O, Krautz H J. Drying of lignite in a pressurized steam fluidized bed-theory and experiments [J]. Drying Technology, 2009, 28 (1): 5-19.

[25] Dong N S. Techno-economics of modern pre-drying technologies for lignite-fired power plants. IEA Clean coal centre, 2014.

[26] Lechner S, Hoehne O, Krautz H J. Pressured steam fluidized bed drying (PSFBD) of lignite: constructional and process optimization at the BTU test facility and experimental results. Proceeds of the XII Polish Drying Symposium, Lodz, 2009.

[27] 马志福. 炼焦煤干燥扬尘机理及调控方法的研究 [D]. 天津：天津科技大学, 2007.

[28] 吴中华, 尹建树, 刘兵, 等. 热风及过热蒸汽煤调湿工艺比较 [J]. 煤炭转化, 2018, 1 (6): 29-35.

[29] 刘兵. 炼焦煤过热蒸汽干燥特性及调湿工艺研究 [D]. 天津：天津科技大学, 2008.

[30] Graham J. Microwaves for coal quality improvement: the DRYCOL project [C]. International Pittsburgh Coal Conference, Johannesburg, South Africa, 2007.

[31] Tahmasebi A, Yu J L, Li X, et al. Experimental study on microwave drying of Chinese and Indonesian low rank coals [J]. Fuel Processing Technology, 2011, 92 (10): 1821-1829.

[32] Tahmasebi A, Yu J L, Han Y N, et al. A kinetic study of microwave and fluidized bed drying of a Chinese lignite [J]. Chemical Engineering Research & Design, 2014, 92 (1): 54-65.

[33] Yu J L, Tahmasebi A, Han Y N, et al. A review on water in low rank coals: the existence, interaction with coal structure and effects on coal utilization [J]. Fuel Processing Technology, 2013, 106: 9-20.

[34] Song Z L, Yao L L, Jing C M, et al. Drying behavior of lignite under microwave hating [J]. Drying Technology, 2017, 35 (4): 433-443.

[35] Aziz M, Kansha Y, Tsutsumi A. et al. Self-heat recuperative fluidized bed drying of brown coal [J]. Chemical Engineering and Process, 2011, 50 (9): 944-951.

[36] Aziz M, Kansha Y, Kishimoto A, et al. Advanced energy saving in low rank coal drying based on self-heat recuperation technology [J]. Fuel Processing Technology, 2012, 104: 16-22.

[37] Wu ZH, Hu Y J, Lee D J, et al. Dewatering and drying in mineral processing industry: potential for innovation [J]. Drying Technology, 2010, 28 (7): 834-842.

[38] Rao Z H, Zhao Y M, Huang C L, et al. Recent developments in drying and dewatering for low rank coals [J]. Progress in Energy and Combustion Science, 2015, 46: 1-11.

[39] Davis W L, Glazier W. Large scale fluidized bed drying of iron ore concentrate [C]. AICHE Symposium Series, 1974, 70 (141): 137.

[40] Anonymous. Aluminum fluoride from wet process phosphoric acid wastes [J]. British Chemical Engineering Process Technology, 1972, 17 (7-8), 609.

[41] Chen Z, Zhao Q, Xu M, Li L, Duan J, Zhu H. Electrochemical properties of self-assembled porous microspherical LiFePO$_4$/PAS composite prepared by spray-drying method [J]. Electrochimica Acta, 2015, 186: 117-124.

[42] Guan X M, Li G J, Li C Y, Ren R M. Synthesis of porous nano/micro structured LiFePO$_4$/C cathode materials for lithium-ion batteries by spray-drying method [J]. Transactions of Nonferrous Metals Society of Chi-

na, 2017, 27（1）: 141-147.

[43]　Joni I M, Purwanto A, Iskandar F, Hazata M, Okuyama K. Intense UV-light absorption of ZnO nanoparticles prepared using a pulse combustion-spray pyrolysis method [J]. Chemical Engineering Journal, 2009, 155: 433-441.

[44]　Fath H S E. Diesel engine waste heat recovery for drying of clay minerals [J]. Heat Recovery System and CHP, 1991, 11（6）: 573-579.

（吴中华，李占勇）

第45章

污泥干燥

45.1 概述

45.1.1 污泥的排放

随着人类社会经济的发展、城镇化进程的加快，产生了大量污泥。污泥是指给水和污水处理中，通过各种分离方法而最终产生的泥渣。2015年我国产生了约4000万吨的污泥，2020年污泥量更是超过了6000万吨[1]，每年污泥产量增长率约为10%，特别是污泥处理的成本往往占到整个废水处理过程总成本的50%左右[2]。因此，随着社会经济的发展，废水处理厂产生的污泥量将持续增长，进而对人类居住的环境和社会产生显著影响。

45.1.2 污泥的特点

污泥的种类很多，分类也较为复杂。按水处理方法的不同，分为下水污泥（sewage sludge）、工业废水污泥（industrial waste sludge）和净水处理污泥（purification sludge）等。相比之下，下水污泥的容量最大，所以本章主要介绍下水污泥的处理。按污泥成分又可将污泥大致分为有机污泥和无机污泥。比如，纸浆和造纸、食品、石油化工工业中所排出的污泥为有机污泥；水净化、有色金属冶炼、陶瓷生产所排出的废水污泥为无机污泥。

表45-1列出了未处理的市政下水污泥的一般组成情况。

表 45-1 污泥物理特性[3]

参数	初沉污泥	二沉污泥	脱水污泥
干固体含量	2%～6%	0.5%～2%	15%～35%
挥发性固体含量	60%～80%	50%～70%	30%～60%
污泥相对密度	约1.02	约1.05	约1.1
污泥颗粒相对密度	约1.4	约1.25	约1.2～1.4
剪切力/(kN/m²)	<5	<2	<20
能含量/(MJ/kg)	10～22	12～20	25～30
颗粒大小(90%)	<200m	<100m	<100m

污泥的一个重要特征是含水率高，一般为 $96\%\sim99.8\%$[4]。剩余活性污泥的含水率在 $99.2\%\sim99.5\%$ 之间，初沉污泥的含水率在 $96\%\sim98\%$ 之间，经机械脱水的污泥含水率在 $65\%\sim80\%$ 之间[5]。下水污泥中含有大量有机组分，干燥污泥中有机质含量一般在 $50\%\sim70\%$[4]，热值较高，能提供焚烧所需热量，或者发酵产生沼气作为燃气使用。污泥中的有机物可以用来改善土壤结构，提高保水、保肥性能，是良好的土壤改良剂。污泥中含有氮、磷、钾（表 45-2），是植物生长的养分，可以作为肥料。不过磷和氮的存在导致水生植物的无限制的生长。在废水中生物分解有机物质需要消耗氧气，从而减少了水中其他生命体的氧气量，并排出大量恶臭气体。污泥中也往往含有大量病原菌和致病微生物（表 45-3），含有重金属和有毒、有害成分，如 Cu、Zn、Pb、Cd、Cr、Ni、He、As 等（表 45-4），对植物和动物均有害。

表 45-2 我国 21 个污水处理厂污泥中营养物质成分调查统计结果[5,6]　　　　单位：%

项目	有机质	总氮	总磷	总钾
平均值	37.18	3.03	1.52	0.69
最大值	62	7.03	5.13	1.78
最小值	9.2	0.78	0.13	0.23
中值	35.58	2.9	1.3	0.49

表 45-3 污泥中细菌和病毒的种类和浓度[3]　　　　单位：个/g 干污泥

污泥[①]	总大肠杆菌	粪大肠杆菌	粪链球菌	沙门氏菌	青绿色假单胞菌	肠道病菌
初沉污泥	$10^6\sim10^8$	$10^6\sim10^7$	约 10^6	4×10^2	3×10^3	$0.002\sim0.004$(MPN)
二沉污泥	$10^7\sim10^8$	$10^7\sim10^9$	约 10^6	9×10^2	1×10^4	$0.015\sim0.026$(MPN)
混合污泥	$10^7\sim10^9$	$10^5\sim10^6$	约 10^6	约 5×10^2	约 $10^3\sim10^5$	—

注：MPN 为最大可能个数。

① 污泥未经过稳定、脱水、消化或堆肥处理。

表 45-4 我国 44 个城市污水处理厂污泥中重金属含量和有毒、有害成分统计结果[5]

单位：mg/kg

项目	Cd	Cu	Pb	Zn	Cr	Ni	Hg	As
平均值	3.03	338.98	164.09	789.82	261.15	87.8	5.11	44.52
最大值	24.1	3068.4	2400	4205	1411.8	467.6	46	560
最小值	0.1	0.2	4.13	0.95	3.7	1.1	0.12	0.19
中值	1.67	179	104.12	944	101.7	40.85	1.9	14.6
中国污泥标准（GB 4284）	5/20	250/500	300/1000	500/1000	600/1000	100/200	5/15	75/75

45.1.3　污泥中的水分特性

污泥中的水分有不同的存在形式（如图 45-1 所示），因而除去水分的难易程度也不同。

自由水（free water）不直接与污泥颗粒结合，也不受污泥颗粒影响，可以通过浓缩或机械脱水与污泥颗粒分离，污泥中大部分水以这种形式存在。

间隙水（interstitial water）是指存在于污泥颗粒间隙的游离水，条件变化时（如絮体破坏时）可变成自由水。它不与固体颗粒直接结合，容易去除，一般采用浓缩法。

表面吸附水（surface water）是由于表面张力作用所吸附的水分。表面吸附水用普通的浓缩脱水方法去除比较困难，可用加热法除去，或者用混凝电解质使胶体颗粒的电荷中和，通过颗粒凝聚，使比表面积减小、降低表面张力，从而使表面吸附水从颗粒上脱离。

毛细管水（capillary water）是指存在于污泥颗粒间一些毛细管（固体颗粒接触表面之间、固体颗粒自身裂隙）中的水分，可采用离心、真空等机械脱水方法除去。

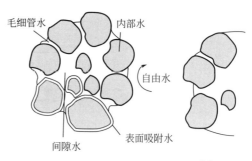

图 45-1　污泥中水分的存在形式[8]

内部水（intracellular water）是指存在于污泥颗粒内部或微生物细胞内的水分。要除去这部分水，必须破坏细胞膜，需采用生物分解、高温加热或冷冻法脱水。

一般下水污泥的总水分中 70%～75% 为自由水（浓缩除去），20%～25% 为间隙水（机械脱水），毛细管水（添加化学品后机械脱水）和结合水（通过破坏细胞）各 1%[7]。

目前，已经有多种方法，如膨胀计法、离心沉降法、过滤法、差示扫描量热法和核磁共振光谱法，可以定量分析污泥中的水分种类和区分自由水、结合水。水分类型结果的确定取决于测量方式的选择，所选的技术方式会定量结合水的含量。

45.1.4　污泥处理方法

各个国家曾采用了一些方法来处理污泥，包括海洋倾倒、农业利用和土地填埋。但这些方法具有明显的问题和缺点。1972 年《伦敦公约》为保护海洋环境，禁止将废弃物倾倒至海洋。由于污泥中含有大量重金属元素、病原体和有机污染物，欧盟也明确禁止污泥直接作为肥料在农业系统中应用。同样，由于土地资源的有限性和潜在的污染破坏，目前世界各国也限制用土地填埋来处理污泥。基于此，运用合理的方法处理污泥非常重要。污泥处理的主要目的有以下三方面：一是减少污泥的体积，即降低污泥含水率，为污泥的输送、消化、脱水和综合利用创造条件，并减少污泥最终处置前的体积；二是使污泥卫生化和稳定化，污泥含有大量有机物、各种病原体及其他有害物质（比如重金属），若不进行稳定化处理，必将成为"二次污染源"，导致环境污染和病菌传播；三是通过处理改善污泥的成分和某些性质，以利于污泥资源化利用。简而言之，污泥处置的原则为减量化、稳定化、无害化、资源化。

在减量化（减容化）、稳定化的操作中，最重要的操作是除去污泥中的水分，其次就是分解有机物，如图 45-2 所示。因此，有机性污泥处理系统的主流是"浓缩—脱水—干燥—焚烧"，而无机性污泥处理系统的主流是"浓缩—脱水—干燥"。上述过程的减量程度参见图 45-3。

污泥处理方法有农用、干燥、卫生填埋、焚烧和综合利用等。污泥作为垃圾的处理（例如填埋处理），已逐渐失去其重要性，这与污泥的含水率高、易流动、有机物含量高、有害物含量高相关。德国从 2005 年 6 月 1 日起，规定填埋处理的废弃物中有机物含量必须低于 5%。这就是说，碳元素的无机化（从有机碳到无机碳的转化）应该在 95% 以上。污泥不经焚烧是达不到这一标准的。而且，污泥农用时，经稳定化和农用好氧堆肥处置，必须使污泥中有机物降解率大于 40%～50%，蛔虫卵死亡率大于 95%[5]。

污泥脱水后的滤饼含水率仍达 45%～86%，作为肥料或土壤改良剂用于农田时水分偏高，体积大不利于分散和袋装运输。为了便于进一步利用与处理，可将其进行干燥处理或焚烧。干燥处理后，污泥含水率可降至 20%～40%；焚烧处理后，含水率可降至 0，体积大大

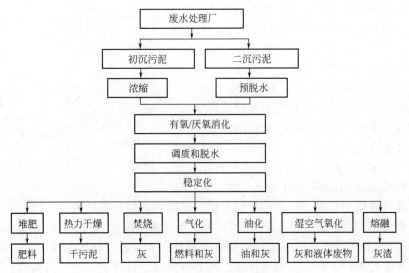

图 45-2 污泥的处理线路图

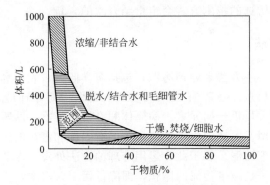

图 45-3 各种污泥处理过程的污泥体积变化[5]

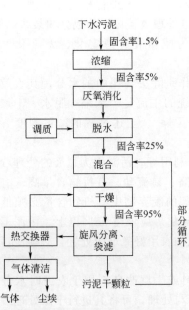

图 45-4 下水污泥干燥流程图

减小，便于运输和进一步处理[4]。

如果污泥不符合卫生要求、有害物质含量高，不能作为农副业肥料与饲料。城市环境卫生要求高，或者污泥自身的燃烧热值高（可以自燃，并可利用燃烧热量发电），则采用污泥焚烧的方法。在大型污泥处理场，也可同时考虑污泥的干燥与焚烧。欧洲近期将不再允许污泥用于农业，而污泥的焚烧以及将污泥用作燃料越来越占主导地位。在世界范围内，这也是必然趋势。

近年来，在下水污泥处理中，熔融处理越来越受到青睐，但为了使熔融炉内温度维持高温，需要控制投入污泥的含水率和粒径范围（参见表 45-5）。获得的含水率在 30%～40% 左右的干燥滤饼，采用搅拌式水蒸气干燥器干燥，而作为熔融主流方式的旋转熔融则需要含水率 10% 以下的干粉，要使用气流干燥和流化床干燥[9]。图 45-4 为下水污泥干燥的流程图。

由上述可知，为实现污泥的"减量化、稳定化、无害化、资源化"，对污泥进行浓缩、脱水和干燥，或者以之作为焚烧、熔融等的前处理过程是必不可少的。

表 45-5 熔融炉对投入污泥的含水率和粒径的要求[9]

熔融炉类型		干燥污泥的含水率	平均粒径
表面熔融炉		20％左右	需要成形①
旋转熔融炉	竖立式	5％以下	0.2～0.5mm
	倾斜式	10％以下	0.1～0.5mm
	卧式		0.1～1mm
焦炭床熔融炉		35％～45％左右②	

① 含水率在 10％以下变为粉尘状态。

② 过高则焦炭床上部的空气阻力增加，过低则因增加粉尘的飞散而需要成形。

45.2 污泥浓缩与脱水

45.2.1 浓缩

45.2.1.1 重力浓缩法

重力浓缩法是最常用的一种污泥浓缩方法，是利用重力沉降作用，使污泥中的固体自然沉降而分离出自由水。重力浓缩法可用于密度较大的污泥，该法优点是操作简便、运行管理费用低，其缺点是占地面积较大，基建费用较高。

45.2.1.2 气浮浓缩法

气浮浓缩与重力浓缩相反，是依靠大量微小气泡附着在污泥颗粒上，形成"污泥颗粒-气泡"结合体，进而产生浮力把污泥颗粒带到水面，然后用刮板等表层收取装置将污泥收集起来。上浮污泥在脱气槽中充分地除去气泡，以达到浓缩的目的。

气浮浓缩最常用的是加压溶气气浮法。在 4.9～7.26MPa 压力下通过压力溶气罐向循环液流充气，充气后的循环液流与污泥混合进入气浮浓缩池，然后减压产生大量微小气泡，气泡附着在污泥颗粒上，使之密度降低上浮，在水面上形成污泥层，表面浓缩污泥用刮泥机械收集。

气浮浓缩也可以在常压下进行。在常压下，加入起泡助剂（表面活性剂），用装置内部的涡轮叶片产生微细气泡，在混合装置里所生成的微细气泡及高分子表面活性剂和污泥混合，气泡和污泥中的固形物结合，被送到气浮装置，经上部的刮板收集气浮污泥，用脱气装置去除气泡后，便实现固液分离。

气浮浓缩法适用于相对密度接近于 1 的污泥，如好氧消化污泥、不经初次沉淀的延时曝气污泥。与重力浓缩法相比，气浮浓缩法具有较多优点[4]：浓缩程度高，污泥中固形物含量可浓缩到 5％～7％；固体物质回收率高（达 99％以上）；浓缩速度快，停留时间短（一般处理时间约为重力浓缩所需时间的 1/3 左右）；操作弹性大，污泥负荷变化和四季气候改变均能稳定运行；操作管理简单。其缺点是基建和运行费用偏高。

45.2.1.3 离心浓缩法

根据污泥颗粒与水的密度的不同，将难浓缩性的污泥在离心力场中进行强制浓缩。作为驱动力的离心力（G）可用旋转半径（r）和旋转数（$\bar{\omega}$）的关系式表示，$G = r\bar{\omega}^2/g$。

根据旋转轴的不同，离心浓缩机可分为立式和卧式两种。

（1）立式离心浓缩

在较小离心力（$G=300\sim400$）下可完成污泥的浓缩，但在大型化方面困难多，最大处理能力在 $20\mathrm{m^3/h}$ 以下[9]。因为 G 值低，所以故障少，运行管理容易，适合于小规模的下水污泥浓缩。

（2）卧式离心浓缩

在离心机外筒和螺旋之间的污泥，在内部因离心力作用（$G=1000\sim3500$）得到固液分离浓缩。内部螺旋移送浓缩污泥。过去，离心浓缩法只以剩余污泥等难浓缩的污泥作为对象使用。近几年污泥集中处理计划愈来愈多，已开发出处理能力为 $100\sim200\mathrm{m^3/h}$ 的浓缩机，其外筒形式也有圆锥形和直筒形两种。图 45-5 为卧式螺旋离心机结构简图。转鼓的旋转速度直接决定分离因数，而螺旋的速差则直接影响被输送到转鼓外的产品含水率，它对处理量、停留时间和产品排出都有直接影响。

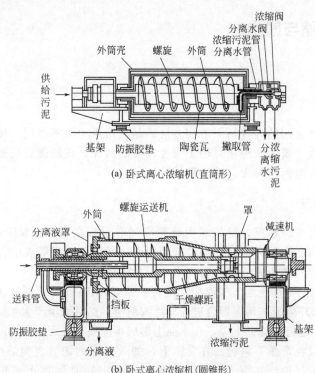

(a) 卧式离心浓缩机（直筒形）

(b) 卧式离心浓缩机（圆锥形）

图 45-5　卧式螺旋离心浓缩机结构简图

45.2.2　机械脱水

污泥脱水是污泥处理的重要手段，其目的是去除污泥中的水分，从而缩小其体积，以便后续处理。污泥脱水的难易程度除了与水分在污泥中的存在形式有关外，还与污泥颗粒的大小、污泥比阻和有机物含量有关。污泥颗粒越细、有机物含量越高、污泥比阻越大，其脱水的难度越大。

45.2.2.1　污泥的调质

污泥调质是污泥机械脱水前的预处理，其目的是改善污泥的脱水性能，提高脱水设备的生产能力。其常见的方法有化学调节法、淘洗法、加热加压法和冷冻融化法等。

（1）化学调节法

化学调节法是在污泥中加入适量的助凝剂、混凝剂等化学药剂，使污泥颗粒絮凝，改善污泥的脱水性能。助凝剂一般不起混凝作用，其主要作用是调节污泥的 pH 值，改变污泥颗粒的结构，破坏胶体的稳定性，提高混凝剂的混凝效果。常用的助凝剂有硅藻土、石灰、锯屑及污泥焚烧灰等物质。混凝剂的主要作用是通过中和污泥胶体颗粒的电荷，减小粒子和水分的亲和力，改善其脱水性。常用的混凝剂有无机混凝剂与高分子聚合电解质两种。混凝剂投加量以占干污泥质量的百分数计，一般无机混凝剂投加量约为 $7\%\sim20\%$，高分子聚合电解质投加量在 1% 以下[4]。添加有机聚合物，经带式压榨（压带机）或离心脱水。

在污泥热干燥过程中，会发生污泥粘在干燥设备受热面上的现象，从而影响和降低干燥效率和操作过程的安全性。清华大学的 Li 等[10]通过研究碱预处理调质污泥在对流干燥过程中的粘壁问题，发现在热干燥过程中，随着污泥含水率的降低，污泥在干燥设备受热面板上的堆积量先增大后减小。当污泥含水量为 $55\%\sim60\%$ 时，粘壁的污泥量最大。采用 CaO 预处理污泥，可以增强污泥的黏聚力和无机矿物质的含量，同时水解污泥中的黏附性有机物，从而降低污泥的粘壁量。当向污泥中添加 5% ［$g\text{Ca(OH)}_2/g$ 干污泥] Ca(OH)_2 时，污泥在受热面板上的量几乎为零，而且干燥速率提高了约 30%。CaO 预处理对防止污泥粘壁也有很好的效果，不过其对污泥干燥速率影响不明显。与 Ca(OH)_2 和 CaO 相比，NaOH 不能有效地减少污泥干燥过程中粘壁的现象，也不能提高污泥的干燥速率。

（2）淘洗法

污泥淘洗是用河水或处理水洗涤污泥，除去影响固液分离的胶体物质，降低污泥中的碱度和黏度，以节省添加药品量。污泥淘洗仅适用于消化污泥。由于污泥在消化过程中产生大量重质碳酸钙，其碱度可达生污泥的 30 倍以上，若直接化学调质，将消耗大量混凝剂。但是，采用淘洗法又需要增加淘洗池等，其造价与节约的混凝剂费用接近，新设计的污泥处理厂不再采用此法。

（3）加热加压法

污泥加热加压调质是将污泥加热，使污泥中的细胞物质被破坏分解，内部水游离出来，破坏亲水性有机胶体物质结构，从而提高污泥脱水性能的过程。按加热温度不同，可分为高温加压法和低温加压法两种。高温加压法是把污泥升温至 $170\sim200℃$，加压至 $1.0\sim1.5\text{MPa}$，保持 $40\sim120\text{min}$，调质后的污泥含水率可降至 $80\%\sim87\%$。但实践证明，反应温度升至 $175℃$ 以上时，设备易发生结垢，热交换效率降低，分离液中溶解性物质增多，致使分离液处理困难。低温加压法的反应温度在 $150℃$ 以下，使有机物的水解受到控制，分离液 BOD_5 比高温加压法低 $40\%\sim50\%$[4]，因此，低温加压法得到了发展。低温加压法的设备、运行管理和高温加压法基本相同。

污泥加热加压法的优点是：改善了污泥的脱水性能，不需添加药剂，高温能杀死病原菌等。但也存在下述缺点：管道弯头磨损、腐蚀严重，容易在管道壁结垢；四周散发恶臭，环境状况不好；污泥可溶性分离液有机物浓度高，需二次处理；加热加压处理时间长，设备费、远行费用均提高；处理后的污泥热值低。因此，该法主要适用对象为初次沉淀污泥、消化污泥、活性污泥、腐殖污泥及它们的混合污泥。

（4）冷冻融化法

将污泥交替进行冷冻与融化来改变污泥的物理结构，使细胞内部水分游离，从而提高污泥的脱水性能。近 10 年来，该方法在国外得到发展。它不需药剂，处理后的污泥适用于制作肥料或饲料，且比加热加压法节省能量；但在处理过程中，要求缓慢冷冻，逐步把水排挤出来、形成大的冰晶体，融化时水容易和固体分离；相反，如果快速冷冻，则会形成小的冰晶体，融化时水会被固体重新吸收。该法适合于放射性污泥等的脱水处理。

45.2.2.2　污泥机械脱水

下水污泥脱水主要采用真空、加压、带式压榨脱水等方式。影响脱水性能的因素有：污泥浓度、有机物含有率（VTS）等污泥性质，以及用混凝剂调质后的污泥形状。某些脱水机的脱水界限见表45-6。

表 45-6　污泥浓缩和脱水的含水率界限[5]　　　　　　　　单位：%

污泥可浓缩/脱水特性	可浓缩性（无污泥调质）	带式压滤机①和离心脱水机②（采用高分子药剂调质）	板框压滤机（采用金属盐或高分子药剂调质）	
			不投加石灰	投加石灰
良好	<93	<70	<62	<55
一般	93～96	70～82	62～72	55～65
较差	>96	>78	>72	65～70③

① 进泥含固率3%～9%。
② 采用高效离心脱水机。
③ 只有通过提高石灰的投加量。

（1）真空脱水

把调质用的氯化铁及消石灰无机类混凝剂与污泥混合，凝聚的污泥进入滤筒，在负压约$300\sim600mmHg$（$1mmHg=133.322Pa$）下，吸附在滤布上生成污泥饼。然后随着滤筒的旋转上升到水面上，通过滤布脱水。最后滤布与滤筒分离，分离辊子时滤布表面的泥饼脱离而排出。此后，滤布被压力水洗净后，再回到滚筒（图45-6）。近年来，超过80%的高VTS污泥中，消石灰添加率有时达$60\%\sim80\%$，导致药品量支出大，增加了滤饼量，产生负压的真空泵及污泥抽出泵的功率大，动力费用高。

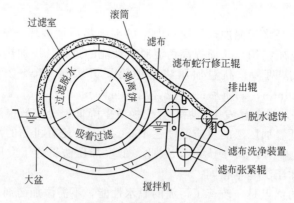

图 45-6　带式真空脱水机

（2）加压脱水

在加压脱水的情况下，压力可以达到$3\sim15kgf/cm^2$（$1kgf/cm^2=98.0665kPa$），而在真空脱水机中，污泥过滤压力最高只能达到$1kg/cm^2$。加压脱水机最早用于上水污泥的脱水，同时以获得低含水率的脱水滤饼为目的时也用于下水污泥的脱水。由压入污泥、过滤、压榨、振打、排出滤饼、洗净滤布等一系列操作工序组合而成。

（3）带式压榨脱水

高分子混凝剂调质的污泥进行重力脱水后，在走行在辊子间的复数个滤布的张力和滚子间的压榨力、剪切力作用下，连续进行污泥脱水。一般顺次经过高分子混凝剂凝聚混合、重力脱水、低压脱水、高压脱水等各个工序（图 45-7）。

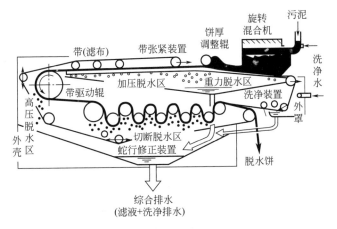

图 45-7　带式压榨脱水机

（4）螺旋压榨脱水

靠螺旋的旋转力把污泥送到高压下压榨的脱水（图 45-8）。螺旋本体内通入蒸汽，把污泥加温至 50～80℃，促使污泥中水黏度降低，提高脱水性。

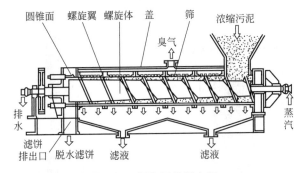

图 45-8　螺旋压榨脱水机

45.2.3　电渗透脱水

运用 DC 电场的电渗透脱水（EOD）已被实验研究且实际应用。但采用这种方法，电极与脱水物料间的接触电阻将会随着脱水的进行而大幅增加，结果是接近电极一端的污泥床层的电压大幅度下降，而另一端相反，从而影响了电渗透脱水的效果。Yoshida[11]提出使用电极极性周期性转变的电场。在恒定电压下，AC 电极转变的频率非常低，波形为矩形波和正弦波。结果表明，在确定的频率范围内，AC 电场最终脱水高于 DC 电场，电能的消耗量要低于 DC 电场（脱水即将结束阶段除外）。另外，间断性地外加电场也可以有效地改进 EOD 过程。

但是，对整个污泥床层很难进行电渗透脱水。一种多级电极型电渗透脱水方法被用于促进脱水进程，此时电极以规则的间距垂直分布于污泥床层内。通过使用旋转开关，电场交替地外加于湿污泥床层，从而增加了脱水速率和最终脱水量。

电渗透脱水结合机械压榨（图 45-9 和图 45-10），是另一个有效的脱水方法[12]。与单个电渗透脱水机和压榨机相比，这种组合方法既提高了脱水速率又增加了脱水量。

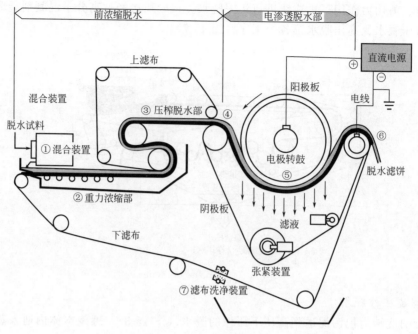

图 45-9　电渗透式脱水机

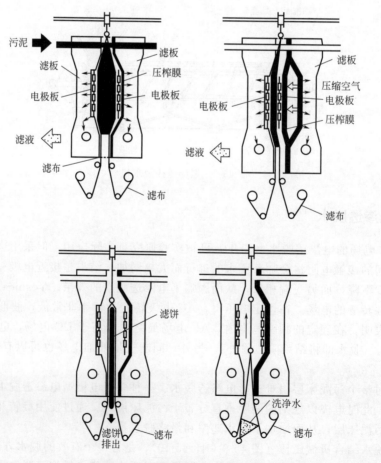

图 45-10　电渗透式加压脱水机

在图 45-9 中，转鼓的表面被用作一个电极而履带被用作另一个电极。污泥在带压下先预脱水，然后鼓和履带间电渗透脱水，后者是在电场和压榨的状态下进行的。图 45-10 中，过滤室包括滤布、滤板和用于压榨的隔膜，以及电极。当过滤室充满污泥时，首先污泥在滤压下脱水且被隔膜膨胀压榨，然后在压榨状态下进行电渗透脱水。

45.3　卡沃尔-格林菲尔德过程

卡沃尔-格林菲尔德过程（Carver-Greenfield process，C-G）是一种创新的脱水技术，使用非挥发性液体作为多效蒸发器中污泥的载体。因为从蒸发温度高的蒸发器出来的水蒸气，可以作为另一个操作温度低的蒸发器的加热介质，蒸汽被重复利用（即经过任意几效）。它利用蒸发潜热提高热效率。理论上蒸汽经济性与效数成比例，实际上单位热量消耗高于理论值。例如，在五效的 C-G 装置中，蒸发 1kg 水平均消耗能量 163kJ，其中包括了蒸汽和电力[13]。表 45-7 就能量消耗作了比较。

表 45-7　能量消耗比较[14]

装置	能耗/(kJ/kg 水)	装置	能耗/(kJ/kg 水)
C-G(4 效)	810～1050	回转干燥器	5580～6510
喷雾干燥器	4650(最小)	间接蒸汽干燥器	1900
气流干燥器	5210～6280	其他①	2330(包括系统热损失)

① 不采用多效蒸发的热力干燥。

目前，C-G 过程以油类作为载体，解决了多效蒸发中被处理物料流动性下降的问题。比如，可以用从屠宰场废弃物得到的动物油脂作为肉类加工厂污泥的油类载体。在该 C-G 系统中（图 45-11），肉类废弃物首先被磨碎成粗粉，"溶解"于动物油脂中。该浆液接着在双效蒸发器中沸腾。从第二效蒸发器出来的动物油脂和干固形物的混合物通过离心方法被分离。高压压榨被用于进一步降低碎粉中动物油脂含量，大约达到 15%（质量分数）。来自分离器和压榨机的一部分动物油脂被再循环进入该系统，以维持油与产品的质量比。多余的动物油脂被引出，过滤，可作为商品出售。干固形物用作动物饲料。根据东京都南部处理场的实验数据，单位蒸汽使用量为 0.36～0.38kg 蒸汽/kg H₂O，这个值是搅拌式水蒸气干燥器

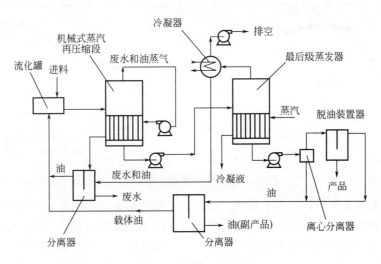

图 45-11　双效 C-G 过程

（蒸发性能相同条件下）的 1/3～1/4。日本东京都使用 4 效蒸发器（蒸发速率为 250kg/h），该装置的操作数据如下[15]。

脱水污泥特性：　　$X=270\%～430\%$

干燥污泥特性：　　$X=2.5\%～4.9\%$，油含量 14%～20%

蒸发效率：　　　　65%（2.6kg 水/kg 蒸汽）

平均总传热系数：280W/(m² · K)

基于上述数据，已建成脱水污泥供料量为 250t/d 的 C-G 过程装置。

为了更好地提高能量利用，运用机械式蒸汽再压缩（MVR）对 C-G 过程改进。这里，排出的水/油蒸气被机械压缩，达到较高的压力和温度，用作同一蒸发器的加热介质。这有可能降低能耗约 50kJ/kg 水。使用机械式蒸汽再压缩的 C-G 过程将进料固形物质量分数从 2% 浓缩至 50%。由于颗粒尺寸沿任何轴线不能超过 7.5mm，某些物料在与载体油混合前需要磨碎。在所有干燥阶段，蒸发器一般为强制循环式热交换器。此外，除最后一效之外，蒸发器可以是降膜管式蒸发器。在最后一效蒸发器中，由于固形物含量增大以及沸点提高，需要强制对流[16]。

45.4　污泥干燥

45.4.1　一般干燥特性

了解污泥的干燥特性对于干燥器的设计和运转管理是不可缺少的，但是污泥的干燥特性数据很少。到目前为止，污泥干燥装置的设计和运转只能依赖于实践和经验，在此领域里追求高精度的性能和措施是较困难的。研究发现，注入高分子混凝剂后的下水污泥脱水滤饼没有恒速干燥阶段，预热后（含水率低于 71.4%）直接进入降速干燥阶段，平衡含水率接近于 0[17]。而添加石灰的下水污泥的脱水饼和上水污泥的脱水饼干燥特性相似，有恒速干燥阶段，但临界含水率高（含水率 50%～60% 之间）[5]。加入高分子混凝剂及加入铁盐、石灰的污泥干燥速率变化如图 45-12 所示。有时出现恒速段和两个降速干燥阶段[18]，如图 45-13 所示。

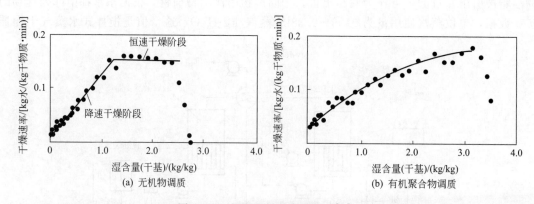

图 45-12　污泥干燥速率曲线—[14]

(a) 无机物调质　　　(b) 有机聚合物调质

当使用热重法来测量物料的干物质含量时，干燥过程采用缓慢的方式进行，以确保泥饼结构内的应力分布均匀。可以假定临界湿含量点处的毛细管压力相当于机械脱水过程中所施加的压力，因此，通过机械脱水得到最大干物质含量的时候相当于临界湿含量点的时候。空气的相对湿度影响干燥速率，但其对临界湿含量点的影响较小。干燥时得到的最大干物质的含量取决于污泥的组成。污泥中高浓度的有机物会降低干燥后干物质含量，因此在污泥消化处理过程中更好地降解污泥，可以提高污泥干燥过程的脱水性能。

由于固形物的黏着性对水分在固相内移动产生不同影响，含有大量纤维质的粪尿污泥脱水饼也像这些石灰滤饼一样，比下水污泥高分子滤饼在干燥特性上具有优越性。产业废水污泥中，对那些从活性污泥处理系统产生的有机性污泥，可以认为具有和下水污泥类似的干燥特性，但尚有很多不清楚之处。

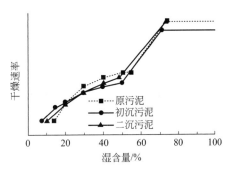

图 45-13　污泥干燥速率曲线二[18]

干燥过程中，污泥逐渐由浆状变成黏性很大的半固体状，再到块状。污泥的状态与其含水率的关系见表 45-8。在污泥黏稠阶段，污泥会黏结在干燥器壁上，从而导致干燥效率降低，甚至损坏设备。解决这个问题的一种方法是将机械脱水后的污泥（干物质占 20%～35%）和已完全干燥的污泥（干物质占 90%～95%）混合，使进入干燥器的污泥的干物质达到 65%～75%，还可以进一步使污泥颗粒化，以利于干燥。

表 45-8　污泥含水率与污泥状态关系[5]

含水率/%	75～65	65～55	55～50	50
污泥状态	浆糊状成型性	黏性强的半固体	大块状	小块状，粉粒体

45.4.2　干燥方法

干燥是通过加热使湿物料中水分蒸发，随着相变化使水分分离出去，同时进行传热和传质的过程。物料内部的水分以液体状态在物料内部移动、扩散到物料表面汽化，或者在物料内部直接汽化而向表面迁移和扩散。为了提高干燥速度和强化传热传质过程，应将物料破碎并且搅拌，以增大蒸发表面积，增加蒸发速度。为了增加传热推动力，尽可能使用高温热载体或通过减压增加物料和传热介质之间温度差。污泥干燥的传热方式一般为对流（热风）干燥、传导（蒸汽）干燥、对流传导联合干燥等形式。

对于水净化过程排出的污泥，首先浓缩至约 4%～6%（固含率），接着添加水玻璃（干物质的 3%～6%）或有机聚合物（0.2%～0.4%），用回转筛和滚压机二级脱水，最终含水率达到 75%～85%，接着可以用回转干燥器（设置粉碎装置）干燥——其体积传热系数为 230～580W/(m³·K)。产品的多数进行回收，作为水泥原料等土木资材或土壤改良材料（农业资材），剩余的部分用作娱乐场地或公园的土壤。

对于城市下水污泥，以前用作土壤恢复，现在利用其焚烧、熔融后的灰渣。图 45-14 为干燥-流化床炉焚烧系统。这里使用间接式空心螺旋输送干燥器（加热介质为蒸汽）。在焦炭床或反射焰熔融炉（reverberatory melting furnace）之前，用间接式蒸汽干燥器将污泥湿含量降至 20%～30%；在旋风熔融炉，干燥滤饼的湿含量需要保持在 10% 左右，可用气流式干燥器，或者与间接式蒸汽干燥器组合，实施两级干燥[17]。

建筑污泥中含有无机颗粒，经过重力浓缩、压滤脱水，滤饼的湿含量达到 0.4～0.7kg/kg（干基），用回转干燥器干燥至 0.1kg/kg。干燥所需燃料为 0.12kg 油/kg 水，干燥滤饼可作为屋瓦的原材料出售[17]。

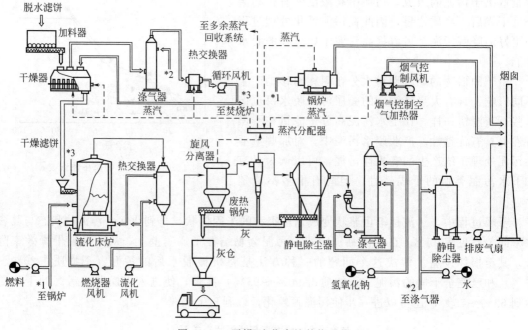

图 45-14 干燥-流化床炉焚烧系统

对于食品工业污泥，可以像市政污泥那样脱水，但干污泥的管理形式不同。

45.4.2.1 回转干燥

干燥器本体圆筒呈适当的倾斜角，并慢慢旋转，污泥从其一端投入，在圆筒内与热风逆向或同向接触进行干燥。这种干燥器在污泥处理领域中虽然经常使用，特别是在有机性污泥处理中，但由于污泥的黏着性，在旋转中容易成块，分散性不好，影响传热。在回转干燥器内设置破碎装置可以解决这个问题，比如搅拌翼在圆筒内以 200～400r/min 速度旋转、破碎、分散污泥，以提高传热效率（图 45-15）。据 Kawai 等[9]的研究，当体积传热系数为 200～500W/(m³·K) 时，污泥干燥装置的干燥效果非常好，所以在粪尿污泥处理和产业污泥处理中广泛采用。应用实例说明，体积传热系数是传统型回转干燥器干燥污泥时的 2 倍以上[9]。

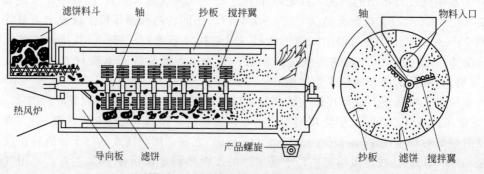

图 45-15 回转干燥器（带破碎装置）

另一种设计称为 Yamato TACO，已经商业化应用，可用于连续干燥和焚烧半固形物的污泥（包含有机物质）（图 45-16）。使用焚烧炉的烟气作为干燥的热载体，与直接焚烧湿污泥相比，能够实现很好的燃料经济性。当处理初始含水率约为 80%（湿基）的污泥时，不需要脱臭设备，以 TACO 干燥器和涡流焚化炉（vortex incinerator）为基础的联合系统据称在操作中不需要辅助燃料[19]。除了污泥中有机物质的热值之外，燃料消耗的降低是由于在焚烧炉中能很好地燃烧经过预干燥的污泥（含水率从 80％预干燥至 20％，湿基）。在此情况下，在联合系统中每 100kg 干的可燃物质只需蒸发 25kg 水分，在湿污泥焚烧的情况下却需要蒸发 400kg 的水分。

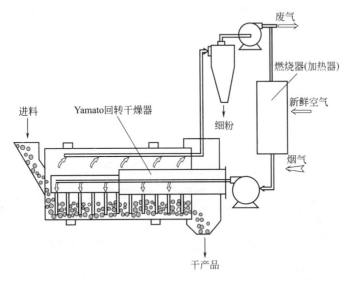

图 45-16　Yamato 回转干燥器干燥流程

45.4.2.2　搅拌输送干燥

在这种干燥器中，夹套及中空楔子形搅拌翼内通入饱和蒸汽（通常为 10kg/cm²，170℃以上），在加热污泥滤饼的同时，搅拌翼搅拌、移送、干燥污泥（图 45-17）。但是干燥下水污泥时，由于污泥固形物中含有类似骨胶的物质，在传热面上形成被膜，削弱了温度差的效果。所以，在下水污泥干燥中，使用水分蒸发速度 [kg H_2O/(m² · h)] 来表征其性能。使用 2～10kg/cm² 左右的饱和蒸汽时，其值约为 10～15kg H_2O/(m² · h)，蒸发 1kg 水的蒸汽消耗量约为 1.3～1.5kg[9]。表 45-9 给出不同类型污泥在中空螺旋输送干燥器中的总传热系数。

表 45-9　中空螺旋输送干燥器的总传热系数[15]

污泥种类	含水率(干基)/%	总传热系数/[W/(m² · K)]
下水污泥(无机调质滤饼)	150～300	150
消化污泥(无机调质滤饼)	150～300	150
下水污泥(有机聚合物调质滤饼)	300～600	120
下水污泥(热处理滤饼)	120～250	230
制革废水污泥(无机调质滤饼)	185～300	120
纺织废水污泥(过氧化氢调质滤饼)	185～300	150

45.4.2.3　流化床干燥

脱水滤饼与干燥产品混合，形成直径 2mm 的颗粒，可以通过流化床干燥，热空气为流化介质，在床层中埋设蒸汽加热器（图 45-18）。该干燥器的处理量为 30t/d，将含水率为 82％的脱水污泥干燥至 4％，体积传热系数为 3700～4300W/m³ · K[17]。另一种方法是将干、湿混合污泥（湿含量为 $0.3\sim0.4kg/kg$，干基）送入流化的砂床层，被粉碎成细颗粒，并与热砂粒进行良好的接触传热，然后被输送到上部加热区，在该处被蒸汽间接干燥，最后干污泥和废气从顶部排出。实验蒸发速率为 $6\sim10kg\ H_2O/(m^2\cdot h)$，干污泥的湿含量达到 $0.11kg/kg$[20]。

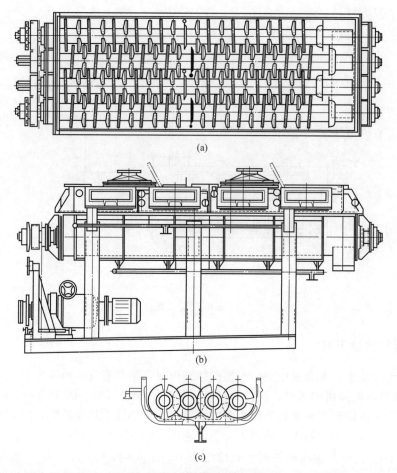

图 45-17　搅拌输送干燥器

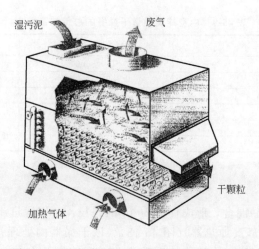

图 45-18　流化床干燥器（床层中埋设加热管）

纤维类物料（如纸浆和纸泥）会使固体颗粒之间架桥，使得流化床层固定不动。当干燥黏性物料时，像含有大量脂肪的肉类生产排出污泥，床层也会塌落。此时，熔化的脂肪充当黏合剂，它使得颗粒不能移动，并将干肉粉捕集在干燥器内。在这种情况下，这类污泥（脂肪质量分数为 30%）在射流喷动床干燥器内，掺入质量分数分别为 4.6% 和 2.5% 的碳酸钙和麦麸可以成功地被干燥[21]。

使用循环蒸汽流化污泥，污泥颗粒的变化对流化特性非常敏感，较难控制。流化床干燥器不一定是完全的接触式干燥器，因为热量的一部分也通过热蒸汽的再循环以对流的形式传递。流化床干燥器不适用于污泥半干燥处理工艺，只适用于污泥全干燥。

Niro A/S 公司推出过热蒸汽流化床干燥器，如图 45-19 所示[8,16,22]。床层设计为特殊的单元式（"cellular"）或多室，操作压力为 3bar（1bar＝10^5Pa），用过热蒸汽流化污泥颗粒。水分蒸发能力可以达到 2～40t/h。据报道每蒸发 1t 水消耗 130～190kW·h，而普通空气干燥为 800kW·h[23]。

图 45-20 为带式流化床干燥器，也用于干燥污泥。

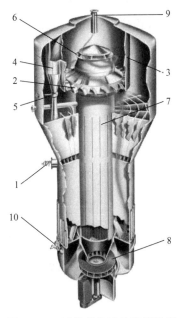

图 45-19　过热蒸汽流化床干燥器
1—螺旋输送器；2—固定刮刀；3—圆筒；
4—旋风分离器；5—射流器；6—固定
叶片；7—过热加热器；8—推进器；
9—顶部出口；10—螺旋输送器

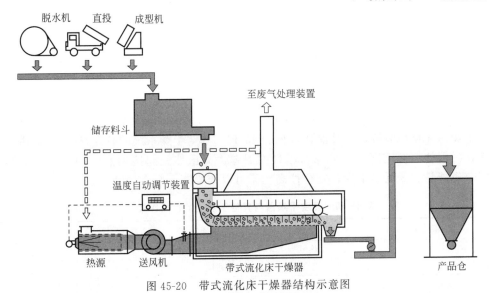

图 45-20　带式流化床干燥器结构示意图

45.4.2.4　气流干燥

气流干燥的体积传热系数在干燥区开始时约为 10^4～10^5W/(m^3·K)，在干燥区尾端约为 10^3W/(m^3·K)。气流干燥器难以控制下水污泥的含水率，因为其将含水率降至 10%，过干燥。但是对于旋风炉熔融过程，气流干燥器是适合的。日本下水道协会的小型实验显示（脱水污泥熔融能力为 30kg/h），干燥速率约为 200kg H_2O/(m^3·h)，体积传热系数为 810～1050W/(m^3·K)，热效率为 40%～70%[15]。在气流干燥器的底部一般安装旋转式粉碎装置。

细川微粒子株式会社（Hosokawa Micron Corp.）于 1999 年独立开发的 Drymeister 装置具有粉碎、干燥和分级联合功能[24]。如图 45-21 所示，滤饼、糊状或浆状物料进入该装置内，在下部分散转子的回转作用下（圆周速度为 100m/s），湿物料被破碎、分散成微小的粒子，同时与从下部进入的热空气充分接触，发生瞬时的热质交换，从而被干燥成粉体产品。在上部设置多叶片的分级转子，通过其回转速度，调节产品的含水率和粒度，达到要求含水率和粒度的粉体随气流从叶片间隙中穿过，被收集为产品。

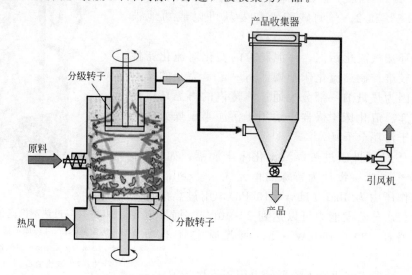

图 45-21　Drymeister 干燥/分级装置流程

45.4.2.5　真空干燥

用真空泵将干燥装置抽真空至 −720mmHg（沸点为 34.0℃），用温水供热，使污泥中的水分蒸发，蒸发水分通过冷凝器、冷却塔，成为冷却水。在真空装置内一般安装搅拌器。原料通过管路输送进入真空干燥装置，经搅拌，与夹套中的热源间接传热。该干燥系统流程见图 45-22，由 5 个部分组成，即真空干燥装置、污泥滤饼输送装置、供热装置、蒸汽冷却装置、干燥污泥排出装置。其性能比较见表 45-10。真空干燥系统的特点是[25]：①由于高效率搅拌，污泥的蒸发速度大。热源与原料的温差大。虽然是间接加热干燥，但是干燥速度快。②节省能量。③低温干燥，安全性高。④可以干燥液态废弃物。

表 45-10　真空干燥器与其他干燥器的性能比较[25]

干燥器种类	气流干燥器	回转干燥器	造粒干燥器	真空干燥器
热介质	热风	热风	蒸汽	温水
处理形式	连续	连续	间歇	间歇
干燥器内温度/℃	200～400	200～400	80～90	80～90
操作条件	处理脱水滤饼 2.0t/d(初期含水率 85%)			
运行时间/(h/d)	7	8	8	15
干燥物含水率/%	45	30	10	20
干燥物排出量/(kg/d)	545	429	333	375
电力消耗/kW·h	133	120	208	111
灯油消耗量/L	315	440	152	138
合计费用/(日元/d)	23663	25540	14684	13773
热效率	低	低	高	高

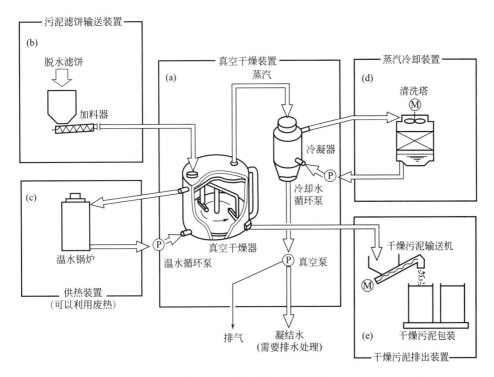

图 45-22　真空干燥系统流程

45.4.2.6　过热蒸汽干燥

过热蒸汽干燥能够使用过热蒸汽在气流、流化床或搅拌干燥器中连续大量地干燥污泥。Hirose 和 Hazama[26] 报道了使用蒸汽流化床干燥器的情况。污泥［含有 400% 水分（干基）］先进行机械脱水，接着蒸发水分至 75%，然后送入干燥器内，最终湿含量达到约 5%。干燥器中产生的蒸汽被用作蒸发器的热源。干燥器的热量来源是通过燃烧一部分干产品而得到的，因为污泥的热值在 8.4～19MJ/kg 之间。当污泥热值为 12.6MJ/kg 时，每燃烧 1kg 污泥需要补充能量 420kJ。

一个搅拌式多级蒸汽干燥器（蒸汽与产品采用并流形式）在日本已成功应用，每天干燥 15t 脱水污泥。蒸汽温度为 360℃，流量达 3600kg/h，出口蒸汽温度为 150℃，体积传热系数为 100W/(m^3·K)[16]。与流化床不同，蒸汽速度低使得排出蒸汽中很少夹带产品，在旋风分离器中蒸汽被清洁。为了防止臭味释放，干燥器在低于常压 10～100mmH$_2$O（1mmH$_2$O=9.81Pa）下操作。启动时，通入热空气，接着在热空气中注入水直至整个系统中全部充满蒸汽。需注意的是，污泥来源不同，具有的化学/生化组分以及物理特性也不同。为了节能，在污泥被送入热力干燥器之前，应该尽可能多地除去水分（非热力式的）。

俄罗斯采用过热蒸汽作为干燥介质的对撞流干燥器，在中试规模上已成功地用于干燥污泥。

45.4.2.7　脉动燃烧干燥

图 45-23 是带有补燃器的脉动燃烧干燥器，用于处理污泥浆，操作频率为 175Hz，声压级为 136dB，热负荷 $2×10^8$ W/m^3。含有 30% 固形物的污泥从滤网带由双螺杆加料器送入干

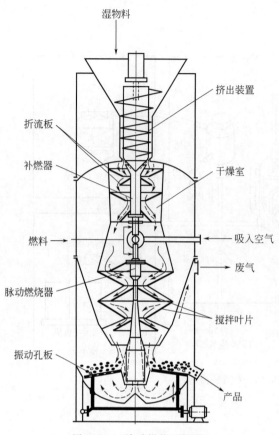

图 45-23 脉动燃烧干燥器

燥室上部，自由下落的小颗粒在这里吸收补燃器提供的热量。干燥室内的成型挡板可将停留时间调节至 0.4s 左右，这段时间内足以脱去自由水分、防止颗粒结块。然后，颗粒慢慢地向下流动，在下降中与搅拌桨叶相遇，同时与尾管出来的烟道气和再循环气体形成的混合气流接触，约蒸发 50% 的水分。剩下的水分大部分是毛细管水分，在振动床中脱去。在 4min 内可使最终湿含量达到 10% 左右（干基），这样在料温达 90～120℃ 时，避免了因产品气化而过多地排放 CO、NO_x 和 SO_2。生产的颗粒（直径为 1～3mm）渗透性极好，比重为 0.4（一般值为 0.7）。直径为 2m，高 6.5m，配有 1000kW 的脉动燃烧器和 3000kW 的补燃器的干燥器，可处理污泥 20000t/a[27]。

脉动燃烧器的单位能耗与气流干燥器为同一数量级，它们在操作上类似。因为一半的新鲜空气可以被热循环气体代替，热消耗量可以减少大约 10%[16]。

图 45-24 是天津科技大学研制的应用于市政污泥雾化干化的 40～60kW Helm-holtz 脉动燃烧器[28]。膜片阀式 Helmholtz 型脉动燃烧器主要由燃气进气系统、燃烧室、空气进气阀、尾管、燃烧控制系统组成。脉动燃烧所用燃料为液化石油气，空气进气阀的空气来源为大气，由离心风机提供。污泥物料进料口与出料口的距离为干燥管长度，干燥管长度可通过尾管不同段的连接进行调节。市政污泥通过进料孔进入尾管，雾化干化后的污泥颗粒

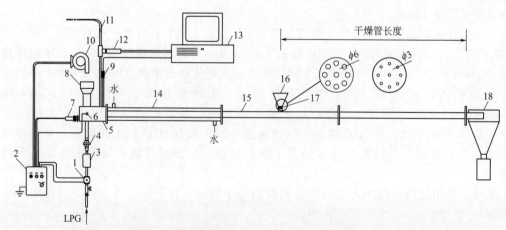

图 45-24 脉动燃烧器干化污泥实验装置图[28]

1—电磁阀；2—控制柜；3—去耦室；4—燃气阀；5—燃烧室；6—火花塞；7—火焰传感器；
8—空气进气阀；9—K 型热电偶；10—离心风机；11—半无限管；12—压力变送器；
13—数据采集系统；14—水夹套管；15—尾管；16—进料口；17—进料孔板；18—旋风分离器

用旋风分离器收集。市政污泥从脉动燃烧器尾管内进料后，利用燃烧器产生的高温、高速、高频振荡气流将城市污泥雾化干化成细小颗粒群。研究结果表明，脉动燃烧器尾管中的高温（600～800℃）、高频（50Hz）振荡气流（±8kPa）能快速（0.5s 内）将污泥雾化成细小颗粒，并且湿含量大幅下降。实验中，污泥进料量为 24kg/h，脉动频率为 49.6Hz，三组不同污泥进料孔，与脉动燃烧器产生的振荡气流接触后，均被雾化成小于进料孔直径的细小污泥颗粒群。3.0m 干燥管和 6mm 进料孔直径的条件下，雾化干化后（0.5s 内）的污泥颗粒湿含量为 56.9%，索特直径为 1.39mm，干燥速率可达 2.0～2.7kg/(kg·min)，显著高于微波干燥污泥中的干燥速率。

45.4.2.8 盘式干燥

机械脱水后的污泥（含固率 25%～30%）送入污泥缓冲料仓，然后通过污泥泵输送至涂覆装置，与再循环的干污泥颗粒混合，在干颗粒的外层涂覆上一层湿污泥后形成颗粒。这个涂覆过程非常重要，内核是干的（含固率＞90%），外层是一层湿污泥，涂覆了湿污泥的颗粒被送入多盘干燥器上部，均匀地散在顶层圆盘上。在旋转耙子的作用下，污泥颗粒在上层圆盘上做圆周运动。污泥颗粒从上部圆盘由于重力作用直至底部圆盘，颗粒在圆盘上运动时直接和加热表面接触干燥。干燥后的颗粒温度为 90℃，粒径为 1～4mm，离开干燥器后由斗式提升机向上送至分离料斗，其中一部分被再循环，剩余的颗粒进入冷却器冷却至 40℃后，送入颗粒储料仓。污泥干燥过程所需的能量由热油供给，温度介于 230～260℃ 之间的热油在干燥器内中空的圆盘内循环，从干燥器排出的蒸汽（接近 115℃）经热交换器冷凝，冷凝后的热水温度为 50～60℃[5,29,30]。此干燥装置的示意图见图 45-25。

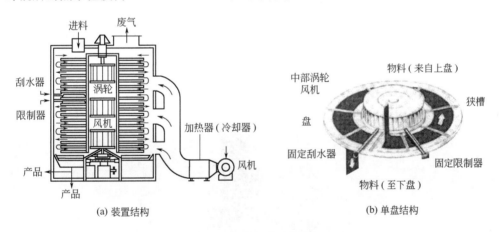

图 45-25　多盘式干燥器

45.4.2.9 热泵干燥装置

热泵干燥装置由热泵的热力循环系统和热风干燥循环系统组成，热泵循环系统为热风干燥系统提供热源和降低热风湿度。在热风干燥系统，通过循环热风与物料直接接触，提供蒸发水分所需热量，并且带走物料中的水分。

热泵系统内运行的工质，在蒸发器中吸收从干燥室排出湿热空气中的热量，从液态工质变成低压蒸汽，经压缩机增压成为高温高压的蒸汽。在冷凝器中，此工质蒸汽放出的热量，用于加热进入干燥室的空气，而工质本身则冷凝成高压液体。通过节流装置，液态工质压力和温度降低，成为低压低温液体，再度进入蒸发器中吸收热量。

对于热风干燥循环系统，干燥室排出的湿热气体，通过热泵的蒸发器时，由于蒸发器表面温度低于空气露点温度，不仅降低了空气的温度，而且将水汽冷凝下来，以液态水的形式排出系统外，因此气体携带的水汽量下降。离开蒸发器后，气体变成低温，其相对湿度一般在 $\varphi=95\%\sim97\%$。该气体在热泵冷凝器中得到加热，提高了气体温度，同时其相对湿度降低，成为干热气体。在干燥室中，干热气体与被干燥物料直接接触，提供物料干燥所需的热量，同时也带走水分。

从上述热泵干燥原理来看，与一般干燥过程的差别是没有湿热气体排放，干燥废气中的显热和潜热得到了回收，通过两个密闭循环系统，物料中的水分最终以液态水排出。在污泥干燥设备中性能系数 COP=4.0～5.0，即热泵提供的热量是电耗热量的 4～5 倍；热泵比脱水率 WPE=5.0～6.0kg 水/(kW·h) 电（WPE=脱水量/热泵能耗），即每度电可脱水 5～6kg[5]。而且，污泥热泵干燥过程在封闭的环境中进行，在过程中产生的有臭有害气体可以做到不外泄，从而可以减少对周围环境的污染，在居民点附近操作一般不会引起反对。

45.4.2.10　高速旋风分离干燥装置

图 45-26 是由美国开发的可以干燥和分离高含固率污泥的高速旋风分离干燥装置[31]。该装置采用大功率风机将高速气流引入气流管道中（最大风量 13000m³/h），同时污泥物料由进料器进入气流管道中，并与高速气流混合。强力的气流造成剧烈振动，使得污泥物料的径向速度和压力梯度发生显著的变化，进而将污泥物料高效破碎。污泥破碎后形成的水分和细小颗粒固体从旋风分离器的上部出来，然后进入相应的布袋除尘过滤器。脱水后的固体污泥从旋风分离器的底部出来，并由带式输送器运送至下一个操作单元。据报道，该装置可以

图 45-26　高速旋风分离干燥装置

实现含固率 67.9%～98.9% 脱墨污泥的高效脱水。

45.4.2.11 自热式污泥堆肥干燥技术

日本岐阜大学的 Itaya 教授等[32] 提出一种热能自供给污泥处理闭环系统,该系统将污泥热解的生物炭与湿污泥进行混合,生物炭的添加不仅可以提高污泥干燥速率和堆肥效率,而且可以给污泥除臭和提高其稳定性。如图 45-27 所示,脱水后的污泥与生物炭颗粒混合在下流式圆筒反应器中进行堆肥。随着向反应器中持续通入空气,污泥堆肥过程中释放的热量对污泥进行干燥。Itaya 教授指出,生物炭的添加影响了污泥中微生物和细菌的活化以及水分扩散,进而促进了堆肥过程和干燥过程。堆肥的同时对污泥进行了干燥脱水,将干化后的污泥在炭化炉中热解炭化制得污泥生物炭,并且热解过程产生的热解气可以燃烧,给热解过程供热。得到的生物炭不仅可以重新循环使用与污泥混合促进堆肥和干燥,还可以作为吸附剂用于污水处理过程中减少 BOD 和 COD 的过程。因此,这个技术过程可以使得高含水率的污泥在不需要从外界供热的条件下,实现热能自供给的高效处理,整个过程是一个闭环处理系统,从而实现污泥处理能耗的大幅度降低。

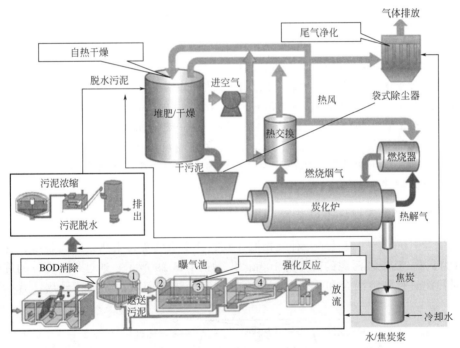

图 45-27 污泥自供热堆肥干燥和炭化的闭环处理系统

45.4.2.12 废油浸炸污泥快速脱水干燥技术

在污泥干燥过程中,由于污泥的黏稠特性,传统典型的干燥方式将高含水率的污泥干燥至含水率 10% 是比较困难的。很多直接加热和间接加热干燥技术将污泥含水量降至 40% 尚还可以,当继续将含水量降至 40% 以下时,干燥过程的热效率非常低。相比之下,油的沸点在 240～340℃ 之间,其比热容约为水的 60%,而且废油也可以作为浸炸干燥的油介质,采用废油浸炸干燥污泥过程中的传热系数可达到 500W/(m² · ℃)。韩国学者 Ohm[33] 通过废油浸炸方式来干燥污泥(图 45-28),在浸炸干燥过程中,油温控制在 120～170℃,当投料至油中,高温的油与污泥进行传热传质,污泥中的水分被迅速蒸发脱离污泥。大约干燥

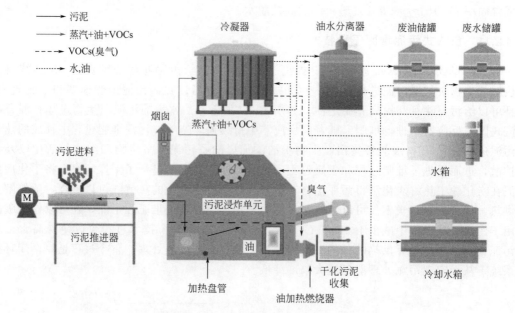

图 45-28　废油浸炸干燥污泥系统示意图

10min，污泥的含水率可降低至 10％以下。

　　天津科技大学的干燥脱水技术研究团队在废油浸炸污泥制备固体燃料的研究中发现[34]，当油温在 140～160℃时，可以在 6～9min 内将含水率 80％（湿基）的市政污泥干燥至 1％以内，并且干后的污泥热值达到 21.5～24MJ/kg，这一热值相当于木材的（23MJ/kg）的热值，而初始污泥的热值仅为 0.187MJ/kg，这说明废油浸炸干化后的污泥可以作为固体燃料。因此，废油浸炸干化污泥技术被认为是一种很有潜力的快速干燥和将污泥转化为高热值固体燃料的有效方式。

45.4.2.13　气相搅拌双螺杆干燥装置

　　韩国学者 Kim 等[35]设计了一种气相搅拌双螺杆干燥装置，来热处理高黏度、含水率高于 80％的污泥，其处理污泥的能力为 100kg/h。如图 45-29 所示，通过带有螺杆的旋转滚筒输送器对污泥进行翻滚混合和运输，一方面燃烧室筒体表面对污泥进行导热；另一方面高

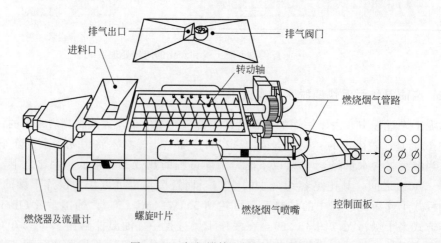

图 45-29　气相搅拌双螺杆干燥装置

温燃烧尾气从旋转传输器上的孔进入污泥底部，与污泥进行对流传热。通过调节旋转输送器的转速、燃烧器功率以及气体搅拌的比率，使得污泥干燥过程中的热-质传递平衡和耦合，进而可以将高团聚态的市政污泥从塑料态转变为颗粒态，从而实现污泥的干燥。此外，通过螺杆和提升器的耦合作用，可以有效避免污泥的团聚现象。采用该装置，可以将污泥的重量减少 60% 左右，相应地，污泥的体积可以减少 75%，含水量可以降低至 10%～20%，该干燥装置的能源效率可达到 70%～75%。

45.4.2.14　金属蓄热材料干燥技术

日本的研究者 Naohito Hayashi 等[36]提出了一种新的干燥技术。如图 45-30 所示，采用金属蓄热材料（HSM）作为干燥媒介，该材料可以将 250～500℃ 范围内的废热作为显热和潜热储存起来。一般来说，钢铁厂的废热回收利用率只有 25%，因此促进废热回收利用技术的发展仍有很大的空间。如图所示，在干燥过程中，中低温度范围（250～500℃）的废气通过填充满 HSM 球的逆流换热塔，吸收废气余热的 HSM 球温度可升高至 300℃。将待干燥的湿物料以指定的进料速率送入旋转式干燥机，湿物料通过 HSM 球提供的热量进行干燥。此外，如果半干的粉末物料有团聚的情况，干燥机中滚动的球体会冲散团聚的粉末，从而减少团聚的影响，进而提升干燥效率。最后，HSM 球可以通过简单的方式，如筛分或磁选方法，从干粉中分离出来回收，并重新放入换热塔进行重复利用。

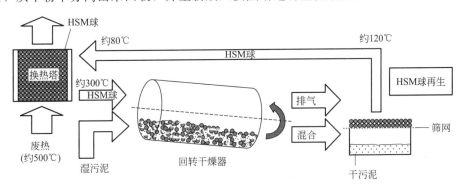

图 45-30　金属蓄热材料干燥装置示意图

45.4.2.15　超声波辐射处理技术

由于超声波技术拥有许多优势，如提高污泥脱水性和生物降解性，降解污泥中异养菌和总大肠菌群等，目前已成为处理活性污泥最有效的技术之一。我国 Chen 等[37]采用超声波辐射技术处理污泥，研究发现，超声波辐射改变了污泥的孔径分布，可以分散污泥絮体，从而改善孔结构的连通性。超声波处理有利于加速污泥对流干燥过程中的水分迁移，随着超声波声能密度的增大（从 0.2W/mL 增大至 0.6W/mL），超声波对污泥中水分迁移的影响逐渐增强。在统一的超声波能量密度和风速 1.5m/s 的情况下，空气温度 65℃ 时超声波对干燥速率的促进作用比 40℃ 时更明显。Lu 等[38]报道，超声波预处理污泥可以降低污泥的比过滤阻力（SFR），提高污泥的可过滤性。用 400W/m² 强度的超声波处理 2～4min 后，污泥的结合水含量可以从 16.7g/g 干固体下降到 2.0g/g 干固体，效果显著。

45.4.2.16　蒸汽间接传热的污泥干燥装置

日本学者 Mitsuo Tazaki 等开发了一种蒸汽间接加热的污泥干燥装置[39]，如图 45-31 所示，蒸汽通过夹套 A、轴 C 和螺旋盘 B 以热传导的方式将热量传递给污泥，使得污泥中的水分蒸发。干燥装置为倾斜状态，与水平面成 4°角，通过螺旋盘的旋转推动污泥移动。同时，由于螺旋盘和另一螺旋盘旋转时在下一个轴上会啮合，两个螺旋盘之间的空间会变小，从而使积聚在这个空间里的污泥没有空间前进，只能向后移动，进而实现污泥被反复地来回旋转搅动。此外，螺旋盘的边缘面在搅动时会粉碎污泥。污泥在被搅拌和破碎中通过传热吸收热量，加热表面也通过这种搅拌和破碎保持自身的清洁，从而保持良好的导热性。

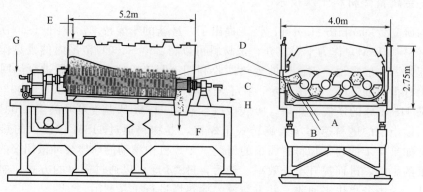

A—夹套；B—螺旋盘；C—轴；D—隔渣板；E—污泥进料口；
F—污泥出口；G—蒸汽进口；H—蒸汽出口

(a)

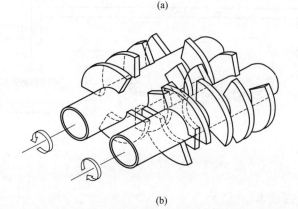

(b)

图 45-31　蒸汽间接加热污泥干燥装置结构示意图（a）和干燥器中的螺旋盘（b）

45.4.2.17　Centridry 污泥处理技术

比利时安特卫普孟山都污水处理厂处理废水污泥采用 Centridry 处理技术[40]。该系统将初始固含量（质量）为 1.5%～4% 的污泥用沉降离心机进行机械脱水，并在闪蒸干燥装置中进行干燥脱水，最终可得到固含量为 80%～95% 的干物质产品。Centridry 污泥处理工艺将传统离心脱水技术与热风闪蒸干燥技术结合起来，使得两种干燥技术处理过程在一台紧凑的封闭式装置中进行。

该工艺的机械脱水过程：污泥在卧螺离心机中通过机械脱水，含水率（湿基）降至75%。通过离心力的作用，将絮凝固体沉降，从而纯化污泥。然后，通过螺杆输送污泥，输送的同时由于高的离心压力，最初松散的污泥被压缩成更紧密的固体。同时，在离心力作用下，污泥中的间隙水被挤压出来（像挤压海绵一样）。

该技术的热干燥脱水过程：部分脱水的污泥滤饼通过离心机卸料口高速排出后，与安装的固定冲击锥碰撞，从而使污泥分解为细小分散的颗粒。由热风生成装置产生的 230～260℃的热风将这些细小颗粒卷起，沿着"螺旋路径"输送到旋风分离器的排出口。由于这些细小颗粒具有高的比表面积，颗粒与热风的换热效率高，因此干燥速率非常快，热风的温度由 230～260℃很快降低至 130～150℃。在气固悬浮流体在气动管道中流向传统旋风分离器的过程中，干燥也在这一短暂的过程中进行着。在旋风分离器中，污泥颗粒进一步干燥至最终含水率，之后与气流分离，并通过旋转阀排放至出料处。最终干污泥的含水率通常在5%～20%左右，其温度通常在 50～60℃左右。

干燥污泥颗粒的热风，由燃烧器的燃烧尾气和旋风分离器的部分再循环干燥气体的混合气体提供。污泥颗粒在闪蒸干燥机内的停留时间非常短，通常只有几秒钟。这与污泥在卧螺离心机中 10min 左右的停留时间形成对比。这套安特卫普孟山都工厂的 Centridry 系统的脱水处理量可达 600kg/h，如图 45-32 所示。

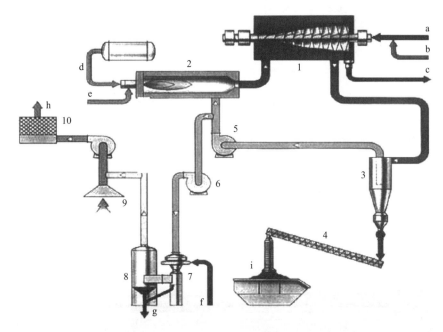

图 45-32　Centridy 工艺流程（由 Euroby 有限公司提供）

a—污泥；b—聚合物；c—浓缩污泥；d—天然气；e—空气；f,g—工艺用水；h—清洁尾气；i—干污泥
1—Centridry 干燥装置；2—热风生成器；3—旋风分离器；4—螺旋输送器；5—循环风机；
6—排风机；7—洗涤器；8—液体分离；9—通风；10—过滤

45.4.2.18　循环流化床干燥-燃烧一体化污泥处理工艺

将鼓泡流化床干燥装置和循环流化床焚烧炉结合起来，采用循环流化床干燥-燃烧一体化工艺，可处理高含水率污泥（80%左右）[41]。据报道，污泥经流化床干燥处理后污泥含水量可降至 20%以下，然后将干燥后的污泥直接输送至循环流化床焚烧炉内处理。在流化床干燥装置内采用直接-间接组合干燥技术来强化干燥处理能力。同时，将高温的灰分与污泥直接混合可提高污泥的干燥速度，并且也有利于污泥的流化。在此系统中，可用导热油将燃烧烟气中的余热回收，以间接干燥的方式给污泥换热，进而提升系统的热效率，其工艺流程如图 45-33 所示。

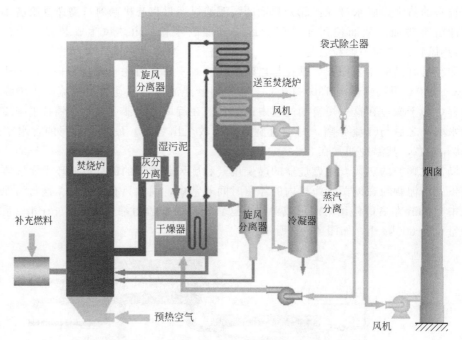

图 45-33 循环流化床干燥-燃烧一体化污泥处理工艺示意图

45.4.2.19 利用工厂废热烟气的两级低温污泥干燥工艺

利用工厂废热烟气干燥污泥时，研究表明[42]采用 160℃的烟气干燥污泥可保持污泥 95%的热值，还可除去烟气中 16%～42%的 $PM_{2.5}$、26%～55%的 PM_{10} 和 7%～25%的 SO_2，其工艺流程见图 45-34。污泥干燥过程中的废气主要成分是链烷烃，而在干燥温度为 100℃时，废气中苯类物质仅占 9.65%。在该工艺系统中，将污泥块和废热烟气输送至干燥造粒设备后，将得到的污泥颗粒采用两阶段干燥过程进行脱水干燥，第一阶段通过旋转干燥

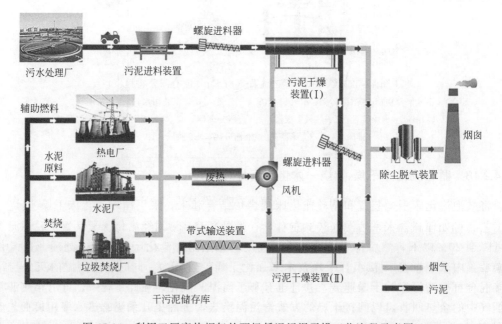

图 45-34 利用工厂废热烟气的两级低温污泥干燥工艺流程示意图

装置可将污泥含水率从 80％降低至 60％；第二阶段通过旋转干燥装置可将含水量从 60％进一步降低到 40％，在这个过程中，可得到粒径为 1～10mm 的污泥颗粒。在污泥冷却过程中，污泥颗粒的水分可进一步降低到 30％以下。在理想干燥条件下，第一阶段干燥机的干燥能力和干燥效率分别可达到 86t/d 和 0.036kg/(m³·h)（烟气流量为 $1.0×10^5$ m³/h，$t=$ 160℃）。第二阶段干燥机的干燥能力和干燥效率分别可达到 43t/d 和 0.018kg/(m³·h)（烟气流量为 $0.8×10^5$ m³/h，$t=$160℃）。干燥后污泥的体积缩小至初始的三分之一，并且干化后污泥仍保留 95％的初始热值。

45.4.2.20 其他

（1）带式干燥器

带式干燥器有直接干燥式和直接-间接联合干燥式两种。直接干燥过程是热空气从钢丝网下方经网眼向上通过，使污泥与热气发生接触传热，从而将污泥中水分蒸发带出。在具体操作中，污泥往往挤压成条状，这样将有利于提高气体-污泥颗粒接触面积，提高水分蒸发效率。联合干燥式的设计特点，一方面热空气流穿过污泥表面，进行对流传热；另一方面通过加热不锈钢盘传导热能到不锈钢带上的污泥，经 15～30min 环形运转后，在出口处输出干污泥产品[43]。

（2）室温空气干燥

它是一种低成本干燥方法，在这里湿分梯度是主要的推动力。根据这个概念，开发了 DRY-REX 系统，当未饱和的空气吹过预成形的浆状污泥（比如，来自纸浆与造纸厂的污泥）的床层时，干燥便发生了[44]。参照图 45-35，干燥分为两个阶段。在第一阶段，浆状或半干进料被机械压成柱体颗粒（直径为 4～6mm，长度为 5～15mm），以提高界面面积和团聚污泥，防止干燥中尘埃形成。在第二阶段，室温空气穿过多层的多孔带式输送器上预成型的物料床层，进行干燥。

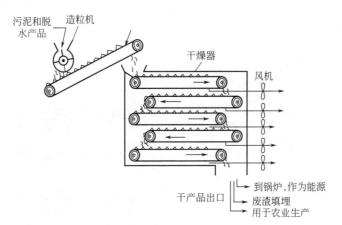

图 45-35 室温空气干燥流程

室温空气干燥器有如下特点[15]：

① 简单的设计降低了投资和操作费用；

② 干燥不需要热能；

③ 低温干燥（如 5℃）防止床层臭味形成；

④ 污泥造粒防止了尘埃形成；

⑤ 消除了爆炸的危险（无尘和低温）。

为了提供高风速以补偿低温下干燥速率的降低，需要安装较大功率的风机，从而增加了投资。显然，与热空气干燥相比，空气消耗量大，过程缓慢。为了使这种方法有效，空气的相对湿度应当足够低。

（3）薄膜干燥

如图 45-36 所示，利用中间高速转动的螺杆运动，使污泥形成薄层，与壁面接触，间接传热而蒸发水分。薄膜干燥具有高传热特性，供料量可控制，出口湿含量较低（约 0.5kg 水/kg 固体）的特点，可处理固含量为 10％的浆状污泥，具有脱水和干燥两个功能，过程简单[8,20]。在实际运用上，薄膜干燥往往作为两段干燥处理的第一级（后接回转或其他形式的干燥器）。作为薄膜干燥的一种改进，在器壁传热的同时，将气流直接输入半封闭状态的圆筒内，可使污泥得以迅速干燥。

（4）Centridry 干燥

如图 45-37 所示浆状污泥被送入离心干燥器，机内的离心机对污泥进行脱水，脱水后的污泥从离心机卸料口进入干燥区域（离心机外部的环形区域，在干燥区域入口处设置一个装置，可以均匀地分散和破碎颗粒至 1mm 以下），与内部的高热空气接触，以最短的时间将污泥颗粒干燥到含固率 80％左右。干燥后的污泥颗粒（70℃）排出干燥器，并与湿废气一起进入旋风分离器进行分离。一部分湿废气进入洗涤塔中冷凝，排出大部分水分；净化后的废气以 40℃的温度离开洗涤塔[43]。在德国慕尼黑市有浓缩污泥处理量为 7～10m³/h 的离心

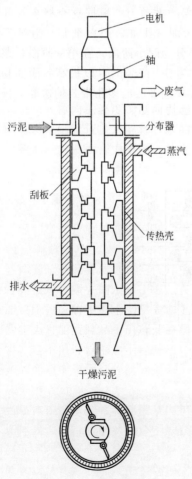

图 45-36　薄膜干燥器

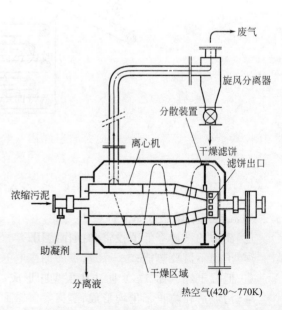

图 45-37　离心干燥（Centridry）器

干燥装置[20]。

　　（5）超声波蒸汽干燥

　　该装置由三友工学株式会社开发，利用超声速冲击波对湿物料进行破碎、蒸发和干燥操作[24]。其关键部分是 USS 装置（ultra super sonic steam dryer），如图 45-38 所示。高压饱和蒸汽经减压后（0.3～0.4MPa），在喷射作用下吸入热风，热风与蒸汽进行混合，产生高温高压的过热蒸汽。此时形成的亚声速蒸汽流经收缩管道，被加速，形成超声速气流；之后，该气流发生多次膨胀和收缩，形成菱形状的冲击波，从喷嘴喷射出来。该冲击波将含有水分的固形物破碎成细小的粒子。由于干燥表面积大幅增加，在与过热蒸汽接触时，实现瞬时蒸发和干燥（装置内温度为 90～120℃）。为了防止干产品吸湿，也可以在喷射作用下，吸入热空气，以降低水汽浓度。

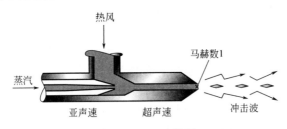

图 45-38　USS 装置

45.5　污泥干燥的安全问题

　　污泥干燥处理过程中也存在一些问题：一是易产生臭气，需要除尘脱臭处理；二是能耗或处理费用大；三是干燥污泥的市场需求量波动大，缺乏销路；四是存在可燃性粉尘爆炸的安全隐患和装置严重磨损等技术问题。污泥干燥处理成本高，只有干燥污泥在具有肥料价值且能补偿干燥处理的运行费用时，或有特殊卫生要求时，才被考虑采用。

45.5.1　粉尘爆炸及预防措施

　　干燥器内以及后续处理工艺会产生粉尘。污泥产生的粉尘是 St1 级的爆炸粉尘，其粉尘爆炸常数范围为 0～200bar·m/s[5]。根据干燥厂的设计，主干燥器、粉尘收集和处理装置、造粒和最终处理装置均有潜在的粉尘爆炸危险。干燥后，干燥设施内的干燥产品也可因自热导致燃烧，或因另有空气进入导致燃烧的加剧。储料仓的干燥产品也可能自燃。在欧美已经发生了很多起干燥器爆炸/着火和附属设施着火的事件。

　　开机时，原有设备中会有一定的干泥留存，温度升高后，干燥器内的氧气水平接近外部环境，极少量的干泥遇到大量的热，将会迅速蒸发掉表面水分，干泥表面形成过热，此时形成的粉尘团就变得极为危险。同样，关机时，由于不再供料，但仍然存在大量热量，干燥器内的总蒸汽浓度下降，热量的撤除需要一定时间，大量的余热可能对残留的物料形成焖燃，此时也将形成危险的环境。此时，由于水分量低于预计，而热能供给未变，系统内温度立即飞升，污泥颗粒严重过热，产生大量粉尘，这种情况仅需数秒钟即可形成大量危险的粉尘团。

　　因此，干燥系统的真正安全瓶颈在于系统内最终含固率的设定，干燥的最终含固率越高，系统安全余量越小。

　　污泥最低爆炸浓度（MEC）经测量为 $60g/m^3$。MEC 只能用于设计者设计干燥厂的保护系统。由于 MEC 变化范围较大，该值不可能作为干燥厂不同部位的不同粉尘浓度要求。为了避免粉尘爆炸，整个干燥系统需要惰性气体驱动。运行过程中的氧气含量小于 2%，并安装有氧气测量器，用以监控氧气含量。另外，系统还需配有一套氮气应急装置，万一系统中氧气含量偏高，即可报警并输入氮气，以防粉尘爆炸。此外，还需考虑污泥的粒度（以确定最小点燃能量）、最低着火温度（范围很宽，360～550℃）和最低含氧量（5%～15%）。

实际上目前干燥厂赖以运行和做出报警事故判断的参数仍然只有 2 个：温度、湿度。一般干燥工艺均采用微负压运行，爆炸所形成的压力只能作为系统设计中耐受瞬间增压的一个参照值，氧气的浓度也仅能作为参考值。不难理解，焖燃过程中的氧气含量并不高，真正起作用的可能是物料内部的氧原子，对于污泥这种高有机质物料来说氧含量并不少。

理论上可采取如下预防性措施：

① 避免爆炸性气体进入，阻止污染物进入干燥器中，例如甲烷、汽油和柴油液滴、化工污染源等。

② 全程使用惰性气体系统，降低含氧量。如全蒸汽干燥回路等。

③ 避免一切火源。除去诸如含铁物质、金属、石块等会产生火花的潜在火源，尽管这样会增加成本，系统管理和操作更为复杂，但仍然难以避免焖燃产生的火源。

④ 严密监测进料含固率，杜绝一切非正常混料的可能性，比如因紧急停车导致的各种不同半干产品的单独管理，进场污泥的分别储存等。

45.5.2 排气处理

蒸汽间接干燥器的操作温度较低，故不会产生 SO_x、NO_x 及 HCl，只将烟尘和臭气物质列为处理对象。干燥排气在除湿塔被水洗、冷却，所以大部分烟尘和排水一起排出。除湿排气大部分作为干燥介质在干燥过程中循环利用，一部分作为燃烧用空气投入焚烧、熔融炉。因此，干燥废气是进行闭循环流动，不直接排到系统外。但是排气在除湿时臭气成分及烟尘和除湿水一起转移到排水中。这样，在干燥排气的处理中需要考虑除湿塔的排水性质。如热风粉碎干燥和气流干燥等直接热风干燥器，在除湿塔的前端，用旋风除尘器或带滤器捕集干燥污泥。

45.5.3 设备的安全性

污泥是一种较难预测的物料，其酸碱性、腐蚀性、磨蚀性在高温以及停机环境下，设备能否承受环境变化，是非常值得关心的问题。

（1）设备的材质

鉴于污泥的特性和不可预测变化，不锈钢不一定能适应一切条件。然而，在干燥设备领域，铁仍然是某些工艺的主要制作材料。这主要归因于成本，某些庞大的工艺设备无法承受使用高价的金属材料，但是这将减少使用寿命，提高投资成本。

（2）热源的腐蚀性

有些工艺直接将燃煤燃烧的烟气引入干燥器。由于我国燃煤中普遍含有大量的硫，在污泥干燥这样典型的高湿热环境中，停机等必然容易造成二氧化硫与水蒸气的结合，从而对设备产生腐蚀。也许初期使用并不明显，但是长期使用，在所有可能形成冷凝的部位都将发生潜在问题。

（3）设备结构的合理性

有些工艺直接将热源装置置于干燥系统的底部，这对操作安全性形成长期隐患，因为要撤除热源需要很长时间，必须保证庞大的制冷体系随时备用，这对运行成本和系统的安全性也产生潜在影响。有些工艺的物料量极大，采取喷水等紧急措施时将会带来非常繁重的治理工作量。

参考文献

[1] Zaker A, Chen Z, Wang X, et al. Microwave-assisted pyrolysis of sewage sludge: A review. Fuel Processing Technology, 2019, 187: 84-104.

[2] He C, Chen C, Giannis A, et al. Hydrothermal gasification of sewage sludge and model compounds for renewable hydrogen production: A review. Renew Sust Energ Rev, 2014, 39, 1127-1142.

[3] Kiely G. Environmental Engineering. New York: McGraw-Hill, 1998.

[4] 庄伟强. 固体废弃物处理与利用. 北京: 化学工业出版社, 2001.

[5] 徐强, 张春敏, 赵丽君. 污泥处理处置技术及装置. 北京: 化学工业出版社, 2003.

[6] Jin L Y, Zhang G M, Tian H F. Current state of sewage treatment in China. Water Research, 2014, 66 (1): 85-98.

[7] Werther J, Ogada T. Sewage sludge combustion. Process in Energy and Combustion Science, 1999, 25: 55-116.

[8] Chen G, Yue P L, Mujumdar A S. Sludge dewatering and drying. Drying Technology, 2002, 20 (4-5): 883-916.

[9] 废弃物学会. 废弃物手册. 金东振等译. 北京: 科学出版社, 2004. 824-856.

[10] Li H, Zou S, Li C. Liming pretreatment reduces sludge build-up on the dryer wall during thermal drying. Drying Technology, 2012, 30 (14): 1563-1569.

[11] Yoshida H, Kitajyo K, Nakayama M. Electroosmotic dewatering under A C electric field with periodic reversals of electrode polarity. Drying Technology, 1999, 17 (3): 539-554.

[12] Hasatani M, Kobayashi N, Li Z Y. Drying and dewatering R & D in Japan. Drying Technology, 2001, 19 (7): 1223-1251.

[13] Pluenneke K A, Crumm C J. An innovative drying process with diverse applications. Washington: Hemisphere Publishing Corp, 1986: 617-624.

[14] Hyde H C. Technology Assessment of Carver-Greenfield Municipal Sludge Drying Process, 1985.

[15] Kasakura T, Imoto Y, Mori T. Overview and system analysis of various sewage sludge drying processes. Drying Technology, 1993, 11 (5): 871-900.

[16] Kudra T, Mujumdar A S. 先进干燥技术. 李占勇, 译. 北京: 化学工业出版社, 2005.

[17] Imoto Y, Kasakura T, Hasatani M. The state of the art of sludge drying in Japan. Drying Technology, 1993, 11 (7): 1495-1522.

[18] Lowe P. Developments in the thermal drying of sewage sludge. Journal of CIWEM, 1995, 9: 307-316.

[19] Yamato Y. Application of a novel rotary dryer (TACO). Tokyo: Yamato Sanko Mfg Co Ltd, 1998.

[20] Kasakura T, Hasatani M. R & D needs-drying of sludges. Drying Technology, 1996, 14 (6): 1389-1401.

[21] Amazone M, Benli M. Thermal processing of meat rendering sludge in a jet spouted bed of inert particles: effect of additives. Proc 12th Intl Drying Symposium (IDS' 2000). Noordwijkerhout, The Netherlands. Paper 418, 2000.

[22] 李占勇, 潘永康. 几种新型干燥器. 南京林业大学学报, 1997, 21 (增刊): 15-22.

[23] Woods B, Husain H, Mujumdar A S. Techno-economic assessment of potential superheated steam drying applications. Canadian Electrical Association Report, Montreal, Canada, 1994.

[24] 李占勇. 日本干燥技术的最新进展. 第十届全国干燥会议论文集, 2005: 33-37.

[25] 坂井光宏. 真空乾燥による污泥减量化システム. 化学装置, 1995, 7: 74-78.

[26] Hirose Y, Hazama H. A suggested system for making fuel from sewage sludge. Kagaku-Kogaku Ronbunshyu, 1983, 9: 583-586.

［27］ Kudra T, Mujumdar A S. Special drying techniques and novel dryers. Handbook of Industrial drying. 2nd edition. Marcel Dekker Inc, 1995.

［28］ Wu Z H, Wu L, Li Z Y, et al. Atomization and drying characteristics of sewage sludge inside a Helmholtz pulse combustor. Drying Technology, 2012, 30: 1105-1112.

［29］ 郭淑琴, 孙孝然. 几种国外城市污水处理厂污泥干燥技术及设备介绍. 给水排水, 2004, 30（6）: 34-37.

［30］ 尹军, 谭学军. 污水污泥处理处置与资源化利用. 北京: 化学工业出版社, 2004.

［31］ Annina L, Mikko M, Olli D. Drying/fractionation of deinking sludge with a high-velocity cyclone. Drying Technology, 2013, 31（4）: 378-384.

［32］ Itaya Y, Kobayashi N, Li L, et al. Drying of sewage sludge during composting in an updraft dryer with the concept of using self-energy generated within the system. Drying Technology, 2015, 33, 1029-1038.

［33］ Ohm T, Chae J, Kim J, et al. A study on the dewatering of industrial waste sludge by fry-drying technology. Journal of Hazardous Materials 2009, 168: 445-450.

［34］ Wu Z H, Zhang J, Li Z Y, et al. Production of a solid fuel using sewage sludge and spent cooking oil by immersion frying. Journal of Hazardous Materials, 2012, 243, 357-363.

［35］ Kim H, Shin M, Jang D, et al. A Study for the thermal treatment of dehydrated sewage sludge with gas-agitated double screw type dryer. Journal of Environmental Science and Health A, 2005, 40: 203-213.

［36］ Hayashi N, Kasai E, Nakamura T. A new drying process of dusts and sludge by employing heat storage materials. ISIJ International, 2010, 50（9）: 1282-1290.

［37］ Zhao F, Chen Z. Numerical study on moisture transfer in ultrasound-assisted convective drying process of sludge. Drying Technology, 2011, 29（12）: 1404-1415.

［38］ Yin X, Lu X, Han P, et al. Ultrasonic treatment on activated sewage sludge from petro-plant for reduction. Ultrasonics Supplement, 2006, 44: 397-399.

［39］ Mitsuo Tazaki, Hiroshi Tsuno, Masaki Takaoka, et al. Modeling of sludge behavior in a steam dryer. Drying Technology, 2011, 29: 14, 1748-1757.

［40］ Peeters B. Mechanical dewatering and thermal drying of sludge in a single apparatus. Drying Technology, 2010, 28（4）: 454-459.

［41］ Li S, Li Y, Lu Q, et al. Integrated drying and incineration of wet sewage sludge in combined bubbling and circulating fluidized bed units. Waste Management, 2014, 34: 2561-2566.

［42］ Dai Z, Su M, Ma X, et al. Direct thermal drying of sludge using flue gas and its environmental benefits. Drying Technology, 2018, 36（8）: 1006-1016.

［43］ 朱南文, 徐华伟. 国外污泥热干燥技术. 给水排水, 2002, 28（1）: 16-19.

［44］ Barre L, Masini M. Drying residues at ambient temperature with the DRY-REX dryer. 50th Canadian Chemical Engineering Conference, Montreal, Canada, 2000.

（李占勇，吴龙，陈国华）

第46章

陶瓷干燥

46.1 概述

陶瓷材料及其制品一般总称为陶瓷，它与人类的生活和生产有着密切的联系，已有数千年的历史。除日用陶瓷外，陶瓷在其他行业的需要量也日益增大，比如建筑工业中的砖、瓦、管道及卫生洁具等，电力、电子工业中的陶瓷绝缘材料，化学工业中的耐腐蚀陶瓷设备，冶金工业中的耐火材料等。随着现代科学技术的飞速发展，对材料的物理、化学性质的要求更高，作为具有优良性能的特种陶瓷得到了发展和应用。

目前对于陶瓷的研究开发主要着眼于材料科学上，关于制造过程的研究往往很少，依靠实践经验的多，而且这些经验作为企业的秘密并不公开。干燥作为陶瓷制造中的一个重要操作过程，能耗大（约占工厂总能耗的1/3），热量利用效率低，直接影响制品的质量（干燥过程中出现的废品率通常达5％以上）[1]。所以，陶瓷干燥的问题正在逐步得到重视。

46.2 干燥在陶瓷生产中的作用

工业上，陶瓷的生产有不同的工艺，坯料与坯体的干燥是陶瓷工业中重要的工艺过程（参见图46-1和图46-2）。在坯料（砂石、黏土）及釉料的制备过程中，一般需要对泥浆进行压滤脱水或喷雾干燥，使其达到一定的含水率。一般地，注浆成型法，坯料含水率为28％～38％；可塑成型法，坯料含水率为23％～26％；压制成型法，坯料含水率为3％～7％（见表46-1）[2]。

表 46-1 不同成型方法坯料的含水率比较

成型方法	可塑成型				注浆成型	压制成型	
	拉坯	滚压	旋压	车坯		干压法	等静压法
成型水分	23％～26％	阴模 20％～23％ 阳模 21％～25％	21％～26％	湿车 16％～18％ 干车 6％～11％	28％～38％	3％～7％	1.5％～3％

坯体中含有一定量的水分，其强度较低，在运输和再加工（如黏结、修坯）过程中，很容易变形或因强度不高而破损，因而为了提高成型后坯体的强度，要进行干燥。通过干燥处

理，坯体失去可塑性，具有一定的弹性与强度，如图 46-3 所示。

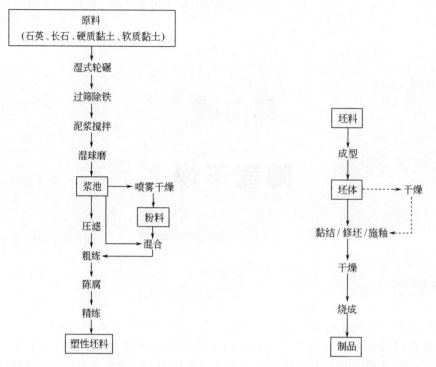

图 46-1　塑性坯料制备工艺过程　　　　　图 46-2　典型陶瓷生产工艺过程

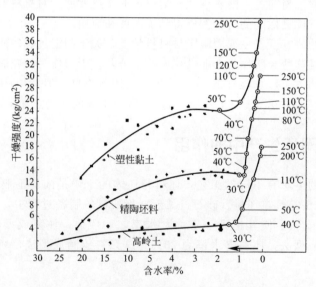

图 46-3　坯体强度与含水率及干燥温度的关系

　　另外，坯体中含水率高，其吸附釉浆的能力差，所以为了提高坯体吸附釉层能力，其含水率应达到一定的程度，比如对于日用陶瓷，施釉时坯体需要干燥至含水率 2%～4%[3]。此外，经干燥除去坯体中绝大多数的自由水之后，坯体很少发生收缩，从而使坯体在烧成阶段可以快速升温，而不发生制品变形或开裂，既保证了烧成质量又可以缩短烧成周期，最终提高窑炉利用率，降低能耗。通常坯体入窑前的含水率应干燥至 2% 以下[1]。但过分干燥，也是不必要的，因为当坯体放置在大气中时，会再吸附水分而膨胀，也可能发生开裂。不过，日用陶瓷坯体的干燥是与整个成型过程相关联的，应根据各工序操作的工艺需求来确定排除多少水分。例如，许多陶瓷制品在成型后要进行湿修、镶接或干修，它们都有自己合适的坯体含水量，因此，成型后的坯体水分不能一次干燥到 $1\%\sim3\%$，而要根据成型中各加工工序的要求，分阶段地进行干燥，最后干燥到适合进窑的最终含水率。

46.3　陶瓷干燥机理

46.3.1　坯体中水分的类型

按照坯体颗粒与水分的结合特性，坯体中的水基本上可以分为三类，即自由水、吸附水和化学结合水。

46.3.1.1　自由水

自由水是为了使泥料易于成型而加入的水分，分布在固体颗粒之间，是物料直接与水接触而吸收的水分。自由水一般在坯体中存在于直径 $>10^{-7}$ m 的大毛细管中。自由水与物料结合松弛，容易排除。陶瓷干燥工艺主要是除去自由水，而在其被除去过程中体积会发生收缩，若收缩不匀容易产生干燥缺陷，因此在干燥时要特别注意这一阶段。

46.3.1.2　吸附水

黏土表面的原子有剩余的键（即不饱和键），水分子在黏土胶体粒子周围受到分子引力（范德华力）的作用，从而出现润湿表面的吸附水层（见图 46-4）[4]。吸附水处于分子力控制的范围内，因而它的物理性质与普通水不一样，它的密度大、冰点低。但不是所有吸附水的性质都相同，离黏土胶粒最近的单分子层的水分结合得最牢固，多分子层中的水分结合得较弱。吸附水的数量，随外界环境的温度和相对湿度的变化而发生变化。在相同的大气条件下，坯体所吸附的水量，随所含黏土的数量和种类的不同也不相同，而一些非黏土类原料的颗粒，虽也具有一定的吸附水的能力，但其吸附力弱得多，容易被排除。

干物料在吸收吸附水时呈放热效应，据此现象可以测定不同物质的吸附水数量。

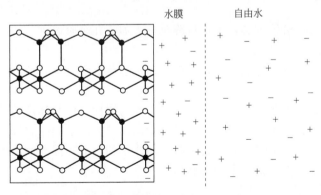

图 46-4　黏土颗粒表面的电化学影响

46.3.1.3　化学结合水

这种水分是指包含在原料矿物分子结构内的水分，如结晶水、结构水等。例如高岭土中有两分子的结构水（$Al_2O_3 \cdot 2SiO_2 \cdot 2H_2O$）。这种水的结合形式最牢固，排除时必须要有较高的能量，如高岭土的结构水，要在 $450\sim650℃$ 下才能被除去。

根据水分的结合形式，又可以对材料进行分类。当水在材料中基本以毛细管力结合时，该物料就称为毛细管多孔材料，如砂子和某些建筑材料。这种材料脱水时体积发生变化。当水和材料的结合以渗透和结构结合占优势时，这类材料称为胶体，在吸湿时其体积会显著增大，在脱水时收缩。如果材料中渗透结合和毛细管力作用都相当强时，那么就称为毛细管胶体，属于这种类型的有黏土、某些陶瓷坯体等，这些材料在吸湿和干燥时，体积都发生变化。

46.3.2　干燥过程

46.3.2.1　水分扩散

干燥过程中，水分扩散是靠外扩散和内扩散来进行的。外扩散指坯体表面的水分以蒸汽形式从表面扩散到周围介质中的过程；内扩散则是水分在坯体内部进行移动的过程，内扩散根据水分移动的推动力不同，有湿传导和热湿传导两种形式。

（1）湿传导

坯体在干燥过程中，由于表面水分的蒸发，在其表面与内部之间形成了水分浓度差，因此在坯体厚度的方向上有一个水分浓度梯度，由此引起水分的移动。水分从坯体内部移动到表面，主要是靠扩散渗透和毛细管力的作用进行的。因为水分的扩散及移动速度与水分浓度梯度成比例，所以这种现象称为湿传导，又叫湿扩散。

（2）热湿传导

使用辐射热或高温热空气干燥坯体时，由于坯体的导热性较差，或者由于坯体表面水分蒸发时需要吸收大量的热量，往往造成坯体的内外温度不同，在坯体的厚度方向上产生温度梯度，由于坯体内的温度梯度而引起水分移动的现象称热湿传导，也叫热扩散。产生热扩散的原因可由毛细管现象来解释。水的表面张力是随温度的增加而减小的，毛细管两端存在温差，导致两端的表面张力不同，从而产生水分移动，由表面张力较小处向表面张力较大处移动，即由热端向冷端移动。因此热扩散的方向与热流的方向是一致的。

46.3.2.2　干燥特性

考虑到多孔介质被液体饱和，干燥过程可分为如下几个阶段。

（1）加热阶段

坯体置于干燥介质（热空气）中，坯体表面被加热，水分蒸发速度快速增加。但由于该阶段时间很短，除去的水量不多。

加热阶段应防止黏土制品表面上凝聚水分，因为这样会使其强度（结合性）下降，并且产生的应力可能使制品中出现开裂现象。最有效的加热方法是制品在成型以前用蒸汽加热黏土坯料，这不但可以缩短干燥时间，还可降低坯体中的应力，提高制品质量。也可以在相对湿度高的介质中利用红外线辐射来加热制品。

（2）恒速干燥阶段

当坯体内部水分移动速度（内扩散速度）等于表面水分蒸发速度（亦等于外扩散速度）时，坯体表面维持湿润状态。干燥介质传给坯体表面的热量等于水分汽化所需的热量，坯体表面温度不变，等于介质的湿球温度。此时，干燥速度稳定，故称恒速干燥阶段。在这一阶段，蒸发仅从孔隙表面发生，单位干燥表面面积的蒸发率与时间无关，与自由水面蒸发率相同。液体/蒸汽界面，或称弯月面，保留在物体的外表面，随着蒸发的进行其半径不断减小。

液相处于拉伸状态，固相处于压缩状态，这可能导致坯体收缩。恒速干燥阶段结束时，即到达临界点，弯月面的半径等于孔的半径，施加在固体上的压缩力最大，可能使坯体成为废品。此时尽管物料内部可能仍有自由水，但在表层内已为结合水。到达临界点后，表层停止收缩，再继续干燥时仅增加坯体内的孔隙，因此恒速干燥阶段是干燥的重要阶段，干燥过快，坯体容易变形、开裂。

干燥速度（蒸发速度）与坯体表面和周围介质的水蒸气浓度差、分压差、温度差有关，也与坯体表面的空气速度有关（增大坯体表面的气流速度可以使气膜阻力下降）。

（3）降速干燥阶段

在临界点之后，进入降速干燥阶段，坯体含水率减小，液体则退到孔隙中，内扩散速度小于表面水分蒸发速度及外扩散速度，表面不再维持湿润状态，干燥速率逐渐降低，并且受环境温度和蒸汽压力的影响敏感。此阶段，物料温度开始逐渐升高，由于是排出结合水，对于可变形固体实际上压缩力停止了，坯体不再体积收缩（有时略有收缩），不会产生干燥废品。降速阶段的干燥速度，取决于内扩散速率，故又称内扩散控制阶段，此时坯体的结构、形状、尺寸等因素影响着干燥速率。在降速干燥第一阶段［图 46-5(a)］，靠近表面孔隙的液体流向外部并从外部蒸发。同时，部分液体可以在孔隙中蒸发，蒸汽再扩散到表面。水分的蒸发是液体流动和蒸汽扩散的耦合效应。随着干燥的进行，即降速干燥第二阶段［图 46-5(b)］，由于液态弯月面深入多孔网络中，一些液态水不能到达表面，必须在孔内蒸发。当饱和区域退缩至坯体内部时，固体骨架将受到介质中应力梯度引起的差应变（饱和区域的压缩比干燥表面附近要大）。

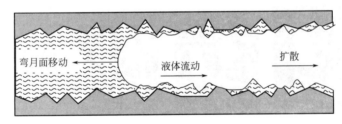

(a) 降速干燥第一阶段

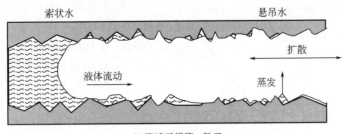

(b) 降速干燥第二阶段

图 46-5　降速干燥阶段多孔体内液体的变化情况[5,6]

当坯体干燥到表面水分达到平衡水分时，干燥速度降为零，此阶段也可称为平衡阶段。此时，坯体与周围介质达到平衡状态。平衡水分的多少与坯体材料性质和周围介质的温度和湿度有关，用吸附等温线表示，如图 46-6 所示。

46.3.2.3　干燥收缩及缺陷

未经干燥的湿坯体内固体颗粒被水膜所分隔。在干燥过程中，随着自由水的排除，颗粒逐渐靠拢，因而坯体发生收缩，收缩量大约等于排除的自由水的体积。Hasatani 等[7]指出，收缩量并不总是等于所除去的自由水的体积（参见图 46-7），它与温度也有关系。当水膜厚度减薄到临界状态——坯体中各颗粒达到相互接触的程度，内扩散阻力增大，干燥速度及收缩速度发生显著变化，收缩基本结束。若干燥继续进行，坯体中相互比邻的各颗粒间的孔隙水开始排出，此时固体颗粒不再有显著的靠近，收缩很小，孔隙逐渐被空气所占据，最后坯体孔隙中的水分被干燥到只剩下平衡水。图 46-8 是干燥过程中坯体收缩的示意图。

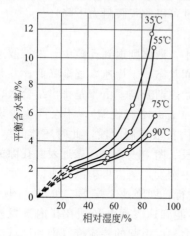

图 46-6　拉特宁黏土的吸附等温线

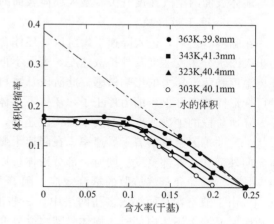

图 46-7　干燥温度对坯体干燥收缩的影响

图 46-8　干燥过程中坯体收缩示意图

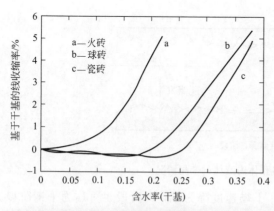

图 46-9　干燥收缩率随含水率的变化曲线

坯体收缩率的大小与所采用黏土的性能、坯料组成、含水率及加工工艺等因素有关。黏土的粒度越细，所吸附的水膜越厚，收缩率也就越大。高岭土、塑性黏土、胶体颗粒蒙脱石在干燥时发生的线收缩率分别为 3%～8%、6%～10%、10%～25%[3]。图 46-9 表示了三种砖的线收缩率与含水率的关系。在满足成型性能的前提下，增加瘠性原料或部分采用预烧脱水黏土，均能减小干燥收缩率。另外，黏土的阳离子交换能力、黏土片状颗粒的定向排列等对坯体的收缩率也有影响。通常，阳离子交换能力大的黏土其收缩率也大。用 Na+ 作稀释剂时可促使黏土颗粒作平行排列，因此含 Na+ 的黏土矿物的收缩率大于含 Ca2+ 的黏土矿物。黏土所含阳离子对坯体干燥收缩率的影响参见表 46-2。此外，泥料的成型水分越大，收缩率也越大。

表 46-2　黏土所含阳离子对干燥性能的影响

阳离子种类	干燥收缩率		干燥后固形物含量(体积)/%	干燥后抗折强度/MPa
	长度/%	直径/%		
Na^+	4.8	10.0	61.0	2.94
Ca^{2+}	6.5	8.5	59.1	1.60
Ba^{2+}	5.9	7.6	57.2	1.00
La^{3+}	6.6	7.4	54.7	0.82
H_3O^+	7.4	8.9	55.6	1.34

坯体的干燥收缩，往往不是各向同性的。因为泥料的颗粒有一定的取向性，颗粒取向，也就是空隙（或水分）取向，干燥脱水产生收缩导致干燥收缩各向异性。颗粒排列的短轴方向上空隙数要比长轴方向上的空隙数多，所以短轴方向的收缩相应地比长轴方向的收缩要大。

坯体在干燥过程中，随着自由水的排出，坯体不断发生收缩。若坯体干燥过快或不均匀，则导致厚度方向上的水分分布不均匀，各层产生不均匀收缩。先干燥的外层力图收缩，而内层仍保持初始（或较大）的尺寸，阻碍表层收缩。表层的强制收缩导致表层上产生张应力，内层受到压应力，从而造成制品变形、翘曲或开裂。

为了防止干燥过程中出现变形或开裂，可以采取调整坯料以降低坯体收缩率的办法，同时在干燥过程中，必须特别注意坯体在收缩阶段的干燥制度。通常在恒速干燥阶段要特别小心，尽量不要使坯体各部分或内、外层收缩不一致，也就是坯体各部位要求均匀干燥，控制外扩散速度尽量不要高于内扩散速度。因此，在恒速干燥阶段，坯体的干燥速度是受到一定限制的，而在降速干燥阶段，则由于坯体基本不产生收缩，外扩散速度就可加快。

陈品飞[8]研究了陶瓷釉面砖制备工艺中孔径尺寸、干燥制度以及烧成制度对其变形的影响，研究结果表明：①制备陶瓷釉面砖气孔平均尺寸大时，坯体烧成线收缩率最大为10.64%。随着气孔直径的增加，陶瓷砖坯体的烧成线收缩率和收缩各向异性因子呈非线性的下降趋势，且陶瓷坯体砖横向变形与纵向变形的比例一致。②坯体在干燥时候承受过高的温度，或是在高温中行进过快，会导致制品产生较大变形收缩的同时产生微裂纹。③烧成温度影响坯体的平整度和烧结度等。

另外，还需注意，干燥过程中坯体热导率也发生变化。Nait-Ali 等[9]研究了氧化铝和高岭土生坯在干燥过程中的热导率与失水率以及收缩率的关系。其实验结果表明，在第一阶段热导率随收缩而增加，当收缩停止时，热导率随继续失水而降低，在干燥的最后阶段热导率下降更严重。这可以归因于各相（材料）体积分数的变化和晶粒间热接触的有效性。

46.3.3　数学模型[10-12]

46.3.3.1　热质传递过程

热质传递基本方程式为

$$c_p \rho_m \frac{\partial T}{\partial t} = -\Delta \cdot J_h + q + \Delta H_v \varepsilon_L \frac{\partial c}{\partial t} \tag{46-1}$$

$$\frac{\partial c}{\partial t} = -\Delta \cdot J_m \tag{46-2}$$

式中，J_h 为热通量；J_m 为质量通量；T 为温度；c 为水分浓度；t 为时间；q 为内部发热速度；ΔH_v 为蒸发潜热；ε_L 为蒸发速度与水分移动速度的比率。其中

$$J_h = -k_T \Delta T - k_c \Delta c - k_p \Delta p \tag{46-3}$$

式中，k_T 为温度耦合系数；k_c 为浓度耦合系数；k_p 为压力耦合系数。

$$J_{\mathrm{m}} = -D_{\mathrm{w}} \Delta c - D_T \Delta T - D_p \Delta p \tag{46-4}$$

在黏土内部的水分，被认为是在吸附势（suction potential）的作用下保持在黏土的间隙内，那么，水分移动的推动力就是水分压力梯度，这样式（46-4）右边的第一、二项可以忽略，从而根据 Darcy 定律，可以整理为

$$\frac{\partial c}{\partial t} = \frac{k_{\mathrm{s}}}{\mu_{\mathrm{w}}} \Delta^2 p \tag{46-5}$$

式中，k_{s} 为透过系数；μ_{w} 为水的黏度。水分压力与细孔的构造和含水量有关，可表示成含水率和收缩率的关系，即

$$\mathrm{d}p = \nu_1 \mathrm{d}c + \nu_2 \mathrm{d}e \tag{46-6}$$

将式（46-6）代入式（46-5），便得出式（46-7），即

$$\frac{k_{\mathrm{s}}}{\mu_{\mathrm{w}}} \Delta^2 p = \frac{1}{\nu_1} \times \frac{\partial p}{\partial t} + \left(-\frac{\nu_2}{\nu_1}\right) \times \frac{\partial e}{\partial t} \tag{46-7}$$

式中，ν_1、ν_2 为系数。

46.3.3.2　应力-应变分析

关于黏土的内部应力，一般使用弹性、黏性和黏弹性模型（弹性可以认为是其一种形式）。其构成方程为

$$e_{ij}(t) = \int_0^t c_{ijkl}(t-\xi) \frac{\partial \sigma_{kl}(\xi)}{\partial \xi} \mathrm{d}\xi \tag{46-8}$$

或者

$$\sigma_{ij}(t) = \int_0^t D_{ijkl}(t-\xi) \frac{\partial e_{kl}(\xi)}{\partial \xi} \mathrm{d}\xi \tag{46-9}$$

其中

$$D_{ijkl}(t) = \frac{1}{3}[G_2(t) - G_1(t)]\delta_{ij}\delta_{kl} + \frac{1}{2}G_1(t)(\delta_{ik}\delta_{jl} + \delta_{il}\delta_{jk}) \tag{46-10}$$

$$G_1(t) = 2G(t), \quad G_2(t) = 3K(t) \tag{46-11}$$

式中，t 为时间；e 为应变；σ 为应力；ξ 为局部坐标；c_{ijkl} 和 D_{ijkl} 为物性张量；δ 为单位张量；G 为剪切模量；K 为弹性模量。对于各向同性的介质，式（46-9）可写为

$$\sigma(t) = \int_0^t \boldsymbol{D}(t-\xi) \frac{\partial e(\xi)}{\partial \xi} \mathrm{d}\xi \tag{46-12}$$

其中

$$\boldsymbol{D} = \begin{bmatrix} K+4G/3 & K-2G/3 & K-2G/3 & 0 & 0 & 0 \\ K-2G/3 & K+4G/3 & K-2G/3 & 0 & 0 & 0 \\ K-2G/3 & K-2G/3 & K+4G/3 & 0 & 0 & 0 \\ 0 & 0 & 0 & G & 0 & 0 \\ 0 & 0 & 0 & 0 & G & 0 \\ 0 & 0 & 0 & 0 & 0 & G \end{bmatrix} \tag{46-13}$$

另外，平衡方程式为

$$\sigma_{ij,j} + F_i = 0 \tag{46-14}$$

式中，F_i 为外力；$\sigma_{ij,j}$ 为 σ_{ij} 对 j 的微分。

应变与位移的关系为

$$e = A \cdot U \tag{46-15}$$

其中

$$U^{\mathrm{T}} = [U_x \quad U_y \quad U_z], A = \begin{bmatrix} \partial/\partial x & 0 & 0 \\ 0 & \partial/\partial y & 0 \\ 0 & 0 & \partial/\partial z \\ 0.5\,\partial/\partial y & 0.5\,\partial/\partial x & 0 \\ 0 & 0.5\,\partial/\partial z & 0.5\,\partial/\partial y \\ 0.5\,\partial/\partial z & 0 & 0.5\,\partial/\partial x \end{bmatrix} \tag{46-16}$$

应力可以通过联立求解式(46-12)、式(46-14)和式(46-15)而得到。求干燥收缩产生的应力需要联立热质传递方程和应力方程式。

假定黏土的弹性应变是由内部应力和作用于细孔壁上的水分压力 p 而产生的，即

$$e = c\sigma + p/(3H) \tag{46-17}$$

$$p^{\mathrm{T}} = [p\ p\ p\ 0\ 0\ 0] \tag{46-18}$$

将式(46-15)和式(46-17)代入平衡方程式(46-14)，进行整理后，可得出位移与水分压力的关系式

$$G\Delta^2 U + \frac{G}{1-2\nu}\Delta e - \alpha\Delta p = 0 \tag{46-19}$$

式中，$\alpha = \dfrac{2(1+\nu)G}{3(1-2\nu)H}$；$\nu$ 为泊松比。

将式(46-19)和式(46-7)联立求解，便可以得到位移和水分压力的分布。

46.3.4　适宜干燥制度的确定

干燥制度是指坯体在各个干燥阶段中所规定的干燥速度（干燥时间），而干燥速度一般需通过干燥介质的温度和湿度、流速和流量等来控制。合理的干燥制度需要考虑：坯体的干燥敏感性（主要是指坯体的收缩性质）、坯体的形状特征、干燥方法、坯体的临界含水率、干燥介质的性质、坯体的放置方式和空气流通方式以及干燥器的结构等。

46.3.4.1　干燥介质的温度和湿度

干燥介质的温度和湿度是影响坯体外扩散速度的主要因素之一，生产上的干燥速度，往往都是通过干燥介质的温度和湿度来调节的，一般以调节温度为主，通常采用提高干燥介质的温度来提高坯体的干燥速度。提高介质温度，首先要考虑坯体能否均匀受热的问题，由于陶瓷坯体与干燥介质的传热和坯体本身的热传导都较差，在较高的介质温度下，坯体各部位温度不易一致，坯体内、外也易造成温度梯度，因此易产生热应力而造成缺陷；其次，要考虑热效率的问题。介质温度太高，一般说来热效率会降低，同时还要加强干燥设备的绝热。另外，介质温度还受到其他一些限制，如石膏模型在温度高于70℃下干燥，强度将大为降低，目前在链式干燥器中进行脱模干燥时，干燥介质温度一般都不高于70℃；如果使用高强度和耐高温的石膏模型，就可以提高干燥介质温度；最后介质温度还受到热源和干燥设备的限制。一般情况下，链式干燥器中干燥介质的温度为40~60℃，而在快速干燥器中介质温度可大于100℃。

干燥介质湿度也是影响干燥制度的一个主要因素。若对湿度不加控制，则往往难以实现预定的干燥制度。对于日用陶瓷，修坯后的干燥（相当于降速干燥阶段），应使用湿度低、温度高的介质，而脱模干燥宜用湿度较高的介质。另外，对于一些有循环干燥介质的干燥器

来说，也要注意介质的湿度，应及时调节循环介质和新鲜介质的比例，不使其破坏干燥制度。

46.3.4.2 空气的流速和流量

如前所述，坯体的外扩散速度在很大程度上取决于空气的流速和流量，尤其在不宜提高干燥介质温度的情况下，加大干燥介质的流速和流量对加快干燥速度非常有效，但必须使高速热风能均匀地吹到坯体表面，使坯体得到均匀干燥，否则极易发生问题。实践证明，用高速而均匀的热风（一般在 5m/s 以上）来干燥坯体，其干燥速度可以大为提高。同时，也要有足够的流量。但流速与流量也不能太高，否则动力消耗太大，设备要求也较高。

总之，确定一种坯体的干燥制度是比较复杂的，要考虑各种因素，通过实验或参考类似的实践数据，才能初步确定坯体的干燥时间，同时确定实现拟定的干燥速度所需的介质温度、湿度和流速等，作为设计干燥器时的参数。

46.4 干燥方法及设备

对于陶瓷颗粒状原料（黏土、砂石等）可以采用回转干燥器（以烟道气为介质，并按顺流操作），或者流化床干燥器。对于粉料或细颗粒状原料，可以采用气流干燥器，在干燥的同时对坯料进行输送。对于黏土坯料，通常希望在干燥器内设置粉碎装置，使粉碎、混合和干燥同时进行。在某些坯料制备工艺中，需要对泥浆进行脱水，可以采用压滤脱水或者喷雾干燥的方法。在压制坯料的制备过程中，干压坯料的含水率低，要求具有较好的流动性。要使粉体具有流动性，就必须采取造粒措施。造粒有多种方法，其中喷雾干燥造粒法可得到比较理想的圆球形团粒，流动性好。另一种方法是干法制粉，造粒时粉料连续不断地送入混料筒里，在高速旋转下，粉料与水、黏合剂充分地混合、润湿、聚集成球。在混料筒里停留时间约 30s 后，团粒被送入流化床进行干燥，直至符合成型要求，其能量消耗为喷雾干燥的37%左右[2]。振动流化床用于陶瓷干法造粒过程，肖志锋等[13]建立了沿振动流化床长度方向上陶瓷原料干燥所需热量变化的数学模型，提出分区供热可降低陶瓷原料干燥过程能耗，成品质量符合陶瓷工业干粉造粒要求。

对湿化学法制备 ZrO_2 超细陶瓷粉体的干燥，辛延龄等[14]在干燥过程中添加少量的表面活性剂，并且采用微波干燥，粉体团聚得到有效控制，缩短了干燥时间，易于操作。冷冻干燥法也用于多孔陶瓷的制备[15,16]。

对于陶瓷坯体的干燥，古老的方法是自然干燥，借助于大气的温度和流动来排出水分。后来，陶瓷坯体的干燥发展为人工干燥，从传统的热空气对流干燥发展到红外线干燥、微波干燥等。

46.4.1 热空气干燥

为了提高干燥的生产率，通常采用加热通风的方法，即用热空气干燥法来干燥坯体。在陶瓷干燥中，常用的有室式、隧道和链式干燥器。

46.4.1.1 室式干燥

室式干燥即把待干燥的坯体，放置在备有架子和加热设备的室内进行干燥。室内的空气和坯体通过加热后，提高了坯体的外扩散速度，使坯体逐步干燥。干燥后的热气体有的排至室外，也有的进行循环使用。多次循环使用热空气，干燥比较缓和，可以最大限度地利用热空气的干燥能力。室式干燥的操作方法是间歇式的，适用于小规模生产，其主要特点是：结构简单，建设费用及维护费用较低；适用于大而厚的坯体；在无温度和湿度控制的条件下，坯体的干燥效果差，热效率低，干燥时间较长。

对于不同的坯体，可以采用不同的干燥制度来进行干燥。对于薄而小的日用陶瓷坯件来说，一般均采取高温、低湿的热空气进行干燥。由于干燥介质的温度高、湿度低，坯体干燥时其表面蒸发很快，而传到坯体内部的热量较少，往往造成内、外温度和水分梯度都较大，易造成内、外收缩不一致，产生缺陷，因此，这种方法仅对小型薄壁的坯体或收缩率较小的坯体来说是适用的。一般日用陶瓷的室式干燥温度控制在 50~70℃，干燥时间长达几小时。对于大而厚的日用粗陶坯件来说，采用高温、低湿的热空气干燥方法显然是不适宜的，由于坯体大而厚，且收缩较大，用加快外扩散速度的方法来干燥，极易造成开裂，所以可以采用低湿逐渐升温的方法，来进行干燥。这种方法是把坯件放在低湿的条件下，空气温度逐渐升高而使干燥逐渐进行。由于空气温度是由低温逐渐上升的，坯体的内、外温差不会很大，由于外扩散速度不太大，内、外扩散较易达到平衡，只要整个干燥过程是逐渐进行的，就不会出现大量的干燥缺陷，但是，此种方法所费的时间是较长的，如缸类的干燥可长达几天。若干燥过程处理不当，对于可塑性较大的日用粗陶坯体来说，仍易产生缺陷。

46.4.1.2　链式干燥

图 46-10 是立式链式干燥器的示意图，它是用轻钢材连接成钢框架，钢框架间用绝热板材封闭。在框架内，装有链轮与链条，链条上有吊篮，出、入口设在干燥器的两端。入口处连接成型机，将链条送来的空模型取出进行成型，然后将成型好的带坯模型由"入口"处放入干燥器内，带坯模型随链条运动的同时，坯体被干燥，链条运动到出口处时取出坯体，放入另一链式干燥器，同时，空模型仍然留在吊篮上返回到入口处。链式干燥器的链条运转形式是多种多样的，是根据具体情况而设计的。干燥器的热源，有在干燥器外面加热空气，然后用鼓风机鼓入干燥器的，也有直接在干燥器内装设加热器的。

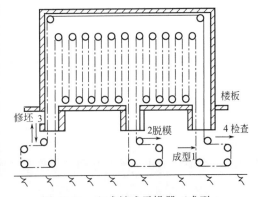

图 46-10　立式链式干燥器（成型→湿坯干燥→定位脱模→再干燥→修坯→再干燥→检查→下一工序）

链式干燥器较适用于日用陶瓷坯体的干燥。其主要特点是能连续生产、劳动强度低、劳动条件好、占地面积小、干燥效率与质量都相应提高，若与成型、精修、施釉工序连续，则为日用陶瓷生产的连续化和进一步自动化创造了条件。目前链式干燥正向小型、快速、自动的方向发展。日用陶瓷的干燥采用链式干燥后，其干燥时间比室式干燥大为降低，可降低到仅需 1~2h。对于坯体较薄的日用陶瓷来说，用一般的链式干燥器干燥时间还是较长，干燥设备占地太大，干燥效率较低。

46.4.1.3　隧道干燥

隧道干燥一般采用逆流干燥，即气体流动方向与坯体移动方向相反。湿坯体进入隧道干燥器，与低温、高湿热空气接触，坯体受热平稳均匀。坯体在前进过程中所接触热空气的温度越来越高、湿度越来越低，逐渐被干燥。湿坯的移动可采用窑车、链板或网带连续工作，热利用率高、生产效率高、便于调节控制、干燥质量稳定，但必须避免干燥介质的出口温度过低，导致水汽冷凝在已干燥的坯体表面，造成制品报废，而且要求进口处的湿坯体温度一定要高于出口处的气体温度。

可以将隧道干燥器分隔成收缩区和干透区。在收缩区采用循环气体，并且力图强化干燥，使干燥均匀，坯体不发生破坏；在干透区通过提高气体温度来保证高的干燥强度。为达此目的，使进入隧道时的温度达 100～130℃，排出隧道时的温度达 30～45℃[5]。温度低的区域，可以提高气速，使干燥介质沿隧道截面上的分布比较均匀，同时使坯体干燥均匀，并且得到强化。

为了快速有效地进行干燥，采用气流喷嘴对坯体定向喷吹高速热气流，以达到快速且均匀的干燥工艺技术要求。气流速度为 5～10m/s 或根据具体情况加大至 10～30m/s，温度高达 80～100℃或更高，使干燥周期缩短至几分钟至 20min[17]。若间歇地进行喷吹，在停吹阶段表面温度略低于内部，使热扩散与湿扩散方向一致，可有效地加快干燥进程。除了采用高速热空气之外，还可采用辐射干燥和其他干燥方法，而辐射干燥对于体薄的日用陶瓷来说是很适合的。用于制造多层介质电容器的陶瓷薄膜的干燥，通常也是在对流式（在某些情况下是传导式）隧道式干燥器中进行的。

46.4.1.4　喷雾干燥

喷雾干燥最初用于加工热敏性产品，但到 20 世纪 60 年代中期也开始用于加工非热敏性的无机物，如干燥陶瓷浆料以生产压制成型的干粉末。为了满足陶瓷粉末后续加工要求，需要喷雾干燥后的产品具有良好的流动性，以便能够快速完全地填充模具，以及精确控制密度，尽可能少使用添加剂。尺寸分布窄而均匀的球形颗粒流动性好；而较宽的颗粒尺寸分布将使密度更高，因为较小的球形颗粒可占据较大颗粒之间的空隙。因此，需要在流动性和密度的要求之间做权衡。在等离子喷涂工艺中，原料在等离子高温区熔化并加速，然后熔融的液滴涂布在基体上，形成一个黏结涂层。对原料粉末的要求是自由流动和窄尺寸分布。粉末形貌是影响涂层质量的重要参数[18]。

喷雾干燥中，溶液的初始浓度对煅烧粉末的粒径和烧结多孔陶瓷的堆积密度有影响。在初始溶液浓度为 4%（质量分数）时，66% 的颗粒尺寸小于 2μm。在较高浓度下，颗粒变得较粗，烧结过程中的致密化速度较慢，但获得的空心颗粒比在较低浓度下更多。Cao 等[19]提出了一个简单的机理来描述陶瓷的喷雾干燥过程，即液滴形成、蒸发和膨胀、爆裂、颗粒形成。

用非水溶剂（酒精）制备和喷雾干燥陶瓷粉体，可以得到高烧结性的细粉体，具有高比表面积[20]。非水喷雾干燥氧化铝比表面积大、孔体积大、粒径（3μm）小、堆积密度较低和流动性较大。使用较低沸点的醇类作为溶剂，当这些溶剂蒸发后，使原始颗粒（0.2μm）松散地保持为团聚体[21]。而在较高温度下蒸发的水会产生更密集的团聚体，这也归因于水的高表面张力。非水喷雾干燥制得的粉末经超声或研磨后可以分解成更细的颗粒。

虽然喷雾干燥广泛应用于陶瓷行业，但不是能源利用最有效的方法，而且可以获得的颗粒尺寸和形貌也有限制。当制备亚微米颗粒以设计陶瓷薄膜时，喷雾干燥器通常不是理想的选择。

46.4.2　工频电热干燥

将工频交变电流直接通过被干燥坯体内部进行内热式的干燥方法，称为工频电热干燥。其原理是在坯体内通交流电后，产生放热效应而使水分蒸发。由于对坯体端面间的整个厚度同时进行加热，热扩散与湿扩散的方向一致，干燥速度较快。坯体的电导率与含水率成正比；含水率高的部位电阻小，通过电流大，产生的热量也多；湿坯体的含水量在递减过程中因其自身的平衡作用趋于均一，适用于厚壁大件制品的干燥。在干燥过程中应随着坯体水分的减少而升高电压，才能达到一定的干燥程度，因此，需要使用自动功率控制系统。电能消耗与坯体含水率的关系如图 46-11 所示。可以将含水率高的大型湿坯体原地进行电热干燥，设备简单。生产中采用石墨泥浆（石墨 15%～20%，鱼胶 2%～5%，黏土 75%～80%，水 14%～17%）将

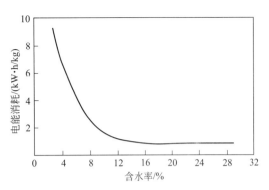

图 46-11　电能消耗与坯体含水率的关系

铝电极贴覆在湿坯体端面上，干燥初期施加电压小于 1V/cm，含水率降低后，增大电压值[2]。电瓷厂对大型毛坯采用工频电热干燥，将坯体水分干燥至 10% 左右[22]。使用工频电热干燥电力绝缘体，在干燥过程中临界含水率降低，恒速干燥持续时间较长；坯体内的蒸汽压升高，加速了水向表面的转移；内部温度高于表面的湿球温度；在降速干燥阶段，干燥速率也增加[23]。

46.4.3　红外线干燥

采用红外线照射到坯体的表面上，坯体由于吸收这些光线的辐射而发热来进行干燥。因此，该方法仅对红外线敏感的物质在其强烈吸收的波长区域内有效。分子吸收红外线的程度与该原子振动所产生的偶极矩变化的平方成正比。水对红外线的吸收特性参见图 46-12。1μm 以上的红外线，特别是 2.5μm 以上的红外线几乎完全被水所吸收，而不能被氧、氮等空气主要成分所吸收。干燥过程中湿坯体中水分子大量吸收辐射能，辐射与干燥几乎同时发生，干燥均匀、迅速、节能。列别捷夫研究表明，在湿空气中，红外辐射干燥方法对于那些在干燥时容易变形和开裂的难干燥材料是很适宜的。

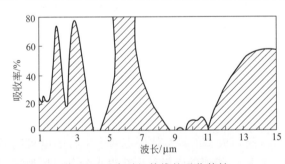

图 46-12　水对红外线的吸收特性

辐射干燥时，传热不受坯体表面的气膜阻力的影响，其传热速率比对流传热速率可提高几倍。因此，辐射时坯体表面加热很快，其干燥时间也大为缩短。由于红外线具有一定的穿透能力，对于壁薄的日用瓷来说是特别适宜的。日用瓷坯仅需几分钟到十几分钟就可完成脱模到上釉的坯体干燥。有时为了提高坯体的吸收能力，也可以在坯体中加入一些深色的有机色剂。

在辐射干燥中，有时为了提高热效率，节约能量，可以采用间歇辐射，即辐射一段时间后，停止照射一段时间。由于空气不吸收辐射能，空气的温度总是低于坯体表面的温度。在停止照射阶段，由于坯体表面有热量传给空气，使表面有水分汽化，表面被冷却，因此，其温度低于内部温度，使温度梯度与水分梯度的方向相同，干燥速度增大。实践证明，采用这种方法，干燥时间虽比连续辐射干燥法长 20%～30%，但能量消耗可减少一半。

辐射干燥器不需要特殊的结构，可采用输送带式（类似链式干燥器），可与成型及精修设备连成一体，可以不采用绝热措施，干燥时间短，干燥效率高，便于连续自动化。

从图 46-12 可以发现，水分子在远红外线区域（波长在 $2 \sim 15 \mu m$ 直至 $50 \mu m$）有很宽的吸收带，能强烈地吸收远红外线，容易发热。因此，陶瓷坯体的干燥采用波长在 $2 \mu m$ 以上的远红外线进行干燥是极为有效的。

远红外线干燥对于壁薄体小的日用陶瓷来说是很适合的，它具有下述优点。

① 干燥速度快、生产效率高。就干燥时间而言，远红外干燥比近红外干燥短，一般为近红外干燥的 1/2，为热风干燥的 1/10[2]。

② 节约能量消耗。采用电力为热源的远红外干燥的耗电仅为近红外干燥时的一半左右，若与热风干燥相比较，效果更加明显。

③ 设备规模小，建设费用低。快速、高效率干燥可减小设备的尺寸，而且装置较简单（与介电干燥相比）。在某些自动生产线上可部分地采用远红外线辐射干燥。

④ 由于远红外线具有一定的穿透能力，被干燥坯体的表面及内部均能同时吸收远红外线辐射，因而加热均匀，不易产生废品。

46.4.4　介电干燥

46.4.4.1　高频干燥

采用高频电场或相应频率的电磁波辐射，使坯体内的分子、电子及离子发生振动，产生弛张式极化，由于分子摩擦作用和介电损耗，坯体内产生热能，从而实现干燥。坯体含水量越多，电场频率越高，则介电损耗越大，产生的热能也就越多。

高频干燥时，表面因水分蒸发而导致温度低于内部，将使坯体内、外形成温度梯度，从而使干燥过程中湿传导与热传导的方向一致。干燥过程中，内扩散速度高，干燥速度快，但不会产生变形开裂，因此适用于形状复杂、厚壁坯体的干燥。另外，高频干燥还可以集中加热坯体中水分多的部分，坯体也不需要与电极直接接触。但是，该方法电能消耗较高（蒸发 1kg 水分有时高达 $2 \sim 5 kW \cdot h$）[24]。随着坯体含水量的减少，感应发热量减少，因此对于坯体干燥初期（即恒速干燥阶段）来说是适宜的，尤其是当坯体中含有微量电解质的情况下，高频感应更强；在干燥后期继续使用高频加热，显然是不经济的，可以采用辐射干燥或热空气干燥。

图 46-13 为用于蜂窝陶瓷的高频干燥装置。挤压成型的蜂窝体先在两个平行的电极间通过，实现高频干燥，然后移动到热风干燥区。采用一些辅助电极可以获得水分分布更加均匀的蜂窝陶瓷[25]。

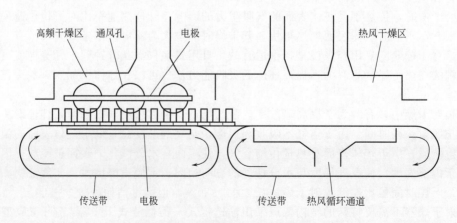

图 46-13　蜂窝陶瓷高频干燥装置

46.4.4.2 微波干燥

微波干燥利用介质损耗原理，通过空间或媒质以电磁波的形式来传递能量，将电磁能转化为热能。这种加热过程与物质内部分子的极化有着密切的关系。水分子是极性分子，当它处于电磁场中时，水分子将有序地排列成与电场一致的方向，如果外加电场不断变换方向，水分子也将随之不断改变其排列方向，从而产生类似于摩擦生热的效应。微波加热就是利用这一效应使微波能转化成为热能，达到加热脱水干燥的目的。常规干燥过程一般从物料表面开始，依赖于传导、对流与辐射方式，把热量从外部逐渐传至内部，是一种面加热过程；而使用微波干燥，坯体内部和表面同时吸收微波能，是一种体加热过程。

Tings 和 Yoss[26] 于 1968 年最早将微波技术引入陶瓷领域。在 20 世纪 70 年代，Sutton[27] 将其用于 Al_2O_3 浇注料的干燥和烧成。Suhm[28] 对微波干燥陶瓷等材料进行了研究，得出了确定微波干燥所需功率的一条经验规律：只要坯体开始的水分含量充分，微波输入功率每增加 1kW，可在 1h 内多蒸发掉 1kg 的水分。

采用微波干燥的主要特点如下。

（1）干燥快速均匀

微波的频率较高，其穿透深度大于红外线辐射，能够深入到坯体内部，被水分子或者其他物质吸收而就地转变成热能，不管坯体的形状如何复杂，加热也是均匀快速的，这使得坯体脱水快，脱模均匀，变形小，不易产生裂纹。另外，在干燥时，水分子从表面蒸发消耗能量，致使坯体表面温度略低于内部温度（蒸发冷却的缘故），坯体内部因吸收微波而产生热量，以致于内部蒸汽迅速产生，形成压力梯度，因此热传递与湿传递方向一致，有利于内扩散，加快了干燥速度。微波干燥与对流干燥相比，可提高干燥速度，缩短干燥时间 1/2 左右[22,29]。同时，微波干燥是由内向外，就坯体整体而言，内层首先被干燥，这样就不会在表层形成硬壳，阻碍内部水分外移。

（2）具有选择性

在一定频率的微波场中，只有吸收微波的物质才能被微波加热，水由于其介质损耗比其他物质大，水分吸热量大，内部水分可以很快地被加热并直接蒸发出来。这样，陶瓷坯体可以在很短的时间内被加热而脱模。对于那些不宜过热的物料来说，采用微波干燥更具有优越性。只要控制适当，整个坯体不会过热。

（3）热效率较高，节能

热量在周围介质中的损失极少，加上微波加热腔本身不吸收微波，全部作用于坯体，微波能几乎完全被坯体中的水吸收，热量散失很少，热效率高，因此可节约能量。

（4）反应灵敏，易控制

通过调整微波的输出功率，可以瞬时改变加热情况，因而易于实现自动化控制。微波干燥加热无惰性，停止微波传输，加热立即停止。

（5）干燥制品质量高

由于微波加热内、外均匀，因而避免了产品因局部过热而损坏。同时，由于微波对水的选择性加热可以使干燥在较低温度下进行，避免了制品过热。

（6）微波辐射对人体有害

对于微波干燥设备需进行防护，可以利用金属反射微波的特点，采用薄金属板或开孔金属板阻止微波泄漏。

由于微波的这些特点，微波干燥陶瓷得到了较为广泛的研究，涉及日用陶瓷、电瓷、多孔陶瓷等材料的干燥。

湖南国光瓷业集团股份有限公司设计了一条日用陶瓷微波快速干燥成型生产线，用于实际生产。实践证明，与传统链式干燥线相比，成坯率提高 10％以上，脱模时间从 35～45min 缩短到 5～8min，使用模具数量由 400～500 件下降至 100～120 件，节约了大量石膏模具，与二次快速干燥线配合使用，对于 10.5in（1in＝2.54cm）平盘总干燥成本可下降 350 元/万件[30]。

采用微波干燥技术，对复杂形状的电瓷进行干燥，与常规蒸汽干燥方法相比较，可提高生产率 24～30 倍，提高成品率 15％～35％，相同产量占地面积仅是原工艺的 1/20 左右，可大幅度提高经济效益[31]。这可供建筑卫生陶瓷、墙地砖等一些异型产品的干燥参考。

多孔陶瓷成型时含水分较多，孔隙多，且坯体内孔壁薄，用传统的方法因加热不均匀，极难干燥，而且这些多孔材料导热性差，若干燥过程控制不好，容易变形，影响孔隙率及比表面积。微波干燥多孔陶瓷，能够很容易地把坯体的水分从 18％～25％降低至 3％以下，缩短了干燥时间，并且提高了成品率。唐竹兴[32]实验研究发现，蜂窝陶瓷坯体在干燥过程中，有机黏合剂在微波作用下凝固、收缩，并且在蜂窝陶瓷体内形成网络结构，使蜂窝陶瓷坯体内部存在的应力和缺陷得到分散和固定，而且蜂窝陶瓷坯体自身吸收微波能产生热量，能够快速稳定干燥。

俞康泰等[33]研究表明，微波干燥能均匀、快速、稳定地干燥卫生陶瓷，干燥时间为常规方法的 1/7 左右。微波干燥洗面具时，80％的水分在加热阶段被排除，而且含水率较高的棱状部位在干燥过程中优先被干燥。

李玉书[22]采用高塑性的胶质黏土和可塑性较差的砂质黏土为原料，进行了微波干燥实验研究。为了防止坯体中机械水的沸腾，试样表面的温度控制在 60～70℃范围内，微波功率设定为 2.5kW，每 10min 间歇地加热一次，每次加热时间为 5～10s（实验确定的最佳范围）。实验结果表明，微波干燥方法可以安全地干燥性质相异的胶质黏土试样和砂质黏土试样。微波干燥与对流干燥对陶瓷性质的影响参见表 46-3。

表 46-3　干燥方法对陶瓷性质的影响

性质	微波干燥	对流干燥	性质	微波干燥	对流干燥
干燥收缩率/％	7.24	8.00	烧后抗折强度/MPa	21.64	20.61
总收缩率/％	10.8	11.9	烧后吸水率/％	12.4	13.1
生坯抗折强度/MPa	8.13	7.98			

Atong 等[34]研究了餐具的微波脱模，所使用的微波连续带式干燥器的外形尺寸为 5300mm×1200mm×1600mm，微波腔为圆柱形，两端为矩形口，开口装有微波吸收材料，以使微波泄漏远远低于 5mW/cm³（图 46-14）。工作频率为 2.45GHz，14 个 800W 的风冷磁控管在微波腔周围呈螺旋状排列，最大功率为 11.2kW（功率设置可调节），最高工作温度为 230℃。传送带透波且透气，速度可调节到 2m/min。微波干燥产生的潮湿空气通过抽吸系统排出。

陶瓷坯体使用微波干燥时应该注意以下几个技术问题。

① 物料温度的设定　物料的介电常数 ε 和损耗因子 $\tan\sigma$ 与温度有关，在 50～100℃之间它们都处于上升趋势[29]，所以采用微波干燥的物料温度设定为 50～100℃之间是极有利的，但对于陶瓷坯体的干燥来说，为了防止坯体在干燥时水分产生的蒸汽压过高而造成坯体炸裂，坯体温度应该控制在 70℃以下。

② 微波干燥适用的坯体含水率范围　坯体的含水率高（70％～90％），对微波源来说是重载，不能体现微波的节能优势，有可能导致微波功率源因重载而严重失配。实践证明，微

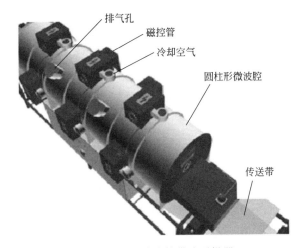

图 46-14　微波连续带式干燥器

波对含水率 25％左右的物料进行干燥，效率最高，经济效益最好[29]。坯体的含水率介于 5％～10％之间时，用传统干燥方式比较经济。所以，对含水率高于 10％的物料应该采用微波干燥与传统干燥的混合机制进行，先用后者将物料干燥到 30％左右，再用微波干燥进行干燥。对于坯体较大，含水率较低（小于 5％）的坯体，如果采用传统干燥方式，一方面能量利用率低，另一方面可能会导致坯体过热而破裂，此时采用微波干燥则能达到极佳的效果，最能体现微波的穿透深度大和均匀加热的特点。

③ 微波辐射对人体健康有害，为了防止电磁波的泄漏，在干燥装置周围需要安装电磁波防护罩。

46.4.5　无空气干燥

传统干燥技术，为了控制坯体的均匀收缩，必须严格控制传热和水分内扩散过程，特别是对那些形状复杂、体积较大的坯体。为此，只有降低干燥温度，一般控制在 60℃以下，延长干燥时间（如卫生洁具达 60～75h），才能达到较好的干燥效果，这样不但耗能，且增加了生产管理的困难，产品质量得不到保证。

无空气干燥实际上是一种蒸汽干燥方法（见图 46-15）。在间歇式操作中，无空气干燥有三个独特的阶段（见图 46-16）。

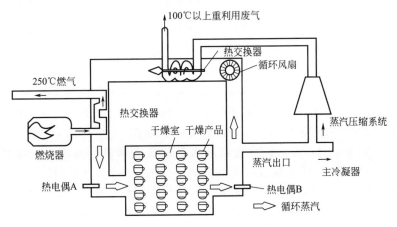

图 46-15　无空气干燥示意图

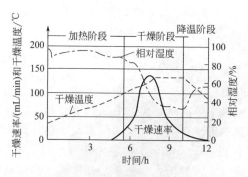

图 46-16　无空气干燥动力学曲线

① 加热阶段　在过程开始时，开启循环风机，使空气流通过热交换器和干燥室，与传统对流干燥器的情形一样。随着蒸发的进行，产生蒸汽，在排空一部分湿空气之后，其余湿空气再次通过热交换器进行循环。排空、加热和干燥依次进行，干燥介质中水蒸气含量逐渐增大，直到最后几乎全由水蒸气组成。由于不断升温的热湿空气快速循环，坯体表面的蒸汽压不断提高，抑制了水分从坯体内部向表面蒸发。此时，坯体内部与表面几乎以相同的速率快速升温，而由于坯体表面处于湿润状态（相对湿度高），表层不会产生破损和变形，从而使坯体安全加热至 100℃。无空气干燥过程中，加热阶段时间较长。

② 干燥阶段　当坯体温度达到 100℃ 以后，此时由于水已沸腾成蒸汽，干燥室内压力较高（干燥介质基本上为水蒸气），蒸汽压力随温度的升高而增大，此时减压调节阀自动开启，将蒸汽快速排向冷凝器和余热利用热交换器。排出部分蒸汽，减小了坯体表面蒸汽分压，使坯体内部的蒸汽分压继续保持大于表面蒸汽分压，坯体内水蒸气继续向外迁移，干燥速度急剧增加，同时室内的相对湿度下降。当坯体的温度达到预定最高干燥温度时，坯体内部大部分水分已被快速排出，而在该过程中，坯体表面总保持在热润湿状态，虽然干燥收缩快，但坯体收缩均匀，收缩产生的应力在湿热状态中自行消除，故不产生变形和开裂。为了保证坯体中的剩余水分能够达到预定目标，坯体的最高温度必须保持一段时间。

③ 降温阶段　在最高干燥温度期间，大气吸附水也被排出，此时坯体的收缩早已完成，坯体不会产生变形、破损，控制系统在这个阶段通入环境空气以置换过热水蒸气，冷却坯体，直至能够安全地取出干燥坯体。表 46-4 比较了几种陶瓷的无空气干燥情况。

表 46-4　几种制品用不同方法干燥时间的比较

项目	黏土制品			卫生洁具			电瓷	耐火材料		保温砖	石膏模	
	异形砖	多孔砖	250mm 瓦片	洗面盆	坐便器	水槽	绝缘子	标准方砖	耐火多孔砖	厚方砖	洗面盆	壶
传统干燥时间/h	60	48	192	14	72	96	60～90	90	120	90～140	60～80	30～48
无空气干燥时间/h	24	20	72	5	12	16	20～30	35	43	48	12	8
节约时间/%	60	58	62	64	83	83	50～66	61	64	46～65	80～85	73～83

从间歇式操作发展为连续式需要解决的主要问题是，在干燥器蒸汽环境中输送坯体而不能让空气进入干燥室。在输送机进、出口进行机械密封是不切实际的，所以开发了一种非机械密封方法，参照图 46-17[35]。该方法利用水平位置上形成的温度和密度微压层——在 100℃ 时空气和蒸汽之间的密度差为 55%，实现干燥器进、出口的密封[36]。此外，若将冷的陶瓷坯体直接送入干燥器，那么坯体表面会因蒸汽冷凝而损坏。因此，进入干燥器前坯体加热是必需的，这可以利用干燥器中排出的废蒸汽而实现。为了避免在加热阶段物料被空气氧化，可以将水喷雾至干燥室，直至达到目标温度。

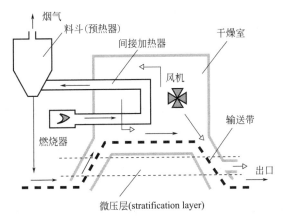

图 46-17 连续式无空气干燥示意图

46.4.6 联合干燥

在干燥过程中利用两种以上干燥方法,可以发挥各自特点,优势互补,往往可以达到理想的干燥效果。

英国 Drimax 带式快速干燥器(参见图 46-18)采用带式输运,红外线辐射与热风干燥交替进行,用红外线辐射湿坯体以迅速提高内部的水分温度,加快内扩散速度。接着,移动位置,改用热风喷吹,加速外扩散,增加坯体内的水分梯度。然后,再转入第二个循环,直至达到临界含水率,之后改为全部用热风喷吹。每个红外辐射器功率为 0.1MW,使用气体燃料加热辐射器;热风采用再循环方式,温度控制在 88~100℃,高强度喷嘴的气体喷出速度为 5~10m/s,器皿类坯体的干燥周期约 10min,可与生产率为 14 件/min 的自动成型机配套使用[2]。

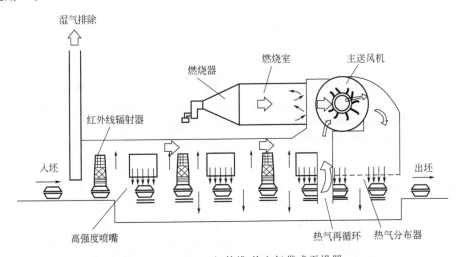

图 46-18 Drimax 红外线-热空气带式干燥器

对于含水率高的大型坯体(如注浆坯体),可以先用电热干燥除去大部分水分,然后可以交替采用红外线干燥、热风干燥除去剩余的水分,达到节约干燥时间和节能的目的。

据英国资料介绍,微波和真空联合干燥技术能够显著提高干燥速度和产品品质。

此外,也可以采用组合的热辐射-高频干燥,雷科夫指出这种干燥方法能使毛细管多孔材料沿厚度方向的水分浓度差最小。

参考文献

[1] 高平良. 新型干燥技术在陶瓷工业中的应用——微空气流通干燥技术. 中国建材装备, 1999, (3): 37-41.

[2] 李家驹. 陶瓷工艺学. 武汉: 武汉工业出版社, 2001.

[3] 江苏省宜兴陶瓷工业学校. 陶瓷工艺学. 北京: 中国轻工业出版社, 1985.

[4] Itaya Y, Hasatani M. R & D needs-drying of ceramics. Drying Technology, 1996, 14 (6): 1301-1313.

[5] Scherer G. Theory of drying. J Am Ceram Soc, 1990, 73: 3-14.

[6] Chotard T, Quet A, Ersen A, et al. Application of the acoustic emission technique to characterise liquid transfer in a porous ceramic during drying. Journal of the European Ceramic Society, 2006, 26: 1075-1084.

[7] Hasatani M, Itaya Y, Muroie K. Contraction characteristics of molded ceramics during drying. Drying Technology, 1993, 11 (4): 815-830.

[8] 陈品飞. 陶瓷釉面砖在生产过程中的变形问题研究. 网络出版地址. http: //kns. cnki. net/kcms/detail/11. 2931. TU. 20190830. 1949. 040. html.

[9] Nait-Ali B, Oummadi S, Portuguez E, et al. Thermal conductivity of ceramic green bodies during drying. Journal of the European Ceramic Society, 2017, 37: 1839-1846.

[10] Hasatani M, Itaya Y. Drying-induced strain and stress a review. Drying Technology, 1996, 14 (5): 1011-1040.

[11] Itaya Y, Taniguchi S, Hasatani M. A numerical study of transient deformation and stress behavior of a clay slab during drying. Drying Technology, 1997, 15 (1): 1-21.

[12] Gong Z Y, Mujumdar A S, Itaya Y, et al. Drying of clay and nonclay media: heat and mass transfer and quality aspects. Drying Technology, 1998, 16 (6): 1119-1152.

[13] 肖志锋, 黄煌, 方堃, 等. 陶瓷工业振动流化床干燥装置优化设计. 硅酸盐通报, 2018, 37 (8): 2646-2649.

[14] 辛延龄, 刘风春, 许可敬. 湿化学法制备 ZrO_2 超细陶瓷粉末的干燥过程中控制粉末团聚的方法. 山东陶瓷, 2002, 25 (3): 25-27.

[15] 刘岗, 严岩. 冷冻干燥法制备多孔陶瓷研究进展. 无机材料学报, 2014, 29 (6): 571-583.

[16] 汤玉斐, 苗芊, 赵康, 等. 静电场下冷冻干燥法制备层状 Al_2O_3 多孔陶瓷. 硅酸盐学报, 2013, 41 (12): 1609-1614.

[17] 李家驹. 日用陶瓷工艺学. 武汉: 武汉工业出版社, 1995.

[18] Bertrand G, Roy P, Filiatre C, et al. Spray-dried ceramic powders: A quantitative correlation between slurry characteristics and shapes of the granules. Chemical Engineering Science, 2005, 60: 95-102.

[19] Cao X Q, Vassen R, Schwartz S, et al. Spray-drying of ceramics for plasma-spray coating. Journal of the European Ceramic Society, 2000, 20 (14-15): 2433-2439.

[20] Armor J N, Fanelli A J, Marsh G M, et al. Nonaqueous spray-drying as a route to ultrafine ceramic powders. J Am Ceram Soc, 1988, 71 (11): 938-42.

[21] Malhotra K. R&D opportunites in drying of advanced electro-ceramics. Drying Technology, 1992, 10 (3): 715-732.

[22] 李玉书. 陶瓷坯体干燥的新方法——微波干燥. 现代技术陶瓷, 1994, (2): 28-31.

[23] Asami S. Drying of fine ceramics. Drying Technology, 1993, 11 (4): 733-747.

[24] 契津斯基 А Ф. 陶瓷原料与制品的干燥. 俞炳林, 刘翩天, 译. 北京: 中国建筑工业出版社, 1980.

[25] Mizutani I. Dielectric drying process for honeycomb structures: US 4837943. 1989.

[26] Tings W R, Yoss WAG. Microwave power Engineering. New York: Academic Press, 1968.

[27] Sutton W H. Microwave of High Aluminum ceramic. Pittsburgh: Material Research Society: 1988. 287-295.

[28] Suhm J. Rapid wave microwave technology for drying sensitive products. Am Ceram Soc Bull, 2000, 5: 69-71.

[29] 张柏情, 黄志诚. 微波干燥技术及其在陶瓷坯体干燥中的应用研究. 中国陶瓷, 2004, 40 (3): 17-20.

[30] 邹长元, 姜赞平, 吴从友. 微波干燥在日用陶瓷工业生产中的应用. 陶瓷工程, 2001, 6: 25-26.

[31] 曾令可, 王慧, 程小苏, 等. 陶瓷工业干燥技术和设备. 山东陶瓷, 2003, 26 (1): 13-17.

[32] 唐竹兴. 微波能、有机黏合剂对蜂窝陶瓷快速稳定干燥的影响. 现代技术陶瓷, 1993, 3-4: 61-67.

[33] 俞康泰, 郝华, 胡丽珍. 微波干燥卫生瓷的研究. 陶瓷学报, 1998, 19 (3): 168-171.

[34]　Atong D, Ratanadecho P, Vongpradubchai S. Drying of a slip casting for tableware product using microwave continuous belt dryer. Drying Technology, 2006, 24 (5): 589-594.

[35]　Stubbing T J. Method and apparatus for continuous drying in superheated steam: US 7711086, 1998.

[36]　Stubbing T J. Airless drying. Drying 94 Proc 9th International Drying Symposium (IDS'94). Gold Coast, Australia, 1994, 559-566.

（李占勇）

第四篇

干燥过程相关技术与装置

第47章

干燥器的加料及排料装置

47.1 概述

加料装置为下游物料处理装置提供原料，也称为加料器。储料槽较大时，加料装置被称为排出器，二者也可做成一体。储料槽与物料处理装置有一定距离时，加料装置也被称为输送器。

加料装置的主要目的是定量（一定重量或体积）、连续或间断的为一个或多个位置提供物料，有时也需根据操作要求而调节物料供给量。对加料装置特性的要求如下。

① 定量性　在连续加料的情况下，短时间内加料量的变化值较小，多数要求具有一定的物料流量（加料速度）。

② 稳定性　温度、湿度等周围环境或者上下游装置的条件发生变化，能够保证加料特性的变化较小，实现稳定运转。

③ 可控性　在自动化过程中，系统要求的应答性好，能够较灵活地调整加料量。

④ 经济性　电力消耗小，运行成本低，故障率低，零部件耐用性长，维护费用低等。

⑤ 安全性　不泄漏物料和混入异物，不造成颗粒破坏及偏析分离。

上述要求的重要程度会有所不同，并不是在任何场合都必须全部满足，也不是所有形式的加料器均能全部满足，应根据主要的条件来选择或设计适用的加料器。加料操作是物料处理过程的开始，对后续操作很重要，一旦加料装置选择错误，加料精度达不到要求，会引起处理负荷变动，影响产品品质，甚至导致设备不能运转。

在干燥操作中加入的物料均为湿物料，排出的物料（成品）均为干的物料。所需处理的各种物料有着不同的物性，按物料的形态来分类大致可分为固体和液体两种，见表 47-1。因此，加料及排料装置也有很多种。

表 47-1　不同物料形态分类

固体					液体				
片状	粉末状	粒状	球状	块状	膏糊状	悬浮液	乳浊液	溶液	胶体溶液

47.2　固体加料装置分类及选用准则

固体加料装置种类较多，一般根据其结构特点和运动原理进行划分，不同结构和运动原理的固体加料装置性能差距较大，需要根据其特点进行选用。

47.2.1　固体加料装置的种类及特征

根据加料装置的结构特点，可以分为往复运动式加料器、振动式加料器、垂直轴旋转式加料器、水平轴旋转式加料器、螺旋式加料器等类型，其原理主要是通过曲柄运动、机械振动、刮板、螺杆旋转等方式实现加料，调节方式主要通过调节关键机构结构和运动参数实现。

表 47-2 评价了各类不同结构类型加料装置的主要特征。在表 47-2 中，虽然对某些加料装置的性能评价较低，但在实际使用中，需针对不同的物料的性质和用途进行选择。例如，对于具有稳定的物理性能、良好的流动性和可压缩性低的粉料，加料装置保证定量性效果较好，流动性好的物料可有效防止架桥。在不需要输送的情况下，加料装置最好不要有良好的输送特性。

表 47-2　不同类型加料器的主要特征

名称	特征							
	定量性	控制性	平滑性	防止搭桥性能	防止喷流性能	相对外部的密封性	接触部分结构简单	输送性能
1. 往复运动式加料器								
往复式加料器	△	△	×	△	×	×	○	△直线、水平 3m 以下
活塞式加料器	△	△	×	×	×	○	△	△直线、水平 3m 以下
2. 振动式加料器								
电磁振动加料器	○	○	◎	△	×	◎	◎	△直线、水平 2m 以下
电动振动加料器	○	○	◎	△	×	◎	◎	○直线、水平 10m 以下
电磁振动圆板加料器	○	○	○	△	×	○	△	×直接落下
水平振动加料器	—	×	△	◎	×	○	◎	×直接落下
蝶阀振动加料器	△	△	△	△	×,◎	○	◎	×直接落下
瓣阀振动加料器	△	△	△	△	×,◎	○	◎	×直接落下
3. 垂直轴旋转式加料器								
刮板台式加料器	◎	◎	◎	○	×	○	△	×直接落下
重量台式加料器	◎	◎	△	○	◎	○	△	×直接落下
外围旋转刀片加料器	△	△	△	○	×	○	△	×直接落下
遮蔽板旋转加料器	△	△	△	○	◎	○	△	×直接落下
4. 水平轴旋转式加料器								
旋转式加料器	○	○	△	×	◎	○	○	×直接落下
辊式加料器	△	△	△	×	×	△	○	×直接落下
罗斯链式加料器	—	×	△	△	×	△	○	△直线、对角向下 2m

续表

名称	特征							输送性能
	定量性	控制性	平滑性	防止搭桥性能	防止喷流性能	相对外部的密封性	接触部分结构简单	
5. 螺旋式加料器								
螺旋式加料器	○	○	△	×	○	○	○	◎直线、水平、垂直、倾斜 10m 左右
多螺杆加料器	○	○	◎	○	△	○	△	○直线、水平、5m 左右
线圈螺旋加料器	○	○	◎	×	×	○	○	△直线、曲线 2m 左右
桨式螺旋加料器	×	×	×	×	×	○	○	○直线、水平 5m 左右
6. 环形带式加料器								
带式加料器	○	◎	○	○	×	△	○	○直线、水平、倾斜 5m 左右
裙式（刮板式）加料器	○	◎	○	○	×	△	△	○直线、水平、倾斜 10m 左右
链式加料器	×	△	△	○	×	△	△	○直线、水平、倾斜 10m 左右
7. 其他类型								
锥阀加料器	×	△	×	○	×,◎	○	△	×直接落下
阀式加料器	×	△	×	×	×,◎	○	○	×直接落下

注：1. 符号◎、○、△和×表示性能从好到差。

2. —表示没有这方面的功能。

3. "防止喷流性能"栏，×和◎同时出现，说明加料器有喷流发生的可能，如果加料停止，该结构可以防止喷流发生。

下面对表 47-2 所列加料装置的各种特性分别说明。

47.2.1.1　定量性

◎表示误差在 0.5%～3%；○表示误差在 1%～5%；△表示如果粉体性质稳定，并且适用于该种加料器的原理，则可以将定量性的误差控制在 5% 以内；×表示定量性不能预测。

47.2.1.2　控制性

◎表示旋转速度、振动力和供料量成线性比例，并具有良好的重现性；○表示旋转速度、振动力和供料量大致成线性比例，并且可重现；△表示如果旋转速度和振动力增大或减小，则供料量增大或减小，但是不成线性比例；×表示尽管可以任意开始和停止加料，但是不能控制供应量。

刮板台式加料器和重量台式加料器，因为加料器的旋转与物料的移动几乎一致，旋转数和供料量成线性比例关系，评价时用◎表示。与此相对应，螺旋式加料器中，受螺旋叶片与槽之间的摩擦力及粉体内部的摩擦角的影响，旋转速度和供给量可能不成正比。在计算螺旋式加料器供给量的时候，由于料槽中的打滑以及粉料在叶片间的复杂运动，需考虑填充率，对旋转数与叶片间距及堆积密度不成比例进行补偿。同样，振动式加料器也要根据形状系数、湿含量和倾斜角系数等试验得到的各种系数进行供给量的计算。

47.2.1.3　平滑性

连续地进行混合、溶解时，瞬时供给量的变动（脉动）有时候会造成问题。批量定量供给的时候，接近设定值时出现的供给量变动会导致过量误差。

◎表示瞬时流量稳定且供给几乎相同；○表示轻微变动；△表示有一定变动；×表示供给断断续续。

重量台式加料器和旋转式加料器中，受重量影响会出现供给量的变动。同样，螺旋式加料器受叶片的影响也会出现这种变动。

47.2.1.4　防止搭桥性能

储料槽内发生的搭桥往往造成严重问题。在选择加料器的时候，要考虑物料的物理性质及储槽的容积，防止粉料搭桥。

◎表示储料槽的排出口面积扩大。可有效防止搭桥的发生。同时也可通过搅拌叶片或振动来破除搭桥现象。

○表示储料槽的排出口面积能够扩大。对于垂直轴旋转式加料器，因为带有搅拌叶片，储料槽的排出口面积能够扩大。

△表示储料槽的排出口一个方向上面积能够扩大，防止搭桥的发生。螺旋式加料器直径方向上的尺寸有限制，而轴方向上可以做到 4～5m。

×表示储料槽的排出口面积不能扩大。对于卧式旋转加料器，其储料槽排出口尺寸必须要缩小到其直径以下。为防止搭桥，需要在加料器的上部设置搅拌器、气动滑板、锤打装置等其他设备。

47.2.1.5　防止喷流性能

消石灰、细炭粉、氧化铝等粉体，一旦含有气体就会像液体一样流动并产生喷流。

◎表示有机械隔离结构，所以能够防止喷流。重量台式加料器和旋转阀式加料器因为有机械隔离结构，所以能够防止喷流。

○表示存在贯穿结构，所以对喷流倾向较大的物料很危险，但是可采取如水平方向上延长机身长度、出口向上倾斜、叶片间距变窄等对策。

△表示喷流性倾向较低的粉体可使用电磁加料器和电动加料器。因为没有机械隔离结构，所以喷流性倾向较大的粉体不能在这两种加料器上使用。

×表示物料流动时没有防止喷流的机械结构。

47.2.1.6　相对外部的密封性

处理粉尘性很强的粉体及不能和外部气体接触的粉体时，采用密闭系统就可以防止出现密封性问题。

◎表示对于电磁加料器和电动加料器，因为振动力是从外部对料槽施加的，物料接触和物料通过的部分与外部隔离，密封性较好。

○表示传递旋转运动的轴贯穿通过部分粉体，较易实现密封。

△表示虽然与物料接触并驱动物料的结构相对复杂，但是通过覆盖整体，可以形成密封结构。

×表示难以形成密封结构。

47.2.1.7　接触部分结构简单

◎表示十分简单。对于电磁加料器和电动加料器，与物料接触和物料通过的部分结构简单，易于清洁。

○表示比较简单。

△表示稍微复杂。

×表示复杂。

47.2.1.8　输送性能

如果加料器可以移动，则不需要把下游设备放在储槽的正下方。多种粉体在同处加料较为方便。

◎表示能够水平、向上和向下进行输送，也可以进行 10m 以上的输送。

○表示能够进行直线 5m 左右的输送，能够水平或者向下输送；根据机种不同，也可以向上缓慢输送。

△表示能够进行直线 2m 左右的输送，能够水平或者向下输送；根据机种不同，也可以向上缓慢输送。

×表示只能够向正下方排出。

加料装置根据加料的方式分类，可分为批量式和连续式，计量方法一般为体积控制和重量控制，体积控制常见结构为料斗配合计数器或计时器等；重量控制常见结构为计量料斗和称重设备等。例如带式加料器可为连续式，若采用重量控制，通过加料器、变速装置和称重设备可实现准确计量。

47.2.2　固体加料装置的工作原理

47.2.2.1　重力作用式

闸板（图 47-1）分为沿水平、垂直或倾斜方向做直线运动的挡板［图 47-1(a)］；旋转铰链式闸门［图 47-1(b)～(e)］；使弧形板做旋转运动的切断式闸门［图 47-1(f)］以及旋弯成特殊形状的弯管［图 47-1(g)］等形式。开闭的方式分为直线传动或杠杆、齿轮、链轮传动等；作用方式分手动、电动和气动。目前很多加料装置由于物料输送要求，会添加加热、温控、清扫等附属装置。

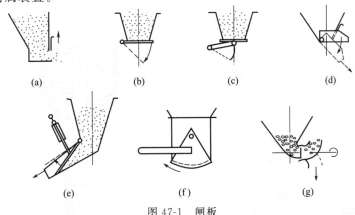

图 47-1　闸板

旋转式加料器（图 47-2）中，料筒中桨叶旋转，从上部落下的物料在桨叶间填充，旋转 180°时从下方的排出口送出。这种加料装置多数是在筒式或者漏斗等排料场合下使用。料筒罩与桨叶前端的缝隙变窄处存在较大压力差，利用压力差将加料室或者减压室中的物料排出。加料量主要通过桨叶的回转数来调节。

根据其使用目的不同，旋转式加料器也可称为回转阀或旋转式锁气加料器，是应用最广泛的加料器。

锁气料斗式（双重排料阀式）加料器（图 47-3）有上、下两个料斗，靠上、下挡板交替开闭进行供料，适用于有压差场合的供料和排料。开闭的方式分为：以电动机为动力的凸轮式、气动活塞式；开启用凸轮、开闭靠重锤式；开启靠物料自重、开闭靠重锤式等。

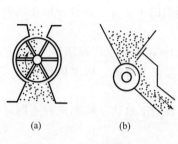

(a)　　　　(b)

图 47-2　旋转式加料器

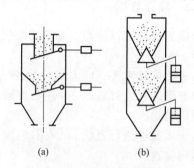

(a)　　　　(b)

图 47-3　锁气料斗式加料器

圆盘加料器（图 47-4）在料斗下方设一做水平方向旋转的圆形平板，靠刮板将旋转圆盘上的物料定量刮落，故卸料量可由刮板进退位置调节。这种加料器在流动性比较好的物料中使用广泛，加料量与回转数成比例，刮板的位置以及缝隙的高度均可调节，对流动性好的粒状物料有一定的定量作用。为了改善送料量的精确控制性并使急速流动特性的物料也可以使用，对圆盘加料器进行了改造并制造了特殊型圆盘加料器、沟型圆盘加料器、阶梯型圆盘加料器、桨叶回转型圆盘加料器等。贝尔加料器中，分配器下有能够形成一定容积的 2 段腔体，定量性能优异的急速流动特性的物料也能够使用。

立式螺旋加料器（图 47-5），其结构分成两部分，上部呈搅拌叶片状，用以防止物料架桥，下部呈螺旋状，将物料挤入另一螺旋给料器。可用于膏糊状物料的定量加料，误差小于 5％。用于膏糊状物料时，转速不宜快，否则失效，以 8～12r/min 为宜。

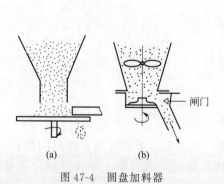

(a)　　　　(b)

图 47-4　圆盘加料器

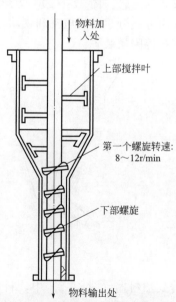

物料加入处

上部搅拌叶

第一个螺旋转速：8～12r/min

下部螺旋

物料输出处

图 47-5　立式螺旋加料器

47.2.2.2　机械力作用式

带式加料器（图 47-6）在两个旋转轴之间，以橡胶板组成输送带，物料从料斗落下，随输送带运动而排出。通过上下调节阻尼器的位置来改变输送带上物料的厚度，同时也可以通过输送带的转动速度来改变加料量。一般而言，可以应用于流动性好的物料大量加料的情况。

板式加料器（图 47-7）用钢板铰接形成输送带输送物料，适用于输送重型、大块及高温物料。

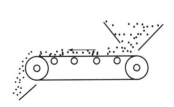

图 47-6　带式加料器

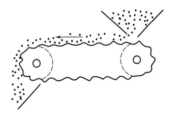

图 47-7　板式加料器

链式加料器（图 47-8）的物料通过链条的返回侧下落到输送侧上进行供料，在通过返回侧时将物料散开，所以具有一定程度的定量性，并且可以将两种物料边混合边输送。

螺旋加料器（图 47-9）的螺旋安装在圆筒形或者 U 形槽状的机壳内，靠螺旋旋转时产生的送进作用，使物料从一端向另一端移动进行供料。因为送料量与螺旋的转动数成正比，因此可以通过控制转动数来控制送料量。因为使用条件和物料特性不同，螺旋桨叶类型的选择十分重要。这种加料器具有较好的定量性，并能向有压差处供料。一般为水平方向供料，也可垂直方向由低处向高处供料。

斗式加料器是用链条或钢丝绳将料斗由低处提升到高处进行连续或间歇供料。

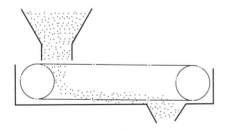

图 47-8　链式加料器

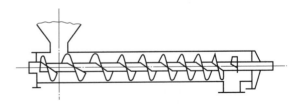

图 47-9　螺旋加料器

47.2.2.3　往复式及振动式

柱塞式加料器（图 47-10）是靠柱塞的往复运动将物料推出，适用于较小颗粒物料供料。

往复板式加料器（图 47-11）是靠往复运动，当底板向图的右方运动时，将底板上的物料送出；向左方运动时，靠料斗左侧挡板的阻力，物料从底板右侧排下。

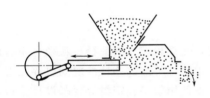

图 47-10　柱塞式加料器

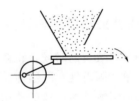

图 47-11　往复板式加料器

摇摆式加料器（图 47-12）是使水平或稍微向供料方向倾斜的输送槽做往复运动和小范

围的上下运动，从而将物料向前方抛出而进行供料。

浮动式加料器（图 47-13）是在受料口下部安装了一块留有一定间隙的振动板，当振动板处于静止状态时，物料由于具有静止角而停滞在此间隙中；当振动板振动时，由于物料流态化并在料仓内物料压力的作用下而流出。适用于流动性好的物料，有一定的料封作用。

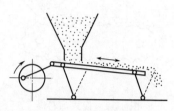

图 47-12　摇摆式加料器

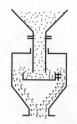

图 47-13　浮动式加料器

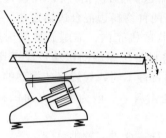

图 47-14　电磁振动式加料器

振动式加料器（图 47-14）是依靠电磁振动器或振动电动机使输送槽产生斜向的上下振动，而使物料产生斜向上下跳跃运动进行供料。大致可以分为两类：一类是利用电磁力、弹簧力等而使输送槽产生振动的电磁式；另一类是电动振动器驱动输送槽振动的电动式。电磁振动式加料器如图 47-14 所示。振动式加料器的送料量由振动粉粒体的移动速度和移动粉粒体的截面积决定，可通过振动频率、振幅和漏斗口调节。振动式加料器结构简单、磨损小。

47.2.2.4　气压式及流态化式

喷射器（图 47-15）是靠喷出的高速空气在出料口缩颈处产生负压而进行压送物料。喷射器可单独使用，也可与旋转式加料器或螺旋式加料器组合使用。

空气槽（图 47-16）是一个稍倾斜的输送槽，用多孔板将槽体分隔成上、下两部分。多孔板上覆盖丝网或帆布。当下部通入低压空气时，空气透过帆布使上部粉状物料流态化而从板上流下进行供料。

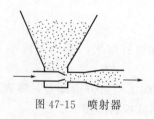

图 47-15　喷射器

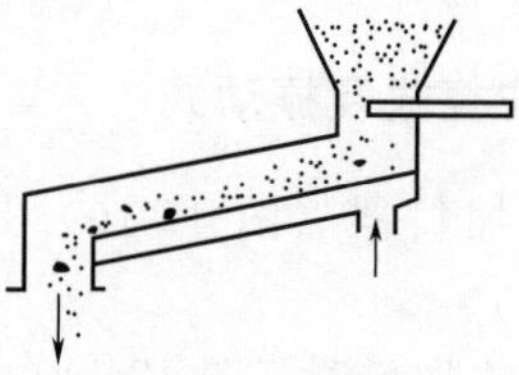

图 47-16　空气槽

47.2.3　固体加料装置设计及选用准则

在选择加料装置的时候，粉粒体的特性必须考虑，比如粉粒体的粒径、粒径分布、松装密度、含水量、附着性、凝结性、物料的危险性及成尘特性等。这些特性之间也存在着复杂的关联，共同影响着粉粒体的流动性。此外，也应根据使用状态、密封等要求设计或选用加料装置。不同原理的加料器可以配合使用，以达到较优效果。粉粒状物料加料器选用见表 47-3。

表 47-3　粉粒状物料加料器选择表

		重力式									机械式								往复式或振动式			
		1 短管	2 静止闸板	3 运动闸板	4 旋转供料器	5 锁气式料斗（双重排料阀）	6 垂链式供料器	7 圆盘加料器	8 立式螺旋供料器	9 带式供料器	10 螺旋供料器	11 链式供料器（链板式）	12 链式供料器（槽式）	13 板式供料器	14 斗式提升机	15 板轴斗式提升机	16 箕斗式提升机	17 螺旋提升机	18 柱塞供料器	19 往复板式供料器	20 摇摆式供料器	21 振动式供料器
粒度	1 细粉（100 目以下）	○	○	○	○	○	×	○	○	○	○	○	○	×	○	×	○	△	×	△	△	○
	2 粉（100 目～1mm）	○	○	○	△	○	×	○	○	○	○	○	○	○	○	○	○	○	×	△	△	○
	3 颗粒（1～10mm）	○	○	○	○	×	×	○	○	○	○	○	○	○	○	○	○	○	○	○	○	○
	4 小块（10～100mm）	○	△	○	×	×	○	×	×	△	△	○	○	○	×	○	○	×	○	○	○	○
	5 大块（100mm 以上）	○	△	○	×	×	○	×	×	×	×	○	○	○	×	×	○	×	○	○	×	×
	6 不规则形状（断裂状、针状等）	○	△	○	×	△		×	△	○	△	○	○	○	○	○	○	○	○	△	○	○
	7 粒度分布广的物料流动性	○	△	○	△	△	×	×	△	○	△	○	△	×	○	○	○	△	△	×	×	△
	8 流动性大（静止角＜30°）	○	△	×	△	△		×	△	○	△	△	△	×	○	○	○	△	△	○	△	○
	9 流动性中等（静止角 30°～45°）	○	○	○	○	△	○	△	△	○	△	○	△	○	○	○	○	△	△	△	△	○
	10 流动性小（静止角＞45°）	△	×	△	×	△	○	△	○	○	△	○	○	○	○	○	○	△	△	○	○	○
膏糊状物料	11 磨损性	△	×	△	×	△	○	△	○	○	×			○	○	○	○	×	△	△	△	○
	12 无磨损性	○	○	○	○	○	○	○	○	○	○			○	○	○	○	○	○	○	○	○
	13 磨损性小	○	○	△	×	△		△	△	○	△			△	○	△	○	△	△	×	×	×
	14 磨损性大	○	△	△	△	△	○	×	×	○	×			○	△	×	×	×	×	△	×	×
其他物料	15 脆弱的物料	△	○	×	×	×	×	△	×	○	×	○	○	○	△	○	○	×	×	△	×	×
	16 很轻的物料	△	×	△	×	×	○	○	○	○	×	×	△	△	○	△	○	○	○	○	○	○
	17 高温物料（100℃以上）	○	×	○	△	○	○	△	△	○	×	○	○	○	○	○	○	△	○	○	○	○

注：○能用；△通常不能用；×不能用。

47.2.3.1　物料的性质

必须对物料的物理和化学性质，包括物料水分、堆积密度、粒度及粒度分布、黏附性、吸湿性、破损性、磨损性、腐蚀性、热敏性和静止角等进行测定和查询，并对其在进出料过程中的物性变动情况进行研讨。

47.2.3.2　使用状态

必须充分注意下列实际使用条件，采取适当措施满足使用要求。

① 加料器前段及后段装置工况，包括装置种类、操作压力、湿度、温度、气体介质种类及组成、料仓中物料储量、压力和流动性等。

② 加料量及允许误差。

③ 输送距离，一般从上游到干燥器尽可能短和直接，避免物料堆积。

④ 联锁装置和自动控制条件。

⑤ 连续或间断运转的时间。

⑥ 混入异物的可能性及其种类形态和数量。

⑦ 架桥现象、喷料现象的可能性及其程度。

47.2.3.3　密封问题

当加料器前后有压差时，要采取措施在不漏气的情况下供给物料，一般通过下列方法达到目的。

① 充分利用物料本身的重量所形成的料柱压头。

② 压紧物料，以保持气密，如采用双级串联加料器。

③ 将前段料斗改成密闭的结构。

④ 安设压力平衡罐，采用双层排料阀。

47.2.4　固体储料装置的结构形式及特点

干燥器供料系统中的储料装置需要消除供料中可能出现的不连续、变化和中断现象。同时，应避免长期储存物料和使用超大容器，减少物料沉降和结块的可能性。一般储料装置或料斗有三种基本形式如图 47-17 所示，它们的特点为：

① 漏斗流式储料装置　储量大且制造成本低，适用于不结块和不沉降物料和下游不分离的物料；先进后出的供料形式经常导致物料分离和沉降，不适合长期存放易变质或淤积的物料；容易形成非流动区，从而影响储存容量和固体位置计量。

② 整体流式储料装置　先进先出的供料形式不会导致物料结块、沉降和分离；流动速度可预测；可消除非流动区以减少物料沉降的风险；供料时物料密度恒定，可使容积式供料机固相控制效果良好，提升重力式给料机的性能；消除了涡流、结块等现象；容器内材料有气体密封作用。

③ 扩展流式储料装置　具有"漏斗流和整体流"两种储料箱的结构特征；相对大块物料整体

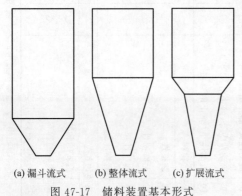

(a) 漏斗流式　　(b) 整体流式　　(c) 扩展流式

图 47-17　储料装置基本形式

流式储料箱，可减少或消除流动性问题；供料能力大且速度快；共混能力比漏斗流式储料箱好，但比大块物料整体流式储料箱差；供料速率介于高速漏斗流式储料箱和低速大块物料整体流式储料箱之间。

物料从储料容器内的流出速度一定要大于最大加料速度，否则会供料不足并且无法控制供料速度。当用整体流式储料装置输送超细粉体时，这个问题尤为重要，因为相对于粗颗粒，超细粉体流动速度要慢得多。可同时使用辅助流动卸料装置包括锤式、振动式、气动式、搅拌式等，用来解决部分流动难的问题。

47.2.5 固体加料装置的结构及形式

47.2.5.1 螺旋加料器

（1）螺旋加料器的基本结构及分类

螺旋加料器是干燥过程中应用较多的一种加料器。适宜各种粉状及小块物料，但不宜输送易变质的、黏性大、易结块和大块物料。

螺旋加料器的优点是结构简单、横截面尺寸小、密封性能好、操作安全方便、制造成本较低。螺旋加料器的缺点是消耗功率较大，螺旋磨损较大，黏性大的物料需要用特殊螺旋片，单杆螺旋一般不超过 6m 以防轴心偏移。

螺旋加料器的基本结构如图 47-9 所示。螺旋安装在圆筒形机壳内，靠螺旋旋转时产生的送进作用，使物料从进料口向出料口移动进行供料，有一定的定量性。假如在螺旋出口端设计小节距螺旋片，可产生 0.1MPa 的密封压力，能向有压差处进行供料。复杂的螺旋加料器的形式多种多样，有变螺旋直径、短螺距、变螺距双螺杆锥形、多螺杆并联等形式。

图 47-18 为溢流型螺旋加料器。在螺旋加料器出口处，物料须翻越一个比螺旋筒体外壁

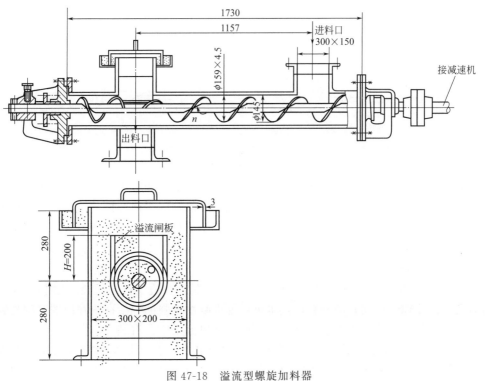

图 47-18 溢流型螺旋加料器

（图中数据以 mm 计）

高的溢流闸板后进入到出口管。由于形成一段料封，达到气封的目的。

图 47-19 为防止进口料斗架桥、供料量可调节的螺旋加料器。由于特殊振动组合的作用，使物料处于振动流化状态，以及由于螺旋转速可调，所以定量性较高，误差在几个百分点以内。该加料器用于小麦粉时，加料量在 $0.75 \sim 117 \mathrm{m^3/h}$ 时所需功率为 $0.75 \sim 1.5 \mathrm{kW}$。

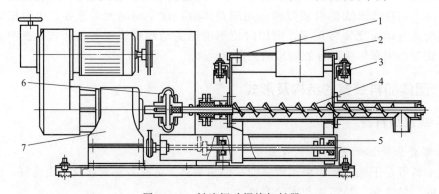

图 47-19 料斗振动螺旋加料器

1—槽盖；2—挠性筒；3—槽台；4—螺杆；5—振动组合；6—联轴器；7—无级变速器

螺旋加料器因物料的性质不同而采用不同的螺旋片形式，分为实体螺旋、带式螺旋、叶片型螺旋三种，如图 47-20 所示。

实体螺旋 [图 47-20(a)] 节距 S 与直径 D 之比 S/D 为 0.8，适宜输送粉状和粒状物料；带式螺旋 [图 47-20(b)] S/D 为 1，适宜输送粉状、小块状和黏性中等物料；叶片型螺旋 [图 47-20(c)] S/D 为 1.2，图 47-20(d) 所示桨叶适宜输送黏性较大和可压缩性物料，输送过程中可同时完成搅拌和混合。

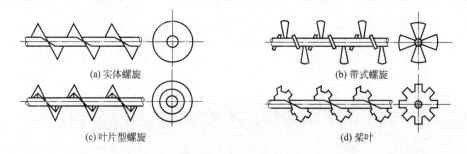

(a) 实体螺旋   (b) 带式螺旋

(c) 叶片型螺旋   (d) 桨叶

图 47-20 螺旋叶片形式

以干燥为目的的螺旋加料器存在料封问题，可用如下方法解决：①水平方向出料，并在出口处设置锤板压实物料达到料封目的；②将螺旋片沿圆周径向开槽，保持一短圆柱的物料作料封；③将螺旋片做成间断结构，以形成一个或多个短圆柱物料作料封；④采用溢流型螺旋加料器，如图 47-18 所示。

（2）螺旋加料器的影响参数

① 螺旋旋转数 料斗内有防止搭桥发生的搅拌器，一边搅拌一边排出物料。因此这种送料器既可以处理流动性好的粉粒体，也可以处理凝结性强的包括微粉在内的多种物料。加料流量与旋转数成线性正比例，这种关系对调整加料流量十分有利。

② 料斗中原料高度 原料没有进行补充，料斗内原料随着时间推移而减少。螺旋加料器与其他类型加料器相比，料斗内物料量的多少对送料流量的影响较小。随着料斗内物料量的减少，物料的填充状态发生变化，送料量减少。

（3）螺旋加料器的设计方法

① 原始资料　被送物料的名称和特性，如容积密度 γ（t/m³）、黏度、含水率、温度、磨琢性、腐蚀性等；被送物料最大块度和块度分布；需要的输送量（t/h）。

螺旋输送机的计算简图见图 47-21。基本尺寸有送料长度 L（m），加料器倾斜送料时倾角 β，水平投影长度 L_h（m），垂直投影长度 H（m）。

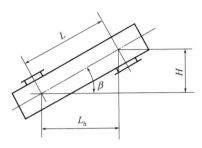

图 47-21　螺旋输送机的计算简图

② 螺旋直径 D 计算

$$D \geqslant K \sqrt[2.5]{\frac{G}{\psi \gamma C}} \tag{47-1}$$

式中，D 为螺旋直径，m；K 为物料综合特性系数，见表 47-4；G 为送料量，t/h；ψ 为物料填充系数，见表 47-4；γ 为物料容积密度，t/m³；C 为倾斜工作时送料量校正系数，见表 47-5。

表 47-4　ψ、A、K 值

物料的块度	物料的磨琢性	物料的典型例子	推荐的填充系数 ψ	推荐的螺旋面形式	K 值	A 值
粉状	无磨琢性 半磨琢性	面粉、石墨 石灰、纯碱	0.35～0.40	实体螺旋面	0.0415	75
粉状	磨琢性	干炉粉、水泥、白粉、石膏粉	0.25～0.30	实体螺旋面	0.0565	35
粒状	无磨琢性 半磨琢性	谷物、锯木屑、泥煤、颗粒状食盐	0.25～0.35	实体螺旋面	0.0490	50
粒状	磨琢性	造型土、型砂、砂、成粒的炉渣	0.25～0.30	实体螺旋面	0.0600	30
小块状 <60mm	无磨琢性 半磨琢性	煤、石灰石	0.25～0.30	实体螺旋面	0.0537	40
小块状 >60mm	磨琢性	卵石、砂岩干炉渣	0.20～0.25	实体螺旋面或带式螺旋面	0.0645	25
中等及大块度 >60mm	无磨琢性 半磨琢性	块煤、块状石灰	0.20～0.25	实体螺旋面或带式螺旋面	0.0600	30
	磨琢性	干黏土、硫矿石、焦炭	0.125～0.20	实体螺旋面或带式螺旋面	0.0795	15
块状	黏性 易结块	含水的糖、淀粉质的团	0.125～0.20	实体螺旋面	0.0710	20

表 47-5　螺旋加料机倾斜布置时输送量的校正系数

倾斜角 β	0°	≤5°	≤10°	≤15°	≤20°
C	1.0	0.9	0.8	0.7	0.65

按式（47-1）算得的直径应圆整为下列标准螺旋直径（mm）：150、200、250、300、400、500、600。

如果物料的块度较大，螺旋直径与物料块度应维持如下关系：

对未分选物料 $\qquad D \geqslant (8 \sim 10) d_K$

对已分选物料 $\qquad D \geqslant (4 \sim 6) d_K \qquad$ (47-2)

式中，d_K 为块状物料任何截面上最大尺寸。

根据物料的块度如需选择较大螺旋直径，则在维持送料量不变的情况下，可以选择较低的螺旋转速，对延长螺旋的使用寿命有利。

③ 螺旋轴转速 n 计算

$$n \leqslant \frac{A}{\sqrt{D}} \qquad (47\text{-}3)$$

式中，n 为螺旋轴的极限转速，r/min；A 为物料综合特性系数。计算时 A 和 K 的值必须同时取自表47-4。

根据式(47-3)计算得出的转速 n 应圆整为下列标准转速：20、30、35、45、60、75、90、120、150、190（r/min）。

④ 校核物料填充系数 ψ　螺旋直径 D 和螺旋转速 n 在圆整到其相近的标准值后，填充系数 ψ 可能不同于原来从表47-4中所选取的值，应按下式进行校核

$$\psi = \frac{G}{47 D^2 n \gamma C S} \qquad (47\text{-}4)$$

式中，S 为螺距，m。

按上式算得的 ψ 值允许低于表47-4所列下限，但不能高于表列数值上限。若低于表列下限很多，则可降低螺旋轴转速 n；若高于表列上限，则可加大螺旋直径 D。

式(47-4)还可以用作螺旋加料器选型时估算加料能力 G。

⑤ 功率计算　螺旋输送机的轴功率可按下式计算

$$N_o = k \frac{G}{367}(\omega_o L_h \pm H) \qquad (47\text{-}5)$$

式中，N_o 为螺旋加料器轴功率，kW；k 为功率备用系数，一般在 $1.2 \sim 1.4$ 之间选取或由经验选取；G 为输送量，t/h；ω_o 为阻力系数，见表47-6；L_h 为螺旋加料器水平投影长度，$L_h = L\cos\beta$；H 为螺旋加料器垂直投影长度，m；$H = L\sin\beta$，向上输送时取"$+$"号，向下输送时取"$-$"号。

表 47-6　被输送物料的阻力系数

物料特性	物料的典型例子	ω_o	物料特性	物料的典型例子	ω_o
无磨琢性(干的)	粮食、谷物、锯木屑、煤粉、面粉	1.2	磨琢性	卵石、砂、水泥、焦炭	3.2
无磨琢性(湿的)	棉籽、麦芽、糖块、石英粉	1.5	强烈磨琢性或黏性	炉灰、造型土、石灰、砂糖、矿砂	4.0
半磨琢性	纯碱、块煤、食盐	2.5			

按式(47-5)计算轴功率，在 G 及 L 较大时比较接近实际值。

螺旋加料器驱动装置额定功率按下式计算

$$N = \frac{N_o}{\eta} \qquad (47\text{-}6)$$

式中，η 为驱动装置总效率，可取 $\eta = 0.94$。

（4）送料流量变动的控制

对于螺旋加料器，当供给附着性及凝结性高的微粉时，加料器的排出口会有微粉的崩落，短时间内送料流量发生变动（脉动）的情况多有发生。因为与送料原理相关联，在螺旋排出侧前端安装上刷子状部件可以抑制脉动。同时设置内部构件，物料填充密度更加均一，

块状物料通过该部件的销钉间时被破碎分割进而细化。

（5）送料流量的测量及控制系统

为了保持送料量恒定，使用带质量传感器的测量及控制系统，可有效控制送料流量。加料器转动开始排出粉体，从这期间减少的粉体重量与计量时间可以算出送料流量。将送料流量与设定流量进行比较，根据该差值的极小值来调整计量料斗旋转数。如果测定的料斗内粉体量比设定值少，在一定的旋转速度下计量料斗加料动作就会进行，从前端储料漏斗中漏出粉体来填充计量料斗直至设定的数值量。此外，补料完成的计量料斗的螺旋加料器再次反馈控制继续运转，反复循环，保证准确送料。例如，加料实施流量控制后，对于设定流量为 100g/h 的铝物料（中间粒径为 $9.6\mu m$），加料流量实际值与测定值误差在 ±1% 范围内。

（6）螺旋加料器国内生产规格

GX 型系列螺旋输送机为定型产品，适用环境温度为 $-20\sim+50℃$，物料温度小于 $200℃$。输送机倾角 β 小于 20°，输送长度一般小于 40m，最长不超过 70m。GX 型螺旋面有实体螺旋面型 $S/D=0.8$，带式螺旋面型 $S/D=1$ 两种形式，螺旋直径系列为 150mm、200mm、250mm、300mm、400mm、500mm、600mm，螺旋轴转速系列为 20r/min、30r/min、35r/min、45r/min、60r/min、75r/min、90r/min、120r/min、150r/min、190r/min。输送长度从 3m 起至 70m 止，级差为 0.5m。

有些企业的产品仅作为 GX 型螺旋输送机在输送长度上的补缺产品，如 LG 系列螺旋给料机，直径系列为 120mm、150mm、200mm、250mm，转速系列为 42r/min、51r/min，输送长度为 600mm、800mm、1000mm、1250mm、1500mm、2000mm。除此之外，目前部分企业开发了双螺旋加料器（啮合型和非啮合型）、防架桥螺旋加料器、配有气力输送的螺旋加料器等多种形式的螺旋加料器。

47.2.5.2　斗式提升机

（1）特点及适用范围

斗式提升机可垂直或倾斜输送散状物料，其特点是横断面尺寸较小，占地面积少，提升高度大，有良好的密封性等。其缺点是过载的敏感性大，斗和链易损坏。

斗式提升机送料高度通常为 $12\sim20m$，最高可达 30m，送料能力在 300t/h 以下，一般情况多采用直立式提升机。表 47-7 列出斗式提升机定型产品的适用范围及其结构特征。

表 47-7　D 型、HL 型、PL 型斗式提升机定型产品的适用范围及其结构特征

形式特征	D 型	HL 型	PL 型
牵引构件	橡胶带	锻造的环形链条	板链
卸载特征	间断布置料斗，快速离心卸料	间断布置料斗，料斗利用"掏取法"进行装载，用"离心投料法"进行卸载	间断布置料斗，采用慢速重力卸料
适用输送物料	粉状、粒状、小块状的无磨琢性或半磨琢性的散状物料，如煤、砂、焦末、水泥、碎矿石等	粉状、粒状及小块状的无磨琢性的物料，如煤、水泥、石块、砂、黏土等	块状、密度较大的磨琢性物料，如煤碎石、矿石、卵石；易碎物料，如焦炭、木炭等
适用温度	被输送物料的温度不得超过 60℃，如采用耐热橡胶带允许 150℃	允许输送温度较高的物料	被输送物料的温度在 250℃ 以下
型号	D160、D250、D350、D450	HL300、HL400	PL250、PL350、PL450
高度/m	4～30	4.5～30	5～30
输送量/(m³/h)	3.1～66	16～47.2	22～100

（2）分类和装载、卸载方式

① 斗式提升机分类　按运送物料的方向可分为直立式和倾斜式。按卸载特性可分为离心式、重力式和离心-重力式。按装载特性可分为掏取式和流入式。按料斗的形式可分为深斗式、浅斗式和鳞斗式（三角式）。按牵引构件形式可分为带式、环链式和板链式。按工作特性可分为重型、中型和轻型。部分企业开发了斗式提升干燥一体机，提升的同时完成干燥作业。

为了适应被输送物料的不同装载与卸载特性，其料斗可分为深圆形底与浅圆形底。深圆形底料斗适用于输送干燥的、松散的、易于卸载的物料，如水泥、块煤、干砂、碎石等。浅圆形底料斗适用于输送湿的、易结块的、难于卸载的物料，如湿砂、型砂等。

斗式提升机在尾部装载，在头部卸载。

② 斗式提升机的装载方式

a. 掏取式（图 47-22）。由料斗尾部掏取物料而实现装载。主要用于输送粉末状、粒状、小块状无磨琢性的散状物料。当掏取这些物料时，不会产生很大阻力。料斗可以有较高的运动速度，一般为 0.8～2m/s。

b. 流入式（图 47-23）。物料直接流入料斗内实现装载。用于输送大块和磨琢性大的物料。料斗之间密接布置，以防止物料在料斗之间撒落。料斗运动速度不得超过1m/s。

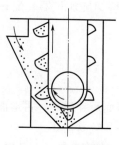

图 47-22　掏取式装载

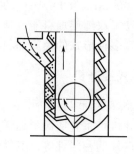

图 47-23　流入式装载

③ 斗式提升机卸载方式　斗式提升机的卸载方式是由驱动滚筒旋转转速及料斗运动线速度的高低决定的。有如下 3 种卸载形式。

a. 离心式卸载。物料的离心力远大于重力，料斗内的物料均匀地沿料斗外壁抛出，物料作离心式卸载。这种卸载方式用于易流动的粉末状、粒状和小块状物料。料斗运动速度较高，通常取 1～2m/s。采用胶带作牵引构件。

b. 离心-重力式卸载。物料的离心力和重力都对卸料起作用。料斗内一部分物料沿料斗的外壁抛出，另一部分物料沿料斗内壁滑动，物料作离心-重力卸载。这种卸载方式用于流动性不良的粉状物料及含水的物料。料斗的运动速度在 0.6～0.8m/s 范围内。常用链条作牵引构件。

c. 重力式卸载。物料的重力比离心力大。料斗内的物料沿料斗内壁滑动，物料作重力式卸载。这种卸载方式用于块状、半磨琢性和大磨琢性的物料。料斗的运动速度在 0.4～0.8m/s 范围内。常用链条作牵引构件。

表 47-8 列出 TD 型斗式提升机主要技术性能参数。表 47-9 列出 TH 型斗式提升机主要技术性能参数。表 47-10 列出 TB 型斗式提升机主要技术性能参数。

表 47-8　TD 型斗式提升机规格及主要技术性能参数

斗式提升机型号	料斗形式	输送量/(m³/h) 离心式卸料	输送量/(m³/h) 重力式卸料	输送物料最大块度/mm	料斗 宽度/mm	料斗 容积/L	料斗 斗距/mm	输送带 宽度/mm	输送带 层数	料斗运行速度/(m/s) 离心式卸料	料斗运行速度/(m/s) 重力式卸料	传动滚筒 直径/mm	传动滚筒 转速/(r/min) 离心式卸料	传动滚筒 转速/(r/min) 重力式卸料	从动滚筒直径/mm
TD100	浅斗	2		20	100	0.16	200	150	≤3	1.4		400	67		315
TD100	圆弧斗	7.5		20	100	0.3	200	150	≤3	1.4		400	67		315
TD100	中深斗	7		20	100	0.4	280	150	≤3	1.4		400	67		315
TD100	深斗	9		20	100	0.5	280	150	≤3	1.4		400	67		315
TD160	浅斗	9		30	160	0.5	280	200	≤3	1.4		400	67		315
TD160	圆弧斗	16		30	160	0.9	280	200	≤3	1.4		400	67		315
TD160	中深斗	14		30	160	1.0	355	200	≤3	1.4		400	67		315
TD160	深斗	22		30	160	1.5	355	200	≤3	1.4		400	67		315
TD250	浅斗	22		40	250	1.3	355	300	≤4	1.6		500	61		400
TD250	圆弧斗	35		40	250	2.2	355	300	≤4	1.6		500	61		400
TD250	中深斗	30		40	250	2.4	450	300	≤4	1.6		500	61		400
TD250	深斗	48		40	250	3.8	450	300	≤4	1.6		500	61		400
TD315	浅斗	28	22	45	315	2.0	400	400	≤4	1.6	1.2	500	61	45.8	400
TD315	圆弧斗	52	38	45	315	3.6	400	400	≤4	1.6	1.2	500	61	45.8	400
TD315	中深斗	45	32	45	315	3.8	500	400	≤4	1.6	1.2	500	61	45.8	400
TD315	深斗	70	52	45	315	6.0	500	400	≤4	1.6	1.2	500	61	45.8	400
TD400	浅斗	45	35	55	400	3.2	450	500	≤5	1.8	1.4	630	55	42.5	500
TD400	圆弧斗	80	65	55	400	5.6	450	500	≤5	1.8	1.4	630	55	42.5	500
TD400	中深斗	70	55	55	400	6	560	500	≤5	1.8	1.4	630	55	42.5	500
TD400	深斗	110	85	55	400	9.5	560	500	≤5	1.8	1.4	630	55	42.5	500
TD500	浅斗	65	48	60	500	5.0	500	600	≤5	1.8	1.3	630	55	40	500
TD500	圆弧斗	115	85	60	500	9.0	500	600	≤5	1.8	1.3	630	55	40	500
TD500	中深斗	100	70	60	500	9.5	630	600	≤5	1.8	1.3	630	55	40	500
TD500	深斗	160	110	60	500	15	630	600	≤5	1.8	1.3	630	55	40	500
TD630	浅斗	100	75	65	630	7.8	560	700	≤6	2.0	1.5	800	48	36	630
TD630	圆弧斗	180	132	65	630	14	560	700	≤6	2.0	1.5	800	48	36	630
TD630	中深斗	150	115	65	630	15	710	700	≤6	2.0	1.5	800	48	36	630
TD630	深斗	240	180	65	630	24	710	700	≤6	2.0	1.5	800	48	36	630
TD800	浅斗	160	132	75	800	13	630	1000	≤8	2.2	1.8	1000	42	34.5	800
TD800	圆弧斗	280	230	75	800	23	630	1000	≤8	2.2	1.8	1000	42	34.5	800
TD800	中深斗	240	190	75	800	24	800	1000	≤8	2.2	1.8	1000	42	34.5	800
TD800	深斗	375	300	75	800	38	800	1000	≤8	2.2	1.8	1000	42	34.5	800
TD1000	浅斗	250	200	85	1000	20	710	1200	≤10	2.5	2	1250	38	30.5	1000
TD1000	圆弧斗	450	360	85	1000	36	710	1200	≤10	2.5	2	1250	38	30.5	1000
TD1000	中深斗	380	300	85	1000	38	900	1200	≤10	2.5	2	1250	38	30.5	1000
TD1000	深斗	600	480	85	1000	60	900	1200	≤10	2.5	2	1250	38	30.5	1000

表 47-9　TH 型斗式提升机规格及主要技术性能参数

斗式提升机型号		TH315		TH400		TH500		TH630		TH800		TH1000	
料斗形式		中深斗	深斗	中深斗	深斗	中深斗	深斗	中深斗	深斗	中深斗	深斗	中深斗	深斗
输送量/(m³/h)		45	70	70	110	80	125	125	200	150	240	240	360
输送物料最大块度/mm		45		55		60		65		75		85	
料斗	宽度/mm	315		400		500		630		800		1000	
料斗	容积/L	3.8	6	6	9.5	9.5	15	15	24	24	38	38	60
料斗	斗距/mm	432		432		660		660		936		936	

续表

斗式提升机型号		TH315	TH400	TH500	TH630	TH800	TH1000
链条	(圆钢直径×节距)/mm	18×378	18×378	22×594	22×594	26×858	26×838
	破断拉力/kg	25000	25000	38000	38000	56000	56000
料斗运行速度/(m/s)		1.4	1.4	1.5	1.5	1.6	1.6
传动链轮	节圆直径/mm	630	630	800	800	1000	1000
	转速/(r/min)	42.5	42.5	35.8	35.8	30.5	30.5
从动链轮节圆直径/mm		500	500	630	630	800	800

表 47-10　TB 型斗式提升机规格及主要技术性能参数

斗式提升机型号		TB250	TB315	TB400	TB500	TB630	TB800	TB1000
料斗形式		角斗	梯形斗	梯形斗	梯形斗	梯形斗	梯形斗	梯形斗
输送量/(m³/h)		15～25	30～45	50～75	85～120	135～190	215～305	345～490
输送物料块度/mm	正常值	50	50	70	90	110	130	150
	最大值(10%以下)	90	90	110	130	150	200	250
料斗	宽度/mm	250	315	400	500	630	800	1000
	容积/L	3	6	12	25	50	100	200
	斗距/mm	200	200	250	320	400	500	630
链条	节距/mm	100	100	125	160	220	250	315
	破断拉力/kg	36000	36000	57600	57600	115200	115200	151200
料斗运行速度/(m/s)		0.5	0.5	0.5	0.5	0.5	0.5	0.5
传动链轮	齿数	无齿	12	12	12	12	12	12
	节圆直径/mm	500	386.4	483	618.24	772.8	966	1217.16
	转速/(r/min)	19.11	24.91	19.78	15.45	13.36	9.89	7.85
从动链轮	齿数	无齿	12	12	12	12	12	12
	节圆直径/mm	500	386.4	483	618.24	772.8	966	1217.16

注：表中的输送量是按填充系数 $\psi=0.6\sim0.85$ 计算得出。

（3）选型计算

① 生产能力计算

$$G = 3.6 \frac{i_0}{a} v_1 \gamma \psi \tag{47-7}$$

式中，G 为生产能力，t/h；i_0 为料斗容积，L；a 为料斗间距，m；v_1 为提升速度，m/s；γ 为物料堆密度，t/m³；ψ 为充满系数（表 47-11）。

表 47-11　ψ 值

物料特性	充满系数 ψ	物料特性	充满系数 ψ
粉末状物料	0.75～0.95	50～100mm 的中块物料	0.5～0.7
20mm 以下的粒状物料	0.7～0.9	大于 100mm 的大块物料	0.4～0.6
20～50mm 的小块物料	0.6～0.8	潮湿的粉末状和粒状的物料	0.6～0.7

② 料斗的选择　由生产能力计算式(47-7)换算得。

$$\frac{i_0}{a}=\frac{G}{3.6v_1\gamma\psi} \tag{47-8}$$

根据计算所得 $\dfrac{i_0}{a}$ 的比值，由表 47-12 可查得 D 型、HL 型、PL 型斗式提升机的料斗间距和容积。由料斗的容积和形式，可查表 47-13 得出相应料斗的几何尺寸。

表 47-12　料斗间距和容积

斗式提升机型号	斗宽/mm	料斗制法	$\dfrac{i_0}{a}$/(L/m)	料斗间距 a/mm	料斗容积/L
D 型	100	S	3.67	300	1.10
	100	Q	2.16	300	0.65
	250	S	8.00	400	3.20
	250	Q	6.50	400	2.60
	300	S	15.60	500	7.80
	300	Q	14.00	500	7.00
	450	S	22.66	640	14.50
	450	Q	23.44	640	15.00
HL 型	300	S	10.40	500	5.20
	300	Q	8.80	500	4.40
	400	S	17.50	600	10.50
	400	Q	16.67	600	10.00
PL 型	250	三角形	16.50	200	3.30
	350	三角形	40.80	250	10.20
	450	三角形	70.00	320	22.40

表 47-13　斗式提升机料斗尺寸参数　　　　单位：mm

料斗 名称	料斗 代号	料斗 图形	尺寸代号	料斗宽度 B 100	160	250	315	400	500	630	800	1000	应用范围
浅斗	Q		a	90	125	160	180	200	224	250	280	315	输送轻细的物料，如面粉、谷粉、木屑等
			h_1	80	112	140	160	180	200	224	250	280	
			h_2	28	40	50	56	63	71	80	90	100	
			r	23	32	40	45	50	56	63	71	80	
			i/L	0.16	0.5	1.3	2.0	3.2	5.0	7.8	13	20	
圆弧斗	H		a	90	125	160	180	200	224	250	280	315	输送颗粒状物料，如油菜籽、豆类等
			h_1	95	132	170	190	212	236	264	296	322	
			h_2	50	70	90	100	112	125	140	160	180	
			r_1	225	315	400	450	500	560	630	710	800	
			r	23	32	40	45	50	56	63	71	80	
			i/L	0.3	0.9	2.2	3.6	5.6	9	14	23	36	
中深斗	Z		a	112	140	180	200	224	250	280	315	355	输送湿黏性物料，如糖、湿细砂等
			h_1	125	160	200	224	250	280	315	355	400	
			h_2	50	63	80	90	100	112	125	140	160	
			r	32	45	56	63	71	80	90	100	112	
			i/L	0.4	1	2.4	3.8	6	9.5	15	24	38	

续表

料斗 名称	代号	图形	尺寸代号	料斗宽度 B 100	160	250	315	400	500	630	800	1000	应用范围
深斗	S		a	112	140	180	200	224	250	280	315	355	输送重的粉状至小块状物料,如砂、水泥、煤等
			h_1	140	180	224	250	280	315	355	400	450	
			h_2	74	95	118	132	150	170	190	212	236	
			r	36	45	56	63	71	80	90	100	112	
			i/L	0.5	1.5	3.8	6	9.5	15	24	38	60	
角斗	J		a			130							输送容重较大,磨琢性及易碎的物料,如煤、碎石、矿石、卵石、焦炭等
			h			190							
			b			144							
			i_0/L			3							
梯形斗	T		a				130	160	208	262	330	420	
			h				190	235	305	385	485	615	
			b				144	177	230	290	365	463	
			i_0/L				6	12	25	50	100	200	

注：1. 料斗容积，对浅斗、圆弧斗、中深斗、深斗型为计算容积，以 i 表示；对角斗、梯形斗为全斗容积，以 i_0 表示。

2. 料斗的实际填充取决于被输送物料的特性。

　　在选择料斗时，对于块状物料，还必须根据被输送物料的最大粒度进行校核。各种形式斗式提升机允许最大物料颗粒直径见表 47-14～表 47-16，或者按下式验算料斗口尺寸。

$$A \geqslant m d'_{\max} \tag{47-9}$$

　　式中，A 为料斗口尺寸，mm，见图 47-24；$d'_{\max}$ 为物料的最大粒度，mm；m 为系数，见表 47-17。

表 47-14　D 型斗式提升机许用最大粒度

型号	D160	D250	D350	D450
最大粒度/mm	25	35	45	55

表 47-15　HL 型斗式提升机许用最大粒度

型号	HL300	HL400
最大粒度/mm	40	50

表 47-16　PL 型斗式提升机许用最大粒度

型号	PL250	PL350	PL450
最大粒度/mm	35	80	110
最大粒度含量不超过10%/mm	75	110	150

表 47-17　m 值

物料最大粒度 $d'_{\max}$ 占的百分数/%	10	25	50	75	100
m	2	2.5	3.25	4	4.75

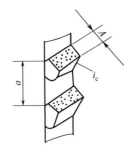

图 47-24　料斗口尺寸

如果选用的料斗口尺寸不能满足式(47-9)的要求，则应重新选择料斗。

③ 功率计算　驱动滚筒（或链轮）轴上的功率，可近似地按下式计算。

$$N_o = \frac{GH}{367}(1.15 + K_1 K_2 v_1) \tag{47-10}$$

式中，N_o 为轴功率，kW；G 为生产能力，t/h；H 为提升高度，m；v_1 为提升速度，m/s；K_1、K_2 为系数，见表 47-18。

表 47-18　K_1、K_2 值

系数	生产能力 G /(t/h)	带式		单链式		双链式	
		深斗和浅斗	三角式	深斗和浅斗	三角式	深斗和浅斗	三角式
K_1	<10	0.60	—	1.1	—	—	—
	10～25	0.50	—	0.8	1.10	1.2	—
	25～50	0.45	0.60	0.6	0.83	1.0	—
	50～100	0.40	0.55	0.5	0.70	0.8	1.10
	>100	0.35	0.50	—	—	0.6	0.90
K_2	—	—	1.60	1.10	1.3	0.80	1.3	0.80

电动机功率

$$N = k \frac{N_o}{\eta_1 \eta_2} \tag{47-11}$$

式中，N 为电动机功率，kW；k 为电动机功率备用系数，提升高度 $H<10$m 时，$k=1.45$；10m$<H<20$m 时，$k=1.25$，$H>20$m 时，$k=1.15$；η_1 为 LQ 型减速器传动效率，$\eta_1=0.94$；η_2 为三角皮带传动效率，$\eta_2=0.96$；链传动效率 $\eta_2=0.93$。

47.2.5.3　圆盘加料器

（1）特点及适用范围

圆盘加料器是流动性较好的细颗粒物料常用给料设备（见图 47-4），具有给料粒度范围较宽、运转平稳可靠、相对没有泄漏问题、管理方便等特点，可适用于高黏性材料。

圆盘加料器分封闭式及敞开式两种，型号规格及技术性能见表 47-19、表 47-20。

表 47-19　圆盘给料机系列

型号及规格	形式	圆盘直径 /mm	给料能力 /(m³/h)	圆盘速度 /(r/min)	物料粒度 /mm	电动机		质量 /kg
						型号	功率/kW	
FDP400	封闭吊式	400	0～2.0	10.7	≤30	JO41-6	1	160
FDP500	封闭吊式	500	0～3.3	7.83	≤30	JO41-6	1	230
FDP600	封闭吊式	600	0～5	7.83	≤30	JO2-22-6	1.1	250

续表

型号及规格	形式	圆盘直径 /mm	给料能力 /(m³/h)	圆盘速度 /(r/min)	物料粒度 /mm	电动机 型号	电动机 功率/kW	质量 /kg
FDP800	封闭吊式	800	0~7.95	7.83	≤30	JO2-22-6	1.1	600
FDP1000	封闭吊式	1000	0~1.3	5.9	≤30	JO2-31-6	1.5	950
FDP1300	封闭吊式	1300	0~24.7	6.33	≤30	JO2-41-6	3	1255
CDP600	敞闭吊式	600	0~5	7.83	≤30	JO2-22-6	1.1	255
CDP800	敞闭吊式	800	0~7.95	7.53		JO2-22-6	1.1	600
PHM-60/5	座式	600	5	9.1	≤50	JO2-32-6	2.2	678
PGM-60/10	座式	600	10	14.8	≤50	JO2-32-6	2.2	678
PGM-85/20	座式	850	20	14.8	≤50	JO2-41-6	3	746
PGM-85/30	座式	850	30	14.8	≤50	JO2-41-6	3	746
FPG1000	封闭座式	1000	0~13	6.5	≤50	JO2-51-6	2.8	1400
FPG1500	封闭座式	1500	0~20	6.5	≤50	JO2-62-6	7	2880
FPG2000	封闭座式	2000	0~80	4.79	≤50	JO2-63-6	10	5200
FPG2500	封闭座式	2500	120	4.522	≤50	JO2-72-6	14	70
FPG3000	封闭座式	3000	75~225	1.3~3.9	≤50	JO2-72-6	22	13310
FPG1000	敞开座式	1000	14	7.5	≤50	JO2-32-6	2.2	815
CPG1500	敞开座式	1500	25	7.5	≤50	JO2-42-6	4.5	1377
CPG2000	敞开座式	2000	100	7.5	≤50	JO2-52-6	7.5	2020

表 47-20　叶轮式圆盘加料器的规格和性能

叶轮直径 /mm	形式	叶轮转速 /(r/min) 最高	叶轮转速 /(r/min) 最低	加料能力 /(m³/h) 最大	加料能力 /(m³/h) 最小	传动三角皮带	设备质量(不包括电动机) /kg	电动机 形式	电动机 型号	电动机 满载功率 /kW	电动机 转速 /(r/min)	电动机 质量/kg
φ800	座式	8	1.6	19.8	3.96	A型2根 l=1180	338	电磁调速异步电动机	JZT₂	1.1	1200~240	55
φ1000	吊式	8.65	2.2	42.6	10.8	A型3根 l=975	528	直流电动机	Z₂-32	1.1	1000~250	60

（2）生产能力计算

① 敞开式　见图 47-25。

$$G = 60 \frac{\pi h^2 n \gamma}{\tan\alpha} \left(\frac{D}{2} + \frac{h}{3\tan\alpha} \right) \tag{47-12}$$

式中，G 为生产能力，t/h；h 为筒底距圆盘的高度，m；n 为圆盘转速，r/min；γ 为物料堆密度，t/m³；α 为圆盘上的物料的动堆积角度，可查专门手册，总范围 $\alpha = 25° \sim 40°$；D 为料筒内直径，m。

圆盘最大允许转速按下式计算

$$n_o < 9.5 \sqrt{\frac{g f_1}{R_1}} \tag{47-13}$$

式中，n_o 为圆盘最大允许转速，r/min；R_1 为物料形成的截头锥体底半径，m；f_1 为物料与圆盘的摩擦系数，一般取 $f_1 = 0.8$；g 为重力加速度，取 9.81m/s²。

② 封闭式　见图 47-26。

$$G = 60\pi n \gamma (R_1^2 - R_2^2) h \tag{47-14}$$

式中，G 为生产能力，t/h；h 为排料口闸门开启高度，m；n 为圆盘转速，r/min；γ 为物料堆密度，t/m³；R_1、R_2 为排料口内外侧与圆盘中心距离，m。

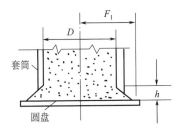

图 47-25　敞开式加料器

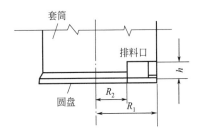

图 47-26　封闭式加料器

（3）其他组合式圆盘加料器

① 叶轮式圆盘加料器（见图 47-27）　叶轮式圆盘加料器是在圆盘给料器的圆盘上装有回转叶片，当圆盘旋转时，将物料拨到卸料口卸料，并可调节电动机转速改变卸料量。它适用于黏滞性不大，可以流动的粉状或细颗粒状物料，如煤粉和烘干后的磷石膏等物料。叶轮式圆盘加料器的规格和技术性能见表 47-20。

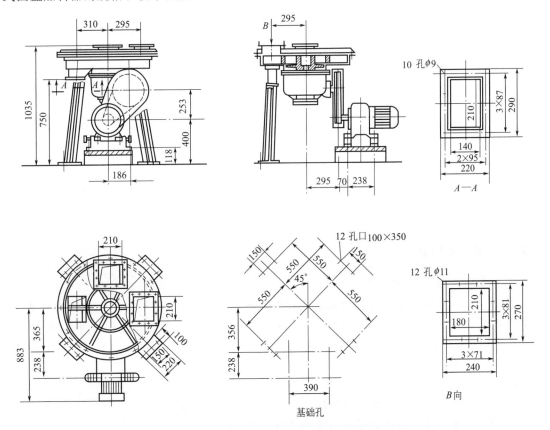

图 47-27　ϕ800 叶轮式圆盘加料器外形图

② 带锥体封闭式圆盘加料器（见图 47-28）　在圆盘上设置锥体有以下作用：

a. 减小料仓中物料重力的变化对卸料量的影响；

b. 防止料仓中物料架桥现象发生；

c. 避免圆盘上产生滞留层。

因此卸料精度较高，可达 $1\%\sim2\%$。技术性能见表 47-21。

表 47-21　技术性能参数

料斗直径 /mm	输送能力 /(t/h)	转速 /(r/min)	功率 /kW	料斗直径 /mm	输送能力 /(t/h)	转速 /(r/min)	功率 /kW
300	0~15	20~30	0.2~0.4	1300	0~100	3~5	3.7~7.5
600	0~30	10~20	0.4~1.5	2000	0~150	2~3	5.5~11
900	0~50	5~10	1.5~3.7	3000	0~200	1~2	7.5~11

③ 带锥体叶轮圆盘加料器（见图 47-29）　上部料仓的物料经叶片刮入下部料仓，通过旋转的圆盘由卸料刮板将物料从出料口卸出。

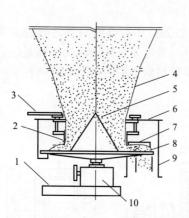

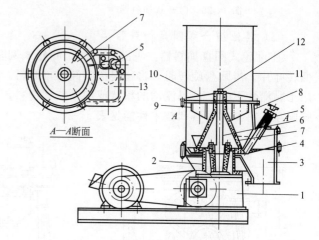

图 47-28　带锥体封闭式圆盘加料器

1—底座；2—调量器；3—控制柄；4—料斗；
5—锥体；6—盖；7—刮板；8—圆盘；
9—出料槽；10—减速器

图 47-29　带锥体叶轮圆盘加料器

1—减速器；2—支架；3—出料斗；4—供料圆盘；5—刮板；
6—主轴；7—搅拌器；8—下部料筒；9—通道；10—叶片；
11—上部料筒；12—调节螺母；13—斗盖

圆盘上设置锥体，锥面上装有搅拌叶片。使物料能均匀分布在圆盘上，保证连续无脉冲卸料并保证很高的计量精度。这种加料器的生产能力从 $60\sim3000L/h$，功率从 $0.4\sim2.2kW$。

47.2.5.4　星形加料器

（1）星形加料器结构特点

① 特点　星形加料器又称星形阀、回转阀、锁气阀、旋转式加料器、叶片式加料器等。其结构如图 47-30。带有若干叶片的转子在机壳内旋转，物料从上部进料口下落到叶片之间，然后随叶片旋转至下端出料口排出物料。它具有以下特点：

a. 结构简单，运转维修方便；

b. 尺寸小、占地少；

c. 能定量连续供料，能调节供料量，在一定范围内供料量与转速成正比；

d. 具有一定程度气密性，适宜有压差处进行给排料；

e. 颗粒物料几乎不产生破碎；

f. 适用高温物料（小于 300℃）的给排料，但不适用于黏性物料。

② 星形加料器结构形式　根据用途和使用条件不同，有多种形式。

a. 普通式（见图 47-30）。为保证较好的气密性，应尽量减少叶片外缘与壳体内壁的间隙，其动配合间隙不超过 $0.05mm$。还可将叶轮和壳体轴向做成一定的锥度，使叶轮与壳体的间隙任意可调，见图 47-31。

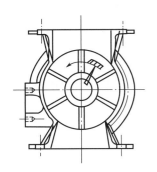

图 47-30　星形加料器（一）

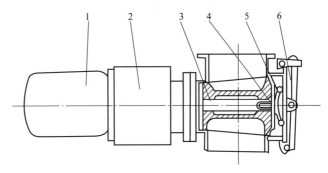

图 47-31　星形加料器（二）

1—电动机；2—减速机；3—锥体转子；4—垫片；
5—调节手轮；6—快开门

b. 防卡舌板式。它的结构基本上与普通式相同。为了防止结块物料在入口处卡住，在入口上方设有一个防卡舌板。舌板必须做成可拆卸的，如图 47-32 所示。

c. 防漏刮板式。它的结构特点是在叶轮每个叶片端部装有聚四氟乙烯材质板或橡胶板。由于有弹性，所以叶片工作时几乎与壳体保持紧密接触，使漏气量减小到最低程度。适用于进出口压差大的场合。

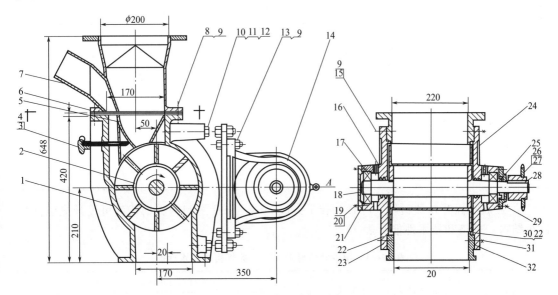

图 47-32　高密度聚乙烯装置中的星形加料器

1—壳体；2—转子；3—手轮；4,10—螺杆；5—内套；6,21—垫圈；7—异形管；
8,13—螺栓；9,11,20—螺母；12—底板；14—摆线针轮减速机；15,19—双头螺柱；
16,25—油封圈；17—轴承；18—闷盖；22—挡圈；23,24—端盖；26—链条；
27—链轮；28—键；29—压盖；30—O 形密封圈；31—圆锥销；32—垫片

d. 连续供料式。将叶轮叶片做成斜齿轮式，使物料连续排出。

e. 空气散放式。在壳体上装有气体旁通管，因此即使有部分气体上冒会从旁通管排出，也不影响物料下落，所以排料容易。如图 47-32 所示。

（2）设计注意事项

① 星形加料器的供料量，一般在低转速时与转速大致成正比。但超过某一转速时，供

料量反而下降，并出现不稳定。这是由于圆周速度过高时，叶片在物料进口处将物料飞溅开，使物料不能充分落入叶片之间，而在物料出口处，未等物料全部排尽又被叶片甩上的缘故。设计时，叶轮圆周速度取 0.3～0.6m/s 为宜，转速一般不大于 30r/min。

② 星形加料器在排送高温物料时，为防止出现结露现象而使物料结块，应在外壳保温或加热。

③ 星形加料器在排送粉状物料时，为防止物料黏附在叶轮上造成堵塞，叶轮直径不宜过小，同时在结构上减少死角，使叶片之间的料槽轴向宽而径向浅。

（3）星形加料器计算和选型

① 加料能力

$$G = 60ZFl\gamma n\psi \tag{47-15}$$

式中，G 为加料能力，t/h；Z 为叶轮格数；F 为叶轮每格的有效截面积，m^2；l 为叶轮轴向宽度，m；γ 为物料堆积密度，t/m^3；n 为叶轮转速，r/min；ψ 为物料的充满系数，一般取 $\psi = 0.8$。

② 星形加料器选型

a. 弹性叶轮加料器。叶轮的叶片是采用橡胶或弹簧钢板固定在转子上，因而密封性能好，供料均匀，规格和技术性能见表 47-22。转速不高，一般在 20r/min 以下，因转动方向只能向一个方向，不得反转。

表 47-22　弹性叶轮星形加料器的规格和技术性能

规格/mm	最大生产能力/(m³/h)	最高转速/(r/min)	电动机功率/kW	搅拌针	设备质量/kg
$\phi125\times95$	0.35	20	1	有	53
$\phi130\times100$	0.7	20	1	有	52.3
$\phi160\times310$	2.3	20	1	有	276
$\phi200\times230$	3.5	20	1	无	140
$\phi200\times230$	3.6	20	1	有	168
$\phi280\times480$	11	20	1.6	有	495
$\phi280\times480$	11	20	1.6	无	380
$\phi300\times600$	17	20	2.2	无	400
$\phi500\times790$	66.8	20	4.2	无	574

b. 普通刚性叶轮加料器。叶片和转子铸成一体，叶片之间的料槽截面可设计成圆弧形，减少结料。规格和技术性能见表 47-23。

表 47-23　刚性叶轮星形加料器的规格和技术性能

规格/mm	生产能力/(m³/h)	叶轮转速/(r/min)	传动方式	齿轮减速电动机			设备质量/kg
				型号①	功率/kW	轴转速/(r/min)	
$\phi200\times200$	4 7	20 31	链轮 直联	JCH561	1	31	66
$\phi200\times300$	6 10	20 31	链轮 直联	JCH561	1	31	76
$\phi300\times300$	15 23	20 31	链轮 直联	JCH561	1	31	155
$\phi300\times400$	20 31	20 31	链轮 直联	JCH562	1.6	31	174
$\phi400\times400$	35 53	20 31	链轮 直联	JCH751	2.6	31	224

规格/mm	生产能力/(m³/h)	叶轮转速/(r/min)	传动方式	齿轮减速电动机			设备质量/kg
				型号[①]	功率/kW	轴转速/(r/min)	
φ400×500	43 67	20 31	链轮 直联	JCH751	2.6	31	260
φ400×500	68 106	20 31	链轮 直联	JCH752	4.2	31	550

① JCH 型齿轮减速机即 JTC-A 型齿轮减速机。

c. DX 型星形加料器。此加料器是发电厂采用的煤粉加料设备,结构简单、体积小、质量轻,运转效果良好。规格和技术性能见表 47-24。

表 47-24 DX 型星形加料器的规格和技术性能

型号	生产能力/(t/h)	煤粉粒度网目	叶轮			传动比	出料口尺寸/mm	电动机			外形尺寸/mm×mm×mm	设备质量(包括电动机)/kg
			转速/(r/min)	直径/mm	结构形式			型号	功率/kW	转速/(r/min)		
DX1	0.5~1.5	140~200	15.5~46.5	φ265	齿槽半开	1:29	φ150	ZO-85	0.32~0.961	450~1350	979×560×685	483
DX2	2~6	140~200	31~93	φ265	齿槽全开	1:14.5	φ150	ZO-85	0.32~0.961	450~1350	979×560×685	481

47.2.5.5 带式加料器

(1) 带式加料器结构特点

带式加料器主要由皮带、托辊、滑轮、电动机等部分组成。通过测量皮带速度和加在一个或几个托辊上的重量,可以实现更精确的控制。

带式加料器适应多种物料,具有良好的耐冲击性,非常适于长距离输送和供料,低成本、易维护。需注意:料斗设计不当易导致固体颗粒凝结、皮带磨损和增加功率;物料温度一般不超过 65℃;对于易与皮带反应的物料,需要进行皮带涂层处理;皮带需要定期维护。

(2) 带式加料器 (图 47-6) 的应用范围

适用于堆积密度为 0.5~2.5t/m³ 的各种粒状、粉状等散状物料。输送带有普通橡胶带和塑料带两种,带宽系列为 500mm、650mm、800mm、1000mm 等。适应工作环境温度为 -15~40℃ 之间。用于倾斜输送时,不同物料所允许的最大倾角见表 47-25。

表 47-25 最大倾角 β 值

物料名称	β/(°)	物料名称	β/(°)
块煤	18	湿精矿(含水 12%)	20~22
原煤	20	干精矿	18
粉煤、水洗后产品	21	筛分后的石灰石	12
筛分后的焦炭	17	干砂	15
0~2.5mm 焦炭	18	混有砾石的砂	18~20
0~3mm 焦炭	2	采石场的砂	20
0~350mm 矿石	16	湿砂	23
0~120mm 矿石	18	盐	20
0~60mm 矿石	20	型砂	24
40~80mm 油母页岩	18	废砂	20
20~40mm 油母页岩	20	未筛分的石块	18
0~200mm 油母页岩	22	水泥	20
干松泥土	20	块状干黏土	15~18
湿土	20~23	粉状干黏土	22

带式加料器的基本布置形式有两种：水平布置（图47-33）和倾斜布置（图47-34）。

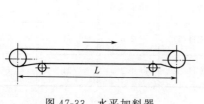

图47-33 水平加料器

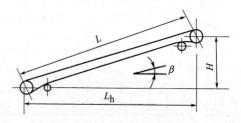

图47-34 倾斜加料器

（3）带式加料器选型计算

① 橡胶输送带带宽及厚度选择，见表47-26～表47-28。

表 47-26 带宽 B 和层数 Z

B/mm	500	650	800	1000	1200	1400
Z	3～4	4～5	4～6	5～8	5～10	6～12

表 47-27 推荐覆盖胶层厚度

物料特性	物料名称	覆盖胶厚度/mm	
		上胶厚	下胶厚
$\gamma<2t/m^3$ 中小粒度或磨损性小的物料	焦炭、煤、白云石、石灰石、烧结混合料、砂等	3.0	1.5
$\gamma>2t/m^3$ 块≤200mm 磨损性较大的物料	破碎后的矿石、各种岩石、油母页岩等	4.5	1.5
$\gamma>2t/m^3$ 磨损性大的大块物料	大块铁矿石、油母页岩等	6.0	1.5

表 47-28 橡胶带的安全系数 m

帆布层数 Z		3～4	5～8	9～12
m	硫化接头	8	9	10
	机械接头	10	11	12

② 输送带长度计算

$$L_0=2L+\frac{\pi}{2}(D_1+D_2)+An \qquad (47-16)$$

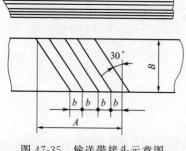

图47-35 输送带接头示意图

式中，L_0 为输送全长，m；L 为头、尾滚筒间中心距，m；D_1、D_2 为头尾滚筒直径，m；n 为输送带接头数；A 为输送带接头长度，m，见图47-35。机械接头时，$A=0$；硫化接头时，$A=(Z-1)b+B\tan30°$；Z 为输送带帆布层数；b 为硫化接头阶梯密度，m，一般取 $b=0.15m$；B 为输送带宽度，m。

③ 料层厚度计算 输送散状物料时，料层厚度按下式计算。

$$h=\frac{G}{3600Bv\gamma} \qquad (47-17)$$

式中，G 为输送量，t/h；B 为输送带宽度，m；v 为带运动线速度，m/s；γ 为物料堆积密度，t/m³；h 为物料层厚度，m。

④ 功率计算 滚筒轴功率。

$$N_{\circ}=(K_1 L_\text{n} v + K_2 L_\text{n} G \pm 0.00273 GH) K_3 \qquad (47\text{-}18)$$

式中，$N_{\circ}$ 为滚筒轴功率，kW；$K_1 L_\text{n} v$ 为输送带及托辊运动功率（表 47-29 给出了托辊阻力系数值），kW；$K_2 L_\text{n} G$ 为物料水平输送功率，kW；$0.00273 GH$ 为倾斜输送时附加功率，kW，向上输送取（＋）值，向下输送取（－）值；L_n 为加料器水平投影长度，m；H 为加料器垂直投影高度，m；K_1 为空载运动功率系数，见表 47-30；K_2 为物料水平运动功率系数，见表 47-31；K_3 为环境因素引起的附加功率系数，见表 47-32。

表 47-29　托辊阻力系数

工作条件	槽形托辊阻力系数 ω'	平行托辊阻力系数 ω''
清洁、干燥	0.020	0.018
少量尘埃、正常温度	0.030	0.025
大量尘埃、湿度大	0.040	0.035

电动机功率

$$N = k \frac{N_{\circ}}{\eta} \qquad (47\text{-}19)$$

式中，N 为电动机功率，kW；$N_{\circ}$ 为滚筒轴功率，kW；k 为功率备用系数，对功率大于 5.5kW 的 JO_2 型电机，k 取 1.4，其他均取 1.0。

表 47-30　空载运动功率系数 K_1

ω'	B/mm					
	500	600	800	1000	1200	1400
	K_1					
0.018	0.0061	0.0074	0.0100	0.0138	0.0191	0.0230
0.020	0.0067	0.0082	0.0110	0.0153	0.0212	0.0253
0.025	0.0084	0.0103	0.0137	0.0291	0.0265	0.0319
0.030	0.0100	0.0124	0.0165	0.0229	0.0318	0.0383
0.035	0.0117	0.0144	0.0192	0.0268	0.0371	0.0448
0.040	0.0134	0.0165	0.0220	0.0306	0.0424	0.0510

表 47-31　物料水平运动功率系数 K_2

ω'	0.018	0.020	0.025	0.030	0.035	0.040
K_2	4.96×10^{-5}	5.45×10^{-5}	6.82×10^{-5}	8.17×10^{-5}	9.55×10^{-5}	10.89×10^{-5}

表 47-32　附加功率系数 K_3

β	L_n/mm								
	15	30	45	60	100	150	200	300	＞300
	K_3								
0°	2.80	2.10	1.80	1.60	1.55	1.50	1.40	1.30	1.20
6°	1.70	1.40	1.30	1.25	1.25	1.20	1.20	1.15	1.15
12°	1.45	1.25	1.25	1.20	1.20	1.15	1.15	1.14	1.14
20°	1.30	1.20	1.15	1.15	1.15	1.13	1.13	1.10	1.10

47.2.5.6　振动加料器

（1）振动加料器工作原理和应用范围

① 工作原理　振动加料器的工作原理是通过激振器强迫承载体（加料槽）按一定方向

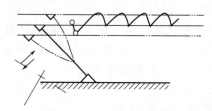

图 47-36　物料运动轨迹

做简谐振动或近似于简谐振动，当其振动加速度达到某一定值时，物体便在承载体内沿输送方向进行连续微小的抛掷或滑动，从而使物料不断向前移动，实现输送目的。物料运动轨迹如图 47-36 所示。

② 应用范围及特点　振动加料器主要用于水平或小升角的情况下输送松散的块状和颗粒状物料，亦可输送细度不大于 200 目的粉状物料，不宜输送含水分较大的黏性物料。

主要优点：结构简单、质量轻；能耗小，费用低；物料受力小，可处理易碎物料；易损件少，维修方便；可以多点给料和卸料；对含尘、有毒或含挥发性气体的物料可进行密闭输送；可输送高温物料，温度可达 200℃，当对承载体采取冷却措施时，物料温度允许高达 700℃。

主要缺点：不适合易吸潮、黏性物料输送；对于堆积密度小的微粉及易于充气的物料其精确定量有一定困难；输送距离不长；振动容易引起物料固结或沉降。

（2）振动加料器结构及规格

振动加料器可以有各不同的分类方法，按其驱动结构的不同可分为：电磁振动加料器、惯性振动加料器、偏心连杆振动加料器。

① 电磁振动加料器　目前常用振动加料器为 GZ 型，GZV 型系列电磁振动加料器结构见图 47-37。它的结构主要由电磁激振器、料槽、弹簧、控制仪等组成。通过调频或堰高，来控制调节进料量。规格见表 47-33 和表 47-34。

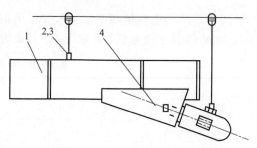

图 47-37　悬挂式电磁振动加料器
1—壳体；2—弹簧；3—拉杆；4—电磁振荡器

表 47-33　悬挂式电磁振动加料器规格

类型	型号	产量/(t/h)	粒度/mm	功率/kW	电压/V	外形尺寸（长×宽×高）/mm
基本型	GZ1	5	50	0.06	220	910×485×375
	GZ2	10	50	0.15	220	1175×600×508
	GZ3	25	75	0.2	220	1325×675×578
	GZ4	50	100	0.45	220	1615×814×762
	GZ5	100	150	0.65	220	1815×980×840
	GZ6	150	200	1.5	220	2410×1500×1092
封闭型	GZ1F	4	220	0.06	220	1064×490×375
	GZ2F	8	40	0.15	220	1405×610×517
	GZ3F	20	40	0.2	220	1695×710×585
	GZ4F	40	60	0.45	220	1940×850×762
	GZ5F	80	60	0.65	220	2190×1000×868

表 47-34　台式电磁振动加料器规格

型号	产量/(t/h)	功率/W	质量/kg	外形尺寸（长×宽×高）/mm	型号	产量/(t/h)	功率/W	质量/kg	外形尺寸（长×宽×高）/mm
GZV1	0.1	5	4	273×40×155	GZV4	2	26	18	568×100×256
GZV2	0.5	8	7	274×60×168	GZV5	3	30	27	630×120×295
GZV3	1	20	12	480×80×222					

目前国内有 DZS 型、GZ 型、ZDF 型、ZS 型等多种系列产品。输送能力 3.5~60m³/h，输送距离 1~9m。

② 惯性振动加料器　工作原理简图如图 47-38。采用双轴惯性激振器或振动电动机驱动。采用隔振弹簧，大大减小机组对地基的动载荷，甚至不需基础，直接安装在楼板上。对小型机器也可不设隔振弹簧。

常用参数：振幅 0.5~5mm，频率 700~1800 次/min，单机输送长度不超过 10m。

目前国内有 GZS 型系列产品。输送能力 40~90m³/h，输送距离单机 8m。

③ 偏心连杆振动加料器　工作原理如图 47-39 所示。驱动机构有弹性连杆式、半刚性连杆式和刚性连杆 3 种。由于弹性连杆具有传动机构受力小及启动功率小的优点而被广泛采用。结构较复杂。

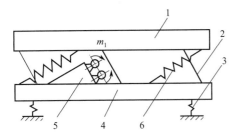

图 47-38　带隔振弹簧的单槽惯性振动加料器
1—输送槽；2—支承弹簧；3—隔振弹簧；
4—减振架；5—惯性激振器；6—主振弹簧

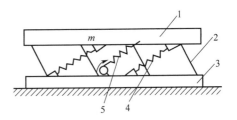

图 47-39　偏心连杆单槽振动加料器
1—输送槽；2—支承弹簧；3—底架；
4—主振弹簧；5—弹性连杆驱动机构

常用参数：振幅 3~15mm，频率 400~1200 次/min，由于振幅大、频率低，输送距离长，单机可达 120m，常用 10~50m。

目前国内有 SZ 型系列产品。输送能力 18~40m³/h，单机输送距离 6~40m。

（3）振动加料器工艺参数计算

① 槽体断面尺寸计算　在给定的加料量情况下，槽体截面积为

$$F = \frac{G}{3600\psi v\gamma} \tag{47-20}$$

式中，F 为槽体截面积，m²；G 为输送量，t/h；ψ 为物料填充系数。对正方形和矩形截面 $\psi=0.5\sim0.7$，对圆形截面 $\psi=0.4\sim0.6$；γ 为物料密度，t/m³；v 为物料水平移动速度，m/s；物料水平移动速度与振动频率，槽体倾角振动方向角等有关。对电磁振动输送机取 $v=0.05\sim0.25$m/s；对惯性振动输送机取 $v=0.1\sim0.4$m/s；对连杆振动输送机取 $v=0.15\sim0.5$m/s。

槽体断面面积求得后，可由下式确定槽体断面尺寸

$$F = \frac{\pi D^2}{4}（圆形断面） \tag{47-21}$$

$$F = BH（方形或矩形断面） \tag{47-22}$$

槽体直径或宽度须满足

$$B 或 D \geqslant K_1 d_{max} \tag{47-23}$$

式中，D 为圆形槽体直径，m；B 为槽体宽度，m；H 为槽体高度，m；K_1 为系数，对筛分后的物料 $K_1=3\sim5$，对未筛分物料 $K_1=2\sim3$；d_{max} 为物料最大粒径，m。

槽体断面尺寸还与合适的料层厚度有关。一般对较细物料，料层厚度宜薄取 0.04m 以下；对颗粒大的物料料层稍厚，对小块物料取 0.1m 以下，对大块物料取 0.2m 以下。

考虑到槽体刚度，对小输送量，取 $H=0.5B$；对中等输送量，取 $H=0.8B$；对大输送量，取 $H>0.8B$。

② 输送能力计算　当槽体宽度、高度或直径计算确定后，就能计算槽体断面积 F，输送能力按下式计算。

$$G=3600\phi Fv\gamma \tag{47-24}$$

47.2.5.7　摇摆式加料器

摇摆式加料结构见图 47-12。它的结构主要由料斗、固定托辊、拉杆、曲柄连杆等组成。其工作原理：料斗通常支承在固定托辊上或悬浮在拉杆上，而由曲柄连杆或偏心机构带动做往复的平移运动。当料斗向输送方向运动时，靠摩擦力将物料从料斗带出，料斗向反方向运动时，物料受到料斗挡板的阻拦而从料斗落下一定体积的物料，如此循环而实现加料过程。适用于中等块状或小块物料，如块煤等。生产能力按下式计算。

$$G=60BhSn\psi\gamma \tag{47-25}$$

47.2.5.8　文丘里加料器

文丘里加料器又称喷射泵，如图 47-40 和图 47-41 所示。根据文丘里原理，压缩空气从喷嘴高速喷出，在喷嘴的出口处形成负压，将粉状物料吸入并随喷出气流通过出口管进行输送。这种加料方式具有以下优点：

a. 没有运动部件，结构简单，体积小；

b. 容易制造，维修费用低。

缺点是空气消耗量大，效率低，对硬粒物料，喉部磨损较严重，因此仅适于输送距离小于 100m 软颗粒物料的输送。如输送催化剂，在输送量 420kg/h、距离 22m 时，电动机功率 37kW；输送合成树脂粉体，输送量 4.2t/h、距离 10m 时，电动机功率 55kW。

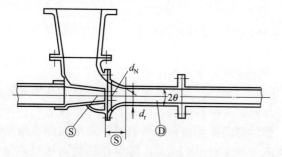

图 47-40　喷射式加料器（一）

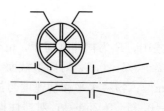

图 47-41　喷射式加料器（二）

混有大量固体粒子文丘里加料器的理论计算尚未成熟，设计时可按气相文丘里理论确定尺寸，再通过实际使用进行修改。一般喉部扩散角取 8°为宜，收缩角取 25°～30°，喷嘴喷出速度一般取 130～150m/s。

47.3　膏糊状物料加料装置

膏糊状物料大都来自板框压滤机脱水后的固体物料呈滤饼状态，它们的共同特点：物料颗粒细、水分含量高（60%～80%）、黏性大、有一定的或很明显的触变性，如氢氧化铝、蒽醌、H 酸、酸性 T 黑、超细（纳米）碳酸钙、金霉素下脚料等物料。由于膏糊状物料容易粘壁架桥及螺旋抱杆（即物料黏结在螺旋上，同螺旋一起旋转，不向前进），因此不能用一般皮带、星形或螺旋来输送加料，对膏糊状物料的加料方法有以下几种。

黏度大的膏糊状物料的加料一直是干燥装置中较难解决的问题，主要是物料很黏，存在粘壁、抱杆现象，同时物料流动性也很差。实践中有几种加料器效果较好，如组合螺旋加料器及单螺杆泵。

47.3.1　料斗带搅拌螺旋的螺旋加料器

为了解决物料粘壁架桥及螺旋抱杆（即物料黏结在螺旋上，同螺旋一起旋转而停止送料）问题，在料斗上锥部设置搅拌压料桨叶将物料压至料斗下部的短螺旋，由于短螺旋的送进作用，使进入水平螺旋的物料有一初始进料力而避免水平螺旋物料抱杆，实现加料过程。

设计时注意 3 个问题：轴转速取低速，约 12r/min 左右；锥底短螺旋的尺寸及在锥底的高低位置是能否正常送料的关键，应设计成可调节的；轴及螺旋与物料接触表面要加工光洁，避免加重粘料程度。该种加料器见图 47-42。

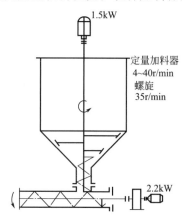

图 47-42　料斗带搅拌螺旋的螺旋加料器

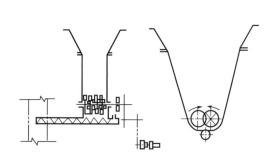

图 47-43　双桨螺旋加料器机构示意图

47.3.2　料斗底部带压料双桨的螺旋加料器

图 47-43 利用两组旋转的桨叶连续不断地将物料向下压入水平螺旋加料器而实现加料过程。

设计时注意如下问题：

a. 两组桨叶向内相向旋转；

b. 叶片间隙尽量小，两组叶片位置相互错开 45°以达到向下压料的同时相互扒料，减少物料在叶片上的黏结；

c. 桨叶转速不宜高，并且可调以使压料量同水平螺旋加料器匹配；

d. 双桨驱动器和螺旋加料器驱动器一般要分开；

e. 双桨外缘与螺旋外缘间的距离应尽可能小。

这种加料器曾用于拟薄水铝石、A 沸石及氢氧化铝微粉 3 种湿物料的干燥装置中，取得较好效果。

47.3.3　双螺旋加料器

双螺旋加料器是由两个单螺旋啮合组成，它是属于正位移原理来输送物料（详见第 11 章气流干燥）。

47.3.4　立式振动加料器

对某些具有触变性的膏糊状物料在振动条件下（频率为 25Hz、振幅为 0.3mm），即由塑性状态转变为流动状态，通过底部小孔流出，达到连续加料目的，其结构见图 47-44。它由电动机、偏心轮、加料斗、弹簧、多孔板等组成。其工作原理是由电动机带动偏心轮，产生振动，由于料斗与振动源连接所以也随之振动。振动使料斗中的物料，由塑性状态转变为流动状态，通过多孔板进入干燥器内。可用调频器来调节电动机转速达到调整振动频率及振幅来控制加料量。加料量与物料性质（湿含量）有关，随着湿含量增加而增加，见图 47-45；与振动频率有关，见图 47-46。当振动频率增加，加料量也随之增加，但到一定值之后，再增加频率加料量反而减小。

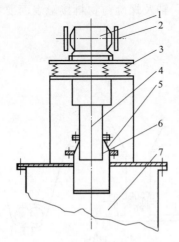

图 47-44　立式振动加料器

1—电动机；2—偏心轮；3—弹簧；
4—加料斗；5—软连接；6—多孔板；7—干燥器

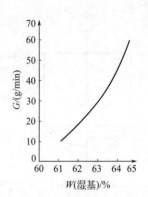

图 47-45　加料量与物料湿含量的关系

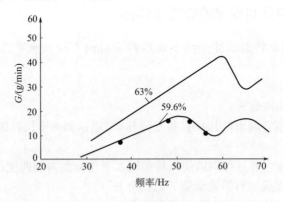

图 47-46　加料量与频率关系

47.4　液体加料器

47.4.1　挠性管泵

挠性管泵又称软管泵或蠕动泵，由（软）管、转子、泵体等组成。其结构见图 47-47。

泵工作时转子转动，转子上的滚动压轮或滑动压块将挠性管压至内壁贴合，管内腔体缩小，压力升高，将管内液体挤压出至泵输出管中。滚动压轮或滑动压块转过（离开）后，挠性管以自身的弹性恢复原状，管内腔体积增大，压力降低，将液体吸入管内，构成了挠性管泵输液三个基本动作，转子连续转动完成输送液体功能。

挠性管泵主要特点如下所述。

① 是一种容积式正位移泵，其流量及排出压力平稳，无脉冲现象。

② 具有自吸能力，没有吸液及排液的单向阀。

③ 通过调速器可精确控制流量输出。

④ 工作腔是完全密闭状态，无轴封，液体也不会外漏，所以它特别适用于含固体颗粒和悬浮液、浆状的物料，耐腐蚀，易于污染环境和对卫生条件要求高的液体及高黏度的液体输送。

⑤ 结构简单，制造方便。

它主要用于小型（实验室）离心式喷雾干燥装置中。

国内生产挠性管泵规格见表 47-35。

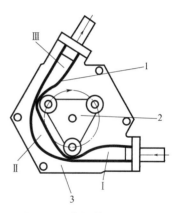

图 47-47　挠性管泵的组成及输液的三个基本动作

1—挠性（软）管；2—转子；3—泵体；
Ⅰ—与吸入管通，与排出管断；
Ⅱ—与吸入管、排出管均断；
Ⅲ—与排出管通，与吸入管断

表 47-35　挠性管泵型号、规格

型号	规格（皮管通道数）	流量/(mL/h)
BT-100	1	1×(1~6800)
BT-200	2	2×(1~6800)
BT-600	3	3×(1~6800)

47.4.2　单螺杆泵

单螺杆泵是一种内啮合的密闭式螺杆泵。其转子为圆形断面的螺杆，定子为具有双头的内螺纹，转子在定子内作行星运动，物料沿着螺纹沟槽被推向前进，主要用于向有压力处输送黏度为数百帕斯卡秒的高黏度物料及含固物料。它具有吸入性能好、流量无脉冲、工作噪声小等优点。

主要部件有定子（泵体）、转子（螺杆）、方向联轴器、轴和密封、电动机等。定子内衬橡胶，根据物料性能不同可选用丁腈橡胶、氟橡胶、天然橡胶、聚氨基甲酸酯等非金属材料。对含固物料选用软橡胶（肖氏硬度40~60），对压力高的液体选用硬橡胶（肖氏硬度75~95）。转子用碳钢表面镀 Cr 或不锈钢制造。密封可选用填料密封或机械密封。图 47-48 为单螺杆泵通用形式。物料黏度可达 200Pa·s、温度可达 140℃、出口压力为 1.2MPa、流量达 300m³/h。如果在进料口增加螺旋送料器，如图 47-49 所示则可输送 1000Pa·s 的物料。

单螺杆泵适用的转速根据物料性质不同推荐如下范围：

黏度为 100~200Pa·s 糊状物料　　　　　$n = 100 \sim 200 \text{r/min}$

通常物料　　$n = 300 \sim 400 \text{r/min}$

植物油等物料　　$n = 600 \sim 700 \text{r/min}$

水、低黏度物料　　$n = 1000 \sim 3000 \text{r/min}$

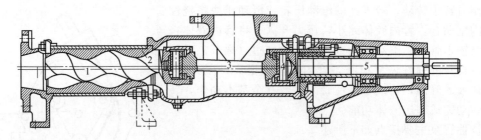

图 47-48　单螺杆泵

1—转子；2—定子；3—连接杆；4—铰接接头；5—传动轴

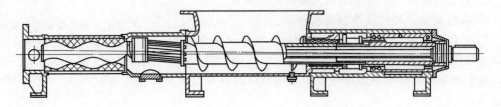

图 47-49　具有螺旋输送机的单螺杆泵

输送水介质的单螺杆泵技术性能参数见表 47-36。用于输送其他介质时，应向制造商咨询。

表 47-36　单螺杆泵的技术性能参数

型　号	流量 Q /(m³/h)	排出压力 /MPa	转速 n /(r/min)	轴功率 N/kW	断面直径 d/mm	偏心距 e/mm	螺杆螺距 t/mm	衬套长度 L(推荐)	名义管径 吸入 d_B	名义管径 排出 d_H
1B　0.2/5		0.5		0.2				72		
0.2/10		1.0		0.4				140		
0.2/16	0.3	1.6	2900	0.6	12.5	1.25	24	220	10	
0.2/25		2.5		1.0				360		
1B　0.4/5		0.5		0.4				100		
0.4/10		1.0		0.8				200		
0.4/16	0.6	1.6	2900	1.2	16	1.6	32	320	15	
0.4/25		2.5		2.0				500		
1B　0.8/5		0.5		0.7				125		
0.8/10		1.0		1.4				250		
0.8/16	1.25	1.6	2900	2.7	20	2	36	360	20	
0.8/25		2.5		3.4				630		
1B　1.6/5		0.5		1.0				140		
1.6/10		1.0		2.0				280		
1.6/16	2.5	1.6	2900	3.2	25	2.5	44	450	32	
1.6/25		2.5		5.0				710		
1B　6/5		0.5		1.4				220		
6/10		1.0		2.8				450		
6/16	5.0	1.6	1450	4.5	40	4	72	710	40	32
6/25		2.5		6.8				1000		
1B　12/5		0.5		2.5				240		
12/10		1.0		5.0				480		
12/16	10	1.6	1450	8.0	50	5	76	750	70	50
12/25		2.5		12.5				1180		

续表

型　　号	流量 Q /(m³/h)	排出压力 /MPa	转速 n /(r/min)	轴功率 N/kW	断面直径 d/mm	偏心距 e/mm	螺杆螺距 t/mm	衬套长度 L(推荐)	名义管径	
									吸入 d_B	排出 d_H
1B　20/5		0.5		4.0				250		
20/10	16	1.0	1450	8.0	60	6	80	500	80	72
20/16		1.6		12.5				800		
20/25		2.5		20.00				1250		
1B　50/5		0.5		6.3				320		
50/10	25	1.0	950	12.5	80	8	102	630	100	80
50/16		1.6		20.0				1000		
50/25		2.5		30.0				1600		
1B　80/5	32	0.5	730	10.0	90	8	132	420	100	80
80/10		1.0		20.0				800		
1B　100/5	40	0.5	730	12.5	100	10	144	450	120	100
100/10		1.0		22.0				900		

注：打 20℃水时，H_s=58.86kPa。

47.4.3　往复柱式泵

往复柱式泵是以柱塞的往复运动来进行输液的容积式正位移泵，其流量与排出压力无线性关系，是相对独立的两个参数，流量仅与柱式容积（直径、冲程）及转速有关。而压力仅与系统的配置有关，具体来说是与雾化器（旋塞、喷嘴口直径）尺寸有关。它的流量可通过内外回流来调节，也可通过调速器来控制。往复柱式泵是由柱塞，泵缸，填料函，吸、排液单向阀，传动装置及机座等组成，见图 47-50。由于泵工作时柱塞与液体直接接触，柱塞与泵缸之间以填料进行密封。因此它不适用于含颗粒的液体，并需根据被送物料的性质（主要是腐蚀性、卫生等）来选择柱塞，泵缸，填料函，吸、排液单向

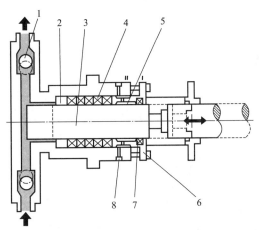

图 47-50　往复柱式泵
1—单向阀；2—填料底环；3—柱（活）塞；
4—填料密封；5—排污回收腔；6—填料压盖；
7—辅助密封；8—排污回收孔
（实线——排液状态；虚线-----吸液状态）

阀等零部件的材料。材料一般为不锈钢，特殊腐蚀性较强的可采用合金及钛材等。柱式泵的流量为 0.001～180000L/h，最大排出压力为 350MPa、操作温度为 -200～800℃、介质黏度≤30000mPa·s。国内生产高压均质泵规格见表 47-37 所示。

表 47-37　高压均质泵规格

型号	流量/(L/h)	压力/MPa	电动机功率/kW	外形尺寸/mm	质量/kg
GJB 0.6-25	600	25	5.5	1030×680×1120	750
GJB 1.0-25	1000	25	7.5	1030×680×1120	800
GJB 1.5-25	1500	25	11	1030×680×1120	850
GJB 2.5-25	2500	25	22	1030×800×1120	1250
GJB 3.0-25	3000	25	22	1030×800×1120	1350
GJB 1.0-40	1000	40	15	1030×700×1120	1000
GJB 1.5-40	1500	40	22	1200×780×1170	1200

续表

型号	流量/(L/h)	压力/MPa	电动机功率/kW	外形尺寸/mm	质量/kg
GJB 2.0-40	2000	45	30	1200×800×1200	1500
GJB 0.5-45	500	60	75	1030×700×1120	780

47.4.4　往复隔膜柱式泵

往复隔膜柱式泵由柱塞，泵缸，膜片（隔膜），吸、排液单向阀等零部件组成，见图 47-51。以膜片将被送液体封闭在泵缸中，依靠膜片的变形来改变泵缸的容积，并直接将能量传递给被送液体进行输液。通过改变膜片的变形量或膜片的变形次数调节流量。往复隔膜柱式泵无需轴封，无外泄漏。因此，适用于输送含有颗粒、有毒、有害、易燃、易爆、强腐蚀性和贵重的液体物料。依据隔膜产生变形的方式分为机械往复隔膜柱式泵和液压往复隔膜柱式泵。柱式泵流量为 0.4～60000L/h、最大排出压力为 7MPa、操作温度为 −200～250℃、介质黏度为 30000mPa·s。图 47-52 为多柱式高压泵（又称尼可尼泵）的结构。工作原理：①泵体分两部分：灌满润滑油的油压室 a 和加压输送液体的泵室 b。油压室与泵室被膜片 6 隔开，泵中没有驱动部件和产生摩擦的密封部件。②随着泵轴 1 的转动，偏心的柱塞头 2 依次推动三个柱塞 3，增加柱塞筒 4 内的油压，使膜片朝泵室方向鼓起。与此同时，其他柱塞筒内的柱塞弹簧 5 将柱塞推回，膜片又被顶回油压方向。③液体由泵盖 10 中心的吸口 7 吸入，被阀板阀门 9、阀片 8 以及三个膜片构成的小室一分为三。小室的容积由于膜片的往复运动不停地扩大和缩小，小室中正反安装的两组阀门交替开、闭运动，使液体朝一定的方向流动，再由泵盖上的排液口会合后流出。

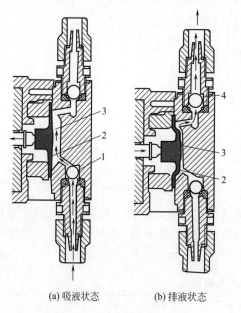

图 47-51　往复隔膜柱式泵
1—吸液阀；2—膜片；3—输液腔；4—排液阀

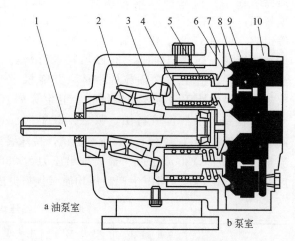

图 47-52　多柱式高压泵结构
1—轴；2—柱塞头；3—柱塞；4—柱塞筒；5—弹簧；
6—膜片；7—吸口；8—阀片；9—阀门；10—泵盖

多柱式高压泵主要特点：①从低压到高压（10MPa）可取得 85% 的高效率，减少电消耗；②长期高效运转、使用寿命长；③工作平稳、低噪声、低脉动；④操作容易、维修、保养方便。

多柱塞高压隔膜泵压力、流量、功率三者之间的性能曲线，见图 47-53。

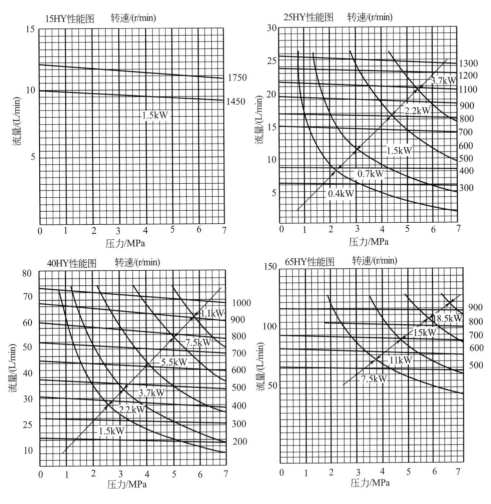

图 47-53　多柱塞高压隔膜泵性能曲线

47.5　常用干燥器的加料装置

47.5.1　气流干燥器

进入干燥器的物料为粉状、颗粒状、结晶状或糊状产品。湿物料在干燥器中停留时间短，需要均匀地进料和非常快速、均匀地被分散到干燥气流中。而且，进料机构应以可控速度供料。否则，物料在干燥器内停留时间会发生变化，易导致产品质量不合格。

适用于气流干燥器的加料系统有多种类型，每个类型适用性不同。常用的有螺杆泵进料器、文丘里进料器、螺旋进料器、转盘进料器，同时混合器、分散器、粉碎机等也可和以上加料装置单独或联合使用，以控制进料速度，并将湿物料直接输送到热气流中。

47.5.2　流化床干燥器

流化床干燥器适用的颗粒粒度范围一般在 $100\mu m \sim 1mm$ 内，颗粒黏性不能太大以防止结块。流化床干燥器常用的进料装置有螺旋加料器、星形加料器和旋转加料器。若湿物料可自由流动，则可以通过倾斜管道供料，或配备多种不同的输送装置。如果物料为湿饼状，可通过旋转加料器供料。螺旋加料器和旋转加料器通常用于圆形、充分混合的流化床。对于深床层的流化床，进料相对容易；但是对于浅床层，进料必须分布在干燥器的整个分布板上，使得床层均匀。

47.5.3　回转干燥器

回转干燥器（或转筒干燥器）的产品为自由流动和颗粒状的物料，送料方式取决于物料特性以及上游加工设备的位置和类型。首选的加料器是滑道、螺旋和振动式。为了防止泄漏或者当重力进料不方便时，通常使用螺旋进料器。回转干燥器需要有良好的密闭性，防止散热和进入灰尘。

回转干燥器可以采用并流和逆流两种方式。对于并流模式，干燥废气可用于输送、混合和预干燥湿物料。湿物料高速进入排气管，在旋风分离器中分离，然后落入干燥器的进料位置。在并流模式下，进料装置在接触入口热干燥气体时可能过热。在这种情况下，可能需要冷却，以防止进料金属壁过热，从而导致热敏性材料结垢或过热。对于逆流模式，加料器受热有限，通常不需要特殊的结构。

47.5.4　带式干燥器

带式干燥器要求物料应处于颗粒或分散状态。此外，物料必须均匀覆盖输送带，空气可自由通过床层，防止干燥不均。有多种加料装置适用于带式干燥器。许多物料可以不经特殊处理就进入干燥器，比如，纤维状、片状或自由流动的物料通常直接装载到输送带上，无须使用其他辅助装置。部分物料需要特殊的预处理，使其适合空气循环干燥。

47.5.5　喷雾干燥器

喷雾干燥利用与热干燥介质的接触，将可泵送液体物料干燥为固体颗粒。溶液、乳剂、不沉降的悬浮液和浆料可以被喷雾干燥。喷雾干燥的进料系统由以下组成：产品供料罐、过滤器、水箱、泵、雾化器。供料泵将物料直接或通过压力从供料罐输送到雾化器。供料罐的容积足够大，保证连续运行，并消除材料供应过程中可能出现的中断和变化。通常两个罐体交替使用，以确保持续向干燥器供应物料。进料过滤器用以清除有害物质。在进料堵塞的情况下，通常需要使用水箱内的纯净水冲洗。

喷雾干燥器进料系统中的泵要根据不同的应用和物料特性而定，同时还取决于雾化器的特点。当使用旋转雾化器或二流体喷嘴时，通常使用低压泵。当使用压力喷嘴时，需要高压泵。喷雾干燥器供料泵规格型号及适用物料特点见表 47-38。

表 47-38　喷雾干燥器供料泵规格型号及适用物料特点

类型	物料/雾化器类型
螺杆泵	低压应用：牛奶、番茄、药品和黏土旋转雾化器或二流体喷嘴
齿轮泵	高黏性物料
隔膜泵	含有大的、不规则的、不溶性固体
离心泵	溶液和泥浆
高压泵	压力式喷嘴
活塞或柱塞泵	均一性物料

为了提高雾化器的性能，在物料喷入干燥器之前，可进行预热或其他预处理。例如，对于药品干燥过程，必须避免任何形式粉体污染且需要在高度无菌条件操作，应在进料部安装专门设计的清洁和灭菌系统。空气净化系统使用高效微粒空气过滤器（HEPA），去除效率可达到 99.99%。

47.5.6 转鼓干燥器

转鼓干燥器用于干燥液体、悬浮液或糊状物料，尤其是容易黏附在金属表面的物料。为了使转鼓干燥器正常运行，需干燥的物料应均匀铺在转鼓表面而形成薄层物料。

双鼓式烘干机通常采用具有一定调节空间的加料装置，以控制膜的厚度。对于单鼓式，可以使用各种进料方法将材料分布到转鼓上，最常见的是简单浸入式或飞溅式加料，料液循环良好，避免蒸发过度。浸入式进料系统是最早的设计结构，液体可从平底盘中获取。搅拌器可防止颗粒沉降，有时使用撒布器在转鼓上形成均匀的薄层。在喷溅式进料和浸入式进料操作中，进料盘应具有足够的溢出量，以防止托盘角部的固体停滞或沉积。对于特殊应用，单鼓式干燥器使用顶部进料，防止物料厚度不均。转鼓的数量与处理的材料有关，这种加料方法多用于糊状材料，如淀粉等。

47.6 固体（干燥成品）排料装置

干燥成品通常由干燥室终端排出，亦可从旋风除尘器或袋式除尘器的下部料仓口排出。干燥系统一般均在负压条件下进行操作，因此排料装置应该尽量地避免空气漏入干燥器或旋风除尘器内，否则将会严重影响到干燥效果和旋风分离效率，使产品收得率降低。因此，一般排料器应采用双层排料装置。据有关资料介绍，当漏气量为 5% 时除尘效率下降为 50%，当漏气量为 15% 时除尘效率下降为零；另外它会造成干燥物料充气，堆积密度变小，比加料部位变动幅度大。为此，排料器的设计余量需大些。此外，不仅在排料器的前后有一定的温度、湿度、压力等的状态变化，而且干燥物料本身也带有吸湿性、黏附性、静电等特性。在使用时必须采取措施，防止这些物料引起的堵塞、凝聚、黏附等故障。与大气隔绝的排料器可分为间歇及连续两大类。间歇排料器有高真空蝶阀（见图 47-54）、放料阀（见图 47-55）、

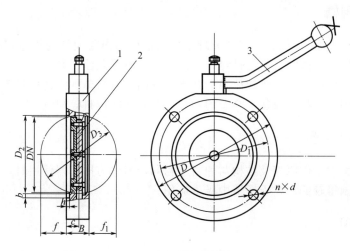

图 47-54 高真空蝶阀

1—阀体；2—阀扳子；3—扳手

橡胶阀槽（见图 47-56）等。连续排料器有螺旋卸料器、旋转阀、双翻板阀、涡旋气封阀等。以下介绍几种常见排料装置。

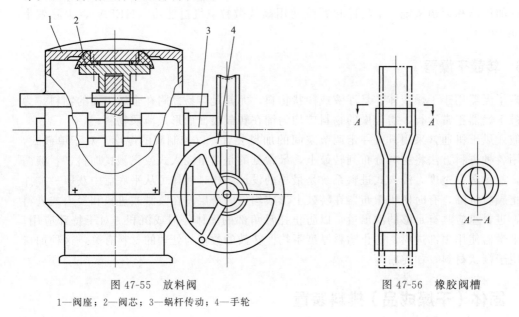

图 47-55　放料阀
1—阀座；2—阀芯；3—蜗杆传动；4—手轮

图 47-56　橡胶阀槽

47.6.1　蝶阀

蝶阀结构见图 47-54。蝶形阀通常安装在旋风分离器底部，其下接一个可以拆卸的圆筒。适用于小型干燥器，尤其适用于产品从干燥器底部排出，只回收少量粉尘的情况。卸筒时蝶形阀是关闭的。这种阀在旋风分离器操作时可以保证不向旋风分离器中漏气。但是这种优点却被换筒时大量漏气所抵消。因为蝶形阀关闭时旋风分离器底部不能严密地密封。因此，换筒时旋风分离器的排出管放出大量粉尘，同时又由于漏气而降低了抽风机送至空气加热器中的气体量。但是，输入的热量应保持恒定，这就需要提高进口温度，这对不耐高温的产品是不合适的。

47.6.2　橡胶阀槽

橡胶阀槽结构见图 47-56。其工作原理主要是借助槽内与大气的压差保持密封，当此压差与料柱的压力失去平衡时就进行排料。它的特点是对吸湿性、黏附性的物料也能适用。而且，因为没有传动机构，故无机械故障和磨损。其结构有简单、阀槽体易于安装、不占场地等优点。但不能用于粒状、块状、高温的物料，并有间断排料等缺点。

47.6.3　螺旋卸料器

螺旋排料器虽然工作原理及结构与加料器相同，但作为排料器使用时，其螺距比加料器大，填充率也控制得较低，在干燥器中极少应用。

47.6.4　旋转阀

旋转阀又称星形卸料阀，它是用得最多的排料器。其工作原理与星形加料器相同，因排料器上下有压力差，故容积效率低。干燥物料的性质及压力、温度、湿度等状态的变化均要认真考虑，旋转阀的处理量大、体积小，在狭窄的地方也容易安装，是一种检修容易、安装方便的排料装置。图 47-57 为旋转排料阀的大小与处理量及物料密度的关系。旋转阀常用规格见表 47-39。

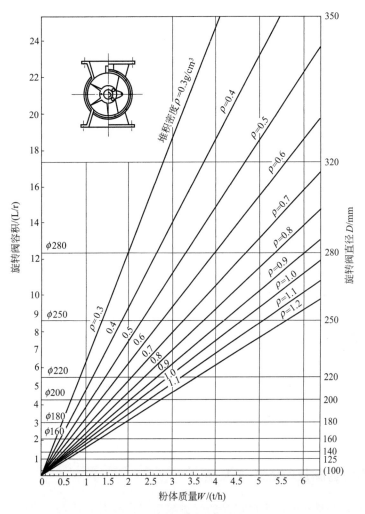

图 47-57　旋转排料阀流量关系图

（转速 $n=30r/min$，容积效率 $\eta=0.3$ 时）

表 47-39　旋转阀常用规格

型号名称	ZJD-150 型号	ZJD-200 型号	ZJD-300 型号
每转体积	2L	6L	14L
转子转速	32L/min	32L/min	32L/min
工作温度	<80℃	<80℃	<80℃
电动机型号	Y80Z-4	Y80Z-4	Y90L-6
电动机功率	0.75kW	0.75kW	1.1kW
电动机转速	1380r/min	1380r/min	910r/min
质量	54kg	81kg	180kg

47.6.5 双翻板阀

双翻板阀是在壳体上下安装翻板（闸板）一面隔绝空气，一面上下闸板交替开关，这样可以避免漏气，排出物料。阀板翻动的开关方法有两种：第一种为借助物料的自重来打开平衡锤关，见图 47-58；另一种方法为借助机械转动凸轮来打开平衡锤开闭，翻板阀见图 47-59。它适用于高温物料、粒状物料，亦可处理星形排料阀所不能处理的物料、有一定黏性的物料等，应用范围较广。此外，它具有物料积存少、装置磨损少、黏附物料少等特点。但其密封性能较差、由于阀板上下并列，需有相当的高度，噪声大等缺点。

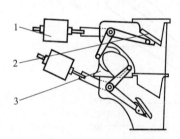

图 47-58 双翻板阀（重锤式）

1—重锤；2—阀板；3—阀体

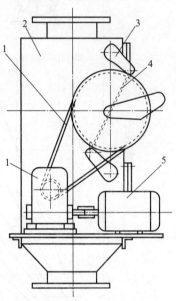

图 47-59 自动双翻板阀

1—传动装置；2—双翻板阀体；3—凸轮；4—弹簧；5—电动机

47.6.6 涡旋气封阀及气流输送装置

随着干燥工业不断发展，干燥成品的气流输送，也被人们越来越重视，它具有以下几方面优点：

① 干燥成品可直接由干燥器或除尘器底部送入包装车间或仓库。为无菌包装室的建立创造了条件，使整个干燥系统能达到 GMP 标准。

② 对一些热敏性、多肽、多糖、高蛋白、吸湿性强、黏度大、软化点低的物料，经冷却、输送，保证有效成分和活性成分不被破坏。

③ 由于工艺需要，将分离器内排出的细粉尘，采用气流返还干燥塔顶部以形成较大团粒。

④ 将分离器内排出的细粉尘返还至加料器内，改善湿物料性能，有利于干燥及加料操作。

⑤ 结构简单、维修费及操作费均较低。

气流输送有吸入式和压出式两种。如与涡旋气封阀配对使用则更为合理。在干燥装置中，以稀相输送为主。管道风速一般为 $20\sim26\text{m/s}$。气流输送系统有空气过滤器、去湿器、涡旋气封阀、气流管、分离器等组成。典型流程见图 47-60。

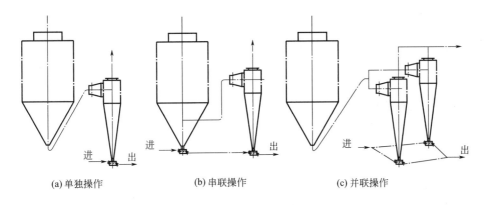

(a) 单独操作   (b) 串联操作   (c) 并联操作

图 47-60 涡旋气封阀连接流程示意图

47.6.6.1 空气过滤器及去湿器

详见第 53 章排放控制。

47.6.6.2 涡旋气封阀

涡旋气封阀是一种连续排料气流输送装置，其结构如图 47-61 所示。它由两部分组成：上部为进风涡室，下部为出风涡室，并安装在干燥塔或旋风除尘器的底部。空气为切线方向进入上部涡室，又从下部涡室按切线方向排出。在圆柱体内气流以相同的方向作旋转运动，因此，在圆柱中心产生离心力，从而产生了真空，当旋涡阀中的真空度与旋风除尘器底部的真空度相同，于是粉体即借重力作用，连续地从旋风除尘器底部流入气封阀中，随气流从下部出风涡室带出。这种装置结构简单，制造方便，适用于喷雾干燥产品的气流冷却输送，特别适用于热敏性物料。只要调节好进风气速，使气封阀内达到所需要的真空度，则采用气封阀是十分有效的。图 47-60(a) 是一个旋风除尘器与一个气封阀单独操作，亦可分别与两个旋风除尘器并联操作见图 47-60(c)，调节气速，达到正常操作都是很方便的。但对于串联操作流程，如图 47-60(b) 所示，要达到正常操作是十分困难的，主要原因为塔底负压与旋风除尘器底部负压相差较大，所以一般分别使用。气封阀的

与旋风除尘器相接的法兰

输送用气体入口

含粉尘气体

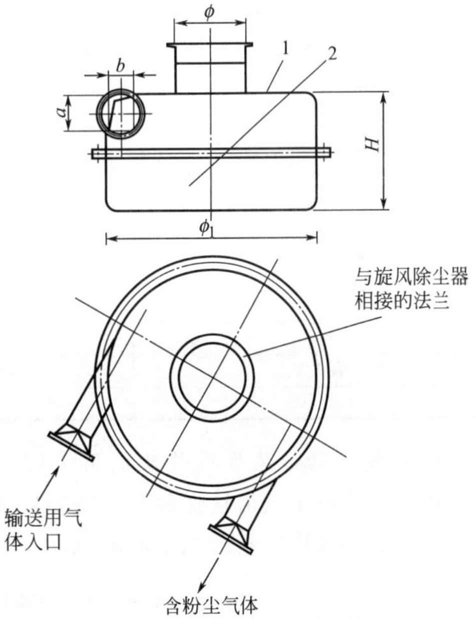

图 47-61 涡旋气封阀

1—气体进口蜗壳；2—气体出口蜗壳

正常操作主要靠风压调节来实施的，当系统波动时就有大量粉体从旋风除尘器中带出。这是气封阀主要的缺点。引发气封阀波动的原因主要与输送系统的压力降有关，当压力降比正常操作低时，说明通过气封阀的空气速率下降了。而空气速率下降的原因可能是由于输送管道的一部分被堵塞，或者是从塔底或旋风除尘器落下了块状产品，或者是在气封阀中央积聚了一些块状产品。

47.6.6.3　气流输送管

（1）气流输送管的设计依据及步骤

对干燥成品的气流输送较为复杂，计算公式也各不相同，主要干燥成品有以下几个特点：

①　大部分为粉粒状物料；

②　物料有一定的温度（70～100℃）；

③　大部分为吸湿性物料；

④　热敏性物料较多；

⑤　流动性较差等。

根据以上综合情况，以及实际应用经验，介绍以下比较简单易懂计算方法，以供参考。

计算步骤：

①　确定生产能力；

②　选定气-固混合比（质量比）；

③　确定输送速度；

④　确定风量；

⑤　设计气送管道直径及除尘装置大小；

⑥　计算整套气流输送系统阻力损失；

⑦　选定合适风机形式。

其中输送速度，可按不同的物料形态选用，见表 47-40。亦可根据物料的重度按下列公式来计算。

$$V = a'' \gamma \tag{47-26}$$

式中，a'' 为不同形状物料的推荐系数；γ 为不同形状物料的重度，N/m^3。

气-固混合比一般推荐为 0.5～5.0。

表 47-40　不同物料形状的推荐风速

物料形状	推荐风速/(m/s)	推荐 a''
粉状	10～18	15.3
颗粒状	18～23	18.3
块状	23～26	22.9

（2）气流输送装置操作及应用实例

在干燥装置中气流输送装置，主要安装在喷雾干燥塔系统内，起着冷却及输送的作用，特别适用于热敏性物料及温度较高成品。气流输送装置操作及应用实例见表 47-41。

表 47-41　气流输送装置操作及应用实例

物料名称	产量/(kg/h)	物料温度/℃ 进口	物料温度/℃ 出口	混合比（质量）	干燥器形式	气送风量/(m³/h)	备注
十二醇硫酸钠	350	90	≤60	0.45	喷雾干燥	900	星形阀
药用碳酸钙	1200	80	≤50	1.0	板式干燥	1600	星形阀
白炭黑	1000	120	≤60	0.9	喷雾干燥	1200	螺旋
中药浸膏成品	20	70	≤45		喷雾干燥	300	气封阀

（3）气流输送装置在操作上存在的问题

气流输送装置在操作时所发生的问题主要是输送用的空气量不足、成品太湿、粉体温度过高、空气湿度较大、管道不光滑或不清洁等因素造成。

①　输送的空气，所通过的过滤器由于操作时间较长或环境污染粉尘较大，使过滤器滤袋堵塞，引起了阻力升高，造成空气量的不足。解决的方法为定期清扫或更换滤袋。

②　成品粉体太细、太湿，温度太高等因素存在，就容易引起结块沉积于管道底部直至堵塞。因此需适当调整干燥操作工艺（或喷嘴结构、大小）。使成品的含水量、温度及粒度保持恒定不变。

③　由于气封阀漏气使塔内湿、热空气漏入输送系统使其突然冷却容易产生露点，使成品反吸潮，引起结块。造成输送管道堵塞，应及时调整进风速率以平衡所需要的压力，使气封阀有效操作。对吸湿性强的产品尤其需要注意。

④　输送管道不光滑、焊疤没有磨平或者管道没有清洗干净等都会引起粉尘的积聚，逐渐堵塞管道。

⑤　输送管道弯头的曲率半径 R 过小，容易引起粉尘积聚。一般取 $R \geqslant 2D$。

符号说明

A——物料综合特性系数；输送带接头长度，m；

a——料斗间距，m；

B——输送带宽度或槽体宽度，m；

b——硫化接头阶梯宽度，m；

C——倾斜工作时，送料量校正系数；

D——螺旋直径，料筒直径，m；

D_1、D_2——头尾滚轮直径，m；

d_{max}——最大粒径，mm；

F——槽体截面积，m^2；

f_1——摩擦系数；

G——送料量，t/h；

g——重力加速度，m/s^2；

H——高度，提升高度或垂直投影长度，m；

h——高度，物料料层厚度，m；

i_0——料斗容积，m^3；

K——物料综合特性系数；

K_1——系数，空载运动功率系数；

K_2——系数，物料水平运动功率系数；

K_3——环境因素引起的附加功率系数；

k——功率备用系数；

L——头尾滚轮中心距，m；

L_0——输送全长，m；

L_h——水平投影长度，m；

l——叶轮轴向宽度，m；

m——系数；

N——额定功率，电动机功率，kW；

N_0——轴功率，kW；

n——转速，r/min；

n_0——圆盘最大允许转速，r/min；

R_1、R_2——半径，m；

S——料槽行程，螺距，m；

v——输送带运动线速度，物料水平移动速度，m/s；

v_1——提升速度，m/s；

Z——叶轮格数；

α——物料动堆积角，(°)；

γ——物料容积密度，物料堆密度，t/m^3；

η——总效率，%；

η_1——减速器传动效率，%；

η_2——三角皮带传动效率，%；

ω_0——阻力系数；

ψ——物料填充系数。

参考文献

[1]　化学工程手册编辑委员会. 化学工程手册. 北京：化学工业出版社，1989.

［2］　化工设备设计全书编辑委员会. 干燥设备设计. 上海：上海科学技术出版社，1986.

［3］　化工部起重运输设计技术中心站. 运输机械手册. 北京：化学工业出版社，1983.

［4］　张少明，等. 粉体工程. 北京：中国建材工业出版社，1994.

［5］　彭永泉. 石油化工用泵. 第六分册高粘度泵. 兰州：兰州石油机械研究所，1975.

［6］　干燥技术论文集编辑委员会. 干燥技术论文集. 机械设计与制造，1989 年.

［7］　上滝毋西囲. 粉粒体の空气输送. 日刊工业新闻社，1961.

［8］　狩野武. 粉粒体输送装置. 日刊工业新闻社，1969.

［9］　日本粉体工业协会. 粉体机器要览，株式会社広信社，1974.

［10］　内藤牧男，牧野尚夫. 現場技術者向け初步から学ぶ粉末技术. 工業調查会，2009.

［11］　Rami Y. Jumah, Arun S. Mujumdar. Dryer Feeding Systems. In: Handbook of Industrial Drying（The fourth edition）, ed. A S Mujumdar. CRC Press, 2014.

［12］　余国琮. 化工机械工程手册（中册）. 北京：化学工业出版社，2001.

［13］　郭宜祜，王喜忠. 喷雾干燥. 北京：化学工业出版社，1983.

［14］　兰州瑞德干燥技术有限公司. 聚四氟乙烯气流干燥可调、自吸式加料装置：中国专利，CN2644380Y［P］，2004-09-29.

［15］　常州市星干干燥设备有限公司. 闭路循环干燥系统螺旋加料装置：中国专利，CN201740360U［P］，2010-01-28.

［16］　三久股份有限公司. 具有自动扫除单元的送料装置：中国专利，CN203997943U［P］，2014-07-01.

［17］　江苏诺斯特拉环保科技有限公司. 一种结晶氧化铝用防堵加料装置：中国专利，CN206407919U［P］，2016-12-15.

［18］　合肥冠鸿光电科技有限公司. 一种干燥式自动送料装置：中国专利，CN108357952A［P］，2018-01-30.

（翁颐庆，郑兆启，郝亮）

第48章

粉碎及筛分

48.1 粉碎

48.1.1 概述

48.1.1.1 分类[1]

利用外力克服固体物料的内聚力使之破碎的过程称为粉碎。一般将粉碎分为两大类，即破碎和粉磨。破碎是使大块物料碎裂成小块物料；粉磨是使小块物料碎裂成粉末物料。

按粒度划分方法如下。破碎分为粗碎、中碎和细碎。粉磨分为粗磨、细磨、超细磨。粗碎的给料粒度≤1500mm，产品粒度100～350mm；中碎的给料粒度150～350mm，产品粒度19～150mm；细碎的给料粒度19～150mm，产品粒度4.8～3mm。粗磨将物料磨至0.1mm左右；细磨将物料磨至60μm左右；超细磨将物料磨至5μm左右。

按粉碎方式划分有挤压粉碎、冲击粉碎、摩擦剪切粉碎和劈裂粉碎。

48.1.1.2 粉碎方法的选用

破碎坚硬、脆性物料的破碎机，有颚式破碎机、旋回破碎机、圆锥破碎机和辊式破碎机。破碎软质或中硬物料的破碎机，有锤式破碎机和辊式破碎机。

粗磨用球磨机、振动磨、盘磨机等。细磨用调速旋转磨等。超细磨用气流喷射磨、胶体磨、高能球磨机等。

48.1.2 破碎机

48.1.2.1 颚式破碎机

颚式破碎机结构简单、工作可靠、适应性好，是粉碎行业广泛应用的设备。其主要分为简单摆型和复杂摆型，它们的工作原理见图48-1。

图48-1(a)是简单摆动型颚式破碎机的工作原理图。当偏心轴旋转时，带动连杆做往复运动，从而使推力板做往复运动。通过推力板的作用，推动动颚做左右往复摆动，因而对物料产生挤压粉碎作用。由于动颚仅做单纯的圆弧摆动，因而称为简单摆动颚式破碎机。

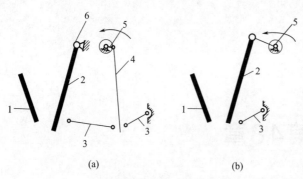

图 48-1　颚式破碎机的工作原理[2]

1—定颚；2—动颚；3—推力板；4—连杆；
5—偏心轴；6—悬挂轴

图 48-1（b）是复杂摆动型颚式破碎机的工作原理图。动颚直接悬挂在偏心轴上，由偏心轴直接驱动。动颚的底部用一块推力板支承在机架后壁上，当偏心轴转动时，动颚顶部运动近似为圆；底部的运动近似为圆弧；中间部分的运动接近于椭圆曲线。由于各点的运动轨迹复杂，因而称为复杂摆动型颚式破碎机。

两种形式的破碎机结构见图 48-2 和图 48-3。其技术特性分别见表 48-1 和表 48-2。

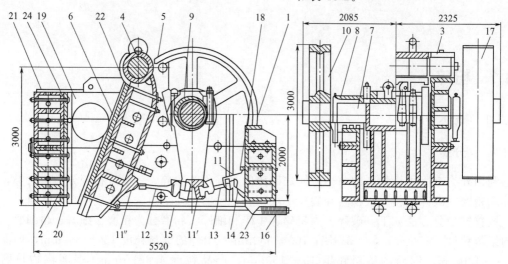

图 48-2　1200mm×1500mm 简摆颚式破碎机[2]

1—机架；2—定颚衬板；3—悬挂轴承；4—悬挂轴；5—动颚；6—动颚衬板；7—偏心轴；8—偏心轴轴承；
9—连杆；10—飞轮；11,11′,11″—推力板支座；12,13—前后推力板；14—顶座；15—拉杆；16—弹簧；
17—胶带轮；18—垫板；19—侧壁衬板；20,21—固定钢板；22—楔块；23—凸耳；24—衬垫

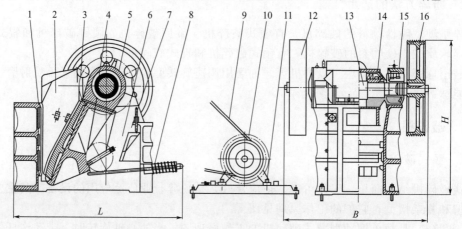

图 48-3　复摆颚式破碎机[2]

1—定颚衬板；2—侧壁衬板；3—动颚衬板；4—推力板座；5—推力板；6—推力板架；7—调节座；8—拉紧装置；
9—三角胶带；10—电动机；11—导轨；12—飞轮；13—偏心轴；14—动颚；15—机架；16—胶带轮

表 48-1　颚式破碎机的主要技术特征[3]

项目	破碎机的类型						
	简摆型			复摆型			
给料口宽度×长度/mm	1500×2100	1200×1500	900×1200	900×1200	600×900	400×600	250×400	150×250
排料口宽度/mm	170~220	130~180	150~180	100~200	75~200	40~100	20~80	10~40
最大给料粒度/mm	1100	850	650	750	480	350	210	125
生产量/(t/h)	460~600	170	140~180	150~300	35~120	8~20	4~14	1~3
破碎机转数/(r/min)	100	135	180	200~250	230~280	250~300	280~320	300~340
电动机功率/kW	260~280	180	110	95~110	75~80	30	15~17	5.5

表 48-2　复杂摆动型细碎颚式破碎机主要技术特征[4]

基本参数				型号				
				PEX-150×500	PEX-150×750	PEX-250×750	PEX-250×1000	PEX-250×1200
给料口尺寸	宽度 b	公称尺寸	mm	150	150	250	250	250
		极限偏差		±10	±10	±15	±15	±15
	长度 l	公称尺寸		500	750	750	1000	1200
		极限偏差		±25	±35	±35	±50	±60
最大给料粒度				120	120	210	210	210
开边排料口宽度 b_1		公称尺寸		30	30	40	40	40
		调整范围≥		+18 −12	+18 −12	+20 −15	+20 −15	+20 −15
外形尺寸		长 L		1020	1200	1420	2180	2380
		宽 B		1260	1600	1770	1810	1920
		高 H		1060	1270	1595	1490	1800
电动机功率≤			kW	13	15	30	40	60
重量(不包括电动机)≤			kg	1550	3320	6012	10831	13200
b_1 为公称值时的生产率			m³/h	5.6	9	14	18	34
金属单耗≤			t/(m³/h)	0.27	0.37	0.43	0.6	0.38
单位功率			kW/(m³/h)	2.3	1.7	2.1	2.1	1.8

　　注：1. 排料口宽度是指在排料口部位，两颚板处于开边时，一颚板的齿顶（或齿根）与另一颚板的齿根（或齿顶）之间的最短距离。

　　2. 生产率以破碎堆密度为 1.6t/m³、抗压强度为 150MPa 的石灰石和连续给料为依据。

　　在上述破碎机上装设液压部件就成为液压颚式破碎机。其工作原理如图 48-4 所示。

　　连杆 3 上装一液压油缸和活塞 6，油缸与连杆上部连接，活塞杆与推力板 5 连接。当破碎机主电动机启动时液压油缸尚未充满油，油缸和活塞可做相对滑动，因此主电动机无需克服动颚等运动部件的巨大惯性力，而能较容易启动。待主电动机运转正常时，液压油缸内已充满了油，使连杆油缸和活塞杆紧紧地连接在一起，此时油缸与连杆已不再做相对运动，相当于一个整体连杆，动力通过连杆、推力板等使动颚摆动。

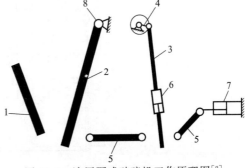

图 48-4　液压颚式破碎机工作原理图[2]

1—定颚；2—动颚；3—连杆；4—偏心轴；

5—推力板；6—连杆液压缸和活塞；

7—出料口调速器液压缸；8—悬挂轴

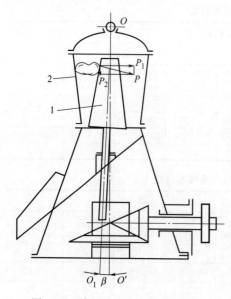

图 48-5　旋回破碎机工作原理图[2]
1—动锥；2—定锥

当颚腔内掉入难碎物体时，连杆受力增大，油缸内油压急剧增加，从而推开溢流阀，油缸内的油被挤出，活塞与油缸松开，连杆和油缸虽然随偏心轴的转动而上下运动，但活塞与连杆不动，于是推力板和动颚也不动，从而保护了破碎机的其他部件免受损坏，起到保险装置的作用。出料口间隙的调整采用液压装置7，调整简单方便。液压颚式破碎机具有启动、调整容易和保护机器部件不受损坏等优点。

48.1.2.2　旋回破碎机

用于粗碎的圆锥破碎机称为旋回破碎机。其工作原理如图 48-5 所示，它是通过动锥和定锥的相对运动来对物料进行破碎。因为是用于粗碎，因而要求进料口的尺寸大，故动锥是正置的而定锥是倒置的。由于破碎机反力的垂直分力 P_2 较小，所以动锥可以用悬吊方式支承，支承装置在破碎机的顶部 O 点处。动锥绕 OO' 做偏转运动，偏转角为 β。

旋回破碎机的结构见图 48-6。定锥由螺栓固定在机架上，动锥的工作表面镶有高锰钢衬板，上面连接着弧形横梁。主轴悬挂在横梁上，主轴上装有动锥，其表面也镶有高锰钢衬

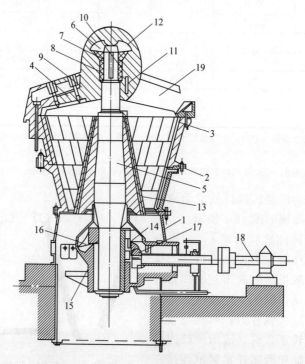

图 48-6　旋回破碎机[2]
1—机架；2—定锥；3—初板；4—横梁；5—主轴；6—锥形螺母；7—锥形压套；8—衬套；
9—支承环；10—楔形键；11—衬套；12—顶罩；13—动锥；14—偏心衬套；15—中心套筒；
16—大圆锥齿轮；17—小圆锥齿轮；18—传动轴；19—进料口

板。轴的下端插在偏心衬套的侧斜孔内，衬套的内外面都嵌有耐磨的轴承合金涂层，它们装在中心套筒中。大圆锥齿轮固定在衬套上与小圆锥齿轮啮合。小圆锥齿轮通过传动轴与减速机及电动机相连。当电动机转动时，带动主轴做偏心旋回运动，使从上部环形口进入的物料在定、动锥之间受到破碎。破碎后的物料由锥间下部排出。

轻型及重型旋回破碎机的基本技术特性见表 48-3 和表 48-4。

表 48-3　轻型旋回破碎机基本技术特性[5]

型号	给矿口尺寸	最大给矿粒度	公称排矿口尺寸	动锥底部直径	排矿口调整范围	电动机功率/kW	生产能力/(t/h)	重量/t
	mm							
PXQ-700/100	700	580	100	1200	100～120	130	300～360	45
PXQ-900/130	900	750	130	1400	130～150	145	450～520	87
PXQ-1200/150	1200	1000	150	1650	150～170	210	720～815	144

注：生产能力是指物料含水量不超过 5%，给料粒度级配适当，抗压强度不大于 120MPa，物料松散密度 1.6t/m³ 的矿石或岩石的计算值。

表 48-4　重型旋回破碎机基本技术特性[5]

型号	给矿口尺寸	最大给矿粒度	公称排矿口尺寸	动锥底部直径	排矿口调整范围	电动机功率/kW	生产能力/(t/h)	重量/t
	mm							
PXQ-500/60	500	420	60	1200	60～75	115	170～205	45
						130	210～250	
PXQ-700/100	700	580	100	1400	100～130	125	315～410	92
						145	405～525	
PXQ-900/130	900	750	130	1650	130～160	170	520～640	141
						210	625～770	
PXQ-900/170	900	750	170	1650	170～190	170	675～770	141
						210	815～910	
PXQ-1200/160	1200	1000	160	2000	160～190	260	1015～1195	229
						310	1250～1480	
PXQ-1200/210	1200	1000	210	2000	210～230	260	1320～1450	229
						310	1640～1800	
PXQ-1400/170	1400	1200	170	2200	170～200	350	1440～1685	315
						400	1750～2060	
PXQ-1400/220	1400	1200	220	2200	220～240	350	1845～2020	315
						400	2260～2475	
PXQ-1600/180	1600	1350	180	2500	180～210	520	1990～2315	465
						620	2400～2800	
PXQ-1600/230	1600	1350	230	2500	230～250	520	2515～2750	465
						620	3050～3350	

注：生产能力是指物料含水量不超过 5%，给料粒度级配适当，抗压强度不大于 250MPa，物料松散密度 1.6t/m³ 的矿石或岩石的计算值。

48.1.2.3　圆锥破碎机

圆锥破碎机的工作原理见图 48-7。动锥与主轴固定。定锥固定在机架上不动。主轴的中心线与定锥的中心线相交于顶点 O，主轴悬挂于顶点上，轴的下端头插入偏心衬套中。衬套在动力作用下以偏心距 r 绕定锥的中心线旋转，使动锥沿定锥的内表面作偏转运动。这样就使进入的物料在紧端受到挤压而被破碎，而松端在重力作用下自然卸料。图中 B 为进料口的最大宽度，$e+s$ 为卸料口的最大宽度。

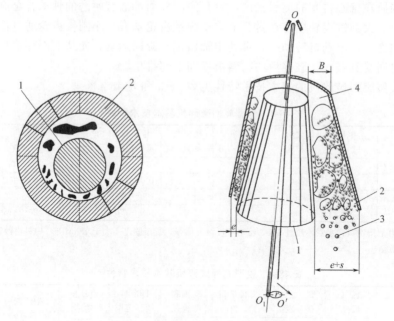

图 48-7 圆锥破碎机工作原理图[2]

1—动锥；2—定锥；3—破碎后的物料；4—破碎腔

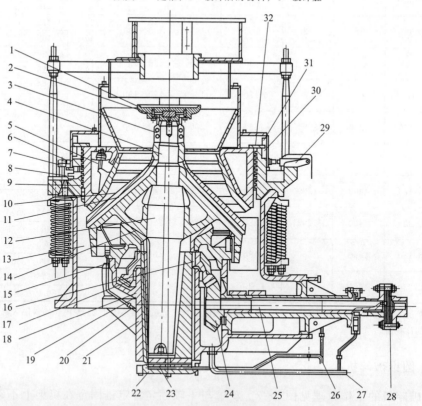

图 48-8 标准型圆锥破碎机[2]

1—分配盘；2—止动齿轮；3—圆锥头；4—压头；5—U形螺栓；6—锁紧套；7—锁紧缸；8—支承套；9—调整套；
10—定锥衬板；11—动锥衬板；12—主轴；13—动锥驱体；14—碗形轴瓦；15—碗形轴承架；16—平衡重；
17—大锥齿轮；18—锥形套；19—偏心套；20—大衬套；21—机架；22—底盘；23—止动盘；24—小锥齿轮；
25—水平轴；26—进油；27—回油；28—联轴器；29—推动缸；30—防尘罩；31—条铁；32—挡铁

圆锥破碎机的结构见图 48-8，主要的破碎部件是定锥和动锥，定锥主要由调整套和定锥衬板组成。动锥主要由动锥驱动体、主轴、动锥衬板和分配盘组成。主轴头上要装分配盘，主轴下部是锥形，插在偏心衬套的锥形孔中。偏心套转动时带动动锥做偏转运动，偏心套支承在止推盘上。破碎机由电动机通过弹性联轴器、传动轴、小圆锥齿轮带动大圆锥齿轮而使偏心套旋转，这使动锥以其球面中心为悬点绕破碎机的中心线旋转。进入的物料经漏斗落到分配盘上，然后分布到破碎腔中，破碎后的物料沿锥面卸出。弹簧是破碎机的保险装置，当难碎物料进入破碎腔时，弹簧被压缩，支承套和定锥被抬起，让破碎物排出，从而避免机件的损坏。

　　圆锥破碎机的技术特性见表 48-5。

表 48-5　圆锥破碎机技术特性[6]

型号	规格		推荐给矿粒度/mm	最大给矿粒度/mm	处理能力/(t/h)	主电动机功率/kW	机器参考重量/t
	破碎机大端直径/mm	喉口尺寸/mm					
PYX-0613 PYX-0619	600	13 19	5～19	38	10～25	≤45	6.0
PYX-0911 PYX-0919 PYX-0925	900	11 19 25	5～19	38	55～65	≤75	11.5
PYX-1213 PYX-1219 PYX-1225 PYX-1232	1200	13 19 25 32	5～19	38	100～115	≤150	25.3
PYX-1619 PYX-1625	1650	19 25	5～19	38	160～180	≤220	75.0
PYX-2116 PYX-2125 PYX-2132	2100	16 25 32	5～19	38	230～270	≤315	100.0

　　注 1. 表中的机器参考重量不包括电动机、电控设备、润滑站、液压站的重量。

　　2. 表中的破碎机处理能力是满足下列条件时的闭路系统设计通过量：物料含水量不超过 4%，不含黏土；给料粒度级配适当，沿破碎腔 360°分布均匀；给料松散密度为 1.6t/m³，抗压强度小于 160MPa 且消耗额定功率 80%。

　　液压圆锥破碎机是将圆锥破碎机的调节保险装置由液压装置完成，它是在动锥的立轴下部分装有一个半缸液压活塞。其工作原理见图 48-9。可通过液压装置调节出料口的大小。当油从油箱压入油缸下方时，使动锥上升，出料口缩小；若将活塞下方的油放回油箱时，动锥下降，出料口增大。一般情况下蓄能器活塞上部的压力应等于破碎所需压力。遇难碎料

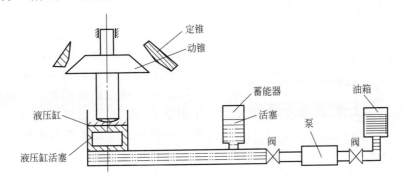

图 48-9　液压圆锥破碎机工作原理示意图[2]

时，油路中的压力大于蓄能器的压力，气缸上升，这样液压缸的活塞下降，动锥随之下降，出料口增大，让难碎物料卸出，起到保险作用。然后自动恢复正常状态。

48.1.2.4 锤式破碎机

锤式破碎机是通过高速转动的转子带动其上的锤子旋转，对物料产生冲击作用进行粉碎。锤式破碎机主要有单转子和双转子两类。

单转子锤式破碎机如图 48-10 所示，它主要由机壳、转子、算条、打击板、传动系统组成。机壳上下两部分各由钢板焊接而成，并用螺栓连接成一体。壳内镶有高锰钢衬板，磨损后可更换。转子上安装数排挂锤体，在其圆周的销孔上贯穿着销轴，用销轴将锤子铰接在各排挂锤体之间。图中是不可逆式的锤式破碎机，当锤头迎料面磨损后，应停车调换位置后使背料面变为迎料面后再用。当上壳体采用锥形后，就变为可逆式的锤式破碎机，当锤头迎料面磨损后，不需要调换位置，仅将电动机反转即可继续使用。单转子锤式破碎机是最常用的。

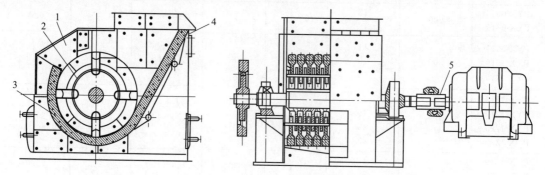

图 48-10　单转子锤式破碎机[2]

1—机壳；2—转子；3—算条；4—打击板；5—弹性联轴器

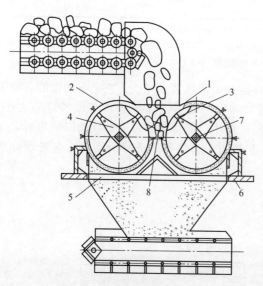

图 48-11　双转子锤式破碎机[2]

1—弓形算篮；2—弓形算条；3—锤子；

4—挂锤体；5—算条筛；

6—机壳；7—方轴；8—砧座

图 48-11 是双转子锤式破碎机。它是在机壳内装有两个平行的转子，两个转子由两个独立的电动机各自拖动。物料由上部的进料口进入到弓形算篮后，落在弓形算条上的大块物料受到算条间隙扫过的锤子的冲击粉碎，落在砧座及两边转子下方的算条筛上，受到锤子的冲击再次粉碎后从算缝卸出。由于这种破碎机分成几个破碎区，因而破碎比较大。

图 48-12 是粉碎黏湿物料的锤式破碎机。它与单转子锤式破碎机的区别是①转子前面装有作为破碎板用的履带式回转承击板，它可以防止物料在破碎腔进口处堆积，黏结在承击板上的物料则被锤头扫去。②转子的后面设有清理装置，能将破碎后堆积在转子后面的物料耙松以便卸出，同时可将黏附在外壳壁面上的物料刮下。③为了防堵塞，转子下面一般设算条筛。此机常用于垃圾破碎。

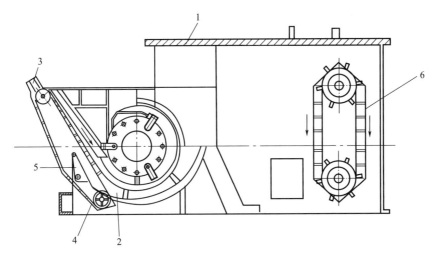

图 48-12　粉碎黏湿物料的锤式破碎机[2]

1—外壳；2—转子；3—履带式回转承击板；4—转动轴；5—垫板；6—清理装置

表 48-6 是煤用锤式破碎机的技术特性。表 48-7 是锤式垃圾破碎机的技术特性。表 48-8 是单转子锤式破碎机的技术特性。

表 48-6　煤用锤式破碎机技术特性[7]

型号	转子直径 /mm	转子长度 /mm	进料粒度 /mm	出料粒度 /mm	产量 /(t/h)	转子速度 /(r/min)	电动机功率 /kW	机器重量 /t
PCM-1316	1300	1600	≤300	≤10	150~200	590	200	19.7
PCM-1813	1800	1800	≤300	≤20	300~400	590	480	28.4
PCM-1825	1800	2500	≤300	≤25	650~750	590	800	45.5
PCKM-0606	600	600	≤80	≤3	15~20	1250	55	3
PCKM-0808	800	800	≤80	≤3	50~70	1250	115	4.3
PCKM-1010	1000	1000	≤80	≤3	100~150	980	280	10.5
PCKM-1212	1250	1250	≤80	≤3	150~200	740	329	15.8
PCKM-1413	1430	1300	≤80	≤3	200~250	740	380	16.3
PCKM-1414	1430	1400	≤80	≤3	250~350	985	520	17
PCKM-1416	1410	1608	≤80	≤3	350~400	985	560	17.7

注：1. 转子直径指转子在工作状态时锤头顶端的最大运动轨迹。

2. 产量指破碎标准无烟煤时，被破碎物料抗压强度限为 12MPa，表面水分小于 9%，密度为 900kg/m³ 时的产量。

3. 机器重量不包括电动机的重量。

表 48-7　锤式垃圾破碎机技术特性[8]

型号	转子直径 /mm	转子长度 /mm	进料粒度 /mm	出料粒度 /mm	转速 /(r/min)	产量 /(m³/h)	电动机功率 /kW
CLP540	800	540	≤300	≤50	800	6.8	26
CLP640		640				8	30
CLP800		800				10	38.6
CLP1100		1100				14.4	52.6

注：1. 垃圾中不含金属和极限抗压强度高于 50MPa 的物料。

2. 入料粒度、速度均匀。

表 48-8　单转子锤式破碎机技术特性[8]

型号	转子工作直径/mm	转子长度/mm	给料口尺寸(M×N)/mm	最大进料边长/mm	出料粒度(95%)/mm	产量/(t/h)	平均电动机功率/kW	设备重量/t
PCD-1809	1800	870	1050×890	700	≤25	50～80	100	26
PCD-1812	1800	1200	1100×1250	900	≤25	100～150	200	31
PCD-2014	1988	1400	1245×1450	1200	≤25	150～200	315	49
PCD-2017	1988	1700	1320×1740	1200	≤25	200～250	355	56
PCD-2519	2530	1860	1460×1740	1500	≤25	250～450	600	90
PCD-2522	2530	2180	1500×2000	1500	≤25	400～550	750	96
PCD-2523	2530	2345	1500×2000	1500	≤25	500～600	900	105
PCD-2724	2750	2450	1700×2440	1800	≤25	600～800	1100	127
PCD-3028	3000	2810	1856×2506	1900	≤25	800～1000	1500	207

注：1. 转子工作直径指转子在工作状态时锤头顶端回转的运动轨迹，转子长度是指转子工作段长度。

2. 产量指破碎物料（以石灰石为例）抗压强度为 200MPa 以下，湿度小于 8%，出料粒度 95% 以上小于或等于 25mm 时的产量。产量在额定值内的变化取决于被破碎物料的自然特性和破碎粒度。

3. 表中规定的电动机功率为平均值，电动机功率的确定取决于被破碎物料的自然特性和需要的产量，电动机为 YR 型交流电动机，其实际功率在订货时由制造厂根据被破碎物料特性及使用工况确定。

48.1.2.5　辊式破碎机

辊式破碎机主要有单辊破碎机和双辊破碎机。辊子有光面辊子、齿面辊子和槽面辊子。光面辊子主要以挤压方式粉碎物料，它适合于破碎中硬或坚硬物料。齿面辊子（见图48-13）除对物料有挤压作用外，还兼有扒料和劈碎作用。槽形辊子除对物料有挤压作用外，还有剪切作用，适用于强度不大的物料。

单辊破碎机如图 48-14 所示。辊子均为齿面辊子。物料从上部进入后在齿面辊子和颚板之间受到挤压、剪切和劈碎等的联合作用而破碎，产品从下部排出。其主要技术特性见表 48-9。双辊破碎机如图 48-15 所示，双辊破碎机是最常用的，它是通过两个辊子的相向运动对从上部进入的物料破碎，并从下部强制排出。两个辊子是安装在机架上的，前辊的轴承座固定在机架上。后辊的轴承座安装在机架的导轨中，可在导轨上左右移动，其移动所用的力的大小由强力弹簧调节。当辊中落入坚硬物料时，弹簧被压缩，后辊后移一定距离使难碎物料落

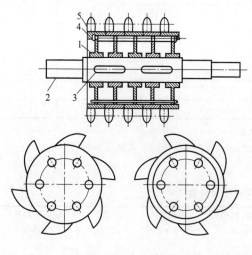

图 48-13　齿面辊子[2]

1—钢盘；2—轴；3—键；4—螺栓；5—盘齿

下。然后在弹簧的作用下，辊子又恢复原位，有效地保护了设备。辊子间距可通过弹簧底部的垫片厚度来调节。光面双辊破碎机的技术特性见表 48-10。齿面双辊破碎机的技术特性见表 48-11。

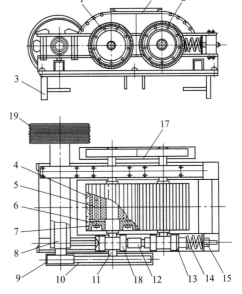

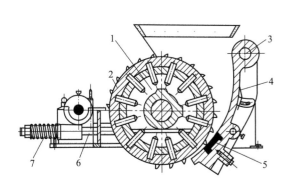

图 48-14　单辊破碎机[2]

1—转动辊；2—衬板；3—芯轴；4—颚板；

5—耐磨衬板；6—拉杆；7—弹簧

图 48-15　双辊破碎机[2]

1—前辊；2—后辊；3—机架；4—辊芯；5—拉紧螺栓；

6—锥形环；7—辊套；8—传动轴；9,10—减速齿轮；

11—辊轴；12—顶座；13—钢垫片；14—强力弹簧；

15—螺母；16—喂料箱；17—传动齿轮；

18—轴承座；19—轴承；20—胶带轮

表 48-9　单辊破碎机技术特性[3]

辊子(直径×长度)/mm	最大给料粒度/mm	细粒含量为 80% 的粒度/mm	生产量/(t/h)
900×900	450	30~200	125~360
900×1200	500	30~200	200~520
900×1350	500	30~200	230~600
600×600	400	30~150	60~170
600×900	400	30~200	80~230
600×1200	450	30~200	120~360
500×450	300	30~100	45~100
500×600	350	30~150	60~175
500×750	350	30~150	75~190

表 48-10　光面双辊破碎机技术特性[9]

参数	2PG-200×125	2PG-400×250	2PG-600×400	2PG-600×750	2PG-750×500	2PG-900×900	2PG-1000×800	2PG-1200×800	2PG-1200×1000
辊子直径/mm	200	400	600	600	750	900	1000	1200	1200
辊子长度/mm	125	250	400	750	500	900	800	800	1000
最大给料尺寸/mm	5~20	20~40	20~70	25~80	25~95			40~100	
出料粒度/mm	0.4~4	2~8	3~30	3~40			4~40		
生产能力/(t/h)	0.5~1.5	2~10	4~30	5~40	6~80	10~90	15~100	20~120	30~140

参数	2PG-200×125	2PG-400×250	2PG-600×400	2PG-600×750	2PG-750×500	2PG-900×900	2PG-1000×800	2PG-1200×800	2PG-1200×1000
电动机功率/kW	≤5.5	≤15	≤37	≤55	≤45	≤75	≤90		≤110
重量(不包括电动机)/kg	≤500	≤1430	≤3600	≤7300	≤7650	≤18400	≤25200	≤25900	≤51000

注：1. 生产能力的确定以下列条件为依据：破碎矿石的抗压强度≤120MPa；表面水分≤2%；矿石密度为 1.6t/m³；辊子全长范围内连续均匀进料。

2. 出料粒度的合格率应≥80%。

3. 表中所列规格系列可根据市场需要而调整和发展。

4. 同一规格破碎机可根据标准规定的出料粒度范围，形成不同生产能力的系列产品，以满足不同用户的要求。

表 48-11　齿面双辊破碎机技术特性[9]

参数	2PGC-370×1200	2PGC-400×630	2PGC-450×500	2PGC-550×1000	2PGC-600×750	2PGC-600×900	2PGC-800×400
辊子直径/mm	370	400	450	550	600	600	800
辊子长度/mm	1200	630	500	1000	750	900	400
最大给料尺寸/mm	20~60	50~150	80~200	100~300	100~400	100~400	100~400
出料粒度/mm	3~25	5~50	5~80	5~100	5~100	5~100	5~100
生产能力/(t/h)	3~5	10~60	20~60	30~120	30~120	30~120	30~100
电动机功率/kW	≤18.5	≤15	≤15	≤45	≤30	≤45	≤30
重量(不包括电动机)/kg	≤1600	≤4000	≤3700	≤7100	≤7650	≤7950	≤8500

参数	2PGC-900×900	2PGC-1000×760	2PGC-1000×1500	2PGC-1200×660	2PGC-1200×1500	2PGC-1250×1600	2PGC-1370×1900
辊子直径/mm	900	1000	1000	1200	1200	1250	1370
辊子长度/mm	900	760	1500	660	1500	1600	1900
最大给料尺寸/mm	150~500	150~400	150~600	150~400	150~600	150~600	200~800
出料粒度/mm	5~150	5~150	5~200	5~120	10~200	10~200	10~250
生产能力/(t/h)	30~200	30~150	50~200	30~150	80~250	100~300	200~500
电动机功率/kW	≤75	≤110	≤132	≤110	≤150	≤150	≤440
重量(不包括电动机)/kg	≤18700	≤21200	≤35000	≤26500	≤56000	≤58000	≤108000

注：1. 生产能力的确定以下列条件为依据：破碎矿石的抗压强度≤120MPa；表面水分≤2%；矿石密度为 1.6t/m³；辊子全长范围内连续均匀进料。

2. 出料粒度的合格率应≥80%。

3. 表中所列规格系列可根据市场需要而调整和发展。

4. 同一规格破碎机可根据标准规定的出料粒度范围，形成不同生产能力的系列产品，以满足不同用户的要求。

48.1.3　磨机

48.1.3.1　球磨机

　　球磨机就是在回转圆筒内放入物料和研磨体，在传动装置的带动下圆筒旋转，物料在筒内受到研磨和冲击作用被粉碎和磨细。球磨机结构简图见图 48-16，主要由筒体、端盖、轴颈、传动装置，给料器组成。球磨机对物料的适应性强，能连续大量生产，因而可满足大规模生产的需要。由于其粉碎能力比较强，因而易于调整产品的粒度；又因其结构简单、运行可靠，因而可长周期运转。由于上述优点，球磨机在化工、冶金、建材等行业中得到了广泛的应用。球磨机的分类方法比较多。长径比小于 2 的为短磨机，它一般为半仓。长径比是 3 左右的为中长磨机。长径比大于 4 的为长磨机。中长磨机和长磨机内一般分为 2～4 个仓。按操作工艺可分为干式磨机和湿式磨机。湿式球磨机、干式球磨机和溢流型球磨机的技术特性见表 48-12～表 48-14。

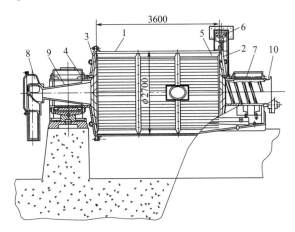

图 48-16　溢流型球磨机结构[10]

1—筒体；2，3—端盖；4，7—中空轴颈；5—衬板；6—大齿圈；8—给料器；9，10—中空轴颈

表 48-12　湿式球磨机技术特性[11]

型号	筒体直径 /mm	筒体长度 /mm	筒体有效容积/m³	最大装球量 /t	工作转速 /(r/min)	主电动机功率/kW	排矿粒度 /mm	产量 /(t/h)	机器参考重量/t
MQ-0909	900	900	0.45	0.96	34.0～39.2	≤17	0.3～0.074	0.70～0.35	4.7
MQ-0918	900	1800	0.9	1.9	34.0～39.2	≤22	0.3～0.074	1.40～0.65	5.4
MQ-1212	1200	1200	1.1	2.4	29.5～33.5	≤30	0.3～0.074	1.65～0.80	11.4
MQ-1216	1200	1600	1.5	3.2	29.5～33.5	≤37	0.3～0.074	2.4～1.2	12.0
MQ-1224	1200	2400	2.2	4.7	29.5～33.5	≤55	0.3～0.074	3.2～1.5	13.5
MQ-1515	1500	1500	2.2	4.7	26.5～29.8	≤60	0.3～0.074	3.3～1.4	14.0
MQ-1522	1500	2250	3.4	7.2	26.5～29.8	≤75	0.3～0.074	5.0～2.4	16.0
MQ-1530	1500	3000	4.5	9.7	26.5～29.8	≤95	0.3～0.074	6.1～3.1	17.5
MQ-2122	2100	2200	6.7	14.7	22.2～25.2	≤155	0.3～0.074	10.0～4.7	42.2
MQ-2130	2100	3000	9.2	19.8	22.2～25.2	≤210	0.3～0.074	14.0～6.4	45.0
MQ-2424	2400	2400	9.8	20.7	20.8～23.5	≤210	0.3～0.074	14.7～6.9	45.0
MQ-2430	2400	3000	12.2	25.8	20.8～23.5	≤240	0.3～0.074	18.5～8.7	47.0
MQ-2721	2700	2100	10.7	23.0	19.6～22.2	≤260	0.3～0.074	16.7～8.5	63.0
MQ-2727	2700	2700	13.8	29.0	19.6～22.2	≤310	0.3～0.074	20.7～11.0	67.0
MQ-2736	2700	3600	18.4	39.0	19.6～22.2	≤400	0.3～0.074	28.0～13.0	77.0
MQ-3230	3200	3000	21.8	46.0	18.0～20.4	≤500	0.3～0.074	33.0～15.5	110.0
MQ-3236	3200	3600	26.2	56.5	18.0～20.4	≤630	0.3～0.074	39.6～18.6	115.0
MQ-3245	3200	4500	32.8	65.0	18.0～20.4	≤800	0.3～0.074	49.0～24.0	126.0
MQ-3639	3600	3900	35.3	75.0	17.0～19.2	≤1000	0.3～0.074	52.8～25.0	145.0

续表

型号	筒体直径/mm	筒体长度/mm	筒体有效容积/m³	最大装球量/t	工作转速/(r/min)	主电动机功率/kW	排矿粒度/mm	产量/(t/h)	机器参考重量/t
MQ-3645	3600	4500	40.8	88.0	17.0~19.2	≤1250	0.3~0.074	61.0~29.0	160.0
MQ-3650	3600	5000	45.3	96.0	17.0~19.2	≤1400	0.3~0.074	73.0~35.0	160.0
MQ-3660	3600	6000	54.4	117.0	17.0~19.2	≤1600	0.3~0.074	82.0~38.0	190.0

注：1. 机器参考重量不包括主电动机重量。

2. 表中的产量为估算产量，其给矿粒度为 25~0.8mm 的中等硬度的矿石。

表 48-13　干式球磨机技术特性[11]

型号	筒体直径/mm	筒体长度/mm	筒体有效容积/m³	最大装球量/t	工作转速/(r/min)	主电动机功率/kW	排矿粒度/mm	产量/(t/h)	机器参考重量/t
MQG-0909	900	900	0.45	0.9	34.0~39.2	≤17	0.6~0.074	1.40~0.36	4.4
MQG-0918	900	1800	0.9	1.5	34.0~39.2	≤22	0.6~0.074	2.8~0.7	5.4
MQG-1212	1200	1200	1.1	1.8	29.5~33.5	≤30	0.6~0.074	2.6~0.9	11.0
MQG-1216	1200	1600	1.5	2.5	29.5~33.5	≤37	0.6~0.074	3.9~1.4	12.0
MQG-1224	1200	2400	2.2	3.6	29.5~33.5	≤55	0.6~0.074	5.1~1.8	12.6
MQG-1515	1500	1500	2.2	3.6	26.5~29.8	≤60	0.4~0.074	5.2~1.9	13.5
MQG-1522	1500	2250	3.4	5.6	26.5~29.8	≤75	0.4~0.074	10.2~2.7	15.0
MQG-1530	1500	3000	4.5	7.5	26.5~29.8	≤95	0.4~0.074	14.0~3.6	18.0
MQG-2122	2100	2200	6.7	11.0	22.2~25.2	≤155	0.4~0.074	25.0~5.0	45.2
MQG-2424	2400	2400	9.8	16.0	20.8~23.5	≤210	0.4~0.074	29.0~7.5	47.5
MQG-2430	2400	3000	12.2	20.0	20.8~23.5	≤240	0.4~0.074	38.0~9.5	50.0

注1. 机器参考重量不包括主电动机重量。

2. 表中的产量为估算产量，其给矿粒度为 25~0.8mm 的中等硬度的矿石。

表 48-14　溢流型球磨机技术特性[11]

型号	筒体直径/mm	筒体长度/mm	筒体有效容积/m³	最大装球量/t	工作转速/(r/min)	主电动机功率/kW	排矿粒度/mm	产量/(t/h)	机器参考重量/t
MQY-0918	900	1800	0.9	1.7	29.0~39.2	≤22	0.3~0.074	0.63~0.30	5.4
MQY-1224	1200	2400	2.2	4.2	25.2~33.3	≤55	0.3~0.074	2.90~1.35	12.5
MQY-1522	1500	2250	3.4	6.5	22.5~29.8	≤75	0.3~0.074	4.5~2.1	14.0
MQY-1530	1500	3000	4.5	8.6	22.5~29.8	≤95	0.3~0.074	6.0~2.8	16.5
MQY-2130	2100	3000	9.2	17.6	19.0~25.2	≤210	0.3~0.074	12.6~5.8	43.5
MQY-2136	2100	3600	11.0	21.0	19.0~25.2	≤210	0.3~0.074	12.8~6.0	47.0
MQY-2424	2400	2400	9.8	18.8	17.8~23.5	≤240	0.3~0.074	13.2~6.2	44.0
MQY-2430	2400	3000	12.2	23.0	17.8~23.5	≤240	0.3~0.074	16.6~7.8	46.5
MQY-2736	2700	3600	18.4	35.0	16.8~22.2	≤400	0.3~0.074	25.0~11.7	70.0
MQY-2740	2700	4000	20.4	38.0	16.8~22.2	≤400	0.3~0.074	27.7~13.0	79.0
MQY-3245	3200	4500	32.8	61.0	15.5~20.4	≤630	0.3~0.074	44.0~21.6	113.0
MQY-3254	3200	5400	39.4	73.0	15.5~20.4	≤1000	0.3~0.074	52.8~25.9	121.0
MQY-3645	3600	4500	40.8	76.0	14.5~19.2	≤1000	0.3~0.074	55.6~24.3	135.0
MQY-3650	3600	5000	45.0	86.0	14.5~19.2	≤1250	0.3~0.074	67.0~28.1	145.0
MQY-3660	3600	6000	54.0	102.0	14.5~19.2	≤1250	0.3~0.074	74.1~32.4	154.0

注：1. 机器参考重量不包括主电动机重量。

2. 表中的产量为估算产量，其给矿粒度为 25~0.8mm 的中等硬度的矿石。

48.1.3.2　振动磨

振动磨主要由电动机、筒体、主轴、支承弹簧、研磨体、偏心块、偏心轴组成。如图48-17 所示，按振动的类型分为惯性式振动磨和偏旋式振动磨。惯性式振动磨是靠装在主轴上的偏心块旋转时的惯性产生振动。偏旋式振动磨是靠偏心轴旋转来带动筒体的振动。

振动磨的工作原理：筒体内装入物料和研磨体，当在电动机的驱动下筒体圆周振动时，通过研磨体的高频振动对物料作冲击、摩擦、剪切等作用而将物料粉碎。通过调节振幅、研磨时间、频率、研磨体及填充率等进行细粉和超细粉磨，而且所得产品的粒度均匀。

振动磨按我国目前的机械行业标准有单筒间歇式振动磨（如图 48-18 所示），双筒连续式振动磨（如图 48-19 所示）及三筒连续式振动磨。单筒惯性式间歇操作振动磨的主轴水平

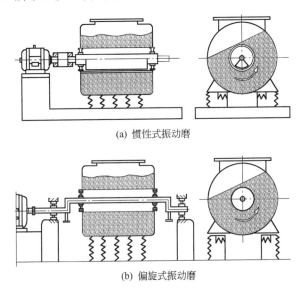

(a) 惯性式振动磨

(b) 偏旋式振动磨

图 48-17　振动磨的类型[2,10]

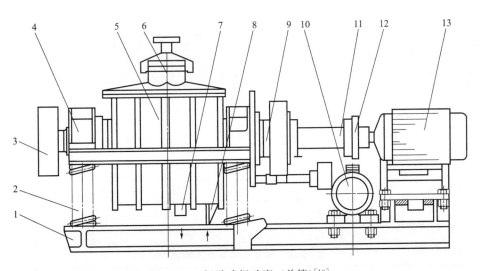

图 48-18　间歇式振动磨（单筒）[10]

1—机座；2—弹簧；3—偏重飞轮；4—轴承座；5—筒体；6—物料加入/排出口管；
7—冷却/加热出口管；8—冷却/加热入口管；9—主轴；10—翻转装置；
11—万向节；12—联轴器；13—电动机

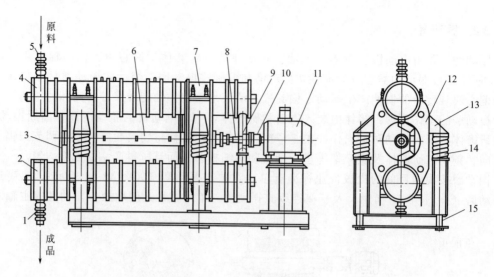

图 48-19　连续式振动磨[10]

1—出料管；2—下筒体；3—冷却或加热管；4—上筒体；5—加料管；6—轴；
7—紧固带；8—万向节；9—连接管；10—联轴器；11—电动机；12—支撑板；
13—支座；14—弹簧；15—机座

穿入筒体，两端由轴承座支承并装有偏心轮。通过万向节、联轴器与电动机连接。筒体通过支承板依靠弹簧座落在机座上。双筒连续式振动磨的结构是上下半联的筒体靠支承板连接在主轴上。物料由加料管加入上筒体进行粗磨，被磨碎物料通过连接管送入下筒体进一步研磨。三筒连续式振动磨的结构与双筒式相同，仅仅是增加了一个研磨筒体。三种振动磨的技术特性见表 48-15～表 48-17。超过表内要求的，可根据原理进行设计制造。

表 48-15　单筒振动磨技术特性[12]

参数	MZ-100	MZ-200	MZ-400	MZ-800	MZ-1600
筒体容积/L	100	200	400	800	1600
筒体外径/mm	560	710	900	1120	1400
振动频率/Hz	24	24.3	24.5	16.3	16.2
振幅/mm	≤3			≤7	
磨介量/L	65～85	130～170	260～340	520～680	1040～1360
进料粒度/mm	≤5				
出料粒度/μm	≤74				
生产能力/(kg/h)	100	200	400	800	1600
电动机功率/kW	5.5	11	22	45	90
振动部分质量/kg	≤380	≤610	≤1220	≤2450	≤4900

注：1. 本标准的振幅指简谐振动的峰值。

2. 生产能力是指粉磨红瓷土原料时的生产能力。

表 48-16　双筒振动磨技术特性[12]

参数	2MZ-100	2MZ-200	2MZ-400	2MZ-800	2MZ-1600
筒体容积/L	100	200	400	800	1600
筒体外径/mm	224	280	355	450	560

续表

参数	2MZ-100	2MZ-200	2MZ-400	2MZ-800	2MZ-1600
振动频率/Hz	24	24.3	24.5	16.3	16.2
振幅/mm	≤3			≤7	
磨介量/L	65~85	130~170	260~340	520~680	1040~1360
进料粒度/mm	≤5				
出料粒度/μm	≤74				
生产能力/(kg/h)	90	180	350	700	1400
电动机功率/kW	7.5	15	30	55	110
振动部分质量/kg	≤540	≤960	≤1910	≤3820	≤7650

注：1. 本标准的振幅指简谐振动的峰值。

2. 生产能力是指粉磨蜡石原料时的生产能力。

表 48-17　三筒振动磨技术特性[12]

参数	3MZ-30	3MZ-90	3MZ-150	3MZ-300	3MZ-600	3MZ-1200
筒体容积/L	30	90	150	300	600	1200
筒体外径/mm	168	224	280	355	450	560
振动频率/Hz	24.3	24	24	24.3	24.7	16.2
振幅/mm	≤3					≤7
磨介量/L	20~25	52~68	98~128	195~255	390~510	780~1020
进料粒度/mm	≤5					
出料粒度/μm	≤74					
生产能力/(kg/h)	20	60	125	250	500	1000
电动机功率/kW	2.2	4	7.5	15	37	75
振动部分质量/kg	≤190	≤380	≤610	≤1210	≤2410	≤4800

注：1. 本标准的振幅指简谐振动的峰值。

2. 生产能力是指粉磨黑精钨矿原料时的生产能力。

48.1.3.3　盘磨机

盘磨机是由若干个快速转动的辊子施力于圆盘上的物料使其粉碎的设备。根据盘磨机的结构，型式可分为圆盘固定型和圆盘转动型两类。盘磨机的入磨物料的粒度较大，最大直径可达150mm，与球磨机比其效率高、电耗低、产品颗粒均匀，占地面积小50%，基建投资仅为球磨机的70%，且噪声及振动小，但只适用于处理中等硬度以下的物料，操作控制比较严格，不允许空磨启动。

悬辊式盘磨机是圆盘不动的盘磨机，它又被称为雷蒙磨。磨机系统由主机、分级机、鼓风机、给料机、管道装置及电控设备等构成。磨机的主体部分有竖轴、轴顶上有交叉横梁（又称梅花架）、横梁装有摆杆和自由下悬的2~6个研磨辊，研磨辊以摆杆的轴为中心作自转，并连同摆杆绕竖轴旋转。竖轴旋转时，研磨辊在离心力作用下压向静止的磨环上，并将来自加料器从研磨辊及磨环间隙中通过的物料磨碎。未被研磨的物料落入磨机被倾斜设置的耙（铲刀）重新铲起，使之快速回转，再次置于辊环间磨碎。如图48-20所示。

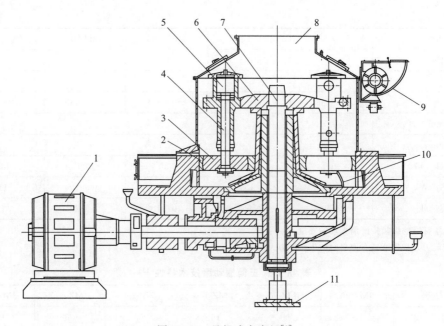

图 48-20　悬辊式盘磨机[2]

1—电动机；2—磨环；3—研磨辊；4—研磨辊轴；5—摆杆；6—梅花架；7—竖轴；

8—出口；9—加料器；10—耙；11—皮带轮

随气流从出口排出的物料，进入安置于机体上部的风力分级机中进行分级。细粉自分级机导入旋风分离器捕集为成品，较大的粉粒返回磨机中再研磨。成品粒度大小可以通过调节空气量（即用气速）进行控制，空气流量大，粉碎成品粒度大，产量高。粒度大小也可以通过调节分级机叶轮转速来控制。一般单排式叶轮分级粒度在 60％通过 100 目筛网到 95％通过 200 目筛网之间，双排式叶轮分级机的粒度在 60％通过 100 目筛网至 99.9％通过 325 目筛网之间。

如果物料含水率较高，可以向盘磨机送入热风，可以利用废热气体起到干燥作用。给料含水率允许范围为 10％～20％，而产品含水率接近于零。

研磨辊的辊套筛选用硬度高、耐磨性能好的材料制造，如镍硬白口铸铁、非合金白口铁、高锰钢、中锰铸铁等。除了材料选择外，制造方法及热处理工艺也要仔细考虑，如用离心浇铸或金属模铸造镍硬白口铸铁辊套，硬度达 700HB，大大优于砂模铸造的产品。

悬辊式盘磨机的技术性能见表 48-18。

表 48-18　悬辊式盘磨机的规格和技术性能[2]

基本参数	型号		
	3R3714A	4R3216A	5R4018A
研磨辊直径/mm	270	320	406
研磨辊长度/mm	140	160	189
研磨辊数量/个	3	4	5
环形衬垫直径/mm	330	970	1270
竖轴转速/(r/min)	155	130	103
最大进料尺寸/mm	30	35	40
鼓风机风量/(m³/h)	12000	19000	43000
鼓风机风压/(mmH₂O)	170	275	275
成品粒径/目	100～300	100～300	100～300
产量/(t/h)	0.5～1.5	1.0～3.0	2.0～6.0

基本参数		型号		
		3R3714A	4R3216A	5R4018A
外形尺寸/mm	长	8700	8200	10500
	宽	5000	5800	6500
	高	7810	10580	13530
总重(不包括电控设备)/t		10.7	14.5	25.1

注：1mmH$_2$O＝9.80665Pa。

圆盘转动式盘磨机见图 48-21，主要特点是圆盘快速转动，而辊子部件不旋转。当物料被喂入锥型辊与磨盘间的粉碎区受到辊压而粉碎，并在离心力的作用下从盘边缘溢出，被通入的空气带入顶部分级器分级，粗颗粒返回再粉碎，细颗粒排出由旋风分离器收集成为产品。产品的粒度可通过调节分级器转速调节。圆盘转动式盘磨机适用于中硬物料，给料粒度小于 150mm。产品粒度在 40～400μm 左右。磨辊的压力由液压装置调节，可根据产量及粒度要求来调节。为了不让物料磨空时磨辊与磨盘衬板直接接触，装有调节装置，以保证它们之间的间隙。

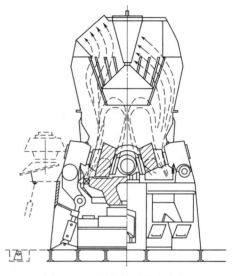

图 48-21　圆盘转动式盘磨机

48.1.3.4　高速旋转磨

高速旋转磨包括笼式磨、涡轮磨、离心分级磨等多种形式，内分级涡轮粉碎机是其中有代表性的一种。其原理是利用高速旋转的叶轮（圆周速度约为 50m/s），将物料急剧地搅拌，强制颗粒相互冲击、摩擦、剪切而被粉碎。其结构如图 48-22 所示，它是由机座、加料器、轴

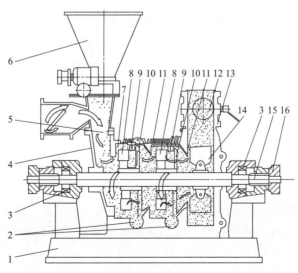

图 48-22　内分级涡轮粉碎机[2,10]

1—机座；2—排渣装置；3—轴承座；4—加料装置；5—加料器；6—加料斗；7—衬套；8—叶轮；9—撞击销；
10—内分级叶轮；11—隔环；12—蝶阀；13—机壳；14—风机叶轮；15—主轴；16—皮带轮

承座、衬套、叶轮、内分级叶轮、第一和第二粉碎室内的风机叶轮、鼓风机室的风机叶轮、内分级轮下的排渣装置、主轴等主要部件组成。粉碎过程是叶轮通过皮带轮带动进行高速旋转，物料经定量加料器连同吸入空气送入第一粉碎室，第一段粉碎叶轮的叶片具有30°的扭转角，形成气流阻力并引起气流循环，随同气流旋转的物料颗粒之间相互冲击、碰撞、摩擦、剪切以及受离心力作用冲向内壁再次受到上述作用力作用，颗粒被反复粉碎至数十微米至数百微米的细粉，经第二段分级叶轮的离心力作用，粗颗粒沿第一粉碎室内壁旋转同时又加入新物料继续被粉碎，而细颗粒则随气流趋向中心部分，并带入到第二粉碎室内。在这里物料按同样原理进一步粉碎与分级，只是粉碎叶轮和分级叶轮直径比第一室大，线速度更高；粉碎叶片扭转角也增大到40°，造成的风压更大，冲击力更强。由于粉碎室直径增大，风速减慢，分级精度提高，细颗粒粒径达到数千微米以下。超细粉被气流吸出，经鼓风机室排出机外进行捕集和筛析。排渣装置的工作原理如图48-23所示。物料中所含的较粗颗粒或密度高的杂质由于旋转受分级叶轮离心力的作用被甩向衬套内壁上，最后降至粉碎室底部排渣孔，由排渣装置的螺旋不断地排出机外，从而提高了产品的质量。产品的粒度可通过风量、分级叶轮与隔环的间隙、隔环直径的大小来调整。

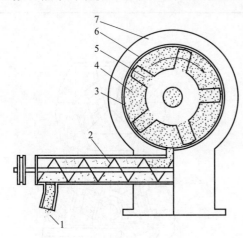

图48-23　排渣装置工作原理示意[2]

1—粗渣粒；2—螺旋排料器；3—粗粒子；4—细粉粒；
5—分级叶轮；6—衬套；7—壳体

　　内分级涡轮粉碎机由于能耗低，粉碎产品的粒度小，纯度高，操作环境好，调节容易，操作方便等优点而被广泛应用。其主要技术特性见表48-19。

表 48-19　内分级涡轮粉碎机的主要技术特性[2]

型号		CX150	CX250	CX350	CX450
主轴转数/(r/min)		9000	4300	3000	2500
电动机功率/kW			5.5		
风量/(m³/min)		2~5	15	15	50
叶轮叶片数量/个			20	20	
隔环直径/mm	大		197		
	中		171		
	小		148		

48.1.4　超细磨

48.1.4.1　气流喷射磨

　　气流喷射磨是常用的超细粉碎设备之一。它是利用高速气流（流速300~500m/s）或过热蒸汽（300~400℃）的能量使颗粒产生相互冲击、碰撞、摩擦剪切而实现超细粉碎的设备。经预先粉碎再进入喷射磨后，可获得的平均粒度为1μm。

　　目前工业上用的气流喷射磨主要有扁平式喷射磨、循环管式喷射磨、对流式气流磨和流化床对射磨。

　　扁平式喷射磨结构见图48-24，物料由料斗经文丘里喷嘴加速至超高速导入粉碎分级室。高压气流从工质入口进入工质分配室，分配室与粉碎室相通，气流在自身的压力下通过工质喷嘴产生超高速甚至上千米每秒的气流速度。由于喷嘴与粉碎室成一锐角，在磨腔中强迫形成旋流，颗粒与机体及颗粒与颗粒之间产生相互冲击、碰撞、摩擦而粉碎。粒度达不到要求的颗粒在离心力作用下被甩向粉碎室周壁作循环粉碎，微细颗粒在向心气流带动下被导入粉碎磨中心出口管进入旋风分离器并被捕集。

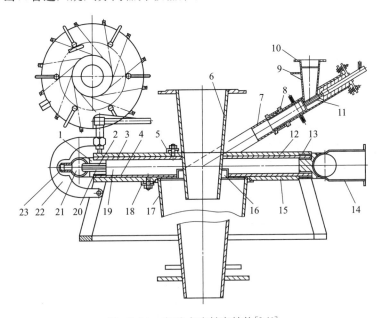

图 48-24　扁平式喷射磨结构[2,10]

1—粉碎室侧壁（喷嘴圈）；2—侧壁衬里；3—上盖衬里；4—下盖衬里；5,18—压板；
6—废工质排出管；7—进料管；8—混合扩散管；9—振动器支架；10—料斗；
11—加料喷嘴；12—上盖；13—垫片；14—工质；15—下盖；16—阻管；
17—成品收集器；19—粉碎-分级室；20—工质喷嘴；21—工质分配室；
22—弓形夹紧装置；23—螺纹塞子

扁平式喷射磨的技术特性见表 48-20。

表 48-20　扁平式喷射磨的技术特性[2,10]

规格	粉碎室直径/mm	粉碎压力/MPa	空气耗量(标)/(m³/min)	生产能力/(kg/h)	电动机功率/kW
QS50	50	0.7～0.9	0.6～0.8	0.5～2	7.5
QS100	100	0.7～0.9	1.5	2～10	15
QS200	200	0.7～1.0	5～6	30～75	37
QS280	280	0.7～1.0	7～10	50～150	65～75
QS300	300	0.6～0.8	5～6	20～75	37
QS350	350	0.6～1.0	7.2～10.8	30～150	65～75
QS500	500	0.6～0.8	17～18	200～500	130
QS600	600	0.6～0.8	23	300～600	190

循环管式喷射磨的结构见图 48-25，物料由喷射式加料器粉碎室，气流经一组喷嘴喷入不等径变曲率的跑道形循环管式粉碎室，加速颗粒之间的冲击、碰撞和摩擦。旋流还带动被粉碎颗粒沿上行管向上进入分级区，在分级区离心力的作用下使密集的料流分流，细颗粒在

内层经惯性分级装置分级后排出即为产品，粗颗粒在外层下行管返回继续循环粉碎。循环管的特殊形状具有加速颗粒运动和加大离心力场的功能，以提高粉碎和分级的效果。因为是两次分级，因而产品的粒度分布范围窄。在相同气耗下，处理能力比扁平式喷射磨大。另外在粉碎过程中兼有混合和分散效果，若适当改变工艺条件和筒部结构，能实现粉碎和干燥、包覆、活化等组合过程。循环管式喷射磨的技术特性见表48-21。

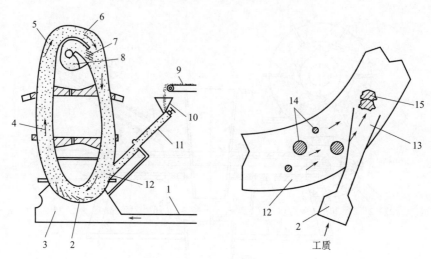

图 48-25　循环管式喷射磨结构[2,10]

1—工质总管；2—喷嘴；3—工质分配室；4—上行管；5,6—分级区；7—惯性分级装置；
8—成品出口；9—加料器；10—料斗；11—喷射式加料器；12—粉碎室；13—喷气流；
14—运动的颗粒；15—互相碰撞的颗粒

表 48-21　QON 型循环管式喷射磨的技术特性

型号	粉碎压力 /MPa	耗气量 /(m³/min)	生产能力 /(kg/h)	所需动力 /kW	外形尺寸 (L×B×H)/mm	重量/kg
QON75	0.6～0.9	6.2～9.6	30～150	66～75	836×600×1500	350
QON100	0.6～0.9	13.5～20.6	100～500	110～135	1000×900×1870	650

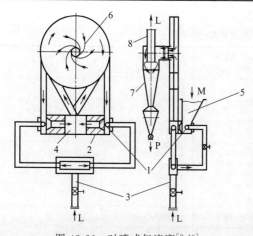

图 48-26　对喷式气流磨[2,10]

1—喷嘴；2—喷射泵；3—压缩空气；
4—粉磨室；5—料仓；6—旋流分级区；
7—旋流器；8—滤尘器；L—气流；
M—物料；P—产品

对喷式气流磨的结构如图 48-26 所示。它是利用一对或多对喷嘴相对喷射时产生的超高速气流使物料彼此从两个或多个方向相互冲击和碰撞而粉碎的设备。由于物料高速直接对撞，冲击强度大，产品粒度可达到亚微米级。图中的两束气流带着物料在粉碎室中心附近正面相撞，碰撞角为180°，颗粒在相互碰撞中实现自磨而粉碎，随后在气流带动下向上运动，并进入上部分级器中。细颗粒流过分级器中心排出，进入与之相连的旋风分离器中捕集为产品。粗颗粒受离心力的作用，重新进入垂直管道，与喷入的气流汇合，再次在磨腔中心与射流相撞，从而再次得到粉碎。循环多次达到要求粒度为止。QDN400 型对喷式气流磨的技术特性见表48-22。

表 48-22　QDN400 型对喷式气流磨技术特性表[2,10]

工作压力/MPa	0.6～0.9	进料粒径筛/目	<60
耗气量/(m³/min)	6.9～9.9	压缩机功率/kW	65～75
生产能力/(kg/h)	30～150	外形尺寸/mm	870×700×1125

　　流化床对射磨是在对喷式气流磨的基础上开发的。其结构如图 48-27 所示。料仓内的物料由螺旋加料器送入磨腔，由喷嘴进入磨腔的三束气流在磨腔中心点附近交汇，产生激烈的冲击碰撞、摩擦而粉碎，然后在对撞中心上方形成一种喷射状的向上运动的多相液体柱，把粉碎后的颗粒送入位于上部的分级转子，细粒从出口进入旋风分离器和布袋收集器捕集。粗颗粒在离心力作用下又返回床中，再次进行粉碎。流化床对射磨的技术特性见表 48-23。

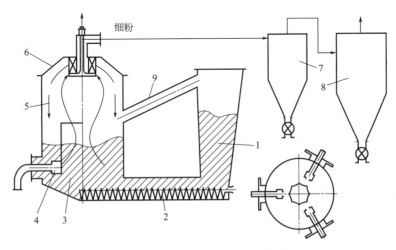

图 48-27　流化床对射磨结构[2,10]

1—料仓；2—螺旋加料器；3—物料床；4—喷嘴；5—磨腔；6—分级转子；

7—旋风分离器；8—布袋收集器；9—压力平衡管

表 48-23　CGS 型流化床对射磨的主要技术特性[2,10]

规格	细度/μm	耗气量/(m³/h)	喷嘴个数×直径/mm	分级装置		
				CFS 型	N_{max}/(r/min)	功率/kW
CGS16	2～70	50	2×3.2	8	15000	2.2
CGS32	3～70	300	2×6.0	30	8000	4.0
CGS50	4～80	850	3×8.5	85	5000	5.7
CGS71	5～85	1700	3×12	170	3600	11
CGS100	6～90	3400	3×17	340	2500	15
CGS120	6～90	5100	3×21	510	2000	22

48.1.4.2　搅拌磨

　　搅拌磨是由砂磨机发展而来的高效超细粉碎机。搅拌磨内置搅拌器，搅拌器高速回转使研磨介质和物料在整个筒体内不规则地翻滚，产生不规则运动，使研磨介质和物料之间产生相互撞击和摩擦的双重作用，达到粉碎的目的。搅拌磨的种类很多，分类方法也很多，下面仅介绍水平式流通管型搅拌磨，塔式搅拌磨，环型搅拌磨。

　　水平式流通管型搅拌磨的结构见图 48-28。物料从中心管进入机内经研磨体及搅拌器的剪切、冲击和研磨到达要求的粒度后，汇集于中心部分的分离格栅，与研磨体分离后，注入空心轴作为产品排出。机壳上的冷却水夹套是用来控制研磨温度的。

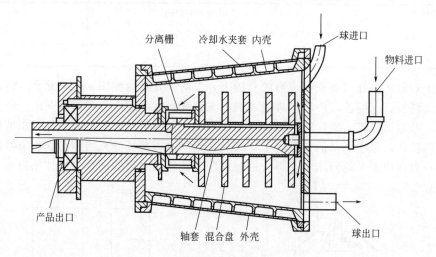

图 48-28　水平式流通管型搅拌磨结构[10]

塔式磨是一种立式搅拌磨，分为湿式和干式两种操作形式，由进行粉碎作用的主塔及进行分级作用的分级装置及循环系统所组成。图 48-29 所示为湿式操作的塔式搅拌磨，塔体是圆筒形的，中间悬垂着螺旋板，可以将研磨介质向上输送，同时又由于离心力作用甩向器壁，被提升的介质提至一定高度后又沿器壁下降，受螺旋输送作用然后又沿螺旋上升，如此上下循环运动，使从磨机塔体上部给入的物料进行研磨粉碎。从塔体溢流出来的物流送往分级机，粗粒子通过管路进入砂泵，返回塔体进行粉碎，微细粒子作为产品在水力旋流器或过滤器进行收集。干式磨机结构与湿式类似，只是磨机的流体介质不是液体而是气体，并采用气流分级和收集装置。

如图 48-30 所示为 W 形环形搅拌磨，由双层环形筒体组成，属超细磨粉设备。将待粉碎的物料泥浆与介质（玻璃珠）同时给入机内，内筒由轴带动旋转使环缝中的物料粉碎。由于在狭窄的缝隙中有均匀的剪切场，可得到较狭窄的粒度分布产品，具有良好的冷却效果。这种磨机加入的玻璃珠为 0.5～3mm。

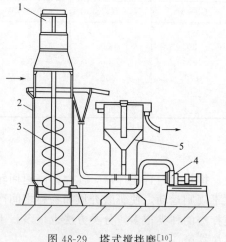

图 48-29　塔式搅拌磨[10]
1—电动机；2—筒体；3—螺旋板；
4—循环泵；5—分级器

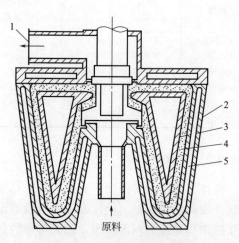

图 48-30　W 形环形搅拌磨[2,10]
1—产品出口；2—外筒；3—转子；
4—待加工物料；5—冷却水

48.1.4.3　转筒振动磨

转筒振动磨将振动磨、球磨机和离心磨集于一身，其工作原理如图 48-31 所示。圆筒既转动又振动，研磨体处在高频振动中。物料在离心力和振动力以及研磨体的冲击力作用下实现粉碎。转筒振动磨机的驱动电动机与回转轴通

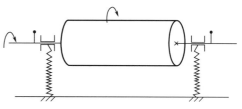

图 48-31　转筒振动磨工作原理示意[2]

过挠性联轴器连接，回转轴通过齿轮将动力传至回转筒上的大齿轮。筒体内放置研磨体，筒体结构类似于球磨机。回转轴、传动齿轮及转筒等均安装在机架上，并置于支撑弹簧上，偏心激振器装于回转轴上，由电动机驱动产生激振力，使整个机架振动。这样转筒既转动又振动，研磨体对物料施以高频冲击及研磨作用。

48.1.4.4　胶体磨

胶体磨是利用固定磨子和高速旋转磨体的相对运动产生强烈的剪切、摩擦和冲击力对物料进行粉碎。料液在固定磨子和旋转磨体之间的微小间隙内，在各种力的混合作用下被粉碎。胶体磨的结构如图 48-32，它可以在短时间内对颗粒、聚合体和悬浊液等进行粉碎，粉碎后的产品粒度可达几微米甚至亚微米。由于定子和转子之间的间隙可控，因此，易于控制产品粒度。因为最小间隙达 $1\mu m$[13]，因而对设备的加工粒度要求比较高。胶体磨按结构可划分为盘式、锤式、透平式和孔口式等类型。盘式最常见，盘的形状有平形、锥形和槽形。转盘的转速为 $3000\sim15000 r/min$，圆周速度可达 $40 m/s$。盘的圆周速度越高，产品的粒度越小。从图中可知物料从给料斗加入后，通过混合器进

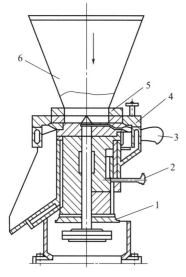

图 48-32　胶体磨[2]
1—调节手轮；2—锁紧螺钉；
3—水出口；4—旋转盘和固定盘；
5—混合器；6—给料斗

入旋转盘和固定盘之间磨碎后从外周排出。JTM 型胶体磨的技术特性见表 48-24。

表 48-24　JTM 型胶体磨技术特性[2]

技术特征	JTM50	JTM85	JTM120	JTM180
电机功率/kW	1	5.5	13	30
转速/(r/min)	8000	3000	3000	3000
转齿直径/mm	50	85	120	180
产量/(kg/h)	20～100	80～500	300～1000	800～3000
产品粒度/μm	1～20	1～20	1～20	1～20

48.1.5　特殊物料的粉碎

这里的特殊物料是指高分子聚合物、热敏性物料及易燃易爆物料。

对高分子聚合物而言，在常温下具有高韧性，因而较难粉碎，一般采用的方法有：

① 因为剪切应力能使高聚物的裂纹穿透，因而可采用剪切粉碎，要求刀片坚硬锋利。

② 降温后机械粉碎。使高聚物降温变脆后进行机械粉碎，比如汽车旧轮胎的粉碎。

③ 气流粉碎。如降温后采用效果更好。

④ 结合生产工艺粉碎。物料在熔融状态下制成片状，干燥后再机械粉碎。

对于热敏性物料的粉碎方法主要有：

① 采用湿磨粉碎。

② 采用气流喷射粉碎。因为气流喷射磨的高压气流通过喷嘴后有制冷效应，能抵消粉碎过程中产生的热量。

③ 添加适用的助剂。因为助剂可改善物料的分散性和流动性。

④ 结合生产工艺粉碎。如采用干燥粉碎相结合的操作工艺。

对于易燃、易爆物料在粉碎过程中颗粒间的摩擦，颗粒与器壁的摩擦都可能产生静电，当电位达到一定程度就会燃爆。有些物料中存有易燃、易爆的溶剂。因而粉碎时考虑采用如下方法：

① 采用防静电剂，设备要接地良好。

② 采用惰性气体作为粉碎气体。

③ 设备采用不产生电火花的材料。

④ 分离物料中的磁性材料。

⑤ 按压力容器的有关安全泄放要求设计设备。

⑥ 实时监控轴承、密封、传动装置的完好，以免局部过热。

48.2　分级

48.2.1　概述

48.2.1.1　分类

分级即是将颗粒按粒径大小分成两种或两种以上颗粒群的操作过程。分级分为筛分和流体分级，流体分级又分为气流分级和湿式分级。

48.2.1.2　原理

（1）分级效率[2,10]

$$\eta = \frac{x_a A}{x_f F} \times 100\%$$

$$= \frac{x_a (x_f - x_b)}{x_f (x_a - x_b)} \times 100\%$$

式中，A 为分级后细粒的总质量，kg；F 为分级前粉体的总质量，kg；x_a 为分级后细粒中合格颗粒的含量百分数；x_b 为分级后粗粒中合格颗粒的含量百分数；x_f 为分级前粉体中合格颗粒的含量百分数。

（2）综合分级效率（牛顿分级效率）[2,10]

$$\eta_N = \gamma_a - (1 - \gamma_b) = \gamma_a + \gamma_b - 1$$

式中，γ_a 为合格成分的收集率；γ_b 为不合格成分的残留率。

$$\gamma_a = \frac{x_a A}{x_f F}$$

$$\gamma_b = \frac{B(1 - x_b)}{F(1 - x_f)}$$

式中，B 为分级后粗粉的总质量。

$$A/F = \frac{x_f - x_b}{x_a - x_b}$$

$$B/F = \frac{x_a - x_f}{x - x_b}$$

所以

$$\eta_N = \frac{(x_f - x_b)(x_a - x_f)}{x_f(1 - x_f)(x_a - x_b)}$$

综合分级效率（牛顿分级效率）的物理意义是分级粉体中能实现理想分级（即完全分级）的质量比。

（3）部分分级效率

将粉体按黏度特性分为若干黏度区间，分别计算出各区间的分离率，用 η_P 表示。

（4）分级粒径

分级粒径 d_C 也称切割粒径，习惯上将部分分级效率 η_P 为 50％的粒径作为切割粒径。

（5）分级粒度

分级粒度的含义是实际分级结果与理想分级结果的接近程度。为便于量化，将分级粒度定义为部分分级效率为 75％和 25％的粒径 d_{75} 和 d_{25} 的比值。即：

$$\lambda = d_{75}/d_{25}$$

对于理想分级，$\lambda = 1$，λ 值越接近 1，分级粒度越高。

48.2.2　筛分

48.2.2.1　原理

把固体颗粒放于有一定孔径或缝隙的筛面上，大于筛孔尺寸的物料被留在筛面上，小于筛孔尺寸的物料通过筛孔筛出，这个过程称为筛分。筛分之前的物料称为筛分物料。筛分后留在筛面上的物料称为筛上料，通过筛孔的物料称为筛下料。

筛面有棒条筛、冲孔筛和编织筛。棒条筛一般用于重型振动筛和固定筛。

我国现行筛孔的尺寸标准采用 ISO 制，以方孔筛的边长表示筛孔大小。而英制筛以每英寸长度上筛孔数目表示。编织筛面尺寸的 ISO 标准和英制标准的对照见表 48-25。

表 48-25　ISO 标准筛面和英制筛面对照[10]

公称尺寸/μm	ISO 标准			筛丝		英制标准/目	孔隙率/%
	筛孔尺寸/mm	允许误差/%		丝径	允许误差		
		平均	最大				
5660	5.66	±2.5	10	1.600	±0.040	3.5	60.8
4760	4.76	±2.5	10	1.290	±0.040	4.2	61.8
4000	4.00	±2.5	10	1.080	±0.040	5	62.0
3360	3.36	±3	10	0.870	±0.030	6	63.1
2830	2.83	±3	10	0.800	±0.030	7	60.8
2380	2.38	±3	10	0.800	±0.030	8	56.0
2000	2.00	±3	10	0.760	±0.030	9.2	52.5
1680	1.68	±3	10	0.740	±0.025	10.5	48.2
1410	1.41	±3	10	0.710	±0.025	12	44.2
1190	1.19	±3	10	0.620	±0.025	14	43.2
1000	1.00	±3	15	0.590	±0.025	16	39.6

公称尺寸/μm	ISO 标准			筛丝		英制标准/目	孔隙率/%
	筛孔尺寸/mm	允许误差/%		丝径	允许误差		
		平均	最大				
840	0.84	±5	15	0.430	±0.025	20	43.8
710	0.71	±5	15	0.350	±0.025	24	44.9
590	0.59	±5	15	0.320	±0.020	28	42.0
500	0.50	±6	15	0.290	±0.020	32	40.1
420	0.42	±6	25	0.290	±0.020	36	35.0
350	0.35	±6	25	0.260	±0.020	42	32.9
297	0.297	±6	25	0.232	±0.015	48	31.5
250	0.250	±6	25	0.174	±0.015	60	34.8
210	0.210	±6	25	0.153	±0.015	70	33.5
177	0.177	±6	25	0.141	±0.015	80	31.0
149	0.149	±6	40	0.105	±0.015	100	34.4
125	0.125	±6	40	0.087	±0.015	120	34.8
105	0.105	±6	40	0.070	±0.010	145	36.0
88	0.088	±7	40	0.061	±0.010	170	34.9
74	0.074	±7	60	0.053	±0.010	200	34.0
63	0.063	±7	60	0.039	±0.005	250	38.1
53	0.053	±8	60	0.038	±0.005	280	33.9
44	0.044	±8	60	0.028	±0.005	350	37.3
37	0.037	±8	90	0.026	±0.005	400	34.5

48.2.2.2　振动筛

（1）分类及原理[14]

振动筛是目前使用最广的筛分设备。它是用激振装置使筛箱带动筛面或直接带动筛面产生振动，使物料在筛面上运动，提高筛分效率。常用的振动筛有单轴振动筛、直线振动筛、三维振动圆筛及筛面振动筛。

（2）技术特性

单轴振动筛如图 48-33 所示，由筛箱、筛面、电动机、振动器及支承部分组成。它利用不平衡重激振使筛箱振动，也可采用偏心轴激振，筛箱倾斜安装，筛箱的运动轨迹为圆形或椭圆形。其技术特性见表 48-26。

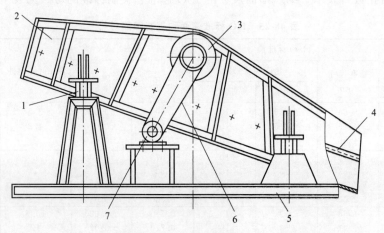

图 48-33　单轴振动筛[10,15]

1—支承弹簧；2—筛箱；3—振动器；4—筛面；5—底座；6—皮带；7—电动机

表 48-26　单轴振动筛技术特性[15]

参数名称	单位	YA-1236	2YA-1236	YA-1530	YA-1536	2YA-1536	YAH-1536	2YAH-1536	YA-1542	2YA-1542	YA-1548	2YA-1548	YAH-1548	2YAH-1548
筛面规格（宽×长）	mm	1200×3600	1200×3600	1530×3000	1500×3600	1500×3600	1500×3600	1500×3600	1500×4200	1500×4200	1500×4800	1500×4800	1500×4800	1500×4800
工作面积	m²	4.0	4.0	4.0	5.0	5.0	5.0	5.0	5.5	5.5	6.0	6.0	6.0	6.0
筛面层数	层	1	2	1	1	2	1	2	1	2	1	2	1	2
筛孔尺寸	mm	6~50	6~50	6~50	6~50	6~50	30~150	30~150	6~50	6~50	6~50	6~50	30~150	30~150
筛面倾角	(°)	20	20	20	20	20	20	20	20	20	20	20	20	20
振幅	mm	4.0~5.5	4.0~5.5	4.0~5.5	4.0~5.5	4.0~5.5	4.0~5.5	4.0~5.5	4.0~5.5	4.0~5.5	4.0~5.5	4.0~5.5	4.0~5.5	4.0~5.5
振动频率	Hz	14.0	14.0	14.0	14.0	14.0	12.5	12.5	14.0	14.0	14.0	14.0	12.6	12.6
最大入料粒度	mm	200	200	200	200	200	400	400	200	200	200	200	400	400
处理能力	t/h	8~240	8~240	8~240	100~350	100~350	160~650	160~650	110~385	110~385	120~420	120~420	200~780	200~780
电动机 功率	kW	11.0	11.0	11.0	11.0	11.0	15.0	15.0	11.0	11.0	11.0	11.0	15.0	15.0
电动机 转速	r/min	1460	1460	1460	1460	1460	1460	1460	1460	1460	1460	1460	1460	1460
机器质量	kg	4914	5324	4675	5143	5624	5620	6067	5520	6110	5536	6620	6841	7403

参数名称	单位	YA-1836	2YA-1836	YAH-1836	2YAH-1836	YA-1842	2YA-1842	YAH-1842	2YAH-1842	YA-1848	2YA-1848	YAH-1848	2YAH-1848
筛面规格（宽×长）	mm	1800×3600	1800×3600	1800×3600	1800×3600	1800×4200	1800×4200	1800×4200	1800×4200	1800×4800	1800×4800	1800×4800	1800×4800
工作面积	m²	7.0	7.0	7.0	7.0	7.0	7.0	7.0	7.0	7.5	7.5	7.5	7.5
筛面层数	层	1	2	1	2	1	2	1	2	1	2	1	2
筛孔尺寸	mm	6~50	6~50	30~150	30~150	6~50	6~50	30~150	30~150	6~50	6~50	30~150	30~150
筛面倾角	(°)	20	20	20	20	20	20	20	20	20	20	20	20
振幅	mm	4.0~5.5	4.0~5.5	4.0~5.5	4.0~5.5	4.0~5.5	4.0~5.5	4.0~5.5	4.0~5.5	4.0~5.5	4.0~5.5	4.0~5.5	4.0~5.5
振动频率	Hz	14.0	14.0	12.6	12.6	14.0	14.0	12.6	12.6	14.0	14.0	12.6	12.6
最大入料粒度	mm	200	200	400	400	200	200	400	400	200	200	400	400
处理能力	t/h	140~420	140~420	220~910	220~910	140~490	140~490	540~800	540~800	150~525	150~525	250~1000	250~1000
电动机 功率	kW	11.0	11.0	15.0	15.0	11.0	11.0	15.0	15.0	18.5	15.0	18.5	18.5
电动机 转速	r/min	1460	1460	1460	1460	1460	1460	1460	1460	1470	1460	1470	1470
机器质量	kg	5658	8713	5909	6378	5798	6442	6357	6946	6289	6633	7122	7745

参数名称	单位	YA-2148	2YA-2148	YAH-2148	2YAH-2148	YA-2160	2YA-2160	YAH-2160	2YAH-2160	YA-2448	YAH-2448	2YAH-2448	YA-2460	2YA-2460	YAH-2460	2YAH-2460
筛面规格（宽×长）	mm	2100×4800	2100×4800	2100×4800	2100×4800	2100×6000	2100×6000	2100×6000	2100×6000	2400×4800	2400×4800	2400×4800	2400×6000	2400×6000	2400×6000	2400×6000
工作面积	m²	9.0	9.0	9.0	9.0	11.5	11.5	11.5	11.5	10.0	10.0	10.0	14.0	14.0	14.0	14.0
筛面层数	层	1	2	1	2	1	2	1	2	1	1	2	1	2	1	2
筛孔尺寸	mm	6~50	6~50	30~150	30~150	6~50	6~50	30~150	30~150	6~50	30~150	30~150	6~50	6~50	30~150	30~150
筛面倾角	(°)	20	20	20	20	20	20	20	20	20	20	20	20	20	20	20
振幅	mm	4.0~5.5	4.0~5.5	4.0~5.5	4.0~5.5	4.0~5.5	4.0~5.5	4.0~5.5	4.0~5.5	4.0~5.5	4.0~5.5	4.0~5.5	4.0~5.5	4.0~5.5	4.0~5.5	4.0~5.5
振动频率	Hz	12.5	12.5	11.8	11.8	12.5	12.5	11.8	11.8	12.5	11.8	11.8	12.5	12.5	11.8	11.8
最大入料粒度	mm	200	200	400	400	200	200	400	400	200	400	400	200	200	400	400
处理能力	t/h	180~630	180~630	270~1200	270~1200	230~800	230~800	350~1500	350~1500	200~700	310~1300	310~1300	260~780	260~780	400~1700	400~1700
电动机 功率	kW	18.5	18.5	22.0	22.0	18.5	18.5	30.0	30.0	30.0	30.0	30.0	30.0	30.0	30.0	30.0
电动机 转速	r/min	1470	1470	1470	1470	1470	1470	1470	1470	1470	1470	1470	1470	1470	1470	1470
机器质量	kg	8865	9881	10243	11477	9916	11293	12490	13858	9722	11844	12930	11914	13399	13175	14555

　　直线振动筛如图 48-34 所示。它是用偏心振动电动机激振，使筛箱与筛面一起产生直线振动。其技术特性见表 48-27。

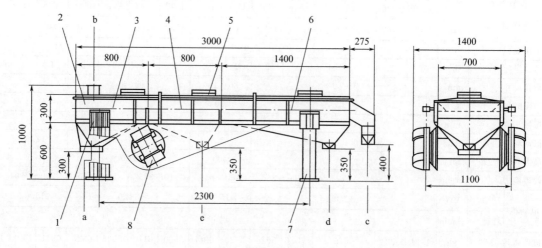

图 48-34　直线振动筛[10,16]

1—支承弹簧；2—筛箱；3——段筛面；4—二段筛面；5—手孔兼视镜；6—三段筛面；
7—支腿；8—偏心振动电动机

a——段出料口；b—进料口；c—粗颗粒出口；d—三段出料口；e—二段出料口

表 48-27　直线振动筛技术特性[16]

参数名称		ZKX-936	2ZKX-936	ZKX-1236	2ZKX-1236	ZKX-1248	2ZKX-1248	ZKX-1536	2ZKX-1536	2ZKX-1542	ZKX-1548	2ZKX-1548
筛面规格/mm		900×3600		1200×360		1200×4800		1500×3600		1500×4200	1500×4800	
工作面积/m²		3.0		4.0		4.5		5.0		5.5	6.0	
筛孔尺寸/mm		0.5~13.0	0.5~50.0	0.5~13.0	0.5~50.0	0.5~13.0	0.5~50.0	0.5~13.0	0.5~50.0	0.5~50.0	0.5~13.0	0.5~50.0
振动频率/Hz		14.8										
振幅/mm		4~7										
筛面倾角/(°)		0										
最大入料粒度/mm		300										
处理能力/(t/h)		20~25		30~50		33~53		35~55		40~65	42~70	
电动机	转速/(r/min)	1440		1440		1440		1440	1460	1460	1460	
	功率/kW	7.5		7.5		7.5	11.0	7.5	11.0	11.0	11.0	
质量/kg		4670	5510	4986	6100	5750	7230	5270	7215	7070	6630	8020

参数名称	ZKX-1836	2ZKX-1836	2ZKX-1842	ZKX-1848	2ZKX-1848	ZKX-2148	2ZKX-2148	ZKX-2448	2ZKX-2448	ZKX-2460	2ZKX-2460
筛面规格/mm	1800×3600		1800×4200	1800×4800		2100×4800		2400×4800		2400×6000	
工作面积/m²	7.0		7.5	8.0		9.0		11.0		14.0	
筛孔尺寸/mm	0.5~13.0	0.5~50.0	0.5~50.0	0.5~13.0	0.5~50.0	0.5~13.0	0.5~50.0	0.5~13.0	0.5~50.0	0.5~13.0	0.5~50.0
振动频率/Hz	4~7										
振幅/mm	14.8										
筛面倾角/(°)	0										
最大入料粒度/mm	300										
处理能力/(t/h)	45~85		50~90	60~100		70~110		85~125		95~170	

续表

参数名称		ZKX-1836	2ZKX-1836	2ZKX-1842	ZKX-1848	2ZKX-1848	ZKX-2148	2ZKX-2148	ZKX-2448	2ZKX-2448		ZKX-2460	2ZKX-2460
电动机	转速/(r/min)	1440	1460	1460	1460			1460	1470	1460	1470	1470	
	功率/kW	7.5	11.0	11.0	11.0	15.0	11.0	22.0	15.0	22.0		22.0	30.0
质量/kg		5428	7470	8050	6890	9235	8640	13000	8990	13990		12128	14840

　　三维振动圆筛如图 48-35，它采用圆形的筛面与筛框结构，并有圆形顶盖和底盘。连接处用橡胶圈密封，用卡箍固定。振动电动机装在底盘中心，其周围安装多个弹簧与底座相连。在振动电动机的作用下筛面产生圆周振动，由于弹簧的作用又引起上下振动，这样就使物料作三维振动，提高了筛分效率。三维振动圆筛的技术特性见表 48-28。

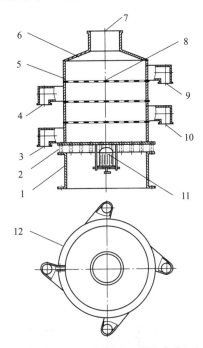

图 48-35　三维振动圆筛[10,17]

1—底座；2—支承弹簧；3—排料口（Ⅳ）；4—排料口（Ⅱ）；5—筛框；6—顶盖；7—进料口；
8—筛面；9—排料口（Ⅰ）；10—排料口（Ⅲ）；11—偏心振动电动机；12—抱箍

表 48-28　三维振动圆筛技术特性[17]

型号	XZS-4	XZS-6	XZS-8	XZS-10	XZS-12	XZS-16	XZS-18	XZS-20	XZS-25
公称直径/mm	$\phi400$	$\phi600$	$\phi800$	$\phi1000$	$\phi1200$	$\phi1600$	$\phi1800$	$\phi2000$	$\phi2500$
层数					1~3				
筛网规格/（目/in）					2~325				
入料粒度/（mm）			$<\phi30$				$<\phi50$		
振次/（r/min）	3000	1500	1500	1500	1500	1500	1500	1500	1500
功率/kW	0.4	0.75	0.75	1.5	1.8	2.2	2.2	2.5	3.7

　　筛面振动筛用电磁振动器直接激振筛面，而筛箱是固定不动的。筛面通过弹性连接张紧于筛箱上，见图 48-36，在筛面中部有一根纵向钢条，钢条在垂直安置的击振棒作用下产生上下振动，并带动筛面振动。

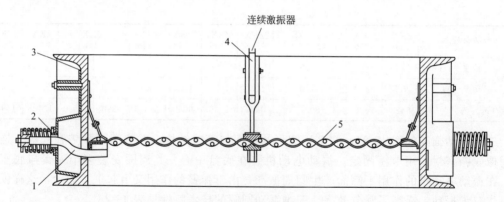

图 48-36　筛面振动筛[10]

1—拉钩；2—张紧弹簧；3—筛箱；4—击振棒；5—筛面

这种筛分机的可靠性高、维修简单、要求的激振力亦较小，避免产生较大的冲击载荷，可延长设备的使用寿命。最小筛分粒径为 0.2mm。为提高筛面强度，可在筛面下加一层粗筛网，共同张紧在筛箱上。

48.2.2.3　气流筛

气流筛分为卧式气流筛和立式气流筛，它是将需要筛分的颗粒悬浮在气流中然后使气流穿过筛孔，小于筛孔尺寸的细颗粒随气流通过筛孔，而大于筛孔尺寸的粗颗粒被筛孔截留在筛面上，实现粗、细颗粒筛分的要求，确保筛分机连续长期操作。气流筛适宜于筛分数十微米至数百微米的细颗粒。图 48-37 所示为卧式气流筛的结构简图，该机装有两层圆形平筛面，反吹压缩空气从气流喷管内喷向筛面，清除堵塞筛孔的颗粒，气流喷管在电动机带动下不断旋转，确保整个筛面的正常筛分操作，避免筛孔堵塞。本筛分机能同时获得 3 种不同粒径的筛分产品，细颗粒产品随气流一起排出，需要设置捕集设备进行气固分离。

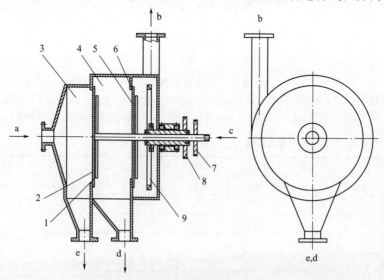

图 48-37　气流筛[3,10,18]

1—气流喷管；2—第一层筛面；3,4—筛分室；5—第二层筛面；
6—气流喷管；7—喷管带轮；8—风扇带轮；9—引风风扇
a—进料口（空气＋物料）；b—微粉与空气出口；c—压缩空气（反吹气）进口；
d—中粉出口；e—粗粉出口

卧式气流筛和立式气流筛的技术特性见表 48-29 和表 48-30。

表 48-29　卧式气流筛技术特性[18]

参数	FW120	FW280	FW520	FW280-6	FW630-1	FW630-3	FW630-4	FW630-6
处理量/(kg/h)	2～30	20～150	50～800	300～1500	200～2000	1000～5000	1500～8000	3000～12000
产品粒径 d_{97}/μm	2～45	2～45	3～45	2～45	4～45	4～45	4～45	4～45
分级效率/%	60～80	60～80	70～85	60～80	70～85	70～85	70～85	70～85
装机功率/kW	9	20	29	115	54(50)	140(125)	200(180)	310(270)

表 48-30　立式气流筛技术特性[18]

参数	FL200	FL300	FL450	FL550
处理量/(kg/h)	20～200	200～1000	1000～3000	3000～5000
产品粒径 d_{97}/μm	5～150	6～150	8～150	10～150
分级效率/%	70～90	70～90	70～90	70～90
装机功率/kW	8.5～25	11.5～42.5	63.5～105	77～120

48.2.2.4　弧形筛

弧形筛属于湿式固定筛，结构如图 48-38 所示，主要由圆弧形筛面与给料嘴（或喷嘴）组成。

筛面由一组平行排列，并弯成一定弧度的筛条构成，筛条排列方向与料液在筛面上的运动方向垂直。筛条之间的缝隙大小，即为筛孔尺寸，筛条断面形状为梯形，也有矩形的。给料嘴为扁平的矩形，料液经给料嘴以一定速度沿圆弧形筛面的切线方向进入，使料液均匀地分布在整个筛面上，形成薄层料流，含有细颗粒的料液穿过筛条缝隙，成为筛下产品，大于筛条缝隙尺寸的颗粒从筛面下端排出，成为筛上产品。

弧形筛具有单位面积处理能力高、能耗低、筛孔基本不堵塞、筛分精度高、无噪声、占地面积小等特点，但不能直接获得干的粉粒体产品。弧形筛的进料方式分自流给料与压力给料两种。自流给料的进料速度为 0.5～3.0m/s，筛面弧度为 45°、60°、90° 三种，筛面的曲率半径为 1500～2000mm，主要用于选矿厂、选煤厂。压力式给料通常采用的进料压力为 200～250kPa，进料速度为 3～8m/s，

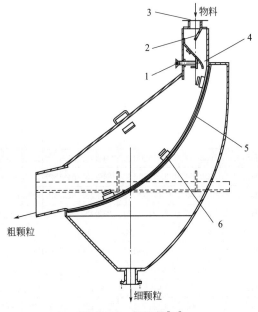

图 48-38　弧形筛[19]

1—给料嘴调节螺栓；2—挡板；3—进料口；
4—给料嘴；5—筛面；6—固定筛面的木楔

筛面弧度大于等于 180°，筛面曲率半径 500～600mm，主要用于食品、淀粉、选煤、纸浆、橡胶、水泥生料等的筛分。弧形筛的筛分粒径与筛孔尺寸之间的关系与振动筛不同，弧形筛的筛下产品粒度大多相当于筛孔尺寸的 1/2。

弧形筛尺寸及技术特性见图 48-39 和表 48-31。

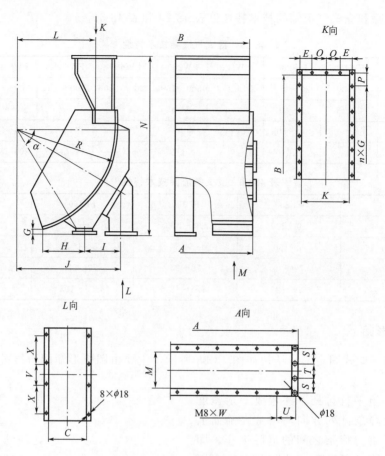

图 48-39　弧形筛尺寸[19]

表 48-31　弧形筛技术特性[19]

产品代号	A	α	R	B	L	N	G	H	I	J	K	C	M	E	O	P	n₁×Q	S	T	U	n₂×W	V	X	筛面面积/m²	总质量/kg
LHS1614G	1680	60°	1430	1530	1220	2212	132	518	527	1538	400	380	200	122	121	133	10×135	96	94	135	11×136	240	220	2.49	880
LHS1914G	1980	60°	1430	1830	1220	2212	132	518	527	1538	400	380	200	122	121	148	12×135	96	94	136	13×138	240	220	2.93	1100
LHS2114G	2140	60°	1430	1982	1220	2212	132	518	527	1538	400	380	200	122	121	124	14×130	96	94	133	14×140	240	220	3.17	1200
LHS2314G	2300	60°	1430	2150	1220	2212	132	518	527	1538	400	380	200	122	121	143	15×130	96	94	143	15×140	240	220	3.41	1400
LHS3414G	3400	60°	1430	3300	1220	2328	93	492	552	1538	400	380	200	122	121	118	30×105	130	126	135	24×134	240	220	5.04	1650
LHS1920G	1680	45°	2030	1530	1843	2300	129	533	593	1885	400	410	250	122	121	133	10×135	168	0	135	11×136	240	240	2.65	950
LHS1620G	1980	45°	2030	1830	1843	2300	129	533	593	1885	400	410	250	122	121	148	12×135	168	0	136	13×138	240	240	3.13	1150
LHS2120G	2140	45°	2030	1982	1843	2300	129	533	593	1885	400	410	250	122	121	124	14×130	168	0	133	14×140	240	240	3.38	1250
LHS2320G	2300	45°	2030	2450	1843	2300	129	533	593	1885	400	410	250	122	121	143	15×130	168	0	143	15×140	240	240	3.63	1450
LHS3420G	3400	45°	2030	3300	1843	2300	129	533	593	1885	400	410	250	122	121	118	30×105	168	0	135	24×134	240	240	5.37	1800

注：n_1 为进料口连接孔数；n_2 为出料口连接孔数；Q 为间距。

48.2.2.5　旋转筛

旋转筛是由筛板或筛网制成的回转筒体。物料在回转筒内由于摩擦被提升至一定高度，然后因重力的作用沿筛面向下流动，然后又被提升，由于回转体是大小头或倾斜安装，因而物料在筒内转动过程中，细颗粒通过筛孔落入筛下，大于筛孔尺寸的物料则从筛面的大端排出。旋转筛工作平稳，无冲击振动，但工作效率较低。筛面形式有圆形、圆锥形、多角形和多角锥形，如图 48-40 所示。旋转筛的结构简图如图 48-41 所示。

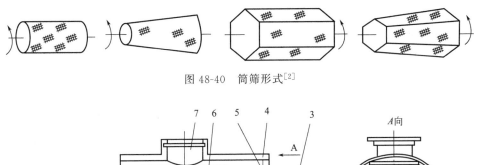

图 48-40 筒筛形式[2]

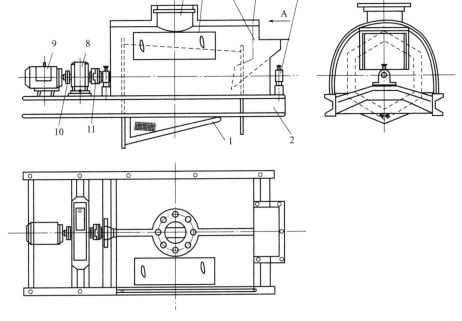

图 48-41 六角滚筒筛结构示意图[2]

1—筛筒；2—底座；3—轴承；4—筛罩；5—加料斗；6—孔盖；7—吸尘管；
8—减速器；9—电动机；10—弹性联轴器；11—浮动盘联轴器

48.2.3 气流分级

气流分级广泛应用于细颗粒的分级。应用较多的是重力分级、惯性分级和离心分级。重力分级是以颗粒在气流作用下沉降速度或落下的位置不同进行分级。惯性分级是利用颗粒的惯性力进行分级。离心分级是利用颗粒的离心力进行分级。

48.2.3.1 重力分级

按照流体流动方向，重力分级设备可分为水平流型、垂直流型和曲折流型 3 种。

（1）水平流型重力分级器

图 48-42 所示为水平流型重力分级设备，气流水平方向流入分级设备，粉体颗粒垂直于气流运动方向作沉降运动，由于流体曳力作用，颗粒的运动轨迹为抛物线，按颗粒粒径大小分别落入Ⅰ、Ⅱ、Ⅲ、Ⅳ收集器中，细颗粒随气流从出口排出，实现颗粒分级的要求。

（2）垂直流型重力分级器

图 48-43 所示为垂直流重力分级设备（又称空管分级器）。气流垂直向上流动，与颗粒沉降呈逆流状态，颗粒终端沉降速度与向上流动的气流平均速度相等时的颗粒粒径即为分级粒径，大于分级粒径的颗粒将落入设备底部的粗粒收集器，小于分级粒径的颗粒随气流进入旋风分离器，被捕集进入细粒收集器。

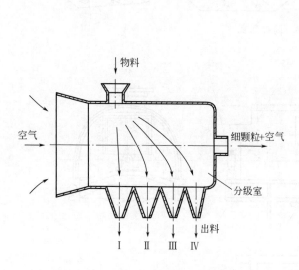

图 48-42　水平流型重力分级器[2,10]

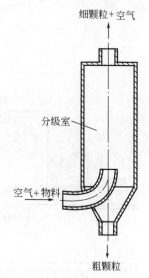

图 48-43　垂直流型重力分级器[2,10]

（3）Z 形分级器

如图 48-44 所示，气流自下而上沿矩形曲折管流动，分级物料从进料口加入后向下沉降，在曲折处被分散、分级，细颗粒被气流夹带向上流动，继续从粗颗粒向下沉降。每经过一个曲折就起到一次分散、分级作用，多次分级后提高了设备的分级精度。Z 形分级器的粒径分级为 0.1～10mm。

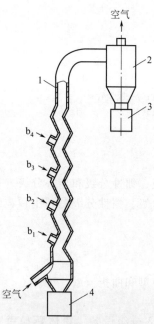

图 48-44　Z 形分级器[2]

1—Z 形分级器；2—旋风分离器；
3—细产品储斗；4—粗产品储斗；
$b_1 \sim b_4$—可供选择的进料口

48.2.3.2　惯性分级

惯性分级设备有百叶窗式分级器、喷射涡旋式分级器、高速冲击惯性分级器和叉流弯管式分级器。颗粒运动时具有一定的动能，运动速度相同时，质量大者其运动也大，即运动惯性大。当它们遇到改变其运动方向的作用力时，由于惯性不同会形成不同的运动轨迹，从而实现大小颗粒的分级。

（1）百叶窗式分级器

百叶窗式分级器如图 48-45 所示，它属于典型的惯性分级设备，粒径分级范围为 $10 \sim 250 \mu m$，能处理粉体浓度较高的气流，处理能力大，结构简单，但分级精度不高。

（2）喷射涡旋式分级器

喷射涡旋式分级机如图 48-46 所示，粉体原料通过喷射式气流分散，在区域 a 形成固悬浮体，在区域 b 内因气流的折流运动使粗颗粒被分级，最终由底部出料口排出，细颗粒随气流进入上部的离心分级区，其中夹带的粗颗粒返回区域 a，与进口气流混合再次进行分级，合格的细粉体随气流经偏心管 c 排出。该分级器的优点是分级效率高、分级粒径范围宽（分级粒径为 5～200μm）、设备处理能力大（达 15～100t/h）。

图 48-47 为喷射涡旋式分级机的闭路循环分级系统，该装置结构紧凑，流体阻力和能耗小，对环境无污染。

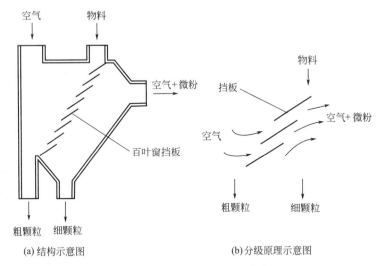

(a) 结构示意图　　　　　　　　　　(b) 分级原理示意图

图 48-45　百叶窗式分级器[10]

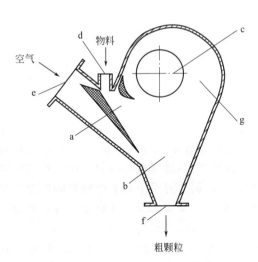

图 48-46　喷射涡旋式分级器[10]

a—气固混合区；b—分级区；c—空气和细颗粒出口；d—物料进口；e—空气进口；f—粗颗粒出品；g—离心分级区

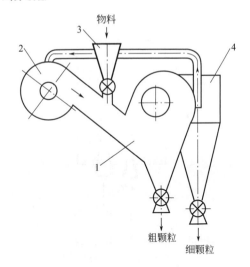

图 48-47　喷射涡旋式分级器的闭路循环分级系统[10]

1—喷射涡旋分级机；2—循环风机；3—加料斗；4—旋风分离器

（3）高速冲击惯性分级器

高速冲击惯性分级器主要有 VI 型分级器如图 48-48 所示，K 型分级器如图 48-49 所示，它们是利用高速冲击惯性力进行颗粒分级的超细颗粒分级设备，分级颗粒可达 1μm。该类分级器有两个进气口，主气流夹带粉体以 30～80m/s 的高速进入分级器，在分级区突然改变流动方向，作 90°弯曲流动，从细粉产品出口排出。清洁的二次气流进入分级器后，作直线运动，从粗粉产品出口排出。随主气流进入分级器的粉体，在高速气流的带动下，作高速运动，当气流突然改变流动方向时，因粗颗粒具有足够大的冲击惯性而脱离主气流继续作直线运动，随二次气流一起从粗粉产品出口排出。细颗粒因惯性力较小，仍然随着主气流从细粉产品出口排出。达到了颗粒分级的目的。

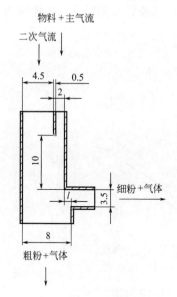

图 48-48　Ⅵ型分级器[10]

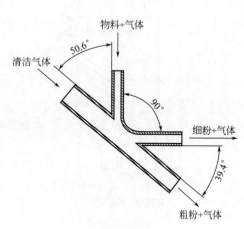

图 48-49　K 型分级器[10]

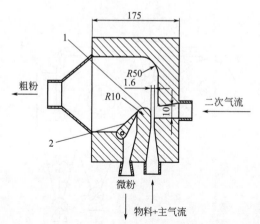

图 48-50　叉流弯管式分级器[2][10]

1—Coanda 圆；2—调节刀

高速冲击惯性分级器的结构简单、操作维修方便，并具有高精度超细分级的特点。

（4）叉流弯管式分级器

叉流弯管式分级器的结构见图 48-50，主气流夹带粉体进入分级器，通过 2mm 窄缝形成高速射流，由于受到二次气流的作用，射流流线沿 Coanda 圆作弯曲流动，细颗粒随气流沿 Coanda 圆作附壁运动，并从微粉排出口排出。粗颗粒因高速气流的喷射作用，被抛向粗颗粒出口。调节刀用于调节附壁流的厚度，控制分级粒径。叉流弯管式分级器的特点是分级精度高、分级性能稳定，分级粒径范围 0.5～5μm；处理能力 10kg/h；主气流时流速达 78m/s。

48.2.3.3　离心分级

颗粒在旋转流场中所获得的离心力要比重力大数百倍。由于离心力的大小可以通过旋转速度进行调节，因而是迄今为止开发较多的一类超细分级机，用于几微米至几十微米颗粒分级的设备大多采用离心分离机。离心分级是动态分级，动态分级是利用叶轮高速旋转带动气流作强制涡流型的高速旋转流动，进行颗粒的离心分级。动态分级的特点是分级精度高，分级粒径调节方便，只要调节叶轮旋转速度就能改变分级机的分级粒径。

（1）旋风分离器

旋风分离器是利用离心力进行气固分离的常用设备，其结构见图 48-51。人们以前认为它只能用于较粗颗粒的气固分离，而难以进行微细颗粒的分级。随着三维流场理论研究的不断深入，经预分级后，旋风分离器完全可以用于微细颗粒的分级。采取的改进措施有：①缩小旋风分离器的直径，从而使微细颗粒能够产生较大的离心沉降速度；②直筒部分高度增加以延长颗粒在分级区内的圆周运动；③减少内外筒环隙；④增大气速。

（2）DSX 型旋流分散分级机

在旋风分离器的基础上，增加二次气流反吹，对粗颗粒产品进行再分散及分级，提高分级精度。本分级机无运动部件，二次空气经可调角度的部件全圆周进入。DSX 分级机由一次分级区、二次分级区及粗产品卸料斗 3 部分组成，其结构见图 48-52。主气流和物料由设备顶部的切向进口管进入一次分级区，按旋风分级原理，超细粉体随一次排气从顶盖中心的出口管排出，粗颗粒从反射屏与设备壁面之间的环隙中进入二次分级区，经切向进口的二次空气反吹，使粗颗粒再一次得到分散，混入粗颗粒中的细颗粒经旋转气流的二次分级后，从反射屏下面的中心排气管随气流一起排出，粗颗粒产品经颗粒卸料斗从底部出料口排出，最终获得超细粉体、细颗粒、粗颗粒 3 种产品，分级精度为 1.4。

图 48-51　旋风分离器[10]

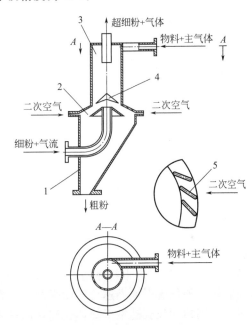

图 48-52　DSX 型旋流分散分级机[10]
1—粗粉储斗；2—二次分级区；3—一次分级区；
4—反射屏；5—二次空气导向板

（3）准自由涡离心分级机

准自由涡离心分级机原理见图 48-53，气流和粉体物料从切向进口管进入分级机，在设备内形成准自由涡的旋转流动，粗颗粒在离心力作用下，从靠壁面的卸料口排出，细颗粒产品随气流从顶板中心的排气管排出。为使分级机具有高的分级精度，要求分级区内任意点的分级粒径为一定值。准自由涡离心分级机的分级粒径范围为 $10\sim30\mu m$。当要求分级粒径大于 $50\mu m$ 时如仅有一个气体入口，就需要增大进口宽度，结果会干扰分级区内气流的流动，产生气流旋转中心严重偏重设备轴心现象，影响分级精度。为克服这一缺点，需采用全圆周流入型分级器，其结构见图 48-54。气流经导向板进入设备形成旋转流，实现颗粒分级，粗颗粒从底部排出，细颗粒随气流一起从顶部出口管排出。该设备进口气速 $10\sim20m/s$；出口气速 $3\sim15m/s$；导向板角度 $\theta\approx45°\sim90°$；分级粒径范围 $50\sim200\mu m$。

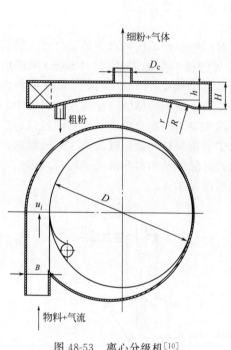

图 48-53 离心分级机[10]

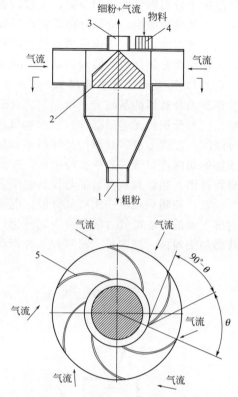

图 48-54 全圆周流入型分级器[10]
1—粗粉出口；2—中心锥体；3—气流与细粉出口；
4—物料进口；5—进口导向板

（4）MS型涡轮分级机

前面几种分级机是靠进入的风量形成涡流，靠离心力进行分离，下面几种分级机是靠涡轮在电动机带动下的旋转，在离心力和电力的作用下被分成粗粉和细粉。MS型涡轮分级机的结构见图48-55。夹带粉体物料的主气流从进气管进入分级机，锥形涡轮被电动机驱动而高速旋转，使气流形成高速旋转的强制涡。在离心力作用下，粗颗粒被甩向器壁并作旋转向下运动，当粗颗粒到达锥形筒体受到切向进入的二次气旋转向上的反吹，使混入粗颗粒中的细颗粒再次返回分级区（强制涡区），再一次分级，细颗粒随气流锥形涡轮的叶片之间缝隙从顶部排出口管排出。该分级机的分级粒径范围为5～140μm，调节主气流与二次气流的流量比或采用改变锥形涡轮的转速可控制分级粒径的尺寸，主要技术特性见表48-32。

表 48-32 MS型涡轮分级机主要技术特性[10]

型号	电动机功率/kW	最大转速/(r/min)	操作气量/(m³/h)	处理能力/(kg/h)
MS-1	0.75	2300	600～900	150
MS-2	1.5	1700	1500～2400	350
MS-3	2.2	1500	3000～4800	750
MS-7	37	300	4800～7200	1200

分级粒径可由下式计算[10]：

$$d_c = \frac{9.55}{n} \sqrt{\frac{18 \mu u_r}{r(\rho_p - \rho)}}$$

式中，d_c 为理论分级粒径，m；n 为叶轮转速，r/min；u_r 为气流速度，m/s；r 为叶轮平均半径，m；ρ_p 为物料密度，kg/m³；ρ 为空气密度，kg/m³；μ 为空气黏度，Pa·s。

（5）MSS 型涡轮分级机

MSS 型涡轮分级机的结构见图 48-56，其分级原理与 MS 分级机相同，不同之处为：主气流与粉体进口设在分级器顶部，为切向进口的结构，整个分级器内气流呈稳定的旋转流动，有利于提高分级精度；在设备中部增加 3 次气流，经壁面的导向叶片进入分级区，粉体在旋转的分级涡轮与导向叶片组成的环形分级区内被反复循环分散、分级，提高了设备的分级精度。该机分级粒度细，可在 $1\sim2\mu m$ 范围内进行分级，可获得 $\leqslant5\mu m$、含量达 $97\%\sim100\%$ 的超细粉。其主要技术特性见表 48-33。

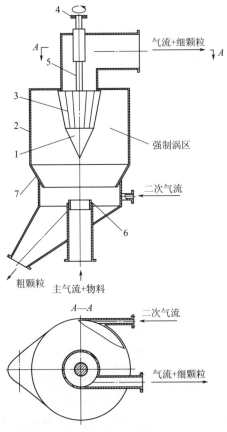

图 48-55　MS 型涡轮分级机[2,10]

1—气体分布锥；2—圆筒体；3—锥形涡轮；4—皮带轮；

5—旋转轴；6—可调圆管；7—锥形筒体

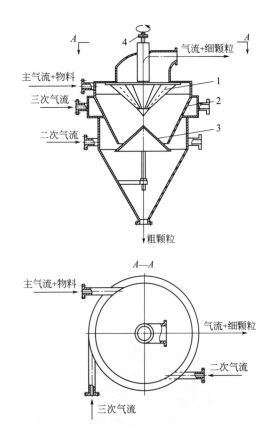

图 48-56　MSS 型涡轮分级机[2,10]

1—分级涡轮；2—导向口；3—反射屏；4—皮带轮

表 48-33　MSS 型涡轮分级机主要技术特性[2,10]

型号	电动机功率/kW	最大转速/(r/min)	操作气量/(m³/h)	处理能力/(kg/h)
MSS-1	5.5	8000	480~720	30~100
MSS-2	7.5	4400	1200~1800	70~250
MSS-3	15	3200	2400~3600	150~400
MSS-4	30	2300	4800~6000	300~800

48.2.4　湿式分级

湿式分级设备是以液体（大多数采用水）为介质的颗粒分级设备。湿式分级主要是应用液固两相流中，固体颗粒的重力沉降及离心沉降原理达到分级目的。

48.2.4.1　重力沉降分级

（1）重力沉降槽

常用的重力沉降槽有下面三种。图 48-57 所示为全流式分级槽，它的结构简单，可通过调节挡板控制流速得到所需的颗粒粒度，但它的粗颗粒无法排出，只能间歇操作。图 48-58 和图 48-59 分别是表面流式分级槽和圆锥式分级槽，它们的工作原理都是分级颗粒从设备上部随液体进入分级槽，粗颗粒降至锥底后可以排出，细颗粒随液体从上部排出。可以进行连续操作。

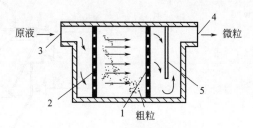

图 48-57　全流式分级槽[10]

1,2—多孔整流板；3—原液进口；4—微粒与流体出口；5—挡板

图 48-58　表面流式分级槽[10]

图 48-59　圆锥式分级槽[10]

（2）水力分级器

图 48-60 所示为最简单的水力分级器结构，它是在重力沉降基础上，从沉降筒底部导入一股液体，形成向上流动的液体流，减少粗颗粒沉降时所夹带的细颗粒，提高分级精度。沉降筒内颗粒的重力沉降终端速度与液体向上流动速度相等时，这一颗粒的粒径值即为水力分级器的分级粒径，可按下式计算[10]：

$$d_{cut} = \sqrt{18\mu u/(\rho_p - \rho_f)g} \times 10^6$$

式中，d_{cut} 为水力分级器分级粒径，μm；μ 为液体黏度，$Pa \cdot s$；u 为沉降筒内液体向上流动的平均速度，m/s；ρ_p 为颗粒密度，kg/m^3；ρ_f 为液体密度，kg/m^3；g 为重力加速度，$g = 9.81 m/s^2$。

如图 48-61 所示为机械搅拌式水力分级机，由梯形槽与 4～8 个矩形箱体组成，箱体尺寸沿给料端到溢流端逐个增大，各箱体下部为分级区。分级区由搅拌室、分级室、压力水室（压力沿切线方向进入）组成，分级区下部为分级产品受料器。每个箱体内都装有叶片搅拌器，转速为 1.5r/min，可防止粗颗粒沉积和产生旋涡。旋转轴采用空心轴结构，轴心内有连杆穿过，连杆下端为锥形阀，可控制排料的质量分数，减少耗水量，防止排料口堵塞。该设备的优点是可获得粒度分布较窄的多个产品。KP-4C 型机械搅拌式水力分级机的性能见表 48-34。

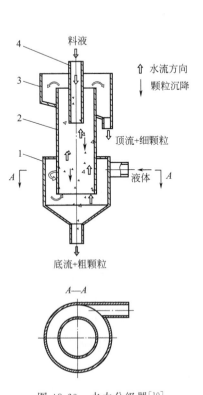

图 48-60　水力分级器[10]

1—底流筒；2—沉降筒；
3—顶流槽；4—料液进口管

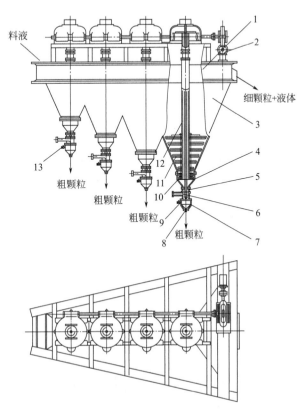

图 48-61　机械搅拌式水力分级机[10]

1—梯形槽；2—传动装置；3—矩形锥箱体；4—搅拌室；
5—分级室；6—压力水室；7—粗颗粒储斗；8—粗颗粒出口；
9—锥形阀；10—连杆；11—搅拌叶片；
12—空心轴；13—阀

表 48-34　KP-4C 型机械搅拌式水力分级机性能[10]

处理量 /(t/h)	进料粒度 /mm	进料浓度 /%	进水压力 /MPa	溢流浓度 /%	排料的质量分数 /%				上升水量 /(m³/h)				排料口直径 /mm			
					一室	二室	三室	四室	一室	二室	三室	四室	一室	二室	三室	四室
16～20	<1.5	20～25	0.2	3～6	25～35	20～30	20～25	20	10～15	8～10	4～5	4	28～30	26～28	24	20

48.2.4.2　机械分级

机械分级由一个底面倾斜槽和排出机构组成。按排出机构不同，可分为耙式分级机、链板式分级机和螺旋分级机 3 种类型，工作原理见图 48-62。机械分级机的最大特点是能连续排出颗粒，而且带液量少，便于粗颗粒的加工处理。

（1）耙式分级机

利用安装在倾斜底板上的耙子将沉降的粗颗粒向上带至粗颗粒排料口，耙子的移动还能使夹带在粗颗粒沉积物中的细颗粒被淘洗出来，提高分级精度。

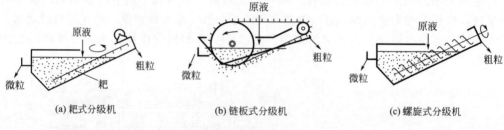

图 48-62　机械分级机[10]

（2）链板式分级机

利用装有叶板的链板带将沉降的粗颗粒带上排出。

（3）螺旋分级机

其结构如图 48-63 所示，分级料液从倾斜安装的分级槽侧面加入，粗颗粒沉入槽底由螺旋输送到槽的上端排出，细颗粒随料液从槽下端溢流堰排出。

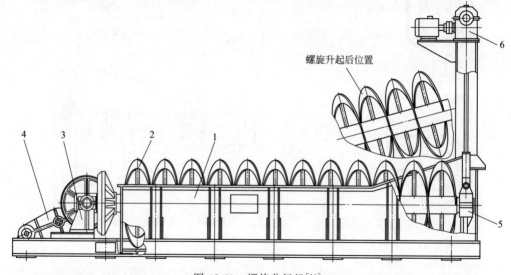

图 48-63　螺旋分级机[10]

1—分级槽；2—螺旋；3—传动装置；4—上部支座；5—下部支座；6—升降装置

符号说明

a——物料重心与通过转筒轴线垂直面距离，m；

A——分级后细粒的总质量，kg；

A——每个模孔截面积，cm^2；

B——分级后粗粉的总质量，kg；

C——挤压造粒机生产能力，kg/h；

C_b——对辊压球机生产能力，kg/h；

C_s——对辊压片机生产能力，kg/h；

d_{cut}——水力分级器分级粒径，μm；

d_c——理论分级粒径，m；

d——颗粒直径，mm；

D——转筒直径，m；

D——转盘直径，m；

D——辊轮直径，m；

F——分级前粉体的总质量，kg；

g——重力加速度，$g = 9.81 m/s^2$；

h——圆盘围堰高，m；

h——螺旋螺距，cm；

H——塔高，m；

K——经验数，对水泥 $K=1.5$，t/(m²·h)；

l——辊轮长度，m；

m——转筒中存料量，t；

m——圆盘中存料量，t；

n——筒体转速，r/min；

n——叶轮转速，r/min；

n——圆盘转速，r/min；

n——辊轮转速，r/min；

n——螺旋速度，r/min；

N——转盘输入功率，kW；

N——转筒输入功率，kW；

r——叶轮平均半径，m；

r——休止角，(°)；

s——二辊轮间隙或薄片厚度，m；

t——计算降温、相变和冷却的总时间，s；

t_r——物料的停留时间，s；

u——沉降筒内液体向上流动的平均速度，m/s；

u_r——气流速度，m/s；

v——每个球的体积，m³；

v——挤出速度，cm/h；

V_a——塔内空气平均上升速度，m/s；

x_a——分级后细粒中合格颗粒的含量百分数；

x_b——分级后粗粒中合格颗粒的含量百分数；

x_f——分级前粉体中合格颗粒的含量百分数；

z——每一辊轮表面上球穴数；

z——模板上模孔数；

α——转筒轴线与水平面夹角；

β——转盘与水平面倾角，(°)；

γ_a——合格成分的收集率；

γ_b——不合格成分的残留率；

θ——升举系数，$\theta=a\left(\dfrac{2}{D}\right)$；

μ——空气黏度，Pa·s；

μ——液体黏度，Pa·s；

ρ——空气密度，kg/m³；

ρ_a——成品的表观密度，kg/m³；

ρ_f——液体密度，kg/m³；

ρ_p——物料密度，kg/m³。

参考文献

[1]　潘永康，王喜忠. 现代干燥技术. 北京：化学工业出版社，1998.

[2]　陶珍东，郑少华. 粉体工程与设备. 北京：化学工业出版社，2003.

[3]　化学工程手册编辑委员会. 化学工程手册. 北京：化学工业出版社，1989.

[4]　邱昌仪. 复杂振动型细牙颚式破碎机. 北京：中华人民共和国机械电子工业部，1992.

[5]　郭虹，聂明. 旋回破碎机. 北京：中国机械工业联合会，2001.

[6]　易伟民，郭明. 旋盘圆锥破碎机. 北京：中华人民共和国国家经济贸易委员会，2002.

[7]　何永涛. 煤用锤式破碎机. 北京：中华人民共和国国家机械工业局，2000.

[8]　刘伯群. 锤式垃圾破碎机. 北京：中华人民共和国建设部，1996.

[9]　王奕成，等. 双辊破碎机. 北京：中华人民共和国机械工业联合会，2001.

[10]　余国琮. 化工机械工程手册. 北京：化学工业出版社，2003.

[11]　李慧修，等. 球磨机和棒磨机. 北京：中华人民共和国国家经济贸易委员会，2002.

[12]　苏长华，等. 振动磨. 北京：中华人民共和国机械工业联合会，2001.

[13]　陈善域，等. GBT 14466—93 胶体磨通用技术条件. 北京：中华人民共和国航空航天部，1993.

[14]　张翠萍，等. 振动筛设计规范. 北京：中华人民共和国国家机械工业局，1999.

[15]　刘向华，等. YA 型圆振动筛. 北京：中华人民共和国国家机械工业局，1999.

[16]　刘向华，等. ZKX 型直线振动筛. 北京：中华人民共和国国家机械工业局，1999.

[17]　新乡市第一振动机械厂. 三维振动圆筛样本. 新乡：2005.

[18]　青岛迈科隆粉体技术设备有限公司. 气流分级机样本. 青岛：2006.

[19]　新乡市中梁振动设备有限公司. 弧形筛样本. 新乡：2006.

（孙中心）

第49章

造粒技术

49.1 概述

一般地，造粒就是将小的粉体变成颗粒的过程，在英文文献中对应 granulation、sizeenlargement、agglomeration 以及 tabletting、pelletizing 等词汇[1,2]，在此过程中可以只涉及固相。广义地讲，物料从液态变为固体粉粒体，也可称为造粒，比如：喷雾干燥、冷冻干燥等。熔融物料与转鼓接触而表面成膜，再经冷却结晶凝固（冷却水喷洒在转鼓内顶部），最后经刮刀刮下形成片状产品，类似于转鼓干燥。这些内容在本书的其他章节已介绍，对于原料为液态的，本章只介绍一些对产品特性有特殊设计的过程，比如胶囊或封装（encapsulation）技术。

造粒的目的，一是对产品自身的再设计处理，二是出于对产品操作及管理便利性的考虑，具体可细分为：①保持混合物的均匀性；②防止材料的分离或混合；③减少凝聚力；④改善流动特性和操作特性；⑤增加容重，减少存储空间；⑥减少细粒的产生，提高颗粒的强度；⑦产生所需的粒度分布；⑧生成所需的产品几何形状；⑨通过改变颗粒团聚体或致密孔隙度来增加或减少反应活性等。

造粒主要有两种方式：

（1）自生长式造粒

通常是在液体黏合剂存在的情况下通过对原料进行翻滚、搅拌或流态化来实现的，最终产品（即团聚体）具有较宽的粒径分布。比如，通过容器转动或容器内搅拌装置的搅动等，使得粉体随机碰撞、滚动，在黏结力作用下而团聚，实现造粒。具体方法有滚动造粒、搅拌造粒和流化床造粒等。

（2）强制式造粒

包括材料在塑性状态下通过模具或筛网被强制挤压成型，或者在模具型腔或其他设备中注射成型，产品的机械强度高、形状规则。具体方法有压缩造粒、挤压造粒等。由熔融材料或悬浮液喷雾形成液滴，最后通过干燥或冷却形成颗粒的过程（喷雾造粒），也可归入强制式造粒或作为另一种形式的造粒。

49.2 造粒机理

强制式造粒或压力造粒。在施加外部压力下，一定质量的固体颗粒被成型和致密化，通常分两个阶段进行。第一阶段，施加压力导致颗粒强制重排；第二阶段，压力急剧上升，在此期间脆性颗粒破碎，可塑性颗粒变形。颗粒孔隙的压缩空气和弹性恢复是制约造粒速度和生产能力的两个重要因素，两者都会导致团聚体开裂和结合弱化，进而导致产品的破坏。这样，就需要在最大压力释放前保持一段时间，可以减小这两种现象的影响。为了进一步提高强度，可以添加少量黏合剂或使用后处理方法。一般来说，挤出机（包括筛网挤出机、螺杆挤出机和啮合齿轮挤出机）可实现低压和中压造粒，产生相对均匀的长意大利面状或圆柱状固体；在冲模压力机、压辊压力机和压块辊压力机等中进行高压造粒，产生枕状或杏仁状固体。在这些过程中，最常见的结合是短程分子吸引力，即静电力和范德华力，而不是固体架桥力。由于这些力在液体中减少了约 10 倍[3]，因此由它们结合的颗粒很容易在液体中分散，显示出预期的瞬时特性。对于压缩造粒，干粉混合物首先被高压压实，然后被压碎并筛选成粒状产品。无需干燥或冷却操作，产品密度更高。对于挤压造粒，粉末混合物与黏合剂液体、添加剂或分散剂混合，在低压下挤压，然后干燥、冷却和粉碎，得到最终速溶产品。

　　生长式造粒或湿团聚造粒。一定湿含量的粉体或向干粉中加水或蒸汽喷射[4]，在运动中就发生粉体团聚，也伴随颗粒的解体。此种造粒一般经过润湿、成核、生长、固结、破裂和稳定等几个阶段。可通过喷洒液滴来润湿干粉，水分分布需要考虑粒子间的毛细管作用以及混合效率。成核，即许多粒子通过液桥和毛细管力稳定聚集在一体，形成有组织的结构。水滴比粒子小，每个粒子上都有一层薄薄的液体层，成核生长是由于许多黏性粒子间的连续随机碰撞，润湿粒子的混合促进了成核，每一个核都是湿粒子随机碰撞后聚合而成的，具有多孔结构，含有空气。水滴比粒子大，加水后立即成核，一滴水产生包含多个粒子的核，液体使核的内部结构饱和，粒子间的毛细管力取决于液体的黏度、表面张力和液体的添加量。在生长过程中，许多黏性粒子（或核）通过连续随机碰撞，通过层积（即粒子或小团聚体黏附在较大尺寸团聚体表面）和聚结（即相近尺寸团聚体之间的接触），产生更大直径的团聚体。团聚体的生长取决于其表面可用的液体以及在碰撞过程中变形和抗断裂的能力。固结过程是在多次撞击下，内部孔隙率降低，团聚体尺寸减小，导致液体的排出并向团聚体表面迁移，增强了表面黏性和碰撞后的聚结能力。在混合过程中，剪切应力和碰撞使得通过团聚体破裂或解离一些粒子。加强造粒过程的管理，使得颗粒生长和破裂达到平衡，生产所需特性的颗粒。最后，通过干燥，将液相从团聚物中除去，其含水量达到小于 5%，并冷却至低于其玻璃化转变温度，以避免在储存期间结块。干燥增加了粒子间的相互作用，使团聚体达到稳定。在喷雾干燥或流化床造粒过程中，干燥几乎与造粒同时进行，粒子团聚时间相对较短。在机械混合造粒过程中，干燥是后续操作，团聚时间可以长一些。

　　粉体附着在一起形成颗粒，其结合程度必须足够牢固，以防止在随后的处理操作中再度解离为粉体。粉体的大小、颗粒的结构、水分含量和液体的表面张力决定了粒子间结合力的大小。这些结合力包括固体架桥、液体架桥的附着力、范德华力、静电力和机械咬合（interlocking bonds），见表 49-1。

表 49-1　粉体中粒子间可能的相互作用[4,5]

粒子间作用力	图示	属性
液体架桥		表面溶解或玻璃化、熔化和黏结,弱黏结,在处理和加工过程中会破坏黏结
固体架桥		玻璃化、熔融、熔合,强力、稳定

续表

粒子间作用力	图示	属性
范德华力		粒径小于 $1\mu m$ 的粒子间相互作用
静电力		粒子表面电荷相互作用
机械咬合		不规则的表面相互咬合，力很弱，但物理锁定、不易分离

固体架桥产生于团聚颗粒之间沉积的物质，可以是通过高温下接触点材料的部分熔化，或者通过化学反应、溶解物质的结晶、黏合剂的硬化、熔化成分的固化。黏结力取决于接触面积的直径和架桥材料的强度，有时，这种结合力很强，很难使结块破裂。由于固体桥本身往往是多孔的，通常比较容易通过实验测量固体桥的强度。

液体架桥可能是固定的或可自由移动，粒子的黏着力来自液体/空气系统的表面张力或者来自毛细管力。有足够的水分存在可以产生一个薄的、不可移动的吸附层，可以有效地减小粒子间的距离，增加其接触面积，从而有助于粒子结合。由高黏性物质形成的固定薄膜显然比可移动液膜能产生更强的黏结。当表面的液位超过液膜时，流动的液体形成液桥，毛细管力和界面力产生强大的结合。液体经干燥或结晶后，液桥转变为固体桥。液桥的存在影响着粉体的粒径、润湿性和流动性，通常使流化床、气力输送和混合操作困难。

范德华力是表面力。对于微粉其占有主导地位，微粉在很近距离内粒子间产生内聚力，这也是微粉沉积在干燥器等设备壁面的原因。减小颗粒尺寸，增加了表面积/质量的比值，有利于提高团聚的稳定性。范德华力源于分子水平上偶极子的相互作用，虽然与静电力性质相同，但作用范围很短。

静电力是粒子表面电荷之间的相互作用。因粒子摩擦而产生多余电子，要趋向带电相反的粒子以平衡电荷，从而导致粒子的内聚（Cohesion）或附着（Adhesion）。由于粉体的低导电性，不利于耗散过量电荷，易于发生静电力。粉体上积累的电荷可导致其黏附在加工设备的壁上。粒子的组成对其表面导电性有重要的影响。干燥或半干燥粉体往往在操作过程中产生静电，比如：流化床、混合、气力输送、喷雾干燥操作等。一般来说，微粉或黏性粉体，范德华力和静电力并存、联合作用，造成粉体聚集和附着，使运输更加困难，为了避免火花要消除静电荷。

机械咬合。粒子形状和大小的不规则、不均匀导致粒子相互纠结。比如：纤维、片状或大颗粒会发生相互缠绕或折叠，形成咬合。虽然粒子间的机械咬合影响团聚体的强度，但与其他结合机制相比，其贡献通常被认为是很小的。压缩或振动会使得粒子错位，更加纠结在一起。此外，加热、湿润和干燥此团聚体也会使物理结合更牢固。因此，这种物理结合受粒子表面粗糙度和变形、充填、热和湿度的影响。每个粒子与周围的其他几个粒子相互作用，相互作用点可表征为接触点或者是形成黏结桥的足够小的距离。一个粒子与其他粒子的相互作用点的总数称为配位数，虽然在团聚体中很难估计配位数，但间接的测量配位数可作为团聚体其他性质的函数。

49.3　造粒方法与设备

49.3.1　压缩造粒机

49.3.1.1　压片机

压片机是利用上、下冲杆在冲模中往复冲压作用完成粉末压缩成片的，分有单模单冲程和回转式两种类型。单冲程压片机的造片过程如图 49-1 所示，第一步粉料通过斜槽流入模子中，斜槽移开，上冲杆向下压实粉末造片，然后两个冲杆同时提升将造的成片推出模，如此循环。回转式压片机结构如图 49-2 所示。回转模盘上有 8 个均布冲模孔和相应均布柱塞式冲杆。当模盘回转时，某一模孔和相应一对冲杆动作如下：下冲杆在上升最高位，上冲杆也在上升最高位，模孔滑入加料斗腿罩下，下冲杆在强制下降导轨作用下逐步下移，将粉粒体物料吸入模孔，降至最低位，模孔吸满粉粒物料，回转到粉粒体质量调整导轨，下冲杆可能有少许上升，模孔开始离开加料斗腿罩，上冲杆下降滑入模孔，下冲杆稍有下降，但始终在模孔中，上冲杆开始下压，下冲杆

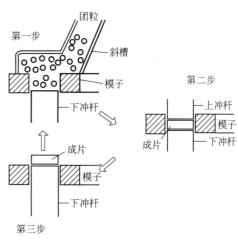

图 49-1　单冲程压片机的造片过程

也开始上压，转到上、下冲杆对准一对压缩滚轮，上、下冲杆分别下降、上升到限定位置，压片过程完成，上、下冲杆转到上升出片导轨，上、下冲杆均逐步上升，上冲杆稍快离开压成片的上面，下冲杆上升到最高位，压成片被顶向上面出模孔，上冲杆也上升至最高位，便于模孔滑入刮刀和料斗腿罩下，当模孔转过刮刀时，把片剂刮下。其他模孔和对应的上、下冲杆也按此周期性地动作，当模盘回转一周，8 模孔和对应冲杆均经一个周期动作，即压制

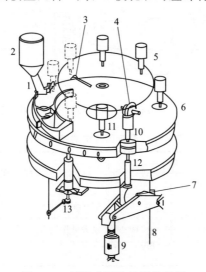

图 49-2　回转式压片机结构简图

1—加料管；2—料斗；3—刮刀；4—上滚轮；5—上冲头导轨；6—模孔台；7—下滚轮；
8—下滚轮支撑；9—缓冲装置；10—模孔；11—上冲头；12—下冲头；13—质量调节导轨

成 8 片片剂。

如图 49-3 所示为旋转压片机的运行过程展开图。图中点 A 对应于 A′，片剂的质量由螺钉 E 来调节，螺钉 F 调节起模。单冲程机的技术特性见表 49-2，旋转压片机的技术特性见表 49-3。

表 49-2 单冲程机的技术特性

参数	型号			参数	型号		
	519	525	511		519	525	511
生产率/(片数/min)	60~95	30~60	40~75	功率/kW	0.736	3.68	0.184
最大压片直径/mm	19.05	76.2	30.48	冲杆长度(上)/mm	55.55	139.7	41.28
装料最大深度/mm	17.46	50.8	181.86	冲杆长度(下)/mm	57.15	111.13	41.28
最大操作压力/t	4	20	15	模子直径/mm	38.1	114.3	26.97
起模压力/t	1	5		模子深度/mm	19.05	57.15	15.88

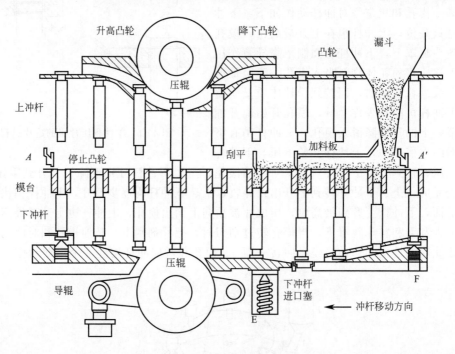

图 49-3 旋转压片机的运行过程展开图

表 49-3 旋转压片机的技术特性

参数	型号		参数	型号	
	541	551		541	551
产量/(片数/min)	1500~4100	1800~5100	装料深度/mm	3.18~17.46	3.18~17.46
冲杆数	41	51	最大操作压力/t	4	4
最大压片直径/mm	15.88	11.11			

按 JB/T 20022—2017《ZP 系列压片机药片冲模》的规定，压片机冲头直径及片形面尺寸应符合表 49-4 所列的要求。

表 49-4 冲头直径及片形面尺寸　　　　　　　　　　　　　单位：mm

A 型				B 型				C 型				D 型		
d	SR	公差	H	d	SR	公差	H	d	r	H	公差	d	H	公差
3	3.5		0.315	3	3.5		0.324	3	1.00	0.2		3	0.2	
3.5	4		0.379	3.5	3.5		0.449	3.5	1.00	0.2		3.5	0.2	
4	5		0.396	4	4		0.5131	4	1.25	0.3		4	0.3	
4.5	6		0.418	4.5	4		0.663	4.5	1.25	0.3		4.5	0.3	
5	6.5		0.479	5	4		0.838	5	1.25	0.3		5	0.3	
5.5	7		0.542	5.5	4.5		0.896	5.5	1.25	0.3		5.5	0.3	
6	8		0.564	6	4.5		1.093	6	1.25	0.3		6	0.3	
6.5	8.5		0.625	6.5	4.5		1.321	6.5	1.25	0.4		6.5	0.4	
7	9		0.688	7	5		1.362	7	1.25	0.4		7	0.4	
7.5	9.5		0.750	7.5	5.5		1.408	7.5	1.5	0.4		7.5	0.4	
8	10.5		0.771	8	5.5		1.642	8	1.5	0.4		8	0.4	
8.5	11		0.830	8.5	6		1.681	8.5	1.5	0.4		8.5	0.4	
9	11.5		0.900	9	6.5		1.725	9	1.5	0.4		9	0.4	
9.5	12	0~0.3	0.956	9.5	7	0~0.3	1.772	9.5	1.5	0.5	±0.03	9.5	0.5	±0.03
10	13		0.979	10	7.5		1.822	10	1.5	0.5		10	0.5	
10.5	13.5		1.041	10.5	8		1.874	10.5	1.75	0.5		(10.5)	0.5	
11	14		1.104	11	8.5		1.928	11	1.75	0.5		11	0.5	
11.5	14.5		1.167	11.5	9		1.982	11.5	1.75	0.5		(11.5)	0.5	
12	15.5		1.188	12	9.5		2.038	12	1.75	0.5		12	0.5	
12.5	16		1.250	12.5	10		2.095	12.5	1.75	0.5		(12.5)	0.6	
13	17		1.271	13	10.5		2.153	13	2	0.6		13	0.6	
14	18		1.396	14	11		2.401	14	2	0.6		14	0.6	
15	19		1.522	15	12		2.514	15	2	0.6		15	0.6	
16	20		1.648	16	13		2.630	16	2	0.6		16	0.6	
17	21		1.775	17	14		2.748	17	2	0.6		17	0.6	
18	22		1.903	18	15		2.867	18	2	0.6		18	0.6	
19	24		1.939	19	16		2.988	19	2.25	0.8		19	0.8	
20	25		2.065	20	17		3.109	20	2.25	0.8		20	0.8	

注：1. A 型 H 值计算公式：$H = SR - \dfrac{1}{2} \times \sqrt{4(SR)^2 - (d - 2 \times 0.05)^2}$；

2. B 型 H 值计算公式：$H = SR - \dfrac{1}{2} \times \sqrt{4(SR)^2 - (d - 2 \times 0.01d)^2}$；

3. 式中 0.05 和 0.01d 分别为片形刃边厚度；

4. C 型、D 型 r 与底径 d_1 相切。

49.3.1.2 对辊压型机

对辊压型机结构如图 49-4 所示，主要由压辊、轴承、给料系统、承压支架、主传动系统、液压系统及润滑系统组成。辊压机适用于大批量生产、低投资、低操作成本比产品均匀性更重要的场合。

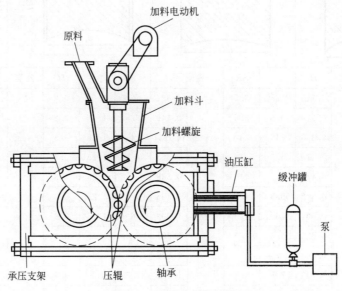

加料电动机

原料

加料斗

加料螺旋

油压缸

缓冲罐

泵

承压支架　　压辊　　轴承

图 49-4　对辊压型机结构

压辊是本机的主要部件，它由有坚硬工作表面的锻造件制成。有些情况下辊内还需通冷却水，以避免物料在挤压面熔融，或为了降低轴承的温度以使设备长周期运行。轴承选用能自定心的球面滚柱轴承。当物料给料量较大或物料较细时，仅靠重力给料不能满足造粒要求时，必须由加料螺旋强制加料。承压支架必须能承受压辊传来的高压和支承加料系统，主传动系统要保证两压辊有完全均匀的线速度，因为在无剪切力的作用下，设备才能获得较高的产量。液压系统是使浮动压辊间被压实的物料和固定压辊靠近，其压力的大小可自由调节。

对辊压型机（对辊挤压造粒机）的造粒原理如图 49-5 所示，其主要部件是一对半径（R）相等，两者外圆相互接触的转辊，两辊以相同转速、相反方向旋转，轮面上有规则地排列着形状和大小一致的穴孔，两转辊呈水平布置，粉状物料从上方均匀连续地加入两辊之间，先靠自身喂料，到达加压角（α）内，即进入挤压角 β，物料被强制喂入，一般 $\beta = 10° \sim 15°$。随着转辊的连续旋转，物料被挤压，当处于两转辊半径成直线位置时，压力最大（$p_{最大}$），然后压力迅速降低，成型物料有回弹作用，与穴孔壁的贴合受到破坏，加上成型物料的自身重量而顺利地脱模落下，在相同挤压角情况下，加大半径（R），可扩大挤压宽度（D），以增加颗粒强度。对辊压型（造粒）机的优点：

① 可加工粒径分布较广的材料；

② 干燥的材料可以在不添加添加剂的情况下进行加工；

③ 可在低温和高温下进行压制；

④ 运营成本低；

⑤ 降低了包装、储存和运输成本。

对辊压型造粒机的技术特性见表 49-5，国外大型对辊压型造粒机的技术特性见表 49-6。

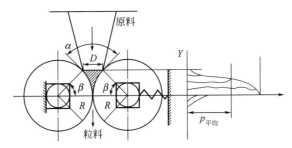

图 49-5 造粒原理及压力分布

表 49-5 对辊压型造粒机的技术特性

型号	辊间压力/t	产品产量/(kg/h)	装机功率/kW
GZL-1、GZL-M-1	30	100	13.5
GZL-2、GZL-M-2	35	200	19.5
GZL-3、GZL-M-3	35	300	26
GZL-4、GZL-M-4	35	500	31.5
GZL-5、GZL-M-5	35	1000	37

表 49-6 国外几种大型对辊压型造粒机的技术特性

性能参数	公司名称			
	Allis-Chalmers	Komarek-Greaves	Humboldt	Vulcan-Koppers
辊子直径/cm	61	71	91	102
辊子长度/cm	61	69	119	127
转速/(r/min)	24	42	25	14
周边速度/(m/min)	46	94	72	47
辊筒结构	铸造铁合金壳，实心辊筒体	铸造铁辊，空心辊筒体 2in(1in=0.0254m) 合金壳	铸钢，内部水冷却	整体辊、辊面水冷
轴承	轴瓦或滚柱轴承	滚柱轴承	滚柱轴承	滚柱轴承
电动机容量/kW	149～224	373	2×186	448
压力强度/(kgf/cm²)	3575	3932	4182	5362
给料方式	重力或双螺旋强制给料器	锥形螺旋，强制给料器(传动比4∶1)	液压变速双强制给料器	5 个 22kW 的液压马达驱动强制给料
挤压能力/(t/h)	27	45	77	91
产量/(t/h)(6～14目)	11	20	26	27

注：1kgf=9.80665N。

对辊压型机生产能力按式(49-1)或式(49-2)计算，即

$$C_b = 60nzv\rho_a \tag{49-1}$$

$$C_s = 60n\pi Dls\rho_a \tag{49-2}$$

式中，C_b 为对辊压球机生产能力，kg/h；n 为辊轮转速，r/min；z 为每一辊轮表面上球穴数；v 为每个球的体积，m^3；ρ_a 为成品的表观密度，kg/m^3；C_s 为对辊压片机生产能力，kg/h；D 为辊轮直径，m；l 为辊轮长度，m；s 为二辊轮间间隙或薄片厚度，m。

49.3.2　挤压造粒

49.3.2.1　单螺杆挤压造粒机

挤压造粒主要是通过对颗粒固体施加外力而形成的，作用在颗粒固体上的力可能很小或很高，它是造粒中最通用的领域。因此挤压造粒在造粒的商业应用中占有重要的份额。单螺杆挤压造粒机主要分为两大类，一类广泛应用于化肥、农药、催化剂的造粒，一般称为粉体造粒机；另一类主要用于橡胶、塑料熔融体造粒，一般称为单螺杆挤压造粒机。单螺杆挤压造粒机如图49-6所示，主要由电动机、减速机、联轴器、轴承箱、筒体、螺杆模板及机架组成。

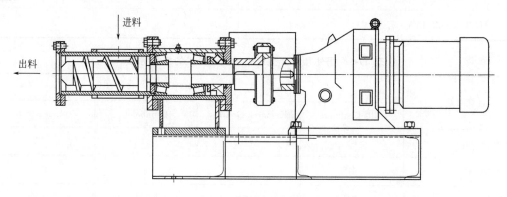

图 49-6　单螺杆挤压造粒机

其原理是粉状物料进入造粒机后，经螺杆压实后挤出模板形成颗粒。其主要技术特性见表49-7。其生产能力可由式(49-3)计算。

表 49-7　粉体造粒机技术特性

螺旋直径/mm	电机功率/kW	生产能力/(kg/h)	螺旋转速/(r/min)	螺旋直径/mm	电机功率/kW	生产能力/(kg/h)	螺旋转速/(r/min)
50	5～15	80	85	160	45	500	85
120	37	300	85	240	55～75	1000	85

$$C = zAv\rho_a \tag{49-3}$$

$$v = 60nh \tag{49-4}$$

式中，C 为挤压造粒机生产能力，kg/h；z 为模板上模孔数；A 为每个模孔截面积，cm^2；v 为挤出速度，cm/h；ρ_a 为成品表观密度，kg/cm^3；n 为螺旋速度，r/min；h 为螺

旋螺距，cm。

单螺杆挤压造粒机结构如图49-7所示，主要由传动系统、螺杆、筒体、机头组成。粉料由料斗进入筒体后，与螺杆接触的物料被螺杆咬住，随着螺杆的旋转被螺纹强制地向机头方向推进，在摩擦热和筒体外加热的联合作用下变成熔融体，由于螺杆的压力和模板的阻力使熔融体密实压力增大后从模板挤出，有些物料直接变为颗粒，经风冷后包装，有些物料被挤压成条，经水冷后再经切粒系统切粒、干燥后包装。

螺杆是挤压造粒机的最重要部件，通过它的转动，筒体内的物料才能移动，得到增压和摩擦热。螺杆有三个不同的几何段，这三段分别为：加料段、熔化段和计量段。螺杆分段与重要参数示意图见图49-8。

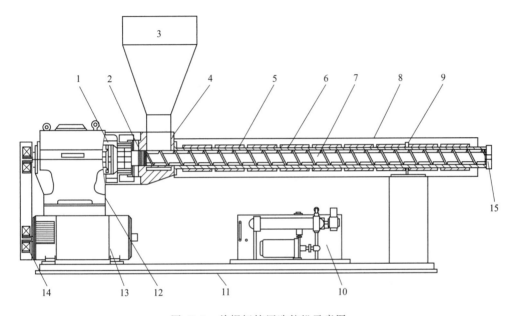

图 49-7 单螺杆挤压造粒机示意图

1—止推轴承；2—密封装置；3—料斗；4—进料口；5—冷却水与加热器；
6—料筒；7—螺杆；8—料筒隔热防护罩；9—料筒支座；
10—封闭冷却系统；11—地基；12—减速器；13—电动机；
14—皮带和皮带轮；15—模板

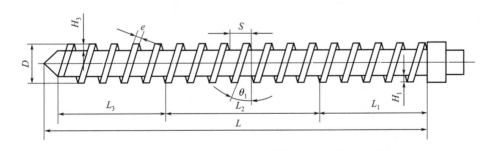

图 49-8 螺杆分段与重要参数示意图

H_1—加料段螺槽深度；H_3—计量段螺槽深度；D—螺杆直径；θ_1—螺旋升角；
L—螺杆有效长度；L_1—加料段长度；L_2—熔化段长度；L_3—计量段长度；
e—螺棱宽度；S—螺距

单螺杆挤压造粒机基本特性见表49-8～表49-10。

表 49-8　加工聚丙烯（PP）单螺杆挤出机基本参数（JB/T 8061—2011）

螺杆直径 D/mm	长径比 L/D	螺杆最高转速 n_{max}/(r/min)	最高产量 Q_{max}/(kg/h) MI0.4~4	电动机功率 P/kW	名义比功率 $P'\leqslant$kW/(kg/h)	比流量 $q\geqslant$(kg/h)/(r/min)	机筒加热段数（推荐）≥	机筒加热功率（推荐）≤kW	中心高 H/mm
20	20　25	140	3.6	1.5		0.026		3	
	28　30	190	5.4	2.2		0.028		4	
25	20　25	125	7.3	3	0.41	0.058		3	
	28　30	150	9.8	4		0.065		4	
30	20　25	140	13.4	5.5		0.960		5	1000 500 350
	28　30	170	18.3	7.5		0.108		6	
35	25　25	135	18.8	7.5		0.139		5.5	
	28　30	172	27.5	11		0.160		6.5	
40	20　25	145		11		0.190			
	28　30	170	37.5	15		0.221		7.5	
45	20　25	130		15		0.288	3	8	
	28　30	150	46	18.5		0.307		10	
50	20　25	110	37.5	15		0.341		9	
	28　30	120	46.3	18.5	0.40	0.386		11	
55	20　25	105		18.5		0.441		10	
	28　30	112	55	22		0.491		13	
60	20　25	95		22		0.579		12	
	28　30	118	75	30		0.636		15	1000 500
65	20　25	100		30		0.750		14	
	28　30	125	100	40		0.800		18	
70	20　25	100	93	37		0.93		17	
	28　30　33	120	125	45		1.046		21	
80	20　25	104	115			1.106	4	19	
	28　30	107	128	50		1.196		23	
90	20　25	98		50		1.306		25	
	28　30　33	120	154	60		1.426		30	
100	20　25	70	140	55	0.39	2.000	5	31	
	28　30	87	192	75		2.207		38	
120	20　25	74		75		2.595		40	1100 1000 600
	28　30	85	255	100		3.000	6	50	
150	20　25	60	320	132		5.633		65	
	28　30	70	320	160		5.857	7	80	

注：根据需要，螺杆规格可适当增加优选系列：75、110、170等。其中名义比功率及比流量按表中数值进行插入法计算。

表 49-9　加工低密度聚乙烯（LDPE）单螺杆挤出机基本参数（JB/T 8061—2011）

螺杆直径 D/mm	长径比 L/D	螺杆最高转速 n_{max} /(r/min)	最高产量 Q_{max} /(kg/h) MI2~7	电动机功率 P /kW	名义比功率 $P'\leqslant$kW /(kg/h)	比流量 $q\geqslant$(kg/h) /(r/min)	机筒加热段数(推荐)$\geqslant$	机筒加热功率(推荐)$\leqslant$kW	中心高 H /mm
20	20　25	160	4.4	1.5		0.028		3	
	28　30	210	6.5	2.2		0.031		4	
25	20　25	147	8.8	3	0.34	0.060		3	
	28　30	177	11.7	4		0.066		4	
30	20　25	160	16	5.5		0.100		5	1000
	28　30	200	22	7.5		0.110		6	500
35	25　25	120	16.7	5.5		0.139		5.5	350
	28　30	134	22.7	7.5		0.169		6.5	300
40	20　25	120				0.189			
	28　30	150	33	11		0.220	3	7.5	
45	20　25	130				0.254		8	
	28　30	155	45	15		0.290		9	
50	20　25	132				0.341			
	28　30	148	56	18.5	0.33	0.378		11	
55	20　25	127				0.441		10	
	28　30	136	66.7	22		0.490		13	
60	20　25	116				0.575		12	
	28　30	143	90	30		0.629		15	1000
65	20　25	120				0.750		14	500
	28　30	160	140	45		0.828		18	
70	20　25	120	112	37		0.933		17	
	28　30	130	136	45		1.046		21	
80	20　25	115	140			1.217	4	19	
	28　30	120	156	50		1.300		23	
90	20　25	100				1.560		25	
	28	120	190	60		1.583		30	
	30	150	240	75		1.600		30	
100	20　25	86	172	55		2.000	5	31	
	28　30	106	234	75	0.32	2.207		38	
120	20　25	90	235			2.610		40	
	28	100	315	100		3.150		50	1100
	30	135	450	132		3.333	6	50	1000
150	20　25	65	410	132		6.300		65	600
	28　30	75	500	160		6.600	7	80	
200	20　25	50	625	200		12.500	8	120	
	28　30	60	780	250		13.000		140	
220	28	80	1200	520	0.43	15.000	7	125	1200

注：根据需要，螺杆规格可适当增加优选系列：75、110、170 等。其中名义比功率及比流量按表中数值进行插入法计算。

表 49-10　加工聚氯乙烯（HPVC、SPVC）单螺杆挤出机基本参数（JB/T 8061—2011）

螺杆直径 D/mm	长径比 L/D	螺杆转速 n_{min}~n_{max}/(r/min) HPVC	SPVC	产量 Q/(kg/h) HPVC	SPVC	电动机功率 P/kW	名义比功率 P'≤kW/(kg/h) HPVC	SPVC	比流量 q≥(kg/h)/(r/min) HPVC	SPVC	机筒加热段数（推荐）≥	机筒加热功率（推荐）≤kW	中心高 H/mm
20	20 22 25	20~60	20~120	0.8~2	1.14~2.86	0.8			0.040	0.030		3	1000 500 350
25	20 22 25	18.5~55.5	18.5~111	1.5~3.7	2.1~5.4	1.5	0.4	0.28	0.081	0.060		4	
30	20 22 25	18~54	18~108	2.2~5.5	3.2~8	2.2			0.122	0.090		5	
35	20 22 25	17~51	17~102	3.1~7.7	4.4~11	3			0.151	0.129		4 5	
40	20 22 25	16~48	16~96	4.1~10.2	5.9~14.8	4			0.213	0.185		6	
45	20 22 25	15~45	15~90	5.64~14.1	8.16~20.4	5.5			0.375	0.272		8	
50	20 22 25	15~45	15~90	7.7~19.2	11.1~27.8	7.5	0.39	0.27	0.513	0.371	3	7 9	
55	20 22 25	14~42	14~84	11.3~28.2	16.3~40.7	11			0.807	0.582		8 11	
60	20 22 25	13~39	13~78	13.3~33.3	19.2~48	13			1.023	0.738		10 13	
65	20 22 25	13~39	13~78	15.4~38.5	22.2~55.6	15			1.185	0.854		12 16	1000 500
70	20 22 25	12~36	12~72	19~47.4	27.4~68.5	18.5			1.583	1.142		14 18	
80	20 22 25	12~36	12~72	29~58	34~85	22			1.933	1.417		23	
90	20 22 25	11~33	11~66	31.5~63	37~92.3	24			2.291	1.678		24 30	
100	20 22 25	10~30	10~60	39.5~70	46~115	30	0.38	0.26	3.900	2.300	4	28 34	
120	20 22 25	9~27	9~54	72~145	84~210	55			8.000	4.667	5	40 45	1100 1000 600
150	20 22 25	7~21	7~42	98~197	120~288	75			14.000	8.600	6	60 72	
200	20 22 25	5~15	5~30	140~280	180~420	100	0.36	0.24	28.000	18.000	7	100 125	

注：根据需要，螺杆规格可适当增加优选系列：75、110、170 等。其中名义比功率及比流量按表中数值进行插入法计算。

49.3.2.2 双螺杆挤压造粒机

双螺杆挤压造粒机广泛应用于以塑料为主体的物料的造粒。其总布置图见图 49-9，它与单螺杆挤压造粒机的主要不同是具有两个相互啮合的螺杆，因而物料的输送是靠正位移的原理进行，不会有压力回流。由于螺杆的啮合，物料受到纵、横向的剪切，物料的混合性能好。双螺杆挤压造粒机的形式多样，有两轴同向旋转的，有异向旋转的，还有锥形螺杆的，本处仅介绍同向平行双螺杆挤压造粒机。其螺杆如图 49-10 所示，采用积木式，它是将一节一节的螺纹元件套在芯轴上，不同的螺纹元件具有不同的作用，一根螺杆主要有四个作用段，即输送及压缩段、混炼段、排气段和挤出段。根据不同的物料采用不同形式的机型，一般物料采用 SHJ 系列同向平行双螺杆挤压造粒机，技术特性见表 49-11；对于热固性物料采用 SPJ 系列剖分式双螺杆挤压造粒机，技术特性见表 49-12；对于热敏性与剪切敏感性物料采用 STJ 系列双阶混炼挤压造粒机，技术特性见表 49-13。

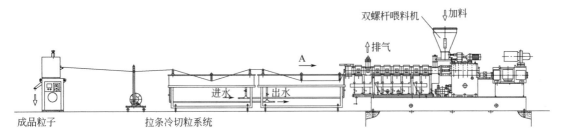

图 49-9 双螺杆挤压造粒机总布置图

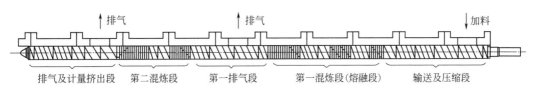

图 49-10 双螺杆挤压造粒机螺杆结构排布

表 49-11 SHJ 系列同向平行双螺杆挤压造粒机技术特性

参数	规格型号								
	SHJ-25	SHJ-38	SHJ-48	SHJ-58	SHJ-68	SHJ-78	SHJ-92	SHJ-132	SHJ-168
螺杆公称直径/mm	25	38	48	58	68	78	92	132	168
螺杆转速/(r/min)	300/600/900	300/600/900	300/500	300/500	300/500	400/500	300/500	300	300
螺杆长径比	32～40	32～60	32～60	32～48	32～48	32～48	32～48	32～48	32～48
主电动机功率/kW	5.5/11/15	15/22/30	30/45	45/55/75	55/75/110	90/110/160	250/315/355	450/550	850/1000
生产能力/(kg/h)	5～40	30～120	80～180	150～250	250～450	450～850	800～1200	1000～2000	2000～3600

表 49-12 SPJ 系列剖分式双螺杆挤压造粒机技术特性

参数	规格型号						
	SPJ-38	SPJ-58	SPJ-68	SPJ-78	SPJ-92	SPJ-132	SPJ-168
螺杆公称直径/mm	38	58	68	78	92	132	168
螺杆转速/(r/min)	30～300	30～300	30～300	30～300	30～300	30～300	30～300

续表

参数	规格型号						
	SPJ-38	SPJ-58	SPJ-68	SPJ-78	SPJ-92	SPJ-132	SPJ-168
螺杆长径比	15～20	15～20	15～20	15～20	15～20	15～20	15～20
主电动机功率/kW	15	45	55	90	160	200	315
生产能力/(kg/h)	15～60	60～180	100～300	200～500	500～800	700～1200	900～1500

表 49-13　STJ 系列双阶（组合式）混炼挤压造粒机技术特性

参数	规格型号									
	STJ-48/100		STJ-58/120		STJ-68/150		STJ-78/180		STJ-92/200	
	双	单	双	单	双	单	双	单	双	单
螺杆公称直径/mm	48	100	58	120	68	150	78	180	92	200
螺杆转速/(r/min)	300/500	70/90	300/500	70/90	300/500	70/90	400/500	70/90	300/500	70/90
螺杆长径比	20～48	7～16	20～48	7～16	20～48	7～16	20～48	7～16	20～48	7～16
主电动机功率/kW	30～55	17.5～22	37～55	30～45	55～90	37～55	90～110	45～75	200～280	55～75
生产能力/(kg/h)	80～300		100～350		200～550		400～850		600～1500	

国内目前塑料双螺杆挤压造粒机螺杆直径最大为 200mm，最大产量为 20000t/a，而国外最大螺杆直径为 550mm，最大产量达 45 万 t/a。

49.3.2.3　滚轮挤压造粒机

滚轮挤压造粒机结构组成及造粒过程见图 49-11 和图 49-12。电动机通过传动箱带动传动盘旋转，传动盘带动模孔轮转动，模孔轮转动时靠物料的摩擦作用带动滚轮旋转，这样在滚轮和模孔轮之间就对物料形成了碾压作用，在这个碾压的作用下，物料从模孔中挤出，在刮刀的作用下成粒。滚轮可以有两个，也可以有三个。滚轮与模孔轮之间的间隙，通过棘轮调节偏心轴的角度来确定。滚轮挤压造粒机主要用于生产饲料。圆柱形冲压工具在圆形轨道上滚动，会由于圆周速度不均匀，材料中会产生剪切，内侧边缘转动更快。这种附加剪切力对某些材料可能是有利的。对一些材料可能造成不利影响，采用了锥形压辊消除这些影响。复合肥料及有机肥料的造粒，其技术特性见表 49-14。

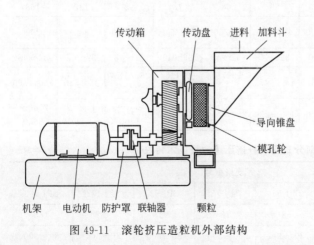

图 49-11　滚轮挤压造粒机外部结构　　　　图 49-12　滚轮挤压造粒机造粒过程

表 49-14　滚轮挤压造粒机技术特性

圆环内径/mm	电动机功率/kW	生产能力/(kg/h)		
		饲料	复合肥料	有机肥料
412	30～37	300～800	100～300	200～600
533	55～75	3000～5000	500～800	1000～1500
635	75～90	4000～8000	800～1000	1500～2000

49.3.2.4　桨叶式挤压造粒机

桨叶式挤压造粒机结构如图 49-13 所示，在电动机的驱动下通过耦合齿轮的传动，加料转轴和挤压转轴做反向旋转。加料叶片将物料推向挤压段，挤压叶片靠弹簧板的强力靠在筛网上，在旋转的过程中对物料产生碾压、挤压作用，物料在弹簧板的挤压下从筛板孔中被挤出，即完成造粒。桨叶式挤压造粒机主要技术特性见表 49-15。

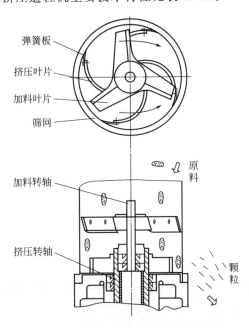

图 49-13　桨叶式挤压造粒机结构简图

表 49-15　桨叶式挤压造粒机主要技术特性

型号	篮筐内径/mm	电动机功率/kW	生产能力/(kg/h)
BR-200	200	1.5	100～250
BR-450	450	11	800～1500
BR-600	600	15～22	1500～3000

49.3.3　滚动造粒

49.3.3.1　圆筒造粒机

圆筒造粒机的结构如图 49-14 所示，它的结构类似于回转干燥机，主要由壳体、进/出料端组成，壳体上有两个滚圈，滚圈坐落在基础上的两组托轮上，筒体上的大齿圈通过基础上的传动系统中的小齿轮带动，以使圆筒造粒机转动。筒体倾斜安装，倾角为 $1.5°\sim10°$。轮辋高度与阀瓣直径之比超过 0.25。这将导致由于覆盖层压力和较长停留时间而使团聚体进一步加强。靠筒壁装有一组回转刮刀，主要是用来刮下黏结于筒壁上的粉料。中、上部装有一喷淋管，用来向粉料上喷洒黏结剂。

物料由进料端上的给料口进入回转圆筒，物料随回转圆筒转动向上带起，至一定高度受重力落下，成螺旋形翻滚向前推进，在黏结剂的作用下，逐步团聚长大成粒后从出料端的出料口排出。

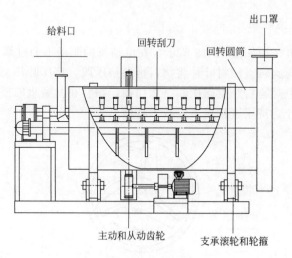

图 49-14　圆筒造粒机结构

此种造粒机的优点是结构简单，生产能力大，易于操作。其技术特性见表 49-16。

表 49-16　圆筒造粒机的主要技术特性

应用	直径/m	长度/m	转速/(r/min)	产量/(t/h)	功率/kW
肥料造球	1.5～3.4	2～7.6	9～15	15～40	19～76
铁矿石造球	2.7～3.0	7.6～9.1	12～13	30～35	38～45.6

圆筒转速由式(49-5) 计算：

$$n=(0.25\sim0.4)\frac{30}{\pi}\sqrt{\frac{2g}{D}}\tag{49-5}$$

式中，n 为筒体转速，r/min；g 为重力加速度，m/s^2；D 为转筒直径，m。
生产能力由式(49-6) 计算，即

$$C=\frac{m}{t_r}\tag{49-6}$$

式中，C 为生产能力，t/h；m 为转筒中存料量，t；t_r 为物料的停留时间，h。
主电动机功率由式(49-7) 计算，即

$$N=\pi\theta g t_r C\frac{n}{60}D\cos\alpha\tag{49-7}$$

式中，N 为转筒输入功率，kW；θ 为升举系数，$\theta=a\left(\dfrac{2}{D}\right)$；$\alpha$ 为转筒轴线与水平面夹角，$(°)$；a 为物料重心与通过转筒轴线垂直面距离，m。

49.3.3.2 圆盘造粒机

圆盘造粒机的结构如图49-15所示，它是由电动机、减速机、传动轴带动圆盘转动。圆盘倾斜安装，倾角在35°～60°之间可调。调节刮刀可保证料层厚度均匀。喷液装置是用来喷洒黏结剂。

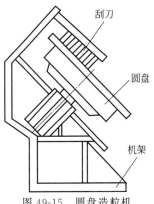

图49-15 圆盘造粒机

粉料入盘后，经液相湿润后，在盘内由于旋转产生的机械作用的挤压，物料滚动使粉粒相互接近、碰撞，借助液相的表面张力使之聚附在一起，形成圆形颗粒。由于离心力的作用，较大的颗粒在圆盘的顶部移动，并随着更多的粉料被添加到圆盘里而在圆盘的边缘排出。长大的颗粒从料面滚落形成产品。由于大颗粒滚落，露出小颗粒，在黏结剂作用下再长大，形成连续生产。圆盘造粒机颗粒生长的控制主要靠圆盘倾斜的角度、轮缘的高度、转速、黏合剂的位置和粉料的添加、黏合剂和粉料的数量。在大规模生产和工业环境中，控制生长团聚体是非常困难的。圆盘造粒机具有投资省、生产灵活性大、黏度控制范围宽、分级作用强、成球率高、返料率低等优点。

圆盘的操作转速为临界转速的40%～75%。

$$n = (0.4 \sim 0.75) \times 42.3 \sqrt{\frac{\sin\beta}{D}} \tag{49-8}$$

式中，n 为圆盘转速，r/min；β 为转盘与水平面夹角，(°)；D 为转盘直径，m。

圆盘围堰高为

$$h = \frac{D}{2}\tan(\beta - r) \tag{49-9}$$

式中，h 为圆盘围堰高，m；r 为休止角，(°)。

生产能力为

$$C = KD^2 \tag{49-10}$$

式中，C 为生产能力，t/h；K 为经验数，对水泥 $K = 1.5\text{t}/(\text{m}^2 \cdot \text{h})$。

物料停留时间

$$t_r = \frac{m}{C} \tag{49-11}$$

式中，t_r 为物料停留时间，h；m 为圆盘中存料量，t。

圆盘造粒机技术特性见表49-17和表49-18。

表 49-17　用于复混肥的圆盘造粒机技术特性

规格型号	圆盘直径 /mm	生产能力 /(t/h)	配套动力 /kW	规格型号	圆盘直径 /mm	生产能力 /(t/h)	配套动力 /kW
PZL-1	$\phi1000$	1～1.5	3	PZL-2.5	$\phi2500$	3～4	7.5
PZL-1.5	$\phi1500$	1.5～2	5.5	PZL-3	$\phi3000$	4～5	11
PZL-2	$\phi2000$	2～3	7.5				

表 49-18　用于冶金及水泥的圆盘造粒机技术特性

型号	直径/m	边高/m		转速 /(r/min)	倾角 /(°)	产量/(t/h)	
		冶金工业	水泥生产			冶金工业	水泥生产
QP-20	2.0	—	0.40	15.1	40～55	—	7.2

续表

型号	直径/m	边高/m		转速/(r/min)	倾角/(°)	产量/(t/h)	
		冶金工业	水泥生产			冶金工业	水泥生产
QP-25	2.5	—	0.50	12.5	40～55	—	11
QP-28	2.8	0.40	0.50	11.8	40～55	6.5～9.5	14
QP-32	3.2	0.45	0.65	11	40～55	8～12	18.5
QP-35	3.5	0.45	0.65	10.5	40～55	9.5～14.5	22
QP-40	4.0	0.50	0.80	8.6～11	40～55	12.5～19	29
QP-45	4.5	0.50	0.80	8.1～10	40～55	16～24	36.5
QP-50	5.0	0.60		6.8～8.2	40～55	20～30	—
QP-55	5.5	0.60		6.6～8.0	40～55	24～36	—
QP-60	6.0	0.60		6.2～7.6	40～55	29～43	—

49.3.4　搅拌造粒

49.3.4.1　立式搅拌造粒机

立式搅拌造粒机结构如图 49-16 所示，它主要是由壳体、立搅拌轴、搅拌叶片及气动排料阀等组成。

立式搅拌造粒机的造粒过程如图 49-17 所示。它是一台间歇造粒机，物料由进料口加入，加入一定量后，停止进料，并将进料口封闭，启动主电动机和辅电动机，按需要喷入黏结剂，在主搅拌桨的作用下粉料和黏结剂被搅拌、混合、团聚。在多级刮刀的作用下，使团聚不紧和团粒太大的物料被打碎、打散。在主搅拌桨和多级切割刀的共同作用下，物料混合更加均匀，造粒更加致密。

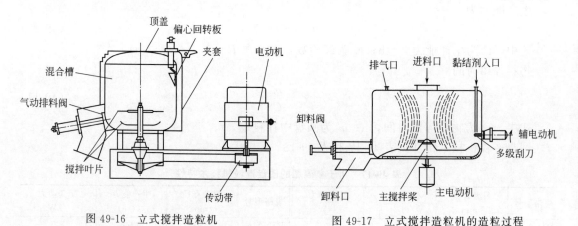

图 49-16　立式搅拌造粒机　　　　　图 49-17　立式搅拌造粒机的造粒过程

49.3.4.2　卧式搅拌造粒机

卧式搅拌造粒机分为两种，一种为双轴啮合式，如图 49-18 所示，它是由两个相向旋转的，其上焊有螺旋线方向排列的搅拌桨，在两轴旋转时对物料起混合、捏合、推进、造粒作用，它的转速较慢，一般在 30～60r/min 之间，技术特性见表 49-19。另一种是单轴式，如图 49-19 所示，轴上装有螺旋排列的搅拌棒，转速较快，一般在 75～1500r/min 之间，搅拌棒起到混合、捏合、推进、造粒、打散再造粒、使颗粒致密的作用，其技术特性见表 49-20。卧式搅拌造粒机与立式搅拌造粒机相比最大的优点在于产量大且能连续操作。为了改进搅拌过程或控制团聚过程（减小团聚体的尺寸），一般使用高速刀头。操作方式为：

① 粉料的填充/计量。

② 混合，可能与刀头混合。

③ 喷涂黏合剂和结块。

④ 不添加黏合剂的翻滚。

⑤ 刀头切碎。

⑥ 喷涂一些额外的黏合剂。

⑦ 重复步骤 4～6，直到最后添加黏合剂。

⑧ 干燥、冷却得到颗粒。

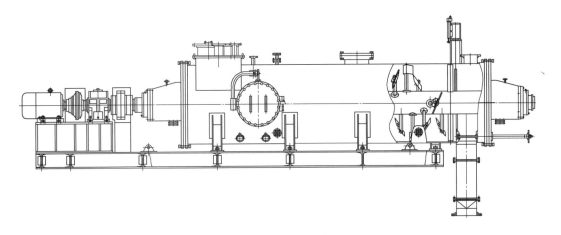

图 49-18　双轴啮合式搅拌造粒机

表 49-19　双轴啮合式搅拌造粒机技术特性

型号	物料的松堆密度/kg·m⁻³	近似生产能力/(t/h)	尺寸(宽×长)/m	板的厚度/mm	轴的直径/mm	转速/(r/min)	动力/kW
	400	8	0.61×2.4	6.35	76.2	56	11.4
	800	15	0.61×2.4	6.35	76.2	56	15.2
	1120	22	0.61×2.4	6.35	76.2	56	19
	1600	30	0.61×2.4	6.35	76.2	56	22.8
	400	30	1.22×2.4	9.35	101.6	56	22.8
	800	60	1.22×2.4	9.35	101.6	56	38
B	1120	90	1.22×2.4	9.35	101.6	56	57
	1600	120	1.22×2.4	9.35	127	56	76
	400	30	1.22×3.66	9.35	127	56	38
	800	60	1.22×3.66	9.35	127	56	76
C	1120	90	1.22×3.66	9.35	152.4	56	114
	1600	120	1.22×3.66	9.35	152.4	56	152
	2000	180	1.22×3.66	9.35	177.8	56	228

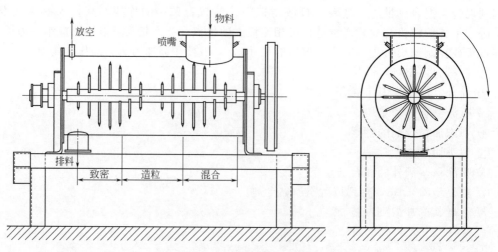

图 49-19 单轴搅拌造粒机

表 49-20 单轴搅拌造粒机技术特性

技术参数	实验室用机器	工业生产用机器	技术参数	实验室用机器	工业生产用机器
筒形外壳直径/m	0.229	1.524	生产能力/(t/h)	0.05	15
筒形外壳长度/m	0.914	2.286	动力消耗/kW	0.056	15
搅拌器转速/(r/min)	500～1500	75～225			

49.3.5 流化床造粒

流化床造粒技术，就是料液通过雾化器雾化后喷入流化床内，借助于流化介质和溶液本身的热量和反应热，使溶液在颗粒表面上完成凝集、蒸发、干燥、结晶和反应的操作过程。自 20 世纪 60 年代开始工业化以来，迅速得到推广，已广泛应用于制药工业、食品工业、化学工业等造粒操作中。早期的流化造粒常用于医药工业的间歇性生产，而连续性操作的中小型造粒装置广泛地应用于无机盐类生产、有机化合物生产、食品生产、废液焚烧、化学反应等过程。近 20 年来，为了提高固体产品质量，促使流化造粒的研究和应用得到了很大的发展。大型的流化造粒装置已经应用于化肥工业生产。例如，日本的 MTC-TEC 法和荷兰的NSM 法，其尿素流化造粒生产规模分别为 17 万 t/a 和 36 万 t/a[6]。

流化床喷雾造粒得到的成品颗粒较大，一般在 0.5～5mm 之间，这对于需要保持物料好的流动性，且有缓效作用的物料比较适用，如大颗粒尿素。流化床的形式可以是圆筒形（立式），也可以是长方形（卧式），对于长方形流化床，雾化器可放于侧壁，水平喷射，水平喷射雾化器要求不能将料液喷到床体壁面。首次开车时，应先加入足够的晶种。其技术特性见表 49-21。

表 49-21 流化床喷雾造粒技术特性

形式	基本规格(主参数)	分布板尺寸/mm	粒度合格率/%	干燥强度/[kg/(m²·h)]
立式	GLZ-30	$\phi300$	间歇操作：≥80 连续操作：≥40	间歇操作：≥100 连续操作：≥200
	GLZ-50	$\phi500$		
	GLZ-75	$\phi750$		
	GLZ-100	$\phi1000$		
	GLZ-150	$\phi1500$		
	GLZ-200	$\phi2000$		

续表

形式	基本规格（主参数）	分布板尺寸/mm	粒度合格率/%	干燥强度/[kg/(m²·h)]
卧式	GLZW-30×240	300×2400	≥70	≥150
	GLZW-40×320	400×3200		
	GLZW-60×480	600×4800		
	GLZW-80×640	800×6400		
	GLZW-100×800	1000×8000		
	GLZW-150×1200	1500×12000		

流化造粒技术的突出特点是从物料的混合到颗粒产品的干燥均可在一个密闭的设备内进行。制得的颗粒因多孔有易溶解的特点。流化造粒按生产量、用途大体上可分为间歇式、连续式两种类型[7]：

（1）团聚为主的间歇式流化床造粒

间歇式流化床造粒，是把定量的粉体物料（作为晶核，也叫晶种），事先投入装置中，然后通入空气流使装置内粉体流动，再定量地连续地喷入黏结剂，使粉体在流化状态下团聚成粒。用这种装置可处理的物料粒度为 $20\sim200\mu m$，无粉尘飞散。造粒粒度分布为 $100\sim1000\mu m$，收率接近 $70\%\sim90\%$。一般每批处理能力 $5\sim300kg$，不适宜大量生产。流态化造粒装置如图 49-20 和图 49-21 所示。

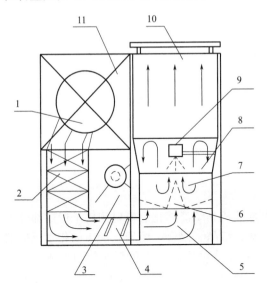

图 49-20　Calmic 流态化造粒装置

1—鼓风机；2—加热器；3—电动机；
4—空气自动调节风门；5—扩展段；6—原料容器；
7—流量调节器；8—雾化器；9—膨胀室；
10—排气口；11—空气入口

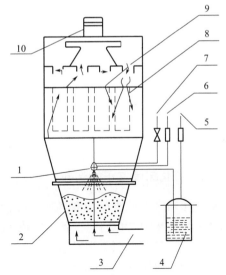

图 49-21　Aeromatic 富士产业的流态化造粒装置

1—二流体喷嘴；2—原料容器；3—压缩空气入口；
4—溶液储槽；5—空气调节阀门；6—喷射空气；
7—喷雾调节阀；8—布袋除尘器；
9—自动变换风门；10—电动机

（2）包覆为主的流化床造粒

流化床包覆造粒，是针对结晶、颗粒、锭剂等状态的原料，在流化状态下包覆成颗粒制品的操作。操作是在短时间内进行，装置构造有多种形式，物料在包覆过程中，易引起粒子凝集附着，为得到均一的皮膜，需要保持稳定的粒子运动状态。一般物料粒度为 $150\sim200\mu m$，包覆时间与物料粒子的比表面积成正比。Wurster 式包层装置如图 49-22 所示。

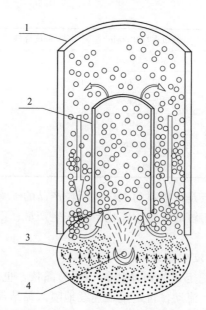

图 49-22 Wurster 式包层装置

1—外筒；2—内筒；3—气体分布板；4—导流管

（3）冷却凝固为主的流化床造粒

此造粒法，是以熔融液、溶解液及浆状等物料，采用喷动床直接得到均一的球状粒子。在流化状态下，从料层下部送风，再将液体原料以雾状喷入床层使粒子成长。这时为把熔融液凝固成型，冷却造粒时通冷风，干燥造粒时通热风。

（4）连续式流化床造粒

连续式流化床造粒装置，物料由加料器连续送入，使物料在流化床内充分地循环运动，这时再由供液装置供给液体，并使之雾化，产生适量的核，颗粒达到要求的粒径后，由风选进行分级处理，并连续排出。连续造粒装置简图如图 49-23 所示。ANHYDYO 型连续流态化造粒装置如图 49-24 所示。

49.3.5.1 流化床喷雾干燥造粒

流化床喷雾干燥造粒是将溶液、悬浮液、熔融液或黏结液雾化后喷射到已干燥或部分干燥的颗粒流化床中，在同一设备中完成干燥、冷却、结晶、混合、团聚、涂布或化学反应的造粒过程[8]。流态化喷雾造粒最大的特点和基本部分是颗粒的生长和新颗粒的形成。生长机理有两种，团聚（agglomeration）和层积（layering）生长。造粒设备根据操作条件的不同，大致可分为间歇式和连续式，前者没有晶种的进料和产品的出料，多用于产量少、产品种类单一的医药行业；后者需要连续加入晶种和取出产品，以保持床层的稳定，处理量大，多用于食品和化学工业等的大规模生产。料液可从流化床的上部、侧面和底部喷入床层内。雾化喷嘴多采用二流体喷嘴。与传统的造粒方法相比，具有工艺简单、设备紧凑、生产强度大、能耗低等特点。流化床内颗粒混合良好，温度分布均匀，操作过程容易控制。雾化液滴在颗粒表面完成蒸发干燥过程，颗粒处于流化介质中，因此气固接触面积大，传热传质速率高。由于产品无灰、无块，具有良好的流动性能，大大改善了生产过程和使用过程中的飞尘损失和环境污染，因而得到广泛的应用。

流态化喷雾的主要缺点一方面来自于床层中存在液体，料液加入量和颗粒量必须达到一定的平衡，若料液加入量过多，超出了干燥蒸发的能力，就会在整个床体或局部床体形成

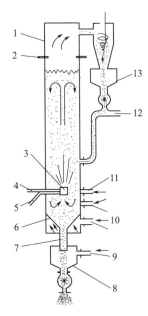

图 49-23　连续造粒装置简图
1—流化床主体；2—支撑环；3—喷嘴；4—黏合剂管；
5—空气管；6—气体分布管；7—气管；
8—排出口；9—气筛空气管；10—流化空气管；
11—核粒子加料管；12—返料装置；13—贮槽

图 49-24　ANHYDYO 型连续流态化造粒装置
1—鼓风机；2—空气过滤器；3—加热器；
4—产品出口；5—旋风分离器；
6—料斗；7—加料器

"湿式死床"（wet quenching）；另一方面，可能产生不流化状态，形成"干式死床"（dry quenching）[9]。所以在操作过程中应该考虑多方面的因素。

　　流化床的结构是由流化床主体，气体分布装置，流化床用气体管道，热交换器，黏合剂喷嘴，以及飞散的固体颗粒回收装置所构成。其结构原理图可以简化为图 49-25。流化床主体的排进气，通过风机进行，在进风口安置化学纤维的进风过滤器，以清洁空气。净化空气在加热器中加热到一定的温度后，由流化床底部经气体分布板进入流化床内。在热空气的吹动作用下床层上的粉体被流化，并与安置在流化床中心部位的黏合剂喷嘴喷出的雾滴相接触。未接触黏结剂的粉末由粉尘回收装置收集，空气经过滤后排出设备。

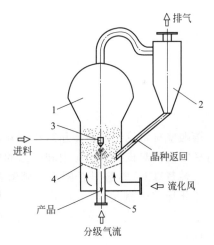

图 49-25　流化床喷雾干燥造粒原理图
1—流化床；2—旋风分离器；3—雾化器；
4—分布板；5—中心管

　　流态化喷雾干燥造粒，由于固液界面间的毛细作用，雾化液体在粒子间形成连桥，发生凝聚现象，随之颗粒逐渐长大，经干燥去湿后得到颗粒产品。基于这样的原理，根据造粒要求的不同，流化装置的使用目的和喷嘴的位置方向都是多样的。

　　① 当喷嘴安装在流化床的上部向下喷雾时，这种喷雾方式适用于食品医药工业中的小颗粒造粒以及颗粒的包层。

　　② 当喷嘴安置在强制循环的流化床中部时，向上喷雾，连续操作。这种方法可以广泛地应用于化学工业、化肥、窑业、制铁、食品等的造粒。

③ 当喷嘴安置在强制循环的流化床四周的时候，以一定的角度向流化床中喷雾。这种方式也适用于医药食品工业的小颗粒造粒包层。

④ 当喷嘴安置在流化床空气吹入口内时，向上喷雾，连续生产。这样的结合方式可以用于化学工业的大颗粒造粒。

⑤ 在流化床内部设置导向管，由气体分布板中心向上喷雾。这种方式适用于医药品的颗粒包层和药片包层。

⑥ 喷嘴安装在特殊的流化床中心，向水平方向喷雾，这种方式也适用于医药品的颗粒包层和药片包层。

⑦ 在流化床中心，将导向管喷嘴装在导向管中心，向上喷雾。这种方式可以在医药品种中进行结晶颗粒包层、药片包层。

叶京生等[10]研究了低温（<60℃）流化床喷雾造粒技术生产牛初乳颗粒，得到了颗粒生长规律及工艺参数，研制了牛初乳流态化低温造粒装置。牛初乳造粒过程以团聚生长为主；料液流量、浓度和料液种类等物系性质是影响颗粒生长速率的重要因素，并研究了牛初乳粉中喷涂一定量的卵磷脂可以提高牛初乳的溶解性。

49.3.5.2　热熔融流化床造粒

热熔融流化床技术（Hot Melt Fluidized Bed Coating）是一种流化床物理造粒的新方法，芯材是在低温流化气体的作用下处于流化状态，熔融的壁材与芯材接触后经过相变将芯材包埋，壁材多选择用熔融的脂基类材料[11-19]。此技术中壁材液体只需经过相变冷凝与芯材接触，无需溶剂去除，既解决了有机溶剂带来的易燃、易爆、毒性等问题，又解决了可能产生的衣膜粘连等问题；缩短了包衣过程，减少了过程能耗，可延缓和控制有效成分的释放[20]，保持食品微胶囊中有效成分和风味[21]等，可应用于可控粒度的一步造粒行业。

在实际的操作过程中，热熔融流化床包衣过程是多种过程的耦合，主要包含壁材的熔融与雾化、芯材颗粒的流化、壁材与芯材接触冷却、包衣成粒等操作过程，壁材与芯材接触包衣成粒的过程则是此技术的关键，直接关系到最终产品的质量，而此过程目前仍然是一个"经验化"的单元操作，有关该包衣机理方面的研究尚未完全明确，颗粒的生长也简单地认为熔融壁材将流化的粉体黏结在一起，因此明确热熔融流化床包衣过程的机理，实现过程运行稳定性，对该技术的应用和产品的质量控制具有十分重要的意义。

姚慧珠等[22]最早在尿素和硝酸铵的盘式造粒法中提及热熔融雾化造粒，但并未运用于流化床热熔融包衣。目前，国内外关于热熔融流化床包衣的研究，一直致力于如何对该技术进行优化，以便更好地利用，对该技术包衣过程性能提高的研究主要集中在三个方面：

（1）包衣材料的选择（壁材和芯材的选取）

包衣材料的性质不仅决定着微胶囊的功能和作用，而且对包衣过程有着很大影响。如壁材的亲水或亲脂性、黏度、熔点，芯材颗粒的尺寸、流化难易程度、温度、流化速度等均可对最终产品产生直接影响。陈庆华[23]总结了高新技术在药物新制剂开发与研究中的应用，归纳了国外用于热熔融包衣常用的脂溶性辅料。亲水性壁材在速释制剂中用以提高难溶产品的溶出速度，如聚乙二醇（PEG），Kennedy 和 Niebergall[24]使用不同分子量和物理特性的PEG 作为模型壁材充填到流化床中，造粒过程包括预热、熔化-铺展、冷却-冷凝。亲脂性壁材因其具有阻滞剂的作用达到缓释效果[25,26]，如脂肪酸甘油酯类、氢化植物油、硬脂酸、蜡等。Jozwiakowski 等[27]利用氢化棉花籽油为壁材，疏水性的药品和蔗糖为芯材优化了热熔融喷雾流化床包衣过程，制备了尺寸范围为 $10\sim150\mu m$（平均尺寸 $77\mu m$）的包衣颗粒。Kulah 和 Kaya[28]分别在小规模和大规模流化床中研究了头孢呋辛酯（芯材，平均粒径 $5\mu m$）和硬脂酸（气相二氧化硅为壁材）的包埋率，在此过程中，入口流化空气的温度选定为过程的控制参数，以保持流化床的操作温度约为 26℃，以便不造成头孢呋辛酯分解。Zhai 等[29]研究了黏结剂的特性（尺寸大小、黏度）对颗粒生长机理的影响，发现黏结剂可以影响包衣的开始阶段，颗粒的生长在很短的时间内达到一个平衡状态：已形成颗粒的破碎和已破碎颗粒的重新团聚，黏结剂的尺寸和填充的核颗粒量间的临界比值对控制和预测包衣生长过程是非常重要的。

（2）过程参数和设备的优化

对给定的流化床系统来讲，提高包衣过程最好的方法便是基于设备和过程自身的优化，研究各种过程变量、操作参数、设备性能对颗粒成粒过程的影响。Ennis 和 Litster[30]认为包衣的过程主要分为三个步骤：①液滴的润湿和成核；②颗粒的固化和生长；③颗粒间磨损破碎，他们又将该理论应用于解释流化床包衣过程，但此理论和过程并不完全很好地解释热熔融流化床包衣过程。Link 等[31]总结了影响包衣和包衣过程的影响因素，主要分为液体特性、固体特性、系统和操作变量。Tan 等[11]研究了热熔融喷雾流化床包衣的动力学操作条件，以 PEG 和玻璃珠为研究对象，研究了黏结剂的流率、床层温度、雾化压力、液滴尺寸大小和流化气体的速度对包衣生长行为的影响，结果表明颗粒生长速度直接取决于黏结剂的多少，颗粒生长速度随着床层温度增加而增加，随液滴尺寸的增加而增加，随流化气体速率增加而降低。Ansari 等[32]研究了热熔融喷雾流化床制备中空颗粒的机理，制备颗粒的尺寸与黏结剂液滴的尺寸成正比，壁厚取决于黏结剂与核颗粒的尺寸比，然而当黏结剂的尺寸小于某一值时，空心结构就会消失。Ivana 等[33]研究了黏合剂种类、造粒时间、流化介质速率对形成颗粒尺寸、粒度分布、形状、流动性的影响，结果表明热熔融流化床包衣是一种很好的用以制备球形颗粒产品。

徐庆等[34]研究了利用热熔融流化床造粒法制备"猪油脂-柠檬酸"酸味剂微胶囊颗粒，进行了颗粒群液滴的包衣实验，研究了熔融液滴与流化固体颗粒的结合。用油脂作为壁材，柠檬酸作为芯材，考察了油酸质量比和雾化压力对酸味剂微胶囊产品的影响。对实验样品进行粒度分布分析，测定微胶囊的包埋率。粒径分布集中在 $100\sim500\mu m$ 所占比例最大，达到 50％以上。随着油脂量的增加，颗粒平均粒径尺寸逐渐增大。酸油质量比为 15∶1 时，粒径分布特点与柠檬酸粉体相似，说明油量较小时，只有少量的柠檬酸被油包裹，仍表现为柠檬酸的粒径分布状态。随着料液流量的增加，柠檬酸粉体流化后被油包埋，逐渐表现为包埋颗粒的性质。提高油量，有利于颗粒的成长，但油量不能过大（1∶1），因为冷却固化需要一定时间，过大的料液流量使涂层来不及冷却固化或者干燥导致黏结死床。将雾化压力从 0.20MPa 增加到 0.30MPa，单一样品粒径的质量百分含量有浮动，但变化不是很明显，粒径分布的整体粒径分布趋势不变。因为对于同一雾化器，料液雾化液滴的粒径随着雾化空气压力的增大而减小，这在一定程度消除了大粒径液滴的影响，使涂覆包膜层更加的致密均匀，增大了颗粒的涂覆均匀度。雾化空气压力的增加，增大了雾化液滴在喷嘴出口处的运动速率，增大了雾滴与颗粒间的碰撞概率。因此在料液流量及其他条件均不变的情况下，增大雾化压力，液滴尺寸减小，所得样品粒径呈减小趋势，但变化不明显。此外，包埋率可达到 78.2％。热熔融流化床制备的微胶囊产品形貌如图 49-26 所示。

（3）利用数学模型对包衣过程的优化

研究者们运用数学模型来模拟颗粒的生长和团聚破碎过程，并运用新测试方法验证模型的准确性。因为多数的包衣过程是颗粒尺寸同时增大（团聚）和减小（破碎）的过程，在大

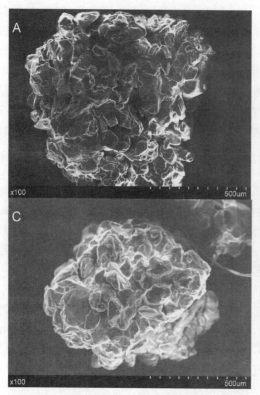
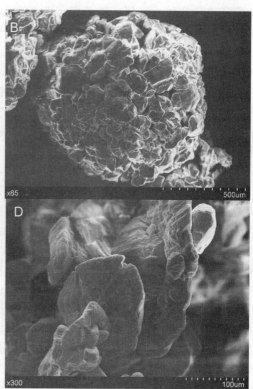

图 49-26　热熔融流化床制备的微胶囊产品形貌（雾化压力 $P=0.2$ MPa；
质量比 A 图为 1∶15，B 图为 1∶5，C 图为 1∶1；D 图为原始芯材柠檬酸粉体）

多数模型的研究中，常用团聚模型来描述包衣的过程，若团聚速率远远大于破碎速率时包衣过程为颗粒净增长的过程，Tan 等[35-37]基于颗粒生长动力学理论推导团聚动能方程用来描述热熔融喷雾流化床包衣的净生长速度。Anette 等[38]建立了一个理论模型来定量地解释了团聚生长速度，与实验很好的吻合。

徐庆等[39]建立了应用于热熔融流化床的颗粒群平衡模型（PBM），分别用离散法（DM）和动量积分法（QMOM）进行求解，得出聚合速率常数，对 PBM 模型进行了修订。热熔融流化床包衣过程中颗粒发生团聚和破碎进而导致了非均一的颗粒粒径。群体平衡模型（PBM）是对系统中各尺寸粒子建立的守恒关系，描述包衣过程中颗粒粒度的分布随时间或空间的变化情况，反映颗粒成长和消亡的过程。引入 PBM 来计算颗粒的聚并和破碎过程。研究中，以颗粒的质量代替颗粒的体积。包衣过程中颗粒的碰撞速率发生在微秒的时间尺度上，破碎发生在 100s 的时间范围内。颗粒的聚并时间远远快于破碎时间，所以考虑熔融液滴与流化颗粒接触凝固过程中颗粒生长的聚并模型，用以描述颗粒的包衣过程。研究中分别用离散法和动量积分法分别进行了求解。

离散法求解时，给出第 i 个区间内粒子数变化率的离散方程。颗粒的团聚核由基于气体动力学理论的动能的等分（EKE）内核来描述。将 EKE 内核纳入到离散的群体平衡（DPB）模型中进行求解 PBM，进而得到聚合速率常数 β_0。团聚核采用的是 Hounslow 根据气体动力学理论描述的 EKE 内核表示。将实验中获得的基于质量的粒度分布拟合到离散的群体平衡模型方程中，利用 MATLAB 对群体平衡方程进行求解，基于一阶线性常微分方程求解方法对离散的动力学方程进行求解，将速率常数求解问题作为一个简单的卡方最小化过程，得到 β_0。动量积分法（积分矩法）求解时，基于标准动量法（SMM）本身的缺陷，即其需要对数量密度函数方程中的增长项进行严格的限定（增长项为常数或线性函数）才得以封闭，以及 SMM 不能对包含破碎和聚并的过程进行求解，通过积分来封闭方程组，其聚集核和破碎核可以采用任何形式（常数或是方程的形式），用于求解低阶矩的传输方程问题。此时，以特征长度为内部属性，表示出群体平衡模型，得到颗粒生长的微观描述和颗粒团聚的微观描述解析式。颗粒的生长过程中表面积及颗粒的体积随时间的增加呈现增大的趋势，团聚过程中随时间的增加颗粒的表面积及颗粒的体积变化不明显。

热熔融流化床喷雾造粒产品颗粒强度较小，可能会有脂类壁材的味道。

49.3.6　喷雾冷却/冷凝造粒

49.3.6.1　喷丸塔

喷丸塔造粒的过程是熔融物从位于塔顶的造粒喷头喷洒分散成液滴后，在重力和浮力的作用下降落，在下降过程中与从塔底进入的冷空气流逆向接触，进行传热、传质作用，使熔融物降温、凝固、冷却，完成造粒。喷丸造粒的粒径在 $1 \sim 10\mathrm{mm}$ 范围内。

喷丸塔有两种形式，一种为自然通风型，它是利用空气的热压头进行自然通风，塔内空气的速度较低，因而要求要有较高的塔高，但它的管理运行费用较低，因而大多采用自然通风型。另一种形式为机械通风型，它的优点是塔高可以降低，风速、风压恒定，不受天气变化的影响；缺点是增加运行费用且粉尘较多。机械通风式又分有三种类型，即塔底送风型，见图 49-27；送风-抽风型，见图 49-28；塔顶抽风型，见图 49-29。

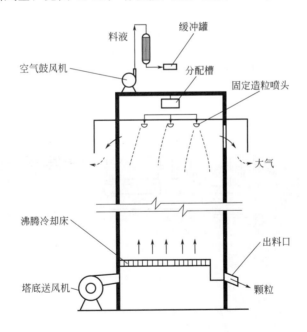

图 49-27　塔底送风型喷丸塔

塔高的计算由式(49-12)确定，即

$$H = (5.614\sqrt{d} - v_{\mathrm{a}})t \tag{49-12}$$

式中，t 为计算降温、相变和冷却的总时间，s；d 为颗粒直径，mm；v_{a} 为塔内空气平均上升速度，m/s；H 为塔高，m。

造粒喷头是喷丸塔的关键部件，主要有旋转型（见图 49-30）和固定型（见图 49-31）。

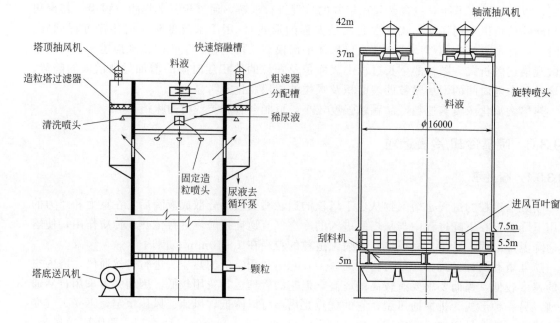

图 49-28　送风-抽风型喷丸塔

图 49-29　塔顶抽风型喷丸塔

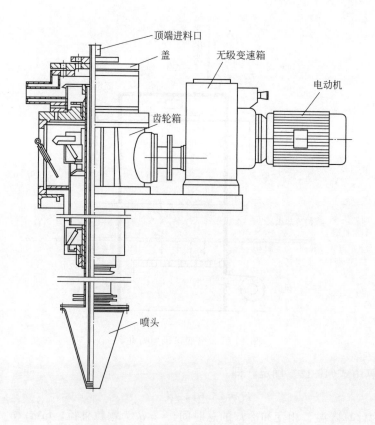

图 49-30　旋转型造粒喷头装置

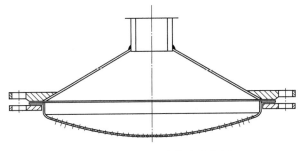

图 49-31　固定型造粒喷头装置

49.3.6.2　喷雾塔

喷雾塔造粒的过程与喷丸塔的造粒原理是一样的，区别在于喷雾塔造粒的粒径较细，一般在 $5\sim12\mu m$，这样小的粒径需要调整离心喷嘴、压力式喷嘴和气流式喷嘴才能完成，由于粒径较小，因而传热、传质较快，熔融物降温、冷却、凝固的时间很短，这样塔高比起喷丸塔要低，喷雾塔的塔高在 $2\sim10m$ 范围内，塔径要求物料不直接黏壁。

喷雾塔的关键部件是雾化器，即喷嘴，因为它决定了形成喷雾所需的能量、液滴的大小和分布、可用的传热面积、液滴速度和轨迹，以及最终产品的尺寸类型。所用的三种喷嘴与喷雾干燥所用喷嘴是一样的。

49.3.6.3　喷雾冷带造粒

喷雾冷带造粒机的造粒流程见图 49-32。熔融物料由泵输送，经过过滤器，送入布料器，见图 49-33，布料器将物料分布成液滴于旋转的钢带上表面，钢带的下表面通有喷淋冷却水，通过钢带冷却水和物料之间间接换热，使物料凝固定型成颗粒，即粒状产品。由于冷却水不与物料接触，因而可通过泵及冷却系统循环使用。滑脱剂是为了防止物料与冷钢带黏结过紧而不脱离。

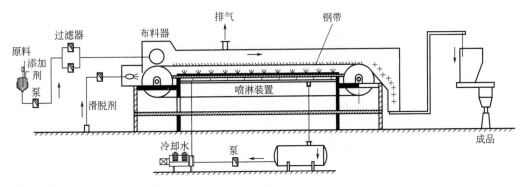

图 49-32　冷带造粒机的造粒流程

冷带造粒机的主要部件是布料器和冷却钢带。布料器由定子、分布喷嘴、均布器和外转筒等组成。定子是一圆柱形金属棒，其内部的一个通孔即物料槽，另两个通孔是加热介质的通道，用于保持所需的熔融温度。分布喷嘴起降压、均化定子两端物料压力的作用。均布器的作用是将经过分布喷嘴第一次均化的物料进行第二次均化，以使物料沿轴线方向压力均等。外转筒上一带有数排通孔的套筒，绕定子旋转，当外转筒上的一排通孔经过均布器的下方时，就有一排物料滴落到钢带上，冷却形成固体颗粒。冷却钢带是物料冷却成颗粒的载

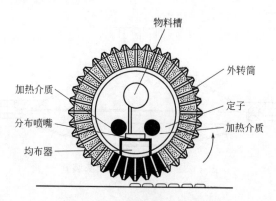

图 49-33　冷带造粒机布料器

体，在钢带背面喷有冷却水，用于将物料冷却成固体颗粒。钢带两端有两个转鼓，带动钢带转动。钢带下方装有支承滑板，保持钢带水平。钢带下方两侧黏有防偏导索，以防钢带跑偏。

国内经过多年努力已开发出小型的冷带造粒机，其技术特性见表 49-22。

表 49-22　冷带造粒机技术特性

型号	传热面积/m²	主、副电动机功率/kW	生产能力/(kg/h)
CF0.5-2.0	2.0	1.5/1.5	40～100
CF0.5-3.6	3.6	1.5/1.5	75～200
CF0.5-5.2	5.2	2.2/1.5	180～300
CF1.0-4.0	4.0	1.5/1.5	80～200
CF1.0-7.2	7.2	1.5/1.5	150～400
CF1.0-10.4	10.4	2.2/1.5	350～600
CF1.0-13.6	13.6	2.2/1.5	580～800
CF1.5-6.0	6.0	3.0/1.5	150～400
CF1.5-10.8	10.8	3.0/1.5	350～600

49.3.6.4　喷雾冷冻干燥造粒

喷雾冷冻干燥（Spray-Freeze Drying，SFD）是一种新型的颗粒制备工程技术，将液体产品雾化，通过与冷的介质（如液氮、冷气体、冷固体等）接触后，再将冻结的颗粒脱水干燥成粉体的过程。SFD 过程主要包括三步骤：雾化、冻结和干燥，该技术结合了喷雾和冷冻干燥的特点。

喷雾冷冻干燥技术提供了一个快速可控的过程，直接产生颗粒状产品，克服了冷冻干燥过程中饼状产品重新粉碎的缺点。该技术可用于制备流动性能好的粉体，具有比表面积大、多孔性、速溶性、稳定性好等[40]优点，现在已经应用于食品（咖啡、奶粉）[41-43]、药品（甲糖宁、流感疫苗）[44-57]、化工（陶瓷颜料、氧化铝复合材料）[58-62]、生物（乳酸菌、乳酸脱氢酶）[63-65]等行业中。

与传统的喷雾干燥或冷冻干燥相比，该技术具有以下优点[66]：

① 低温过程适合热敏性物料的制备，弥补了喷雾干燥对热敏性产品有效成分造成的破坏；

② 雾化过程和冷冻过程可以产生可控尺寸的球形粒子，克服了冷冻干燥产品颗粒直径大、粒径分布范围广、不规则等不足；

③ 快速冻结的过程提高了冻结速度，使结晶度相分离度达到最小化；

④ 分散的细小冰颗粒可以使干燥更快速、更均匀；

⑤ 小的颗粒更加有助于微孔结构的产生，产品具有很大的比表面积，很高的孔隙率以及很好的润湿性和溶解性。

喷雾冷冻干燥技术最早起源于二十世纪四十年代，由 Benson 于 1948 年提出[67]。国外对于 SFD 技术的研究起步较早，各影响因素均有较广泛研究，如雾化液体（不同种类、浓度、黏度、添加剂）；冷冻介质（固体、液体、气体）；过程参数（雾化压力、冷冻温度、液体流量、干燥方法）等。国内对于 SFD 的研究起步较晚，1989 年陈祖耀等最先借助 SFD 方法制备了复合氧化物超细粉，讨论了各种不同工艺条件对制备过程的影响[62]。此后，一直未有文献报道这方面的研究，直到 2007 年以后，才出现了利用 SFD 技术制备药品和食品的研究，如多肽类蛋白、吸入式超轻干扰素、奶粉等，总的来说应用多借助于国外的资料和设备，自己开发的东西不多。

SFD 的过程包括：料液（溶液或悬浮液）的雾化，所使用的雾化器多种多样，二流体雾化器、四流体雾化器、超声雾化器、静电式液滴发生器；液滴与冷介质（气体、液体、固体）的接触冻结；低温低压下冰的升华干燥或利用冷却气流进行的常压冷冻干燥。雾化阶段和冻结阶段对后续的干燥阶段产生直接的影响。颗粒的形成是上述三个过程共同作用的结果。

（1）雾化过程

SFD 的第一个过程即为雾化，通常以形成液滴的尺寸来评价雾化的效果。雾化可以使液滴直径减小、彼此分散、快速冻结，进而提高成核速度和促进小冰晶的形成[68]。雾化器的选择和雾化的状态对最终喷雾液滴尺寸的形成具有很大影响，进而影响最终粉体的尺寸分布。雾化器的选择主要是根据进料液的特性和黏度以及干燥产品需要的特征。为雾化提供的能量越高，得到的产品就会越微细。如果提高相同的能量，那么形成颗粒的粒径会随着进料速率的增大而升高。同时，料液的表面张力、密度、黏度等性质对液滴的雾化也有很大影响。近几年，出现了一些新型的雾化器和液滴发生器应用于 SFD 过程。

日本学者对四流体喷嘴用于喷雾冷冻干燥的研究较多，它可制得 10μm 以下的均匀微粉，是一种很有潜力的技术。Niwa 等[66]利用藤崎电机株式会社（Fujisaki Electric）开发的四流体喷嘴（图 49-34）来制备 SFD 多孔微颗粒，两种不同溶液可同步输入喷嘴，省略了物料的预混过程，是二流体喷嘴制得颗粒比表面积的 3～4 倍。

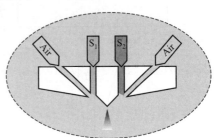

图 49-34　四流体喷嘴结构简图
Air 为空气；S 为溶液

Chen 等[69]用"喷墨"式雾化器对单液滴做了较多研究，如图 49-35 所示，"喷墨"雾化器包括一个连接玻璃毛细管的环形压电传感器。玻璃毛细管连接到进料的一端，而另一端有一个液体喷射出口。通过施加压电转换器不同的电压，转换器会产生玻璃毛细管内流体的体积变化，体积变化产生的压力波，通过液体柱传播到液体出口，出口流体柱断面突然变化就会导致液滴的形成。这种雾化器根据电压不同产生液滴的方式有两种：一种为"连续流式"，每秒产生 2000～100000 个液滴；还有一种为"单个可控式"，每秒产生液滴 250～12000 个。产生的液滴尺寸均匀、性质稳定，液滴大小通过控制出口管径和电压大小控制，但目前液滴较大（约几毫米），该技术需要进一步研发。

Nguyen 等[70]研制的超声雾化器如图 49-36，在频率为 25Hz 和 120Hz 时，制备了促红细胞生成素（Darbepoetin Alfa），产生的雾滴精确，更容易控制，颗粒的尺寸为 $1\sim5\mu m$，避免了喷雾冷冻浸入低温液体中带来的困难，同时生产的粉体团聚程度最小。这种雾化器是利用电子高频震荡，通过雾化片的高频谐振，将液态水雾化成细小的雾滴，不需加热或添加任何化学试剂。与加热雾化方式比较，能源节省了 80%。但由于超声雾化能力有限，不能进行大规模生产。

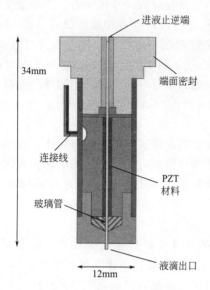

图 49-35　"喷墨"式雾化器

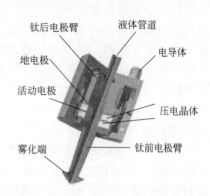

图 49-36　超声雾化器（美国 Sono-Tek 公司）

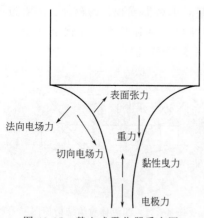

图 49-37　静电式雾化器受力图

静电式雾化器，是在电场的作用下将液体流雾化成液滴的过程，如图 49-37 所示，在针尖上悬挂液滴的加速度和形状由几个力共同作用的结果：液体的压力、表面张力、重力、液滴表面所受电场力。液滴的产生，取决于电场中的液体从针头顶端向液体尖端脱离的加速度。加速度不可能无限小，由于液体从雾化器中沿轴向方向源源不断地流出，所以液滴会源源不断产生[71]。产生液滴的大小受两方面因素影响：液体特性（表面张力、密度、电导率、黏度）、系统参数（液体流率、电场强度）。根据施加电压的不同产生液滴的形状也不同，如图 49-38 所示，在低电压下会断断续续产生"滴状（dripping）""微滴状（micro-dripping）"

"细长状（spindle）""多数细长状（multi-spindle）""半月分支状（ramified-meniscus）"的液滴；在高电压下能够连续稳定地产生"圆锥型（cone-jet）""摆动型（oscillating jet）""多分枝型（multi-jet）""网状多分枝型（ramified-jet）"的液滴。在制备微小颗粒的过程中，最希望得到的是"cone-jet"型的液滴，Jayasinghe 等[72]研究了体积分数 20% 陶瓷悬浮液静电雾化液滴的形状，得到陶瓷溶液"圆锥型（cone-jet）"液滴的最佳条件：液体流率 $1.67\times10^{-9}\mathrm{m}^3/\mathrm{s}$，电压 11kV。

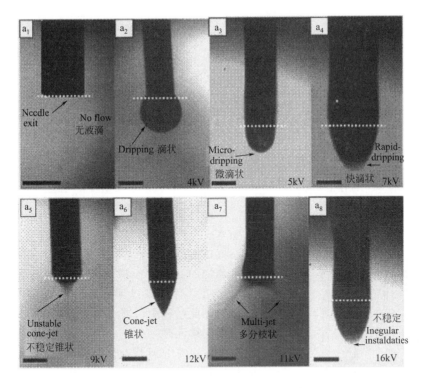

图 49-38　不同电压下产生液滴的形状

　　这种雾化方式产生的液滴粒径分布范围窄，使雾化液滴达到纳米级，能够产生直径范围 $4nm\sim18\mu m$ 的稳定液滴[73]，但对于液滴形成还缺乏严格的理论依据，高压电场的操作也存在一定危险性，被雾化的溶液必须具备电导性，仍需进一步研究。

　　总的来说，雾化器是得到初始液滴的关键部件，目前应用的形式多种多样，新式的喷嘴能够优化液滴和颗粒的分布，使研究更加精确。最大限度地增加单位体积溶液的比表面积，同时，产生雾化液滴的尺寸可控，得到尺寸均匀的液滴，加速其后续冻结和干燥过程中的传热传质过程。

　　（2）冻结过程

　　向液体中进行喷雾冷冻（Spray Freeze into Liquid，SFL）是 SFD 最早应用的颗粒工程技术，溶液雾化后喷入低温液体（如液氮、干冰、异戊烷）的上方（Spray Freeze into vapor over liquid，SFV/L），如图 49-39[74]所示，或内部，如图 49-40[75]所示。两种方法的不同在于暴露在气-液界面的时间不同，前者为 $0.1\sim1s$，后者仅有 2ms。由于料液和冷介质之间温差巨大，剧烈雾化的液滴强烈冲击低温冷介质立即固化，形成悬浮的冻结颗粒。SFL 产生的颗粒的平均尺寸为几百微米以下，Engstrom 等[76]对比了 SFL 和 SFV/L 过程中浓溶液喷入不同冷冻介质——液氮（$-196℃$）和异戊烷（$-160℃$）中形成的粉体的冻结速率和比表面积，喷入液氮中制备的粉体的比表面积为 $34m^2/g$，而喷入异戊烷中的冻结速率比液氮中快，制备的粉体的比表面积为 $100m^2/g$。说明冷冻速度影响最终产品的比表面积，有助于设计可控释放的颗粒。

　　SFV/L 和 SFL 过程是 SFD 最早的使用方法，应用范围也比较广泛，引入了雾化的效果，增大了雾化溶液的比表面积，但由于与低温液体冻结后的颗粒需要重新转移到冷冻干燥机中干燥，仍然摆脱不了冷冻干燥机的使用，而且低温液体的处理也较麻烦。

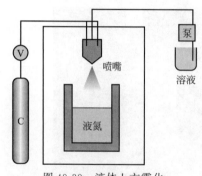

图 49-39 液体上方雾化

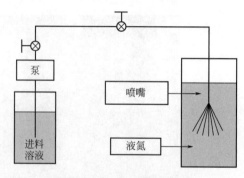

图 49-40 浸入液体中雾化

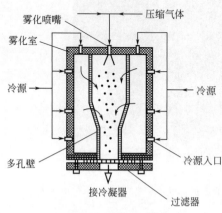

图 49-41 SFG 设备简图

向气体中进行喷雾冷冻（SFG）是料液雾化后喷入一个冷容器室内，容器内充满着温度可控的制冷气体，冻结的颗粒收集在底部的过滤器上形成厚度均匀的滤饼，而后进行干燥，如图 49-41 所示，干燥结束后可以得到松散的滤饼和自由流动的粉体。在此过程中，液滴的喷雾冻结、冻结颗粒输送到收集单元是一步完成的。这是一个并流的操作过程，可以有效地避免颗粒逃逸现象。形成的多孔性粉体具有很好的空气动力学特性（制备的甘露醇和环丙沙星微粉小于 $5.6\mu m$ 者占 $62.1\% \pm 2.9\%$），用于吸入式药品输送，也可为粉末生物制剂提供很好的制备方法（百日咳杆菌干燥后的生存能力可达 90%），同时此过程的干燥时间（1~2h）也比传统真空冷冻干燥（1~2 天）要短得多[77]。

向固体喷雾冷冻（SFG）近年来也作为喷雾冷冻新的研究方向，此过程是由雾化的液滴喷向不同材质的过冷表面，研究液滴在冷表面的铺展、冻结及冰晶生长情况。Xu 和 Li 等[78,79]对液滴撞击低温平面和球面的涂覆冻结动态行为进行了可视化实验。研究了液滴直径、表面温度等因素对液滴撞击过程的影响及冻结过程，如图 49-42 所示。并研发了惰性粒子喷雾冷冻干燥实验装置。将雾化的液滴喷覆在冷颗粒表面，通过冻结、真空干燥、剥离过程制备粉体产品。将惰性粒子加入到喷雾冷冻干燥过程中，雾化后的液滴将在冷惰性粒子表面发生异质成核并快速冻结，将影响整个冻结结晶过程。

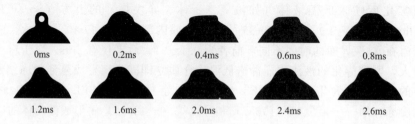

图 49-42 液滴撞击低温球面的形态变化实验图

总之，冻结阶段是液滴的性质和环境因素共同作用的结果。一般来讲，快速冻结液滴尺寸小、冻结速度快（可达到 10K/s[80]）、产生的冰晶小，缓慢冻结产生的冰晶大；稀溶液产生的颗粒体小，浓溶液产生的颗粒体大。进一步说，研究者们通过控制液滴的尺寸来控制冷冻速度，但并不是雾化液滴越小越好，对生物溶液来讲，尺寸过小可能导致有效成分在剪切力的作用下失活[64]；冻结对溶液中微生物的生存能力和存储能力也有很大的影响，研究者们通过向溶液中添加载体起保护作用[63]。这在生产过程中应该综合考虑。

（3）干燥过程

冻结的颗粒进行干燥脱水是 SFD 的第三个阶段。干燥过程要避免发生在玻璃化转变温度 T_g 附近，如果温度高于玻璃点转化温度干燥过程会引起颗粒的溶化，降低比表面积，严重时还会造成颗粒微结构的崩溃；干燥温度低于 T_g 更有利于颗粒微结构的保持。干燥产品最终湿含量通过选择合适的干燥工艺来实现，常见的工艺主要有以下两种：

一是真空冷冻干燥，在真空下进行操作，是 SFD 最常用的干燥方法。将冻结的冰颗粒转移到冷冻干燥机中负压操作，由于水分或溶剂不经过液相，直接从固相变为气相，升华区的蒸汽压力和温度必须要在水的三相点以下。冻干产品的干燥过程就是在冰冻状态下通过低压升华和解吸附的方法，使冰冻粉末内水分减少到使产品保存所规定的指标要求。升华过程是冰冻物质置于水蒸气分压力低于水的三相点压力的低气压中蒸发。在三相点以下不存在液相，若将冰面的压力保持低于 Ptp（610Pa），且给冰加热，冰就会不经液相直接变成气相。升华的同时，伴随着大量的解吸附作用，从而可以除去制品中的结晶水、游离水和部分工艺溶剂。由于制品中留下大量树枝空隙，这就是干燥产品中的多孔性结构。但是，冷冻干燥通常在低温下进行（≪0℃），低温使得传热传质的驱动力降低，因此会导致干燥速率降低，干燥时间加长（通常需要 1 天或几天的时间）。所以尽管干燥产品的质量很高，冷冻干燥存在着能量消耗大、过程昂贵的缺点。

二是常压冷冻干燥。Meryman[81] 提出了更加经济的冷冻干燥过程，即常压冷冻干燥（AFD），用实验的方法证明了物料在冷冻干燥过程中的干燥速率是温度和水蒸气压力梯度（干燥介质和物料之间）的函数，而不是整个干燥室内的总压力。进而提出如果系统中水蒸气分压保持很低值，那么在常压下进行冷冻干燥也是可行的，基于此原理提出循环利用低温低湿的冷气流对物料进行干燥，实际是对流冷冻干燥。基于此，学者们提出了常压流化床冷冻干燥（图 49-43）[82]、常压喷动床冷冻干燥（图 49-44）[83]、惰性粒子流化床喷雾冷冻干燥（图 49-45）[84]。

（4）喷雾冷冻干燥形成颗粒的形态

通过喷雾冷冻干燥技术可以得到尺寸小且可控、多孔性结构、比表面积大的颗粒，增加了颗粒的溶解性和稳定性，不同于冷冻干燥和喷雾干燥产生的粉体，符合了非口服药品类的

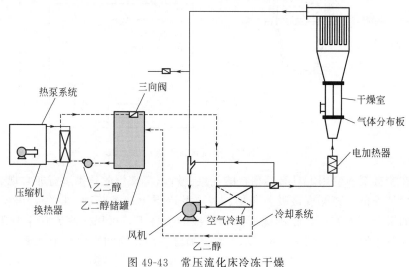

图 49-43　常压流化床冷冻干燥

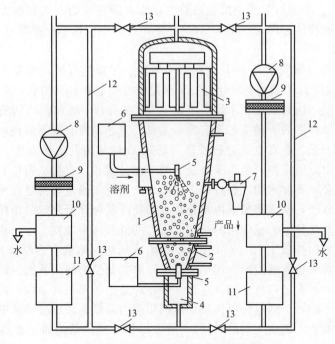

图 49-44　常压喷动床冷冻干燥设备

1—升华室；2—空气室；3—过滤室；4—空气冷却室；5—喷嘴；6—物料储存室；

7—旋风分离器；8—风机；9—微粒子过滤器；10—冷凝器；

11—加热器；12—管路；13—阀门

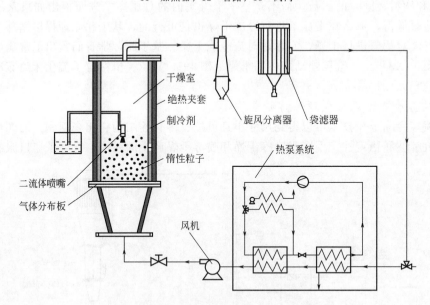

图 49-45　惰性粒子流化床喷雾冷冻干燥

特征，尤其在粉雾剂的应用上具有其独特的优点。所以常常用此技术进行非常规类药物的生产，如鼻腔接种疫苗、肺部直接吸入药物、表皮及皮下无针式药物。此外，出现了 SFD 各种不同形式的组合干燥方法，在确保低温和低湿的条件下，可以实现常压下物料的冷冻干燥，可大大缩短干燥时间。图 49-46 所示为常规喷雾冷冻干燥和惰性粒子喷雾冷冻干燥产品形态[84]。

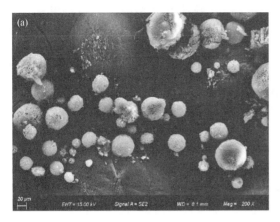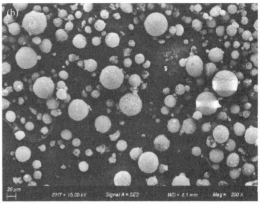

图 49-46　不同条件下产物的 SEM 形貌：常规 SFD 和 SFD-IP（2mm 不锈钢球）

49.3.7　粉末喷涂造粒技术

干法涂料是一种从金属粉末涂料中提取固体药物剂型的技术。在这项技术中，粉末涂层材料直接涂在固体剂型上，不使用任何溶剂，然后加热固化形成涂层。该技术克服了传统液体涂覆中溶剂污染严重、时间长、能耗高、运行费用高等缺点。

49.3.7.1　原理

粉末喷涂技术的原理是在不使用任何溶剂的情况下，将研磨好的颗粒粉末和聚合物混合物喷涂到基材表面，然后在固化炉中加热基材，直到粉末混合物融化合成涂层膜[85]。粉末喷涂造粒的概念起源于 20 世纪 50 年代的美国[86]，在过去几十年中，该技术在金属和木材涂饰行业取得了显著的发展。近 40 年来，金属及木材涂饰行业发展了四种不同的粉末喷涂工艺：静电喷涂、流化床喷涂、静电流化床喷涂和火焰喷涂，其中静电喷涂是金属涂饰中粉末涂料应用最普遍的工艺。

49.3.7.2　静电粉末喷涂造粒

静电粉末喷涂造粒的基本原理是压缩空气通过喷枪推动干粉，使干粉带电，然后移动并黏附到接地的基材表面。

成功的静电喷涂应满足以下几个要求：

① 粉末充电/分配单元。

② 接地的导电基材以及能够充电的粉末颗粒。

根据充电机制的不同，喷涂单元可分为两种类型（通常为粉末充电枪形式）：电晕充电和摩擦充电。

① 电晕充电枪的特点是通过在高压枪出口处的尖锐针状电极（即充电针）上施加高压发生电击穿，使空气电离，粉末颗粒在其负离子上吸收负离子。

② 摩擦式充电枪利用与固体材料相关的介电特性摩擦带电原理，因此在喷枪和接地的基板之间不会存在自由离子和电场。

粒子在充电枪和基材之间的运动主要由电力和机械力共同控制。机械力是由喷枪将粉末吹向基板的空气产生的。对于电晕充电枪，电场力来自于喷枪充电针与接地基板之间的电场，该电场将带电粒子推向接地基板，以及来自于带电粒子之间的排斥力。对于摩擦式充电枪，仅将电力视为带电粒子之间的排斥力。无论是电晕喷涂和摩擦喷涂，当带电粒子移动到与基板相邻的空间中时，带电粒子与接地基板之间的吸引力将使粒子沉积在基板上。带电粉末颗粒吸收到基材表面的过程分为三个步骤[87]：首先，借助机械力和静电吸引，将带电颗粒均匀地喷涂到接地的基材上。此后，在沉积的颗粒对即将到来的颗粒之间的排斥力增加到超过接地的基材对即将到来的颗粒静电吸引力之前，颗粒会在基材上积累。最后，一旦所述排斥力等于所述吸引力，颗粒将不再附着在基材上，并且涂层厚度不再增加。

与传统的液体涂层技术相比，粉末涂层技术具有节能、省时、涂层材料利用率接近100%、保质期长、环保、安全等优点，因此整体运行成本较低[88-90]。此外，由于不必考虑液体涂覆过程的重要参数，例如蒸发参数，因此简化了涂覆过程。粉末涂料技术的应用已在金属和木材涂饰中获得成功，这启发了制药行业中用于涂覆固体剂型的新应用。

静电干法喷涂：用粉末材料对固体剂进行静电涂覆比金属涂覆更困难，因为固体剂的导电性比金属基材弱得多。对于金属基材，带电粒子和接地的金属基材之间的足够强的静电引力使粒子牢固地黏附到基材表面，从而形成具有所需厚度的涂层。然而，对于固体剂型，带电粒子与具有弱电导率或高电阻的固体剂之间的静电吸引力通常较弱，从而导致难以产生厚涂层。静电干涂的好处包括更均匀的涂层和更精确的涂层厚度控制。

有几项专利为固体药物剂型的静电应用提供了类似的设备，特别是粉状材料的片剂芯[40~46]。如图49-47所示为采用粉状包衣材料对药片片芯进行静电包衣的设备。粉末颗粒吸附在片芯的外表面上，经加热器加热熔融形成连续的包衣层。该设备包括两个封闭的转鼓、两个静电喷枪、两个基于红外线的融合站、红外线加热器、两个冷却站、一个给片剂溜槽和一个片剂收集溜槽。这种特殊的设计目的是使每片片剂都有效接地，在不向周围喷涂的情况下，将带电粒子导向并限制在片剂表面，从而大大提高了涂层的效率。此外，药片的两面可以涂上不同的颜色或不同的配方。然而，该设备被发现不能集中所有的粉末到药片，在滚筒收集到一些粉末。

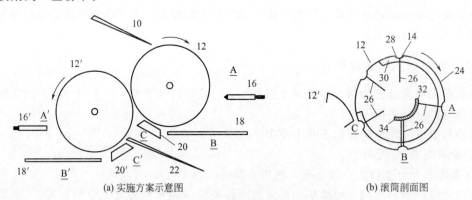

(a) 实施方案示意图　　　　　　(b) 滚筒剖面图

图 49-47　用于固体剂型的静电包衣设备[43~46]

A—预处理装置；B—包衣装置；C—熔融装置；10—进料斜槽；12—旋转滚筒；
14—真空凹槽；16—静电喷枪；18—粉末振动盘；20—加热器；22—片芯收集斜槽；
24—可旋转外壳；26—拾取臂；28—导管；30—真空管；32,34—固定电极

49.3.7.3　磁性辅助冲击涂层[47]

许多食品和药品成分是有机的并且相对较软，对热非常敏感，很容易因剧烈的机械力而变形。磁性辅助冲击涂层装置（MAIC）可以将壁材颗粒附着在主体颗粒上的软涂层方法具

有最小的因热量积累引起的粒径，形状和成分的变化，是一种应用很好的选择。MAIC 可以涂覆柔软的有机基质和客体颗粒，而不会引起材料形状和尺寸的重大变化[48]。虽然颗粒的碰撞会在微尺度上产生一些热量，但在宏观水平上产生的热量却可以忽略不计，因此在 MAIC 中加工期间材料的温度没有升高。这对处理温度敏感的粉末（例如药品）是一种优势。

O. Lecoq 等[49]通过基于桨叶末端线速度的混合能量描述符合实验方法研究不同复合粉末的涂层强度，开发了一种能量方法，以显示工艺和尺寸比对复合颗粒涂层强度的影响。尺寸比越大和使用的混合能量越大，就涂层附着力而言，涂层质量越好。

干法涂覆是控制最终使用性能的颗粒的一种方式。但是到目前为止，它仍然缺乏基础理论的研究。

49.4 胶囊技术

将一定量的固体颗粒、液滴或气体用连续的壁膜物质包覆的过程，称为胶囊化、封装或包埋。通常，生成的粒径为 $1 \sim 1000 \mu m$ 的微胶囊，$1 \mu m$ 之下的称为纳米胶囊，1mm 之上的为小胶囊或大胶囊（>5mm），比如，对坚果类的涂覆。从药剂到农业，从农药到酶，胶囊化是一个广泛的科学和工业领域感兴趣的话题，为成分缓释药物以及食品和香料等行业带来了革命性的变化。实际上，几乎任何需要保护、隔离、缓释的材料都可以被封装。比如，食品配料胶囊化的优势为[3]：①控制食品配料等物质的释放，例如，在微波炉中香料的逐渐释放、香肠生产过程中柠檬酸的释放；②增强温度、水分、氧化和光的稳定性，例如，烘烤过程中的阿斯巴甜保护、β-胡萝卜素的氧化屏障、冻融过程的保护以及延长保质期；③掩盖不受欢迎的味道，例如，对营养补充剂氯化钾的掩蔽作用；④减少与其他化合物的不利接触，例如，包埋柠檬酸、乳酸和抗坏血酸等酸性物质后，以保持食品的颜色、质地、营养成分和风味，包埋氯化胆碱以抑制与预混料中的维生素的相互作用；⑤促进芯材料更加便利操作处理，通过防止结块，改善流动性、压缩和混合特性，降低芯材料粉尘化，或者调整颗粒密度等方法。选择最合适的包覆材料（壁材）和适宜的工艺条件，对微胶囊加工很重要。

微胶囊按其结构可分为三大类：单颗粒结构、聚集结构和多壁结构。一个活性成分的芯颗粒被一层壁材包覆，类似于鸡蛋的外壳，被称为单颗粒结构；当几个不同的芯颗粒被包覆在同一壁膜内时，形成一个聚集结构；芯颗粒被具有相同或不同组成的同心层包覆，就形成多壁结构。图 49-48 示出了抗风湿病等消炎镇痛剂通用的二氯苯钠的缓释制剂的设计[91]。通过流化床湿法包埋，在 $32 \sim 44 \mu m$ 的微粒子上添加 PEG 6000 以形成大量的药物层以提高药物含量，并使用结合力低的 HPC-SSL 进一步降低其结合力。这种药物在中性 pH 中溶解度明显较高，因此为了使膜内壁呈酸性，用酸性高分子的纳米粒子水系分散剂 Eudolagit L 30D 预先包覆后，用塞巴辛酸二丁基可塑化的 Eudolagit RS 30D 进行了缓释包覆。

胶囊的内部活性物质可通过四种不同的机制释放：破裂、扩散、溶解（或熔化）和生物降解。日本学者福森等通过 Wurster 流化床包埋工艺制备了以丙烯酸乙酯、甲基丙烯酸甲酯和 2-羟乙基甲基丙烯酸（EA/MMA/HEMA）三元共聚物为膜的新型微胶囊，以延迟释放多肽和蛋白质等大分子药物通过结肠转运。以乳糖的释放为例，他们认为可能的缓释机制如图 49-49 所示[92]。释放试验开始后，水渗透到微胶囊中，渗透压是由微胶囊中乳糖的溶解引起的，从而导致更多的水的摄入。这种溶剂的流入会在滞后时间内抑制药物的释放，将导致微胶囊的逐渐膨胀和膜的延伸。作用在膜上的张力将通过渗透压来达到平衡。结果，乳糖分子通过膜孔扩散，被释放出来。药物释放后，膜的张力会导致颗粒的收缩。

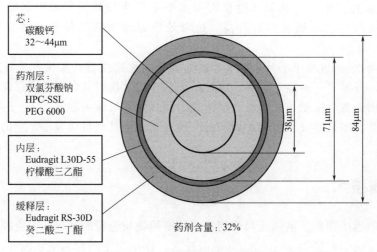

图 49-48　二氯苯钠的缓释制剂设计

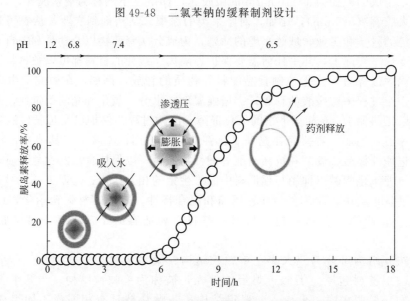

图 49-49　具有滞后时间的微胶囊中药物可能的缓释机制

用于胶囊化或者封装的技术和工艺有各种各样，常用的是喷雾干燥、喷雾冷却/冷凝、挤压、凝聚（coacervation）、环糊精包合（inclusion in cyclodextrins）、空气悬浮涂覆（如流化床涂覆）、离心挤压、离心悬浮分离和冷冻干燥，其中一些方法产生的胶囊颗粒范围见表 49-23。一些方法在本章前面已介绍，这里只针对性地扼要介绍一些过程。读者可参阅文献［93～99］。

表 49-23　一些微胶囊化方法的粒度范围[3]

微胶囊化方法	尺寸范围/μm	微胶囊化方法	尺寸范围/μm
喷雾干燥	20～150	挤压	700～6000
离心挤压	125～3000	凝聚	1～500
空气悬浮涂覆	50～10000	离心悬浮分离	5～1000

49.4.1 喷雾干燥

1932 年，一家英国公司 A.Boake，Roberts & Co. 率先生产了喷雾干燥的香精粉，其中香精被一层阿拉伯树胶薄膜包覆。首先，选择合适的壁材进行水合和溶解，形成高固含量溶液。然后，将芯材分散液加入。所有成分在高剪切力作用下混合、均匀化，形成微细的乳液，在喷雾干燥室雾化。水蒸发后，芯材就被壁材包覆。

49.4.2 挤压

这里，挤压指在＜700kPa 和＜115℃下将芯材和壁材混合液通过模具挤压、硬化成型的过程。即芯材分散在熔融的碳水化合物中，为了促进乳液形成和稳定性，可添加乳化剂和抗氧化剂等，在氮气环境下剧烈搅拌至均匀后，迫使其通过模具，落入液浴池，在与液体接触时，壁材材料硬化，将芯材包覆。芯材可能没有被严格封装，但被锁在壁材的长链分子架构中，其效果与连续的胶囊壁几乎相同。

49.4.3 凝聚

凝聚，也称为"相分离"，涉及胶体相从水相中沉淀或分离。因为芯材能够完全被壁材包覆，该技术被认为是一种真正的微胶囊技术。基于水是否用作溶剂，又进一步分类为水相分离和非水相分离。水相分离最常见，比如风味物质作为芯材，其本质上是疏水的，而聚合物也具有疏水性，从而能在疏水物质周围形成连续的壁膜。凝聚通常用于包覆不溶于水的液体（如精油等）。亲水性芯材在油溶性壁材中微胶囊化也是可能的，既可以称为油包水微胶囊化，也可以称为有机相分离。当极性芯材在高温下分散在有机非极性溶剂中后，油溶性壁材也溶解在溶剂中。通过降低温度，聚合物壁材将表现为单独的凝聚相，并在芯材颗粒周围形成壁膜。壁膜将逐渐固化，并且不溶于冷溶剂。凝聚过程有三个阶段：

① 在受控条件下搅拌形成不混溶的三相系统。就食品调味品而言，壁材受食品添加剂法规的严格限制，大多数情况下，只能使用明胶。

② 壁材连续相沉积在不连续相芯材液滴的周围。亲水相在芯材液滴上发生界面吸附。为了形成胶囊，必须调整 pH 值和温度，以使芯材在溶液中凝结并形成胶囊壁。在此阶段，胶囊壁仍然处于液态，需要硬化。

③ 液体胶囊壁收缩固化为固体壁膜。这可以通过加热、去溶（脱去溶剂）或交联技术来实现。

49.4.4 离心挤压

离心挤压是一种液体共挤压技术，使用同心喷嘴的旋转挤压头。通过同心进料管，壁材和芯材被泵分别送入安装在旋转挤压头上的许多喷嘴，芯材流入中心管，而壁材流入管外空腔。当旋转头绕其垂直轴旋转时，芯材和壁材从喷嘴同心孔共挤压，芯材被包覆在壁材中。同时，在离心力作用下，使其破碎成微小的球形颗粒。在表面张力的作用下，壁材包覆芯材，形成连续壁膜。当液滴在飞行中时，熔融壁膜中的溶剂被蒸发而硬化。该工艺仅适用于处于液体或浆液状态的材料。液滴的粒径范围窄（在平均直径的±10％范围内）。离心挤压装置如图 49-50 所示。

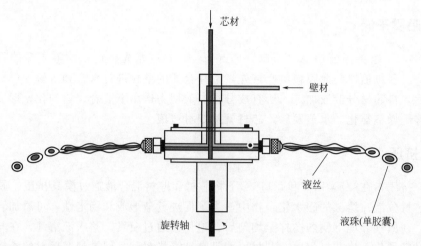

图 49-50 离心挤压装置[100]

49.4.5 离心悬浮分离

离心悬浮分离法最早由 Sparks 于 1987 年发明，是在壁材液体中形成芯材颗粒悬浮液，并将该悬浮液通过旋转圆盘雾化，形成被一层壁材包覆的较大芯材颗粒和较小的纯壁材液滴。两种不同类型和尺寸的颗粒，通过轨道运动从圆盘上可简单地分离出来，在干燥或冷却室凝固。较小的壁材颗粒可使用筛子或旋风分离器分离后，再循环使用。图 49-51 为离心悬浮分离示意图。

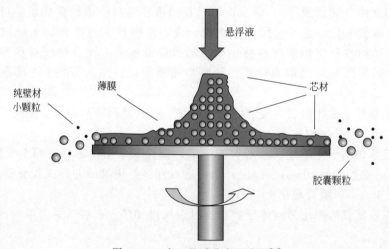

图 49-51 离心悬浮分离示意图[3]

参考文献

[1] Wolfgang Pietsch. Agglomeration Processes: Phenomena, Technologies, Equipment. Wiley-VCH Verlag GmbH, Weinheim, 2002.

[2] Salman AD, Hounslow M J, Seville J P K. Handbook of Powder Technology, Volume 11 Granulation. Elsevier B. V. 2007.

[3] Gustavo V. Barbosa-Cánovas, Enrique Ortega-Rivas, Pablo Juliano. Hong Yan (eds.). Food Powders:

Physical Properties, Processing, and Functionality. Kluwer Academic / Plenum Publishers New York, Moscow, 2005.

[4] Cuq B, Mandato S, Jeantet R, et al. Agglomeration/granulation in food powder production. In Handbook of Food Powders Processes and Properties, Bhesh Bhandari, Nidhi Bansal, Min Zhang and Pierre Schuck (eds.). © Woodhead Publishing Limited, 2013.

[5] Pietsch W . An Interdisciplinary Approach to Size Enlargement by Agglomeration [J]. Powder Technology, 2003, 130 (1): 8-13.

[6] 谢静丽. 尿素生产中 Hydro 流化床造粒工艺及其粉尘处理 [J]. 化工环保, 2000, 20 (4): 32-35.

[7] 程峰. 振动流化床喷雾造粒特性的实验研究 [D]. 成都: 四川大学, 2000.

[8] 齐涛. 流化床喷雾造粒的研究 [D]. 大连: 大连理工大学, 1995.

[9] Smith P G. Applications of Fluidization to Food Processing [M]. 2007: 139.

[10] 叶京生, 李芳, 徐庆, 等. 牛初乳低温喷雾干燥技术研究 [J]. 中国乳品工业, 2010, 8: 26-27.

[11] Tan H S, Salman A D, Hounslow M J. Kinetics of fluidised bed melt granulation I: The effect of process variables [J]. Chemical Engineering Science 61, 2006, 1585-1601.

[12] Nuttanan S, Varaporn J, Ampol M. Application of hot-melt coating for controlled release of propranolol hydrochloride pellets [J]. Powder Technology, 2004, 141, 203-209.

[13] Walker G. M, Bell S. E. J, Andrews G, et al. Co-melt fluidised bed granulation of pharmaceutical powders: Improvements in drug bioavailability [J]. Chemical Engineering Science. 2007, 62: 451-462.

[14] Dewettinck K, Huyghebaert A. Fluidized bed coating in food technology [J]. Trends in Food Science & Technology 1999, 10, 163-168.

[15] Nicolaas Jan Zuidam, Viktor A. Nedović Editors. Encapsulation Technologies for Active Food Ingredients and Food Processing [M]. ISBN 978-1-4419-1007-3e ISBN 978-1-4419-1008-0. DOI 10. 1007/978-1-4419-1008-0.

[16] Ivanova E, Teunou E, Poncelet D . Encapsulation of water sensitive products: effectiveness and assessment of fluid bed dry coating [J]. Journal of Food Engineering, 2005, 71 (2): 223-230.

[17] Caroline Désirée Kablitz, Harder K, Urbanetz N A . Dry coating in a rotary fluid bed [J]. European Journal of Pharmaceutical Sciences, 2006, 27 (2-3): 212-219.

[18] Abberger T, Seo A, Sch? fer T. The effect of droplet size and powder particle size on the mechanisms of nucleation and growth in fluid bed melt agglomeration [J]. International Journal of Pharmaceutics, 2002, 249 (1-2): 185-197.

[19] Moraga S V, Villa M P, Bertin D E, et al. Fluidized-bed melt granulation: The effect of operating variables on process performance and granule properties [J]. Powder Technology, 2015, 286 (6): 654-667.

[20] Walker G M, Bell S E J, Andrews G, et al. Co-melt fluidised bed granulation of pharmaceutical powders: Improvements in drug bioavailability [J]. Chemical Engineering Science. 2007, 62: 451-462.

[21] Nicolaas Jan Zuidam, Viktor A. Nedović Editors. Encapsulation Technologies for Active Food Ingredients and Food Processing [M]. ISBN 978-1-4419-1007-3 e-ISBN 978-1-4419-1008-0.

[22] 姚慧珠, 陈乃霞. 尿素和硝酸铵造粒动向 [J]. 化学工业与工程, 1986, 4: 39-48.

[23] 陈庆华. 高新技术在药物新制剂开发与研究中的应用 [J]. 中国药学杂志, 1997, 11: 681-688.

[24] Kennedy J P, Niebergall P J. Development and optimization of a solid dispersion hot-melt fluid bed coating method [J]. Pharmaceutical Development and Technology, 1996, 1 (1): 51-62.

[25] Abberger T, Seo A, Schæfer T. The effect of droplet size and powder particle size on the mechanisms of nucleation and growth in fluid bed melt agglomeration [J]. International Journal of Pharmaceutics, 2002, 249: 185-197.

[26] Ansari M A, Stepanek F. Formation of hollow core granules by fluid bed in situ melt granulation: Modelling and experiments [J]. International Journal of Pharmaceutics, 2006, 321: 108-116.

[27] Jozwiakowski M. J, Franz R. M, Jones D. M. Characterization of a hot-melt fluid bed coating process for fine granules [J]. Pharmac. Res, 1990, 7: 1119-1126.

[28] Kulah G, Kaya O. Investigation and scale-up of hot-melt coating of pharmaceuticals in fluidized beds [J]. Powder Technology, 2011, 208: 175-184.

[29] Zhai H, Li S, Jones D S, Walker G M, et al. The effect of the binder size and viscosity on agglomerate

growth in fluidised hot melt granulation [J]. Chemical Engineering Journal, 2010, 164: 275-284.

[30] Litster J D, Ennis B J. The Science and Engineering of Granulation Processes [M]. Kluwer Academic Publishers, The Netherlands. 2004.

[31] Link K C, Ernst-Ulrich S. Fluidized bed spray granulation Investigation of the coating process on a single sphere [J]. Chemical Engineering and Processing, 1997, 36: 443-457.

[32] Ansari M A, Stepanek F. Formation of hollow core granules by fluid bed in situ melt granulation: Modelling and experiments [J]. International Journal of Pharmaceutics, 2006, 321: 108-116.

[33] Ivana M, Ilija I, Rok D, et al. An investigation into the effect of formulation variables and process parameters on characteristics of granules obtained by in situ fluidized hot melt granulation [J]. International Journal of Pharmaceutics, 2012, 423: 202-212.

[34] Qing Xu, Miaomiao Li, Jing Zhang, et al. Hot-Melt Fluidized Bed Encapsulation of Citric Acid with Lipid. International Journal of Food Engineering, 2017, 13 (5): Article20160247.

[35] Tan H S, Salman A D, Hounslow M J. Kinetics of fluidized bed melt granulation-Ⅱ: Modelling the net rate of growth [J]. Chemical Engineering Science. 2006, 61: 3930-3941.

[36] Tan H S, Salman A D, Hounslow M J. Kinetics of fluidised bed melt granulation Ⅳ. Selecting the breakage model [J]. Powder Technology, 2004: 143-144, 65-83.

[37] Tan H S, Salman A D, Hounslow M J. Kinetics of fluidised bed melt granulationV: Simultaneous modelling of aggregation and breakage [J]. Chemical Engineering Science. 2005, 60: 3847-3866.

[38] Anette P, Klaus K, Bernhard C. L. Preparation of sustained release matrix pellets by melt agglomeration in the fluidized bed: Influence of formulation variables and modeling of agglomerate growth [J]. European Journal of Pharmaceutics and Biopharmaceutics, 2010, 74: 503-512.

[39] 王新, 姚研, 乔蓓, 等. 热熔融流化床包衣过程中聚合速率常数的研究 [J]. 包装与食品机械, 2019, 37 (4): 1-5.

[40] Brown S R, Reeves, L A, Stantiforth, J N. 2004. Method and apparatus for the coating of substrates for pharmaceutical use. US Patent 6, 783, 768 (31 August).

[41] Brown S R, Reeves L A, Stantiforth J. N. 2005. Method and apparatus for the coating of substrates for pharmaceutical use. US Patent 20, 050, 003, 074 (6 January).

[42] Brown S R, Reeves L A, Stantiforth J N. 2006. Method and apparatus for the coating of substrates for pharmaceutical use. US Patent 7, 153, 538 (26 December).

[43] Hogan J E, Stantiforth J N, Reeves L, et al. 2000. Electrostatic coating. US Patent 6, 117, 479 (12 September).

[44] Hogan J. E, Stantiforth J N, Reeves L, et al. 2002b. Electrostatic coating. US Patent Publication 20, 020, 034, 592 (21 March).

[45] Hogan J E, Stantiforth J N, Reeves L, et al. 2006c. Electrostatic coating. US Patent 7, 070, 656 (4 July).

[46] Hogan J E, Page T, Reeves L, et al. 2003. Method and apparatus for the coating of substrates for pharmaceutical use. US Patent [18] Publication 20, 030, 138, 487 (24 July).

[47] Ramlakhan M, Wu C Y, Watano S, et al. Dry particle coating using magnetically assisted impaction coating: modification of surface properties and optimization of system and operating parameters [J]. Powder Technology, 2000, 112 (1): 137-148.

[48] Ramlakhan M, Wu C Y, Watano S, et al. 90th Annual Meeting, AIChE, Nov., 1998.

[49] Otles S, Lecoq O, Dodds J A. Dry particle high coating of biopowders: An energy approach [J]. Powder Technology, 2011, 208 (2): 378-382.

[50] Claussen I C, Ustad T S, Stromen I, et al. Atmospheric freeze drying-a review [J]. Drying technology, 2007, 25: 957-967.

[51] MacLeod C S, McKittrick J A, Hindmarsh J P, et al. Fundamentals of spray freezing of instant coffee [J]. Journal of Food Engineering, 2006, 74: 451-461.

[52] Rogers S, Wu W D, Saunders J, et al. Characteristics of milk powders produced by spray freeze drying [J]. Drying Technology, 2008, 26: 404-412.

[53] 黄立新, 周瑞君, Mujumdar A S. 奶粉的喷雾冷冻干燥研究 [J]. 化工机械, 2009, 36 (3): 219-222.

[54] Kondo M, Niwa T, Okamoto H, et al. Particle characterization of poorly water-soluble drugs using a spray

freeze drying technique [J]. Chemical Pharmacy Bull, 2009, 57 (7): 657-662.

[55] Amorij J P, Saluja V, Petersen A H, et al. Pulmonary delivery of an inulin-stabilized influenza subunit vaccine prepared by spray-freeze drying induces systemic, mucosal humoral as well as cell-mediated immune responses in BALB/c mice [J]. Vaccine, 2007, 25: 8707-8717.

[56] 江荣高, 刘衡, 王立青, 等. 喷雾冷冻干燥法制备供吸入的超轻干扰素粉末 [J]. 中国药学杂志, 2007, 42 (5): 362-364.

[57] 杜祯, 郑颖, 黎畅明, 等. 喷雾冷冻干燥技术进展及其在药剂学中的应用 [J]. 中国药学杂志, 2009, 44 (10): 724-727.

[58] Lyubenova T S, Matteucci F, Costa A, et al. Ceramic pigments with sphere structure obtained by both spray-and freeze-drying techniques [J]. Powder Technology, 2009, 193 (1): 1-5.

[59] Lee S H, Lee J Y, Park Y M, et al. Complete oxidation of methane and CO at low temperature over LaCoO$_3$ prepared by spray-freezing/freeze-drying method [J]. Catalysis Today, 2006, 117 (1-3): 376-381.

[60] Fu Q, Jongprateep O, Abbott A, et al. Freeze-spray deposition of layered alumina/zirconia composites [J]. Materials Science and Engineering B, 2009.

[61] Moritz T, Nagy A. Preparation of super soft granules from nanosized ceramic powders by spray freezing [J]. Journal of Nanoparticle Research, 2002, 4: 439-448.

[62] 陈祖耀, 万岩坚, 戎晶芳, 等. 喷雾冷冻干燥制备复合氧化物超细粉的研究 [J]. 无机材料学报, 1989, 4 (2): 157-163.

[63] Tsvetkov T, Shishkova I. Studies on the effects of low temperatures on lactic acid bacteria [J]. Cryobiology, 1982, 19: 211-214.

[64] Semyonov D, Ramon O, Kaplun Z, et al. Microencapsulation of Lactobacillus paracasei by spray freeze drying [J]. Food Research International, 2009.

[65] Engstrom J D, Simpson D T, Cloonan C, et al. Stable high surface area lactate dehydrogenase particles produced by spray freezing into liquid nitrogen [J]. European Journal of Pharmaceutics and Biopharmaceutics, 2007, 65: 163-174.

[66] Niwa T, Shimabara H, Kondo M, et al. Design of porous microparticles with single-micron size by novel spray freeze-drying technique using four-fluid nozzle [J]. International Journal of Pharmaceutics, 2009, 382: 88-97.

[67] Benson S W, Ellis D A. Surface areas of proteinsI. Surface areas and heat of adsorption [J]. Journal of the American Chemical Society, 1948, 70: 3563-3569.

[68] Choi M J, Min S G, Ko S H, et al. Changes in physical properties of freeze-dried gelatin matrix frozen by different high pressure freezing methods [C]. 16th International Drying Symposium (IDS 2008), Hyderabad, India, November 9-12, 2008: 1717-1721.

[69] Tel K C, Chen X C. Production of spherical and uniform-sized particles using a laboratory ink-jet spray dryer [J]. Asia-Pacific Journal of Chemical Engineering, 2007, 2: 415-430.

[70] Nguyen X C, Herberger J D, Burke P A. Protein powders for encapsulation: a comparison of spray-freeze drying and spray drying of darbepoetin alfa [J]. Pharmaceutical Research, 2004, 21 (3): 507-514.

[71] Enayati M, Chang M W, Bragman F, et al. Electrohydrodynamic preparation of particles, capsules and bubbles for biomedical engineering applications [J]. Colloids and Surfaces A: Physicochemical and Engineering Aspects, 2010: 1-11.

[72] Jayasinghe S N, Edirisinghe M J. Electrostatic atomisation of a ceramic suspension [J]. Journal of the European Ceramic Society, 2004, 24: 2203-2213.

[73] Chen D R, Pui D Y H, Kaufman S L. Electrospraying of conducting liquids for monodisperse aerosol generation in the 4 nm to1. 8 um diameter range [J]. Journal of Aerosol Science, 1995, 26 (6): 963-977.

[74] Vaughn J M, Gao X X, Yacaman M J, et al. Comparison of powder produced by evaporative precipitation into aqueous solution (EPAS) and spray freezing into liquid (SFL) technologies using novel Z-contrast STEM and complimentary techniques [J]. European Journal of Pharmaceutics and Biopharmaceutics, 2005, 60: 81-89.

[75] Badens E, Majerik V, Horváth G, et al. Comparison of solid dispersions produced by supercritical antisolvent and spray-freezing technologies [J]. International Journal of Pharmaceutics, 2009, 377: 25-34.

［76］ Engstrom J D, Simpson D T, Lai E S, et al. Morphology of protein particles produced by spray freezing of concentrated solutions ［J］. European Journal of Pharmaceutics and Biopharmaceutics, 2007, 65: 149-162.

［77］ Wang Z L, Finlay W H, Peppler M S, et al. Powder formation by atmospheric spray-freeze-drying ［J］. Powder Technology, 2006, 170: 45-52.

［78］ 武秀胜, 徐庆, 王瑞芳, 等. 微米级液滴撞击低温球形颗粒的涂覆冻结 ［J］. 天津科技大学学报, 2019, 34 （3）: 43-48.

［79］ Xu Qing, Li Zhanyong, Wang Jin, et al. Characteristics of Single Droplet Impact on Cold Plate Surfaces. Drying technology, 2012, 30: 1-7.

［80］ Volkert M, Ananta E, Luscher C, et al. Effect of air freezing, spray freezing, and pressure shift freezing on membrane integrity and viability of lactobacillus rhamnosus GG ［J］. Journal of Food Engineering, 2008, 87: 532-540.

［81］ Meryman H T. Sublimation freeze drying without vacuum ［J］. Science, 1959, 130: 628-629.

［82］ Malecki G J, Shinde P, Morgan A I, et al. Atmospheric Fluidized Bed Freeze Drying ［J］. Food Technology, 1970, 24: 601-603.

［83］ Men'shutina N V, Korneeva A E, Leuenberger H. Modeling of atmospheric freeze drying in a Spouted bed ［J］. Theoretical Foundations of Chemical Engineering, 2005, 39（6）: 594-598.

［84］ Fan Zhang, Xiaoyu Ma, Xiusheng Wu, et al. Inert particles as process aid in spray-freeze drying ［J］. Drying Technology, 2020, 38（1-2）: 71-79.

［85］ Luo Y, Zhu J, Ma Y, et al. Dry coating, a novel coating technology for solid pharmaceutical dosage forms ［J］. International Journal of Pharmaceutics, 2008, 358（1-2）: 16-22.

［86］ Bailey A G. 1998. The science and technology of electrostatic powder spraying, transport and coating. J. Electrostat. 45, 85-120.

［87］ Misev, T. A. , 1991. Powder Coatings: Chemistry and Technology. Wiley, Toronto.

［88］ Wheatley T A, Steuernagel C R. 1997. Latex emulsion for controlled drug delivery. In: McGinity, J. W. （Ed. ）, Aqueous Polymeric Coatings for Pharmaceutical Dosage Forms. Marcel Dekker, New York, pp. 1-54.

［89］ Belder E G, Rutten H J, Perera D Y. 2001. Cure characterization of powder coatings. Prog. Org. Coat. 42, 142-149.

［90］ Mazumder M K, Sims R A, Biris A S, Srirama, et al. 2006. Twenty-first century research needs in electrostatic processes applied to industry and medicine. Chem. Eng. Sci. 61, 2192-2211.

［91］ 福森 義信（Yoshinobu FUKUMORI）. ナノ構造制御による医薬用ミクロ粒子製造プロセスの実用化（Manufacturing Process of Pharmaceutical Microparticles Assisted with Nano-structure Construction）. 粉 砕（Micromeritics）, 2007, 50: 3-10.

［92］ M Arimoto, Y Fukumori, J Fujiki, et al. Acrylic terpolymer microcapsules for colon-specific drug delivery: effect of molecular weight and solubility of microencapsulated drugs on their release behaviors. J. Drug Del. Sci. Tech, 16（3）173-181, 2006.

［93］ 方元超, 梅丛笑, 赵晋府. 微胶囊技术的最新研究进展 ［J］. 广州食品工业技术, 2000, 16（2）: 69-71.

［94］ 杨小兰, 袁娅, 谭玉荣, 等. 纳米微胶囊技术在功能食品中的应用研究进展 ［J］. 食品科学, 2013, 34（21）: 359-368.

［95］ 陈婷, 王玉华, 蔡丹, 等. 益生菌微胶囊技术研究进展 ［J］. 中国乳品工业, 2016, 44（1）: 31-37.

［96］ 蔡茜彤, 段小明, 冯叙桥, 等. 微胶囊技术及其在食品添加剂中的应用与展望 ［J］. 食品与机械, 2014, 30（4）: 247-251.

［97］ 周宇, 晏敏, 梅明鑫, 等. 微胶囊技术在油脂工业中的研究进展 ［J］. 食品与发酵工业, 2018, 44（4）: 293-300.

［98］ 王慧梅, 范艳敏, 王连艳. 基于微胶囊技术对油脂包埋的研究进展 ［J］. 现代食品科技, 2018, 34（10）: 271-280.

［99］ 刘仁杰, 李哲, 毛思凝, 等. 乳酸菌微胶囊包埋技术与常用壁材的研究进展 ［J］. 食品与机械, 2019, 35（9）: 211-215.

［100］ Wade Schlameus. Centrifugal Extrusion Encapsulation. In Encapsulation and Controlled Release of Food Ingredients; Risch S, et al. ; ACS Symposium Series; American Chemical Society: Washington, DC, 1995.

（徐庆，张帆，孙中心，李占勇）

第50章

供热系统

50.1 概述

供热系统是为干燥设备提供热能的功能单元，是干燥系统的重要组成单元之一。干燥作业耗能大，供热能耗占干燥成本很大一部分。供热系统的结构设计、流程参数、材料选择是否合理将严重影响干燥设备的能耗、效率和制造成本。

供热系统的能源来源主要有煤炭、燃油、燃气、生物质燃料及电能、太阳能等；供热系统对干燥物料的常见加热方式有热风加热、红外加热、微波加热等；生产实践中干燥设备的能量来源和加热方式可进行多样组合。

关于红外加热、微波加热和太阳能利用等相关内容在其他章节做了专门介绍。本章仅对干燥过程中以煤炭、燃油、燃气和生物质燃料等能源物质为燃料进行燃烧产热，以热风对流形式进行供热的系统或设备（人们习惯统称为热风炉）以及以电能为能源的热风供热设备进行介绍。热风炉是目前干燥作业中主要的供热系统。

50.1.1 热风炉的分类

热风炉的分类可根据燃料燃烧方式和加热方式来分类。

根据燃料类型可分为固体燃料热风炉、液体燃料热风炉、气体燃料热风炉。

根据燃料或热源的不同可分为燃生物质材料热风炉、燃气热风炉、燃煤热风炉、燃油热风炉、电加热器和太阳能集热器等。

按加热形式分有直接烟道气式热风炉和间接换热式热风炉。间接换热式热风炉根据热载体的不同可分为导热油加热炉、蒸汽热风炉、烟气热风炉等。根据换热器形式的不同可分为无管式热风炉、列管式热风炉、热管式热风炉等。

固体燃料在炉中的燃烧方式基本有三种：铺层燃烧、悬浮燃烧和沸腾燃烧，与之相对应的燃烧设备分别称为层燃式热风炉、悬燃式热风炉和沸腾燃烧式热风炉。层燃式热风炉又分手烧式热风炉、链条式热风炉和往复式炉排热风炉。

根据司炉方式可分为机烧式热风炉和手烧式热风炉。按炉体结构可分为卧式热风炉和立式热风炉。按炉排的分布形式可分为水平炉排热风炉和倾斜炉排热风炉。根据功率的大小可分为大型热风炉、中型热风炉和小型热风炉。

50.1.2　热风炉的技术参数及评价指标

50.1.2.1　温度参数

热风炉温度参数主要有：燃烧温度、烟气出口温度、热风温度、换热器壁温度。

燃烧温度为燃料燃烧时燃烧产物的温度，可近似认为是产生的烟气温度。

烟气出口温度是热风炉的排烟温度。

热风温度是指热风炉能将洁净空气加热到的温度，热风温度是选择热风炉的一个重要指标，一般情况下热风温度与燃料的燃烧状况和空气量及空气入口温度有关。

换热器壁温度涉及到采用什么材质，换热器最高器壁温度在主要换热段烟气入口处。在一定的温度条件下，换热器壁两侧谁的给热系数大，器壁温度就接近该侧空气的温度。为了降低器壁温度，可适当提高冷空气侧的对流给热系数。但有时为了降低器壁温度，不得不人为降低烟气入口温度。

50.1.2.2　热风炉的风量和供热量

供热量是热风炉最重要的技术参数，它完全由干燥工艺确定，它必须与干燥工艺所要求的热量平衡。更确切地说干燥工艺首先确定的是风量和温度，这两者一定，供热量就确定了。

众所周知：
$$Q_2 = V_2(T_{wo}c_{po} - T_{wi}c_{pi}) \tag{50-1}$$

空气比热容为物性参数，所以 V_2 和 T_{wo} 由工艺确定后，热风炉的供热量即确定。通常称多少万大卡的炉子也就是这样来的。

50.1.2.3　热风炉的热工指标

从热工的角度看，一台好的热风炉主要考察温度效率、热效率、单位生产率等参数。

（1）温度效率

热风炉的温度效率为热风出口温度与燃料实际燃烧温度之比。

$$\eta_T = \frac{T_{wo}}{T_s} \tag{50-2}$$

式中，η_T 为热风炉温度效率，%；T_{wo} 为热风出口温度，℃；T_s 为燃料实际燃烧温度，℃。

T_s 与燃料的理论燃烧温度和炉子自身特点有关，目前尚不能准确计算出，只能凭经验计算。

$$T_s = \eta_s T_{li} \tag{50-3}$$

式中，T_{li} 为燃料燃烧理论温度，℃；η_s 为炉温系数。

T_{li} 可通过理论计算得出，它与燃料种类、发热量、空气过剩系数、助燃空气温度有关；热风炉的炉温系数尚无经验数据，只能参考其他类工业炉数据估计。η_s 估计的准确与否，是十分重要的。因为它直接影响炉内辐射传热计算，炉壁及管道的温度，传热面积等重要参数。

（2）热效率

热效率是加热空气所获热量与燃料燃烧发热量之比。

$$\eta_h = V_2 \frac{T_{wo}c_{po} - T_{wi}c_{pi}}{BQ_{DW}^y} = \frac{V_2(T_{wo}c_{po} - T_{wi}c_{pi})}{V_1 T_s c_{ps}} \tag{50-4}$$

式中，c_{po}，c_{pi} 分别为空气出口、入口时的平均比热容，kJ/（m³·℃）；c_{ps} 为烟气的平均比热容，kJ/（m³·℃）；V_1，V_2 分别为烟气和空气的流量，m³/h；T_{wo}，T_{wi} 分别为空气出口、入口时的温度，℃；T_s 为烟气的温度，℃；B 为燃料量，kg/h 或 m³/h；Q_{DW}^y 为燃料低发热量，kJ/kg 或 kJ/m³。

只有当 $V_2 c_{pi} = V_1 c_{ps}$，且 $T_{wi} = 0$ 时，温度效率才等于热效率。

热风炉热效率是衡量热风炉运行经济性的主要指标，是燃料发热量与热损失之差。热风炉有以下几项热支出：加热空气需要的热量、排烟带走的热量、炉体散热、炉渣带走的热量，其他热支出。热损失有化学不完全燃烧损失、机械不完全燃烧损失、排烟损失、灰渣热损失、炉体散热损失等。值得注意的是炉体散热损失和排烟损失，它们主要影响炉体热效率。

（3）单位生产率

传热系数 K 是衡量热风炉单位生产率最重要的参数，此外生产率还有两种直观表示法：

① 单位重量生产率〔kJ/（h·t·℃）〕　这是指冷热气体介质平均温差为 1℃，在 1 小时内每吨热风炉中的传热量。该数值越大，说明热风炉所用材料越少。

② 单位体积生产率〔kJ/（h·m³·℃）〕　这是指冷热气体之间平均温差为 1℃ 时，在 1 小时内每立方米热风炉中的传热量。该数值越大，说明热风炉占地面积或所占空间越小。

（4）气体阻力损失

热风炉内有烟气通道和空气通道，在温度和流量一定时，速度越大，流经路线越长，几何形状越复杂（如拐弯多，特别是 180°以上拐弯），阻力损失越大。要保证两种气体的流动通畅，减少通风设备的动力消耗，必须对流体通道进行合理设计，一般情况下要做到：

① 尽量减少 180°拐弯，因为它的局部阻力系数至少为 2，所以具有空气回程的设备不可太多。

② 为了增加对流传热系数，不适当地增大速度，必然使阻力急剧增加，因为阻力与速度平方成正比。

③ 热风温度高，阻力增大。

（5）给热系数

给热系数 α 为换热器主要的性能参数，给热系数高，换热效率高，热效率高。

$$\alpha = \frac{1}{1/\alpha_1 + 1/\alpha_2 + \delta/\lambda + R_4} = \frac{1}{R_1 + R_2 + R_3 + R_4} \tag{50-5}$$

① R_3 为金属壁面导热热阻　它的数值很小，对 α 影响不大，可忽略。

② R_1 为烟气侧热阻　减少这个热阻的方法是器壁能承受一定温度时，尽量提高烟气温度和增加烟气黑度。高发热值燃料，合适的空气过剩系数，都可提高烟气温度；烟气中的 CO_2、H_2 含量、微颗粒含量、有效射线长度都影响烟气黑度。一般燃料及燃烧静力学计算确定之后，R_1 主要决定于有效射线长度。从这个意义讲热风炉主要换热段烟气侧不应有任何射线障碍物，而现在许多炉子在炉膛设置换热管是不合适的。

③ R_2 为空气侧热阻　它随空气侧流动附面层厚度减少而减少。空气侧的紊流度越大，附面层越薄。增加紊流度的办法是：提高空气侧流速，频繁改变流动方向，附设干扰物等。

④ R_4 为烟尘热阻　燃煤热风炉在运行一段时间后，烟气侧表面集存烟尘，烟尘的热导率很小，形成较大热阻。有资料介绍，1mm 厚烟尘，可减少传热系数 12%，目前国内多数热风炉不能清理烟尘。虽然设计时指标很好，但炉子表面很快集存烟尘，达不到设计指标，炉子很快老化。所以设计清烟尘便利的热风炉是维持炉子的正常工作状态，保持合适的热效率的必要条件。

50.1.3　热风炉设计和应用中存在的问题及对策

50.1.3.1　主要问题

热风炉不同于一般的换热器。一般的换热器只涉及到冷热两种流体的换热，并不涉及燃料的燃烧及相应的由燃料的化学能向热能的转换。而热风炉则必须包括两个过程，燃料的燃烧及燃烧产物与空气的换热。所以，热风炉在某些方面更像一般的锅炉，不过它提供的不是热水或蒸汽，而是热风。以煤作燃料的热风炉而论，设计热风炉所遇到的最大难题是高温烟气与空气间的换热。如图 50-1 所示，在换热

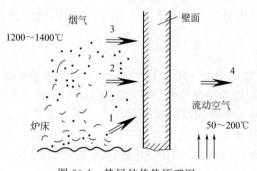

图 50-1　热风炉传热原理图

1—炉床对壁面的传热；2—烟气中的粒子辐射；
3—烟气与壁面的对流换热；
4—空气与壁面的对流换热

面（一般为碳钢管或钢板）的一侧是温度高达 1200～1400℃ 的烟气，有时还面对高温炉床的直接辐射，其包含对流及辐射在内的复合换热系数高达 400～500W/(m² · ℃)；而在换热面的另一侧是被加热的空气，根据流速的不同，其对流换热系数在 40～100W/(m² · ℃)。在上述换热及温度条件下，换热壁面的温度可高达 600～700℃，若局部表面的空气冷却条件不好，壁温还可能升高。在这样高的温度下，一般的碳钢材料是很难承受的。一方面，这一温度能使钢材产生屈服

变形，使钢管或钢板烧弯；另一方面，高温腐蚀（主要是高温钒腐蚀）及高温氧化，可使受热面一层层剥落，被很快烧穿。这就是设计热风炉所面临的主要难题。

设计热风炉的第二个难题是烟气与空气之间的传热系数较低，尤其是在烟气的低温区。因而使传热面积增大，紧凑性下降。在相同的热负荷下，热风炉比一般的蒸汽锅炉或热水锅炉需要较多的传热面积，这就是为什么热风炉的成本或造价一般要高于同等热负荷的锅炉的原因。

设计热风炉的第三个难题是积灰问题，因为传热面积大，管子布置得多，烟气流程较长，因而一般来说，热风炉的积灰状况比一般的锅炉要严重。因而设计时要引起足够的重视。

50.1.3.2　主要对策

根据上述热风炉的设计和应用难题，可采取以下几方面的对策：

① 将燃烧设备（燃烧器）与换热部分隔离　一般将换热面布置在燃烧设备的后部，即构成所谓分离式结构。热风炉一般由燃烧设备、换热设备、鼓风机和引风机等组成。燃烧设备通常包括送煤机、煤斗、炉排、燃烧室、鼓风机、除渣机等。在分离式热风炉中，燃烧室中的燃烧表面（炉床）不直接面对换热面，因而减少了这部分对换热表面的直接辐射，可使换热器壁面的温度有所降低，对换热面有保护作用。

② 降低换热设备前的烟气温度　即使采用了分离式结构，进入换热设备前的烟气温度仍高达 1200～1300℃。而且烟气中含有大量的辐射颗粒。处于高温区中的受热面仍难以承受这样高的温度，因而应采取措施降低进入换热设备前的烟气温度，主要有四种方法：

a. 烟气再循环。即将热风炉排出的烟气（温度一般为 100～200℃）抽取一部分与进入换热设备的高温烟气混合，混合后的烟气温度降至 800～900℃，然后再与空气换热。采用

这种方案需要对排烟系统进行仔细地设计并根据热平衡计算确定合适的掺烟量。

b. 掺入冷空气。即将适量的冷风掺混到换热器前的高温烟气中，以便烟气温度下降到所需温度。

c. 在炉膛（燃烧室）中加辅助受热面。一般采用耐高温的材料，依靠辅助受热面先吸收掉烟气的部分热量后，再进入到主换热设备。

d. 在炉膛中加辅助排管。即在炉膛出口或在炉膛中加一小型蒸汽发生器，因其内部是水的沸腾，换热强度极高，不会烧坏管子。由于水的蒸发吸收了高温烟气的部分热量，使烟温降低，然后再进入主换热设备。这种设有蒸汽发生器的热风炉有时又叫作热风/蒸汽发生炉，即同时能产生热风又能提供蒸汽的设备。应该指出，装设蒸汽发生器是一种迫不得已的方法。因为装设蒸汽发生器将使系统变得复杂，降低了热风的热负荷，仅适用于需要有稳定的蒸汽的场合。

③ 强化空气侧的换热　一般采用增大空气侧的流速和在空气侧加装翅片（扩展表面）两种方法。因为随着空气侧换热的增强，壁面温度将会有所下降。

④ 改变高温烟气和空气的流动方向　众所周知，一般的换热设备，冷热流体多采用逆流方案，但为了降低管壁温度也可采用顺流方案，或部分顺流方案，即高温烟气的入口也是冷风的入口。但这种方案会给换热器的结构设计带来一定的复杂性。

⑤ 采用耐高温的材质　在局部高温换热区，采用耐热不锈钢、耐热铸铁或锰钢作为换热器的材料。其缺点是增加了换热器的成本，尤其是耐热不锈钢，在国外的高温换热器中时常被采用，在我国由于其价格昂贵而较少应用。

50.2 直接加热热风炉（燃烧装置）

直接加热热风炉的特点是燃料燃烧后的烟气直接用于加热干燥，不通过换热器。烟气温度可达 800℃，设备成本较低，热损失小，燃料的消耗量约比用蒸汽或其他间接加热器燃料的消耗量少一半左右。

50.2.1 块煤直接加热热风炉

用于直接加热空气的燃煤炉的结构如图 50-2 所示，主要由炉膛、沉降室和混合室组成。沉降室和炉膛之间为燃尽室，这里保持着较高的温度，使可燃性挥发气体燃烧完全。燃料从炉门加入，在炉排上形成燃烧层。燃料燃烧时所需要的空气，由出灰门进入，通过炉排和燃烧层，使燃料燃烧。灰渣则通过炉缝隙落入灰坑，从出灰门排出。炉膛中的燃烧产物（烟道气）经燃尽室充分燃烧和沉降室分离炉灰、火花后，进入混合室（连接风道），同来自冷风口的冷空气混合达到要求温度后，通过通风机吸出并被压入干燥设备的热风室中。二次空气先由炉排下面侧壁上的小孔进入空气隔层预热，然后由炉膛上方侧壁的小孔进入炉膛，从而使炉膛中未燃尽

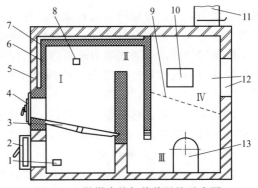

图 50-2　燃煤直接加热热风炉示意图

1—二次风进口；2—出灰门；3—炉排；4—炉门；

5—红砖炉壁；6—耐火砖内衬；7—空气隔层；

8—二次风出口；9—火花扑灭装置；

10—冷风门；11—烟囱；

12—炉气出口门；13—清灰门；

Ⅰ—炉膛；Ⅱ—燃尽室；Ⅲ—沉降室；Ⅳ—混合室

的挥发物或由气流带上来的细小炭粒进一步燃尽。

热空气温度的调整，可通过对冷风门、热风门的调节实现。

直接加热空气的燃煤炉只适合于使用无烟煤作燃料，以减少对物料的污染。

50.2.1.1　块煤燃烧装置的结构及性能

根据燃烧方式不同块煤燃烧装置可分为层燃炉、悬燃炉和沸腾炉。由于加煤方式不一样，层燃炉可分为上饲式固定炉排炉、链条炉、往复炉排炉等炉型。要保证燃烧正常运行，炉内空气量供应要充分，对于中小型层燃炉炉膛出口过剩空气系数可按下列范围选择：人工烧煤炉 $a=1.3\sim1.4$，机械化炉排煤炉 $a=1.2\sim1.3$。

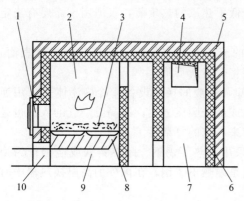

图 50-3　水平炉排手烧炉结构示意图
1—炉门；2—炉膛；3—燃料层；4—出烟口；
5—红砖外壳；6—耐火砖内衬；
7—沉降室；8—炉排；9—炉渣室；10—出渣口

（1）上饲式固定炉排炉

上饲式固定炉排炉根据上煤方式可分人工上煤上饲式固定炉排炉和机械上煤上饲式固定炉排炉。人工上煤上饲式固定炉排炉又称手烧炉，如图 50-3 所示。根据炉排形式的不同，上饲式固定炉排炉可分为水平炉排炉、倾斜炉排炉和阶梯炉排炉。

上饲式固定炉排炉操作过程是先手工或机械将燃料铺在炉排上，与通过炉排缝隙送入燃料层的空气接触燃烧。上饲式固定炉排炉是一种最简单而又被普遍使用的燃烧设备，煤的着火条件较好，煤在炉膛上部受炉膛高温的热辐射，下部受到燃烧层的直接加热，即使水分较多、挥发物较少的煤，也能较容易地着火燃烧，所以又称为无限制燃烧方式。投资少，煤种适应性广，一般窑炉上均可采用。但具有热效率低，消烟除尘差，劳动强度大等缺点。

然而这种固定炉排手工投煤的燃烧设备，在连续运行过程中，由于间歇地往火床上投煤燃烧，存在着燃烧过程的周期性。当煤刚加到炉膛内的燃烧层上时，火床煤层厚度加厚，通风阻力增加，透过煤层的空气量减少，这时新加到火床上的燃料受热析出挥发物，同时焦炭的燃烧也需要大量的新鲜空气，于是便出现高温缺氧不完全的燃烧现象，产生黑烟。随着煤层不断地燃烧减薄，通风阻力逐渐降低，穿过煤层的空气量增加，煤层恢复正常燃烧状态，炉膛内甚至出现过量空气现象，排烟黑度消失。然而为了炉膛持续燃烧，又必须往火床投煤，周而复始，重复产生以上的过程。

烟气黑度一般在林格曼 3 级左右，高的达到 4～5 级，远远超过了烟尘排放标准（低于林格曼 1 级）的要求，从而造成严重的大气环境污染。

（2）抽板顶升式燃烧炉

抽板顶升式燃煤炉由炉缸、抽板及煤缸等部件组成。设置在炉膛内的炉缸是火床燃烧的主要部件，风室布置在炉缸与炉膛之间的夹层内，炉缸壁开有风孔并与风室相通，风由风室经风孔横向进入炉缸内煤层中往上穿越，为煤层的燃烧反应提供充足的空气，使燃烧充分，达到较好的消烟效果。抽板与煤缸是饲煤的主要部件，煤缸一般安装在炉前抽板的下部，缸口与抽板面相平，饲煤时抽板向炉后水平移动，将已装煤的煤缸移至炉膛内的炉缸底部，通过煤缸内的顶煤板将煤顶升进入炉缸内，饲煤后抽板往回移动，并将煤缸及顶煤板恢复至原位置，为下次往炉膛内饲煤做好准备。

炉膛内的煤层厚度，燃烧时一般保持在 450～500mm，而炉缸内的高度略低于煤层的厚度，一般约为 300mm，煤缸内的顶煤板提升、下降的行程高度一般为 120mm。对于炉膛面积较大的炉子，为了使中心区获得较好的燃烧状态，根据炉膛燃烧的通风要求，在炉缸内布置中间风道，以获得较好的燃烧效果。

由于煤层的着火燃烧是从煤层表面往下进行的，煤的着火条件差，所以对挥发物低的煤种不适宜使用。如果炉膛内的辐射面积过大，对煤层的着火燃烧是有影响的，因此在炉膛内加拱有利于煤层的燃烧，提高炉膛温度，达到完全燃烧。运行周期中禁忌对燃烧层激烈搅拌，造成燃烧层带混乱，破坏正常的燃烧，产生大量黑烟。

（3）螺旋下饲式燃烧炉

为解决持续性燃烧，通过螺旋输送机从燃烧层下部及时补充燃煤，使明火反烧持续进行，这就是螺旋下饲式燃烧炉，如图 50-4 所示。

燃煤经煤斗由螺旋输送机送到炉膛内的煤槽下，受螺旋的挤压力缓慢上升至槽上。燃煤在炉膛内受顶部燃烧层的直接传导进行预热、干燥，析出挥发物与从煤槽周围横向进入的一次风充分混合，往上穿出火层，在炉膛内充分燃烧。燃烧热使析出挥发物后的焦炭剧烈燃烧，放出大量热，焦炭逐渐被挤推至四周的炉排上继续燃烧。燃尽的灰渣到一定程度时，由人工清出炉外，而燃煤定时地经煤斗由螺旋输送机传输至煤槽内，缓慢上升至炉膛内进行补充，使炉膛内的明火燃烧持续进行。

由于燃煤的饲进炉膛是靠螺旋的挤压力（上升）

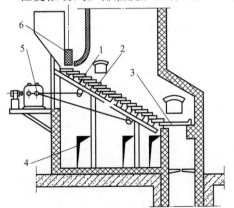

图 50-4　螺旋下饲式燃烧炉结构示意图

来完成的，所以炉膛内火床不成一平面，中间隆起，须靠人工平整。在拨火平整过程中容易对燃烧层带造成破坏，产生挥发性物质，导致冒黑烟现象。其烟气黑度轻的在林格曼 2 级左右，严重的达到 3 级，且烟气黑度及持续时间与燃烧层带破坏的程度成正比。

在正常燃烧情况下，烟气中含尘初始浓度，一般在 0.5～2g/Nm³ 范围。

（4）往复推动式炉排燃烧炉

往复推动式炉排燃烧炉又称往复推饲炉或往复推动炉。往复炉的结构简单、制造容易，金属耗量低，运行维修方便，煤种适应性广，能烧劣质煤，而且消烟除尘效果好，故近年来在国内被广泛采用。

往复推动式炉排在运行过程中，燃煤经煤斗进入炉排。由于炉排的不断往复运动，煤层由前往后缓慢移动，进入炉膛后受前拱和高温烟气的热辐射，逐渐预热干馏，析出挥发物，着火燃烧。燃烧反应中产生的可燃气和黑烟，从前拱向后流经中部的高温燃烧区和燃尽区，在离开炉膛之前绝大部分燃尽。正常燃烧时排烟黑度在林格曼 1 级左右。

图 50-5　倾斜往复推饲炉示意图

1—活动炉排片；2—固定炉排片；3—燃尽炉排片；
4—分段风室；5—传动机构；6—煤闸门

排烟中烟气初始含尘浓度，一般为 2～4g/m³，浓度高的达 5g/m³ 左右。

然而，往复炉存在着主燃烧区温度高，容易烧坏炉排片，烟气容易窜入煤斗引起煤斗着火，以及炉排前端漏煤量多等缺点。图 50-5 是倾斜往复推饲炉示意图。

（5）链条炉排燃烧炉

链条炉排燃烧炉是一种机械化烧煤炉，对 $126\times10^4\,kJ/h$ 以上的热风炉普遍采用。链条炉有煤斗加煤和抛煤机加煤两种型式，大都采用煤斗加煤的链条炉。图 50-6 是链条炉的典型结构。国内使用的链条炉排，主要有链带式、横梁式和鳞片式三种型式。

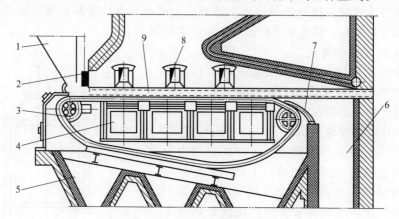

图 50-6 链条炉结构示意图

1—煤斗；2—煤闸门；3—链条炉排；4—风室；5—灰斗；6—渣斗；
7—除渣板；8—检查孔；9—防渣箱

煤层在炉膛内随着炉排的移动，燃烧反应过程是持续的，消除了手工投煤产生的周期性不完全燃烧现象。正常运行时，烟气黑度为林格曼 0~1 级，消烟效果显著。正常运行时，链条炉的初始烟尘排放浓度一般为 $3\sim4\,g/m^3$，高浓度时达 $6\,g/m^3$ 左右。

（6）悬燃炉

悬燃炉的燃烧方式与层燃炉不同，燃烧时，燃料在炉膛中处于悬浮状态。燃料经过喷燃器与空气混合后一起送到炉膛内燃烧。由于燃料是经过磨制或雾化的很小的颗粒，故与空气的接触面积很大，这就改善了燃料与空气的混合条件，可以在较短的时间内燃尽。因此，悬燃炉燃烧效率高，热强度大，负荷调节方便。悬燃炉是当今大、中容量锅炉和热风炉普遍采用的一种燃烧方式。

（7）沸腾炉

沸腾炉的燃烧是一种新的燃烧方式，沸腾炉也叫流化床燃烧炉。从燃烧的特点来看，沸腾燃烧是层燃和悬燃结合起来的一种燃烧方式。运行时，煤先被破碎成 8~12mm 以下的颗粒再送进炉膛，高速空气从炉底通过配风板上的风帽，把燃料层吹起来。由于炉膛形状为锥型，下小上大，上部风速比下部风速小。燃料在炉膛的下部被气流带起，在炉膛的上部由于气流速度减小而又重新落下，形成了煤粒上下翻动的沸腾层。煤粒在沸腾段上下运动并相互碰撞，加强了与空气的混合，强化了燃烧过程。

50.2.1.2 块煤层状燃烧装置炉膛参数确定

（1）水平炉排炉炉膛结构参数计算

① 炉膛容积 V_{cha}：

$$V_{cha}=\frac{BQ_{DW}^{y}}{q_{v}}$$

（50-6）

式中，V_{cha} 为炉膛容积，m^3；Q_{DW}^y 为燃料的低发热量，kcal/kg，1cal$=$4.1868J；q_v 为炉膛容积热强度，kcal/($m^3 \cdot h$)，见表 50-1；B 为燃料消耗量，kg/h。

炉膛容积热负荷 q_v 是指每立方米炉膛容积中每小时燃料燃烧的发热量大小。炉膛容积热负荷过大，则燃料在炉内停留的时间短，不易完全燃烧，反之，炉膛容积热负荷过小，则炉膛容积过大，结构不紧凑。

表 50-1　炉膛容积热强度 q_v 参考数值　　　单位：$\times 10^3$ kcal/($m \cdot h$)

燃料	一般炉子	干燥炉	燃料	一般炉子	干燥炉
无烟煤	300～350		泥煤	300～400	200～250
烟煤	250～450	250～300	焦炭	250～500	
褐煤	200～250	150～200	木柴		200～250

注：1cal$=$4.1868J。

② 炉排面积 A_{gr}：

$$A_{gr} = \frac{B Q_{DW}^y}{q_A} \tag{50-7}$$

式中，q_A 为炉排单位面积热负荷，kcal/($m^2 \cdot h$)，1cal$=$4.1868J。

炉排单位面积热负荷是指每平方米炉排面积中每小时燃料燃烧的发热量的大小。q_A 对于层燃炉一般取 $400 \sim 600 \times 10^3$ kcal/($m^2 \cdot h$)。对于挥发物较多的燃料应取较大的 q_A，反之应取较小的 q_A。

③ 炉排有效面积的确定　炉排上所有小孔或缝隙的总面积叫做炉排的有效面积（又称通风面积或活动面积）可按下式计算：

$$A_y = \frac{B V_{a(K)}}{3600 u_0} \tag{50-8}$$

式中，A_y 为炉算有效面积，m^2；B 为燃料消耗量，kg/h；$V_{a(K)}$ 为每千克煤所需实际空气量，m^3/kg；u_0 为空气通过炉排缝隙的标准速度，m/s，自然通风时 $u_0 = 0.75 \sim 2$ m/s，强制通风时 $u_0 = 2.0 \sim 4.0$ m/s。

炉排有效面积率与燃料性质及炉排形式有关。板状炉排一般烧细碎的煤或烧易散的煤，其有效面积率一般为 8%；对于梁状炉排有效面积率，烧泥煤及烟煤时为 25%～30%，烧无烟煤时为 8%～15%。

④ 炉膛高度的计算：

有效高度
$$H_y = \frac{V_{cha}}{A_{gr}} \tag{50-9}$$

总高度
$$H_z = H_y + H_m \tag{50-10}$$

式中，H_m 为包括灰渣层在内的煤层厚度，灰层厚度 0.05～0.1m。

中小型炉炉膛高度一般约为 2.5～3.5m。炉膛宽度，应考虑加煤均匀和操作方便，设一个加煤门时，炉膛宽度不应超过 1.2m；设二个加煤门时，炉膛宽度一般为 1.5～2.6m。手工加煤固定炉排长度，一般不应超过 1.2m；否则应安置双排炉排，总长不得超过 2m。

炉膛的周围，由 2～2.5 块砖厚的直立砖墙构成，墙内侧由耐火砖砌成，外层用普通红砖砌成。当燃烧熔点较低的煤或炉膛温度较高时，在靠边炉排处的炉墙内侧，应设置水冷套。

（2）烟道气参数计算

① 炉膛黑度　为了计算出炉膛黑度，必须求出火焰的黑度 σ_{fi}。

$$\sigma_{fi} = 1 - e^{-K_{fi}p_{cha}S} \tag{50-11}$$

式中，p_{cha} 为炉膛内的压强，Pa；S 为辐射层有效厚度，m；K_{fi} 为火焰减弱系数，由式(50-12) 给出。

$$K_{fi} = K_q\kappa_q + K_{fa}\mu_{fa} + K_j X_1 X_2 \tag{50-12}$$

式中，κ_q 为火焰中三原子气体的总容积比例，$\kappa_q = \kappa_{RO_2} + \kappa_W$；$\kappa_{RO_2}$ 为火焰中二氧化碳和二氧化硫的总容积比例；κ_W 为火焰中水蒸气的总容积比例；K_q 为三原子气体辐射减弱系数，可由式(50-13) 求出。

$$K_q = \left(\frac{0.78 + 1.6\kappa_W}{\sqrt{p_q S}} - 0.1\right)\left(1 - 0.37\frac{T_{sm,ex}}{1000}\right) \tag{50-13}$$

式中，$T_{sm,ex}$ 为炉膛出口烟气温度，K；p_q 为火焰中三原子气体的分压，Pa；K_{fa} 为火焰中悬浮的烟灰粒子的辐射减弱系数，由式(50-14) 计算。

$$K_{fa} = \frac{4300\rho_{sm}}{\sqrt[3]{T_{sm,ex}^2 d_{fa}^2}} \tag{50-14}$$

式中，ρ_{sm} 为烟气密度，$\rho_{sm} = m_{sm}/V_{sm}$，一般情况下 $\rho_{sm} = 1.3\text{kg/m}^3$；$d_{fa}$ 为飞灰颗粒平均直径，对层燃炉 d_{fa} 为 2.0×10^{-4} m；μ_{fa} 为火焰中飞灰无量纲浓度；

$$\mu_{fa} = \frac{\vartheta_{fa}A^y}{1000 m_{sm}} \tag{50-15}$$

$$m_{sm} = 1 - \frac{A^y}{100} + 1.306\alpha V_{0(GK)} \tag{50-16}$$

式中，ϑ_{fa} 为飞灰的份额，对层燃炉，取 $10\% \sim 30\%$；K_j 为火焰中悬浮的焦炭颗粒的辐射减弱系数，$K_j \approx 1$；X_1，X_2 为焦炭颗粒在火焰中的浓度影响系数。X_1 的数值与煤种类有关，对无烟煤，$X_1 = 1$；对于挥发性物质多的煤种，$X_1 = 0.5$。X_2 的数值与燃烧方式有关，悬浮燃烧时，取 0.1，层燃时，取 0.03。

辐射层有效厚度 S，可由式(50-17)、式(50-18) 求出。

对流管簇受热面

$$S = 0.9d\left(1.273\frac{s_1 s_2}{d^2} - 1\right) \tag{50-17}$$

式中，d 为对流管直径，m；s_1，s_2 为管簇节距，m。对转弯室空间

$$S = 3.6\frac{V_{cha}}{A_{li}} \tag{50-18}$$

式中，A_{li} 为炉壁总面积，m^2。

根据实验，对于直径为 d 的长圆柱对侧面和底面中心的辐射，$S = 0.9d$；直径和高度为 d 的圆柱对底面中心辐射，$S = 0.77d$；直径与高度为 d 的圆柱对全表面辐射，$S = 0.6d$；厚度为 δ 的气体薄层对两壁辐射，$S = 1.8\delta$。

对于层燃炉，炉膛黑度可用式(50-19) 求出

$$\sigma_{cha} = \frac{\sigma_{fi} + (1 - \sigma_{fi})\dfrac{A_{gr}}{A_{li}}}{1 - (1 - \sigma_{fi})(1 - \phi_{av})\left(1 - \dfrac{A_{gr}}{A_{li}}\right)} \tag{50-19}$$

式中，ϕ_{av} 为平均热有效参数，$\phi_{av} = \dfrac{\sum\phi_i A_{li,i}}{A_{li}}$；$\phi_i$ 为热有效性参数，$\phi_i = \xi x_i$；$A_{li,i}$ 为炉

壁各部分的分面积，m^2；x_i 为各受辐射面角系数。对于管式换热器的角系数，可查工程热力学相关数据；对于单层管式换热器，水冷壁式或气冷壁式换热器，如果不计入炉墙辐射，角系数可由下式决定：

$$x = 1 + \frac{d}{s}\arctan\sqrt{\left(\frac{s}{d}\right)^2 - 1} - \sqrt{1 - \left(\frac{d}{s}\right)^2}\,;$$

式中，s 为管距，m。如果计入炉墙辐射，角系数还要大一些。对于多排错列管簇，角系数为 1；对于无管式换热器，角系数为 1。

ξ 为灰污系数，$\xi = 1 - \left(\dfrac{T_{li,av}}{T_{sm,av}}\right)^4$；对于层燃炉，灰污系数为 0.60。

对于燃烧煤气、油及煤粉的炉膛，炉膛黑度可用式（50-20）求出

$$\sigma_{cha} = \frac{\sigma_{fi}}{\sigma_{fi} + (1 - \sigma_{fi})\phi_{av}} \tag{50-20}$$

② 炉膛出口烟气温度、炉膛烟气平均温度、炉壁平均温度

每千克计算燃料的燃烧产物所拥有的总热量 Q_{ca} 为

$$Q_{ca} = \frac{Q_{Dw}^y(100 - \eta_{ch} - \eta_{ma} - \eta_A)}{100 - \eta_{ma}} + Q_{ai} \tag{50-21}$$

炉膛中，火焰每小时传给辐射受热面的热量应为烟气放出的热量，由此可得到炉内传热基本方程式

$$K_\sigma \sigma_{cha}\left(\sum x_i A_{li,i}\right)T_{sm,av}^4\left[1 - \left(\frac{T_{li,av}}{T_{sm,av}}\right)^4\right] = \varphi B_{ca}(Q_{ca} - I_{sm,ex}) \tag{50-22}$$

式中，φ 为保热系数，$\varphi = \dfrac{1}{1 + \dfrac{\eta_{lo}}{\eta}}$；$K_\sigma$ 为黑体辐射系数，$K_\sigma = 5.69 \times 10^{-8}\,\text{J/(m}^2 \cdot \text{s} \cdot$ K)；$T_{li,av}$ 为炉壁平均温度，K；$T_{sm,av}$ 为烟气平均温度，K。

根据实验研究结果，炉膛平均温度 $T_{cha,av}$ 和烟气出口温度 $T_{sm,ex}$ 有如下关系

$$T_{cha,av}^4 = \vartheta T_{sm,ex}^4 \tag{50-23}$$

将平均热有效参数、灰污系数、炉膛截面的当量直径带入式（50-22），得到计算烟气出口温度基本公式

$$T_{sm,ex} = \sqrt[4]{\frac{B_{ca}(Q_{ca} - I_{sm,ex})}{K_\sigma \sigma_{cha}\vartheta\phi_{av}A_{li}}} \tag{50-24}$$

式中，ϑ 为火焰中心位置参数。

ϑ 与燃料、燃烧方法、燃烧器位置和倾斜度有关。通过对火焰中心位置的测定，可找出 ϑ 与火焰中心位置的关系及火焰中心位置与燃烧位置的关系。对于层燃炉，薄煤层时 $\vartheta = 0.59$；厚煤层时 $\vartheta = 0.52$。

以炉内传热基本方程式为基础，根据相似理论将炉内传热基本方程式变换成无量纲准则的方程式，最后用实验数据求出准则方程式：

$$T_{sm,ex} = \frac{T_a}{\vartheta\left(\dfrac{4.9 \times 10^{-8}\sigma_{cha}\phi_{av}A_{li}T_a^3}{\varphi B_{ca}q_{sm}}\right)^{0.6} + 1} \tag{50-25}$$

式中，q_{sm} 为烟气的平均热容量，$q_{sm} = \dfrac{Q_{ca} - I_{sm,ex}}{T_{th} - T_{sm,ex}}$　　　　　　　　　　　　　(50-26)

根据式(50-26)，q_{sm} 的值在已知 $T_{sm,ex}$ 以后才能决定，因此求烟气出口温度需要用搜索法，先假设一个烟气出口温度，再求出 q_{sm}，然后求实际烟气出口温度。如果求出的实际烟气出口温度与假设烟气出口温度之差大于 100℃，则将求出的实际烟气出口温度设为假设温度，继续计算在该假设条件下的实际烟气出口温度，直到求出的实际烟气出口温度与假设烟气出口温度之差小于 100℃ 为止。根据这种方法算出的实际烟气出口温度即为烟气出口温度。

为了保证燃料能完全燃烧，在炉膛内应保持较高的温度。由于辐射的作用，燃料燃烧放出的热迅速向周围散发，被炉壁吸收，烟气温度也迅速下降。在层燃炉中，CO 的自燃温度为 610～658℃，碳粒的自燃温度为 600～700℃。因此，在设计计算时，烟气在炉膛出口处温度应取 650～700℃ 之间。

炉膛内平均温度也可按下式求取

$$T_{cha,av} = \sqrt[4]{\frac{\varphi B_{ca}(Q_{ca} - I_{sm,ex})}{K_\sigma \sigma_{cha}(\sum x_i A_{li,i})\xi}}$$　　　　　　(50-27)

炉壁平均温度

$$T_{li,av} = 0.795 T_{sm,av}$$　　　　　　(50-28)

50.2.2　煤粉直接加热热风炉

煤粉热风炉系统结构如图 50-7 所示。将在煤场粗碎、干燥后的煤加入破碎输送机，破碎至粒度≤10mm，经固定式磁选筛自动磁选和筛分后，再由斗式提升机送至储煤仓备用。煤仓与风扇式磨煤机将煤磨成粒度≥120 目的煤粉，用自身产生的一次风通过输煤管自动送往燃烧器；煤粉在燃烧器内经高温燃烧和气化反应后，以半气化状态喷入炉体内实现完全燃烧；燃烧过程产生的粉煤灰，部分由排渣机构自行排出，部分随烟气经热风除尘器排出，还有少量随烟气进入干燥塔内。图中排烟装置仅用于炉子冷态点火过程的短暂排烟。

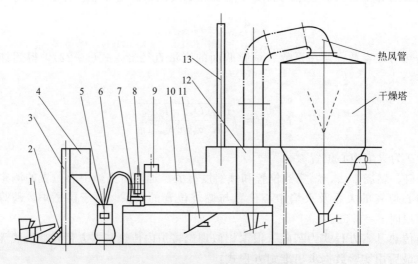

图 50-7　煤粉热风炉系统结构简图

1—破碎输送机；2—固定式磁选筛；3—斗式提升机；4—储煤仓；5—风扇式磨煤机；

6—输煤管；7—预燃式燃烧器；8—助燃风管；9—配风管；10—炉体；

11—排渣机构；12—热风除尘器；13—排烟装置

煤粉热风炉核心部件是煤粉喷嘴。粉煤燃烧器的结构一般都较简单。根据煤粉喷嘴结构的不同主要有扩散式燃烧器和预燃式燃烧器两大类。扩散式燃烧器有旋风式喷嘴、涡流式喷嘴、双管式粉煤喷嘴、煤气、粉煤两用燃烧器、电加热多级点火燃烧器、速差射流型喷嘴等多种形式。预燃式燃烧器有带根部二次风预燃式直接点火燃烧器、中心火炬式煤粉直接点火燃烧器、抛物线内筒式直接点火燃烧器、等离子直接点火燃烧器等多种形式。

煤粉或煤粉与重油联合燃烧室可分为立式喷燃燃烧室和卧式燃烧室两种。

为了使燃烧更充分，便于排烟和除渣，有的煤粉热风炉设有 3 个室，即主燃烧室、副燃烧室和混合室。

从燃烧器喷入的细煤粉以悬浮状态集中在主燃烧室燃烧。空气过剩系数 α 设计在 1.5～2.0 范围可调，使室内始终保持超氧化性气氛。该室设计温度可达 1300℃ 以上，实际操作须考虑灰渣熔点等因素，一般控制在略低状态。

副燃烧室的作用是提高未燃挥发物以及气体和固体未完全燃烧物 CO 等的燃尽率。炉内结构设计，决定了主燃烧室的火焰只能经 90° 转向，分成两股进入副燃烧室，使燃料在炉内逗留时间加长，并加强了气体扰动和空气助燃作用，使燃烧更为完全。该室结构设计上主要是避免因局部气流不畅导致温度过高，造成结渣。

从副燃烧室出来的 1000℃ 以上的烟气，在混合室与配风机输送的冷风混合，变成干燥器所需的进风温度后，送入热风管路。在设计时，应使其具有一定的高度空间，以便同时起到沉降室的作用。

有时，为了加强炉内气体的振动，提高燃烧效率，在炉内还设有炉膛二次风装置。由高压风机分出的二次风，以 50m/s 的速度有力地穿过主燃烧室的火焰中心，从底部进入副燃烧室。炉膛二次风的设置，使炉膛内气体发生涡流，混合更完全，从而延长了气体燃烧时间，改进了空气助燃作用，减少化学、机械不完全燃烧损失。同时，炉膛二次风的设置，也是控制和提高炉内空气过剩系数 α 的有效手段，使挥发物和不完全燃烧产物达到完全燃烧。

50.2.3　生物质燃料直接加热热风炉

生物质燃料的一般特点是水分高、灰分小、挥发分高、发热值偏低，形状不规则。除一些农产品果实的外壳（稻壳、核桃壳）和果核（玉米芯、桃核等）可直接燃烧外，其他的燃料如秸秆、树枝等在燃烧前必须经过处理，以便能够布料，并保证燃烧得均匀。

50.2.3.1　生物质燃料燃烧装置的特点

生物质燃料层状燃烧装置可以采用块煤同样形式的层状燃烧装置，如图 50-8 所示。国内也有一些将燃煤炉改造成燃烧生物质燃料的实例。

但是用层状燃炉燃烧生物质燃料，燃料通过料斗送到炉排上时，不可能像煤那样均匀分布，容易在炉排上形成料层疏密不均，从而形成布风不匀。薄层处空气短路，不能用来充分燃烧；而厚层处，需要大量空气用于燃烧，由于这里阻力较大，因而空气量较燃烧所需的空气量少，这种布风将不利于燃烧和燃尽。

目前国内外大多采用具有倾斜炉排的生物质燃料燃烧炉，炉排有固定和振动两种。这种堆积燃烧

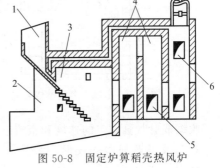

图 50-8　固定炉算稻壳热风炉

1—料斗；2—灰坑；3—炉膛；4—燃尽室；
5—出灰门；6—冷风调节门

型炉结构简单，但热效率低，燃烧时温度难以控制，劳动强度大。

生物质燃料燃烧产生的烟气由于含有害成分较少，因此烟道气可直接用来干燥产品，也可以采用二次加热的方式生产洁净热空气。所用的换热器可以是无管式、列管式，也可采用热管式。

50.2.3.2　生物质燃料流化床燃烧装置

单独的生物质形状不规则呈线条状、多边形、角形等形状，当量直径相差大，受到气流作用容易破碎和变形，在流化床中不能单独进行流化。通常加入廉价、易得的惰性物料，如沙子、白云石等，使其与生物质构成双组分混合物，从而解决了生物质难以流化的问题。

流化床的密相区主要由媒介质组成，生物燃料通过给料器送入密相区后，首先在密相区与大量媒介质充分混合，密相区的惰性物料温度一般在850～950℃之间，具有很高的热容量，即使生物质含水率高达50%～60%，水分也能够迅速蒸发掉，使燃料迅速着火燃烧。加上密相区内燃料与空气接触良好，扰动强烈，因此燃烧效率显著提高。

瑞典通过将树枝、树叶、森林废弃物、树皮、锯末和泥炭的碎片切碎，然后送到热电厂，在大型流化床锅炉中燃烧利用。美国爱达荷能源公司生产的媒体流化床锅炉，其供热$1.06 \times 10^8 \sim 1.32 \times 10^8 \, \text{kJ/h}$。我国哈尔滨工业大学开发的12.5t/h甘蔗流化床锅炉、4t/h稻壳流化床锅炉、10t/h碎木和木屑流化床锅炉也得到应用，燃烧效率可达99%。

50.2.3.3　生物质燃料扩散燃烧装置

扩散燃烧方法是利用机械动力或风力将粉碎后的生物质燃料（稻壳、细碎秸秆等）分散，然后在空气中燃烧。这种炉子由于在燃烧室中生物质燃料和空气接触较为充分，所以燃烧完全，温度也较稳定。

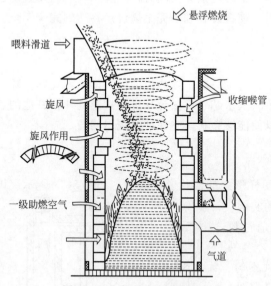

图50-9　生物质多室燃烧装置

（1）生物质多室燃烧装置

结构如图50-9所示，采用了变截面炉膛，多室燃烧，顶部进料，底部不通风等措施。燃料从紊流度最大部位进入燃烧室，使大颗粒燃料与小颗粒燃料分离。

旋风作用使小颗粒燃料与大颗粒燃料分离，并处于悬浮燃烧状态。较重燃料颗粒才能落到炉底料堆。因无细小颗粒，空气和辐射热能穿透料堆。40%的燃料在悬浮状态下完成燃烧。细小颗粒燃料不进入床底燃料堆，便于空气流通和辐射热传递，使燃料能快速干燥和燃烧。在炉底不通空气的情况下，也能获得高燃烧率。

二级助燃空气从喉管处切向进口引入，产生旋流，使燃料和空气充分混合。一级助燃空气从炉膛下部反射墙上的小孔引入。

收缩喉管加强空气的速度和紊流度。各室的气道和调节门分开，便于控制和各室清理。

（2）生物质同心涡旋燃烧装置

结构如图50-10所示，由炉膛、液压柱塞进料器、切向进风装置等组成。特点是炉算在炉底一侧，底部不进风，空气从上部切向进入，排气采用喷射原理，并利用空气层隔热。

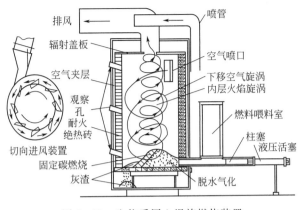

图 50-10　生物质同心涡旋燃烧装置

工作时，助燃空气从顶部的进气口切向进入炉膛，形成向下运动的旋涡。在下降过程与火焰中的挥发气体和燃料微粒相混合。由于外部旋涡的作用，内部火焰也形成一个向上的强烈涡流。在涡流作用下，火焰中未燃烧的燃料颗粒和灰粒被向外分离，进入外层旋涡后被重新带回炉底。

同心旋涡的作用一方面是增强挥发气体与空气的混合程度，延长燃烧时间，使燃料充分燃烧。另一方面是利用离心分离原理，减小烟气中的灰粒。

燃料从炉膛一侧由柱塞推入，在炉算上逐渐由入口向灰口运动。在运动中依次完成脱水、挥发燃烧和固定碳燃烧三个过程。

由于炉底不通风，加之同心旋涡的净化作用，烟气比较洁净。

试验结果：烟气平均温度 500℃，最高 700℃，热效率 50%～80%，平均值 64%，排气无味、清洁。

（3）生物质两级涡旋燃烧装置

结构如图 50-11，由第一燃烧室、第二燃烧室、进料装置等组成。特点是有两级涡流燃烧室，切向进气，底部进料并预热空气等。燃料进入第一燃烧室，完成脱水、挥发分气化、固定碳燃烧。挥发气体进入第二燃烧室后方才燃烧。

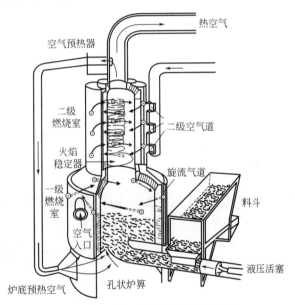

图 50-11　生物质两级涡旋燃烧装置

（4）生物质倾斜炉排涡旋燃烧装置

结构如图 50-12 所示，采用倾斜炉排使进料更容易。燃烧过程在一个主燃烧室和两个辅助燃烧室中完成，进入燃烧室的空气经炉壁预热到 93～205℃。排气采用喷射原理，可避免泄漏，且进风、排气共用一个风机。

试验表明，一级燃烧室的温度可达 750～800℃。二级燃烧室的温度可达 850～1350℃。出口烟气温度控制在 100～150℃，进入干燥机前温度降为 80～100℃。

如果除尘比较彻底，上述三种形式的生物质燃烧装置都可以用来直接加热热风，但层状燃烧装置中由于存在不完全燃烧，烟气中含有比较多的有害气体，所以目前主要是用在间接加热热风炉上；流化床燃烧装置由于设备造价较高，操作条件控制比较复杂，目前主要用在锅炉和气化炉上；扩散燃烧装置虽然燃烧比较完全，但造价比较高，操作复杂，在国外得到应用，但在国内还没有实际应用。

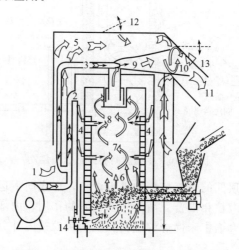

图 50-12　生物质倾斜炉排涡旋燃烧装置

1—环境空气；2—助燃空气；3—空气喷嘴；4—预热空气；5—炉底空气；6—一级燃烧和热解；
7—二级燃烧和涡流；8—三级燃烧和涡流；9—喷流嘴；10—烟气与空气混合；
11—混合空气送入干燥机；12—通风门；13—排气门；14—排灰门及炉底进气控制装置

50.2.4　液体燃料直接加热热风炉

50.2.4.1　液体燃料燃烧装置

液体燃烧装置中关键部件是燃烧嘴，通常称油烧嘴，液体燃烧装置主要按油烧嘴的形式分类。油烧嘴的形式主要分为蒸发式和雾化式。工业上用的大部分是雾化式烧嘴。按雾化方法大致可分为：机械喷嘴，高压雾化喷嘴，低压雾化喷嘴与复合喷嘴四类。其中高压喷嘴和低压喷嘴在工业加热方面应用较广。油烧嘴的特性及用途见表 50-2。油烧嘴虽然形式各异，但正确的雾化最重要。雾化将直接影响液体燃料是否能完全燃烧及燃烧后气体中有无明显灰分，进而影响干燥产品的纯度及颜色。

表 50-2　油烧嘴的特性及用途

项目	低压空气式		高压气流(雾化)式		油压式		旋转式烧嘴
	连动型	非连动型	内混合型	外混合型	回油型	非回油型	
燃油量/L·h⁻¹	1.5~120	4~180	10~5000	10~600	50~10000	50~10000	10~300
油压/kg·cm⁻²	0.4~1	0.1~0.3	2~9	0.2~1	5~40	5~70	0.5~10
雾化压力/(kg·cm⁻²) /mmH₂O	400~2000	400~2000					1~3
雾化介质量/(m³·kg⁻¹) /(kg·kg⁻¹)	2~3	1~3	A0.2 S0.25	A0.26 S0.33	—	—	空气
要求燃油黏度/°E	一般5~10或≤8，有的3~5		一般5~10或≤15，有的4~6		一般≤7,有的2~3.5		一般≤8，有的2~5
雾化介质	空　气	空　气	空气或蒸汽	空气或蒸汽	—	—	空气盘的旋转

续表

项目	低压空气式		高压气流(雾化)式		油压式		旋转式烧嘴
	连动型	非连动型	内混合型	外混合型	回油型	非回油型	
燃烧用空气压力/mmH$_2$O	400～200	100～2000	0～250	0～50	100	100～300	0～100
燃烧调节范围	4～6∶1	4～8∶1	8∶1	6∶1	3∶1	1.5～2∶1	2～10∶1
火焰特性	短焰	较短焰,长焰	短焰,长焰	较长焰	短焰	短焰	短焰
优点	操作简便,可用单手柄进行比例控制,设备运转费便宜		雾化好(微粒)不易堵塞		燃烧声音小运转费少		便宜、操作简便
缺点	需要鼓风机		要动力费	要动力费	不随负荷而变动,需高压泵		通常调节范围小

注:1mmH$_2$O=9.80665Pa。

（1）机械喷嘴

① 油压式机械喷嘴　油压式机械喷嘴也称离心式喷嘴,主要是借助于高压油流从小孔喷出时压力的突然降落使油流分裂、破碎而实现雾化。现在这类喷嘴多数都同时采用涡流装置以增强雾化效果。其工作原理如下:燃油在一定压力差作用下切向进入喷油嘴旋流室,在旋流片的作用下产生高速旋流运动,然后从喷油嘴的喷口喷出,从而雾化成许多小油滴。图50-13 给出了简单离心式喷油嘴的工作原理。图 50-14 给出了简单离心式喷油嘴的基本结构。

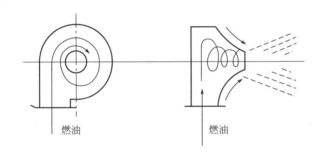

图 50-13　离心式喷油嘴工作原理

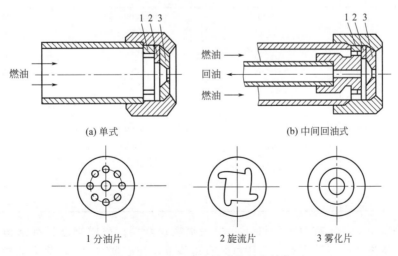

(a) 单式　　　　　　　　　　(b) 中间回油式

1 分油片　　　　　　2 旋流片　　　　　　3 雾化片

图 50-14　离心式喷油嘴的基本结构

油压式机械喷嘴的优点主要是体积小,结构简单、紧凑,不用雾化剂,噪声低,空气可预热，运行费用低等。缺点主要为雾化质量差和调节比小。无回油的调节倍数为 2，有回油的也只能达到 4 左右。

油压式机械喷嘴的流量可由下式求得：

$$Q = c_0 \pi \left(\frac{d_e}{2}\right)^2 \left(\frac{2g p_0}{\rho}\right)^{0.5} \tag{50-29}$$

式中，p_0 为进入涡流室的液体与外界压力差，Pa；Q 为流量，m^3/s；d_e 为喷口直径，m；ρ 为燃料油密度，kg/m^3；c_0 为流量系数，$c_0 = \left[1 - \left(\frac{d_c}{d_e}\right)^2\right]^{0.5} - \left(\frac{d_c}{d_e}\right)^2 \ln \left\{\left(\frac{d_e}{d_c}\right) + \left[\left(\frac{d_e}{d_c}\right)^2 - 1\right]^{0.5}\right\}$；$d_c$ 为喷口处环状液流的内径，由公式 $\left[\left(\frac{d_e}{d_c}\right)^2 - 1\right]^{0.5} - \left(\frac{d_c}{d_e}\right)^2 \ln \left\{\left(\frac{d_e}{d_c}\right) + \left[\left(\frac{d_e}{d_c}\right)^2 - 1\right]^{0.5}\right\} =$ K 变换求得，m；K 为涡流室特性参数，$K = \frac{4A_i}{\pi d_e d_i}$；$A_i$ 为涡流室入口面积，m^2；d_i 为涡流室外径，m。

油压式机械喷嘴喷雾角由下式求得：

$$\alpha_0 = 2\tan^{-1}\left[\frac{k}{(1-k^2)^{0.5}}\right] \tag{50-30}$$

式中，k 为空洞系数，$k = d_c/d_e$。

雾化油滴平均直径由下式求得：

$$d_m = 7.98 t_0 \sqrt[4]{\frac{\sigma}{p_0 t_0}} \sqrt{(1-k)^3} \left(1 + 0.37\sqrt{\frac{l}{d_e}}\right)(1 + 19.7 e^{-4.13K}) \tag{50-31}$$

式中，d_m 为平均雾滴直径，m；σ 为液体的表面张力，kg/m；l 为喷孔平行部分的长度，m；t_0 为喷孔表面上液膜的理论厚度，$t_0 = \frac{d_e}{2}(1-k)$，m。

k 与 K、c_0、α_0 的关系列于表 50-3 中。应该指出的是，上述计算油压式机械喷嘴特性参数和流量都是在理想的状况下得出的，实际应用时应根据实际情况进行修正。

表 50-3　k 与 K、c_0、α_0 的关系

k	K	c_0	$\alpha_0/(°)$
1.00	0.0000	0.0000	180.0
0.9	0.0639	0.0575	128.3
0.8	0.1955	0.1564	106.3
0.7	0.3933	0.2753	88.8
0.6	0.6742	0.4045	73.7
0.5	1.0736	0.5368	60.0
0.4	1.6646	0.6658	47.2
0.3	2.618	0.7853	34.9
0.2	4.441	0.8881	23.1
0.1	9.651	0.9651	11.5
0	∞	1.0000	0.0

枪式燃烧器是一种比较典型的油压式机械喷嘴燃烧器。该燃烧器具有结构紧凑、体积小，重量轻，燃烧效率高等优点。它还可装有可编程序控制器（PC），除完成燃烧器的控制外，还能对加热炉的液位、压差、进出口温度等进行精确的控制。具有全自动启动、控制、监测、关机等功能。根据被测温度可自动调节风门和喷油量。装置结构见图 50-15。主要规

格和性能见表 50-4。

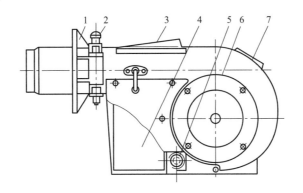

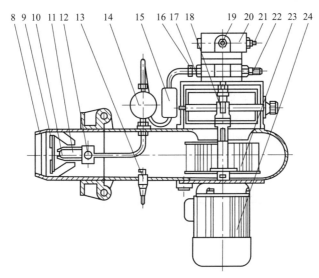

图 50-15 枪式燃烧器结构示意图

1—连接法兰；2—插销；3—观火窗；4—点火变压器；5—航空插销；6—蜗壳；7—燃烧标志；

8—扩散口；9—稳焰板；10—喷油嘴；11—点火棒；12—点火棒固定螺栓；13—火焰感受器；

14—电磁阀；15—压力表；16—调节阀门；17—出油接头；18—联轴器；19—回油头接头；

20—油泵；21—压力调节螺栓；22—进油接头；23—叶轮；24—电动机

表 50-4 枪式燃烧器主要规格和性能

型号	MINOR1	MINOR4	MINOR8	MINOR12	MINOR20	MINOR30
最大热量/kW	29.6	53	93	140	238	326
最小热量/kW	20	21	46.5	70	119	178
最大燃烧轻油量/kg·h^{-1}	2.5	4.5	8	12	20	27.5
最小燃烧轻油量/kg·h^{-1}	1.7	1.8	4	6	10	15
电压(单相)(50Hz)/V	220	220	220	220	220	220
鼓风机功率/W	50	75	100	130	200	250
马达电容/μF	3.15	3.15	4	5	6.3	8
鼓风机转速/N	2800	2800	2800	2800	2800	2800
点火变压器/kV·mA^{-1}	E8/20	10/20	10/20	10/20	12/20	12/20
燃烧程序控制器 LANDIS	LOA21	LOA21	LOA21	LOA21	LOA21	LOA21
柴油热值/kcal·kg^{-1}	10200			最大黏度/°E(20℃)		1.5

注：1cal=4.1868J。

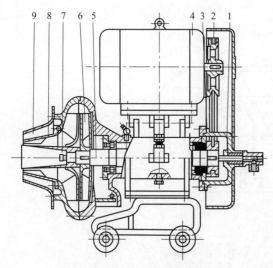

图 50-16　转杯式机械喷嘴示意图
1—进油管；2—皮带轮；3—进油体；
4—电动机；5—转轴；6—叶轮；
7—转杯；8——次风嘴；9—二次风嘴

种喷嘴已广泛应用于干燥的热风炉上。

喷嘴的结构型式见图 50-16，其主要性能见表 50-5。

由于在燃烧过程中，被加热的气体里会带有火星，所以要注意防火。需加火星消除装置（如铁丝网等）。

② 转杯式机械喷嘴　转杯式机械喷嘴是将油导入高速旋转的扩张形杯中，离心力将油推向杯口并使油向四周分散均匀地甩出，并与周围的高速气流相撞，从而取得良好的雾化效果。

转杯式机械喷嘴可采用低油压，不需要高压油泵，不易堵塞，操作简便，雾化效果较好。油的平均雾化粒度细而均匀，一般在 $45 \sim 50 \mu m$ 左右，因而油耗低，烟尘污染小，经济性较高。并可用自备电动机同时带动油泵供油，具有灵活性，对分散使用的中、小型炉比较适用。另外，结构紧凑、运行费用低、工作可靠也是其优点。缺点是结构复杂、造价较高与不便于预热空气等。目前这

表 50-5　ZBF 系列转杯油喷嘴主要技术性能

型号	ZBF-0	ZBF-1	ZBF-2	ZBF-3	ZBF-4	ZBF-5	ZBF-6
最大燃油量/kg·h^{-1}	20	50	150	250	500	700	1000
调节比	5	5	5	5	5	5	5
燃油器前油压/kgf·cm^{-2}	0.2	1	1.2	1.5	1.5	1.5	1.5
一次风量/m^3·h^{-1}	220	650	1030	1490	1490	2500	3600
一次风压/mmH$_2$O	70	190	380	430	430	600	600
二次风量/m^3·h^{-1}	/	/	770	1510	4510	5900	8400
二次风压/mmH$_2$O	/	/	/	/	600	600	600
雾化粒度/μm	60	52	30	42	60	/	/
雾化炬射程/m	0.8	1.8	2.5	3.5	4	/	/
雾化炬张角/(°)	60	60~80	60~80	70~80	70~80	/	/
要求炉膛压力/mmH$_2$O	±0	±0	-1~-2	-3~-5	±0	±0	±0
电动机功率/kW	0.6	0.8	1.8	3	3	0.6	0.8
转杯转速/r·min^{-1}	5040	5220	4700	5000	4500	4700	5000
燃油器重量/kg	36	48	111	149	173	111	123
燃油器尺寸/mm	486×454×240	565×554×332	720×680×430	820×744×480	876×750×814	716×538×410	700×660×550

注：1mmH$_2$O=9.80665Pa；1kgf/cm^2=98.0665kPa。

（2）高压雾化喷嘴

高压雾化是指以压力较高的压缩空气或过热蒸汽作雾化剂并使它们高速喷出，雾化剂喷

出速度有的超过声速，所以对油滴的破碎力强，雾化颗粒很细。但高速喷出也使油雾流速高，从而造成混合较难、火焰拖长，并需要较高的空气系数才能实现完全燃烧。

按结构形式，高压喷嘴又分外雾式、内雾式、二级雾化式、涡流式等。使用压缩空气与蒸汽的喷嘴在结构上没有区别。包括雾化用压缩空气，高压喷嘴的一般空气系数为 1.20～1.30。

高压喷嘴有雾化好、结构简单、调节比大、燃烧能力范围宽、便于利用烟气余热预热空气等优点，缺点主要是雾化成本高、工作时噪声较大。

① 外雾式高压喷嘴　外雾式高压喷嘴仅由燃油内管和雾化剂外管构成，十分简单。图 50-17 为一种典型的外雾式高压喷嘴（舒霍夫式喷嘴）示意图。在这种喷嘴内雾化剂与油流以 25°～30°的夹角相遇，火焰细长（大规格的为 7m 左右，小规格的为 2～4m），张角 15°～35°。喷嘴规格尺寸及性能数据可从一般手册中查得。

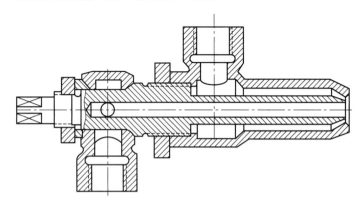

图 50-17　外雾式高压喷嘴示意图

外雾式高压喷嘴的流量可由下式计算：

$$Q = c_d g A \sqrt{\frac{2\kappa}{\kappa-1} p_1 \rho_1 \left[\left(\frac{p_2}{p_1}\right)^{\frac{2}{\kappa}} - \left(\frac{p_2}{p_1}\right)^{\frac{\kappa+1}{\kappa}} \right]} \tag{50-32}$$

式中，c_d 为流量系数；A 为喷口面积，m^2；g 为重力加速度，m/s^2；p_1 为喷前压力，Pa；p_2 为喷嘴出口压力，Pa；ρ_1 为喷前密度，kg/m^3；κ 为比热容系数，$\kappa = c_p/c_v$；c_p 为定压比热容，$kJ/(m^3 \cdot K)$；c_v 为定容比热容，$kJ/(m^3 \cdot K)$。

雾滴直径可由下式计算：

$$d_m = \frac{585}{v_r} \sqrt{\frac{\sigma}{\rho_1}} + 597 \left(\frac{\mu_1}{\sigma \rho_1}\right)^{0.45} \left(\frac{1000 Q_1}{Q_a}\right)^{1.5} \tag{50-33}$$

式中，d_m 为平均粒径，μm；ρ_1 为燃料油密度，g/cm^3；v_r 为气、液两流体间的相对速度，m/s；Q_1 为液体流量，m^3/s；Q_a 为气体流量，m^3/s；σ 为液体的表面张力，10^{-3} N/m；μ_1 为燃料油的黏度，$10^{-5} N \cdot s/cm^2$。

② 内雾式高压喷嘴　内雾式高压喷嘴由外雾式喷嘴的燃油嘴子缩短而成。因其雾化在喷嘴内部进行，故有两个重要优点，一是雾化效果更好，二是燃油嘴子受辐射热的影响减小，不易结焦堵塞，不过火焰仍细而长。使用这种喷嘴要注意适当提高油压，避免"反压力"阻碍油的流出。另一种内雾式高压喷嘴示意图如图 50-18 所示，该喷嘴将油分成数小股流出，可使火焰缩短。

③ 两级雾化式高压喷嘴　两级雾化有增强雾化的作用，适于大型喷嘴。图 50-19 是一

种带有拉瓦尔喷管结构的两级雾化式高压喷嘴示意图。该喷嘴 7 个规格的主要尺寸与性能见表 50-6。

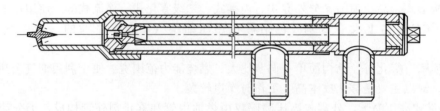

图 50-18　内雾式多孔高压喷嘴示意图

喷嘴性能：

燃烧能力：270kg/h；油压：0.49MPa；油温：80℃；火焰长度：1.5～3.0m；

空气预热温度：300℃；过热蒸汽压力：0.7845MPa；蒸汽耗量：0.5kg/kg

表 50-6　两级雾化式高压喷嘴的规格与性能

型号	d_1/mm	d_2/mm	d_3/mm	d_4/mm	d_5/mm	d_6/mm	B/kg·h^{-1}
1	3.0	10	10.8	12	16	17	100
2	3.8	10	11.3	15	19	20	150
3	4.3	10	11.7	17	21	22	200
4	5.3	10	12.5	21	25	26	300
5	6.0	10	13.0	24	28	29	400
6	6.8	13	16.0	27	31	32	500
7	7.5	13	16.5	29	33	34	600

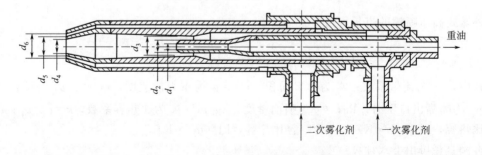

图 50-19　两级雾化式高压喷嘴示意图

拉瓦尔喷管为有一定扩张角的管子，气流在这里因压力下降和体积膨胀而获得很高的速度，速度可大大超过音速，所以雾化效果好。不过须注意在拉瓦尔管内气体产生绝热膨胀，气流温度会下降很多，因此一次雾化剂要用过热蒸汽或预热的压缩空气（200～300℃）才会有好效果。

二级雾化的另一个优点是可通过一、二次雾化剂的适当比例调整火焰长短。其缺点主要是雾化剂耗量较多。

④ 涡流式高压喷嘴　在喷嘴内安装涡流片，使雾化剂激烈旋转的高压喷嘴，即为涡流式高压喷嘴。由于旋流作用，雾化与混合效果均大大增强，故火焰显著缩短。一种涡流式高压喷嘴的结构示意图如图 50-20 所示，主要规格及性能见表 50-7。喷嘴要求油压 0.03MPa，雾化剂压力 0.3MPa，火焰长 1～2.5m，张角 45°～75°。在上述几种高压喷嘴中涡流式的火焰最短，可用于中小型炉子。

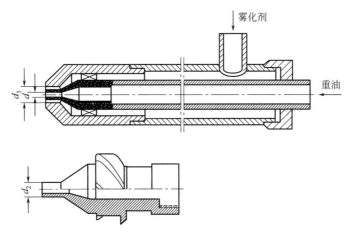

图 50-20　涡流式高压喷嘴结构示意图

表 50-7　涡流式高压喷嘴规格与性能

型号	d_1/mm	d_2/mm	d_3/mm	B/kg·h^{-1}	蒸汽消耗/kg·h^{-1}	压缩空气消耗/kg·h^{-1}
1	1.5	3.5	4.0	3～15	3.2	5.4
2	2.0	4.0	5.0	4～30	6.5	11
3	2.5	4.5	6.0	6～60	13.0	22
4	3.5	6.0	8.5	12～120	26.0	44
5	4.0	6.5	9.5	18～180	39.0	66

（3）低压雾化喷嘴

低压雾化喷嘴的特点是以燃烧的全部或大部分（60％以上）助燃空气作雾化剂，并由通风机供风，只是风压较一般助燃风要高。因为通风机空气压力较压缩空气低，故习惯称为低压喷嘴。

虽然通风机风压低，但因在雾化的同时进行了混合，结果这类喷嘴的火焰反而较短，并可在较小的空气系数（1.10～1.20）条件下实现完全燃烧。这种喷嘴通常由通风供给所需风量的 60％～100％，喷嘴未密闭安装或有吸风套的可吸进最多达 40％的空气。

低压喷嘴的主要优点是燃烧效果好，雾化成本低，噪声小，燃烧过程容易控制；缺点是调节比小，燃烧能力受限制，不便于以烟气余热预热空气等。这类喷嘴在中小型加热炉上应用较多。

① 低压直流式喷嘴　图 50-21 为常见的低压直流式喷嘴结构，通过燃油嘴子前后滑动改变空气出口截面积来调节风量是这种喷嘴的主要结构特点，但因此也增加了防漏的难度。这种喷嘴的缺点主要是雾化差、调节比小。

该喷嘴火焰细长（约 0.7～2.3m），张角 10°～20°，调节比 2.5 左右。

② 低压旋流式喷嘴　空气出口截面不可调的低压旋流式喷嘴如图 50-22 所示。图中的这种喷嘴原称 K 型喷嘴，以火焰短

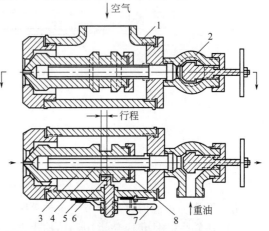

图 50-21　低压直流式喷嘴示意图

1—喷嘴体空气管；2—燃油阀；3—调风外套管
（燃油嘴子）；4—燃油管（内套管）；
5—风量指针与刻度盘；6—偏心轮；
7—调风手柄；8—密封垫

而明亮、张角大、燃烧稳定、易操作等优点而曾较多地为人们采用。它的针阀还有清扫燃油喷口的作用。其主要缺点是调节比太小，仅 1.5 左右，已不能满足大多数情况下的需要。

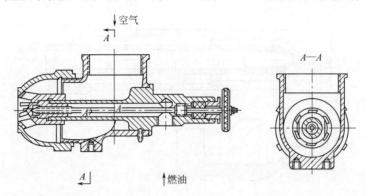

图 50-22　低压旋流式（K 型）喷嘴示意图

可调空气出口的低压旋流式喷嘴是针对上述出口不可调的喷嘴改进而成的。其调节比增大到 3～3.5，如将供风压力提高至 6865Pa，则调节比可达到 4.3。

③ 二级雾化式低压喷嘴　采取二级雾化的低压喷嘴很多，但效果较好的是同时空气出口可调的喷嘴。图 50-23 为我国一些单位采用的二级雾化式喷嘴，这是一种较好的喷嘴。该喷嘴的二次空气出口可调，一次风借助于旋流片，故雾化良好，燃烧稳定，点火容易，调节比为 4 左右。

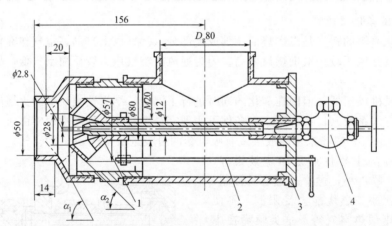

图 50-23　二级雾化（Z 型）喷嘴（$\alpha_1 = 60°$，$\alpha_2 = 45°$或 60°）
1—可调风帽；2—移动杆；3—端盖；4—油阀

北京某厂在可调出口的低压旋流式喷嘴基础上增加一次空气形成两级雾化，从而研制成功了可调出口的二级雾化式低压旋流喷嘴，使雾化可调性能进一步得到提高，如图 50-24 所示。该喷嘴在油风比为 1∶20 时仍能稳定地燃烧。

④ 比例调节式喷嘴　比例调节式喷嘴是油、风连锁调节并保持燃烧配比不变的喷嘴，主要用于燃烧和炉温的自动调节。这种喷嘴结构复杂，制造要求高，使用条件严格，一般在炉子上应用较少，且获成功运用的结构类型亦不多。

在国内应用比较成功的低压比例调节式喷嘴是 DB-1 型低压比例调节喷嘴。这是一种三级雾化喷嘴，二次与三次空气出口可调，并配有旋流叶片。油量由手轮调节，旋塞阀杆（油芯管）随手轮旋转，旋塞上的通油路即改变通断面积控制油量。转动操纵杆时传动套带动调风滑套旋转（离合器连接），通过螺旋导向槽和导向销的作用使滑套进或退，从而改变二、

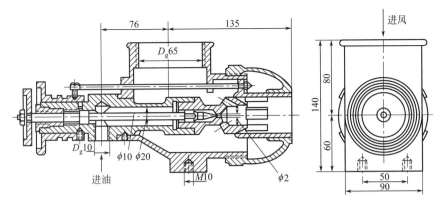

图 50-24 可调出口二级雾化式低压旋流喷嘴示意图

三次风出口截面以控制风量。拧紧压紧螺母后,手轮和操纵杆联动,即可实现油风比例调节。喷嘴前油压要求为 0.040MPa,风压 4.0~12.0kPa,燃油黏度为恩氏黏度 3.75。该喷嘴还设有吸风套,可吸进 40% 左右的助燃空气。

比例调节喷嘴的运行条件很严格,须注意油密度、黏度和压力等参数的调整与控制,燃烧器油风比的个别调整可借助吸风套解决。

另一种比例调节喷嘴 F 型油压比例调节喷嘴是我国燃烧领域工作者本着结构简单、经济实用、便于自动控制等原则研制成功的新型喷嘴。该喷嘴由壳体、油喷头、后套、空气喷头、柱塞套、柱塞、柱塞盘、波纹管外环、波纹管、吊环、丝堵、紫铜密封环、固定螺钉、波纹管内环、波纹管外环、螺母、油风比例调节旋钮、压套、后盖、螺钉、连接板、连接手、紫铜密封圈、弹簧、拉杆组成。以油压为主控制量,通过油压变化使波纹管产生机械作用带动通油柱塞和空气喷头前后滑动,从而同时调节油量与风量,并使它们之间保持一定比例不变(油量在油压和通油槽作用下呈线性变化)。这种喷嘴设计的调节比为 6,虽较 R 型的低,但投资可大大减少(喷嘴减少 30%,整个系统减少 50%),燃烧性能和比值保持性亦好,因而是一种有实用价值的较好的喷嘴,如图 50-25 所示。

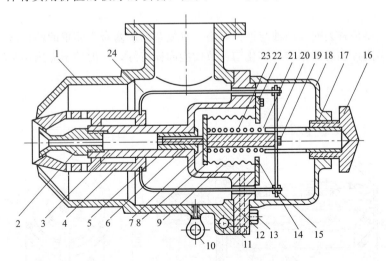

图 50-25 F 型油压比例调节喷嘴示意图

1—壳体;2—油喷头;3—后套;4—空气喷头;5—柱塞套;6—柱塞;7—柱塞盘;8—波纹管外环;9—波纹管;10—吊环;11—丝堵;12—紫铜密封环;13—固定螺钉;14—波纹管内环;15—螺母;16—油风比例调节旋钮;17—压套;18—后盖;19—螺钉;20—连接板;21—连接手;22—紫铜密封圈;23—弹簧;24—拉杆

⑤ RK 型低压油喷嘴　RK 型低压油喷嘴结构见图 50-26。雾化效果良好，燃烧完全，火焰较短，其规格性能见表 50-8。

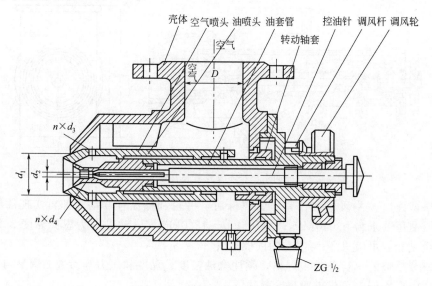

图 50-26　RK 型低压油喷嘴结构

表 50-8　RK 型低压油喷嘴性能表

名称		RK40			RK50			RK80			RK100		
最大燃烧能力 /kg·h⁻¹	风套全闭时	10.5	13	15	14	17.5	20	31	35	43.5	54	65	75
	风套全开时	12	15	17	16	20	23	35.5	40	50	62	75	86
空气最大消耗量/m³·h⁻¹		115	143	164	153	193	220	340	384	476	590	712	820
喷嘴前空气压力/Pa		3920	5884	7845	3920	5884	7845	3920	5884	7845	3920	5884	7845
油的压力/MPa		0.1			0.1			0.1			0.1		

（4）其他型喷嘴

在 R 型喷嘴基础上简化结构，且不采用比例调节的两种三级雾化喷嘴示意图如图 50-27 所示。这种喷嘴主要是省去喷嘴回油与连锁机构，改复杂的旋塞阀为简单的凹口阀和针阀，保留了三级雾化、涡流片和滑套结构，雾化与调节性能同样良好，一般炉子应用还是较好的。

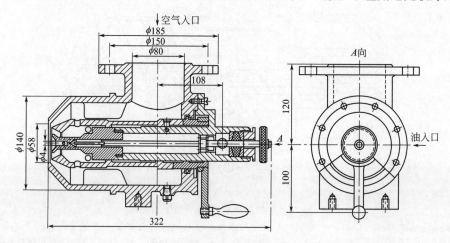

图 50-27　R-C-3 型喷嘴示意图

喷嘴性能：　耗油量 4.7～29kg/h；油压 0.05～0.1MPa；

燃油恩氏黏度＜7；油温 80～100℃；风量 55～334m³/h

风压 4～8kPa

图 50-28 是一种特殊的再循环式喷嘴示意图，其结构特点是在燃烧室内有一内套管使燃烧产物保持较多的回流（再循环），从而使油雾同高温烟气混合并在迅速气化的情况下燃烧，以达到接近于气体燃料燃烧的状况和效果。这种喷嘴也称气化式喷嘴。这种喷嘴还有减少氧化氮生成量的作用，这是一种新型的低氧化氮燃烧器。

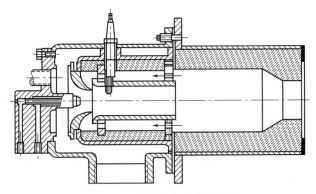

图 50-28　再循环式喷嘴示意图

50.2.4.2　液体燃料直接加热热风炉

重油和渣油含杂质较多，而且燃烧控制比较困难，存在不完全燃烧，因此大多用在间接加热。有些陶瓷、水泥等的干燥加热也采用直接重油燃烧或重油和煤粉混合燃烧。

由于轻油易于完全燃烧，污染比较小，因此燃油干燥设备大都采用直接加热方式，尤其是用于干燥农产品的场合。在干燥装置中直接燃烧时，大部分采用 0 号轻柴油。

（1）燃烧器系统结构

燃烧器系统主要包括：油贮槽、油过滤器、流量计、喷油嘴、供油泵、油压调节阀及油配管等，其工作原理见图 50-29。其工作过程是接通电源，燃烧器的电动机转动同时带动鼓风机和油泵，且在喷油嘴前的点火棒产生电弧，但并不立即喷油，而是对燃烧室进行吹扫数秒，吹走可能存在的有害气体之后，再喷油点火。进入燃烧阶段，此过程约10～15s，如点火不成功，电眼约在 20s 左右探测不到火焰，燃烧器本身的控制器将切断电源并点燃报警指示灯。

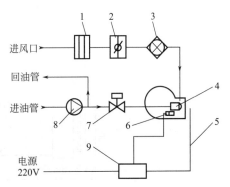

图 50-29　燃烧器系统工作原理图
1—进风口；2—风门；3—鼓风机；4—喷油嘴；
5—点火棒；6—电眼；7—电磁阀；
8—油泵；9—控制器

辅助装置油配管如图 50-30 所示。

（2）直接加热燃油热风炉结构及特性

如图 50-31 所示，为移动式直接加热燃油热风炉。工作时，燃油经燃烧器喷射燃烧，产生的高温烟气与进入的外界空气混合成要求的温度后，被风机压入（或吸入）干燥装置。这种形式的燃油空气加热炉结构比较简单，把全部燃烧的热量都基本加到要加热的空气中，热效率比较高。

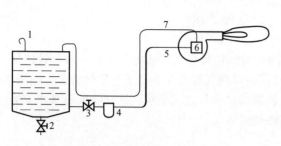

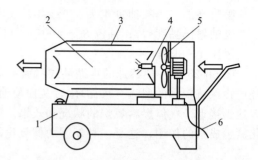

图 50-30 油配管示意图

1—透气孔；2—排污阀；3—油箱开关阀；

4—滤油器；5—进油软管；

6—油泵；7—回油软管

图 50-31 直接加热式燃油热风炉
结构示意图

1—油箱；2—燃烧室；3—辐射板；

4—燃烧器；5—风机；6—电源线

图 50-32 是用于水泥生料烘干的燃油热风炉，其炉体是一个钢结构的双层壳体，壳体内砌筑内衬，壳体的夹层为冷却风通道，由急冷风机供给的冷风经此风道与炉内高温热气流汇合，混合后的热风经热风道进入干燥机；内衬由耐火浇注料砌筑而成，用于隔热并保护钢壳体。其内的炉膛是热风炉进行热交换的主要场所；燃烧器采用法国皮拉德燃烧器；燃烧室主要由整流座、整流罩、套管、壳体、叶片机构组成，是放置燃烧器并将燃油雾化喷入炉膛的装置；燃气室与炉体和燃气风机相连，在与燃气风机的接口处设置手动调节阀，以调节供入的气流大小。该部件主要起供燃烧室空气的作用；急冷风机为燃油热风炉的主要风源，由它提供的冷风除冷却内衬外，其余大部分是对炉膛内的热风进行混合以降低出炉热风的温度；燃气风机为燃烧室及炉膛中的燃油的燃烧提供足够的空气；换气风机点火时由该风机提供少量空气，同时也对燃烧器进行清洁，点火后即可停止工作；点火孔设置于炉体头部外侧，用于人工点火。表 50-9 是该燃油热风炉主要技术参数。

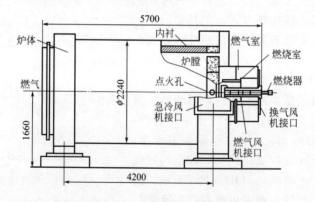

图 50-32 用于水泥生料烘干的燃油热风炉

表 50-9 $\phi 2.24m \times 5.7m$ 燃油热风炉主要参数

项目	技术参数		
热风炉	有效容积	12.5	m^3
	最大输出热量	22.15×10^6	kJ/h
	热风温度	≤670	℃
	最大流量	40000	m^3/h
燃料	10#轻柴油		
	低位热值	41800	kJ/h
	运动黏度	≤8	cSt[①]
	消耗量	600	kg/h

续表

项目		技术参数		
燃烧器	型号 燃油消耗量 燃油压力	MCRC 150～160 1.6～4		kg/h MPa
急冷风机	型号 风量 风压 电动机功率	47-72No10D 35529 1187 18.5		m³/h Pa kW
燃气风机	型号 风量 风压 电动机功率	47-72No1bc 13529 2637 15		m³/h Pa kW
换气风机	型号 风量 风压 电动机功率	47-72No4A 824 3584 2.2		m³/h Pa kW
总重量		18500		kg

① $1cSt = 10^{-6} m^2/s$。

图 50-33 为另一种结构的直接式燃油热风炉。燃油借助燃烧器在燃烧室中燃烧，所产生的高温烟气与来自室外且经过环形孔板均流后在环形通道内由前向后流动的空气在混合室中混合，达到所需温度后由热风出口输送到用热设备。

燃烧室用耐高温材料砌筑或用耐高温不定型材料现场浇筑。为了保持炉膛部分的坚固性，采用加固件来加固。起均流作用的环形孔板和内壳体采用耐热钢制作。在外壳体和外包装板之间，填有较厚的轻型隔热材料。在燃烧室砌体与外壳体之间，设置有环形冷空气通道以降低炉膛砌体的温度，延长其使用寿命，同时也可降低隔热层外表面温度以减少散热损失。

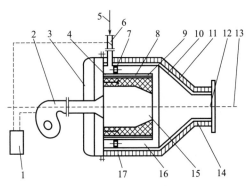

图 50-33　直接式燃油热风炉

1—控制柜；2—燃烧器；3—前壳体；4—加固件；
5—空气入口；6—调节风门；7—环形孔板；
8—燃烧室砌体；9—内壳体；10—外壳体；
11—外包装板；12—热风出口；13—热风；
14—混合室；15—燃烧室；
16—环形冷空气通道；17—轻型隔热材料

50.2.5　气体燃料直接燃烧热风炉

气体燃烧器可以从不同角度进行分类，按照燃烧方法的不同可分为两大类，即有焰燃烧器和无焰燃烧器。

50.2.5.1　气体燃料有焰燃烧装置

气体燃料有焰燃烧过程可分三个阶段，即混合、着火及燃烧。燃料的混合过程比燃烧过程要缓慢得多。因此，决定气体燃料燃烧方式和效果的主要因素是混合过程。故有焰燃烧器气体燃烧嘴按其燃料与空气的混合方式分成扩散式煤气嘴，引射式煤气烧嘴，半引射式煤气烧嘴。常用煤气烧嘴的技术性能见表 50-10。

表 50-10　常用煤气烧嘴的技术性能

形式及名称	烧嘴能力/10⁶kcal·h⁻¹ 最大	正常	最小	燃料 种类	热值/kcal·m⁻³	压力/kgf·cm⁻² 最大	正常	最小	空气 供给方式	过剩系数α	温度/℃	火焰特性
扩散式 DW-I型煤气烧嘴		6～600m³·h⁻¹		低热值	1300～4000	40～200mmH₂O			风压 200～250mmH₂O	1.15～1.20	任意	火焰长度约为烧嘴出口直径的32倍
扩散式 100万kcal煤气烧嘴	1.32	1.22	0.36	装置气	10130		1.5	0.46	常压吸入	1.20	常温	火焰直径 0.6～0.9m，长 2.8～3.5m
扩散式 150万kcal煤气烧嘴	1.77	1.47	0.59	天然气	8136	2.5	1.76	0.15	常压吸入	1.15	常温	
引射式 喷射式煤气烧嘴	4265 (19种规格)			低热值煤气	900～2000	400～1800mmH₂O (设计压力1000)			常压吸入	1.05	常温	（或预热 300℃以下）
引射式 TCP天然气烧嘴	300	8～200 (12种规格)	3.0	天然气	8350～10100	2.0	1.0	0.15	常压吸入	1.05	常温	
引射式 板式无焰烧嘴		7.5～22m³·h⁻¹ (3种型号)		高热值	10000	2.5	2.5	0.5	常压吸入	1.05～1.15	常温	
半引射式 裂解炉侧壁烧嘴	0.307	0.246	0.124	高热值	9240～7920	2.0	1.0	0.4	常压吸入	0.4～0.60	常温	
半引射式 一段炉侧壁烧嘴	0.32	0.234	0.1	天然气加驰放气	9574～1490	1.58	0.846	0.154	常压吸入	0.4～0.60	常温	
半引射式 一段炉顶部烧嘴	0.711	0.585	0.237	天然气加驰放气	6330～8136	1.76	0.6～0.8	0.14	常压吸入	1.10	35～65.5	
半引射式 一段炉烟道烧嘴	1.26	0.63	0.43	天然气加驰放气	6330～8136	1.76	0.40	0.20	常压吸入	1.10	35～65.5	
半引射式 圆筒炉顶部烧嘴	2.52	2.08		天然气	10083	1.76		0.18	常压吸入	1.15	常温	

注：1cal＝4.1868J；1mmH₂O＝9.80665Pa；1kgf＝9.80665N。

50.2.5.2　燃气有焰燃烧喷嘴

图 50-34 所示为燃料为天然气的有焰燃烧器结构简图，主要由风机、喷枪和燃烧室三大部分组成。喷枪又包括扩散式枪体和喷嘴，燃烧室包括外筒体和风罩。对干燥器有决定意义的是风罩和喷嘴两部件的设计。在不同的干燥器上应分别设计不同结构的风罩。360t/d 级浮法烤窑时采用了三种，一种是分段锥管式，用于投料口热风器；一种是分段圆孔式，用于熔化部末端；还有一种是分段长孔式，用于冷却部。三种结构的共同之处便是从火根段到火稍段的进风孔尺寸逐渐增大，目的是稳定燃烧火焰，使助燃风形成多股细流与天然气流以不同夹角相遇，增大燃烧面积，减少回火现象。喷嘴设计成中心主火孔与之成一定角度的环形火孔组成多孔喷嘴形式，不同尺寸的喷嘴分别用于不同部位的热风器中。喷嘴的多孔形式设计目的是使天然气迅速扩散，且使不同方向的热气流形成速度差，加强天然气的充分对流混合。

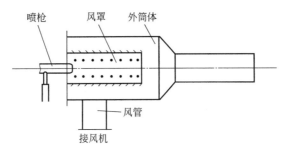

图 50-34　天然气有焰燃烧器结构

下面按习惯名称对燃烧器分类加以介绍。

（1）扩散式烧嘴

典型的自由射流扩散式烧嘴通常称为扩散式烧嘴，又称直管燃烧器。这种烧嘴结构很简单，在燃气供给管上钻一些小孔即成，如图 50-35 所示。燃烧所需的空气，依靠扩散从周围空间或从炉排下面吸入。

扩散式烧嘴采用层流扩散燃烧的较多，一般使用低热值或中热值燃气。这种燃烧器生产能力小，热效率低，主要在烘烤设备、家用炉具中及低温加热方面应用。火孔直径可在 0.5～5.0mm 之间选

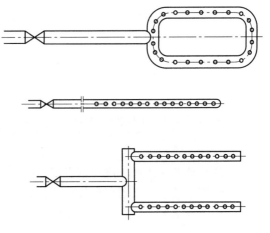

图 50-35　扩散式烧嘴示意图

择，间距视需要而定，只要保证不使火焰合并即可。火孔数量以其面积之和占通道截面的 50%～70% 为好。燃压一般在 500Pa 以下，流量可任意调节。

（2）引射式大气式烧嘴

引射式大气式烧嘴是一种借助于喷射作用吸入部分空气，然后空气与燃气混合流出在大气中燃烧的烧嘴。其燃烧仍是典型的扩散式的，但习惯称为大气式烧嘴，它由引射器和头部两部分组成（图 50-36）。其工作原理是利用煤气射流卷吸一次空气，并在引射器内混合，其相应的一次空气系数为 0.45～0.75，焦炉煤气的取下限，天然气的取中限，液化石油气的取上限。煤气与一次空气预混后由头部的火孔喷出，并从周围大气中获取二次空气，以进

行扩散燃烧。随着工况的变化，总空气系数为 1.3～1.8。由于吸进一次空气，因而这种烧嘴可用高热值燃气。

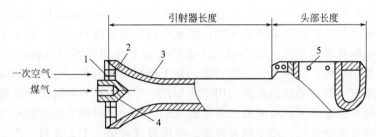

图 50-36　大气式烧嘴结构简图

1—调节板；2——次风进口；3—引射器喉部；4—煤气喷嘴；5—火孔

　　烧嘴的火孔直径、分布情况与扩散式烧嘴的相同。为保证各火孔有均匀的火焰高度，混合管截面积应为各火孔面积之和的 1.7～2.5 倍。烧嘴前燃气压头为 500～1000Pa，燃烧能力与火焰高度可随意调节，应用范围与扩散式烧嘴的相同。

　　由以上引射式大气燃烧器的工作原理可以看出它是带有部分预混的燃烧器，其特点是与纯扩散式燃烧器相比，其火焰温高、火焰短、火力强，燃烧比较完全，燃烧产物中 CO 含量低，但结构比较复杂，燃烧稳定性稍差；与强制通风燃烧器相比，不需要专设风机，投资少；工况调节范围较宽，但热强度和燃烧温度则较低。

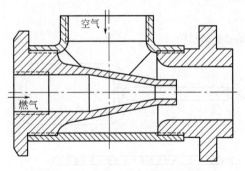

图 50-37　套管式低压烧嘴示意图

　　（3）低压烧嘴

　　低压煤气嘴指采用风机供风的强制紊流扩散燃烧的烧嘴，它包括同轴射流、交叉射流、旋转射流等几种类型，应用最广。烧嘴调节比一般在 10 以上。

　　图 50-37 为同轴射流的套管式低压烧嘴，其煤气通道和空气通道是两个同心套管，煤气和空气为两股平行气流，当这两股气流离开喷嘴开始混合。这种燃烧器不宜产生回火，火焰长，燃烧能力范围大，结构简单，气流阻力小，但混合较差。

　　典型的交角混合式低压烧嘴示意图如图 50-38 所示。这种烧嘴也称缝式烧嘴，火焰长度适中，燃烧能力较小。使用这种烧嘴要注意根据燃气密度来确定其导入位置（烧嘴体与头部均可转动 180°安装）。密度大于空气的燃气从上面导入，反之则由下面导入，这样有利于混合。

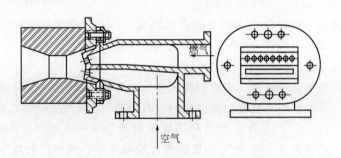

图 50-38　交角混合式低压烧嘴示意图

图 50-39 是一种低压涡流式烧嘴（DW-I 型）。DW-I 型烧嘴在通道内设有涡流导向片，空气在燃气周围被涡流片分为数股并以一定角度切向导入（旋转射流）与煤气混合，混合效果很好。由于空气道装有旋流片，使空气产生了切向分速。在旋转前进中与煤气相遇，强化了混合过程，因而可以得到较短的火焰，但是也增加了流动阻力。

导向片轴向角度有 30°和 45°两种，可加强煤气和空气的混合，因而火焰较短，火焰长度为烧嘴出口直径的 4～8 倍。燃烧所需要的空气靠风机鼓入。过剩空气系数取 $\alpha=1.15\sim1.20$。当煤气压力大于 800Pa，而又要维持原烧嘴能力时，则应在煤气进口处加节流垫圈以消除剩余压力。不同煤气与烧嘴的燃烧能力见表 50-11。DW-I 型烧嘴规格尺寸见表 50-12 及图 50-40，安装尺寸见表 50-13 及图 50-41。这种烧嘴由于结构简单、性能优良而得到了广泛的应用。

表 50-11　DW-I 型低压涡流式烧嘴的燃烧能力　　　　　单位：$m^3 \cdot h^{-1}$

煤气种类及发热量 /kcal·m^{-3}	烧嘴号数								
	1	2	3	4	5	6	7	8	9
焦炉煤气 $Q_d=4000$	6	12	18	25	50	85	125	190	250
混合煤气 $Q_d=2000$	11	22	32	45	90	150	230	350	480
发生炉煤气 $Q_d=1300$	—	—	45	60	120	200	300	450	600

注：1kcal=4.1868kJ。

表 50-12　DW-I 型烧嘴规格尺寸表　　　　　单位：mm

型号			DW-I-1	DW-I-2	DW-I-3	DW-I-4	DW-1-5	DW-I-6	DW-I-7	DW5-I-8	DW-I-9
A			228	265	288	334	394	429	—	—	—
B			202	239	262	304	364	399	459	527	587
C			90	100	115	130	150	175	200	225	240
E			58	62	70	96	120	120	165	170	155
M			100	123	130	142	170	195	208	255	314
K_1			145	180	200	240	270	310	335	380	420
D_1			65	80	95	115	135	160	190	220	250
D_2			75	90	105	125	150	180	205	235	265
l			8	8	10	10	10	10	12	12	12
d_2			21	30	37	44	62	78	96	115	130
D_3			130	140	140	160	190	210	—	—	—
D_4			100	110	110	130	150	170	170	200	225
n 孔 d_3			4 孔 M12	4 孔 M12	4 孔 M12	4 孔 12	4 孔 M16	4 孔 16	4 孔 M16	8 孔 M16	8 孔 18
d	Q_d /kcal·m^{-3}	4000	9	12	13	15	21	28	33	40	46
		2000	12	17	19	22	30	40	50	61	70
		1300	—	—	23	26	36	48	58	72	83
D_5			45	55	65	75	100	125	145	170	200
n 孔 d_4			2 孔 15	2 孔 15	2 孔 15	2 孔 19	2 孔 19	2 孔 23	2 孔 23	2 孔 23	2 孔 23
D	Q_d /kcal·m^{-3}	4000	42	45	52	58	75	80	100	110	135
		2000	42	48	55	62	80	98	110	123	147
		1300			56	64	84	105	115	139	158
n 孔 d_5			4 孔 15	4 孔 15	4 孔 15	4 孔 15	4 孔 19	4 孔 19	4 孔 19	8 孔 10	8 孔 19
ϕ_1	Q_d /kcal·m^{-3}	4000	G¾″	G1″	G¼″	G1½″	G2″	G2″	G2½″	G3″	G4″
		2000	G1″	G1¼″	G1″	G2″	G2½″	G3″	G3″	G4″	G5″
		1300			G2″	G2½″	G2½″	G3″	G4″	G5″	G6″
ϕ_2			50	60	60	70	90	110	120	150	170
烧嘴重量/kg			8.98	13.5	15.12	21.3	34.5	41.4	51.6	70.01	97.24

注：1kcal=4.1868kJ，1″=1in=25.4mm。

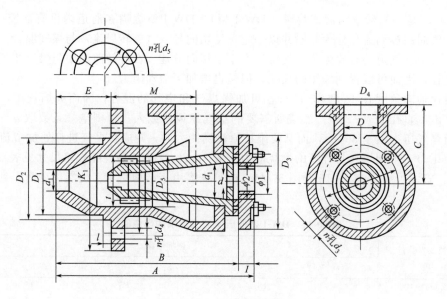

图 50-39　DW-Ⅰ型烧嘴

表 50-13　DW-I 型烧嘴安装尺寸表　　　　　　单位：mm

烧嘴型号		DW-I-1	DW-I-2	DW-I-3	DW-I-4	DW-I-5	DW-I-6	DW-I-7	DW-I-8	DW-I-9
A		190	223	238	263	299	334	319	382	457
B		120	143	150	167	195	220	233	280	339
C		90	100	115	130	150	175	200	225	240
E		280	280	310	350	350	420	490	490	520
F		180	180	230	250	250	300	360	360	375
b_2		20	20	20	25	25	25	25	25	25
b_3		60	60	65	65	65	65	65	65	65
δ		15	15	15	15	15	15	15	15	15
G		120	120	150	180	180	200	260	260	260
H		40	40	40	40	40	40	40	40	40
d_1		M12	M12	M12	M16	M16	M20	M20	M20	M20
n_1		4	4	4	4	4	4	4	4	4
b_1		14	14	18	18	20	20	20	20	20
d_2		M12	M12	M12	M12	M16	M16	M16	M16	M16
n_2		4	4	4	4	4	4	4	8	8
N		230	230	290	345	345	345	345	460	460
P		171	171	230	230	230	230	230	344	344
M		135	205	206	206	206	276	276	344	344
空气管及法兰尺寸	D_1	40	50	70	70	80	100	100	125	150
	D_2	130	140	160	160	185	205	205	235	260
	D_3	100	110	130	130	150	170	170	200	225
煤气管直径及其与烧嘴连接方法 Q_d /kcal·m⁻³	4000	用下列外径的补芯连接					用烧嘴法兰连接		用煤气管法兰连接	
		3/4″	1″	1½″	2″	2″	2″	2½″	3″	4″
	2000	用下列外径的补芯连接			用烧嘴法兰连接 2″	用煤气管上的法兰连接				
		1″	1¼″	1½″		2½″	3″	3″	4″	5″
	1300	—	—	用烧嘴法兰连接 2″	2½″	用煤气管上的法兰连接				
						3″	4″	4″	5″	6″
底板重量/kg		3.9	4.4	7.8	9.5	10.5	14.4	17.0	18.0	20

注：1kcal=4.1868kJ，1″=1in=25.4mm。

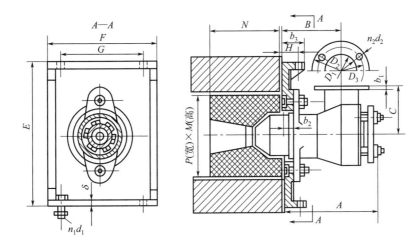

图 50-40　DW-I 型烧嘴的安装图

　　另外，性能较好的低压烧嘴还有缝式涡流烧嘴、环缝式涡流烧嘴、细孔低压烧嘴、中间进气旋流燃烧器等。一些手册中可查到这些烧嘴的性能与尺寸数据。

　　低压烧嘴也具有燃烧稳定、安全可靠、调节比大等重要优点。由于这种烧嘴分别导入燃气与空气，因而不存在逆火引起爆炸的危险。

50.2.5.3　气体燃料无焰燃烧

　　无焰燃烧是在燃烧之前先将燃料与空气按一定比例预先混合成可燃混合气，然后在从燃烧器喷出进行燃烧，属动力燃烧类型。其主要特点是无焰燃烧由于燃料与空气在进入燃烧器之前已进行预先混合，在燃烧过程中不需混合时间，因而此燃烧过程总的时间实际上决定于化学反应时间；燃料完全燃烧所需空气系数很小，一般 $\alpha = 1.05 \sim 1.15$，甚至可低到 $\alpha = 1.03 \sim 1.05$，而燃尽程度却很高，其化学不完全燃烧损失接近于零；燃烧温度高，接近理论燃烧温度；燃烧火焰很短，在炽热的燃烧道背景下，甚至看不到火焰，所以称无焰燃烧，其火炬的辐射力较差。

　　（1）喷射式无焰烧嘴

　　喷射式无焰烧嘴俗称"高压烧嘴"。其主要由三部分组成，即混合部分、喷头和燃烧道。这种烧嘴的一个重要优点是喷射介质量的变化时有保持吸入空气比值不变的性能，即具有所谓的"自调性"。需要注意的是，这种自调性只有当设计、制造正确时和在一定流动条件下才能获得。有的试验表明，当喷射介质压力在 0.084MPa 以上时，由于喷出速度达临界状态（音速），喷出速度不会增加，吸入空气量也不会按比值增长，自调性不能保持。因此喷射式烧嘴的设计与工作压力以不超过 0.09MPa 为好。

　　容易逆火是喷射式烧嘴的一个重要缺陷，诸如调节比小、不便于利用烟气余热预热空气、燃气及烧嘴能力受限制等缺点皆与此有关。不同燃气的喷射式烧嘴的正常工作压力与逆火压力见表 50-14。

表 50-14　喷射式烧嘴的正常工作压力与逆火压力

煤气种类	低位发热量/kJ·m⁻³	逆火压力/Pa	正常工作压力/Pa
高炉煤气	3763～4391	490	3923～5884
发生炉煤气	5018～6272	1471	8826～15691
回合煤气、水煤气	8363～10454	2942	14710～19613
焦炉煤气	14636～16726	7845	29420～39227

① 单头喷射式烧嘴　引射式烧嘴用于低热值燃气时主要借助于提高燃气压力和缩小喷口直径来达到必要的引射能力，要求燃压多在 0.05～1.10MPa 之间。因吸入空气比率高，混合物的流出速度相对较低，因而这样的烧嘴更容易逆火。天然气喷射式烧嘴的逆火压力约在 17.65～3.92kPa 之间，调节比 0.1～0.2MPa，不逆火的最低工作压力为 0.015MPa。

TCP-I 型天然气高压喷射式烧嘴结构见图 50-41，由煤气喷嘴、空气调节阀、收缩管、混合管、扩压管、喷头、燃烧道组成。可用于燃烧低热值（$3.51～4.24×10^4 kJ/m^3$）的天然气。工作压力为 0.1～0.2MPa，最低压力将不低于 0.015MPa。TCP-I 型高压喷射式烧嘴结构选用尺寸见表 50-15。

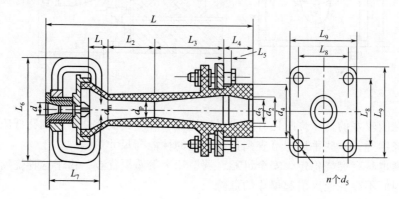

图 50-41　天然气高压喷射式烧嘴（TGP-Ⅰ型）结构示意图

表 50-15　TGP-Ⅰ型高压喷射式烧嘴结构选用尺寸表　　　　单位：mm

d_p	L	L_1	L_2	L_3	L_4	L_5	L_6	L_7	L_8	L_9	d	d_m	d_3	d_2	d_4	d_5	重量/kg
15	102	15	36	57	22	6	100	70	75	110	ZG½″	10	12	19	50	13	3.17
18	212	18	42	65	25	6	100	70	80	120	ZG½″	10	14	22	60	13	3.67
21	238	21	51	74	30	6	100	70	100	140	ZG½″	10	17	26	70	17	5.68
24	275	24	57	90	34	6	120	80	100	140	ZG½″	10	19	30	70	17	6.62
28	303	28	69	99	39	15	120	80	100	140	ZG½″	10	23	35	80	17	7.96
32	358	32	78	115	45	15	140	98	100	140	ZG½″	12	26	40	80	17	9.33
37	396	37	90	131	45	15	140	98	110	150	ZG½″	12	30	46	90	17	12.18
42	450	42	102	147	60	15	165	111	110	150	ZG½″	14	34	52	90	17	16.19
48	506	48	117	172	70	15	165	111	140	180	ZG½″	14	39	60	120	17	19.45
56	580	56	135	197	80	15	200	126	140	180	ZG¾″	16	45	69	120	17	23.75
65	655	65	159	220	90	15	200	126	160	200	ZG¾″	16	53	81	140	17	28.65
75	747	75	180	270	100	15	230	136	200	200	ZG¾″	16	60	93	140	17	37.88

② 多喷口喷射式烧嘴　多喷口喷射式烧嘴是在多头及组装式烧嘴基础上发展起来并具有实用价值的一种烧嘴。图 50-42 给出了燃用天然气的多喷口喷射式烧嘴的一个实例。烧嘴主体为结构别致的 7 孔蜂窝形整体铸件，7 个混合管均同各自的喷口严格对中。该烧嘴设计压力为 0.0588MPa，试验时燃压在 0.0196～0.147MPa 之间变化，空气系数变化 0.04，表明自调性甚好。头部无冷却的逆火压力为 0.0177MPa，调节深度 40%。若利用燃气经头部进行冷却则逆火压力降至 0.0039MPa，调节深度达到 20%（调节比为 5）。此时天然气预热温度为 250℃。烧嘴的一个突出优点是长度比同能力的单头烧嘴缩短 60%，从而大大减少设备体积。

③ 板式燃烧器　预混的可燃混合物从若干小直径出口流出，在一块板状平面内均匀分

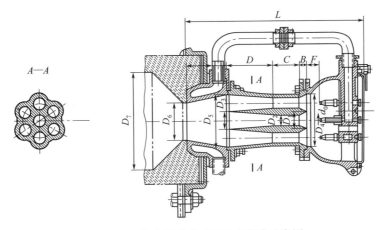

图 50-42　蜂窝形多喷口喷射式烧嘴示意图

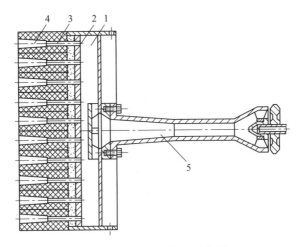

图 50-43　板式燃烧器示意图

1—气室；2—管板；3—小管；4—小火道；5—喷射器

布、燃烧，这种燃烧器便是所谓的板式燃烧器。图 50-43 是一种喷射式的板式燃烧器示意图，小火道分布在拼装的条形耐火块上，每个耐火块一个火道，0.25m² 面积上有 100 个火道，于是燃烧器相当于炉墙的一部分，使燃烧在炉壁表面上均匀进行，因而具有特殊意义。适当选择耐火材料可使具有板状平面的头部具有红外或远红外辐射性能。生活及烘烤方面广泛应用的红外线或远红外线辐射炉即以此原理制成。

（2）半喷射式烧嘴

半喷射式烧嘴是同时采用喷射吸风和风机供风的烧嘴。机械通风按实际风量的 85％～90％配备通风机，一次空气的吸入量不低于 10％～15％。这类烧嘴的主要特点是可通过改变一、二次风的比例来调整火焰长短，以适应不同的要求。增大一次空气量或减小二次风量，火焰即缩短，反之则增长。烧嘴一般按中压燃气条件设计，并对气源压力有较强的适应性。关闭一次风盘，烧嘴就成为一典型的低压烧嘴。其二次风可预热，也便于烟气余热的直接利用，故这种烧嘴具有多方面的优点。其缺点主要是投资与运行费用较高，噪声稍大。

图 50-44 是一种半喷射式烧嘴的结构示意图。该烧嘴燃压按 14.7～29.4kPa 设计，并能在 0.1MPa 时正常工作。若对二次空气设涡流片，则混合效果可提高。

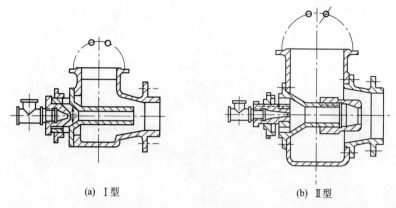

(a) Ⅰ型　　　　　　　　　(b) Ⅱ型

图 50-44　半喷射式烧嘴

（3）其他型烧嘴

① 平焰烧嘴　平焰烧嘴是火焰以约 180°扩展角沿炉壁或炉顶向四周呈平面展开的烧嘴。因焰流所占的空间小，辐射传热效果增强，这种烧嘴有扩大炉子有效容积和节能的效果。

平焰烧嘴的形式多种多样，按空气供给方式分类，则有引射式平焰燃烧器和强制鼓风式平焰燃烧器。按燃烧方法又可分为扩散式、全预混式和大气式等。各种平焰燃烧器结构虽不同，但原理基本一致。为了获得圆盘式的平面火焰，基本条件是必须在烧嘴砖出口形成平展气流。

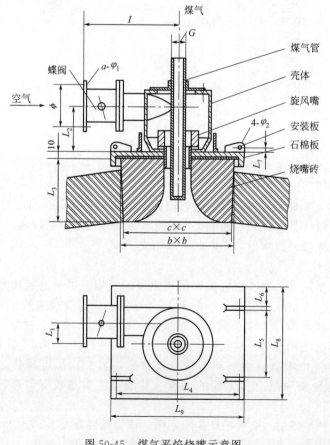

图 50-45　煤气平焰烧嘴示意图

煤气平焰烧嘴是由风壳、旋风嘴等组成，其结构原理见图 50-45。不同类型的燃料时，煤气平焰烧嘴的性能见表 50-16 和表 50-17。将一定压力的煤气由平焰喷嘴头部的喷射槽喷出。来自鼓风机的助燃气将从壳体切线方向鼓入，通过旋风嘴均匀分配，使空气成为较强的旋转气流流出，并与喷出煤气混合，沿烧嘴砖的喇叭口向炉墙扩散，形成平盘形火焰，以达到良好的燃烧效果。

表 50-16　城市煤气平焰烧嘴主要技术性能

项目	QPY-50	QPY-100	QPY-150	QPY-200	QPY-300
最大燃气量/$m^3 \cdot h^{-1}$	30～50	70～100	100～150	130～200	200～300
空气压力/kPa	2.5～7				
煤气压力/kPa	1～2.5				
火盘直径/m	约 0.6	约 0.8	约 1.2	约 1.3	约 1.5
火盘厚度/mm	约 70	约 100	约 120	约 130	约 150

表 50-17　发生炉煤气平焰烧嘴主要技术性能

项目	SL-100	SL-200	SL-300	SL-400
最大燃气量/$m^3 \cdot h^{-1}$	17～100	36～200	70～300	100～400
空气压力/kPa	7			
煤气压力/kPa	2.5			
火盘直径/m	约 0.6	约 0.8	约 0.95	约 1.2
火盘厚度/mm	约 70	约 95	约 110	约 125

②　高速烧嘴　这是一种使燃烧高温气流高速喷向炉内的烧嘴。由于高速气流推动炉气强烈循环，大大强化了对流传热，故高速烧嘴的主要优点是炉温均匀性好、加热快，另外还有调节比大、可获得高过量空气的低温焰流等重要优点。缺点主要是焰流辐射能力较弱和噪声大。

高速烧嘴主要是同燃烧坑道结合，使反应区有一定压力并通过收缩形出口获得较高的燃烧产物喷出速度的。为保证着火稳定，在烧嘴结构上要采取一些措施，如采用部分预混、循环气流点火的方法及设稳焰器等。

图 50-46 为一种具有火焰稳定器的高速烧嘴示意图。辅助坑道如同烧嘴头部外壳，后有火焰稳定圈及横向架设的耐火材料点火棒。烧嘴要求煤气压力稍高于空气压力。额定能力时空气压力 7kPa，燃烧产物离开燃烧坑道的速度为 122m/s。

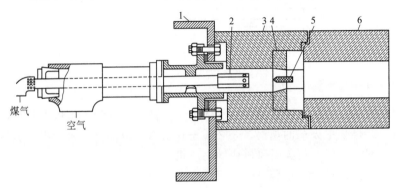

图 50-46　具有火焰稳定器的高速烧嘴示意图

1—安装法兰；2—煤气喷头；3—辅助坑道；4—火焰稳定圈；5—点火棒；6—燃烧坑道

③ 过剩空气烧嘴　过剩空气烧嘴又称调温烧嘴，是可用大量过剩空气来调低焰流温度的烧嘴。如图 50-47，空气分四级同燃气渐次相遇，分配比亦是逐次增大的。当空气系数略大于 1 时，各次空气都参与燃烧，而加大大空气系数后，燃烧区域即可收缩，高次空气成了降温掺合气，较好的过剩空气烧嘴可在空气系数达到 20 时仍能稳定工作。高速烧嘴亦有类似效果，只是投资与运行费用较高。

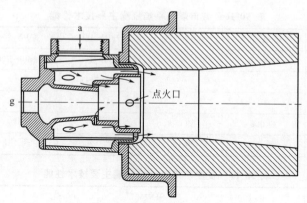

图 50-47　过剩空气烧嘴示意图
a—空气；g—煤气

④ 自身预热式烧嘴　这是集烟道、换热器和烧嘴于一体，用烟气在烧嘴内预热空气或燃气的烧嘴。因此自身预热式烧嘴最主要的优点是有较好的节能效果。同未回收烟气余热的烧嘴相比，这种烧嘴可降低燃耗 20％～30％左右。图 50-48 是一种自身预热式烧嘴的结构示意图。这类烧嘴的缺点主要是不便于用烟道口调整炉气流动路线。

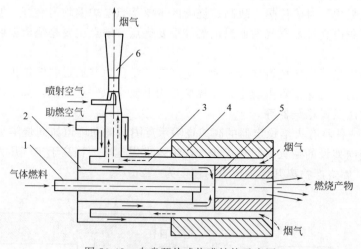

图 50-48　自身预热式烧嘴结构示意图
1—气体燃料喷管；2—空气通道；3—烟气通道；4—外围烧嘴砖；5—中心烧嘴砖；6—喷射排烟管

燃料气燃烧时，最应注意的是爆炸和气体中毒。使用时必须注意以下几点：①点火前与熄灭后的清理；②燃烧中火焰的观察；③必须先开引风机或助燃风机后再开燃料气阀门。停车时必须先关燃料气阀门，再关引风机或助燃风机。

（4）高温空气燃烧技术（HTAC）

高温空气燃烧技术（High Temperature Air Combustion，HTAC），亦称无焰燃烧技术或蓄热式高温空气燃烧技术，是 20 世纪 90 年代在国际上推广应用的一种新的燃烧技术，主要应用在工业炉窑中，其主要的特点及优势在于节省燃料，减少二氧化碳和氮氧化物排放及降低燃烧噪声。工作原理见图 50-49。推广实施高温空气燃烧，提高我国能源利用率有着重大意义。

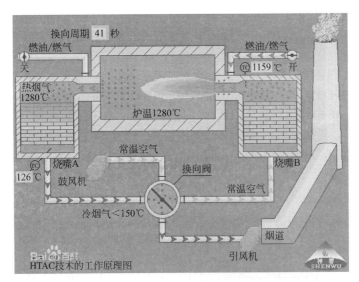

图 50-49　高温空气燃烧工作原理图

由传统的燃烧理论可知，气体燃料燃烧存在一定的可燃范围，当超出可燃范围时，燃料是不能实现稳定燃烧的。高温空气燃烧区的氧气体积浓度远低于 21%，通常低于 15% 甚至低至 2%～3%，但其总的含氧量仍能满足燃料完全燃烧。若采用常温下的普通空气，将燃烧区的氧气体积浓度降低到 15% 以下，就无法实现稳燃。因此，实现高温空气燃烧的前提是必须先将助燃空气预热到燃料自燃点温度以上。助燃空气的预热温度的提高，能够扩大燃料的稳燃范围。预热温度越高，稳燃范围越大。

试验表明，当助燃空气预热到 1000℃ 以上时，燃烧区的氧气体积浓度降低到 2% 仍能稳定燃烧。高温空气燃烧与传统燃烧相比，具有显著不同的特征，主要表现在以下 4 个方面：

① 火焰体积显著扩大　高温空气燃烧通常用扩散燃烧或扩散燃烧为主的燃烧方式，燃料与助燃空气在燃烧室内边混合边燃烧。由于燃烧区氧气体积浓度远远偏离 21%，使得燃料与氧气在燃烧器喷口附近的接触机会相对减少，仅有少量的燃料能与氧气接触发生燃烧，而大量的燃料只有扩散到燃烧室内较大的空间，与助燃空气充分混合后，才能发生燃烧。因此，从燃料燃烧的整个过程来看，燃烧反应时间延长，反应空间显著增大，火焰体积也因此成倍扩大。

② 火焰温度场分布均匀　燃料在低氧气氛中燃烧，反应时间延长，火焰体积成倍扩大，使得燃料燃烧的放热速率及放热强度有所减缓和减弱，火焰中不再存在传统燃烧的局部高温高氧区，火焰峰值温度降低，温度场的分布也相对均匀。

③ 低 NO_x 污染　燃烧过程中生成的 NO_x 主要为热力型 NO_x，其中主要为 NO。NO 的生成速度主要与火焰中的最高温度、氧气和氮气浓度及气体在高温下的停留时间等因素有关，其中以温度的影响最大。由于高温空气燃烧火焰峰值温度及燃烧区氧气体积浓度降低都使 NO 的生成大大减少。另外，从反应活化能的角度来看，由于高温空气燃烧火焰体积成倍扩大，使得单位体积火焰释放的能量降低，而氧原子与氮气反应的活化能要远高于氧原子与燃气反应的活化能，氧原子与燃气反应更易进行，从而抑制了氧原子与氮气的反应。

④ 低燃烧噪声。由燃烧噪声形成的机理可知，燃烧噪声与燃烧速率的平方及燃烧强度

成正比。采用高温空气燃烧，由于氧气体积浓度的降低，尽管预热温度提高，但燃烧速率不会增大甚至反而减少；燃烧强度是指单位体积的热量释放率，由于高温空气燃烧火焰体积成倍增大，燃烧强度反而大为降低。

（5）高温空气燃烧喷嘴结构

高温空气燃烧炉的燃烧性能主要取决于燃烧喷嘴和炉膛的结构，现已开发的具有代表性的喷嘴机构主要有：

① FDI（Fuel Direct InJection）型烧嘴　FDI 型烧嘴是日本研制的高温空气烧嘴，见图 50-50，热功率多在 1MW 以下，它主要是利用一组喷管作为燃烧器的烧嘴，所喷出的高速气流卷吸的烟气，形成烟气再循环，从而降低了空气射流中的氧浓度，抑制了 NO_x 的生成。实验研究表明，提高空气射流速度，或者扩大空气喷口之间的间距，将喷口平行布置（空气喷管夹角为 0°），以推迟燃气与空气的混合，都可以减少 NO_x 的排放。

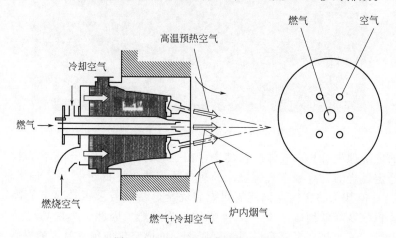

图 50-50　FDI 型烧嘴结构示意图

② 德国研制的 FLOX 燃烧器（Flameless Oxidation Burner）　FLOX 燃烧器是将传统烧嘴的环形空气喷口改为一组围绕燃气喷口的多个小喷口，见图 50-51，扩大空气射流与炉内烟气的接触面积，增大空气射流对烟气的卷吸量，降低空气射流中的氧含量，并且通过加大空气喷口间距推迟空气与燃气的混合，从而降低火焰的最高温度。当空气预热到 750℃，普通高速燃烧器的火焰最高温度高于 2000℃，而 FLOX 燃烧器的火焰最高温度只有 1400℃，因此，FLOX 燃烧器的 NO_x 排放量较低。

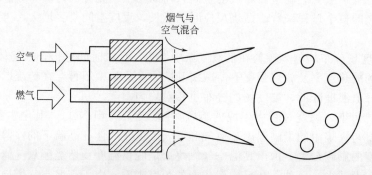

图 50-51　FLOX 烧嘴结构示意图

③ HRS-DL 型燃烧器　日本研制的 HRS-DL 型燃烧器，见图 50-52，热功率多在 5MW 以下。其特点是 a. 空气从烧嘴中心区直接以高速喷出，促进烟气再循环；b. 燃气喷口不放

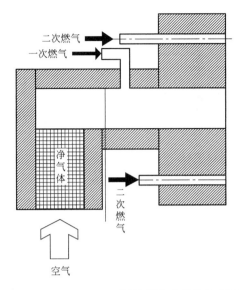

图 50-52　HRS-DL 型燃烧器烧嘴结构示意图

存烧嘴砖通道内，而是缩在烧嘴砖后面，有效地防治了喷口的氧化或结焦；c. 一次燃气（F1）沿烧嘴砖通道的内表面喷出，二次燃气（F2）是在烧嘴通道的端面直接喷向炉内，调节 F1 和 F2 的比例可使火焰的形态和炉子的内形相适应。

从应用结果来看。空气流速越高，NO_x 含量越低。F1 方式主要用于冷炉升温（炉温 800℃以下），正常情况下（炉温 800℃以上）就切换成 F1 和 F2 组合方式，即 F1 和 F2 同时投运。F1 的燃烧属于富氧燃烧，在高温条件下，燃烧将很快完成，同时生成一部分 NO_x，所以要求一次燃气量 F1 比 F2 少得多。燃烧后的烟气在流经优化设计的喷口后，形成高速射流和周围的烟气卷吸回流流动。而大量燃气则通过二次燃气通道 F2 喷入炉内，此时，二次燃气将与含氧浓度较低的烟气混合。尽管是使用了高温空气，但没有出现局部的炽热高温区，燃烧是在温度相当均匀的区域内进行，抑制了 NO_x 的生成。高温空气燃烧器与传统的烧嘴相比，其喷口的结构基本相似，但射流速度更高，喷口间距更大，以保证燃气与空气混合点的位置在更低的氧浓度范围内，又由于空气预热后的温度远高于燃气着火的温度，保证了燃气着火和燃烧的稳定性。

（6）新型高温空气燃烧在锅炉上的应用

高温空气燃烧锅炉结构见图 50-53，锅炉水冷壁均匀密布在炉膛周围。在稳定工况下，两端烧嘴交替工作，完成燃烧和能量回收过程。燃烧释放的大部分热量以辐射为主的形式与水冷壁管进行换热，产生高温高压蒸汽。由于蓄热式烧嘴具有类似与燃料分级燃烧的特点，与炉膛结构相匹配可以实现对 NO_x 排放的有效控制。

与传统的锅炉相比，高温空气燃烧锅炉具有如下的特性：

① 换热效率提高　常规锅炉采用空气预热器和省煤器回收烟气预热，效率比较低。排烟损失大。新型锅炉采用高效蜂窝体可使预热回收率达到 80％以上。高温低氧燃烧形成的火焰体积成倍增大，炉内温度分布均匀，温差可以控制在 5℃ 的范围内，辐射能力因燃料裂解而大大增强，使高温烟气与水冷壁换热得以明显改善，换热效率显著提高。

② 锅炉体积大大缩小　由于烟气平均温度提高，炉内辐射换热因为温度升高和燃料裂解等因素而强化。研究表明，仅依赖辐射换热就可以提供与常规锅炉相当的热输出。此外，省去了常规锅炉的对流换热段，因而锅炉体积可以缩小很多。

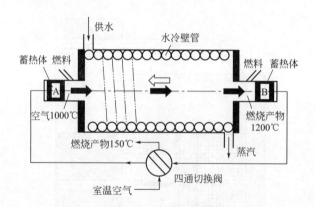

图 50-53 高温空气燃烧锅炉结构示意图

③ 污染显著降低。

④ 燃料适应性范围扩大 能够燃用低热值燃料，不发生点火困难和熄火问题。

50.3 无管式热风炉

50.3.1 基本结构形式及其分类

无管式热风炉主要由燃料供给机构、炉膛、无管式换热器和烟囱等部分组成，如图 50-54 所示。工作时，燃料由上煤机加入煤斗，经自动炉排定量加入炉膛，在炉膛内充分燃烧，产生高温烟气进入换热器进行热交换，换热后的烟气一部分被回收循环使用，一部分经烟道从烟囱排出。

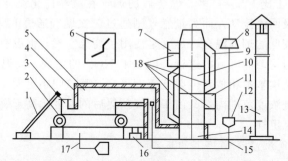

图 50-54 RL-500 型热交换炉结构示意图

1—自动上煤机；2—自动炉排；3—煤斗；4—前炉；5—炉膛；6—电气系统；7—防雨器；
8—除尘器；9—空气连通道；10—无管式换热器；11—空气尾道；12—引风机；13—烟囱；
14—后炉；15—余热回收系统；16—出渣机；17—冷风系统；18—均流板

无管式热风炉有以下几种类型：

① 根据所用燃料可分为：燃煤式、燃油式、燃气式等。燃煤式热风炉的燃料来源丰富，燃料费用低，但热风炉结构复杂且尺寸较大，卫生条件差，污染大。燃油式、燃气式热风炉的结构简单且尺寸相对较小，卫生条件好，无污染或基本无污染，但燃料费用高。

② 根据热风炉换热部分的结构形式可分为套筒式和螺旋板式。套筒式热风炉是指由同一轴心的多个具有不同直径的金属筒组成换热器换热面的热风炉。烟道气与空气分别在由具有不同直径的同心金属筒壁间流动，以实现烟道气与空气的热交换。套筒式热风炉的结构

紧凑，尺寸相对较小，换热效果好，但集尘清除困难，不便于维修和维护。

螺旋板式热风炉是指烟道气与空气的通道分别由导向螺旋状金属板组成的热风炉。导向螺旋状金属板为热交换面，以实现烟道气与空气的隔离和烟道气与空气间的热交换。

③ 根据其放置形式分为立式和卧式。立式热风炉占地面积小，一般为中小型热风炉。卧式热风炉占地面积较大，一般为大中型热风炉。

④ 根据热风炉与换热器的配置形式可分为：分体式和整体式。一般大中型热风炉均采用分体式结构。其特点为运输、安装和维护方便。中小型热风炉一般采用整体式结构。其特点为结构紧凑、占地面积小、安装方便。

50.3.2　典型无管式热风炉的结构与性能

50.3.2.1　无管立式热风炉结构与性能

无管立式热风炉的换热装置在炉膛的正上方，呈直立状态。换热器形式主要有套筒式和螺旋板式。套筒式的基本结构如图 50-55 所示。炉箅上的煤在炉膛内燃烧，烟气上升通过烟气通道，向下从排烟口排出。空气从进气口进入外层空气通道，向下进入内层空气通道，向上从热风出口排出。空气和烟气通过炉壁进行间接换热，可得到无污染的热空气。

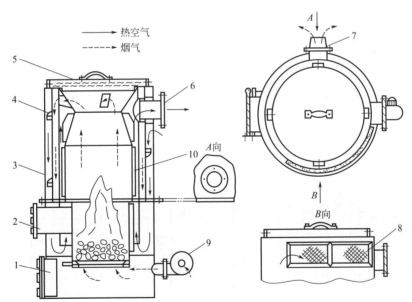

图 50-55　无管立式热风炉结构简图（套筒式）

1—出灰口；2—加煤口；3—炉体；4—螺旋导风板；5—炉盖；6—热风出口；
7—排烟口；8—外界空气进口；9—助燃小风机；10—肋片

无管立式热风炉的形式很多，常见的有以下几种：

（1）SKGRL 型高效节能热风炉

SKGRL 型高效节能热风炉系统由热风炉、鼓风炉、空气调节阀、测温及控温器件、引烟机和烟气调节阀等组成。SKGRL 型高效节能热风炉技术参数如表 50-18 所示。

（2）JGL 系列燃煤间接加热热风炉

JGL 系列燃煤间接加热热风炉主要由热风炉、除尘装置、烟气引风机和烟囱等组成。其主要技术参数如表 50-19 所示。

表 50-18　SKGRL 系列高效节能热风炉① 技术参数

型号	SKGRL-10	SKGRL-20	SKGRL-22	SKGRL-32	SKGRL-35	SKGRL-44	SKGRL-45	SKGRLY-22	SKGRLY-35	SKGRLY-45
供热量/10^4kJ·h^{-1}	40	80	90	134	146	185	188	90	146	188
耗煤量②/kg·h^{-1}	20	40	48	61	67	84	86	30	48	62
热风温度/10^2℃	1.2~2.0	2.0~3.5	1.2~2.0	2.0~3.5	1.2~2.0	2.0~3.5	1.2~2.0	1.2~2.0	1.2~2.0	1.2~2.0
热效率/%	75~80	75~80	75~80	75~80	75~80	75~80	75~80	75	75	75
烟道气排气温度/℃	<250	<250	<250	<250	<250	<250	<250	<250	<250	<250
输出风量/10^3m^3·h^{-1}	1.5~3.0	1.5~3.0	3.5~4.0	3.0~4.0	6.0~8.0	4.0~5.0	8.5~9.0	3.5~4.0	6.0~8.0	8.0~9.0
直径/m	1.2	1.46	1.46	1.6	1.6	1.78	1.78	1.52	1.64	1.8
高/m	3.2	3.6	3.4	3.6	3.4	3.6	3.6	3.9	3.9	3.9
整机重量/kg	2800	3400	3400	4000	3900	4600	4500	3600	4000	4500

① 沈阳科技机械工业技术研究所所生产。
② 以标准煤计。

表 50-19　JGL 系列高效节能热风炉① 主要技术参数

型号	JGL-15	JGL-25	JGL-35	JGL-45	JGL-60	JGL-80	JGL-100	JGL-120
供热量/10^4kJ·h^{-1}	40~60	60~100	100~140	140~180	200~240	280~320	320~400	400~480
耗煤量②/kg·h^{-1}	42	70	100	125	168	220	280	336
热风温度/℃	150~300	150~300	150~300	150~300	150~300	150~300	150~300	150~300
输出风量/10^3m^3·h^{-1}	2.0~4.0	3.5~7.0	5.0~10.0	6.5~13.0	8.0~16.0	11.0~22.2	13.5~27.0	16.5~33.0
烟道气排气温度/℃	<250	<250	<250	<250	<250	<250	<250	<250
引烟风机型号	Y5-474C	Y5-474C	Y5-474C	Y5-474C	SGY1-1	Y5-474C	—	Y9-269D
引烟风机功率/kW	1.5	2.2	3.0	4.0	5.5		—	15

① 天津市津南干燥设备有限公司生产。
② 以标准煤计。

（3）HRF 系列热风炉

HRF 系列热风炉为立式热风炉，如图 50-56 所示。本系列产品采用红外辐射技术，燃烧室在中心，外环为换热器，换热器侧涂有耐热高辐射的远红外涂料，以提高换热效率。另外在烟气出口处配制余热换热器，以减少损失。其主要技术参数如表 50-20 所示。

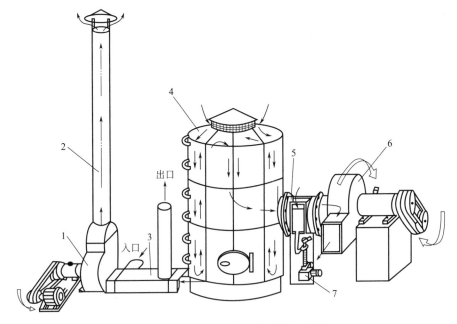

图 50-56　HRF 型热风炉系统配置图

1—烟气引风机；2—烟囱；3—换热器；4—热风炉；5—中间管道；6—主风机；7—自控器

表 50-20　HRF 系列热风炉技术参数

机型	供热量/10⁴kJ·h⁻¹	耗煤量①/kg·h⁻¹	风量/m³·h⁻¹		
			风温（200℃）	风温（300℃）	风温（500℃）
HRF-2	8.0	6.0	300		
HRF-3	12.0	9.0	450		
HRF-5	20.0	14.0	750		
HRF-7.5	30.0	22.0	1200	800	
HRF-10	40.0	29.0	1600	1060	
HRF-15	60.0	43.0	2400	1600	
HRF-20	80.0	57.0	3200	2100	
HRF-30	120.0	86.0	4800	2100	
HRF-40	160.0	115.0	6400	4200	2500
HRF-60	240.0	170.0	9600	6350	3700
HRF-80	320.0	230.0	13000	8500	5000
HRF-100	400.0	286.0	16000	10600	6200
HRF-120	480.0	343.0	19000	12700	7500
HRF-150	600.0	430.0	24000	16000	9300
HRF-180	720.0	510.0		19000	11000
HRF-240	960.0	686.0			15000
HRF-300	1200.0	860.0			19000

① 煤发热值按 22MJ/kg 计。

（4）LRF 系列新型高效热风炉

LRF 系列新型高效热风炉为立式热风炉，如图 50-57 所示。其主要技术参数如表 50-21 所示。

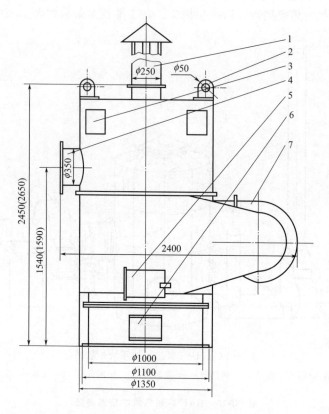

图 50-57　LRF 系列新型高效热风炉简图

1—烟囱；2—吊耳；3—检修孔；4—出风口；5—加煤口；6—清灰门；7—风机

表 50-21　LRF 系列新型高效热风炉技术参数

型号规格	输出热量 /kcal·h⁻¹	风温/℃	煤耗/kg·h⁻¹	烟引风机/kW	外形尺寸 ($D \times H$)/m
LRF10	10×10^4	＜300	22	1.5	1.3×2.4
LRF15	15×10^4	＜300	33	1.5	1.5×3.0
LRF20	20×10^4	＜280	45	2.2	1.6×3.3
LRF26	26×10^4	＜280	58	3.0	1.8×3.8
LRF32	32×10^4	＜280	76	3.0	1.8×4.2
LRF40	40×10^4	＜280	95	4.0	2.0×3.8
LRF50	50×10^4	＜250	118	4.0	2.0×4.2
LRF60	60×10^4	＜250	143	5.5	2.25×5.0
LRF75	75×10^4	＜250	175	7.5	2.25×6.0
LRF90	90×10^4	＜250	210	7.5	2.4×6.0
LRF105	105×10^4	＜250	246	15.0	2.8×6.5
LRF120	120×10^4	＜250	281	15.0	3.2×6.6
LRF140	140×10^4	＜250	328	18.5	3.4×7.0
LRF160	160×10^4	＜250	375	18.5	3.6×7.5

注：1kcal＝4.1868kJ。

（5）JRF 系列套筒式热风炉

JRF 系列套筒式高效间接加热通用热风炉为立式热风炉，有手烧（A 型）和机烧（B 型）两种方式。其主要技术参数如表 50-22 所示。

表 50-22　JRF 系列套筒式热风炉技术参数

型号	输出热量 /kcal·h⁻¹	输出风量 /m³·h⁻¹	输出温度 /℃	耗煤量 /kg·h⁻¹	烟气引风机型号
JFR4-2.5	1.045×10^5	1500～560	60～200	10～12	炊事用鼓风机
JFR4-4	1.672×10^5	3500～930	60～200	14～17	炊事用鼓风机
JFR4-8	3.344×10^5	5600～1480	60～200	18～24	Y5-47No2.8C1.1kW
JFR5-15	6.270×10^5	12000～2160	60～250	40～45	Y5-47No4C2.2kW
JFR5-30	12.54×10^5	25000～4330	60～250	80～85	Y5-47No4C3.0kW
JFR5-40	16.72×10^5	28000～5600	60～250	115～125	Y5-47No4C3.5kW

注：1kcal=4.1868kJ。

（6）螺旋板式燃煤间接加热热风炉

RFLX-1680 型螺旋板式燃煤间接加热热风炉的燃煤炉与换热器是两体结构。它是由燃煤炉，上、中、下 3 段组成的螺旋板式换热器和配套系统组成，如图 50-58 所示。

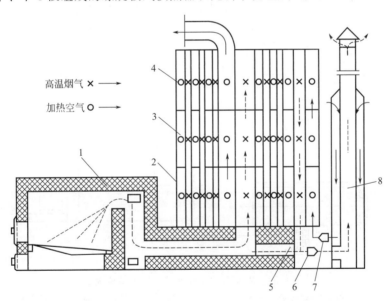

图 50-58　RFLX-1680 型螺旋板式燃煤间接加热热风炉示意图

1—燃煤炉；2—换热器下段；3—换热器中段；4—换热器上段；5—活门；

6—引风机；7—鼓风机；8—烟囱

其工作过程是燃煤在燃煤炉中，在引烟机的配合下得到充分燃烧，燃烧后产生的高温烟气进入换热器实现热交换，换热后的烟气进入烟囱，烟气流经烟囱时一部分热量被回收，一部分经烟囱排出。环境空气由烟囱的外层进入，空气在流过烟囱外层时吸收一部分热量，然后由鼓风机送入换热器，空气在换热器中进行热交换，经热交换后的热空气从换热器上部的管道出口供给需热风的设备。RFLX-1680 型螺旋板式燃煤间接加热热风炉的技术参数如表 50-23 所示。

表 50-23　RFLX-1680 型螺旋板式燃煤间接加热热风炉[①]技术参数

项目	供热量 /10^4kJ·h^{-1}	耗煤量 /kg·h^{-1}	热效率 /%	热风温度 /℃	排烟温度 /℃	输出风量 /10^3m^3·h^{-1}
设计值[②]	168	114	70	120	150	13.833
实测值[③]	171	115	71	124		13.881

① 黑龙江八一农垦大学生产。

② 设计环境温度 20℃。

③ 环境温度 22℃。换热器为螺旋板式。

50.3.2.2　无管卧式热风炉结构与性能

（1）WRFL-320 型卧式热风炉

该热风炉由燃煤炉和换热装置两部分组成，如图 50-59 所示。由于热风炉的单位时间供热量大，此两部分采用了分体结构，避免了换热器的烧损；燃煤炉采用机烧型式，供热均匀。燃煤炉由往复炉排、上煤机、除渣机、前拱、上拱、后拱、通风道及沉降室等组成。换热装置由 4 台 3344MJ/h 换热器、4 台热风机、4 台助燃风机和烟囱等组成。

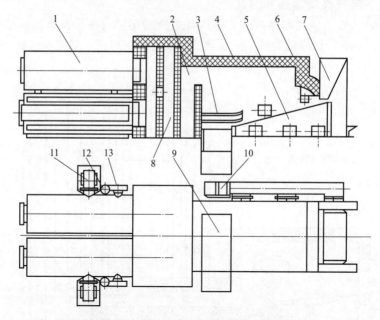

图 50-59　WRFL-320 型卧式热风炉结构简图

1—换热器；2—燃煤炉；3—后拱；4—上拱；5—往复炉排；6—前拱；7—上煤机；

8—沉降室；9—除渣机；10—助燃风道；11—热风机；12—烟囱；13—助燃风机

燃煤炉内层用耐火砖、耐火水泥、耐火土、玻璃粉和铁粉砌筑，通过燃烧增加了炉体的坚固性、炉内部结构的光滑程度和折射热量的能力；耐火砖的外侧用保温砖或珍珠岩砌筑成保温层，减少了热量损失；最外层以槽钢为骨架砌筑上红砖，保证了燃煤炉的整体稳定性。换热装置为 4 台 3344MJ/h 换热器，与使用单台 13.376GJ/h 换热器相比，避免了结构过于庞大，并降低了加工难度及成本。

工作时，先启动炉排调速电动机，使炉排达到合适的往复运动速度，然后启动上煤机使燃煤均匀散落在炉排上。当整个炉排铺满燃煤后，向炉膛内加入木块等易燃物并点燃，同时启动出渣机、热风机及燃煤炉进风风机，使燃煤迅速燃烧起来。通过上煤机落到炉排上部的燃煤在炉前拱辐射热作用下能及时燃烧，并在往复炉排的作用下，燃煤均匀地向下运动，同时上拱的辐射热加速了燃煤的燃烧。当燃煤到达炉排尾部时，在后拱的热辐射作用下使剩余的燃煤得以充分燃烧，避免了燃煤的浪费，而炉渣则由除渣机排出。通过调整上煤机进煤口的大小及改变往复炉排运动速度，即可随时调整单位时间的燃煤量。

燃煤燃烧产生的高温烟气在助燃风机负压作用下，通过沉降室的沉降（利用烟气的速度与向下运动的方向使烟气中的灰尘沉降）后进入换热器内，经过两个往返回程由烟囱排出机外；而冷空气则在热风机作用下由换热器一端的进气孔进入换热器内，经过三个回程的与高温烟气间接换热后，由换热器的端面通过热风管道供给热风使用设备。

为了减少换热器的体积及增大换热面积，在换热器内壁上焊有许多小散热片。此外，根据热风使用设备的要求，不仅需要保持热风温度的稳定，还要能根据需要随时调节热风温度，因此，在换热器上装有温控仪来控制助燃风机的启动与关闭，当热风温度超过允许值时，温控仪控制助燃风机关闭，减少进入换热器内的热量，使热风温度下降；反之使热风温度上升，以保证热风温度在允许的范围内变化，实现了热风温度的自动控制。当需要改变热风温度时，只需转动温控仪上的温度调整旋钮至所需温度即可。主要技术参数见表 50-24。

表 50-24　WRFL-320 型卧式热风炉主要技术参数

项目	供热量 /10^4kJ·h^{-1}	发热量[1] /10^4kJ·h^{-1}	耗煤量 /kg·h^{-1}	热效率 /%	热风温度 /℃	排烟温度 /℃	配套动力 /kW
设计值	1295.8～1379.4		<950	>70	80～190	<180	158.6
实测值[2]	1395.3	1947.8	795	71.6	160～180	84	

① 煤发热值按 24.5MJ/kg 计。
② 环境温度－10℃。相对湿度 50%。

（2）WRFL-2500 型卧式热风炉

热风炉结构如图 50-60 所示，它由炉体、卧式换热器组成。其工作过程为：炉膛内的煤燃烧后形成高温烟气，经过沉降室重力除尘后进入换热器烟道，在换热器内往返两个回程，由风机送入除尘器进一步除去细小粉尘后排入大气中。新鲜空气由换热器一端进入，在换热器内经三个回程由热风机送入风管，进入热风使用设备。该热风炉有如下设计特点：

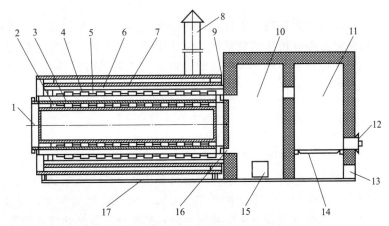

图 50-60　WRFL-2500 型卧式热风炉结构示意图
1—热风出口；2—高温段空气夹层；3—高温段烟气夹层；4—肋片；5—中间段空气夹层；
6—中温段空气夹层；7—低温段空气夹层；8—烟气出口；9—冷空气入口；
10—沉降室；11—炉膛；12—炉门；13—出灰门；14—炉箅；
15—清灰门；16—高温烟气入口；17—底座

① 分体组合式结构　热风炉采用燃烧室与换热器分体组合式结构，燃烧高温部位与换热器分开，避免了燃烧室与换热器为一体的套筒式热风炉炉膛内壁易氧化甚至烧漏的现象，提高了热风炉的整体寿命和工作可靠性，且便于运输、安装和维护。

② 新型通风流程筒式夹套换热器　换热器采用冷空气沿最外夹层圆周方向均匀进风，中心夹层出风的新型通风流程。换热器的最外夹层设计成冷空气通道，是为了降低换热器外壁散热损失，提高热效率。在空气夹层侧壁布置了足够多的肋片，以增强空气侧的传热效果。新型通风流程使换热器结构简单，增强了换热均匀性。

其主要技术参数如表 50-25 所示。

表 50-25　WRFL-2500 型卧式热风炉主要技术参数

供热量 /10^4kJ·h^{-1}	风量 /10^3m³·h^{-1}	耗煤量① /kg·h^{-1}	热效率 /%	热风温度 /℃	排烟温度 /℃
266	19.478	193	73	194	198

① 煤发热值按 23.2MJ/kg 计。

50.3.2.3　燃油无管热风炉结构与性能

燃油无管式热风炉由燃烧器、燃烧室、风道、烟道等组成，如图 50-61 所示。

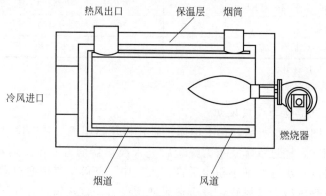

图 50-61　燃油热风炉结构示意图

正常工作时，燃烧器把火焰喷入燃烧室，在燃烧室内以微正压燃烧，并通过辐射放热的形式把燃烧产生的热量大部分传给燃烧室壁。而燃烧室壁又主要以对流传热的形式把热量传给风道中的冷空气，从而达到加热空气的目的。烟道中的烟气则以对流换热的形式对外层、内层风道中的空气加热，最后在 250℃ 以下排入空中。

50.3.3　无管式热风炉换热计算

50.3.3.1　光面无管式热风炉换热计算

在换热器中，烟道气以辐射兼对流的方式将热量传给工质。在不同的区段内，两种传热方式所占比例各异。炉膛中烟气流速比较低，温度高，辐射换热强度大，对流换热强度低。在无管式热风炉中，烟气和空气在炉膛壁和烟环内连续换热，各换热段换热面积、烟气和空气流速、传热方式和温差也有很大差别。所以各段的换热量应分别求取，总换热量为各段的换热量之和。

（1）烟气侧辐射换热

对于无管式热风炉，烟环中也存在辐射换热。烟环段辐射换热主要根据经验公式求出。

其辐射换热系数为

$$\alpha_{ra}=\frac{2.04\times10^{-7}}{\dfrac{1}{\sigma_{sm}}+\dfrac{1}{\sigma_{di}}-1}(T_{sm,av}^2+T_{di,av}^2)(T_{sm,av}+T_{di,av})\tag{50-34}$$

式中，σ_{sm} 为烟气黑度，$\sigma_{sm}=1-e^{-K_{sm}P_{sm}S}$；$P_{sm}$ 为烟气的压强，Pa；K_{sm} 为烟气减弱系数，$K_{sm}=(K_q\kappa_q+K_{fa}\rho_{fa})$；$\sigma_{di}$ 为灰污黑度。

（2）烟气侧对流换热

无管式热风炉的换热管多为圆筒形，烟气与圆筒形壁面的换热可根据纵流冲刷圆形换热管受热面的换热过程计算。

对于紊流（$Re>10^4\sim1.2\times10^5$），管内放热的努塞尔数按下式计算：

$$Nu=0.023Re^{0.8}Pr^{0.3}\varepsilon_l\varepsilon_r\varepsilon_T\tag{50-35}$$

式中，ε_l 为管长修正系数；ε_r 为曲率修正系数，$\varepsilon_r=1+1.77\dfrac{d_{eq}}{r}$；$r$ 为曲率半径，m；ε_T 为温度修正系数。

当 $\dfrac{l}{d_{eq}}<50$ 时应进行管长修正，修正方法可参照传热学手册。

当烟气逐渐冷却时，$\varepsilon_T=1$；当空气被加热时，$\varepsilon_T=\left(\dfrac{T_{sm,av}}{T_{di,av}}\right)^{0.5}$。

对于层流（$Re<2200$），管内放热的努塞尔数按下式计算：

$$Nu=1.86\left(RePr\frac{d_{ed}}{l}\right)^{\frac{1}{3}}\left(\frac{\mu_{sm}}{\mu_{rb}}\right)^{0.14}\tag{50-36}$$

式中，l 为管长，m；μ_{sm} 为烟气主体动力黏度，kg/(m²·s)；μ_{rb} 为热壁附近烟气的动力黏度，kg/(m²·s)。

对于过渡流（$2200\leqslant Re<10^4$），管内放热的努塞尔数按下式计算：

$$Nu=0.0116\left(Re^{\frac{2}{3}}-125\right)Pr^{\frac{1}{3}}\left[1+\left(\frac{d_{eq}}{l}\right)^{\frac{2}{3}}\right]\left(\frac{\mu_{sm}}{\mu_{rb}}\right)^{0.14}\tag{50-37}$$

（3）空气侧对流换热

在热风炉中工质为透明的热空气，由管壁到工质的换热以对流为主，辐射换热可忽略不计。

金属热风炉的空气道均系管状或环管状结构，可采用准数方程计算，也可采用经验公式计算。准数方程为：

对于紊流（$Re>10^4\sim1.2\times10^5$）、$Pr>0.68$ 时，努塞尔数按下式计算：

$$Nu=0.023Re^{0.8}Pr^{0.4}\varepsilon_l\varepsilon_r\varepsilon_T\tag{50-38}$$

对于层流（$Re<2200$）和过渡流（$2200\leqslant Re<10^4$），空气道的对流放热系数经验公式为

$$\alpha_{ai}=\frac{K}{4.18}\frac{v^{0.3}}{d_{eq}^{0.2}}\tag{50-39}$$

对于空气，系数 $K=3[1-8.26\times10^{-4}(T_{ai,av}-273.15)]$。

或

$$\alpha_{ai}=3.005\frac{v_{ai,0}^{0.8}}{d_{ed}^{0.25}}\tag{50-40}$$

式中，$v_{ai,0}$ 为换算成 0℃时的空气流速，m/s。

环管状空气道的当量直径按下式计算

$$d_{eq} = \frac{4F_{ai}}{U_{ai}} \tag{50-41}$$

式中，F_{ai} 为空气流道截面积，m^2；U_{ai} 为空气流道截面的周界长度，m。

50.3.3.2　带肋片无管式热风炉的传热计算

为了加强空气侧的换热，常在无管式热风炉的换热器空气侧加设肋片，如图 50-62 所示。带肋片无管式热风炉的传热计算可按以下步骤进行。

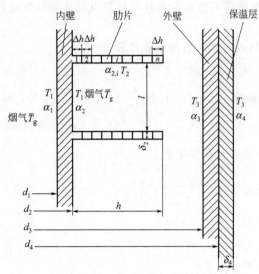

图 50-62　带肋片无管式热风炉换热器结构简图

（1）传热方程建立的假设条件

为使计算简便，在此做如下假设：

① 换热器的各个表面均为灰体，内壁及外壁温度均匀且在壁内无温差，即不考虑内壁和外壁的导热热阻。

② 相邻两个肋片平行，且温度分布相同。

③ 忽略肋片热导率随温度变化，即认为其是常数。肋片长度远远大于高度和厚度，即认为仅沿肋片高度发生一维稳态导热。

④ 不考虑肋片端部与外界的传热。

⑤ 忽略肋片端部与外壁的间隙对传热的影响。

（2）传热方程

① 烟气能量平衡　烟气在炉内流动，通过辐射和对流换热将热量传递给热风炉的内壁，故有下列能量平衡方程式。

$$V_g c_{g_1} T_{g_1} = Q_{g_1} + V_g c_{g_2} T_{g_2} \tag{50-42}$$

式中，V_g 为烟气量，m^3/s；c_{g_1}，c_{g_2} 为烟气在进口温度 T_{g_1} 和出口温度 T_{g_2} 时的平均比热容，$J/(kg \cdot K)$；Q_{g_1} 为烟气传给内壁的总热量，可由式（50-43）计算。

$$Q_{g_1} = \alpha_1 A_1 (\overline{T}_g - T_1) + \frac{C_o A_1}{\sigma_1^{-1} + \alpha_{g_1}^{-1} - 1} \left[\frac{\sigma_{g_1}}{\alpha_{g_1}} \left(\frac{\overline{T}_g + 273}{100} \right)^4 - \left(\frac{T_1 + 273}{100} \right)^4 \right] \tag{50-43}$$

式中，α_1 为烟气与内壁的对流换热系数，$J/(m^2 \cdot s \cdot K)$；A_1 为内壁的内表面积，m^2，$A_1 = \pi d_1 H$；d_1 为内壁的内径，m；H 为热风炉换热器高度，m；C_o 为斯蒂芬-玻尔兹曼常数，$C_o = 5.67 W/(m^2 \cdot K^4)$；$\sigma_1$ 为内壁的黑度；$\overline{T}_g$ 为换热器内烟气的平均温度，$\overline{T}_g = \frac{T_{g_1} + T_{g_2}}{2}$；$T_1$ 为内壁的平均温度，K；σ_{g_1}，α_{g_1} 为烟气的黑度和对内壁的吸收率。α_{g_1} 可由式（50-44）计算。

$$\alpha_{g_1} = \sigma_{g_1} \left(\frac{\overline{T}_g + 273}{T + 273} \right)^{0.4} \tag{50-44}$$

烟气与内壁的对流换热系数 a_1 的计算依据下列公式：

$$Nu_f = 0.024 Re_f^{0.8} Pr_f^{0.43} \left(\frac{Pr_f}{Pr_w} \right)^{0.25} \tag{50-45}$$

式中，Nu_f 为努塞尔数；Re_f 为以烟气平均温度计算的烟气的雷诺数；Pr_f 为以烟气平均温度计算的烟气的普朗特数；Pr_w 为以壁面平均温度计算的烟气的普朗特数。

特征尺寸为内壁的内径 d_1。

② 内壁能量平衡

$$Q_{g_1} = \alpha_2 A_2 (T_1 - \overline{T}_a) + Q_{1d} + Q_{1r} \qquad (50\text{-}46)$$

式中，α_2 为内壁与空气的对流换热系数，$J/(m^2 \cdot s \cdot K)$；A_2 为内壁的外表面积，m^2，$A_2 = \pi d_2 H$；d_2 为内壁的外径，m；$\overline{T}_a$ 为换热器内空气的平均温度，$\overline{T}_a = \dfrac{T_{a_1} + T_{a_2}}{2}$；$T_{a_1}$、$T_{a_2}$ 为空气进出换热器的温度，K；Q_{1d}，Q_{1r} 为内壁通过导热传给肋片的热量和通过辐射换热的净热损失，分别计算如下。

当沿内壁外表面的肋片为螺旋状或环形状时：

$$Q_{1d} = m \pi \lambda_2 \delta_2 d_2 \frac{T_1 - T_{2,1}}{\Delta h} \qquad (50\text{-}47)$$

$$Q_{1r} = m \pi l d_2 \frac{\sigma_1}{1 - \sigma_1} (E_1 - J_1) \qquad (50\text{-}48)$$

当沿内壁外表面的肋片为纵向放射状时：

$$Q_{1d} = m \lambda_2 \delta_2 H \frac{T_1 - T_{2,1}}{\Delta h} \qquad (50\text{-}49)$$

$$Q_{1r} = m l H \frac{\sigma_1}{1 - \sigma_1} (E_1 - J_1) \qquad (50\text{-}50)$$

式中，m 为内壁外表面轴向的环形肋片数。当肋片为螺旋状时为螺旋的节数。当沿内壁外表面的肋片为纵向放射状时，为沿内壁外表面周向布置的肋片数；δ_2 为肋片的厚度，m；l 为相邻两肋片的间距，m；Δh 为肋片微元的长度，m，$\Delta h = \dfrac{h}{n}$；h 为肋片的高度；n 为肋片上微元数目；λ_2 为肋片的热导率，$J/(m \cdot s \cdot K)$；$T_{2,1}$ 为肋片微元 1 的温度，K；J_1，E_1 为内壁外表面的有效辐射和黑体辐射，其计算见本章 50.3.3.2 中肋片、内壁和外壁的辐射平衡方程式。

内壁与空气的对流换热系数 α_2 的计算依据下列公式，其中特征尺寸取当量直径 d_e：

$$\alpha_2 = 0.58 Re^{0.47} \frac{\lambda_a}{d_e} \quad (Re = 2000 \sim 10000) \qquad (50\text{-}51)$$

或

$$\alpha_2 = 0.101 Re^{0.68} \frac{\lambda_a}{d_e} \quad (Re = 10000 \sim 40000) \qquad (50\text{-}52)$$

$$d_e = \frac{\pi(d_3^2 - d_2^2) - 4mh\delta_2}{\pi(d_3 - d_2) + 2ml} \qquad (50\text{-}53)$$

式中，d_3 为外壁的内径，m；λ_a 为空气的热导率，$J/(m \cdot s \cdot K)$。

③ 肋片能量平衡　如图 50-62 所示，将肋片沿高度分割成 n 个区域，每个区域温度均匀，有能量平衡方程式：

对内部微元 $i(i = 1, 2, \cdots, n-1)$

$$\lambda_2 \delta_2 \frac{T_{2,i-1} - T_{2,i}}{\Delta h} = \lambda_2 \delta_2 \frac{T_{2,i} - T_{2,i-1}}{\Delta h} + q_{2,i} A_{2,i} \qquad (50\text{-}54)$$

式中，$A_{2,i} = 2\Delta h$；当 $i = 1$ 时，$T_{2,0} = T_1$。

对肋片顶部微元（$i = n$）

$$\lambda_2 \delta_2 \frac{T_{2,n-1} - T_{2,n}}{\Delta h} = q_{2,n} A_{2,n} \tag{50-55}$$

式中，$q_{2,i}$ 为肋片 i 区域向外散失的总热流，包括辐射换热和对流换热散失的热流，其计算公式如下。

$$q_{2,i} = \frac{\sigma_2}{1-\sigma_2}(E_{2,i} - J_{2,i}) + \alpha_{2,i}(T_{2,i} - \overline{T}_a) \tag{50-56}$$

式中，$\alpha_{2,i}$ 为空气与肋片表面的对流换热系数，$J/(m^2 \cdot s \cdot K)$。仍可用式(50-51) 和式(50-52) 计算；$J_{2,i}$ 为有效辐射；$E_{2,i}$ 为黑体辐射。

④ 空气能量平衡　当沿内壁外表面的肋片为螺旋状或环形状时，空气的能量平衡方程式为：

$$V_a c_{a_1} T_{a_1} + m\pi d_2 l\alpha_2(T_1 - \overline{T}_a) + \alpha_3 A_3(T_3 - \overline{T}_a) + m\pi d_2 \sum_{i=1}^{n} A_{2,i}\alpha_{2,i}(T_{2,i} - \overline{T}_a) = V_a c_{a_2} T_{a_2} \tag{50-57}$$

当沿内壁外表面的肋片为纵向放射状时，空气的能量平衡方程式为：

$$V_a c_{a_1} T_{a_1} + mHl\alpha_2(T_1 - \overline{T}_a) + \alpha_3 A_3(T_3 - \overline{T}_a) + mH\sum_{i=1}^{n} A_{2,i}\alpha_{2,i}(T_{2,i} - \overline{T}_a) = V_a c_{a_2} T_{a_2} \tag{50-58}$$

式中，V_a 为空气量，m^3/s；c_{a_1}，c_{a_2} 为空气在温度 T_{a_1} 和 T_{a_2} 时的平均比热容，$J/(kg \cdot K)$；α_2 为空气与外壁面的对流换热系数，$J/(m^2 \cdot s \cdot K)$，仍可用式(50-51) 和式(50-52) 计算；T_3 为外壁面的温度，K；A_3 为外壁的外表面积，m^2，$A_3 = \pi d_3 H$。

⑤ 外壁能量平衡　当外壁外表面有绝热层时：

$$\frac{A_3 \sigma_3}{1-\sigma_3}(J_3 - E_3) + \alpha_3 A_3(\overline{T}_a - T_3) = \frac{A_4 + A_5}{2} \times \frac{T_3 - T_4}{\delta_4}\lambda_4 \tag{50-59}$$

当外壁外表面无绝热层时：

$$\frac{A_3 \sigma_3}{1-\sigma_3}(J_3 - E_3) + \alpha_3 A_3(\overline{T}_a - T_3) = \alpha_4 A_4(T_3 - T_o) \tag{50-60}$$

式中，λ_4 为换热器外表面绝热层在平均温度 $\frac{T_3 + T_4}{2}$ 下的热导率，$J/(m \cdot s \cdot K)$；T_o 为环境温度，K；δ_4 为绝热层的厚度，m；A_4 为绝热层的内表面积（或外壁的外表面积），m^2，$A_4 = \pi d_4 H$；A_5 为绝热层的外表面积，m^2，$A_5 = \pi(d_4 + \delta_4)H$；$\alpha_4$ 为绝热层的外表面与环境空气（无绝热层时为外壁外表面与环境空气）的综合换热系数，计算如下。

$$\alpha_4 = 6.2 + 0.068 T_4 \tag{50-61}$$

式中，T_4 为绝热层的温度，K，无绝热层时，$T_4 = T_3$。

⑥ 绝热层能量平衡　当外壁外表面有绝热层时，其能量平衡方程式为：

$$\left(\frac{A_4 + A_5}{2}\right)\left(\frac{T_3 - T_4}{\delta_4}\right)\lambda_4 = \alpha_4 A_5(T_4 - T_o) \tag{50-62}$$

⑦ 肋片、内壁和外壁的辐射平衡方程式。

$$J_1 = \sigma_1 E_1 + (1-\sigma_1)\left(J_3 \varphi_{1\text{-}3} + 2\sum_{j=1}^{n} J_{2,j}\varphi_{1\text{-}2,j}\right) \tag{50-63}$$

$$J_{2,i} = \sigma_2 E_{2,i} + (1-\sigma_2)\left(J_1 \varphi_{2,i\text{-}1} + J_3 \varphi_{2,i\text{-}3} + \sum_{j=1}^{n} J_{2,j}\varphi_{i\text{-}2,j}\right)(i=1,2,\cdots,n) \tag{50-64}$$

$$J_3 = \sigma_3 E_3 + (1-\sigma_3)\left(J_1 \varphi_{3\text{-}1} + 2\sum_{j=1}^{n} J_{2,j}\varphi_{3\text{-}2,j}\right) \tag{50-65}$$

式中，J 为有效辐射；E 为黑体辐射；φ_{i-j} 为表面 i 对 j 的角系数。

在以上的传热方程式中，均将圆筒壁的导热简化为平壁导热，由于无管式热风炉换热器圆筒壁的直径远远大于壁厚，所以由此引起的误差是允许的。

（3）传热方程应用及计算方法

以上的传热方程式，既可用于设计无管式热风炉的换热器，如计算换热器的换热系数和换热面积，也可用于对该类换热器的校核计算，如确定换热系数、烟气和空气的出口温度。以上传热方程式的求解可采用 Newton-Raphson 迭代法，编制程序在计算机上进行计算，各参数的单位均为国际单位制。

在以上的传热方程式中，烟气、空气和壁面温度以及对流换热系数均为沿换热器高度方向的平均值。实际也可以将换热器沿高度分成若干段，分别对每段应用上述方程式进行求解，即可得到烟气、空气、壁面温度、对流换热系数、换热器的换热面积等参数。

如果需要计算沿换热器高度方向的壁面温度分布，则需要将换热器沿高度方向分成若干段，再将上述方程式应用到每段进行求解即可。本模型还可以用来对换热器进行优化设计，如确定最佳换热面积、确定最佳肋片尺寸等。

50.4　列管式热风炉

50.4.1　列管式热风炉的结构与分类

列管式热风炉的主要构造有炉膛、列管式换热器、烟道、烟囱等，如图 50-63 所示。

列管式热风炉可分为以下几种类型：

① 根据热风炉放置形式可分为：立式和卧式。立式是指将列管式换热器置于炉膛的正上方组成一体的列管式热风炉。排管式和套管式热风炉均可以设计成立式结构形式，多用于热功率小于 500 万千焦/时的中小型热风炉。卧式是指换热器与炉膛分别并列放置，由烟道连接，多用于热功率大于 500 万千焦/时的大中型热风炉。

② 根据热风炉与换热器的配置形式可分为：分体式和整体式。分体式是指炉膛与换热器分别制作，在使用现场再组装为一体。多用于热功率大于 500 万千焦/时的大中型热风炉。分体式具有制造工艺简单，便于维护等优点，但占地面积较大。整体式是指炉膛与换热器制作为一体。多用

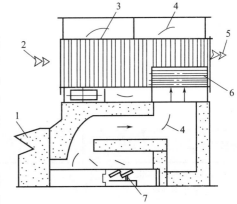

图 50-63　WR 列管式热风炉结构简图
1—喂入斗；2—冷空气；3—碳钢列管束；4—烟气；
5—热空气；6—合金钢列管束；7—自动炉排

于热功率小于 500 万千焦/时的中小型热风炉。整体式具有安装方便，占地面积较小等优点，但制造工艺复杂且不便于维护。

50.4.2　典型列管式热风炉结构与性能

50.4.2.1　典型列管立式热风炉结构与性能

（1）LJ 系列多级式燃煤热风炉

LJ 系列多级式燃煤热风炉主要由炉体、链条炉排、主换热器、前置换热器等组成，如

图 50-64 所示。

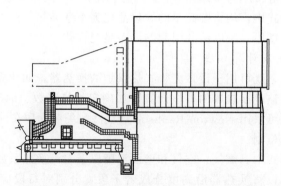

图 50-64　LJ 系列多级式燃煤热风炉结构简图

原煤经过上煤机进入炉前的储煤斗，随着链条的缓慢移动，经煤闸板进入炉膛，通过预热、燃烧、燃烬各段，在鼓风机的作用下，完成整个燃烧过程。燃烧过程产生的烟道气经换热器管程与空气换热后变成废气，通过引风机由烟囱排出。主要技术参数如表 50-26 所示。

表 50-26　LJ 系列多级式燃煤热风炉[①]技术参数

指标	LJ-150	LJ-200	LJ-250	LJ-300	LJ-400	LJ-500	LJ-700
热功率/MW /10^4kcal·h^{-1}	1.75 (150)	2.3 (200)	2.9 (250)	3.5 (300)	4.6 (400)	5.8 (500)	8.2 (700)
炉算面积/m^2	3.0	4.2	5.0	6.1	8.4	10.1	14.1
耗煤量/kg·h^{-1}	325	433	542	650	867	1083	1517
耗电量/kW	15.2	20.2	28.0	28.5	46.5	49.5	68.5
换热面积/m^2	195	260	325	390	520	650	910
烟道气进气温度/℃				750 左右			
烟道气排气温度/℃				160 左右			
热风温度/℃				120~180			
热效率/%				＞70			
外形尺寸/m	10.7×2.3× 5.4	10.7×2.7× 6.0	11.2×2.7× 6.5	13.1×2.7× 6.5	13.4×3.2× 6.8	14.9×3.2× 7.0	17.9×3.2× 7.2

注：1kcal=4.1868kJ。

① 适于Ⅱ类烟煤。

（2）SFMRL 系列燃煤热风炉

SFMRL 系列燃煤热风炉如图 50-65 所示。其主要技术参数如表 50-27 所示。

表 50-27　SFMRL 系列燃煤热风炉技术参数

机型	供热量 /10^4kJ·h^{-1}	耗煤量 /kg·h^{-1}	耗电量 /kW	热风温度 /℃	风量 /m^3·h^{-1}
SFMRL5/2000	20	约 15	1.1	≤130	2000
SFMRL10/3600	40	约 25	1.5	≤130	3600
SFMRL15/5400	60	约 38	2.2	≤130	5400
SFMRL20/7200	80	约 50	3.0	≤130	7200
SFMRL25/9000	100	约 65	4.0	≤130	9000
SFMRL30/108000	120	约 75	5.5	≤130	108000

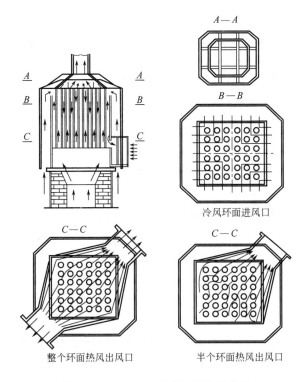

冷风环面进风口

整个环面热风出风口　　　　半个环面热风出风口

图 50-65　SFMRL 系列热风炉示意图

50.4.2.2　典型列管卧式热风炉结构与性能

（1）RFM/C_1L 系列燃煤热风炉

RFM/C_1L 系列燃煤热风炉如图 50-66 所示。其主要技术参数如表 50-28 所示。

表 50-28　RFM/C_1L 系列燃煤热风炉技术参数

机型	热负荷 /MW	耗煤量[①] /kg·h^{-1}	炉排面积 /m^2	热效率 /%	热风温度 /℃	风量 /m^3·h^{-1}
RF0.7/C_1L	0.7	126.0	1.5	>70	130~180	9940~13525
RF1.4/C_1L	1.4	252.0	2.8	>70	130~180	19880~27050
RF2.1/C_1L	2.1	378.0	4.0	>70	130~180	29820~40575
RF2.8/C_1L	2.8	504.0	6.5	>70	130~180	39760~54100
RF4.2/C_1L	4.2	756.0	9.0	>70	130~180	59640~81150
RF4.9/C_1L	4.9	882.0	9.7	>70	130~180	69580~94675
RF5.6/C_1L	5.6	1008.0	10.7	>70	130~180	79520~108200
RF7.0/C_1L	7.0	1260.0	12.6	>70	130~180	99400~135250
RF8.4/C_1L	8.4	1512.0	15.0	>70	130~180	119280~162300
RF10.5/C_1L	10.5	1890.0	18.0	>70	130~180	149100~202875

① 适应于 Ⅱ、Ⅲ 类烟煤。

（2）RFL 系列列管式热风炉

RFL 系列列管式热风炉如图 50-67 所示。其主要技术参数如表 50-29 所示。

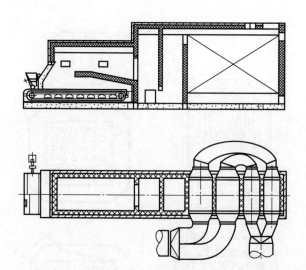

图 50-66　RFM/C₁L 系列燃煤热风炉结构简图

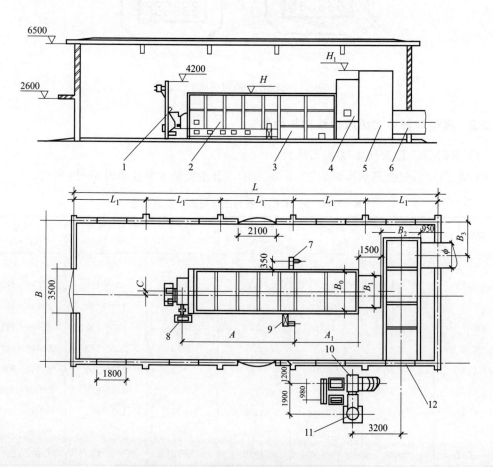

图 50-67　RFL 系列列管式热风炉安装示意图

1—上煤机；2—链条炉；3—沉降室；4—烟道；5—换热器；6—热风出口；

7—鼓风机；8—调速箱；9—除渣机；10—引风机；

11—烟囱；12—冷风进口

表 50-29　RFL 系列列管式热风炉技术及安装参数

机型	供热量 /10^4kJ·h^{-1}	安装尺寸/mm											
		L	L_1	A	A_1	B	B_0	B_1	B_2	B_3	C	H	H_1	Φ
RFL2	50	20000	4000	4620	3190	8000	2374	2165	2374	1800	54	2978	3435	1000
RFL3	754	20000	4000	4620	3190	8000	2374	2165	2374	1800	54	2978	3935	1100
RFL4	1000	20000	4000	6079	3302	9000	2532	2295	2532	2540	0	3048	3920	1200
RFL5	1250	21000	4200	6079	3302	9000	2780	2815	2780	2353	0	3280	4010	1500
RFL6	1510	21000	4200	6465	3800	9000	2780	2815	2780	2350	0	3280	4410	1600
RFL7	1760	22500	4500	6465	3800	9000	2935	2815	2935	1369	488	3316	4410	1600
RFL8	2010	22500	4500	6465	3800	9000	2935	3140	2935	1369	488	3450	4410	1700
RFL10	2510	24000	4800	7125	3950	11000	3350	4263	3015	2840	0	4188	4630	2000
RFL15	3770	28500	5700	8985	3950	11000	3780	4870	3200	2615	150	4188	5210	2100

（3）DRL-120 型卧式稻壳热风炉

DRL-120 型卧式稻壳热风炉主要由存料房、提送料系统、定量排料器、换热器、除尘器、炉体和烟囱等组成，如图 50-68 所示。

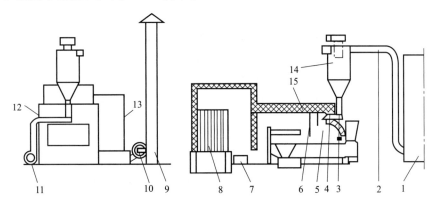

图 50-68　DRL-120 型卧式稻壳热风炉结构示意图

1—存料房；2—送料管；3—定量排料器；4—喷料管；5—燃烧室；6—挡料板；

7—排尘口；8—换热器；9—烟囱；10—除尘器；11—鼓风机；

12—热风出口；13—空气进口；14—卸料器；15—炉体

提送料系统采用了负压气力输送形式，稻壳从存料房通过送料管经卸料器和定量排料器进入喷料管，在鼓风机的作用下稻壳被喷入炉内燃烧室进行悬浮燃烧。在挡料板的作用下稻壳减速行进，增加了稻壳的燃烧时间，使稻壳燃烧彻底。稻壳燃烧产生的高温烟气经过沉降室沉降后进入换热器。而烟尘则留在沉降室底部，定期由排尘口排出。换热器由 3 节组成，呈并列布置，稻壳燃烧产生的高温烟气按 1→2→3 节的顺序进入换热器管内，并在换热器管内进行两次折流后经除尘器排入烟囱。而空气由换热器的空气进口按 3→2→1 节的顺序通过换热器管壁外腔，与高温烟气进行逆流间接热交换，产生的热空气由热风出口进入用热设备。主要技术参数如表 50-30 所示。

表 50-30　DRL-120 型卧式稻壳热风炉[①] 技术参数

供热量/10^4kJ·h^{-1}	耗稻壳量/kg·h^{-1}	热效率/%	热风温度/℃	配套动力/kW
501.6	520~680	65~70	40~100	34.2

① 稻壳发热值按 12.5~14.2MJ/kg 计。

（4）5LWR 系列列管卧式热风炉

5LWR 系列列管卧式热风炉的主要技术参数如表 50-31 所示。

表 50-31　5LWR 系列快装间接加热列管卧式热风炉技术参数

指标	5LWR0.35	5LWR0.7	5LWR0.93	5LWR1.16	5LWR1.39	5LWR1.86	5LWR2.32	5LWR2.79
热功率/MW	0.35	0.7	0.93	1.16	1.39	1.86	2.32	2.79
/10^4kcal·h^{-1}	(30)	(60)	(80)	(100)	(120)	(160)	(200)	(240)
耗煤量[1]/kg·h^{-1}	80	160	200	250	300	450	520	620
热风温度/℃	130							
热效率/%	73-75							
外形尺寸[2]/m	3.2×1×3.6	4×1.2×3.6	4.95×1.32×3.6	4.95×1.52×4	5.095×1.92×3.9	5.6×2.1×4.26	5.7×2.2×4.3	6×2.7×5
整机重量/kg	8000	10000	13000	14000	16000	16000	20000	35000

注：1kcal=4.1868kJ。

① 煤的发热值按 21MJ/kg 计。

② 外形尺寸不含烟囱等。

（5）RFW-180 型卧式热风炉

RFW-180 型卧式热风炉采用单流程卧式结构，换热体有专门膨胀措施，换热体的空气侧设有散热肋片。采用直送式螺旋加煤机构，可实现间隙式自动加煤，炉内设有倾斜炉排。冷空气从换热体的高温区压入（采用错流加顺流的换热方式），有利于延长换热体的使用寿命。烟气经过降尘及余热利用后，由引烟机排入烟囱。主要技术参数如表 50-32 所示。

表 50-32　RFW-180 型卧式热风炉[1]技术参数

供热量/10^4kJ·h^{-1}	耗煤量/kg·h^{-1}	热效率/%	热风温度/℃
180	132	≥65	110～130

① 煤的发热值按 21MJ/kg 计。

（6）直烧列管式热风炉

直烧列管式热风炉是在炉膛用火焰直接加热换热管而加热管内的空气产生热风。主要由炉箅、换热管、风机等组成，如图 50-69 所示。

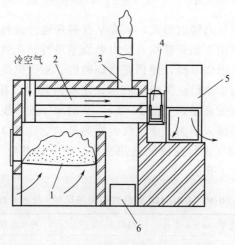

图 50-69　直烧列管式热风炉结构简图

1—炉箅；2—换热管；3—烟囱；4—热风室；5—风机；6—灰门

50.4.2.3　典型列管分体式热风炉结构与性能

（1）SJH 系列立式热风炉

SJH 系列立式热风炉（手烧炉）采用多头异向螺旋槽管换热技术，热效率可达 75% 以上，主要性能指标达到了国内先进水平。

该系列热风炉主要由前炉、后炉、换热器、空气联通道、烟气通道、旁通烟道、热风出口、冷风入口、离心风机及引风机等组成，见图 50-70。SJH 系列立式热风炉主要技术参数见表 50-33。

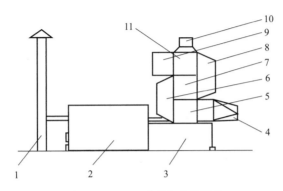

图 50-70　SJH 系列立式热风炉

1—烟囱；2—前炉；3—后炉；4—热风出口；5—换热器 a；6—左空气连通道；7—换热器 b；
8—右空气连通道；9—冷风入口；10—烟气通道；11—换热器 c

表 50-33　SJH 系列立式热风炉主要技术参数

机型	供热量/10^4kJ·h^{-1}	耗煤量[①]/kg·h^{-1}	热效率/%	热风温度/℃
SJH-80	80	190~230	70~80	60~120
SJH-120	120	300~340	70~75	60~120
SJH-160	160	390~450	70~75	60~120
SJH-200	200	490~560	70~75	60~120
SJH-240	240	580~680	70~75	60~120

① 环境温度＞−25℃，煤发热值按 23MJ/kg 计。

（2）SJH-160 型卧式热风炉

SJH-160 型卧式热风炉（手烧炉）主要由炉体、烟囱、烟道、换热器（由 3 节换热器组成）、冷风入口、热风出口及引风机等组成，见图 50-71。

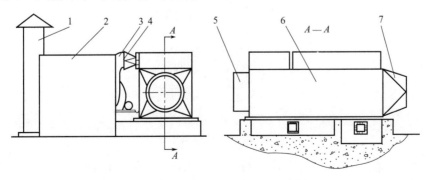

图 50-71　SJH-160 型卧式热风炉简图

1—烟囱；2—主炉体；3—烟道；4—引风机；5—冷风入口；6—换热器；7—热风出口

空气由冷风入口依次进入第3、2、1节换热器管壁外腔，通过与流经第1、2、3节换热器管内的烟气进行热交换，产生热风供给需热设备。烟气流经第1、2、3节换热器时，经过2次折流，使热交换完全，热效率提高。

主要技术参数为热风温度：60～120℃；热效率：70%～75%；冷风温度：＞－25℃；耗煤量：390～450kg/h；煤热值：23MJ/kg；配备动力：27.5kW。

50.4.3　列管式换热器的结构

列管式换热器主要由换热管组成的管束、管板和壳体所组成。

50.4.3.1　管子的类型

列管式换热器的管子构成换热器的传热面，管子的尺寸和形状对传热有很大的影响。

（1）普通管

换热器中的管子一般都用光管，因为它的结构简单，制造容易。光管常采用无缝钢管。对于高温、有腐蚀的场合，要选用不锈钢。换热器的换热管长度与公称直径之比一般在4～25之间，常用的为6～10。对立式换热器，其比值多为4～6。

（2）高效换热管

为了强化传热，可将光管的表面形状和性质加以改造，以增加流体湍动程度，达到强化传热的目的。

① 翅片管　在传热系数较低的一侧，用在管子上增加翅片的方法来扩大传热面至光管的2～3倍，可有效地提高总传热系数，如图50-72和图50-73所示。

(a)焊接外翅片管　　　(b)整体式外翅片管　　　(c)镶嵌式外翅片管　　　(d)整体式内外翅片管

图 50-72　纵向翅片管

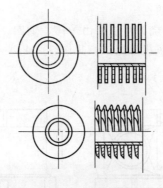

图 50-73　横向翅片管

② 螺纹管　螺纹高为1～1.5mm，螺距为1～2mm。滚压螺纹后，管子外径略小于原管径，内壁面略有波纹，基本上仍保持光滑状，如图50-74所示。

③ 波纹管和槽纹管　螺旋波纹管如图50-75所示，槽纹管如图50-76所示，它们都是用

薄壁管滚压而成的，管内有明显的波纹。螺旋波纹管可以是单头或多头的，螺旋槽越深，强化传热效果越好。这种管子的流体阻力虽然较大，但传热的强化往往比阻力的增大更明显。

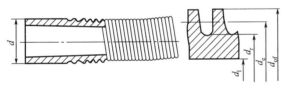

图 50-74　螺纹管

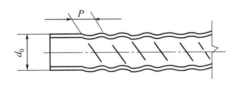

图 50-75　波纹管

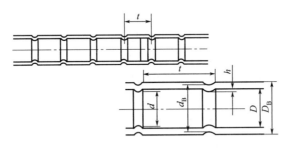

图 50-76　槽纹管

④ 肋化管　为了提高热风炉的换热效率，可将换热器的换热管上增设肋片进行肋化，如图 50-77 所示。

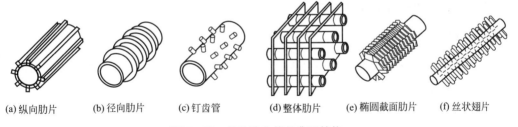

(a)纵向肋片　　(b)径向肋片　　(c)钉齿管　　(d)整体肋片　　(e)椭圆截面肋片　　(f)丝状翅片

图 50-77　各种肋化管的典型结构

50.4.3.2　换热管排列形式

（1）正三角形排列

如图 50-78 所示。这种形式在单位截面积上布管较多，结构紧凑。适合于壳程介质污垢少，且不需要机械清洗的场合。

正三角形排列比转角正三角形排列对流体的湍动效果好。

（2）正方形排列

如图 50-79 所示。这种形式能使管间形成一条直线通道，可用机械方法进行清洗，一般用于管束可抽出清洗管间的场合。转角正方形排列对流体的湍动效果好。

(a)正三角形排列　　　　(b)转角正三角形排列

图 50-78　正三角形排列的管子

另外，还有根据结构要求，采用正三角形和正方形组合排列的方法，如图 50-80 所示。

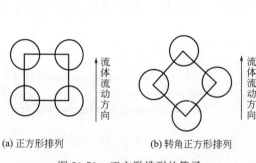

(a) 正方形排列　　　　(b) 转角正方形排列

图 50-79　正方形排列的管子

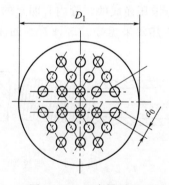

图 50-80　组合排列法

管板上两换热管间的距离称为管间距。管间距的决定，要考虑管板强度和清洗管子外表面时所需空隙，它与换热管在管板上的固定方法有关。当采用焊接方法时，若相邻两根管子的焊缝太近，就会影响焊接质量。因而，最小间距应符合表 50-34 的规定。

表 50-34　最小管间距　　　　　　　　　　　　单位：mm

管子外径	32	38	45	57
最小管间距	40	48	57	70

最外层换热管外表面至壳体内表面的距离不应小于 10mm。

50.4.4　列管式换热器的传热计算

50.4.4.1　烟气侧辐射换热

对于列管式换热器，换热管不接触火焰，烟气和换热管同样进行辐射换热，其辐射换热系数由下式求出：

当烟气中有飞灰时

$$\alpha_{ra}=4.9\times10^{-8}\frac{\sigma_{di}+1}{2}\sigma_{sm}T_{sm,av}^{3}\frac{1-\left(\dfrac{T_{di,av}}{T_{sm,av}}\right)^{4}}{1-\dfrac{T_{di,av}}{T_{sm,av}}} \tag{50-66}$$

当燃料为油或气，烟气中无飞灰时

$$\alpha_{ra}=4.9\times10^{-8}\frac{\sigma_{di}+1}{2}\sigma_{sm}T_{sm,av}^{3}\frac{1-\left(\dfrac{T_{di,av}}{T_{sm,av}}\right)^{3.6}}{1-\dfrac{T_{di,av}}{T_{sm,av}}} \tag{50-67}$$

式中，σ_{sm} 为烟气黑度，$\sigma_{sm}=1-e^{-K_{sm}P_{sm}S}$；$P_{sm}$ 为烟气的压强，Pa；K_{sm} 为烟气减弱系数，$K_{sm}=K_{q}\kappa_{q}+K_{fa}\rho_{fa}$；$\sigma_{di}$ 为灰污黑度；$T_{sm,av}$ 为烟气平均温度，K；$T_{di,av}$ 为灰污平均温度，K。

50.4.4.2　对流换热

管内流体的对流换热系数计算与无管式热风炉相同，请参阅 50.3 节的有关内容。

管外流体的对流换热系数可由以下特征数表示：

（1）横流冲刷顺列管簇

$$Nu = 0.2C_z C_s Re^{0.65} Pr^{\frac{1}{3}} \tag{50-68}$$

式中，C_Z 为管簇排列改正系数；C_s 为节距改正系数。

管簇排列改正系数 C_Z 与列管排数 Z 有关；节距改正系数 C_s 与横向节距 S_1 和纵向节距 S_2 有关。

当 $Z > 10$ 时，$C_z = 1$

当 $Z < 10$ 时，$C_z = 0.91 + 0.0125(Z-2)$

$$C_s = \left[1 + \left(2\frac{s_1}{d_{eq}} - 3 \right)\left(1 - \frac{s_2}{2d_{eq}} \right)^3 \right]^{-2}$$

（2）横流冲刷错列管簇

$$Nu = 0.358C_z C_s Re^{0.60} Pr^{\frac{1}{3}} \tag{50-69}$$

当 $Z < 10$，$\dfrac{s_1}{d} < 3$ 时，$C_Z = 3.12Z^{0.05} - 2.5$

当 $Z < 10$，$\dfrac{s_1}{d} \geqslant 3$ 时，$C_Z = 4Z^{0.02} - 3.2$

当 $Z > 10$ 时，$C_Z = 1$

$$设\ \Gamma = \frac{\dfrac{s_1}{d_{eq}} - 1}{\sqrt{\dfrac{1}{4}\left(\dfrac{s_1}{d_{eq}}\right)^2 + \left(\dfrac{s_2}{d_{eq}}\right)^2 - 1}}$$

当 $0.1 < \Gamma < 1.7$ 时，或 $1.7 < \Gamma < 4.5$，$\dfrac{s_1}{d_{eq}} \geqslant 3$ 时，$C_s = 0.95\Gamma^{0.1}$

当 $1.7 < \Gamma < 4.5$，$\dfrac{s_1}{d_{eq}} < 3$ 时，$C_s = 0.768\Gamma^{0.5}$

50.4.4.3 换热器肋片的换热

如果在增加肋片高度时，其顶端温度达到了外部流体的温度，那么再继续加大肋片的高度就毫无益处。肋片增强换热能力的极限条件可用下列方程式来表述：

$$\frac{dQ}{dr} = 0 \tag{50-70}$$

式中，Q 为肋片的换热量，kJ/h；r 为肋片的径向高度，m。

假设肋片表面放热系数沿高度方向不变，而肋片温度沿厚度方向不变，同时，肋片材料的导热系数也恒定，那么在这些条件下对矩形截面肋片的实例求解上述方程式即可得出

$$\frac{1}{\alpha} = \frac{\delta}{2\lambda} \tag{50-71}$$

式中，α 为肋化侧的对流换热系数，$J/(m^2 \cdot s \cdot K)$；δ 为肋片的厚度，m；λ 为肋片的导热系数，$J/(m \cdot s \cdot K)$。

这一等式的左边为肋片的放热热阻，而右边为肋片半个厚度的导热热阻，如果这两部分热阻相等，则该肋片的高度即为不利。

如果满足下列条件：

$$\frac{2\lambda}{\alpha\delta} > 5 \tag{50-72}$$

一般即可认为表面肋化是有利的。但在实践中，关于放热表面加肋是否有利的问题还取决于其他一些因素，诸如肋片表面的流动阻力、换热设备的重量和尺寸等，这些也都必须加以考虑。

肋化后换热器的换热系数可按以下步骤进行计算。

（1）肋化后换热器的传热系数

肋化后换热器的传热系数为

$$k = \frac{1}{\dfrac{1}{\alpha} + \dfrac{\delta}{\lambda} + \dfrac{1}{\alpha_f \eta \varepsilon}} \tag{50-73}$$

式中，α 为换热管非肋化侧的对流换热系数，$J/(m^2 \cdot s \cdot K)$；λ 为换热管管壁的导热系数，$J/(m \cdot s \cdot K)$；δ 为换热管的壁厚，m；α_f 为换热管肋化侧的对流换热系数，$J/(m^2 \cdot s \cdot K)$；η 为肋壁效率，为简化计算可用肋片效率代替，可根据肋片特征及几何尺寸从有关资料中查得；ε 为肋化系数，$\varepsilon = \dfrac{A_2}{A_1}$；$A_1$ 为肋化侧肋化前的面积，m^2；A_2 为肋化侧肋化后的面积，m^2。

这里需要指出的是，在热风炉的设计中，在烟道气侧不能为追求大的肋化系数而将肋片做得过密过高，这会使肋片根部易沉积灰垢从而影响传热。此外也要注意换热管内外两侧的换热系数的均衡。如果不考虑换热管另一侧的对流换热系数的大小，而一味地追求加大肋化侧的肋化系数，使该侧的换热系数远远大于换热管另一侧的对流换热系数，最终也达不到提高总的换热系数的目的。

（2）肋化侧对流换热系数

肋化侧对流换热系数可根据 Nusselt 数

$$Nu_f = \frac{\alpha_f d}{\lambda_f} \tag{50-74}$$

求得。即肋化侧对流换热系数为

$$\alpha_f = \frac{Nu_f \lambda_f}{d} \tag{50-75}$$

式中，Nu_f 为努塞尔数；λ_f 为肋化侧流体（烟气或空气）的热导率，$J/(m \cdot s \cdot K)$；d 为换热管的直径，m。

参照 $Re = 10^2 \sim 1.4 \times 10^4$ 和 $Pr = 0.7 \sim 5000$ 的范围内，在黏性液流中所取得的数据，对于叉排肋化管束的放热得出了下列综合公式：

当 $Re = 10^2 \sim 1.4 \times 10^4$ 时，

$$Nu_f = 0.192 \left(\frac{a}{b}\right)^{0.2} \left(\frac{s}{d}\right)^{0.18} \left(\frac{h}{d}\right)^{-0.14} Re_f^{0.65} Pr_f^{0.36} \left(\frac{Pr_f}{Pr_w}\right)^{0.25} \tag{50-76}$$

式中，a 为横向相对管距，m，$a = \dfrac{s_1}{d}$；s_1 为横向管距，m；d 为管径，m；b 为纵向相对管距，m，$b = \dfrac{s_2}{d}$；s_2 为纵向管距，m；h 为肋片高度，m；s 为同一管上相邻两肋片间的间距，m。

当 $Re = 2 \times 10^4 \sim 2 \times 10^5$，相对管距 $a = 1.1 \sim 4.0$，$b = 1.03 \sim 2.5$，肋化参数 $\dfrac{h}{d} = 0.07 \sim 0.715$，$\dfrac{s}{d} = 0.06 \sim 0.36$ 时，则有

$$Nu_f = 0.0507 \left(\frac{a}{b}\right)^{0.2} \left(\frac{s}{d}\right)^{0.18} \left(\frac{h}{d}\right)^{-0.14} Re_f^{0.8} Pr_f^{0.4} \left(\frac{Pr_f}{Pr_w}\right)^{0.25} \tag{50-77}$$

当 $Re = 2 \times 10^5 \sim 2 \times 10^6$，相对管距 $a = 2.2 \sim 2.4$，$b = 1.27 \sim 2.2$，肋化参数 $\frac{s}{d} = 0.125 \sim 0.28$，$\frac{h}{d} = 0.125 \sim 0.6$ 时，则有

$$Nu_f = 0.0081 \left(\frac{a}{b}\right)^{0.2} \left(\frac{s}{d}\right)^{0.18} \left(\frac{h}{d}\right)^{-0.14} Re_f^{0.95} Pr_f^{0.4} \left(\frac{Pr_f}{Pr_w}\right)^{0.25} \tag{50-78}$$

从式(50-76)~式(50-78)可以看出，当 Re 从 10^2 增加到 1.4×10^6 时，其指数明显地增大。在混合绕流工况下，得出 Pr 的指数 $n = 0.36$，而在以湍流为主的绕流工况下，则 $n = 0.4$。在整个 Re 范围内，$\frac{Pr_f}{Pr_w}$ 的指数皆为 0.25。Nu_f 和 Re_f 中的定性参数为最小流通截面上的平均流速和载肋原管的直径。

对于顺排肋化管束，在参数 $Re_f = 5 \times 10^3 \sim 10^5$，$a = 1.72 \sim 3.0$，$b = 1.8 \sim 4.0$，$\varepsilon = 5 \sim 12$ 的范围内，换热按下列公式计算：

$$Nu_f = 0.303 Re_f^{0.625} \varepsilon^{-0.375} \left(\frac{Pr_f}{Pr_w}\right)^{0.25} \tag{50-79}$$

纵向肋片管 $\left(\frac{h}{d} = 0.015, \frac{h}{\delta} = 0.52\right)$ 的 1.68×1.28 顺排管束在高 Re（$10^4 \sim 10^6$）空气流中的放热数据，其结果在此参数范围内使放热增强 30%。

下面介绍一些对其他形式扩充换热表面进行平均放热计算的适用公式。

对于叉排的柱状钉翅管束，其参数 $Re_f = 2 \times 10^3 \sim 10^4$，肋化系数 $\varepsilon = 2.88 \sim 4.95$，$a = 1.65 \sim 4.35$，$b = 1.27 \sim 1.79$，在此范围内，其平均放热可按下式计算：

$$Nu_f = 0.108 \varepsilon^{0.55} \varphi^{1.1} Re_f^{0.7} Pr_f^{0.36} \left(\frac{Pr_f}{Pr_w}\right)^{0.25} \tag{50-80}$$

式中，$\varphi = \frac{a-1}{s_2'/d-1}$；$s_2'$ 为管束中的对角线管距，m。

对于同样钉翅管的顺排管束，当参数 b 在 $1.47 \sim 2.05$ 范围内，$a = 2.2$ 时，其平均放热可按下式进行计算：

$$Nu_f = 4.29 \varepsilon^{0.33} b^{0.44} Re_f^{0.54} Pr_f^{0.36} \left(\frac{Pr_f}{Pr_w}\right)^{0.25} \tag{50-81}$$

在低 Re 范围内，叉排的钉翅管束比顺排更为有利。

对于丝环状肋片管的叉排管束，其平均放热可按下式计算：

$$Nu_f = 4.29 \left(\frac{d}{s}\right)^{-0.6} \left(\frac{l_0}{d}\right)^{0.36} a^{-0.2} b^{0.1} Re_f^{0.46} Pr_f^{0.36} \left(\frac{Pr_f}{Pr_w}\right)^{0.25} \tag{50-82}$$

本公式的适用范围是 $Re_f = 980 \sim 1.9 \times 10^4$，$\frac{l_0}{d} = 0.061 \sim 0.236$（$l_0$ 为丝环间距），$\frac{d}{s} = 1.44 \sim 2.72$，$a = 2.1 \sim 4.0$，$b = 1.84 \sim 4.0$。

对于梯形或矩形截面鳍形肋片管，其叉排管束的平均放热可按下式计算：

$$Nu_f = 0.16 \varepsilon^{0.24} Re_f^{0.68} Pr_f^{0.36} \left(\frac{Pr_f}{Pr_w}\right)^{0.25} \tag{50-83}$$

公式(50-83)的适用参数范围是 $Re_f = 8 \times 10^3 \sim 8 \times 10^4$，$\varepsilon = 0.59 \sim 2.27$，$a = 1.5 \sim 2.5$，$b = 1.1 \sim 2.5$。

对于叉排或顺排的少排肋化管束，其前部每排管的平均放热可能高于或低于其深层管排的放热。少排肋化管束每排管的平均放热可按下列公式计算：

$$Nu_z = C_z N_u \qquad (50\text{-}84)$$

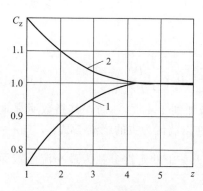

图 50-81 计算少排管束放热用的
相对修正系数
$S_1 = S_2 = 2d$
1—叉排管束；2—顺排管束

式中，Nu_z 是排数为 1～6 的每排管的努塞尔数，而 C_z 根据在管束内的具体位置按图 50-81 确定。此外，发现 Re_f 对这一关系也有一些影响，对叉排或顺排少排肋化管束的放热进行修正的系数 C_z，从第 4 排起开始不变并等于 1。

对于叉排和顺排管束，曲线 $C_z = f(Z)$ 呈现不同的分布特征，这可以解释为：在叉排管束中位于前部的各排管，对后排管起了湍流发生器的作用，因而深层管的放热高于第一排；而在顺排管束中，后排管却位于其前置管的阴影之中。

丝环状肋片管叉排管束第一排管的修正系数 C_z 为 0.88，当 $Z \geqslant 4$ 时为 1；而对于鳍形肋片管束，当排序数从 1～20 变化时，C_z 从 0.65 增加到 1.02。

从上述可以看出，在推荐计算肋化管束放热的实用公式时，应首先明确 Re 值的适用范围。

50.5 热管式热风炉

热管是一种具有极高导热性能的传热元件。它通过在全封闭真空管内工质的蒸发与冷凝来传递热量，具有极高的导热性，良好的等温性，冷热两侧的传热面积可以任意改变，可以远距离传热以及可控温度等一系列优点。热管结构简单，无运动部件，操作无噪声，重量轻，工作可靠，寿命长。

热管尺寸形状可以多样化，虽然热管的外形一般为圆柱形，但也可以根据需要制成各种各样的形状，也可把热管制成整体构件的一部分；单向传热的热管可以当作热流阀使用。

根据热管的工作温度可将热管分为深冷热管（−50℃以下）、低温热管（−50～50℃）、中温热管（50～350℃）、高温热管（350℃以上），按冷凝液回流方式可将热管分为离心热管、重力热管和吸液芯热管。深冷热管所采用的工质有氦、氢、氖、氮、氧、甲烷、乙烷等。低温热管可采用的工质有氟里昂、氨、丙酮、甲醇、乙醇、水等。中温热管热管可采用的工质有水银、铯、水以及钾-钠混合液。高温热管的工质一般均采用液态金属，如钾、钠、锂、银等。

热管式热风炉是将热风炉产生的热量供给热管换热器，再由热管换热器直接供给被加热装置的供热设备。

50.5.1 热管式换热器

由带翅片的热管束组成的换热器称为热管换热器。热管的布置有错列呈三角形的排列，也有顺列呈正方形的排列。在壳体内部的中央有一块隔板把壳体分成两个部分，形成高温流体的通道。当高、低温流体同时在各自的通道中流过时，热管就将高温流体的热量传给低温流体，实现了两种流体的热交换。

热管换热器的最大特点是结构简单、换热率高，在传递相同热量的条件下，制造热管换热器的金属耗量少于其他类型的换热器。换热流体通过换热器的压力损失也比其他换热器小，因而动力消耗也少。正是由于热管换热器的这些特点，才使得人们越来越重视它的应用，目前已在燃煤（油）式热管热风炉、燃生物质（柴、秸秆、稻壳等）热管式热风炉及热媒（导热油）热管热风炉中得到了广泛的使用。

50.5.1.1　单管组合式热管换热器

这种热管换热器是由许多单根翅片热管组成的。热管数量的多少取决于换热量的大小。换热量小的换热器一般为数十根至数百根。而换热量大的换热器，热管的数量可达几千根。

表 50-35 为热管换热器与普通列管换热器的参数比较。由表可见，在处理相同气体量的情况下，热管换热器的体积和质量均比列管式小一半。

表 50-35　热管换热器与列管换热器的参数比较

类型	热管式	列管式	类型	热管式	列管式
气体流量/m³·s⁻¹	83.3	83.3	体积/m³	96	188
管子尺寸(φ×l)/m	0.0508×6.2	0.0318×8	质量/kg	251	571
管数/根	704	1500			

图 50-82 所示是一种蜗壳式热管换热器。图中 1 是换热器的壳体，2 是换热器的中央隔板，3 是热管，4 是由热管束组成的换热单元，它排列成多边形。每个单元之间用隔板 5 使其定位。低温气体 A 从入口 6 进入换热器的中央，导向板 7 使气流转向，气流穿过热交换单元 4 的上部（即热管束的冷凝段），然后从出口 8 排出，排出的气体用 A′表示。高温气体 B 从入口 9 进入换热单元 4 的下部，由出口 10 排出，排出的气体用 B′表示。

热管换热器还可由管内充有不同工质的热管组成，称为组合式热管换热器。如图 50-83 所示。图中 A 代表高温气体，B 代表低温气体。a、b、c、d、e、f 代表六排热管，其中 a、

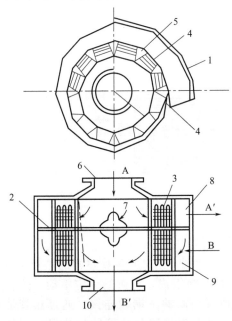

图 50-82　蜗壳式热管换热器

1—壳体；2—中央隔板；3—热管；4—换热单元；
5—隔板；6—低温气体入口；7—导向板；8—低温
气体出口；9—高温气体入口；10—高温气体出口

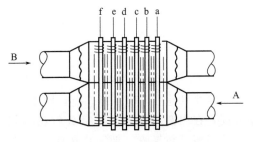

图 50-83　组合式热管换热器

b可以是不锈钢壳体的汞热管，c、d两排可以是以碳钢为壳体的水热管，e、f也可设为铝壳体的氟里昂热管。工作温度从高到低，各组热管可以工作在最适宜的温度区内。事实上各种热管的工作温度都具有一定的范围，因而在实际应用中，一般用两组热管已足够满足设计的要求。

50.5.1.2　分离式热管换热器

分离式热管换热器的原理如图50-84所示。热管的蒸发段和冷凝段互相分开，它们之间通过一根蒸汽上升管和一根冷凝下降管连接成一个循环回路。热管内的工作液体在蒸发段被加热变成蒸汽通过上升管输送到冷凝段，蒸汽被管外流过的流体冷却，冷凝液由下降管流回到蒸发段，继续被加热蒸发，如此不断循环达到传输热量的目的。

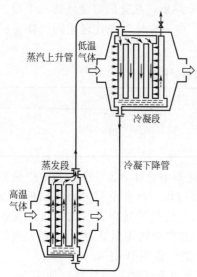

图 50-84　分离式热管换热器

50.5.1.3　回转式热管换热器

按热管自身轴线和其回转轴线所处的相对位置可将回转式热管换热器分为两种不同的结构形式，即同心圆排列和放射状排列。

同心圆排列回转式热管换热器内所有热管的轴线和回转轴线是相互平行的。热管在管板上呈同心圆状排列，其具体结构如图50-85所示。图50-85（a）为加热空气的结构型式，热管在中央管板上呈同心圆状排列，管板固定在中心回转轴上，随转轴一齐转动。管板和壳体之间有动密封装置，保证两边的流体不泄漏。图50-85（b）为产生蒸汽的结构型式。

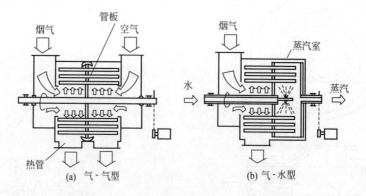

(a) 气-气型　　　　　(b) 气-水型

图 50-85　同心圆排列回转式热管换热器

图50-86为放射状排列回转式热管换热器的结构示意图。这种热管换热器的热管自身轴线和回转轴线是相互垂直的。换热器由内外两个同心圆筒组成，外圆筒固定不动。热管的中部固定在内圆筒壁上，并呈放射状排列。回转轴与圆筒的一端相连接，通过热管带动内圆筒回转。热气流（烟气）在内圆筒的外侧自上而下流过翅片热管的加热段。冷气流（空气）由下而上流过内圆筒内侧接受热管冷凝段放出的热量而被加热。这种换热器适用于含有黏性雾状物的气体。加热段的翅片向外弯曲，有利于离心力排除积存于翅片上的雾滴。

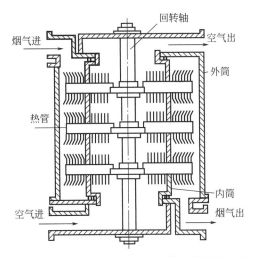

图 50-86 放射状排列回转式热管换热器结构图

50.5.2 热管式热风炉

50.5.2.1 燃煤热管式热风炉

图 50-87 为一种燃煤热管热风炉的结构示意图。由于炉膛烟气温度一般可达 1300℃ 左右，这样高温的烟气具有很强的辐射能力，如直接进入热管换热器，即使采用高温萘热管，并通过调节冷热端的长度和翅片间距等手段来降低冷端的换热热阻，烟气进口前几排的热管仍有可能因管壁温度过高而产生氧化、热变形、裂纹，使管子开裂泄漏或由于内部的工质压力过高，而产生超压爆管事故。采用烟气再循环系统，把排出炉外的烟气通过循环风机加压后送到炉子的中前部和高温烟气均匀混合后，再进入热管换热器，不仅可使热管的工作可靠性、安全性大大提高，确保热管热风炉的正常运行，而且不会降低炉子的热效率。

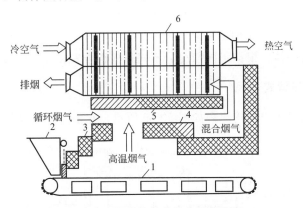

图 50-87 燃煤热管热风炉结构简图

1—链条炉排；2—煤斗；3—前拱；4—后拱；5—混合拱；6—热管换热器

这种燃煤热管热风炉的热管换热器中各个热管元件是独立工作的，即使某根热管因磨损、氧化、腐蚀、热变形等原因而穿透，仅仅是该根热管失效，而不至于烟气贯通；而且即使数根热管失效，对整台热风炉额定工作性能的影响并不太大。可保证热空气与烟气互不掺混，这对食品加工、医药纺织、印染等行业尤为重要。

热管换热器具有独特的结构，每根热管采用弹簧压紧或拉紧固定方式，既保证中间管板的气密性，又能使热管在温度较大时自由膨胀，不致引起热管和隔板的弯曲变形；同时采用烟气再循环系统，使进口烟温大大降低，热膨胀量进一步下降，从而较好地解决受热面的热膨胀问题。同时热管换热器采用纯逆流布置，可提高传热平均温差 ΔT、减少传热面积、提高空气的出口温度。

通过调节冷热端的长度和翅片间距来改变冷热端的传热热阻，可以提高尾部热管热端管壁的壁温，降低尾部受热面的低温腐蚀，使排烟温度降得更低，可达 $150 \sim 160℃$，从而使热风炉的热效率达 $75\% \sim 80\%$。

图 50-88 所示是另外一种燃煤热管式热风炉。它由炉体、热管换热器和列管式换热器 3 部分组成。其工作过程为：在机械炉排上的煤燃烧后形成高温烟气，通过沉降室重力除尘后进入热管换热器的加热段，热量通过热管上部的冷凝段将新鲜空气加热。在热管换热器中把烟气温度降到对碳钢管的安全温度后。烟气又进入列管式换热器。在此换热器中将空气进一步加热供干燥设备使用。

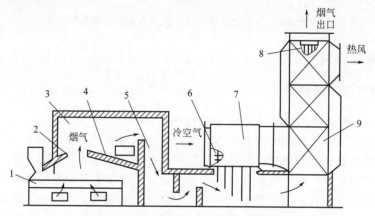

图 50-88 复合燃煤热管式热风炉结构简图

1—往复炉排；2—前拱；3—炉膛；4—后拱；5—沉降室；6—热管；
7—热管换热器；8—碳钢管；9—列管式换热器

为了便于制造、安装、使用和维护，热风炉采用积木组合式结构，即炉体、热管换热器、列管换热器各成一体，根据不同情况、不同条件组合安装。

50.5.2.2 燃用稻壳热管式热风炉

燃用稻壳热管式热风炉结构原理如图 50-89 所示。它是由燃烧设备和换热设备组成一体

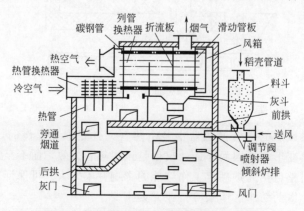

图 50-89 燃用稻壳热管式热风炉结构简图

的快装炉型。其工作过程如下：稻壳燃料由送风机通过喷管喷入炉腔内悬浮燃烧，未燃尽的稻壳落到倾斜炉排上滚动燃烧。燃烧后形成的高温烟气在前后拱导流下进入热管换热器加热段，把一部分热量传给热管冷却段的冷空气，使烟气温度从 1200℃ 降低到 700℃ 左右，然后进入列管换热器，在此换热器中，空气进一步被加热到所需温度。

表 50-36 和表 50-37 是 0.35MW 热管式热风炉的结构参数和性能参数。此炉型因采用了先进的燃烧设备、换热设备，并进行了优化设计，因而与传统的管式热风炉相比，其热效率可提高 20% 左右，其重量降低 1/3。由于在高温段采用了热管新技术，预期使用寿命比普通的碳钢管换热器长，同时换热面积大大降低。从结构参数可知，热管加热段的传热面积仅为 2.5m²，但它却能传递 178kW 的热量，占整个热风炉供热量的一半。从试验和使用中观察，稻壳在炉腔内实现了悬浮燃烧，燃烧得完全充分，污染降低，排烟黑度达到林格曼 1 级，满足环保要求。

表 50-36　燃用稻壳热管式热风炉热管结构参数

热管总数/支	热管直径/mm	热管总长/mm	加热段长/mm	横向管间距/mm	纵向管间距/mm	空气侧翅片高/mm	空气侧翅片节距/mm	加热段传热面积/m²
88	25	600	350	75	65	12.5	4	2.5

表 50-37　燃用稻壳热管式热风炉性能参数

项目	设计值	测试值	项目	设计值	测试值
热空气流量/kg·h⁻¹	8230	15500	稻壳热值/kJ·kg⁻¹	12260	12280
空气进口温度/℃	0	−8	燃料消耗量/kg·h⁻¹	150	160
空气出口温度/℃	150	161	热效率/%	68.5	70.5
烟气流量/kg·h⁻¹	1050	1120	排烟黑度/格林曼级	<2	1
排烟温度/℃	230	226	额定供热量/kW	350	384

50.5.2.3　热管式导热油加热炉

导热油供热系统在石油、化工、纺织、印染、塑料、造纸、食品加工等行业的应用日趋广泛，导热油加热炉是该系统的关键设备，其设计的好坏直接影响到系统运行的安全性、热效率的高低以及运行成本。目前导热油加热炉大多数采用盘管式和管架式结构，亦有部分采用锅筒式结构。这些加热炉中热量是通过辐射和对流传给管壁，再由管壁传给导热油，这样一方面常常会由于管壁直接承受火焰辐射，或因导热油流速过低等各种原因，引起管壁局部过热，导致该处导热油局部结焦，而结焦后的管壁由于导热油不能很好地将热量带走，将引起该处管壁烧穿，从而引起导热油加热炉失效，严重时还会发生导热油泄漏，引起火灾；另一方面，盘管式结构中，盘管自身存在弯曲残余应力，加上操作过程的交变温差应力亦将会引起管壁产生裂纹，并扩展导致管壁贯通。热管式导热油加热炉，从根本上杜绝了加热炉中导热油的结焦和泄漏，从而提高了导热油加热炉及其供热系统工作的安全性和可靠性。

（1）热管式导热油加热炉的结构及工作原理

热管式导热油加热炉系统如图 50-90。由炉体、高温热管换热器、中低温热管换热器、热管空气预热器等部分组成。炉体本身未设换热面，燃料为煤，燃烧产生的烟气温度可达 1300℃，考虑到高温热管工作温度的限制，在炉体烟气出口处掺 170℃ 再循环烟气，使之成为 950℃ 的烟气再进入高温热管换热器。高温热管换热器布置在沉降室的后段，其前段为沉降室，作为高温除尘预处理。高温热管换热器的传热元件为钠、钾工质高温热管。高温热管换热器出来的烟气流经中低温热管换热器，中低温热管换热器的中温段采用萘工质热管，低温段采用水工质热管。这样，通过高温及中低温热管换热器将高温烟气降低到 380℃ 左右，

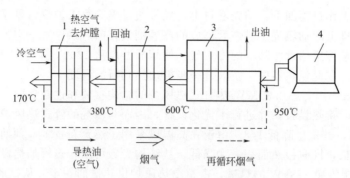

图 50-90　热管式导热油加热炉系统组成

1—热管空气预热器；2—中、低温热管换热器；3—高温热管换热器；4—炉体

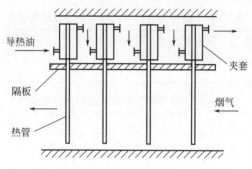

图 50-91　热管管束

从而完成了烟气和导热油的热交换。如图 50-91，在高温换热器和中低温换热器中，热管蒸发段外带翅片，以强化传热。热管冷凝段采用光管形式，光管外为夹套管，导热油在夹套管内流动，吸收冷凝段传过来的热量。由于热管是通过其内部工质不断地蒸发和冷凝来传热的，因此热管具有优良的等温性能，这样夹套内流动的导热油不会因局部过热而结焦。同时，每根热管都是独立工作，即使热管的加热段因各种原因而烧穿，但由于热管冷凝段管壳与导热油不通，导热油不会渗入烟气通道，而且整个加热炉不会因一、二根热管失效就不能正常工作，从而大大提高了加热炉安全操作的可靠性。

由于导热油加热炉的出油、回油温差一般在 20～40℃ 范围内，导热油的工作温度在 300℃ 左右，因此，导热油加热炉的排烟温度比较高，一般在 380℃ 左右，这样热损失较大，同时引风机在高温下长期运行亦有困难，所以在中低温热管换热器的出口处，设有结构紧凑、传热效率高、能控制酸露点腐蚀的热管空气预热器，使烟气温度降低到 170℃ 以下，预热后的空气送入炉膛，以提高加热炉的燃烧效率，使整台导热油加热炉的热效率提高 10% 左右。

（2）热管式导热油加热炉的性能特点

① 加热炉中所用热管表面均以翅片来强化传热，解决了气体一侧换热系数较低的问题，加热炉结构紧凑、重量轻、体积小。

② 根据热管工作温度的高低，加热炉分别使用了高、中、低温三种热管，特别是在高温区使用了以液态金属钠、钾为工质，不锈钢为壳体的高温热管是设计的关键。在高温下，液态金属不仅具有较高的汽化潜热，而且饱和蒸气压较低，如钠在 800℃ 时，饱和蒸气压力仅为 0.047MPa，所以在高温条件下，液态金属高温热管几乎不承受内压，使其能在高温的条件下安全地工作。而在中、低温区使用低廉的碳钢为管材的萘热管和水热管，使得成本大

大降低。

③ 由于热管的等温性，避免了导热油因局部过热而结焦。

④ 避免了高温烟气和导热油的直接接触，即使热管的加热段因氧化、磨损、腐蚀等原因而损坏，也不会导致夹套管中的导热油泄漏进入烟道中，加热炉的运行安全可靠，使用寿命大大延长。

⑤ 利用空气预热器回收烟气余热，降低了排烟温度，提高了整个加热炉的效率。

⑥ 检修灵活方便，只需更换损坏的热管即可。

⑦ 积木式结构，可使设备先在制造车间分体组装，再到现场拼接完成，安装灵活方便。

表 50-38 为 465kW（167×10⁴kJ/h）热管式导热油热风炉的技术性能。该加热炉的排烟温度小于 170℃，热效率高达 80%。

表 50-38　465kW 热管式导热油热风炉技术参数

项目	技术参数	项目	技术参数
工作压力/MPa	1.0	工作温度/℃	300
设计压力/MPa	1.2	设计温度/℃	340
热负荷/kW	465	换热面积/m²	120.5
排烟温度/℃	170	热效率/%	80

50.6　蒸汽热风装置

蒸汽加热式热风炉主要由锅炉系统和热交换系统两大部分组成。锅炉系统主要由锅炉和辅助部件组成。热交换系统主要由换热器（散热排管）、风机、空气过滤器和管道等部件组成。

工作时，锅炉产生的蒸汽进入换热器，通过管壁与空气进行热交换，蒸汽冷凝放热后变成冷凝水排出，空气被加热后变成热风，送入用热设备。

蒸汽需要量按下式计算

$$G = \frac{Q}{r} \tag{50-85}$$

式中，Q 为换热器的总换热量，kJ/h；r 为饱和蒸汽的冷凝潜热，kJ/t。

锅炉容量按下式确定：

$$G_g = 1.15G \tag{50-86}$$

50.6.1　蒸汽换热器的结构及性能

用蒸汽加热空气时，作为载热体的蒸汽，压力一般不超过 0.8MPa，热空气的温度一般在 160℃ 以下。由于空气的给热系数较低，另一侧介质的给热系数较高（尤其采用饱和水蒸气作加热介质时，其差值可达 2 个数量级之多），因而通常在换热管上加装翅片以提高整体的传热系数。

换热器一般采用散热排管，它是由多块散热排管组成的换热器。排管用紫铜或钢管制成，管外套以增加传热效果的翅片，翅片与管子有良好的接触。安装时，应使空气从翅片的深处穿过，故翅片管不宜使管轴垂直于地面安装。蒸汽从管内通过，被加热空气在管外翅片间流过。

由于金属材质及翅片结构型式不同，翅片式换热器有各种型式。绕片式：钢制 CL型和 SRZ型，铜制 S型和 U型；挤压式：钢铝复合 SRL型、KL型和 FUL型；浮头式油散热器；串片式、TLS型铜铝串片式等热交换器。常用换热器性能及适用范围见表50-39。

表 50-39　散热排管换热器性能及适用范围

散热排管型号		散热面积/m²	通风净截面积/m²	结构特点	适用范围
SRZ 型		6.23～81.27	0.154～1.226	钢管绕螺旋钢翅片	蒸汽或热水系统
SRL 型		11.0～127.5	0.11～0.85	钢管绕铝翅片	
SXL	A 型	4.4～115.0	0.144～1.944	钢管绕镶铝翅片	蒸汽系统
	B 型	8.0～115.0	0.144～1.944		冷热水系统
	C 型	7.3～112.0	0.132～1.800		蒸汽或热水系统
S 型		9.0～90.0	0.144～1.44	紫铜管绕紫铜螺旋翅片	蒸汽系统
B 型		1.5～13.13	0.029～0.22		蒸汽或热水系统
U 型		9.0～90.0	0.144～1.44		
I 型		6.32～3.2	0.152～1.52	钢管绕螺旋钢翅片	
CL 型		1.35～46.2	0.048～1.53	钢管绕螺旋钢翅片	蒸汽、热水系统 冷水、盐水降温

50.6.2　换热面积计算

换热器的换热面积可按下式计算：

$$A = \frac{Q}{K\left(T_r - \dfrac{T_1 + T_2}{2}\right)} \tag{50-87}$$

式中，Q 为换热器的总换热量，kJ/h；K 为传热系数，kJ/(m²·h·K)；T_r 为换热器内蒸汽的温度，K；T_1 为空气加热前的温度，K；T_2 为空气加热后的温度，K。

一般情况下按蒸汽散热排管生产厂提供的技术数据进行计算与选择，有时也根据生产经验选定。对于物料干燥来说，一般干燥室每小时蒸发 1kg 水，需换热器的面积大约为 1.2～1.8m²，而进风温度通常为 130～160℃。

由表 50-40 和表 50-41 可看出各种翅片管的传热系数与空气阻力计算公式。其传热系数为单排时的数值。由于气体在翅片管上流动情况较复杂，所以对多层散热排管要进行修正。修正系数见图 50-92。

表 50-40　散热器传热系数与空气阻力计算公式

加热器型号	热 媒	传热系数 K /kJ·m⁻²·h⁻¹·℃⁻¹	阻力 Δp×10⁻¹ /Pa
SRL-B×A/2	蒸汽(一个表压)	$K = 54.6(u_r)^{0.40}$	$H = 0.174(u_r)^{1.67}$
	过热水 130℃ (流速 0.023～0.227m/s)	$K = 59.7(u_r)^{0.24}$	$H = 0.153(u_r)^{1.58}$
SRL-B×A/3	蒸汽(一个表压)	$K = 54.6(u_r)^{0.43}$	$H = 0.309(u_r)^{1.53}$
	过热水 130℃ (流速 0.0154～0.036m/s)	$K = 52.5(u_r)^{0.29}$	$H = 0.296(u_r)^{1.58}$

表 50-41　SRZ 型散热器传热系数与空气通过阻力计算公式

型号		传热系数 $K/\mathrm{kJ \cdot m^{-2} \cdot h^{-1} \cdot {}^{\circ}\!C^{-1}}$	空气通过阻力 $\Delta P \times 10^{-1}/\mathrm{Pa}$
SBZ5、6、10	D	$49.2(u_{\mathrm{r}})^{0.490}$	$0.18u_{\mathrm{r}}$
	Z		$0.15u_{\mathrm{r}}$
	X	$52.5(u_{\mathrm{r}})^{0.532}$	$0.09u_{\mathrm{r}}$
SBZ7	D	$51.7(u_{\mathrm{r}})^{0.310}$	$0.21u_{\mathrm{r}}$
	Z		$0.30u_{\mathrm{r}}$
	X	$54.6(u_{\mathrm{r}})^{0.571}$	$0.14u_{\mathrm{r}}$
TCTM	B	$55.67(u_{\mathrm{r}})^{0.297}$	$0.088u_{\mathrm{r}}$
	C		$0.084u_{\mathrm{r}}$
	M		$0.080u_{\mathrm{r}}$

注：传热系数的计算公式是热媒为蒸汽时所得。

公式中 u_{r} 为通过散热排管通风净截面积中的空气质量流速。与空气表面流速 u（散热排管受风表面积上的风速）的关系如下

$$u_{\mathrm{r}} = \frac{u\,\rho}{\alpha_1} \tag{50-88}$$

式中，α_1 为散热排管有效通风截面系数，"R" 种片距 $\alpha_1 = 0.555$，"M" 种片距 $\alpha_1 = 0.562$，"T" 种片距 $\alpha_1 = 0.573$，"C" 种片距 $\alpha_1 = 0.585$；u 为表面风速，$\mathrm{m/s}$；ρ 为空气密度，$\mathrm{kg/m^3}$。

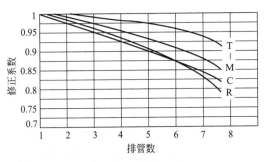

图 50-92　多层散热排管修正系数

50.6.3　常用翅片换热器系列标准

50.6.3.1　S 型散热排管

S 型蒸汽散热排管是一种标准型号的散热排管，为直通式的空气加热器，最适于蒸汽为热源加热系统，因其进出水接头分置于排管两侧，所以采用曲管来消除受热膨胀及其他原因所造成的应力。S 型散热排管有各种不同表面管长、管数、排数及翅片片距的各种配合，计有大小规格 765 种。S 型散热排管的翅片管均用 $\phi16\mathrm{mm} \times 1\mathrm{mm}$ 紫铜管绕制上 $10\mathrm{mm} \times 0.2\mathrm{mm}$ 的紫铜带而成，呈螺旋状，其有三种不同的片距：① "R" 种为 3.2mm，片距小而散热面积大，具有最大的散热量；② "M" 种为 4.2mm，片距较大，故散热量及空气阻力均较小；③ "T" 种为 6.5mm，片距最大，适用蒸汽压力较高而空气温升较低的情况。翅片管绕制完毕后，均需进行表面浸镀锡合金，这样可使翅片与管子接触紧固坚固，浑然一体，并达到完美防腐蚀的效果。外形尺寸见图 50-93，基本参数见表 50-42。

表 50-42　S 型散热排管基本参数

有效管长/in

表面管数	基本参数	排数	24	30	36	42	48	54	60	66	72	78	84	90	96	102	108	114	120
30	散热面积/m²	2	9	11.25	13.5	15.75	18	20.25	22.5	24.75	27	29.25	31.5	33.75	36	38.25	40.5	42.75	45
	受风表面积/m²	1或2	0.26	0.325	0.39	0.455	0.52	0.585	0.65	0.715	0.78	0.845	0.941	0.975	1.04	1.105	1.17	1.235	1.3
	通风净截面积/m²	1或2	0.144	0.18	0.216	0.252	0.288	0.324	0.36	0.396	0.432	0.468	0.504	0.54	0.576	0.612	0.648	0.684	0.72
	进出接头/in	1	2	2	2	2	2	2	2	2.5	2	2	2.5	2	2.5	2	2.5	2.5	2.5
	进出接头/in	2	2	2	2	2	2	2.5	2.5	2.5	2.5	2.5	2.5	2.5	2.5	2.5	2.5	2.5	2.5
	净重/kg	1	29.1	32.8	36.5	40.2	43.9	47.6	51.3	55	58.7	62.4	66.01	69.8	73.5	77.2	80.9	84.6	88.3
	净重/kg	2	37	42.5	48	53.5	59	64.5	70	75.5	81.1	86.5	92	97.5	103	108.5	114	119.5	125
36	散热面积/m²	2	11.25	14.06	16.88	19.68	22.5	25.31	28.13	30.94	33.75	36.56	39.38	42.19	45	47.81	50.63	53.44	56.25
	受风表面积/m²	1或2	0.325	0.406	0.488	0.569	0.65	0.731	0.812	0.894	0.975	1.056	1.137	1.219	1.3	1.381	1.462	1.544	1.625
	通风净截面积/m²	1或2	0.18	0.225	0.27	0.315	0.36	0.405	0.45	0.495	0.54	0.5852	0.63	0.675	0.72	0.765	0.81	0.855	0.9
	进出接头/in	1	2	2	2	2	2	2	2	2	2.5	2.5	2.5	2.5	2.5	2.5	2.5	2.5	2.5
	进出接头/in	2	2	2	2	2	2.5	2.5	2.5	2.5	2.5	2.5	2.5	2.5	2.5	2.5	2.5	2.5	2.5
	净重/kg	1	34	38.3	42.6	46.9	51.2	55.5	59.8	64.1	68.4	72.7	77	81.3	85.6	89.9	94.2	98.5	102.8
	净重/kg	2	43	50	57	64	71	78	85	92	99	106	113	120	127	134	141	148	155
42	散热面积/m²	2	13.5	16.88	20.25	23.63	27	30.38	33.75	37.13	40.5	43.88	47.25	50.63	54	57.38	60.75	64.13	67.5
	受风表面积/m²	1或2	0.39	0.488	0.586	0.684	0.782	0.88	0.978	1.076	1.174	1.272	1.37	1.068	1.566	1.664	1.762	1.86	1.958
	通风净截面积/m²	1或2	0.216	0.27	0.324	0.378	0.432	0.486	0.54	0.594	0.648	0.702	0.756	0.81	0.864	0.918	0.972	1.026	1.08
	进出接头/in	1	2	2	2	2	2	2	2.5	2.5	2.5	2.5	2.5	2.5	2.5	2.5	2.5	2.5	2.5
	进出接头/in	2	2.5	2	2	2.5	2.5	2.5	2.5	2.5	2.5	2.5	2.5	2.5	2.5	2.5	2.5	2.5	2.5
	净重/kg	1	39	44	49	54	59	64	69	74	79	84	89	94	99	104	109	114	119
	净重/kg	2	50	57.8	65.6	73.4	81.2	89	96.8	104.6	112.4	120.2	128	135.8	143.6	151.4	159.2	167	174.8
48	散热面积/m²	2	15.75	19.69	23.63	27.56	31.5	35.44	39.38	43.31	47.35	51.29	55.13	59.06	63	66.94	70.88	74.81	78.75
	受风表面积/m²	1或2	0.455	0.568	0.681	0.794	0.907	1.02	1.133	1.246	1.359	1.472	1.585	1.698	1.811	1.924	2.037	2.15	2.263
	通风净截面积/m²	1或2	0.252	0.315	0.378	0.441	0.504	0.567	0.63	0.693	0.756	0.819	0.882	0.945	1.008	1.071	1.134	1.197	1.26
	进出接头/in	1	2.5	2.5	2.5	2.5	2.5	2.5	2.5	2.5	2.5	2.5	2.5	2.5	2.5	2.5	2.5	2.5	2.5
	进出接头/in	2	2.5	2.5	2.5	2.5	2.5	2.5	2.5	2.5	2.5	2.5	2.5	2.5	2.5	2.5	2.5	2.5	2.5
	净重/kg	1	43	48.5	54	59.5	65	70.5	76	81.5	87	92.5	98	103.5	109	114.5	120	125.5	131
	净重/kg	2	57	66	75	84	93	102	111.0	120	129	138	147	156	165	174	183	192	201
54	散热面积/m²	2	18	22.5	27	31.5	36	40.5	45	49.5	54	58.5	63	67.5	72	76.5	81	85.5	90
	受风表面积/m²	1或2	0.52	0.65	0.78	0.91	1.04	1.17	1.3	1.43	1.56	1.69	1.83	1.95	2.08	2.21	2.34	2.47	2.6
	通风净截面积/m²	1或2	0.288	0.36	0.432	0.504	0.576	0.648	0.72	0.792	0.864	0.936	1.008	1.08	1.152	1.224	1.296	1.368	144
	进出接头/in	1	2.5	2.5	2.5	2.5	2.5	2.5	2.5	2.5	2.5	2.5	2.5	2.5	2.5	2.5	2.5	2.5	2.5
	进出接头/in	2	2.5	2.5	2.5	2.5	2.5	2.5	2.5	2.5	2.5	2.5	2.5	2.5	2.5	2.5	2.5	2.5	2.5
	净重/kg	1	50	56	62	68	74	80	86	92	98	104	110	116	122	128	134	140	146
	净重/kg	2	64	74	84	94	104	114	124	134	144	154	164	174	184	194	204	214	224
	外形长度（A）/mm		830	980	1130	1280	1430	1580	1880	1880	2030	2180	2330	2480	2630	2780	2030	3080	3230

注：1in=25.4mm。

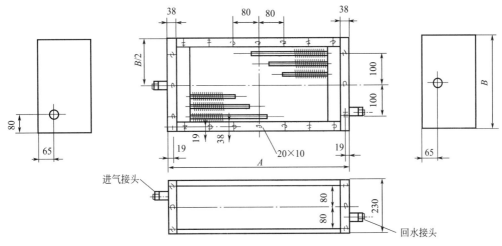

图 50-93　S 型散热排管外形尺寸

50.6.3.2　SRZ 型散热排管

SRZ 型螺旋翅片式散热器，适用蒸汽或热水。蒸汽工作压力为 0.03～0.8MPa，热水温度可在 130～70℃左右。SRZ 型散热排管均采用 $\phi21mm×2mm$ 无缝钢管绕制上 16mm×0.5mm 的钢带而成，呈螺旋状，绕制完毕后进行热镀锌。散热管与散热翅片接触面广而紧，传热性能良好，稳定并且耐腐蚀。蒸汽或热水流经钢管管内，热量通过紧绕在钢管上的翅片传给经过片间的空气，达到加热空气的作用。

SRZ 型散热器根据放热能力的大小，分为大（D）、中（Z）、小（X）三种类型，其中螺距 t 分别为：D（$t=5mm$）、Z（$t=6mm$）、X（$t=8mm$）。外形尺寸见图 50-94，基本参数见表 50-43。

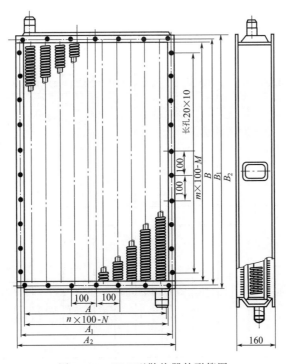

图 50-94　SRZ 型散热器外形简图

表 50-43　SRZ 型散热器

型号	散热面积/m²	通风净截面积/m²	热介质通过截面积/m²	管排数	螺旋翅片管根数	连接管φ/in	A	A_1	A_2	B	B_1	B_2	n	N	m	M	质量/kg
SRZ5×5D	10.13	0.154	0.0043	3	23	1.5	497	532	562	507	547	573	5	500	4	400	54
SRZ5×5Z	8.78	0.151															48
SRZ5×5X	6.23	0.158															45
SRZ10×5D	19.92	0.302								1001	1041	1067			9	900	93
SRZ10×5Z	17.26	0.306															84
SRZ10×5X	12.22	0.312															76
SRZ12×5D	24.86	0.378								1250	1290	1316			12	1200	113
SRZ6×6D	15.33	0.231	0.0055	3	29	2	623	658	688	609	649	675	6	600	5	500	77
SRZ6×6Z	13.29	0.234															69
SRZ6×6X	9.43	0.239															63
SRZ10×6D	25.13	0.381								1001	1041	1067			9	900	115
SRZ10×6Z	21.77	0.385															103
SRZ10×6X	15.42	0.393															93
SRZ12×6D	31.35	0.475								1250	1290	1316			12	1200	139
SRZ15×6D	37.73	0.572								1505	1545	1571			14	1400	164
SRZ15×6Z	32.67	0.579															146
SRZ15×6X	23.13	0.591															139
SRZ7×7D	20.31	0.320	0.0063	3	33	2	717.5	742	772	710	750	776	7	700	6	600	97
SRZ7×7Z	17.60	0.324															87
SRZ7×7X	12.48	0.329															79
SRZ10×7D	28.59	0.450								1001	1041	1067			9	900	129
SRZ10×7Z	24.77	0.456															115
SRZ10×7X	17.55	0.464															104
SRZ12×7D	35.67	0.563								1250	1290	1316			12	1200	156
SRZ15×7D	42.93	0.678								1505	1545	1571			14	1400	183
SRZ15×7Z	37.18	0.685															164
SRZ15×7X	26.32	0.698															145
SRZ17×7D	49.90	0.788								1750	1790	1816			17	1700	210
SRZ17×7Z	43.21	0.797															187
SRZ17×7X	30.58	0.812															169
SRZ22×7D	62.75	0.991	0.0063	3	33	2.5				2202	2242	2268			21	2100	260
SRZ15×10D	62.14	0.921	0.0089	3	47	2.5	1001	1036	1066	1505	1545	1571	10	1000	14	1400	255
SRZ15×10Z	52.95	0.932															227
SRZ15×10X	37.48	0.951															203
SRZ17×10D	71.06	1.072								1750	1790	1816			17	1700	293
SRZ17×10Z	61.54	1.085															250
SRZ17×10X	43.56	1.106															232
SRZ22×10D	81.27	1.226								2002	2042	2068			19	1900	331

注：1in=25.4mm。

50.6.3.3　SRL 型散热器

SRL 型散热器是采用钢管铝翅片管束组成，故铝片与钢管接触紧密、散热性能好、使用可靠，SRL 型散热器以蒸汽或过热水为热媒，蒸汽压力最高为 0.6MPa，过热水温度为 130℃。外形尺寸见图 50-95，基本参数见表 50-44。

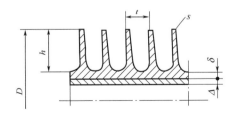

图 50-95　钢铝复合翅片管结构示意图（纵剖面）

表 50-44　钢铝复合翅片管规格性能

外径 D/mm	翅片高度 h/mm	翅片厚度 s/mm	翅片节距 t/mm	铝管壁厚 δ/mm	钢管壁厚 Δ/mm	总外表面积 $S_w/m^2 \cdot m^{-1}$	翅化比 $\alpha(S_w/S_n)$
50	11.5	0.3	2.5	1	2	1.206	18.28

50.6.3.4　金属扎片式翅片加热管

轧片式翅片管的翅片光滑、无毛刺、无皱折、易于清洗、不易结尘、结垢。轧片式翅片横断面呈梯形，因而翅片强度高，且具有可观的扩展传热面。因此，同普通绕片式翅管相比，同样处在 10m/s 风速下前者的 K 值为 795.5J/($m^2 \cdot h \cdot ℃$)，而后者为 290J/($m^2 \cdot h \cdot ℃$)。在同样工况下（风速仍为 10m/s），前者双排管阻力降为 60Pa，而后者 114Pa。金属轧片式翅片管可分为单金属轧片式和双金属轧片式二种。双金属轧片式翅片管是将铝管紧套在基管上，然后在铝管上经粗轧、精轧等多道工序，最终轧出优质的翅片管。双金属轧片式翅片管具有突出的抗腐蚀性能和很高的强度，它可以承受 4.0MPa 的水压清洗，翅片仍不致伏倒。双金属轧片管的基管可以根据管内流体腐蚀情况及加工工艺选定，基管可以选用碳钢、铜、钛材、不锈钢等。双金属轧片管与其他类型翅片管性能比较见表 50-45。

表 50-45　双金属轧片管与其他类型翅片管性能比较

比较项目						
翅片名称	L 型简单绕片管	L 型绕片管	LL 型绕片管	镶嵌式翅片管	双金属轧片管	椭圆翅片管
接触压力 $P/kg \cdot cm^{-2}$	15	17	17		75	
接触壁温 $T/℃$	70	100（160℃）	110（195℃）	260（400℃）	260（250℃）	
翅片材料	铝	99.5%纯铝	99.5%纯铝	99.5%纯铝	纯铝或客户提要求	铝、钢或铜均可
抗腐蚀性能名次	6	4	3	5	1	2
耐温性能名次	6	5	4	2	3	1
传热性能名次	6	4	43	2	1	5
清理难易程度名次	6	5	4	3	2	1

比较项目						
翅片名称	L 型简单绕片管	L 型绕片管	LL 型绕片管	镶嵌式翅片管	双金属轧片管	椭圆翅片管
总价格名次	1	2	3	4	5	6
翅化比 SE	23.5(11 片/in)	23.5(11 片/in)	23.5(11 片/in)	23.5(11 片/in)	23.5(11 片/in)	≈15(9 片/in)
翅片直径/mm	57	57	57	57	57	
生产成本(比例)/%		80	85	85	100	
使用说明	一般不用于石油化工厂,仅用于小厂空调	用于工作条件较平稳,温度无突变,若温度过高,翅片会松动,间隙处易产生腐蚀		传热效率较高,双金属在大气中易引起电化学腐蚀	双金属轧片,铝管在外部,保护内管不受腐蚀。对温度突变及振动有良好抗力	椭圆管,套矩形钢翅片(采用镀锌防腐,仅德国 GEA 生产)

注：1in＝25.4mm。

50.7　导热油加热式热风炉

50.7.1　导热油加热式热风炉的系统构成

导热油加热式热风炉主要由导热油循环系统、燃烧系统、电气控制系统三大部分组成。

导热油循环系统由油管、膨胀槽、贮油槽、热油循环泵、注油泵、油过滤器、油气分离器等组成。

燃烧系统由鼓风机、引风机、除尘器、调速箱、上煤机、出渣机、空气预热器等组成。

电气控制系统由电气控制柜及其检测、显示、控制仪表等组成。

安装在燃烧系统的炉膛内或烟道中的加工成一定形状的导热油管和燃烧系统共同构成导热油加热炉组件。加装翅片后的导热油管形成导热油与空气的热交换器，和风机、空气过滤器和风管等共同构成热交换器组件。导热油热交换器与蒸汽热交换器类似，可参考蒸汽热交换器进行计算和设计。换热器已经标准化，以导热油为媒介的散热器主要有 GLⅡ型和 FUL型，可根据需要选用。导热油加热式热风炉系统如图 50-96 所示。

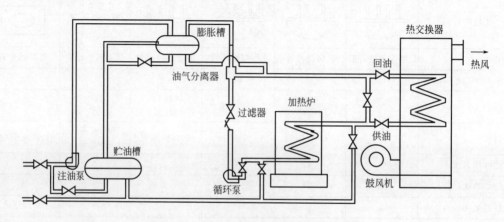

图 50-96　导热油加热式热风炉系统示意图

导热油加热式热风炉的工作原理如下：

加热炉将管道内的导热油加热，导热油通过循环系统进入换热器，将空气加热，产生干热空气，供给用热设备。

导热油加热式热风炉与蒸汽加热式热风炉相比具有以下优点：

① 最大优点是能在较低的工作压力下，使用热设备获得较高的工艺温度。如热媒用导热油时，压力在 0.3～1.0MPa，温度为 50～400℃；而用蒸汽加热时，蒸汽压力为 4.0MPa，温度为 240～260℃。

② 热效率高。一般有机热载体热效率为 70%～80%，最高的可达 90%，而蒸汽锅炉的效率只有 30%～40%。

③ 油温稳定。可以获得理想的工艺温度，而且温差变化极小，对提高产品质量起很大作用。

④ 节省了水处理设备、人员及药品等费用，并节约了大量锅炉用水，尤其在缺水地区显得更为突出。

⑤ 安全可靠。由于导热油加热系统工作压力低，减少了跑、冒、滴、漏现象。

50.7.2 导热油循环系统

（1）供热循环

导热油由循环泵送入加热炉进行加热后送至热风炉，再经油气分离器和油过滤器，排除导热油中的气体和杂质后，再经循环泵送回加热炉，从而实现供热循环。

（2）注油系统

向供热系统注入导热油有几种情况：①将外部导热油经注油泵注入膨胀槽或贮油槽；②将贮油槽内的导热油经注油泵注入膨胀槽；③将贮油槽内的导热油用注油泵排至供热系统外，以更换导热油。

（3）排气系统

导热油循环系统中的气体或蒸汽经油气分离器排至膨胀槽，由膨胀槽或贮油槽内的排气管排至系统外。膨胀槽和贮油槽的排气管应接至安全地点，以防槽内导热油因沸腾等原因喷出而酿成火灾。

（4）冷油置换系统

遇突然停电紧急停炉时，可将膨胀槽的冷态导热油经有机热载体炉放入贮油槽，以防有机热载体炉内导热油过热。

（5）紧急冷却系统

若导热油炉为重型炉墙，有机热载体炉内蓄热量大。当采用冷油置换无法降低炉温，或因用户停电较频繁，采用冷油置换不利于保证供热系统稳定时，需设置紧急冷却系统，即强制导热油在有机热载体炉和冷却水箱间循环，将有机热载体炉内的导热油送入冷却水箱进行循环冷却，以确保热油不超温变质。另外，冷却水箱也可兼作供油温度偏高时的应急冷却用。

（6）安全排放系统

当系统发生超压时，可通过安全阀自动泄压，泄压的导热油径直排入膨胀槽等安全位置。

（7）稳压旁路系统

当用户耗热量变化而调整导热油供油量时，为保证有机热载体炉内导热油流速大于 2m/s，不能降低热油炉内的供油量，为此应将一部分导热油走旁路循环。旁路导热油流量用自力式稳压阀进行控制。

50.7.3　导热油的种类及其特性

导热油分为两大类：一类是矿物油型导热油，以矿物油为基油，加抗氧剂。如我国目前生产、使用的 YD 型和 HD 型等导热油。另一类是合成型的导热油，如联苯混合物。

矿物油型导热油，用于液相炉。国内生产有多种品牌，如 YD、HD、SD、JD、X6D 等系列，价格相对来说较便宜。其液相最高使用温度可达 350℃（一般使用都在 300℃ 以下）。在这一范围内，导热油热稳定性好，饱和蒸气压较低。但在高温下使用易氧化，液相传热系数较小，易燃。

合成型的导热油，如联苯-联苯醚混合物，用于气相炉。在常温下是无色液体，有刺鼻的臭味，在常压下的沸点为 258℃，凝固点为 12.3℃，最高使用温度为 370℃，易燃，有毒，渗透性强，系统中只要有一微孔就会泄漏。但具有足够的热稳定性，传热好，能在 370℃ 高温下长期操作。

WD 系列导热油性能指标如表 50-46 所示。

表 50-46　WD 系列导热油性能指标

项目		WD-300	WD-320	WD330	WD-340	测定方法
外观		淡黄色	淡黄色	淡黄色	淡棕色	目　测
酸值/mgKOH·g^{-1}　≤		0.02	0.02	0.02	0.02	GB-264
闪点(开口)/℃　≥		190	200	205	210	GB-267
凝点/℃　≤		−20	−20	−20	−20	GB-510
馏程/(2%)℃　≥		320	340	350	360	SY-2052
运动黏度(50℃)/cSt		16～21	18～23	20～25	22～27	GB-265
水分/%≤		痕迹	痕迹	痕迹	痕迹	GB-260
残炭/%≤		0.02	0.02	0.02	0.02	GB-268
密度(20℃)/g·cm^{-3}		0.83～0.85	0.85～0.87	0.86～0.88	0.87～0.89	GB-1884
铜片腐蚀		合格	合格	合格	合格	GB-5096
膨胀系数(100°～200°)/10^{-4}℃		6.64～7.12	6.38～7.04	6.34～7.00	6.30～6.95	
比热容/kJ·kg^{-1}·$℃^{-1}$	100℃	2.260	2.294	2.357	2.386	
	200℃	2.638	2.684	2.577	2.784	
热导率/kJ·m^{-1}·h^{-1}·$℃^{-1}$	100℃	0.461	0.473	0.477	0.481	
	200℃	0.435	0.444	0.448	0.452	
普兰特系数(20℃)		229.135	229.456	230.324	230.346	
最高使用温度/℃		300	320	330	340	

50.7.4　导热油加热炉

导热油加热炉是导热油加热式热风炉的核心部件。导热油加热炉也叫作有机热载体加热炉，也有称热油炉或导热油锅炉。

导热油加热炉的主要受压部件是加热盘管，加热盘管一般由二到三层不同直径的盘管组成，每层盘管由一头或多头管子同时弯曲成螺旋形。以 1.2MW（100×10^4 kcal/h）的卧式燃油导热油加热炉为例，燃料油（0# 轻柴油）由贮油槽进入燃烧器，在燃烧器内经过雾化，与空气混合点燃，产生火焰在炉内燃烧，燃烧产生的烟气经过炉内和盘管夹层进入烟囱，完成化学能向热能的转换过程。炉内的辐射受热面由内圈盘管的内表面构成，对流受热面由内圈的外表面和外圈的内表面构成，外圈的外表面与加热壳体紧贴，用于减少壳体在运行过程中因受热而发生的变形和散热损失。

（1）根据热媒不同

有机热载体加热炉可分为气相加热炉和液相加热炉。

气相加热炉典型的载体热介质为联苯-联苯醚混合物（联苯 26.5％，联苯醚 73.5％），其液相最高加热温度为 258℃，超过此温度便是气相状态，最高允许使用温度达 370℃。气相炉内的有机热载体是靠气相炉的压力向外输送，气相炉的压力是由于有机热载体汽化而形成的。气相炉和蒸汽锅炉相类似。

液相加热炉的载热介质是以长碳链饱和烃类为主的混合物（导热油），国内产品有 YD、HD 等系列有机热载体，其液相最高使用温度能达到 350℃。

（2）根据结构形式不同

导热油加热炉可分为管架式和盘管式。

导热油加热炉大都采用快装式，炉体的形状主要有圆筒形和箱形两种形式。圆筒形炉体内部的加热管为盘管式结构，箱形炉体内部的加热管为管架式结构。盘管式加热炉一般为小型炉；管架式加热炉多用于较大型的热风炉。目前国内有机热载体加热炉在 $6 \times 10^6 \mathrm{kJ/h}$（$150 \times 10^4 \mathrm{kcal}$）供热量以下，一般采用盘管式加热炉。

由于管架式结构的进出口集箱上并联多根炉壁管，造成在炉壁管中流量不均匀，导致个别炉管因流量过小，得不到充分冷却而存在过烧现象。另外，这种炉型结构密封性能差，不适用于正压燃烧。

圆筒盘管式加热炉布置方式亦有卧式布置和立式布置两种。立式布置加热炉占地面积较小，炉型较高，燃烧器一般安装在顶部。这种结构形式不便于燃烧器的安装、调节、检修、运行观察等操作。另外，由于炉顶温度相对较高，对电气元件和导线等不利。卧式布置加热炉虽然占地面积较大，但它的操作点处于水平位置，合理布置燃烧器和观察孔的位置，能随时观察整个炉内燃烧情况，及时发现隐患，而且维护操作及运输也较方便。

（3）根据燃料不同

导热油加热炉可分为燃气、燃油、燃煤和电加热炉。

目前燃气（煤气、天然气）炉、燃油（重油、轻柴油）炉、燃煤炉和电加热炉都有应用，如图 50-97～图 50-102 所示。

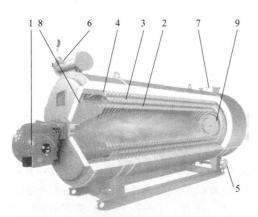

图 50-97　卧式圆盘管燃油（气）热油炉
1—燃烧器；2—内盘管；3—中盘管；4—外盘管；
5—回油口（冷油入口）；6—出油口（热油出口）；
7—烟气出口；8—前墙；9—后墙

图 50-98　立式圆盘管燃油（气）热油炉
1—燃烧器；2—内盘管；3—中盘管；
4—外盘管；5—回油口（冷油入口）；
6—出油口（热油出口）；7—烟气出口

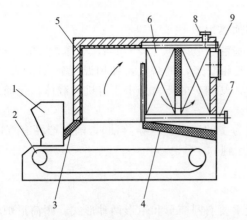

图 50-99　燃煤管架式热油炉

1—加煤斗；2—链条炉排；3—前拱；4—后拱；
5—管架结构；6—蛇形管；7—回油口（冷油入口）；
8—出油口（热油出口）；9—烟气出口

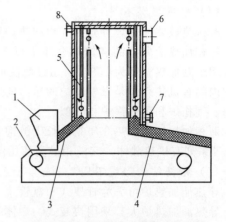

图 50-100　燃煤立式圆盘管热油炉

1—加煤斗；2—链条炉排；3—前拱；4—后拱；
5—圆盘管（加热炉本体）；6—烟气出口；
7—回油口（冷油入口）；8—出油口（热油出口）

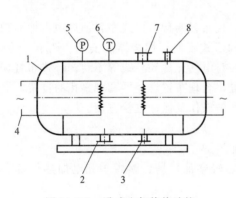

图 50-101　卧式电加热热油炉

1—筒体；2—回油口（冷油入口）；3—排放口；
4—电加热元件；5—压力表；6—温度计；
7—出油口（热油出口）；8—排空口

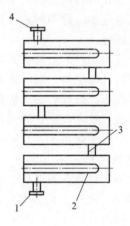

图 50-102　多联式电加热热油炉

1—回油口（冷油入口）；2—电加热单元；
3—连通管；4—出油口（热油出口）

50.8　电加热式热风装置

50.8.1　电热元件

50.8.1.1　合金电热元件

合金电热元件因其具有良好的导电性、延展性等金属机械性能而使用极为广泛，它既可以绕制成一定的形状尺寸成为一个独立的电热元件，又可与其他材料组合成为复合电热元件，也可以把电阻丝封装在金属管中制成各种形状（棒状、U形、W形等）。图 50-103 所示为将电阻丝放置在金属管内，内充结晶氧化镁绝缘材料组合而成管状电热元件。其适用于湿度不大于 90% 的无爆炸性、无腐蚀性的空气加热系统。其最高工作温度为 330℃。

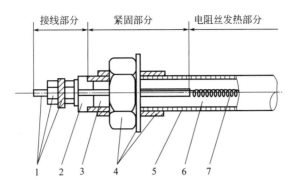

图 50-103 管状电热元件

1—接线装置；2—绝缘子；3—封口材料；4—紧固装置；5—金属管；6—结晶氧化镁；7—电阻丝

电热元件可以单支使用，也可以根据需要，由许多单个元件组合成不同的排列，组成一个电热元件阵列来使用。

合金电热元件按电阻率的大小可分为三大类：高电阻材料（电阻率 $\rho > 1\Omega \cdot mm^2/m$）；中电阻材料（电阻率 $\rho = 0.2 \sim 1\Omega \cdot mm^2/m$）；低电阻材料（电阻率 $\rho < 0.2\Omega \cdot mm^2/m$）。

按其材质又可分为：贵重金属及其合金（如铂、铂铱、钨、钼等）；镍基合金（如镍铬、镍铬铁等）；铁基合金（铁铬铝、铁铝等）；铜基合金（如康铜、新康铜等）。

常用的合金电热元件的物理性能见表 50-47，它们的基本特性及主要用途见表 50-48。

表 50-47 常用合金电热元件物理性能

合金牌号	20℃时电阻率 ρ /($10^{-3}\Omega \cdot m$)	密度 ρ' /($10^{-3}kg \cdot m^{-3}$)	比热容 c /(cal $\cdot g^{-1} \cdot ℃^{-1}$)	线系数 a （20～1000℃）/$10^{-3}℃$	热导率 λ /[cal $\cdot$ (cm $\cdot s \cdot ℃)^{-1}$]	熔点/℃	抗张强度 /($10^3 kgf \cdot cm^{-2}$)	伸长率 $\delta_{10} \geqslant /\%$
Cr20Ni80	1.09 ± 0.05	8.4	0.105	14.0	2.4	1400	6.5～8.0	20
Cr15Ni60	1.12 ± 0.05	8.2	0.110	13.0	1.8	1390	6.5～8.0	20
1Cr18Al4	1.26 ± 0.08	7.4	0.117	15.4	2.1	1450	6.0～7.5	12
Ni18Al6Mo2	1.4 ± 0.10	7.2	0.118	15.6	1.95	1500	7.0～8.5	12
0Cr25Al5	1.4 ± 0.10	7.1	0.118	16	1.83	1500	6.5～8.0	12
0Cr27Al7Mo2	1.5 ± 0.10	7.1	0.118	16	1.8	1520	7.0～8.0	10

注：1cal=4.1868J；1kgf=9.80665N。

表 50-48 常用合金电热元件基本特性及主要用途

合金牌号	特性	用途
Cr20Ni80	奥氏体组织，基本上无磁性；电阻率较高，加工性能好，可拉成很细的丝；高温强度较好，用后不变脆	1100℃以下有振动或移动的电热电器中
Cr15Ni60	耐热性比 Cr20Ni80 略低，其他性能与 Cr20Ni80 相同	1000℃以下电热电器
1Cr13Al4	铁素体组织，有磁性；抗氧化性能比镍铬好；电阻率比镍铬高；不用镍，价格低廉；高温强度低，且用后变脆；加工性能稍差	850℃以下电热电器
0Cr13Al6Mo2		1200℃以下电热电器
0Cr25Al5		1200℃以下电热电器
0Cr27Al7Mo2	具有负的电阻温度系数，电阻随温度变化较稳定，有磁性；抗氧化性能好，耐温度高，电阻率高；用后变脆，加工性能稍差	1300℃以下电热电器和适用固定无振动的场合

50.8.1.2 PTC 电热元件

PTC（Positive Temperature Coefficient）电热元件是利用高聚物或高聚物合金为基体，加入炭黑、石墨或金属氧化物等导电粒子复合而成的一种新型功能材料。其特点是响应快、密度小、加工能耗低，且在一定范围内，电阻率随温度的上升而增加，在聚合物居里点附近呈几个数量级之突变，因此，发展很快。在伴热控温、热收缩管材及过流保护等方面得到广泛应用。

PTC 电热元件有圆盘式、蜂窝式、口琴式和带式等几种结构型式。

圆盘式 PTC 电热元件利用元件表面以传导方式对物体加热。通常有三种型式，一种是元件的两个表面均装有电极，用引线连接，并用树脂膜压出支撑；另一种是元件的两个表面均装有氧化铝陶瓷片，周围用硅橡胶绝缘，并装有引线端子；还有一种是两面装有梳形电极，元件厚度较薄。

蜂窝式 PTC 电热元件是以空气传热的发热量较大的传热体。发热元件有圆形和方形两种，一般圆形的直径为 30～60mm，厚度为 3.5～10mm。其结构相当于圆盘式电热元件上开大量的六角形或其他形状的通孔。通孔密度为 40～80 孔/cm²，格子壁厚为 0.2～0.3mm。元件的边缘装有一个或几个铝喷镀电极。加热工作时，采用强制通风方式进行热交换，热输出量可通过控制通风量来调。蜂窝式 PTC 电热元件适用于风量大、体积小的大容量空气加热装置中。如电暖风机、干衣机等。

口琴式 PTC 电热元件也是用于空气加热装置的发热元件，其种类、形状和尺寸较多。基本结构是将 20～40 个薄长形发热元件按口琴状并排组装，由金属电极板固定和电气连接，组装成一个口琴形发热器。其特点是调节发热量不需改变外形尺寸，仅改变组装元件的片数就可获得不同的发热量。空气通过薄片元件的间隙时，与元件进行热交换，可获得较大的发热量。这种电热元件具有压力损耗小、耐电压及安装调节简便等优点，应用极为广泛，如恒温暖房、各种干燥机、除湿机等产品的应用。

带式 PTC 电热元件是在带形中心平行安置二条母线（电极），两母线周围是 PTC 材料制成的芯料。芯料外敷一层聚氨基甲酸酯和一层聚烯烃网作为电绝缘体，具有很好的热辐射性能。最外面为增大强度而包覆有金属铠装材料，如钢丝网、铜或不锈钢等。

50.8.1.3　硅钼棒电热元件

硅钼棒电热元件是一种以 $MoSi_2$ 为主体的电阻发热元件，它是采用陶瓷工艺制造的特种功能陶瓷元件，在氧化气氛的高温下工作时，表面生长出致密的 SiO_2 保护膜，从而保护元件不再氧化。因此硅钼棒电热元件具有优良的抗氧化性、抗热冲击性以及稳定的电阻特性，而且使用寿命长。作为高温工业炉电阻发热元件的主流之一在玻璃工业、电子工业、冶金工业、陶瓷工业等各领域中得到了广泛应用。硅钼棒电热元件的主要技术性能见表 50-49。

表 50-49　硅钼棒电热元件主要技术性能

主要技术性能	技术数据	主要技术性能	技术数据
硬度(20℃时维氏硬度)	1200	伸长率/%	4～5
面积密度/g·cm⁻²	5.3～5.5	20℃时抗弯强度/kgf·mm⁻²	25～35
熔点/℃	约2030	1550℃时断裂强度/kgf·cm⁻²	10
20℃时电阻率/Ω·mm²·m⁻¹	0.25×10⁻⁶		

注：1kgf=9.80665N。

硅钼棒电热元件一经高温后，表面有 SiO_2 析出，形成一层完整的保护膜，有良好的抗氧化性能，所以无老化现象。此外硅钼棒电热元件的电阻有很好的热稳定性，所以可以新旧混合使用。硅钼棒电热元件的缺点是在低温时脆性较大，在组装电炉时需要小心。

硅钼棒电热元件可制成多种形状，如一字形、U 形和 W 形等，图 50-104 所示为 U 形硅钼棒电热元件。

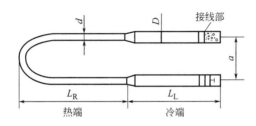

图 50-104　U 形硅钼棒电热元件

硅钼棒电热元件的规格见表 50-50。

表 50-50　硅钼棒电热元件规格

名称项	规格尺寸/mm	名称项	规格尺寸/mm
中心距 a	30,40,50,60	热端直径 d	$\varphi 9$
热端名义长度 L_R	100～1200	冷端直径 D	$D/d=2$
冷端名义长度 L_L	150～650		

50.8.1.4　碳化硅电热元件

碳化硅（SiC）电热元件按其形状不同又称为硅碳棒或硅碳管。它是利用其自身的再结晶作用，以石英、焦炭为原料，经焙烧而成碳化硅生料，再加入焦油、沥青等作黏结剂，然后压制成形并经高温烧结而成的高纯度碳化硅制品。可在 1250～1400℃工作温度下长期工作，碳化硅电热元件的最高工作温度可达 1500℃。可用于毛细管多孔胶体物料的干燥，如木板、地板块、谷物干燥等，即适合于物料升温速率较低的场合工作。

碳化硅电热元件的特点是高温强度高，硬而脆，元件间的电阻值一致性较差。易老化，电阻随使用时间延长而增大。因此，一般使用碳化硅电热元件时，须配用调压装置。碳化硅电热元件的主要技术性能见表 50-51。

表 50-51　碳化硅电热元件主要技术性能

主要技术性能		技术数据
主要成分/%	SiC	≥98
	金属氧化物(Fe_2O_3、Al_2O_3 等)	≤0.5
	游离 $Si+SiO_2$、C	<1
体积密度/g·cm^{-3}		3.2
莫氏硬度		9.5～9.8
抗拉强度/MPa		>15
抗弯强度/MPa		≤40
比热容/cal·kg^{-1}·℃$^{-1}$		800℃:0.294 1200℃:0.325 1600℃:0.355
热导率/cal·m^{-1}·h^{-1}·℃$^{-1}$		600℃:13～14 1100℃:12～16 1300℃:10～14
电阻率(在 1400℃时)/Ω·mm^2·m^{-1}		1×10^3

注：1cal=4.1868J。

碳化硅电热元件按其形状可分：棒形、管形、等直径形、单端接线式的双螺纹形、两端接线式的无螺纹形、E 形等特殊规格的碳化硅电热元件。其中以棒形和单螺纹管形使用较多。

50.8.2　电加热热风装置

电加热以其初投资少、清洁卫生、操作方便、热效率高的特点，常受到人们的青睐。

根据其加热器形式不同，电加热热风装置可以组成各种不同外形。SRQ 系列电加热器为常用的电加热热风装置，其电热元件结构尺寸和主要技术参数见图 50-105 及表 50-52。电加热元件一般都是错列布置在加热器中，加热器中的风速一般在 8～12m/s，工作电压不得超过额定值的 10%，电接头应放在保温层的外部，外壳应接地，安装尺寸位置见图 50-106。

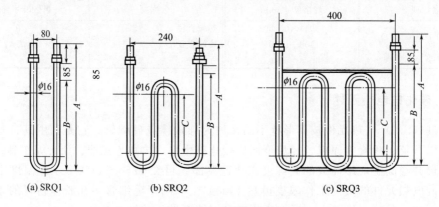

图 50-105　SRQ 系列电热元件结构

表 50-52　SRQ 系列电热元件主要性能尺寸表

功率	电压/V	功率/kW	外形尺寸/mm		
			A	B	C
SRQ1-220/0.5	220	0.5	490	330	—
SRQ1-220/0.75	220	0.75	690	530	—
SRQ2-220/1.0	220	1.0	490	330	200
SRQ2-220/1.5	220	1.5	690	530	400
SRQ3-380/2.0	380	2.0	590	430	300
SRQ3-380/2.5	380	2.5	690	530	400
SRQ3-380/3.0	380	3.0	790	630	500

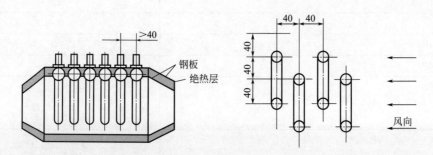

图 50-106　电热元件在风管中的安装方式

SRK2 系列电加热器是另外一种电加热热风装置，其结构尺寸和性能见图 50-107 和图 50-108，见表 50-53。

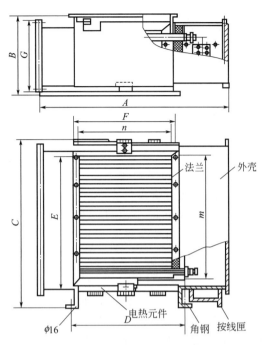

图 50-107　SRK2-4、SRK2-8、SRK2-10、
SRK2-15 系列电加热器结构尺寸

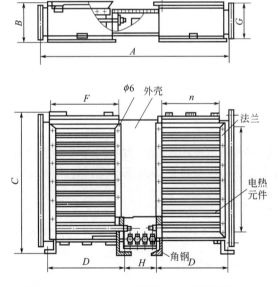

图 50-108　SRK2-45 系列电加热器结构尺寸

表 50-53　SRK 系列电加热器外形尺寸

型号	外形尺寸/mm					连接尺寸/mm				
	m	A	n	B	C	D	G	H	E	F
SRK2-4	260	641	346	240	387	400	214		284	370
SRK2-8	400	641	346	270	527	400	245		424	370
SRK2-10	580	664	346	270	747	400	245		604	370
SRK2-15	650	697	346	300	781	400	274		674	370
SRK2-45	620	1208	346	210	781	410	184	180	644	370

另外还有一种为抽屉式空气加热箱。当电热元件损坏需要调换时可将抽屉拉出进行检修，不需要拆除连接管路。所以该设备具有安装方便、维修容易等优点。由于干燥装置所需电功率大小不一，所以加热箱尺寸及结构型式大都根据具体条件进行设计、制作。

50.9　排烟系统设计

炉子烟气通过烟道，依靠烟囱排入大气。排烟方式分自然排烟与机械排烟两类。当排烟阻力小于 $500\sim600Pa$ 时，一般均采用自然排烟方式，即选用固定式烟囱。

烟囱分为砖烟囱，钢筋混凝土烟囱和钢烟囱三种。烟囱出口直径小于或等于 $0.7m$ 时，采用钢板焊接的钢烟囱。进钢烟囱的烟气温度低于 $500℃$ 时，烟囱内壁不衬耐火材料；高于 $500℃$ 时，需衬耐火材料。圆形砖烟囱的最小出口内径限为 $0.7m$，常用出口内径范围为 $0.8\sim1.8m$，钢筋混凝土烟囱常用出口内径范围为 $1.4\sim3.6m$。

50.9.1　自然排烟

自然排烟的特点：①烟囱具有一定高度，有利于利用烟气自身温度所产生的几何压力达到排烟的目的；②自然排烟不需要消耗动力，操作管理简便。由于烟囱高度高并辅之以适当增加烟囱出烟口烟气流速，可大大减少烟气中有害气体和烟尘向地面扩散；③烟囱的一次投资较高，其建筑费用随烟囱高度的增加而急剧增加。随烟囱高度的增加，钢筋混凝土烟囱的造价比砖烟囱有明显降低，因此规定，烟囱高度大于 $40m$ 时，不采用砖烟囱。

自然排烟需注意烟气下沉现象。

当烟囱出口烟气流速 v_{ex} 小于或等于当地风速时流出烟囱的烟气不能形成向上浮动的气柱，而呈湍流形式下沉。

烟气下沉造成以下不良后果：

① 使烟气产生抽力的几何高度实际被降低。高度的相对降低值 ΔH 表示为：

$$\Delta H = -A\left(1.5 - \frac{v_{ex}}{u}\right)D \tag{50-89}$$

式中，A 为系数，$A=2\sim3$；D 为烟囱出口内径，m；u 为当地风速，m/s。

② 烟气中含有的腐蚀性气体成分将使烟囱顶部受到腐蚀和污染。

③ 增大了烟尘对厂区环境的污染。

消除烟气下沉的措施：

影响到烟气下沉的主要因素是烟囱出口烟气流速过低，或者是当地风速过大，或者说 $\dfrac{v_{ex}}{u}$ 比值过小是造成烟气下沉的主要原因。

根据实验：$\dfrac{v_{ex}}{u}=1.5$ 时，属正常排烟；$\dfrac{v_{ex}}{u}>1.5$ 时，属超高排烟；$\dfrac{v_{ex}}{u}=1$ 时是消除气流下沉的最低限。

基于以上分析，设计烟囱时必须参照工厂所在区域的全年平均风速，正确选择烟囱出口的烟气流速。

50.9.2　机械排烟

当机械阻力较大，例如大于 $500\sim600Pa$ 时，采用自然排烟方式难以克服排烟阻力，此时应采取机械排烟。

机械排烟分引风机排烟和喷射排烟两类。前者排烟温度根据引风机耐高温性能而受到限制，一般进引风机的烟气温度不高于 250℃，因而需向烟道内混入冷空气将烟气温度降低。喷射排烟可不受排烟温度的限制，虽然效率低，但应用方便。自身预热烧嘴、干法除尘系统、井式炉排烟均有采用喷射排烟方式的。

50.9.3　烟气流速的选择及烟囱直径计算

（1）烟气流速的选择

为消除烟气下沉，不同风速时比值 $\dfrac{v_{\text{ex}}}{u}$ 的推荐值如下：

$u=3\text{m/s}$ 时：$\dfrac{v_{\text{ex}}}{u}=1.7$；

$u=7\text{m/s}$ 时：$\dfrac{v_{\text{ex}}}{u}=1.3$；

$u=11\text{m/s}$ 时：$\dfrac{v_{\text{ex}}}{u}=1.2$；

相应求得 $u=3\text{m/s}$ 时：$v_{\text{ex}}=5.13\text{m/s}$；

$u=7\text{m/s}$ 时：$v_{\text{ex}}=9.1\text{m/s}$；

$u=11\text{m/s}$ 时：$v_{\text{ex}}=13.2\text{m/s}$。

烟囱出口烟气温度一般处于 300～600℃ 范围内，按平均考虑，将以上求得的实际温度下的 v_{ex} 值换算成标准状态下的烟气流速。其近似值为 $v_{\text{ex}}=2～5\text{Nm/s}$。

在可能的条件下应尽可能选取高的烟气流速，优点是 a. 可减少烟囱直径，从而可缩小占地面积并减小投资；b. 能消除烟囱出口烟气流下沉现象，保证烟囱正常运行，并减少烟尘对厂区的污染；c. 由于烟气流速高，能有效地减少烟囱内部灰尘的沉积量。但增加流速，则增加了烟囱及流道的流阻。为了降低烟囱的流阻，烟气在烟囱中出口流速 v_{ex} 应控制在 5.0m/s 以下。如果采用自然通风方式，v_{ex} 应控制在 3.0m/s 以下。

因此，对于自然排烟，烟囱出口的烟气流速不宜低于 2m/s，一般取 2.5m/s。

（2）烟囱直径计算

根据进入烟囱的烟气量计算烟囱出口直径。

$$D=1.88\sqrt{\dfrac{\Theta_{\text{sm}}}{v_{\text{ex}}}} \tag{50-90}$$

式中，Θ_{sm} 为烟气的流量，m^3/s。

50.9.4　烟道及烟囱阻力计算

对于小型热风炉，利用烟囱的抽风能力就足以把烟气带走。对于较复杂的热风炉，安装引风机就能完成排烟任务。对于大型热风炉常采用平衡通风法，燃烧以后的阻力由引风机克服，使炉膛出口处有 2～3mm 汞柱的负压，燃烧器前的空气流阻由鼓风机克服。

烟气出口温度：$\qquad T_{\text{m}}=T_{\text{h}}-L\Delta T$

式中，T_{h} 为烟道始端温度，℃；T_{m} 为烟道末端温度，℃，烟气在烟囱中的温降可按烟气在管中流动与外界冷空气的传热来计算，也可采用表 50-54 中的经验数据；ΔT 为每米烟道气降温，℃/m；L 为烟道长度，m。

烟道内烟气平均温度：
$$T_p = \frac{T_m + T_h}{2}$$

表 50-54　烟囱每米降温数据表 单位：℃/m

烟囱类别		温度段/℃			
		300～400	400～500	500～600	600～800
砖烟囱及混凝土烟囱		1.5～2.5	2.5～3.5	3.5～4.5	4.5～5.5
钢烟囱	带耐火衬	2～3	3～4	4～5	5～7
	不带耐火衬	4～5	6～8	8～10	10～14

沿程阻力：

$$\Delta h_{yc} = \lambda_{sm} \frac{L}{D_{eq}} \frac{v_{sm}^2}{2g} \rho_{sm,0} \left(1 + \frac{T_p}{273} \right) \tag{50-91}$$

式中，λ_{sm} 为沿程摩擦阻力系数，钢制烟风道 $\lambda_{sm} = 0.02$，耐火砖风道 $\lambda_{sm} = 0.04$；$\rho_{sm,0}$ 为 760mm 汞柱，0℃ 时烟气密度，kg/m^3；D_{eq} 为烟道换算直径，m；L 为烟道长度，m。

局部阻力：

当气流方向或气流通道截面发生变化时，即产生局部阻力。由下式计算

$$\Delta h_{jb} = \sum \zeta \frac{v_{sm}^2}{2g} \rho_{sm,0} \left(1 + \frac{T_p}{273} \right) \tag{50-92}$$

式中，ζ 为局部摩擦阻力系数。

一般情况下局部阻力系数 ζ 与 Re 无关，主要由管长或局部管件几何形状决定。产生局部阻力的管件主要有弯管、三通管、渐扩管、渐缩管、出口、进口、阀门、孔板等。局部阻力系数可查阅有关流体力学手册得到。

几何压力：

几何压力由空气和烟气密度不同而引起，如果烟囱高度不大时可省略。

$$\Delta h_{jh} = H (\rho_{sm,0} - \rho_{ai}) g \tag{50-93}$$

式中，ρ_{ai} 为空气密度，kg/m^3；H 为烟道中心垂直高度，m。

烟道、风道阻力由沿程摩擦阻力、局部流阻和几何压力之和组成。

$$h = \sum \Delta h_{yc} + \sum \Delta h_{jb} + h_{jh} \tag{50-94}$$

50.9.5　烟囱自生通风力计算

烟气温度比环境温度高，密度比冷空气小，因此，烟气具有上升的趋势。其通风的压头称为烟囱自生通风力或烟囱的抽力。

烟气在流动过程中又形成通风阻力，当自生通风力大于烟道阻力时，烟气流动通畅。由下式计算烟囱自生通风力。

$$\Delta p = H \left(1.2 - \rho_{sm,0} \frac{273}{T_p} \right) \frac{p}{760} \tag{50-95}$$

式中，Δp 为烟囱自生通风力，Pa；H 为烟囱高度，m；p 为烟囱顶端大气压强，mmHg（1mmHg=133.322Pa）。

50.9.6　烟囱高度计算

烟囱高度可由下式计算

$$H = \frac{1.2\sum h_{\mathrm{ld}} + \left(1.1\dfrac{v_{\mathrm{ex}}\rho_{\mathrm{sm},0}}{2g} + \Delta h_{\mathrm{yc_1}}\right)\dfrac{\rho_{\mathrm{sm},0}}{1.293}\dfrac{760}{p}}{\left(\rho_{\mathrm{ai}} - \rho_{\mathrm{sm},0}\dfrac{273}{T_{\mathrm{p}}}\right)\dfrac{p}{760}} \tag{50-96}$$

式中，h_{ld}为烟道总流阻（不包括烟囱阻力），Pa；$\Delta h_{\mathrm{yc_1}} = \dfrac{0.004}{R}\dfrac{v_{\mathrm{ex}}^2}{2}\rho_{\mathrm{sm},0}$，Pa；$R$为烟囱斜度，$R \approx 0.02$。

计算烟囱高度时，必须考虑一定富裕抽力，对于估算高度低于 40m 的烟囱，按烟道计算阻力增大 20％～30％，对于估算高度大于 40m 的烟囱，按烟道计算阻力增大 15％～20％。

当采用机械通风时，可不必计算烟囱自生通风力，但机械的压头应大于烟道及烟囱的阻力。

参考文献

[1]　艾咏雪，韩德明. 燃油热风炉研究与设计. 粮食与饲料工业，1997，（6）：40-44.

[2]　白崇仁，谢秀英，苏澎. 食品干制工程. 郑州：河南科学技术出版社，1993.

[3]　白春芳，等. 导热油的选择和应用. 筑路机械与施工机械化，1997，（3）：24-27.

[4]　博延. 热能回收. 刘景盛，张家荣，译. 北京：化学工业出版社，1985.

[5]　鲍求培. 延长导热油使用寿命的方法. 涂料工业，2003，（1）：40-42.

[6]　别如山，等. 燃生物质流化床锅炉. 节能技术，1997，（2）：5-7.

[7]　蔡乔方. 加热炉. 2 版. 北京：冶金工业出版社，1996.

[8]　蔡亚军，等. RFW-180 型卧式热风炉的设计. 茶叶机械杂志，1997，（3）：2-4.

[9]　曹崇文，朱文学. 农产品干燥工艺过程的计算机模拟. 北京：中国农业出版社，2001.

[10]　陈东，徐尧润，刘振义，等. 动力式热管及其在食品工业中的应用. 食品与机械，2000，（2）：38-39.

[11]　陈东，徐尧润，刘振义，等. 非相邻冷热源间强化传热新技术——热环的研究. 工程热物理学报，2000，21（6）：724-728.

[12]　陈纪均，等. 热油炉供热在木材单板干燥机上的应用. 林产工业，1997，（3）：32-35.

[13]　陈树义，张丽玲编译. 燃料燃烧及燃烧装置. 北京：冶金工业出版社，1985.

[14]　陈孙艺，等. 绕管壳卧式热载体炉结构改进及制造. 石油化工设备，2003，（6）：43-44.

[15]　程琳. 关于提高热风炉送风温度途径的探讨. 钢铁技术，2002，（3）：4-6.

[16]　程鹏. 回收加热炉烟气余热及应注意的问题. 北京节能，1996，（1）：22-24.

[17]　池田义雄，等. 实用热管技术. 北京：化学工业出版社，1988.

[18]　丛海涛. 加热炉余热回收设备烟气露点腐蚀及其抑制. 石油化工腐蚀与防护，2001，18（3）：14-15.

[19]　杜兴阳. 新型吹风气余热回收装置设计. 革新与综述，2003，（1）：15-17.

[20]　范传天. 烟气余热利用的系统节能观点. 冶金能源，1991，10（2）：27-31.

[21]　方彬，白文彬. 锻炉和窑炉节能热管换热器. 哈尔滨：哈尔滨工业大学出版社，1985.

[22]　冯俊凯，沈幼庭. 锅炉理论及计算. 2 版. 北京：科学技术出版社，1992.

[23]　傅邱云，周东样，龚树萍，等. 电热隧道窑炉温自动化测控系统的研究. 仪表技术与传感器，2000，（1）：19-21.

[24]　盖玲，等. WRFL-2500 型燃煤间接加热卧式热风炉的研制. 浙江农业大学学报，1998，24（3）：317-320.

[25]　高学新. 加热炉烟气余热回收技术及其应用. 山东冶金，1995，17（4）：14-19.

[26]　郭骅. 手烧燃煤热风炉的设计计算（一）. 四川农机，1985，（2）.

[27]　郭骅. 手烧燃煤热风炉的设计计算（二）. 四川农机，1985，（3）.

[28]　郭骅. 手烧燃煤热风炉的设计计算（三）. 四川农机，1985，（4）.

[29]　韩小良. 带肋片辐射换热器传热与设计计算. 工业锅炉，2001，23（1）：51-53，57.

[30]　郝玉福，苏俊林，许思传，等. 燃用稻壳热管式热风炉的研究. 农业机械学报，1994，25（3）：70-73.

[31] 侯凌云，等. 速差射流煤粉燃烧器燃烧过程理论分析（Ⅰ）——强化燃烧原理分析. 燃烧科学与技术，2000，6（2）：111-114.

[32] 胡景川. 热风炉系列参数研究（一）. 茶叶机械杂志，1994，（2）：6-10.

[33] 胡景川. 热风炉系列参数研究（二）. 茶叶机械杂志，1994，（3）：2-8.

[34] 黄村斗. 烟气余热回收节能技术简介. 电子节能，1998，（2）：26-30.

[35] 黄庆跃. QXM-W 系列卧式燃油（气）热载体锅炉设计. 工业锅炉，2003，（4）：21-23.

[36] 黄问盈. 热管与热管换热器设计基础. 北京：中国铁道出版社，1995.

[37] 霍光云. 余热回收. 天津：天津科学技术出版社，1985.

[38] 寇广孝，等. 有机热载体炉供热系统中贮油槽的作用及其设计. 大众用电，1998，（3）：10-11.

[39] 李献平，刘炳军，许文山，等. 热媒式换热器在热风炉烟气余热回收技术中的应用. 河北冶金，2003，（4）：50-52.

[40] 梁吉范. 小型燃气燃油导热油炉的设计. 石油化工设备技术，1998，（2）：48-51.

[41] 梁杰，等. 列管式热风炉计算研究. 农机化研究，1998，（1）：51-54.

[42] 林国梁. 论有机热载体加热技术. 福建能源开发与节能，1997，（1）：44-46.

[43] 刘德宝. 导热油供热系统设计概要. 建筑热能通风空调，2001，（5）：50-52.

[44] 刘纪福，等. 热风炉剖析及热管式热风炉. 热载体加热技术，2000，（2）：14-18.

[45] 刘士杰，赵左栋. 热管技术在谷物干燥中应用的探讨. 农牧与食品机械，1992，（3）：19-23.

[46] 刘宪昌，等. 新型热管式热风炉的研究与开发. 北京节能，1999，（5）：14-16.

[47] 刘晓燕，等. 有机热载体锅炉结构形式概述. 工业锅炉，2002，（3）：31-33.

[48] 刘元意，顾延春. 油媒式余热回收装置在热风炉上的应用. 冶金能源，1996，15（5）：44-46.

[49] 刘祯干. 流化床换热器在烟气余热回收中的应用. 现代节能，1992，（2）：16-19.

[50] 刘振斌，等. 热风炉节能技术. 现代化农业，1994，（1）：36-37.

[51] 刘振斌，等. JL-70 型及 RL-500 型热风炉. 粮油加工与食品机械，2002，（5）：9-10.

[52] 娄马宝. 低热值气体燃料（包括高炉煤气）的利用. 燃气轮机技术，2000，13（3）：16-18.

[53] 马浏轩，等. DRL120 型卧式稻壳热风炉简介. 现代化农业，2000，（8）：37-38.

[54] 穆建忠，等. 煤粉预燃室燃烧器的结构及应用. 工业炉，1997，（2）：32-34.

[55] 潘永康，等. 现代干燥技术. 北京：化学工业出版社，1998.

[56] 戚敏. 提高大型燃油热载体加热炉的热效率. 北京节能，1998，（2）：17-19.

[57] 邱树林，钱滨江. 换热器原理结构设计. 上海：上海交通大学出版社，1990.

[58] 任承钦. 空冷式可变热导热管的性能研究. 工业锅炉，1999，59（3）：28-30.

[59] 任承钦. 热管空气预热器改造设计、制造及使用分析. 湖南大学学报，1998，25（3）：45-50.

[60] 任大义. 烟气余热回收热管换热器的应用与设计. 大氮肥，1996，（5）：327-329.

[61] 任利国. 有机热载体炉膨胀系统的改进. 工业炉，2003，（3）：49-50.

[62] 史美中. 热交换器原理与设计. 南京：东南大学出版社，1989：336-349.

[63] 宋俊生. 浅谈电热干燥室的电气设计与保温设计. 有色矿冶，2000，16（3）：54-56.

[64] 苏英民. 热管换热器的设计. 小氮肥设计技术，1985，（6）：6-11.

[65] 孙贵平. 燃油导热油炉设备工艺设计的探讨. 煤气与热力，2000，（3）：221-223.

[66] 唐遵峰，等. 燃油热风炉的改进设计. 农业机械学报，2000，31（3）：122-123.

[67] 陶生桂，董东甫. 新型热管式电热器的技术分析. 电力机车技术，2001，21（4）：49-50.

[68] 桐荣良三. 干燥装置手册. 上海：上海科学出版社，1983.

[69] 屠传经，等. 重力热管式换热器及其在余热利用中的应用. 杭州：浙江大学出版社，1989.

[70] 汪琦. 大型热载体加热炉的设计开发. 化工装备技术，2002，（4）：28-32.

[71] 汪琦. 新型间接式热风炉的设计开发. 化工装备技术，2001，22（2）：15-17.

[72] 王秉铨. 工业炉设计手册. 2版. 北京：机械工业出版社，2000.

[73] 王光盛，等. 燃煤燃稻壳两用炉的改进设计. 现代化农业，1999，（8）：36-40.

[74] 王静铷. 如何操作好链条式燃煤热风炉. 粮食流通技术，2000，（4）：26-28.

[75] 王民杰，宁宜清. 热管余热锅炉回收 H 装置——烟气余热的研讨. 锅炉压力容器安全技术，2002，（2）：23-24.

[76] 王荣，等. 旋板式燃煤间接加热热风炉的研究. 山东农业大学学报，1998，29（1）：87-92.

[77] 王毅，梁海，杨可强. 充分利用余热节能. 中国设备工程，2002，（9）：45-46.

[78] 王玉敏. 热媒式余热回收装置的应用. 唐钢科技，1997，（1）：42-44，41.

[79] 王政伟, 顾平道, 刘小兵. 高效燃煤热管热风炉设计. 江苏石油化工学院学报, 1997, 9 (3): 17-21.

[80] 魏宗元. 无管式热风炉的设计计算与试验研究. 四川农机, 1984, (2): 18-21.

[81] 吴丰伟, 等. LJ 系列燃煤热风炉的设计与应用. 黑龙江粮油科技, 1997, (1): 58-59.

[82] 武淑平, 宋学广. 锅炉热管空气预热器的设计及优化. 能源研究与利用, 1995, (6): 12.

[83] 许圣华. 热管式导热油加热炉的研制. 工业加热, 1999, (5): 19-22.

[84] 许思传, 等. 粮食干燥用高效热管换热器的设计与实验研究. 农业机械学报, 1995, 26 (3): 75-79.

[85] 杨泽茂. 盘管式热载体炉的优化设计探讨. 石油化工高等学校学报, 1997, (3): 19-23.

[86] 伊凡诺夫斯基, 等. 热管的物理原理. 北京: 中国石化出版社, 1991.

[87] 衣淑娟, 等. 卧式热风炉的设计. 农机化研究, 1997, (2): 50-52.

[88] 尹丹模. 预燃式燃烧器, 工业炉, 1992, 5 (1).

[89] 虞斌, 等. 新型热管式导热油加热炉的设计. 导热油锅炉技术, 1995 (2): 19-21.

[90] 张红伟, 于学东. 热管余热锅炉在回收工业余热中的优势探讨. 沈阳工业大学学报, 2000, 22 (2): 178-180.

[91] 张少峰. 喷雾干燥器煤粉热风炉系统的研制. 中国建材设备. 1999, (6): 21-24.

[92] 张先耀, 等. 蓄热室新型蓄热体的选用. 工业炉, 1998, 20 (3): 9-12.

[93] 张义谦. 我国热风炉余热回收装置评述. 冶金能源, 1989, 8 (2): 52-58.

[94] 赵刚山, 等. 导热油系统的设计及使用. 燃料与化工, 2003, (2): 98-100.

[95] 朱华东. 燃煤型高温热管热风炉. 非金属矿, 2001, 24 (5): 49-50.

[96] 朱聘冠. 换热器原理及计算. 北京: 清华大学出版社, 1987.

[97] 庄骏, 张红. 热管技术及其工程应用. 北京: 化学工业出版社, 2000.

[98] 庄伟, 崔汉明. 燃油导热油加热炉的设计开发. 工业锅炉, 1998 (4): 6-9.

[99] Boettinger W J, Perepezko J H, Frankwicz PS. Application of ternary phase diagrams to the development of $MoSi_2$-based materials. Mater Sci & Eng, 1992, A155: 33~44.

[100] Bryan J E. Heat transport enhancement of monogroove heat pipe with electro-hydrodynamic pumping. Journal of Thermophysics and Heat Transfer, 1997, 11 (3): 454-460.

[101] Deevi S C, Deevi S. In-situsyn thesis of $MoSi_2$-Al_2O_3 composite by a termite reaction. Script a Metaller Mater, 1995, 33 (3): 415-420.

[102] HuJayashankar S, Kaufman MJ. In-siturein forced $MoSi_2$ composites by mechanical alloying. Scrip Metallet Mater, 1992, 26: 1245-1250.

[103] Jayashankar S, Kaufman MJ. In-siturein forced $MoSi_2$ composites by mechanical alloying. Scrip Metallet Mater, 1992, 26: 1245-1250.

[104] Marcus B D. Theory and design of variable conductance heat pipes. NASA, 1972.

[105] Morrison D W. Solar energy—heat pump low temperature grain drying. ASAE paper No. 77—3546, 1977.

[106] Mujumdar A S. Handbook of Industral Drying. Marcel Dekker INC, 1995.

[107] Nakano A, Shiraishi M, Nishio M. An experimental study of heat transfers charaeteristics of a two-phase nitrogen thermosyphon over a large dynamic range operation. Cryogenics, 1998, 38: 1259-1266.

[108] Wong J L. Mechanically assisted heat pipe using micro-pumps. American Society of Mechanical Engineers. Heat Transfer Division. 1996, 327 (5).

[109] Yanagihara Katsuguki, Maruyama Toshio, Nagata Kazuhiro. Isothermal and cyclic oxidation of Mo (Si_{1-x}, Al_x)$_2$ up to 2048K. Mater Trans, JIM. 1993, 34 (12): 1200-1206.

[110] Yu Yanjiang, Masahiro Shoji, Masashi Naruse. Boundary condition effects on the flow stability in a toraidal thermosyphon. International Journal of Heat and Fluid Flow, 2002, 23: 81-91.

（朱文学，焦昆鹏）

第51章

干燥控制系统

51.1　干燥控制系统概述

干燥工程要最大限度地改善物料的品质、提高设备的工作效率、尽可能降低能量消耗、减少对环境的负面影响、保证安全生产。因此，要求干燥设备必须在合理的操作工艺规程下运行。由于干燥工艺系统包含能量发生和能量利用系统，干燥过程又是在多种因素影响下进行的，每一环节控制不当，不仅影响干燥产品的品质，同时也要影响工艺系统的能效，其控制系统往往实现的是双目标控制。

评定干燥过程是否正常，通常采用干燥温度、湿度、目标水分、流动速度、压力、料位主要质量指标等物理量来表征。当这些物理量偏离所希望维持的数值时，就表示干燥过程偏离了正常的工况，需要加以调节，即对干燥过程进行控制。

控制分人工控制，自动控制，智能控制。自动控制是在人工控制的基础上产生的，智能调节是在自动调节的基础上发展起来的。下面举例分别做一些简要地介绍。

图 51-1 是通过人工调节燃煤供给量实现控制干燥温度的调节示意图，这是我国粮食干燥生产中，常用的一种比较廉价、简单、粗糙的控制方法。燃煤经过调节阀进入热风炉，燃烧产生的热量、经过热交换器传给干燥介质（空气），受热后的空气，由风机送入干燥设备。通过调节燃煤的供给量实现控制干燥温度。

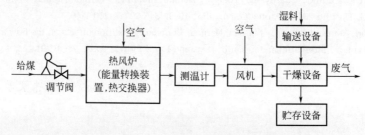

图 51-1　热风干燥人工控制示意图

为了掌握干燥温度，必须在干燥系统设置测温计，操作人员根据测温计的指示，及时地改变调节阀的开度，控制进入热风炉的燃煤量，从而使干燥温度维持在要求的范围内。例如，当操作人员从测温计上观察到的数值低于要求的温度值时，则开大阀门，增大煤的供给量，使温度上升到要求的数值；当测温计的显示值高于要求的温度值时，就关小阀门，减小煤的供给量，使温度下降到要求的数值。在此，操作人员的任务是：

① 观察测温计的指示值（被控制量）；

② 将干燥温度指示值与期望值进行比较，由两者之差和风量，计算出补给煤的偏差的大小和方向；

③ 当偏差值偏高时，则关小给煤调节阀，当偏差值偏低时，则开大给煤调节阀，使温度升到正常范围。阀门开度变化量取决于偏差的大小。

人在调节过程中起的是观测、比较、判断和控制的作用。人工调节也就是检测偏差，纠正偏差的过程。为此，要进行人工调节，至少要有一个测量元件（如图 51-1 中的测温计）和一个被人工操纵的器件（如图 51-1 中的给煤调节阀）。人们把指示温度与要求的温度进行比较，就会得到给煤的补给偏差，根据这个偏差的大小，判断如何去控制阀门，使偏差得到纠正。

如果用一套自动控制系统来代替操作人员，使干燥设备能自动地执行调节任务，这就是自动控制。图 51-2 是循环式缓苏干燥机温度自动控制示意图。

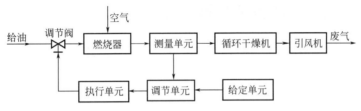

图 51-2　循环式缓苏干燥机温度自动控制示意图

图 51-2 中的测量单元、给定单元、调节单元、执行单元代替人工完成调节干燥温度的任务。测量单元（传感器）用来感知温度并将其转变成具有一定关系的电流或电压信号，传送给调节单元。调节单元接收到这一测量信号，随即把它与给定的温度值进行比较，出现偏差时，调节单元则向执行单元发出调节指令，使其按照要求调节操作机构（供油调节阀），周而复始地运行这一过程，直到干燥温度达到期望值。这样就实现了干燥温度的自动控制。

自动控制系统由人工控制系统演变而来，自动控制系统中的测量装置相当于人的眼睛，控制器类似于人的大脑，执行机构好比人的手。实现控制的共同点就是要检测偏差，并用检测到的偏差去纠正偏差，可以说干燥控制就是"纠正偏差"的过程。

人工调节的效果在很大程度上取决于经验，而自动调节，调节单元是根据偏差信号，按一定规律去控制调节阀的，其效果在很大程度上取决于控制策略和调节单元的调节规律。

在自动控制系统中，设备的给定值，即按照干燥要求被调量必须维持的希望值一般是不变的（如干燥温度，送风量、目标水分、机内容量等），但由于干燥产品的种类繁多，地域条件复杂，品质、能耗、效率要求不一，设备的工况特性不稳等，在很多情况下，采用的干燥条件应当是实时变化的，也就是说干燥专家必须在线，根据实际过程，及时给定设备一个最优的输入量（给定值）。为了满足这一需求，我国开发出了干燥设备专家智能控制系统。系统的基本构成如图 51-3 所示。

它是在自动控制的基础上，增添了一个服务器，传感器感知的信号经过底层的控制单元，被发送到服务器，进入干燥专家系统，由干燥专家系统对现场信息进行处理并作出机器工作制度的判断，得到机器实时最优的输入量，直接发送给底层的控制单元。这样利用控制器与服务器间的双向通信，就把干燥专家控制系统提升为干燥专家智能控制系统，大幅度提高了控制的质量，拓展了信息化技术在干燥业中的应用。

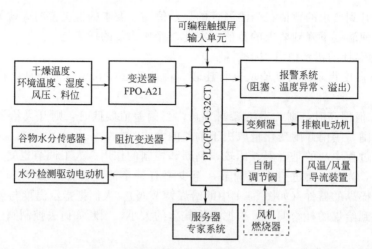

图 51-3　干燥设备专家智能控制系统

51.2　控制系统的工作原理及其组成

按照控制系统的工作原理，可把控制系统分为反馈控制系统、前馈控制系统、复合控制系统。

在控制系统中，输出量的返回过程称为反馈，它表示输出量通过测量装置将信号的全部或一部分返回输入端，使之与输入量进行比较，比较产生的结果称为偏差。在人工控制中，这一偏差是通过人眼观测后，由人脑判断、决策得出的；而在自动控制中，偏差则是通过反馈，由控制器进行比较、计算产生的。

51.2.1　反馈控制系统

反馈控制系统是基于反馈原理，通过检测偏差再纠正偏差的系统。它的基本工作原理是根据被控量与其给定量之间的偏差进行调节，最后达到减小或消除偏差。它至少应具备测

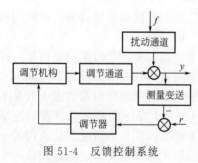

图 51-4　反馈控制系统

量、比较（或计算）和执行三个基本功能。如图 51-4 所示，为了取得偏差信号，必须要有被控量测量值的反馈信号。信号反馈必然构成闭合回路，所以反馈系统一定是闭环控制系统。这种系统突出的优点是控制精度高，不管遇到什么干扰，只要被控制量的实际值偏离给定值，闭环控制就会产生控制作用来减小这一偏差。它的缺点是靠偏差进行控制的，因此，在整个控制过程中始终存在着偏差，由于元件的惯性（如负载的惯性），若参数配置不当，很容易引起振荡，使系统不稳定而无法工作，其次对于输出为出机料水分的连续干燥控制系统，则不能消除进料水分波动对控制精度的影响。

闭环控制系统的组成，一般应该包括给定元件、反馈元件、比较元件、放大元件、执行元件及校正元件等。

① 给定元件　主要用于产生给定信号或输入信号，例如电位计里的可变电阻。

② 反馈元件　它测量被控量或输出量，产生主反馈信号。一般，为了便于传输，主

反馈信号多为电信号。因此，反馈元件通常是一些用电量来测量非电量的元件。

③ 比较元件　用来接收输入信号和反馈信号并进行比较，产生反映两者差值的偏差信号。例如电位计。

④ 放大元件　对偏差信号进行放大的元件。例如，电压放大器、功率放大器、电液伺服阀、电气比例/伺服阀等。放大元件的输出一定要有足够的能量，才能驱动执行元件，实现控制功能。

⑤ 执行元件　直接对受控对象进行操纵的元件。例如，变频调速电动机、伺服电动机等。

⑥ 校正元件　为保证控制质量，使系统获得良好的动、静态性能而加入系统的元件。校正元件又称校正装置。串接在系统前向通路上的称为串联校正装置；并接在反馈回路上的称为并联校正装置。

51.2.2　前馈控制系统

前馈控制系统的基本工作原理是根据扰动信号进行调节，即利用扰动信号产生的调节作用去补偿（抵消）扰动对被调量的影响。简单地说就是按扰动调节或扰动补偿。

图 51-5 是一个恒温干燥前馈控制系统，风量和外界空气温度变化 f 是引起被控制量干燥温度 y 变化的原因。前馈调节器在扰动出现的同时就根据扰动信号 f 进行调节，用此控制作用去抵消扰动 f 对被控制量的影响。如果完全抵消，干燥温度（被控制量）就可保持不变。在前馈控制系统中，没有被控制量和其他的反馈信号，系统不闭合，所以，前馈系统又称开环控制系统。

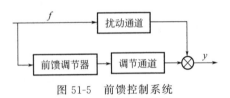

图 51-5　前馈控制系统

前馈系统的控制速度快，但不能克服干燥过程中的未知扰动，所以无法评价其对干燥过程的控制精度。它只能应用于设备（燃烧器和干燥机）以及组成控制系统的元件特性和参数值比较稳定的情况，它最大的优点是系统简单，可靠。

51.2.3　复合控制系统

复合控制系统是反馈控制、前馈控制等两种或两种以上控制手段有机组合而形成的一种多段综合系统。图 51-6 是塔式干燥系统中干燥室排料轮转速复合控制系统。

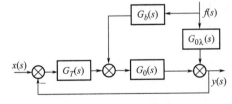

图 51-6　复合控制系统

$x(s)$—系统的闭环输入传递函数；$G_T(s)$—反馈控制器传递函数；$G_0(s)$—控制通道对象传递函数；
$G_{0\lambda}(s)$—干扰通道对象传递函数；$G_b(s)$—前馈控制器传递函数；
$f(s)$—扰动（进料水分、热风炉出口温度、环境温湿度、设备等工况变动）；
$y(s)$—被控量（变频器赫兹数等）

控制的任务是要保证出机料水分和产品质量符合工艺要求，控制手段是改变干燥室排料轮转动的速度。把进料水分、进风温度、环境温湿度变化等信号以前馈形式引入干燥过程控制系统，而把出机料的水分反馈到输入端，以修正控制模型中的系数，消除因干燥设备工况变动引起的扰动。

在复合控制系统中。利用前馈信号快于被调量的偏差信号的特点，可以把经常发生的主要扰动（负荷）作为前馈信号，立即进行调节，实时克服主要扰动对被调量的影响。利用反馈来克服诸如机械磨损后工况变动以及其他扰动，使系统的被控制量能准确地保持在给定值。只要充分利用各种控制方法及其控制手段的优点，就能够大幅度地提高干燥控制质量。

对于塔式干燥设备，干燥机的进风温度是工艺要求控制的关键参数。我们把左右干燥过程的主要设备（热风炉）用一个单元子系统来控制，利用其输出的热能在热交换室，混合出两路温度不等的高温热风和低温热风。通过风量分流调节阀开度变换调整掺入冷风（空气）的比例，实现对干燥机进风温度的控制。

这种系统给定值的变化规律并不是预先确定的，它要在获得热风温度、环境温度、进料水分等前馈干扰量的基础上，由干燥专家系统计算，得出物料应在干燥室的停留时间，从而给出变频器赫兹数，通过服务器与设备间的双向通信设定给控制器（调节单元）。在进料水分发生变化时，排料轮的转速要在相应的时间、位置处平稳地作相应的变动，且能排除各种干扰因素的影响，准确地复现控制信号的变化规律，这样可获得比单一系统更高的控制精度和稳定性。双向通信技术使干燥专家系统溶入控制系统，也把干燥自动控制系统提升为干燥专家智能控制系统，使设备的工作效率、干燥效率、干燥质量等有了大幅度的提高。

51.3 干燥控制系统特征及基本类型

51.3.1 干燥对控制系统的要求

① 稳定性 由于控制系统都包含储能元件，若系统参数匹配不当，便可能引起振荡。稳定性就是指系统动态过程的振荡倾向及其恢复平衡状态的能力。对于稳定的系统，当输出量偏离平衡状态时，应能随着时间收敛并且最后回到初始的平衡状态。稳定性是保证控制系统正常工作的先决条件。

② 精确性 控制系统的精确性即控制精度，一般以稳态误差来衡量。所谓稳态误差是指以一定变化规律的输入信号作用于系统后，当调整过程结束而趋于稳定时，输出量的实际值与期望值之间的误差值，它反映了动态过程后期的性能。

③ 快速性 快速性是指当系统的输出量与输入量之间产生偏差时，消除这种偏差的快慢程度。快速性好的系统，它消除偏差的过渡时间就短，就能复现快速变化的输入信号，因而具有较好的动态性能。

④ 可靠性 可靠性即控制系统具备一定的稳定裕量和冗余量，对于干燥系统，即使干燥设备的工况特性发生了某些变化或某些部件发生故障，外部环境条件发生较大变化时（如高温高湿、低温、高粉尘等恶劣环境条件），也不允许控制系统超差甚至失效。

51.3.2 干燥控制系统中的基本量

① 被控制量 被控制量是表征干燥过程运行是否正常并需要加以调节的物理量，是干燥系统对外界的输出量，也就是控制系统的控制目标。不同的干燥产品和生产要求的被控制量不同，评价的指标和侧重点也有所区别，概括起来主要有：干燥产品的质量、温度和湿含量；排气的温度、湿度和排气量；干燥时间和干燥效率等。

② 给定量　给定量是按照干燥要求被控制量必须维持的希望值，即干燥系统的输入量，如热风温度、湿度、流速、压力、风量、进料水分、温度、料速、流量和料层厚度等。

③ 控制量　由调节机构改变的流量、能量或赫兹数等，用以控制被控制量的变化，称为控制量。例如图 51-1 中的给煤量，图 51-2 中的给油量，图 51-3 中控制排粮轮转速的变频赫兹数。这里的调节机构是指用来改变进入控制对象的物质或能量的装置，如阀门、挡板、变频器等；控制对象是指被控制的干燥过程或干燥设备，如粮食干燥系统中的热风温度、排粮轮和风机等，控制目标是产品的含水率。

④ 扰动　引起被控制量偏离其给定值的各种原因称为扰动。如果扰动不包括在控制回路内部（例外界负荷），称为外扰。如果扰动发生在控制回路内部，称为内扰。其中，由于调节机构开度变化造成的扰动，称为基本扰动。变更控制器的给定值的扰动称为给定值扰动，有时也称控制作用扰动。

⑤ 控制过程　原来处于稳定状态的干燥过程或者设备，一旦受到扰动作用（如进风温度及环境温度波动、进机物料原始水分不一致等），被控制量就会偏离给定值。要通过自动控制仪表或操作人员的调节作用使被控制量重新恢复到新的稳定状态的过程，称为控制过程。

51.3.3　控制系统的基本类型

控制系统的分类方法很多，最基本的方法是按工作原理或给定值的特点进行分类。按工作原理可以分为前馈控制系统，反馈控制系统和前馈-反馈控制系统；按照给定值的特点进行分类可以分为：

① 恒值控制系统　这种控制系统的输入量是一个恒定值，给定后，在运行过程中保持不变，但可以人为地修正或变更输入量。恒值控制系统的任务是保证在任何扰动下系统的输出量为恒值（如粮食干燥时的出机粮水分，恒温干燥时的进风温度）。

② 程序控制系统　这种系统的输入量不为常值，但其变化规律是预先知道和确定的。可以预先将输入量的变化规律编成程序，由该程序发出控制指令，在输入装置中再将控制指令转换为控制信号，经过整个系统的作用，使被控对象按照指令要求而动作（如变温干燥自动控制系统）。

③ 随动系统　随动系统又称伺服系统。这种系统输入量的变化规律不能预先确定。当输入量发生变化时，则要求输出量迅速而平稳地跟随着变化，且能排除各种干扰因素的影响，准确地复现控制信号的变化规律。控制指令可以由操作者根据需要随时发出，也可以由目标物或相应的测量装置发出。

51.3.4　干燥控制系统的数学模型

干燥控制系统的数学模型是描述干燥系统输入变量、输出变量及系统内部各变量间关系的数学表达式、图形表达式或者数字表达式。为了从理论上对干燥控制系统进行性能分析，首先要建立系统的数学模型。建立数学模型的方法很多，一般采用解析法或试验法。

控制系统中的数学模型的形式有很多种，它主要取决于变量和坐标系统的选择。在时间域，通常采用微分方程或一阶微分方程组的形式；在复数域采用传递函数形式；而在频率域则采用频率特性形式。

构建合理的数学模型，对控制系统的分析极为重要。由于干燥是典型的多变量，大惯性，高度的非线性系统。气候条件、介质参数、物料特性、干燥工艺及干燥设备结构和工况特性，都直接影响系统的性能和效果。尤其是农业物料、生物材料，其干燥过程不仅是一个物理过程，而且还是一个生物和化学过程，不可能将过程中错综复杂的物理现象完全表达出来，必须要对模型的简洁性与精确性进行有选择地折中考虑。因而，要抓住干燥系统的主要输入量、输出量和干扰量，按照品质、能耗、效率、安全性权衡考虑，在误差允许的范围内，针对主要问题进行定量分析，忽略一些次要因素，得到能够迎合干燥设备处理工艺，符合产品质量要求的干燥系统特性表示法，建立既能反映干燥系统内在本质特性，又能简化计算的干燥控制系统模型。

建立干燥系统数学模型时应尽量做到：

① 全面了解系统的特性，明确干燥目的及精确性要求（利用相似原理对干燥系统进行相似性分析，大幅度简化变量的数目是一种可行的方法；明确模型中的参数的物理意义。在确定过程中的关键参数时，应对应干燥检测量，采用与实际情况吻合性较好、简洁、准确地数学算式或解析式进行计算）。

② 根据所采用的系统分析方法，建立相应形式的数学模型，同时要考虑便于计算求解。

模型建立的途径主要有两种：一种是利用已经掌握的干燥系统知识，采用演绎的方法建立数学模型。用这种方法建立模型时，是通过系统本身的干燥特性及机理（物理、化学、生物规律）的分析，确定模型的结构和参数，从理论上推导出系统的数学模型。这种利用演绎法得出的数学模型称为机理模型或解析模型。另一种途径是根据对系统的观察，通过测量得到大量输入、输出数据，推断出干燥系统的数学模型。这种方法称为归纳法，利用归纳法所建立的数学模型称为经验模型。

在实际干燥系统中，这两种方法是相辅相成的，采用归纳法建立数学模型时，能够满足观测到的输入、输出数据关系的系统模型，可有无穷多个，而采用演绎法建立的数学模型，是系统模型化问题的唯一解，它是最基本的方法。演绎法列写干燥系统数学模型的一般步骤：

① 以干燥室为核心，分析干燥系统的质量平衡、热量平衡和动量平衡，研究不同干燥过程的工作原理和信号传递变换的过程，根据各元件的工作原理及其在控制系统中的作用，确定其输入和输出量。

② 从系统的输入端开始，按照信号传递变换过程，依照各变量所表征的物理意义和所遵循的规律，依次列写出各元件、部件相应的微分方程。

③ 消去中间变量，得到一个描述元件或系统输入、输出变量之间关系的数学模型。

④ 写成标准化形式。将与输入有关的项放在等式右侧，与输出有关的项放在等式的左侧，且各阶导数项按降幂排列。

干燥系统与其他工业系统的本质不同，但其过程可以用相同形式的数学模型来描述。这里应当强调指出的是，所有模型中的系数都是干燥系统固有的，是结构参数及干燥特性参数或及其组合参数，也就是说动态特性是干燥系统固有的，它取决于干燥系统本身。

用线性微分方程描述的系统，称为线性系统。如果方程的系数为常数，则称为线性定常系统；如果方程的系数不是常数，而是时间的函数，则称为线性时变系统。线性系统的特点是具有线性性质，即服从叠加原理，也就是说，多个输入同时作用于线性系统的总响应，等于各个输入单独作用时产生的响应之和。

描述干燥过程数学模型的形式可以有多种。可能某种形式的数学模型比另一种更合适。例如在把干燥作为多变量系统、求解干燥过程最优控制问题时，可以采取状态变量表达式（即状态空间表达式）；但是如果把干燥简化为输入确定的干燥介质，而获得一定含水率产品的单输入、单输出系统时，采用输入输出间的传递函数（或脉冲传递函数）作为系统的数学模型就比较合适。

51.4　控制系统的设计与校正

51.4.1　干燥控制系统设计的基本任务

根据被控对象（如燃烧器、干燥温度、排料速度等）及其控制要求，选择适当的控制器及控制规律，设计一个满足给定性能指标的控制系统，也就是要在已知被控对象特性和干燥系统性能指标的条件下设计系统的控制部分（控制器）。

51.4.2　控制系统固有部分

闭环系统的控制部分一般包括测量元件、给定和比较元件、放大元件、执行元件等。测量、给定、比较、放大及执行元件与被控对象一起构成系统的基本组成部分，称为系统的固有部分。

51.4.2.1　执行元件

执行元件受被控对象的功率要求和所需能源形式以及被控对象的工作条件限制，常用的执行器件有继电器、接触器、变频器、伺服控制器、变量调节器；动作元件有电动机、电动阀、风机等；

51.4.2.2　测量元件

测量元件依赖于被控制量的形式，如温度、物料含水率、湿度、压力、流量、流速、浓度、料位等都是干燥测量的基本量。下面仅就温度和物料含水率两个关键量的测量进行说明。

（1）温度测量

温度测量有接触式和非接触式测量方式，如表 51-1 所示。

表 51-1　常用测温方法

测温方式	温度计与传感器	测温范围/℃	主要特点
接触式	热膨胀式 ①液体膨胀式（玻璃温度计） ②固体膨胀式（双金属温度计）	−100～600 −80～600	结构简单，价廉，一般用于直接读数
	压力式 ①气体式 ②液体式	−200～600	耐振，价廉，准确度不高，滞后性大，可转换成电信号
	热电偶	−200～1700	种类多，结构简单，价廉，感温部小，应用广泛
	热电阻 ①金属热电阻 ②半导体热敏电阻	−260～600 −260～350	种类多，精度高，感温部较大，应用广泛 体积小，响应快，灵敏度高，应用广泛
非接触式	辐射式温度计 ①光学高温计 ②比色高温计 ③红外光电温度计	−20～3500	不干扰被测温度场，可对运动体测温，响应较快。测温计结构复杂，价高，需定标修正测量值

常用的测温元件有热电偶、热电阻、半导体测温元件；液体膨胀式、固体膨胀式和辐射

式温度计。

① 热电偶 热电偶是利用两种不同的导体（或半导体）组成的闭合回路时，当两导体A和B的两个结点处温度不同时，则要在回路中产生热电势的原理进行温度测量的。它是生产中最常用的温度检测元件之一。其优点是 a. 直接与被测对象接触，不受中间介质的影响，所以测量精度高；b. 测量范围广，常用的热电偶从−50～1600℃范围内均可连续测量，某些特殊热电偶最低可测到-269℃（如金铁镍铬），最高可达2800℃（如钨-铼）；c. 构造简单，不受大小和开头的限制，使用方便。

国家标准规定的八类标准热电偶（铠装芯）和铠装铂热电阻有Pt10、Pt100分别如表51-2和表51-3所示。国标规定了其热电势与温度的关系，允许误差，并有统一的标准分度表和与其配套的显示仪表，全部符合IEC标准和国家有关标准。保护管采用特殊金属材料制成，耐热性好，并有一定耐磨性、防腐性。

表51-2 八类标准热电偶

型号标志	材料	使用温度/℃	型号标志	材料	使用温度/℃
S	铂铑10-铂	−50～1768	N	镍铬硅-镍硅	−270～1300
R	铂铑13-铂	−50～1768	E	镍铬-铜镍合金（康铜）	−270～1000
B	铂铑30-铂铑6	0～1820	J	铁-铜镍合金（康铜）	−210～1200
K	镍铬-镍硅	−270～1372	T	铜-铜镍合金（康铜）	−270～400

② 热电阻 热电阻是利用导体或半导体的电阻率随温度变化而变化的物理特性实现温度测量的。热电阻有铂热电阻和铜热电阻两大类，一般与显示仪表、计算机配套直接测量−200～500℃范围内液体、蒸汽、气体介质温度和固体表面温度。其主要技术参数见表51-3。

表51-3 热电阻分类及主要技术参数

产品名称	型号	分度号	测温范围/℃	允差 D/℃	保护管材质
铂热电阻	WZP	Pt100/Pt10	−200～500	A级：$\pm(0.15+0.002|t|)$ B级：$\pm(0.30+0.005|t|)$	28碳钢
铜热电阻	WZC	Cu50/Cu100	−50～100	H26$\pm(0.30+0.006|t|)$	1Cr18Ni9Ti

③ 半导体热敏电阻 是用对热极其敏感的半导体材料制成的电阻，它的电阻值变化对温度的依存性非常大。电阻值随温度的升高而变小的，称负温度系数热敏电阻NTC（负敏电阻）；电阻值随温度升高而变大的，称正温度系数热敏电阻PTC（正敏电阻）。

按结构特征可分为直流式和旁热式二类。直流式热敏电阻一般用金属氧化物粉料挤压成杆状、片状、垫圈状等热敏电阻，经过1000～1500℃高温烧结后，在阻体的两端或两表面烧附银电极，然后焊接电极引线和涂附防护层，即成为完整的热敏电阻；旁热式热敏电阻有一个阻体和一个用金属丝烧制的加热器，阻体和加热器紧紧耦合在一起，但它们之间绝缘，并且密封于真空玻璃管中。当电流通过加热管时，发出热量使阻体的温度升高，阻体的阻值从而下降或者上升，加热器对阻体来说是一个加热器。

用于温度补偿和测温控温方面的热敏电阻很多，可以根据补偿和测温控温的对象，从特性、稳定性、互换性、结构来选择适用不同场合不同类型的热敏电阻。

MF-11型圆片状热敏电阻常用作电路中的温度补偿和粮食测温；RRC2和MF-15型杆状热敏电阻可在150～180℃的场合，用作控温元件；MF-14和MF-16型的防潮性和机械性比较好；RRC7A和RRC7B型玻璃密封的珠状热敏电阻体积小，反应快，并有抗腐蚀性，常用于冰川、生物体等温度的测量和控制。

（2）物料含水率测量

含水率测量方法有直接法（干燥法、化学法）、间接法（电学法、红外法、微波法、中子法等）；能够用于干燥在线检测的方法有微波法（吸收式、空腔谐振式、相位式）、红外法（反射、透射、反射透射联合式）、中子法（表面、插入、透射式）和电学法。在电学法中又有电解法、电阻法（直流、低频、高频式）、电容法（普通、微量水分、超高频型）等。微波测量是利用水对微波能吸收或微波空腔谐振频率的变化进行检测的，可由超频能量通过湿材料产生能量损耗、相移或材料发射波参数的变化算出水分值，可以连续测定。红外法是基于水对近红外具有特征吸收光谱，被吸收的辐射能与物质的含水量存在一定关系进行检测的，可以不接触物料并连续地进行检测；利用水的介电常数较大，而电容器的电容与两电极间的介质的介电常数成正比关系的原理，研制的电容式水分计，受温度的影响较小，属于接触式测量。对应在稳态的环境条件下的测量，已有技术上比较成熟的产品，但微波法、红外法、电学法中的介电常数、电容测量方式共同的缺点是受物料形状、密度、厚度的影响很大，在高粉尘环境和温度、湿度变化较大，干燥线上的灵敏度、检测精度难以保证，目前虽有应用，但在线检测效果还很不理想。

中子法，利用水对快中子的减速原理，即快中子在物料内运动，就会与物料内的氢原子核碰撞，散射而损失能量，逐渐慢化成为慢中子（0～1keV）、热中子（0.025eV），并在中子源周围形成一个"热中子云球"。它能在不破坏物料结构和不影响物料正常运动的状态下进行测量，是目前世界测水研究的热点之一，但氢的散射特性不稳，同时中子计数比与物料容积含水率之间的变化规律因物料的种类和状态而异，要将中子技术应用到干燥在线检测还需要做很多研究工作。

电阻法检测水分是利用水分影响固体物质导电性能的原理。干物料绝缘的比容积电阻大约在 10^{10}～$10^{15}\Omega\cdot cm$，但由于其中含有水分，比容积电阻可能降低到 10^{-2}～$10^{-3}\Omega\cdot cm$[2]，这一具有极宽的电阻域的特性，使开发高精度、可靠的水分检测装置成为可能。因此，找到物料在不同环境条件下，电阻随含水率的变化关系，是开发水分在线检测系统的有效而切合实际的方法。但将电阻法测量用于在线检测必须在机械装置设计上解决：①可靠地实时在线采样；②保证试样的水分分布均匀，排除干燥过程中料粒内部出现的水分偏差的影响；③保证对试样施加一定的压力；④保证电极表面与试样可靠有效地接触和测量间隙；⑤解决高水分材料在低温环境下结冰带来的物性突变检测等问题。

最近，我国在粮食水分在线检测研究方面取得了重大进展。研制出了粮食水分在线检测装置，成功地解决了可靠地实时在线采样问题，能确保在急剧地环境温度变化和广范围的水分域以及极高粉尘的环境下可靠地工作，为粮食部门及干燥机械设备的工作过程控制提供可靠技术支持。

51.4.2.3　给定元件和比较元件

给定元件和比较元件取决于输入信号和反馈信号的形式，可采用电位计、旋转变压器、机械式差动装置，干燥系统参数输入量有模拟输入量，如各工艺段干燥温度、被干物料水分、质量；开关输入量如料位状态、水分传感器、采样同步器、输送机械设备状态等。

51.4.2.4　放大元件

放大元件由所要求的控制精度和驱动执行元件的要求进行配置，有些情形下需要几个放大器，如电压放大器（或电流放大器）、功率放大器等，放大元件的增益一般要求可调。

以上各类元件在选择之前都必须根据已知条件和系统要求进行综合考虑和计算。除了要满足系统的性能指标要求外，还要特别考虑成本、尺寸、质量、环境适应性、经济性、通用性、易维护性等方面的要求。目前可选择的物料水分传感器极为有限，一般要根据物料自行设计和制造。

51.4.3 控制系统的校正

测量元件和被控对象属于干燥控制系统的硬件部分，此部分除系统增益可调外，其余结构和参数一般不能任意改变。显然，硬件系统往往不能同时满足各项性能指标的要求，有的甚至还不稳定。为了使控制系统能满足性能指标所提出的各项要求，一般先调整系统的增益值。但在干燥控制系统中，只调整增益并不能使系统的性能得到充分地改变，以满足给定的性能指标。通常情况是随着增益值的增大，系统的稳态性能得到改善，但稳定性却随之变差，甚至有可能造成系统不稳定。因此，需要对系统进行再设计（通过改变系统结构，或在系统中加进附加装置或元件），以改变系统的总体性能，使之满足要求。这种再设计，称为系统的校正。为了满足性能指标而往系统中加进的适当装置，称为校正装置。通过校正装置补偿原系统的性能缺陷。对控制系统进行校正（设计校正装置）。校正是控制系统设计的基本技术，干燥控制系统的设计，必须有合适的校正装置，才能最终完成。

控制系统的校正方式有串联校正、并联校正、复合校正等。

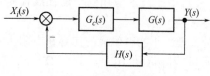

图 51-7 串联校正

（1）串联校正

串联校正（图 51-7）是将校正装置 $G_c(s)$ 串联在系统固定部分的前向通道中。如果系统设计要求满足的性能指标属于频域特征量时，采用频率特性法对系统进行综合与校正比较方便。因为在伯德图上，把校正装置的相频特性和幅频特性分别与原系统的相频特性和幅频特性相叠加，就能清楚地显示出校正装置的作用。反之，将原系统的相频特性和幅频特性与期望的相频特性和幅频特性比较后，就可得到校正装置的相频特性和幅频特性，从而获得满足性能指标要求的校正网络有关参数。

（2）并联校正（反馈校正）

从某些元件引出反馈信号，构成反馈回路，并在内反馈回路上设置校正装置 $G_c(s)$，这种校正称为反馈校正或并联校正。并联校正与串联校正相比有其突出的优点，它能有效地改变被包围部分的结构或参数，并在一定条件下甚至能取代被包围部分，从而可以去除或削弱被包围部分给系统造成的不利影响。并联校正如图 51-8 所示。

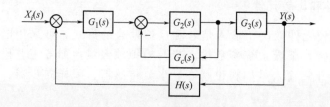

图 51-8 并联校正

（3）复合（前馈、反馈）校正

利用串联校正和并联校正在一定程度上可以改善系统的性能。闭环控制系统中，控制作用是由偏差产生的，是靠偏差来消除偏差，因此偏差是不可避免的，为了减少误差，可以通过提高系统的开环增益来解决，但这样做往往会导致系统不稳定。为了解决这个矛盾，把开环控制与闭环控制结合起来，组成复合控制，如图 51-9 所示。这种复合控制（校正）有两个通道，一是由 $G_c(s)G_2(s)$ 组成的顺馈补偿通道，它是按开环控制的；另一是由 $G_1(s)$ $G_2(s)$ 组成的主控制通道，这是按闭环控制的。系统的输出量不仅由误差值所确定，而且还与补偿信号有关，后者的输出作用，可补偿原来的误差。采用何种校正方式取决于系统中信号的性质、技术方便程度、可供选择的元件、抗干扰性、环境适应性、经济性以及设计者的经验等因素。一般串联校正设计较简单，也较容易对信号进行各种必要的变换，但需注意负载效应的影响。反馈校正可消除系统原有部分参数对系统性能的影响，所需元件数也比较少。性能指标要求较高时，一般需采用串、并联复合校正的方式。

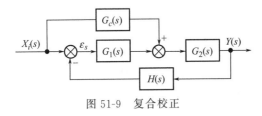

图 51-9　复合校正

51.5　典型干燥系统的控制

51.5.1　粮食干燥系统的控制

粮食干燥系统是一个输入能量、干燥介质（空气）和湿粮，得到干粮，受多种因素同时作用的复合系统。形成的干燥设备有很多种。但不论哪种形式的粮食干燥系统，其基本的原理都是相似的，设备的基本构成都可以用图 51-1 所示的流程来简单地概括。

研究粮食干燥系统固有参数和动态特性[8]，要以干燥塔为核心，分析输入、输出量间的关系[4]，明确干燥工艺条件，是搭建控制系统，形成最优控制策略，设计控制器的关键。作为控制的方法，根据不同的干燥工艺及控制精度要求及要实现的干燥目标，可以有多种。例如可以采用控制燃料流量和空气流量、控制进气温度，进而达到控制干燥过程的目的；通过控制排粮电动机的转速，实现粮食在干燥机内停留时间的控制。通过控制器与干燥设备工艺的有机组合，形成较高质量的粮食干燥系统的复合控制，在干燥专家系统的基础上，通过双向通信技术实现干燥过程专家智能控制[3]。控制系统的流程如图 51-3 所示。

51.5.1.1　系统的基本变量及评价指标

① 输入量　粮食，干燥介质、燃料。粮食主要的评价量有初期水分、温度、流动速度、流动方式、干燥层厚度、品质等；干燥介质，主要的评价量有湿含量、温度、流动速度，流量、风压等；燃料，主要的评价量，热值、流量等。

② 输出量　干粮和废气。干粮主要的评价量有含水率、温度、阻力、爆腰增率等。废气主要的评价量有湿含量、温度、干燥时间、干燥效率、流量等。

③ 干燥控制对象　风量风温调节阀、排粮轮和风机、输送设备等。

④ 主要扰动　进风温度变化、环境温度湿度变化、进粮水分变化和干燥设备工况变化（排粮轮磨损等），它们的输出信号是干燥过程中要求控制的被调量；它们的输入信号是引起

被调量变化的各种因素（扰动作用和控制作用）。

⑤ 被控制量　主要有粮食的最终含水率、爆腰率、干燥效率，对于种子粮的干燥则要重点考虑发芽率。

⑥ 给定量　有模拟输入和开关给定量两类。模拟给定量包括各工艺段温度、粮食水分、机内容量等；开关给定量包括料位（如料位，使用电感式或者电容式接近开关）、水分传感器采样同步器、输送机械设备状态（如提升机、输送机、风机好坏）、水分同步触发（霍尔元件）等。在干燥过程中系统给定值的变化规律是由干燥专家系统，根据实时的风温、环境温度，进粮水分等前馈干扰量，计算出物料应在干燥室的停留时间、赫兹数，通过服务器与控制器间的双向通信给定。在进机粮水分发生变化时，排粮轮的转速要在相应的时间，位置处平稳地跟随着变化。

⑦ 控制量　通过变频控制排粮轮转动的速度，实现对物料在干燥室内停留时间的控制，是赫兹数。

⑧ 校正方式　校正方式为图 51-9 所示的前馈、反馈复合校正。校正内容分基本参数测量校正、算法系数校正，进行前馈补偿后的控制系统方框图参见图 51-6。

51.5.1.2　控制器结构原理

控制系统结构如图 51-10 所示。控制系统本身是一套完整的独立控制单元，可以完成对整个干燥系统的控制，同时它又可以是一个基本数据采集节点，为上位计算机智能化专家系统提供参数信息。系统主控模块（松下电工：NAIS Fp2 serial PLC）的主要模组有 FP2 PSA2、FP2-C1、X160Z、Y16T、AD-8Xnew；其中 FP2 PSA2 是作为电源模块单元负责提供整个系统的供电，FP2-C1 是高速运算单元，单步运算速度 $0.03\mu s$，程序容量 $32\sim60kb$，最大输入点为 8192；最大输出点为 8192；内部继电器 14192；内部数据寄存器为 10240；可编程定时器为 3072；变址索引寄存器为 14，备有 RS485 和 RS232C 接口，具有很强的组网功能。FP2 系列 PLC 软件功能强大，可提供很多较成熟的控制算法子程序，例如：PID，高速脉冲位置控制，锁相环控制等。FP2 系列采用积木式结构，增加独立的模块即添加了相应的功能。

外围敏感元件配合输入模块 X160Z，实现开关输入量信号传输；采用的开关敏感元件有 Hall 3141 实现水分样本采集同步信号传递、电容式接近开关实现粮仓粮位检测、热继电器触点实现输送设备状态监测；水分传感器和 Pt100 温度传感器配合 AD-8Xnew 实现模拟水分检测和 6 点温度检测。AD-8Xnew 是一种新型综合 AD 转换单元，具有较强的输入选择性和转换稳定性。由于针对粮食水分检测，物性动态变化范围很大，所以必须给通用的 AD 转换器增加专用的适配电路。图 51-10 所示系统采用 IN102 仪用运算放大器（美国德州仪器仪表公司产）作为前置放大，以提高 AD 输入阻抗至 $10^{10}\Omega$；用 Y16T 做输出控制，其控制流程为 Y16T→中间继电器 HLS-4453→接触器 CJX2-0910→电动机（风机 Y90L-2）。用 RS485 接口作为变频器控制通道和变量调节阀，变频器控制流程为 FP2-C1→RS485→INVERTER VFD022M43B→MOTOR YVP801-4→排粮轮。变量调节阀控制流程为 FP2-C1→RS485→SERVO-DRIVING→VALVE ZAZP-64。

51.5.1.3　控制程序设计

粮食干燥系统控制流程如图 51-11 所示。流程开始是以实测参数作为解析计算的输入量，计算得出调节时间，然后按照一个连续变化的时间序列构建时间域，抽取相关节点组成权重比系数，按照 FIFO 规则，减计数时间域各元素值，递推出域。

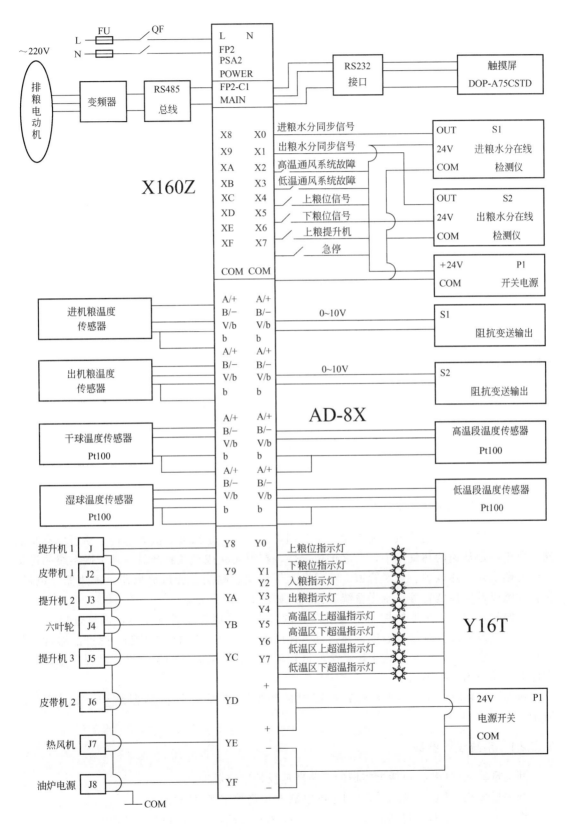

图 51-10　粮食干燥系统控制器结构示意图

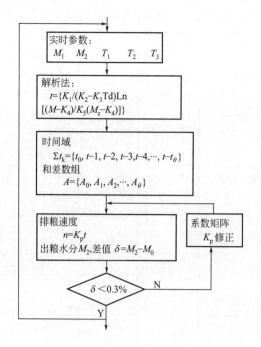

图 51-11　粮食干燥系统控制流程图

M_z—工艺设定水分值（最终烘干值）；M_1—入机粮水分实测值；

M_2—出机粮水分实测值；T_1—烘干机高温仓段实测值；

T_2—烘干机低温仓段温度实测值；T_3—环境温度实测值；

K_1—结构工艺系数；K_2—结构工艺温度系数；

K_3—温度系数；K_4—平衡系数；K_5—扩散系数；

n—排粮轮转速；A—多维数组

51.5.2　喷雾干燥系统的控制

喷雾干燥是典型的热风对流干燥，是利用雾化器将一定浓度的液态物料，喷射成雾状液滴，落于一定流速的热气流中，使之迅速干燥，获得粉状或颗粒状产品。其干燥系统的设备一般有燃烧器、热风炉、热风管道、喷雾塔、干燥室、喷头、旋风分离器、预热器、风机、雾化喷嘴以及电控装置等，干燥系统工艺流程如图 51-12 所示。

按照喷雾要求，采取的控制手段可以有调节进料速度控制排气温度，保持进风温度恒定；调节进风温度控制排气温度，保持进料速度恒定；调节进料速度控制干燥产品湿含量等多种。但要实现任何一种形式干燥系统的过程控制，都需要在线检测干燥产品湿含量，目前在此方面的技术还很不完善。

按照图 51-12 干燥系统工艺流程搭建的喷雾干燥系统的控制器结构，如图 51-13 所示。

51.5.2.1　系统设计参数

开关量输入（DI）：包括搅拌槽的 2 路转速反馈数字脉冲；

开关量输出（DO）：油加热器固态继电器的 4 路数字触发信号；

模拟量输入（AI）：包括隔爆热电阻直接接入；二线制 4～20mA 标准信号；

模拟量输出（AO）：包括 4 路变送输出。

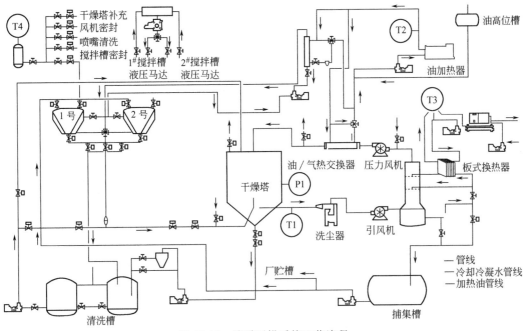

图 51-12　喷雾干燥系统工艺流程

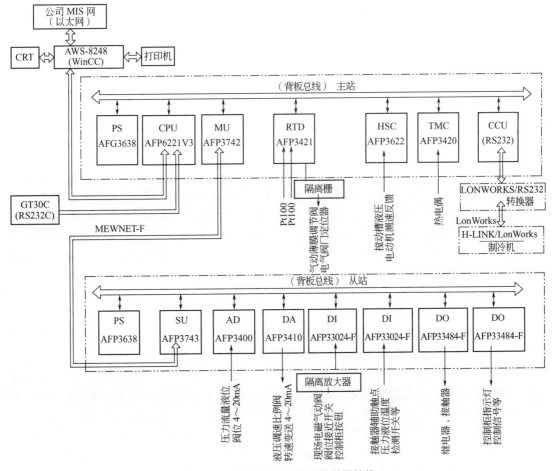

图 51-13　喷雾干燥系统的控制器结构

51.5.2.2　控制器结构原理

喷雾干燥系统的控制器结构原理如图 51-13 所示。系统由研华一体化工业级工作站（AWS-8248）、主站机、从站机、触摸屏（GT30C）、打印机等组成。主站 FP10SH 系统 CPU 为 AFP6221V3，通过背板总线接口扩展 6 块模块；从站通过背板总线接口扩展 8 块模块；主站通过 MU（AFP3742）模块由 MEWNET-F 总线与从站 SU（AFP3743）模块相连。通过 CCU 通信处理模块与制冷机控制器进行点对点的通信连接和数据交换，传输接口采用 RS-232C，执行协议 ASCII，可方便简单地对通信处理模块进行参数化。现场各个工艺及设备监测参数通过传感器或变送器检测后分布式输入到主站的 RTD 模块、HSC 模块、TMC 模块及从站的 A/D 模块、DI 模块，系统通过各种模块接口采集信号；控制信号由 PLC 输出 4～20mA 电流模拟量信号/开关量信号等形式通过 DA/DO 模块控制调节阀或固态继电器，执行机构动作。利用 PLC 的通信功能，可实现 PLC 与工作站之间的数据交换。PLC 采集的数据及 PLC 的状态可传送给工作站，也可通过工作站来修改控制参数或直接控制现场设备。触摸屏（GT30C）是另一人机界面，通过 RS-232C 与主站 CPU 通信，通信连接可以直接读取关键工艺参数，在工作站故障或人为屏蔽的情况下，也可以修改关键工艺参数并下载到 PLC。

系统上位机选用研华工作站 AWS-8248 VTP 15.1″TFT LCD。前面板保护体系可以有效防止腐蚀特性物质，潮湿和灰尘。工作站具有抗冲击，振动和适应高温的特性。基本配置：主板 AWS-6179，PIII866；高速自适应网卡：TF3239D（10/100M 网卡）；IDE 硬盘阵列卡 RAID-10040GB（双硬盘）；512MB 内存，分辨率 1024×768；MPI 卡 CP5611，通过 MPI 卡（CP5611MPI）与 FP10SH 通讯。

触摸屏是控制系统的另一个人机界面，选用松下公司的 GT30C，显示分辨率 320×240 像素，16 色显示，支持 RS-232C 数据传输，实时监控工艺检测数据，方便快捷设置工艺控制参数并下载到 PLC。

51.5.2.3　控制程序设计

在进入编程之前，必须对其 I/O 定义地址表并做好位存储器地址的分配，同时写出对应的符号定义表，这样便于进行绝对地址编程和符号编程，这是程序设计很重要的一环。

根据工艺及控制要求和结构化编程的思想，系统的控制程序实现以下几大块功能：2 个搅拌槽组成的料浆搅拌的运行；干燥塔闭路循环的喷雾干燥制粒启动运行；干燥塔闭路循环的喷雾干燥制粒零位运行；电动机启停控制，电磁阀通断控制；高压清洗等其他功能；联锁与报警；通信，数值控制等。

干燥塔系统控制主程序的设计思想与搅拌主程序相同。对应于面板操作，实现的基本功能包括：自动/手动选择，自动运行启动，手动分步选择手动分步执行。

对任何一个控制系统来说，必要的安全保护和报警系统都是很重要的。根据整个系统的实际情况，对报警级别进行了分类：预警，报警和制粒联锁报警。预警是根据整个工艺系统情况，对一些不常出问题的检测点进行监视，当超过规定限值时，仅在工作站屏幕上警示并记录，如搅拌槽压力，密封液温度等；报警，是对生产，设备安全影响较大的监测点进行声光报警，如塔进口空气温度上限，循环泵的热保护等，出现报警后必须解除故障才能将操作进行下去；制粒联锁报警，当系统在正常情况下进入喷雾干燥制粒后，为了确保干燥制粒过程的工艺，对一些会影响制粒工艺的故障（H66 红色指示灯，如氧含量超标 5% 等），要中断正在进行的喷雾，否则会影响干燥粒料的质量或出现不安全因素。程序设计上，除电动机热保护和流量开关等故障外，其他报警大多在制粒工序开始后其监测结果才有效。开关量报警直接取自现场的数字输入，模拟量报警则由上位机下载限值至 CPU，由 PLC 完成数值的比较处理给出信号进行报警处理。为了节约能源和时间，确保工艺的连续性，一般不希望中断喷雾制粒过程。因此，程序设计上将故障分成了中断型和不中断型。中断型故障出现时会影响产品质量或造成不安全运行，比如出口温度超限、氧含量超限、塔内压力超限。

组态软件是近年来在工控自动化领域兴起的一种新型软件开发技术，通常不需要编制具体的指令和代码，只要利用组态软件包中的工具，通过硬件组态、数据组态、图像组态等工作即可完成所需应用软件的开发工作。组态软件在喷雾干燥控制系统中的应用研究大都基于与 PLC 的通信协议以及控制参数的上传与下发、生产工艺数据记录和历史数据查询、工艺及控制参数、图形界面组态、故障报警信息、数据报表、安全级别设置等。

51.5.2.4　通信

① LonWorks 与 RS-232C 的转换　日立制冷机组是带有控制系统的独立成套设备，其控制器带有 H-Linker/LonWorks 通信转换器，它将日立公司的内部通信通过转换器成了 LonWorks 标准，为此要进行 LonWorks/RS-232C 的转换设计。选用微联电子公司的串行口适配器 Ulink103-1A，通过它把具有 RS232 或 RS485 的设备接入 LonWorks 网或作为进行协议转换。

② 触摸屏与 PLC 的通信　FP10SH 与 GT30C 触摸屏通过 RS-232C 串行接口通信，实现控制系统的另一个人机界面操作。

③ PLC 与工作站的通信　FP10SH 通过 RS-232C 与研华工作站 AWS-8248 相连，实现与上位机的通信连接。

④ 工作站与 MIS 系统的通信　通过高速自适应网卡 TF3239D 与 MIS 以太网连接。带宽可达 100M。

51.5.2.5　闭环控制系统设计

塔出口热空气温度是最关键的控制参数，采用了串级控制方案（图 51-14）。由温度闭环控制器单独控制出口温度；油加热器温度及搅拌转速则用 CPU 提供的集成闭环控制来调节。控制工艺参数和 PID 等均可通过工作站设定，修改下载到 CPU。

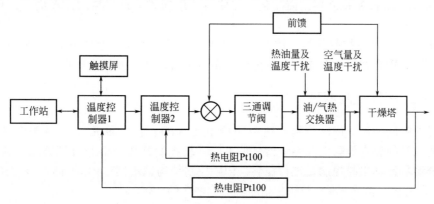

图 51-14　塔出口热空气温度串级控制系统原理框图

温度控制模块为温度控制系统提供一种可称为自适应模糊控制的方法来获得优化的

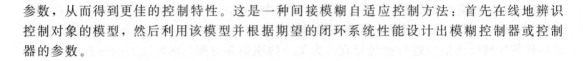

参数，从而得到更佳的控制特性。这是一种间接模糊自适应控制方法：首先在线地辨识控制对象的模型，然后利用该模型并根据期望的闭环系统性能设计出模糊控制器或控制器的参数。

51.6　干燥过程的 PID 控制

51.6.1　PID 控制概述

20 世纪 20 年代，Minorsky 在对船舶自动导航的研究中，提出了基于输出反馈的 PID（Proportional Integral Derivative）控制的设计方法[1]，到了 20 世纪 40 年代 PID 控制已在过程控制中得到了广泛的应用[2~5]。PID 控制是目前工业上应用最广泛深入的控制方法，在工业过程控制中 95% 以上的控制回路都具有 PID 结构。在过去的几十年里，PID 控制，其基础的 PID 控制器以其结构的简单，对模型误差具有鲁棒性以及易于操作等特点，在大多数控制过程中能够获得令人满意的控制性能，因此被广泛应用于冶金、化工、电力、轻工和机械、干燥等工业控制中。目前，在干燥行业中，已在果蔬、木材、粮食、造纸等干燥控制中得到了广泛应用，在控制理论和技术飞速发展的今天，许多干燥对象的过程高级控制都是以 PID 控制为基础的。

经典的 PID 控制包含给定量、过程检测量和算律三个基本要素。在干燥系统中的检测量是干燥温度和含水率，并与期望值相比较，依照该偏差值来纠正和控制系统的响应。反馈理论及其在自动控制中应用的关键是依据设定值与测量值间的差值，按照比例、积分、微分计算式得出相应的计算结果，并依照结果控制执行机构的动作。

PID 控制用途广泛，使用灵活，已有系列化控制器产品，使用中只需设定三个参数（K_P，K_I 和 K_D）即可。在特殊情况下，可以根据具体情况简化 PID 算法，变异成 PI 或者 PD 二种控制形态，但要注意的是比例控制单元必不可少。

PID 控制的主要优点如下：

① 原理简单，使用方便，PID 参数 K_P、K_I 和 K_D 可以迎合过程动态特性而改变，实现 PID 参数的重新调整与设定。

② 适应性强　虽然很多工业过程是非线性或时变的，尤其是干燥系统具有很强的非线性时滞特点，但通过适当简化，可以将其变成几个过程（启动过程、稳态控制过程和抗干扰过程）。目前，PID 控制控制器已商品化，即使目前最新式的过程控制计算机，其基本控制功能仍然是 PID 控制。

③ 鲁棒性强　PID 控制品质对被控对象特性的变化不是太敏感，这也表明 PID 在控制非线性、时变、耦合及参数和结构不确定的复杂过程时，效果并不太理想。

51.6.2　经典 PID 控制原理

根据经典控制理论，PID 控制算法由比例单元（P）、积分单元（I）和微分单元（D）组成，根据系统的设定值与实际测量值之偏差，系统控制器按照 PID 计算公式，利用比例、积分、微分系数计算出的控制量进行控制。PID 控制结构原理图如图 51-15 所示，系统的偏差信号 $e(t)$ 为输入信号 $r(t)$ 与输出信号 $y(t)$ 之间的差值。

在 PID 调节器作用下，控制器对误差信号 $e(t)[e(t)=r(t)-y(t)]$ 分别进行了比例环节、积分环节和微分环节的运算作用，其计算结果的加权和形成了系统的控制信号 $u(t)$，最后送给控制执行机构实现对被控对象的控制。

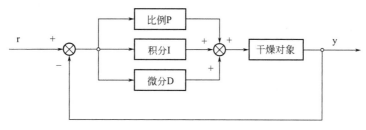

图 51-15 典型 PID 控制结构原理图

PID 控制的一般数学公式可以描述为式(51-1)

$$u(t) = K_p \left[e(t) + \frac{1}{T_i} \int_0^t e(\tau) \mathrm{d}\tau + T_d \frac{\mathrm{d}e(t)}{\mathrm{d}t} \right] \tag{51-1}$$

式中，K_p 为比例系数；T_i 为积分时间常数；T_d 为微分时间常数。

PID 调节器的比例部分，其控制输出与输入误差信号成比例关系，当仅有比例控制时系统输出存在稳态误差（Steady state error），增大比例系数，优点是系统响应速度增加，缺点是增加了控制超调量。积分控制可消除稳态误差，增加积分系数，可以提高稳态控制精度，有利于消除误差，但是其缺点是增加加大了时滞，使系统动态响应能力和快速跟随性变差；有些工程实际就是采用比例＋积分（PI）调节器进行控制的，例如绝大多数速度控制系统中均是采用 PI 控制，它可以实现系统无稳态误差。微分控制可加快大惯性系统响应速度并起到抑制变量突变的影响，提高系统抗干扰能力。由于存在有较大惯性组件（环节）或有滞后（delay）组件，其自动控制系统在克服误差的调节过程中可能会出现振荡甚至失稳。

52.6.3 基于 Matlab 的经典 PID 仿真

51.6.3.1 基于 MATLAB 系统的应用仿真

MATLAB 是目前在国际上被广泛接受和使用的科学与工程计算软件，发展到现在，MATLAB 已经成为一种集数值运算、符号运算、数据可视化、图形界面设计、程序设计、仿真等多种功能于一体的集成软件。

SIMULINK 是 MATLAB 的工具箱之一，提供交互式动态系统建模、仿真和分析的图形环境。它可以针对控制系统、信号处理及通信系统等进行系统的建模、仿真、分析等工作。它可以处理线性、非线性系统；离散、连续及混合系统，以及单任务和多任务离散事件系统。

51.6.3.2 PID 参数的整定及其仿真

PID 参数整定对整个控制系统设计起到关键性的作用，即依照被控过程中控制系统的特点整定出 PID 控制器的三个参数：比例系数 K_p、积分时间 T_i 和微分时间 T_d。

（1）PID 参数标称值设计

PID 参数整定的方法主要可以分为两大类别：PID 理论计算整定和 PID 工程整定。

PID 理论计算整定。这主要依据系统的数学模型，运用理论计算确定 PID 控制器的参数。该方法计算得到的参数对实际的工程应用仅有参考价值，而无法直接进行应用。

（2）工程整定

主要有齐格勒-尼柯尔斯（Ziegler-Nichols）参数整定法、临界比例度法、衰减曲线法、经验试凑法。这些方法均依照经验公式来完善控制器的控制参数，因而可无须知道被控对象的数学模型，在现场直接对控制过程系统进行整定，整定方法比较简洁，计算过程简便易被掌握。下面对几种工程整定方法进行简要介绍。

① Ziegler-Nichols 参数整定法 1942 年，齐格勒和尼柯尔斯在试验阶跃响应的基础上，或仅在比例环节控制的基础上，依照临界稳定性时 K_p 的值并给出了参数整定的方法。他们设计的 K_p、T_i、T_d 参数值的整定公式见表 51-4。

表 51-4 齐格勒-尼柯尔斯参数整定公式计算表

控制器类型	K_p	T_i	T_d
PID	$1.2T/(K\tau)$	2.2τ	0.5τ

由一粮食烘干机的温度控制系统（图 51-16）的传递函数 $G(s)=\dfrac{2.21}{310s+1}$ 得出：$K=2.21$，$T=310$，$\tau=60$。仿真的目标设定值为 $100℃$，仿真时间为 $2000s$，在该参数下的 PID 调节器系统仿真响应曲线如图 51-17 所示。

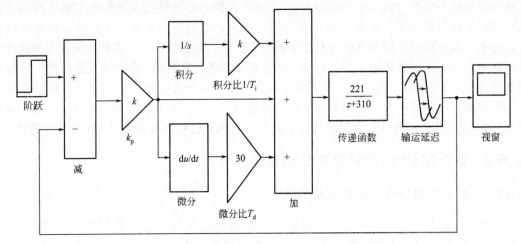

图 51-16 粮食干燥机温度 PID 控制系统仿真原理图

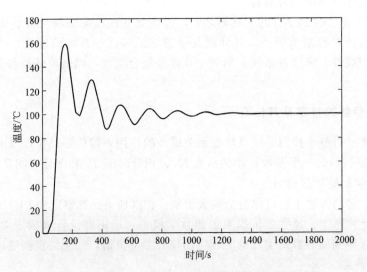

图 51-17 齐格勒-尼柯尔斯 PID 参数整定仿真响应曲线

根据齐格勒-尼柯尔斯参数整定公式选择 PID 控制器类型时，其参数可以计算出：

$K_p = 1.2T/(K\tau) = 1.2 \times 310/(2.21 \times 60) = 6.2/2.21$，$T_i = 2\tau = 120s$，$T_d = 0.5\tau = 30s$

$K_i = K_p/T_i = (6.2/2.21)/120$，$K_d = K_p T_d = (6.2/2.21 \times 30)$。

根据图 51-17 的仿真结果看到，针对温度控制系统，在齐格勒-尼柯尔斯参数整定下纯 PID 控制系统的性能指标为：调节时间 t_{ss} 为 144.04s，超调量 $\delta\% = 58.7\%$，稳态误差 e_{ss} 为 0。

② Cohen-Coon 参数整定法　Cohen-Coon（柯恩-库恩）参数整定法是对齐格勒-尼柯尔斯参数调整法经过多次改进之后，总结出的大量控制器最佳参数整定公式。PID 控制器整定公式如下：

$$\begin{cases} \dfrac{1}{\delta} = \dfrac{1}{K}\left[1.35(\tau/T)^{-1} + 0.27\right] \\[2mm] \dfrac{T_i}{T} = \left[\dfrac{2.5(\tau/T) + 0.5(\tau/T)^2}{1 + 0.6(\tau/T)}\right] \\[2mm] \dfrac{T_d}{T} = \dfrac{0.37(\tau/T)}{1 + 0.2(\tau/T)} \end{cases} \tag{51-2}$$

由该粮食烘干机温度控制系统的传递函数可以得出：$K = 2.21$，$T = 310$，$\tau = 60$。仿真控制的目标温度设定值为 100℃，仿真时间设置为 2000s，在该参数下 PID 控制器的仿真响应曲线结果如图 51-18 所示。根据 Cohen-Coon 参数调整法则公式，可计算出使用 PID 控制器的参数为：$K_p = 3.278$，$T_i = 139.595$，$T_d = 21.273$。

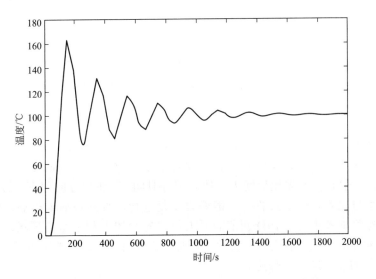

图 51-18　Cohen-Coon 法 PID 参数整定仿真响应曲线

根据图 51-18 的仿真结果可以看到，柯恩-库恩参数整定下纯 PID 控制系统性能指标为：调节时间 t_{ss} 超过 1600s，超调量 $\delta\% = 77.2\%$，稳态误差不为 0。

③ 衰减曲线法　衰减曲线法依照曲线的衰减频率特性对控制器的 PID 参数进行整定，先将控制系统中 PID 调节器的参数设置为纯比例作用（$T_i = \infty$，$\tau = 0$），然后将系统置于运行状态，最后按照从大到小的顺序逐渐改变比例度，使衰减曲线前后两个振幅的超调量出现 4:1 为止。并定义比例度是 4:1，衰减比例度是 8s，上升时间是 δ_s，相邻的两个波峰之间的间隔 T_s 作为 4:1 衰减振荡周期。衰减比例度与衰减振荡周期成倒数关系，即 $\delta_s = 1/T_s$。依照衰减曲线法给出的参数整定表，如表 51-5 所示。

表 51-5　衰减曲线法参数整定公式计算表

控制器类型	$\delta/\%$	T_i	T_d
PID	$0.8\delta_s$	$1.2t_r$ 或 $0.3T_s$	$0.4t_r$ 或 $0.1T_s$

根据衰减曲线法参数整定公式计算表 51-5，以 4∶1 的比例度进行衰减，$K_p = 2.695$，$t = 157.9254s$ 时，出现第一个波峰；$t = 437.9254s$ 时，出现第二个波峰，它的值是 116.127，

衰减振荡周期为 $T_s = 437.9254 - 157.9245 = 280s$，$\delta_s = (1/280) \times 100\%$。设置仿真设定值 100℃，仿真时间为 2000s。采用 PID 控制器，$K_p = 1/\delta = 1/(0.8\delta_s) = 3.5$，$T_i = 84s$，$T_d = 28s$。把 PID 三个参数带入 PID 控制器中进行仿真，仿真结果如图 51-19 所示。

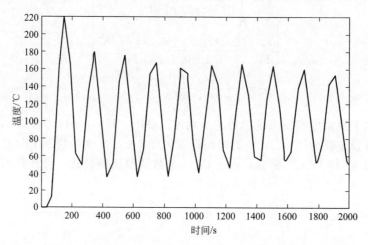

图 51-19　衰减曲线法 PID 参数整定仿真结果

由图 51-19 可知，衰减曲线法参数整定纯 PID 控制系统的性能指标为：超调量远远大于 100%，稳态误差不为零。

④ 经验试凑法　经验试凑法不需要进行事先的试验与计算，只需要按照控制系统的运行经验和先验知识，初步确定一组整定参数，接着进行人为地加入阶跃扰动，查看被调节参数的响应曲线变化情况，同时根据 PID 调节器各个参数对调整过程的影响，逐渐改变对应的整定参数值，一般是按照先比例度 P，然后积分时间 T_i 和微分时间 T_d 的顺序一步一步地进行参数调整与完善，这个过程有可能需要反复进行，直到最后取得满意的控制效果为止。由于使用经验试凑法进行 PID 调节需要大量的先验知识和丰富的现场经验，对于一般人而言，其整定过程并不如响应曲线法和衰减曲线法使用方便，其整定步骤亦比较复杂，因此，该 PID 参数的整定应用较普遍。

51.6.4　模糊 PID 控制

51.6.4.1　模糊 PID 简介

PID 在控制非线性、时变、耦合及参数和结构不确定的复杂过程时，控制误差比较大，难达到用户要求，传统的 PID 控制器的不足之处也逐渐显现，如用于非线性和不确定性系统，其鲁棒性还不够强；用于时变系统，其相应还不够快；用于多变量关联系统，其协调性不够好等。

1965 年 Zadeh 教授创立了模糊集合论，为描述、研究和处理模糊性现象提供了一种新的工具，模糊控制也随之问世了。模糊控制对于非线性、时变、无法或难以建立精确数学模

型的系统能进行有效的控制，且模糊系统的设备简单，鲁棒性好，经济效益明显。故自从模糊控制技术诞生以来，在干燥等诸多领域获得了广泛的应用。

模糊控制的显著特点：

① 模糊控制不需要被控对象的数学模型，它是以人对被控对象的控制经验为依据而设计的控制器。

② 模糊控制是一种反映人类智慧的智能控制方法，采用人类思维中的模糊量，其模糊量和模糊推理体现的是人的智能活动。

③ 模糊控制易于被人们接受，其核心是用语言表达的控制规则。

④ 鲁棒性和适应性好。

51.6.4.2　模糊 PID 控制系统结构及原理

干燥模糊控制系统设计的核心是干燥模糊控制器的设计，干燥模糊控制器的设计主要有3 个部分：输入量的模糊化、模糊逻辑推理和模糊化过程，一般分为一维模糊控制器、二维模糊控制器、三维模糊控制器。三维模糊控制的精度和控制效果相对较优，其控制结构如图51-20 所示。

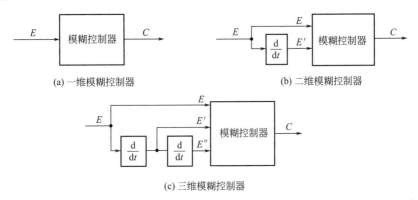

图 51-20　三维模糊控制器结构

常规二维模糊控制器的结构[3]如图 51-21 所示，其中 e 与 ec（输入变量）分别为系统误差和误差变化率；u（输出变量）为控制器输出；E、EC 和 U 分别为系统偏差、偏差变化率和控制器输出的语言变量；K_e、K_{ec} 为量化因子；K_u 为比例因子。

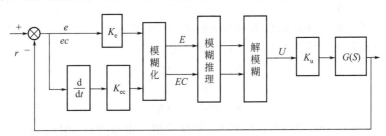

图 51-21　常规二维模糊控制器结构

干燥模糊 PID 控制器的系统结构主要由参数可调 PID 和模糊控制系统两部分构成，其结构如图 51-22 所示。

图 51-22 所示是一个干燥模糊 PID 调节器的系统框图，其基础是 PID 算法，但是 P、I、D 参数（K_p、K_i、K_d）是依据输入与输出的误差以及误差的变化率决定的，模糊逻辑就是

根据输入与输出的误差以及误差的变化率来决定控制器增益的一个函数。以满足不同的误差 e、误差变化率 ec 对控制器参数的控制要求，而使被控对象具有优良的动、静态性能[1]。

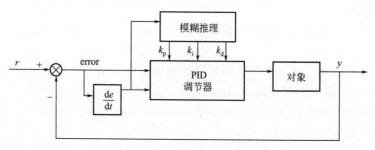

图 51-22 自适应模糊 PID 控制器结构

模糊 PID 控制器按照下列步骤进行设计：a. 先根据被控制对象的线性模型和所期望的性能指标设定 PID 控制器增益的标称值；b. K_p、K_i、K_d 系数是在 PID 控制器增益标称值的基础上设计模糊调谐值。

（1）量化因子和比例因子的确定

模糊控制的二个关键步骤，一是输入量的模糊化，即选择量化因子；二是在去模糊化过程中要正确选择比例因子。量化因子和比例因子决定着模糊控制系统性能。

假设误差的基本论域为 $[-x_e, x_e]$，误差变化的基本论域为 $[-x_{ec}, x_{ec}]$，控制量的基本论域为 $[-y_u, y_u]$；误差变量 e 所取的模糊子集的论域为 $\{-m, -m+1, \cdots, 0, \cdots, m-1, m\}$；误差变化变量的变化量 ec 所取的模糊子集的论域为 $\{-n, -n+1, \cdots, 0, \cdots, n-1, n\}$；控制量 u 所取的模糊子集的论域为 $\{-l, -l+1, \cdots, 0, \cdots, l-1, l\}$；误差、误差变化的量化因子 K_e、K_{ec} 及比例因子 K_u 分别为：$K_e = m/x_e$，$K_{ec} = n/x_e$，$K_u = l/x_e$。

（2）干燥控制各变量隶属度函数的确定

在干燥控制中，用于 PID 参数调整的模糊控制器采用二输入三输出的形式。该控制器是以误差 e 和误差变化率 ec 作为输入，PID 控制器的三个参数 P、I、D 的修正 ΔK_p、ΔK_i、ΔK_d 作为输出。取输入误差 e 和误差变化率 ec 及输出 ΔK_p、ΔK_i、ΔK_d 的模糊子集为 $\{NB, NM, NS, ZO, PS, PM, PB\}$，子集中元素分别代表负大，负中，负小，零，正小，正中，正大。误差 e 和误差变化率 ec 的论域为 $[-6, 6]$，量化等级为 $\{-6, -5, -4, -3, -2, -1, 0, 1, 2, 3, 4, 5, 6\}$[1]。

根据各模糊子集的隶属度赋值表和各参数模糊控制模型，应用模糊合成推理设计分数阶 PID 参数的模糊矩阵表，算出参数代入下列计算式：

$$K_p = K_{p_0} + \Delta K_p$$
$$K_i = K_{i0} + \Delta K_i$$
$$K_d = K_{d_0} + \Delta K_d$$

式中，K_{p_0}、K_{i_0}、K_{d_0} 为 PID 参数的初始设计值，由常规的 PID 控制器的参数整定方法设计；ΔK_p、ΔK_i、ΔK_d 为模糊控制器的三个输出，可根据被控对象的状态自动调整 PID 三个控制参数的取值[1,2,8]。

① 干燥模糊控制规则表　干燥模糊控制规则语句构成了描述众多被控过程的模糊模型。干燥模糊控制的核心是模糊推理，它利用某种模糊推理算法和模糊规则进行推理，得出最终的控制量。总结工程设计人员的技术知识和实际操作经验，建立合适的模糊规则表。根据以上所述的 PID 参数调整原则，一种针对 K_p、K_i、K_d 三个参数分别整定的模糊控制表如表

51-6～表 51-8 所示[3,9]。

表 51-6　ΔK_p 的模糊控制规则表

ΔK_p　　ec e	NB	NM	NS	Z0	PS	PM	PB
NB	PB	PB	PM	PM	PS	Z0	Z0
NM	PB	PB	PM	PS	PS	Z0	NS
NS	PM	PM	PM	PS	Z0	NS	NS
Z0	PM	PM	PS	Z0	NS	NM	NM
PS	PS	PS	Z0	NS	NS	NM	NM
PM	PS	Z0	NS	NM	NM	NM	NB
PB	Z0	Z0	NM	NM	NM	NB	NB

表 51-7　ΔK_i 的模糊控制规则表

ΔK_i　　ec e	NB	NM	NS	Z0	PS	PM	PB
NB	NB	NB	NM	NM	NS	Z0	Z0
NM	NB	NB	NM	NS	NS	Z0	Z0
NS	NB	NM	NS	NS	Z0	PS	PS
ZO	NM	NM	NS	Z0	PS	PM	PM
PS	NM	NS	Z0	PS	PS	PM	PB
PM	Z0	Z0	PS	PS	PM	PB	PB
PB	Z0	Z0	PS	PM	PM	PB	PB

表 51-8　ΔK_d 模糊控制规则表

ΔK_d　　ec e	NB	NM	NS	Z0	PS	PM	PB
NB	PS	NS	NB	NB	NB	NM	PS
NM	PS	NS	NB	NM	NM	NS	Z0
NS	Z0	NS	NM	NM	NS	NS	Z0
Z0	Z0	NS	NS	NS	NS	NS	Z0
PS	Z0	Z0	Z0	Z0	Z0	Z0	Z0
PM	PB	NS	PS	PS	PS	PS	PB
PB	PB	PM	PM	PM	PS	PS	PB

合并三表可以得出下面 49 条模糊控制规则：

1. 如果（e 是 NB）和（ec 是 NB）那么（K_p 是 PB）（K_i 是 NB）（K_d 是 PS）
2. 如果（e 是 NB）和（ec 是 NM）那么（K_p 是 PB）（K_i 是 NB）（K_d 是 NS）
3. 如果（e 是 NB）和（ec 是 NS）那么（K_p 是 PM）（K_i 是 NM）（K_d 是 NB）
4. 如果（e 是 NB）和（ec 是 Z）那么（K_p 是 PM）（K_i 是 NM）（K_d 是 NB）
5. 如果（e 是 NB）和（ec 是 PS）那么（K_p 是 PS）（K_i 是 NS）（K_d 是 NB）

……

45. 如果（e 是 PB）和（ec 是 NS）那么（K_p 是 NM）（K_i 是 PS）（K_d 是 PM）
46. 如果（e 是 PB）和（ec 是 Z）那么（K_p 是 NM）（K_i 是 PM）（K_d 是 PM）
47. 如果（e 是 PB）和（ec 是 PS）那么（K_p 是 NM）（K_i 是 PM）（K_d 是 PS）
48. 如果（e 是 PB）和（ec 是 PM）那么（K_p 是 NB）（K_i 是 PB）（K_d 是 PS）
49. 如果（e 是 PB）和（ec 是 PB）那么（K_p 是 NB）（Ki 是 PB）（K_d 是 PB）

② 模糊调节器设计

a. 模糊调节器比例增益 K_p。　模糊 PID 调节器第一个整定参数比例系数是 K_p。K_p 的输入是位置误差和误差变化率，分别如图 51-23 和图 51-24 所示，图 51-23 所示的是误差隶属函数图，图 51-24 所示的是误差变化率。图 51-25 所示的是 K_p 模糊控制器的比例输出值，比例增益的标称值作为点对点（PTP）位置系统用于 Fuzzy-PID Hybrid Controller 的模

糊调节器的 K_p 输出平均值。K_p 模糊调节器规则见表 51-9。最后，模糊调节器 K_p 的输出值是采用中心面积法对 K_p 去模糊化。

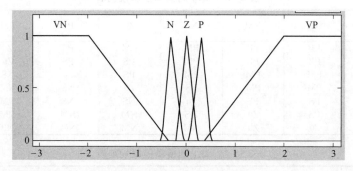

图 51-23　K_p 的误差隶属函数

Z—zero；N—negative；P—positive；VN—negative bigg；VP—positive big

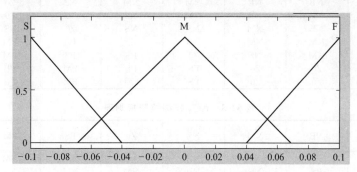

图 51-24　K_p 的误差变化率隶属函数

S—small；M—medium；F—large

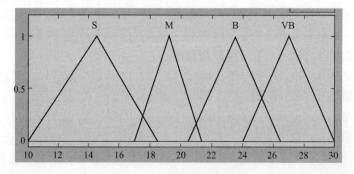

图 51-25　K_p 输出值隶属函数

S—small；M—medium；B—big；VB—bigger

表 51-9　K_p 模糊调节器规则

Output Error rate	Error			
	VN	N	Z	P
SL	S	B	S	M
M	VB	B	VB	B
F	VB	VB	VB	VB

注：1. Error＝输入设定值－输出反馈值；Error rate＝误差的时间变化率。

2. Error：VN——Negative medium；N——negative；Z——zero；P——positive。

3. Error rate：SL——little small；M——medium；F——large。

4. Output：S——small；B——big；M——medium；VB——large。

　　b. 模糊调节器微分增益 K_d。　　模糊调节器第二个参数微分增益系数 K_d，参数 K_d 的输入是误差及误差变化率。如图 51-26 所示为 K_d 误差隶属函数图，图 51-27 所示为 K_d 误差变化率隶属函数图，图 51-28 所示为 K_d 参数实际输出隶属函数图，K_d 的输出值是控制输出隶属函数值。K_d 模糊输出值的范围是从 0.15～0.9，也就是 K_d 标称值的 50%～300%。K_d 的模糊输入与模糊输出之间的关系由表 51-10 给出。最终的微分增益系数 K_d 选取值是利用中心面积法去模糊化求得。

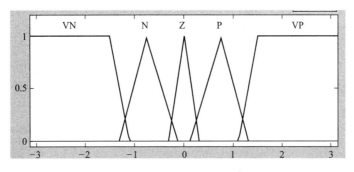

图 51-26　K_d 误差隶属函数图

Z—zero；N—negative；P—positive；VN—negative Big；VP—positive big

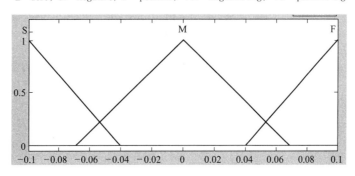

图 51-27　K_d 误差变化率隶属函数图

S—small；M—medium；F—large

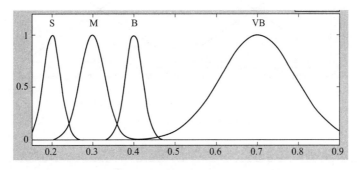

图 51-28　K_d 参数实际输出隶属函数图

S—small；M—medium；F—large；VB—large

表 51-10　K_d 模糊调节器规则

Error rate ＼ Output	Error				
	VN	N	Z	P	VP
SL	VB	M	B	M	VB
M	M	M	S	M	M

Error rate \ Output	Error				
	VN	N	Z	P	VP
F	S	S	M	S	S

注：1. Error：VN——Negative medium；N—negative；Z——zero；P——positive；VP——positive big。

2. Error rate：SL——little small；M——medium；F——large。

3. Output：S——small；B——big；M——medium；VB——large。

c. 模糊调节器积分增益系数 K_i　模糊 PID 调节器第三个整定参数比例系数是 K_i。K_i 的输入是位置误差和误差变化率，如图 51-29 和图 51-30 所示的是误差 e、误差变化率 ec 隶属函数图。图 51-31 是 K_i 模糊控制器的比例输出值，积分增益的标称值作为点对点（PTP）位置系统用于 Fuzzy-PID Hybrid Controller 的模糊调节器的 K_i 输出平均值。K_i 模糊调节器规则见表 51-11。最后，模糊调节器 K_i 的输出值是采用中心面积法对 K_i 去模糊化。

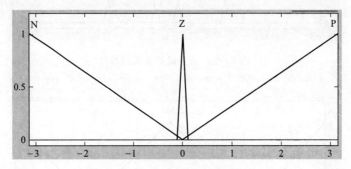

图 51-29　K_i 误差隶属函数图

N—negative；Z—Zero；P—positive

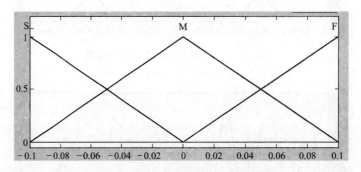

图 51-30　K_i 误差变化率隶属函数图

S—small；M—medium；F—large

表 51-11　K_i 模糊调节器规则

Error rate \ Output	Error		
	N	Z	P
SL	S	S	S
M	M	S	M
F	B	M	S

注 1. Error：N——negative；Z——zero；P——positive。

2. Error rate：SL——little small；M——medium；F——large。

3. Output：S——small；B——big；M——medium。

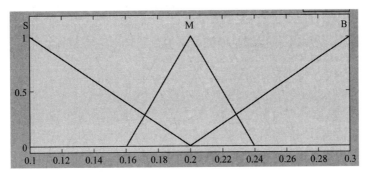

图 51-31　K_i 参数实际输出隶属函数图

S—small；M—medium；B—big

在模糊逻辑工具箱的隶属度函数编辑器中，选择输入量 e，ec 的隶属函数为高斯型（gaussmf），如图 51-32、图 51-33 所示；而输出 ΔK_p、ΔK_i、ΔK_d 的隶属函数为三角形（trimf），如图 51-34～图 51-36 所示。

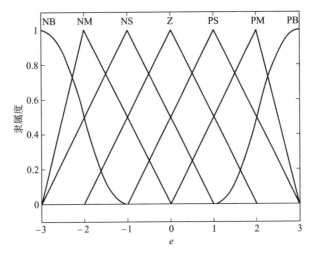

图 51-32　e 的隶属函数

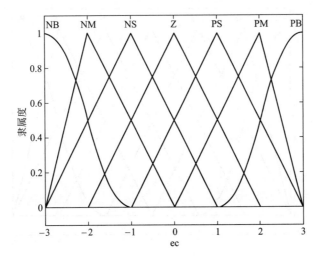

图 51-33　ec 的隶属函数

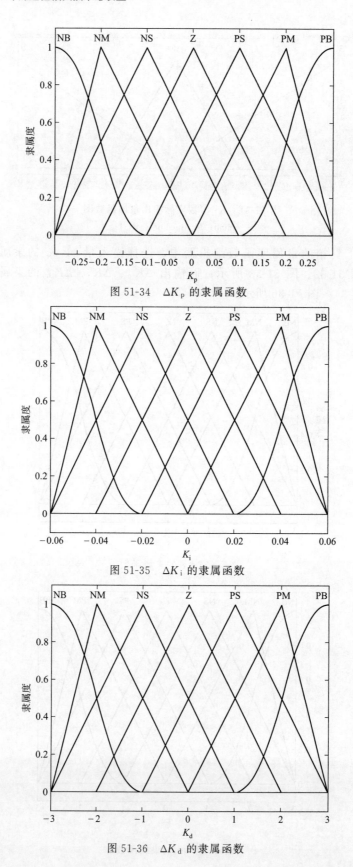

图 51-34　ΔK_p 的隶属函数

图 51-35　ΔK_i 的隶属函数

图 51-36　ΔK_d 的隶属函数

51.6.4.3 模糊 PID 仿真与 PID 的比较

在 MATLAB 的 SIMULINK 工具箱中，其模糊逻辑工具箱包含了模糊分析与模糊系统设计的各种途径。工具箱提供了生成和编辑模糊推理系统（FIS）常用的工具函数，如 new-fis、addmf、addrule 等，它包括了生成新的 FIS、给 FIS 各变量加入隶属度函数、规则等功能，用户可以用命令调用这些函数生成新的 FIS。工具箱还提供了图形用户界面（GUI）编辑函数，利用它用户可以更直观迅速地生成 FIS。

在 MATLAB 环境中运行 fuzzy，屏幕上就会出现一个基本的 FIS 编辑器，用户可以在窗口菜单中修改它的各种特性，如改变输入、输出的变量数，编辑隶属度函数，编辑模糊规则等，从而生成新的 FIS 文件，如图 51-37 所示。

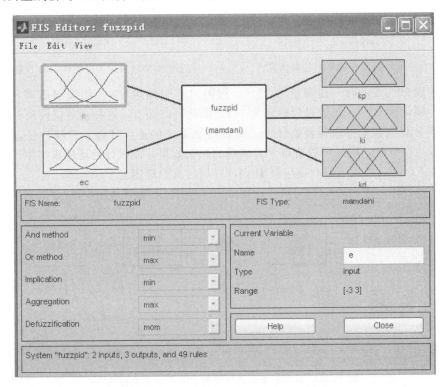

图 51-37　模糊系统 fuzzy.fis 的结构

51.6.4.4　仿真结果分析

（1）干燥温度控制

在进行干燥温度和水分进行模糊 PID 和常规 PID 控制系统设计时，在把热风温度作为控制指标时，可以通过向来自换热器的高温热风中掺入一定的冷风量，调节冷风门开度来实现。在基于换热器的放热过程特征，可以看作，在换热器和干燥机之间，存在一个一阶惯性环节；把热风由换热器流动到干燥机入口这段时间，作为系统中的一个滞后环节。那么，该环节的传递函数则可表示为式(51-3)。

$$G(S) = \frac{K e^{-\tau s}}{TS+1} \tag{51-3}$$

式中，K 为与热风量及风筒的散热有关的系统开环放大倍数，取 1.5；T 为与风筒的结构参数有关惯性环节的时间参数，取 360s；τ 为与风筒长度有关的滞后时间常数，取 10s（$K_p = 25$，$K_i = 0.05$，$K_d = 12$）。在进行 Matlab/Simulink 图形仿真环境下利用 Fuzzy Logic Toolbox 工具箱设计了模糊控制器，采用阶跃信号对烘干炉温度进行 PID 控制和模糊 PID 控制仿真实验比较。仿真结果显示如图 51-38 和图 51-39 所示。

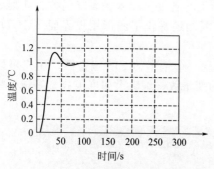

图 51-38　通风温度常规 PID 控制仿真

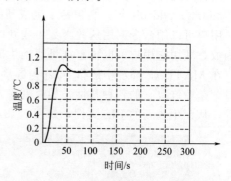

图 51-39　通风温度模糊 PID 控制仿真

采用常规 PID 控制时，超调量为 15%，过渡过程时间为 85s。而采用模糊自整定 PID 控制器时，超调量 10%，过渡过程时间为 70s。由此可以知道，这种自适应模糊 PID 的控制方法能发挥 PID 和模糊控制两者的优点，对被控制系统的适应性强，鲁棒性好，特别是在系统参数发生改变时，同样可以获得令人满意的控制效果，能很好地适应现实生产过程的控制要求。图 51-40 为粮食干燥自适应模糊 PID 控制仿真原理图。

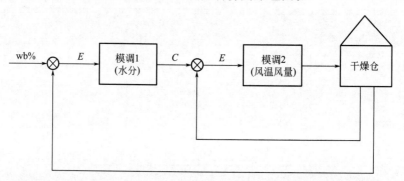

图 51-40　粮食干燥自适应模糊 PID 控制仿真原理图

（2）干燥模糊 PID 控制

干燥过程控制是一个多变量的约束性耦合过程，具有大滞后、强耦合、复杂性、时变性和非线性特征，实现干燥目标水分主要手段是正确在线检测进机粮水分，控制干燥温度、送风量和排粮速度。

① 物料的初始含水率对烘干过程也有较大影响，在干燥控制系统中，可将其作为自适应待定变量，也可将其作为主扰动量，采用前馈控制方法来消除其对干燥目标水分的影响。

② 干燥时间是实现目标水分的最主要的参数之一，其值不仅影响物料的干燥目标水分和温度，同时还涉及干燥机内部各段参数的变化，要实现实际干燥过程的精准控制，还必须从理论上揭示实际工艺过程的能力指数。

③ 干燥风温和风量。在实际干燥过程中，风机无机械故障工作时，其风量的变化范围很小，一般情况下，风机输出风量的波动远远小于排粮速度对干燥过程的影响，因此风量可以作为常量。在对进入干燥机的热风实施前馈控制后，进风温度也是确定的已知量。

由此可见，干燥过程的对象特性，可用二阶惯性环节加纯滞后环节来表达，建立的干燥仿真数学模型的传递函数则为 $G(s)=\dfrac{\mathrm{e}^{-\tau s}}{(T_1+1)(T_2+1)}$，其中 $T_1=2$，$T_2=1$，$\tau=0.3$，模糊 PID 控制系统中 PID 初始值 $K_{p_0}=7.8$，$K_{i_0}=1.06$，$K_{d_0}=4.97$。根据邻界比例法确定 PID 的参数，其 PID 参数可以从表 51-12 计算得出。

表 51-12　邻界比例法参数整定表（参考 MATLAB PID 书）

控制方式	比例带	积分时间	微分时间
纯比例控制	$2X_1$		
P、I 控制	$2.2X_1$	$0.8T$	
P、I、D 控制	$1.67X_1$	$0.5T$	$0.12T$

根据比例带 X_1 和振荡周期 T，查表 51-12 后计算出合适的比例带、积分时间、微分时间三个参数的具体数值，然后键入 PID 参数并稍做微调即得 $K_p=5$，$K_i=0.85$，$K_d=2.93$[1,3,5]。经过运行，可得模糊 PID 控制曲线图和常规 PID 控制曲线图，如图 51-41（a）、（b）所示。对比模糊 PID 控制曲线图和常规 PID 控制曲线图，易得模糊 PID 控制较常规的 PID 控制，具有较高的控制精度，超调量小，调节时间短，控制效果好等。

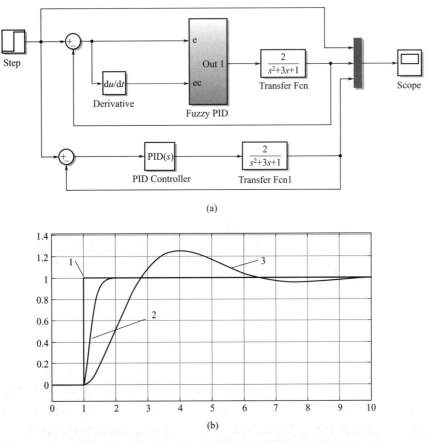

图 51-41　粮食干燥自适应模糊 PID 控制仿真结果图
1—阶跃信号；2—经典 PID 仿真；3—模糊 PID 仿真

由图 51-41 仿真实验结果可知，粮食的干燥过程是一个受多种因素影响的复杂过程，它的各个参数在烘干过程中随内部及外部条件的变化而变化。模糊 PID 控制相比常规 PID 控制响应时间短，超调量小，控制精度高，控制效果明显，但模糊 PID 控制算法实现后仍需进行大量调试才能稳定工作。

51.6.5　自适应模糊 PID 控制与应用

51.6.5.1　干燥自适应模糊 PID 简介

由于现代干燥装置存在不同干燥方式、尺度及过程的差异性、复杂性，使得干燥系统数学模型与实际系统间总是存在着差别，适应一套干燥系统的模糊 PID 参数难以推广应用在其他干燥系统中，加上干燥过程的未知、时变以及外部环境对干燥过程的随机干扰，因而干燥自适应模糊 PID 控制的研究对象常为不确定性系统，需要不断的采集控制过程信息，确定被控对象的当前实际工作状态，根据一定的性能准则，产生合适的自适应控制规律，从而实时地调整控制器结构或参数，使系统始终自动地工作在最优或次最优的运行状态下。即被控对象及其干燥环境的数学模型不是完全确定的，自适应模糊 PID 控制已经成为现代控制的重要组成部分。

自适应控制系统的分类方法有很多种。通常，按被控对象的性质可分为确定性自适应控制系统和随机自适应控制系统；按照功能来分，可分为参数或非参数自适应控制系统、性能自适应控制系统和结构自适应控制系统；按结构分，可以分为前馈自适应控制系统和反馈自适应控制系统；从实用角度分，可以将自适应控制分为模型参考自适应控制、自校正控制

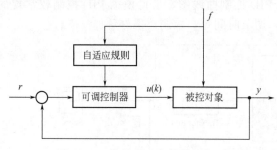

图 51-42　前馈自适应控制结构图

等。前馈自适应控制、反馈自适应控制、模型参考自适应控制以及自校正控制结构如图 51-42～图 51-45 所示。

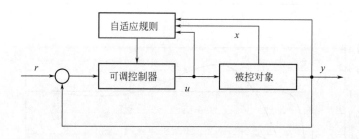

图 51-43　反馈自适应控制结构图

前馈自适应控制系统是根据可测的扰动信息对控制器加以调整，从而提高控制系统的控制质量。然而，当扰动不可测时，前馈自适应控制系统的应用就会受到严重的限制。

反馈自适应控制系统中增加了自适应结构，并形成了另一个反馈回路，该回路可根据系统内部测试信息的变化改变控制器的结构或参数，以达到提高控制质量的目的。

模型参考自适应控制（Model Reference Adaptive Control，MRAC）系统结构则可根据系统广义误差 $e(t)$（若系统是由状态方程描述，那么广义误差是指系统状态误差向量 e_x；若系统是由输入输出方程描述，那么广义误差是指系统输出误差向量 e_y），按照一定的自适应规律来调整可调机构的参数或被控对象的输入信号，使得广义误差逐渐趋近于 0。

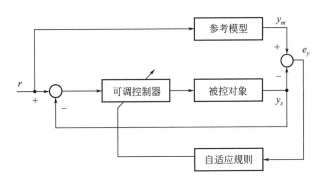

图 51-44　模型参考自适应控制系统结构图

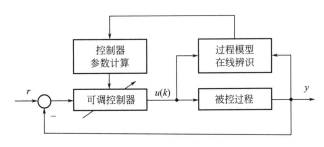

图 51-45　自校正控制系统结构图

自校正控制（Self-tuning Control）系统则通过采集的过程输入、输出信息，实现过程模型的在线辨识和参数估计。在获得的过程模型或估计参数的基础上，按照一定的性能优化准则，计算控制器参数，使得闭环系统能够达到最优的控制品质。

51.6.5.2　粮食低湿度通风干燥自适应模糊 PID 控制

（1）系统说明

控制对象是粮食动态通风干燥。由于常规 PID 调节器采用 PID 参数整定，使测量值与设定值的偏差无限逼近于零，不具有在线整定参数 K_p、K_i、K_d 的功能，不能满足在不同偏差 e 及偏差变化率 ec 条件下自整定 PID 参数的要求。同时，干燥温度又具有大惯性、纯滞后、时变等特点，采用常规的 PID 控制手段难以获得理想的控制效果。模糊自适应控制是建立在人类思维基础上的一种非线性智能控制方式，具有动态响应品质优良的特点，将模糊控制算法引入经典 PID 控制系统中，利用模糊控制规则在线整定 PID 控制参数，构成模糊自适应 PID 控制系统，使系统具备了动态性能好，反应速度快，鲁棒性好等优点，取得了较好的控制效果。同时，对送风温度实施前馈控制，干燥过程实施反馈控制。两者同时采用模糊自适应 PID 控制，将采集到的温度值模糊化，利用模糊控制规则进行逻辑推理，自动实现 PID 参数的最佳调节，最后通过 PLC 的模拟量输出接口，将控制信号传递给相应的被控对象，实现对干燥工艺设备干燥过程的控制。

（2）模糊控制说明

基于通风干燥机的具体工况，采用二维模糊控制，通过采集的温度值与给定值，选择误差及其变化率，作为模糊控制的输入量，并选择控制量 u 作为输出量。

根据经验及控制要求，将输入变量和输出变量划分为 7 个等级，表示为 {VB，NM，NS，Z0，PS，PM，PB}。根据经验选取误差的基本论域 $[-10，10]$，误差变化率的基本论域 $[-0.6，0.6]$，输出变量的基本论域为 $[-0.6，0.6]$，它们的模糊论域都取为 $[-6$，

6]，比例因子 $\{K_e=6$，$K_{ec}=10\}$。模糊控制的目的是使控制系统的动静响应特性达到最佳，为减小系统在线的计算量和在线调整的适应性要求，输入和输出的隶属度函数选择为三角形，如图 51-46 所示，其模糊控制规则表如表 51-13 所示。

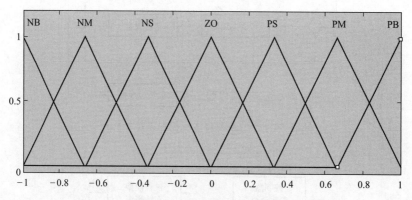

图 51-46　粮食干燥自适应模糊 PID 控制仿真结果图

表 51-13　u 的模糊控制规则表

e＼u＼ec	NB	NM	NS	ZO	PS	PM	PB
NB	PB	PB	PM	PM	PS	ZO	ZO
NM	PB	PB	PM	PS	PS	ZO	NS
NS	PM	PM	PM	PS	ZO	NS	NS
ZO	PM	PM	PS	ZO	NS	NM	NM
PS	PS	PS	ZO	NS	NS	NM	NM
PM	PS	ZO	NS	NM	NM	NM	NB
PB	ZO	ZO	NM	NM	NM	NB	NB

（3）模糊自适应 PID 控制器

模糊自适应 PID 控制器以偏差和偏差变化率作为输入，利用模糊控制规则在线对 PID 参数进行修改，构成模糊自适应 PID 控制器，并以比例、积分、微分的变化率 ΔK_p，ΔK_i，ΔK_d 作为输出的双输入三输出的模糊控制器。模糊控制系统如图 51-47 所示。

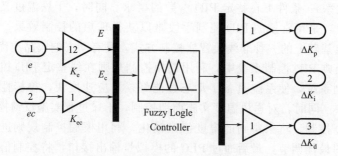

图 51-47　粮食低湿通分干燥自适应 PID 模糊控制系统框图

根据经验及外界对谷物冷却机系统输出特性的影响，考虑在不同的 e 和 ec 输入时，ΔK_p、ΔK_i、ΔK_d 被控过程应该满足表 51-14 调整规则。

在系统工作时，将采集到的不同的温度偏差和偏差变化率进行模糊化处理，再通过模糊控制规则表，做出相应的模糊逻辑判决，并利用系数加权平均法去模糊化，将得到的模糊判决转化为精确的控制量，得到精确的比例、积分、微分的变化率数值，修正 PID 参数，完成对 PID 参数的在线整定。

表 51-14　模糊自适应 PID 控制规则表

EC	E						
	NB	NM	NS	ZO	PS	PM	PB
	$\Delta K_p / \Delta K_i / \Delta K_d$						
NB	ZO/ZO/PB	ZO/ZO/PM	NM/PS/PM	NM/PM/PS	NM/PM/PS	NB/PB/PS	NB/PB/PS
NM	PS/ZO/PB	ZO/ZO/NS	NS/PS/PS	NM/PS/PS	NM/PM/PS	NM/PB/PS	NB/PB/PB
NS	PS/NM/ZO	ZO/NS/ZO	ZO/ZO/ZO	NS/PS/ZO	NS/PS/ZO	NM/PM/ZO	NM/PB/ZO
ZO	PM/NM/ZO	PS/NM/NS	PS/NS/NS	ZO/ZO/NS	NS/PS/NS	NS/PS/NS	NM/PM/ZO
PS	PM/NB/ZO	PM/NM/NS	PM/NS/NM	PS/NS/NM	ZO/ZO/NS	NS/PS/NS	NS/PS/ZO
PM	PB/NB/PS	PB/NB/NS	PM/NM/NB	PS/NS/NM	PS/NS/NM	ZO/ZO/NS	NS/ZO/ZO
PB	PB/NB/PS	PB/NB/NS	PM/NM/NB	PM/NM/NB	PS/NS/NB	ZO/ZO/NM	ZO/ZO/PS

$$K'_p = K_p + \Delta K_p$$
$$K'_i = K_i + \Delta K_i$$
$$K'_d = K_d + \Delta K_d$$

式中，K_p、K_i、K_d 为 PID 参数的初始值；K'_p、K'_i、K'_d 为 PID 参数的在线自适应修正值。

（4）仿真结果分析

由于干燥过程是一个大惯性、纯滞后、非线性、时变的复杂控制对象，通过各种测试手段和系统辨识得到的是一种近似的数学模型，该模型将通风干燥机作为被控对象，可以将谷物通风系统简化为一个带有纯滞后的二阶传递函数。其传递函数为式（51-4）

$$Gs = \frac{K_0 e^{-\tau s}}{(T_1 s + 1)(T_2 s + 1)} \tag{51-4}$$

根据干燥机特性，在这里取 $K_0 = 2.5$，$T_1 = 1$，$T_2 = 1$，$T = 0.3$。为了说明模糊自适应 PID 控制与传统 PID 控制的优越性，利用 MATLAB 中的 Simulink 和 Fuzzy 工具箱对控制对象进行仿真。其仿真控制框图如图 51-48 所示。

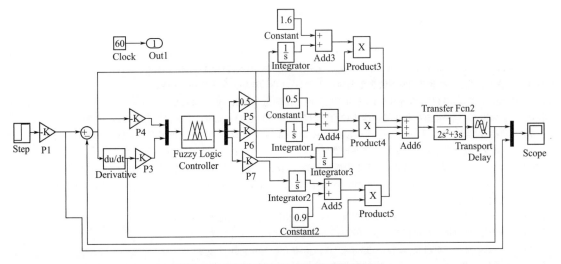

图 51-48　模糊自适应 PID 仿真控制框图

由于该控制系统是一个带有输入时滞和大惯性的非线性系统，被控量是输出的温度值。为了便于观察仿真结果，假定出风口温度设定值为 1℃，PID 初始值为 $K_0 = 1.6$，$K_P = 0.4$，$K_d = 0.9$，得到仿真结果如图 51-49 所示。从仿真结果来看，模糊自适应 PID 控制的阶跃响应曲线能较快区域稳定，超调较小，并且具有良好的跟随性和稳定性。

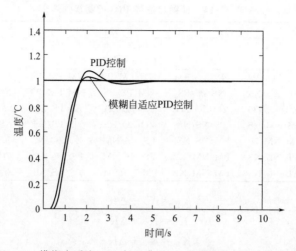

图 51-49　模糊自适应 PID 与经典 PID 对阶跃输入的仿真效果图

参考文献

［1］　杨悦乾, 王剑平, 王成芝. 谷物含水率中子法在线测量的可行性研究 ［J］. 农业工程学报, 2000, 16（5）: 99-101.

［2］　陈晓竹, 陈宏. 物性分析技术及仪表 ［M］. 北京: 机械工业出版社, 2002.

［3］　班华, 李长友. 运动控制系统 ［M］. 北京: 电子工业出版社, 2012.

［4］　李长友. 粮食干燥解析法 ［M］. 北京: 科学出版社, 2018.

［5］　Li Changyou, Shao Yaojian, Kamide. An Analytical Solution of the Granular Product in Deep-Beed Falling Rate Drying Process ［J］. Drying Technology. 1999, 17（9）: 1959-1969.

［6］　Li Changyou, Ban Hua. Self-adaptive Control System of Grain Drying Device ［J］. Drying Technology. 2008, 26（11）: 1351-1354.

［7］　李长友, 刘江涛, 陈丽娜. The Moisture Distribution of High Moisture content Rough Rice During Harvesting Storage and Drying ［J］. Drying Technology. 2003, 21（6）: 1117-1127.

［8］　王常力, 罗安. 集散型控制系统选型与应用 ［M］. 北京: 清华大学出版社, 1996.

［9］　任小洪. PLC 在喷雾干燥制粒中的应用 ［J］. 冶金自动化. 1996,（6）: 32-34.

［10］　翁绍捷. 连续流动式谷物干燥机微机检测控制系统的研究 ［D］. 北京: 北京农业工程大学, 1989.

［11］　刘明山, 吴成武, 吴思奇, 等. 模糊控制专家系统的研究与仿真 ［J］. 农业机械学报, 2001, 32（4）: 54-56.

［12］　刘建军. 粮食烘干机系统建模及其在控制软件开发中的应用 ［D］. 沈阳: 东北大学, 2003.

［13］　李俊明, 王登峰, 殷涌光, 等. 玉米干燥过程的模糊控制 ［J］. 农机与食品机械, 1996,（4）; 10-12.

［14］　Zhang Q, Lith J B. Knowledge representation in a grain fuzzy logic controlled ［J］. J Agric Engng Res, 1994, 57: 269-279.

［15］　刘淑荣. 模糊专家系统在粮食烘干控制过程中的应用 ［J］. 现代电子技术, 2003,（11）.

［16］　赵学工. 粮食烘干机过程控制系统的应用研究 ［J］. 粮食加工, 2007,（5）.

［17］　程乐. 粮食烘干机远程控制系统的研究 ［J］. 科技创新导报, 2012,（9）.

［18］　陈洪军, 高国丽. 基于模糊控制的粮食烘干控制系统研究 ［J］. 时代农机, 2016, 43（11）: 62-63.

［19］　王士军, 毛志怀. 连续流粮食干燥控制系统变量分析与结构设计 ［J］. 农业机械学报, 2009, 40（5）: 118.

［20］　王朋朋, 黄海龙. 模糊 PID 在粮食烘干炉温度控制系统中的应用研究 ［J］. 机械设计与制造, 2017,（2）: 40-42.

［21］　王朋朋. 基于模糊 PID 的烘干机温度控制系统的设计与实现 ［D］. 锦州: 辽宁工业大学, 2016.

（李长友, 班华, 徐凤英）

第52章

干燥操作的安全对策

52.1 概述

52.1.1 工业过程安全生产的重要性及其特点

对劳动保护的最早立法是 13 世纪德国政府颁布的《矿工保护法》。此后，在 1865 年及 1885 年又先后颁布了《矿山法》和《事故保险法》。英国、法国、日本等一些工业发达国家都相继出台了许多劳动保护方面的立法，并建立了必要的检察机构。

工业生产过程的安全问题是一个很独特的问题，它看起来虽然简单，但做起来却很困难，随着科学技术的不断进步和发展，本应当能够达到防患于未然的地步，但实际上却往往很难杜绝各类事故的发生。其原因不仅仅在于一个技术方面，而且还是一个重要的管理问题。保证工业过程的安全生产，所用的方法也不是唯一和绝对的。因此，必须从中优选出比较科学、经济而又切实可行的方法来。

52.1.2 干燥过程的安全问题

干燥过程和其他一些工业操作过程一样，也潜伏着很大的危险性，也曾发生过不少事故。据统计，在食品工业的爆炸事故中，约有 8%～9% 与干燥操作有关。干燥过程中出现的事故主要是爆炸和火灾等。其主要原因是：

① 大多数干燥过程都必须利用外加热源；

② 大部分被干燥的物料都具有可燃性；

③ 在干燥系统内存在大量潜在的着火源。

在干燥器中存在以上事故所需的必要条件，而且干燥操作的工艺过程、工程和管理是三个影响火灾和爆炸的主要因素。工艺因素与待干燥物料的特性及其所处的物理环境有关，它可以识别和评估火灾和爆炸危险，并针对性的采取预防措施，例如，在惰性气氛中干燥，消除爆炸性混合物的形成以及严格排除所有可能的着火源。工程因素与工厂布局、位置、使用的设备及其工程标准有关；在设计阶段，应特别注意安全性和可靠性取决于各种操作规范和标准的应用。工业生产中管理因素往往是事故发生的主要原因，有针对性地进行风险评估是最主要的预防措施，根据评估结果设计安全预防和保护措施，确定所有的操作、内务管理、维护程序和培训系统。

因此，首先要弄清楚干燥系统的燃烧和爆炸特性，从设计、生产等各个环节对干燥系统采取必要的安全措施，并加强安全生产的管理工作。

52.2 干燥系统的燃烧和爆炸特性

干燥过程的火灾和爆炸事故，一般是由各种危险性物质与着火源的结合而发生的，其中包含三个必需的要素，即可燃物、氧气（空气）和着火源。在热风-物料混合物温度达到燃烧极限或在干燥介质中存在高氧含量的情况下，就有火灾发生的危险（Filková 等，2015）。因此，必须掌握这些危险物质的燃烧和爆炸特性。

52.2.1 干燥过程燃烧和爆炸的一般特性

干燥过程所处理的粉状、颗粒状或纤维状物料大多含有可燃物，可燃性细粉如果分散在空气中，就可能形成具有爆炸特性的活性混合物。

根据可燃性物料在空气中分散的状态不同，可以将着火分成三种情况：粉尘云的着火；粉尘层或沉积物的着火；粉体块的着火。

形成着火以及随后发生的燃烧过程的最佳条件是颗粒之间有足够的空隙以保证空气能够到达每一颗粒；同时，颗粒之间的距离又要保证颗粒燃烧释放出的热量使邻近颗粒发生燃烧。这样的条件在分散式干燥器（例如，气流干燥器、流化床干燥器、旋转快速干燥器等）中常会遇到。粉尘云在密闭式干燥器内着火时，还会发生爆炸。干燥器着火和爆炸危险的总体评估过程如图 52-1 所示。

52.2.2 物料的燃烧和爆炸特性

物料的爆炸特性大多与其分子结构中存在的某些官能团有关，这些官能团主要包括：

① 直接影响爆炸性质的官能团，如脂肪族和芳香族的硝基、硝酸酯、硝铵等；

② 间接与爆炸有关的官能团，如叠氮化合物、偶氮、亚硝基、乙炔、过氧化合物、过氯酸盐等；

③ 有助于爆炸的官能团，如羟基、氨基、羰基、醚及磺酸等。

目前已经完成大量的物料爆炸特性数据测试分析，对于先前未测试过的产品，建议执行以下表征步骤（图 52-2）。

对于含氧化合物，通过计算氧平衡能较好地估计它的爆炸特性。例如，一种含有碳、氢、氧的化合物，其分子式为 $C_x H_y O_z$，安全燃烧的理想配比为

$$C_x H_y O_z + \left(x + \frac{y}{4} - \frac{z}{2} \right) O_2 \Longrightarrow x CO_2 + \frac{y}{2} H_2O \tag{52-1}$$

氧平衡的定义为

$$OE = \frac{-16 \times \left(2x + \frac{y}{2} - z \right) \times 100}{M} \tag{52-2}$$

典型爆炸物的氧平衡计算值见表 52-1。如果一氧化合物的氧平衡值大于 -200，就被认为有爆炸的可能性，这时，不推荐采用加热法进行干燥。

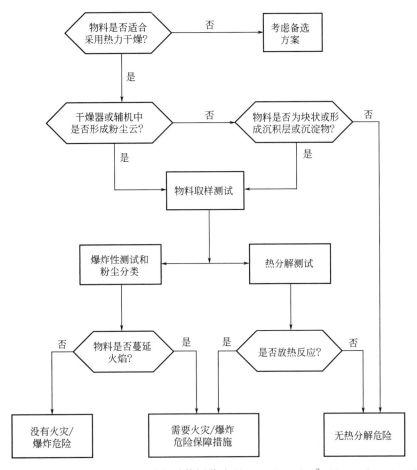

图 52-1　干燥器着火和爆炸危险的总体评估流程（Markowski & Mujumdar，2015）

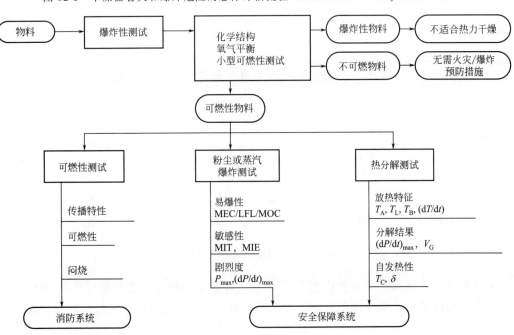

图 52-2　物料爆炸特性表征步骤（Markowski & Mujumdar，2015）

表 52-1　典型爆炸物的氧平衡计算值

化合物	氧平衡值	化合物	氧平衡值
硝基苯	−162.6	甘油三硝酸酯	3.5
三硝基甲苯（TNT）	−74.0		

此外，热化学也可以为物质的爆炸特性提供一些附加信息，因为所有生成热为吸热的物质分解时，必然释放出能量，所以必须作为有爆炸危险的物质来考虑。

52.2.3　粉尘云的燃烧和爆炸的特性

一般认为，对于具有爆炸危险的粉尘，其颗粒尺寸必须足够小，才能提供一个适宜的燃烧反应表面积，而粉尘云必须足够密且均匀才能使燃烧反应达到爆炸。当颗粒直径大于 $500\mu m$ 时，一般不大可能引起爆炸，不过，在干燥过程中，由于存在磨碎作用，可能产生比其初始颗粒直径小得多的细粉。

可燃性粉尘与空气混合后存在爆炸的上限和下限。爆炸上限一般难以达到，爆炸下限（即最低爆炸浓度 MEC），除了盘式和带式以外的大部分干燥器都可能达到。聚乙烯和咖啡的爆炸下限范围为 $0.02\sim0.085kg/m^3$。影响粉尘爆炸范围的因素有许多，如颗粒尺寸、颗粒形状、湿含量、着火源的位置及其性质等。在所有分散式干燥器中，物料都是分散在空气流中，粉尘云的浓度有可能达到爆炸浓度范围内。

所需要的氧浓度常常用维持燃烧的最低氧浓度（MOC）来表示，一般与粉尘的化学性质、颗粒大小、湿含量及温度等因素有关。据报道，在 $850℃$ 时，MOC 在 $3\%\sim15\%$（体积分数）范围内变化。

粉尘云对火源的敏感性可用最低着火温度（MIT）和最低着火能量（MIE）来表示。对于糖、可可、煤的 MIT 分别为 $370℃$、$500℃$ 和 $575℃$，MIE 分别为 $30mJ$、$120mJ$ 和 $50mJ$。

可燃性粉尘在密闭式干燥器内的爆炸曲线如图 52-3 所示。控制爆炸剧烈程度的两个重要因素是最大爆炸压力 p_{max} 和最大升压速率 $\left(\dfrac{dp}{d\tau}\right)_{max}$。粉尘云爆炸的严重程度可用图 52-3（a）所示的升压曲线来描述。在密闭的干燥器内，压力连续升高，直到达到最大爆炸压力 p_{max} 为止。常压操作的干燥器 p_{max} 一般不会超过 $900kPa$，其升压速率高达 $10MPa/s$。此外，干燥器的体积、粉尘类型及溶剂蒸气都对爆炸曲线产生影响，分别如图 52-3（b）～（d）所示。

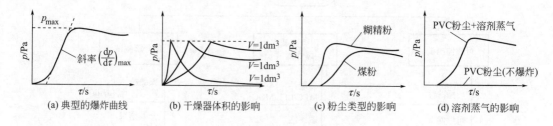

图 52-3　可燃性粉尘的爆炸曲线

各种粉尘的燃烧和爆炸特性数据见表 52-2。这里必须指出，这些数据不可能全部适用于某一干燥器的确定干燥条件中去，因为颗粒大小、纯度及湿含量等对粉尘的燃烧和爆炸特性都有影响。因此，如果条件许可，最好是模拟干燥器的操作条件进行试验。表 52-3 为喷雾干燥物料的燃烧与爆炸特性数据。

表 52-2　各种粉尘的燃烧和爆炸特性数据

粉尘类型	$MEC/(kg/m^3)$	$MIT/℃$		MIE/J	$p_{max}/10^{-2}kPa$	$\left(\dfrac{dp}{dt}\right)_{max}/(10^{-2}kPa/s)$
		粉尘云	粉尘层			
金属粉末						
铝粉	0.045	650	760	0.050	5.80	1400
镁粉	0.040	620	490	0.040	6.40	630
硅粉（含硅96%）	0.110	790	—	0.100	6.40	840
农产品						
可可	0.045	470	370	0.030	5.40	211
咖啡	0.085	720	—	0.016	6.20	360
谷物粉（小麦、玉米、大麦、燕麦）	0.055	430	230	0.030	9.20	140
玉米	0.055	400	—	0.040	7.80	413
玉米淀粉	0.045	400	—	0.040	7.30	516
棉绒纤维	0.500	520	—	1.920	5.02	275
蛋白	0.140	610	—	0.640	3.99	344.5
麦芽	0.055	400	250	0.035	6.54	303
牛奶（脱脂）	0.050	490	200	0.050	6.54	158
土豆淀粉	0.045	440	—	0.025	8.26	551
大米粉	0.051	440	240	0.050	6.50	183
大豆蛋白	0.045	530	460	0.060	6.90	239
糖（粉状）	0.045	370	400	0.030	7.70	352
松木屑	0.035	470	—	0.040	7.78	378
塑料制品						
醋酸纤维素	0.040	420	—	0.015	5.85	248
环氧树脂	0.020	540	—	0.015	6.60	420
尼龙	0.030	500	430	0.020	6.70	280
苯酚-甲醛树脂	0.030	490	—	0.010	6.50	775
聚碳酸酯	0.025	710	—	0.025	5.30	241
聚氨酯塑料	0.025	550	—	0.015	6.60	254
聚乙烯	0.020	450	—	0.010	5.50	516
聚丙烯	0.020	420	—	0.030	5.30	356
聚苯乙烯胶乳	0.020	500	—	0.015	6.81	482
聚乙酸乙烯酯	0.040	550	—	0.160	4.75	689
人造纤维	0.055	520	—	0.240	7.37	117
合成橡胶	0.030	320	—	0.030	6.40	213
脲醛树脂	0.085	460	—	0.080	6.13	248
药品及化学制品						
阿司匹林	0.050	660	—	0.015	6.06	＞689
硝基吡啶酮	0.045	430	—	0.035	7.64	＞689
维生素 B_1	0.035	360	—	0.060	6.95	413
己二酸	0.035	550	—	0.060	5.78	＞186
苯甲酸	0.030	620	熔化	0.020	5.23	379
双酚 A	0.020	570	—	0.015	6.13	585
联苯	0.015	500	—	0.020	5.64	698
水杨酰苯胺	0.040	630	熔化	0.020	6.13	330
硫黄	0.035	190	220	0.015	5.37	323

表 52-3　喷雾干燥物料的燃烧与爆炸特性数据（Filková 等，2015）

粉体名称	燃烧温度		最小爆炸浓度/(g/m³)	爆炸压力
	粉尘层/℃	粉尘云/℃		
小麦淀粉	—	410～460	7～22	高
布丁粉	—	—	20	高
糖粉	—	360～410	17～77	高
奶油馅料	—	—	6.3	高
甘油单酸酯	290	370	16	高
甘油单酸酯＋脱脂牛奶	282	435	32	高
婴儿食品	205	450	36	高
浓缩牛奶	190～203	440～450	22～32	高
脱脂牛奶	134	460	52	高
牛奶	142	420	54	高
酪乳	194	480	56	高
脱脂牛奶＋乳清＋脂肪	183～240	460～465	20～24	高
咖啡提取物	160～170	450～460	50	高
可可	170	460～540	103	高
聚氯乙烯	—	595	40	高
清洁剂	160～310	360～560	170～700	低

52.2.4　可燃性蒸气的燃烧和爆炸特性

任何可燃性固体或液体采用加热干燥时，都会产生可燃蒸气，只要蒸气浓度在适宜的范围内就会与氧形成一种活性可燃混合物。与粉尘爆炸类似，爆炸的发生要同时具备以下三个条件：

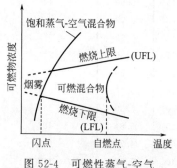

图 52-4　可燃性蒸气-空气混合物的理想燃烧特性曲线

① 蒸气浓度在燃烧下限（LFL）和上限（UFL）之间；
② 达到所需的最低氧浓度 MOC；
③ 存在具有足够能量的着火源。

可燃性蒸气与空气形成的蒸气-空气混合物比可燃性粉尘-空气混合物更易着火，且火焰的传播速度更快。图 52-4 所示为一种可燃性蒸气-空气混合物的理想燃烧特性曲线。表 52-4 列出了某些有机液体的燃烧和爆炸特性数据。由表 52-4 可知，大部分有机液体在空气中燃烧的浓度下限（LFL）约为 1%～2%（体积分数，室温下）。一般认为，蒸气-空气混合物的燃烧极限与温度和压力有关，混合物的可燃范围随温度直线上升，其燃烧极限范围随着压力的提高而加宽。

表 52-4　某些有机液体的燃烧和爆炸特性数据

化合物	在空气中的燃烧极限（体积分数）/%		闪点/℃	沸点/℃	自燃点/℃	着火的最低 O_2 浓度（体积分数）/%[①]
	下限	上限				
乙醛	3.3	19.0	13	78	363	10.5
甲醛	6.0	36.0	12	64	385	10.0
异丙醇	2.0	12.7	12	83	399	—
异丁醇	1.7	10.6	28	107	415	—
正丁醇	1.4	11.2	29	117	343	—

续表

化合物	在空气中的燃烧极限（体积分数）/%		闪点/℃	沸点/℃	自燃点/℃	着火的最低 O₂ 浓度（体积分数）/%①
	下限	上限				
丙酮	2.15	13.0	−20	56	465	13.5
二乙醚	1.9	36.0	−45	35	160	10.5
乙酸乙酯	2.0	11.5	−4	77	426	—
正己烷	1.1	7.5	−22	69	223	12.0
正庚烷	1.05	6.7	−4	98	204	—
正辛烷	1.0	6.5	13	126	206	—
汽油	1.4	7.4	−38	38~204	180~456	—
苯	1.3	7.1	−11	80	498	11.2
甲苯	1.3	7.1	4	111	480	—
间二甲苯	1.1	7.0	27	139	527	—

① 氮气作为惰性稀释气体时的平均数据。

52.2.5　可燃性粉尘-蒸气-空气混合物的燃烧和爆炸特性

可燃性粉尘与可燃性蒸气及空气组成的混合物对着火源更为敏感，比其单独粉尘在空气中的爆炸更为剧烈。即使可燃蒸气的浓度在爆炸下限（LFL）以下，且单独粉尘-空气混合物并不爆炸的情况下，这种粉尘-蒸气-空气混合物却有发生爆炸的可能性；单独粉尘-空气混合物不能着火时，这种粉尘-蒸气-空气混合物却有可能被引燃着火。当蒸气浓度为 0.2%（体积分数）数量级时，就有可能引起 p_{max} 和 $\left(\dfrac{dp}{d\tau}\right)_{max}$ 的显著增加。由于目前对这种粉尘-蒸气-空气混合物系统研究不很多，其燃烧和爆炸特性还不很清楚。因此，在处理这种混合物时要特别小心慎重。

52.2.6　物料的热分解特性

一般情况下，在干燥室的内表面上有可能出现物料的结垢，有时在干燥器内的某些死区存在物料的累积堆积，或在某些干燥器的底部、料斗、料仓中以块状形式存在。像这种形式物料的着火不仅可以是由一些典型高温热源（如电火花或炽热的颗粒等）引起的，也可以是由大气氧化（自热）或暴露到热气氛中引起的化学热分解。如果物料热分解产生热量的速率大于其热损失速率，就会导致物料温度急剧增加，紧接着会出现冒烟，最后可能产生火焰，其过程如图 52-5 所示。

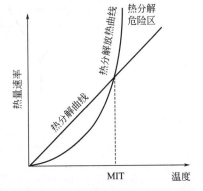

图 52-5　物料的热分解过程示意图

对于具有自热性质的物料，如果进行大批量收集或储藏时，其卸料温度要低于其自燃点。在系统开车或停车期间，干燥器的某些部位温度可能比正常操作温度要高，这时应该注意，其物料是否会出现热分解问题。此外，任何冒烟的物料层受到扰动时，会产生火焰，随后会导致剧烈燃烧或爆炸，因此，在系统开车前，对干燥器内的沉积物要喷水清理。

52.3　干燥操作的安全技术

前已述及，干燥过程潜伏着发生火灾或爆炸的危险性，因此，从过程的设计、施工、生产等各个环节都必须对装置采取必要的安全技术措施，尽最大可能地保护人身和财产的安全。

干燥过程的安全技术措施主要包括两个方面，即预防性措施和保护性措施。

干燥过程的预防性安全措施有：

① 维持系统可燃性物料浓度在可燃浓度范围以下；

② 保证系统氧浓度在安全浓度极限范围内；

③ 消除所有可能的着火源。

干燥过程的保护性安全措施主要包括预防泄漏和抑制爆炸等。

52.3.1　爆炸的预防性措施

干燥过程的防火防爆应从设计、施工、生产、劳动组织等各个方面综合起来考虑，真正做到防患于未然，达到预先防止这些火灾或爆炸灾害发生的目的。

惰性化的基本原理是造成一个燃烧反应不能发生的气氛。常用的方法是把干燥系统用惰性气体（如 N_2、CO_2 和烟道气等）来稀释。惰性气体的存在把气体混合物中的氧浓度降低到维持燃烧所需的最低浓度 MOC 以下，一般为 10%（体积分数）以内。惰性化也降低了最大爆炸压力 p_{max} 和升压速率 $\left(\dfrac{\mathrm{d}p}{\mathrm{d}\tau}\right)$。

对于含有有机溶剂物料的干燥过程，干燥介质必须采用惰性气体，图 52-6 所示为一个典型的闭路循环喷雾干燥系统。

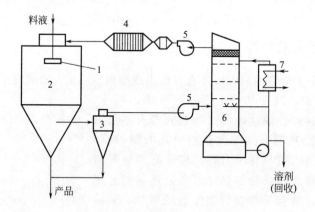

图 52-6　闭路循环喷雾干燥系统

1—雾化器；2—干燥室；3—旋风分离器；4—加热器；5—风机；
6—冷凝-洗涤器；7—换热器

部分废气循环的干燥系统不仅提高了过程的热效率，而且也降低了系统的含氧量，这样的干燥系统被称为自惰化系统。图 52-7 所示的半闭路循环喷雾干燥系统就是自惰化的一个典型例子。但还必须注意，惰性化干燥系统的开车阶段，在系统氧含量不低于燃烧浓度下限时，不应该投料。

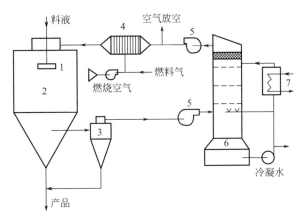

图 52-7　半闭路循环（自惰化）喷雾干燥系统
1—雾化器；2—干燥室；3—旋风分离器；4—加热器；
5—风机；6—冷凝-洗涤器；7—换热器

52.3.1.1　避免粉尘云的形成

避免粉尘云形成的唯一安全措施就是控制系统干燥空气的速度，即在该速度下不发生粉尘的夹带。对于盘式或带式等少数几种干燥器来说，空气的速度容易控制；但对于颗粒悬浮的分散式干燥器而言，要做到这一点就很困难了。一般来说，由于分散式干燥器的操作特性，决定了粉尘夹带的控制不容易或不大可能。

52.3.1.2　消除所有可能的着火源

为防止干燥系统爆炸事故的发生，应消除或控制下列所有可能的着火源。

① 直接加热系统　对于含有可燃性蒸气的干燥系统，一般不采用直接加热的干燥系统。当干燥系统采用部分废气循环操作流程时，如果要选用直接加热系统，就必须保证没有可燃性粉尘颗粒被带入燃烧室内；要定期清扫加热炉，使其在适宜的空气-燃料比下操作，确保燃烧完全；风机应处于无粉尘吸入的位置，否则，就应在风机入口处安装粉尘过滤器，并要定期检查和清扫。

② 静电火花　所有金属或良好导电体都能储存足够的电能，当放出全部电荷时，常发展为火花放电，进而可能引起干燥系统发生火灾或爆炸。为防止电荷累积，最常用的方法是将所有的导电体接地，并要定期检查。

对于高电阻的绝缘体，直接接地移走电荷是比较困难的。常用的方法是在其中加入某些导体来减小电阻。例如，袋滤器的滤袋一般为电阻相当高的合成纤维材料，可以加入某种钢材或碳素纤维材料等使其电阻值降低。

③ 电气火花　接触式开关、熔断器、电路开关等电气元件都有可能产生电火花，其能量比 MIE 要大，因此，必须保证这样电气设备不与粉尘或可燃性蒸气接触，以免发生火灾或爆炸。

④ 摩擦火花或摩擦热　在干燥操作中，下列一些过程可能产生摩擦火花或摩擦热：轴承过热；铁铲或铁勺等工具与干燥器发生撞击、摩擦；风机叶轮与机壳的接触、摩擦、撞击；物料中碎金属杂质或石块等进入干燥器内。

⑤ 自燃　应保证干燥操作的每一阶段，特别是开车或停车阶段，不要使物料温度达到自燃温度。尽可能避免干燥器的棱、角、缝等位置有粉尘层的形成，要定期清扫沉积物。

52.3.2　爆炸的保护性措施

爆炸的保护性措施是指允许爆炸任其自然发生，但要保证安全，对操作人员和设备没有任何危险。爆炸的保护性措施主要有泄漏和抑制等方法。

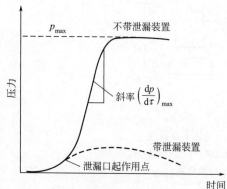

图 52-8　带有泄漏装置系统的爆炸曲线

泄漏法的基本原理是在预定的压力升高 p_1 下，泄漏装置打开，把爆炸产物释放到安全区域。带有泄漏装置系统的爆炸曲线如图 52-8 所示。

泄漏法是一种最便宜、最通用的爆炸保护性措施。如果爆炸产物有毒时，不能马上排放到系统附近，一般把泄漏口与管道连接起来，将有毒产物排放到安全区域。由于大部分干燥器是在中低压下操作，因此，泄漏口的压力升高一般为10kPa。但应当注意，当泄漏口与管道相连时，其峰值压力要升高（一般正比于管道长度的平方）。

对于泄漏口的选择和设计，最为重要的是在指定的压力下完全打开且惯性小；关闭时，要完全密封。关于泄漏口面积的计算，详见参考文献［3，7］。

工业上常用的爆炸泄漏装置有多种结构形式，如防爆盘、弹簧式铰链盖或铰链门以及自动启动泄漏装置等。

当带有泄漏装置的系统发生爆炸时，大量火焰气体将通过泄漏口喷射出去，因此，带有泄漏装置的设备应位于户外或接近于建筑物的外墙，这样，使泄漏管路尽量短些，在不拐弯的情况下，将爆炸产物排放到安全区域。

在理想情况下，爆炸泄漏口的位置距离着火源愈近愈好。然而，准确预测火种的位置几乎是不可能的。实际上，泄漏口应位于受设备内部构件影响最小的位置，以免火焰前沿穿过这些构件时，增加湍流程度。某些干燥器或主要附属设备的泄漏口位置如图 52-9 所示。

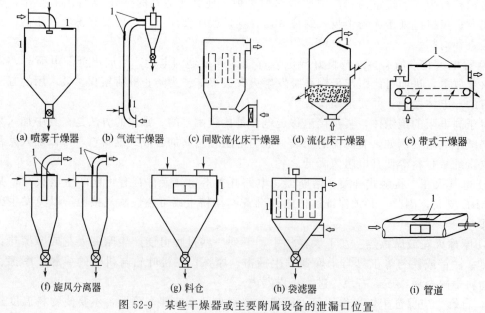

| (a) 喷雾干燥器 | (b) 气流干燥器 | (c) 间歇流化床干燥器 | (d) 流化床干燥器 | (e) 带式干燥器 |

(f) 旋风分离器　　　(g) 料仓　　　(h) 袋滤器　　　(i) 管道

图 52-9　某些干燥器或主要附属设备的泄漏口位置

1—泄漏口

52.3.3 干燥气体的排放控制

干燥过程常产生由有机溶剂、油墨、一氧化碳、碳氢化合物等组成的挥发性有机物（VOCs）气体，通常需要通过溶剂回收或焚烧进行减量处理。

溶剂回收可以通过活性炭吸附、解吸方法完成，通常效率在 $90\% \sim 99\%$ 之间。在惰性气体干燥器中，溶剂可以通过气体冷凝回收（Hung 等，2015）。

焚烧处理在特定的温度和反应时间下，将碳氢化合物通过氧化，生成二氧化碳和水的过程。焚烧要求有机溶剂浓度不超过 LEL 的 25%，当溶剂含量低于 LEL 的 15% 时需要考虑采用催化氧化方法。

52.3.4 辅机的爆炸危险及安全措施

干燥器通常需要配备相应的加热系统，另外连续式粉体干燥设备需要进料、出料、收尘装置等，因而针对这些辅机需要考虑防火防爆。表 52-5 总结了爆炸危险及相应的安全措施，但应该注意这些建议要根据具体的应用和粉尘特性进行改变或修改。

表 52-5　辅机的爆炸危险及安全措施（Markowski & Mujumdar，2015）

项目	加热系统		进料系统	粉尘输送与回收
	直接	间接		
主要危险	火焰和燃烧微粒	无	废金属和石头	粉尘沉积
着火源	热颗粒	无	火花	静电和自燃
安全措施	筛网过滤颗粒	泄压阀	电磁或气动分离器	通风或抑制有毒灰尘
水润湿的粉尘	自动火花检测/灭火系统			
易燃溶剂	不适用	惰化或抑制	惰化	惰化或抑制
设计注意基本事项	正确的空气/燃料比例，与气流互锁	与进料系统联锁	喂料速度均匀与加热器联锁进出口联锁有效密封	输送系统中的风速至少为 20m/s，接地，在过滤器织物中加入碳和金属丝
维护与操作	开机前清理，燃烧器清理	进气过滤清洁，外加热管	良好的室内条件和检测	定期清洁和检查

52.3.5 干燥器应用案例

目前针对喷雾干燥和气流干燥器在安全方面有较为详细的介绍，涉及其他类型的干燥器相对较少，表 52-6 总结了多种工业中常用干燥器的潜在危害和安全防护措施，但实际应用中还需根据具体应用选择合适的措施，方案仅供参考。

表 52-6　常用干燥器的潜在危险与安全防护措施（Markowski & Mujumdar，2015）

危害类型	喷雾干燥器	气流干燥器	流化床干燥器	回转干燥器
粉尘云着火	旋转雾化器/喷嘴雾化器(逆流)	主要在上部和粉尘回收部分	床层内无危险，床层上部与收尘部分有危险可能	由于磨损产生细粉，干燥器内有危险可能
粉尘层着火	总存在可能；可用锤击或空气毡预防	干燥器顶部弯曲处可能存在；有时候也会沉积在管的底部	没有完全流化时存在角落；而大的团聚物完全不会流化	取决于物料特性

续表

危害类型	喷雾干燥器	气流干燥器	流化床干燥器	回转干燥器
散装物料着火	如果卸料装置失效可能在底部	旋风分离器底部,如果产品从筒仓中排出	卸料系统故障;如果热粉进入筒仓	如果转筒停机,卸料系统失效,热粉进入筒仓
易燃蒸气	整个系统	整个系统	整个系统	整个系统
着火源	①直接加热装置;②静电放电;③电气元件;④摩擦产生的火花或发热;⑤自燃	①直接加热装置;②静电放电;③电气元件;④摩擦产生的火花或发热;⑤自燃	①直接加热装置;②静电放电;③电气元件;④摩擦产生的火花或发热;⑤自燃。静态时可能性更高	①直接加热装置;②静电放电;③电气元件;④摩擦产生的火花或发热;⑤自燃。密封处的摩擦可能更大
安全措施	易燃蒸气和固体专用	对于易燃气体是最可行的	对于易燃蒸气是最实用的	推荐用于易燃溶剂的回收
惰性气体保护		垂直管的顶部和底部	连续性生产在顶部;间歇生产在侧门	进、排气罩(通风面积＝干燥器横截面)
抑爆	在顶部或侧门(重量/面积<40kg/m²)	无效	适用性取决于气流速度和注射速度	仅限于小型干燥器
内含式	适用于干燥器体积小于100m³	可行	仅适用于小型设备	可行
流程规范	仅适用于小单位,进气温度比最低着火温度低50℃	进气温度比最低着火温度低50℃	仅适用于小单位,床层温度比最低着火温度低20℃	进气温度比最低着火温度低50℃

　　根据基材的不同,涂布纸幅可分为三种类型:①涂布纸和纸板;②涂布的塑料薄膜(例如摄影胶片)和胶带(例如胶带,磁带,压敏胶带和光敏胶带);③涂层金属板。涂布干燥涉及将溶剂、水和油从涂料、黏合剂和印刷油墨中蒸发到空气中,这些蒸发的溶剂蒸气和墨水油与干燥器空气的混合会引起火灾和爆炸危险,另外,由于不完全燃烧而导致的废气和一氧化碳会产生毒性,且有刺激性气味。为防止火灾和爆炸危险,需按照防爆标准设计,必须确保这些蒸气-空气混合物始终低于 LEL 或高于 UEL 比,必要时采用惰性气体干燥工艺(Hung 等,2015)。

52.4　干燥过程的安全管理问题

　　干燥装置的正常操作应该在安全、有效和经济的情况下运行。安全生产可以通过对设备的正确操作和维护而获得。如果操作不当,操作人员没有进行培训或操作说明书不正确,即使是设计水平最高的装置也是会发生事故的。据统计,人为差错引起的事故占工业事故的90％以上。因此,对干燥操作过程必须加强安全管理工作。

　　安全管理问题是一个复杂的系统工程,它是企业管理的一个组成部分,它是以保障生产中的安全为目的所进行的有关组织、计划、控制、协调和决策等方面的活动。其基本任务是发现、分散和消除生产中的各种危险,防止发生事故,避免各种损失,保障操作人员的人身安全。

对于干燥过程的安全管理问题，主要是干燥系统的安全操作程序、设备的维护和操作人员的培训等。

52.4.1　干燥系统的安全操作

为保障干燥装置的正常运行和安全生产，所有的干燥装置都应配有清楚的操作说明书，这就把装置的提供者和使用者有机地联系起来了。

干燥装置的操作说明书一般应包括下列内容：开车前的准备工作（主要是单机调试）；开车程序；正常运行；正常停车；紧急停车。

在装置的开车和停车期间，过程处于非平衡状态，被认为是一种特殊的危险期，过程很有可能失去控制。这时，对干燥介质和物料温度及流率的测量和控制非常重要。对于含有有机溶剂物料的干燥过程，其蒸气的浓度必须进行检测。另外，在装置的运行期间，必须定期进行安全检查，尤其是在设备、物料或操作条件改变时，这一点尤为重要。

52.4.2　设备的维护和操作人员的培训

在设备的维护工作中，尤其是在进行焊接、切割、银焊或锡焊等热工操作时，必须严格遵循许可证制度。特别应该注意所有安全设备以及容易产生火源设备的维护工作。

操作人员的培训对装置的安全、有效和经济运行是必需的。操作人员应该学习操作说明书，不仅要弄清楚装置的正常操作程序，而且还要认识操作过程可能出现的危险情况，对于干燥过程处理的物料的危险性要有充分的估计，同时应该准备在紧急情况下，采取一些应急的安全措施。

52.4.3　卫生安全

在食品工业中，卫生要求极高，其目的是为防止微生物在干燥器中繁殖。例如，在难以清理的干燥器中的缝隙中极易存在微生物的生长，且伴随着水洗危险性不断增加，如果微生物不能被加热灭菌，其危害极大。卫生安全设计包括如下三个步骤：①物料采用带式输送，这不仅可以防止泄漏到缝隙中，而且能防止气流夹带粉料；②干燥器中尽量避免裂缝、壁架和气流死区；③干燥器应尽量容易进入清理（Poirier，2015）。

52.5　干燥系统的安全评估

52.5.1　干燥系统安全设计

基于过程、工程、管理因素进行干燥系统安全设计，如图 52-10 所示，并根据需求进行个性化设计。干燥器选型主要考虑运行的经济性，选型时应考虑粉尘爆炸特性、火灾与爆炸危险等级。如果干燥器操作、进料方式、设备发生改变，需要重新设计。

52.5.2　干燥风险评估策略

多层风险矩阵（MRM）是一种有效的干燥风险评估策略，包括一系列逻辑步骤，以系统方式检查与设备操作相关的危害。它包括典型的风险评估方法，包含危害确认、风险估算以及风险评估，以确定是否需要降低风险或是否已实现安全性。其风险评估技术与方法如图52-11 所示。

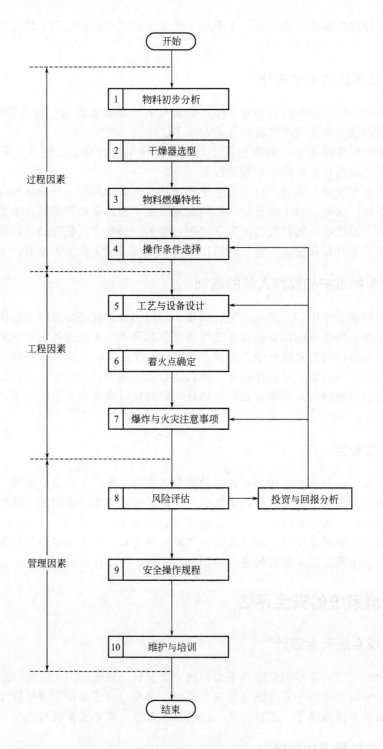

图 52-10 干燥系统安全设计流程（Markowski & Mujumdar，2015）

另外，美国化学工程师学会（AIChE）化工过程安全中心出版的《粉体与散装物料的安全处理手册》全面地总结了大量案例，包括风险实例、通过测试进行危险评估、特殊设备的特有危险、设计和安装防止火灾、爆炸和不可控反应等意外状况的系统、危险固废的处置等。

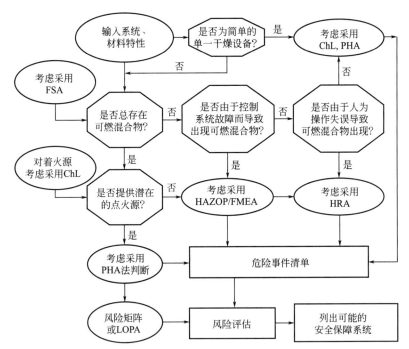

图 52-11　干燥风险评估过程（Markowski & Mujumdar, 2004）

FSA—功能状态分析；ChL—检查表；PHA—初步危害分析；HAZOP—危害和可操作性研究；

FMEA—故障模式和影响分析；HRA—人类可靠性分析；LOPA—保护层分析

符号说明

$\dfrac{\mathrm{d}p}{\mathrm{d}\tau}$——升压速率，Pa/s；

$\left(\dfrac{\mathrm{d}p}{\mathrm{d}\tau}\right)_{\max}$——最大升压速率，Pa/s；

LFL——燃烧下限（体积分数），%；

M——分子量；

MEC——爆炸下限（最低爆炸浓度），kg 产品/m³ 空气；

MIE——最低着火能，J；

MIT——最低着火温度，℃；

MOC——维持燃烧的最低氧浓度，体积%；

OE——氧平衡；

p——爆炸压力，Pa；

$p_{\max}$——最大爆炸压力，Pa；

UFL——燃烧上限（体积分数），%；

τ——时间，s。

参考文献

[1]　中国石油化工总公司. 石油化工安全技术（高级本）. 北京：石油工业出版社，1988.

[2]　蔡凤英，谈宗山，孟赫，等. 化工安全工程. 北京：科学出版社，2001.

[3]　Mujumdar A S. Handbook of Industrial Drying. New York and Basel：Marcel Dekker Inc.，1995.

[4]　Mujumdar A S. Handbook of Industrial Drying. New York and Basel：Marcel Dekker Inc.，1987.

[5]　化工百科全书编辑委员会. 化工百科全书. 第 5 卷. 北京：化学工业出版社，1993.

[6]　赵衡阳. 气体及粉尘爆炸原理. 北京：北京理工大学出版社，1996.

［7］ Gibson N, Harris G F P. Calculation of dust explosion vents. CEP, 1976, 72（11）: 62-67.

［8］ 潘永康，王喜忠. 现代干燥技术. 北京：化学工业出版社，1998.

［9］ 中国石油化工总公司安全监督局. 石油化工安全技术（中级本）. 北京：石油工业出版社，1998.

［10］ 于才渊，王宝和，王喜忠. 干燥装置设计手册. 北京：化学工业出版社，2005.

［11］ Markowski A S, Mujumdar A S. Safety Aspects of Industrial Dryers. In: Handbook of Industrial Drying（Fourth Edition）, ed. Arun S. Mujumdar. Taylor & Francis Group, LLC: 2015.

［12］ Markowsk A S, Mujumdar A S. Drying risk assessment strategies. Drying Technology 2004, 22,（1-2）, 395-412.

［13］ Filková I, Huang L X, Mujumdar A S. Industrial Spray Drying Systems. In: Handbook of Industrial Drying（Fourth Edition）, ed. Arun S. Mujumdar. Taylor & Francis Group, LLC: 2015. 215.

［14］ Hung J Y, Wimberger R J, Mujumdar A S. Drying of Coated Webs. In: Handbook of Industrial Drying（Fourth Edition）, ed. Arun S. Mujumdar. Taylor & Francis Group, LLC: 2015. 929.

［15］ Poirier D. Conveyor Dryers. In: Handbook of Industrial Drying（Fourth Edition）, ed. Arun S. Mujumdar. Taylor & Francis Group, LLC: 2015. 402.

［16］ Center for Chemical Process Safety. Guidelines for Safe Handling of Powders and Bulk Solids, Wiley-AIChE 2004.

（王宝和，苏伟光）

第53章

排放控制

工业中的干燥系统通常具有高能耗的特点，并常以开式系统（open cycle）的方式进行操作，所以对于环境有着非常广泛的影响，这些环境影响可分为直接和间接排放两类。直接环境影响指由于干燥系统操作过程中产生的固体、液体或气体废物，通常伴随着明显环境噪声排放。间接环境影响指由于制造干燥系统本身及所需材料造成的环境影响排放，也可能是由于干燥中所使用的能源产生过程中（如发电）对环境的影响，或者由于设备使用后期处理废旧设备所耗费能源对于环境的影响。干燥设备的设计和开发，通常以考虑设备性能和经济性等为主，环境影响考虑较少。随着气候变化和人们对于环境质量的关注，各级政府也制定了更加严格的环境排放标准，所以直接和间接的环境影响在干燥设备设计过程已经成为需要考虑的重要因素。

生命周期评价作为一种综合环境影响评估方法，可用于评估产品或过程的直接和间接环境影响，已经在不同领域得到广泛应用，在干燥设备的性能评估中也逐渐得到重视，这方面的进展将在本章 53.1 节进行讨论。环境污染物排放控制标准将在 53.2 节进行说明，包括综合、行业和地方标准等。为达到这些排放标准所需的设备，在 53.3 节和 53.4 节分别论述。本书其余章节中对于间接排放控制起重要作用的节能型低碳干燥技术与装备已有说明，包括太阳能干燥、脉动燃烧干燥技术、过热蒸汽干燥、组合干燥等，故本章不再赘述。

53.1 干燥设备的环境影响评价

干燥设备的耗能巨大，对环境有着明显直接和间接的影响。随着国家对于环境问题的日益重视，选择适当的评估环境影响方法确定干燥设备的环境性能显得尤为重要。生命周期评价作为一种成熟的评估产品或过程的环境影响方法，非常适合分析干燥过程或干燥设备对环境的综合影响。生命周期评价不仅从产品的使用阶段，而且分析产品的设计开发、资源消耗、生产制造、运输、使用和最终处置不同生命周期阶段对于环境的影响。生命周期评价中考虑的环境影响非常全面，包括气候变化、臭氧层破坏、酸化、水体富营养化、水利用、土地利用、资源耗竭和噪声污染等[1]。经过几十年的发展，这种方法已经建立了完整的国际标准，已经成为国际上普遍使用的产品或过程环境影响评估方法。本节首先介绍生命周期评价方法的基本定义和流程，然后说明常用的几种生命周期影响评价方法，并介绍生命周期评价中通用的数据库和软件，最后评述生命周期评价方法在干燥领域的进展，通过两个具体实例说明这种方法在干燥过程或干燥设备环境影响评价中的应用。生命周期评价方法已经广泛用于建筑、新能源和废弃物资源化的环境影响评价中[2]，在啤酒发酵罐[3]、乳品蒸发器[4]等过程装备也有初步应用，在干燥过程或干燥装备中应用较少[5]，但基本原理和方法类似。随着日渐提高的环境保护要求和相应法规的建立，这种方法在干燥装备的环境影响评价中将会有广泛的应用。

53.1.1　生命周期评价概述

生命周期评价（Life Cycle Assessment，LCA）源于 20 世纪 60 年代末，初期发展主要集中于产品能源方面，研究对象多为包装品和废弃物。1990 年，国际环境毒理学与化学学会（Society of Environmental Toxicology and Chemistry，SETAC）将生命周期评价定义为"一种对产品、生产工艺及活动的环境压力进行评价的客观过程，它是通过对物质、能量的利用以及由此造成环境排放进行识别和量化进行的，其目的在于评估能量和物质的利用以及废物排放对环境的影响，同时寻求环境改善的机会以及如何利用这种机会"。国际标准化组织（International Organization for Standardization，ISO）的定义为"对一个产品系统的生命周期中输入、输出及其潜在环境影响的汇编和评价"，具体包括互相联系、不断重复进行的四个步骤：目的与范围的确定（goal definition and scoping）、清单分析（inventory analysis）、影响评价（impact assessment）和结果解释（interpretation），这四个步骤的关系如图53-1 所示。生命周期评价方法可用于环境、经济和社会三个方面，本章的讨论只限于环境的生命周期评价，其他两方面在干燥领域应用较少，其中社会生命周期评价的方法还没有完全成熟，这两方面的论述请参考生命周期评价领域的专业文献 [6]。

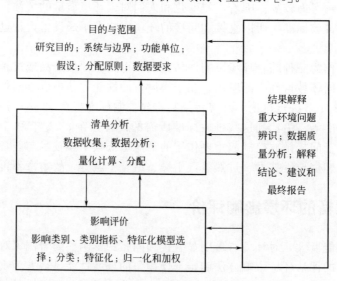

图 53-1　生命周期评价的技术框架图

（1）目的与范围确定

这一步是生命周期评价的开始，主要是确定开展特定生命周期评价的目的，明确项目成果的应用范围和意图，表述所要研究系统和所需数据类型等。应当强调这一步也是生命周期评价中需要反复的过程，在研究具体问题的过程中，先前确定的内容可能需要重新认识和修改。下面主要从目的确定、生命周期阶段、功能单位、数据要求等方面进行说明。

生命周期评价的目的通常随着特定项目的要求有所不同，但主要都是分析某种产品或工艺过程的环境影响。对于干燥系统或干燥过程而言，可以是比较几种不同干燥设备对于环境的影响，也可以是比较同一种干燥设备采用不同干燥工艺时对环境的影响。对于第一个问题，可用来确定不同类型干燥系统对于环境影响的大小排序，从而帮助设计者设计出对环境影响较小的干燥设备。对于第二个问题，可用来确定不同干燥工艺对于环境的综合影响，从而对干燥设备的操作人员有指导作用，得到产品质量好和对环境影响小的最优工艺条件。

完整的产品生命周期阶段包括原材料的获取、产品生产、包装运输、产品使用、废物回收和处理阶段，称为从摇篮到坟墓（cradle to grave）的评价。如果研究对象为干燥设备，其生命周期流程如图 53-2 所示。需要强调，在每一个生命周期阶段都有不同的能量和原材料的输入，并输出产品（或中间产物）和相应的环境排放。因此，全生命周期评价需要产品不同生命周期阶段的数据。由于项目本身要求或者无法得到完整数据，生命周期评价也可以只选取部分生命阶段。例如，从摇篮到门（cradle to gate）的生命周期评价，属于部分生命周期阶段分析，包括原材料获取和产品生产，但不包括其他生命周期阶段，通常用于不明确产品具体用途的评估[7]。这种方法可用于评估干燥设备从原材料获取到干燥器制造完毕出厂的环境影响评价。对于干燥设备，也可以只分析门到门（gate to gate）的环境影响[5]，这类评估只是分析干燥过程中干燥器操作对于环境的影响，但是需要考虑干燥所需的燃料和电力生产过程中的环境排放。Haque 等[8]采用这种门到门方法分析了木材干燥过程中的环境排放。

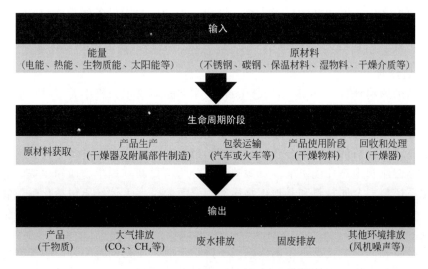

图 53-2 干燥设备的全生命周期阶段

功能单位（functional unit）是生命周期评价中输入和输出度量的基准，是清单分析中的基本单位。例如研究包装材料对环境的影响时，假定 $1m^3$ 的包装为功能单位，则所需要的材料、能耗及环境排放都以 $1m^3$ 为基准进行计算。通过这样的界定，可在相同基准下比较不同包装方式对于环境的影响。在干燥过程的分析中，通常采用确定数量的干物质（如 1kg 干物质)[5]，有时也采用一定的蒸发水量作为功能单位[9]。

（2）清单分析

清单分析是确定产品或过程在生命周期阶段的资源和能源的使用情况，同时对环境（包括空气、水、土壤等）排放进行定性或定量的分析过程。本质上是确定所研究系统（包括物质流和能量流）的输入和输出数据清单，是进行下一步生命周期影响评价的基础。输入数据指所有单元过程所需的材料和能源,输出数据指产品和所有单元过程向空气、水体和土壤等的排放(即废水、废气、废渣、噪声等)。基本步骤包括数据收集的准备、数据收集、计算程序、数据与单元过程相连、数据与功能单元关联、能源或物流的分配、数据汇总等[6]。

首先需要根据目的与范围确定中明确的边界条件将系统中所有单元过程绘制流程图。由于有些过程会产生中间产品,所以需要基本流和中间产品流的所有输入和输出数据。数据应根据先前确定的功能单位为基准,如以干燥出 1kg 干物质为基本计算单位,原材料、能源及环境排放数据都以这个数值为基本单位计算。由于产品生命周期过程所涉及到的数据量非常大,可采取一定的规则舍弃某些数据。例如,可采用"5%规则",如果某种原材料的质量小于系统总质量的 5%,则这个原材料在生命周期中不予考虑,但对环境可能产生严重影响的材料除外[1]。另外,数据需要以物料平衡和能量平衡作为计算依据,进行有效性确认。

生命周期评价的数据可从下列渠道收集整理:现有生命周期评价数据库和软件,包括应用广泛的 Ecoinvent、中国生命周期核心数据库(Chinese Life Cycle Database,CLCD)、欧盟生命周期数据库(European reference Life Cycle Database,ELCD)等;企业内部工艺信息(如制造干燥器的耗能);行业协会或者供应商的统计分析资料;国际组织及相关政府单位报告(如 IPCC 报告);正式出版的期刊和会议论文(如 International Journal of Life Cycle Assessment,Journal of Cleaner Production,Drying Technology);实验室测试或模拟(如测量或模拟干燥过程能耗)。生命周期评价所需数据可分为实景和背景数据。实景数据指所研究的过程或产品相关的数据,如制造、运输、使用过程中的材料和能耗,这部分数据通常需要研究者的本专业知识或者去企业调研,如制造干燥设备的耗能和使用干燥设备的耗能等。背景数据则指原材料、电力、燃料等相关的生命周期数据,可通过生命周期清单数据库得到。

(3)影响评价

生命周期的影响评价(impact assessment)主要是对清单分析中要素对环境的影响进行定性和定量分析。首先需要确定影响类型、类别指标和选择特征化模型等,然后按以下步骤计算:分类,特征化,量化,其中第三步(量化)是可选步骤。

分类指将清单分析的结果划分到影响类型的过程。通常环境影响类型可分为三大类:资源消耗、人体健康和生态环境影响。资源消耗又分为可更新(如生物质和水资源等)和不可更新(如化石燃料、金属材料和其他矿物质等)资源两类。人体健康包括化学致癌、噪声对听力损害、事故造成人身伤害。生态环境影响包括全球变暖、臭氧层破坏、酸化、水体富营养化等。

特征化是将相同影响类型下不同影响因子进行汇总,以得到每一种影响类型的综合环境负荷。特征化的数学模型包括负荷评估模型、当量评价模型、总体暴露效应模型、点源暴露效应模型等。其中,当量评价模型使用当量系数汇集清单分析中的结果,具有简单易懂的优点。如 CO_2、CH_4、CO、NO_2 等都会影响全球变暖称为全球变暖潜值(Global Warming Potential,GWP),将 CO_2 的作用作为基准(称为 CO_2 kg 当量)以汇总其他温室气体的影响。如果以 20 年计,CH_4 为 62 CO_2 kg 当量,其他当量数据如表 53-1 所示。

表 53-1　部分气体的全球气候变暖当量因子

物质	分子式	全球变暖潜值(CO_2 kg 当量)		
		20 年	100 年	500 年
二氧化碳	CO_2	1	1	1
甲烷	CH_4	62	25	7
一氧化碳	CO	1.5714	1.5714	1.5714
二氧化氮	NO_2	275	296	156

量化是确定不同环境影响类型之间的相对大小，以得到总的环境影响。需要强调，这一步在生命周期评价中不是必需的，可根据项目要求决定是否执行这一步骤。量化包括标准化和加权。标准化是将绝对数值相差很大的环境影响提供可比较的标准，也称为归一化。例如，可采用每年全社会资源消耗总量和环境潜在总影响作为标准化基准，标准化的数值可以取全球、区域或局地的数据。加权是为了表征潜在影响的相对大小，即对环境影响类型的严重性赋值，最终才可以比较得出总的环境影响。与生命周期评价中的其他步骤相比，这一部分的主观性较大。

（4）结果解释

结果解释是根据以上计算得到的结果，进行分析、得到结论、解释局限性、提出建议并完成最终报告。主要包括三个部分：识别重大问题；完整性、敏感性和一致性评估；结论、建议和报告。

第一部分识别重大问题，根据清单分析和影响评价的结果，比较不同生命周期阶段或不同单元过程对环境影响潜能的贡献率。如果贡献率大于 50%，认为是有重大影响；如果贡献率在 25%～50% 之间，认为是有非常重要影响。如果贡献率在 10%～25% 之间，则认为是有一些影响。如果在 2.5%～10% 之间，认为是有较小的影响。如果小于 2.5%，则可以忽略这种影响。

第二部分是评估生命周期分析结果的可信度，包括完整性、敏感性和一致性检查。完整性的检查是为了确认评价中必需信息和数据是可用的，没有遗漏重要的过程数据。可将所有单元过程和生命周期阶段列表，进行详细校核。如果确实有一些数据无法得到，则需要做出解释说明，并评估对分析结果可能的影响。敏感性检查则通常用来分析数据质量对结果的影响，由于生命周期评价中的数据会有一定的不确定性，需要确定这些不确定的输入数据对于评估结果的影响。可通过局部敏感性分析的方法（在参考值附近做简单变化），也可通过全局敏感性分析方法（如基于方差的方法）得到分析结果。一致性检查是检验假定、方法和数据是否与第一步中目的和范围相一致。可以通过建立详细检验一致表的方法，列出主要的假定、方法和数据质量等，逐项确定是否一致。

第三部分是结论、建议和报告。本部分是在前面分析的基础上，确定得出符合研究目的和范围的结论。并且要分析研究的不确定性和局限性，让决策者了解分析过程中存在的主要问题。

53.1.2　生命周期影响评价方法

生命周期影响评价方法可分为中间点法（midpoint）和终结点法（endpoint），主要区别是环境影响类型指标不同。中间点法侧重于环境影响机理的指标，这些指标有很好的理论基础并且不确定性较小，而终结点法强调环境排放造成的最终损害情况，比较容易理解。

（1）中间点法

中间点法的指标通常是从基本物质性质得到的指标，与环境背景相关性不大，不需要本地化，所以不能反映实际的环境损害情况，也称为面向问题的方法。主要包括 EDIP、CML2001、TRACI 等方法。

EDIP（Environmental Development of Industrial Products）由丹麦技术大学开发。最初的版本为 EDIP97，分为环境影响和资源消耗两类，环境影响又分为全球、区域和局域性三种，资源消耗分为可更新和不可更新两种。EDIP2003 在 EDIP97 基础上得到更新，对于非全球化的影响类型，研发了新的特征因子：酸化、水体富营养化、植物光化学臭氧接触、人体光化学臭氧接触、人体毒性、噪声等。

CML2001 是由荷兰莱顿大学环境研究中心所（Center of Environmental Science of Leiden University）发表的一种生命周期评价方法。基础（baseline）影响类型包括酸化、气候变化、非生物资源枯竭、生态毒性、富营养化、人体毒性、臭氧层损耗、光化学氧化等。这种方法也提供了归一化因子，可用于欧盟和全球两个尺度。

TRACI（Tool for the Reduction and Assessment of Chemical and other Environmental Impacts）由美国环境保护署发表。主要的环境影响类型包括臭氧消耗、全球变暖、光化学烟雾、酸化效应、富营养化、人类健康致癌性、人类健康非致癌性、人类健康标准污染物、生态毒性、化石燃料消耗、土地利用和水利用等。

（2）终结点法

终结点法强调环境影响造成的最终损害，又称为损害为主的评价方法。主要包括 Eco-indicator99、IMPACT2002＋、ReCiPe 等。

Eco-indicator99 是由荷兰莱顿大学环境研究中心所提出的一种终结点法，在 Eco-indicator95 基础上得到一种方法。这种方法将损害类型分为三类：资源消耗（如矿产和化石燃料等）、人类健康（如气候变化和臭氧层损耗等）和生态环境（如酸化和富营养化等）。图 53-3 表示出这种方法的过程，包括分类、特征化、标准化和加权，最终得到环境生态指数表征总的环境影响。

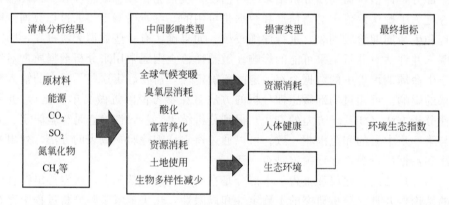

图 53-3　Eco-indicator99 环境影响评价模型

IMPACT2002＋是最初由瑞士联邦理工学院（Swiss Federal Institute of Technology Lausanne，EPFL）提出，后来由 IMPACT 研究小组专门负责。最新版本（V2.2）中将 17 个中间点环境影响类型归结到 4 个损害类型中：人体健康、生态系统质量、气候变化和资源。

ReCiPe 是将 CML2001 和 Eco-indicator99 两种方法有机融合。这种方法有 18 个中间点环境影响类型，有较小的不确定性，但在解释性方面相对较差。有 3 个损害类型，分别是资源损耗、人类健康和生态环境，易于理解但不确定性较大。这个方法的另外一个特点，是对于中间点和终结果点影响类型，都考虑了三种不同文化情景：Individualist（利己主义）、Hierarchist（等级主义）、Egalitarian（平等主义）。个人主义可理解为基于短期影响，影响类型非常确切，使用最短的时间框架，例如全球变暖的影响采用 20 年为周期。等级主义则基于最常见的政策原则，使用中等时间框架，例如全球变暖采用 100 年为周期。平等主义是考虑到最长的时间框架，所以可以理解为将来做早期准备的角度进行分析，因此影响类型尚未完全确定，例如采用 1000 年为周期的全球变暖影响，对臭氧消耗的影响采用近似无限时间。

53.1.3　生命周期评价数据库及软件

生命周期评价需要大量数据，并涉及复杂运算，特别是对于比较复杂的系统。因此，为了可靠评估产品的环境影响，与生命周期相关的很多数据库及软件得到了广泛应用。

（1）生命周期评价数据库

常用的生命周期评价数据库很多，包括 Econinvent、Gabi database、ELCD（European reference Life Cycle Database）、CLCD（Chinese Life Cycle Database）、US LCI（Life Cycle Inventory）等。

国内公开的数据库主要是由四川大学开发的中国生命周期参考数据库（CLCD），并嵌入到亿科公司开发的软件 eBalance 中[10]。环境影响类型分为 9 种，包括初级能源消耗、不可再生资源消耗、水资源消耗、全球变暖、酸化、化学需氧量、富营养化、固体废物以及可吸入无机物。

Econinvent 由瑞士 Econinvent 中心开发，从 2003 年发布以来持续更新，2018 年 8 月发行的最新版本 V3.5 包含超过 14700 生命周期清单数据，覆盖能源供应、农业、交通、生物质、化学、建筑材料、木材、废物处理等领域，已经成为世界上应用最广泛的生命周期清单数据库。这个数据库与主流的生命周期评价软件（如 GaBi、SimaPro、eBalance、openLCA 等）都有接口，可以直接提供环境影响计算所需的背景数据。

GaBi 公司开发自己的数据库，包含约 32000 单元过程的数据集，覆盖行业包括农业、建筑、化学、消费品、教育、电子、能源、食品、健康、金属采矿、零售业、纺织等。这些生命清单的数据与国际标准一致，并可基于客户需求定制专业生命周期评价数据。

（2）生命周期评价软件

国内公开发行的生命周期评价软件较少。四川亿科公司开发的 eBalance 从 2010 年发行，目前已经推出 eFootprint 主要用于在线的生命周期评价分析。eBalance 支持完整的生命周期评价分析，包括项目描述、构建产品生命周期流程、数据收集和导入、LCA 计算、LCA 分析与解释、结果输出等。eBalance 是单机版的生命周期分析软件，内置有常用的特征化因子和中国 2010 年标准化基准值，也有自行调研的权重因子，可用于产品的全生命周期评价。新开发的 eFootprint 则可在线操作，建立产品的生命周期模型，计算产品的碳足迹、水足迹和环境足迹等，提高了 LCA 分析效率。

国际上主要的两个生命周期评价软件是 GaBi 和 SimaPro[11]。GaBi 软件由德国的 PE INTERNATIONAL 公司从 1992 年开始进入市场，软件中的数据库包括 GaBi Database、Ecoinvent、USLCI 等。SimaPro 由荷兰的 PRe Consultants 公司从 1990 年开始开发，集成 Eco-indicator99 等主要的生命周期评价方法，也包含了 Ecoinvent、SwissInput/Output、ELCD 等常用数据库。这两个软件的分析过程都按照国际标准执行，在国际上不同的行业都有广泛应用。

此外，开源软件 openLCA 也可用于生命周期评估的分析，由德国的 GreenDelta 公司开发[12]。这个软件有很多特色，包括基于蒙特卡洛法的不确定分析、数据质量系统、基于地理信息系统的区域评价方法、自动/图形化建模、生命周期成本分析等，符合 ISO 生命周期评价计算标准，也可用于欧盟的产品环境足迹（Product Environmental Footprint，PEF）计算。

53.1.4　案例分析

在干燥领域，生命周期评价已经得到初步的应用。表 53-2 总结了基于生命周期评价干燥过程或干燥设备的环境影响研究的 5 篇论文，所用的的软件及影响评价方法在 53.1.1 节中均有论述。本节选取表 53-2 中的第一个和第三个案例，说明生命周期评价方法在干燥设备环境影响评估中的具体应用。

表 53-2　生命周期评价用于干燥过程或设备环境影响分析的文献总结

作者及文献	干燥器	功能单元	软件及影响评价方法	研究目的	研究结果
Léonard, A., Gerbinet, S.[9]	污泥干燥器	干燥 1 吨水	GaBi ReCiPe 2016 v1.1 Midpoint(H)	比较不同类型锅炉和供电方式对于干燥一吨水对环境造成的影响	与使用燃油锅炉相比,生物质锅炉可减少约 80% 的环境排放;运输污泥距离的改变对干燥耗能导致的全球变暖潜值影响较小
K. Ciesielski, I. Zbicinski[13]	实验室和工业规模的喷雾干燥器	干燥速率 1kg/s	SimaPro,Eco-indicator 99	比较采用不同基准时试验室和工业规模的喷雾干燥器对环境的影响	对于小型的试验室干燥器,环境影响主要发生在制造干燥器的阶段,但对于工业干燥而言,环境影响主要发生在使用阶段;在干燥设备的使用也仅仅是,主要的环境影响类型是资源消耗
V. Prosapio, I. Norton, I. De Marco[14]	冷冻干燥与渗透脱水	450g 干草莓	SimaPro, ReCiPe	比较单独使用冷冻干燥与联合使用冷冻干燥和渗透脱水时的环境影响	加入渗透脱水前处理后,环境影响明显小于单独使用冷冻干燥,特别是在淡水生态毒性、海洋生态毒性和辐射三个方面
I. De Marco, S. Miranda, S. Riemma, R. Iannone[15]	滚筒干燥和多级干燥（超滤、结晶和喷雾干燥）苹果粉	3kg 苹果粉	SimaPro,Eco-invent 3.1, IM-PACT2002＋	比较滚筒干燥和多级(超滤、结晶和喷雾干燥)干燥两种工艺在生产苹果粉时对环境的影响	多级干燥在所有考虑的环境类型下都小于与滚筒干燥;通过采用提高储存设备的性能系数、加热系统效率、干燥效率、燃烧系统效率等方式,这两种干燥方式的总环境影响可减少约 30%
Nawshad H,Sachin V J, Arun S M.[8]	木材烘干窑	1 吨干木材	SimaPro, Econinvent,	评估不同的干燥工艺条件对干燥过程的环境影响	与全球变暖潜值相比,干燥过程对其他类型的环境影响类型影响较小;全球变暖潜值主要是受干燥过程中风机所需电力的影响,所以使用新能源等方式可显著减少干燥造成的环境影响

（1）污染干燥时的环境影响评估研究

这个案例使用简化的生命周期评价方法，分析污泥干燥时使用不同来源的能源对于环境影响，功能单位为蒸发 1 吨的水分，不同的能源情景如表 53-3 所示[9]。干燥设备的性能数据来源于 Innodry® 2E（Suez-Degrémont）。热能提供来自于天然气、生物质和轻油锅炉，电力来自于欧盟或德国的电网。使用 GaBi 软件用于计算,影响评价采用 ReciPe 法的中间结法。

表 53-3　干燥时假设的 6 种能源情景

项目	热能		电力	
情景	消耗量/kW·h	来源	消耗量/kW·h	来源
1	700	天然气锅炉(EU-28)	80	欧盟电网 EU-28
2	700	天然气锅炉(DE)	80	德国电网
3	700	燃油锅炉(轻油)(EU-28)	80	欧盟电网 EU-28
4	700	生物质锅炉(EU-28)	80	欧盟电网 EU-28
5	770	天然气锅炉(EU-28)	80	欧盟电网 EU-28
6	700	天然气锅炉(EU-28)	80	风力发电 EU-28

图 53-4 表示在 6 种不同能源情景下干燥设备特征化环境影响结果。对于不同情景下的相同环境影响类型,选取最大值为基准,其他环境影响与最大值相除的百分比即为图 53-4 的纵轴。对于气候变化,与情景 3(燃油锅炉)相比,情景 4(使用生物质锅炉)可减少约 80%的环境排放。与其他 5 个情景相比,情景 4 消耗最少化石燃料。由于风力发电的使用,光化学臭氧和颗粒物形成在情景 6 中的排放最少。此外,在本案例中,研究发现运输污泥距离的改变对于全球变暖潜值影响较小。

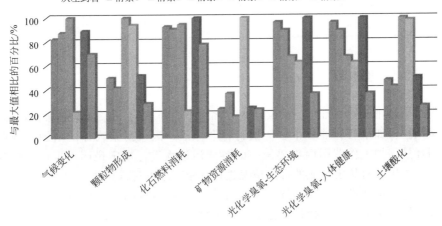

图 53-4　污泥干燥在 6 种不同情景下特征化结果的比较

(2) 冷冻干燥草莓的环境影响分析

食品干燥可用于延长食品的保存期和减少运输成本,但干燥食品通常需要大量能源,对环境造成大量排放。研究主要是比较两种干燥工艺对于环境的影响,一种是单独使用冷冻干燥,另外一种是加入渗透脱水前处理后的冷冻干燥,功能单位选取为 450g 的干草莓[14]。SimaPro 软件用于生命周期评估的计算,ReCiPe 法用于生命周期环境影响评估。

表 53-4 列出两种干燥工艺对于环境排放的影响。加入前处理后的环境影响明显小于单独使用冷冻干燥,特别是淡水生态毒性、海洋生态毒性和辐射三个方面。这主要是由于单独的冷冻干燥需要长的干燥时间,导致消耗大量电能用于真空干燥。

表 53-4　两种干燥工艺生产干草莓的中间点环境影响排放

中间点环境影响类型		简写	单位	环境影响数值	
中文	英文			冷冻干燥	渗透脱水＋冷冻干燥
气候变化	climate change	CC	kg CO_2 当量	1.28E+00	9.46E−01
臭氧层损耗	ozone depletion	OD	kg CFC-11 当量	2.31E−07	2.07E−07
土壤酸化	terrestrial acidification	TA	kg SO_2 当量	6.65E−03	5.08E−03
淡水富营养化	freshwater eutrophication	FE	kg P 当量	2.77E−04	1.63E−04
海洋富营养化	marine eutrophication	ME	kg N 当量	1.49E−02	8.10E−03
人体健康	human toxicity	HT	kg 14DCB 当量	2.60E−01	1.75E−01
光化学烟雾形成	photochemical oxidant form	POF	kg NMVOC	4.70E−03	4.06E−03
颗粒物形成	particulate matter formation	PMF	kg PM_{10} 当量	2.04E−03	1.59E−03
土壤毒性	terrestrial ecotoxicity	TET	kg 14DCB 当量	4.04E−03	4.01E−03
淡水生态毒性	freshwater ecotoxicity	FET	kg 14DCB 当量	9.44E−03	5.71E−03
海洋生态毒性	marine ecotoxicity	MET	kg 14DCB 当量	8.91E−03	5.33E−03
放射性	ionizing radiation	IR	kBq U235 当量	2.31E−01	1.03E−01
农业用地占用	agricultural land occupation	ALO	m^2 x yr	1.30E+00	1.29E+00
城市土地占用	urban land occupation	ULO	m^2 x yr	7.25E−03	4.52E−03
自然土地转换用途	natural land transformation	NLT	m^2	1.87E−04	9.00E−05
水消耗	water depletion	WD	m^3	1.79E−02	1.70E−02
矿物资源消耗	mineral resource depletion	MRD	kg Fe 当量	3.97E−02	3.35E−02
化石燃料消耗	fossil fuel depletion	FD	kg oil 当量	3.52E−01	2.32E−01

53.2　排放控制标准

　　我国的污染物排放标准可分为国家、地方和行业三类。对于综合排放和行业排放标准，两者不交叉执行。如果有行业标准，应执行行业标准。国家污染物标准由国家依据法律规定，对全国环境保护工作范围内需要统一的各项污染物进行规定说明，也称为综合排放标准。行业标准由国家对特定行业的排放情况进行规定。地方标准由省、自治区、直辖市人民政府制定，国家污染物排放标准中没有规定的项目，地方可以制定相应的地方标准，地方也可以制定高于国家标准的污染物排放标准。污染物的排放标准通常基于环境质量标准，在本节中，重点讲述污染物的排放标准，关于环境质量标准，请查阅相关国家和地方标准。本节重点讨论与干燥过程直接相关的排放标准，更全面的信息请参考标准全文。

　　对于干燥过程而言，大部分污染物排放标准适用于直接环境排放。基于生命周期评价理论，我国已经制定了 GB/T 32161—2015《生态设计产品评价通则》和 GB/T 33761—2017《绿色产品评价通则》，到 2019 年 8 月 1 日，已经颁布 91 个绿色产品设计标准，包括石化、钢铁、建材、机械、轻工、纺织、电子、通信等行业，包括金属切削机床、内燃机、叉车、房间空气调节器、空气净化器等产品。与干燥相关的绿色产品设计标准，有望制定发布。

53.2.1　综合排放标准

　　与干燥过程相关的综合标准包括《大气污染物综合排放标准》（GB 16297—1996）和

《工业企业厂界环境噪声排放标准》（GB 12348—2008）。当干燥过程产生的工艺废气中含有恶臭时，则应执行《恶臭污染物排放标准》GB 14554—1993。另外，对于整个干燥系统流程，也可能需要执行《污水综合排放标准》（GB 8978—1996）。表 53-5 列出了与干燥相关的综合排放标准。

表 53-5　综合排放标准

序号	标准号	标准名称
1	GB 16297—1996	大气污染物综合排放标准
2	GB 12348—2008	工业企业厂界环境噪声排放标准
3	GB 8978—1996	污水综合排放标准
4	GB 14554—1993（新版修订中）	恶臭污染物排放标准

（1）大气污染物综合排放标准

我国在控制大气污染物排放方面，1996 年发布了《大气污染物综合排放标准》，除相关行业执行各自的行业性国家大气污染物排放标准外，其余执行本标准。这个标准中规定了33 种大气污染物的排放限值，指标体系为最高允许排放浓度、最高允许排放速率和无组织排放监控浓度限值，表 53-6 列出了大气污染物常规项目的排放浓度限值。

表 53-6　大气污染物常规项目的排放浓度限值

污染物	最高允许排放浓度/(mg/m³)
二氧化硫	960（硫、二氧化硫、硫酸和其他含硫化合物生产）
	550（硫、二氧化硫、硫酸和其他含硫化合物使用）
氮氧化物	1400（硝酸、氮肥和火炸药生产）
	240（硝酸使用和其他）
颗粒物	18（炭黑尘、染料尘）
	60（玻璃棉尘、石英粉尘、矿渣棉尘）
	120（其他）

生态环境部于 2018 年 9 月《排污许可证申请与核发技术规范食品制造工业-乳制品制造工业（征求意见稿）》中，规定在乳粉、乳清粉、干酪、乳糖生产的干燥设备废气排放中的颗粒物，应符合本项国标的要求，可采用旋风＋袋式除尘治理本项污染。生态环境部于 2019 年 3 月《排污许可证申请与核发技术规范制药工业-化学药品制剂制造（征求意见稿）》中，规定在固体制剂生产中的干燥设备（如干燥塔、真空干燥器等）废气排放中的颗粒物，应符合本项国标的要求，可用袋式除尘、旋风除尘、湿式除尘等治理本项污染。同时发布的《排污许可证申请与核发技术规范制药工业-中成药生产（征求意见稿）》和《排污许可证申请与核发技术规范制药工业-生物药品制品制造（征求意见稿）》，对于中成药或生物药生产过程中干燥设备产生的废气也有相同的要求。

（2）环境噪声排放标准

为了治理工业企业噪声污染，改善声环境质量，我国制定了《工业企业厂界环境噪声排放标准》GB 12348—2008，不同环境功能区的限值如表 53-7 所示。工业企业厂界环境噪声指在工业生产活动中使用固定设备等产生的、在厂界处进行测量和控制的干扰周围生活环境的声音。0 类声环境功能区要求最高，是指康复疗养区等，特别需要安静的区域；1 类声环境功能区是以居民住宅、医疗卫生、文化教育、科研设计、行政办公为主要功能，需要保持安静的；2类声环境功能区是以商业金融、集市贸易为主要功能，或者居住、商业、工业混杂，需要维护住宅安静的；3类声环境功能区域指以工业生产、仓储物流为主要功能，需要防止工业噪声对周围环境产生严重影响的；4类声环境功能区是指交通干线两侧一定距离之内，需要防止交通噪声对周围环境产生严重影响的区域。

表 53-7　工业企业厂界环境噪声排放限值　　　单位：dB(A)

厂界外声环境功能区类别	时段	
	昼间(6:00~22:00)	夜间(6:00~次日22:00)
0	50	40
1	55	45
2	60	50
3	65	55
4	70	55

干燥设备的运行可能产生非常大的噪声。根据现场调研数据，粮食烘干过程平均声级85％以上超过90dB(A)，甚至高达100dB (A)[16]。在伊朗的一个石化企业，测量表明干燥器是主要噪声来源，声级可达100dB(A)[17]。这样大的噪声不仅影响了作业人员生理和心理健康，也会对周围环境造成显著的噪声污染。对于食品烘干过程，噪声可能有三个来源：清理和输送设备的噪声，包括斗式提升机、皮带输送机等；热源设备产生的噪声，如电动机和气体压力突变等；风机噪声，包括旋转、涡流和机械噪声等。干燥系统需要采取降噪措施，包括提高斗式提升机和皮带输送机等的安装精度、热风炉管道外增加垫衬、厂房设置薄板共振吸声结构、风机增加阻抗复合消声器等。

53.2.2　行业排放标准

有些行业规定了排放标准，如《水泥工业大气污染物排放标准》（GB 4915—2013）、《砖瓦工业大气污染物排放标准》（GB 29620—2013）、《陶瓷工业污染物排放标准》（GB 25464—2010）等，如表 53-8 所示。

表 53-8　部分行业排放标准

序号	标准号	标准名称
1	NY 2802—2015	谷物干燥机大气污染物排放标准
2	GB 25464—2010	陶瓷工业污染物排放标准
3	GB 29620—2013	砖瓦工业大气污染物排放标准
4	征求意见稿(2018 年 3 月 2 日)	电石工业污染物排放标准
5	GB 9078—1996	工业炉窑大气污染物排放标准
6	GB 37823—2019	制药工业大气污染物排放标准

（1）谷物干燥机大气污染物排放标准

我国农业部 2015 年 10 月发布了《谷物干燥机大气污染物排放标准》，规定当使用燃煤及稻壳等生物质颗粒（或压块）为燃料的谷物干燥机生产作业时，所排放的大气污染物应达到的标准。表 53-9 为谷物干燥机大气污染物排放浓度限值，表中的炭黑尘指从烟囱排放出来未完全燃烧的炭颗粒。表 53-10 为谷物干燥机大气污染物的排放速率限值。根据《环境空气质量标准》（GB 3095—2012）的规定，一类区为自然保护区、风景名胜区和其他需要特殊保护的区域，二类区为居住区、商业交通居民混合区、文化区、工业区和农村地区。

表 53-9　谷物干燥机大气污染物排放浓度限值

序号	项目	指标值	
		一类区	二类区
1	烟尘排放浓度/(mg/m³)	禁排	200
2	二氧化硫排放浓度/(mg/m³)		300
3	炭黑尘		肉眼不可见

表 53-10　谷物干燥机大气污染物排放速率限值

序号	污染物	热风炉额定热功率(Q)/MW	烟囱高度/m	最高允许排放速率/(kg/h)	
				一类区	二类区
1	烟尘	Q<1.4	15	禁排	0.7
		1.4≤Q<2.8	18		1.4
		2.8≤Q<4.2	21		2.1
		4.2≤Q<5.6	24		2.8
		5.6≤Q<7	27		3.5
		7≤Q<8.4	30		4.2
		8.4≤Q<11.2	33		5.6
		Q≥11.2	36		6.3
2	二氧化硫	Q<1.4	15	禁排	1.0
		1.4≤Q<2.8	18		2.0
		2.8≤Q<4.2	21		3.0
		4.2≤Q<5.6	24		4.0
		5.6≤Q<7	27		5.0
		7≤Q<8.4	30		6.0
		8.4≤Q<11.2	33		8.0
		Q≥11.2	36		9.0

（2）陶瓷工业污染物排放标准

我国是陶瓷生产大国，陶瓷生产工序包括原料制备、成型、干燥、素烧、施釉、烧成等，其中喷雾干燥塔和陶瓷窑是大气污染物的主要来源。喷雾干燥制粉属于湿法制粉，将泥浆在高压力状态下，送入由热风炉提供热空气的干燥塔进行雾化，完成干燥成颗粒状粉料，用于生产陶瓷用的粉料。进塔热风温度通常在 500～650℃，废气温度一般在 80～115℃，主要大气污染物包括颗粒物、二氧化硫、氮氧化物等，排放浓度限值如表 53-11 所示。这些数值不是《陶瓷工业污染物排放标准》（GB 25464—2010）中的原始值，而是在 2014 年修改后确定的新浓度，且烟气基准含氧量改为 18%。实测喷雾干燥塔的大气污染物排放浓度，应换算为基准含氧量条件下的排放浓度，并以此作为判定排放是否达标的依据。

对于陶瓷工业干燥塔烟气中的颗粒物，可采用袋式除尘、电除尘、电袋复合除尘、湿式电除尘等技术，也可采用多级除尘。对于二氧化硫，可使用清洁燃料、湿法脱硫、干法/半干法脱硫等技术。对于氮氧化物，可采用清洁燃料、低氮燃烧法、选择性非催化还原法、选择性催化还原法等。

表 53-11　陶瓷企业喷雾干燥塔的大气污染物排放浓度限值

污染物	颗粒物	二氧化硫	氮氧化物 （以 NO₂ 计）	烟气黑度 （林格曼黑度）
浓度/（mg/m³）	30	50	180	1 级

（3）砖瓦工业大气污染物排放标准

砖瓦工业是我国建材工业的重要组成部分，目前我国是世界上砖瓦产量最多的国家。生产工艺通常经原料破碎、成型、干燥、烧成等制成砖瓦产品。成型干燥系统中干燥室等主要的排放物有颗粒物、二氧化硫、氮氧化物、氟化物等。表 53-12 列出《砖瓦工业大气污染物排放标准》GB 29620—2013 中干燥工序所要求大气污染物排放浓度限值。对于颗粒物，可采用袋式除尘、电除尘、电袋复合除尘、湿式电除尘等技术，也可根据需要采用多级除尘。对于二氧化硫，可采用湿法脱硫、干法/半干法脱硫技术等。对于氮氧化物，可采用低氮燃烧技术、其他组合降氮技术等。

表 53-12　砖瓦工业干燥工艺过程中大气污染物排放浓度限值

生产过程	颗粒物	二氧化硫	氮氧化物（以 NO₂ 计）	氟化物（以 F 计）
人工干燥及焙烧	30mg/m³	300mg/m³	200mg/m³	3mg/m³

（4）电石行业污染物的排放

电石行业是高耗能和高污染的行业。电石生产过程中的干燥窑、石灰窑、电石炉等都会产生烟尘和废气，大气污染是电石行业主要的环境问题。生产中将焦炭或兰炭用给料机送到烘干窑内，同时向窑内送热风，把物料中的水分带走，当窑内炭材水分降到 1% 时，由输送机经除铁后送到配料站。干燥窑的尾气主要是颗粒物（C）、NOₓ 和 SO₂。在制定本项标准之前，干燥窑按《工业炉窑大气污染物排放标准》（GB 9078—1996）执行。根据 2018 年 3 月公布的《电石工业污染物排放标准（征求意见稿）》，干燥炉的排放限值如表 53-13 所示。颗粒物的排放可采用袋式除尘来控制，但也会受来料情况变化影响。干燥所需的燃料很少用煤，而是用筛选出的焦炭粉，因此含硫量较低。另外，可采用低氮燃烧的方式降低氮氧化物的产生。

表 53-13　电石行业干燥炉窑的大气污染物排放浓度限值

污染物	颗粒物	二氧化硫	氮氧化物（以 NO₂ 计）	烟气黑度（林格曼黑度）
浓度/（mg/m³）	50	200	240	1 级

（5）工业炉窑大气污染综合治理方案

工业炉窑指在工业生产中利用燃料燃烧或电能等转换产生的热量，将物料或工件进行熔炼、熔化、焙（煅）烧、加热、干馏、气化等的热工设备，包括熔炼炉、熔化炉、焙（煅）烧炉（窑）、加热炉、热处理炉、干燥炉（窑）、焦炉、煤气发生炉等八类。工业炉窑广泛应用于钢铁、焦化、有色、建材、石化、化工、机械制造等行业，对工业发展具有重要支撑作用，同时也是工业领域大气污染的主要排放源。生态环境部 2019 年 7 月印发《工业炉窑大气污染综合治理方案》通知，强调治理包括干燥炉在内的工业炉窑的必要性和具体措施，如在氮肥生产中以煤为燃料的干燥窑应配备除尘、脱硫设施。

干燥炉（窑）主要用于工业生产中去除物料或产品中所含水分或挥发分的目的，包括烘干炉（窑）和干燥炉（窑），广泛用于农林产品、设备制造、金属制品、建材、化工等行业中。GB 9078—1996《工业炉窑大气污染物排放标准》中，对于干燥炉窑的规定如表 53-14

所示。需要说明，有些特定行业如陶瓷和砖瓦工业已经制定了更新的标准，应根据这些新标准执行。已制定更严格地方排放标准的，按地方标准执行。

表 53-14 干燥炉窑的大气污染物排放浓度限值

炉窑类别	标准级别	烟（粉）尘浓度/(mg/m³)	烟气黑度（林格曼黑度）
干燥炉、窑	一	禁排	—
	二	200	1 级
	三	300	1 级

（6）制药工业大气污染物排放标准

挥发性有机物（volaticle organic compound，VOC）指参与大气光化学反应的有机化合物，或者根据有关规定确定的有机化合物。VOC 是形成细颗粒物和臭氧的重要前体物，对气候变化也有影响，是一种重要的大气污染物。我国于 2019 年发布了《制药工业大气污染物排放标准》GB 37823—2019，规定如果干燥设备处理 VOC 物料时，应采用密闭设备或在密闭空间内操作，废气应排至废气收集处理系统，如果无法密闭，应采取局部气体收集措施，废气应排至废气收集处理系统。另外一个与 VOC 相关的标准是《挥发性有机物无组织排放控制标准》GB 37822—2019，也强调了处理 VOC 物料时，干燥单元操作应采用密闭干燥设备，干燥废气应排至 VOC 废气收集处理系统。

需要注意，挥发性有机物也常出现于污泥[18,19]、木材[20-23]、煤[24]、沼渣[25]、固体废物[26]等物料的干燥中。Verhyyen 和 Reynolds[24]研究了褐煤干燥时不同干燥条件对于 VOC 排放的影响，排放的挥发性有机物主要由异戊二烯、苯系物、醛和酮等组成，VOC 的排放随着温度的升高而增加。Granstrom 和 Javeed[20]研究了木屑干燥时的 VOC 排放特性，填充移动床干燥木屑时与气流干燥器有相同的单萜排放，但比转鼓干燥器的排放少，并且发现 VOC 排放量可通过被干燥木屑的湿含量进行预测。Liu 等[19]重点研究了污泥石灰干化过程的 NH_3 排放，干燥温度是影响排放最重要的因素，大于 220℃ 时排放明显增大。Awiszus 等[25]分析了采用双带式干燥机时 NH_3 和 CH_4 的排放，干燥时有明显的 NH_3 的排放但没有检测到 CH_4，优化干燥温度时应考虑干燥能力和氮损失两个方面。

挥发性有机物在干燥过程中的检测也是一个非常关键的环节。通常测量 VOC 的方法，由于干燥设备特有的扩散泄漏现象和高湿度的环境，并不适合于工业生产中干燥设备 VOC 的测量。Granstrom[27]使用水蒸气确定扩散量，并且采用干冰捕集器用于预浓缩排放的挥发性有机物和测定干燥介质的含水量，并且对这种方法的敏感性进行了深入分析，以确定测量结果的置信区间[28]。Paczkowsi 等[29]探究了使用半导体金属氧化物气体传感器进行在线检测 VOC 排放的可行性，结果表明这类传感器可用于在线监测栎木干燥烟气，用来优化干燥工艺。

52.2.3 地方排放标准

我国很多地方已经出台了比国家综合或行业标准更为严格的规范，如北京市大气污染物综合排放标准（DB11/501—2017）、山东省区域性大气污染物综合排放标准（DB 37/2376—2019）等。表 53-15 列出一些与干燥工业相关的地方污染物排放标准。

表 53-15 部分地方污染物排放标准

序号	标准号	发布地方	标准名称
1	DB50/657—2016	重庆市	砖瓦工业大气污染物排放标准
2	DB12/556—2015	天津市	工业炉窑大气污染物排放标准

续表

序号	标准号	发布地方	标准名称
3	DB37/2373—2018	山东省	建材工业大气污染物排放标准
4	DB11/501—2017	北京市	大气污染物综合排放标准
5	DB37/2376—2019	山东省	区域性大气污染物综合排放标准
6	DB44/2160—2019	广东省	陶瓷工业大气污染物排放标准
7	DB13/2863—2018	河北省	炼焦化学工业大气污染物超低排放标准

（1）天津市工业炉窑大气污染物排放标准

天津市于 2015 年发布了《工业炉窑大气污染物排放标准》DB12/556—2015 地方标准，规定了天津市辖区内工业炉窑主要大气污染物有组织排放的限值。环境空气功能区一类区禁排，其他区域按表 53-16 执行。

表 53-16　天津市工业炉窑与干燥相关的大气污染物排放标准

行业类别	生产过程	颗粒物	二氧化硫	氮氧化物（以 NO_2 计）
砖瓦工业	人工干燥及焙烧	$30mg/m^3$	$100mg/m^3$	$200mg/m^3$
陶瓷工业	喷雾干燥	$30mg/m^3$	$100mg/m^3$	$240mg/m^3$

（2）山东省建材工业大气污染物排放标准

山东省是我国建材大省，水泥、陶瓷、玻璃、砖瓦等企业众多，为实现排放目标与大气管理环境的目标，加强建材行业大气防治工作，特制定了 DB37/2373—2018《建材工业大气污染物排放标准》，与干燥相关过程的排放要求如表 53-17 所示。

表 53-17　山东省建材行业与干燥相关的大气污染物排放标准

工业	工艺或设备	污染物项目	重点控制区	一般控制区
水泥	水泥制造:烘干机、烘干磨等	颗粒物	10	20
		二氧化硫	50	100
		氮氧化物（以 NO_2 计）	100	200
陶瓷	原料制备、干燥:喷雾干燥塔	颗粒物	10	10
		二氧化硫	35	35
		氮氧化物（以 NO_2 计）	80	100
		烟气黑度（林格曼黑度,级）	1	1
砖瓦、陶料、墙板	人工干燥及焙烧	颗粒物	10	20
		二氧化硫	50	100
		氮氧化物（以 NO_2 计）	100	150
		氟化物（以总 F 计）	3	3
耐火材料	原料制备、干燥:干燥塔	颗粒物	10	20
		二氧化硫	50	50
		氮氧化物（以 NO_2 计）	100	200
		烟气黑度（林格曼黑度,级）	1	1

粉尘的治理通常选取集中或分散除尘系统，在工艺允许的条件下尽量回收可利用的粉

尘。除尘系统的核心是各种除尘器，有袋式除尘器、电除尘器、电袋除尘器等。随着袋式除尘器滤料质量的提高和主机的滤袋接口技术的进步，我国袋式除尘器的排尘浓度普遍能达到小于 $50mg/m^3$，有些甚至低于 $5\sim10mg/m^3$。因此，袋式除尘器的应用范围将越来越普遍。二氧化硫治理技术包括过程控制和末端治理。过程控制主要是使用低硫燃料和消减含硫原料。末端治理主要是对烟气进行脱硫处理。

建材工业氮氧化物的消减或去除技术主要有：①纯氧燃烧技术：燃料燃烧时直接使用氧气助燃，一般含氧量大于 90%；②低 NO_x 燃烧器：一些水泥工业的新型干法窑采取了低 NO_x 燃烧器，控制分解炉燃烧产生还原性气氛，使 NO_x 部分被还原，排放浓度可降低到 $500\sim800mg/m^3$。目前开发的 NO_x 控制技术有低 NO_x 燃烧器、分级燃烧、添加矿化剂、工艺优化控制（系统均衡稳定运行）等；③SCR：在废气处理过程中使用氨水（NH_3）作还原剂、在特殊合金催化剂的催化作用下，使 NH_3 与废气中的 NO 在催化剂表面进行还原反应而生成对环境无害的氮气和水蒸气；④SNCR：在废气处理过程中使用氨水（NH_3）或尿素将废气中的 NO_x 还原，生成对环境无害的氮气和水蒸气。

（3）重庆市砖瓦工业大气污染物排放标准

为促进重庆市砖瓦工业生产工艺和污染治理技术进步，保护环境和防治污染，重庆市制定 DB50/657—2016《砖瓦工业大气污染物排放标准》，与干燥相关的排放标准如表 53-18 所示。

表 53-18 重庆市砖瓦行业与干燥相关的大气污染物排放标准

生产过程	区域	颗粒物	二氧化硫	氮氧化物（以 NO_2 计）	氟化物（以总氟计）
人工干燥及焙烧	主城区	$30mg/m^3$	$200mg/m^3$	$200mg/m^3$	3
	其他区域		$300mg/m^3$		

（4）北京市大气污染物综合排放标准

北京市于 2017 年发布了大气污染物综合排放标准，规定了北京市固定污染源大气污染物排放限值，但不适用于锅炉、固定式内燃机、石油化学工业、水泥工业、印刷业、木质家具制造业、汽车维修业等的大气污染排放标准，这些污染源按北京市或国家相应的行业大气污染物排放标准执行。表 53-19 列出北京市工业炉窑的常规大气污染物排放限值。

表 53-19 北京市工业炉窑的常规大气污染物排放限值

污染物项目	大气污染物最高允许排放浓度/(mg/m^3)	与排气筒高度对应的大气污染物最高允许排放速率/(kg/h)				
		15m	20m	30m	40m	50m
颗粒物	10	0.78	1.3	5.0	8.8	13
二氧化硫	20	1.4	2.4	5.2	14	22
氮氧化物	100	0.43	0.72	2.4	4.3	6.6

53.3 收尘系统

53.3.1 概述

在干燥过程中，粉尘主要来源于粉体产品及各种类型干燥设备、锅炉、热风炉、窑炉等场所所产生的粉尘、烟气。对于某些产品，干燥过程是整个生产的最后一道工序，能直接获得固定产品。所以粉尘回收的好坏，不仅为了防止环境污染、改善操作环境，更主要的是能最大限度地获得更多的优质产品、减少损失、提高得率、有效降低生产成本。因此，在干燥工业生产中对收尘系统的选型和设计必须认真考虑。

除尘器可分为干法除尘、湿法除尘、电除尘、电袋复合除尘等。干法除尘装置主要包括：重力除尘器、惯性除尘器、旋风除尘器、袋式除尘器等。湿法除尘装置主要包括旋风水膜除尘器、冲击式除尘器、泡沫洗涤器、喷淋塔等。为了达到更优的除尘效果，工业中也常用多级除尘，也就是将不同类型的除尘器联合使用。为了使这些除尘设备达到更好的性能，我国已经制定了 GB/T 33017—2016《高效能大气污染物控制装备评价技术要求》，根据此项技术要求，已经制定了高效能的袋式除尘器、电除尘器和电袋复合除尘器等的技术要求。

53.3.2　除尘器的选型

由于除尘器类型较多，故选择时必须考虑以下几个因素：含尘气体性质（处理气体风量、温度、湿度、含尘浓度、粉尘的性质及粒级分布范围）；环境净化要求；除尘设备本身的特性。

① 排放标准规定的要求　我国已经制定了非常严格的环境排放标准，除尘器的性能必须达到国家、地方和行业等的标准要求。

② 处理气体量　通过并联使用小处理量的除尘器，可以达到增加处理量的目的，但是这种方法往往不经济，所以需要确定合适的处理气体量。如果除尘器长期工作于超过规定工作气体量，将导致滤袋堵塞、降低滤袋寿命等。同时，由于实际操作条件的不确定性，设计处理气体量，需要考虑一定的裕量。

③ 粉尘的分散度、密度和黏附性　粉尘的分散度对除尘器性能有显著影响。如粒径大部分在 $10\mu m$ 以上，可选用旋风除尘器。如果粉尘的粒径大多数在微米以下，则应选用袋式除尘器或电除尘器。

粉尘的密度对除尘器也有很大影响，特别是对于重力、惯性力和离心力除尘器。

粉尘黏附性也是选型中应该考虑的问题。如对于旋风分离器而言，如果粉尘黏附于壁面有发生堵塞的危险。对于袋式除尘器，粉尘黏附则会导致滤袋孔道堵塞。

④ 气体含尘浓度　对于袋式除尘器，含尘浓度越低，除尘性能越好。电除尘器气体含尘浓度在 $30g/cm^2$ 以下。对于重力、惯性和旋风除尘器，进口含尘浓度越大，除尘效率越高，但出口含尘浓度也高。如果需要，可以采用多级除尘的方式，以解决主除尘器不能适应气体初始含尘浓度的问题。

⑤ 含尘气体的温度　含尘气体的温度应低于滤布耐热温度以下。玻璃纤维滤布的使用温度通常在 260℃ 以下，其他滤布在 80～200℃ 之间。在电除尘器中，使用温度可达 400℃。

此外，不同类型除尘器有不同的具体要求，如电除尘器要求粉尘电阻比在一定范围内，选用湿式除尘器应考虑污水可能导致的二次污染等。

53.3.3　除尘器的结构特点

本节简要介绍旋风除尘器、袋式除尘器、湿式除尘器、电除尘器和电袋除尘器的主要结构特点。关于这些除尘器的详细说明，请参阅《除尘工程技术手册》[30]和《降尘器手册》[31]等。

53.3.3.1 旋风除尘器

（1）装置结构及特点

旋风除尘器是利用旋转的含尘气体所产生的离心力，将粉尘从气流中分离出来的一种干式气固分离装置。对于捕集、分离 5～10μm 以上的粉尘效率较高，被广泛地应用。旋风除尘器具有以下特点：①设备结构简单、器身无运动部件、不需要特殊的附属设备、占地面积小、制造安装投资费用较省；②操作维修简便、维护费用低；③压力损失不大、动力消耗省、运转费用较低；④对温度及压力极限只要从材质上来考虑。在高温条件下，可采用特殊耐热合金或衬（喷涂）耐温材料；⑤操作弹性大、性能稳定、不受气体浓度及其物理、化学性质的限制，可根据产品的要求，选用不同材料制作；⑥干燥产品能得到较好的回收及安置。

其缺点如下：①对于回收粒径小于 5～10μm 的粉尘效率较低；②对于大气量应采用组合式旋风除尘器，否则将影响效率；③对过分黏性物料不适宜，容易引起黏壁，另外对粒子有附聚长大、容易堵塞进出口的物料，亦不适用；④为符合排放标准，一般需要二级除尘。

（2）分类

旋风除尘器种类繁多，分类方法也各有不同，按其性能可分为：高效旋风除尘器，其筒体直径较小，用于分离较细的粉尘，除尘效率在 95% 以上；大风量旋风除尘器，筒体直径较大，用于处理适当的中等气体流量，其除尘效率为 80%～95%。

按其结构形式可分为：长锥体、圆筒体、扩散式、旁通式。

按其组合形式可分为：内旋风除尘器、外旋风除尘器、立式和卧式及单筒与多管旋风除尘器。

按其气流导入形式可分为：切线导入、蜗壳导入（180°、270°）、螺旋面导入、狭缝导入、轴向导入、反转、直流及带二次风形式等多种类型。

53.3.3.2 袋式除尘器

袋式除尘器是一种高效干法除尘器，是颗粒物净化的主流设备。袋式除尘器在有效去除 PM_{10}、$PM_{2.5}$ 微细粒子的同时，还可以兼顾去除 SO_2、Hg 和二噁英等其他污染物，已经成为多污染物协同控制工艺的重要组成部分，袋式除尘从单一除尘向协同控制转变是创新发展的新思路。

在干燥行业中，袋式除尘器还能直接得到干燥产品，适用于处理初始浓度小于或等于 $15g/m^3$、粒径为 $0.1～200μm$ 含尘气体。浓度过高或粒径大于 $200μm$ 的含尘气体需先经过旋风除尘器。袋式除尘器的优点：捕集效率高，可达 99% 以上，且不受大风量的影响，结构简单、性能稳定、维修方便、便于干粉回收。其主要缺点为：使用范围受滤料温度的限制，一般在 250℃ 以下采用特殊处理后最高可达到 300℃；不适用于黏性大、吸湿性强的粉尘；设备外形尺寸较大，因此设备的占地面积大；含尘气体温度不能低于露点温度，以免发生结露，堵塞滤料。在袋式除尘方面，也有一些新技术出现，包括褶皱滤袋、超细面层精细过滤材料、新型内外滤袋式除尘器、预荷电袋滤、袋滤除尘系统智能化网络化技术等。

（1）分类及结构形式

袋式除尘器由滤布和壳体组成，壳体又由箱体和净气室组成，滤布安装在箱体和净气室之间的隔板上。含尘气体进入箱体后，粉体产生惯性、扩散、静电等作用附着在滤布表面，清洁气体穿过滤布从净气室排出，而滤布上的粉尘通过反吹或振击作用脱离滤布而落入料斗中。

按滤袋形状可分为圆袋和扁袋两种。圆袋结构便于清灰、更换，应用范围较广。扁袋可以大大提高单位体积的过滤面积，但其结构较复杂，清灰及换袋比较困难。按清灰方法可分为人工拍打、机械振打、回转反吹、脉冲反吹等。按含尘气体的流向可分为外滤式及内滤式两种。内滤式系含尘气体由滤袋内向滤袋外流动，粉尘被分离在滤袋内。外滤式系含尘气体由滤袋外向滤袋内流动，粉尘被分离在滤袋外。由于含尘气体由滤袋外向滤袋内流动，因此滤袋必须设置骨架，以防滤袋被吸瘪。按照含尘气体与被分离粉尘的下落方向分为顺流式和逆流式。顺流式为含尘气体与被分离粉尘的下落方向一致，逆流式则相反。

（2）滤袋材质的种类和选择

滤袋材质的合理选用及风速确定，将对袋式除尘器除尘效率的提高（一般可达 99％左右）、使用寿命、经济性都十分重要。因此，在选择材质时必须考虑到以下两方面：固体的物性，包括粉尘粒径与分散度、密度与堆积密度、流动性、吸湿性、凝聚性、荷电与导电性、自然堆积角、爆炸性；气体物性，包括温度、相对湿度、酸、混合气体组分、爆炸极限、黏度等。袋式除尘器使用的滤布，其原料采用天然纤维、合成纤维和无机纤维等三大类。滤布按加工方法可分为织造布、非织造布和复合布三种。织造布和非织造布的基布有平纹、斜纹、缎纹三种。目前我国常用的滤料有涤纶绒布、针刺毡滤布和玻璃纤维布等品种。

53.3.3.3 湿式除尘器

使含尘气体与水或其他液体相接触，利用水滴和尘粒的惯性碰撞、黏合、黏附、凝集等作用，而把微米级尘粒从气流中分离出来的设备称为湿式除尘器。湿式除尘器具有投资少、结构简单、操作及维修方便、占地面积小等优点。其除尘效率高，能捕集极细的尘粒，在操作时它不会使捕集到的粉尘再飞扬，往往作为二级除尘器使用，达到环保排放要求。其主要缺点是在使用过程中不能得到干燥产品，设备易腐蚀，能造成水的二次污染。所以对于前工艺中需要加水的生产，有较大的适应性。

当气体冲击到湿润的器壁时，尘粒被器壁所黏附或者当气体与喷洒的液滴相遇时，液体在尘粒质点上凝集，增大了质点的重量，而使之降落。在湿式除尘器中，气体与液体的接触方法有两种：一种是气体与水膜或已被雾化了的水滴接触，如文氏管除尘器、水膜式除尘器、喷淋式除尘器等；另一种是气体冲击水层时鼓泡形成细小的水滴或水膜，如冲击式除尘器、自激式降尘器等。

干燥系统中常用的湿式除尘器有：卧式旋风水膜除尘器、喷淋器、湍球塔除尘器及旋流板塔式除尘器等。卧式旋风水膜除尘器的外形为横卧的筒体，含尘气体由一端沿切线方向进入除尘器，并在外壳与内芯间沿螺旋导流片向前流动，最后从另一端排出。喷淋塔通过捕集液在喷嘴中雾化成细小的液滴，均匀地向下喷淋，含尘气体由喷淋塔下部进入，自下而上流动，两者逆流接触，被液滴捕集的粉尘随液体一起从塔底排出，净化气体由塔顶排出。湍球塔是气、液、固三相流化床，洗涤液从塔顶喷淋下来，含尘气体从下部进入，以较大的速度穿过液层，使液层中的空心球呈流化状态，小球在液层中剧烈扰动、湍动旋转及相互碰撞，使气泡的液膜不断更新，强化了气液两相的接触，提高了除尘效率。

53.3.3.4 电除尘器

电除尘器是含尘气体在通过高压电场进行电离的过程中，使尘粒荷电，并在电场作用下，使尘粒沉积于电极上，将尘粒从含尘气体中分离出来的一种除尘设备，已经成为燃煤电厂超低排放的绝对主流除尘设备。除尘过程由四个阶段组成；第一阶段是形成高压电场，使气体分子分离为正离子和负离子（包括自由电子)-气体的电离；第二阶段为粉尘获得离子而荷电；第三阶段为荷电粉尘向电极方向移动。这两个阶段是粉尘颗粒在电除尘器中两个最基本的作用过程；第四阶段是将电极上的粉尘清除到灰斗中去。

电除尘器具有如下优点：①除尘效率高，理论上可达到小于或等于 100%，即使是处理微细粉尘，也能达到很高的除尘效率；②可处理较大的烟气量，现今电除尘每小时处理 $10^5 \sim 10^6 m^3$ 的烟气量是很普遍的；③所收集粉尘颗粒的范围大，对于小于 $0.1\mu m$ 的粉尘仍有较高的除尘效率，同时粉尘浓度也允许高达数十克甚至千克每立方米；④适用于高温烟气，一般常规处理 $350 \sim 400K$ 以下的烟气，如进行特殊设计可以处理 $500K$ 以上的烟气；⑤消耗的电能少，因而可以减少运行费用；⑥自动化程度高。

但电除尘器也有如下缺点：①一次性投资高，钢材消耗量较大；②对粉尘较敏感，最适宜的范围是电阻率为 $10^4 \sim 5 \times 10^{10} \Omega \cdot cm$。在此范围以外，就需要采取一定的措施才能取得必要的除尘效率；③对制造、安装、运行要求较严格，否则不能维持必需的电压，除尘效率将降低；④占地面积较大。

在国家标准 GB/T 33017.2—2016《高效能大气污染物控制装备评价技术要求 第 2 部分：电除尘器》中，要求高性能电除尘器的出口烟气含尘浓度小于或等于 $20mg/m^3$，阳极板寿命大于或等于 10 年，压力降小于或等于 $200Pa$。这个标准适用于燃煤电厂锅炉除尘，其他行业的电除尘也可参照执行。

53.3.3.5 电袋复合除尘器

电袋复合除尘器将电除尘和布袋除尘的特性相结合，充分发挥各自的优点，具有高效除尘、应用范围广、投资和运营费用较低的特点。我国已经制定了这种除尘器的国家标准和性能测试方法，GB/T 27869—2011《电袋复合除尘器》和 GB/T 32154—2015《电袋复合除尘器性能测试方法》。

电袋复合式除尘器是将电除尘器与布袋除尘器在箱体结构上实现连接和组合，把两者的除尘机理有机结合、融为一体，粉尘通过电场、布袋的两次净化，然后排入大气。分为嵌入式和串联式两种方式实现电除尘和布袋除尘的结合。

嵌入式结构是整个除尘器的电场和布袋交叉布置，实现粉尘的净化和过滤，然后排入大气，但适用性差，且维护困难且费用较高。串联式结构是整个除尘器分为前、后两部分，前段是电场除尘，后段是布袋除尘。高温烟气首先进入电场进行初级除尘和降温，使粉尘浓度下降，其余粉尘荷电进入布袋区域进行净化、过滤，不利于电场净化的粉尘也进入该区域进行净化、过滤，最后粉尘汇集到灰斗，净化的空气排入烟囱。

因此，这种复合除尘方式强化了电场和布袋除尘的作用，具有如下特点：

① 因为电除尘的作用，所以复合除尘可以捕集细小的微粒，减弱了布袋除尘的缺点；

② 由于加入了布袋除尘，减少了粉尘比电阻对电除尘的不利影响，增加了除尘的适用范围；

③ 由于加入电除尘，改善了进入布袋除尘的物料工况，增加了除尘器稳定性，延长了布袋寿命，降低了维护费用。

在国家标准 GB/T 33017.4—2016《高效能大气污染物控制装备评价技术要求第 4 部分：电袋复合除尘器》中，要求高性能电袋复合除尘器的出口烟气含尘浓度小于或等于 $15mg/m^3$，阳极板寿命大于或等于 10 年，滤袋寿命不低于 5 年。当过滤风速为 $1.1 \sim 1.25m/min$ 时，高性能电袋复合除尘器的平均压力降不大于 $700Pa$。这个标准适用于燃煤电厂锅炉和水泥新型干法回转窑烟气的除尘，其他行业的电袋复合除尘也可参照执行。

53.4 噪声控制

53.4.1 概述

在生产过程中产生的噪声，称为生产性噪声。干燥设备用于各种不同产品的生产过程中，经常产生显著的噪声，对于操作人员及周围环境会有明显的噪声排放。干燥系统的噪声主要是由通风机运转所产生的，并经风道传入室内，由动力噪声、机械噪声、电子噪声组合而成，其中以空气动力噪声为主。噪声的强弱是由单位面积上声压的大小来评定的。常用单位是贝尔的1/10，即分贝（dB）作为声学的量度。实测数据表明，干燥系统的噪声可达到90dB（A）[32,33]，甚至达到100dB(A)[16,17]。根据我国《工作场所职业病危害作业分级第4部分：噪声》GBZ/T 229.4—2012中的规定，对于8h/d（$L_{EX,8h}$）或40h/周（$L_{EX,w}$）噪声暴露等效声级大于等于80dB且小于85dB的作业人员，在目前的作业方式和防护措施不变的情况下，应进行健康监护。如果作业方式或控制效果发生变化，应重新分级，如表53-20所示。同时，过大的噪声也会影响厂区周围单位和居民生活工作，所以我国制定了《工业企业厂界环境噪声排放标准》GB 12348—2008。干燥系统在运行时应执行这个标准，如果有地方或行业标准时，执行相应的标准。

表 53-20　噪声作业分级及说明

分级	等效声级 $L_{EX,8h}$/(dB)	危害程度	说明
I	$85 \leqslant L_{EX,8h} < 90$	轻度危害	在目前的作业条件下,可能对劳动者的听力产生不良影响,应改善工作环境,降低劳动者实际接触水平,设置噪声危害及防护标识,佩戴噪声防护用品,对劳动者进行职业卫生培训,采取职业健康监护、定期作业场所监测等措施
II	$90 \leqslant L_{EX,8h} < 94$	中度危害	在目前的作业条件下,很可能对劳动者的听力产生不良影响。针对企业特点,在采取上述措施的同时,采取纠正和管理行动,降低劳动者实际接触水平
III	$95 \leqslant L_{EX,8h} < 100$	重度危害	在目前的作业条件下,会对劳动者的健康产生不良影响。除了上述措施外,应尽可能采取工程技术措施,进行相应的整改,整改完成后,重新对作业场所进行职业卫生评价及噪声分级
IV	$L_{EX,8h} \geqslant 100$	极度危害	在目前的作业条件下,会对劳动者的健康产生不良影响,除了上述措施外,应及时采取相应的工程技术措施进行整改。整改完成后,对控制及防护效果进行卫生评价及噪声分级

对于由生产过程和设备产生的噪声，主要可从三个方面进行控制和防护：噪声源、噪声传播、个人防护。首先应从声源进行控制，以低噪声的工艺和设备取代高噪声的工艺和设备。如果不能达到要求，则应采用隔声、消声、吸声、隔振及综合控制等控制措施。如果采取上述措施后仍不能达到噪声限值，应采取个人防护措施。我国已制定《工业企业噪声控制设计规范》GB/T 50087—2013，干燥系统产生噪声的控制设计应参考这个标准执行。同时，这个标准也规定了工业企业内各类工作场所噪声限值，如表53-21所示。

表 53-21　各类工作场所噪声限值

序号	工作场所	噪声限值/dB(A)
1	生产车间	85
2	车间内值班室、观察室、休息室、办公室、实验室、设计室室内背景噪声级	70

续表

序号	工作场所	噪声限值/dB(A)
3	正常工作状态下精密装配线、精密加工车间、计算机房	70
4	主控室、集中控制室、通信室、电话总机室、消防值班室，一般办公室、会议室、设计室、实验室内背景噪声级	60
5	医务室、教室、值班宿舍室内背景噪声级	55

53.4.2　通风系统的噪声控制

53.4.2.1　通风系统简介

在热风干燥系统中，鼓风及排风是不可缺少的主要附属设备之一，它将热量送入系统，最终又将湿空气排出而连续流动，从而保证热风干燥顺利进行。因此，合理选择通风系统对保证获得预期产量、合格产品（质量、含水量）及最佳操作费，都至关重要。干燥设备使用的鼓风机、引风机大多是涡轮通风机、涡轮鼓风机、轴流通风机、低压多叶片通风机等。通常按不同压力，可分为低压离心风机（一般风压小于 980Pa）、中压离心风机（一般风压为 980～2924Pa）、高压风机（一般风压为 2924～14710Pa）。

对绝大多数热风干燥系统来讲；气体净化只需要设置一道粗效过滤器，将大颗粒的灰尘滤掉即可。但是对于某种物料，如精细化工、轻工、食品、生物制品及纳米材料等，由于它们的卫生要求不同，因此，对气体净化要求就有不同的要求。可分为中效过滤器、亚高效过滤器、高效过滤器、特殊高效过滤器等。

在热风干燥及气流输送冷却过程中，为了防止吸湿，保证产品质量，所以对一些吸湿性较强的产品，如胶片基、纺丝涤纶树脂、萃取中草药等物料，均需在前期对空气进行去湿处理，以达到预期效果。空气去湿的方法有以下几种：升温降湿、通风除湿、冷冻除湿、吸附剂除湿、混合除湿（即冷冻除湿与吸附除湿组合）。

53.4.2.2　通风系统的噪声控制措施

（1）机房和厂房、车间的布置
① 厂房、车间与机房之间要有隔声装置。
② 机房远离厂房、车间。
（2）风机选择
① 选用高效低噪声风机，尽量使工作点位于和接近最高效率点。
② 选用风机时，压头不要留太多的余量。
③ 在系统中尽量采用一鼓一抽两台风机，避免一台高压风机容易产生噪声。
④ 在系统中设置消声器，即阻隔式消声器、抗性式消声器，亦可结合惯性除尘器以达到降低噪声的效果。

53.4.3　振动流化床干燥器的噪声源及控制措施

振动流化床干燥器是在普通流化床基础上增加振动而来，因此由于振动也产生了更多噪声[34]，需要厘清噪声源，确定控制噪声的措施。

（1）噪声源
① 干燥箱体的弹性振动　由薄板、加强肋板等构件组成的板壳结构的干燥箱体，在外

来激振力的作用下，不可避免地产生弹性振动，成为这种类型干燥机的主要噪声源。

② 激振电动机的振动　振动电动机工作时，偏心质量所产生的离心力使转轴发生弯曲，从而使轴承的内外圈发生相对偏转，产生了振动和噪声。此外，激振电动机的自振动容易引起干燥箱体的共振，从而引起较大的噪声。

③ 减振弹簧　减振弹簧在振动流动干燥系统中主要起着支撑和减振作用，但对噪声也有一定的影响。不同的减振弹簧材料和不同的分布方式等，都会对干燥机的噪声声级有较大影响。

（2）控制措施

① 合理设计干燥机箱体的结构　箱体的转角处应设计成大圆角过渡，有较好的抗振和抗噪性能；箱体壁和夹层的厚度要适宜，合理地布置肋板，以加强结构刚度的薄弱环节和进行刚度的合理分配与平衡，以便最大限度地发挥在限定重量的条件下结构的抗振和抗噪潜力。选用高效低噪声风机，尽量使工作点位于和接近最高效率点。

② 金属弹簧上包涂阻尼材料如橡胶等，可以增加结构阻尼，且弹簧应成对称分布，可降低振动流动干燥系统的噪声，提高系统的动态稳定性。

③ 振动电动机既是系统的噪声源，又是干燥机箱体的激振源，选择综合性能好的振动电动机，可以降低由振动电动机引起的噪声，同时还可以降低对干燥机箱体的激励作用。

④ 附加阻尼消振器，可以提高接触面的阻尼，减少振动流动干燥机因启动和停车而引起的经过共振区时的振幅，缩短经过的时间，从而达到降低噪声的目的。

53.4.4　粮食烘干过程的噪声源及控制措施

粮食烘干过程主要由清理设备、除尘设备、提升设备、热风炉热源设备、风机设备、仓储设备、电控设备等组成[16]。

（1）噪声源

① 清理输送设备噪声，包括圆筒初清筛、斗式提升机、皮带输送机、溜粮管、烘干机、排料机等。当设备运行时，物料与设备、物料与管壁撞击、摩擦与振动、转动等产生的噪声混杂在一起。

② 热源设备热风炉噪声，主要是链条炉排传动噪声、电动机噪声、气体压力突变所产生的流体动力惯性噪声，以及机械噪声组成。

③ 风机噪声，主要有旋转噪声、涡流噪声、机械噪声，以电动机本身的电磁振动所发出的电磁波声组成。其中旋转噪声和涡流噪声都属于空气动力噪声，当风机叶轮在旋转时，叶片周向的气流速度和压力不均匀，从而在壳体上产生压力脉动，形成旋转噪声。叶轮在旋转时，使其周围形成涡流，由于空气的黏稠性，涡流分解成一系列小涡流，扰动周围空气，因而又产生涡流噪声。旋转噪声以中低频声为主，而涡流噪声为连续性噪声谱，以中频和高频成分较为突出。

（2）控制措施

① 风机壳阻尼加吸声　改变机壳中填充物，使其结构改为阻尼结构，即在双层机壳腔内充填干燥细砂，机壳内表面添加吸声层。

② 风机旁通管反声降噪，在有管道噪声的主管道上开一个或多个旁通管，则在旁通管道后声传播下游，噪声会下降，这符合噪声有源控制的原理。

③ 提高设备的安装精度，包括圆筒初清筛轴套、斗式提升机、刮板输送机、皮带输送

机、热风炉等。

④ 输送管道的内壁可加橡胶内衬，也可采用瓷质溜管或复合阻尼管道。

参考文献

[1] 袁增伟，毕军. 产业生态学 [M]. 北京：科学出版社，2010.

[2] Ludin N A, Mustafa N I, Hanafiah M M, et al. Prospects of life cycle assessment of renewable energy from solar photovoltaic technologies: A review [J]. Renewable and Sustainable Energy Reviews, 2018, 96: 11-28.

[3] 高秀玲，田玮，孟献昊. 啤酒发酵罐的生命周期评价及不确定性分析 [C]. 合肥：2018 中国环境科学学会科学技术年会，2018. 8.

[4] 孟献昊，田玮，张峻霞. 乳品降膜蒸发器的生命周期评价分析 [J]. 食品工业，2018, 39（10）：199-204.

[5] Haque N. Guest editorial: Life cycle assessment of dryers [J]. Drying Technology, 2011, 29（15）：1760-1762.

[6] 陈莎，刘尊文. 生命周期评价与Ⅲ型环境标志认证 [M]. 北京：中国标准出版社，2014.

[7] Greenhouse Gas Protocol. Product life cycle accounting and reporting standard [M]. World Business Council for Sustainable Development and World Resource Institute, 2011.

[8] Haque N, Jangam S V, Mujumdar A S. Chapter 61: Life cycle assessment of drying systems, in Handbook of Industrial Drying [M]. CRC Press. 2014.

[9] Léonard A, Gerbinet S. Using Life Cycle Assessment methodology to minimize the environmental impact of dryers [C]; IDS 2018 21st International Drying Symposium Proceedings, 2018. Editorial Universitat Politècnica de Valèncía.

[10] 刘夏璐，王洪涛，陈建，等. 中国生命周期参考数据库的建立方法与基础模型 [J]. 环境科学学报，2010, 30（10）：2136-2144.

[11] Herrmann I T, Moltesen A. Does it matter which Life Cycle Assessment（LCA）tool you choose?-a comparative assessment of SimaPro and GaBi [J]. Journal of Cleaner Production, 2015, 86: 163-169.

[12] Ciroth A. ICT for environment in life cycle applications openLCA—A new open source software for life cycle assessment [J]. The International Journal of Life Cycle Assessment, 2007, 12（4）：209.

[13] Ciesielski K, Zbicinski I. Evaluation of Environmental Impact of the Spray-Drying Process [J]. Drying Technology, 2010, 28（9）：1091-1096.

[14] Prosapio V, Norton I, De Marco I. Optimization of freeze-drying using a Life Cycle Assessment approach: Strawberries' case study [J]. Journal of Cleaner Production, 2017, 168: 1171-1179.

[15] De Marco I, Miranda S, Riemma S, et al. Environmental assessment of drying methods for the production of apple powders [J]. The International Journal of Life Cycle Assessment, 2015, 20（12）：1659-1672.

[16] 霍长军，刘林，吴晓玉. 干燥过程中的环境保护——噪声危害及防治措施 [C]. 中国化工学会. 哈尔滨：全国干燥大会论文集. 2002: 336-338.

[17] Dehghan S F, Nassiri P, Monazzam M R, et al. Study on the noise assessment and control at a petrochemical company [J]. Noise & Vibration Worldwide, 2013, 44（1）：10-18.

[18] Deng W-Y, Yan J-H, Li X-D, et al. Emission characteristics of volatile compounds during sludges drying process [J]. Journal of Hazardous Materials, 2009, 162（1）：186-192.

[19] Liu W, Xu J, Liu J, et al. Characteristics of ammonia emission during thermal drying of lime sludge for co-combustion in cement kilns [J]. Environmental technology, 2015, 36（2）：226-236.

[20] Granström K, Javeed A. Emissions from sawdust in packed moving bed dryers and subsequent pellet production [J]. Drying technology, 2016, 34（3）：258-266.

[21] Steckel V, Welling J, Ohlmeyer M. Product emissions of volatile organic compounds from convection dried Norway spruce（Picea abies（L.）H. Karst.）timber [J]. International Wood Products Journal, 2011, 2（2）：75-80.

［22］ Fechter J-O, Englund F. Emission of glycol ethers from medium-density fibreboard surfaces coated by a waterborne lacquer under different drying conditions ［J］. Wood Material Science and Engineering, 2008, 3（1-2）: 21-28.

［23］ Pang S. Emissions From Kiln Drying of Pinus radiata Timber: Analysis, Recovery, and Treatment ［J］. Drying technology, 2012, 30（10）: 1099-1104.

［24］ Verheyen T V, Reynolds A J. Yallourn brown coal-The effect of drying conditions on its VOC emissions ［J］. Fuel processing technology, 2017, 155: 88-96.

［25］ Awiszus S, Meissner K, Reyer S, et al. Ammonia and methane emissions during drying of dewatered biogas digestate in a two-belt conveyor dryer ［J］. Bioresource technology, 2018, 247: 419-425.

［26］ Ragazzi M, Rada E C, Antolini D. Material and energy recovery in integrated waste management systems: An innovative approach for the characterization of the gaseous emissions from residual MSW bio-drying ［J］. Waste Management, 2011, 31（9-10）: 2085-2091.

［27］ Granström K. A method to measure emissions from dryers with diffuse leakages, using evaporated water as a tracer ［J］. Drying technology, 2003, 21（7）: 1197-1214.

［28］ Granström K. A method to measure emissions from dryers with diffuse leakages 2—Sensitivity studies ［J］. Drying technology, 2005, 23（5）: 1127-1140.

［29］ Paczkowski S, Jaeger D, Pelz S. Semi-conductor metal oxide gas sensors for online monitoring of oak wood VOC emissions during drying ［J］. Drying Technology, 2019, 37（9）: 1081-1086.

［30］ 王纯, 张殿印. 除尘工程技术手册 ［M］. 北京: 化学工业出版社, 2016.

［31］ 张殿印, 王纯, 朱晓华, 等. 除尘器手册. 2版. ［M］. 北京: 化学工业出版社, 2015.

［32］ 肖江苏. 立式沸腾干燥系统的噪声控制 ［J］. 上海化工, 1985,（02）: 35-36+ 29.

［33］ 石晓林, 田海娟. 粮食干燥中的风机噪声控制 ［J］. 粮食加工, 2012, 37（03）: 51-53.

［34］ 单宝峰, 单锋, 宫永新. 振动流动干燥系统的噪声控制的探讨 ［J］. 机械设计与制造, 2005,（07）: 126-127.

（田玮，李占勇）

附　　录

附录 A　干空气、水、饱和水蒸气的性质

1　干空气的物理性质（p= 101.325kPa）

（1）国际单位制

温度 t/℃	密度/(kg/m³)	比热容 $c_p \times 10^{-3}$ /[J/(kg·K)]	热导率 $\lambda \times 10^2$ /[W/(m·K)]	导温系数 $a \times 10^5$ /(m²/s)	黏度 $\mu \times 10^5$ /Pa·s	运动黏度 $\nu \times 10^6$ /(m²/s)	普朗特数 Pr
−50	1.584	1.013	2.034	1.27	1.46	9.23	0.727
−40	1.515	1.013	2.115	1.33	1.52	10.04	0.723
−30	1.453	1.013	2.196	1.49	1.57	10.80	0.724
−20	1.395	1.009	2.278	1.62	1.62	11.60	0.717
−10	1.342	1.009	2.359	1.74	1.67	12.43	0.714
0	1.293	1.005	2.440	1.88	1.72	13.28	0.708
10	1.247	1.005	2.510	2.01	1.77	14.16	0.708
20	1.205	1.005	2.591	2.14	1.81	15.06	0.686
30	1.165	1.005	2.673	2.29	1.86	16.00	0.701
40	1.128	1.005	2.754	2.43	1.91	16.96	0.696
50	1.093	1.005	2.824	2.57	1.96	17.95	0.697
60	1.060	1.005	2.893	2.72	2.01	18.97	0.698
70	1.029	1.009	2.963	2.86	2.06	20.02	0.701
80	1.000	1.009	3.044	3.02	2.11	21.09	0.699
90	0.972	1.009	3.126	3.19	2.15	22.10	0.693
100	0.946	1.009	3.207	3.36	2.19	23.13	0.695
120	0.898	1.009	3.335	3.68	2.29	25.45	0.692
140	0.854	1.013	3.486	4.03	2.37	27.80	0.688
160	0.815	1.017	3.637	4.39	2.45	30.09	0.685
180	0.779	1.022	3.777	4.75	2.53	32.49	0.684
200	0.746	1.026	3.928	5.14	2.60	34.85	0.679
250	0.674	1.038	4.625	6.10	2.74	40.61	0.666
300	0.615	1.047	4.602	7.16	2.97	48.33	0.675
350	0.566	1.059	4.904	8.19	3.14	55.46	0.677
400	0.524	1.068	5.206	9.31	3.31	63.09	0.679
500	0.456	1.093	5.740	11.53	3.62	79.38	0.689
600	0.404	1.114	6.217	13.83	3.91	96.89	0.700
700	0.362	1.135	6.70	16.34	4.18	115.4	0.707
800	0.329	1.156	7.170	18.88	4.43	134.8	0.714
900	0.301	1.172	7.623	21.62	4.67	155.1	0.719
1000	0.277	1.185	8.064	24.59	4.90	177.1	0.719
1100	0.257	1.197	8.494	27.63	5.12	199.3	0.721
1200	0.239	1.210	9.145	31.65	5.35	233.7	0.717

（2）工程单位制

温度 $t/℃$	密度 γ /(kg/m³)	比热容 c_p /[kcal/(kg·℃)]	热导率 $\lambda\times10^2$ /[kcal/(m·h·℃)]	导温系数 $a\times10^2$ /(m²/h)	黏度 $\mu\times10^6$ /(kg·s/m²)	运动黏度 $\nu\times10^6$ /(m²/s)	普朗特数 Pr
−50	1.584	0.242	1.75	4.57	1.49	9.23	0.728
−40	1.515	0.242	1.82	4.96	1.55	10.04	0.728
−30	1.453	0.242	1.89	5.37	1.60	10.80	0.723
−20	1.395	0.241	1.96	5.83	1.65	11.60	0.716
−10	1.342	0.241	2.03	6.28	1.70	12.43	0.712
0	1.293	0.240	2.10	6.77	1.75	13.28	0.707
10	1.247	0.240	2.16	7.22	1.80	14.16	0.705
20	1.205	0.240	2.23	7.71	1.85	15.06	0.703
30	1.165	0.240	2.30	8.23	1.90	16.00	0.701
40	1.128	0.240	2.37	8.75	1.95	16.96	0.699
50	1.093	0.240	2.43	9.26	2.00	17.95	0.698
60	1.060	0.240	2.49	9.79	2.05	18.97	0.696
70	1.029	0.241	2.55	10.28	2.10	20.02	0.694
80	1.000	0.241	2.62	10.87	2.15	21.09	0.692
90	0.972	0.241	2.69	11.48	2.19	22.10	0.690
100	0.946	0.241	2.76	12.11	2.23	23.13	0.688
120	0.898	0.241	2.87	13.26	2.33	25.45	0.686
140	0.854	0.242	3.00	14.52	2.42	27.80	0.684
160	0.815	0.243	3.13	15.80	2.50	30.09	0.682
180	0.779	0.244	3.25	17.10	2.58	32.49	0.681
200	0.746	0.245	3.38	18.49	2.65	34.85	0.680
250	0.674	0.248	3.67	21.96	2.79	40.61	0.677
300	0.615	0.250	3.96	25.76	3.03	48.33	0.674
350	0.566	0.253	4.22	29.47	3.20	55.46	0.676
400	0.524	0.255	4.48	33.52	3.37	63.09	0.678
500	0.456	0.261	4.94	41.51	3.69	79.38	0.687
600	0.404	0.266	5.35	49.78	3.99	96.89	0.699
700	0.362	0.271	5.77	58.82	4.26	115.4	0.706
800	0.329	0.276	6.17	67.95	4.52	134.8	0.713
900	0.301	0.280	6.56	77.84	4.76	177.1	0.717
1000	0.277	0.283	6.94	88.53	5.00	199.3	0.719
1100	0.257	0.286	7.31	99.45	5.22	223.7	0.722
1200	0.239	0.289	7.87	113.94	5.45		0.724

2 水的物理性质

（1）国际单位制

温度 $t/℃$	压力 $p×10^{-5}$ /Pa	密度 /(kg/m³)	焓 i /[J/(kg·K)]	比热容 $c_p×10^{-3}$ /[J/(kg·K)]	热导率 $λ×10^2$ /[W/(m·K)]	导温系数 $a×10^7$ /(m²/s)	黏度 $μ×10^5$ /Pa·s	运动黏度 $ν×10^6$ /(m²/s)	体胀系数 $β×10^4$ /K⁻¹	表面张力 $σ×10^3$ /(N/m)	普朗特数 Pr
0	1.01	999.9	0	4.212	55.08	1.31	178.78	1.789	−0.63	75.61	13.66
10	1.01	999.7	42.04	4.191	57.41	1.37	130.53	1.306	+0.70	74.14	9.52
20	1.01	998.2	83.90	4.183	59.85	1.43	100.42	1.006	1.82	72.67	7.01
30	1.01	995.7	125.69	4.174	61.71	1.49	80.12	0.805	3.21	71.20	5.42
40	1.01	992.2	165.71	4.174	63.33	1.53	65.32	0.659	3.87	69.63	4.30
50	1.01	988.1	209.30	4.174	64.73	1.57	54.92	0.556	4.49	67.67	3.54
60	1.01	983.2	211.12	4.178	65.89	1.61	46.98	0.478	5.11	66.20	2.98
70	1.01	977.8	292.99	4.167	66.70	1.63	40.60	0.415	5.70	64.33	2.53
80	1.01	971.8	334.94	4.195	67.40	1.66	35.50	0.365	6.32	62.57	2.21
90	1.01	965.3	376.98	4.208	67.98	1.68	31.48	0.326	6.95	60.71	1.95
100	1.01	958.4	419.19	4.220	68.21	1.69	28.24	0.295	7.52	58.84	1.75
110	1.43	951.0	461.34	4.233	68.44	1.70	25.89	0.272	8.08	56.88	1.60
120	1.99	943.1	503.67	4.250	68.56	1.71	23.73	0.252	8.64	54.82	1.47
130	2.70	934.8	546.38	4.266	68.56	1.72	21.77	0.233	9.17	52.86	1.35
140	3.62	926.1	589.08	4.287	68.44	1.73	20.10	0.217	9.72	50.70	1.26
150	4.76	917.0	632.20	4.312	68.33	1.73	18.63	0.203	10.3	48.64	1.18
160	6.18	907.4	675.33	4.346	68.21	1.73	17.36	0.191	10.7	46.58	1.11
170	7.92	897.3	719.29	4.379	67.86	1.73	16.28	0.181	11.3	44.33	1.05
180	10.03	886.9	763.25	4.417	67.40	1.72	15.30	0.173	11.9	42.27	1.00
190	12.55	876.0	807.63	4.460	66.93	1.71	14.42	0.165	12.6	40.01	0.96
200	15.55	863.0	852.43	4.505	66.24	1.70	13.63	0.158	13.3	37.66	0.93
210	19.08	852.8	897.65	4.555	65.48	1.69	13.04	0.153	14.1	35.40	0.91
220	23.20	840.3	943.71	4.614	66.49	1.66	12.46	0.148	14.8	33.15	0.89
230	27.98	827.3	990.18	4.681	63.68	1.64	11.97	0.145	15.9	30.99	0.88
240	33.48	813.6	1037.49	4.756	62.75	1.62	11.47	0.141	16.8	28.54	0.87
250	39.78	799.0	1085.64	4.844	62.71	1.59	10.98	0.137	18.1	26.19	0.86
260	46.95	784.0	1135.04	4.949	60.43	1.56	10.59	0.135	19.7	23.73	0.87
270	55.06	767.9	1185.28	5.070	58.92	1.51	10.20	0.133	21.6	21.48	0.88
280	64.20	750.7	1236.28	5.229	57.41	1.46	9.81	0.131	23.7	19.12	0.89
290	74.46	732.3	1289.95	5.485	55.78	1.39	9.42	0.129	26.2	16.87	0.93

温度 $t/℃$	压力 $p\times10^{-5}$ /Pa	密度 /(kg/m³)	焓 i /[J/(kg·K)]	比热容 $c_p\times10^{-3}$ /[J/(kg·K)]	热导率 $\lambda\times10^{2}$ /[W/(m·K)]	导温系数 $a\times10^{7}$ /(m²/s)	黏度 $\mu\times10^{5}$ /Pa·s	运动黏度 $\nu\times10^{6}$ /(m²/s)	体胀系数 $\beta\times10^{4}$ /K⁻¹	表面张力 $\sigma\times10^{3}$ /(N/m)	普朗特数 Pr
300	85.92	712.5	1344.80	5.736	53.92	1.32	9.12	0.128	29.2	14.42	0.97
310	98.70	691.1	1402.16	6.071	52.29	1.25	8.83	0.128	32.9	12.06	1.02
320	112.90	667.1	1462.03	6.573	50.55	1.15	8.53	0.128	38.2	9.81	1.11
330	128.65	640.2	1526.19	7.243	48.34	1.04	8.14	0.127	43.3	7.67	1.22
340	146.09	610.1	1594.75	8.164	45.67	0.92	7.75	0.127	53.4	5.67	1.38
350	165.38	574.4	1671.37	9.504	43.00	0.79	7.26	0.126	66.8	3.82	1.60
360	186.75	528.0	1761.39	13.984	39.51	0.54	6.67	0.126	109	2.02	2.36
370	210.54	450.5	1892.43	40.319	33.70	0.19	5.69	0.126	264	0.47	6.80

（2）工程单位制

温度 $t/℃$	压力 p （绝对） /(kg/cm²)	密度 γ /(kg/m³)	焓 i /(kcal/kg)	比热容 c_p /[kcal/(kg·℃)]	热导率 $\lambda\times10^{2}$ /[kcal/(m·h·℃)]	导温系数 $a\times10^{4}$ /(m²/h)	黏度 $\mu\times10^{6}$ /(kg·s/m²)	运动黏度 $\nu\times10^{6}$ /(m²/s)	体胀系数 $\beta\times10^{4}$ /℃⁻¹	表面张力 $\sigma\times10^{4}$ /(kg/m)	普朗特数 Pr
0	1.03	999.9	0	1.006	47.4	4.71	182.3	1.789	-0.63	77.1	13.67
10	1.03	999.7	10.04	1.001	49.4	4.94	133.1	1.306	+0.70	75.6	9.52
20	1.03	998.2	20.04	0.999	51.5	5.16	102.4	1.006	1.82	74.1	7.02
30	1.03	995.7	30.02	0.997	53.1	5.35	81.7	0.805	3.21	72.6	5.42
40	1.03	992.2	40.01	0.997	54.5	5.51	66.6	0.659	3.87	71.0	4.31
50	1.03	988.1	49.99	0.997	55.7	5.65	56.0	0.556	4.49	69.0	3.54
60	1.03	983.2	59.98	0.998	56.7	5.78	47.9	0.478	5.11	67.5	2.98
70	1.03	977.8	69.98	1.000	57.4	5.87	41.4	0.415	5.70	65.5	2.55
80	1.03	971.8	80.00	1.002	58.0	5.96	36.2	0.365	6.32	63.8	2.21
90	1.03	965.3	90.04	1.005	58.5	6.03	32.1	0.326	6.95	61.9	1.95
100	1.03	958.4	100.10	1.008	58.7	6.08	28.8	0.295	7.52	60.0	1.75
110	1.46	951.0	110.19	1.011	58.9	6.13	26.4	0.272	8.08	58.0	1.36
120	2.03	943.1	120.3	1.015	59.0	6.16	24.2	0.252	8.64	55.9	1.47
130	2.75	934.8	130.5	1.019	59.0	6.19	22.2	0.233	9.19	53.9	1.36
140	3.69	926.1	140.7	1.024	58.9	6.21	20.5	0.217	9.72	51.7	1.26
150	4.85	917.0	151.0	1.030	58.8	6.22	19.0	0.203	10.3	49.6	1.17
160	6.30	907.4	161.3	1.038	58.7	6.23	17.7	0.191	10.7	47.5	1.10
170	8.08	897.3	171.8	1.046	58.4	6.22	16.6	0.181	11.3	45.2	1.05
180	10.23	886.9	182.3	1.055	58.0	6.20	15.6	0.173	11.9	43.1	1.00
190	12.80	876.0	192.9	1.065	57.6	6.17	14.7	0.165	12.6	40.8	0.96
200	15.86	863.0	203.6	1.076	57.0	6.14	13.9	0.158	13.3	38.4	0.93
210	19.46	852.8	214.4	1.088	56.3	6.07	13.3	0.153	14.1	36.1	0.91

温度 $t/℃$	压力 p（绝对）/（kg/cm²）	密度 γ/（kg/m³）	焓 i/（kcal/kg）	比热容 c_p/［kcal/（kg·℃）］	热导率 λ×10²/［kcal/（m·h·℃）］	导温系数 a×10⁴/（m²/h）	黏度 μ×10⁶/（kg·s/m²）	运动黏度 ν×10⁶/（m²/s）	体胀系数 β×10⁴/℃⁻¹	表面张力 σ×10⁴/（kg/m）	普朗特数 Pr
220	23.66	840.3	225.4	1.102	55.5	5.99	12.7	0.148	14.8	33.8	0.89
230	28.53	827.3	236.5	1.118	54.8	5.92	12.2	0.145	15.9	31.6	0.88
240	34.14	813.6	247.8	1.136	54.0	5.84	11.7	0.141	16.8	29.1	0.87
250	40.56	799.0	259.3	1.157	53.1	5.74	11.2	0.137	18.1	26.7	0.86
260	47.87	784.0	271.1	1.182	52.0	5.61	10.8	0.135	19.7	24.2	0.87
270	56.14	767.9	283.1	1.211	50.7	5.45	10.4	0.133	21.6	21.9	0.88
280	65.46	750.7	295.4	1.249	49.4	5.27	10.0	0.131	23.7	19.5	0.90
290	75.92	732.3	308.1	1.310	48.0	5.00	9.6	0.129	26.2	17.2	0.93
300	87.61	712.5	321.2	1.370	46.4	4.75	9.3	0.128	29.2	14.7	0.97
310	100.64	691.1	334.9	1.450	45.0	4.49	9.0	0.128	32.9	12.3	1.03
320	115.12	667.1	349.2	1.570	43.5	4.15	8.7	0.128	38.2	10.0	1.11
330	131.18	640.2	364.5	1.73	41.6	3.76	8.3	0.127	43.3	7.82	1.22
340	148.96	610.1	380.9	1.95	39.3	3.30	7.9	0.127	53.4	5.78	1.39
350	168.63	574.4	399.2	2.27	37.0	2.84	7.4	0.126	66.8	3.89	1.60
360	190.42	528.0	420.7	3.34	34.0	1.93	6.8	0.126	109	2.06	2.35
370	214.68	450.5	452.0	9.63	29.0	0.668	5.8	0.126	264	0.48	6.79

3 水在不同温度下的黏度

温度/℃	黏度/cP	温度/℃	黏度/cP	温度/℃	黏度/cP	温度/℃	黏度/cP	温度/℃	黏度/cP	温度/℃	黏度/cP	温度/℃	黏度/cP
0	1.7921	15	1.1404	29	0.8180	44	0.6097	59	0.4759	74	0.3849	89	0.3202
1	1.7313	16	1.1111	30	0.8007	45	0.5988	60	0.4688	75	0.3799	90	0.3165
2	1.6728	17	1.0828	31	0.7840	46	0.5883	61	0.4618	76	0.3750	91	0.3130
3	1.6191	18	1.0559	32	0.7679	47	0.5782	62	0.4550	77	0.3702	92	0.3095
4	1.5674	19	1.0299	33	0.7523	48	0.5683	63	0.4483	78	0.3655	93	0.3060
5	1.5188	20	1.0050	34	0.7371	49	0.5588	64	0.4418	79	0.3610	94	0.3027
6	1.4728	20.2	1.0000	35	0.7225	50	0.5494	65	0.4355	80	0.3565	95	0.2994
7	1.4284	21	0.9810	36	0.7085	51	0.5404	66	0.4293	81	0.3521	96	0.2962
8	1.3860	22	0.9579	37	0.6947	52	0.5315	67	0.4233	82	0.3478	97	0.2930
9	1.3462	23	0.9358	38	0.6814	53	0.5229	68	0.4174	83	0.3436	98	0.2899
10	1.3077	24	0.9142	39	0.6685	54	0.5146	69	0.4117	84	0.3395	99	0.2868
11	1.2713	25	0.8937	40	0.6560	55	0.5064	70	0.4061	85	0.3355	100	0.2838
12	1.2363	26	0.8737	41	0.6439	56	0.4985	71	0.4006	86	0.3315		
13	1.2028	27	0.8545	42	0.6321	57	0.4907	72	0.3952	87	0.3276		
14	1.1709	28	0.8360	43	0.6207	58	0.4832	73	0.3900	88	0.3239		

注：$1cP=10^{-3}Pa·s$ 或 $1Pa·s=10cP$。

4 水的饱和蒸汽压（−20~100℃）

t/℃	p		t/℃	p		t/℃	p		t/℃	p	
	mmHg	N/m²(Pa)		mmHg	N/m²(Pa)		mmHg	N/m²(Pa)		mmHg	N/m²(Pa)
−20	0.772	102.92	−15	1.238	165.05	−10	1.946	259.44	−5	3.008	401.03
−19	0.850	113.32	−14	1.357	180.92	−9	2.125	283.31	−4	3.276	436.76
−18	0.935	124.65	−13	1.486	198.11	−8	2.321	309.44	−3	3.566	475.42
−17	1.027	136.92	−12	1.627	216.91	−7	2.532	337.57	−2	3.876	516.75
−16	1.128	150.39	−11	1.780	237.31	−6	2.761	368.10	−1	4.216	562.08

t/℃	p		t/℃	p		t/℃	p		t/℃	p	
	mmHg	N/m²(Pa)		mmHg	N/m²(Pa)		mmHg	N/m²(Pa)		mmHg	N/m²(Pa)
0	4.579	610.47	26	25.21	3361.00	51	97.20	12958.70	76	301.4	40182.65
1	4.93	657.27	27	26.74	3564.98	52	102.1	13611.97	77	314.1	41875.81
2	5.29	705.26	28	28.35	3779.62	53	107.2	14291.90	78	327.3	43635.64
3	5.69	758.59	29	30.04	4004.93	54	112.5	14998.50	79	341.0	45462.12
4	6.10	813.25	30	31.82	4242.24	55	118.0	15731.76	80	355.1	47341.93
5	6.54	871.91	31	33.70	4492.88	56	123.8	16505.02	81	369.7	49288.40
6	7.01	934.57	32	35.66	4754.19	57	129.8	17304.94	82	384.9	51314.87
7	6.51	1001.23	33	37.73	5030.16	58	136.1	18144.85	83	400.6	53407.99
8	8.05	1073.23	34	39.90	5319.47	59	142.6	19011.43	84	416.8	55567.78
9	8.61	1147.89	35	42.18	5623.44	60	149.4	19910.00	85	433.6	57807.55
10	9.21	1227.88	36	44.56	5940.74	61	156.4	20851.25	86	450.9	60113.99
11	9.84	1311.87	37	47.07	6275.37	62	163.8	21837.82	87	466.7	62220.44
12	10.52	1402.53	38	49.65	6619.34	63	171.4	22851.05	88	487.1	64940.17
13	11.23	1497.18	39	52.44	6991.30	64	179.3	23904.28	89	506.1	67473.25
14	11.99	1598.51	40	55.32	7375.26	65	187.5	24997.50	90	525.8	70099.66
15	12.79	1705.16	41	58.34	7777.89	66	196.1	26144.05	91	546.1	72806.05
16	13.63	1817.15	42	61.50	8199.18	67	205.0	27330.60	92	567.0	75592.44
17	14.53	1937.14	43	64.80	8639.14	68	214.2	28557.14	93	588.6	78472.15
18	15.48	2063.79	44	68.26	9100.42	69	223.7	29823.68	94	610.9	81445.19
19	16.48	2197.11	45	71.88	9583.04	70	233.7	31156.88	95	633.9	84511.55
20	17.54	2338.43	46	75.65	10085.66	71	243.9	32516.75	96	657.6	87671.23
21	18.65	2486.42	47	79.60	10612.27	72	254.6	33943.27	97	682.1	90937.57
22	19.85	2646.40	48	83.71	11160.22	73	265.7	35423.12	98	707.3	94297.24
23	21.07	2809.05	49	88.02	11734.83	74	277.2	36956.30	99	733.2	97750.22
24	22.38	2983.70	50	92.51	12333.43	75	289.1	38542.81	100	760.0	101325.00
25	23.76	3167.68									

5 饱和水蒸气表（以温度为准）

温度/℃	压力（绝对大气压）/(kg/cm²)	蒸汽的比容/(m³/kg)	蒸汽的密度/(kg/m³)	焓				汽化热	
				液体		蒸汽		kcal/kg	kJ/kg
				kcal/kg	kJ/kg	kcal/kg	kJ/kg		
0	0.0062	206.5	0.00484	0	0	595.0	2491.3	595.0	2491.3
5	0.0089	147.1	0.00680	5.0	20.94	597.3	2500.9	592.3	2480.0
10	0.0125	106.4	0.00940	10.0	41.87	599.6	2510.5	589.6	2468.6
15	0.0174	77.9	0.01283	15.0	62.81	602.0	2520.6	587.0	2457.8
20	0.0238	57.8	0.01719	20.0	83.74	604.3	2530.1	584.3	2446.3
25	0.0323	43.40	0.02304	25.0	104.68	606.6	2538.6	581.6	2433.9
30	0.0433	32.93	0.03036	30.0	125.60	608.9	2549.5	578.9	2423.7
35	0.0573	25.25	0.03960	35.0	146.55	611.2	2559.1	576.2	2412.6
40	0.0752	19.55	0.05114	40.0	167.47	613.5	2568.7	573.5	2401.1
45	0.0977	15.28	0.06543	45.0	188.42	615.7	2577.9	570.7	2389.5
50	0.1528	12.054	0.0830	50.0	209.34	618.0	2587.6	568.0	2378.1
55	0.1605	9.589	0.1043	55.0	230.29	620.2	2596.8	565.2	2366.5
60	0.2031	7.687	0.1301	60.0	251.21	622.5	2606.3	562.5	2355.1
65	0.2550	6.209	0.1611	65.0	272.16	624.7	2615.6	559.7	2343.4
70	0.3177	5.052	0.1979	70.0	293.08	626.8	2624.4	556.8	2331.2
75	0.393	4.139	0.2416	75.0	314.03	629.0	2629.7	554.0	2315.7
80	0.483	3.414	0.2929	80.0	334.94	631.1	2642.4	551.2	2307.3
85	0.590	2.832	0.3531	85.0	355.90	633.2	2651.2	548.2	2295.3
90	0.715	2.365	0.4229	90.0	376.81	635.3	2660.0	545.3	2283.1
95	0.862	1.985	0.5039	95.0	397.77	637.4	2668.8	542.4	2271.0
100	1.033	1.675	0.5970	100.0	418.68	639.4	2677.2	539.4	2258.4
105	1.232	1.421	0.7036	105.1	439.64	641.3	2685.1	536.3	2245.5
110	1.461	1.212	0.8254	110.1	460.97	643.3	2693.5	533.1	2232.4
115	1.724	1.038	0.9635	115.2	481.51	645.2	2702.5	530.0	2221.0
120	2.025	0.893	1.1199	120.3	503.67	647.0	2708.9	526.7	2205.2
125	2.367	0.7715	1.296	125.4	523.38	648.8	2716.5	523.5	2193.1
130	2.755	0.6693	1.494	130.5	546.38	650.6	2723.9	520.1	2177.6
135	3.192	0.5831	1.715	135.6	565.25	652.3	2731.2	516.7	2166.0
140	3.685	0.5096	1.962	140.7	589.08	653.9	2737.8	513.2	2148.7
145	4.238	0.4469	2.238	145.9	607.12	655.5	2744.6	509.6	2137.5
150	4.855	0.3933	2.543	151.0	632.21	657.0	2750.7	506.0	2118.5
160	6.303	0.3075	3.252	161.4	675.75	659.9	2762.9	498.5	2087.1
170	8.080	0.2431	4.113	171.8	719.29	662.4	2773.3	490.6	2054.0
180	10.23	0.1944	5.145	182.3	763.25	664.6	2782.6	482.3	2019.3
190	12.80	0.1568	6.378	192.9	807.63	666.4	2790.1	473.5	1982.5

续表

温度/℃	压力 (绝对大气压) /(kg/cm²)	蒸汽的比容 /(m³/kg)	蒸汽的密度 /(kg/m³)	焓				汽化热	
				液体		蒸汽		kcal/kg	kJ/kg
				kcal/kg	kJ/kg	kcal/kg	kJ/kg		
200	15.85	0.1276	7.840	203.5	852.01	667.7	2795.5	464.2	1943.5
210	19.55	0.1045	9.567	214.2	897.23	668.6	2799.3	454.4	1902.1
220	23.66	0.0862	11.600	225.1	942.45	669.0	2801.0	443.9	1858.5
230	28.53	0.07155	13.98	236.1	988.50	668.8	2800.1	432.7	1811.6
240	34.13	0.05967	16.76	247.1	1034.56	668.0	2796.8	420.8	1762.2
250	40.55	0.04998	20.01	258.3	1081.45	666.4	2790.1	408.1	1708.6
260	47.85	0.04199	23.82	269.6	1128.76	664.2	2780.9	394.5	1652.1
270	56.11	0.03538	28.27	281.1	1176.91	661.2	2760.3	380.1	1591.4
280	63.42	0.02988	33.47	292.7	1225.48	657.3	2752.0	364.6	1526.5
290	75.88	0.02525	39.60	304.4	1274.46	652.6	2732.3	348.1	1457.8
300	87.6	0.02131	46.93	316.6	1325.54	646.8	2708.0	330.2	1382.5
310	100.7	0.01799	55.59	329.3	1378.71	640.1	2680.0	310.8	1301.3
320	115.2	0.01516	65.95	343.0	1436.07	632.5	2648.2	289.5	1212.1
330	131.3	0.01273	78.53	357.5	1446.78	623.5	2610.5	266.6	1113.7
340	149.0	0.01064	93.98	373.3	1562.93	613.5	2568.6	240.2	1005.7
350	168.6	0.00884	113.2	390.8	1632.20	601.1	2516.7	210.3	880.5
360	190.3	0.00716	139.6	413.0	1729.15	583.4	2442.6	170.3	713.4
370	214.5	0.00585	171.0	451.0	1888.25	549.8	2301.9	98.2	411.1
374	225.0	0.00310	322.6	501.1	2098.0	501.1	2098.0		

6 饱和水蒸气表（以压力为准）（Ⅰ）

压力		温度 /℃	蒸汽的比容 /(m³/kg)	蒸汽的密度 /(kg/m³)	焓/(kJ/kg)		汽化热 /(kJ/kg)
/Pa(N/m²)	标准大气压 (物理大气压)				液体	蒸汽	
1000	0.00987	6.3	129.37	0.00773	26.48	2503.1	2476.8
1500	0.0148	12.5	88.26	0.01133	52.26	2515.3	2463.0
2000	0.0197	17.0	67.29	0.01486	71.21	2524.2	2452.9
2500	0.0247	20.9	54.47	0.01836	87.45	2531.8	2444.3
3000	0.0296	23.5	45.52	0.02179	98.38	2536.8	2438.4
3500	0.0345	26.1	39.45	0.02523	109.30	2541.8	2432.5
4000	0.0395	28.7	34.88	0.02867	120.23	2546.8	2426.6
4500	0.0444	30.8	33.06	0.03205	129.00	2550.9	2421.9
5000	0.0493	32.4	28.27	0.03537	135.69	2554.0	2418.3
6000	0.0592	35.6	23.81	0.04200	149.06	2560.1	2411.0

续表

压力		温度	蒸汽的比容	蒸汽的密度	焓/(kJ/kg)		汽化热
/Pa(N/m²)	标准大气压 (物理大气压)	/℃	/(m³/kg)	/(kg/m³)	液体	蒸汽	/(kJ/kg)
7000	0.0691	38.8	20.56	0.04864	162.44	2566.3	2403.8
8000	0.0790	41.3	18.13	0.05514	172.73	2571.0	2398.2
9000	0.0888	43.3	16.24	0.06156	181.16	2574.8	2393.6
1×10^4	0.0987	45.3	14.71	0.06798	189.59	2578.5	2388.9
1.5×10^4	0.148	53.5	10.04	0.09956	224.03	2594.0	2370.0
2×10^4	0.197	60.1	7.65	0.13068	251.51	2606.4	2354.9
3×10^4	0.296	66.5	5.24	0.19093	288.77	2622.4	2333.7
4×10^4	0.395	75.0	4.00	0.24975	315.93	2634.1	2312.2
5×10^4	0.493	81.2	3.25	0.30799	339.80	2644.3	2304.5
6×10^4	0.592	85.6	2.74	0.36514	358.21	2652.1	2393.9
7×10^4	0.691	89.9	2.37	0.42229	376.61	2659.8	2283.2
8×10^4	0.799	93.2	2.09	0.47807	390.08	2665.3	2275.3
9×10^4	0.888	96.4	1.87	0.53384	403.49	2670.8	2267.4
1×10^5	0.987	99.6	1.70	0.58961	416.90	2676.3	2259.5
1.2×10^5	1.184	104.5	1.43	0.69868	437.51	2684.3	2246.8
1.4×10^5	1.382	109.2	1.24	0.80758	457.67	2692.1	2234.4
1.6×10^5	1.579	113.0	1.21	0.82981	473.88	2698.1	2224.2
1.8×10^5	1.776	116.6	0.988	1.0209	489.32	2703.7	2214.3
2×10^5	1.974	120.2	0.887	1.1273	493.71	2709.2	2204.6
2.5×10^5	2.467	127.2	0.719	1.3904	534.39	2719.7	2185.4
3×10^5	2.961	133.3	0.606	1.6501	560.38	2728.5	2168.1
3.5×10^5	3.454	138.8	0.524	1.9074	583.76	2736.1	2152.3
4×10^5	3.948	143.4	0.463	2.1618	603.61	2742.1	2138.5
4.5×10^5	4.44	147.7	0.414	2.4152	622.42	2747.8	2125.4
5×10^5	4.93	151.7	0.375	2.6673	639.59	2752.8	2113.2
6×10^5	5.92	158.7	0.316	3.1686	670.22	2761.4	2091.1
7×10^5	6.91	164.7	0.273	3.6657	696.27	2767.8	2071.5
8×10^5	7.90	170.4	0.240	4.1614	720.96	2773.7	2052.7
9×10^5	8.88	175.1	0.215	4.6525	741.82	2778.1	2036.2
1×10^6	9.87	179.9	0.194	5.1432	762.68	2782.5	2019.7
1.1×10^6	10.86	180.2	0.177	5.6339	780.34	2785.5	2005.1
1.2×10^6	11.84	187.8	0.166	6.1241	797.92	2788.5	1990.6
1.3×10^6	12.83	191.5	0.151	6.6141	814.25	2790.9	1976.7
1.4×10^6	13.82	194.8	0.141	7.1038	829.06	2792.4	1963.7
1.5×10^6	14.80	198.2	0.132	7.5935	843.86	2794.5	1950.7

压力		温度 /℃	蒸汽的比容 /(m³/kg)	蒸汽的密度 /(kg/m³)	焓/(kJ/kg)		汽化热 /(kJ/kg)
/Pa(N/m²)	标准大气压 (物理大气压)				液体	蒸汽	
1.6×10^6	15.79	201.3	0.124	8.0814	857.77	2796.0	1938.2
1.7×10^6	16.78	204.1	0.117	8.5674	870.58	2797.1	1926.5
1.8×10^6	17.76	206.9	0.110	9.0533	883.39	2798.1	1914.8
1.9×10^6	18.75	209.8	0.105	9.5392	896.21	2799.2	1903.0
2×10^6	19.74	212.2	0.0997	10.0338	907.32	2799.7	1892.4
3×10^6	29.61	233.7	0.0666	15.0075	1005.4	2798.9	1793.5
4×10^6	39.48	250.3	0.0498	20.0969	1082.9	2789.8	1706.8
5×10^6	49.35	263.8	0.0394	25.3663	1146.9	2776.2	1629.2
6×10^6	59.21	275.4	0.0324	30.8494	1203.2	2759.5	1556.3
7×10^6	69.08	285.7	0.0273	36.5744	1253.2	2740.8	1487.6
8×10^6	79.95	294.8	0.0235	42.5768	1299.2	2720.5	1403.7
9×10^6	88.82	303.2	0.0205	48.8945	1343.5	2699.1	1356.6
1×10^7	98.69	310.9	0.0180	55.5407	1384.0	2677.1	1293.1
1.2×10^7	118.43	324.5	0.0142	70.3075	1463.4	2631.2	1167.7
1.4×10^7	138.17	336.5	0.0115	87.3020	1567.9	2583.2	1043.4
1.6×10^7	157.90	347.2	0.00927	107.8010	1615.8	2531.1	915.4
1.8×10^7	177.64	356.9	0.00744	134.4813	1699.8	2466.0	766.1
2×10^7	197.38	365.6	0.00566	176.5961	1817.8	2364.2	544.9

7 饱和水蒸气表（以压力为准）（Ⅱ）

压力 (绝对大气压) /(kg/cm²)	温度/℃	蒸汽的比容 /(m³/kg)	蒸汽的密度 /(kg/m³)	焓				汽化热	
				液体		蒸汽			
				kcal/kg	kJ/kg	kcal/kg	kJ/kg	kcal/kg	kJ/kg
0.01	6.6	131.60	0.00760	6.6	27.63	598.0	2503.71	591.4	2476.07
0.015	12.7	89.64	0.01116	12.7	53.17	600.9	2515.85	588.2	2462.68
0.02	17.1	68.27	0.01465	17.1	71.59	602.9	2523.74	585.8	2452.63
0.025	20.7	55.28	0.01809	20.7	86.67	604.6	2531.34	583.9	2444.67
0.03	28.7	46.53	0.02149	23.7	99.23	606.0	2537.20	582.2	2437.97
0.04	28.6	35.46	0.02820	28.6	119.74	608.2	2546.41	579.6	2426.67
0.05	32.5	28.73	0.03481	32.5	136.07	610.0	2550.17	577.5	2417.88
0.06	35.8	24.19	0.04133	35.8	149.89	611.5	2560.23	575.8	2410.76
0.08	41.4	18.45	0.05420	41.1	172.08	614.0	2570.70	572.8	2398.20
0.10	45.4	14.96	0.06686	45.4	190.08	615.9	2579.76	570.5	2388.57
0.12	49.0	12.60	0.07937	49.0	205.15	617.6	2585.77	568.5	2380.20
0.15	53.6	10.22	0.09787	53.6	224.41	619.6	2594.14	566.0	2369.73
0.20	59.7	7.797	0.1283	59.7	250.06	622.3	2605.45	562.7	2355.91
0.30	68.7	5.331	0.1876	68.7	287.63	626.3	2621.69	557.6	2334.56
0.40	75.4	4.072	0.2456	75.4	315.68	629.2	2634.75	553.8	2318.65
0.50	80.9	3.304	0.3027	80.9	338.71	631.5	2643.96	550.6	2305.25
0.60	85.5	2.785	0.3590	85.5	357.97	633.4	2651.92	548.0	2294.37
0.70	89.3	2.411	0.4147	89.5	374.72	635.1	2659.04	545.6	2284.32

续表

压力（绝对大气压）/(kg/cm²)	温度/℃	蒸汽的比容/(m³/kg)	蒸汽的密度/(kg/m³)	焓 液体 kcal/kg	焓 液体 kJ/kg	焓 蒸汽 kcal/kg	焓 蒸汽 kJ/kg	汽化热 kcal/kg	汽化热 kJ/kg
0.80	93.0	2.128	0.4699	93.0	389.37	636.5	2664.90	543.6	2275.94
0.90	96.2	1.906	0.5246	96.2	402.77	637.8	2670.34	541.7	2267.99
1.0	99.1	1.727	0.5790	99.1	414.91	639.0	2675.37	539.9	2260.45
1.2	104.2	1.457	0.6865	104.3	436.68	641.1	2684.16	536.7	2247.06
1.4	108.7	1.261	0.7931	108.9	455.94	642.8	2691.30	533.9	2235.33
1.6	112.7	1.113	0.898	112.9	472.69	644.3	2697.56	531.4	2224.87
1.8	116.3	0.997	1.003	116.6	488.18	645.7	2703.42	529.1	2215.24
2.0	119.6	0.903	1.107	119.9	502.00	646.9	2708.44	527.0	2206.44
3.0	132.9	0.6180	1.618	133.4	558.52	651.6	2728.12	518.1	2169.18
4.0	142.9	0.4718	2.120	143.7	601.64	654.9	2741.94	511.1	2139.87
5.0	151.1	0.3825	2.614	152.2	637.23	657.3	2751.98	505.2	2115.17
6.0	158.1	0.3222	3.104	159.4	667.38	659.3	2760.36	499.9	2092.98
7.0	164.2	0.2785	3.591	165.7	693.75	660.9	2767.06	495.2	2073.30
8.0	169.6	0.2454	4.075	171.4	717.62	662.3	2772.92	490.9	2055.30
9.0	174.5	0.2195	4.556	176.6	739.39	663.4	2777.52	486.8	2038.13
10	179.0	0.1985	5.037	181.3	759.07	664.4	2781.71	483.1	2022.64
11	183.2	0.1813	5.616	185.7	777.49	665.2	2785.06	479.6	2007.57
12	187.1	0.1668	5.996	189.8	794.65	665.9	2788.00	376.1	1574.66
13	190.7	0.1545	6.474	193.6	810.56	666.6	2790.92	472.8	1979.52
14	194.1	0.1438	6.952	197.3	826.06	667.0	2792.60	469.7	1966.54
15	197.4	0.1346	7.431	200.7	840.29	667.4	2794.27	466.7	1953.98
16	200.4	0.1264	7.909	204.0	854.11	667.8	2795.95	463.8	1941.84
17	203.4	0.1192	8.389	207.1	867.09	668.1	2797.20	460.9	1929.70
18	206.2	0.1128	8.868	210.1	879.65	668.3	2798.04	458.2	1918.89
19	208.8	0.1070	9.349	213.0	891.79	668.5	2798.88	455.5	1907.09
20	211.4	0.1017	9.83	215.8	903.51	668.7	2799.71	452.9	1896.20
30	232.8	0.06802	14.70	239.1	1001.06	668.6	2799.29	429.5	1798.23
40	249.2	0.05069	19.73	257.4	1077.68	666.6	2790.92	409.2	1713.24
50	262.7	0.04007	24.96	272.7	1141.74	663.4	2777.52	390.7	1635.78
60	274.3	0.03289	30.41	286.1	1197.84	659.5	2761.19	373.5	1563.77
70	284.5	0.02769	36.12	298.0	1247.67	655.3	2743.61	357.3	1495.94
80	293.6	0.02374	42.13	308.8	1292.88	650.6	2723.93	341.8	1431.05
90	301.9	0.02064	48.45	319.0	1335.59	645.6	2703.00	326.7	1367.83
100	309.5	0.01815	55.11	328.7	1602.29	640.5	2681.65	311.8	1305.44
120	323.1	0.01437	69.60	343.7	1439.00	629.7	2636.43	282.4	1182.35
140	335.0	0.01164	85.91	365.3	1529.44	618.6	2589.95	253.3	1060.52
160	345.7	0.00956	104.6	383.4	1604.91	606.3	2538.46	222.8	932.82
180	355.4	0.00782	128.0	401.9	1682.67	592.6	2481.10	190.7	798.42
200	364.2	0.00614	162.9	425.6	1781.90	572.8	2398.20	147.3	616.72
225	374.0	0.00310	322.6	501.1	2098.00	501.1	2098.00	0	0

附录 B 低温、中温、高温焓-湿图

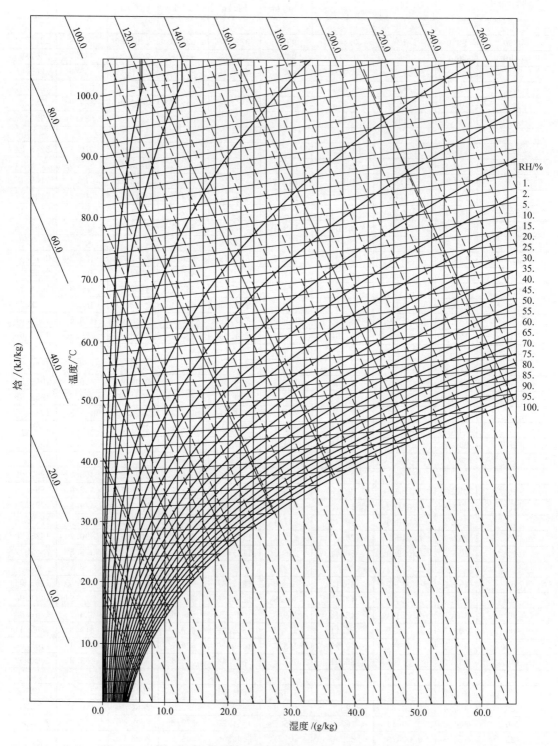

图 1 低温湿空气焓湿图 （101.325kPa）

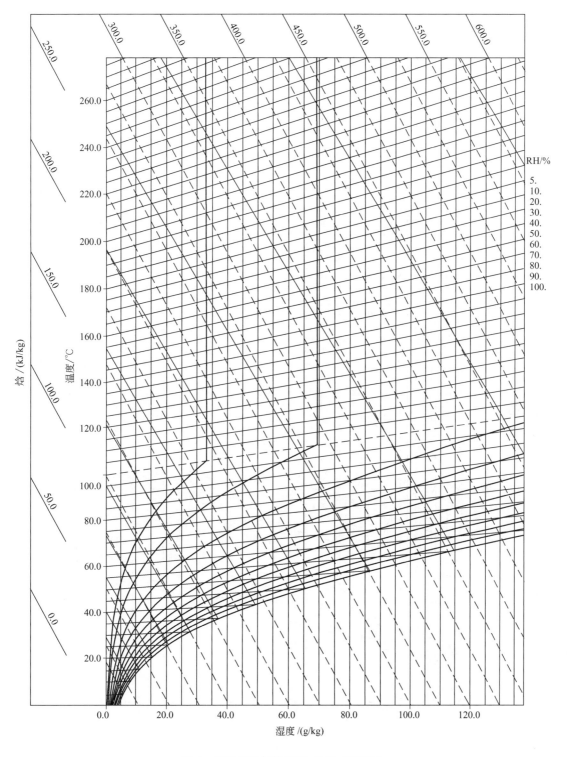

图 2　中温湿空气焓湿图（101.325kPa）

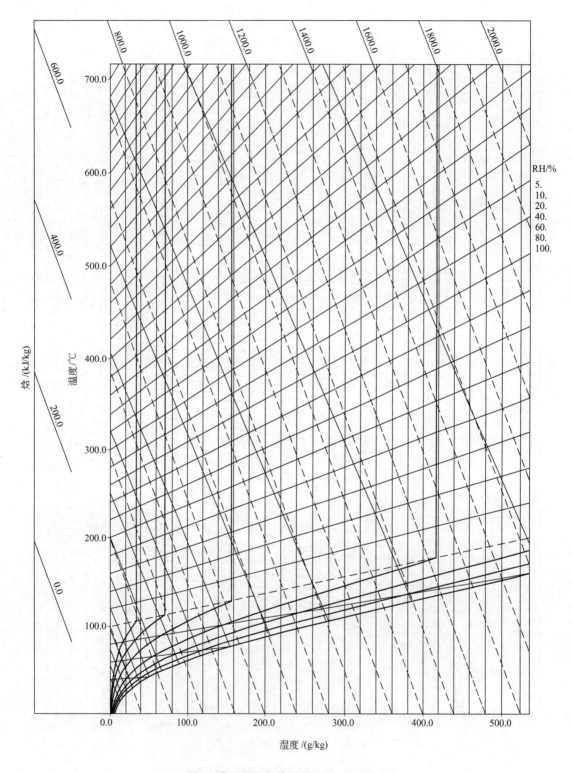

图 3　高温湿空气焓湿图（101.325kPa）

附录 C 主题词索引

B

C

D

H

J

K

L

M

R

Rijke 型脉动燃烧器	Rijke pulse combustor	1085,1087,1088
热泵干燥器	heat pump dryer	933,950,960
热不稳定性物料	thermal-labile material	1713
热焓	enthalpy	145,146,148,149,151,301,424,425,427, 433,693,773,1609,1736
热扩散系数	thermal diffusive coefficient	119,162,1144,1703,1704
热力学第二定律	The second law of thermodynamics	174,175,177,955
热力学第一定律	The first law of thermodynamics	174,175,178
热量通量	heat flux	145,146
热敏性	thermo-sensitivity	11,236,345,415,475
热致死时间	thermal death time(TDT)	1332,1711
热熔融流化床	hot melt fluidized bed	2108,2109,2110,2111
溶剂置换	solvent-replacement	1020,1021,1763,1764,1765
瑞利准则	Rayleigh's Criterion	1090,1091
弱结合水	weakly bound water	713,736,1324

S

Schmidt 型脉动燃烧器	Schmidt pulse combustor	1084,1085,1086
Stefan-Boltzmann 常数	Stefan-Boltzmann constant	155
三级干燥	three-stage drying	561,562,1494,1847
三流体喷嘴	three-fluid nozzle	569,570,571,1074
三星灶	three-star stove	1566
散状物料	disperse material	170,414,534,537,2005,2006,2017,2018
杀青机炉灶	fixing machine stove	1566,1567
商业软件	commercial software	102,169,170
熵	entropy	175,176,177,180,183,188,196,1039,1377
射流冲击干燥机	impinging jet dryer	687,688,713
渗透法	infiltration method	159
渗透脱水	osmotic dehydration	925,1360,1361,1373,1375,1382,1724
渗透压	osmotic pressure	39,1142,1360,1724,2123,2124
生命周期评价	life cycle assessment	2285,2286,2287,2288,2289,2290,2291,2292,2294
生物合成产品	biosynthesis products	1698,1712
生物聚合物	biopolymers	1695,1697,1698,1710
生鲜食品保质	quality of fresh food	1380,1381
湿度图	psychrometric chart	30,34,79,169,372,1813
湿分扩散率	moisture diffusivity	60,87,90,94
湿分扩散系数	moisture diffusive coefficient	87,161,165,981
湿分迁移	moisture transfer	45,74,101,114,117,119,261
湿分梯度	moisture gradient	113,114,115,119,128,145,152,1291,1713,1961
湿空气的焓	enthalpy of humid air	28,30,197
湿敏性	xero-sensitivity	1697,1708,1709,1712,1714,1722
十余一时间	decimal reduction time	1331,1711
实心锥喷雾	Solid cone spray	584,585
收敛性	Convergence	168,1383
数值解	numerical solution	55,60,167,169,716,783,1292,1438
双曲型偏微分方程	hyperbolic partial differential equation	166
水分活度	water activity	82,86,181,182,185,190,192,1323,1324,1325, 1326,1327,1328,1329,1330
顺磁共振(ESR)	Paramagnetic resonance	161
隧道干燥器	tunnel dryers	203,213,1355,1356,1977,1978
隧道干燥的热效率	tunnel drying thermal efficiency	220

T

塔式连续真空干燥	continuous vacuum drying tower	1413,1414,1415,1416,1417,1420,1421,1424,1427,1428
体积单元	volume element	124,152
体积浓度	volumetric concentration	720,722,2171,2172
调节参数	tuning parameter	154,155,157,2252
停留时间分布	residence time distribution	353,360,532,1741
同向流	co-current	1402
同向旋转	co-rotating	487,1840,2097
筒式炒干机	drum roasting machine	1557
湍流强度	intensity of turbulence	675,676,678,682,683
椭圆型偏微分方程	elliptic partial differential equation	166

W

外部控制干燥	externally controlled drying	55
网带式烘干机	net band dryer	1563
网格划分	meshing	167,1439
微波杀青机	microwave fixing machine	1555
微波与高频干燥	microwave and high-frequency drying	1827
微分热分析	differential thermal analysis	1324
维生素 B1 损失	thiamine losses	1334
温谱图	thermogram	1506,1707
乌龙茶(青茶)	oolong tea	1547
雾化轮	atomizer wheel	587,588,591,592,593,594,1482,1508

X

吸附等温线	adsorption isotherm	82,83,86,968,991,1068,1293,1325,1328,1971
吸附干燥	sorption drying	90,1063,1064,1065,1067,1068,1069,1070,1071,1072,1073,1074,1075,1077,1078,1715
吸附流化床	sorbent fluidized bed	1073,1076,1078
吸附冷冻干燥	adsorption freeze-drying	1065,1077,1078
吸附热	heat of absorption	55,56,955,1063,1064,1066,1068,1077,1079,1081,1326,1327,1864
吸湿等温线	moisture absorption isotherm	1381,1697,1706
吸着水	absorbed water	106,114,823,839,1029,1772,1773,1775,1779,1781,1784,1785,1859,1861,1862,1864
鲜叶脱水机	green leaf Water-separator	1550
相变潜热	latent heat of phase change	753,1131,1136,1160,1415
相容性	compatibility	168,937
响应时间	response time	789,853,858,859,1456,2264
新型干燥器	Novel (New Type)dryer	10,15,19,150,1083
旋转阀	rotary valve	356,429,506,738,1005,10888,1089,1090,1096,1101,1116,1919,1959,1994,2032,2033
旋转式雾化器	rotary atomizer	560,563,564,571,572,587,588,595,596,597,598,601,605,607,610

Y

压力式喷嘴	pressure nozzle	564,576,577,578,583,602,605,606,1484,1494,2113
压力损失	pressure loss	425,426,476,494,495,970,1584,1586,1591,1811,2201,2303
烟草干燥	tobacco drying	1597,1599,1608
摇青	rocking green	1547,1548
叶片轮	vane wheel	383,587,590,593
液滴干燥动力学	droplet drying kinetic	637,638,639,640,641,643,648,649,658,662,664,667,669,670
液滴收缩	droplet shrinkage	634,649,665,666,667,669
一级反应动力学	first-order reaction kinetic	654,1332
营养损失	nutrient losses	1331,1375,1377,1628,1630
有限差分法	finite difference method	167,452,928,1667
有限体积法	finite volume method	167

Z

真空干燥器	vacuum drier	1,265,289,349,356,1351,1354,1376,1686,1735,1746,1750
振荡时间	oscillation time	719,720
振动流化床干燥机	vibrated fluidized bed dryer	713
振动流化床式烘干机	vibrating fluid bed type dryer	1565
蒸汽流化床干燥器	steam-fluidized bed dryer	988,991,992,1000,1925,1949,1951
蒸汽热交换器	steam heat exchanger	1563,2214
蒸汽杀青机	steam fixing machine	1554,1555
直流式热风炉	straight-through type furnace	1568
指前因子	pre-exponent factor	161,162
质量降解	quality degradation	1376,1667,1683,1684,1709
质量浓度	mass concentration	108,112,113,115,117,118,453,724,737,1145,1149
质量守恒	mass conservation	111,113,139,152,453,727,1294,1723
质量通量	mass flux	113,114,146,159,1288,1289,1296,1973
质量载荷	mass load	723,734
质平衡	mass equilibrium	111,142,143,145,146,148,452,1143,1149,1805
终端速度	terminal velocity	527,721,735,2080
周围介质	ambient medium	149,174,183,185,817,1196,1675,1842,1970,1971,1981
转鼓干燥器	drum dryer	11,94,227,229,230,234,237,244,1353,1715,2031
自惰化喷雾干燥	self-inertizing spray drying	561
自燃点	auto ignition point	2171,2275
总传热系数	overall heat transfer coefficient	149,228,261,740,546,547,627,874
足火	final firing	1544,1545,1546,1547,1548,1564,1569
组合干燥	combination drying	322,730,731,732,923,925,928,1377
组合太阳能干燥器	combined-mode solar dryer	1344
最低氧浓度	minimum oxygen concentration	2272,2274
最低着火温度	minimum ignition temperature	1964,2272
做青	green-making	1547,1548,1552

（刘相东，徐庆）

附录 D 干燥技术代表著作（中英日）

1 中文书目

序号	主要编著者	专著名	出版社	出版年份
1	褚治德、王一建	红外辐射加热干燥理论与工程实践	化学工业出版社	2019
2	艾沐野	木材干燥实用技术	化学工业出版社	2019
3	段续	新型食品干燥技术及应用	化学工业出版社	2018
4	高建民	木材干燥学	科学出版社	2018
5	李长友	粮食干燥解析法	科学出版社	2018
6	刘能文	木材干燥实践技术手册	中国林业出版社	2018
7	张雪娇	热风和热泵干燥工艺在广式腊肉加工中的应用研究	西南交通大学出版社	2018
8	郭明辉	木材干燥与炭化技术	化学工业出版社	2017
9	艾沐野	常规木材干燥操作技巧	化学工业出版社	2017
10	段续	食品冷冻干燥技术与设备	化学工业出版社	2017
11	李传峰	红枣品质与干燥技术研究	团结出版社	2017
12	闵国强	陶瓷干燥与烧成技术	江西高校出版社	2017
13	任广跃	怀山药干燥技术	科学出版社	2017
14	宋朝鹏	烟叶水分干燥与应用	科学出版社	2017
15	伊松林	木材常规干燥手册	化学工业出版社	2017
16	弋晓康	红枣热风干燥特性及品质试验研究	中国农业出版社	2017
17	中国储备粮管理总公司	连续式粮食干燥机技术实用操作手册	四川科学技术出版社	2017
18	袁越锦	太阳能果蔬热风真空组合干燥技术	西北工业大学出版社	2016
19	艾沐野	木材干燥实践与应用	化学工业出版社	2016
20	何正斌	木材干燥理论	中国林业出版社	2016
21	刘辉	冷冻真空干燥	吉林大学出版社	2016
22	刘云宏	金银花干燥原理与技术	中国林业出版社	2016
23	毕金峰	食品变温压差膨化联合干燥理论与技术	科学出版社	2015
24	郝华涛	木材干燥技术	中国林业出版社	2015
25	李树君	农产品微波组合干燥技术	中国科学技术出版社	2015
26	张志军	连续真空干燥	科学出版社	2015
27	罗瑞明	冷冻干燥技术原理及应用研究新进展	科学出版社	2015
28	张继军	盘式干燥器及新型传导干燥技术	化学工业出版社	2015
29	张慜、王云川、艾伦·牟俊达	食品高效优质干燥技术	江苏凤凰科学技术出版	2015
30	李贤军	桉树木材微波预处理机制与特性	中国环境出版社	2014
31	何正斌	木材干燥热质传递理论与数值分析	中国林业出版社	2013
32	王颖莉	远志化学特性及干燥热解过程研究	化学工业出版社	2013
33	彭桂新	节能型低风速梗丝气流干燥设备研发及生产应用	河南科学技术出版社	2013
34	史伟勤	真空冷冻干燥技术与设备	中国劳动社会保障出版社	2013
35	肖志锋	过热蒸汽流化床干燥机理及其数值模拟	经济科学出版社	2013
36	于才渊	喷雾干燥技术	化学工业出版社	2013

序号	主要编著者	专著名	出版社	出版年份
37	于建芳	木材微波干燥热质转移及应力应变的数值模拟研究	中国林业出版社	2013
38	刁海林	广西主要人工林木材干燥技术	广西科学技术出版社	2012
39	王华	红土镍矿干燥与预还原技术	科学出版社	2012
40	徐成海	真空干燥技术	化学工业出版社	2012
41	叶雪瑞	干燥与过滤	化学工业出版社	2012
42	白喜春	粮食干燥	哈尔滨工业大学出版社	2011
43	蔡家斌	进口木材特性与干燥技术	合肥工业大学出版社	2011
44	车刚	苜蓿强化保质干燥理论与设备研究	中国农业出版社	2011
45	沈卫强	果蔬干燥技术	新疆美术摄影出版社 新疆电子音像出版社	2011
46	伊松林	太阳能及热泵干燥技术	化学工业出版社	2011
47	张福成	药品食品冷冻干燥手册	军事医学科学出版社	2011
48	谢奇珍	脱水蔬菜加工技术与设备	阳光出版社	2010
49	崔春芳	干燥新技术及应用	化学工业出版社	2009
50	洪波	干燥花制作工艺与应用	中国林业出版社	2009
51	李贤军	木材微波真空干燥特性及其热质迁移机理	中国环境科学出版社	2009
52	刘广文	干燥设备设计手册	机械工业出版社	2009
53	杨才誉	食糖制造工-分蜜与干燥	中国轻工业出版社	2009
54	张慜	生鲜食品保质干燥新技术理论与实践	化学工业出版社	2009
55	郑先哲	牧草干燥理论与设备	中国农业出版社	2009
56	郑先哲	农产品干燥理论与技术	中国轻工业出版社	2009
57	朱文学	食品干燥原理与技术	科学出版社	2009
58	曾令可	陶瓷工业实用干燥技术与实例	化学工业出版社	2008
59	高翔	谷物干燥机使用与维护	中国三峡出版社	2008
60	金国淼	石油化工设备设计选用手册-干燥器	化学工业出版社	2008
61	刘同卷	干燥工	化学工业出版社	2008
62	钱应璞	冷冻干燥制药工程与技术	化学工业出版社	2008
63	王喜明	木材干燥实用技术问答	化学工业出版社	2008
64	衣淑娟	谷物干燥机械化技术	黑龙江科学技术出版社	2008
65	蔡英春	木材高频真空干燥机理	东北林业大学出版社	2007
66	陈东	热泵干燥装置	化学工业出版社	2007
67	程万里	木材高温高压蒸汽干燥工艺学原理	科学出版社	2007
68	董全	食品干燥加工技术	化学工业出版社	2007
69	郭明辉	小径木材的干燥学特性与高效利用技术	东北林业大学出版社	2007
70	潘永康	现代干燥技术	化学工业出版社	2007/1998
71	王喜明	木材干燥学	中国林业出版社	2007
72	姚静	药物冻干制剂技术的设计及应用	中国医药科技出版社	2007
73	张璧光	太阳能干燥技术	化学工业出版社	2007
74	朱文学	中药材干燥原理与技术	化学工业出版社	2007
75	郝华涛	现代木材干燥技术	东北林业大学出版社	2006
76	华泽钊	冷冻干燥新技术	科学出版社	2006
77	华泽钊	药品和食品的冷冻干燥	科学出版社	2006
78	李耀维	果品蔬菜干燥技术	中国社会出版社	2006

序号	主要编著者	专著名	出版社	出版年份
79	史伟勤	冷冻干燥技术	中国劳动社会保障出版社	2006
80	孙企达	冷冻干燥超细粉体技术及应用	化学工业出版社	2006
81	汪政富	农产品干燥技术	中国农业科学技术出版社	2006
82	杜国兴	木材干燥技术	中国林业出版社	2005
83	刘相东	常用工业干燥设备及应用	化学工业出版社	2005
84	许敦复	冷冻干燥技术与冻干机	化学工业出版社	2005
85	伊松林	木材浮压干燥的基本特性	中国环境科学出版社	2005
86	衣淑娟	水稻干燥技术	东北林业大学出版社	2005
87	于才渊	干燥装置设计手册	化学工业出版社	2005
88	张璧光	实用木材干燥技术	化学工业出版社	2005
89	张继宇	旋转闪蒸干燥与气流干燥技术手册	东北大学出版社	2005
90	赵鹤皋	冷冻干燥技术与设备	华中科技大学出版社	2005
91	中国储备粮管理总公司	粮食干燥系统实用技术	辽宁科学技术出版社	2005
92	中国纺织工业设计院	聚合物输送与干燥工艺	中国纺织出版社	2005
93	李延云	蔬菜热风与冷冻脱水技术	金盾出版社	2004
94	刘广文	干燥设备选型及采购指南	中国石化出版社	2004
95	汪春	谷物干燥技术研究	东北林业大学出版社	2004
96	王绍林	微波加热技术的应用：干燥和杀菌	机械工业出版社	2004
97	徐成海	真空干燥	化学工业出版社	2004
98	曹恒武	干燥技术及其工业应用	中国石化出版社	2003
99	江泽慧	桉树人工林木材干燥与皱缩	中国林业出版社	2003
100	王喜忠	喷雾干燥	化学工业出版社	2003
101	戴继先	自然干燥花生产与装饰	中国农业出版社	2002
102	金国淼	干燥设备	化学工业出版社	2002
103	薛惠岚	农产品干燥原理与技术	陕西人民出版社	2002
104	赵思孟	简明粮食干燥教程	中国物资出版社	2002
105	曹崇文	农产品干燥工艺过程的计算机模拟	中国农业出版社	2001
106	康景隆	食品预冷·快速冻结·冷冻干燥技术手册	中国商业出版社	2001
107	刘广文	喷雾干燥实用技术大全	中国轻工业出版社	2001
108	朱文学	粮食干燥原理及品质分析	高等教育出版社	2001
109	余善鸣	果蔬保鲜与冷冻干燥技术	黑龙江科学技术出版社	1999
110	刘德旺	粮食及农产品干燥成套设备和技术	气象出版社	1998
111	王恺	木材工业实用大全-木材干燥卷	中国林业出版社	1998
112	徐圣言	图说农产品干燥与干制新技术	科学出版社	1998
113	杜国兴	木材干燥质量控制	中国林业出版社	1997
114	化学工业部人事教育司	浸取与干燥	化学工业出版社	1997
115	王相友	脉动干燥理论及应用	中国农业科技出版社	1997
116	张慜	特种脱水蔬菜加工贮藏和复水学专论	科学出版社	1997
117	杜友清	蔬菜脱水干燥加工技术	四川科学技术出版社	1996
118	廉正瑜	红外辐射加热干燥原理与应用	机械工业出版社	1996
119	童景山	流态化干燥工艺与设备	科学出版社	1996
120	王成芝	谷物干燥原理与谷物干燥机设计	哈尔滨出版社	1996

序号	主要编著者	专著名	出版社	出版年份
121	赵元藩	蔬菜水果脱水干燥技术	云南科技出版社	1996
122	徐水	干茧工艺学	四川科学技术出版社	1995
123	马良	粮食干燥	中国商业出版社	1994
124	四川省丝绸公司蚕茧生产部	蚕茧干燥工艺与设备	四川科学技术出版社	1994
125	常建民	木材干燥检测技术	东北林业大学出版社	1993
126	刘瑞征	储粮机械通风和太阳能干燥	中国轻工业出版社	1993
127	熊秀英	蚕茧收烘技术	安徽科学技术出版社	1992
128	饶世强	配合饲料厂原料的清理与干燥	中国轻工业出版社	1992
129	史建慧	干燥花工艺	重庆出版社	1992
130	王立	粮食通风与干燥-上册	江苏科学技术出版社	1992
131	朱政贤	木材干燥	中国林业出版社	1992
132	马旭升	制冷净化干燥设备	上海交通大学出版社	1991
133	胡景川	农产物料干燥技术	浙江大学出版社	1990
134	林梦兰	木材干燥	中国林业出版社	1990
135	赵鹤皋	冷冻干燥技术	华中理工大学出版社	1990
136	《化学工程手册》编辑委员会编	化学工程手册-第16篇-干燥	化学工业出版社	1989
137	刘廷林	粮食蒸汽烘干机及附属设备	吉林大学出版社	1989
138	包丕琴	化工单元操作-干燥	化学工业出版社	1988
139	中国农业机械化科学研究院谷物干燥机械编写组	谷物干燥机	中国农业出版社	1988
140	高福成	食品的干燥及其设备	中国食品出版社	1987
141	李智孝	烧成与烘干	中国建筑工业出版社	1986
142	梁世镇	木材干燥	中国林业出版社	1986
143	徐荣翰	干燥设备设计	上海科学技术出版社	1986
144	黄月瑞	木材干燥技术问答	中国林业出版社	1985
145	李笑光	斜床堆放式谷物干燥	北京科学技术出版社	1985
146	陕西省农业机械管理局	农用烘干机械	中国农业出版社	1985
147	邵耀坚	谷物干燥机的原理与构造	机械工业出版社	1985
148	四川省农机学会	农用烘干设备	四川科学技术出版社	1985
149	童景山	流态化干燥与技术	中国建筑工业出版社	1985
150	邱健人	食品干燥	复文书局	1984
151	郭宜祐	喷雾干燥	化学工业出版社	1983
152	王志同	桑蚕茧收购与烘干	中国纺织工业出版社	1983
153	编写组	粮食干燥	中国财政经济出版社	1983
154	李茂存	侧向通风高温快速干燥窑	青海省科学技术协会	1983
155	福建省农业机械局科技处	谷物干燥机械	福建科学技术出版社	1982
156	吴玮	远红外木材干燥	黑龙江科学技术出版社	1982
157	南京林产工业学院	木材干燥	中国林业出版社	1981
158	上海水产学院加工系	水产品烘干房	中国农业出版社	1981

序号	主要编著者	专著名	出版社	出版年份
159	北京市光华木材厂	木材蒸汽干燥法实践	中国建筑工业出版社	1977
160	广东省农业机械研究所	堆放式简易谷物烘干机	机械工业出版社	1977
161	应四新	微波加热与微波干燥	国防工业出版社	1976
162	南京林产工业学院木材干燥编写组	木材干燥	中国农业出版社	1974
163	狄玉书	加热炉、干燥炉的原理与构造	机械工业出版社	1966
164	东北林学院	木柴干燥学	中国农业出版社	1961
165	华南化工学院硅酸盐工学教研组	窑炉及干燥器	冶金工业出版社	1960
166	上海市轻工业局	干燥工艺和设备	上海科学技术出版社	1960
167	安台生	谷物的干燥	上海科技卫生出版社	1959
168	龚惠芬	桑蚕茧烘干	纺织工业出版社	1959
169	江西省轻工业厅景德镇陶瓷研究所	陶瓷干燥技术知识	中国轻工业出版社	1959
170	丁培渊	水稻干燥机的构造	贵州人民出版社	1958
171	张廷序	水产品人工干燥试验	山东人民出版社	1958
172	王长生	木材干燥	人民铁道出版社	1955

2　中文译著

序号	主要编著者(译者)	专著名	出版社	出版年份
1	牟久大(张懋等译)	工业化干燥原理与设备	中国轻工业出版社	2007
2	库德,牟久大(李占勇译)	先进干燥技术	化学工业出版社	2005
3	柯亨(赵伯元译)	现代涂布干燥技术	中国轻工业出版社	2003
4	奥勒森(王喜忠等译)	谷物干燥	大连理工大学出版社	1991
5	松本介(周本立,徐回祥译)	蚕茧干燥理论与实践	中国纺织工业出版社	1987
6	基伊(王士瑶等译)	干燥原理及其应用	上海科学技术文献出版社	1986
7	金兹布尔格(高奎元译)	食品干燥原理与技术基础	中国轻工业出版社	1986
8	若利(宋闯译)	木材干燥——理论、实践和经济	中国林业出版社	1985
9	桐荣良三(秦霁光译)	干燥装置手册	上海科学技术出版社	1983
10	满久崇麿(马寿康译)	木材的干燥	中国轻工业出版社	1983
11	马斯托思(黄照柏,冯尔健等译)	喷雾干燥手册	中国建筑工业出版社	1983
12	持田隆等(张佑国译)	喷雾干燥	江苏科学技术出版社	1982
13	布鲁克等(周清澈译)	谷物干燥	中国农业机械出版社	1981
14	列别捷夫(李康谢译)	红外线干燥	中国工业出版社	1965
15	雷柯夫(原轻工业部上海科学研究所食品工业研究室译)	喷雾干燥	中国轻工业出版社	1958
16	菲洛年科(周政岐等译)	干燥装置	高等教育出版社	1957

3 英文书目

序号	主要编著者	专著名	出版社	出版年份
1	Nan Fu, Jie Xiao, Meng Wai Woo, Xiao Dong Chen	Frontiers in Spray Drying	CRC Press	2020
2	Satoshi Ohtake, Ken-ichi Izutsu, David Lechuga-Ballesteros	Drying Technologies for Biotechnology and Pharmaceutical Applications	Wiley-VCH	2020
3	Vasile Minea	Industrial Heat Pump-Assisted Wood Drying	CRC Press	2019
4	Peng Xu, Agus P. Sasmito, Arun S. Mujumdar	Heat and Mass Transfer in Drying of Porous Media	CRC Press	2019
5	Davide Fissore, Roberto Pisano, Antonello Barresi	Freeze Drying of Pharmaceutical Products	CRC Press	2019
6	Shusheng Pang, Sankar Bhattacharya, Junjie Yan	Drying of Biomass, Biosolids, and Coal: For Efficient Energy Supply and Environmental Benefits	CRC Press	2019
7	Ching Lik Hii, Flávio Meira Borém	Drying and Roasting of Cocoa and Coffee	CRC Press	2019
8	Arun S Mujumdar, Hong-Wei Xiao	Advanced Drying Technologies for Foods	CRC Press	2019
9	Alex Martynenko, Andreas Bück	Intelligent Control in Drying	CRC Press	2018
10	Haifei Zhang	Ice Templating and Freeze-Drying for Porous Materials and their Applications	Wiley-VCH	2018
11	Min Zhang, Bhesh Bhandari, Zhongxiang Fang	Handbook of Drying of Vegetables and Vegetable Products	CRC Press	2018
12	Peter Haseley, Georg-Wilhelm Oetjen	Freeze-Drying	Wiley-VCH	2018/2004/1999
13	Om Prakash, Anil Kumar (eds.)	Solar Drying Technology: Concept, Design, Testing, Modeling, Economics, and Environment	Springer	2017
14	Azharul Karim, Chung-Lim Law	Intermittent and Nonstationary Drying Technologies: Principles and Applications	CRC Press	2017
15	Anandharamakrishnan, C	Handbook of Drying for Dairy Products	Wiley Blackwell	2017
16	B.K. Bala	Drying and Storage of Cereal Grains	Wiley Blackwell	2017/1997

续表

序号	主要编著者	专著名	出版社	出版年份
17	Jorge del Real Olver	Sustainable Drying Technologies	INTECH	2016
18	Dinçer, İbrahim, Zamfirescu, Calin	Drying Phenomena: Theory and Applications	Wiley	2016
19	Minea, Vasile	Advances in Heat Pump-Assisted Drying Technology	CRC Press	2016
20	Anandharamakrishnan, C., Ishwarya, S. Padma	Spray Drying Techniques for Food ingredient Encapsulation	Wiley Blackwell	2015
21	J. M. P. Q. Delgado, Antonio Gilson Barbosa De Lima (eds.)	Drying and Energy Technologies	Springer	2015
22	Willem F. Wolkers, Harriëtte Oldenhof	Cryopreservation and Freeze-Drying Protocols	Humana Press	2015
23	Felipe Richter Reis (eds.)	Vacuum Drying for Extending Food Shelf-Life	Springer	2014
24	J.M.P.Q. Delgado, A.G. Barbosa de Lima	Transport Phenomena and Drying of Solids and Particulate Materials	Springer	2014
25	Evangelos Tsotsas and Arun S. Mujumdar	Modern Drying Technology (5 Volumes)	Wiley-VCH	2014
26	Arun S. Mujumdar	Handbook of industrial Drying	CRC Press	2014/2006/1995/1987
27	Xiao Dong Chen, Aditya Putranto	Modeling Drying Processes—A Reaction Engineering Approach	Cambridge University Press	2013
28	C.M. van't Land	Drying in the Process industry	John Wiley & Son, New York	2012
29	Hiromichi Shibata	Fundamentals of Superheated Steam Drying	Kyushu University Press	2011
30	Tse-Chao Hua	Freeze-Drying of Pharmaceutical and Food Products	Woodhead Publishing	2010
31	Louis Rey, Joan C. May	Freeze-Drying Lyophilization of Pharmaceutical & Biological Products, Third Edition	informa	2010
32	John G. Day, Glyn Stacey	Cryopreservation and Freeze-Drying Protocols	Humana Press	2010/2007/1995
33	Markku Karlsson	Papermaking Part 2, Drying	Paper Engineers' Association/Paperi ja Puu Oy	2009/2000

续表

序号	主要编著者	专著名	出版社	出版年份
34	Cristina Ratti	Advances in Food Dehydration	CRC Press	2009
35	Tadeusz Kudra, Arun S. Mujumdar	Advanced Drying Technologies	Taylor & Francis	2009/2001
36	Y.H. Hui	Food Drying Science and Technology: Microbiology, Chemistry, Applications	DEStech Publications	2008
37	Xiao Dong Chen, Arun S. Mujumdar	Drying Technologies in Food Processing	Blackwell Pub Professional	2008
38	Felix Franks	Freeze-Drying of Pharmaceuticals and Biopharmaceuticals: Principles and Practice	RSC publishing	2007
39	Stefan Jan Kowalski	Drying of Porous Materials	Springer	2007
40	Louis Rey, Joan C. May	Freeze-Drying/Lyophilization of Pharmaceutical and Biological Products	M. Dekker	2004/1999
41	Arun S. Mujumdar	Dehydration of Products of Biological Origin	Science Publishers	2004
42	Stefan J. Kowalski	Thermomechanics of Drying Processes	Springer	2003
43	R. B. Keey, T. A. G. Langrish, J. C. F. Walker	Kiln-Drying of Lumber	Springer Verlag	2000
44	Arun S. Mujumdar	Drying Technology in Agriculture and Food Sciences	Science Publishers	2000
45	Maurice Greensmith	Practical Dehydration	Woodhead	1998
46	Peter E. Doe	Fish Drying & Smoking: Production and Quality	Technomic Pub. Co.	1998
47	Ian Turner, Arun S. Mujumda	Mathematical Modeling and Numerical Techniques in Drying Technology	Marcel Dekker	1997
48	Christopher G.J. Baker	Industrial Drying of Foods	Blackie Academic & Professional	1997
49	Gustavo V. Barbosa-Cánovas, Humberto Vega-Mercado	Dehydration of Foods	Chapman & Hall	1996
50	Edgar B. Gutoff, Edward D. Cohen; with chapter 10 authored by Gerald I. Kheboian	Coating and Drying Defects: Troubleshooting Operating Problems	Wiley	1995

续表

序号	主要编著者	专著名	出版社	出版年份
51	Otto J. Loewer, Thomas C. Bridges, Ray A. Bucklin	On-Farm Drying and Storage Systems	American Society of Agricultural Engineers	1994
52	J.G. Brennan	Food Dehydration: A Dictionary and Guide	Butterworth-Heinemann	1994
53	Gustavo V. Barbosa	Food Dehydration	American Institute of Chemical Engineers	1993
54	Edward D. Cohen, Edgar B. Gutoff	Modern Coating and Drying Technology	VCH	1992
55	Jean-Maurice Vergnaud	Drying of Polymeric and Solid Materials: Modelling and industrial Applications	Springer-Verlag	1992
56	R.B. Key	Drying of Loose and Particulate Materials	Hemisphere Pub	1992
57	Donald B. Brooker, Fred W. Bakker-Arkema, Carl W. Hall	Drying and Storage of Grains and Oilseeds	Van Nostrand Reinhold	1992
58	Edward M. Cook, Harman D. DuMont	Process Drying Practice	McGraw-Hill	1991
59	J. Chełkowski	Cereal Grain: Mycotoxins, Fungi and Quality in Drying and Storage	Elsevier	1991
60	Larry Culpeppe	High Temperature Drying: Enhancing Kiln Operations	Miller Freeman Publications	1990
61	K.N. Shukla	Diffusion Processes During Drying of Solids	World Scientific	1990
62	Arun S. Mujumdar	Advances in Drying (5 Volumes)	Hemisphere Pub. Co.	1992/1987/1984/1983/1980
63	S. Brui	Preconcentration and Drying of Food Materials: Thijssen Memorial Symposium: Proceedings of the international Symposium on Preconcentration and Drying of Foods	Elsevier Science Publishers	1988
64	Stanislaw Pabis, Digvir S. Jayas, Stefan Cenkowski	Grain Drying: Theory and Practice	John Wiley	1988
65	J.R. Burt	Fish Smoking and Drying: the Effect of Smoking and Drying on the Nutritional Properties of Fish	Elsevier Applied Science	1988
66	Mahendra S. Sodha	Solar Crop Drying	CRC Press	1987

续表

序号	主要编著者	专著名	出版社	出版年份
67	Arun S. Mujumdar	Drying of Solids: Recent international Developments	Wiley Eastern Limited, New Delhi.	1986
68	Czeslaw Strumillo and Tadeusz Kudra	Drying: Principles, Applications, and Design	Gordon and Breach Science Publishers	1986
69	R.W. Ford	Ceramics Drying	Pergamon Press	1986
70	W. R. Marshall, Jr	Atomization and Spray Drying	Johansen Crosby & Associates	1986/1954
71	K. Masters	Spray Drying Handbook	John Wiley & Son, New York	1985
72	Carl W. Hall	Drying and Storage of Agricultural Crops	AVI Pub. Co.	1980
73	Arun S. Mujumdar	Developments in Drying	Hemisphere Pub.	1980
74	Rolland O. Hower; introd. by R. H. Harris	Freeze-Drying Biological Specimens: A Laboratory Manual	Smithsonian Institution Press	1979
75	Carl W. Hall	Dictionary of Drying	M. Dekker	1979
76	R. B. Keey	Introduction to Industrial Drying Operations	Pergamon	1978
77	J. D. Mellor	Fundamentals of Freeze-Drying	Academic Press	1978
78	C. Judson King and J. Peter Clark, editors; H.B. Arsem	Water Removal Processes: Drying and Concentration of Foods and Other Materials	American Institute of Chemical Engineers	1977
79	Marcia H. Gutcho	Freeze Drying Processes for the Food industry	Noyes Data Corp.	1977
80	S. A. Goldblith, L. Rey and W. W. Rothmayr	Freeze Drying and Advanced Food Technology	Academic Press	1975
81	Donald B. Brooker	Drying Cereal Grains	AVI Pub. Co.	1974
82	Arnold Spicer	Advances in Preconcentration and Dehydration of Foods	Applied Science Publishers	1974

续表

序号	主要编著者	专著名	出版社	出版年份
83	K. Masters	Spray Drying: An introduction to Principles, Operational Practice and Applications	L. Hill	1972
84	R. B. Keey	Drying Principles and Practice	Pergamon Press	1972
85	A. Williams-Gardner	Industrial Drying	CRC Press	1971
86	C. Judson King	Freeze-Drying of Foods	Butterworths	1971
87	G. Nonhebel, A. A. H. Moss	Drying of Solids in the Chemical Industry	Butterworths	1971
88	Carl W. Hall and T. I. Hedrick	Drying of Milk and Milk Products	Avi Pub. Co.	1971/1966
89	Vojtěch Vaněček, Miroslave Markvart and Radek Drbohlav	Fluidized Bed Drying	Leonard Hill	1966
90	M. J. Bridgman	Drying—Principles and Practice in the Process Industries	Caxton, Christchurch	1966
91	R. W. Ford	Drying	Elsevier	1964
92	S. Cotson and D. B. Smith	Freeze-Drying of Foodstuffs: Based on A Symposium At the Borough Polytechnic, London	Columbine Press	1963
93	Wallace B. Van Arsdel, Michael J. Copley and Arthur I. Morgan	Food Dehydration	Avi Pub. Co..	1963
94	David A. Copson	Microwave Heating: in Freeze-Drying, Electronic Ovens, and Other Applications	The AVI	1962
95	A.S. Parkes and Audrey U. Smith	Recent Research in Freezing and Drying	Blackwell Scientific	1960
96	Carl W. Hall	Drying Farm Crops	Agricultural Consulting Associates	1957
97	R.J.C. Harris	Biological Applications of Freezing and Drying	Academic	1954
98	T. N. Morris	Principles of Fruit Preservation: Jam Making, Canning and Drying	Chapman & Hall	1951

续表

序号	主要编著者	专著名	出版社	出版年份
99	Earl W. Flosdorf	Freeze-Drying: Drying by Sublimation	Reinhold	1949
100	A. F. Greaves-Walker	Drying Ceramic Products	Industrial Pub.	1948
101	Harry W. von Loesecke	Drying and Dehydration of Foods	Reinhold	1943
102	S.W. Cheveley	Grass Drying	Ivor Nicholson	1937
103	T.N. Morris	Principles of Fruit Preservation: Jam Making, Canning and Drying	Chapman & Hall	1933
104	Rolf Thelen	Kiln Drying Handbook	United States Department of Agriculture	1929
105	Arthur Koehler and Rolf Thelen	The Kiln Drying of Lumber	McGraw-Hill	1926
106	H. B. Cronshaw	Modern Drying Machinery	London: Ernest Benn, Ltd.	1926
107	A.W. Christie and L.C. Barnard	The Principles and Practice of Sun-Drying Fruit	University of California Printing office	1925
108	E. Hausbrand ; translated from the German by A.C. Wright	Drying by Means of Air and Steam: Explanations, formulae and Tables for Use in Practice	Scott, Greenwood	1924/1912/1901
109	E.U. Kettle	Practical Kiln Drying: A Manual for Dry Kiln Operators, Owners and Superintendents of Woodworking Plants and Vocational Schools	Periodical Pub.	1923
110	Harry Donald Tiemann	The Kiln Drying of Lumber	J.B. Lippincott Co.	1917
111	Thomas G. Marlow	Drying Machinery and Practice: A Handbook on the theory and Practice of Drying and Desiccating, With Classified Description of installations Machinery, and Apparatus	C. Lockwood	1910
112	Arthur E. Brown	The Science and Practice of Drying: A Scientific and Practical Treatise on the Drying of Clay and Clay Products on Modern Principles	Clayworker Press	1902

4 日文书目

序号	主要编著者	专著名	出版社	出版年
1	東レリサーチセンター	乾燥技術の新展開：プロセスと装置の開発	東レリサーチセンター	2017
2	中川究也	凍結乾燥の基礎と実務への応用：プロセスの最適化に向けた数学モデルの解法と使い方	情報機構	2016
3	大嶋寛[ほか]	分散・塗布・乾燥の基礎と応用：プロセスの理解からものづくりの革新へ	テクノシステム	2014
4	中央労働災害防止協会	乾燥作業の安全：乾燥設備作業主任者テキスト	中央労働災害防止協会	2014
5	戸高宗一郎企画編	薄膜塗布技術と乾燥トラブル対策	技術情報協会	2013
6	中村正秋,立元雄治	初歩から学ぶ乾燥技術：基礎と実践	丸善	2013
7	立元雄治,中村正秋	実用乾燥技術集覧	分離技術会	2013
8	田門肇	乾燥技術実務入門：現場の疑問を解決する	日刊工業新聞社	2012
9	藤田浩三	乾燥食材の微粉砕・乾燥微粉末食材用非加熱殺菌装置の開発	藤田浩三	2012
10	中村正秋,立元雄治	はじめての乾燥技術	日刊工業新聞社	2012
11	河合晃	塗膜・レジスト膜の乾燥・付着技術とトラブル対策	情報機構	2011
12	東レリサーチセンター調査研究部	乾燥技術の応用展開：乾燥プロセス制御とトラブル対策	東レリサーチセンター	2010
13	田崎裕人企画編集	インクジェット技術における微小液滴の吐出・衝突・乾燥	技術情報協会	2010
14	江間三惠子	乾燥食品の文化と変遷	五月書房	2009
15	石谷孝佑,土田茂,林弘通	食品と乾燥	光琳	2008
16	諏訪秋彦企画編集	エレクトロニクス分野における精密塗布・乾燥技術	技術情報協会	2007
17	情報機構	乾燥大全集	情報機構	2006
18	久保田濃監修	乾燥装置	省エネルギーセンター	2005
19	寺澤眞	木材乾燥のすべて	海青社	2004
20	佐川良寿	医薬品製剤技術：粉砕・混合・造粒・乾燥・打錠・表面改質の実際	一エムシー	2003
21	情報技術協会	凍結乾燥技術	情報技術協会	2001
22	化学工学会	乾燥工学の進展	化学工業社	2000
23	日本木材学会	21世紀に向けた木材乾燥技術	日本木材学会	1998
24	亀和田光男,林弘通,土田茂	乾燥食品の基礎と応用	幸書房	1998
25	寺澤眞[ほか]	木材の高周波真空乾燥	海青社	1998
26	寺沢真,筒本卓造	木材の人工乾燥	日本木材加工技術協会	1996
27	化学工学会	乾燥	化学工業社	1995
28	桐栄良三	乾燥操作の基礎理論	ホソカワミクロン	1995
29	山下律也,堀部和雄	太陽熱利用の農産物乾燥	農業機械学会	1995
30	乾燥技術編集委員会	乾燥技術ハンドブック	総合技術センター	1991
31	佐野雄二[ほか]	新しい乾燥技術の実際	技術情報協会	1991

续表

序号	主要编著者	专著名	出版社	出版年
32	松野隆一[ほか]	濃縮と乾燥	光琳	1990
33	高野玉吉,唯野哲男	食品工業の乾燥	光琳	1990
34	木村進	乾燥食品事典	朝倉書店	1984
35	木村進	乾燥食品	光琳	1981
36	日本粉体工業協会	乾燥装置マニュアル	日刊工業新聞社	1979
37	満久崇麿	木材の乾燥	森北	1978
38	露木英男,首藤厚	食品のマイクロ波加熱:膨化乾燥加工技術	建帛社	1975
39	桐栄良三	乾燥装置	日刊工業新聞社	1968
40	太田勇夫[ほか]	真空乾燥	日刊工業新聞社	1965
41	渡辺鉄四郎	通風乾燥機の使い方:農産物の品質保全と乾燥	新農林社	1961
42	豊田貞男	噴霧乾燥	日刊工業新聞社	1960
43	桐栄良三	気流乾燥装置	日刊工業新聞社	1960
44	前沢昌武,粟屋哲郎	蒸發・蒸溜・乾燥	技報堂	1956
45	中村一男	真空技術と凍結乾燥	納谷書店	1954
46	岩下睦	木材の乾燥	林業試験場	1953
47	小倉武夫	木材の乾燥	日本林業技術協会	1952
48	橋本清隆	新しい塗装と乾燥	オーム社	1952
49	押田勇雄	蒸發・乾燥	河出書房	1950
50	亀井三郎	空気の調湿及乾燥	共立	1948
51	化學機械協會	乾燥と乾燥機械	科學社	1947
52	淺田彌平	乾燥	化學工業協會	1946
53	岡田光世,井上直一	乾燥の物理	厚生閣	1944
54	龜井三郎	乾燥設備	岩波書店	1943
55	藤林誠,泉岩太	木材及び木材乾燥	岩波書店	1941
56	細谷得二,増永大一	木材の乾燥	理工圖書	1941
57	中原重樹	鶏卵冷凍及乾燥	共立社	1940
58	亀井三郎	蒸發,蒸溜及乾燥	共立社	1936
59	泉岩太	木材の乾燥	西ケ原刊行會	1933

无锡市现代喷雾干燥设备有限公司
WUXI MODERN SPRAY DRYING EQUIPMENT Co., LTD.

公司简介

  无锡市现代喷雾干燥设备有限公司坐落于风景秀丽的太湖之滨无锡市惠山区前洲镇，30多年来一直专业从事喷雾干燥技术的研究开发及喷雾干燥设备的制造。公司下设喷雾干燥技术研究所，并与国内众多大专院校、科研单位及行业专家长期合作、共同进行项目开发，通过对喷雾干燥工艺探索、技术研讨，攻克了许多物料在喷雾干燥技术上的难题，承接了多项国家级、省级重点项目，获得国家级重点新产品证书、江苏省高新技术企业认定、江苏省民营科技企业、江苏省火炬计划实施单位等荣誉，并获得国家实用新型专利证书。同时，随着对产品质量和内部管理的不断投入，公司获得了 ISO 9001 质量管理体系认证及欧盟颁发的 CE 认证，获得国际专业人士的认可。

  秉承"用心智造"的理念，现代干燥在吸收和消化国际先进喷雾干燥技术的基础上，自行设计、研发并制造 MDR 系列高速离心喷雾干燥设备、MDP 系列压力喷雾干燥设备、MDGP 系列低温高压喷雾造粒多级干燥设备等，并配有超导节能、全自动控制、防爆消防系统。公司设备广泛应用于食品、医药、生物、化工、电子等行业，并根据客户不同的产品特性及要求通过专业实验来合理设计不同的喷雾干燥流程及设备，使客户产品达到最佳的干燥效果。

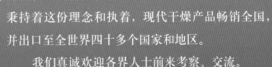

  秉持着这份理念和执着，现代干燥产品畅销全国，并出口至全世界四十多个国家和地区。

  我们真诚欢迎各界人士前来考察、交流。

地址：江苏省无锡市惠山区前洲街道堰玉路 18 号
电话：0510-83399118 或 0510-83399228　　传真：0510-83399558
邮箱：fzy3681@163.com

天华化工机械及自动化研究设计院有限公司
国家干燥技术及装备工程技术研究中心

企业简介

　　国家干燥技术及装备工程技术研究中心是2007年由国家科技部批准，依托天华化工机械及自动化研究设计院有限公司组建的，专门从事节能环保型干燥领域工程化研发的专业科研中心。

　　中心拥有 3000m² 的研发试验基地，建有20套干燥中试试验装置，并实现了中央集中控制；配备分析检测中心及诸多先进的分析仪器，是我国干燥技术及装备的主要试验基地。中心拥有占地面积约 200 亩的生产制造基地，现已达到每年各类干燥设备 100 多台/套的制造能力，年产能规模 10 亿元。

荣誉称号

★ 高新技术企业

★ 中国化工干燥设备十强企业

★ 中国化工装备百强企业

★ 中国化工装备科技创新企业

★ 中国石化行业百佳供应商

★ 中国干燥行业优秀企业

★ 中国通用机械工业协会特色优势企业

★ 中国石油和化工行业技术创新示范企业

科技成果

科研成果获奖 36 项	国家级奖励	8 项
	省部级奖励	28 项
专利授权 200 项	发明专利	75 项
	实用新型专利	105 项
	中国港台及国际专利	20 项
制定行业标准		7 项

主要产品

干燥设备	蒸汽管回转圆筒干燥机
	桨叶干燥 / 冷却机
	圆盘干燥 / 冷却机
	转鼓干燥 / 结片机
	盘式连续干燥机
	真空耙式干燥机
	管束干燥机
	喷雾干燥机
	气流干燥机
	微粉干燥机
	流化床干燥机
	屋脊式干燥机
	旋转闪蒸干燥机
	颗粒离心干燥机
	热风回转圆筒干燥机
其他设备	焙烧炉
	转鼓式压力过滤机
	真空转鼓过滤机
	除尘器
	换热器
	塔器

成套技术

★ PTA 行业成套技术

★ 聚丙烯行业成套技术

★ 污泥无害化密闭处理成套技术

★ 废水废气处理成套技术

★ 煤干燥及水加收成套技术

★ 分子筛及催化剂制备成套技术

★ PVA 干燥成套技术

★ PC 干燥成套技术

★ 多晶硅废液处理成套技术

协会联盟

★ "中国化工学会——化工机械专业委员会"会员单位

★ "中国通用机械工业协会——干燥设备分会"副理事单位

★ "中国化工机械动力技术协会"会员单位

★ "中国石油和化学工业联合会"会员单位

★ "PTA 行业网络协会" 会员单位

★ "国家污泥处理处置产业技术创新战略联盟"成员单位

★ "甘肃省节能环保干燥装备产业技术创新联盟"组建单位

产品图片

运行中的
CTA 溶剂交换机组

制造完成的
四轴桨叶干燥机

2×150MW 发电机组
超高水分褐煤干燥系统

100t/h 高氨氮废水处理系统

运行中的丙烯精制系统

出口美国的 PTA 蒸汽管干燥机吊装现场

装车待发的真空转鼓过滤机

运行中的真空耙式干燥机

地址：甘肃省兰州市西固区合水北路 3 号　传真：0931-7310594

邮编：730060　邮箱：rdgz@rddry.com

电话：0931-7313072　0931-7314054　网站：www.thy.chemchina.com

KAILING
凯灵

> **太仓市凯灵干燥设备厂**

公司简介

　　太仓市凯灵干燥设备厂成立于二十世纪八十年代末，三十多年来一直致力于真空干燥设备的研制生产。其主要产品有：双锥真空干燥机，卧式、立式真空振动、流动干燥机，新型耙式真空干燥机，卧式双螺带微波真空膨化干燥机等。

　　企业积几十年真空干燥设备生产经验，具备较强的产品设计能力，拥有一批富有经验的能工巧匠，与时俱进，不断创新。多年来为满足国内外数家大型企业干燥工艺的需要，不断自主创新，攻克难题，设计生产的全自动控制 8～20 立方米双锥真空干燥机和 5～10 立方米卧式真空振动过滤干燥机等大容量真空干燥机，经用户长期使用、检验，性能稳定，质量过关，深得用户肯定。双锥真空干燥机干燥工艺流程自动控制技术，使生产全过程实现管道化，一键操作，不仅减轻了工人的操作强度，也消除了车间粉尘飞扬；工艺参数可精准监控，为制药、食品等企业生产满足 GMP 要求创造了良好的设备条件。

　　近年来，为满足农副产品深加工的需要，企业自主研发的卧式双螺带微波真空膨化干燥机，采用微波加热全自动控制，改变了现有果蔬膨化干燥机依靠加热板静态加热干燥，上下料全由人工操作的不足。该机一键操控，膨化干燥效率高。果蔬脆片膨化充分，干燥均匀，营养成分得到更好的保留，是一种绿色、环保、节能的农产品深加工设备。

主要产品

▶ 地址：江苏省太仓市城厢工业园东浜路 9 号

▶ 电话：0512-53402532　13906221005（董事长张春林）

常州市第二干燥设备厂有限公司

中国干燥设备行业优秀企业

  本公司成立于1992年，是中国干燥行业资深重点企业，公司重视科技进步，多年来坚持与高等院校和研究院所合作，不断应用新工艺，开发新产品，并积极借鉴和利用国内外先进技术，应用于研发、设计中。公司连续多年被评为"重合同守信用"单位、常州市科技先进企业、文明单位，常州市产品质量监督检验所重点检验单位，还被江苏远东国际资信评估公司评为"AAA"级企业，2005年被中国干燥设备行业评为"中国干燥行业优秀企业"。

DWD、DWT、DWF 系列带式干燥机

大型喷雾干燥机用户现场

JYS 系列桨叶干燥机

HZG 系列滚筒干燥机

  我公司专业生产：带式干燥机、喷雾干燥机、滚筒干燥机、桨叶干燥机、闪蒸干燥机、气流干燥机等各类干燥设备。并备有实验室用各种实验机械，可供客户带料做实验、选型。

  Our company specializes in manufacturing drum dryer, belt dryer, spray dryer, flash dryer, air stream dryer and other drying machine. And we have many testing dryer for customer to do the test.

地址：常州市焦溪 ADD: Jiaoxi Changzhou 传真（FAX）：0519-88902379

电话 (TEL)：0519-88902261 88909388 Email:info@2-drying.com Website:www.2-drying.com

Honordry 奥诺

山东奥诺能源科技股份有限公司
Shandong Aonuo Energy Technology Co., Ltd.

山东奥诺能源科技股份有限公司成立于2002年，致力于流态化干燥与造粒技术的研发和设备制造，专注于生物发酵领域清洁生产、节能减排和有机废液、废渣的资源化回收处理，为用户量身定做，提供成套工程、设备和系统解决方案，是国家级高新技术企业，济南市企业技术中心，济南市流态化造粒工程技术研究中心，拥有国内顶尖的专业技术团队和20多年的工程经验，建有功能齐备的流态化干燥与造粒实验室，在生物发酵行业的市场占有率长期居于领先地位。

奥诺科技坚持"诚信求实、锐意创新、追求卓越"的发展理念，致力于先进、节能、环保型干燥与造粒设备的开发和推广应用，自主开发的多个产品居于国内领先水平，部分达到了国际先进水平，填补了国内空白。公司产品遍布全国各地，并出口至瑞士、俄罗斯、白俄罗斯、乌克兰、西班牙、日本、韩国、东南亚等海外国家和地区。

山东省高新技术企业

中国生物发酵产业协会
节能环保推荐企业

山东省节能环保示范企业

瑞士 POLYMETRIX 公司来访

出访日本味之素公司

赴俄罗斯 Ishim 现场调试

流化床加工制造中心

流态化干燥与造粒实验室

大型流化床造粒机应用现场

地址：济南市高新区舜华路 1 号齐鲁软件园创业广场 B 座 215 室　邮编：250101
联系人：赵强　电话：18866110955，400-065-9199　传真：0531-88913913
邮箱：zhaoq@china-dry.com　网址：www.china-dry.com

常州市赣林干燥工程有限公司
Changzhou GanLin Drying Engineering Co.,Ltd.

常州市赣林干燥工程有限公司是一家专业生产热风干燥设备的厂家，尤其擅长根据客户具体要求及产品物料特性提供量身定做的技术方案及产品。我们拥有干燥从业20几年、具有丰富的实践经验的技术设计、技术服务工程师，生产技师，并积极虚心向客户及同行学习。我们从物料前处理设备开始考虑，直至干燥后包装为止，综合考虑产品特点、设备的节能性和设备的操作方便性、自动化程度等，可为客户提供最优的设备选型，并可根据客户的厂房要求提供实际的设备布置方案等。

专利证书

公司坚持技术领先原则，坚持技术革新、技术改进，并积极和大专院校，设计院合作，形成了自己独特的技术特点。在旋转闪蒸干燥机，间接法回转滚筒煅烧设备，水冷却法回转滚筒设备，动态煅烧，微波干燥方面取得了多项国家专利。

"想客户所想"是我们工作的宗旨，"急客户所急"是我们工作的准则。愿以技术交各界朋友。

常州市赣林干燥工程有限公司

联系人：刘林春 0086-13961436197

厂址：常州市郑陆镇常河路 368 号

电话：0519-89629863,0519-88666350

传真：0519-83985065

邮编：213116　公司网址：Http://www.gldrying.com

浙江布莱蒙农业科技股份有限公司
Zhejiang Blue-Moon Angricultural Science and Technology Co.,LTD

企业介绍

　　浙江布莱蒙农业科技股份有限公司创办于 2010 年，坐落在湖州市长兴县泗安工业区，是一家专业从事农林技术开发、设备制造、销售、安装和技术咨询服务于一体的高新技术企业。公司拥有固定资产 5000 万，现代化办公实验楼 5400 平方米，现代化生产厂区 10000 平方米，工艺装备齐全。公司始终坚持以技术和质量为主旨导向，拥有各类试验检测设备，为客户获得一手资料提供了方便的平台。公司创办 10 年来，产品应用领域广泛，客户遍及全国各地（包括港澳台），亚非拉地区。

　　浙江布莱蒙农业科技股份有限公司开发了一系列造粒干燥机、流化床干燥机、喷雾干燥机、气流干燥机、真空干燥机等几十种专业干燥设备，已被广泛应用于化工、制药、农林土特产品、轻工等领域。

大長今 撮影場所

杜克鋪

　　公司先后与浙江大学、中国农业大学、浙江工业大学等高校、科研单位进行科技合作，利用高校、科研单位的科技力量和多学科交叉的综合优势，在新技术、新设备开发与产品革新上取得了长足的发展。

　　凭借着过硬的技术和专业人才优势，公司先后申请专利多项，并被授予"中国通用机械干燥设备行业重点骨干企业"、"杭州市高新技术企业"等荣誉称号。公司产品享誉全国，与中粮集团、台塑集团、台湾味丹、中海油、浙江佐力药业、山东新发药业等公司达成合作。

　　公司以专业的队伍、严谨的管理、卓越的工艺，着力打造布莱蒙农业科技品牌。我们用心倡导：以市场为导向，以科研为龙头，以创新为手段，用心开拓国内外市场。

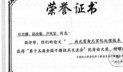

主要产品

连续式流化床　　　　带式干燥机　　　　畜禽污水净化设备　　　　生物质燃烧器

振动流化床　　　农林废弃物低温炭化与炭基缓释肥试制系统　　　　垃圾处理机

地址：湖州市长兴县泗安工业区　　电话：0572-6088578　　13705811698（杜克铺）

博莱客 BOLAIKE

真空冷冻干燥机专业生产厂家

江苏博莱客冷冻科技发展有限公司位于常州市武进区郑陆镇三河口工业园区，是一家专业从事真空冷冻干燥设备和制冷设备、污水环保干燥设备生产销售的厂家。公司最初起源于常州市中冷冷冻设备有限公司，自 2003 年起进入制冷领域，并开始投入研发真空冷冻干燥设备，污水冷冻干燥设备，且给多家企业提供冻干配套设备；2012-2013 年起正式量产化，给中国最大的冻干集团－山东大林集团、世界冻干产品最大供应商－英国乔瑟集团，提供大型的 200m² 冻干机（即 BLK-FD-200 型）。2014 年正式成立江苏博莱客冷冻科技发展有限公司，专业生产销售真空冷冻干燥机。

公司厂房占地面积 15000m²，拥有员工 45 名。其中包含研发工程师 3 名、技术总工程师 5 名、专职技术人员 26 名，各人员组成专业研发团队、技术团队、销售团队、安装团队以及售后服务团队。冻干机从设计、所有系统的生产制作到安装调试，都由我公司独立完成，不仅技术上大力投入研发，且借鉴国外如（美国、日本、德国等厂家）的先进技术，不断进行设备的改进与创新。

我公司在冻干机技术方面获得了国家发明专利以及实用专利总计 26 项，所生产的冻干机被国家技术部门认证为高新技术产品，公司被认定为高新技术企业，公司的技术人员荣获各种冻干技术奖项。客户使用我公司的冻干机生产加工的产品也荣获过国际比赛的最高奖项。

博莱客会始终以高效的工作作风，不懈的敬业精神，不断开拓、创新，始终信奉规范、品质、诚信、务实、"以人才为基本，以技术为核心，以创新为灵魂，客户至上"的理念，为您提供一流的产品、一流的工程、一流的服务！

主要产品

厂容厂貌

SHINHAI

杭州新海喷雾机械有限公司

企业简介
Corporate profile

杭州新海喷雾机械有限公司（原杭州新海离心喷雾厂）创立于 1990 年，总部地处著名风景区－杭州市西湖区，是一家专业从事喷雾干燥离心雾化器设计、制造的现代化企业。

公司主要产品－高速离心雾化器，是离心喷雾干燥机的核心部件，目前已拥有三大系列，几十余种型号，每小时喷液量从几千克到几十吨；产品畅销全国各地，并远销美国、俄罗斯、欧洲等国家和地区；广泛应用于环保、化工、医药、食品、农药、陶瓷、电子、建材、印染等行业；尤其是近年来在国家电网火电厂脱硫废水零排放工程的广泛应用，受到了用户的一致好评，树立了良好的企业形象。

公司一直注重科技成果向现实生产力的转化，积极吸收国际先进技术，与国内多家科研院所合作进行产品开发，为技术进步和技术水平的不断提高，产品的换代升级，为企业的持续发展奠定了坚实的基础。

主要产品

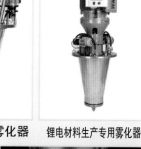

小型雾化器　　　　小型雾化器　　　双供油系统雾化器　　锂电材料生产专用雾化器

资质证书

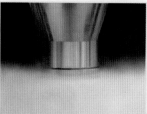

电动式离心雾化器　　　　雾化盘　　　　　废水处理雾化器

地址：杭州市西湖区双浦镇轮渡路 17–1 号　　传真：0571–88181272　　邮箱：lpg–xh@163.com
电话：0571–88182927　88021069　　　　　微信：15958188553　　　　网址：www.shinhai.com

北京中轻机乳品设备有限责任公司是 1986 年经原轻工业部批准成立，专营乳品、饮料、食品、生物、蛋白和制药等工程的成套技术公司，在哈尔滨和固安设有分公司，生产基地和浓缩干燥实验室在河北固安工业园区。

我公司是：

★ 国家农产品加工技术装备（制粉）分中心
★ 国家农产品加工标准化技术委员会委员单位
★ 中国乳制品工业协会常务理事单位
★ 中国轻工机械协会乳品机械专业委员会单位
★ 国家乳业产业技术创新战略联盟常务理事单位
★ 国际乳品联合会中国国家委员会会员单位
★ 国家大豆工程技术研究中心会员单位
★ 参与承担国家十一五科技支撑计划课题
★ 主持承担国家十二五科技支撑计划课题"干乳制品加工关键设备开发"项目
★ 已通过 ISO 9001 质量管理体系认证

我公司专注乳品饮料机械和浓缩干燥设备 30 余年，提供全面的项目整体解决方案，涉及各类乳制品、婴幼儿配方食品、特殊医学用途配方食品、保健食品、大豆制品、果蔬制品、植物和动物蛋白制品、淀粉糖、添加剂、饲料化工等领域。

先后承接 400 多个工程项目，项目遍布中国各地以及出口到西班牙、澳大利亚、南非、菲律宾、泰国、越南、古巴、肯尼亚、孟加拉国、蒙古国、哈萨克斯坦等国家和地区。

资质证书

上排风干燥塔

旋风分离器部分　　　　塔锥体部分

燃气热风炉　　　　高压供料部分

泄爆通道部分　　固定床流化床及振动筛部分　　塔柱体部分　　流化床进风除湿机部分　　塔顶部分　　固定床

北京中轻机乳品设备有限责任公司

地址：北京市海淀区北蜂窝甲 8 号中雅大厦 C 座 1002 室
电话：010-66020305　66011344　　传真：010-66068594
邮箱：info@climde.com

微信公众号二维码

江苏宇通干燥工程有限公司

江苏宇通干燥工程有限公司成立于2000年（原常州市宇通干燥设备有限公司），是一家专业从事干燥、混合、粉碎、制粒，提取浓缩等设备制造的知名厂家、国家级高新技术企业，公司先后通过了ISO9001：2015质量管理体系的认证，ISO14001；2015环境管理体系的认证，所生产的设备获得了美国国际品质认证委员会颁发的"高品质推荐证书"及江苏省科技协会颁发的"华东优秀科技产品证书"。公司重形象、创品牌，连续多年被评为"江苏省著名商标"、"江苏质量诚信AAA级品牌企业"、"江苏省优秀民营企业"、"守合同重信用"单位等；是中国化工干燥十强企业，中国制药装备行业协会会员单位，中国通用机械工业协会干燥设备分会的理事单位，中国石油和化学工业联合会技术装备干燥专业组副组长单位，国家安监局生产安全标准化企业三级，公司主导和参与多项干燥设备的国家与行业标准的制订工作，企业的产品核心技术获得国家专利70项，其中发明专利30余项，部分填补了国内空白。

公司一直致力于干燥、混合、制粒、粉碎、浓缩、氮气闭路循环回收溶媒以及节能降耗、高效环保、智能控制、一机多功能等多方面的开发与研究，业务遍及全国多个行业，如制药、化工、食品、环保、新材料、新能源、石化、医疗、农业、农药、电子、矿山等，品种达上百个，年产各类干燥设备800余台（套），承接"交钥匙"工程、总包工程、分包工程项目等。公司还拥有一支专业的现场施工、安装调试工程队，建立了完善的售后服务体系，确保每一台宇通设备能正常、及时、顺利地投入运行。

科技是第一生产力
创新才能促发展

地址：江苏省常州市天宁区郑陆镇
舜河路68号
电话：0519-88908088 88901088
网址：www.china-yutong.com

南京昭邦金属复合材料有限公司
Nanjing Zhaobang metal composite material Co., Ltd

南京昭邦金属复合材料有限公司专业研发、生产、销售爆炸焊接复合板、轧制复合板两大系列。主要生产不锈钢／钢、钛／钢、镍／钢、铜／钢、哈氏合金／钢等系列复合板。

公司自成立以来，就瞄准爆炸焊接复合板和轧制复合板的技术前沿。建立以教授级高工和中高级以上工程师组成的团队，依托南京理工大学、南钢集团的研发优势及生产技术和装备优势。研发创建了爆炸焊接复合板和轧制复合板两大系列，结合高质量、低成本、低投入的金属复合板的生产模式，经过多年的努力成功地构建了完整的生产体系。

公司产品获两项发明专利和多项实用新型专利，2019年获得高级国家高新技术企业认定。

秉承共赢的理念、联合创新、诚信共赢。公司精诚与广大同行多方位合作，共同促进中国装备制造业的发展。为国防现代化建设提供更多的新型优质材料。

专利证书

资质证书

主要产品

炸药雷管安装完毕准备爆炸

爆炸瞬间产生的蘑菇云

大幅面铜／钢复合板装载中

大幅面钛／钢复合板退火

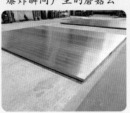
不锈钢／钢复合板

复合管板

工艺设备

热处理炉

3500mm 宽校平机

2000T 油压机

地址：南京市浦口区桥林工业园兰花路 15 号　　　联系人：方景林　手机：13809026821
电话：025-58873283　　　　　　　　　　　　　　http://www.zhaobangjs.com
传真：025-58873369　　　　　　　　　　　　　　E-mail:13809026821@139.com

Clemar

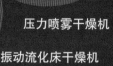

喷雾
干燥机

压力喷雾干燥机

振动流化床干燥机

常州力马成立于 2009 年 12 月，是一家致力于承接大型干燥工程，提供干燥设备设计、制造、销售服务和进行工业热能研究的专业型企业。主要产品年生产量超过 200 台（套）。

企业运营中心、研发基地，第一制造加工中心（即武进工厂）坐落于风景秀丽的常州西太湖科技产业园。这里高科技企业云集，是全常州最有活力的投资沃土；这里交通便捷：沿江高速、常泰高速、常州长虹西路高架、312 国道等干线公路和京杭大运河穿区而过，距离常州机场，南京机场各 1 小时左右车程。

力马第二制造加工中心（即天宁工厂），位于中国干燥设备产业集聚地常州天宁区。该中心设施设备齐全，员工技能过硬，制造加工能力强大，距沪宁高速公路横山桥道口 3 公里。

力马企业通过多年的运营积淀，技术实力雄厚，工程经验丰富，汇聚了行业内工艺工程研究、机械结构设计、电气自动化编辑等深耕二十年以上专家领衔的一批精英人才；凭借丰富的工程管理经验、先进的现场施工技术，优良的加工工艺及装备，积极参与国内外市场竞争，业绩显赫：先后获得江苏省明星企业、国家高新技术企业、中国干燥设备十强企业、中国干燥技术专业组副组长单位、常州市武进区同业公会副会长单位等诸多荣誉。

面向未来，力马企业将矢志打造一流的高质量科技型企业集团：以善合，善为，上善若水的核心价值观构筑内在文化，以于众，于优，于心所达的主观追求努力为客户、股东、员工创造最大的价值，为行业发展、社会进步贡献力量。

喷雾干燥机

空心桨叶干燥机

干法制粒机

常州力马干燥科技有限公司　地址：常州西太湖科技产业园锦华路 11 号　电话：0519-88968880

潍坊舜天机电设备有限公司

公司简介

潍坊舜天机电设备有限公司成立于 2004 年 5 月 8 日，商标"欣舜天"。公司现在以研制生产农副产品烘干初加工机械为主，是《果蔬烘干机标准》起草单位；现有国家发明专利两项，实用新型专利九项；公司所生产的产品以公司专利产品为主；公司还致力于解决农副产品烘干初产品中的各项难题，为人类社会造福。

公司主要产品：小型箱式烘干机（专利）、翻板式烘干机（专利）、单循环隧道式烘干机（专利）、一种均匀平流风向的烘干房（专利）、双烘道双循环烘干机（发明）、双热源（炉头）双烘道双循环烘干机（发明）、网带式烘干机、链板输送隧道式禽毛分离多级打散烘干机（专利）、用于烘干机的禽毛分离多级打散装置（专利）等；公司在海带烘干机和小型粮食烘干机方面也有自己独特的产品。

公司会认真地对待每一个客户，并承诺为客户提供的不是一台简单的烘干机械，而提供的是一整套烘干解决方案，同时还不断的向客户学习，进一步完善解决方案，真正做到：与客户分享成果，为客户创造价值。

厂区和车间

专利证书

660 型箱式烘干机

翻板式烘干机

双烘道双循环隧道烘干机

隧道烘干机

网带烘干机

小型电加热烘干机

欣舜天

地址：山东省潍坊市临朐县东城街道南二环路 3398 号
电话：0536-3397077　0536-3110580
　　　18663638688　13953686997　15863603525
传真：0536-3397077　免费电话：4006387008
网址：http://www.wfstdz.cn　http://www.wfstdz.com

网带式烘干机

四川望昌干燥设备有限公司

WANG CHANG DRYING EQUIPMENT CO.,LTD.,SICHUAN(CHENGDU WNAG JIANG DESICCATOR FACTOR)

中国干燥行业协会副事长单位，中国干燥行业重点骨干企业

公司简介

　　四川望昌干燥设备有限公司（原成都望江干燥器厂）创建于二十世纪八十年代，坐落于西南经济、文化中心－成都，是中国干燥行业重点骨干企业，中国干燥行业协会副理事长单位，中国干燥行业协会技术委员会委员单位，全国《气流干燥机行业标准》起草单位。我公司还参与了全国《闪蒸干燥机行业标准》、《振动流化床干燥机行业标准》、《离心喷雾干燥机行业标准》、《压力喷雾干燥机行业标准》、《带式干燥机行业标准》、《热风炉行业标准》的制订。本公司是中国石油化工联合会装备处干燥技术专业组副组长单位，"第十五届全国干燥技术交流会议"承办单位，在同行业内率先通过 ISO9001 国际质量体系认证。公司注册资金 1000 万元，固定资产 5000 余万元，是全国各型成套干燥设备之大型专业供应商之一。

　　公司新厂位于成都市天府新区·仁寿视高经济开发区内，占地面积 36000 平方米，共有 8 间现代化的加工车间和 1 栋六层高的综合办公大楼，各类铆焊和机加工设备齐全，具有很强的设备加工制造能力。公司现拥有指导教授和干燥专家顾问 20 人，化工、化机、热工、机械、电气等专业技术人才 37 人，员工 160 余人。20 多年来本公司专业致力于干燥技术及配套设备的研究、开发、设计、制造及安装调试服务，采用计算机模型和设备程序化设计，形成了完善的设备研发、制造、安装调试和售后服务体系。经过 20 余年的开拓创新，已发展成为中国干燥行业龙头企业，产品遍布全国 30 余个省市、自治区，广泛用于化工、制药、食品、饲料、冶金、农药、生化、轻工、环保、农副产品加工等领域。

主要产品

★ GQZ、GQZX 型系列气流干燥机

★ GPL、GPY 型系列离心、压力喷雾干燥机

★ GLZ 型系列振动流化床干燥机

★ GSX 型系列闪蒸干燥机

★ GZT 型系列回转筒干燥机

★ GDW 型系列带式干燥器

★ GGZ 型系列管束干燥机

★ GZS 型系列双锥真空干燥机

★ GJK 型桨叶干燥机

联系方式

地址：四川天府新区·仁寿视高经济开发区兴安大道二段 8 号

邮编：620560

联系人：龙海云 13908006215

电话：028-36465553

传真：028-36465552

邮箱：xsc@scwcgz.com

网站：www.scwcgz.com

无锡天阳干燥设备有限公司
WUXI TIANYANG DRYING EQUIPMENT Co.,LTD

无锡天阳干燥设备有限公司是集研发、设计、制造喷雾干燥（工程）设备产、销一体的企业。多年来，我公司与国内外多家科研机构合作，在原有产品的基础上进行创新、提高，为不同行业的客户进行系统化整体设计，并不断提高公司整体工程设备的技术含量。目前已形成高速离心喷雾干燥与压力喷雾干燥两大系列产品。主要为生物、医药、食品、精细化工、化工、电子、粉末冶金、工业陶瓷、新能源、新材料、军工、航天、环保等行业服务。三十多年来产品畅销全国，并出口五大洲。公司以客户的满意为企业的服务宗旨，以科学设计、数字智能、精良制作、高效节能、低碳环保为企业的经营理念追求，不断向更高的目标进军！

天阳干燥设备全体员工热忱欢迎全世界客商莅临我公司指导！

主要产品：

高速离心喷雾干燥系列产品
1、多功能小型实验喷雾干燥设备
2、高速离心喷雾干燥设备
3、高速离心喷雾／造粒干燥设备
4、闭式循环高速离心喷雾／造粒干燥设备
5、高速离心冷风喷雾／造粒干燥设备

压力喷雾干燥系列产品
1、低温真空喷雾干燥设备
2、逆流式压力喷雾／造粒干燥设备
3、并流式压力喷雾／造粒干燥设备
4、闭式循环压力喷雾／造粒干燥设备
5、压力式冷风喷雾／造粒干燥设备

地址：无锡惠山经济开发区前洲配套区堰玉西路1008号
电话：0510-83392829　　联系人：唐振华先生　手机：15106191773
国内销售邮箱：tydryer@126.com　国际出口专用邮箱：ty@tydrying.com

石家庄工大化工设备有限公司
河北工大科浩工程技术有限公司

石家庄工大化工设备有限公司经过20多年的迅猛发展，部分产品拥有自主知识产权，成为以干燥、蒸发、结晶、过滤、气（汽）液分离技术为核心，化工工艺与工程及设备等为主要产品的高新技术企业，公司拥有三个专业化、规模化的制造基地，具备A2级压力容器设计、制造资质及机电安装专业承包三级资质，能为客户提供设计、制作、安装、调试、培训等全过程的技术咨询和工程总包服务工作。

公司每年均承担国家、省市级科技研发课题，目前已获得国家重点产业振兴和科技改造资金支持3项，国家科技部创新基金支持3项，省部级科技奖5项，市级科技奖11项，已申请专利60多项。

公司拥有2100平方米的工程实验室，能进行干燥、蒸发、结晶、过滤、蒸馏的物料实验，为产品研发、设计及设备加工等提供真实详尽的工艺参数。近几年公司已成为清华大学、河北工业大学、天津科技大学、石家庄铁道大学、河北科技大学、河北医药化工职业技术学院等多所高等院校的产学研基地。

河北工大科浩工程技术有限公司为石家庄工大化工设备有限公司下属销售公司，主要从事化工、环保工程的销售、设计、技术研发及技术服务等业务，为客户提供化工处理工程关键单元、固废资源化处置、工业废水／废气"零排放"系统解决方案。

资质证书

盘式干燥机

双桨叶干燥机

地址：石家庄市和平东路500号工大科技楼　网址：工大设备：www.gdsb.cn　工大科浩：www.hbgdkh.cn

电话：0311-85373526　传真：0311-85373501

三门峡昊博化工工程有限公司
Sanmenxia Haobo Chemical Engineering Co., Ltd.

三门峡昊博化工工程有限公司前身是三门峡昊博粉体机械有限公司，成立于1999年，迄今已有20多年历史，是国内最早研究大型间接传导加热方式的干燥技术与设备的厂家。

公司于2007年先后取得了国家D1，D2特种设备制造许可证及设计证。公司自成立以来，与中国科学院山西煤化所，化工部第六设计院，南京工业大学等高校和科研单位合作，依托高校与科研单位的科技力量，新技术、新设备的开发创新始终走在行业的前沿；先后被授予"中国化工干燥设备十强企业""中国干燥设备行业优秀企业""河南省高新技术企业"等荣誉称号。

公司的经典产品有空心桨叶干燥机、真空耙式干燥机、转筒干燥机、回转圆筒干燥机、高真空连续空心桨叶干燥机、混合制浆设备、超低缩二脲增加值的颗粒尿素熔融器、粉体物料加热干燥器、成品颗粒循环水冷却板式冷却器、塔底四悬臂收料机、热状态筛分的成品颗粒圆筒筛等。

公司的技术理念：化工装备技术必须服从于化工工艺过程的需要
公司的技术目标：化工工艺过程与化工装备技术达到完美和谐的统一

公司图片

空心桨叶干燥机

真空耙式干燥机

转筒干燥机

回转圆筒干燥机

高真空连续空心桨叶干燥机

混合制浆设备

塔底四悬臂收料机

水冷却板式冷却器

地址：河南省三门峡市湖滨工业园区　邮编：472000　电话：0398-2918156

江苏先导干燥科技有限公司
Jiangsu Xiandao Drying Technology Co., Ltd.

我公司是一家专门从事干燥设备研究、开发、设计与制造的民营企业。研究课题与方向以"喷雾干燥、一步制粒"为主，是粉体技术领域获得科研成果最多的企业之一。目前，由我们设计制造的各种装备已经在食品、化工、制药、陶瓷、冶金、硬质合金、饲料等许多重要工业领域得到广泛运用。

"先导"喷雾干燥实验机型属于国内首创产品，自 20 世纪 80 年代投产以来，已经历了其独特的成功发展史。目前有近 200 台设备提供给国内外的大学、研究中心、科研单位以及粉末生产机构使用。

该实验机型因为具有很大的灵活性、方便性、实用性和整体设计更赋现代形象，以及拥有不同等级的控制系统，所以能满足不同层次用户日益增长的试验室用干燥需求。

喷雾干燥是唯一同时具备造粒及干燥两种功能的干燥工艺，通过连续操作可控制粉末特性保持恒定。恰当选择及操作雾化器变量参数对获得最佳的运行状态和一流粉末品种至关重要。

喷雾干燥专家
江苏省高新技术企业
ISO9001 国际质量体系认证企业
ISO14001 国际环境体系认证企业

本公司已于 2001 年分别取得 ISO9001:2015 认证，ISO14001:2015 认证、CE 认证，以及 CU-TR 海关联盟认证等多项国际国内认证。

主要产品
MSD 型实验室喷雾干燥机
LPG 型标准离心式喷雾干燥机
BYP 型闭式循环喷雾干燥机
CSD 型精密陶瓷专用喷雾干燥机
RH 型高温热分解喷雾装置
YPG 型压力喷雾干燥机（顶喷型＼底喷型）

地址：江苏省常州市天宁区郑陆镇粮庄桥　网址：www.china-dryer.com
电话：0519-88900909 88900500　传真：0519-88902563　E-mail:brian@cndryer.com

真节能

公司简介 ▶▶
Company Profile

　　焦作市真节能环保设备科技有限公司成立于1991年，是专业从事污泥固废、纸浆、饲料糟渣等物料干燥的工程设计、技术研发和设备制造厂家。真节能坚持围绕客户需求持续创新，重视在工程理论研究方面的投入，厚积薄发，推动干燥技术进步，为客户激发潜能，创造价值，提供具有行业竞争力、安全可信赖的产品、解决方案与服务。

　　公司拥有130余项专利，先后获得国家高新技术企业、科技型中小企业、"专精特新"中小企业等荣誉称号。公司以"节能、环保、高效、实用"为宗旨，秉承开拓创新、质量至上的发展理念，始终在工业固（危）废、污泥、饲料糟渣等高湿高黏物料干燥技术的研发上名列行业前茅。公司依托多家院校合作建立企业技术和装备工程技术研究中心，取得了"旋耙飞腾三级多回路""低温大风量""余热利用干燥"等百余项国家专利技术，通过了ISO质量管理体系认证。

　　公司自主设计、研发生产的拥有完全自主知识产权的"旋耙飞腾三级多回路""双缸绞齿蒸汽烘干""三级多回程网格式""直流涡旋加交流往复式"高湿高黏污泥固废、纸浆、饲料糟渣等系列干燥设备，因其先进的研发理念、独特的节能技术，严格的制造工序以及卓越的烘干效果而在国内占据一定的市场份额，解决了各种高湿高黏、污泥、工业固（危）废等物料的烘干难题。公司产品被广泛应用于造纸、化工、印染、电镀、皮革、制药、污水处理、矿冶、饲料、酿造、淀粉加工、生物发酵等行业。

荣誉证书 ▽　　　　　　　　设备展示 ▽

联系：0391-7557666　　　传真：　0391-7557555　　　网址：www.zjndryer.com
电话：0391-7557777　　　地址：焦作市迎宾大道南端　　　邮箱：jzzjnhb@163.com

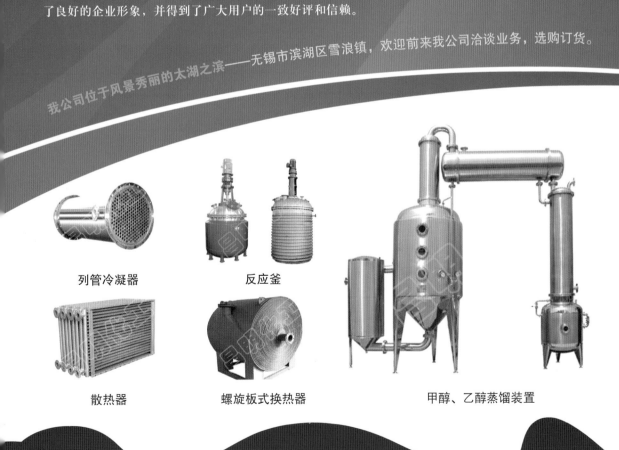

江阴市丰源热能技术有限公司

Jiangyin Fengyuan Thermal Technology Co.,Ltd

2003 年 5 月，江阴市丰源热能技术有限公司在中国制造业第一县－江阴成立。十几年来，公司从各大品牌的燃烧系统代理商，发展成为一家专业从事燃烧器、换热器、工业窑炉等热工设备的研发、设计、生产、销售、维修及技术服务为一体的综合性公司，并且是江阴市热工设备工程技术研究中心。

公司依托全球领先技术和产品资源，携国际一线燃烧元器件品牌——德国 SIEMENS、德国 DUNGS 等，向国内外客户提供高品质燃烧系统服务。产品瞄准国际前沿技术，具有燃烧效率高，排放低等优点。公司与江苏先锋干燥工程有限公司、常州市范群干燥设备有限公司、无锡市林洲干燥设备有限公司等干燥设备企业保持着长久、友好的合作关系。

公司主要产品有各大进口品牌及自制各类燃烧器，成套单烧嘴直燃式、间燃式热风炉，多烧嘴回转窑、隧道窑等燃控系统。

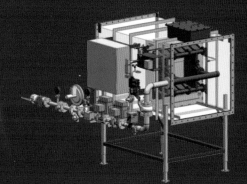

FTJ 高速低氮烧嘴

类型	喷嘴混合
功率范围	40 ～ 5800kw
调节比	比例调节 －10:1，固定空气量 －40:1
最大助燃空气温度	540℃
燃料	天然气、丙烷、丁烷、焦炉煤气、其他符合要求的气体燃料

特性
高速烧嘴，火焰出口速度可达 150m/s 以上；
低排放，NO_x 排放在 40ppm 以下；
一体化孔板设计，便于设计、布局、调整；
空气与燃气入口可以 90℃ 调节，管路匹配性好；
高调节比，大量过剩空气"

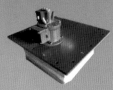

FLN 超低氮烧嘴

类型	喷嘴混合
功率范围	66 ～ 530kw
调节比	调节比 10:1
最大助燃空气温度	600℃
燃料	天然气、丙烷、丁烷

特性
超低氮，O_2 含量 3% 情况下，NO_x 排放在 20ppm 以下；
一体化孔板设计，便于设计、布局、调整；
空气与燃气入口可以 90℃ 调节，管路匹配性好；

FLB 线性烧嘴

类型	喷嘴混合
功率范围	20 ～ 30000kw
调节比	比例调节 －40:1
最高出风温度	650℃
燃料	天然气、丙烷、丁烷及其他气体燃料

特性
适用于大风量的中低温加热系统；
低排放，NOX 排放在 30ppm 以下；
空气加热工况，无需助燃风机，某些工艺中甚至不需工艺风机；
节能高效，热效率接近 100%；

地址：江苏省江阴市镇澄路 2018 号　　　　联系人：俞汶璐　　　　邮箱：sl2@fytherm.com

电话：0510－86257996　传真：0510－86605886　　手机：18036892310　　网址：www.fytherm.com

现代干燥技术

第三版